GEO Themenlexikon

GEO Themenlexikon

in 20 Bänden

Band 6

# Naturwissenschaften und Technik

## Begriffe, Methoden, Zusammenhänge

A–G

**Herausgeber**
Peter-Matthias Gaede, GEO
Bibliographisches Institut & F. A. Brockhaus AG

**Redaktionsleitung** Gabriele Gassen (BIFAB) und Michael Schaper (GEO)

A–Z-Teil
**Projektleitung** Michael Bauer
**Realisation** Dr. Ulrich Kilian (science & more redaktionsbüro)
unter Mitarbeit von Dr. Matthias Delbrück, Dr. Angelika Fallert-Müller,
Walter Greulich, Dr. Sabine Klonk, Andreas Lenz, Dr. Heidi Schooltink
**Autoren** Dr. Katja Bammel, Carsten Heinisch, Dr. Gunnar Radons
**Grafik und Karten** Dipl.-Ing. (FH) Jörg Radtke

GEO Dossier
**Redaktion** Jens Schröder; Assistenz: Christian Meyer,
Christoph Scheuermann, Dirk Schneider
**Schlussredaktion** Jan Pust, Hannelore Koehl (Assistenz)
**Bildredaktion** Christian und Susanne Gargerle
**Technische Realisation** Rainer Droste
**Kartografie** GEO-Kartografie

**Layout** Horst Bachmann, Barbara Exner, Sigrid Hecker, Tatjana Lorenz
**Einband und Umschlag** glas ag, Seeheim-Jugenheim
**Herstellung** Constanze Sonntag

**Bibliografische Information der Deutschen Nationalbibliothek**
Die Deutsche Nationalbibliothek verzeichnet diese Publikation
in der Deutschen Nationalbibliografie; detaillierte bibliografische
Daten sind im Internet über http://dnb.ddb.de abrufbar.



**Satz** A–Z Satztechnik, Mannheim
**Druck und Bindung** MOHN Media Mohndruck GmbH, Gütersloh
Printed in Germany

ISBN-10: Gesamtwerk 3-7653-9420-3 ISBN-13: Gesamtwerk 978-3-7653-9420-1
ISBN-10: Band 6 3-7653-9426-2 ISBN-13: Band 6 978-3-7653-9426-3

**Abbildung auf dem Einband**
Honigbiene: Photo- und Presseagentur Focus, Hamburg/Science Photo Library, London

Liebe Leserin, lieber Leser,

in der GEO-Redaktion gibt es seit Monaten eine immer wieder aufflammende Diskussion unter den Redakteuren: Wie viel naturwissenschaftliches Grundwissen dürfen wir Autoren bei unseren Lesern erwarten? Können wir sie mit ruhigem journalistischem Gewissen mitten in einer Reportage alleinlassen mit »Ionen« oder »Chromosomen«? Mit »faradayschen« und »mendelschen« Gesetzen? Und wie steht es mit »Kybernetik«, »Primaten« und »Kernfusion«?

Das sei doch Schulwissen, behauptet dann unsere Wissenschaftsfraktion, eine Erläuterung langweilig und reine Platzverschwendung. Die anderen dagegen sehen in jedem naturwissenschaftlichen Fachwort eine Zumutung für die Leser, während sie vermutlich »Renaissance« und »Vormärz« ohne Zweifel als bekannt voraussetzen würden.

Der Konflikt bleibt ungelöst. Eine allgemeine Regel, an die wir uns bei dieser Gratwanderung halten können, scheint es nicht zu geben. Und so haben wir uns damit abgefunden, dass wir bei jedem GEO-Text aufs Neue um eine Balance zwischen Lesefluss und Erklärbedürfnis ringen müssen.

Umso schöner, dass wir im Rahmen unseres 20-bändigen GEO Themenlexikons gleich drei Bände den Naturwissenschaften und der Technik widmen können, in denen das Problem in bislang ungekannter Leichtigkeit gelöst ist: Wie bei allen Bänden dieser Reihe erschließen die Experten des Mannheimer Brockhaus-Verlages in einem enzyklopädischen Teil das gesamte Wissen des Fachgebietes, aktuell, faktengenau und verständlich von A bis Z. Für die GEO Dossiers am Ende eines jeden Bandes haben wir wie immer ausgewählte Texte unserer Reporter zusammengestellt, die jene Hintergrundgeschichten ergänzen, für die in einem mit grundlegenden Erklärungen gefüllten Lexikon üblicherweise kein Platz ist.

Synergieeffekte (also positive Wirkungen, die sich aus der Verbindung zweier unterschiedlicher Teile ergeben) sind dabei erwünscht und eingeplant!

Von Synergien berichten übrigens auch einige der Reportagen in den GEO Dossiers: Wenn sich unsere Autoren in Band sechs etwa

»An die Grenzen des Wissens« herantasten, geht es dabei unter anderem um Physiker und Biologen in einem Max-Planck-Institut, die mit vereinten Fachkräften mehr als je zuvor über bislang noch ungeklärte Naturphänomene herausfinden können – wie etwa die Klebehaftung von Käferfüßen. In Band sieben beleuchten die GEO-Reportagen »Überlebensstrategien der Natur« und stellen Ihnen dabei auch die nur vermeintlich langweiligen Flechten vor, ein unglaublich leistungsfähiges Joint Venture aus einem Pilz und einer Alge. Das Dossier in Band acht ist dem »Abenteuer Technik« gewidmet und enthält unter anderem ein Interview mit einem Risikoforscher, der selbst studierter Soziologe ist, aber gerade deshalb Atomphysikern und Gentechnikern bei der Einschätzung von Technikfolgen helfen kann.

Ich wünsche Ihnen eine erkenntnisreiche Lektüre, bei der kein Fachwort unerklärt, keine Frage offen – und die Lesefreude dennoch unbedingt erhalten bleibt.

Herzlich Ihr

Peter-Matthias Gaede

Chefredakteur GEO

## Hinweise für den Leser

- Die Bände 6, 7 und 8 des GEO Themenlexikons präsentieren das Wissen über Naturwissenschaften und Technik in enzyklopädisch umfassender Gesamtschau: Im Zentrum stehen dabei die klassischen Naturwissenschaften Biologie, Chemie und Physik sowie ihre wichtigsten technischen Anwendungen.
- Das dreibändige Lexikon enthält rund 10 000 Artikel mit allen wichtigen Fakten und Zusammenhängen, mit Hintergrundwissen und Erklärungen spektakulärer Ereignisse. Sonderartikel widmen sich Themen wie biometrische Identifizierung, chemische Kriminalistik, Klimawandel, Künstliche Intelligenz, Navigationssysteme oder Ultraschalldiagnostik. Etliche Artikel werden in den GEO Dossiers vertieft durch ausgewählte Reports und Reportagen.
- Ein klares Verweissystem sorgt für die Verzahnung zwischen Lexikon und GEO Dossier: Von den Lexikonartikeln führen Verweise zu den vertiefenden Informationen in den GEO-Reportagen. Umgekehrt leiten Verweise im GEO Dossier zu denjenigen Einträgen im Lexikon, die Hintergrundfakten zum journalistischen Bericht sowie Anregungen zur weiteren Lektüre enthalten. So kann man bequem zwischen Fakten und Interpretation, zwischen Lexikon und Reportage hin- und herspringen.
- Alle Daten, Fakten und Zusammenhänge wurden mit äußerster Akribie und in Zusammenarbeit mit zahlreichen namhaften Experten erarbeitet und auf den neuesten Stand gebracht. Dennoch kann es zu Varianzen bei Daten, Fakten und wissenschaftlichen Schlussfolgerungen kommen, denn die Forschung ist zum einen ständig in Bewegung, zum anderen kann sie zu durchaus unterschiedlichen Sichtweisen führen. Lexikografische wie journalistische Sorgfalt gebieten es, dies wertungsfrei abzubilden.

**a, A, 1)** *Einheitenzeichen:* A für →Ampere.
**2)** *Formelzeichen:* *A* für →Arbeit; ***a*** für →Beschleunigung.
**3)** *Vorsatzzeichen:* a für Atto, z.B. 1 am = $10^{-18}$ m.

**Å,** Einheitenzeichen für →Ångström.

**Aal|artige Fische, Anguilliformes,** Ordnung der Knochenfische mit lang gestrecktem, meist schuppenlosem Körper (→Aale).

100674

**Aale.** Flussaal

**Aale, Echte Aale, Aalfische, Anguillidae,** räuberische Knochenfische mit kleinen Schuppen und vielen Schleimzellen in der Haut. Aale ernähren sich von Mücken, Larven, Regenwürmern, Muscheln, kleinen Fischen. Bekannteste Arten: **Flussaal (Europäischer Aal,** Anguilla anguilla) und **Amerikanischer Aal** (Anguilla rostrata). Beide Arten leben zeitweise im Süßwasser; die Eiablage erfolgt in der Sargassosee. Die 10 mm großen, weidenblattähnlichen Aallarven wandern, größer werdend, mit dem Florida- und Golfstrom nach Nordwesten oder Nordosten. Die der europäischen Art erreichen nach drei Jahren den Kontinentalsockel Europas. Die Larven verwandeln sich im 2. oder 4. Jahr unter Abnahme ihrer Länge in die drehrunden, durchsichtigen **Glasaale.** Die Männchen wachsen in 3–8 Jahren auf 40–50 cm, die Weibchen in 5–20 Jahren auf 100–150 cm heran. Nach Erreichen eines bestimmten Reifegrades **(Blankaal** oder **Silberaal)** stellen sie die Nahrungsaufnahme ein, wandern wahrscheinlich in die Sargassosee zurück, laichen dort und sterben.

Durch Aalleitern und Fischpässe (→Fischwege) erleichtert die Fischereiwirtschaft die Überwindung der Stauwehre in Flüssen. Zum Aalfang dienen Aalsäcke, Aalkästen, Reusen, elektrische Fanggeräte. Aalblut enthält das Nervengift Ichthyotoxin, das durch Kochen oder Räuchern zerstört wird. Der Aal ist ein beliebter Speisefisch.

**Aas,** verwesende Tierleiche.

**Abbau,** *Chemie:* Zerlegung komplizierter Verbindungen in einfachere Reaktionsprodukte.

**Abbe,** Ernst, deutscher Physiker und Sozialreformer, * Eisenach 23. 1. 1840, † Jena 14. 1. 1905; Sohn eines Werkmeisters (Spinnmeister); Studium der Mathematik, Physik, Astronomie und Philosophie an den Universitäten Jena und Göttingen; zunächst Lehrer beim physikalischen Verein in Frankfurt am Main, ab 1863 Privatdozent, 1870–96 Professor in Jena, 1877–90 auch Direktor der dortigen Sternwarte. Er leitete durch seine »Beiträge zur Theorie des Mikroskops und der mikroskopischen Wahrnehmung« (1873) und durch deren Anwendung in der Praxis eine neue Epoche im Bau von →Mikroskopen und anderen optischen Präzisionsinstrumenten ein. Zuvor hatte er bereits ab 1867 zur Linsenprüfung zahlreiche optische Messgeräte entwickelt. Auf Abbe geht ebenfalls die Einführung der Dioptrienzahl zur Kennzeichnung des Brechwertes optischer Systeme zurück. 1884 gründete Abbe, der 1875 Teilhaber der 1846 von Carl Zeiß (* 1816, † 1888) gegründeten feinmechanisch-optischen Werkstätte geworden war, mit O. Schott, C. Zeiß und dessen Sohn Roderich Zeiß (* 1850, † 1919) das »Glastechnische Laboratorium Schott & Gen.«, in dem unter der Leitung von Schott neue, Abbes Wünschen entsprechende Glassorten erschmolzen wurden. Nach dem Tod von C. Zeiß und dem Ausscheiden von R. Zeiß wurde Abbe 1889 alleiniger Inhaber der Zeiss-Werke und konnte dort die von ihm schon früher geplanten sozialen Reformen durchführen (Carl-Zeiss-Stiftung). Mit den Statuten der Carl-Zeiss-Stiftung schuf Abbe eine für seine Zeit vorbildliche Regelung des Arbeitsrechts.

**Ernst Abbe**
*** 1840, † 1905**

- schuf die theoretischen Grundlagen der modernen Mikroskopiertechnik
- war Mitarbeiter und später Inhaber der Zeiss-Werke
- gründete die Carl-Zeiss-Stiftung

**Abbildung,** *Optik:* die Erzeugung eines Bildes von einem Gegenstand mithilfe der von ihm ausgehenden oder an ihm reflektierten Strahlen, speziell mithilfe von Lichtstrahlen (optische Abbildung). Die von einem Punkt des Gegenstandes **(Objektpunkt, Gegenstandspunkt** oder **Dingpunkt)** ausgehenden Strahlen vereinigen sich dabei nach Durchgang durch ein optisches System (Linsen, Spiegel, Prismen) im Idealfall (punktförmige, scharfe Abbildung) wieder in einem Punkt **(Bildpunkt);** Objekt- und Bildpunkt sind zueinander konjugierte Punkte. Bei einem **reellen Bild** (das heißt einem auf einem Schirm auffangbaren Bild) vereinigen sich die Strahlen wirklich, bei einem **virtuellen Bild** in ihrer gedachten rückwärtigen Verlängerung. Die Bildpunkte in ihrer Gesamtheit ergeben das Bild des Gegenstandes. Dieses kann vergrößert oder verkleinert sein oder eine andere Orientierung besitzen, das heißt seiten-, höhenverkehrt oder umgekehrt sein; das Verhältnis von Bild- zu Gegenstandsgröße heißt linearer **Abbildungsmaßstab** (Lateralvergrößerung, Seitenverhältnis). Grundlage der geometrischen Optik ist die **Abbildungstheorie,** mit deren Hilfe der Strahlenverlauf abbildender Systeme berechnet wird. Für die (ideale) Abbildung durch paraxiale (achsennahe) Strahlen (gauß-

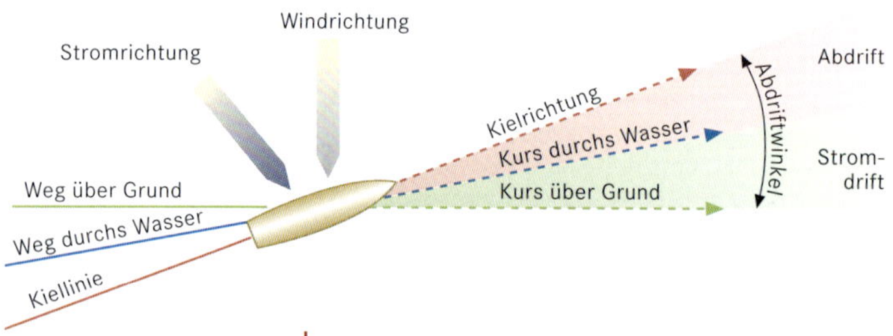


**Abdrift.** Abdrift beim Segeln

sche Dioptrik, gaußsche Abbildung) gelten die **Abbildungsgleichungen**, z. B.:

$$f/a + f'/a' = 1 \text{ (allgemeine A.-Gleichung).}$$

Lichtstrahlen lassen sich durch Brechung in Linsen oder Reflexion an gekrümmten Spiegeln wieder vereinigen, Elektronen- und Ionenstrahlen durch elektrische und magnetische Linsen.

**Abbildungsfehler, Aberration,** bei optischen Systemen Abweichung von der fehlerfreien →Abbildung, die bewirkt, dass Objektpunkte im Bild nicht ideal punktförmig wiedergegeben werden. In der Nähe des Bildpunktes entsteht als Einhüllende der sich schneidenden Strahlen die →Kaustik. Die wichtigsten Abbildungsfehler sind: 1) Öffnungsfehler (sphärische Aberration) mit schlechter Vereinigung achsensymmetrischer Lichtbündel großer Öffnung; 2) Asymmetriefehler (Koma) mit einseitiger Verzerrung von Bildpunkten bei schräg einfallenden Bündeln; 3) Astigmatismus mit schlechter Vereinigung sagittaler und meridionaler Lichtbündel; 4) Bildfeldwölbung; 5) Verzeichnung (Distorsion), kissen- oder tonnenförmige Verzerrung mit Vergrößerungsunterschieden bei unterschiedlichen Achsenentfernungen; 6) Farbabweichung (chromatische Aberration) mit schlechter Vereinigung von Strahlen unterschiedlicher Wellenlänge. Durch spezielle Linsenformen, Blenden und Kombinationen von mehreren Linsen aus unterschiedlichen Materialien können die Abbildungsfehler reduziert werden.

**Abbinden,** *Chemie:* das Festwerden von →Bindemitteln, bei Klebstoffen die Verfestigung dieser in sich und die der Verbindung mit den Klebeflächen.

**ABC-Schutzmaske** (früher **Gasmaske**), Atemschutzmaske für Soldaten.

**Abdrift, Drift, Abtrift,** seitliche Versetzung eines Wasser- oder Luftfahrzeugs vom gewünschten Kurs über Grund durch Wind, Strom oder Seegang. Die Größe des Driftwinkels, gemessen zwischen Längsachse des Fahrzeugs (Steuerkurs) und dem tatsächlichen Kurs über Grund, hängt von der Relativgeschwindigkeit des Fahrzeugs gegenüber seinem Medium (Luft oder Wasser) ab.

**Abegg,** Richard, deutscher Chemiker, *Danzig 9. 1. 1869, †Tessin (heute Cieszyn) 3. 4. 1910; führte u. a. den Begriff der Elektroaffinität (→Elektronenaffinität) ein und stellte 1904 die Regel auf, dass die höchste positive und höchste negative Elektrovalenz eines Elements zusammen die Zahl 8 ergeben **(Abegg-Valenzregel).**

**Abendrot,** die Rotfärbung des westlichen Himmels nach Sonnenuntergang (entsprechend vor Sonnenaufgang am östlichen Himmel das **Morgenrot**). Die kurzwelligen blauen und grünen Anteile des Sonnenlichts werden durch Rayleigh-Streuung beim besonders langen abendlichen (morgendlichen) Weg durch die Atmosphäre stärker gestreut (und gelangen zu einem geringeren Anteil zum Beobachter) als die langwelligen gelben und roten Strahlungsanteile. Infolge des Mie-Effekts wird bei der Streuung durch Dunstteilchen die Vorwärtsrichtung stark bevorzugt, sodass der gelbe und rote Strahlungsanteil vorwiegend in Richtung der untergegangenen (der noch nicht aufgegangenen) Sonne wahrzunehmen ist.

**Ab|erration** [lateinisch »Abirrung«] *die,*

**1)** *Biologie:* morphologische, nicht erbliche Abweichung von der Art.

**2)** *Genetik:* Veränderung von Anzahl oder Struktur der →Chromosomen.

**3)** *Optik:* →Abbildungsfehler.

**Abfall,** Rückstände, Nebenprodukte oder Altstoffe, die bei Produktion, Konsum und Energiegewinnung entstehen. Nach dem Kreislaufwirtschaftsgesetz sind Abfälle bewegliche Sachen, deren sich der Besitzer entledigen will oder deren ordnungsgemäße Beseitigung für die Wahrung des Wohls der Allgemeinheit, v. a. der Umwelt, notwendig ist. Dabei werden unterschieden: Abfälle zur Verwertung, Abfälle zur Beseitigung und besonders überwachungsbedürftige Abfälle (→Sonderabfall); nach ihrer Herkunft unterscheidet

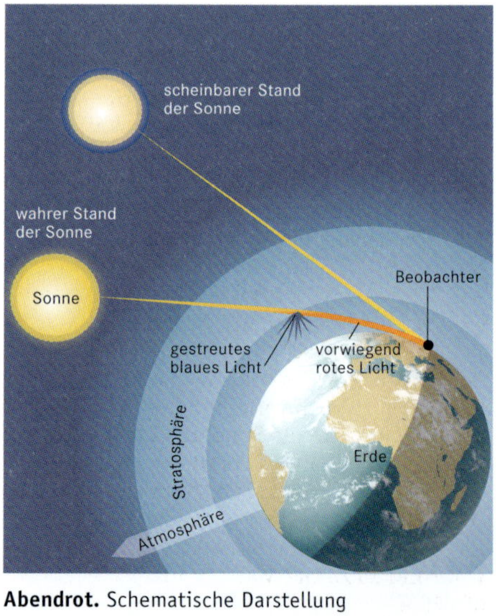


**Abendrot.** Schematische Darstellung

man v.a. kommunale Abfälle (Siedlungsabfälle), Gewerbe-, Industrieabfälle sowie landwirtschaftliche Abfälle. Weitere Abfallarten sind u.a. Altöle, Altreifen, Autowracks, Bau- und Elektronikabfälle. Ausgenommen vom Kreislaufwirtschaftsgesetz sind Stoffe, deren Entsorgung speziell gesetzlich geregelt ist, wie im Atomgesetz (→radioaktiver Abfall).

**Abfallbeseitigung,** Maßnahmen und Methoden, die der Erfassung, Beförderung, Behandlung, Lagerung und Ablagerung (→Deponie) von Abfällen dienen. Die Abfallbehandlung, durch die die Menge und Schädlichkeit von Abfällen vermindert wird, umfasst das Zerkleinern, Verdichten und Entwässern der Abfälle sowie spezifische Umwandlungen. Unterschieden wird dabei zwischen thermischer (z.B. Abfallverbrennung), biologischer (z.B. Kompostierung) und chemisch-physikalischer Behandlung, wie Entgiftung, Extraktion, Filtration, Inertisierung, Neutralisation, Zentrifugieren. Die Grenze zwischen Abfallbehandlung als Teil der Abfallbeseitigung sowie Abfallverwertung als wirtschaftliche Maßnahme ist nicht immer scharf zu ziehen. Zunehmend wandelt sich die Abfallbeseitigung in eine Abfallwirtschaft, die Abfälle nicht nur beseitigt, sondern die Reststoffe als Sekundärrohstoffe in den Wirtschaftskreislauf zurückführt.

**Abfallverbrennung,** thermisches Verfahren der Abfallbehandlung; im Allgemeinen versteht man unter Müllverbrennung die Verbrennung von Hausmüll, während sich der allgemeinere Begriff der Abfallverbrennung auch auf die thermische Vorbehandlung von Sonderabfall, Klärschlamm und Ähnlichem bezieht.

In **Abfallverbrennungsanlagen (Müllverbrennungsanlagen,** Abkürzung MVA) wird das brennbare, unsortierte Material (wie Hausmüll, Sperrmüll, hausmüllähnlicher Gewerbe- und Industrieabfall) zu rund zwei Dritteln in gasförmige Produkte (Kohlendioxid, Wasserdampf) und zu etwa einem Drittel in feste Rückstände (Schlacke, Asche, Reaktionsprodukte aus der Abgasreinigung u.a.) umgewandelt. Die Schlacke besteht v.a. aus mineralischen Anteilen, Eisenschrott sowie wenigen unvollständig verbrannten Bestandteilen und wird derzeit noch überwiegend auf →Deponien abgelagert. Die bei der Abfallverbrennung entstehenden Abgase müssen gereinigt werden (Entstaubung); der dabei anfallende Filterstaub enthält wasserlösliche Chloride, Sulfate, Schwermetalle, Dioxine sowie Furane und wird als Sonderabfall entsorgt.

Heutige Abfallverbrennungsanlagen erreichen eine Reduzierung des Abfallvolumens bei Aufbereitung und Verwertung der Schlacke von rund 95%, ohne Verwertung der Schlacke von rund 80%. Die Massereduzierung beträgt 60–70%.

Die Abfallverbrennung ist nur ein Teil eines integrierten Entsorgungskonzepts, das durch die Rangfolge Abfallvermeidung, Schadstoffentfrachtung, →Recycling (einschließlich Kompostierung), thermische Behandlung der stofflich nicht verwertbaren Abfälle sowie umweltschonende Ablagerung von vorbehandelten Abfällen gekennzeichnet ist.

**Abfallverwertung,** die Rückführung von Abfällen in den Wirtschaftskreislauf. Unterschieden wird zwischen stofflicher Verwertung (z.B. die Nutzung von stofflichen Eigenschaften der Abfälle, →Recycling) und energetischer Verwertung, die den Einsatz von Abfällen als Ersatzbrennstoff umfasst.

**Abgase: Abgasgrenzwerte in der EU**

| Schadstoffe | Grenzwerte in g je km Fahrleistung | | | |
|---|---|---|---|---|
| | ■ **Pkw mit Ottomotor** | | | |
| | Euro 2 (gültig seit 1996/97)[1] | Euro 3 (gültig seit 2000/2001) | Euro 4 (gültig ab 2005/2006) | Euro 5 (voraussichtlich gültig ab 2010) |
| Kohlenmonoxid | 2,2 | 2,30 | 1,00 | 1,00 |
| Kohlenwasserstoffe | – | 0,20 | 0,10 | 0,075 |
| Kohlenwasserstoffe und Stickoxide | 0,5 | – | – | – |
| Stickoxide | – | 0,15 | 0,08 | 0,06 |
| | ■ **Pkw mit Dieselmotor** | | | |
| Kohlenmonoxid | 1,0 | 0,64 | 0,50 | 0,50 |
| Kohlenwasserstoffe und Stickoxide | 0,7 (0,9[2]) | 0,56 | 0,30 | 0,25 |
| Stickoxide | – | 0,50 | 0,25 | 0,20 |
| Partikel | 0,08 (0,10[2]) | 0,05 | 0,025 | 0,005 |

[1] Bei der Gültigkeit liegt die Typgenehmigung vor der Erstzulassung. [2] Grenzwerte für Direkteinspritz-Dieselmotoren, gültig seit 30. 9. 1999.

**Abgase,** bei technischen oder chemischen Prozessen (besonders bei Verbrennungsvorgängen) entstehende Gase, die feste oder flüssige (meist dampfförmige) Bestandteile (zum Teil schädlich) enthalten können. So enthalten Abgase von Ottomotoren an schädlichen Bestandteilen Kohlenmonoxid, CO, unverbrannte Kohlenwasserstoffe, HC, Stickoxide, $NO_x$, Blei (→Antiklopfmittel); beim Dieselmotor $NO_x$, Ruß. Abgase aus Industrieanlagen enthalten an besonders schädlichen Bestandteilen Kohlenmonoxid, CO, Schwefeldioxid, $SO_2$, Schwefelwasserstoff, $H_2S$, Stickoxide, $NO_x$, Chlor, $Cl_2$, Chlorwasserstoff, HCl, Fluorwasserstoff, HF. Maßnahmen zur **Abgasreinigung** oder **Abgasentgiftung** sind z.B. katalytische Nachverbrennung, Filtern, Auswaschen, konstruktive Änderungen an Verbrennungsmotoren und Einbau von Entstaubungsanlagen. Europäische und nationale Rechtsvorschriften legen die Höchstgrenzen der zulässigen Schadstoffemissionen fest. Zur Verringerung der Emissionswerte bei Kraftfahrzeugen erfolgt nach dem Beschluss des EU-Umweltrates die Anpassung der europäischen

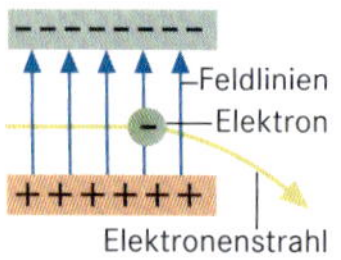


**Ablenkung 1).** Ablenkung eines Elektronenstrahls im elektrischen Feld zwischen den entgegengesetzt aufgeladenen Platten eines Ablenkkondensators; die Elektronen werden in Form einer Parabel abgelenkt.

**Alexei Abrikossow**

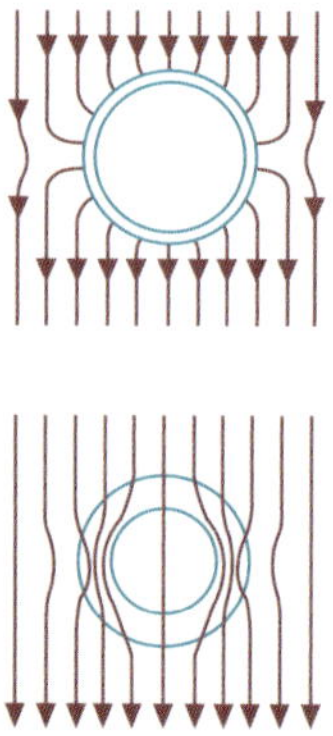

**Abschirmung 1).** Elektrische Abschirmung durch eine elektrisch leitende Umhüllung (oben); magnetische Abschirmung durch eine weichmagnetische Umhüllung (unten)

an die US-amerikanischen **Abgasnormen,** was seit Ende 1992 für alle Pkw den Einbau von geregelten →Katalysatoren erfordert. Seit 1996/97 (Euro-2-Norm) sind die Abgasgrenzwerte für Kraftfahrzeuge erneut verschärft worden; seit dem 1. Januar 2005 gilt europaweit für neue Pkw die Euro-4-Norm.

**Abgasturbine,** Turbine, die die im Abgas eines Verbrennungsmotors durch unvollständige Expansion noch vorhandene Energie ausnutzt. Der **Abgasturbolader** (»Turbo«) besteht aus einer Abgasturbine und einem Aufladegebläse, die auf einer gemeinsamen Welle sitzen; er dient zur Aufladung von Verbrennungsmotoren.

**Abgasuntersuchung,** Abkürzung **AU** (früher **Abgassonderuntersuchung,** Abkürzung **ASU**), Kraftfahrzeuguntersuchung, bei der der Gehalt an Kohlenmonoxid (CO) im Abgas beim Leerlauf des Motors, die Leerlaufdrehzahl und der Zündzeitpunkt sowie die Funktionsfähigkeit des Lambda-Regelkreises und die Wirkung des Katalysators geprüft werden; die AU ist durch eine Fahrzeugplakette sowie eine Prüfbescheinigung nachzuweisen. Bei Dieselfahrzeugen wird v.a. die Rauchgastrübung überprüft.

**abgeschlossene Schale,** Elektronenschale der Atomhülle eines Atoms oder Nukleonenschale des Atomkerns, deren sämtliche Zustände oder Energieniveaus (nach dem Pauli-Prinzip) mit je einem Teilchen (Elektron, Proton oder Neutron) besetzt sind (→Achterschale, →magische Zahlen).

**abgeschlossenes System,** physikalisches →System, das mit seiner Umgebung weder Energie noch Masse austauscht.

**Abiogenese** [griechisch »Entstehung aus Unbelebtem«] *die,* **Abiogenesis,** →Urzeugung.

**abiotisch** [griechisch], unbelebt, ohne Leben.

**Abkippen,** plötzliche Rollbewegung eines Flugzeugs infolge des Abreißens der Strömung an einer Flügelhälfte.

**Abklingen,** die zeitliche Abnahme einer physikalischen Größe, z.B. der Amplitude einer Schwingung oder der Strahlung einer radioaktiven Substanz (→Dämpfung).

**Ablation** [lateinisch] *die, Physik:* Materialabtrag durch Aufheizung, speziell mithilfe von Laserpulsen (→Laserablation).

**Ablationskühlung, Schmelzkühlung,** Kühlverfahren zum Schutz vor unzulässiger Aufheizung, besonders bei in die Atmosphäre zurückkehrenden Raumflugkörpern. Durch endotherme Zersetzung, Abschmelzung und Verdampfung von Schutzschichten (**Hitzeschild**) wird dabei die durch Luftreibung entstehende Wärme verbraucht; weitere Anwendung in chemischen Raketentriebwerken. **Ablationswerkstoffe** sind u.a. Graphit, Beryllium und faserverstärkte Kunststoffe.

**Ableger, 1)** zur Vermehrung waagerecht in die Erde gelegter oder im Bogen in die Erde gesenkter (**Absenker**) Gehölztrieb, der nach Bewurzelung abgetrennt und als Jungpflanze verwendet wird.

**2)** →Stecklinge.

**Ablenkung, 1)** *Optik:* die Änderung der Ausbreitungsrichtung des Lichts (→Reflexion, →Brechung, →Beugung).

**2)** *Physik, Technik:* die Richtungsänderung einer Bewegung durch eine senkrecht zur Bewegungsrichtung wirkende Kraftkomponente (z.B. der Einstellrichtung einer Magnetnadel durch ein zusätzliches Magnetfeld). Die Ablenkung elektrisch geladener Teilchen durch elektrische und magnetische Felder wird z.B. in Elektronenstrahlröhren (besonders in Fernsehbildröhren), in Elektronenmikroskopen oder bei Teilchenbeschleunigern ausgenutzt.

**Ablösung,** *Strömungslehre:* das Abdrängen der Grenzschicht von der Oberfläche eines umströmten Körpers (→Grenzschichtbeeinflussung).

**Abrikossow, Abrikosov,** Alexei Alexejewitsch, russisch-amerikanischer Physiker, * Moskau 25.6.1928; ab 1965 Professor in Moskau; war bis zum Ende der Sowjetunion u.a. Leiter der Abteilung Theoretische Physik am ITEP (Institute of Theoretical and Experimental Physics) in Moskau; ging 1991 in die USA, wo er am Argonne National Laboratory (Illinois) gewirkt hat. Abrikossow lieferte Arbeiten zur Plasmaphysik, zur Anwendung der Quantenfeldtheorie in der statistischen Physik und zur Festkörperphysik. Von großer praktischer Bedeutung ist seine von der Ginsburg-Landau-Theorie ausgehende Theorie der →Supraleiter 2. Art, die er schon in den 1950er-Jahren formulierte. Für seinen entscheidenden Beitrag zum Verständnis von Supraleitung und Suprafluidität erhielt Abrikossow 2003 (mit W.L. Ginsburg und A.J. Leggett) den Nobelpreis für Physik.

**ABS,** Abkürzung für **A**nti**b**lockier**s**ystem, eine Regeleinrichtung im Bremssystem von Kraftfahrzeugen, die selbsttätig das Blockieren von Rädern verhindert und die Seitenführung aufrechterhält.

**Absättigung,** *Chemie:* Zustand der Bindung der größtmöglichen Zahl von Atomen an ein anderes Atom oder Molekül.

**Abschattung,** Behinderung der Ausbreitung von elektromagnetischen Wellen auf dem direkten Weg zwischen Sender und Empfänger durch künstliche oder natürliche Hindernisse (z.B. Hochhäuser, Berge).

**Abscheiden,** das Abtrennen von flüssigen oder festen Stoffen aus Gasen und Dämpfen oder von festen Stoffen aus Flüssigkeiten.

**Abschirmung, 1)** *Elektrodynamik:* **elektromagnetische Abschirmung,** das Fernhalten oder Einschließen elektrostatischer, magnetostatischer oder elektromagnetischer Felder beziehungsweise Strahlung von oder in einem begrenzten Gebiet, z. B. durch einen →Faraday-Käfig.

**2)** *Kern-* und *Strahlenschutztechnik:* Schutzmaßnahme gegen ionisierende Strahlung (→Strahlenschutz).

**Absetzbecken,** Sammelbecken zur Sedimentation von ungelösten absetzbaren Stoffen (→Abwasserreinigung).

**absoluter Nullpunkt,** der Nullpunkt der thermodynamischen Temperaturskala, festgelegt als 0 K (→Kelvin), 0 K = –273,15 °C; ist nach dem nernstschen Wärmetheorem (→Thermodynamik) nicht erreichbar (→Tieftemperaturphysik).

**absolute Temperatur,** vom →absoluten Nullpunkt aus in Kelvin gemessene Temperatur.

**Absorber** [englisch] *der,* im weiteren Sinn ein absorbierender (aufnehmender) Stoff, im engeren Sinn Bestandteil einer Absorptionskältemaschine (→Kältemaschine).

**Absorberstab,** *Kerntechnik:* Stab aus Neutronen absorbierendem Material zur Regelung der Reaktorleistung **(Regelstab, Steuerstab)** oder Abschaltung des Reaktors, d. h. Unterbrechung der Kernkettenreaktion **(Abschaltstab).**

**Absorption** [lateinisch] *die,* **1)** *Physik:* die Abschwächung einer Teilchen- oder Wellenstrahlung beim Eindringen in Materie. Die Energie der absorbierten Strahlung wird dabei in andere Formen, z. B. in Wärme, umgewandelt. Bei konstantem Absorptionskoeffizienten spricht man von linearer Absorption, hängt er dagegen von der Intensität der einfallenden Strahlung ab, liegt nichtlineare Absorption vor. Bei der Absorption von Licht gehen die Moleküle der durchstrahlten Materie zum Teil in angeregte Energiezustände über; dabei werden, abhängig vom Material, stets nur bestimmte Wellenlängen absorbiert. Aus den dunklen Linien und Banden in einem

**Absorber.** Absorber der Entschwefelungsanlage im Kraftwerk Lippendorf bei Leipzig (Nassentschwefelung)

**Absorptionsspektrum** kann man daher auf die Beschaffenheit der Materie schließen.

**2)** *physikalische Chemie:* das gleichmäßige Eindringen von Gasen (so genannten Absorbaten) in Flüssigkeiten oder Feststoffe (Absorptionsmittel, Absorbens); Gegensatz: Desorption. Bei der **physikalischen Absorption** gilt das **Henry-Gesetz,** nach dem bei konstanter Temperatur die Löslichkeit eines Gases proportional zu dessen Druck in der Gasphase ansteigt. Bei der **chemischen Absorption** findet zwischen Gas und Absorbens eine meist reversible chemische Reaktion statt. Die Absorption wird technisch z. B. für die Gasreinigung ausgenutzt.

**3)** *Physiologie:* Aufsaugung der von außen zugeführten Gase und Flüssigkeiten durch Haut und Schleimhäute (→Resorption).

**Absorptionsfilter,** ein →Lichtfilter.

**Absorptionslini|e,** Spektrallinie im Absorptionsspektrum, die Übergängen zwischen diskreten Energiezuständen des absorbierenden Mediums entspricht, z. B. die Fraunhofer-Linien im Sonnenspektrum.

**Abstammungslehre, Evolutionstheorie, Deszendenzlehre,** die Lehre, dass alle auf der Erde lebenden Organismen im Verlauf der erdgeschichtlichen Entwicklung aus primitiver organisierten Vorfahren entstanden sind. Die Abstammungslehre schließt auch den Gedanken an eine Weiter- und Höherentwicklung **(Evolution)** der Lebewesen ein, das heißt die Annahme, dass die heutigen unterschiedlichen Pflanzen- und Tierarten und auch der Mensch im Verlauf der erdgeschichtlichen Entwicklung aus sehr einfach organi-

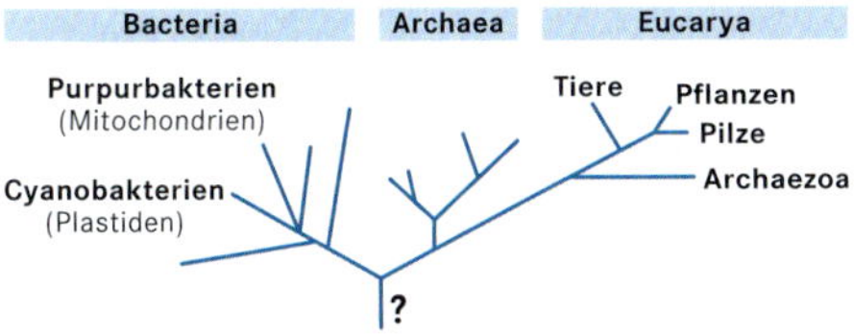


**Abstammungslehre.** Allgemeiner Stammbaum des Organismenreiches nach Sequenzvergleichen ribosomaler RNA: Aus den ersten Lebewesen (Protobionten) entwickelten sich die Archaebakterien (Archaea) und die echten Bakterien (Bacteria). Im Unterschied zu diesen Prokaryoten besitzen die Eukaryoten (Eucarya) einen Zellkern und Zellorganellen. Der Endosymbiontenhypothese zufolge haben sich im Laufe der Evolution aus den Purpurbakterien Mitochondrien, aus Cyanobakterien Plastiden entwickelt.

**Abstammungslehre**
→ GEO **Dossier**
Der Mann in Darwins Schatten, Bd. 6

**Abstammungslehre**
→ GEO **Dossier**
Die Arche von Manhattan, Bd. 6

**Abstammungslehre** Inseln als »Hot Spots« der Evolution

420

Als Darwin 1835 auf den Galápagos-Inseln landete, fand er eine Fülle von unbekannten Tierarten. Besondere Aufmerksamkeit schenkte der Naturforscher den dort lebenden Finken. Diese Darwinfinken stammen alle von einem gemeinsamen Vorfahren des südamerikanischen Festlands ab. Da wegen der räumlichen Isolation nur wenige Tierarten die Inseln erreichten, waren viele ökologische Nischen unbesetzt. Diese Umstände lieferten den nötigen »Raum« für die Artbildung bei den Finken. Durch Anpassung an unterschiedliche Nahrungsquellen veränderte sich die Schnabelform der Tiere beträchtlich. So gibt es unter den dreizehn Arten der Darwinfinken Körnerfresser (im Bild ein Kaktusfink) mit starken, kurzen und Spechtfinken mit langen, spitzen Schnäbeln. Eine Besonderheit sind die Vampirfinken, die sich vom Blut verwundeter Seevögel ernähren. Die Aufspaltung eines Grundbauplans in zahlreiche Lebensformen, wie sie bei den Darwinfinken beobachtet werden kann, nennt man in der Biologie »adaptive Radiation«.

Die Bedeutung der **Abwasserreinigung** bewertete Winston Churchill folgendermaßen:

*»Ich kann wenig Glanz an einem Weltreich erkennen, das zwar die Wogen regieren, aber seine Abwässer nicht beseitigen kann.«*

sierten, primitiven Vorfahren entstanden sind **(Evolutionstheorie).** Sie steht im Gegensatz zur Vorstellung von der Unveränderlichkeit beziehungsweise Konstanz der Arten, die von einem einmaligen oder mehrmaligen Schöpfungsakt ausgeht. Der Gedanke, dass die Lebewesen über eine kontinuierliche Entwicklung voneinander abstammen, ist schon sehr alt. Bereits griechische Naturphilosophen des Altertums waren dieser Meinung. Als eigentlicher Begründer der Abstammungslehre gilt jedoch J.-B. de Lamarck. Der nach ihm benannte **Lamarckismus** schreibt den Tieren einen inneren Vervollkommnungsdrang zu. Nach Lamarck bilden sich bei einem Lebewesen ungebrauchte Organe zurück, während sich häufig gebrauchte weiterentwickeln. Ein bekanntes Beispiel stellt nach dieser Theorie die Giraffe dar: Um an das Laub der Bäume heranzukommen, mussten deren Vorfahren ihren Hals strecken. Durch den inneren Vervollkommnungsdrang und den dauernden Gebrauch wurde der Hals immer länger, was sich dann auf die Nachkommen vererbt haben soll. Lamarcks Theorie von der Vererbbarkeit von Reaktionen des Organismus auf Umweltbedingungen, wie sie unter verstärkter Einbeziehung psychischer Faktoren auch noch bis ins 20. Jahrhundert hinein vom Neolamarckismus vertreten wurde, gilt heute als widerlegt. Die Abstammungslehre war um 1830 Gegenstand heftiger Diskussionen (Pariser Akademiestreit). Ein Gegner der durch E. Geoffroy Saint-Hilaire vertretenen Abstammungslehre, der Anatomieprofessor und Mitbegründer der Paläontologie G. Baron de Cuvier, entwickelte die so genannte **Katastrophentheorie.** Danach würden die Lebewesen periodisch durch Weltkatastrophen vernichtet und anschließend wieder neu erschaffen. Mitte des 19. Jahrhunderts konnte sich die Abstammungslehre jedoch durchsetzen, was in erster Linie ein Verdienst von C. Darwin war, der mit seiner Selektionstheorie die Abstammungslehre wissenschaftlich untermauern konnte (→Darwinismus). Durch mannigfache Forschungsergebnisse aus vergleichender Anatomie (auch unter Berücksichtigung von Fossilien), Physiologie, Molekularbiologie und Biochemie wurde die Evolutionstheorie seither bestätigt.

**Abstammungsnachweis,** *Zoologie:* Ahnen- und Leistungsnachweis von Zuchttieren.

**Abstimmung,** die Einstellung eines elektrischen Schwingkreises auf die Frequenz des zu empfangenden Senders.

**Abstreifreaktion, Strippingreaktion,** Kernreaktion, bei der ein mit einem Deuteron beschossener Atomkern dessen Neutron oder Proton absorbiert und das andere Nukleon streut.

**Abstumpfen,** *Chemie:* das Vermindern der Konzentration von Wasserstoff- oder Hydroxidionen durch →Puffer.

**Abtasten,** englisch **Sampling,** *Messtechnik:* punktweises Aufnehmen von Informationen mittels elektrischer, magnetischer, optischer (→Scanning) u. a. Methoden; in der Nachrichtenverarbeitung die Entnahme von Momentanwerten eines Signals zu bestimmten Zeitpunkten.

**Abteilung,** *Biologie:* **Divisio,** systematische Kategorie des Pflanzen- und Tierreichs, die in einzelne Stämme zerfällt.

**Abundạnz,** *Biologie:* durchschnittliche Individuenzahl einer Pflanzen- oder Tierart in einer bestimmten Flächen- oder Raumeinheit.

**Abwärme, Abhitze,** als Nebenprodukt anfallende Restwärme in Flüssigkeit (Kühlwasser), Dampf oder Gas nach Austritt aus Kraftmaschinen oder Apparaten nach Hochtemperaturprozessen. Sie wird z. B. genutzt zur Kühlung, zur Heizung, zur Vorwärmung von Kesselspeisewasser oder zur Erzeugung mechanischer Energie (→Kraft-Wärme-Kopplung). Abwärme kann Gewässer erwärmen und das Klima belasten.

**Abwasser,** das durch häuslichen, gewerblichen und industriellen Gebrauch verunreinigte abfließende Wasser (Schmutzwasser), auch das Niederschlagswasser aus dem Bereich von Ansiedlungen. Der Grad der Belastung des Abwassers **(Abwasserlast)** kann u. a. durch den →biochemischen Sauerstoffbedarf (BSB), den →chemischen Sauerstoffbedarf (CSB) und den Anteil an absetzbaren Stoffen ausgedrückt werden.

**Abwasserreinigung,** die Reinigung der Abwässer in Kläranlagen vor ihrer Einleitung in einen Wasserlauf (Vorfluter). Städtische Abwässer enthalten außer Sandbeimengungen grobe, schwimmende Schmutzstoffe, faulende Stoffe, Schlamm bildende Schwebstoffe, gelöste organische Stoffe und Bakterien. Bei der **mechanischen Abwasserreinigung** werden die ungelösten Stoffe abgeschieden. Grobe Verunreinigungen werden durch Rechen zurückgehalten, der Sand im Sandfang, der Schlamm im Klär- oder Schlammabsatzbecken ausgeschieden. Vorklärbecken dienen der Entfernung von Sinkstoffen aus dem Abwasser. Die nach der mechanischen Abwasserreinigung noch enthaltenen gelösten, fäulnisfähigen organischen Stoffe werden bei der **biologischen Abwasserreinigung** durch die im Abwasser befindlichen Bakterien abgebaut. In Tropfkörperanlagen rieselt das Abwasser über Brockenmaterial, das mit Bakterien bedeckt ist. Beim **Belebtschlammverfahren** wird das Abwasser mit Bakterienschlamm versetzt, der durch Gebläse belüftet wird und im Nachklärbecken sedimentiert. Der anfallende Schlamm muss in Faulräumen bei etwa 35 °C ausgefault werden. Das dabei entstehende Methan (→Biogas) wird als Heiz- oder Treibgas nutzbar gemacht.

**Abwehr,** *Biologie:* Verhaltensweisen, durch die ein Organismus Gefahren oder Bedrohungen durch Feinde oder Konkurrenten von sich abzuwenden sucht.

**Abyssal** [griechisch] *das,* Bereich der Tiefsee (etwa unterhalb 1 000 m Tiefe). **abyssisch,** aus der Tiefe der Erde oder des Meeres stammend, in der Tiefsee befindlich.

**Abzug,** *Chemie:* **Kapelle, Digestor,** mit einem Schiebefenster verschließbarer und mit einem Ableitungsrohr versehener Experimentierraum in chemischen Laboratorien.

**Abzyme,** monoklonale Antikörper mit enzymatischer Aktivität; sie besitzen gegenüber herkömmlichen Enzymen eine stark erhöhte Substratspezifität.

**Ac,** chemisches Symbol für →Actinium.

**AC** [Abkürzung für **a**lternating **c**urrent], englische Bezeichnung für →Wechselstrom.

100562

**Abwasserreinigung.** Biologische Wasserreinigung in den Belebungsbecken eines Klärwerkes

**Acet|aldehyd** *der,* **Ethanal, Äthanal,** farblose, brennbare Flüssigkeit, Siedepunkt 21 °C, Zwischenprodukt der alkoholischen Gärung; verwendet zur Herstellung von Essigsäure und Essigsäureanhydrid. Technisch durch Oxidation von Ethylen in wässriger Lösung gebildet.

**Acetale** [neulateinisch], farblose, angenehm riechende Flüssigkeiten, die durch Reaktion von Aldehyden mit Alkoholen entstehen. Der Alkohol wird zunächst unter Bildung eines Halbacetals addiert (Addition). Aus diesem entsteht durch weitere Reaktion mit Alkohol das Acetal (ein Diether), wobei Wasser abgespalten wird. Acetale kommen in Duftstoffen und im Bukett alkoholischer Getränke vor.

**Acetat** *das,* **Azetat,** Salz beziehungsweise Ester der Essigsäure.

**Aceton** *das,* **Dimethylketon, Propanon,** einfachstes, aber technisch bedeutendstes →Keton. Farblose, brennbare Flüssigkeit, Siedepunkt 56 °C; technisch gewonnen durch Oxidation von Propylen an Katalysatoren, Dehydrierung von Isopropylalkohol und als Nebenprodukt bei der Phenolherstellung. Aceton ist Lösungsmittel für Lacke, Fette, Harze, Acetylen (Dissousgas) und Grundstoff für chemische Synthesen.

Aceton ist bei Mensch und Tier ein Zwischenprodukt des Stoffwechsels; bei Hungerzuständen und Krankheit (v. a. bei Diabetes mellitus) wird es mit anderen →Ketonkörpern verstärkt gebildet und kann vermehrt in Blut **(Ketonämie)**, Urin **(Ketonurie)** und Atem auftreten.

**Acetylcellulose,** ein →Celluloseester.

**Acetylen** *das,* **Ethin, Äthin,** ungesättigter, gasförmiger Kohlenwasserstoff, erstes Glied der →Alkine; als reines Acetylen fast geruchlos, giftig, mit hell leuchtender, sehr heißer Flamme brennend, unter Druck stehend

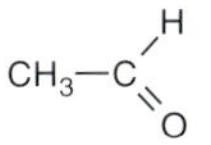

**Acetaldehyd**

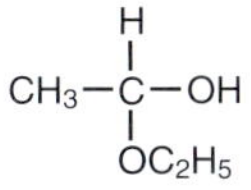

Halbacetal

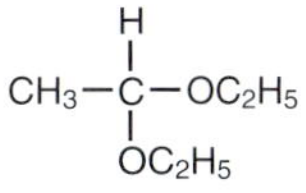

Acetal

**Acetale**

HC≡CH

**Acetylen**

$CH_2{=}CH{-}CN$
**Acrylnitril**

$CH_2{=}CH{-}COOH$
**Acrylsäure**

und im Gemisch mit Luft hochexplosiv. Acetylen wird durch Zersetzen von Calciumcarbid mit Wasser hergestellt, heute großtechnisch durch Hochtemperaturpyrolyse von Kohlenwasserstoffen, z. B. von Erdgas. Acetylen wird als Brenngas zum autogenen Schweißen und Schneiden verwendet. Die Bedeutung von Acetylen als Ausgangsstoff für chemische Stoffe ist stark zurückgegangen, seit andere Verfahren auf der Basis von Ethylen oder Propylen für Acetylenfolgeprodukte entwickelt wurden.

**Acetylierung** *die,* chemische Reaktion, bei der eine Acetylgruppe in eine organische Verbindung eingeführt wird.

**Acetylsalicylsäure,** →Salicylsäure.

**Achäne** [griechisch] *die,* einsamige Schließfrucht der Korbblütler (z. B. Sonnenblume, Löwenzahn).

**Achard,** Franz Carl, deutscher Physiker und Chemiker, *Berlin 28. 4. 1753, †Kunern (heute Konary; Schlesien) 20. 4. 1821; entwickelte die industrielle Gewinnung von Zucker aus Rüben und gründete 1801 die erste Zuckerfabrik.

**ACHEMA,** →DECHEMA.

**Achse, 1)** *Botanik:* der die Blätter tragende Teil des Sprosses (Stängel, Stamm), auch der Wurzelstock als unterirdischer Abschnitt der Achse.

**2)** *Kristallografie:* die Koordinatenachse, Symmetrieachse und optische Achse der Kristalle.

**3)** *Optik:* **optische Achse,** Gerade, die durch die Krümmungsmittelpunkte der Linsen und Spiegel eines optischen Systems verläuft.

**4)** *Physik:* gedachte Gerade, um die sich ein Körper oder ein System dreht (Dreh- oder Rotationsachse).

**Achsel,** *Botanik:* Blattwinkel; **achselständig,** im Blattwinkel wachsend.

**Achterschale,** vollbesetzte Schale von Valenzelektronen im Atom, die z. B. in den Atomen der Edelgase realisiert ist.

**Acidimetrie** [lateinisch-griechisch] *die, Chemie:* Verfahren der →Maßanalyse zur Bestimmung der Säurekonzentration durch (genau eingestellte) Laugen.

**Acidität** [lateinisch] *die, Chemie:* Fähigkeit einer chemischen Verbindung, in wässriger Lösung Wasserstoffionen (Protonen) abzuspalten; speziell ein Maß für die Säurestärke einer Lösung, ausgedrückt durch Konzentrationsmaße für die gelöste Säure oder den pH-Wert der Lösung.

**acidophil,** 1) Eigenschaft von Pflanzen, die sauren Boden bevorzugen; 2) mit sauren Farbstoffen färbbar.

**Acrylamid, Acrylsäureamid,** zu den Amiden gehörende chemische Verbindung der Formel $CH_2{=}CH{-}CO{-}NH_2$, die durch Hydrolyse von Acrylnitril hergestellt und zur Produktion von Polyacrylamid und Copolymeren verwendet wird.

Acrylamid hat sich im Tierversuch als erbgut- und nervenschädigend sowie Krebs erregend erwiesen, 1994 wurde es von der WHO als wahrscheinlich Krebs erregend eingestuft. Die zulässige Höchstmenge für Menschen beträgt laut WHO 1 µg/kg Körpergewicht am Tag. Acrylamid kann sich in stärkehaltigen Nahrungsmitteln durch Erhitzen über 120 °C bilden.

**Acrylglas,** organische Kunstgläser aus →Polymethacrylaten.

**Acrylharze,** →Polyacrylharze.

**Acrylnitril, Acrylsäurenitril,** wichtiger Rohstoff für Acrylfasern, Kunststoffe und Kautschuk, katalytisch hergestellt aus Propylen mit Ammoniak und Sauerstoff. Das Atemgift Acrylnitril zählt zu den Krebs erzeugenden Arbeitsstoffen.

**Acrylsäure,** Propensäure, die einfachste ungesättigte Carbonsäure. Wichtiger Rohstoff für Anstriche und Klebstoffe.

**Actiniden,** veraltet für →Actinoide.

**Actinium** [griechisch] *das,* **Ac,** sehr seltenes radioaktives metallisches Element aus der 3. Nebengruppe des Periodensystems, Ordnungszahl 89, relative Atommasse 227,028, Dichte 10,07 g/cm³, Schmelzpunkt 1 050 °C, Siedepunkt (3 200 ± 300) °C; chemisch dem Lanthan ähnlich. Das längstlebige Isotop $^{227}$Ac (Halbwertszeit 21,8 Jahre) ist Zerfallsprodukt von Uran 235, $^{228}$Ac kommt in der Thoriumreihe vor; es sind 26 Isotope mit Massenzahlen von 209 bis 232 bekannt.

**Actinoide,** die chemischen Elemente 89 bis 103, chemisch den Lanthanoiden verwandt. Die meisten Transurane sind Actinoide.

**actio = reactio** [lateinisch »Wirkung = Gegenwirkung«], das newtonsche Reaktionsprinzip der Mechanik (→newtonsche Axiome).

**acyclische Verbindungen,** →azyklische Verbindungen.

**Acylierung,** chemische Reaktion, bei der eine Acylgruppe in eine organische Verbindung eingeführt wird.

**Adaptation,** *Biologie:* die biologische →Anpassung, z. B. des Auges an die jeweilige Helligkeit.

**adaptive Optik,** abbildendes optisches System zur Korrektur von optisch wirksamen Veränderungen in seinem Strahlengang; Entwicklungsrichtung der modernen Hochleistungsoptik. Adaptive optische Systeme gewährleisten die Echtzeitkontrolle und Veränderung von Parametern des optischen Wellenfeldes; z. B. können zur Erhöhung des Auflösungsvermögens optischer Teleskope die durch die Luftunruhe (Szintillation) bewirkten Deformationen der von einem Stern ausgehenden Wellenfronten durch computergesteuerte mechanische Formveränderung von Spiegeln kompensiert werden. Neben den Anwendungen in der Astronomie (besonders bei Großteleskopen) wird die adaptive Optik z.B. in der Lasertechnologie und Mikroskopie eingesetzt.

**Adaptronik** [Kunstwort aus adaptiv und Elektronik], interdisziplinäres Forschungsgebiet, das sich mit multifunktionellen technischen Strukturen und Systemen beschäftigt. Adaptive Systeme sind in der Lage, sich wechselnden Betriebsbedingungen aktiv anzupassen; man spricht daher auch von »intelligenten« Systemen. Ein großes Einsatzpotenzial für adaptive Systeme wird in der Sicherheitstechnik, der Schwingungsdämpfung, der adaptiven Optik und der Medizin gesehen. Wichtige Impulse für die Adaptronik kommen v.a. aus der Werkstoffforschung, die Materialien mit geeigneten Eigenschaften entwickelt (z.B. Memorylegierungen, Polymer- und Keramikwerkstoffe mit Gedächtniseffekten, piezoelektrische Materialien).

**Addition,** in der organischen Chemie eine Reaktion, bei der Atome oder Atomgruppen an ein Molekül mit Doppel- oder Dreifachbindung angelagert werden. Die sich anlagernde Verbindung (z.B. $Br_2$) wird dabei aufgespalten und die Doppelbindung unter Aufhebung der $\pi$-Bindung in eine Einfachbindung umgewandelt (oder die Dreifach- in eine Doppelbindung), z.B. bei der Addition von Brom an Ethylen.

**Adenin** [griechisch] *das,* verbreitete Purinbase, Bestandteil der →Nukleinsäuren u.a. biologisch wirksamer Stoffe.

**Adenosin** [griechisch] *das,* organische Verbindung aus Adenin und D-Ribose. **Adenosintriphosphat (ATP)** spielt als chemisch gespeicherter Energievorrat der lebenden Zelle eine wesentliche Rolle bei vielen Energie verbrauchenden Reaktionen.

**Adenoviren** [griechisch-lateinisch], Gruppe von DNA-haltigen Viren, rufen u.a. Entzündungen der oberen Luftwege und der Bindehaut des Auges hervor.

**Adler.** Schreiadler (Größe 61–66 cm)

## Adenosin Sandmann im Gehirn

Wir schlafen ein, wenn unser 24-Stunden-Rhythmus im Gehirn auf Schlaf steht und wenn sich gleichzeitig im Hirnstamm die Substanz Adenosin anhäuft. Angeregt durch körperliche Aktivitäten, wird Adenosin während des Tages von bestimmten Zellen des Hirnstamms freigesetzt. Dockt Adenosin an bestimmten Rezeptoren von Nervenzellen (Adenosin-Rezeptoren Typ A1) an, verringert sich deren Aktivität. Dadurch wird eine Kettenreaktion ausgelöst, die sich auch auf andere Hirnteile auswirkt und schläfrig macht. Ein Inhaltsstoff des Baldrians (ein Lignan) bindet ebenfalls an den Adenosin-Rezeptor und wirkt deshalb beruhigend und schlaffördernd. Dagegen halten Kaffee oder schwarzer Tee wach, weil das enthaltene Koffein den Adenosin-Rezeptor blockiert und dadurch für das Schlafmolekül Adenosin unzugänglich macht.

**Ader** [mittelhochdeutsch »Eingeweide«], *Elektrotechnik:* Strom führender metallischer Teil isolierter Leitungen.

**Adhäsion** [lateinisch] *die,* das Aneinanderhaften von verschiedenen Stoffen infolge molekularer Anziehungskräfte. Beispiele sind Adsorption, Haftreibung, Kleben oder die Benetzung fester Körper mit Flüssigkeiten. Der Zusammenhalt von Molekülen des gleichen Stoffes beruht auf der →Kohäsion.

**adiabatischer Prozess** [griechisch], physikalische oder chemische Zustandsänderung (z.B. Kompression eines Gases), die so schnell verläuft oder so gut isoliert ist, dass während ihres Ablaufs keine Wärme zwischen dem System und der Umgebung ausgetauscht wird. Im Zustandsdiagramm (z.B. *p-V*-Diagramm) beschreibt die **Adiabate** eine Kurve, die Zustände gleicher Entropie verbindet.

**Adler,** Gattung der Greifvögel mit 11 Arten, die hauptsächlich in Europa, Asien und Afrika verbreitet sind. Der **Steinadler** (Aquila chrysaetus), bis 88 cm groß, ist in Europa, Asien und Nordwestafrika heimisch, in Deutschland kommt er noch in den Alpen vor. Ihm ähnlich ist der bis 83 cm große **Kaiseradler** (Aquila heliaca), in Spanien und Südosteuropa. Kleiner sind der im östlichen Mitteleuropa vorkommende **Schreiadler** (Aquila pomarina), bis 66 cm groß, und der bis 73 cm große **Schelladler** (Aquila clanga). Diesen Echten Adlern ähnlich sind der **Schlangenadler** (Circaetius gallicus), der **Seeadler** und der **Fischadler**, die anderen Gattungen angehören. Alle Adler jagen selbst, sie gehen selten an Aas. Hauptbeute sind Wirbeltiere, die sie auch aus großer Höhe erspähen. Ihr Bestand ist durch menschlichen Einfluss gefährdet.

**Adlerfarn, Pteridium aquilinum,** bis über 2 m hoher Wald- und Heidefarn mit tief liegendem Wurzelstock. **Adlerfarnvergiftung** tritt besonders bei Jungrindern nach längerer Aufnahme von Adlerfarn ein (Harnbluten).

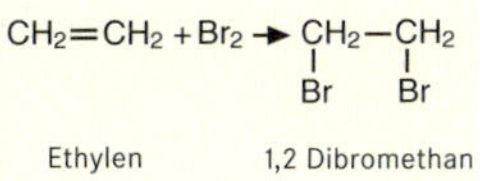


**Addition**

**Adhäsion**
→ GEO **Dossier**
Von Menschen, die alles wissen wollen, Bd. 6

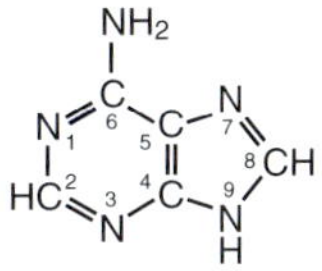


**Adenin**

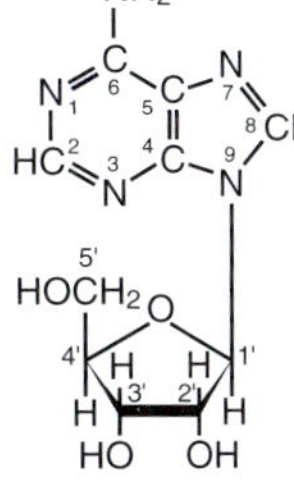


**Adenosin**

**Admittanz** [lateinisch] *die, Elektrotechnik:* der →Scheinleitwert.

**ADR** [Abkürzung für **A**stra **D**igital **R**adio, »Astra digitales Radio«], ein digitales Verbreitungssystem frei empfangbarer privater und öffentlich-rechtlicher Radioprogramme (→digitaler Hörfunk) sowie kommerzieller Radiosender über die Astra-Satelliten 1 A, 1 B, 1 C und 1 D (→Astra), das vermutlich mit dem Auslaufen der analogen TV-Programme eingestellt wird. Ersatz bieten wird der heute schon weiter verbreitete Standard →DVB-S,

**Adrian** ['eɪdrɪən], Edgar Douglas Lord, britischer Physiologe, *London 30. 11. 1889, †Cambridge 4. 8. 1977; betrieb Forschungen über Nervenerregungen. 1932 erhielt er für seine Entdeckungen zur Funktion der Neuronen (mit Sir C. S. Sherrington) den Nobelpreis für Physiologie oder Medizin.

**ADSL** [Abkürzung für englisch **a**symmetric **d**igital **s**ubscriber **l**ine »asynchroner digitaler Teilnehmeranschluss«], Verfahren, das Hochgeschwindigkeitsübertragungen von digitalen Signalen über ein gewöhnlich verdrilltes (»twisted pair«) Kupfertelefonkabel erlaubt (→DSL). Die Daten werden asymmetrisch, also je nach Richtung unterschiedlich schnell (zum Nutzer bis zu 24 Mbit/s, vom Nutzer bis zu 3,6 Mbit/s), übertragen.

**Adsorption** [lateinisch] *die,* Anlagerung von Gasen oder gelösten Stoffen (Adsorbat) an der Oberfläche fester Körper (Adsorbens). Das Adsorbat kann durch Molekularkräfte (Physisorption) oder chemisch gebunden sein (Chemisorption). Besonders starke Adsorption zeigen Stoffe mit großer innerer Oberfläche wie Aktivkohle, Kieselgel, Molekularsiebe oder Zeolithe. Von technischer Bedeutung ist die Adsorption z. B. bei biologischen Prozessen, der Katalyse, der Klärung von Lösungen beziehungsweise der Abwasserreinigung und der Erzeugung von Hochvakua.

**ADU,** Abkürzung für →**A**nalog-**d**igital-**U**msetzer.

**adult** [lateinisch], *Biologie* und *Medizin:* ausgewachsen, geschlechtsreif.

**Advanced Photo System** [əd'vɑ:nsd 'fəʊtəʊ 'sistɪm, englisch], Abkürzung **APS,** ein umfassendes Kleinbildfotosystem, das spezielle APS-Kameras, Geräte für das Fotofinishing, Film und Hochleistungsgeräte für die Bildwiedergabe und Betrachtung vereint. Durch das Aufkommen der Digitalfotografie hat es jedoch an Bedeutung verloren.

**Adventivbildungen.** Blattsteckling der Begonie mit Adventivsprossen, die aus je einer einzigen Oberhautzelle hervorgehen

**Adventivbildungen,** seitliche Pflanzenorgane, die nicht an einer der gewohnten Stellen aus teilungsfähigem Dauergewebe entstehen **(Adventivknospen, -sprosse, -wurzeln),** z. B. bei der Vermehrung durch Stecklinge (z. B. Blattsteckling der Begonie).

**Adventivpflanzen,** Pflanzenarten eines Gebiets, die dort nicht schon immer vorkamen, sondern absichtlich als Zier- oder Nutzpflanzen eingeführt oder unabsichtlich eingeschleppt wurden.

**A-D-Wandler,** Kunstwort für Analog-digital-Wandler (→Analog-digital-Umsetzer).

**A|erobi|er, Aerobionten,** Mikroorganismen, die nur mit Sauerstoff (aerob) leben können; Gegensatz: Anaerobier.

**A|erodynamik** [griechisch], die Lehre von den Bewegungsgesetzen der Gase; im weiteren Sinn Mechanik der Gase, im engeren Sinn beschränkt auf den inkompressiblen Bereich (→Strömungslehre, →Gasdynamik).

**A|eroelastizität, Aeroelastik,** Spezialgebiet der Mechanik zur Beschreibung der elastischen Verformungen von Flugzeugen und deren Bauteilen, u. a. durch aerodynamische Kräfte und elastische Rückstellkräfte.

**A|erogele,** sehr poröse (typische Porosität bis 98 %), transparente Schäume aus Quarz mit sehr guter Wärmedämmung. Aerogele werden im Bauwesen oder als Strahlungsdetektoren verwendet.

**A|eromechanik** [griechisch], Lehre der ruhenden (Aerostatik) und der bewegten Gase (Aerodynamik).

**A|erosol** [zu lateinisch solutus »aufgelöst«] *das,* Bezeichnung für ein Gas (insbesondere Luft), das feste oder flüssige Schwebstoffe von maximal etwa 100 μm Durchmesser enthält (z. B. Rauch, Staub, Nebel). Aerosole spielen als Kondensationskeime eine wichtige Rolle im Wettergeschehen. Künstliche Aerosole werden z. B. zu Inhalationen und zur Schädlingsbekämpfung verwendet (→Spray, →Luftverschmutzung).

**A|erostatik** [griechisch] *die,* Lehre von den Gleichgewichtszuständen ruhender Gase unter Einwirkung äußerer Kräfte, besonders der Schwerkraft.

**Affen, Simiae,** Unterordnung der Herrentiere, umfasst die Tierarten, die dem Menschen am nächsten verwandt sind. Die kleinsten Affen sind nur etwa rattengroß, die größten größer als ein kräftiger Mann. Affen sind meist Baumtiere, nur einige, wie die Paviane, leben in Felslandschaften. Das Gehirn (besonders die Großhirnrinde) ist sehr stark entwickelt, daher beachtliche geistige Fähigkeiten (großes Lernvermögen), lebhaftes Mienenspiel und hohe stimmliche Äußerungskraft. Hand und Fuß (Greiffuß) haben weit abspreizbare Daumenzehen (»Vierhänder«). Die meisten Affen leben als Herdentiere in Vielehe. Ihre Nahrung ist überwiegend pflanzlich. Zu den in Afrika, Gibraltar und in den Tropen und Subtropen Asiens heimischen **Schmalnasenaffen (Altweltaffen** oder **Catarrhina)** gehören die **Tieraffen** mit den Makaken, Stummelaffen, Pavianen, Meerkatzen sowie die **Menschenaffen** mit Gibbons, Orang-Utans, Schimpansen und Gorillas; sie haben eine schmale Nasenscheidewand und einen nicht greiffähigen (oder keinen) Schwanz. Zu den **Breitnasenaf-**

**fen (Neuweltaffen** oder **Platyrrhina, Ceboidea)** gehören u. a. die Kapuzineraffen, Brüllaffen und Klammeraffen in Süd- und Mittelamerika, die eine breite Nasenscheidewand und einen meist greiffähigen Schwanz haben.

**Affenbrotbaum, Adansonia,** Wollbaumgewächsgattung in Afrika und Australien; Steppenbäume mit dickem, Wasser speicherndem Stamm; der **Afrikanische Affenbrotbaum (Baobab,** Adansonia digitata) hat gurkenförmige essbare Früchte mit haselnussgroßen, nierenförmigen, fettreichen Samen.

**Affinität,** Maß für das Bestreben zweier Stoffe, miteinander zu reagieren; auch Bezeichnung für die »chemische Triebkraft«, die zur Verbindung chemischer Elemente und Moleküle zu neuen Stoffen führt.

**Aflatoxine,** Pilzgifte, besonders der Schimmelpilzart **Aspergillus flavus,** die sich u. a. in Getreide und Nüssen bilden; wirken leberschädigend, Krebs erregend.

**Afterburner** [ˈɑ:ftəbə:nə, englisch] *der,* der Nachbrenner bei Turbinenluftstrahltriebwerken (→Nachverbrennung).

**Aft-Fan-Triebwerk** [ˈɑ:ftfæn-, englisch], ein →Strahltriebwerk.

**Ag,** chemisches Symbol für →Silber (lateinisch Argentum).

**Agamogonie** [griechisch] *die,* ungeschlechtliche oder vegetative Fortpflanzung, z. B. durch Zweiteilung einzelner Zellen.

**Agave** [griechisch] *die,* Pflanzengattung mit etwa 300 Arten in subtropischen und tropischen Trockengebieten Amerikas; Rosettenpflanzen mit bedornten, dickfleischigen Blättern, die oft ein hohes Alter erreichen, bevor sie blühen und nach der Fruchtreife absterben. In Mexiko wird der Saft zu alkoholischen Getränken vergoren (z. B. Pulque). Die Faser der **Sisalagave** (Agave sisalana) liefert Sisalhanf.

**Agenda 21,** Aktionsprogramm zu Umwelt- und Entwicklungsvorhaben der UN für das 21. Jahrhundert, in dessen 40 Kapiteln Regeln für die nachhaltige Nutzung aller natürlichen Ressourcen festgelegt sind; auf der UN-Konferenz für Umwelt- und Entwicklung in Rio de Janeiro 1992 diskutiert und angenommen. Die Agenda 21 enthält detaillierte Handlungsempfehlungen für die Sicherung einer lebenswerten Welt für heutige und künftige Generationen. Auf nationaler und auf kommunaler Ebene erstellte Aktionspläne sollen zur Umsetzung der Agenda 21 beitragen. (→nachhaltige Entwicklung)

**Affen.** Orang-Utans bei der Fellpflege

**Affen Vorausplaner**

Affen können anscheinend auch vorausplanen; diese Fähigkeit hatte man bisher nur den Menschen zugeschrieben. Forscher vom Max-Planck-Institut für evolutionäre Anthropologie in Leipzig beobachteten an Orang-Utans und Bonobos des Leipziger Zoos, dass diese nützliche Werkzeuge aufbewahren, die sie eventuell zu einem späteren Zeitpunkt bei der Nahrungsbeschaffung gebrauchen könnten. In ihren Experimenten brachten die Wissenschaftler ihren Probanden zunächst bei, wie sie sich eine vor dem Käfig aufgehängte Saftflasche mit einem Haken heranholen können. Etwas später konnten die Tiere dann ein Werkzeug aus mehreren auswählen, bevor sie in einen Warteraum kamen. Nach einer Stunde ging es zurück in den Käfig, und wer nun das passende Werkzeug dabei hatte, konnte sich eine Flasche als Belohnung angeln. Selbst wenn die Affen im Verlauf des Experiments eine Nacht geschlafen hatten, brachten sie meist das richtige Werkzeug mit. Affen ohne Beteiligung an dem Versuch trugen deutlich seltener Werkzeuge mit sich herum – selbst wenn sie für den Transport eines nützlichen Werkzeugs eine Belohnung erhielten.

**Aggregat** [lateinisch aggregare »anhäufen«] *das, Technik:* Maschinensatz aus zwei oder mehreren gekoppelten Maschinen.

**Aggregation,** *Chemie:* Zusammenlagerung von Atomen, Molekülen und/oder Ionen zu einem größeren Verband (Aggregat).

**Aggregatzustand,** von Druck und Temperatur abhängige Zustandsform der Materie, nach Beweglichkeit, Ordnungsgrad und Wechselwirkung ihrer Bausteine (Atome, Moleküle, Ionen) unterschieden in →Festkörper, →Flüssigkeit, →Gas oder →Plasma. Der **feste Aggregatzustand** zeichnet sich durch Formbeständigkeit sowie hohe Elastizität aus. Festkörper können kristallin (→Kristall) oder amorph beschaffen sein. Im **flüssigen Aggregatzustand** sind die Atome beziehungsweise Moleküle gegeneinander verschiebbar, sodass eine Flüssigkeit zwar ein bestimmtes Volumen, jedoch keine feste Gestalt hat. Der **gasförmige Aggregatzustand** ist durch die weitgehend unabhängige Bewegung der einzelnen Moleküle charakterisiert; ein gegebener Raum wird völlig ausgefüllt. Die Druck- und Temperaturgebiete, in denen die einzelnen Aggregatzustände stabil sind, werden im →Zustandsdiagramm ausgewiesen. Steigert man die Temperatur über den kritischen Punkt (→kritischer Zustand), so bildet sich der Plasmazustand aus.

100001

**Ähre.** Weizenähre

100562

**Peter Agre**

**Aggression,** *Psychologie:* affektbedingtes Angriffsverhalten, zum Teil (Psychoanalyse, Verhaltensforschung) auf einen angeborenen Aggressionstrieb **(Aggressivität),** zum Teil auf Versagungen (Frustrationen) oder auch auf milieubedingte Verhaltensprägungen zurückgeführt.

**agonistisches Verhalten,** Sammelbezeichnung für alle Verhaltensweisen bei Tieren, die gegen Artgenossen eingesetzt werden, wenn diese das eigene Verhalten stören, Ressourcen beanspruchen oder eine gewisse räumliche Distanz unterschreiten. Agonistisches Verhalten besteht aus zwei gegensätzlichen Komponenten, dem aggressiven Verhalten (Angriff) und dem defensiven Verhalten (Flucht). Mit beiden Strategien lassen sich Störungen abwenden beziehungsweise lässt sich der notwendige räumliche Abstand (Individualdistanz) wiederherstellen. Zum **aggressiven Verhalten** gehören Annähern, Imponieren, Drohen, Angreifen, Kämpfen, Abwehren usw. **Defensives Verhalten** besteht z. B. aus Unterwerfen, Beschwichtigen, Ausweichen, Wegsehen, Fliehen. Agonistisches Verhalten sichert die lebensnotwendigen Ansprüche wie Nahrung, Territorium, Fortpflanzungspartner, Betreuung der Jungen und auch Unversehrtheit des eigenen Körpers. Der Aufbau und die Aufrechterhaltung von Rangordnungen basiert ebenfalls auf agonistischem Verhalten. Ranghohe Tiere zeigen überwiegend aggressive und rangniedere eher defensive Verhaltensweisen.

Beide Strategien, Kampf oder Flucht, sind ebenbürtig und wertfrei zu betrachten, dürfen nicht anthropomorph mit »mutig und stark« oder »schwach und feige« gleichgesetzt werden. Welche Verhaltensstrategie angewandt wird, hängt von der Qualität der Ressource und der jeweiligen Motivation ab. So wird ein hungriges Tier bei der Annäherung von Artgenossen seine Beute vehement verteidigen und ein sattes sie kampflos überlassen.

**Agre,** Peter, amerikanischer Chemiker und Mediziner, *Northfield (Minnesota) 30. 1. 1949; Chemiestudium am Augsburg College in Minnesota, danach Medizinstudium an der Johns-Hopkins-Universität in Baltimore (Maryland), seit 1993 Professor am Institut für Biochemie und am Medizininstitut. In Baltimore fand er Ende der 1980er-Jahre die (später) als →Aquaporine bezeichneten Kanäle, durch die das Wasser in die Körperzellen des Menschen geschleust wird. 2000 veröffentlichte er gemeinsam mit anderen Forschergruppen die dreidimensionale Struktur des Proteins. Für die Entdeckung des Aquaporins erhielt er 2003 den Nobelpreis für Chemie (gemeinsam mit Roderick MacKinnon).

**Agricola,** Georgius, eigentlich Georg Bauer **Pawer,** deutscher Humanist, Arzt, Mineraloge, *Glauchau 24. 3. 1494, † Chemnitz 21. 11. 1555; Forscher und Darsteller der Mineralogie (als deren Begründer er gilt), der Bergbau- und Hüttenkunde des 16. Jahrhunderts.

**Agrumen** [italienisch], Sammelname für Zitrusfrüchte.

**Ah,** auch A · h, Einheitenzeichen für Amperestunde.

**Ähnlichkeit,** *Biologie:* Die Ähnlichkeit der Lebewesen oder einzelner Organe geht entweder auf die gemeinsame Abstammung oder auf die Anpassung an gleiche Umweltbedingungen zurück. **Analoge Organe** sind verschiedenen Ursprungs, leisten aber Ähnliches oder Vergleichbares, **homologe Organe** haben gleichen Ursprung, erbringen aber unterschiedliche Leistungen.

**Ahorn Acer,** Gattung der Ahorngewächse (Aceraceae), bis 30 m hohe Bäume mit strahligen Blüten und geflügelten Spaltfrüchten. Einheimische Arten: **Spitzahorn** (Acer platanoides), in der Ebene; **Bergahorn** (Acer pseudoplatanus), in bergigem Land; **Feldahorn, Maßholder** (Acer campestre), in ganz Europa. Nordamerikanische Arten in Mitteleuropa sind z. B. der **Zuckerahorn** (Acer saccharum), der in seiner Heimat Ahornzucker liefert, und der zum Teil weißbunt belaubte **Eschenahorn** (Acer negundo). Japanische Ahornarten werden als Ziergehölze kultiviert. Ahornholz ist helles, hochwertiges Nutzholz. Maserholz von nordamerikanischen Arten (Vogelahornholz) wird u. a. zu Möbeln und Täfelungen verarbeitet.

**Ähre,** Blütenstand; seitlich an der verlängerten Hauptachse sitzen ungestielte Blüten (z. B. Wegerich). Die Ähre der Gräser ist aus einzelnen Ähren **(Ährchen)** zusammengesetzt.

**Airbag** ['eəbæg, englisch] *der,* Sicherheitsvorrichtung (»Luftsack«) in Kraftfahrzeugen, die sich z. B. bei einem Aufprall in Millisekunden vor dem Fahrer oder Beifahrer aufbläst und diese gegenüber dem Fahrzeug abstützt. Der **Seitenairbag** bietet zusätzlich Schutz bei einem Schräg- oder Seitenaufprall. Neuere Entwicklungen richten sich besonders auf **intelligente Airbags,** bei denen Füllgeschwindigkeit beziehungsweise Füllvolumen selbsttätig angepasst werden können.

**Airbus** ['eə-], Typenbezeichnung für eine Reihe von Verkehrsflugzeugen mit mehr als 100 Sitzplätzen, gebaut unter französischer, deutscher, britischer und spanischer Beteiligung von der 1970 gegründeten **Airbus Industrie S. A.** (Sitz Blagnac bei Toulouse), die 2001 ein Tochterunternehmen der EADS N. V. (80 %) und der BAe Systems PLC (20 %) wurde. Zur Produktpalette von Airbus S. A. S. gehören vier Flugzeugfamilien: Die A 320-Familie (107–185 Sitze) mit den Modellen A 318, A 319, A 320 und A 321; die A 300/A 310-Familie (220–226 Sitze); die A 330/A 340-Familie (253–380 Sitze) und die A 380-Familie (Doppeldeck-Jumbo, 555 Sitze).

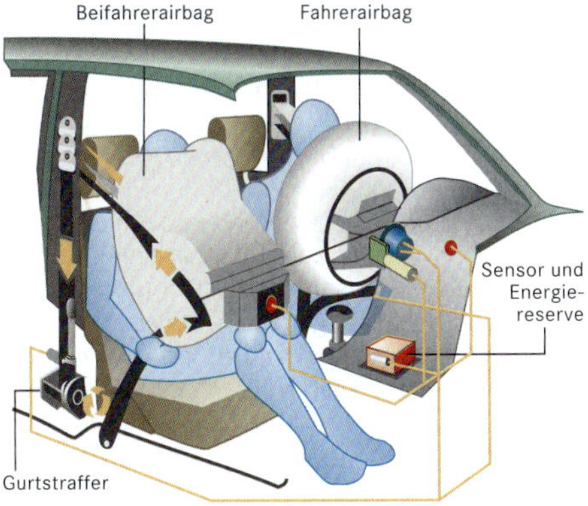


**Airbag.** Schema der Wirkungsweise von Airbag und Gurtstraffer in einem modernen Personenkraftwagen

**Airfoil-Fluggerät** ['eəfɔɪl-; englisch airfoil »Tragfläche«], Fluggerät, das durch Ausnutzung des →Bodeneffekts beim Flug dicht über ebenen Oberflächen (Wasserflächen) eine hohe Wirtschaftlichkeit des Betriebs erreicht.

**Akarizide,** Wirkstoffe zur Bekämpfung von Pflanzen schädigenden Milben.

**akaustisch** [griechisch], *Chemie:* nicht ätzend.

**Akazie** [griechisch] *die,* **Acacia,** baum- und strauchförmige Pflanzengattung der Mimosengewächse in wärmeren Gebieten, oft dornig. An Stelle der feinfiedrigen Blätter haben viele australische Akazien (Wattle) blattartige Stiele. Die gelben oder weißen Blüten sind weidenkätzchenähnlich gehäuft. Vorwiegend afrikanisch-arabische Akazien geben Pflanzengummi **(Gummiarabikum),** andere Arten sind wichtige Gerbstoffpflanzen oder liefern Holz. Die Robinie wird manchmal fälschlich Akazie genannt.

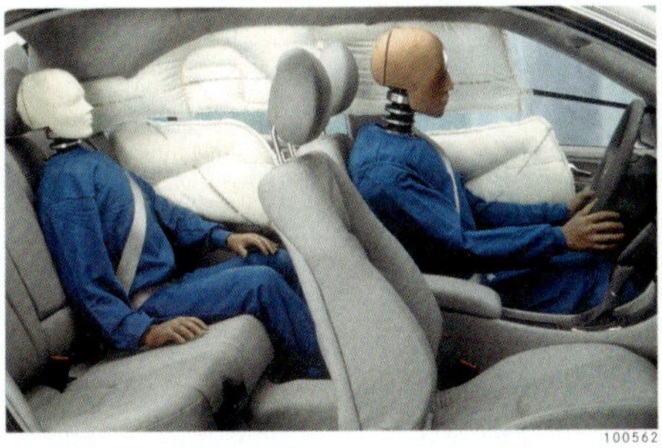


**Airbag.** Zwei Dummys beim Crashtest. Seitenairbags vor den Autofenstern schützen die potenziellen Autofahrer vor Kopfverletzungen.

**Akklimatisation** [lateinisch-griechisch] *die,* im weiteren Sinn die Anpassung an veränderte Umweltbedingungen, im engeren Sinn die Gewöhnung an ein fremdes Klima. Je größer und klimatisch verschiedenartiger der ursprüngliche Verbreitungsbezirk einer Art war und je weniger schroff sich die Verpflanzung vollzog, desto leichter verläuft die Gewöhnung. Der Wechsel von einem wärmeren Klima in ein kälteres ist unkomplizierter als umgekehrt.

**Akkommodation,** *Physiologie:* Einstellung des →Auges auf eine bestimmte Entfernung.

**Akkumulation** [lateinisch] *die, Botanik:* Anreicherung der durch die Wurzeln oder Blätter von außen aufgenommenen Nährsalze entgegen dem Konzentrationsgefälle in den Vakuolen der Zellen.

**Akkumulator** [lateinisch] *der, Elektrochemie:* **Sammler,** kurz **Akku,** elektrochemische Spannungsquelle, die durch reversible elektrochemische Prozesse eine abwechselnde Abgabe (Entladung) und Speicherung (Aufladung) elektrischer Energie gestattet. Im Gegensatz zur **Primärzelle** (→Batterie) ist der Akkumulator **(Sekundärzelle, Sekundärelement)** wieder aufladbar. Er besteht aus zwei chemisch unterschiedlichen Elektroden (→galvanische Elemente), die in einen Elektrolyten eintauchen (elektrisch leitende, manchmal eingedickte Flüssigkeit, seltener ein so genannter Festelektrolyt, →Feststoffbatterien). Die Elektroden bestehen aus unterschiedlichen Materialien, meist Metallen oder Metallverbindungen. Als Elektrolyte werden Lösungen von Salzen, Säuren oder von Laugen verwendet.

Beim **Bleiakkumulator** bestehen die gitterförmig gestalteten Elektroden aus Blei mit einer in die Maschen gefüllten »aktiven Masse«, auf der positiven Seite Bleidioxid ($PbO_2$), auf der negativen fein verteiltes poröses Blei. Der Elektrolyt ist 20%ige Schwefelsäure ($H_2SO_4$); die Entladespannung je Zelle beträgt etwa 2 V. In einer Batterie aus Bleiakkumulatoren, einer **Akkumulatorbatterie,**

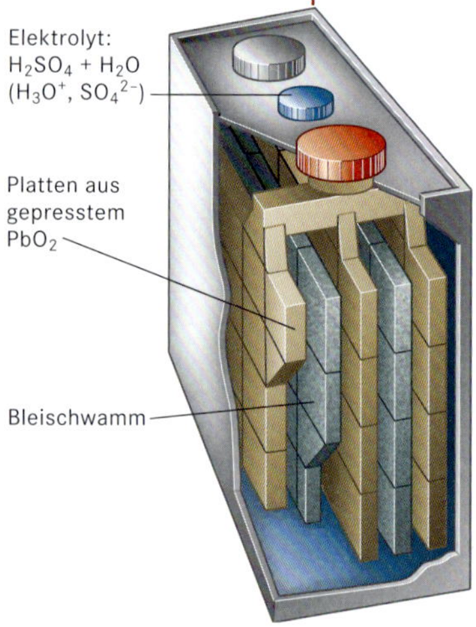


**Akkumulator.** Links schematische Darstellung eines Bleiakkumulators und rechts die Reaktionsgleichungen während des Entladens

**Vorgänge beim Entladen:**

Pb-Elektrode (Anode):

$Pb \xrightarrow{H_2O} Pb^{2+} + 2e^-$
$Pb^{2+} + SO_4^{2-} \rightarrow PbSO_4\downarrow$

$PbO_2$-Elektrode (Kathode):

$PbO_2 + 4H_3O^+ + 2e^- \rightarrow Pb^{2+} + 6H_2O$
$Pb^{2+} + SO_4^{2-} \rightarrow PbSO_4\downarrow$

sind mehrere Zellen hintereinandergeschaltet, so z. B. bei der Kraftfahrzeugbatterie meist sechs Zellen mit einer Spannung von 12 V. Der Wirkungsgrad der Energiespeicherung beträgt etwa 75 %.

Im Haushalt weit verbreitet und für viele Anwendungen einsetzbar sind die so genannten alkalischen Akkumulatoren (alkalische Sammler). Sie enthalten verdünnte Kalilauge (KOH) als Elektrolyt. Von historischem Interesse sind **Nickel-Eisen-Akkumulatoren (Edison-Akkumulatoren),** die mit Elektroden aus Nickelhydroxid, $Ni(OH)_3$, und Eisen in Kalilauge eine Zellenspannung von 1,3 V liefern (energetischer Nutzeffekt: 50 %).

Seit mehr als neunzig Jahren sind **Nickel-Cadmium(NiCd)-Akkumulatoren** bekannt. Sie arbeiten mit einer Cadmium- und einer Nickel-Elektrode, ihre Entladespannung je Zelle beträgt 1,25 V. Sie sind relativ preiswert, wegen des Krebs erregenden Schwermetalls Cadmium aber giftig. Nachteilig ist außerdem, dass die Kapazität durch den →Memory-Effekt allmählich abnimmt. NiCd-Akkumulatoren gibt es als Großakkumulatoren mit offenen Zellen und als kleine, gasdichte, gekapselte Knopf- und Rundzellen. Sie sind wartungsfrei und deshalb als kompakte Stromspeicher für Mobilgeräte (Notebooks, PDAs, Mobiltelefone, Blitzlichtgeräte usw.) geeignet.

**Nickel-Metallhydrid(NiMH)-Akkumulatoren** werden seit Ende der 1980er-Jahre verwendet. Eine ihrer Elektroden besteht aus Nickel, die andere aus Nickellegierungen oder andere Metalllegierungen, in denen Wasserstoff absorbiert ist. Dieser wird während der Entladung oxidiert und chemisch gebunden. NiMH-Akkumulatoren sind leistungsfähiger und erheblich umweltverträglicher als NiCd-Akkumulatoren, aber auch teurer. Einen nennenswerten Memory-Effekt gibt es bei ihnen nicht.

Seit Mitte der 1990er-Jahre finden **Lithium-Ionen(Li-Ion)-Akkumulatoren (Lithium-Akkumulatoren)** v. a. in Mobilgeräten zunehmende Verbreitung. Bei ihnen ist die Kathode aus einem Lithium-Metalloxid gefertigt (z. B. $Li_2MnO_2$ oder $Li_2CoO_2$), die Anode aus speziellem Kohlenstoff (Graphit). Als Elektrolyt werden organische Lösungsmittel wie Ethylen- oder Propylencarbonat verwendet, die spezielle Lithiumsalze enthalten, z. B. $LiPF_6$ oder $LiBF_4$, oder so genannte Hybridelektrolyte. Diese bestehen zu 50 % aus einer leitfähigen flüssigen organischen Verbindung, eingebettet in Polyacrylnitril oder Polyvinylidenfluorid. Beim Aufladen gibt die Kathode Lithiumionen ab, die von der Graphitanode eingelagert werden. Beim Entladen läuft der umgekehrte Prozess ab. Die Lithiumionen schwingen gewissermaßen zwischen den Elektroden hin und her, weshalb der Li-Ionen-Akkumulator auch als »Swing-Batterie« bezeichnet wird. Die Akkumulatoren können circa dreimal mehr Energie pro Gewicht und zweimal mehr Energie pro Volumen speichern als NiCd-Akkumulatoren. Ihre spezifische Energie beträgt 120–130 Wh/kg bei einer Entladespannung von 4 bis 5 V. Circa 1 000 Lade- und Entladezyklen sind möglich. Eine Weiterentwicklung des Li-Ionen-Akkumulators stellt der **Lithium-Polymer-Akkumulator** dar. Er kann noch mehr Energie pro Gewicht oder Volumen speichern und arbeitet mit festen Elektrolyten, die aus leitfähigen Polymeren wie Polyethylenoxid bestehen, oder es werden gelartige polymere Elektrolyte verwendet.

Gegenwärtige Neuentwicklungen haben zum Ziel, die Speicherkapazität von Akkumulatoren zu erhöhen, das Gewicht zu verringern und die Lebensdauer zu verlängern, insbesondere die Anzahl der möglichen Ent- und Aufladezyklen zu erhöhen. Als Elektrolyt dienen Salzschmelzen (z. B. bei der Lithiumchloridzelle) oder feste Ionenleiter (**Natrium-Schwefel-Akkumulator, Lithium-Schwefel-Batterie** u. a. Feststoffbatterien).

**Aktini|en** [griechisch], **Seeanemonen, Seerosen, Actiniaria,** sechsstrahlige Korallentiere, meist einzeln lebend, mit zylindrischem, meist am Untergrund festsitzendem Körper. Die Mundöffnung ist von Fangarmen mit Nesselkapseln umgeben. Einige Aktinien leben mit Einsiedlerkrebsen in Symbiose. In der Nordsee: **Erdbeerrose, Seenelke;** im Mittelmeer: **Wachsrose.**

**Aktionspotenzial,** *Physiologie:* elektrische Spannungsänderung an den Membranen lebender Zellen, besonders von Nerven und Muskeln, die zu einem Aktionsstrom führt und Grundlage u. a. der Nervenleitung ist. Die Membran einer Zelle ist aufgrund ihrer unterschiedlichen Durchlässigkeit besonders für Natrium- und Kaliumionen im Ruhezustand außen positiv, innen negativ geladen; es herrscht elektrische Spannung (Ruhe- oder Membranpotenzial). Bei Erregung kommt es durch Änderung der Membrandurchlässigkeit zu einer kurzfristigen Änderung und Umkehr (Spitzenpotenzial) dieser Spannung, dem Aktionspotenzial.

**Aktionsradius,** ohne Ergänzung des Kraftstoffvorrates mögliche Fahr- oder Flugstrecke eines Fahr- oder Flugzeugs (meist hin und zurück).

**aktiv,** chemisch stark ansprechend, reaktionsfähig.

**Aktivator** [lateinisch], **Promoter,** *Chemie:* Stoff, der die Aktivierung eines Systems bewirkt und/oder als Beschleuniger oder Verstärker wirkt, z. B. bei der →Katalyse.

**aktive Optik,** optisch-mechanische Zusatzeinrichtungen zur Kompensation der infolge mechanischer oder thermischer Effekte bedingten Abweichung dünner Teleskopspiegel von der optimalen Form. Dazu wird der Spiegel auf einem System computergesteuerter Stellelemente (Aktoren) gelagert.

**Aktivierung,** *Chemie:* Prozess, bei dem Stoffe in einen chemisch reaktionsfähigen, aktiven Zustand versetzt werden, z. B. durch Temperaturerhöhung oder durch Zusatz von Aktivatoren.

**Aktivierungsanalyse,** kernphysikalische Methode zum Nachweis geringster Mengen eines Elements. Dabei wird die Probe mit geladenen oder ungeladenen Teilchen (auch Gammaquanten) beschossen. Es entstehen radioaktive Nuklide (oder Kernisomere), die sich aufgrund charakteristischer Zerfallseigenschaften qualitativ und quantitativ bestimmen lassen: Aus der Messung der Halbwertszeit sowie der Energie und Intensität ihrer Strahlung (v. a. mit Germaniumdetektoren) kann auf Art und Menge der in der Probe ursprünglich enthaltenen Nuklide geschlossen werden. Die Aktivierungsanalyse wird meist mit Neutronen als **Neutronenaktivierungsanalyse (NAA)** durchgeführt.

**Aktivierungsenergie, 1)** allgemein die Energie, die zur Aktivierung (Einleitung) eines chemischen oder physikalischen Prozesses aufgebracht werden muss.

**2)** *Chemie:* der Mehrbetrag an Energie, der über die durchschnittliche thermische Energie der Atome beziehungsweise Moleküle hinaus aufgewendet werden muss, um eine chemische Reaktion auszulösen.

**3)** *Halbleiterphysik:* diejenige Energie, die ein Defektelektron beziehungsweise ein Elektron benötigt, um ins Leitungsband zu gelangen (→Halbleiter).

**Aktivität** *die,* **1)** *Chemie:* wirksame Konzentration von Atomen, Ionen und Molekülen in einer Lösung.

**2)** *Kernphysik:* **Aktivität einer radioaktiven Substanz,** SI-Einheit ist das Becquerel, Bq (früher übliche, heute ungültige Einheit: Curie, Ci), Maß für die Zahl der Zerfälle einer radioaktiven Substanz in einer bestimmten Zeit (→Radioaktivität).

**3)** *Optik:* →optische Aktivität.

**Aktivkohle,** vielporige, sehr stark adsorbierende Kohle zum Reinigen von Gasen und Flüssigkeiten (Wasseraufbereitung), zum Rückhalten von Benzindämpfen am Pkw oder für medizinische Zwecke; Herstellung durch Behandlung von kohlenstoffhaltigen Stoffen mit dehydratisierenden Chemikalien und sauerstoffhaltigen Gasen.

**Aktor** [lateinisch] *der,* Wandler, der elektrische Signale in mechanischische Bewegung oder andere physikalische Größen (z. B. Druck, Temperatur) umsetzt; Gegensatz: Sensor.

**Akustik** [griechisch] *die,* die Wissenschaft vom →Schall, Teilgebiet der Mechanik; im weiteren Sinn wird auch die Untersuchung von Schwingungen und Wellen in elastischen Medien, die nicht in den hörbaren Frequenzbereich (zwischen 16 Hz und 20 kHz) fallen, zur physikalischen Akustik gerechnet.

**AKW,** Abkürzung für **A**tom**k**raft**w**erk, allgemeinsprachlich für →Kernkraftwerk.

**Akzeptor** [lateinisch »Annehmer«, »Empfänger«] *der,* **1)** *Chemie:* Stoff oder Körper, der einen anderen bindet.

**2)** *Physik:* →Halbleiter.

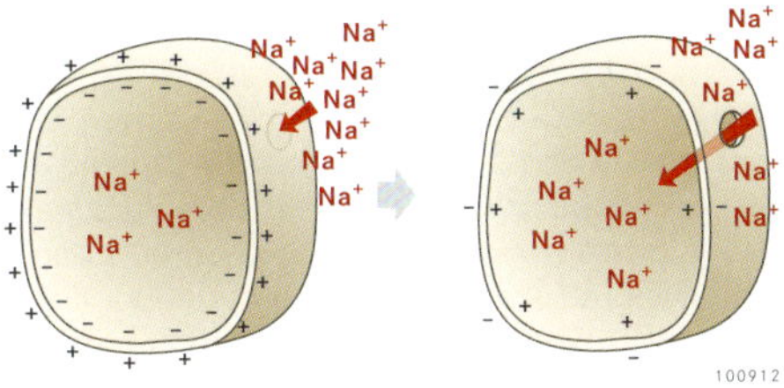


**Aktionspotenzial.** Natriumfluss beim Aktionspotenzial; normalerweise ist die Zellmembran für Natrium verschlossen (links). Öffnen sich jedoch Natriumkanäle in der Membran, dringt Natrium ein, und die elektrische Ladung der Zellmembran kehrt sich kurzzeitig um (rechts).

**Al,** chemisches Symbol für →Aluminium.

**Alanin** *das,* **Aminopropionsäure,** wichtige nichtessenzielle Aminosäure, die in den meisten Proteinen vorkommt.

**Alaune** [aus gleichbedeutend lateinisch alumen], Doppelsalze, bei denen je ein ein- beziehungsweise dreiwertiges Metallion $Me^I$ beziehungsweise $Me^{III}$ mit zwei Sulfationen verbunden ist, allgemeine Formel $Me^I$-$Me^{III}[SO_4]_2 \cdot 12\,H_2O$; sie kristallisieren in Oktaedern oder Würfeln. Bekanntester Vertreter ist das **Kaliumaluminiumalaun (Alaun),** $KAl[SO_4]_2 \cdot 12\,H_2O$, ursprünglich aus Alaunschiefern, heute durch Reaktion von Kalium- mit Aluminiumsulfat gewonnen; es findet für tintenfeste Papiere, in Färberei und Gerberei

**Alchemie.** Die Ouroboros-(Schwanzfresser-)Schlange, ein antikes Symbol des alchemistischen Prozesses

sowie als blutstillendes und mildes Ätzmittel **(Alumen)** Verwendung.

**Alchemie** [von arabisch al-kīmiyā' »Chemie«] *die,* **Alchimie, Alchymie,** entstand im 2./3. Jahrhundert im alexandrinischen Ägypten und war im Mittelalter bis zum Beginn der Neuzeit die wissenschaftliche Beschäftigung mit chemischen Stoffen. Die Erneuerung der Alchemie durch Paracelsus leitete im 17. Jahrhundert zur antialchemistischen, empirischen Chemie über; die Alchemie stand seither als »geheime Kunst« mit ihren Bemühungen, Gold zu machen, den »Stein der Weisen«, das Universallösungsmittel »Alkahest« und lebensverlängernde Elixiere zu finden, außerhalb der Naturwissenschaften. Die chemischen Kenntnisse des Altertums, großenteils durch die Araber überliefert, bildeten ihre Grundlage. Der Alchemie gelang eine Fülle von chemischen Entdeckungen (z. B. Alkohol, Porzellan, Phosphor), eine Erweiterung des Arzneischatzes und eine Verfeinerung der chemischen Arbeitstechnik, worauf die spätere Chemie aufbauen konnte. Bekannte Alchemisten des Mittelalters waren Albertus Magnus (* um 1200, † 1280), Geber, Arnaldus von Villanova (* um 1235, † 1312 oder 1314), Roger Bacon (* um 1214, † um 1292), Basilius Valentinus.

**Alchimie,** →Alchemie.

**Aldehyde** [von Alcoholus dehydratus], organische Verbindungen mit der **Aldehydgruppe** oder **Formylgruppe** –CHO, gebildet durch Dehydrierung primärer Alkohole, Oxidation von Alkenen oder →Oxosynthese. Die systematischen Namen der aliphatischen Aldehyde **(Alkanale)** werden aus dem zugehörigen Kohlenwasserstoff (Methan, Ethan usw.) und der Endsilbe **-al** gebildet (Methanal, Ethanal usw.). Verwendung der Aldehyde als Geschmacks- und Riechstoffe, wie Benzaldehyd und Citral (Geruch nach bitteren Mandeln beziehungsweise Zitrone) und Vanillin, aber auch als Desinfektionsmittel oder als Rohstoff für Kunststoffe (z. B. **Formaldehyd** oder Acrolein).

**Alder,** Kurt, deutscher Chemiker, * Königshütte 10. 7. 1902, † Köln 20. 6. 1958; erhielt mit Otto Diels für die Diensynthese 1950 den Nobelpreis für Chemie.

Algen → GEO Dossier Die Natur als Joint Venture, Bd. 7

**Aldosen,** Monosaccharide mit einer Aldehydgruppe.

**Aleuron** [griechisch] *das,* Klebereiweiß, kristalliner Proteinkörper in Pflanzensamen.

**Alferow,** Schores Iwanowitsch, russischer Physiker, * Witebsk (Weißrussland) 15. 3. 1930; leitete seit 1973 den Bereich Optoelektronik der Sankt Petersburger (früher Leningrader) Staatlichen Elektrotechnischen Universität und seit 1987 das Joffe-Institut für Physik.

Alferow arbeitete seit 1962 auf dem Gebiet der Halbleiterheterostrukturen, v. a. zur Entwicklung von Lasern, Solarzellen, Lumineszenzdioden (LED). Bereits 1963 stellte er die ersten Entwürfe eines Halbleiterlasers vor. Für seine grundlegenden Arbeiten zur Informationstechnologie erhielt Alferow mit J. Kilby und H. Kroemer 2000 den Nobelpreis für Physik.

**Alfred-Wegener-Institut für Polar- und Meeresforschung,** Abkürzung **AWI,** Forschungseinrichtung der →Hermann von Helmholtz-Gemeinschaft Deutscher Forschungszentren; gegründet 1980; Sitz: Bremerhaven.

**Alfvén** [al've:n], Hannes, schwedischer Physiker, * Norrköping 30. 5. 1908, † Djursholm (bei Stockholm) 2. 4. 1995; begründete die Magnetohydrodynamik **(Alfvén-Wellen),** erhielt dafür 1970 den Nobelpreis für Physik (mit L. E. F. Néel).

**Alchemie.** Alchemist bei der Bereitung des Steins der Weisen (Radierung 1625)

**Algen** [lateinisch], artenreiche- und vielgestaltige Pflanzengruppe, ein- bis vielzellig, verschieden gefärbt, meist autotroph und im Wasser lebend: **Grünalgen, Goldalgen, Kieselalgen, Braunalgen** und **Rotalgen.** Die **Blaualgen** haben keinen echten Zellkern. Die meisten Algen enthalten Chlorophyll, das von anderen Farbstoffen überdeckt sein kann. Verschiedene Meeresalgen dienen zur Gewinnung von Jod, Brom, Karrageen u. a., manche Grünalgen (so Chlorella) zur Erzeugung von Protein. Algen sind wichtig für die Selbstreinigung der Gewässer und die biologische Abwasserreinigung. Vorkommen seit dem Präkambrium.

**Alginsäure,** stärkeähnliches, wenig wasserlösliches Kohlenhydrat aus Braunalgen. Die Salze **(Alginate)** bilden mit Wasser hochviskose Lösungen oder Gele. Verwendung: Verdickungsmittel, kosmetische und Lebensmittelindustrie, Klebstoffe, Appreturen.

**Algizide,** Algenbekämpfungsmittel, z. B. für Haushalte oder Badeeinrichtungen, z. B. Chlorkalk.

**Alhazen,** lateinische Namensform für den arabischen Naturforscher Ibn al-Haitham (→Haitham).

**aliphatische Verbindungen** [griechisch], **Aliphaten,** alle organischen Verbindungen, die sich nur von offenkettigen (linearen oder verzweigten) Kohlenwasserstoffen ableiten, z. B. Fette, Öle, Benzin, Ethanol, Essigsäure.

**Alitieren** [Kunstwort], **Kalorisieren,** Erzeugen einer aluminiumhaltigen Oberflächenschicht auf Eisen und Stahl durch Diffusionsglühen bei Temperaturen von etwa 800 °C; Schutz v. a. gegen Verzundern (→Aluminieren).

**alizyklische Verbindungen,** *Chemie:* aliphatische Verbindungen, deren Kohlenstoffketten zu Ringen geschlossen sind.

**Alkahest** [arabisch] *der* oder *das,* in der Spätform der Alchemie eine angeblich alle Stoffe lösende Flüssigkeit.

**Alkali|en** [arabisch al-qāly »Pottasche«], Substanzen, deren wässrige Lösungen alkalische Reaktion zeigen, bitter schmecken und die Haut reizen. Heute spricht man meist von →Basen. Alkalien sind v. a. die Hydroxide der Alkali- und Erdalkalimetalle sowie Ammoniumhydroxid. Ihrer stark ätzenden Eigenschaft wegen nennt man die Hydroxide von Natrium und Kalium auch Ätzalkalien oder kaustische Alkalien (Ätznatron, NaOH, und Ätzkali, KOH). Die Carbonate der Alkalimetalle heißen milde Alkalien.

**Alkali-Mangan-Zelle,** Bezeichnung sowohl für das elektrochemische Primärelement (Nennspannung 1,5 V, die Elektroden bestehen aus Mangandioxid und Zink, Elektrolyt ist Kaliumhydroxid) als auch für das wiederaufladbare Sekundärelement (→Akkumulator), handelsüblich auch **RAM™-Zelle** (von englisch rechargeable alkaline manganese) genannt. Sie bietet gegenüber herkömmlichen Nickel-Systemen eine bessere Umweltverträglichkeit und geringere Selbstentladungsrate bei höheren Temperaturen. Dadurch ergeben sich Anwendungsmöglichkeiten in wärmeren Klimazonen und für Solargeneratoren.

**Alkalimetalle,** die einwertigen Metalle Lithium, Natrium, Kalium, Rubidium, Cäsium und Francium.

**Alkalimetrie** *die,* Bestimmung der Konzentration von Basen mit Säuren bestimmter Konzentration (→Maßanalyse).

**alkalische Reaktion, basische Reaktion,** chemische Reaktion in wässriger Lösung, wenn die Konzentration der Hydroxidionen ($OH^-$) höher ist als die der Protonen ($H^+$) bzw. Hydroniumionen ($H_3O^+$). Alkalisch reagierende Lösungen haben einen pH-Wert größer als 7 und färben rotes Lackmuspapier blau. Gegensatz: saure Reaktion.

**Alkane, Paraffine,** Sammelname für die gesättigten aliphatischen →Kohlenwasserstoffe der Summenformel $C_nH_{2n+2}$. Die geradkettigen Alkane werden als **n-Alkane (Normalalkane),** die verzweigten als **i-Alkane (Isoalkane)** bezeichnet. **Cycloalkane** sind ringförmige Kohlenwasserstoffe mit der allgemeinen Summenformel $C_nH_{2n}$ (→Cyclohexan). Bei Raumtemperatur und Atmosphärendruck sind Alkane bis zu vier C-Atomen gasförmig, von 5 bis 16 C-Atomen (Hexadecan) flüssig und mit einer noch höheren C-Zahl wachsartig fest. Die Alkane werden mit der Endung **-an** im Namen gekennzeichnet, z. B. Methan ($CH_4$), Ethan ($C_2H_6$), Propan ($C_3H_8$), Butan ($C_4H_{10}$).

Vom Butan an existieren mehrere Isomere (→Isomerie). Als wesentlicher Bestandteil von Erdgas und Erdöl dienen Alkane als Brenn- und Kraftstoffe, Lösungsmittel und Rohstoffe für die →Petrochemie. **n-Alkane** sind wichtige Ausgangsstoffe für die Herstellung biologisch abbaubarer Waschrohstoffe.

**Alken** [schwedisch], **Alcidae,** Familie bis 45 cm großer Meeresvögel der Nordhalbkugel, die tauchend fischen und unter Wasser nur die Flügel bewegen. Zur Brutzeit sind die Alken gesellig. Fast alle Alken legen nur je ein Ei. Wichtige Arten: **Trottellumme** (Uria aalge), 43 cm groß, Brutvogel Helgolands; **Tordalk** (Alca torda), 42 cm groß; **Papageitaucher** (Fratercula arctica), 32 cm groß, mit buntem Schnabel; **Krabbentaucher** (Plautus alle), in der Arktis brütend. Der **Riesenalk** (Pinguinus impennis) starb Anfang des 19. Jahrhunderts aus.

**Alkene, Olefine,** ungesättigte aliphatische →Kohlenwasserstoffe mit einer Doppelbindung und der allgemeinen Summenformel $C_nH_{2n}$. Verbindungen mit mehreren Doppelbindungen werden **Alkadiene** (Diene), **Alkatriene** oder allgemein →Polyene genannt. Die Namen der Alkene werden aus dem Wortstamm der entsprechenden →Alkane und der Endsilbe **-en** gebildet. Bekannte Glieder: Ethen (Ethylen, $C_2H_4$), Propen (Propylen, $C_3H_6$), Buten (Butylen, $C_4H_8$).

Kurzkettige Alkene sind wichtige Zwischenprodukte der →Petrochemie. Alkene lassen sich auch u. a. durch →Dehydratisierung von Alkoholen und →Dehydrierung von Alkanen herstellen.

**Alkine** [ältere Bezeichnung **Acetylene**], ungesättigte aliphatische Kohlenwasserstoffe der Summenformel $C_nH_{2n-2}$, die eine Kohlenstoff-Dreifachbindung enthalten. Die Namen der Alkine werden aus dem Wortstamm der entsprechenden →Alkane und der Endsilbe **-in** gebildet; z. B. Ethin ($C_2H_2$), Propin ($C_3H_4$), Butin ($C_4H_6$). Einfachster Vertreter ist das →Acetylen.

**Alkohol** [arabisch al-kuḥl »(Augenschminke aus) Antimon«] *der,* im weiteren Sinn →Alkohole, im engeren Sinn der Ethylalkohol (→Ethanol).

**Alkohole,** Derivate von aliphatischen oder alizyklischen Kohlenwasserstoffen, in denen ein oder mehrere Wasserstoffatome durch Hydroxylgruppen (–OH) ersetzt sind. Alkohole sind wasserhelle Flüssigkeiten, bei höherer Molekülmasse feste kristalline Körper. Die Namen der Alkohole (Alkanole) werden aus de-

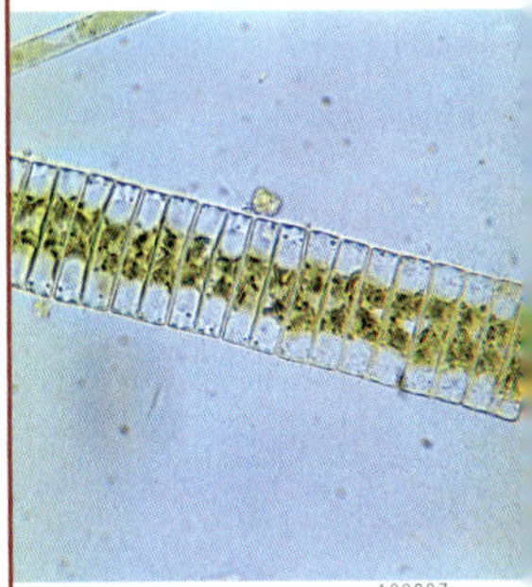

100807

**Algen.**
Kraushaar-Alge

nen der Alkane mit gleicher C-Anzahl und der Endsilbe **-ol** gebildet, z. B. Methanol, Ethanol. Je nach der Anzahl der OH-Gruppen im Molekül werden ein-, zweiwertige (Glykole) oder mehrwertige Alkohole unterschieden. Bei einwertigen Alkoholen unterscheidet man – abhängig von der Stellung der OH-Gruppe im Molekül – primäre, sekundäre und tertiäre Alkohole.

**Alligatoren.** Mississippi-Alligatoren

**Alkoholometrie** *die,* Ermittlung des Alkoholgehalts in Mischungen von Alkohol und Wasser mit dem Aräometer.

**Allele** [griechisch], *Genetik:* paarweise einander zugeordnete Zustandsformen eines Gens auf homologen Chromosomen, die sich hinsichtlich ihrer räumlichen Anordnung und Funktion gleichen, durch Mutation jedoch ungleich beschaffen sein können.

**Allelopathie** [griechisch] *die,* die gegenseitige Beeinflussung von höheren und niederen Pflanzen durch Stoffwechselprodukte, die als Gase oder in gelöster Form aus lebenden oder abgestorbenen Teilen der Pflanzen oder aus Mikroorganismen ausgeschieden werden, z. B. Äthylen aus Früchten.

$H_2C{=}C{=}CH_2$

Propadien

**Allen**

**Allen** [griechisch] *das,* **Propadien,** einfachste Verbindung aus der Gruppe der →Diene mit kumulierter Doppelbindung; wird als Schweiß- und Schneidgas und für organische Synthesen verwendet.

**Alles-oder-nichts-Gesetz,** Abkürzung **ANG,** *Physiologie:* Regel für die Antwortbereitschaft von erregbaren Zellen (Muskel- und Nervenzellen) bei Vorhandensein von Reizen mit einer Mindeststärke. Sobald diese erreicht ist, kommt es zu einer Erregung, die in ihrer Intensität nicht abgestuft, sondern sofort maximal ist.

**Alligatoren** [von spanisch el lagarto »die Eidechse«], **Alligatoridae**, Familie der Krokodile im tropischen und subtropischen Amerika und in China. Der rund 4 m lange, durch Bejagen selten gewordene amerikanische **Mississippi-Alligator** (Alligator mississippiensis) wird oft in Farmen gehalten.

**Allogamie** [griechisch] *die,* Fremdbestäubung (→Bestäubung).

565

**Sidney Altman**

**Allomorphie** [griechisch], *Chemie:* →Allotropie.

**Allotropie** [griechisch] *die,* **Allomorphie,** *Chemie:* das Vorkommen gleicher chemischer Elemente in verschiedenen Zustandsformen, z. B. Kohlenstoff als Diamant und Graphit; Gegensatz: →Isomorphie.

**Allpass,** elektrischer Filter, dessen Übertragungsfunktion in Abhängigkeit von der Frequenz nur eine Phasenänderung aufweist, jedoch keine Betragsänderung; verwendet zur Signalverzögerung, zur Phasenentzerrung und als Laufzeitglied.

**Allwetterlandung,** →Landeführungssysteme.

**Alodieren** [Kunstwort], Erzeugung dünner oxidierter Korrosionsschutzschichten an der Oberfläche von Aluminium oder Aluminiumlegierungen durch Eintauchen in Chromsäure.

**Alphastrahlen, α-Strahlen,** *Physik:* hochenergetische Korpuskularstrahlung, die beim Zerfall – überwiegend natürlicher – schwerer radioaktiver Nuklide auftritt. Die Alphastrahlen bestehen aus **Alphateilchen,** das heißt zweifach positiv geladenen Heliumkernen (zwei Protonen und zwei Neutronen), und sind magnetisch ablenkbar; die mittlere Reichweite in Luft beträgt bis zu 8,6 cm. Alphastrahlen rufen auf Leuchtschirmen Lichtblitze hervor, können in Nebelkammern indirekt sichtbar gemacht werden und lassen sich u. a. mit Halbleiterdetektoren und Szintillationszählern nachweisen. Sie sind aufgrund ihrer starken Ionisationswirkung chemisch sehr wirksam und biologisch hoch schädigend. Die Energie zwischen 4,05 und 10,4 MeV ist für einen Alphastrahler charakteristisch.

**Alternativenergien,** die →erneuerbaren Energien.

**Alternativkraftstoffe,** →Kraftstoffe.

**Altersbestimmung,** siehe Sonderartikel Seite 30.

**Altlasten,** zusammenfassende Bezeichnung für stillgelegte Deponien, Grubenverfüllungen, Aufschüttungen sowie Bodenschichten unter ehemaligen Industriebetrieben, Militärstandorten und Ähnlichem, die mit unbekannten Mengen von Schad- und Giftstoffen versetzt sind und eine Gefahr für die Umgebung, besonders das Grundwasser, darstellen; auch Bezeichnung für die Schad- und Giftstoffe selbst.

**Altman** [ˈɔːltmən], Sidney, kanadischer Biochemiker, *Montreal 8. 5. 1939; seit 1980 Professor an der Yale University in New Haven (Connecticut); entdeckte, dass Nukleinsäuren als Biokatalysatoren wirken können, erhielt dafür 1989 mit Thomas Cech den Nobelpreis für Chemie.

**Altmetallverhüttung,** Gewinnung von reinen Metallen und Legierungen aus Schrott und metallischen Produktionsabfällen; besondere Bedeutung hat die Altmetallverhüttung von Eisen, Blei, Kupfer und Aluminium.

**Altokumulus, Altocumulus,** Wolkengattung, →Wolken.

**Altostratus,** Wolkengattung, →Wolken.

**Aluminieren,** das Aufbringen von Überzügen aus Aluminium, z. B. durch →Plattieren, →Metallspritzverfahren, →Alitieren, →Aufdampfen im Vakuum (auf beliebigen Werkstoffen), durch Galvanisieren in nichtwässrigen Bädern (→Galvanotechnik).

**Aluminium** [zu lateinisch alumen »Alaun«] *das,* chemisches Symbol **Al,** metallisches Element aus der 3. Hauptgruppe des Periodensystems, Ordnungszahl 13, relative Atommasse 26,9815, Dichte (bei 25 °C) 2,7 g/cm$^3$, Schmelzpunkt 660,32 °C, Siedepunkt 2 519 °C.

Aluminium ist ein silberweißes, sehr dehnbares Leichtmetall mit hoher elektrischer Leitfähigkeit, das durch Legierungszusätze sehr gute mechanische Eigenschaften aufweist. Es ist gegen Sauerstoff und Feuchtigkeit unempfindlich, da es eine dünne dichte Oxidschicht bildet. In der Natur kommt Aluminium nicht elementar vor, ist aber in seinen Verbindungen (z. B. Feldspat, Glimmer und Tone) mit 8,1 % am Aufbau der zugänglichen Erdkruste beteiligt, in der es das dritthäufigste Element darstellt. Wichtigster Rohstoff für die Aluminiumgewinnung ist der Bauxit.

Großtechnisch wird Aluminium v. a. durch elektrolytische Zersetzung von in einer Kryolithschmelze gelöstem reinem Aluminiumoxid dargestellt, das aus Bauxit nach dem **Bayer-Verfahren** hergestellt wird. Es beruht darauf, dass sich die Aluminiumhydroxide des fein gemahlenen Bauxits in Natronlauge bei höherer Temperatur leicht lösen und dass sich aus der vom Rückstand (Rotschlamm) abgetrennten, verdünnten Aluminatlauge beim Abkühlen nach Impfen mit frischem Aluminiumhydroxid als Kristallisationskeim reines Aluminiumhydroxid abscheidet. Aluminium wird rein oder legiert als Werkstoff verwendet, besonders im Fahrzeug- und Flugzeugbau, in der Elektroindustrie und im Bauwesen.

**Aluminothermie** *die,* kohlenstofffreie Darstellung schwer schmelzbarer Metalle aus ihren Oxiden durch Reduktion mit Aluminiumpulver (erreichbare Temperatur 2 000 °C); wird auch beim aluminothermischen Schweißen **(Thermitschweißen),** besonders von Schienen, angewendet. Die Aluminothermie wurde 1894 von Hans Goldschmidt eingeführt.

**Alvarez** [ˈælvərɪz], Luis Walter, amerikanischer Physiker, *San Francisco 13. 6. 1911, †Berkeley (Kalifornien) 1. 9. 1988; konstruierte Wasserstoffblasenkammern, mit denen er kurzlebige Elementarteilchen (Massenresonanzen) nachwies, u. a. 1961 das Omegameson; erhielt 1968 den Nobelpreis für Physik.

**Am,** chemisches Symbol für →Americium.

**Aluminium.** Kontrolle von Aluminiumrollen im Aluminiumwerk Nachterstedt

**AM,** Abkürzung für **A**mplituden**m**odulation (→Modulation).

**Amalgam** [arabisch al-malgam »erweichende Salbe«] *das,* Legierung von Quecksilber mit Metallen, z. B. Silber. **Zahnamalgam,** aus Silber-Zinn-Legierungen mit Zusätzen anderer Metalle (Kupfer, Zink) durch Verreiben mit Quecksilber hergestellt, ist das verbreitetste Mittel für Zahnfüllungen; es geriet wegen des Verdachts der Quecksilberabgabe zunehmend in die Kritik. Eine allgemein schädigende Wirkung von Zahnamalgamen ist wissenschaftlich jedoch nicht nachgewiesen (abgesehen von der sehr seltenen Quecksilberallergie). **Amalgamation,** Verfahren zur Gewinnung von Gold und Silber aus Erz mithilfe von Quecksilber.

**Amateurfunk** [amaˈtøːr-, französisch], aus persönlichem, nicht kommerziellem Interesse mit eigener Sende-Empfangs-Anlage betriebene Nachrichtenübermittlung zwischen **Funkamateuren** in der ganzen Welt (im Gegensatz zum →CB-Funk). In Deutschland ist der Betrieb einer Funkanlage auf bestimmten Bändern im Kurz- und Ultrakurzwellenbereich nur nach Ablegung einer Prüfung erlaubt.

**Luis Walter Alvarez**

**Ameisen, Emsen, Formicoidea,** 1 bis 40 mm lange Hautflügler mit rund 20 000 meist tropischen Arten. Fast alle Ameisen bilden gut organisierte Staaten mit Arbeiterinnen und zunächst geflügelten Weibchen und Männchen. Nach der Befruchtung werfen die Weibchen die Flügel ab, und die Männchen sterben. Die befruchteten Weibchen werden als Königinnen bezeichnet. Viele Arten haben einen Giftstachel; bei Arten mit zurückgebildetem Stachel wird ameisensäurereiches Gift aus dem Hinterleibsende ausgespritzt, so bei der **Roten Waldameise.** Die Arbeiterinnen sind geschlechtlich verkümmerte, flügellose Weibchen; sie besorgen Nestbau und -schutz (Soldaten), Futtersuche und Brutpflege. Ameisen ernähren sich von Kleintieren, Nektar,

*Fortsetzung S. 32*

# Altersbestimmung

Altersbestimmung

Altersbestimmung
→ GEO Dossier
Die Arche von Manhattan, Bd. 6

In der Archäometrie, die sich mit der naturwissenschaftlichen Analyse antiker Funde beschäftigt, werden zur Datierung neben radiometrischen Messungen, zu denen die Radiokarbonmethode gehört, unter anderem Lumineszenz-, Elektronen-Spin-Resonanz- und Racemisierungsverfahren eingesetzt. Auch die Dendrochronologie, mit der sich die Anzahl und Breite von Jahresringen in alten und gut konservierten Baumstämmen analysieren lässt, spielt eine wichtige Rolle.

## Datierung von organischen Funden

Die Radiokarbonmethode zur Altersbestimmung von organischen Materialien beruht auf dem radioaktiven Zerfall des instabilen Kohlenstoffisotops mit der Massenzahl 14. Ein solches Isotop wandelt sich ohne Einfluss von außen in ein stabiles Isotop um. Dies geschieht mit einer charakteristischen Geschwindigkeit, welche durch die Halbwertszeit bestimmt ist. Diese Größe gibt an, nach welcher Zeit genau die Hälfte einer Isotopenmenge zerfällt, und ist entscheidend für den Zeitbereich, in dem eine Datierung vorgenommen werden kann: im Fall des $^{14}C$ liegt die Halbwertszeit bei 5 730 Jahren, sodass die Radiokarbonmethode eine Altersbestimmung von bis zu 50 000 Jahre alten Fundstücken erlaubt. Die Halbwertszeiten anderer radioaktiver Isotope wie Uran und Thorium liegen bei einigen Millionen bzw. Milliarden Jahren, sodass die Uran-Blei- bzw. Thorium-Blei-Methoden hauptsächlich in der Geologie und Kosmologie eingesetzt werden.

## Der Weg des $^{14}C$

Das nur in sehr geringen Mengen vorkommende $^{14}C$-Isotop wird in den oberen Schichten der Erdatmosphäre aus dem Stickstoff der Luft gebildet: die durch kosmische Strahlung erzeugten Neutronen werden vom Stickstoffisotop $^{14}N$ eingefangen, und dieses wandelt sich unter Abgabe eines Protons in $^{14}C$ um. Der Kohlenstoff oxidiert zu Kohlendioxid, welches sich gleichmäßig in der Atmosphäre verteilt und durch die Fotosynthese von den Pflanzen und über die Nahrungskette von Tier und Mensch aufgenommen wird. Neben diesem radioaktiven $^{14}C$ existieren noch die häufiger vorkommenden, stabilen Isotope $^{13}C$ und $^{12}C$.

In einem lebenden Organismus befinden sich die Kohlenstoffisotope im Gleichgewicht. Stirbt nun ein Organismus, z. B. ein Baum, so nimmt er kein Kohlendioxid mehr auf und im Gegensatz zu den stabilen Isotopen, deren Konzentrationen konstant bleiben, zerfällt das aufgenommene radioaktive $^{14}C$ wieder in Stickstoff. Dadurch wird das zuvor stabile $^{14}C/^{12}C$-Gleichgewicht gestört. Diese Änderung im Isotopenverhältnis macht sich die Radiokarbonmethode zunutze: Im Fundstück wird mit Aktivitätsmessungen der $^{14}C$-Gehalt bzw. mit massenspektroskopischen Methoden das momentane $^{14}C/^{12}C$-Verhältnis gemessen. Zusammen mit der Halbwertszeit und dem $^{14}C/^{12}C$-Verhältnis der Atmosphäre lässt sich über das radioaktive Zerfallsgesetz das Alter bestimmen.

Messungen der $^{14}C$-Konzentration in alten, gut erhaltenen Bäumen zeigten, dass das ursprünglich als konstant angenommene $^{14}C/^{12}C$-Verhältnis über die Jahrtausende hinweg recht starken Schwankungen unterworfen war, als deren Ursache die Sonnenaktivität und die Industrialisierung diskutiert werden. Zum Glück lassen sich mithilfe der Dendrochronolgie die klimatischen Bedingungen der letzten 8 000 Jahre rekonstruieren und das atmosphärischen $^{14}C/^{12}C$-Verhältnis für diesen Zeitraum eichen. Dieses Beispiel zeigt, wie wichtig der Vergleich und die Kombination verschiedener Datierungsmethoden sind, um Fehlerquellen aufzudecken und zu berichtigen.

## Lumineszenzmethoden

Die Lumineszenzdatierung wird beispielsweise bei Keramiken eingesetzt und beruht auf einer Leuchterscheinung, die in vielen anorganischen Kristallen wie Quarz- und Feldspat auftritt. Durch die in der Erdatmosphäre vorkommende natürliche radioaktive Strahlung werden solche Kristalle permanent bestrahlt und dies führt zur Ionisierung der Atome im Kristall. Die dadurch entstandenen freien Ladungsträger diffundieren

im Kristall. Während ein Großteil dieser Elektronen rekombiniert, werden andere in den Gitterbaufehlern, den Defekten der Kristalle, gefangen.
Sie verbleiben dort, bis sie durch eine Stimulation von außen – im Fall der Thermolumineszenz durch Erwärmung – in ihren ursprünglichen Zustand zurückkehren und dabei eine charakteristische Lumineszenz aussenden. Damit kann z. B. der Herstellungszeitpunkt einer Keramik ermittelt werden: Die hohen Temperaturen im Brennofen sorgen dafür, dass die in den Defekten gefangenen Elektronen in ihren ursprünglichen Zustand zurückkehren. Dadurch wird die Lumineszenz-Uhr der gebrannten Tonmasse auf Null gesetzt wird. Wird eine solche Keramik nach Tausenden von Jahren wieder erhitzt, so hängen Intensität und spektrale Verteilung der dann emittierten Lumineszenz von der seit dem Brennen absorbierten Strahlungsdosis ab und sind ein Maß für das Alter der Probe. Um ein Objekt korrekt zu datieren, muss die Stärke und Art der radioaktiven Strahlung am Fundort über einen längeren Zeitraum bestimmt werden, da Schwankungen zu einer fehlerbehafteten Datierung führen.

### Die Elektronenspinresonanz-Methode

Wie die Lumineszenzdatierung so basiert auch das Elektronenspinresonanz(ESR)-Verfahren auf einer durch die natürliche radioaktive Strahlung hervorgerufenen Ansammlung von Elektronen in den Defekten eines Kristallgitters. Mit der ESR-Methode lassen sich die Fehlstellen mit ungepaarten Elektronen, welche paramagnetische Eigenschaften besitzen, detektieren. Dieser Magnetisierungszustand, der z. B. in Quarzen, Muscheln und im Zahnschmelz auftritt, wird durch Einstrahlung von Mikrowellen vermessen. Dabei wird die durch die radioaktive Einstrahlung hervorgerufene elektronische Zustandsänderung nicht rückgängig gemacht, sondern nur leicht geändert, sodass die Probe mehrmals vermessen werden kann. Um ein ausreichend starkes ESR-Signal zu erhalten, muss das Objekt mindestens 10 000 Jahre alt sein. Die Obergrenze liegt bei einigen Millionen Jahren, wobei die Altersangabe einen Fehler von bis zu 30 % haben kann. Auch bei der ESR-Datierung muss am Fundort die Stärke und Art der radioaktiven Strahlung vermessen werden.

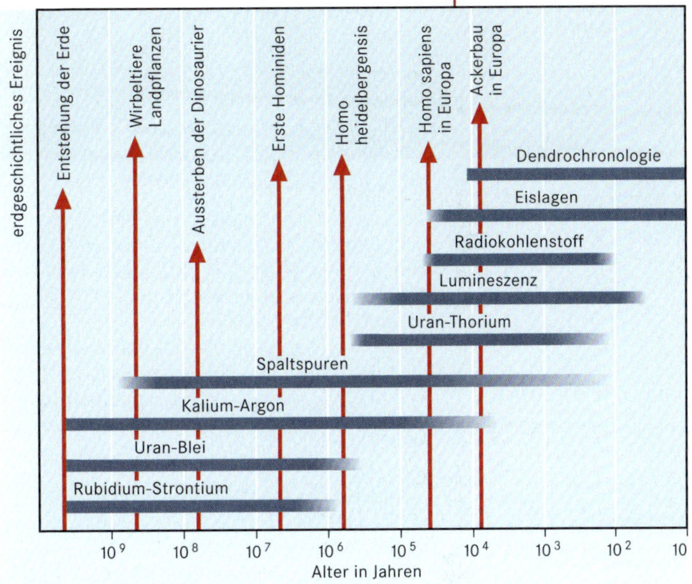


Zeitlicher Anwendungsbereich einiger wichtiger numerischer Datierungsmethoden für die Erd- und Kulturgeschichte

### Die Aminosäure-Racemisierung

Diese auch als Eiweißuhr bezeichnete Datierungsmethode beruht auf der Tatsache, dass die linksdrehenden L-Aminosäuren eines lebenden Organismus nach dessen Absterben durch Umlagerung zweier Molekülgruppen in die rechtsdrehende Form übergehen. Ist die Geschwindigkeit des als Racemisierung bezeichneten Umwandlungsprozesses bekannt, so lässt das Verhältnis der Aminosäure-Formen im abgestorbenen Organismus Rückschlüsse, z. B. auf den Todeszeitpunkt eines Fossils, zu. Die Racemisierung eignet sich zur Datierung von bis zu 100 000 Jahren alten Knochenresten. Da die Temperaturabhängigkeit der Racemisierung zu einem großen Fehler führen kann, sollte diese Methode nur an organischem Material durchgeführt werden, das stabilen klimatischen Bedingungen ausgesetzt war.

420

**Ameisen.**
Wanderameisen

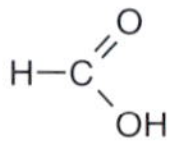

**Ameisensäure**

$CH_3—NH_2$
Methylamin

$CH_3—NH—CH_3$
Dimethylamin

$N(CH_3)_3$
Trimethylamin

**Amine**

**American Museum of Natural History**
→ GEO **Dossier**
Die Arche von Manhattan, Bd. 6

*Fortsetzung von S. 29*
Pflanzensaft und Samen, manche auch von zuckerreichen Ausscheidungen z. B. der Blattläuse (Ameisengäste). Wohnbauten sind u. a. die »Ameisenhaufen«, Erdhöhlen mit Aufbauten aus trockenen Pflanzenteilen. Der Giftdrüsensaft der Ameisen ist Volksheilmittel. Bekannt ist neben der Roten Waldameise (Formica rufa) die **Riesenameise** oder **Rossameise** (Camponotus ligniperda). Die **Weißen Ameisen** (Termiten) gehören nicht zu den Ameisen.

**Ameisenbären, Myrmecophagidae,** in Mittel- und Südamerika lebende Säugetiere aus der Ordnung Zahnarme; zahnlose, auf Insektennahrung spezialisierte Baum- oder Bodenbewohner mit sehr kleiner Mundöffnung und langer klebriger Fangzunge. Der **Große Ameisenbär** (Myrmecophaga tridactyla) wird ohne Schwanz bis 130 cm lang, der vorwiegend auf Bäumen lebende **Südliche Tamandua** (Tamandua tetradactyla) erreicht eine Länge bis zu 67 cm, der **Zwergameisenbär** (Cyclopes didaktylus) wird etwa eichhörnchengroß.

**Ameisenpflanzen, myrmekophile Pflanzen, Myrmekophyten,** tropische Pflanzen, die mit Ameisen in Symbiose leben, das heißt in Hohlräumen Ameisennester beherbergen.

**Ameisensäure,** stechend riechende, ätzende und reduzierend wirkende Flüssigkeit; die stärkste und einfachste der Carbonsäuren, Bestandteil des Ameisen- und Brennnesselgiftes, Wirkstoff des Ameisenspiritus. Ihre Salze und Ester heißen **Formiate.** Ameisensäure fällt als Nebenprodukt bei der Essigsäureherstellung an und wird besonders in der Textil- und Lederindustrie verwendet. Ihre Ester (z. B. Ameisensäureethylester) riechen obstartig und dienen zur Herstellung von Essenzen.

**American Museum of Natural History,** Abk. **AMNH,** 1869 gegründetes Naturkundemuseum in New York; eines der größten seiner Art auf der Welt. Die Sammlung umfasst über 30 Millionen Objekte und Exponate zur Menschheitsgeschichte. Zu den Attraktionen des Museums gehört u. a. der 563 Karat schwere »Stern von Indien«, der größte jemals gefundene Saphir.

**American Telephone and Telegraph Company** [əˈmerɪkən ˈtelɪfəʊn ænd ˈtelɪgræf ˈkʌmpənɪ], Abkürzung **AT & T,** eine der weltgrößten privaten Telefongesellschaften, gegründet 1885, Sitz: New York; hervorgegangen aus der Bell Telephone Company (gegründet 1877); betreibt heute als Dachgesellschaft den überwiegenden Teil des inneramerikanischen und interkontinentalen Fernmeldeverkehrs von den USA nach Übersee.

**Americium** [neulateinisch, nach dem Erdteil Amerika] *das,* **Am,** künstliches radioaktives Metall, ein Actinoid und Transuran, Ordnungszahl 95, Dichte (bei 20 °C) 13,67 g/cm$^3$, Schmelzpunkt 1 176 °C.

Americium tritt in verschiedenen Isotopen auf (237–247). Die langlebigen Isotope 241 und 243 (Halbwertszeit 433 beziehungsweise 7 370 Jahre) sind Alphastrahler und fallen beim Betrieb von Kernreaktoren an. Sie gehören zu den giftigsten Radionukliden; $^{241}$Am wurde als erstes Americiumisotop 1944 von Glenn Seaborg u. a. hergestellt.

**Amide** [lateinisch], **1) Säureamide,** Verbindungen, die sich aus Säuren durch Ersatz der Hydroxylgruppe (–OH) durch die Aminogruppe ($–NH_2$) oder substituierte Aminogruppen (–NH–R, $–NR_2$) ableiten.

**2) Metallamide,** Abkömmlinge des Ammoniaks, in denen ein Wasserstoffatom durch Metall ersetzt ist.

**Amine,** organische Basen, gebildet durch Ersatz eines oder mehrerer Atome Wasserstoff des Ammoniaks durch Alkyl- (aliphatische Amine) oder Arylgruppen (aromatische Amine). Nach der Zahl der ersetzten H-Atome unterscheidet man primäre, sekundäre und tertiäre Amine. Zahlreiche Amine sind technisch wichtige Produkte, z. B. die Methylamine, die aus Ammoniak durch stufenweise katalytische Methylierung, entweder mit Methanol oder Alkylhalogeniden, hergestellt werden.

**Aminobenzol,** das →Anilin.

**Aminoplaste,** härtbare Kunstharze und Pressmassen auf der Grundlage z. B. von Formaldehyd mit Harnstoff (Harnstoffharze), Melamin (Melaminharze) oder anderer organischer Verbindungen mit Aminogruppen.

**Aminosäuredatierung, Racematmethode,** Verfahren zur numerischen (absoluten) →Altersbestimmung von fossilen Knochen und Zähnen, das die optische Aktivität von Aminosäuren ausnutzt. Im lebenden Organismus kommt in der Regel nur die die Polarisationsebene des Lichts linksdrehende L-Form der Aminosäuren vor, die sich nach dem Absterben in die stereoisomere, rechtsdrehende D-Form umwandelt, bis ein Gleichgewicht (Racemat) erreicht ist. Daher kann aus dem Verhältnis von L- und D-Form das Alter dieser fossilen Funde bestimmt werden. Hierbei sind Datierungen über Zeitspannen von einigen Tausend Jahren bis wenigen Millionen Jahren möglich.

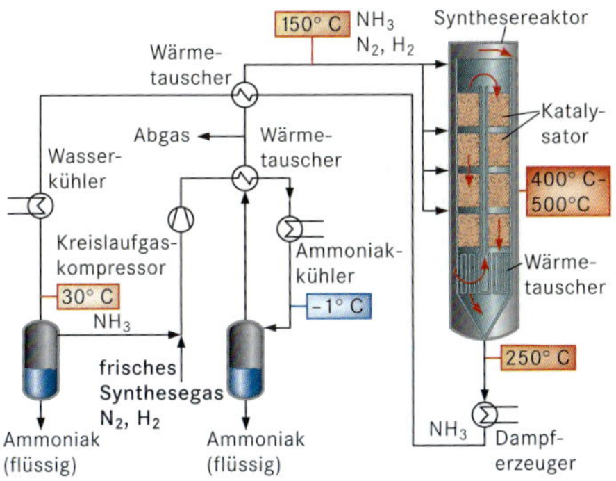


**Ammoniak.** Synthese nach dem Haber-Bosch-Verfahren; bei einem Druck von etwa 320 bar

**Aminosäuren,** Carbonsäuren mit einer oder mehreren Aminogruppen ($-NH_2$). Die einfachste Aminosäure ist die **Aminoessigsäure** (Glycin, Glykokoll). Aus ihr leitet sich durch Ersatz des einen H-Atoms der $CH_2$-Gruppe eine Reihe von Aminosäuren ab; größte Bedeutung als Baustein der Proteine. **Nichtessenzielle Aminosäuren** werden zum Teil im tierischen und menschlichen Körper synthetisiert, **essenzielle Aminosäuren** müssen mit der Nahrung zugeführt werden.

**Amitose** [griechisch] *die, Biologie:* Form der →Kernteilung.

**Ammon-Gelite,** handhabungssichere, wasserbeständige Sprengstoffe aus Ammoniumnitrat und Nitroglykol.

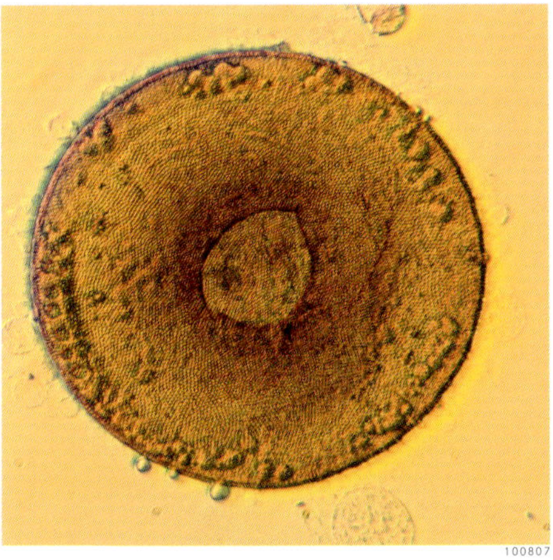

**Amöben.** Schalenamöbe

**Ammoniak** [lateinisch sal ammoniacum »Salmiak«] *das,* $NH_3$, farbloses Gas von stechendem Geruch, wird durch 800–900 kPa Druck bei 20° C flüssig (Dichte 0,682 g/cm$^3$ bei 0° C) und kommt so, in Stahlflaschen komprimiert oder als 35 %ige wässrige Lösung in den Handel. Ammoniak entsteht bei der Zersetzung organischer Stickstoffverbindungen. In Wasser leicht löslich; die als **Salmiakgeist** bezeichnete Lösung enthält etwa 10 % Ammoniak. 70 % der Weltproduktion an Ammoniak stellt man aus Luftstickstoff her (Haber-Bosch-Verfahren); Verarbeitung u. a. zu Düngemitteln, Salpetersäure, Harnstoff, Chemiefasern, Sulfonamiden; Verwendung als Kühlmittel. **Ammoniakate (Amminsalze)** sind Komplexe des Ammoniaks mit Metallsalzen.

**Ammoniten** [griechisch, nach dem ägyptischen Gott Ammon = Amun, der u. a. mit Widderhörnern dargestellt wurde] **Ammonshörner**, am Ende des Erdmittelalters ausgestorbene marine Kopffüßer. Ihre Kalkschalen waren meist zu einer Spirale gerollt, Schalendurchmesser 5 mm bis 2 m; wichtige Leitfossilien.

**Ammonium** *das,* Kurzform **Ammon,** die frei nicht auftretende Atomgruppe $NH_4$, die in Verbindungen (Ammoniumsalze) die Stelle eines einwertigen Metalls vertritt. **Ammoniumsalze** sind wichtige Düngemittel.

**Ammoniumcarbonat, Hirschhornsalz,** $(NH_4)_2CO_3$, weißes Salz; entsteht z. B. durch Einleiten von Kohlendioxid in Ammoniakwasser. Ammoniumcarbonat zerfällt bei 58 °C wieder in seine Bestandteile. Verwendung als Treibmittel für Backwarenteige, Beize, für Katalysatoren, Schaumstoffe u. a.

**Ammoniumchlorid,** der →Salmiak.

**Ammoniumnitrat,** $NH_4NO_3$, farbloses, gut kristallisierendes, an feuchter Luft zerfließendes Salz; mit kohlenstoffhaltigen Substanzen gemischt, ergibt es Sicherheitssprengstoffe, mit Kaliumchlorid Düngemittel.

**Ammoniumsulfat,** $(NH_4)_2SO_4$, durch Einleiten von Ammoniak in 80 %ige Schwefelsäure oder durch Umsetzung von Ammoniak, Kohlendioxid und Wasser mit Gips hergestelltes Salz; wichtiges Düngemittel.

**Ammonolyse** *die,* der →Hydrolyse analoge Reaktion einer chemischen Verbindung mit Ammoniak.

**AMNH,** das →American Museum of Natural History.

**Amnioten,** Wirbeltiere (Reptilien, Vögel, Säugetiere), die im Unterschied zu den Anamniern in der Embryonalentwicklung ein Amnion (Hülle) bilden.

**Amöben** [griechisch »Veränderliche«], **Wechseltierchen**, einzellige Wurzelfüßer ohne feste Körperform, die lappige Scheinfüßchen (Pseudopodien) ausfließen lassen, sich so fortbewegen **(amöboide Bewegung)** und Nahrung aufnehmen; Fortpflanzung meist durch

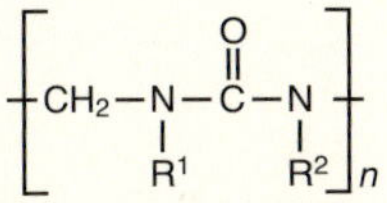

$R^1$, $R^2$ = H-Atome oder organische Reste

**Aminoplaste.** Harnstoffharze

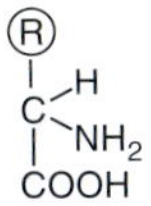

**Aminosäuren.** Allgemeine Formel

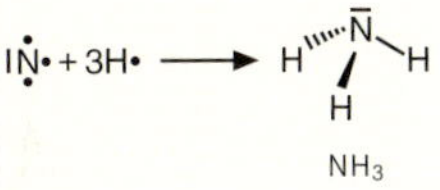

**Ammoniak.** Die Elektronen des Stickstoffs und des Wasserstoffs verbinden sich.

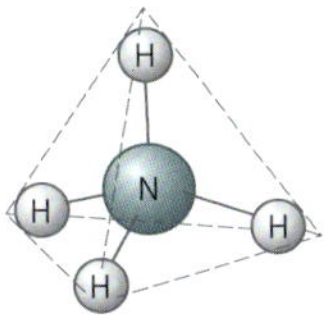

**Ammonium.** Molekulare Struktur; im Ammoniumion befindet sich das N-Atom in der Mitte eines Tetraeders, dessen Ecken von den vier Wasserstoffatomen besetzt sind.

Zweiteilung. Die meisten Süßwasserarten sind nackt, einige beschalt. Manche Amöben leben als Parasiten, z. B. **Entamoeba histolytica,** der Erreger der mit schleimig-blutigen Durchfällen einhergehenden **Amöbenruhr (Amöbiasis).**

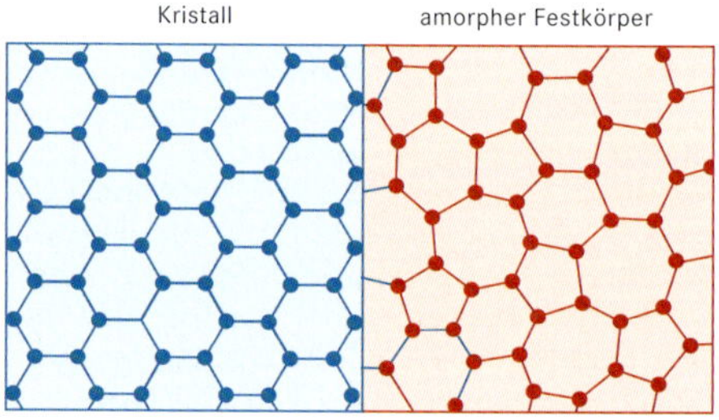


**amorph.** Schema der atomaren Anordnung in einem Kristall und in einem amorphen Festkörper

**amorph** [griechisch], Bezeichnung für feste Körper, deren Atome nicht regelmäßig in den Gitterpunkten eines Kristallgitters, sondern regellos angeordnet sind, z. B. anorganische, metallische und organische Gläser, Harze und Opal. Amorphe Stoffe verfügen über keine physikalisch ausgezeichnete Richtung und sind deshalb ähnlich den Flüssigkeiten isotrop. Amorphe Stoffe sind häufig instabil und gehen von selbst in den kristallinen Zustand über, besonders bei Erwärmung.

**Ampere** [amˈpɛːr; nach A. M. Ampère] *das,* Einheitenzeichen **A,** SI-Basiseinheit der elektrischen Stromstärke. Das Ampere ist die Stärke eines konstanten elektrischen Stroms, der zwischen zwei parallelen, geradlinigen, unendlich langen Leitern, die im Vakuum im Abstand von 1 m angeordnet sind, eine Kraft von $2 \cdot 10^{-7}$ Newton je Meter Leiterlänge ausüben würde.

**Ampère** [ãˈpɛːr], André Marie, französischer Physiker und Mathematiker, * Lyon 22. 1. 1775, † Marseille 10. 6. 1836. Ampère war Physiklehrer in Bourg und Lyon, später Professor an der École polytechnique und am Collège de France sowie Generalinspekteur der Universitäten. Er widmete sich zunächst theoretisch-chemischen Überlegungen über den Molekülbau an, wandte sich aber nach der Entdeckung des Elektromagnetismus durch H. C. Ørsted 1820 diesem neuen Gebiet zu. Er entdeckte die Wechselwirkung zwischen stromdurchflossenen Leitern, die er als eine »elektrodynamische« bezeichnete (ampèresches Gesetz), stellte für die Ablenkung einer Magnetnadel durch den Strom die nach ihm benannte Schwimmerregel (ampèresche Regel) auf und führte die Erscheinungen des Magnetismus auf die Summationswirkung hypothetischer Molekularströme zurück. 1822 präsentierte er einen elektromagnetischen Telegrafen anstelle des von Samuel Thomas Sömmerring (* 1755, † 1830) vorgeschlagenen elektrochemischen. Ampères grundlegende Abhandlung »Sur la théorie mathématique des phénomènes électrodynamiques«, die allen späteren gleichartigen Bemühungen zum Vorbild diente und elektrodynamische Erscheinungen als Fernwirkungen behandelte, erschien 1827. Danach wandte er sich philosophischen Arbeiten zu. Nach ihm ist die SI-Einheit der elektrischen Stromstärke, das Ampere (A), benannt.

**André Marie Ampère**
*** 1775, † 1836**

- beschrieb den Zusammenhang zwischen Magnetismus und elektrischen Strömen
- behandelte die elektrodynamischen Erscheinungen als Fernwirkungen

**Amperemeter** [ampɛːr-], der →Strommesser.

**ampèresche Regel** [ãˈpɛːr-], **Schwimmerregel, Korkenzieherregel,** Merkregel zur Richtungsbestimmung des von einem elektrischen Strom hervorgerufenen Magnetfelds: Dreht man einen Korkenzieher so, dass er sich in Richtung des Stromflusses bewegt, so umlaufen die magnetischen Feldlinien den Leiter in demselben Drehsinn.

**ampèresches Gesetz** [ãˈpɛːr-], elementares, von A. M. Ampère 1820 formuliertes Gesetz der Elektrodynamik: Parallele und gleich gerichtete elektrische Ströme ziehen sich an, parallele, aber entgegengesetzt gerichtete Ströme stoßen sich ab.

**Ampere|sekunde** [amˈpɛːr-], Einheitenzeichen **As** oder **A · s,** das →Coulomb.

**Amphibi|en** [griechisch »doppellebig«], **Lurche, Amphibia,** Klasse wechselwarmer, knapp 1 cm bis (maximal) 1,5 m langer, fast weltweit verbreiteter Wirbeltiere mit über 3 000 rezenten Arten in den Ordnungen Blindwühlen, →Schwanzlurche und →Froschlurche. Körper lang gestreckt bis plump; Haut nackt, drüsenreich, nicht selten bunt gefärbt; meist vier Gliedmaßen; Schwanz lang bis vollkommen rückgebildet; Herz ohne Trennwand; bei erwachsenen Tieren ist ein Lungenkreislauf ausgebildet. Die Amphibien leben überwiegend in feuchten Biotopen, wobei sich die Ei- und Larvenentwicklung sowie die Begattung fast stets im Wasser vollziehen. Manche Arten treiben Brutpflege, einige sind lebend gebärend. Die Larven haben innere oder äußere Kiemen.

**Amphibi|enfahrzeug,** schwimm- oder tauchfähiges Landfahrzeug, an Land auf Rädern oder Ketten, im Wasser durch Schiffsschraube angetrieben; Lenkung mit Rädern oder Hilfsrudern. Das erste Amphibienfahrzeug wurde 1934 konstruiert.

**amphibisch,** im Wasser und auf dem Land lebend.

**Amphikarpie** [griechisch-lateinisch] *die,* das Hervorbringen von zweierlei Fruchtformen an einer Pflanze.

**Ampholyt** [griechisch] *der,* Molekül oder Ion mit sowohl saurer als auch basischer hydrophiler Gruppe, das nach der →Säure-Base-Theorie je nach Versuchsbedingungen als Säure oder als Base reagieren kann.

**amphoter** [griechisch amphóteros »zu beiden Seiten gehörig«], *Chemie:* Bezeichnung für die Fähigkeit von Verbindungen, Wasserstoffionen ($H^+$) und Hydroxidionen ($OH^-$) abzuspalten und sich daher stärkeren Säuren gegenüber wie eine Base, stärkeren Basen gegenüber wie eine Säure zu verhalten.

**Amplifier** [ˈæmplɪfaɪə, englisch] *der,* englisch für →Verstärker.

**Amplikon** [lateinisch] *das,* ein Nukleinsäureabschnitt der in vivo oder in vitro selektiv vervielfältigt wird.

**Amplitude** [lateinisch »Weite«] *die,* **Schwingungsweite,** *Physik, Technik:* größter Wert einer periodisch veränderlichen Größe (→Schwingung).

**Amplitudenmodulation,** *Nachrichtentechnik:* →Modulation.

**Amyl|alkohole,** die →Pentanole.

**Amylasen** [griechisch], Enzyme, die Stärke und Glykogen direkt oder über Dextrine zu Maltose und Glucose abbauen können. Die α-Amylasen kommen u.a. im Mund und in Verdauungsdrüsen von Mensch und Tieren vor sowie in Malz; Verwendung u.a. in Waschmitteln, bei der Herstellung von Alkohol und Fruchtsäften.

**Amylopektin** *das,* →Stärke.

**Amylose** *die,* →Stärke.

**Anabolismus** [griechisch] *der,* Gesamtheit der assimilatorischen **(anabolen)** Vorgänge in Lebewesen, die dem Aufbau körpereigener Stoffe dienen (Gegensatz: Katabolismus). Im jugendlichen Alter überwiegen die anabolen Vorgänge; sie werden von Hormonen (Insulin u.a.) gefördert. Den Anabolismus fördernde Stoffe **(Anabolika)** werden als Arzneimittel verwendet.

**An|aerobi|er, Anaerobionten,** zeitweise oder ständig ohne Sauerstoff (anaerob) lebende Organismen; Gegensatz: Aerobier.

**Anagenese** [griechisch] *die,* Höherentwicklung in der Stammesgeschichte einer Organismengruppe; kommt z.B. in der Optimierung des Bauplanes eines Lebewesens zum Ausdruck.

**Analog-digital-Umsetzer,** Abkürzung **ADU, Analog-digital-Converter,** Abkürzung **ADC, A-D-Wandler,** elektronische Funktionseinheit zur Umwandlung einer analogen Größe (in der Regel als elektrische Spannung vorliegendes Eingangssignal) in eine digitale Größe (quantisiertes Ausgangssignal, z.B. Impulsfolge) unter Veränderung der Signalstruktur; Anwendung zur digitalen Signalverarbeitung.

**Analogie** [griechisch »Übereinstimmung«] *die, Biologie:* nicht auf gemeinsamer Abstammung beruhende weitgehende Anpassungsähnlichkeit von Funktionen und Verhaltensweisen bei verschiedenen Arten von Lebewesen.

**Analysator** [griechisch] *der,* optisches Bauelement zum Nachweis der →Polarisation des Lichts; jeder Polarisator kann als Analysator dienen.

**Analyse,** *Chemie:* Bestimmung der Bestandteile chemischer Verbindungen oder Gemische nach ihrer Art **(qualitative Analyse)** oder ihrer Menge **(quantitative Analyse).** Der qualitativen Analyse geht meist die Vorprüfung voraus, bei der man beobachtet, wie sich der Stoff unter verschiedenen Bedingungen, z.B. Erhitzen, Zusammenschmelzen mit anderen Stoffen, verhält. Dann wird der Stoff in Lösung gebracht (Aufschließung). Arten der qualitativen Analyse sind z.B. die Spektralanalyse und die Lötrohranalyse. Bei der quantitativen Analyse unterscheidet man Gewichts-, Maß-, Gas-Analyse und physikalisch-chemische Analyse. Zur Gewichtsanalyse gehört die **Elementaranalyse** oder **Verbrennungsanalyse.** Die moderne Analyse kennzeichnen die Verminderung der Nachweisgrenze auf weniger als $10^{-15}$ g, die Automatisierung, Perfektionierung, der Einsatz von Computern und die Kopplung mehrerer Methoden zu Systemen.

**analytische Chemie, Analytik,** →Chemie, →Analyse.

**Anamni|er** [griechisch], Wirbeltiere (Amphibien, Fische), deren Embryonalentwicklung ohne die Bildung eines Amnions (Hülle) abläuft (→Amnioten).

**Anaphase** *die, Biologie:* Phase der →Mitose.

**Anastigmat** [griechisch] *der, Optik:* Linsensystem (fotografisches Objektiv), bei dem Astigmatismus und Bildwölbung (z.B. durch Verwendung spezieller optischer Glassorten) beseitigt sind.

**Anatomie** [griechisch »Zergliederung«] *die,* die Wissenschaft vom Bau der Lebewesen. Die **systematische Anatomie** untersucht und beschreibt den Körper nach Organsystemen (u.a. Gefäß-, Atmungs-, Nervensystem). Die Lehre vom feineren Bau der Organe **(mikroskopische Anatomie)** fußt auf der Zellen- und Gewebelehre (Histologie). Die **topografische A.** behandelt Lageverhältnisse der Körperteile und Organe in den verschiedenen Körperregionen zueinander; als **angewandte angewandte Anatomie** dient sie chirurgischen Maßnahmen. Die **vergleichende Anatomie** untersucht einander entsprechende Systeme oder Organe der Tiergruppen und des Menschen. Neben der Anatomie des Menschen werden die Anatomie der Tiere **(Zootomie)** und die Anatomie der Pflanzen **(Phytotomie)** unterschieden.

■ **Geschichte** Im Altertum und Mittelalter verhinderten vielfach religiöse Ansichten die Zergliederung menschlicher Leichen. Bedeutende Anatomen waren Herophilos, Erasistratos (um 300 v.Chr.), Galen (2.Jahrhundert n.Chr.). Als Begründer der modernen Anatomie gilt A. Vesal (16.Jahrhundert). Teildisziplinen der Anatomie entwickelten sich im 18./19. Jahrhundert zu selbstständigen Wissenschaften (u.a. Physiologie, Pathologie, Histologie).

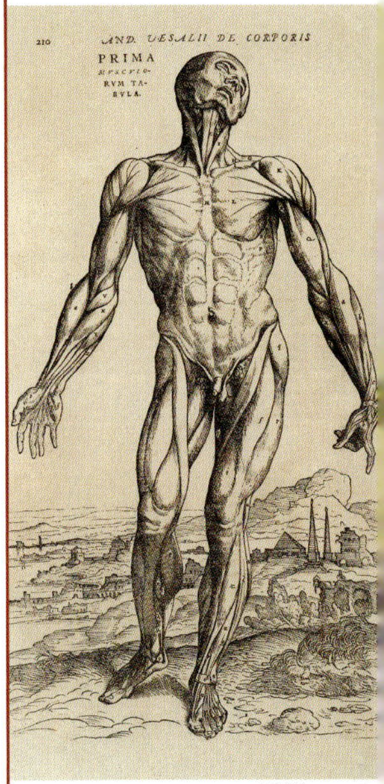


100264

**Anatomie.** Die Muskulatur des Körpers (Illustration 16.Jh.)

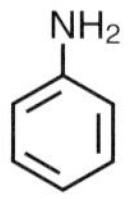


**Anilin**

**Christian Anfinsen**

**Anders Jonas Ångström**

**AND** ['ænd, englisch], *Logik:* die logische Verknüpfung »und« (Konjunktion); in der *Digitaltechnik* Verknüpfungsfunktion der →Schaltalgebra.

**Anderson** ['ændəsn], **1)** Carl David, amerikanischer Physiker, * New York 3. 9. 1905, † San Marino (Kalifornien) 11. 1. 1991; entdeckte 1932 das →Positron (hierfür 1936 zusammen mit F. Hess Nobelpreis für Physik) und 1937 das Myon.

**2)** Philip Warren, amerikanischer Physiker, * Indianapolis (Indiana) 13. 12. 1923; erhielt 1977 mit J. H. Van Vleck und Sir N. F. Mott den Nobelpreis für Physik für grundlegende theoretische Untersuchungen der elektronischen Struktur magnetischer und ungeordneter Strukturen.

**Androgenese** [griechisch] *die,* experimentell erzeugte Eientwicklung ohne Eikern, allein unter Entwicklung des Samenkerns.

**Androgynie** [griechisch] *die,* Bezeichnung für den männlichen →Pseudohermaphroditismus.

**Anergie** [griechisch] *die, technische Thermodynamik:* →Exergie.

**Anfinsen** ['æn-], Christian, amerikanischer Biochemiker, * Monessen (Pennsylvania) 26. 3. 1916, † Randallstown (Maryland) 14. 5. 1995; erhielt 1972 zusammen mit William Stein und Stanford Moore für Forschungen an dem Enzym Ribonuklease den Nobelpreis für Chemie.

**angeboren, konnatal,** schon bei der Geburt vorhanden. **Angeborene Krankheiten** (→genetische Krankheiten) sind erbbedingt (kongenital) oder während der vorgeburtlichen Entwicklung im Mutterleib erworben.

**angeborener Auslösemechanismus,** Abkürzung **AAM,** die Fähigkeit bei Tier und Mensch, ohne vorangegangene Erfahrung sinnvoll auf bestimmte Umweltsituationen zu reagieren. Über AAM werden aus der Vielzahl der Umweltreize die lebenswichtigen erkannt (auch Kenn- oder früher Schlüsselreize genannt) und situationsgerechte Verhaltensweisen ausgelöst, z. B. der Reiz: Futter und das Verhalten: Nahrungsaufnahme, Feinde und Abwehrverhalten oder Sexualpartner und →Balz.

**Angiospermen,** die →Bedecktsamer.

**Ångström** ['ɔŋ-; nach A. J. Ångström] *das,* Einheitenzeichen **Å,** nicht gesetzliche Längeneinheit: $1\,\text{Å} = 10^{-10}\,\text{m} = 0{,}1\,\text{nm}$.

**Ångström** ['ɔŋ-], Anders Jonas, schwedischer Astronom und Physiker, * Lögdö (Västernorrland) 13. 8. 1814, † Uppsala 21. 6. 1874; Mitbegründer der Astrophysik, entdeckte im Sonnenspektrum 1862 Spektrallinien des Wasserstoffs.

**Anhydrid** [zu griechisch ánhydros »wasserfrei«] *das,* chemische Verbindung, die durch die reversible Abspaltung von Wasser aus einer Säure (Säureanhydrid) entsteht; seltener auch Basenanhydride, die aus einer Base hervorgehen.

**Anilin** [zu Sanskrit nila »dunkelblau«] *das,* **Aminobenzol, Phenylamin,** $C_6H_5NH_2$, einfachstes und technisch wichtigstes aromatisches Amin, 1826 von Otto Unverdorben (* 1806, † 1873) bei der trockenen Destillation von Indigo entdeckt. Ausgangsstoff für viele Verbindungen, wie Farbstoffe (z. B. **Anilinblau**), Arzneimittel, Kunststoffe, Fotochemikalien. Mit Säuren liefert Anilin Salze, z. B. mit Salzsäure das in der Farbenindustrie verwendete **Anilinsalz.** Die **Anilinharze** sind aus Anilin und Formaldehyd hergestellte thermoplastische Harze **(Aminharze).**

**Anion** [griechisch] *das,* negativ geladenes Ion, das im elektrischen Feld zur Anode wandert.

**anisotope Elemente, Reinelemente,** →chemische Elemente, die in der Natur nur mit einem einzigen Nuklid vertreten sind, also nicht aus mehreren →Isotopen bestehen. Anisotrope Elemente sind z. B. Beryllium, Fluor, Natrium, Aluminium und Phosphor.

**an|isotrop** [griechisch], nicht →isotrop.

**An|isotropie** *die, Physik:* die Richtungsabhängigkeit verschiedener physikalischer und chemischer Eigenschaften eines Stoffes, insbesondere bei →Kristallen.

**Anker** [von lateinisch ancora], **1)** *Elektrotechnik:* bei rotierenden elektrischen Maschinen der Teil, in dessen Wicklungen Spannungen induziert werden, die für die Arbeitsweise der Maschine bestimmend sind. Der als rotierender oder linear bewegter Läufer (bei Außenpolmaschinen) oder als fester Ständer oder Stator (bei Innenpolmaschinen) gebaute Anker ist zur Vermeidung von Wirbelströmen aus geschichteten Dynamoblechen zusammengesetzt, wobei die **Ankerwicklung** (z. B. beim Trommelanker) in Nuten eingebettet ist.

Anker ist auch die Bezeichnung für den beweglichen Teil bei Schütz und Relais, der die Kontakte betätigt.

**2)** *Uhrentechnik:* in mechanischen Uhren Ankerhebel, der ein Drehmoment in eine Hin- und Herbewegung umwandelt.

**Anlassen,** *Werkstofftechnik:* die Wärmebehandlung von Metallen bei Temperaturen unterhalb etwa 600 °C, besonders von Stahl; die Metalle werden nach vorausgegangenem Härten oder Kaltverformen auf eine Temperatur unter dem Umwandlungspunkt erwärmt und für eine bestimmte Zeit **(Anlassdauer)** auf dieser Temperatur gehalten; anschließend erfolgt zum Teil gesteuerte Abkühlung. Ziel des Anlassens ist der Abbau innerer Spannungen bei verminderter Sprödigkeit und größerer Zähigkeit.

**Annihilation** [lateinisch] *die, Physik:* die Zerstrahlung von Teilchen-Antiteilchen-Paaren, im Gegensatz zur →Paarbildung.

**annuell** [französisch], →einjährig.

**Annulene** [zu lateinisch annulus »kleiner Ring«], ungesättigte, zyklische Kohlenwasserstoffe mit großer, stets gerader Anzahl von Kohlenstoffatomen im Ring und durchlaufend konjugierten Doppelbindungen.

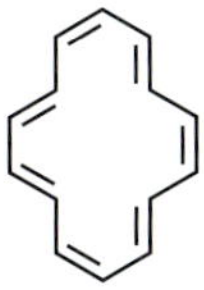

[14]Annulen

**Annulene**

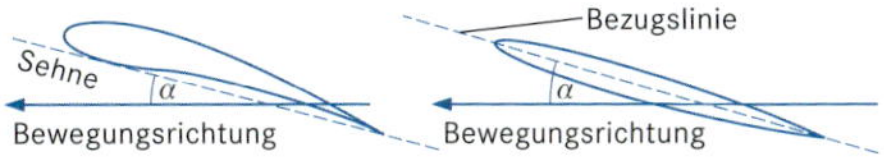


**Anstellwinkel.** Der Anstellwinkel wird bei einem Flugzeug mit einem speziellen Fühler gemessen, der zur Überwachung kritischer Flugzustände oder zu Flugregelungsaufgaben dient.

**Anode** [griechisch] *die,* positive →Elektrode (Pluspol) in Elektronen- und Entladungsröhren, Elektrolysezellen u.a., zu der Elektronen oder negative Ionen (Anionen) wandern; Gegensatz →Kathode. In Lösung finden an der Anode stets Oxidationsvorgänge statt **(anodische Oxidation),** bei denen Anionen entladen werden und aus neutralen Atomen Kationen entstehen. Durch die dabei abgegebenen Elektronen wirkt die Anode bei →galvanischen Elementen als Minuspol. Die zwischen Anode und Kathode einer Elektronenröhre liegende Anodenspannung erzeugt den **Anodenstrom.** Ist die elektrisch geheizte Anode eines Entladungsrohres mit Alkali- oder Erdalkalisalzen belegt, so gehen von ihr positive Metallionen **(Anodenstrahlen)** aus, die durch Verdampfung und thermische Ionisation entstehen und im Spannungsfeld des Rohres beschleunigt werden.

**Anodenschlamm,** meist edelmetallhaltiger Rückstand bei der elektrolytischen Raffination von Metallen, wie Blei, Kupfer, Zinn.

**anodische Oxidation, 1)** *Elektrochemie:* →Anode.

**2)** *Oberflächentechnik:* elektrolytische Herstellung von oxidischen Schutzschichten auf Metallen, v.a. auf Aluminium und seinen Legierungen (»eloxieren«), die bei der Elektrolyse geeigneter Lösungen (besonders von Schwefel-, Oxal- und Chromsäure) auf den als Anoden in der Lösung befindlichen Metallteilen entstehen; dienen besonders zum Schutz gegen Korrosion und Abrieb (»Hartanodisieren«), als elektrische Isolation oder als dekorativer Überzug. (→Anode)

**Anomalie,** *Physik:* **Anomalie des Wassers,** Eigenschaft von Wasser, sich im Gegensatz zu fast allen anderen Stoffen oberhalb des Schmelzpunktes (im Bereich von 0 bis 4 °C) beim Erwärmen zusammenzuziehen. Wasser hat somit bei 4 °C seine größte Dichte ($\varrho = 1\,g/cm^3$) und verhält sich erst oberhalb von 4 °C »normal«, das heißt, es dehnt sich beim Erwärmen aus. Beim Übergang zu Eis ($\varrho = 0{,}9168\,g/cm^3$ bei 0 °C) nimmt das Volumen zu, deshalb schwimmt das leichtere Eis auf dem Wasser ($\varrho = 0{,}9999\,g/cm^3$ bei 0 °C).

**an|organisch** [griechisch], zur unbelebten Natur gehörig; **anorganische Chemie,** →Chemie.

**Anpassung, Adaptation,** *Physiologie:* die Angleichung von Organen und Organismen an bestimmte Umwelt-Reiz-Bedingungen. Sie betrifft Gestalt, Farbe, Körpervorgänge und Verhalten. Beispiele: Akklimatisation (stammesgeschichtlicher Prozess durch Auslese), Herzvergrößerung (durch funktionelle Beanspruchung bei Ausdauertraining), Farbwechsel des Chamäleons (kurzfristig, vorübergehend).

**Anregung,** *Physik:* der durch Energiezufuhr (thermische Anregung, Strahlungsanregung, Stoßanregung u.a.) bewirkte Übergang eines mikrophysikalischen Systems (Atom, Atomkern, Molekül) in einen energetisch höheren (angeregten) Zustand.

**Anreicherung,** *Chemie:* die Erhöhung des Gehalts eines Gemischs an nutzbaren Bestandteilen, z.B. eines Mineralgemischs durch Aufbereitung; insbesondere bei nuklearem Brennstoff die Vergrößerung des Anteils spaltbarer Isotope eines Elementes.

**Anschnittsteuerung,** die →Phasenanschnittsteuerung.

**Anstellwinkel,** *Luftfahrt:* der Winkel zwischen einer bestimmten Bezugslinie im Flügelprofil (meist Sehne) und der Anströmungs- oder Bewegungsrichtung; wesentliche Einflussgröße für den Auftriebsbeiwert.

100264

**Antenne 1).** Parabolantenne für die Satellitenkommunikation

**Antenne** [lateinisch antenna »(Segel)stange«] *die,* **1)** *Elektrotechnik:* Vorrichtung zum Senden oder Empfangen elektromagnetischer Wellen; die Aufgabe der Antenne besteht in der Umwandlung der leitungsgeführten Energie des Senders in Strahlungsenergie **(Sendeantenne)** beziehungsweise der Strahlungsenergie in leitungsgeführte Energie für den Empfänger **(Empfangsantenne).** Der konstruktive Aufbau hängt von Anwendungsfall und Frequenzbereich ab. **Linearantennen,** die man als offenen elektrischen Schwingkreis betrachten kann, werden in zahlreichen Bauformen in der Hochfrequenztechnik sowie im Lang-, Mittel- und Kurzwellenbereich eingesetzt.

**Antenne 1).** Antennenfeld mit Sendemasten von Radio Vatikan nördlich von Rom

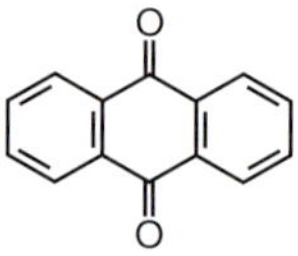

**Anthrachinon**

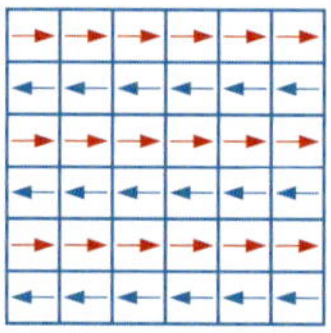

**Antiferromagnetismus.** Modell des antiferromagnetischen Zustandes mit zwei ferromagnetisch geordneten Teilgittern; insgesamt tritt kein Magnetismus auf.

Grundelement der Linearantenne ist ein elektrischer →Dipol, der als Einzeldraht (Halbdipol), Metallstabpaar, Falt-, Schleifen- oder Schlitzdipol realisiert wird. In der Höchstfrequenztechnik (Radar, Radioteleskop, Richtfunkverbindung) werden **Flächenstrahlerantennen** in verschiedenen Bauformen eingesetzt. Üblich ist die Kombination von Primärstrahler und Sekundärreflektor. Als Primärstrahler dient ein Dipol oder ein trichterförmig erweiterter offener Hohlleiter **(Hohlleiterstrahler, Hornstrahler)** im Brennpunkt eines metallischen Parabolspiegels **(Parabolantenne)** oder eines Paraboloidausschnittes, wobei die parabolische Fläche als Sekundärreflektor wirkt; damit wird eine erhebliche Richtwirkung erzielt.

Eine wichtige Kenngröße für eine Richtantenne ist der **Antennengewinn,** der bei der Sendeantenne definiert ist als Verhältnis der Leistungen, die man einer Bezugsantenne und der betrachteten Antenne zuführen muss, damit der Empfänger in Hauptstrahlrichtung die gleiche Empfangsleistung aufnimmt.

**2)** *Zoologie:* sehr verschiedenartig ausgebildeter Fühler am Kopf der Insekten, Krebstiere, Tausendfüßer und Stummelfüßer; die paarig angelegten Antennen tragen v. a. Geruchs- und Tastsinnesorgane.

**Anthere** [griechisch] *die,* **Staubbeutel,** Teil der →Blüte.

**Antheridium** [griechisch] *das,* männliches Geschlechtsorgan der Farnpflanzen, Moose und mancher Algen.

**Anthrachinon** [griechisch] *das,* Oxidationsprodukt von Anthracen, das aber keinen reinen Chinoncharakter besitzt, sondern eine Mittelstellung zwischen →Chinonen und Diketonen einnimmt. Es bildet gelbe Kristalle; Ausgangsprodukt für die **Anthrachinonfarbstoffe** (u. a. Alizarin). In den Indanthrenfarbstoffen sind Anthrachinonkerne in komplizierten Ringsystemen gebunden. Das blaue Indanthren® ist ein besonders echter Baumwoll-Küpenfarbstoff, dessen Farbton durch OH- oder $NH_2$-Gruppen nach Grün verschoben werden kann.

**Anthrax** [griechisch »Kohle«] *der, Medizin:* der →Milzbrand.

**Anthropogäa** [griechisch gaîa »Erde«] *die,* die vom Menschen durch Besiedlung sowie durch land- und gartenbauliche Nutzung gestaltete Landschaft.

**Antibiose** [griechisch] *die,* hemmende oder schädigende Wirkung der Stoffwechselprodukte verschiedener Mikroorganismen (z. B. von Bakterien, Pilzen, Flechten) auf andere Mikroorganismen.

**Antiferromagnetismus,** Form der magnetischen Ordnung in den →Übergangselementen und ihren Verbindungen **(Antiferromagnete),** z. B. Mangan-, Eisen-, Kobalt- und Nickeloxide und -fluoride. Die magnetischen Momente der verschiedenen Untergitter kompensieren sich gegenseitig, sodass im Gegensatz zu Ferromagneten keine spontane Magnetisierung auftritt.

**Antiklopfmittel, Klopfbremsen,** Zusatzstoffe, die die →Klopffestigkeit und Oktanzahl von Ottokraftstoffen erhöhen, z. B. Methanol, Methyl-tert.-butylether (MTBE), tert.-Butylalkohol (TBA). Bleihaltige Antiklopfmittel und Benzol sind in Deutschland seit 1996 verboten.

**Antimateri|e,** Form der Materie, deren atomare Bausteine (die **Antiatome**) ausschließlich aus →Antiteilchen, also Positronen (Antielektronen), Antiprotonen und Antineutronen, bestehen. Beim Zusammentreffen eines Teilchens mit dem entsprechenden Antiteilchen kommt es zur vollständigen Zerstrahlung. Für sich ist Antimaterie jedoch ebenso stabil wie Materie. Die Antimaterie wurde erstmals von P. A. M. Dirac postuliert, wenig später wies C. D. Anderson Positronen nach. 1995 gelang es in einem Speicherring am CERN erstmals, einzelne Atome (Antiwasserstoff) aus Antimaterie herzustellen und nachzuweisen. Die »kalte« Produktion von Antiwasserstoff gelang 2002 zwei unabhängigen Forscherteams am CERN, indem sie in Teilchenfallen eingefangene Antiprotonen und Positronen bei tiefen Temperaturen zusammenbrachten und die dann entweichenden Antiatome beobachteten. Es erscheint prinzipiell möglich, dass weit entfernte Sternsysteme aus Antimaterie aufgebaut sein könnten; man geht jedoch zumeist davon aus, dass das Universum ausschließlich Materie enthält.

**Antimon** *das,* lateinisch **Stibium,** chemisches Symbol **Sb,** silberweißes, sehr sprödes Halbmetall aus der 5. Hauptgruppe des Periodensystems, Ordnungszahl 51, relative Atommasse 121,75, Dichte (bei 20 °C) 6,691 g/cm$^3$, Schmelzpunkt 630,63 °C, Siedepunkt 1 578 °C; giftig.

In der Natur kommt Antimon als sulfidisches Erz vor. Durch Rösten der Erze erhält man das Oxid und gewinnt daraus Antimon durch Reduktion. Technische Bedeutung hat Antimon u. a. als härtender Legierungszusatz, seine Verbindungen dienen zur Herstellung von Zündhölzern **(Antimonsulfid)** und Farbstoffen.

**Antimonwasserstoff,** $SbH_3$, farbloses, brennbares, sehr giftiges Gas, entsteht aus Magnesiumantimonid und Salzsäure; verwendet bei der →Dotierung von Siliciumhalbleitern.

**Antineutrino,** *Physik:* das Antiteilchen des →Neutrinos.

**Antineutron,** *Physik:* das Antiteilchen des →Neutrons.

**Antioxidanzi|en, Antioxidantien,** organische Verbindungen (Phenole, Amine, Schwefelverbindungen), die den oxidativen

Abbau verhindern oder verzögern; finden als Alterungsschutzmittel für Kautschuk, Kunststoff, Anstriche u. a. Verwendung. Für Lebensmittel zugelassen sind laut Lebensmittelkennzeichnungsverordnung z. B. Salze der Ascorbinsäure, Tocopherol, Gallate, Lactate, Citrate, Tartrate, Malate. Sie verhindern das Ranzigwerden von Fetten und die Zerstörung luftempfindlicher Vitamine und Aromastoffe.

**Antipode,** *Chemie:* →Asymmetrie.

**Antiproton,** *Physik:* das Antiteilchen des →Protons.

**Antisensenukleotide** [-sens-, englisch; zu englisch sense »Sinn«], aus kurzen Genabschnitten (mit 15–25 Basen) bestehende Wirkstoffe, deren Struktur der Nukleotidsequenz des Zielgens exakt komplementär ist. Mit Fomivirsen (Vitravene™) wurde ein erstes Antisensepräparat in die Therapie eingeführt, das bei einer durch Zytomegalievirus hervorgerufenen Netzhautentzündung (Retinitis) angewandt wird. Diese tritt bei Aids in einer Häufigkeit von bis zu 40 % auf und kann rasch zur Erblindung führen. Ob Antisensenukleotide allerdings in größerem Umfang als Therapeutika eingesetzt werden können, ist noch unklar, da sie zu zahlreichen, nicht vorhersehbaren Wechselwirkungen in der Zelle führen können.

**Antisense-RNA** [-sens-], *Molekularbiologie:* Nukleotidsequenz, die komplementär zu einer RNA ist. Da die Anitsense-RNA mit der →Messenger-RNA einen Doppelstrang bilden kann und damit deren Funktion stört, haben sich mittlerweile zahlreiche Anwendungsgebiete entwickelt.

**Antisensetechnologie** [-sens-], Verfahren zur Unterdrückung der Ablesung der genetischen Information der Zelle durch die Einführung einer natürlichen oder synthetischen Nukleotidsequenz. Die Vorstellungen zur Wirkung sind u. a., dass 1. die Antisensesequenz an die mRNA (Botenmolekül zur Übertragung der genetischen Information vom Zellkern in das Zytoplasma) bindet, die dadurch nicht mehr abgelesen werden kann, 2. ein vorzeitiger Abbau der mRNA stattfindet oder 3. ein vorzeitiger Ablesestopp bei der Synthese der mRNA erfolgt.

**Antiteilchen,** Elementarteilchen, das sich vom zugehörigen Teilchen nur durch das Vorzeichen der Ladung (→Ladungskonjugation), bei Fermionen zusätzlich der Parität, unterscheidet; für Teilchen und Antiteilchen sind deshalb z. B. Masse, Lebensdauer, Spin und Isospin gleich. Eine Deutung für das Auftreten von Antiteilchen gibt die Quantenmechanik in ihrer relativistischen Verallgemeinerung (P. A. M. Dirac), nach der die Teilchen neben positiven auch negative Energiezustände besitzen können (→Löchertheorie). Teilchen und Antiteilchen verschwinden (zerstrahlen) ebenso gemeinsam (Paarvernichtung), wie sie gemeinsam entstehen (Paarbildung); aufgrund der Zerstrahlung sind Antiteilchen nur äußerst kurzlebig darstellbar, obwohl sie die gleiche Lebensdauer haben wie die Teilchen. Positron (Antielektronen), Antiproton und Antineutron sind die elementaren Bausteine von Antiatomen (→Antimaterie). Das Teilchen-Antiteilchen-Konzept wird theoretisch durch das →CPT-Theorem gestützt.

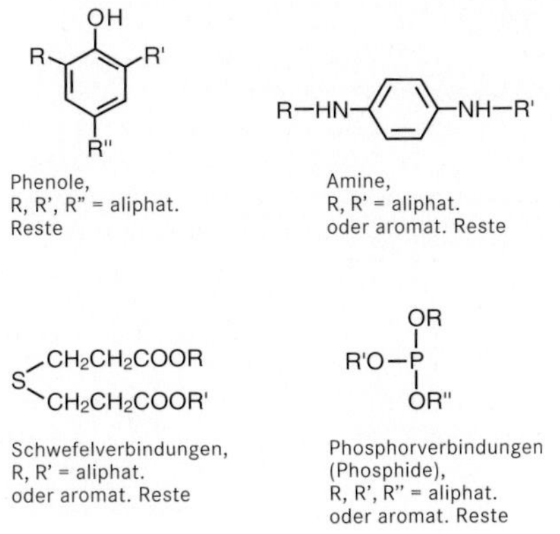


**Antioxidanzien.** Beispiele für Verbindungen, die als Antioxidanzien wirken

**Antivitamine, Vitaminantagonisten,** organische Verbindungen, die die Wirksamkeit von Vitaminen aufheben; ihre chemische Struktur ist meist der der Vitamine ähnlich, sodass sie diese aus ihrer stoffwechselphysiologischen Funktion verdrängen und gewissermaßen als *Antimetabolite* fungieren. Einige Antivitamine sind für therapeutische Zwecke von Bedeutung, z. B. *Folsäureantagonisten* als Zytostatika bei Leukämien und *Vitamin-K-Antagonisten* als blutgerinnungshemmende Mittel.

**Antrieb,** *Verhaltensforschung:* ein spezifischer zentralnervöser Mechanismus, der bei Bewertung der inneren Bedingungen und der äußeren Situation (Umwelt) das passende Verhalten steuert und reguliert. Verwandte Begriffe beziehungsweise Synonyme sind Trieb, Drang, Instinkt oder →Motivation.

**Antriebsschlupfregelung,** Abkürzung ASR, eine Antriebsregelung zum schlupffreien Beschleunigen von Kraftfahrzeugen. Die Antriebsschlupfregelung verhindert im Zusammenspiel mit dem Antiblockiersystem das Durchdrehen der Antriebsräder auf rutschiger Fahrbahn. Sie arbeitet mit Motoreingriff oder mit Motor- und Bremseingriff.

**Antriebswelle,** Maschinenelement zur Übertragung von Motorleistung (z. B. durch Kardan- oder Gelenkwellen) auf andere Maschinen oder Maschinenteile.

**Anziehungskraft,** Kraft, die den gegenseitigen Abstand zwischen Körpern oder Teilchen zu verringern sucht, z. B. Gravitationskraft (→Gravitation), →Austauschkraft, →Kernkräfte.

**Apoptose** Wurm als Modellobjekt

Der winzige Fadenwurm *Caenorhabditis elegans* ist in der Wissenschaft eine Berühmtheit. Jedes Individuum besteht im adulten Zustand aus exakt 959 Körperzellen. Daher lässt sich für jede einzelne dieser Zellen ein Stammbaum erstellen, indem man ausgehend von der Zygote, alle Zellteilungen verfolgt. Interessanterweise sterben bei der Entwicklung des Fadenwurms immer zum gleichen Zeitpunkt definierte Zellen ab. Dieses Ereignis tritt im Laufe des Wachstums genau 131-mal ein. Damit ist der kleine Wurm ein ideales Modell, um den Vorgang des programmierten Zelltods auch molekular zu untersuchen. Inzwischen sind die Gene identifiziert, die für die Apoptose der Zellen bei *Caenorhabditis* verantwortlich sind. Viele der Forschungsergebnisse lassen sich auch auf den Menschen übertragen.

**AOD** [Abk. für **A**dvanced **O**ptical **D**isc, dt. »fortgeschrittene optische Disc«] *die,* eine DVD mit hoher Speicherkapazität, eine Form der →HD-DVD. Ähnlich wie die →Blu-Ray-Disc wird sie mit einem blauen Laser geschrieben und gelesen.

Derzeit werden AODs nur als einseitig nutzbare Datenträger angeboten, und zwar entweder mit einer Speicherschicht oder mit zwei derartigen Schichten. Die Speicherkapazitäten der einmal beschreibbaren AOD-ROM/AOD-R liegen bei 15 GByte (einschichtig) bzw. 30 GByte. Die wieder beschreibbare AOD-RW bietet Speicherkapazitäten von 20 GByte (einschichtig) und 40 GByte (zweischichtig).

**aperiodisch, unperiodisch,** nicht in gleichen Zeitabständen wiederkehrend, nicht regelmäßig auftretend. Eine gedämpfte →Schwingung heißt aperiodisch, wenn sich infolge der →Dämpfung kein periodischer Schwingungsverlauf herausbildet. Der **aperiodische Grenzfall** bildet die Grenze zwischen gedämpfter periodischer und aperiodischer Schwingung **(aperiodischer Kriechfall),** bei dem die Bewegung nach Erreichen eines Maximums ohne Schwingung asymptotisch gegen die Ruhelage geht.

**Apertur** [lateinisch »Öffnung«] *die, Optik:* der Sinus des Öffnungswinkels $\sigma$ eines kegelförmigen Strahlenbündels. Die **numerische Apertur** $A = n \cdot \sin \sigma$ ($n$ Brechzahl des optischen Mediums) bestimmt →Auflösungsvermögen und Bildhelligkeit optischer Systeme. Die **Aperturblende** (Öffnungsblende) dient der Begrenzung des Öffnungswinkels $\sigma$.

**Aplanat** [lateinisch] *der, Optik:* Linsensystem mit verringertem Astigmatismus und ohne Verzeichnung, Koma und sphärische und chromatische Aberration (→Abbildungsfehler).

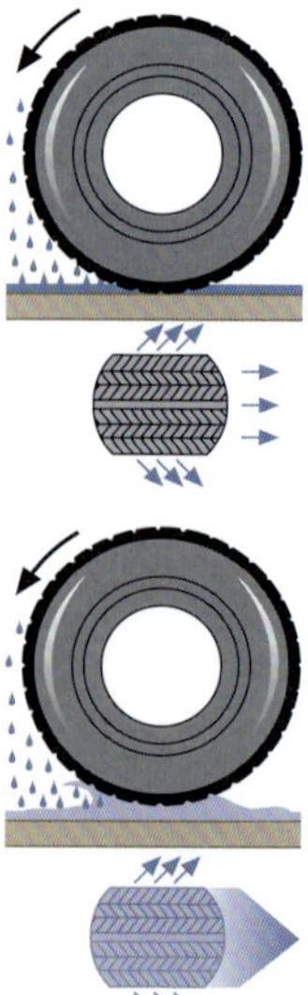

**Aquaplaning.** Bei einer Fahrgeschwindigkeit von 60 km/h wird das Wasser abgeleitet, der Bodenkontakt mit voller Reifenaufstandsfläche bleibt erhalten (oben); bei einer Fahrgeschwindigkeit von 125 km/h schiebt sich ein Wasserkeil unter den Reifen, der Bodenkontakt geht verloren (unten).

**Apoptose** [griechisch] *die,* programmierter Zelltod, der für die Entwicklung und Erhaltung vielzelliger Organismen wichtig ist; ein genau kontrolliertes Ereignis, bei dem in Zellen, die planmäßig entfernt werden sollen, die DNA im Zellkern in Bruchstücke zerlegt wird, worauf die betroffene Zelle abstirbt. Durch Apoptose wird z. B. die Gebärmutter nach der Geburt zurückgebildet.

**Appetenzverhalten,** *Verhaltensphysiologie:* durch ein physiologisches Ungleichgewicht ausgelöstes Verhalten, das der Ausführung der Endhandlung und damit der Beseitigung des Ungleichgewichts dient. Beispiel: Hunger beruht auf einem leeren Magen, die Tiere werden unruhig, schweifen umher, schlagen Beute (Appetenzverhalten) und verzehren sie (Endhandlung).

**Appleton** [ˈæpltən], Sir (seit 1941) Edward Victor, englischer Physiker, *Bradford 6. 9. 1892, † Edinburgh 21. 4. 1965; erforschte die Ionosphäre und entdeckte dabei die oberhalb der Heaviside-Schicht (heute E-Schicht) gelegene F-Schicht (dafür Nobelpreis für Physik 1947); entwickelte die Radarortung von Flugzeugen mit.

**APS** [eɪpiːˈes], *Fototechnik:* Abkürzung für →**A**dvanced **P**hoto **S**ystem.

**Aqua destillata** [lateinisch], *das,* Abkürzung **aq. dest.,** destilliertes Wasser.

**Aquaplaning** [englisch, zu lateinisch aqua »Wasser« und englisch to plane »gleiten«] *das,* **Wasserglätte,** Gleiten eines Autoreifens über einen Wasserfilm, verbunden mit dem Verlust der Antriebs-, Brems- und Lenkkräfte; kann bei nasser Straße, hoher Geschwindigkeit und geringer Profiltiefe eintreten.

**Aquaporine,** eine Gruppe von Proteinen, die einen Wasser leitenden Kanal durch die Zellwand bilden; sie finden sich in der Zellmembran vieler Bakterien, Pflanzen und Tiere und verhindern, dass die Zellen z. B. bei einer Änderung der Salzkonzentration in der Umgebung platzen (→Osmose). Beim Menschen regulieren Aquaporine (über zehn Varianten sind bekannt) u. a. den Wasserhaushalt in der Niere, in den roten Blutkörperchen, in der Augenlinse und im Gehirn. Ihre Struktur hatte Ende der 1980er-Jahre der amerikanische Chemiker Peter Agre gefunden, der dafür 2003 den Chemienobelpreis erhielt. Obwohl die Aquaporinfilter sehr feinporig sind, gelangen bis zu 3 Mrd. Wassermoleküle pro Sekunde durch einen Kanal. Entscheidend ist dabei, dass die Aquaporine nicht nur den Durchfluss von Salzen verhindern, sondern auch den kleinerer Moleküle als Wasser, z. B. von Protonen. Das geschieht durch Ausbildung eines lokalen elektrischen Feldes. Im Zentrum des Proteins befinden sich positive Ladungen. Dadurch werden die $H^+$-Ionen abgestoßen.

**Aquarium** [lateinisch] *das,* Behälter zur Züchtung und Haltung von Wassertieren und

-pflanzen. Ein **Süßwasseraquarium,** als **Kaltwasseraquarium** oder **Warmwasseraquarium** (mit Heizung für tropische Zierfische) eingerichtet, hat meist Kiesboden, der mit sauberem Flusssand 3 cm hoch überschichtet ist. Für die Wasserpflanzen ist eine mäßige Beleuchtung erforderlich. Als **Aquariumpflanzen** eignen sich z. B. von wurzelnden Unterwasserpflanzen: Hornkraut, Quellmoos, Wasserpest; von frei schwimmenden Pflanzen: Froschbiss, Wasserlinse und die tierfangenden Pflanzen Wasserfalle und Wasserschlauch. Als **Aquariumtiere** werden Würmer, Moostierchen, Muscheln, Krebse und Insekten gehalten, von einheimischen Fischen z. B. Bitterling, Elritze, Gründling, Stichling, von fremdländischen z. B. Buntbarsch, Labyrinthfisch, Sonnenbarsch, Zahnkarpfen.

Im **Meerwasseraquarium** beziehungsweise **Seewasseraquarium** verwendet man dem Meer entnommenes Wasser oder Leitungswasser, dem bestimmte chemische Substanzen zugesetzt werden. Im Meerwasseraquarium lassen sich z. B. Seerosen, Einsiedlerkrebse, Seesterne, Seeigel, Lippfische und Korallenfische, jedoch nur wenige Meerespflanzen halten.

**Äquator** [lateinisch »Gleichmacher«] *der,* **1) Erdäquator,** der größte Breitenkreis (→Breite) des Erdellipsoids oder der Erdkugel (→Erde), dessen Ebene auf der Erdachse senkrecht steht und von den Erdpolen einen Winkelabstand von 90° hat, teilt die Erde in die Nord- und Südhälfte. Er wird von den →Meridianen senkrecht geschnitten und in Längengrade (→Länge) geteilt. Seine Länge beträgt rund 40 075 km.

**2)** *Geophysik:* **erdmagnetischer Äquator, Akline,** Linie auf der Erdoberfläche, die Punkte mit der Inklination null des erdmagnetischen Feldes (→Erdmagnetismus) verbindet; steht senkrecht auf der magnetischen Achse der Erde.

**3)** *Meteorologie:* **kalorischer Äquator,** Breitenkreis, der von der Sonne im Sommer und Winter die gleiche Strahlungssumme erhält (~ 212° nördlicher Breite); **thermischer Äquator** (Wärmeäquator), breitenkreisähnliche Linie, die Orte mit den durchschnittlich höchsten Temperaturen der Erde verbindet, liegt größtenteils nördlich des Erdäquators; **meteorologischer Äquator,** Konvergenzzone des Nordost- und Südostpassats, Grenzlinie zwischen der nord- und südhemisphärischen →Zirkulation der Atmosphäre.

**Äquipotenzialfläche,** in einem physikalischen Feld Flächen gleichen Potenzials.

**Äquivalent** [lateinisch] *das,* **1)** *Chemie:* 1) **Äquivalentteilchen,** gedachter Bruchteil $1/z$ eines Teilchens (Atom, Ion, Molekül), wobei $z$ ganzzahlig ist und die stöchiometrische Wertigkeit darstellt; 2) elektrochemisches Äquivalent (→faradaysche Gesetze).

**2)** *Physik:* 1) mechanisches Wärmeäquivalent; 2) elektrisches Wärmeäquivalent (→Wärme).

**Äquivalentdosis,** *Strahlenschutz:* →Dosis.

**Äquivalentkonzentration, Stoffmengenkonzentration der Äquivalente,** früher **Normalität,** *Chemie:* Formelzeichen $c_{eq}$, SI-Einheit ist mol/m³ (häufig wird auch mol/l verwendet); der Quotient aus der **Äquivalentmenge** $n_{eq}$ eines gelösten Stoffes und dem Volumen $V$ der Lösung, $c_{eq} = n_{eq} / V$. Die Äquivalentmenge ist das Produkt aus Stoffmenge $n$ und Wertigkeit $z$ des gelösten Stoffes. Ist ein Stoff einwertig, so ist die Äquivalentkonzentration gleich der Stoffmengenkonzentration.

**Äquivalentmasse, relative Äquivalentmasse,** veraltet **Äquivalentgewicht,** der Quotient aus der relativen Masse eines Teilchens (Atom, Ion, Molekül) eines Stoffes und dessen Wertigkeit in einer chemischen Verbindung.

**Äquivalenz** [lateinisch] *die, Physik:* 1) **Äquivalenz von Masse und Energie (Masse-Energie-Äquivalenz, einsteinsches Gesetz),** von A. Einstein 1905 in der speziellen Relativitätstheorie aufgestellte Beziehung über die Gleichwertigkeit von Ruhemasse $m_0$ und Energie $E$, $E = m_0 c^2$ ($c$ Lichtgeschwindigkeit). 2) **Äquivalenz von träger und schwerer Masse** (→Eötvös, →Relativitätstheorie). 3) **Äquivalenzprinzip,** das Relativitätsprinzip über die Gleichwertigkeit von Koordinatensystemen (→Relativitätstheorie).

**Äquivalenz**
→ GEO **Dossier**
Der Mensch, das Genie und sein Weltbild, Bd. 6

**Ar,** chemisches Symbol für →Argon.

**Arabinose** *die,* eine Zuckerart, →Zucker.

**Arachnida** [griechisch], die →Spinnentiere.

**Arago,** Dominique François Jean, französischer Physiker und Astronom, * Estagel (bei Perpignan) 26. 2. 1786, † Paris 2. 10. 1853; Untersuchungen zur Polarisation des Lichtes und zur magnetischen Wirkung elektrischer Ströme.

**Aräometer** [griechisch], **Senkwaage, Senkspindel,** Gerät zur Dichtebestimmung von Flüssigkeiten nach dem archimedischen Prinzip (→Auftrieb); besteht aus einer am Fuß beschwerten Glasspindel, die nach oben in ein zylindrisches Glasrohr mit Skaleom ausläuft. Die Sinktiefe des Aräometers in einer Flüssigkeit ist ein Maß für deren Dichte.

**Arbeit,** *Physik:* Formelzeichen $W$ oder $A$, SI-Einheit der Arbeit ist das Joule (J); in der Mechanik definiert als das skalare Produkt $W = \boldsymbol{F} \cdot \boldsymbol{s} = F \cdot s \cdot \cos\alpha$ aus der an einem Körper oder Massenpunkt angreifenden konstanten Kraft $F$ und dem unter ihrer Einwirkung von ihm zurückgelegten geradlinigen Weg $s$ ($\alpha$ Winkel zwischen Kraft und Wegrichtung); haben Kraft und Weg die gleiche Richtung, so gilt $W = F \cdot s$. Ändert sich die Kraft längs des Weges und/oder ist der Weg gekrümmt, muss

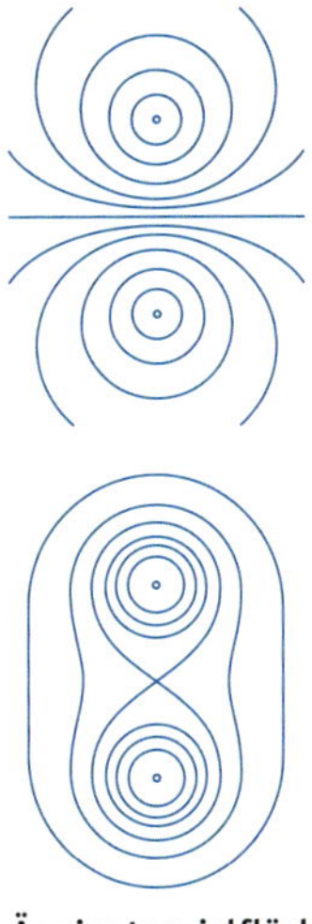

**Äquipotenzialfläche.** Äquipotenziallinien zweier Punktquellen mit gleichem (oben) und zweier Punktquellen mit ungleichem Vorzeichen (unten)

über jedes infinitesimale Wegelement d$s$ mit den jeweils angreifenden Kraftvektoren integriert werden, sodass für die von $s_1$ nach $s_2$ verrichtete Arbeit folgt:

$$W = \int_{s_1}^{s_2} F \mathrm{d}s = \int_{s_1}^{s_2} F(s) \cos\alpha(s) \mathrm{d}s.$$

Bei dieser Definition der Arbeit wird bei $W > 0$ von der Kraft Arbeit verrichtet, bei $W < 0$ gegen die Kraft Arbeit aufgewendet.

Ein Spezialfall der mechanischen Arbeit ist beispielsweise die **Hubarbeit**, die erforderlich ist, um einen Körper der Masse $m$ gegen die →Schwerkraft um die Höhe $h$ zu heben: $W = m \cdot g \cdot h$ ($g$ Erdbeschleunigung). Der gehobene Körper ist in der Lage, bei Rückkehr in seine Ausgangslage Arbeit zu verrichten. Die einem Körper zugeführte Arbeit wird als →Energie gespeichert.

Der Begriff Arbeit ist auch auf anderen Gebieten der Physik zentral: Im elektrischen Feld muss eine **elektrische Arbeit** $W_{el} = Q \cdot U$ aufgewendet werden, um eine Ladung $Q$ gegen eine Spannung $U$ zwischen 2 Punkten zu bewegen; wegen $I = Q/t$ ergibt sich daraus $W_{el} = U \cdot I \cdot t$, wenn ein konstanter Strom $I$ während der Zeitdauer $t$ fließt. Beispiel für die **thermodynamische Arbeit**, die durch Änderung der äußeren Parameter an thermodynamischen Systemen geleistet wird, ist die Kompressions- oder Volumenarbeit $W = -\int p \mathrm{d}V$ beim Komprimieren eines Gases mit dem Druck $p$ und dem Volumen $V$.

**Arbeiter,** *Zoologie:* in Insektenstaaten Tiere (meist Weibchen, bei Termiten auch Männchen), deren Keimdrüsen verkümmert sind und die für Nestbau, Brutpflege, Nahrungsbeschaffung sowie für Verteidigung sorgen.

**Arbeitspunkt,** Betriebspunkt im Kennlinienfeld (→Kennlinie).

**Arbeitstakt,** Takt eines Verbrennungsmotors, bei dem durch die Verbrennungsgase Arbeit an den Kolben abgegeben wird.

**Arbeitsteilung,** *Biologie:* Aufgabenteilung der Lebensfunktionen bei Organismen. Die Arbeitsteilung einzelliger Pflanzen und Tiere zeigt sich darin, dass bestimmte Teile der Zelle (Organellen) besondere Funktionen übernehmen. Bei vielzelligen Lebewesen besteht durch Differenzierung der Zellen in Gewebe und Organe ebenfalls eine Arbeitsteilung. In den Tierstaaten der Hautflügler treten sterile Weibchen auf, die verschiedene Arbeiten verrichten. Bei den Kolonien bildenden Hohltieren, Moostierchen und Manteltieren nehmen alle in ihrer Anlage gleichen Einzelwesen durch Differenzierung eine funktionsentsprechende Gestalt an (besonders die Staatsquallen). Arbeitsteilung brutpflegender Wirbeltiere gibt es bei Bewachung und Nahrungsversorgung.

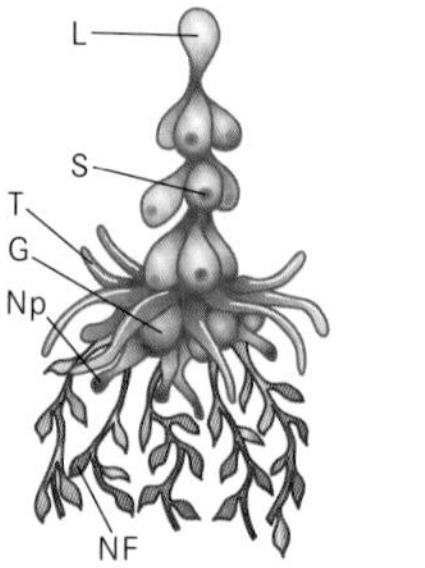

**Arbeitsteilung.** Arbeitsteilung bei der Staatsqualle (Physophora hydrostatica); L Luftflasche, S Schwimmglocke, T Tastpolypen, G Geschlechtspolypen, Np Nährpolypen, NF Nessel- oder Fangpolypen

**Arber,** Werner, schweizerischer Mikrobiologe, *Gränichen (Kanton Aargau) 3. 6. 1929; Professor für Molekularbiologie in Basel; erhielt 1978 für die Entdeckung der →Restriktionsenzyme in der Molekulargenetik mit Daniel Nathans und Hamilton Othanel Smith den Nobelpreis für Physiologie oder Medizin.

**Arboform®** [zu lateinisch arbor »Baum«] *das,* nachhaltiger thermoplastischer Werkstoff, der auf der Basis nachwachsender Rohstoffe entwickelt wurde. Arboform® besteht zu etwa 70 % aus Naturfasern (Flachs, Hanf, Sisal oder Baumwolle) sowie Lignin. Letzteres fällt als Abfallprodukt der Zellstoffindustrie an. Zur Herstellung von Arboform® wird Lignin aufbereitet, mit den zerkleinerten Naturfasern und speziellen Additiven versetzt und zu einem Granulat verarbeitet. Auf Spritzgussmaschinen (bei 110–170 °C und 1 000 bar) lässt sich das »flüssige Holz« anschließend zu Formteilen, Profilen oder Platten formen.

**Archaebakteri|en** [griechisch], **Archea,** von den Eubakterien zu unterscheidende Lebensformen, deren Wände kein Murein (Stützsubstanz) enthalten und deren Membranen gegen chemisch-physikalische Einflüsse widerstandsfähig sowie durch Antibiotika nicht angreifbar sind. Archaebakterien entdeckte man auf isländischen Vulkanfeldern in schwefelreichem Wasser sehr heißer Quellen. Die Abtrennung der Archaebakterien von den übrigen Bakterien wurde 1977/78 vorgeschlagen, sie werden heute in ein eigenes Reich (Archaea) gestellt.

**Archaeopteryx** [griechisch »Urvogel«] *der,* fossile Gattung etwa taubengroßer vogelähnlicher Tiere aus dem Oberen Jura; zeigt noch Merkmale der Reptilien (zum Beispiel bezahnte Kiefer). Der Archaeopteryx gilt modellhaft als Übergangsform zwischen Reptilien und Vögeln. Bisher wurden sieben Exemplare als Fossilien, alle im Solnhofener Plattenkalk, gefunden (u. a. in Eichstätt, Berlin und London ausgestellt). Das zuletzt (1992) gefundene Exemplar der Art (Archaeopteryx bavarica) ist kleiner, hat längere Beine und ein verknöchertes Brustbein, das als Ansatz für eine funktionstüchtige Flugmuskulatur gedient haben dürfte. Ein achtes Exemplar tauchte im Februar 1997 auf, befindet sich gegenwärtig in Privatbesitz und wurde bislang nicht wissenschaftlich beschrieben.

**Archäometrie** [griechisch] *die,* die Gesamtheit der naturwissenschaftlichen Methoden, die in der Archäologie, Vorgeschichtsforschung, Kunst- und Kulturgeschichte zur Auffindung, Untersuchung und Bestimmung (Datierung) von Objekten und den für sie verwendeten Materialien (einschließlich Aussagen über Herkunft, Verwendung, Gewinnungs- und Herstellungstechniken), im weiteren Sinn auch zur Echtheitsbestimmung und Konservierung von Kunstwerken herangezogen werden.

Die Lokalisierung von Fundstätten, früheren Siedlungen u.a. erfolgt heute in großem Maßstab mithilfe von Luftbildaufnahmen, in bestimmten Fällen auch mithilfe der Unterwasserfotografie. Geophysikalische Untersuchungsmethoden (wie Messungen der Bodenleitfähigkeit, von Anomalien des erdmagnetischen Feldes) ermöglichen eine präzise, zerstörungsfreie Lokalisierung auch von kleineren Objekten.

Qualitative und quantitative Analysemethoden für anorganische Materialien sind insbesondere Atomabsorptions- und Atomemissionsspektrometrie, Röntgenfluoreszenz- und Neutronenaktivierungsanalyse, für organische Materialien werden z.B. die Gaschromatografie zur Trennung und die Massenspektrometrie zum Nachweis einzelner molekularer Probenbestandteile verknüpft. Einen großen Bereich der Archäometrie nimmt die physikalische →Altersbestimmung der vorliegenden Objekte ein.

Die Identifikation und Zuordnung von Sachüberresten erfolgt neben der chemischen Analyse auch mithilfe der optischen Mikroskopie, der Rasterelektronenmikroskopie, der Radiografie und der Röntgendiffraktometrie. Der Einsatz von geowissenschaftlichen Methoden in Verbindung mit botanischen und zoologischen Untersuchungen erlaubt die Rekonstruktion ehemaliger Landschaften sowie der Wechselwirkung zwischen vergangenen Kulturen und ihrer Umwelt.

**Archegonium** [griechisch] *das,* flaschenförmiger Eizellenbehälter der Moose und Farnpflanzen.

**archimedischer Punkt,** gedachter fester Punkt außerhalb der Erde, nach einem legendären Ausspruch des Archimedes: »Gebt mir einen Platz, wo ich stehen kann, so will ich (mit meinem Hebel) die Erde bewegen.«

**archimedisches Prinzip,** Lehrsatz vom statischen →Auftrieb.

**Ardenne,** Manfred Baron von, deutscher Physiker, *Hamburg 20. 1. 1907, †Dresden 26. 5. 1997; auf Ardenne gehen u.a. grundlegende Erfindungen in Funk- und Fernsehtechnik und Elektronenoptik zurück (z.B. Breitbandverstärker 1925, erste elektronische Fernsehübertragung 1930, Rasterelektronenmikroskop 1937). Er war 1945–55 Kernphysiker und Direktor des Instituts für industrielle Isotopentrennung in der UdSSR und leitete dann (bis 1990) das Forschungsinstitut »Manfred von Ardenne« in Dresden; führte Forschungen zur Krebsbehandlung und Zellregeneration (Sauerstoff-Mehrschritt-Therapie) durch; leitete das 1991 gegründete Ardenneinstitut für angewandte medizinische Forschung. Schrieb »Ein glückliches Leben für Technik und Forschung« (1972).

**Arene,** aromatische Kohlenwasserstoffe mit mindestens einem Benzolring.

**Argentum** [lateinisch] *das,* →Silber.

**Arginin** [griechisch] *das,* halbessenzielle, stark basische Aminosäure. Arginin kommt in allen Organismen vor, besonders in basischen Proteinen der Zellkerne.

**Argon** [griechisch argós »untätig«] *das,* chemisches Symbol **Ar,** chemisches Element aus der Gruppe der Edelgase; Ordnungszahl 18, Dichte (bei 0°C) 1,7837 kg/m$^3$, Schmelzpunkt −189,3°C, Siedepunkt −185,9°C, kritische Temperatur −122,5°C. Vorkommen v.a. in der Luft, in Mineralquellen; Verwendung als Glühlampen- und Leuchtröhrenfüllung, als Schutzgas beim elektrischen Schweißen.

**Arine,** instabile zyklische Verbindungen mit zwei Doppel- und einer Dreifachbindung im gleichen Ring.

**Armflosser, Lophiiformes,** Ordnung der Knochenfische. Mit den verlängerten Wurzelknochen der Brustflossen können die Armflosser am Boden kriechen.

**Armfüßer, Brachiopoda,** festsitzende Meerestiere, muschelartig von zweiklappiger Schale umschlossen; die im Erdaltertum sehr formenreiche Gruppe umfasst heute nur noch wenige Arten.

101108

**Archaeopteryx.** Fossil eines Archaeopteryx aus Solnhofen

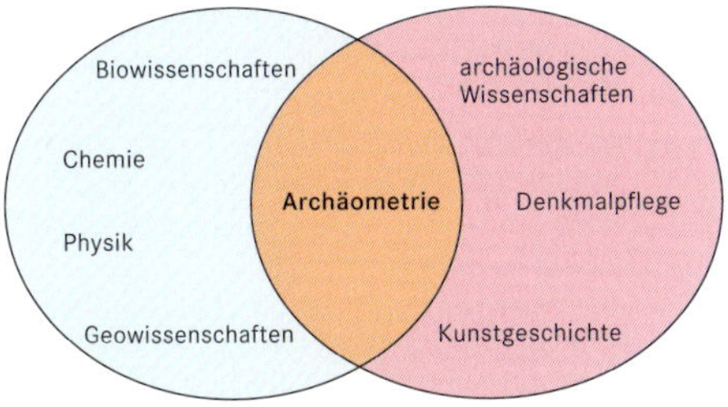


**Archäometrie.** Archäometrie als interdisziplinäres Bindeglied zwischen Naturwissenschaften und historischen Wissenschaften

**aromatische Verbindungen, Aromaten,** zyklische organische Verbindungen, die nur aus Benzolmolekülen aufgebaut sind, einschließlich ihrer Substitutionsprodukte. Die Stellung von Substituenten am Benzolring kann durch Bezifferung oder Verwendung der Präfixe **ortho...**, **meta...** und **para...** (Abkürzung **o-**, **m-**, **p-**) angegeben werden. Das bevorzugte Eingehen von Substitutionsreaktionen (→Substitution) ist durch die Strukturformel mit lokalisierten Doppelbindungen im Ring nicht erklärbar (→Benzol, Benzolformeln). Die heutige Theorie nimmt deshalb für die Aromaten eine gleichmäßige Verteilung aller Doppelbindungs-$\pi$-Elektronen über den ganzen Ring an. Die üblichen Valenzstrichformeln haben jetzt die Bedeutung von Grenzformeln der Mesomerietheorie (→Mesomerie). Auch heterozyklische Verbindungen können Aromatizität zeigen. Sie werden als **Heteroaromaten** bezeichnet. Technische Bedeutung haben die **BTX-Aromaten** (Abkürzung für Benzol, Toluol, Xylol), die aus aromatenreichen Benzinfraktionen isoliert werden.

**Aronstab, Arum,** Gattung der **Aronstabgewächse** (Araceae), einkeimblättrige Pflanzen mit grundständigen pfeilspitzenförmigen Blättern. Der in seinem oberen Teil übel riechende Blütenkolben steht in einem meist weißen Hüllblatt. Die Früchte sind rote, giftige Beeren. In mittel- und südeuropäischen Laubwäldern wächst der giftige **Gefleckte Aronstab** (Arum maculatum) mit oft braunfleckigen Blättern.

**Svante Arrhenius**
*** 1859, † 1927**

- entwickelte die Theorie von der elektrolytischen Dissoziation
- arbeitete zur Reaktionskinetik
- erhielt 1903 den Nobelpreis für Chemie

**Arrhenius,** Svante, schwedischer Physikochemiker, *Gut Vik bei Uppsala 19. 2. 1859, † Stockholm 2. 10. 1927; seit 1895 Professor in Stockholm, 1905 auch Direktor des dort neu gegründeten Nobelinstituts für physikalische Chemie.

Arrhenius unterschied 1883 bei der elektrischen Leitung von wässrigen Lösungen erstmals zwischen aktiven und inaktiven Molekülen. Er erkannte die Proportionalität von elektrischer Leitfähigkeit und Konzentration eines gelösten Stoffes als Grenzgesetz für stark verdünnte Lösungen und formulierte den Begriff des Dissoziationsgrades. Nach Kenntnis der Theorie von Jacobus van't Hoff erweiterte Arrhenius seine Theorie 1887 zur Theorie der elektrolytischen Dissoziation; hierfür bekam er 1903 den Nobelpreis für Chemie. Seine Arbeiten zur Reaktionskinetik führten ihn zur Aufstellung der **Arrhenius-Gleichung**, die den Zusammenhang zwischen der Geschwindigkeitskonstanten einer chemischen Reaktion und der Temperatur des Reaktionssystems (→Säure-Base-Theorie) sowie der (arrheniusschen) Aktivierungsenergie beschreibt. Ferner befasste er sich mit Problemen der Geophysik (u. a. Einfluss der UV-Strahlen auf die Ionisation der Erdatmosphäre, Gewitter, Polarlichter, die Entstehung von Klimaschwankungen und Eiszeiten), der kosmischen Physik und der physiologischen Chemie.

**Arsen** *das,* chemisches Symbol **As,** dem Phosphor und Antimon verwandtes Halbmetall aus der 5. Hauptgruppe des Periodensystems, Ordnungszahl 33, relative Atommasse 74,9216; das einzig stabile Isotop ist $^{75}$As.

Die beständigste Form ist eine graue metallische Modifikation, daneben treten eine gelbe nichtmetallische und einige amorphe Formen auf. Natürlich vorkommendes gediegenes Arsen heißt **Scherbenkobalt.** Zur Gewinnung von Arsen werden Arsenminerale (z. B. Arsenkies) erhitzt und der Dampf in eisernen Vorlagen verdichtet. Arsen wird zur Härtung von Blei- und Kupferlegierungen sowie zur Herstellung von Halbleitern (z. B. Galliumarsenid) verwendet. Arsen und seine Verbindungen sind sehr giftig.

**Arsenik** *das,* **Arsentrioxid,** $As_2O_3$, giftige Arsenverbindung, wird für Katalysatoren und bei der Glasherstellung (Spezialgläser) verwendet und ist Ausgangsprodukt für alle übrigen Arsenverbindungen.

**Arsenwasserstoff,** $AsH_3$, farbloses, sehr giftiges, widerlich riechendes Gas, entsteht bei Einwirkung von naszierendem Wasserstoff auf Arsenik. Arsenwasserstoff dient zum Dotieren von Silicium-Halbleitern. Wird Arsenwasserstoff durch ein erhitztes Glasrohr geleitet, bildet sich hinter der erhitzten Stelle ein dunkler, glänzender Belag von metallischem Arsen (Arsenspiegel; Marsh-Probe zum Nachweis von Arsen).

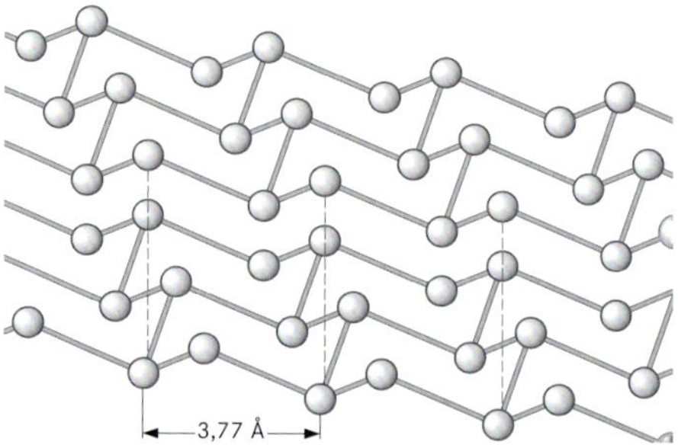


**Arsen.** Kristallstruktur des metallischen Arsens

**Art**
→ GEO **Dossier**
Der Mann in Darwins Schatten, Bd. 6

**Art, Spezies,** lateinisch **species,** Abkürzung **spec.,** Grundeinheit im System der Lebewesen (→Systematik). Die Individuen einer Art bilden im Allgemeinen eine natürliche Fortpflanzungsgemeinschaft, die sich nicht mit anderen Arten vermischt und sich durch bestimmte Merkmale von ihnen unterscheidet.

**Artenschutz,** der durch verschiedene, v. a. behördliche Maßnahmen angestrebte Lebensschutz von Pflanzen und Tieren in der freien Natur. Internationale Grundlage ist das →Washingtoner Artenschutzabkommen. Dadurch wird der gewerbsmäßige Handel mit Exemplaren gefährdeter Arten frei lebender Tiere und Pflanzen erfasst (z. B. in der →Roten Liste), verboten beziehungsweise kontrolliert. Speziell für Deutschland gilt die Bundesartenschutzverordnung vom 14. 10. 1999. Zum Artenschutz gehört auch der Schutz der →Biotope.

**Arthropoden,** die →Gliederfüßer.

**Artificial Intelligence** [ɑːtɪˈfɪʃl ɪnˈtelɪdʒəns], Abkürzung **AI,** englisch für →künstliche Intelligenz.

**Arzimowitsch,** Lew Andrejewitsch, russischer Physiker, *Moskau 25. 2. 1909, † ebenda 1. 3. 1973; bedeutende Arbeiten zur Plasmaphysik und zur gesteuerten Kernfusion.

**Arzneimittel,** die →Medikamente.

**As, 1)** chemisches Symbol für →Arsen.
**2)** Einheitenzeichen für Amperesekunde, die heute →Coulomb genannte Ladungsmenge.

**Asbest** [von griechisch ásbestos »unauslöschlich«] *der,* verfilzte, faserige Silikatminerale, die früher für feuerfeste Schutzkleidung, Dichtungen, als Isolator für Wärme und Elektrizität u.a. verwendet wurden. In Deutschland gilt Asbest inzwischen aber als Gefahrstoff, er wird in die Gruppe der Krebs erzeugenden Arbeitsstoffe eingeordnet.

**Ascomycetes** [griechisch], die →Schlauchpilze.

**Ascorbinsäure, Vitamin C,** →Vitamine.

**ASIC** ['eısık; Abkürzung für englisch application specific integrated circuit, »anwendungsspezifische integrierte Schaltung«], *Elektronik:* Bezeichnung für jede hochintegrierte Digitalschaltung, deren Funktion vom Kunden bestimmt wird.

**Askorbinsäure,** →Vitamine.

**Asparagin** [zu griechisch aspáragos »Spargel«] *das,* nichtessenzielle Aminosäure in vielen Peptiden und Proteinen; findet sich u.a. in Spargel und Keimlingen von Schmetterlingsblütlern sowie Kartoffeln. Asparagin wird durch das Enzym **Asparaginase** in Asparaginsäure und Ammoniak gespalten.

**Aspartam** [Kunstwort] *das,* weiße kristalline Verbindung, in der die Aminosäuren Asparaginsäure und Phenylalanin durch eine Peptidbindung miteinander verknüpft sind und die wie ein Protein im Körper abgebaut wird. Aspartam ist ein Süßstoff mit etwa der 200fachen Süßkraft des Rohrzuckers, u.a. für Diätgetränke verwendet.

**Aspergillus, Gießkannenschimmel,** weltweit verbreitete Gattung der Schlauchpilze; v.a. **Aspergillus fumigatus** ist Erreger der **Aspergillose,** die bei Mensch und Tier meist in Form einer Lungenentzündung, bei Hühnervögeln u.a. auch als Durchfall auftritt. Industriell wird **Aspergillus niger** zur Produktion von Zitronensäure und von Stärke und Protein spaltenden Enzymen verwendet; **Aspergillus flavus** bildet Krebs erregende und leberschädigende Giftstoffe, die Aflatoxine (z.B. →Ochratoxin A).

**Asphalt** [von griechisch ásphaltos »Erdpech«] *der, Materialkunde:* natürliches oder künstliches braunes bis schwarzes, zähes Gemisch aus →Bitumen und Mineralstoffen. **Naturasphalt** entsteht aus der Oxidation und Polymerisation des →Erdöls. Technisch hergestellter Asphalt wird überwiegend für den Straßenbau verwendet (Gussasphalt). **Asphaltite** sind Naturasphalte von großer Härte und niedrigem Mineralstoffgehalt. **Asphaltlack,** schwarzes, oft glänzendes, lufttrocknendes Anstrichmittel als Korrosionsschutz.

**Asseln, Isopoda,** Krebstiere mit meist plattem Körper und gegliedertem Rumpf. Körperlänge: 1–27 cm, die größte Art ist die Riesenassel (Bathymus giganteus) der Tiefsee. Die Wasserasseln leben im Süßwasser. Ein Luftatmer an feuchten Orten ist die Kellerassel (Porcellio scaber).

**Assimilation** [lateinisch »das Ähnlichmachen«] *die, Biologie:* die unter Energieverbrauch erfolgende Bildung körpereigener, or-

420

**Asphalt .**
Asphaltsee »Pitch Lake« bei La Brea (im Südwesten von Trinidad)

ganischer Substanz aus von außen aufgenommenen, anorganischen (bei den meisten Pflanzen) oder vorwiegend organischen Stoffen (u.a. bei allen Pilzen, fast allen Bakterien, den Tieren und Menschen). Die **Kohlendioxidassimilation** der Pflanzen bildet die Grundlage des Lebens auf der Erde. Dabei werden aus dem Kohlendioxid der Luft und aus Wasser mittels Lichtenergie **(Fotosynthese)** oder chemischer Energie **(Chemosynthese)** Kohlenhydrate (Zucker, Stärke) u.a. organische Verbindungen gebildet.

**Assoziation** [lateinisch] *die,* **1)** *Chemie:* Zusammenlagerung zweier oder mehrerer Einzelmoleküle zu Molekülkomplexen.

**2)** *Pflanzengeografie:* Grundeinheit der Pflanzengesellschaften, für die eine bestimmte Zusammensetzung von Pflanzenarten vorausgesetzt wird.

**Astasierung** [griechisch], Beseitigung der Einwirkung elektrischer und magnetischer Störfelder bei Präzisionsmessgeräten.

**Astat** [griechisch] *das* (früher **Astatin**), chemisches Symbol **At,** radioaktives instabiles Element aus der Gruppe der →Halogene; Ordnungszahl 85, bekannt sind 28 Isotope (Massenzahlen 196 bis 219) mit Halbwertszeiten zwischen 0,1 µs und 83 Stunden ($^{210}$At). Astat ist das seltenste aller Elemente (die größte bislang erzeugte Menge betrug 50 µg); chemisch ist Astat dem Polonium ähnlicher als dem Jod.

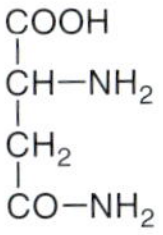

**Asparagin**

**Aster** [griechisch »Stern«], Gattung der Korbblütler mit etwa 600 Arten, meist ein- bis mehrjährige Kräuter. Die **Alpenaster** (Aster alpinus) hat goldgelbe Röhren- und violettblaue Zungenblüten, das **Alpenmaßlieb** (Aster bellidiastrum) weiße bis rötliche Zungenblüten. Auf Heidewiesen, Triften und buschigen Hügeln wächst die **Goldhaaraster** (Aster linosyris), eine Kompasspflanze; die **Strandaster** (Aster tripolium) wächst nur auf salzigem Boden. Eine nordamerikanische Zuchtform ist die **Herbstaster (Staudenaster).** Die

**Atmosphäre: Zusammensetzung**

| Gas, chemische Formel | Raumanteil[1)] | | | molare Masse (g/mol) |
|---|---|---|---|---|
| Stickstoff, $N_2$ | 78,084 % | | | 28,02 |
| Sauerstoff, $O_2$ | 20,946 % | | | 32,01 |
| Argon, Ar | 0,934 % | | | 39,95 |
| Kohlendioxid, $CO_2$ | 0,035 % | = 355 ppm[2)] | | 44,02 |
| Neon, Ne | | 18,18 ppm | | 20,18 |
| Helium, He | | 5,24 ppm | | 4,00 |
| Methan, $CH_4$ | | 1,72 ppm[2)] | | 16,04 |
| Krypton, Kr | | 1,14 ppm | | 83,80 |
| Wasserstoff, $H_2$ | | 0,56 ppm[3)] | | 2,02 |
| Distickstoffoxid (Lachgas), $N_2O$ | | 0,31 ppm[2)] | | 44,01 |
| Xenon, Xe | | 0,09 ppm | = 90 ppb | 131,30 |
| Kohlenmonoxid, CO | | | 50–100 ppb[4)] | 28,01 |
| Ozon, $O_3$ | | | 15–50 ppb[5)] | 48,00 |
| Stickoxide, $NO_x$ (=NO + $NO_2$) | | | 0,5–5 ppb[4)] | 30,00; 46,01 |
| Schwefeldioxid, $SO_2$ | | | 0,2–4 ppb[4)] | 64,06 |
| Ammoniak, $NH_3$ | | | 0,1–5 ppb | 17,03 |
| Propan, $C_3H_8$ (weitere Gase < 1 ppb vernachlässigt, außer CFM) | | | 0,2–1 ppb | 44,11 |
| Chloridfluormethan, $CHClF_2$ (FCKW-22)[6)] | | | ~60 ppt | 86,47 |
| Dichlorfluormethan, $CHCl_2F$ (FCKW-21)[6)] | | | ~ 1 ppt | 102,92 |
| Dichlordifluormethan, $CF_2Cl_2$ (FCKW-12)[6)] | | | ~ 0,3 ppt | 120,91 |
| Trichlorfluormethan, $CFCl_3$ (FCKW-11)[6)] | | | ~ 0,2 ppt | 137,37 |

1) Volumenprozent beziehungsweise ppm = $10^{-6}$, ppb = $10^{-9}$, ppt = $10^{-12}$ Volumenanteile. 2) Konzentration ansteigend, angegeben ist der Schätzwert für 1991. 3) Kein einheitlicher Wert angebbar, Verweilzeit des anthropogenen Anteils circa 120 Jahre. 4) Räumlich-zeitlich stark variabel, in Ballungsgebieten bis ungefähr um den Faktor 10 höhere Werte möglich. 5) Wie 4) und 2), in der Stratosphäre jedoch höhere Konzentrationen von 5 bis 10 ppm, dort abnehmend. 6) Zur Gruppe der Chlorfluormethane, CFM, gehörig.

**Gartenaster** (**Sommeraster,** Aster chinensis) ist formenreich.

**Astigmatismus** [griechisch »Nichtpunktmäßigkeit«] *der, Physik:* ein →Abbildungsfehler.

**Aston** ['æstən], Francis, britischer Chemiker, *Harborne (heute zu Birmingham) 1. 9. 1877, †Cambridge 20. 11. 1945; wurde 1909 Mitarbeiter von Joseph Thomson bei dessen Versuchen über Ionenstrahlen, fand dabei die Existenz von zwei Neonisotopen; entwickelte den Massenspektrografen. Seit 1921 war Aston Mitglied der Royal Society, 1922 erhielt er den Nobelpreis für Chemie.

**Astra,** Name eines Systems von 14 (2006) europäischen Nachrichtensatelliten der Betreibergesellschaft **SES** (französisch Société Européenne des Satellites, Sitz: Luxemburg) zum Direktempfang von Fernseh- und Rundfunkinhalten sowie zur Übertragung von Multimediadiensten. Die Astra-Satelliten decken mit ihren Reichweiten den gesamten europäischen Raum ab. Sie strahlen über 1 500 nationale und internationale Fernseh- und Rundfunkprogramme analog oder digital aus, die in Direktausstrahlung vom Nutzer über Satellitenantenne empfangen werden können.

Als erster Satellit nahm Astra 1 A im Februar 1989 seinen Betrieb auf; es folgten Astra 1 B (1991), 1 C (1993), 1 D (1994), 1 E (1995), 1 F (1996), 1 G (1997), 1 H (1999), Astra 2 A (1998), 2 B (2000), 2 C (2001), 2 D (2000), Astra 3 A (2002) und Astra 4 A (2005).

**Asymmetrie** [griechisch] *die, Chemie:* das Fehlen einer Symmetrieebene und eines Symmetriezentrums bei Molekülen. Von asymmetrischen Verbindungen gibt es zwei Formen (→Isomerie), die sich in ihrem räumlichen Bau wie Bild und Spiegelbild verhalten (Chiralität). Sie werden als **Enantiomere** oder als **(optische) Antipoden** bezeichnet, da die Asymmetrie Ursache für ihre →optische Aktivität ist. In organischen Verbindungen tritt Asymmetrie immer dann auf, wenn ein Kohlenstoffatom an vier verschiedene Reste gebunden ist **(asymmetrisches Kohlenstoffatom).**

**Asymmetriefehler,** *Physik:* ein →Abbildungsfehler.

**Asynchronmotor,** →Elektromotor.

**at,** Einheitenzeichen für technische →Atmosphäre.

**At,** chemisches Symbol für →Astat.

**Atavismus,** *Biologie:* das Wiederauftreten von Eigenschaften weit entfernter Vorfahren, beim Menschen z. B. extrem starke Körperbehaarung, überzählige Schneide- und Backenzähne.

**Atem,** der Luftstrom, der beim Ausatmen durch die Lungen entweicht (→Atmung).

**Atemgeräte,** →Atemschutzgeräte.

**Atemschutzgeräte,** Arbeits- und/oder Rettungsgeräte zum Schutz oder zur Aufrechterhaltung der Atmung. Atemschutzgeräte ermöglichen ein Arbeiten in schädlichen (besonders kohlenoxidhaltigen) Gasen (Bergbau, Feuerwehr) oder in großen Höhen; es gibt Filter-, Schlauch- (→Frischluftgeräte), Behälter- und Regenerationsgeräte (→Sauerstoffgeräte).

**Atemschutzmaske,** Gesichtsmaske zum gasdichten Anschluss von Atemschutzgeräten (z. B. über Atemfilter); als Voll- oder Halbmaske. Vollsichtmasken sind mit einem Sichtfenster und eingebauter Funksprechverbindung ausgerüstet.

**Atemwurzeln,** aus der Erde herauswachsende Wurzeln tropischer Sumpfpflanzen (z. B. Mangroven), die der Sauerstoffversorgung des übrigen Wurzelsystems dienen.

**Äthan,** das →Ethan.

**Äthanal** *das,* der →Acetaldehyd.

**Äthen,** das →Ethylen.

**Äther** [griechisch aithḗr »die obere Luft«] *der, Physik:* im 19. Jahrhundert Vorstellung eines allgegenwärtigen Stoffes als Träger der Lichtwellen; durch die spezielle →Relativitätstheorie widerlegt.

**ätherische Öle, etherische Öle,** flüchtige, stark riechende Öle, die sich besonders in Blüten (Blütenöle), Samen und Blättern von Pflanzen finden. Geruchsbestimmend sind →Terpene und Sesquiterpene. Gewinnung meist durch Destillation mit Wasser oder Wasserdampf und Abtrennung vom Kondenswasser. Ätherische Öle sind bedeutend für die Riechstoffindustrie, Pharmazie, Kosmetik und viele Zweige der Lebensmittelindustrie.

**Äthin,** das →Acetylen.

**Äthyl** *das,* →Ethyl.

**atm,** Einheitenzeichen für physikalische →Atmosphäre.

**Atmosphäre** [zu griechisch atmós »Dunst«, sphaĩra »Kugel«] *die,* im Schwerefeld der Erde festgehaltene Lufthülle, etwa 1 000 bis 3 000 km mächtig, die aus einem Gemisch von Gasen besteht.

■ **Mittlere Zusammensetzung** In Bodennähe hat die Atmosphäre folgende Zusammensetzung (in Volumenprozent): 78,09 Stickstoff, 20,95 Sauerstoff, weniger als 1 Edelgase (Argon, Neon, Krypton, Xenon), etwa 0,03 Kohlendioxid, Wasserdampf in stark wechselndem Anteil, zwischen 0 und 4, außerdem variable Mengen Staub, Meeressalz und Spurenstoffe einschließlich Abgasen. Bis etwa 110 km Höhe ändert sich die Stoffzusammensetzung außer den Anteilen von Wasserdampf und Sauerstoff nicht **(Homosphäre),** darüber aber mit zunehmender Höhe **(Heterosphäre).** Die Luftdichte nimmt mit der Höhe ab; im Meeresniveau beträgt sie $1{,}293 \cdot 10^{-3}$ g/cm$^3$, in 5 km Höhe nur noch $0{,}736 \cdot 10^{-3}$ g/cm$^3$. In den unteren 20 km der Atmosphäre sind 90 % ihrer Gesamtmasse enthalten. Die **Normalatmosphäre (Standardatmosphäre)** ist mit einem Luftdruck von 1 013,25 hPa und einer Temperatur von 15 °C an der Erdoberfläche definiert, wobei die Temperaturabnahme mit der Höhe 0,65 K/100 m (bis in etwa 10 km Höhe) beträgt. Durch teilweise Absorption der Sonnenstrahlung und der Wärmeabstrahlung der Erdoberfläche (Treibhauseffekt), durch Energieaustausch mit der Erdoberfläche und durch Energie- und Wasserdampftransport mit der atmosphärischen Zirkulation ist die Atmosphäre Medium des Wetters und wesentlicher Klimabildner.

■ **Vertikale Gliederung** Nach der thermischen Struktur lässt sich die Atmosphäre folgendermaßen einteilen: unterste Schicht ist die **Troposphäre,** in der die Wettervorgänge ablaufen; sie untergliedert sich in die Grundschicht (Peplosphäre), in der sich der Energie- und Stoffaustausch mit der Erdoberfläche vollzieht, die Bodenreibung wirksam wird und die Hauptdunstmasse enthalten ist, und die »freie« Troposphäre, in der die Temperatur mit der Höhe abnimmt. Die obere Grenze der Troposphäre wird als **Tropopause** bezeichnet und liegt (breiten- und wetterlagenabhängig) zwischen 9 und 18 km Höhe mit Temperaturen zwischen −50 °C und −80 °C. Die anschließende **Stratosphäre** erstreckt sich bis etwa 50 km Höhe und enthält wegen ihres geringen Wasserdampfgehaltes keine Wolken (außer Perlmutterwolken). Die Temperaturen oberhalb der Tropopause bleiben zunächst mit zunehmender Höhe wenig verändert und nehmen dann in der oberen Stratosphäre bis 10 °C zu, infolge der Absorption der solaren UV-Strahlung durch das hier angereicherte Ozon.

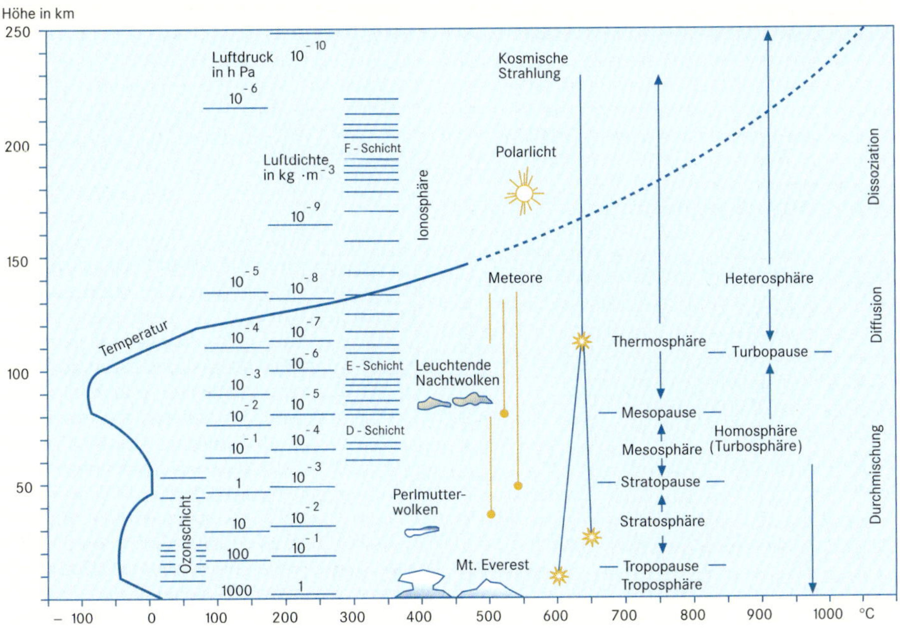


**Atmosphäre.** Aufbau und Temperaturverteilung der Atmosphäre

100001

**atmosphärische Optik.** Abenddämmerung

Über der Stratosphäre liegt die **Mesosphäre** (obere Durchmischungsschicht), innerhalb derer die Temperatur mit zunehmender Höhe wieder abnimmt. Die Obergrenze **(Mesopause)** liegt mit etwa −80 °C bei 85 km Höhe. Die folgende **Thermosphäre** reicht bis etwa 450 km und geht unter Temperaturanstieg durch Sonnenabstrahlungsabsorption bestimmter Wellenlängen dann in die **Exosphäre (Dissipationssphäre)** über, die die Stoffaustauschzone mit dem interplanetaren Raum darstellt. – Vertikale Gliederung nach dem Ionisationsgrad: in die **Neutrosphäre** (bis etwa 65 km), die kaum ionisiert ist, und in die **Ionosphäre** (zwischen 65 und etwa 500 km) mit verschiedenen Maxima der Elektronen- beziehungsweise Ionendichten. Ionosphäre und Exosphäre werden auch als Hochatmosphäre bezeichnet.

**Atmosphäre,** Einheiten: 1) **physikalische Atmosphäre,** Einheitenzeichen **atm,** veraltete Einheit des Drucks, entspricht dem mittleren Luftdruck auf Meereshöhe; 1 atm = 101 325 Pa = 760 Torr = 1,01325 bar. 2) **technische Atmosphäre,** Einheitenzeichen **at,** veraltete Einheit des Drucks; 1 at = 1 kp/cm$^2$ = 98 066,5 Pa = 0,980665 bar.

**Atmosphärilien,** die chemisch und physikalisch wirksamen Stoffe in der Atmosphäre, z. B. Sauerstoff, Ozon, Kohlendioxid, Salpetersäure, Wasserdampf.

**atmosphärische Optik, meteorologische Optik,** Teilgebiet der physikalischen Optik, Meteorologie und Geophysik, das sich mit den optischen Erscheinungen in der Atmosphäre befasst. Dazu gehören die durch Brechung, Reflexion und/oder Beugung der Lichtstrahlen an Wassertropfen beziehungsweise Eiskristallen verursachten Erscheinungen wie Halo, Kranz, Glorie, Regenbogen, ferner die durch Interferenz und Streuung an Luftmolekülen (→Rayleigh-Streuung) und/oder Aerosolteilchen (→Mie-Streuung) bewirkten Effekte wie das Himmelsblau, die verschiedenen Dämmerungserscheinungen und die Lufttrübung (mit ihren Auswirkungen auf die Sichtverhältnisse), schließlich die auf der atmosphärischen Refraktion beruhenden verschiedenen Formen der Luftspiegelung sowie die Szintillation.

**Atmung, Respiration,** bei Lebewesen die Aufnahme von Sauerstoff aus der Umgebung zur Energiegewinnung für die Verbrennung von Nahrungs- oder Körperstoffen und die Abgabe des bei diesen Stoffwechselvorgängen entstehenden Kohlendioxids. Diesen Gasaustausch ermöglichen bei der **äußeren Atmung** besondere **Atmungsorgane** oder **Respirationsorgane:** Lungen bei Mensch und Tier, Kiemen bei Fischen und anderen Wassertieren, Tracheen bei Insekten, Spaltöffnungen bei Pflanzen. Gasaustausch nur durch die Oberfläche, wie bei der **Hautatmung,** haben einfache und sehr kleine Lebewesen. Die Atmung der Pflanzen, die in lebenden pflanzlichen Zellen jederzeit vor sich geht, ist nicht mit der →Assimilation des Kohlendioxids zu verwechseln.

■ **Atmung des Menschen** Beim Menschen werden die **äußere Atmung (Lungenatmung)** und die **innere Atmung (Zellatmung)** durch den Blutkreislauf aufrechterhalten. Der Aufnahme des Luftsauerstoffs dient die Lunge. Durch die Lungenbläschen (Alveolen, Oberfläche etwa 100 m$^2$), die von einem dichten Kapillarnetz umsponnen sind, kommt die eingeatmete Luft mit dem Blut in engen Kontakt. Die roten Blutkörperchen, die Sauerstoff ($O_2$) und Kohlendioxid ($CO_2$) transportieren, haben eine Oberfläche, die etwa das 2 000fache der Körperoberfläche beträgt. Die Verlangsamung des Blutstromes in den Lungenkapillaren ermöglicht rasche Aufladung des Blutes mit $O_2$ und schnelle Abgabe des $CO_2$ aus dem Blut.

Bei der **äußeren Atmung** tritt das Zwerchfell bei Einatmung (Inspiration) tiefer, bei Ausatmung (Exspiration) höher, der Brustkorb wird bei der Einatmung erweitert (Rippen und

**Atmung** Atmung unter Extrembedingungen

Mit zunehmender Höhe sinkt der Sauerstoffpartialdruck schnell ab. Schon in 1 000 m Höhe beträgt er nur noch 90 %, in Höhe des Mount Everest (8 850 m) knapp ein Drittel des Wertes auf Meeresniveau. Der menschliche Körper antwortet auf das verminderte Sauerstoffangebot mit einer Erhöhung der Zahl der roten Blutkörperchen. Eine dauernde Akklimatisation gelingt jedoch nur in Höhen bis zu 5 000 m.
Auch große Tiefen sind für unser Atmungssystem eine Herausforderung. Pro 10 m Tiefe steigt der Druck unter Wasser um rund 100 kPa. Der hohe Umgebungsdruck lässt die Lungen kollabieren. Stickstoff wird mit zunehmendem Druck aus dem Atemluft in die Gewebe gepresst, wo er sich löst. Bei zu schnellem Auftauchen geht der Stickstoff in Form von Gasbläschen aus der Lösung. Diese gefährliche Taucherkrankheit (Dekompressionskrankheit) kann nur durch extrem langsames Auftauchen verhindert werden.

Brustbein werden gehoben, die Alveolen entfalten sich) und bei der Ausatmung verkleinert (Rippen und Brustbein senken sich, die Lungen ziehen sich durch Eigenelastizität zusammen). Die Einatmungsluft enthält 21 Volumenprozent $O_2$ und 0,03 Volumenprozent $CO_2$, die Alveolarluft, die in der späten Phase der Ausatmung abgegeben wird, rund 14 Volumenprozent $O_2$, 5,6 Volumenprozent $CO_2$. Bei Atmung in Ruhe wird beim Erwachsenen etwa 16-mal in der Minute je 0,5 l Luft (Atemzugvolumen) hin- und herbewegt. Die Menge der bei stärkster Ein- und Ausatmung in der Lunge bewegten Luft ist die **Vitalkapazität,** der Luftrest, der auch bei stärkster Ausatmung noch in der Lunge verbleibt, das **Residualvolumen.** Vitalkapazität und Residualvolumen ergeben die **Totalkapazität.** Die Atemfrequenz (Atemzüge je Minute) beträgt beim Säugling 40–50, beim Fünfjährigen 20–30, beim Erwachsenen durchschnittlich 16–20.

Die **innere Atmung** besteht in der Aufnahme von $O_2$ aus dem Blut in die Körperzellen und der Abgabe des $CO_2$ in das Blut. Der Gasaustausch folgt dem jeweiligen Sauerstoffdruckgefälle, das heißt, der Sauerstoffpartialdruck in der Lungenalveole ist größer als im Lungenblut, daher kann das Blut $O_2$ aufnehmen. Im Gewebe wird die Sauerstoffaufnahme durch ein Sauerstoffdruckgefälle vom Blut in dieses möglich. Für $CO_2$ hat das Druckgefälle vom Gewebe über das Blut in die Lungenalveole die umgekehrte Richtung. Die Atmungsvorgänge unterliegen der Steuerung durch das **Atemzentrum,** das im verlängerten Mark liegt. Es reguliert Atemtiefe, Atemrhythmus und Form der Atmung.

Der Physiker Richard P. Feynman drückte die Bedeutung der **Atome** so aus:

*»Wenn in einer Sintflut alle wissenschaftlichen Kenntnisse zerstört würden und nur ein Satz an die nächste Generation von Lebewesen weitergereicht werden könnte, welche Aussage würde die größte Informationsmenge in den wenigsten Worten enthalten? Alle Dinge sind aus Atomen aufgebaut.«*

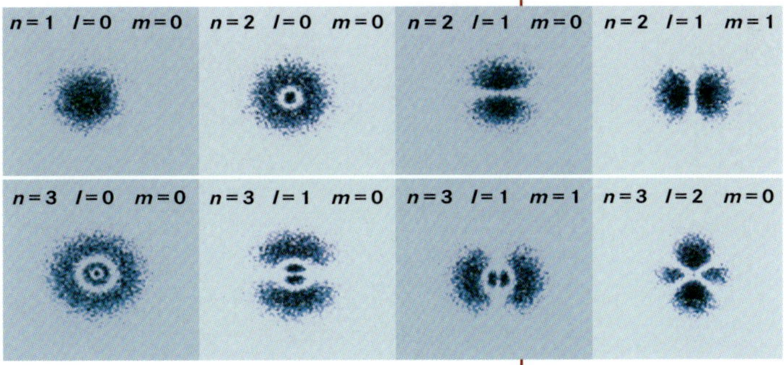


**Atom.**
Die quantenmechanisch berechnete Aufenthaltswahrscheinlichkeit des Hüllenelektrons für verschiedene Zustände des Wasserstoffatoms, die durch die Quantenzahlen n, l, m charakterisiert sind. Durch Rotation der Einzeldarstellungen um die vertikale Achse durch das jeweilige Zentrum (Ort des Atomkerns) ergeben sich die zugehörigen räumlichen Darstellungen. Der Zustand mit n = 1 ist der Grundzustand. Für die größenrichtige Wiedergabe müssen die Darstellungen um den jeweiligen Wert für n vergrößert werden.

**Atom** [aus griechisch átomos »unteilbar«] *das,* kleinstes, mit chemischen Methoden nicht weiter zerlegbares Teilchen eines Elements, das dessen physikalische und chemische Eigenschaften bestimmt; es besteht aus einem **Atomkern,** dessen Radius etwa $10^{-12}$ cm beträgt und der fast die gesamte Masse des Atoms (99,9 %) enthält, und einer **Atomhülle (Elektronenhülle)** mit einem Radius von etwa $10^{-8}$ cm. Der Kern besteht aus $Z$ elektrisch positiv geladenen →Protonen und $N$ elektrisch neutralen →Neutronen; die Kernbausteine heißen **Nukleonen.** Die Hülle wird aus $Z$ negativ geladenen →Elektronen gebildet, sodass das Atom als Ganzes elektrisch neutral ist. $Z$ ist die **Kernladungszahl** (Protonenzahl), $N$ die **Neutronenzahl** und $A$ die **Massenzahl** (Nukleonenzahl); es gilt: $A = Z + N$. Die Nukleonen haben einen Eigendrehimpuls (→Spin), der durch Überlagerung zu einem (Gesamt-)**Kernspin** führt. Die Masse des Atomkerns ist etwas kleiner als die Summe der Protonen- und Neutronenmassen (→Massendefekt). Der Zusammenhalt der Atomkerne wird durch die **Kernkräfte** bewirkt. Kerne, bei denen das Verhältnis von Neutronen zu Protonen bestimmte Grenzwerte überschreitet, zerfallen (→Radioaktivität). Atomarten mit gleichen Kernladungs-, aber verschiedenen Massenzahlen heißen **Isotope** (symbolisch, z. B. bei Uran: $^{238}U$, $^{235}U$, $^{234}U$). Durch Abgabe oder Aufnahme von Elektronen entsteht ein elektrisch geladenes **Ion,** das andere chemische und physikalische Eigenschaften als das ursprüngliche Atom hat.

■ **Moleküle und Ordnungszahlen** Aus mehreren gleichen oder verschiedenen Atomen können sich durch Umlagerung der Elektronenhüllen **Moleküle** bilden. Die chemischen Eigenschaften der Stoffe beruhen im Wesentlichen auf der Struktur der Elektronenhüllen ihrer Atome und Moleküle. Dichte und Regelmäßigkeit der Anordnung der Atome und Moleküle bestimmen den →Aggregatzustand eines Stoffes. Bisher sind 115 natürliche und künstliche chemische Elemente mit zum Teil nur sehr kurzer Lebensdauer bekannt (→Transurane). Das leichteste Atom ist das des Wasserstoffs mit $Z = 1$, $N = 0$ und der Masse $1{,}6736 \cdot 10^{-24}$ g. Im →Periodensystem der chemischen Elemente sind die Atome nach wachsenden Kernladungszahlen geordnet, die auch **Ordnungszahlen** heißen. – Hinweise auf die Existenz kleinster chemischer Einheiten im makroskopischen Bereich geben die daltonschen Gesetze. Beweise für die Existenz der Atome liefern z. B. die →kinetische Gastheorie, die →mechanische Wärmetheorie und die →Kristallstrukturanalyse sowie die Bahnspuren schneller atomarer Teilchen in Spurenkammern, die Massenspektroskopie und die Streuung von Teilchenstrahlen in Materie; mithilfe von Rastermikroskopen kann

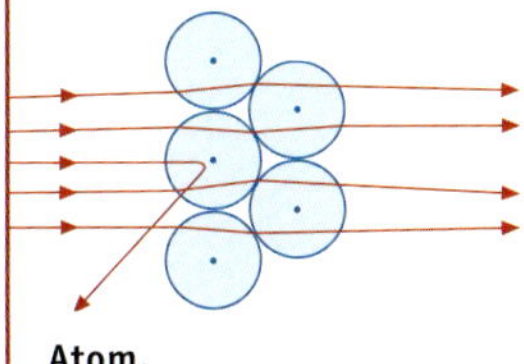

**Atom.**
Streuung von Alphateilchens durch die Atome einer dünnen Metallfolie. Aus der geringen Häufigkeit großer Winkelablenkungen lässt sich die Existenz der Atomkerne und ihre Größe relativ zum Gesamtatom erschließen.

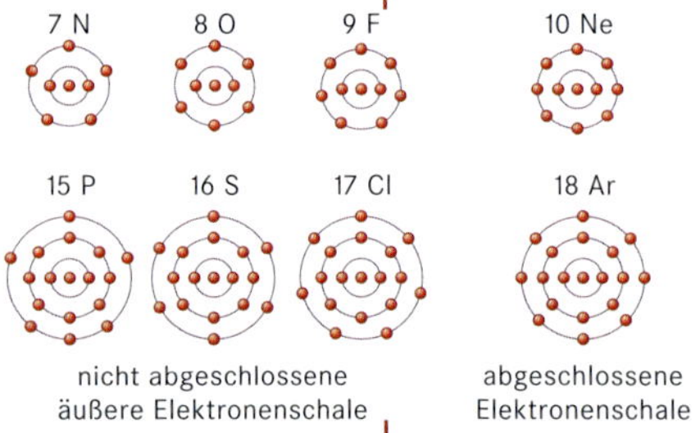


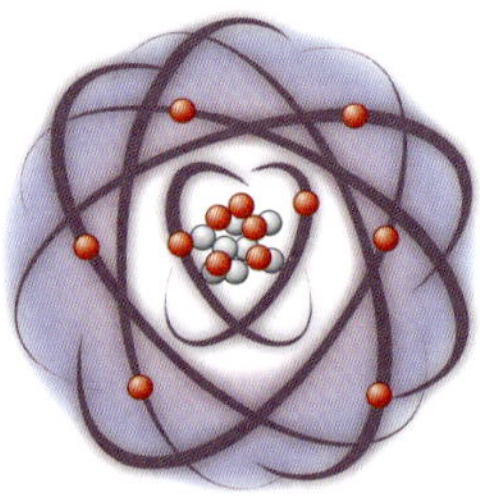

**Atom.** Stark vereinfachte Schalenmodelle von Atomen einiger Elemente; bei den Atomen der Edelgase Neon und Argon sind alle Elektronenschalen abgeschlossene Schalen, die keine weiteren Elektronen aufnehmen können. rechts Vereinfachtes Schalenmodell des Sauerstoffatoms; man unterscheidet die abgeschlossene innere Elektronenschale mit zwei und die nicht abgeschlossene äußere Schale mit sechs Elektronen.

die Lage einzelner Atome auf Oberflächen sichtbar gemacht werden.

■ **Atombau** Der **Atombau** lässt sich durch spektroskopische Methoden aufklären. Da den einzelnen Elektronenzuständen genau definierte Energien zugeordnet sind, muss beim Übergang eines Elektrons von einem Zustand in einen anderen der entsprechende Energiedifferenzbetrag abgegeben oder aufgenommen werden, im Allgemeinen in Form elektromagnetischer Strahlung wie Licht oder Röntgenstrahlen. Bei Atomen mit vielen äußeren Elektronen ist die Erklärung der bei Anregung emittierten Spektrallinien sehr kompliziert. Eine exakte Beschreibung des Atombaus gelang erst mithilfe der →Quantenmechanik unter Einbeziehung des →Pauli-Prinzips, das den Spin der Elektronen berücksichtigt. Danach ist jeder Energiezustand eines Elektrons im Atom durch vier →Quantenzahlen festgelegt. Die sich als Lösung der →Schrödinger-Gleichung ergebenden Wellenfunktionen beschreiben das räumlich-zeitliche Verhalten der Elektronen. Der klassische Begriff der »Bahn« eines Elektrons wird unzulässig, da sich der Ort eines Elektrons nicht mehr genau vorhersagen lässt. Man kann nur eine durch das Betragsquadrat der Wellenfunktion festgelegte Aufenthaltswahrscheinlichkeit des Elektrons angeben.

■ **Atommodelle** Die Modellvorstellungen über den Aufbau der Atome spiegeln die rasche Entwicklung auf dem Gebiet der Atomphysik, besonders seit Anfang des 20. Jahrhunderts, wider. Das **Kugelmodell (daltonsches Atommodell)** beschreibt das Atom als mehr oder weniger starre Kugel; sie kann Schwingungen um ein Zentrum ausführen und Kraftwirkungen auf die Umgebung ausüben; mit ihm lassen sich u. a. die Gasgesetze sowie Diffusion, Wärmeleitung und Osmose erklären. Nach dem **Rutherford-Bohr-Atommodell** besteht das Atom aus einem Kern positiver Ladung, der auf genau definierten Kreisbahnen von den Elektronen der Atomhülle umkreist wird. Energie und Drehimpuls der Elektronen können nach den bohrschen Postulaten nur ganz bestimmte Werte annehmen. Im **Bohr-Sommerfeld-Atommodell** sind die Kreisbahnen durch Ellipsenbahnen ersetzt. Beim **De-Broglie-Schrödinger-Modell** werden die stationären Quantenbahnen der Elektronen durch Materiewellen beschrieben; es sind nur solche Wellenlängen möglich, die zu stehenden Wellen um den Atomkern führen (→Wellenmechanik). Im **Orbitalmodell** wird jedes Elektron durch eine Aufenthaltswahrscheinlichkeit (Dichteverteilung) im Raum um den Atomkern charakterisiert.

**Eigenschaften der Elementarbausteine des Atoms**

| | absolute Masse (in kg) | relative Masse¹⁾ | Ladung²⁾ | Spin³⁾ |
|---|---|---|---|---|
| Proton | $1{,}672\,621\,58\,(13) \cdot 10^{-27}$ | 1,007 276 466 88 (13) | $+e$ | $^1/_2$ |
| Neutron | $1{,}674\,927\,16\,(13) \cdot 10^{-27}$ | 1,008 664 915 78 (55) | 0 | $^1/_2$ |
| Elektron | $9{,}109\,381\,88\,(72) \cdot 10^{-31}$ | 5,485 799 110 (12) | $-e$ | $^1/_2$ |

1) Die relative Masse ist auf das Kohlenstoffisotop mit der relevanten Atommasse 12 bezogen (atomare Masseneinheit u).2) $e = 1{,}602 \cdot 10^{-19}$ C.3) Spin in Einheiten $\hbar = 1{,}055 \cdot 10^{-34}$ Js.

**Atom...,** in zusammengesetzten Begriffen oft ungenau für Kern... oder Nuklear...; z. B. Atomreaktor statt Kernreaktor.

**Atomabsorptionsspektroskopie,** Abkürzung **AAS,** chemisches Analyseverfahren, das auf der Wechselwirkung zwischen Atomen im dampfförmigen Zustand und elektromagnetischer Strahlung beruht.

**atomare Masseneinheit,** Einheitenzeichen **u,** in Atom- und Kernphysik verwendete Einheit der Masse. Die atomare Masseneinheit ist der 12. Teil der Masse eines Atoms des Nuklids $^{12}$C: $1\,\text{u} = 1{,}660\,540\,2 \cdot 10^{-27}$ kg.

**Atom|ausstieg,** die geordnete Beendigung der Kernenergienutzung. Am 14. 6. 2000 einigten sich die Regierung der Bundesrepublik Deutschland und die vier führenden Energieversorgungsunternehmen (EVU) auf eine Vereinbarung zum Ausstieg aus der Nutzung der Kernenergie, die am 11. 6. 2001 rechtswirksam unterzeichnet wurde. Damit war der Weg für einen entschädigungslosen Atomausstieg frei. Die Vereinbarung ist im novellierten Atomgesetz vom 22. 4. 2002 juristisch abgesichert

■ **Restlaufzeit** Dabei wurde für jedes einzelne Kernkraftwerk (gerechnet ab dem 1. 1. 2000) eine Strommenge festgelegt, die künftig noch produziert werden darf (Reststrommenge). Sie basiert auf einer vereinbarten Regellaufzeit von 32 Kalenderjahren nach Abzug der bisherigen Laufzeit. Sobald diese Strommenge erreicht ist, ist das Kernkraftwerk stillzulegen. Die Reststrommenge (das Produktionsrecht) kann auch von einem (älteren) Kernkraftwerk auf ein anderes übertragen werden, um die Wirtschaftlichkeit der Anlagen zu gewährleisten.

■ **Entsorgung** Für die verbleibende Nutzungsdauer gewährleistet die Bundesregierung unter Einhaltung der atomrechtlichen Anforderungen den ungestörten Betrieb der Kernkraftwerke sowie deren Entsorgung. Die EVU werden an den Standorten der vorhandenen Kernkraftwerke oder in deren Nähe umgehend weitere Zwischenlager errichten. Ab dem 1. 7. 2005 ist die Entsorgung radioaktiver

Abfälle auf die direkte Endlagerung beschränkt. Bis zu diesem Zeitpunkt waren Transporte zur Wiederaufarbeitung von Brennelementen zulässig und die angelieferten Mengen durften verarbeitet werden.

**Atombindung,** →chemische Bindung.

**Atomenergie,** umgangssprachlich für →Kernenergie.

**Atomgewicht,** veraltet für relative →Atommasse.

**Atomgitter,** Kristallgitter, dessen Gitterpunkte von Atomen besetzt sind, die rein kovalent gebunden sind (→chemische Bindung). In Atomgittern kristallisierende Stoffe sind Kohlenstoff (Diamant), Silicium und Germanium.

**Atomkern,** →Atom, →Kernmodelle.

**Atomkraftwerk,** Abkürzung **AKW,** umgangssprachliche Bezeichnung für →Kernkraftwerk.

**Atomlaser** [-leɪzə], **Atomstrahllaser,** laserähnliche Strahlungsquelle, die anstelle von Strahlung Atome emittiert. Aufgrund des Welle-Teilchen-Dualismus besitzen Atome neben Materie- auch Welleneigenschaften. Werden Atome unter eine kritische Temperatur nahe dem absoluten Nullpunkt abgekühlt, vereinigen sie sich zu einer einzigen Teilchenwelle (→Bose-Einstein-Kondensation), die physikalisch die gleichen Eigenschaften aufweist wie ein Laserstrahl aus Licht. Werden die Atome aus der Kühlfalle herausgelenkt und in einen gerichteten Strahl überführt, kann ein Atomlaserstrahl erzeugt werden. Atomlaser stellen eine ideale Materiequelle für hochgenaue atominterferometrische Messungen dar und eröffnen vollkommen neue Anwendungsbereiche u.a. in der Optik, Nanotechnologie und Oberflächenphysik.

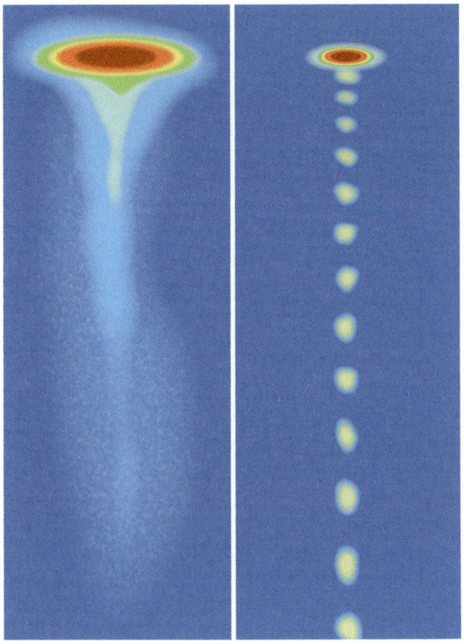

**Atomlaser.** Ein Atomlaser sendet kohärente, d.h. in Phase schwingende Materiewellen aus. Dazu wird ein Bose-Einstein-Kondensat aus ultrakalten Atomen kontinuierlich entleert. Um die Phasenkohärenz der Materiewellen nachzuweisen, werden zwei Teilwellen überlagert. Es bildet sich eine Interferenzstruktur.

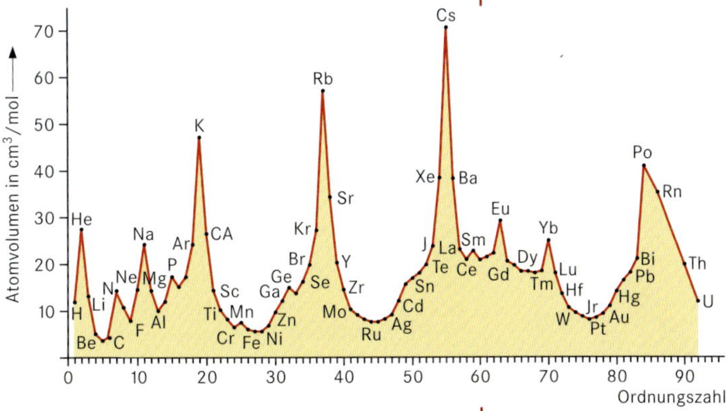


**Atomvolumen.** Trägt man das Atomvolumen gegen die Ordnungszahl Z eines Elements auf, erhält man die Atomvolumenkurve. In ihr lassen sich Gesetzmäßigkeiten des Periodensystems der chemischen Elemente erkennen, z.B. die ausgeprägten Maxima bei den Alkalimetallen und die Minima bei den Übergangsmetallen.

**Atomlithografie, Atomstrahllithografie,** die Herstellung von Strukturen integrierter Halbleiterbauelemente mit Methoden der Atomoptik. Wegen der im Vergleich zur Lichtwellenlänge kleineren Materiewellenlänge von Atomstrahlen lassen sich mit der Atomlithografie Nanostrukturen unterhalb von 100 nm herstellen, die mit der →Fotolithografie derzeit nicht gefertigt werden können. Bei den Verfahren der Atomlithografie werden einerseits die Benetzungseigenschaften von Oberflächen verändert (durch Ablagerung dünner Atomschichten können anschließend an den benetzten Stellen dickere Schichten abgeschieden werden), andererseits kann man sie auch direkt für das Wachstum nanostrukturierter Schichten einsetzen, indem man geeignete Atome als verkleinertes Bild einer Vorlage (Layout) auf der Oberfläche abscheidet.

**Atommasse,** 1) **absolute Atommasse,** die Masse eines Atoms; Einheit ist die →atomare Masseneinheit. 2) **relative Atommasse,** Formelzeichen $A_r$, die relative Masse eines Atoms, bezogen auf einen festgelegten Standard. Nach mehrfachem Wechsel der Bezugsmasse gilt seit 1961 für Chemie und Physik ein Zwölftel der Masse des Kohlenstoffisotops $^{12}C$ (6 Protonen, 6 Neutronen) als atomare Masseneinheit (u), das heißt, die Atommasse von $^{12}C$ wurde zu 12,000000 festgelegt. Die Größe $m_u = 1\,u$ heißt **Atommassenkonstante.** Es gilt $A_r = m_a / m_u$ ($m_a$ Masse eines Atoms). Die Atommasseangaben des Periodensystems berücksichtigen die natürliche Isotopenverteilung der verschiedenen Elemente, stellen also Mittelwerte dar. Die Atommasse der einzelnen Isotope zeigen im Unterschied zu diesen mittleren Atommassen nur geringe Abweichungen von ganzen Zahlen.

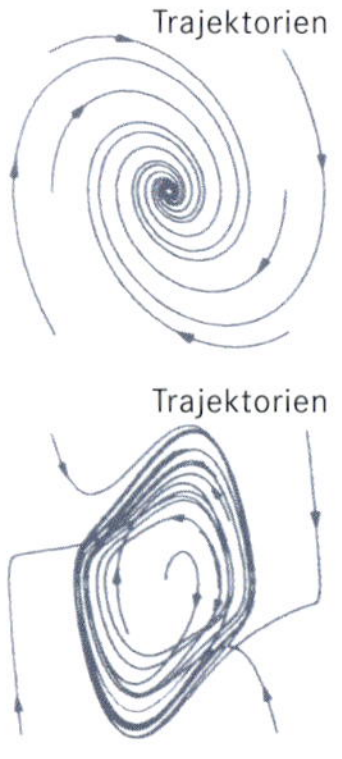


**Attraktor.**
Oben Punktattraktor und mögliche Phasenbahnen eines gedämpften harmonischen Oszillators; unten periodischer Attraktor eines stabilen Grenzzyklussystems

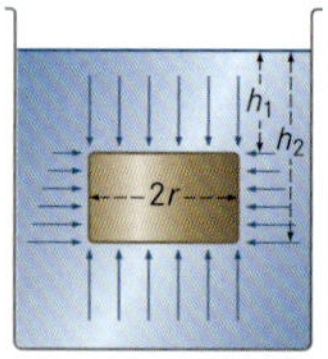


**Auftrieb.**
Statischer Auftrieb eines Zylinders in einer Flüssigkeit der Dichte $\rho$. Auf die obere Kreisfläche $\pi r^2$ wirkt die Kraft $h_1 g\rho\pi r^2$ senkrecht nach unten, auf die untere Kraft $h_2 g\rho\pi r^2$ senkrecht nach oben. Der Auftrieb ergibt sich als Differenz beider Kräfte zu $(h_2 - h_1 g\rho\pi r^2 = gV = G$; hierin ist $g$ die örtliche Fallbeschleunigung, $V$ das Zylindervolumen (= Volumen der verdrängten Flüssigkeitsmenge), $G$ die Gewichtskraft der verdrängten Flüssigkeitsmenge.

**Atommodell,** →Atom.

**Atommüll,** umgangssprachlich für →radioaktive Abfälle.

**Atomphysik,** um 1900 entstandenes Teilgebiet der Physik, das sich mit den →Atomen und allen mit dem Atomkonzept erklärbaren physikalischen Erscheinungen befasste. Heute versteht man unter Atomphysik im Allgemeinen die Physik der Atomhülle und der in ihr ablaufenden Vorgänge; die Physik der Atomkerne dagegen wird als →Kernphysik bezeichnet.

**Atomreaktor,** umgangssprachlich für →Kernreaktor.

**Atomstrahlen,** durch Blenden gebündelte Strahlen aus schnell bewegten neutralen Atomen im Vakuum.

**Atomstrahlresonanzmethode Rabi-Methode,** nach I. I. Rabi benannte Methode der Hochfrequenzspektroskopie zur Bestimmung magnetischer Kernmomente und Hyperfeinstrukturaufspaltungen mittels Atom- oder Molekülstrahlen durch Resonanz eines magnetischen Wechselfeldes mit einer an den Kernen künstlich erzeugten Präzessionsbewegung.

**Atomuhr,** Zeitnormal höchster Genauigkeit, bei dem die Eigenschwingungen von Molekülen und Atomen (Cäsium, Rubidium, Wasserstoff, Ammoniak u. a.) im Mikrowellenbereich zur Frequenzstabilisierung eines Quarzoszillators ausgenutzt werden. Dem Oszillator sind Frequenzteileranordnung und Verstärker zum Betrieb einer Anzeigeeinheit nachgeschaltet. Die langzeitig genauesten und daher als Frequenznormale zur Neudefinition der Zeiteinheit Sekunde verwendeten Atomuhren sind die →Cäsiumuhren.

**Atomvolumen,** 1) **molares Atomvolumen,** das von einem Mol eines chemischen Elements im festen Aggregatzustand bei 0 K eingenommene Volumen, gegeben durch den Quotienten aus der molaren Masse und der (auf 0 K extrapolierten) Dichte des Elements. 2) **absolutes Atomvolumen,** das Volumen eines einzelnen Atoms; berechnet aus Größen der kinetischen Gastheorie oder aus molarem Volumen und Avogadro-Zahl. – Abb. S. 51

**Atomwärme,** auf die Stoffmenge bezogene Wärmekapazität eines Elements; zahlenmäßig gleich der Wärmemenge, die notwendig ist, um 1 Mol eines Elements um 1 °C zu erwärmen.

**Atomzerfall,** der radioaktive Zerfall (→Radioaktivität).

**ATP,** Abkürzung für **A**denosin**t**ri**p**hosphat, biochemisch wichtiges Triphosphat des →Adenosins.

**Atrazin** *das,* Gebrauchsname des als Basis für viele Herbizide verwendeten 2-Chlor-4-äthylamino-6-isopropylamino-1,3,5-triazins. Seine Wirkung beruht auf einer Hemmung der Fotosynthese. Atrazin wird zur Unkrautbekämpfung im Mais-, Spargel-, Tomaten- und Kartoffelanbau eingesetzt. Da Atrazin und dessen Hauptabbauprodukt Desäthylatrazin bis ins Grundwasser gelangen und damit auch im Trinkwasser nachgewiesen werden können, ist die Anwendung von Atrazin seit 1991 in Deutschland verboten.

**AT & T** [eɪti: ənd ˈti:], Abkürzung für →**A**merican **T**elephone and **T**elegraph Company.

**Atto...,** Vorsatzzeichen **a,** Vorsatz vor Einheiten für den Faktor $10^{-18}$ (Trillionstel); z. B. 1 Attometer = 1 am = $10^{-18}$ m.

**Attractants** [əˈtræktənts, englisch], *Zoologie:* die →Lockstoffe.

**Attraktor** *der,* in der Chaostheorie verwendete Bezeichnung für den Endzustand eines dynamischen Systems bei Ablaufen eines evolutionären Prozesses (z. B. Phasenumwandlung); z. B. strebt die Bewegung eines Pendels einem **Punktattraktor** zu.

**Attrappenversuche,** *Verhaltensforschung:* Experimente mit Attrappen, das heißt künstlichen Reizkonstellationen (Formen, Farben oder Laute), um verhaltensauslösende Merkmale herauszufinden.

**atü,** veraltetes Einheitenzeichen für die Angabe des Überdruckes in technischen →Atmosphären.

**Ätz|alkali|en,** die Hydroxide der Alkalimetalle, z. B. **Ätznatron,** Natriumhydroxid.

**Ätzen,** allgemein das Entfernen von Teilen der Oberfläche eines Körpers mit auflösenden Mitteln. 1) In der grafischen Technik das Einarbeiten einer Zeichnung oder eines Bildes in eine Metallfläche durch ätzende Mittel. Für Hochdruckätzungen wird das Metall der Ätzplatten an den bildfreien Stellen aufgelöst; die Bildstellen werden durch Schutzschichten geschützt. Im Tiefdruck werden die Bildstellen eingeätzt. Im Offsetdruck versteht man unter Ätzung u. a. die Behandlung der Druckplatte mit chemischen Mitteln, um die bildfreien Stellen wasseraufnahmefähig zu machen. 2) Glas wird durch Flusssäure **(Blankätzen, Säurepolieren)** oder durch Fluorwasserstoff **(Mattätzen)** geätzt. 3) Der Gefügeaufbau von Kristallen und Werkstoffen kann durch **Tiefätzen** von Anschliffen aufgeklärt werden. 4) Lebendes Gewebe wird durch Ätzmittel (z. B. Silbernitrat) zerstört, meist um Wucherungen auf Haut, Schleimhäuten oder Wundrändern zu entfernen; heute wird meist die Elektrochirurgie angewandt. 5) In der Stoffdruckerei erhalten vorgefärbte Gewebe nach Aufdruck reduzierender Chemikalien durch örtliche Zerstörung des Farbstoffs eine Musterung in Weiß oder Bunt.

**Au** [lateinisch aurum], chemisches Symbol für →Gold.

**Auerhuhn, Auerwild,** Raufußhuhn in den Wäldern Eurasiens, zählt zum Hochwild; **Au-**

erhahn bis 6 kg, Henne bis 3 kg schwer. Die Balz dauert von März bis Mai; die 6–10 Eier werden 26–28 Tage bebrütet, nach 13 Tagen sind die Jungen flugfähig.

**Auer von Wẹlsbach,** Carl Freiherr von (seit 1901), österreichischer Chemiker und Industrieller, * Wien 1. 9. 1858, † Schloss Welsbach (Kärnten) 4. 8. 1929; entdeckte die Seltenerdmetalle Lutetium, Neodym und Praseodym; erfand das **Auerlicht** (Gasbeleuchtung), die Metallfadenlampe (Osmiumglühlampe) und das Auermetall (Cereisen) für Zündsteine.

**Aufbereitung,** *Kerntechnik:* 1) die Aufbereitung der Uranerze (Brennstoffaufbereitung), Teil des Kernbrennstoffkreislaufs; 2) die →Wiederaufarbeitung.

**Aufdampfen,** Aufbringen von Überzügen aus Metallen u. a. anorganischen Stoffen (Oxiden, Fluoriden) auf Metalle, Kunststoffe, Glas u. a. Die Materialien werden im Vakuum verdampft, die Dämpfe auf den zu überziehenden Teilen niedergeschlagen.

**Aufladung, 1) elektrostatische** oder **elektrische Aufladung,** das Aufnehmen positiver oder negativer elektrischer Ladung durch einen Körper, Stoff u. a., insbesondere das Vorhandensein einer solchen Ladung im Überschuss als Folge von Reibung.

**2) elektrochemische Aufladung,** Zuführung und Speicherung von elektrischer Energie in einem →Akkumulator.

**Auflösung,** *Optik:* bei der Abbildung mit einem optischen System Bildzerlegung in getrennt wahrnehmbare Elemente.

**Auflösungsvermögen,** *Optik:* kleinster linearer Abstand oder Winkelabstand zweier Objektstrukturen, die vom Auge oder einem optischen System noch getrennt wahrgenommen oder abgebildet werden können.

**Aufschlämmen,** Trennverfahren für Gemische aus Feststoffen unterschiedlicher Dichte und/oder Teilchengröße aufgrund ihrer unterschiedlichen Sedimentationsgeschwindigkeit in einer Flüssigkeit.

**aufschließen,** schwer lösliche Stoffe in lösliche Verbindungen überführen, meist durch Zugabe fester Aufschlussmittel bei höherer Temperatur oder in der Schmelze.

**Auftrieb,** eine der Gewichtskraft entgegenwirkende Kraft. Der **statische Auftrieb** eines Körpers in einer ruhenden Flüssigkeit (hydrostatischer Auftrieb) oder einem ruhenden Gas (aerostatischer Auftrieb) ist gleich der Gewichtskraft der von dem Körper verdrängten Gas- oder Flüssigkeitsmenge **(archimedisches Prinzip);** ein Schiff z. B. ist also um die Gewichtskraft des verdrängten Wassers leichter als auf dem Trockendock. **Dynamischer Auftrieb** entsteht bei bewegten, geeignet geformten Körpern durch Strömungsunterschiede zwischen Ober- und Unterseite, die Druckunterschiede hervorrufen (z. B. an den Tragflügeln der Flugzeuge).

**Auge, 1) Oculus,** lichtempfindliches Sinnesorgan bei Tieren und beim Menschen. Über die die →Sehfarbstoffe enthaltenden →Sehzellen werden Lichtreize wahrgenommen und somit Informationen über die Umwelt vermittelt (→Lichtsinn).

■ **Augenformen** Die einfachsten Sehorganellen sind Karotinoide enthaltende Plasmabezirke, die **Augenflecke (Stigmen)** vieler Einzeller. Die einfachsten Sehorgane der Mehrzeller sind einzelne **Lichtsinneszellen** (z. B. des Regenwurms), die in oder unter der durchsichtigen Haut liegen und eine lichtempfindliche Substanz in einer Vakuole enthalten. Beide Augenformen ermöglichen jedoch nur ein Hel-

**Attrappenversuche.** Attrappen, mit denen Konrad Lorenz und Nikolaas Tinbergen verschiedene Vogelarten auf ihr Verhalten gegenüber fliegenden Raubvögeln prüften, wobei die angekreuzten Nachbildungen Fluchtreaktionen auslösten

**Auflösungsvermögen** **Mythos Chinesische Mauer**

Immer wieder stößt man auf die Behauptung, die Chinesische Mauer sei als einziges künstliches Bauwerk der Erde aus dem All, ja sogar vom Mond aus zu sehen. Kaum ein anderer moderner Mythos wird häufiger bemüht. Doch die Behauptung ist falsch, wie man leicht nachrechnen kann. Das menschliche Auge kann im besten Fall gerade noch eine halbe Bogenminute auflösen; so groß erscheint eine 2-Euro-Münze (Durchmesser 2,5 Zentimeter) in 170 Meter Entfernung. Das bedeutet, dass die Chinesische Mauer, die im Schnitt etwa sechs Meter breit ist, bereits ab einer Höhe von 40 Kilometer nicht mehr auszumachen ist. Selbst wenn man ihren Schattenwurf berücksichtigt, kommt man auf keine Höhe, die für die Umlaufbahn eines Raumschiffs erforderlich ist. Dabei spielt es auch keine Rolle, dass die Chinesische Mauer sehr lang ist. Ein menschliches Haar sieht man ja auch nicht aus hundert Meter Entfernung, selbst wenn es einen halben Meter lang ist.

286

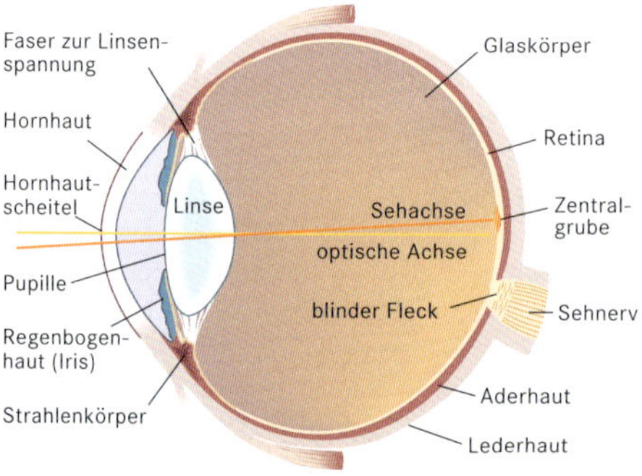


**Auge 1).** Schnitt durch das Auge des Menschen (schematische Darstellung)

ligkeitssehen. Beim **Pigmentbecher-Ocellus** (z. B. bei niederen Würmern, Schnecken) sind die Sehzellen von einer halbkugelförmigen Schicht aus Pigmentzellen umgeben, die den Lichteinfall nur von der dem Pigmentbecher abgewandten Seite zulässt und somit Richtungssehen ermöglicht. Liegen die Sehzellen durch Einsenkung der Epidermis am Grund oder an den Wänden der gebildeten Grube, entsteht ein **Grubenauge (Napfauge),** z. B. bei Schnecken. Bei Einengung der Grubenöffnung zu einem engen Loch bildet sich das **Kameraauge (Lochauge),** z. B. beim Perlboot, in dem ein umgekehrtes, lichtschwaches Bild auf der Netzhaut entsteht. Ist die Grube vollkommen geschlossen, entsteht das **Blasenauge,** in dessen Innerem ein lichtbrechendes Sekret vorkommt, das als Linse bezeichnet wird (z. B. bei der Weinbergschnecke). Das Blasenauge kann deshalb als einfache Form des **Linsenauges** betrachtet werden. Die leistungsfähigsten Linsenaugen haben die Wirbeltiere (einschließlich des Menschen) und die Kopffüßer. Das **Facettenauge** oder **Komplexauge** der Gliederfüßer stellt eine besondere Entwicklung zum Bildsehen hin dar. Es besteht aus vielen wabenartig zusammengesetzten Einzelaugen (Sehkeile, Ommatidien); das wahrgenommene Bild setzt sich mosaikartig aus den Bildpunkten der Einzelaugen zusammen.

Hat ein Auge mehrere Sehzellen, die sich in ihrer Lichtempfindlichkeit unterscheiden, können verschiedene Farben wahrgenommen werden (→Farbensehen). Überschneiden sich die Sehfelder paarig angelegter Augen (binokulares Sehen), werden verschieden weit entfernte Gegenstände auf verschiedene Stellen der Netzhaut abgebildet. Aus der Lage der erregten Netzhautstellen kann die Entfernung des Gegenstandes durch das Gehirn erfasst werden (Entfernungssehen). Bewirkt die Bewegung eines Objektes eine raumzeitliche Verschiebung des optischen Musters auf der Netzhaut, so kann diese Verschiebung nach Richtung und Geschwindigkeit ausgewertet werden (Bewegungssehen).

Rechte Seite: Rasterelektronenmikroskopische Aufnahme des Facettenauges und Rüssels eines Schmetterlings

■ **Auge des Menschen** Das Auge des Menschen hat einen Durchmesser von etwa 24 mm. Der kugelige **Augapfel (Bulbus oculi)** liegt geschützt in der **Augenhöhle (Orbita)** und umschließt die mit Kammerwasser gefüllte vordere und hintere Augenkammer sowie den Glaskörper (Corpus vitreum). Seine Beweglichkeit erhält er durch sechs **Augenmuskeln.** Der Augapfel wird von der Lederhaut, Aderhaut und Netzhaut ausgekleidet. Die aus derbem Bindegewebe bestehende **Lederhaut (Sclera)** bildet die äußerste Schicht. Sie geht im vorderen Teil des Auges in die durchsichtige **Hornhaut (Cornea)** über. Die Hornhaut richtet die Lichtfülle, die die Augenoberfläche trifft, als Sammellinse nach innen und hilft sie zu ordnen, sodass auf der Netzhaut ein scharfes Bild entstehen kann. Auf die Lederhaut folgt nach innen zu die gut durchblutete **Aderhaut (Chorioidea).** Pigmente in beziehungsweise vor der Aderhaut absorbieren das Licht, das die Netzhaut durchdringt. An die Aderhaut schließt sich nach innen zu die **Netzhaut (Retina)** an, von der die einfallenden Lichtreize aufgenommen und die entsprechenden Erregungen über den Sehnerv zum Gehirn weitergeleitet werden. Die vordere Augenkammer wird hinten durch die ringförmige **Regenbogenhaut (Iris)** begrenzt, die sowohl aus Teilen der Aderhaut als auch der Netzhaut gebildet wird. Sie gibt dem Auge durch eingelagerte Pigmente die charakteristische Färbung und absorbiert außerhalb der Sehöffnung einfallendes Licht. Die Regenbogenhaut liegt der Augenlinse auf und umgrenzt die **Pupille,** die die Sehöffnung darstellt.

Hinter Pupille und Regenbogenhaut, in eine Ausbuchtung des Glaskörpers eingebettet, liegt die **Linse.** Sie ist aus Schichten unterschiedlicher Brechkraft aufgebaut und wird von einer durchsichtigen, elastischen Membran umschlossen. Die Aufhängevorrichtung, durch die die Linse in ihrer Lage festgehalten wird, besteht aus Zonulafasern, die am **Ziliarkörper** des Auges entspringen. Der Ziliarkörper besitzt einen ringförmigen Muskelstreifen (Ziliarmuskel), bei dessen Kontraktion die Zonulafasern erschlaffen, sodass die Linsenwölbung zunimmt. Erschlafft der Muskel, so wird die Linse durch Zugwirkung der Zonulafasern flach gezogen. Durch diese Veränderung ihrer Brechkraft ermöglicht die Linse das Nah- und Fernsehen **(Akkommodation).** Ist die Linse stärker gewölbt, findet eine stärkere Brechung der Lichtstrahlen statt, wodurch eine Scharfeinstellung für das Nahsehen erreicht wird. Der umgekehrte Vorgang findet beim Sehen in die Ferne statt.

Hornhaut, Linse, vordere Augenkammer und Glaskörper bilden den bildentwerfenden (dioptrischen) Apparat des Auges. Das von diesem entworfene Bild wird von der Netzhaut aufgenommen und in Nervenimpulse umge-

**Auge**
→ GEO Dossier
Die Erfindung des Bildes, Bd. 7

wandelt. In der Netzhaut liegen die farbempfindlichen **Zapfen** und die hell-dunkel-empfindlichen **Stäbchen.** Die Stäbchen sind etwa 10 000-mal lichtempfindlicher als die Zapfen und überwiegen am äußeren Rand der Netzhaut. Im Zentrum der Netzhaut überwiegen die Zapfen, deren drei Typen für die Farbeindrücke Rot, Grün oder Blau ihre höchste Empfindlichkeit haben. Am dichtesten liegen die Zapfen in der Sehgrube (Fovea centralis), die inmitten des gelben Flecks liegt. Der **gelbe Fleck** ist daher als Ort der besten Auflösung (und Farbunterscheidung) die Zone der größten Sehschärfe. In der Netzhaut liegen etwa 125 Mio. Sehzellen, dabei etwa 20-mal mehr Stäbchen als Zapfen.

Die linsenseitig gelegenen Fortsätze der Netzhautganglienzellen vereinigen sich zum Sehnerv (Nervus opticus), der nahe dem Netzhautzentrum die Netzhaut durchdringt und nach hinten aus dem Auge austritt. An dieser Stelle, dem so genannten **blinden Fleck,** enthält die Netzhaut keine Sehzellen, sodass eine Lichtempfindung fehlt. Die von den beiden Augen wegführenden Nerven laufen zum Gehirn und bilden an der Basis des Zwischenhirns die x-förmige Sehnervenkreuzung (Chiasma opticum), in der sich die Nervenfasern teilweise überkreuzen. Dadurch können verschiedene Bilder, die von beiden Augen stammen, im Gehirn übereinander projiziert werden, sodass es zu einer Vorstellung der räumlichen Tiefe und der dreidimensionalen Gestalt eines Gegenstandes kommt (stereoskopisches Sehen).

Dem Schutz und der Pflege des Auges dienen die **Augenlider.** An ihren Rändern tragen sie die nach außen gebogenen Wimpern. An der Innenkante liegen die **Meibom-Drüsen,** die die Lider einfetten und damit zum vollkommenen Lidschluss beitragen. Gleichzeitig hindert ihr Sekret die Tränenflüssigkeit, den Lidrand zu überspülen. Die Tränenflüssigkeit wird von der **Tränendrüse** abgesondert und durch den Lidschlag auf den gesamten Augapfel verteilt. Die nicht zur Feuchthaltung des Augapfels gebrauchte Tränenflüssigkeit wird vom Tränen-Nasen-Gang in die Nasenhöhle abgeleitet.

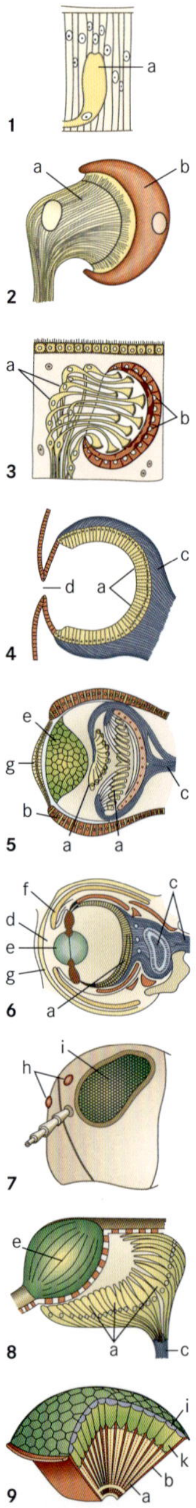


**Auge 1).** Entwicklung der Lichtsinnesorgane der Tiere (schematische Darstellung); gemeinsame Bezeichnungen: a Sinneszelle, b Pigmentzellen, c Nervenzelle oder Nervenfortsatz der Sinneszelle, d Sehlochpupille, e Linse, f Regenbogenhaut (Iris), g Hornhaut (Cornea), h Punktauge (Ocellus), i Cornealinse, k Kristallkegel. 1 Lichtsinneszelle in der Haut eines Regenwurms; 2 Sehzelle mit becherförmiger Pigmentzelle (Pigmentbecher-Ocellus) und 3 mehrzelliger Pigmentbecher-Ocellus (unter der Haut gelegen) eines Strudelwurms (Planarie); 4 Kameraauge eines niederen Tintenfisches (Nautilus); 5 Auge aus dem Mantelrand der Kammmuschel (Pecten) mit doppeltem System von Sinneszellen; 6 Auge eines höheren Tintenfisches (Sepia); Bau dem des Wirbeltierauges in vieler Hinsicht ähnlich, Beispiel für konvergente Entwicklung; 7 Kopf einer Biene (Drohne) von der Seite mit Facettenaugen und Ozellen; 8 Stirnauge (Ocellus) einer Fliege (Helophilus); 9 Bau eines Facettenauges der Insekten (rechts ein Stück herausgeschnitten)

**2)** *Botanik:* Knospe, Knospenansatz.

**Auger-Effekt** [oˈʒe-; nach dem französischen Physiker P. V. Auger, *1899, †1993], strahlungsloser Übergang innerhalb der Elektronenhülle eines Atoms, wobei die frei werdende Energie des angeregten, ionisierten Atoms nicht als Photon emittiert wird, sondern zur Ablösung eines weiteren Hüllenelektrons (Auger-Elektron) führt. Auf dem Auger-Effekt basiert die **Auger-Elektronenspektroskopie (AES)** zur chemisch-analytischen Untersuchung von Festkörperoberflächen.

**Aureole** [zu lateinisch »golden«] *die,* die meist als **Hof** bezeichnete atmosphärische Leuchterscheinung in Form eines weiß leuchtenden Kranzes um Sonne oder Mond, entsteht durch Beugung der Lichtstrahlen an Wassertröpfchen oder Eiskristallen.

**Aurum** *das,* lateinische Bezeichnung für →Gold.

**Ausbreitungsgeschwindigkeit,** die →Fortpflanzungsgeschwindigkeit einer Welle.

**Ausdehnung,** *Physik, Technik:* einerseits die Raumfüllung von Körpern, andererseits jede Volumenzunahme (Expansion), insbesondere die Änderung der Länge **(lineare Ausdehnung)** oder des Volumens **(kubische Ausdehnung)** von Körpern durch Erwärmung. Der **Ausdehnungskoeffizient** gibt den Bruchteil an, um den Länge beziehungsweise Rauminhalt je Grad Temperaturerhöhung zunehmen (Ausdehnungsgesetz der Gase: →Gay-Lussac-Gesetz). Die Ausdehnung wird z. B. bei den verschiedenen Flüssigkeitsthermometern ausgenutzt.

**Ausfällen,** *Chemie:* die →Fällung.

**Ausflockung,** chemische Abscheidung von Kolloiden durch →Koagulation aus ihren Lösungen.

**Ausfluss,** *Physik:* das Ausströmen von Flüssigkeit oder Gas durch Öffnung eines Gefäßes unter Einfluss der Schwerkraft. Die **Ausfluss-** oder **Ausströmgeschwindigkeit** einer inkompressiblen Flüssigkeit ist proportional der Quadratwurzel aus dem Produkt der Fallbeschleunigung und der Höhe der Flüssigkeitssäule über der Ausflussöffnung (**Ausflussgesetz** nach Torricelli).

**Ausgangsleistung,** die an den Ausgangsklemmen einer elektrischen Schaltung abgreifbare Wirkleistung.

**Ausgleichgetriebe, Differenzialgetriebe,** Zahnradgetriebe in Kraftwagen, das die Drehzahlunterschiede der Räder in Kurven ausgleicht und das Antriebsmoment gleichmäßig verteilt.

**Ausläufer, Stolo,** verlängerter Seitenspross der Pflanze, der in einigem Abstand wurzelt und unter Absterben des Zwischenteils eine selbstständige Pflanze ergibt, z. B. bei der Erdbeere.

**Auslaugung,** *Chemie:* →Extraktion.

**Auslenkung,** *Physik:* das Entfernen eines schwingungsfähigen Körpers aus seiner Ruhelage; auch der Betrag (die **Elongation**), um den ausgelenkt wird.

**Auslese,** *Biologie:* **Selektion,** wichtiger Faktor der Evolution. Die Auslese bewirkt in der Natur **(natürliche Auslese)** (→Darwinismus) und Züchtung **(künstliche Auslese)** eine unterschiedlich starke, nicht zufallsmäßige Vermehrung von unterschiedlich gut angepassten Individuen.

**Auspuff,** bei Verbrennungsmotoren das Ausströmen der Abgase, bei Dampfkraftmaschinen des Abdampfs; auch die **Auspuffanlage** selbst. Bei Verbrennungskraftmaschinen wird der **Auspuffschall** durch den **Auspufftopf** gedämpft **(Schalldämpfer)**, der den Druck der Abgase durch Absorption, Reflexion, Interferenz entspannt.

**Ausscheidung,** *Chemie:* Kristallbildung bei der Abkühlung von Metallschmelzen; auch die Bildung von neuen Kristallarten bei der Abkühlung fester Legierungen.

**Ausschließungsprinzip, paulisches Ausschließungsprinzip,** das →Pauli-Prinzip.

**außerordentlicher Strahl,** *Optik:* →Doppelbrechung.

**Aussterben,** das Verschwinden von Arten, Gattungen, Stämmen von Lebewesen, die sich biotischen oder abiotischen Umweltänderungen nicht anpassen konnten (alternde Stammesreihen). Oft gehen aber auch Stammesreihen ohne erkennbare morphologische oder pathologische Degenerationserscheinungen zugrunde. Mögliche Ursachen des Aussterbens: 1) Verdrängung durch konkurrenzüberlegene Formen; 2) zu einseitige Spezialisierung (Riesenformen); 3) stärkere Umweltänderungen; 4) Weiterentwicklung in der eigenen Gruppe: intraspezifische Konkurrenz als normaler Ablauf der Stammesentwicklung. Die Datierung von Fossilien ergab, dass das Ausmaß des Aussterbens von Tier- und Pflanzenarten zeitlichen Schwankungen unterworfen war. So sind – neben mehreren kleinen – fünf große Ereignisse von **Massensterben** bekannt. Sie zeigen in ihrem Auftreten eine gewisse Periodizität, die die Einwirkung äußerer physikalischer Einflüsse vermuten lässt, entweder als einmaliges Ereignis und dessen Folgen (Katastrophentheorie) oder als eine allmähliche Änderung der Lebensbedingungen. Für das Aussterben vieler Großtiere in der Eis- und Nacheiszeit ist zum Teil der Mensch verantwortlich **(Ausrottung)**. Ausgerottet wurden z. B. Auerochse (Ur), Quagga, Dronte, Mastodon, Moa, Riesenalk, Riesenfaultier, Riesengürteltier, Stellersche Seekuh v. a. durch Jagd und Urbarmachung. Ursachen für das verstärkte Aussterben von Arten in neuerer Zeit (→Rote Liste) sind z. B. die Zerstörung des natürlichen Lebensraumes und der Nahrungsgrundlagen (u. a. durch steigende Umweltverschmutzung sowie durch den Temperaturanstieg aufgrund des →Treibhauseffektes) und die ausgedehnte Anwendung von Schädlingsbekämpfungsmitteln.

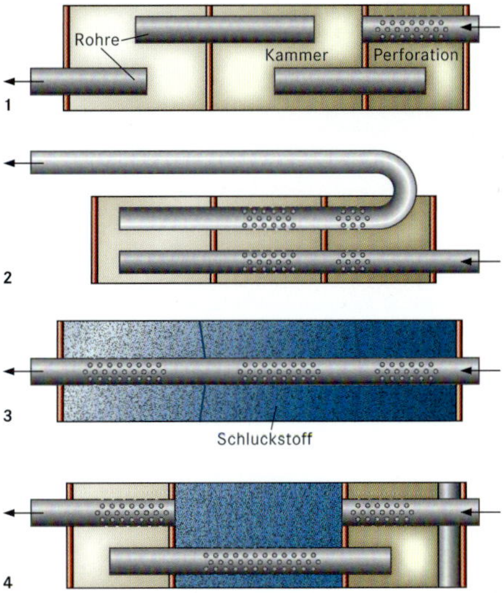


**Auspuff.** Schematische Darstellungen 1 eines Reflexionsschalldämpfers, 2 eines kombinierten Interferenz-Reflexions-Schalldämpfers, 3 eines Absorptionsschalldämpfers und 4 eines kombinierten Absorptions-Reflexions-Schalldämpfers

**Aussteuerung,** *Elektronik:* zeitabhängige Beeinflussung einer steuerbaren Anordnung (z. B. Verstärker) durch das Eingangssignal zur Übertragung von Signalen; auch die Grenze, bis zu der die Steuerung getrieben werden darf, ohne dass Verzerrungen auftreten **(Aussteuerungsbereich)**. Bei Grenzüberschreitung spricht man von **Übersteuerung.**

**Ausstrahlung,** *Physik:* die Aussendung von elektromagnetischer →Strahlung wie Licht und Wärme; im engeren Sinn die Wärmeabgabe von der Erdoberfläche an die darüber liegenden Luftschichten sowie der gesamten Atmosphäre an den Weltraum. – Abb. S. 58

**Ausströmen,** *Physik:* →Ausfluss.

**Austausch,** *Mikrophysik:* der bei atomaren Systemen auf der →Nichtunterscheidbarkeit gleichartiger Teilchen beruhende quantenmechanische Effekt der Vertauschbarkeit ihrer Quantenzustände (Ladung, Spin u. a.).

**Aussterben**
→ GEO **Dossier**
Die Arche von Manhattan, Bd. 6

**Ausstrahlung.** In klaren und windschwachen Nächten, wenn sich der Boden und die darüber befindliche Luftschicht durch ungehinderte Wärmeausstrahlung unter den Taupunkt abkühlen, bildet sich Ausstrahlungsnebel. Er beginnt als Bodennebel, der mit zunehmender Ausstrahlung nach oben wächst.

**Austauscher,** →Ionenaustauscher, →Wärmeaustauscher.

**Austauschkraft,** eine zuerst in der Quantentheorie der chemischen Bindung, speziell der Bindung zwischen unpolaren Atomen (homöopolare Bindung) entdeckte anziehende Kraft (Wechselwirkung), die durch ständigen Austausch von Elektronen zustande kommt.

In der Quantenfeldtheorie deutet man alle Wechselwirkungskräfte, insbesondere die Kernkräfte, als Folge eines Austausches von Elementarteilchen. Die auszutauschenden Partikel werden dabei erst im Austauschprozess selbst erzeugt und wieder absorbiert; z. B. wird die elektrische Abstoßung zwischen Elektronen durch den Austausch von Lichtquanten vermittelt.

**Austenit** *der,* Bezeichnung für die kubisch-flächenzentrierten γ-Mischkristalle des Eisen-Kohlenstoff-Systems und das von ihnen gebildete Gefüge. **Austenitischer Stahl** ist unmagnetisch und nicht härtbar; Legierungen mit Chrom, Nickel und Mangan sind hitze- und korrosionsfest.

**Austern** [griechisch-lateinisch], **Ostreidae,** Familie der Muscheln mit ungleichmäßiger Schale und verkümmertem Fuß; meist auf hartem, festem Untergrund warmer und gemäßigter Meere festgewachsen. Austern sind zwittrig; ihre Larven heften sich am Meeresboden fest und vollziehen ihre Verwandlung. **Austernbänke** sind Ansammlungen von oft vielen Millionen Tieren. Sie leben von kleinsten tierischen und pflanzlichen Schwebeorganismen, die mit dem Atemwasser eingestrudelt und durch die Kiemen abfiltriert werden.

Für die Kultur der essbaren **Europäischen Auster** (Ostrea edulis) werden »Collecteure« (z. B. Buschwerk, gekalkte Dachziegel) in den Wattengebieten ausgelegt, an denen sich Austernlarven ansiedeln. Nach etwa einem Jahr werden die Jungtiere **(Saataustern)** von der Unterlage abgepflückt, für 1 1/2 Jahre in Zuchtparks oder in Holzkästen ausgelegt und danach in Mastparks (französisch »claires«) zur Marktreife gebracht.

Neben der Gattung Ostrea bezeichnet man als Austern z. B. auch Arten der Gattung Crassostrea: die **Portugiesische Auster** (Crassostrea angulata), im europäischen Bereich, und die **Amerikanische Auster** (Crassostrea virginica), jenseits des Atlantik; beide sind essbar, jedoch getrenntgeschlechtlich und bilden äußerlich tiefere Schalen als die Europäische Auster.

Wie viele Muscheln bilden Austern gelegentlich auch Perlen.

**Austrittsarbeit,** die Energie, die benötigt wird, um ein →Elektron aus einem Festkörper herauszulösen. Sie kann z. B. durch Erhitzung (→Glühemission), Lichtabsorption (→Fotoeffekt) oder Stoßionisation zugeführt werden.

**Auswahlregeln,** in der Quantenmechanik auf Erhaltungsgrößen basierende Regeln, die angeben, welche Zustandsübergänge in einem physikalischen System (z. B. Atom oder Molekül) möglich oder ausgeschlossen sind.

**Auswaschen, 1)** *Bodenkunde:* Herauslösen von Nährstoffen, Ionen und feinster Bodensubstanz (z. B. Tone) aus der oberen Bodenschicht **(Auswaschungshorizont)** durch Niederschläge.

**2)** *Chemie:* Reinigung eines Filtrationsniederschlages mit Waschflüssigkeit.

**Auto** [kurz für Automobil], →Kraftwagen.

**Autoaggression,** gegen die eigene Person gerichtete →Aggression. Sie beruht auf Verdrängung der ursprünglichen Aggressionstendenzen aufgrund von äußeren Zwängen oder psychischen Störungen.

**Autogamie** [griechisch gameĩn »heiraten«] *die,* Form der Selbstbefruchtung, z. B. Bestäubung einer Zwitterblüte durch sich selbst oder bei Einzellern die Vereinigung zweier Zellkerne, die durch Zellteilung aus einem Individuum entstanden sind.

**Autogas,** →Flüssiggas.

**Autokatalyse** [griechisch], Form der Katalyse, bei der das Reaktionsprodukt eine chemische Reaktion beschleunigt.

**Autoklav** [französisch autoclave »Schnellkochtopf«] *der,* verschließbares, meist heizbares, auf Überdruck geprüftes Metallgefäß zur Durchführung von Druckreaktionen (z. B. Hydrierungen, Polymerisationen) sowie zur Sterilisierung von medizinischen Geräten und Dosenkonserven.

**Automat** [von griechisch autómatos »sich selbst bewegend«] *der,* **1)** *Kybernetik:* jedes kybernetische System, das Informationen aufnimmt, verarbeitet und abgibt; in der theoretischen Informatik wird jedes mathematische Modell eines solchen Systems als Automat bezeichnet. Mit der mathematischen Theorie der abstrakten Automaten befasst sich die **Automatentheorie.**

**2)** *Technik:* ein System (Maschine, Vorrichtung), bei dem nach einer Schaltbetätigung (Auslösung) ein vorprogrammierter Prozess selbsttätig abläuft. **Münzautomaten** geben nach Einwurf der entsprechenden Münzen (oder Wertmarken) bestimmte Waren **(Warenautomaten),** Berechtigungsnachweise (z. B. Fahrkarten, Briefmarken) oder Leistungen **(Fernsprechautomaten, Wiegeautomaten)** aus. In elektrischen Anlagen gewährleisten **Schaltautomaten** und **Sicherungsautomaten** das rechtzeitige Abschalten bei Kurzschluss oder Überlastung. Bei **Halbautomaten** laufen nur Teilvorgänge automatisch ab.

**3)** *Technik:* eine →automatische Werkzeugmaschine.

**Automatik** *die,* Vorrichtung, die einen durch bestimmte Impulse eingeleiteten technischen Vorgang steuert oder regelt und diesen selbsttätig ablaufen lässt; auch Bezeichnung für den Vorgang der Selbststeuerung.

**automatische Werkzeugmaschine,** vielfach auch als **Automat** bezeichnetes Fertigungssystem (→Fertigungstechnik), das aus einem Rohteil aufgrund eines Wirkprozesses zwischen Material, Energie und Information ein Fertigteil erstellt, wobei alle Gruppen- oder Einzelfunktionen, die zur Fertigstellung erforderlich sind, je nach dem Grad der →Automatisierung selbsttätig ausgelöst und durchgeführt werden. Um in dieser Weise funktionsfähig zu sein, erfordert die automatische Werkzeugmaschine eine numerische Maschinensteuerung.

**Automatisierung, Automation,** Einrichtung und Durchführung von Arbeits- und Produktionsprozessen durch Einsatz geeigneter technischer Aggregate, sodass der Mensch weder ständig noch in einem erzwungenen Rhythmus für ihren Ablauf unmittelbar tätig zu werden braucht. Ziel der Automatisierung ist es, technische Anlagen mit einem Höchstmaß an Wirtschaftlichkeit, Sicherheit und Zuverlässigkeit zu betreiben und den Menschen weitgehend von Routinearbeiten zu entlasten. Durch die Automatisierung wird menschliche Arbeit eingespart und auf Konstruktions-, Installierungs-, Programmierungs-, Überwachungs- und Reparaturfunktionen beschränkt. Unter wirtschaftlichem Aspekt ist Automatisierung ein Teilbereich der Rationalisierung. Mit der Entwicklung der Informations- und Kommunikationstechniken auf der Basis der Mikroelektronik dehnte sich das Anwendungsgebiet der Automatisierung auf alle Bereiche menschlicher Arbeit aus. Im Produktionsbereich wird durch die computergestützte Konstruktion (→CAD) und Fertigung (→CAM) sowie deren Verknüpfung (CAD/CAM) der gesamte Produktionsablauf automatisiert. Endstufe dieser Entwicklung ist die vollautomatisierte Fabrik (→CIM).

**autonom,** *Biologie:* nicht willkürlich beeinflussbar, durch innere Ursachen erfolgend.

**Autopilot, automatische Flugzeugsteuerung,** Gerätesystem zur selbsttätigen Steuerung von Luftfahrzeugen, ersetzt in Fernlenkflugzeugen oder Lenkflugkörpern den Piloten, entlastet diesen in bemannten Flugzeugen. Mithilfe eines →Flugreglers und einer hydraulischen Kraftsteuerung der Ruder können Fluglage und -bahnen konstant gehalten oder über eine Fernlenkanlage und einen programmierten Flugplan beeinflusst werden (→Landeführungssysteme).

**Autoradiografie,** radiologische Verfahren zum Nachweis der örtlichen Verteilung von Radionukliden, deren emittierte Strahlung spezielle Fotoemulsionen schwärzt. Das entstandene Schwärzungsbild **(Autoradiogramm)** dient v. a. der Auswertung radioaktiver Proben beziehungsweise Präparate aus der Medizin (z. B. zur Feststellung von Gewebeveränderungen), Biologie (z. B. für die Sequenzanalyse von DNA und RNA) und Metallurgie.

**Autotrophie** [griechisch »Selbsternährung«] *die,* Fähigkeit chlorophyllhaltiger Pflanzen, alle lebensnotwendigen Stoffe aus Wasser, Kohlendioxid und anorganischen Salzen selbst aufzubauen.

5584

**Autoklav.** Ein Autoklav bei der Beschickung mit Konservendosen

Die Folgen der **Automatisierung** beschrieb der amerikanische Architekt Frank L. Wright (* 1869, † 1959) folgendermaßen:

*»Wenn die Automatisierung anhält, wird der Mensch all seine Gliedmaßen verkümmern lassen – bis auf den Finger zum Knopfdrücken.«*

**Avalancheeffekt** [französisch], **Lawineneffekt,** bei Halbleitern die lawinenartige Erhöhung der Ladungsträgerzahl an einer Sperrschicht aufgrund einer in Sperrrichtung anliegenden Spannung.

**Avidin** [lateinisch] *das,* Glykoprotein aus rohem Hühnereiweiß, das Biotin (→Vitamine) zu binden vermag. Im Hühnerei wirkt Avidin bakteriostatisch, indem es das für das Bakterienwachstum erforderliche Biotin inaktiviert. In der medizinischen Forschung und Diagnostik findet es Einsatz bei Nachweisreaktionen.

**Avionik** *die,* Kurzwort aus Aviatik und Elektronik, die Gesamtheit elektronischer Luftfahrtgeräte sowie die Wissenschaft und Technik dieser Geräte und Systeme.

**Avogadro-Konstante** [nach dem italienischen Physiker Amedeo Avogadro, * 1776, † 1856], Fundamentalkonstante, die die Anzahl der Atome oder Moleküle angibt, die in einem →Mol eines Stoffes enthalten sind: $N_A \approx 6{,}022 \cdot 10^{23}\,\text{mol}^{-1}$; der reine Zahlenwert dieser Größe wird auch als **Avogadro-Zahl** bezeichnet. In der älteren Fachliteratur heißt die Avogadro-Konstante manchmal Loschmidt-Konstante.

■ **Neubestimmung** Wissenschaftler der Physikalisch-Technischen Bundesanstalt (PTB) in Braunschweig haben in den letzten Jahren gemeinsam mit belgischen Kollegen einen neuen Wert für die Avogadro-Konstante ermittelt: $N_A = 6{,}022\,135\,3(20) \cdot 10^{23}\,\text{mol}^{-1}$. Der neue Wert wurde über Röntgenstreumethoden durch Messung von Dichte, molarer Masse und Gitterparametern eines Siliciumeinkristalls bestimmt. In einem Folgeprojekt (mit angereichertem $^{28}$Si) soll die Messunsicherheit auf $10^{-8}$ gemindert werden. Ziel dieser Messungen ist die Neudefinition der Masseeinheit Kilogramm – die einzige SI-Basiseinheit, die derzeit noch durch einen makroskopischen Prototyp (das Urkilogramm) definiert wird. Das Kilogramm soll ebenso wie die anderen Basiseinheiten auf Fundamentalkonstanten zurückgeführt werden.

**avogadrosches Gesetz,** von dem italienischen Physiker A. Avogadro 1811 formuliertes Gesetz: Gleiche Volumina idealer Gase enthalten bei gleichem Druck und der gleichen Temperatur die gleiche Anzahl von Atomen oder Molekülen.

**Axel** [æksl], Richard, amerikanischer Mediziner, * New York 2. 7. 1946; arbeitete an der Johns Hopkins University in Baltimore (Maryland), seit 1984 ist er am Howard Medical Institute der Columbia University in New York tätig. Axel ist durch Forschungsarbeiten maßgeblich an der Aufklärung des Geruchssinns beteiligt; er entdeckte mit Linda Buck eine Erbgutfamilie aus etwa 1 000 Genen, die dafür verantwortlich sind, dass der Mensch etwa 10 000 unterschiedliche Gerüche erkennt und erinnert. Axel erhielt 2004 mit Buck für Arbeiten über Geruchsrezeptoren und den Geruchssinn den Nobelpreis für Physiologie oder Medizin.

**Axelrod** ['æksəlrɔd], Julius, amerikanischer Biochemiker, * New York 30. 5. 1912, † Rockville (Maryland) 29. 12. 2004; erhielt 1970 mit U. von Euler-Chelpin und B. Katz für neurophysiologische Arbeiten auf dem Gebiet der Informationsübertragung im Organismus den Nobelpreis für Physiologie oder Medizin.

**Axialturbine,** eine Turbine mit parallel zur Welle durchströmtem Laufrad; Gegensatz: Radialturbine.

**axillar,** *Botanik:* unmittelbar über der Ansatzstelle eines Blattes stehend.

**Axion** *das,* hypothetisches, sehr leichtes neutrales Elementarteilchen, das als Kandidat für schwach wechselwirkende massive Teilchen zur Erklärung der Dunklen Materie des Universums diskutiert wird.

**azeotropes Gemisch** [griechisch], flüssiges Gemisch, das bei gegebenem Druck einen konstanten, von dem der Einzelbestandteile abweichenden Siedepunkt aufweist. Azeotrope Gemische lassen sich durch **Azeotropdestillation,** ein thermisches Trennverfahren, trennen, bei dem mit einem Hilfsmittel (Schleppmittel) gearbeitet wird.

**Azide** [von französisch azote »Stickstoff«], die Salze der Stickstoffwasserstoffsäure. (→Stickstoff)

**Azine,** heterozyklische Kohlenwasserstoffe, die in einem sechsgliedrigen Ring mindestens ein Stickstoffatom enthalten.

**Azofarbstoffe,** wichtigste Gruppe künstlicher organischer Farbstoffe, v. a. im gelben bis roten Bereich; enthalten vorwiegend eine oder mehrere Azogruppen (–N=N–) als Chromophore. Die Azofarbstoffe dienen zum Färben von Textilien, Wachsen, Holz, Papier u. a., Bedeutung als Indikatorfarbstoffe haben Methylorange und Methylrot. (→Azoverbindungen)

**Azoverbindungen,** organische Verbindungen, in denen die **Azogruppe** (–N=N–) mit Alkyl- oder Arylgruppen verknüpft ist. **Azobenzol,** ein orangeroter Feststoff, ist Stammsubstanz der technisch wichtigen →Azofarbstoffe.

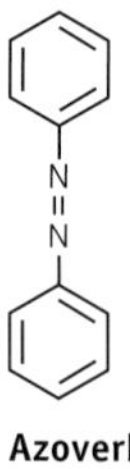

**Azoverbindungen.** Azobenzol

**azyklische Verbindungen, acyclische Verbindungen,** organische Verbindungen mit einfachen oder verzweigten, nicht geschlossenen Kohlenstoffketten (→Kohlenwasserstoffe).

**b, B, 1)** *Chemie:* **B,** Symbol für →Bor.

**2)** *Formelzeichen: B* für die →magnetische Flussdichte.

**Ba,** chemisches Symbol für →Barium.

**Bacillus** [lateinisch »Stäbchen«] *der,* **Bazillus,** Gattung der →Bakterien; bilden hitzeresistente Endosporen. Die meisten Bacillusarten leben saprophytisch in Böden und Gewässern, einige sind pathogen, z. B. **Bacillus anthracis,** der Erreger des Milzbrandes.

**Backwarddiode** ['bækwəd-, englisch], eine →Tunneldiode, die wegen des besonders flachen Verlaufs ihrer Strom-Spannungs-Kennlinie in umgekehrter Richtung (negative Flussspannung) betrieben wird; verwendet u. a. zur Gleichrichtung kleiner Wechselspannungen bei sehr hohen Frequenzen (meist im Mikrowellenbereich).

**Baer,** Karl Ernst Ritter von, deutscher Naturforscher, * auf Gut Piep (bei Järvamaa, Estland) 29. 2. 1792, † Dorpat (heute Tartu) 28. 11. 1876; Professor der Zoologie und Anatomie in Königsberg und Sankt Petersburg. Baer gilt als Begründer der modernen vergleichenden Entwicklungsgeschichte (»Über Entwickelungsgeschichte der Thiere«, 2 Bände, 1828–37); er entdeckte die Eizelle bei Säugetieren und die Chorda dorsalis. Baer formulierte die **Baersche Regel,** nach der Embryonen in frühen Entwicklungsstadien schwerer zu unterscheiden sind, als weiter entwickelte Embryonen. Diese Regel war die Grundlage für die später von E. Haeckel postulierte →biogenetische Grundregel.

Als Anhänger der Naturphilosophie von Friedrich Wilhelm Joseph Schelling (*1775, †1854) lehnte er C. Darwins und Haeckels mechanistische Selektionstheorie ab, war aber kein Gegner der Entwicklungslehre.

**Baeyer** ['baɪər], Adolf von (seit 1885), deutscher Chemiker, * Berlin 31. 10. 1835, † Starnberg 20. 8. 1917; Sohn von Johann Baeyer, Schüler von Robert Bunsen und August Kekulé. 1872 Professor in Straßburg, ab 1875 in München als Nachfolger von Justus von Liebig.

Baeyer konnte mithilfe staatlicher Förderung ein neues großes Unterrichts- und Forschungslaboratorium errichten, das in seiner Struktur und Arbeitsweise eine Vorbildfunktion für viele Laboratorien im In- und Ausland erlangte. Die mit Schülern und Mitarbeitern durchgeführten Forschungsarbeiten konzentrierten sich vor allem auf chemische Verbindungen wie Harnsäure, Indigo, Phthalein- und Anthrachinonfarbstoffe, Hydroaromate, Terpene, Acetylene, Nitrosoverbindungen, Carboniumverbindungen und Oxoniumsalze. Baeyer gelang 1878 die erste Totalsynthese des Indigos, 1883 die Ermittlung der richtigen Strukturformel. Zur Erklärung der Stabilität zyklischer Verbindungen entwickelte er die nach ihm benannte baeyersche Spannungstheorie. 1905 erhielt er den Nobelpreis für Chemie. Seit 1910 wird die von Carl Duisberg gestiftete Adolf-von-Baeyer-Denkmünze für Verdienste um die organische Chemie vergeben; seit 1949 wird diese Auszeichnung von der Gesellschaft Deutscher Chemiker verliehen.

**Bahn, 1)** *allgemein:* der Weg, den ein Körper zurücklegt; auch Sammelbezeichnung für Verkehrsmittel, deren Fahrzeuge auf Schienen oder an Seilen geführt werden.

**2)** *Mechanik:* die Gesamtheit der von einem Massenpunkt bei seiner Bewegung durchlaufenen Raumpunkte (auch **Bahnkurve**) mit der Zeit *t* als Kurvenparameter. In der Ballistik heißt die Bahnkurve von Geschossen auch **Flugbahn.**

**Bainit** [nach dem amerikanischen Chemiker Edgar Bain] *der,* Umwandlungs- oder Zwischenstufengefüge, entsteht bei der schnellen Abkühlung von legiertem Stahl aus dem Gebiet des →Austenits.

**Bake** [niederdeutsch], **1)** *Luftfahrt:* optisches oder Funksignal u. a. zur Einflugschneisen-, Lande- oder Startbahnbefeuerung.

**2)** *Straßenverkehr:* zum einen vor Bahnübergängen beiderseits der Straße stehende Tafeln mit drei, zwei oder einem roten, rückstrahlenden Schrägstrich auf weißem Grund, 240, 160 und 80 m vor dem Übergang; zum anderen blaue Tafeln mit drei, zwei oder einem weißen Schrägstreifen 300, 200 und 100 m vor den Autobahnabfahrten.

**Bakteri|en** [griechisch baktēría »Stock«, »Stab«], große Gruppe einzelliger Mikroorganismen ohne echten Zellkern, die sich in die Abteilungen **Archaebakteria** und **Eubakteria** aufspalten. Die →Archaebakterien unterscheiden sich von den Eubakterien in wesentlichen Merkmalen, z. B. sind Ribosomen, Zellwände und Membranlipide unterschiedlich strukturiert. Die eigentlichen Bakterien, die Eubakterien, wurden nach der Art ihrer Fortpflanzung durch Zweiteilung früher Spaltpilze (Schizomyzeten) genannt. Ihre Größe liegt in der Regel bei 1–10 µm. Sie lassen sich auf die Grundformen der Kugel (Kokken), des geraden Zylinders (Stäbchen) oder des gekrümmten Zylinders (Vibrionen), zum Teil mit schraubigen Windungen (Spirillen), zurückführen. Durch Aneinanderhaften nach den Teilungen

Antonie van Leeuwenhoek schrieb, als er zum ersten Mal **Bakterien** aus seinem Zahnbelag durch sein einlinsiges Mikroskop beobachtet hatte:

*»Wir hatten eine sehr starke und schnelle Bewegung vor uns und sie schossen durch die Flüssigkeit wie es ein Hecht durchs Wasser tut.… Sie waren so klein und dabei schwirrten sie so schnell durcheinander, dass man sich einbildete, einen großen Schwarm Fliegen oder Mücken vor sich zu haben.«*



**Karl Ernst von Baer**
*** 1792, † 1876**

- begründete die vergleichende Entwicklungsgeschichte
- entdeckte die Eizelle bei Säugetieren

**Adolf von Baeyer**
*** 1835, † 1917**

- synthetisierte erstmalig den Farbstoff Indigo und klärte seine Struktur auf
- erhielt 1905 den Nobelpreis für Chemie

**Bakterien.**
Morphologie von Bakterien; 1 grampositive Kokken in Haufen oder Trauben (Staphylokokken), 2 grampositive Kokken in gewundenen Ketten (Streptokokken), 3 grampositive Kokken mit Kapsel (Peumokokken), 4 grampositive, keulenförmige Stäbchen (Korynebakterien), 5 grannegative Stäbchen mit zugespitzten Enden (Fusobakterien), 6 gramnegative, einfach gekrümmte Stäbchen (Vibrionen), 7 gramnegative Diplokokken (Neisserien), 8 gramnegative, gerade Stäbchen mit abgerundeten Enden (Kolibakterien), 9 spiralige gekrümmte Stäbchen (Spirillen) und gramnegative, gekrümmte Stäbchen (Helicobacter), 10 peritriche Begeißelung, 11 lophotriche Begeißelung, 12 monotriche Begeißelung

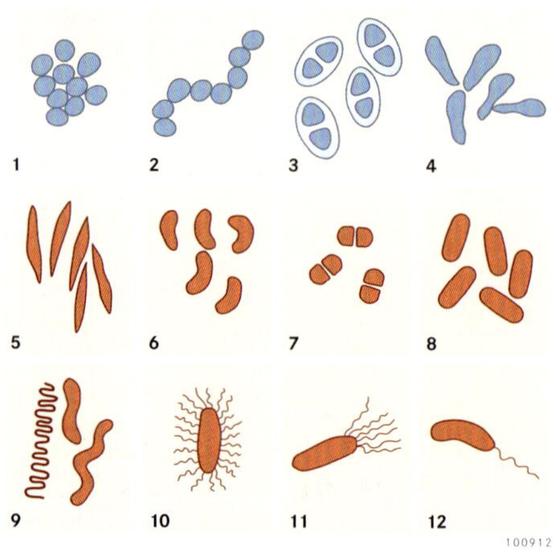


können sich Zellhaufen (Staphylokokken), Zellpakete (Sarcinen), Zellfäden (Streptokokken) bilden. Eine Zellwand gibt den Bakterien ihre Form und Festigkeit; ihre Anfärbbarkeit mit einer bestimmten Technik (Gramfärbung) dient als Unterscheidungsmerkmal zwischen grampositiven (Zellwand mit mehrschichtigem Mureinnetz) und gramnegativen Bakterien (mit dünner Mureinschicht und äußerer Membran). Oft ist die Wand der Bakterien von einer Schleimhülle oder -kapsel umgeben, die Schutz vor →Phagozytose bietet.

■ **Innerer Aufbau** Im Innern wird das Zytoplasma von einer Zytoplasmamembran umgeben und ist mit zahlreichen Ribosomen sowie mit Reservestoff-Einschlüssen angefüllt. Bakterien besitzen keinen echten Kern, sondern nur Kernmaterial in Form eines DNA-Fadens (→Nukleinsäuren), der frei im Zytoplasma verteilt liegt. Bestimmte Bakterien sind in der Lage, gegen ungünstige Umweltbedingungen widerstandsfähige Dauerformen (Sporen) zu bilden. **Bazillen** sind eine bestimmte Gruppe von Bakterien, die Sporen bilden (oft fälschlich für Bakterien verwendet). Manche Bakterien haben Geißeln als Fortbewegungsmittel. Obwohl Bakterien sich nur ungeschlechtlich durch Teilung vermehren und echte Kernverschmelzung nicht möglich ist, kommt es zur Übertragung von Erbinformationen durch spezielle Mechanismen wie →Konjugation, →Transformation und →Transduktion. Die Übertragung menschlicher Erbsubstanz auf Bakterien (→Gentechnik) kann zur Erzeugung großer Mengen von z. B. menschlichem Insulin oder Interferon führen.

■ **Verbreitung** Bakterien sind auf der ganzen Erde im Boden, im Wasser, in der Luft, in Lebewesen und auf allen Gegenständen verbreitet. Fruchtbarer Ackerboden enthält in 1 g über 2 500 Mio. Bakterien. Stark verschmutztes Abwasser hat etwa 1 Mio. Bakterien in 1 $cm^3$, Trinkwasser höchstens 100. Wachstum und Vermehrung der Bakterien werden von zahlreichen Faktoren des umgebenden Milieus und vom Nährstoffangebot bestimmt. Die Mehrzahl der Bakterien ernährt sich **heterotroph,** das heißt, der Kohlenstoffbedarf wird durch Abbauvorgänge (Fäulnis, Verwesung) aus organisch gebundenem Kohlenstoff gedeckt; die anderen sind **autotroph,** das heißt, sie decken ihren Kohlenstoffbedarf aus dem Kohlendioxid der Luft und gewinnen die hierzu nötige Energie entweder durch →Fotosynthese oder →Chemosynthese. Manche Bakterien ertragen extreme Temperaturen. **Aerobe Bakterien** können nur in sauerstoffhaltiger Umgebung leben, **anaerobe** nur in Abwesenheit von Sauerstoff; manche sind jedoch nicht streng (fakultativ) auf die Abwesenheit von Sauerstoff festgelegt. Bakterien, die sich auf totem, organischem oder anorganischem Material vermehren, werden als **Saprophyten** bezeichnet, solche, die auf einen lebenden Organismus angewiesen sind, als **Parasiten,** wenn sie den Organismus schädigen, als **Kommensalen,** wenn sie ihn nicht schädigen. Von grundlegender biologischer Bedeutung sind die Bakterien als Vermittler des Wechsels der Materie zwischen belebter und unbelebter Natur. Vorwiegend im Erdboden werden alle organischen Stoffe durch die Stoffwechseltätigkeit von Bakterien mineralisiert

**Bakterien.**
Aufbau der Zellwand von grampositiven (links) und gramnegativen (rechts) Bakterien. Die äußere O-Kette der Lipopolysaccharide der gramnegativen Bakterien ist für die Virulenz der Zelle ausschlaggebend.

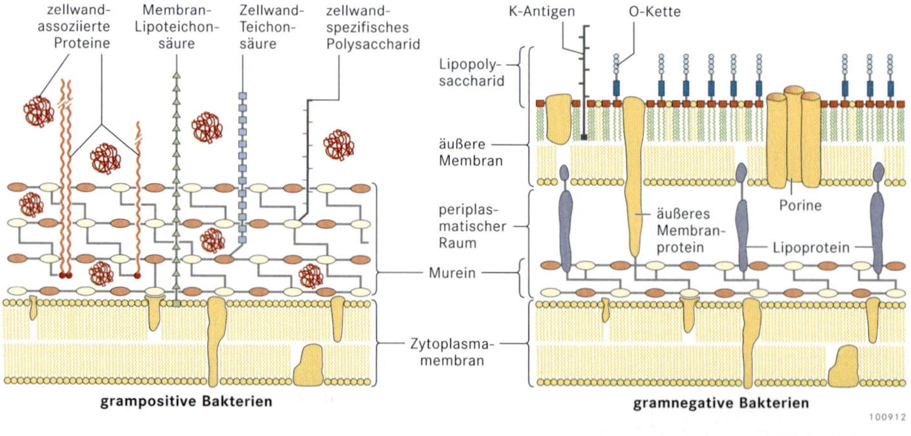


Rechte Seite:
Rasterelektronenmikroskopische Aufnahme von Bakterien an der Unterseite eines Weinkorkens

100674

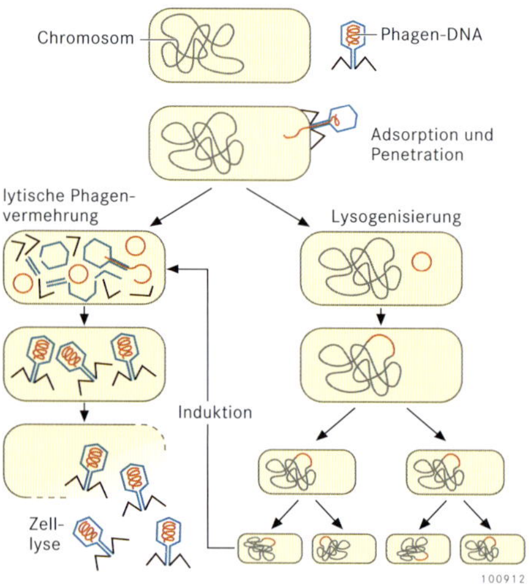


**Bakteriophagen.** Lytische Vermehrung von Bakteriophagen und Lysogenisierung; nach der Injektion des Phagengenoms können sich die Phagen entweder direkt vermehren und die Zelle lysieren, oder es tritt eine Lysogenisierung der Wirtszelle ein, bei der die Phagen-DNA in das Chromosom der Wirtszelle integriert und während der Zellteilung mit diesem repliziert wird. Durch bestimmte Einflüsse (Induktion) können lysogenisierte Zellen ebenfalls lysiert werden.

(zu anorganischen Stoffen abgebaut) und so den Pflanzen als Nährstoffe wieder verfügbar gemacht. Krankheitserregende **(pathogene) Bakterien** sind Erreger von Infektionskrankheiten bei Mensch, Tier und Pflanze. Ihre krank machende Wirkung beruht auf Strukturelementen der Bakterien (z. B. Kapsel), Enzymen oder Toxinen (B.-Gifte), die, in die Umgebung abgegeben, die Körpersubstanz des Wirtes schädigen. Von Nutzen ist die **Bakterienflora** (Gesamtheit der Kommensalen) bei Mensch und Tier, die Haut, Schleimhaut und Magen-Darm-Kanal ihres Wirtes bewohnt und als Gewebeschutz und Verdauungshilfe dient. Wirtschaftliche Anwendung findet die Bakterientätigkeit bei vielen technischen Prozessen (z. B. Säuerung der Milch, Reifung von Käse) und bei der industriellen Herstellung von Vitaminen, Antibiotika u. a. Durch Züchtung auf künstlichen Nährböden **(Bakterienkultur)** lassen sich Bakterien erkennen und isolieren.

**Bakteri|engifte, Bakteriotoxine,** von Bakterien erzeugte Gifte; einige sind schon in geringen Konzentrationen extrem toxisch und können tödlich wirken (z. B. Diphtherie-, Tetanus- und Botulinustoxin).

**Bakteriologie** [griechisch] *die,* Wissenschaft von den Bakterien, Teilgebiet der Mikrobiologie. Die Bakteriologie untersucht den Aufbau der Bakterien, ihre Formen und Lebenserscheinungen. Die **medizinische Bakteriologie** beschäftigt sich mit krankheitserregenden Bakterien, die **landwirtschaftliche Bakteriologie** vorwiegend mit Bodenbakterien, die **technische Bakteriologie** mit Bakterien, deren Stoffwechselprodukte technisch verwertbar sind (Käserei, Antibiotikagewinnung, Schadstoffabbau). Begründer der Bakteriologie waren Louis Pasteur (Arbeiten über Milchsäure- und alkoholische Gärung) und Robert Koch (entdeckte 1882 die Tuberkelbakterien und 1883 den Choleraerreger).

**Bakteriophagen** [griechisch], **Phagen, Bakterienfresser,** Viren, die Bakterien befallen und unter eigener Vermehrung auflösen; kugel- oder stäbchenförmig, oft mit schwanzförmigem Fortsatz zum Anheften an der Bakterienwand. Bakteriophagen schleusen ihr Genom in die Bakterienzelle ein. Danach gibt es zwei Möglichkeiten der Phagenvermehrung. Bei der **lytischen Phagenvermehrung** produzieren befallene Bakterien direkt Phagenpartikel, die Bakterienzelle lysiert, die Phagen werden freigesetzt. Bei der **Lysogenisierung** wird das Genom des Phagen in das des Bakteriums eingebaut. Hier vermehrt es sich, wenn die Bakterienzelle sich teilt. Durch äußere Einflüsse kann dann eine lytischen Phagenvermehrung induziert werden.

**Bakteriose** *die,* durch Bakterien verursachte Pflanzenkrankheit.

**bakteriostatisch** [griechisch], Wachstum und Vermehrung der Bakterien hemmend; bakteriostatisch wirken z. B. Antibiotika.

**bakterizid** [griechisch-lateinisch], Bakterien tötend.

**Ballistik** [zu griechisch bállein »werfen«] *die,* Lehre von der Bewegung geworfener, geschossener oder durch Rückstoß angetriebener Körper, im engeren Sinn die Lehre von der Geschossbewegung.

**ballistisches Pendel,** Stoßpendel zur Bestimmung der Geschwindigkeit von Geschossen.

**Ballon** [baˈlɔŋ, baˈlɔ̃, auch baˈloːn] *der,*
**1)** *Chemie:* bauchiger Glasbehälter mit kurzem, engem Hals.

**2)** *Luftfahrt:* Luftfahrzeug, das durch den statischen Auftrieb eines Füllgases von geringerer Dichte als Luft (Stadtgas, Wasserstoff, Helium, Heißluft) getragen wird. (→Fesselballon, →Freiballon)

**Balsambaumgewächse, Burseraceae,** tropische Pflanzenfamilie mit 600 Arten in 20 Gattungen, stark harzhaltige Bäume oder Sträucher mit Sprossdornen; liefern u. a. Myrrhe und Weihrauch.

**Baltimore** [ˈbɔːltɪmɔː], David, amerikanischer Mikrobiologe, *New York 7. 3. 1938; Professor am Krebsforschungszentrum des Massachusetts Institute of Technology in Cambridge (Massachusetts); erhielt 1975 mit H. Temin und R. Dulbecco für Arbeiten über Krebs erregende Viren den Nobelpreis für Physiologie oder Medizin.

**Balz,** Werbeverhalten und Paarungsvorspiel zum Anlocken, Auswählen und Stimulieren eines Sexualpartners. Dabei werden optische, akustische und chemische Signale (→Pheromone) eingesetzt. Besonders bei Wirbellosen dient die Balz auch der Arterkennung und somit der Vermeidung von Artenkreuzung (Bastardierung). Das der tierischen Balz entsprechende menschliche Verhalten wird Flirt genannt.

**Balz**
→ GEO **Dossier** Mein Reich, meine Melodie, Bd. 7

Für Mao Zedong ist **Bambus** ein Bild für die Anpassungsfähigkeit:

*»Die Menschen des Okzidents sind wie Eichen: Sie kämpfen gegen den Wind und riskieren, zerbrochen zu werden. Menschen des Orients dagegen sind wie Bambus – biegsam, aber immer wieder fähig, sich aufzurichten.«*

**Bambus** [malaiisch] *der,* **Bambusa,** Grasgattung, in wärmeren Gebieten heimisch; ausdauernd, mit hohlen, knotigen Stängeln und rispig stehenden Blütenähren. Der röhrenförmige, gekammerte, sehr harte Stamm **(Bambusrohr)** kann bis 40 m hoch sein. Die Jungtriebe dienen als Gemüse. Kieselsäureausscheidungen aus den Höhlungen der Stängelglieder sind im Orient Volksarznei (z. B. **Bambuszucker**); dient als Bauholz, zur Herstellung von Möbeln, Stöcken, Matten.

**Band** [althochdeutsch], Kurzbezeichnung für →Frequenzband.

**Bandbreite, 1)** *Datenübertragung:* Frequenzbereich (Datenmenge), der über eine Kommunikationsleitung übermittelt werden kann.

**2)** *Elektronik:* die Differenz zwischen der oberen und unteren →Grenzfrequenz eines Übertragungsglieds (wie Schwingkreis, Filter, Verstärker).

**Bande,** *Physik:* eine Vielzahl eng benachbarter Spektrallinien, die zur so genannten Bandenkante hin zusammengedrängt sind.

**Bandenspektrum,** →Spektrum.

**Bändermodell,** *Physik:* das →Energiebändermodell der Festkörper.

**Bandgenerator, Van-de-Graaff-Generator,** von dem amerikanischen Physiker R. J. van de Graaff (* 1901, † 1967) entwickeltes Gerät zur Erzeugung hoher Gleichspannungen (bis mehrere Millionen Volt) durch Ladungstrennung an einem endlosen Band aus Isoliermaterial; dient als Teilchenbeschleuniger.

**Bandlücke,** *Physik:* verbotene Zone im →Energiebändermodell der Festkörper.

**Bandpass,** elektrisches Filter, das nur Schwingungen innerhalb eines bestimmten Frequenzbandes durchlässt, alle anderen Bereiche sind dagegen gesperrt; Gegensatz: →Bandsperre.

**Bandscheider,** Förderband, das auf der Abwurfseite einen →Magnetscheider hat.

**Bandsperre,** elektrisches Filter, das Schwingungen innerhalb eines bestimmten Frequenzbandes sperrt; in allen anderen Bereichen ist es durchlässig; Gegensatz: →Bandpass.

**Bandstahl,** in Bandform dünn ausgewalzter Stahl.

**Bandstruktur,** Gesamtheit der möglichen Energiezustände von Elektronen in einem →Festkörper.

**Bandwürmer, Cestoda,** Klasse der Plattwürmer mit Wirtswechsel; Schmarotzer des Menschen und der Wirbeltiere. Ihr 0,5–2 mm dicker Kopf **(Scolex)** hat Saugnäpfe und zum Teil Haken. Der anschließende Halsteil bildet fortgesetzt neue Glieder **(Proglottiden),** wobei jedes Glied ein vollständiges zwittriges Geschlechtssystem (Hoden und Ovarien) ausbildet. Das ganze Band haftet mit dem Kopfteil an der inneren Darmwand des Hauptwirts, die Ernährung erfolgt durch die Haut. Die mit Eiern gefüllten abgelösten Glieder gehen mit dem Kot des Wirts ab. Mit Wasser, Pflanzenfutter u. a. gelangen die Eier in einen Zwischenwirt, in dessen Darm sich die Larven entwickeln. Die Larve durchbohrt die Darmwand, wandert in bestimmte Organe ein und wird dort zu einem blasigen Gebilde **(Blasenwurm, Finne),** in dem sich ein Bandwurmkopf entwickelt. Kommt finnendurchsetztes Fleisch in den Darm des Hauptwirts (z. B. des Menschen), so entsteht unter Ausstülpung und Verankerung des Kopfes der gegliederte Bandwurm.

**Bankivahuhn, Gallus gallus,** von Kaschmir bis Südchina und Java verbreitetes, bis 70 cm langes Huhn, Stammform des Haushuhns.

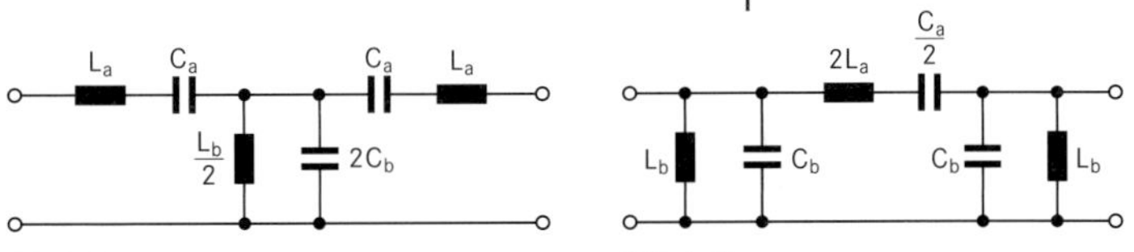


**Bandpass.** Bandpass in T- und Π-Schaltung mit Dimensionierungshinweisen für die Umwandlung der einen in die andere Schaltungsart ($L_a$ und $C_a$: Induktivitäten und Kapazitäten im Längszweig; $L_b$ und $C_b$: Induktivitäten und Kapazitäten im Querzweig)

**Banting** ['bæntɪŋ], Sir (seit 1934) Frederick Grant, kanadischer Physiologe, * Alliston (Provinz Ontario) 14. 11. 1891, † (Flugzeugabsturz) Musgrave Harbour (Provinz Newfoundland) 22. 2. 1941; seit 1923 Professor in Toronto; erhielt für seine Entdeckung des Insulins mit J. J. R. Macleod 1923 den Nobelpreis für Physiologie oder Medizin.

**bar,** Einheitenzeichen für →Bar.

**Bar** [zu griechisch barós »Schwere«, »Gewicht«] *das,* Einheitenzeichen **bar,** gesetzliche Einheit des Drucks. 1 bar = $10^5$ Pa = $10^5$ N/m².

**Bárány** ['ba:ra:ni], Robert, österreichischer Hals-Nasen-Ohren-Arzt ungarischer Herkunft, *Wien 22. 4. 1876, † Uppsala 8. 4. 1936; erhielt 1914 den Nobelpreis für Physiologie oder Medizin für seine Arbeit über den Vestibularapparat (Gleichgewichtsorgan).

**Bardeen** ['bɑ:di:n], John, amerikanischer Physiker, * Madison (Wisconsin) 23. 5. 1908, † Boston (Massachusetts) 30. 1. 1991; erhielt 1956 mit W. H. Brattain und W. Shockley für die Entdeckung des Transistoreffekts und 1972 mit L. N. Cooper und J. R. Schrieffer für die »BCS-Theorie« der Supraleitung den Nobelpreis für Physik.

**Bären, 1) Ursidae,** Familie großer bis sehr großer Säugetiere, Landraubtiere in Europa, Asien und Amerika; Körperlänge etwa 1–3 m, Körpergewicht bis 780 kg; plumpe Tiere mit kurzem, dickem Hals, relativ kurzen Beinen und kurzem bis rudimentärem Schwanz; Sohlengänger mit nicht einziehbaren Krallen; Geruch und Gehör gut entwickelt; Reißzähne nur schwach ausgebildet, dafür breite Backenzähne (Alles- beziehungsweise Pflanzenfresser); in kalten Gebieten öfter unterbrochene Winterruhe.

Der südamerikanische **Brillenbär** oder **Andenbär** (Tremarctos ornatus) ist schwarz mit wechselnd großer Brillenzeichnung. Der in Hinterindien, Borneo und Sumatra lebende **Malaienbär** oder **Sonnenbär** (Helarctos malayanus) ist der kleinste Bär (100–140 cm lang) und ein guter Kletterer. Der **Lippenbär** (Melursus ursinus) lebt in den Wäldern Vorderindiens und Sri Lankas, ernährt sich von Insekten. Der **Asiatische Schwarzbär, Tibetbär, Himalajabär** oder **Kragenbär** (Ursus thibetanus) lebt bis in Höhen von 4 000 m; er ist schwarz oder rotbraun, mit weißem V oder Y auf der Brust. Der **Amerikanische Schwarzbär** oder **Baribal** (Ursus americanus) ist schwarz mit braungelber Schnauzenspitze. Der **Braunbär** (Ursus arctos) war noch im Mittelalter in Deutschland weit verbreitet, ist heute aber besonders auf Skandinavien, Russland und Südosteuropa beschränkt; wenige Tiere leben noch in den italienischen Alpen und in den Abruzzen. Der nordamerikanische **Grizzlybär** (Ursus arctos horribilis) und der bis zu 3 m lange **Alaskabär** oder **Kodiakbär** (Ursus arctos middendorffi) sind die größten

3046

**Bären 1).** Eisbärenmutter mit Jungtieren

Landraubtiere. Der **Eisbär** (Ursus maritimus) lebt im Nordpolargebiet und ist ein guter Schwimmer und Taucher. Ausgestorben ist der Höhlenbär. Die **Waschbären, Nasenbären** u. a. gehören zu den →Kleinbären. Nicht zu den Bären gehören auch Pandas und Koalas.

**2)** die Schmetterlingsfamilie der Bärenspinner.

**Bärenklau, Heracleum, Bärenwurz,** Doldenblütler mit etwa 60 Arten, zum Teil bis über 3 m hohe Kräuter. Heimisch u. a. der **Wiesenbärenklau** (Heracleum sphondylium) mit weißen oder grünlichen Blüten auf Fettwiesen und an Wegrändern; an Straßen-, Weg- und Waldrändern wächst der sich einbürgernde **Riesenbärenklau (Herkulesstaude,** Heracleum mantegazzianum) aus dem Kaukasus; bis 5 m hoch, mit purpurfarben geflecktem Stängel; Hautkontakt ist zu vermeiden.

**Barium** [zu griechisch barýs »schwer«] *das,* **Ba,** metallisches Element aus der 2. Hauptgruppe des Periodensystems, Ordnungszahl 56, relative Atommasse 137,33, Dichte (bei 25 °C) 3,62 g/cm$^3$, Schmelzpunkt 727 °C, Siedepunkt 1 897 °C. Barium ist ein silberweißes, weiches, an der Luft schnell oxidierendes Erdalkalimetall, chemisch dem Calcium ähnlich. In der Natur kommt es nur in Verbindungen vor, insbesondere als Schwerspat, $BaSO_4$.

Die Darstellung erfolgt durch Reduktion von Bariumoxid mit Aluminium oder Silicium bei 1 200 °C im Vakuum. Verwendet wird Barium v. a. in seinen Verbindungen; u. a. in Elektronenröhren und als Bestandteil von Hochtemperatur-Supraleitern (→Supraleiter).

**Bariumcarbonat,** $BaCO_3$, kommt in der Natur als **Witherit** vor; verwendet v. a. als Ausgangsprodukt für andere Bariumverbindungen, in der Glasindustrie und Pyrotechnik (Grünfeuer).

**Bariumhydroxid, Ätzbaryt, Barythydrat,** $Ba(OH)_2$; verwendet u. a. zur Wasserenthärtung und zur Glasfabrikation. Die stark basische wässrige Lösung **(Barytwasser)** ist u. a. Reagenz auf Kohlendioxid.

**Barium|oxid, Baryterde,** BaO, wird durch Glühen eines Kohle-Bariumcarbonat-Gemisches oder von Bariumcarbonat gewonnen; Absorptionsmittel für Kohlendioxid und Wasser, zur Herstellung von Bariumverbindungen und Spezialgläsern.

**Bariumsulfat,** $BaSO_4$, natürlich als **Schwerspat** vorkommend, fällt beim Versetzen gelöster Bariumsalze mit verdünnter Schwefelsäure als feiner, weißer, fast unlöslicher Niederschlag aus; verwendet bei Ölbohrungen zur Herstellung von Bohrschlamm, als weißer Farbstoff **(Barytweiß),** als Füllstoff für Papier und Kunststoffe sowie als Kontrastmittel für Röntgenuntersuchungen.

**Barkhausen,** Heinrich, deutscher Physiker, * Bremen 2. 12. 1881, † Dresden 20. 2. 1956; arbeitete über Elektronenröhren und elektrische Schwingungen, entdeckte 1919 den **Barkhausen-Effekt:** Ferromagnetika magnetisieren im äußeren Feld sprunghaft durch Umklappen der weissschen Bezirke; dies lässt sich als **Barkhausen-Rauschen** nachweisen.

**Barkla** ['bɑ:klə], Charles Glover, britischer Physiker, * Widnes (County Lancashire) 7. 6. 1877, † Edinburgh 23. 10. 1944; Mitbegründer der Röntgenspektroskopie; 1917 Nobelpreis für Physik für die Entdeckung der charakteristischen Röntgenstrahlung der chemischen Elemente.

**Bärlapp, Lycopodium,** Gattung der Bärlappgewächse (Lycopodiopsida; Farnpflanzen), über 400 Arten mit meist schlanken, gablig verzweigten, nadel- oder schuppenförmig beblätterten Sprossen. Auf trockenem Waldboden Mitteleuropas wachsen mit langen, immergrünen, kriechenden Sprossen und aufsteigenden Sporangienähren besonders **Sprossender Bärlapp** (Lycopodium annotinum) und **Keulenbärlapp** (Lycopodium clavatum). Die Sporen werden als »Bärlappsamen« oder »Hexenmehl« bezeichnet. Alle Bärlapparten sind in Deutschland geschützt.

**Barn** [englisch] *das,* Einheitenzeichen **b,** nicht gesetzliche Flächeneinheit zur Angabe des Wirkungsquerschnitts in Atom- und Kernphysik: $1\,b = 10^{-28}\,m^2 = 100\,fm^2$ (Quadratfemtometer).

**Barnett-Effekt** ['bɑ:nɪt-; nach dem amerikanischen Physiker S. J. Barnett, * 1873, † 1956], ein →gyromagnetischer Effekt.

**Barometer** [griechisch »Schweremesser«, »Druckmesser«], Gerät zum Messen des Luftdruckes. Bei den **Flüssigkeitsbarometern** hält der Luftdruck der auf die Flächeneinheit bezogenen Gewichtskraft einer Flüssigkeitssäule das Gleichgewicht. Die Länge der Flüssigkeitssäule ist ein Maß für den Luftdruck. Prototyp ist das auf Beobachtungen von Torricelli (1643) beruhende **Quecksilberbarometer,** bestehend aus einer etwa 1 m langen luftleeren Glasröhre (Vakuum), deren oberes Ende geschlossen ist und deren unteres, offenes Ende entweder in ein Gefäß mit Quecksilber (Gefäßbarometer) eintaucht oder heberförmig umgebogen (Heberbarometer) ist. Es zeigt bei Normdruck (101 325 Pa) 760 mm Hg (→Millimeter-Quecksilbersäule) an. Bei dem 1847 von L. Vidie erfundenen **Aneroidbarometer** (Dosen-, Feder- oder Metallbarometer) wird die Durchbiegung einer fast luftleeren, flachen Metalldose als Maß für den Luftdruck angezeigt. **Hypsometer** (Siedebarometer) bestimmen den Luftdruck aus der Siedetemperatur von Flüssigkeiten (meist Wasser).

**barometrische Höhenformel,** Gleichung, die die Änderung des Luftdrucks ($p, p_0$) in verschiedenen Höhen ($h, h_0$) der Atmosphäre beschreibt: $p = p_0 \exp[-(h-h_0)/RT]$, $R$ ist die molare Gaskonstante, $T$ die (als konstant angenommene) absolute Temperatur. Die barometrische Höhenformel wird in der barometrischen Höhenmessung angewendet.

**Barr-Körperchen** [nach dem kanadischen Anatomen Murray Llewellyn Barr (* 1908, † 1955)], **Sexchromatin, Geschlechtschromatin,** randständige Chromatinanhäufung im Zellkern weiblicher Körperzellen, ermöglicht die Geschlechtsdiagnose.

**Barschartige Fische, Perciformes, Percomorphi,** Ordnung der Knochenfische mit rund 180 Familien. Viele Arten sind Speise-, einige auch Aquarienfische. Der **Flussbarsch** (Perca fluviatilis) ist ein bis 50 cm langer Raubfisch europäischer Gewässer, in Kleinasien und bis Sibirien verbreitet. Verwandte sind u. a. der Kaulbarsch, Zander und Schrätzer.

**Barton** [bɑ:tn], Sir (seit 1972) Derek Harold Richard, britischer Chemiker, * Gravesend (County Kent) 8. 9. 1918, † College Station (Texas) 16. 3. 1998; erhielt 1969 für Forschungen zur →Konformation organischer Verbindungen den Nobelpreis für Chemie (mit Odd Hassel).

**Baryonen** [griechisch], Familie schwerer Elementarteilchen mit halbzahliger Spinquantenzahl (Fermionen); zu ihnen gehören die **Nukleonen** (Proton, Antiproton, Neutron, Antineutron), **Hyperonen** (Lambda-, Sigma-, Xi-, Omegateilchen und ihre Antiteilchen) und deren kurzlebige angeregte Zustände, die **Baryonenresonanzen** (→Massenresonanzen). Alle Baryonen sind aus je drei →Quarks aufgebaut. Die **Baryonenzahl,** eine ladungsartige Quantenzahl, ist für alle Baryonen +1, für deren Antiteilchen −1.

**Barysphäre,** der schwere Erdkern.

**Barytwasser,** →Bariumhydroxid.

**baryzentrisch,** *Physik:* auf den Schwerpunkt bezogen.

**Base,** im weiteren Sinn chemische Verbindung, die Protonen aufnehmen kann (→Säure-Base-Theorie); im engeren Sinn Verbindung, die mit Säuren durch Neutralisation Salze bildet und in wässriger Lösung durch Abspaltung von Hydroxidionen ($OH^-$) eine →alkalische Reaktion zeigt. Als **Lewis-Basen** werden Moleküle oder Atomgruppierungen bezeichnet, die Elektronenpaare zur Verfügung stellen.

**Basensequenz,** →Nukleotidsequenz.

**Basidiomyzeten, Basidiomycetes, Ständerpilze,** formenreiche Klasse der höheren Pilze, bei der die Sporen auf Stielchen **(Basidien)** gebildet werden, so Rost-, Bauch-, Hutpilze.

**basiphil** [griechisch], fast ausschließlich auf alkalischem (kalkreichem) Boden vorkommend (von Pflanzenarten und -gesellschaften gesagt).

**Basis** [griechisch »Sockel«, »Grundmauer«] *die,* **1)** *Elektronik:* der Halbleiterbereich zwischen den beiden pn-Übergängen eines →Bipolartransistors.

**2)** *Kristallografie:* die in die Einheitszelle eingebauten Atome, Moleküle und Ionen, deren periodische Wiederholung eine Kristallstruktur ergibt.

420

**Barschartige Fische.** Flussbarsche

**Basis|anschluss,** *Telekommunikation:* ein ISDN-Anschluss (→ISDN) mit zwei Basiskanälen **(B-Kanäle)** mit je 64 Kbit/s und einem Kanal **(D-Kanal)** mit 16 Kbit/s für die Übertragung der Steuerinformationen. Die beiden B-Kanäle können gleichzeitig und unabhängig voneinander zur Datenübermittlung genutzt werden, das ermöglicht z. B. die parallele Nutzung von Telefon und Fax oder Onlinedienst und Internet über Computer.

**basische Reaktion,** die →alkalische Reaktion.

**Basiseinheiten,** früher **Grundeinheiten,** die voneinander unabhängigen Einheiten eines physikalischen Größen- oder Einheitensystems, aus denen sich alle anderen Einheiten **(abgeleitete Einheiten)** in Form von Potenzprodukten ergeben. Die Basiseinheiten gehören meist zu den →Basisgrößen, von denen es in jedem →Einheitensystem stets ebenso viele wie Basiseinheiten gibt. Die zurzeit gültigen sieben Basiseinheiten des SI (→SI-Einheiten) werden durch die Generalkonferenz für Maß und Gewicht festgelegt und definiert.

**Basisgrößen,** früher **Grundgrößen,** zweckmäßig gewählte und vereinbarte, voneinander unabhängige physikalische Größen, z. B.: Länge, Zeit, Masse, elektrische Stromstärke, thermodynamische Temperatur, Stoffmenge und Lichtstärke. Alle anderen Größen werden aus den Basisgrößen abgeleitet (→Größensystem).

**Basizität** *die,* Maß für die Basenstärke, ausgedrückt durch den →pH-Wert oder den →pK-Wert; allgemein die Fähigkeit einer chemischen Verbindung, als Protonenakzeptor oder Elektronenpaardonator zu wirken (→Base).

**Bassow,** Nikolai Gennadijewitsch, russischer Physiker, *Usman (bei Woronesch) 14. 12. 1922, †Moskau 1. 7. 2001; bedeutende Arbeiten zur Quantenelektronik; erhielt für seine Beiträge zur Entwicklung von Laser und Maser 1964 zusammen mit A. M. Prochorow und C. H. Townes den Nobelpreis für Physik.

**Bast,** *Botanik:* in Spross und Wurzel vom Kambium nach außen neu gebildetes Gewebe, auch sekundäre Rinde; Bastfasern können feste Stränge bilden; Binde-, Flecht-, Spinnstoff; u. a. von Flachs, Hanf, Jute, Sisal-, Manilahanf.

**Bastard,** *Biologie:* **Hybride,** aus Kreuzungen genetisch unterschiedlicher Elternformen hervorgegangenes Individuum. Aus einer Bastardierung entstehen immer mischerbige, **heterozygote** Individuen. Nur reinerbige, durch fortlaufende Inzucht entstandene, **homozygote** Individuen und Haplonten (z. B. Sporentierchen, →haploid) haben niemals Bastardnatur.

**Bathyal** [griechisch] *das,* lichtarmer Meeresbereich zwischen 200 und 3 000 m Wassertiefe.

**Bathyskaph** *der,* 1953 von A. Piccard entwickeltes, frei schwimmendes, steuerbares Tiefseeboot für Forschungszwecke. Der spindelförmige benzingefüllte Tragkörper trägt die Stahlkugel (2 m Durchmesser, 9 cm Wanddicke) für die Besatzung; größte Tauchtiefe (1953) 3 150 m. Mit der Weiterentwicklung »Trieste« tauchten J. Piccard und D. Walsh (1960) 10 916 m tief.

**Batterie,** *Elektrochemie:* im weiteren Sinn die Zusammenschaltung mehrerer gleichartiger Geräte (Stromquellen, Kondensatoren und Ähnliches), im engeren Sinn Bezeichnung für alle →galvanischen Elemente, die auf elektrochemischem Wege eine elektrische Spannung erzeugen und eine Leistung abgeben können. Im Gegensatz zum →Akkumulator verlaufen die chemischen Reaktionen bei Batterien **(Primärzellen, Primärelemente)** nicht umkehrbar, das heißt, sie können nicht wieder aufgeladen werden. Handelsübliche Batterien bestehen aus zwei Elektroden, zwischen denen sich eine mit Quellmitteln eingedickte Elektrolytlösung befindet **(Trockenbatterien),** umgeben sind sie von einem auslaufsicheren Stahlmantel (»leak-proof«). Eine weit verbreitete Batterie war lange Zeit die →Kohle-Zink-Zelle, die der französische Chemiker Georges Leclanché (*1839, †1882) 1865 erfunden hatte. Sie ist auch heute noch in Gebrauch. Allerdings gibt es inzwischen Batterien mit anderen Elektrolyten (z. B. die Alkali-Mangan-Zelle) und neuen Elektrodenmaterialien (z. B. die Quecksilberoxidzelle und die Silberoxidzelle), mit denen bessere Entladeeigenschaften erzielt werden und Wirkungsgrad, Kapazität sowie Lebensdauer wesentlich höher sind. Besonders langlebig sind Lithiumbatterien. Sie können bis zu zehn Jahre lagern, ohne sich selbst zu entladen.

■ **Entsorgung** Die **Batterieverordnung** (»Verordnung über die Rücknahme und Entsorgung gebrauchter Batterien und Akkumulatoren« vom 27. 3. 1998 in der Fassung vom 2. 7. 2001) verpflichtet Hersteller und Importeure, alle Altbatterien zurückzunehmen und zu entsorgen. Der Verbraucher ist verpflichtet, Altbatterien im Handel oder bei einer kommunalen Sammelstelle abzugeben, die die Batterien zur umweltverträglichen Entsorgung an das von den Batterieherstellern eingerichtete »Gemeinsame Rücknahmesystem Batterien« weitergeben. Nach der Verordnung dürfen bestimmte schadstoffhaltige Batterien nicht in den Verkehr gebracht werden.

**Batteriehaltung,** Legehennenhaltung, bei der die Tiere in ein- oder mehrstöckigen Käfiganlagen **(Legebatterien)** gehalten werden. Fütterung, Entmistung, zum Teil auch Einsammeln der Eier erfolgen automatisch. Die Batteriehaltung wird zunehmend als nicht tiergerecht kritisiert, ist aber zurzeit noch die vorherrschende Form der Eierproduktion. 1993 stammten in Deutschland 96 %, 2002 rd. 84 % der Eier aus Käfighaltung. Im März 2002 trat in Deutschland die neue Hennenhaltungsverordnung in Kraft, nach der Hennenhaltung in Käfigen untersagt ist; bestehende Käfiganlagen erhalten Übergangsfristen. Ende 2006 soll die letzte herkömmliche Käfigbatterie stillgelegt sein. Für »ausgestaltete Käfige« gilt eine Übergangsfrist bis zum Jahr 2012. In neuen Haltungseinrichtungen mit Nestern, Sitzstangen und Einstreu muss jedem Tier ab 2003 eine Mindestgrundfläche von 1 100 $cm^2$ zur Verfügung stehen. Nach EU-Recht ist das Betreiben herkömmlicher Käfiganlagen ab 2012 verboten.

**Bauakustik,** Lehre von der Schallausbreitung in Gebäuden in Form von Luft- und Körperschall; befasst sich mit Messverfahren zur Beurteilung des Schallschutzes von Bauteilen und der Entwicklung von Bauelementen mit hohem Schallschutz.

**Baud** [baʊt, boːt; nach J. M. E. Baudot, * 1845, † 1903] *das,* Einheitenzeichen **Bd,** in der *Kommunikationstechnik* verwendete Einheit für die Anzahl der Zustandsänderungen pro Sekunde, daher auch Einheit der Schrittgeschwindigkeit genannt: 1 Bd = 1 Schritt je Sekunde = $s^{-1}$. In der *Computertechnik* wird das Baud häufig mit der Einheit für die Datenübertragungsgeschwindigkeit (bit/s) gleichgesetzt, was aber nicht korrekt ist, da mit einer Zustandsänderung auch mehrere Bits übertragen werden können.

**Bauelement,** *Elektronik:* konstruktiv und funktionell nicht weiter zerlegbares Grundglied in elektronischen Funktionsgruppen, das aufgrund seiner speziellen physikalischen Eigenschaften bestimmte Funktionen (wie Verstärken, Gleichrichten, Schalten) ausführen kann. Man unterscheidet **diskrete Bauelemente** als kleinste Funktionseinheiten (z. B. Widerstände, Dioden, Transistoren) und **integrierte Bauelemente,** bei denen viele Funktionselemente eine Einheit bilden (z. B. integrierte Schaltungen) – diese können aber konstruktiv als ein Bauelement aufgefasst werden. **Aktive Bauelemente** (z. B. Transistoren) liefern oder verstärken Ströme oder Spannungen, **passive Bauelemente** (z. B. Widerstände, Kondensatoren, Spulen) verbrauchen elektrische Energie.

**Baugruppe,** *Elektronik:* eine konstruktive Funktionseinheit (z. B. bestückte Leiterplatten, Verstärker, Netzteile) aus →Bauelementen, die nicht in einem funktionellen Zusammenhang stehen müssen.

**Baukeramik,** Erzeugnisse aus gebranntem Ton, mit oder ohne Glasurüberzug, als Ziegeleierzeugnis (Mauer-, Decken-, Dachziegel, Klinker, Dränrohre, Terrakotten), als Steingut und Steinzeug (Wand- und Bodenfliesen, Spaltplatten, Kanalisationsrohre) und als Porzellan (Sanitärkeramik).

**Baum,** ausdauerndes Holzgewächs mit ausgeprägtem Stamm und einer Krone aus beblätterten Zweigen **(Kronenbaum, Wipfelbaum)** oder aus großen Blättern **(Schopfbaum,** z. B. Palmen, Baumfarne). Die höchsten Bäume sind der kalifornische Mammutbaum (bis 130 m) und der australische Rieseneukalyptus (bis 150 m). Man unterscheidet **immergrüne Bäume** und **laubwerfende Bäume (laubwechselnde Bäume).** Bäume bilden in vielen Gebieten der Erde als Wald die beherrschende Vegetationsform. Sie binden Feuchtigkeit, bieten Schatten, Wind-, Sicht- und Erosionsschutz, binden Staub und verbessern durch Abgabe von Sauerstoff die Luft und in Form von größeren Baumbeständen das gesamte Klima. Baumformen im Obst- und Gartenbau sind Hochstamm mit 1,8–2 m, Halbstamm 1,2–1,4 m, Viertelstamm oder Meterstamm 0,8–1 m, Buschbäume 60–80 cm, Zwergformen und Spindelbüsche bis 40 cm Stammhöhe. Zierformen sind Pyramiden, U-Formen, Fächerspaliere, Schnurbäume u. a.; Hängeformen heißen auch »Trauerbäume«.

> Was der **Baum** mit Kultur zu tun hat, fasst ein unbekannter Autor so zusammen:
>
> *»Mit den ersten Bäumen, die gefällt werden, beginnt die Kultur. Mit den letzten Bäumen, die gefällt werden, endet sie.«*

**Baum der Reisenden,** Art der Bananengewächse, →Ravenala.

**Baumfarne,** baumförmige Farne aus den Familien Dicksoniaceae und Cyatheaceae, besonders in subtropischen Regenwäldern, mit bis 10 m hohem Stamm. Baumfarne waren an der Bildung der Kohle beteiligt.

**Baumwachs,** Masse zum Wundverschluss an Holzgewächsen nach Schnitt und Veredlung.

**Bauphysik,** die physikalischen Grundlagen der Bautechnik; untersucht Baustoffe und -konstruktionen besonders bezüglich der Durchlässigkeit von Wärme, Schall, Feuchtigkeit und Luft.

**Bautechnik,** Teilgebiet der Technik, das sich mit dem Bauen auf der Grundlage angewandter Naturwissenschaften (u. a. Statik, Baustoffkunde und -forschung, Bodenmechanik, Vermessungstechnik) befasst.

**Bautenschutz,** Maßnahmen zum Schutz von Bauwerken und Baustoffen gegen schädliche chemische und physikalische Einflüsse, v. a. durch →Dämmstoffe und →Sperrstoffe.

**Bayer-Verfahren** [nach dem österreichischen Chemiker Karl Bayer, * 1847, † 1904], Verfahren zur Gewinnung von →Aluminium aus Bauxit.

**Bazịllen** [spätlateinisch bacillus »Stäbchen«], Sporen bildende →Bakterien.

**BCS-Theorie,** von J. Bardeen, L. N. Cooper und J. R. Schrieffer 1957 entwickelte atomistische Theorie der Supraleitung, die die physikalischen Effekte in →Supraleitern 1. Art quantitativ befriedigend beschreibt.

**Bd,** Einheitenzeichen für →Baud.

**Be,** chemisches Symbol für →Beryllium.

**Beadle** [biːdl], George Wells, amerikanischer Biologe, * Wahoo (Nebraska) 22. 10. 1903, † Pomona (Kalifornien) 9. 6. 1989; erforschte die Wirkung von Genen beim Aufbau der Proteine; erhielt 1958 den Nobelpreis für Physiologie oder Medizin (mit E. L. Tatum und J. Lederberg).

**Beamer** ['bi:mə, englisch] *der,* Gerät zur Projektion des auf einem Computerbildschirm sichtbaren Bildes auf eine Leinwand oder Ähnliches.

**Beauty** ['bju:ti, englisch], *Physik:* →Bottom.

189

**Befeuerung.** Anflug- und Landebahnbefeuerung

**Becherkeim,** →Gastrulation.

**Becquẹrel** [-k-; nach A. H. Becquerel] *das,* Einheitenzeichen **Bq,** SI-Einheit für die Aktivität einer radioaktiven Substanz. 1 Bq ist die Aktivität einer Strahlungsquelle, bei der pro Sekunde im Mittel ein Atomkern eines radioaktiven Nuklids zerfällt: $1\,Bq = 1\,s^{-1}$.

**Becquerel** [bɛ'krɛl], französische Physikerfamilie: Antoine César Becquerel (*17. 3. 1788, †18. 1. 1878) entdeckte u. a. 1819 die Piezoelektrizität und erfand 1826 das Differenzialgalvanometer; sein Sohn Alexandre Edmond Becquerel (*24. 3. 1820, †11. 5. 1891) untersuchte insbesondere die Einwirkungen von Licht auf elektrochemische Vorgänge und Materie, er arbeitete auch über Phosphoreszenz, die er mit dem 1860 von ihm konstruierten »Phosphoroskop« an vielen Stoffen nachwies. Dessen Sohn Antoine Henri Becquerel (*15. 12. 1852, †25. 8. 1908) untersuchte magnetooptische Effekte und entdeckte 1896 durch Phosphoreszenzuntersuchungen an Uranmineralen die radioaktive Strahlung des Urans. Gemeinsam mit dem Ehepaar Curie erhielt er 1903 den Nobelpreis für Physik.

**Beere.** Himbeerstrauch mit Früchten

**Bedecktsamer, Magnoliophytina, Angiospermen,** Unterabteilung der Samenpflanzen; ihre Samenanlagen sind in einem Fruchtknoten eingeschlossen, in dem sie zu Samen reifen; unterteilt in →Einkeimblättrige und →Zweikeimblättrige.

**Bẹdnorz,** Johannes Georg, deutscher Mineraloge und Kristallograf, *Neuenkirchen 16. 5. 1950; arbeitet seit 1982 am IBM-Forschungsinstitut in Rüschlikon (bei Zürich); erhielt 1987 gemeinsam mit K. A. Müller für die Entdeckung der Supraleitung in oxidischen metallischen Keramiken den Nobelpreis für Physik.

**Beer,** August, deutscher Physiker, *Trier 31. 7. 1825, †Bonn 18. 11. 1863; arbeitete v. a. über Lichtabsorption und Fotometrie; fand das **beersche Gesetz,** nach dem die spektrale Extinktion (Lichtschwächung) der Konzentration des absorbierenden Stoffs im flüssigen Lösungsmittel und der Dicke der durchstrahlten Schicht proportional ist.

**Beere,** Frucht mit saft- und zuckerreicher Mittel- und Innenschicht der Fruchtwand, mit zähhäutiger Außenschicht und meist vielen Samen.

**Befeuerung, 1)** *Luftfahrt:* Markierung der für die Durchführung des Flugbetriebs notwendigen Flugplatzanlagen durch elektrische Leuchtfeuer. Dabei unterscheidet man Anflugbefeuerung, Start- und Landebahnbefeuerung, Rollbahnbefeuerung, Flughafenleuchtfeuer und Hindernisbefeuerung.

**2)** *Schifffahrt:* Ausrüstung fester und schwimmender →Seezeichen mit Lichtquellen spezieller Kennung zur Orientierung oder Warnung der Schiffe bei Nacht.

**Befruchtung,** der Fortpflanzung dienende Vereinigung einer männlichen und einer weiblichen Geschlechtszelle bei Mensch, Tier und Pflanze. Die Befruchtung führt zu einer Vereinigung der mütterlichen und väterlichen Erbanlagen. Beim Tier und beim Menschen vollzieht sich die Befruchtung **(Empfängnis, Konzeption)** durch den Eintritt einer Samenzelle **(Spermium)** in eine Eizelle **(Oozyte, Ei).** Vorher locken Befruchtungsstoffe **(Gamone)** der Eizelle die aktiv beweglichen Samenzellen an, von denen sich viele Mio. (z. B. beim Menschen) bis Mrd. (z. B. beim Pferd) in einem Samenerguss **(Ejakulat)** befinden können. Beim Menschen wandern die Spermien durch die Gebärmutter bis in den Eileiter, wo sie auf eine Eizelle stoßen, die nach Follikelreifung und Follikelsprung aus dem Eierstock dahin gelangte. In der Regel vermag nur ein Spermium mit seinem den Kern enthaltenden Kopf unter Verlust seines Schwanzteiles in das Ei einzudringen; eigene Befruchtungsstoffe ermöglichen die dazu nötige Auflösung der Eimembran (Besamung). Das Ei schützt sich durch Verfestigung seiner Membran (Befruchtungsmembran) vor dem Eindringen weiterer Spermien. Der männliche und der weibliche Vorkern besitzen aufgrund einer vorausgegangenen Reduktionsteilung nur je einen einfachen (haploiden) Chromosomensatz. Sie quellen in der Eizelle auf, die Kernmembran löst sich auf und die Chromosomen werden sichtbar. Unter Vereinigung der väterlichen und mütterlichen Erbanlagen entsteht die Ursprungszelle des neuen Lebewesens **(Zygote),** die nun wieder den vollen Chromosomensatz besitzt. Die Zygote beginnt durch Zellteilungen, die äußerlich an der **Furchung** erkennbar sind, mit ihrer →Entwicklung. Die unmittelbar anschließenden Stadien sind durch die Bildung von Maulbeerkeim **(Morula)** und Keimblase **(Blastula, Blastozyste)** gekennzeichnet. Als Blastozyste nistet sich der Keimling von Mensch und Säugetieren nach seiner Wanderung durch den Eileiter in die Schleimhaut der Gebärmutter ein **(Nidation)** und durchläuft hier seine weitere Entwicklung als →Embryo.

Das Geschlecht des Keimlings (→Geschlechtsbestimmung) wird beim Menschen und den meisten Tieren bei der Befruchtung festgelegt und hängt bei Mensch, Säugetieren und Insekten vom Vorhandensein eines männlichen (Y) oder weiblichen (X) Geschlechtschromosoms (→Chromosomen) im Kern des Spermiums ab.

Unter den Pflanzen haben nur die Sporenpflanzen und einige Nacktsamer (z. B. Ginkgo) bewegliche Samenzellen, die die Eizelle zur Befruchtung aufsuchen. Bei den Samenpflanzen liegt die Eizelle in der **Samenanlage,** die bei Bedecktsamern im **Fruchtknoten** eingeschlossen ist, die männliche Zelle im **Blütenstaubkorn** oder **Pollenkorn.** Das Pollenkorn treibt, wenn es auf die Narbe der Blüte gestäubt ist, einen Schlauch, den **Pollenschlauch.** Dieser wächst mit den männlichen Kernen, die sich in ihm befinden, zur Eizelle und ermöglicht die Befruchtung.

**Begattung, Kopulation, Kopula, Paarung,** körperliche Vereinigung, durch die männliche Samenzellen in den weiblichen Körper gelangen, was zur →Befruchtung führen kann. Bei manchen Tieren geschieht das durch einfaches Aufeinanderlegen der Geschlechtsöffnungen, beim Menschen, bei den Säugetieren u. a. durch das Einführen eines Begattungsorgans **(Penis, Rute)** in die weibliche Geschlechtsöffnung **(Scheide).** Zur Begattung kommt es durch Instinkt, Sexualtrieb und entsprechende Auslöser (z. B. Balzverhalten des Pfaus, Duftsignale der läufigen Hündin).

**Behaviorismus** [bihevjə-; zu englisch-amerikanisch behavior »Verhalten«] *der,* Richtung der Psychologie, begründet von John Broadus Watson (* 1878, † 1958) Anfang des 20. Jahrhunderts. Er verwarf wie Iwan Petrowitsch Pawlow in der Lehre von den bedingten Reflexen die Methode der Selbstbeobachtung und der Übertragung eigener Erlebnisse auf andere Menschen und wollte die Psychologie auf das objektiv beobachtbare Verhalten unter wechselnden Umweltbedingungen gründen. Zunächst war der Behaviorismus reine Reiz-Reaktion-Psychologie, später wurden nicht direkt beobachtbare Vorgänge als »dazwischentretende Variable« einbezogen. Zentrales Forschungsfeld des Behaviorismus wurde die Lernpsychologie. Besonders am Tierexperiment suchte man Gesetze des Verhaltens abzulesen (→Verhaltensforschung). Ein Vorläufer des Behaviorismus war Edward Lee Thorndike (* 1874, † 1949); bedeutendste Vertreter des **Neobehaviorismus** (ab 1930): Clark Leonard Hull (* 1884, † 1952), Edward Chace Tolman (* 1886, † 1959) und Burrhus Frederic Skinner (* 1904, † 1990). Der Behaviorismus findet seine klinische Anwendung in der modernen Verhaltenstherapie.

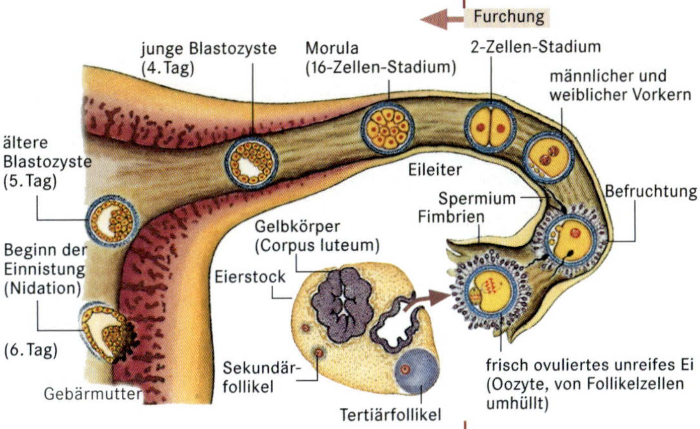


**Befruchtung.** Der Weg einer menschlichen Eizelle vom Eierstock über den Eileiter, wo die Befruchtung erfolgt, zur Einnistungsstelle in der Schleimhaut der Gebärmutter

**Behring,** Emil Adolph von (seit 1901), deutscher Serologe, * Hansdorf (Kreis Rosenberg; heute Susz, Woiwodschaft Ermland-Masuren) 15. 3. 1854, † Marburg 31. 3. 1917; entdeckte 1890 das Diphtherie- und Tetanusantitoxin und begründete die Serumtherapie, v. a. ihre Anwendung gegen Diphtherie; erhielt 1901 den (ersten) Nobelpreis für Physiologie oder Medizin.

**Beilstein,** Friedrich, deutscher Chemiker, * Sankt Petersburg 17. 2. 1838, † ebenda 18. 10. 1906; Herausgeber des später nach ihm benannten »Handbuch der organischen Chemie« (1880–83) für die sicher analysierten organischen Verbindungen; heute vom Beilstein-Institut in Frankfurt am Main fortgeführt.

**Békésy** ['beːkeːʃi], Georg von, amerikanischer Physiker und Physiologe ungarischer Herkunft, * Budapest 3. 6. 1899, † Honolulu 13. 6. 1972; seit 1947 in den USA, erhielt für seine Forschungen zur Physiologie des Gehörs 1961 den Nobelpreis für Physiologie oder Medizin.

**Bel** [bɛl, beːl; nach A. G. Bell] *das,* Einheit für Pegel- und Dämpfungsmaße; meist wird der zehnte Teil (→Dezibel) verwendet.

**Belebtschlammverfahren Belebungsverfahren,** Verfahren der biologischen →Abwasserreinigung.

**Beleuchtungsstärke,** Formelzeichen $E$, $E_v$, SI-Einheit: Lux (lx); das Verhältnis des senkrecht auf eine Fläche fallenden Lichtstromes zur Fläche. Die Beleuchtungsstärke ist eine wichtige fotometrische Größe zur Bewer-

**Begattung**
→ GEO **Dossier**
Das Spiel der Triebe, Bd. 7

**Behring**
→ GEO **Dossier**
Im Rausch der Erkenntnis, Bd. 6

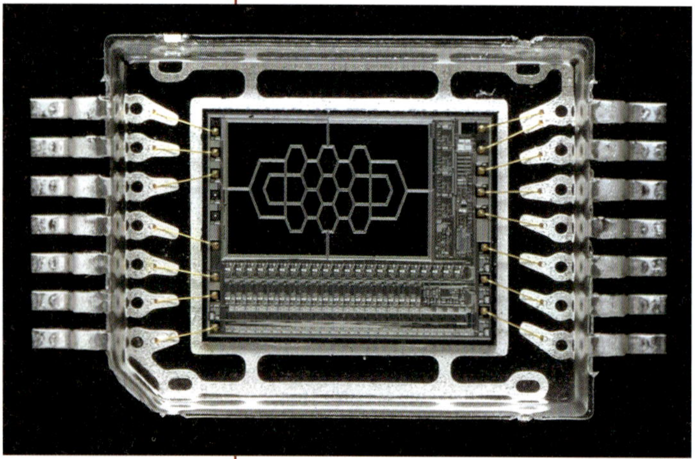

**Belichtungsmesser.** Sensor für die Belichtungsmessung mit einer Aufteilung in 21 Messsegmente. Je nach Belichtungsmessart (Mehrfeld-, Selektiv-, Spotmessung) sind einzelne oder mehrere Segmente aktiv.

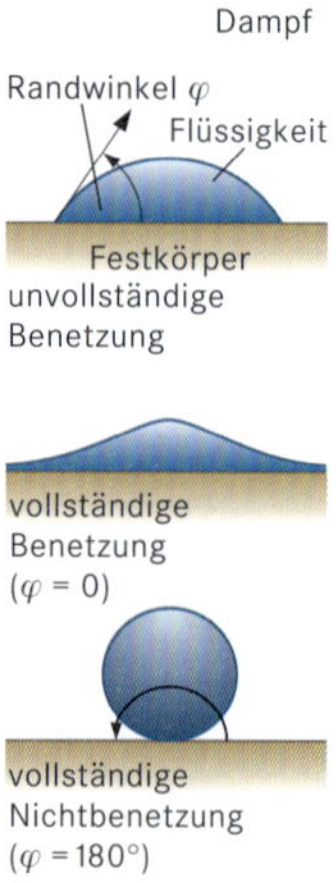


**Benetzung.** Der Grad der Benetzung lässt sich durch den Randwinkel φ beschreiben.

tung von Beleuchtungsanlagen. Die entsprechende Strahlungsgröße ist die →Bestrahlungsstärke.

**Belichtung, Exposition,** allgemein der Vorgang, bei dem eine fotografische Schicht einer Strahlung ausgesetzt wird, für die die Schicht empfindlich ist; im Besonderen das Produkt aus Beleuchtungsstärke und Einwirkungszeit beim Fotografieren. Es entsteht ein unsichtbares (latentes) Bild. Zu schwache Belichtung heißt **Unterbelichtung,** zu reichliche **Überbelichtung.**

**Belichtungsautomatik,** Übertragung der vom →Belichtungsmesser ermittelten Belichtungswerte auf das Kamerasystem. Bei Filmkameras gibt es die (meist abschaltbare) **Blendenautomatik,** bei der die Blende von der Drehspule des elektrischen Belichtungsmessers gesteuert wird, und die **Blendensteuerung,** bei der man die Blende manuell aufgrund einer Anzeige im Sucher einstellt. Bei Fotoapparaten unterscheidet man **Blendenvorwahl** (Blende wird manuell eingestellt und der Verschluss elektronisch gesteuert), **Zeitvorwahl** (Belichtungszeit wird manuell vorgewählt, die Blende gesteuert), **programmierter Verschluss** (Motivhelligkeit bestimmt die Verschlusszeit, mit der zugehörige Blenden gekoppelt sind) und **Nachführprinzip** (Blende oder Zeit werden – nach manueller Vorwahl des jeweiligen anderen Parameters – von Hand aufgrund einer Anzeige im Sucher eingestellt).

Bei der **Blitz-Blenden-Automatik** wird bei festliegender Belichtungszeit die Blende (entsprechend der Entfernung des aufzunehmenden Objekts) automatisch gesteuert. Bei der **Blitzautomatik** entscheidet das Gerät aufgrund der Belichtungsmessung, ob ein Blitz gezündet wird oder nicht.

**Belichtungsmesser,** Messgerät zur Ermittlung der richtigen →Belichtung, das die vom Aufnahmegegenstand her auf die Kamera auffallende Strahlung (Objektmessung, Messung der Leuchtdichte) misst und die Filmempfindlichkeit berücksichtigt. Die **fotoelektrischen Belichtungsmesser** besitzen einen →Fotodetektor in Verbindung mit einem elektrischen Messinstrument. Die Kameras haben meist einen eingebauten Belichtungsmesser, der in der Regel Teil einer →Belichtungsautomatik ist. Bei der vor allem bei Spiegelreflexkameras üblichen **Innenmessung** trifft das durch das Objektiv tretende Licht auf den eingebauten Belichtungsmesser (TTL-Messung, von englisch through the lens). Messmethoden sind 1) Integralmessung: Ausmessung des gesamten Bildfeldes; 2) Mittelwertbildung unter stärkerer Berücksichtigung der Bildmitte als der Randgebiete; 3) Punkt- oder Spotmessung: Messung nur in der (meist für das Motiv wichtigsten) Bildmitte; 4) Zonenmessung: Berücksichtigung nur der unteren Bildhälfte, da oben meist der »unwichtigere« Himmel liegt; 5) CLC-Verfahren (von englisch contrast light compensator): Messung an zwei Motivpunkten und Mittelwertbildung. Bei kinematografischen Aufnahmen misst man häufig mit **Beleuchtungsmessern** das auf das Objekt fallende Licht (Licht- oder Subjektmessung), um den Kontrastumfang zu ermitteln.

**Bẹll,** Alexander Graham, britisch-amerikanischer Erfinder, * Edinburgh 3. 3. 1847, † bei Baddeck (Nova Scotia, Kanada) 2. 8. 1922; wanderte 1870 nach Kanada aus und wurde 1873 Professor für Stimmphysiologie an der Universität Boston. Bell entwickelte aus dem Telefon von A. S. G. Meucci das erste brauchbare, von T. A. Edison durch Verwendung des Kohlemikrofons verbesserte Telefon (1876 zu Unrecht patentiert). Sein Verdienst ist die großtechnische Umsetzung der Erfindung. Bell gilt somit als »Vater der Telefonie«, obwohl P. Reis schon 1861 Töne auf elektrischem Weg übertragen konnte. Aus der 1877 gegründeten **Bell Telephone Company** ging 1885 die American Telephone and Telegraph Company hervor.

**Belladọnna** [italien. »schöne Frau«] *die,* die Schwarze →Tollkirsche.

**bẹllsche Ungleichungen,** *Quantentheorie:* von dem britischen Physiker John S. Bell (* 1928, † 1990) 1964 abgeleitete Ungleichungen, mit denen sich entscheiden lässt, ob die statistische Interpretation der Quantentheorie – wie von A. Einstein, B. Podolski und N. Rosen angenommen – in deren Unvollständigkeit (→EPR-Experiment) begründet oder aber prinzipiell unvermeidlich ist.

**Benacerraf** [benəˈserɑːf], Barju, amerikanischer Mediziner venezolanischer Herkunft, * Caracas 29. 10. 1920; erhielt 1980 mit G. D. Snell und J. Dausset für Arbeiten zur Transplantationsimmunologie den Nobelpreis für Physiologie oder Medizin.

**Benetzung,** mehr oder weniger starkes Haften einer Flüssigkeit an der Oberfläche eines festen Körpers, was zur Ausbildung eines kleinen Randwinkels zwischen beiden führt. Je

**Benzol.** Die Feldlinien im Benzolmolekül, die mithilfe computeranimierter Verfahren sichtbar werden, zeigen die Elektronendichte im Kern des Rings.

größer die →Oberflächenspannung einer Flüssigkeit, desto geringer ist die Benetzungstendenz. Eine benetzende Flüssigkeit (z.B. Wasser) steht an der sie einschließenden Gefäßwand höher, eine nicht benetzende Flüssigkeit (z.B. Quecksilber) tiefer als in der Mitte. Benetzungserscheinungen sind wesentlich für die Wirkung von Waschmitteln.

**Benthal** [griechisch bénthos »Tiefe«] *das, Hydrologie:* die Region des Gewässerbodens.

**Benthos** [griechisch »Tiefe«] *das,* die Gesamtheit der festsitzenden (sessiles Benthos) und frei beweglichen (vagiles Benthos) Tier- und Pflanzenwelt am Gewässerboden.

**Benz,** Carl Friedrich, deutscher Ingenieur und Automobilpionier, *Karlsruhe 25. 11. 1844, † Ladenburg 4. 4. 1929; gründete 1883 die Firma **Benz & Cie., Rheinische Gasmotorenfabrik** und baute 1885 (unabhängig von Daimler) einen Einzylinder-Viertakt-Benzinmotor als Antrieb für einen dreirädrigen Wagen (1886 vorgeführt) und schuf damit die Grundlagen des Kraftwagens. Der Kraftwagen von 1886 steht heute im Deutschen Museum in München.

**Benz|aldehyd,** einfachster aromatischer Aldehyd, verwendet als künstliches Bittermandelöl, zur Farbstoff- und Riechstoffherstellung.

**Benzin** [italienisch aus arabisch] *das* (englisch **Petrol, Gasoline**), Sammelbegriff für die etwa zwischen 20 und 210 °C siedenden Erdölfraktionen. Gewöhnliches Benzin ist eine wasserhelle, leicht verdunstende, sehr feuergefährliche Flüssigkeit. Meist wird zwischen niedriger siedendem (bis 100 °C) **Leichtbenzin** und höher siedendem **Schwerbenzin (Naphtha)** unterschieden. Unmittelbar durch Erdöldestillation gewonnenes **Straightrunbenzin** besteht v. a. aus Alkanen und Cycloalkanen, **Crackbenzin** enthält außerdem Alkene. Die Erhöhung des Aromatengehaltes erfolgt v. a. durch →Reformieren, dabei entsteht besonders klopffestes **Reformatbenzin.** Beim →Steamcracken anfallendes **Pyrolysebenzin** hat ebenfalls einen hohen Aromatengehalt. Benzin mit hohem Gehalt an klopffesten Isoalkanen entsteht mittels Oligomerisierung von Isobuten an Phosphorsäurekatalysatoren (**Polymerbenzin**) sowie durch Alkylierung von niederen Alkanen (z. B. Isobuten) mit Alkenen (z. B. Propylen) in Gegenwart von Fluorwasserstoff oder Schwefelsäure (**Alkylatbenzin**). Man kann es aber auch durch Abtrennung der n-Alkane mit Molekularsieben gewinnen.

**Synthetisches Benzin** kann durch →Kohlehydrierung oder →Fischer-Tropsch-Synthese hergestellt werden. Entschwefeltes Straightrunbenzin ist unter der Bezeichnung **Rohbenzin** oder **Naphtha** wichtigster Rohstoff der →Petrochemie. **Siedegrenzenbenzin** hat einen engen Siedebereich (z. B. 60 bis 95 °C oder 100 bis 140 °C); es wird als Lösungsmittel sowie für Extraktions- und Reinigungszwecke verwendet, ähnlich wie **Testbenzin** mit einem Siedebereich zwischen 130 und 220 °C. Vergaserkraftstoff für Kraftfahrzeuge wird in Deutschland als **Normalbenzin, Superbenzin** und **SuperPlus** angeboten. (→Ottokraftstoffe)

**Benzo|esäure,** einfachste aromatische Carbonsäure, die in Form von Estern im Benzoeharz vorkommt. Zwischenprodukt bei der Herstellung von Alkyd-, Epoxid-, Phenolharzen und Caprolactam. Benzoesäure und ihre Salze (z. B. **Natriumbenzoat**) werden wegen ihrer antimikrobiellen Eigenschaften zur Lebensmittelkonservierung verwendet.

**Benzol** *das,* Stammsubstanz der aromatischen Verbindungen; eine farblose, lichtbrechende Flüssigkeit, die mit stark rußender Flamme brennt. Bedeutende Gewinnungsverfahren für Benzol sind die Extraktivdestillation und Extraktion aus Pyrolyse- und Reformatbenzin. Beim Steamcracken von Benzin entsteht Benzol aus den primären Spaltprodukten Butadien und Ethylen. Als wichtiges Primärprodukt der Petrochemie dient Benzol v. a. zur Herstellung von Polystyrol, Synthesekautschuk und Polyamiden.

Längeres Einatmen verdünnter Benzoldämpfe führt zu dem Krankheitsbild einer Anämie. Benzol gehört zu den Krebs erzeugenden Arbeitsstoffen. In der 1865 von August Kekulé nach der Summenformel von Benzol, $C_6H_6$, aufgestellten Ringformel liegt ein typischer Fall von →Mesomerie vor. Genauere Vorstellungen über die Bindungsverhältnisse ergaben sich jedoch erst durch die Theorie der delokalisierten $\pi$-Bindungen.

**Benzpyren** *das,* **Benzo(a)pyren, 1,2-Benzpyren,** pentazyklischer aromatischer Kohlenwasserstoff, Krebs erzeugender Be-

**Carl Friedrich Benz**

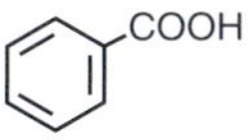


**Benzoesäure**

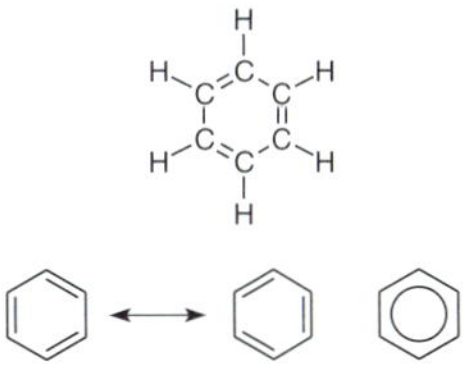

**Benzol.**
Strukturformel mit Elementsymbolen (oben), mit oszillierenden Doppelbindungen (unten links) und Darstellung, in der das Elektronensextett durch einen Ring symbolisiert wird (unten rechts)

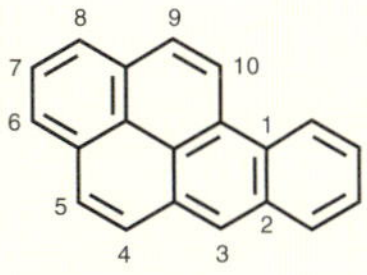

1,2-Benzpyren

**Benzpyren**

standteil des Steinkohlenteers; auch in Kraftfahrzeugabgasen und im Zigarettenrauch enthalten.

**Berberitze** *die,* **Berberis,** weltweit verbreitete Gattung der Sauerdorngewächse, strauch- und baumförmige Holzpflanzen mit Dornen und ungeteilten, büschelig stehenden Blättern und gelben Blüten mit Honigblättern. Die Frucht ist eine Beere. Die **Gemeine Berberitze (Sauerdorn** oder **Essigdorn,** Berberis vulgaris) wächst an trockenen Orten, besonders auf Kalkboden. Das gelbe, harte Holz ist wertvoll. Wurzel und Rinde enthalten **Berberin,** ein Alkaloid, das gallentreibend wirkt. Der Strauch ist Zwischenwirt des Getreiderostpilzes (daher in der Nähe von Getreidefeldern nicht zu dulden). Als Zierstrauch kommt die Berberitze auch in rotblättriger Form **(Blutdorn)** mit gelben Früchten vor.

**Bergbau.**
Werkzeuge zum Brechen von Erz (8.–2. Jh. v. Chr.)

**Berg,** jede deutlich die Umgebung überragende Geländeerhebung, durch die relative Größe vom Hügel unterschieden. Vom Bergfuß leitet der Hang oder das Gehänge zum Scheitel (Gipfel). In der Regel ist ein Berg Teil eines Gebirges; einzeln aus einer Ebene aufragende Berge (Inselberge der Tropen, Vulkane) sind verhältnismäßig selten. Berge können durch Aufschüttung (Vulkane) entstehen, sind aber meist durch Abtragungsvorgänge aus höher gelegenen Teilen der Erdkruste herauspräpariert worden.

**Berg** [bə:g], Paul, amerikanischer Biochemiker, * New York 30. 6. 1926; Professor an der Washington und an der Stanford University; stellte als Erster ein Hybrid-(Rekombinat-)DNA-Molekül her und eröffnete so den Weg zur →Gentechnik. Dafür erhielt er den Nobelpreis für Chemie 1980 (mit Walter Gilbert und Frederick Sanger).

**Bergbau,** Wirtschaftszweig, der das Suchen nach (Explorieren), das Erschließen, den Abbau (das Fördern) und das Aufbereiten von Bodenschätzen umfasst, daneben zur Wiedernutzbarmachung und Verwahrung stillgelegter Bergbauanlagen den Sanierungsbergbau, weiterhin den Entsorgungsbergbau. Die zugehörigen Betriebe sind Bergwerke, Gruben oder Tagebaue beziehungsweise Deponien oder Endlager. Bergbau erstreckt sich auf Steinkohle, Braunkohle, Torf, Erdöl, Erdgas, Ölschiefer, Ölsande, Erze (zur Gewinnung von Metallen), Schwefel, Steinsalz, Kalisalze, Phosphate und Stickstoffminerale sowie auf Edelsteine und auf Steine und Erden aller Art.

**Bergius,** Friedrich, deutscher Chemiker, * Goldschmieden (heute zu Breslau) 11. 10. 1884, † Buenos Aires 31. 3. 1949; erfand u. a. Verfahren zur Kohleverflüssigung (→Kohlehydrierung; Bergius-Pier-Verfahren) und zur Holzverzuckerung; erhielt 1931 mit Carl Bosch den Nobelpreis für Chemie.

**Bergström** ['bærjstrø:m], Sune, schwedischer Biochemiker, * Stockholm 10. 1. 1916, † 15. 8. 2004; Professor in Lund, arbeitete am Stockholmer Karolinska-Institut; erhielt für grundlegende Arbeiten über Prostaglandine mit B. Samuelsson und J. R. Vane 1982 den Nobelpreis für Physiologie oder Medizin.

**Bergungsschiff,** Spezialschiff 1) zum Heben (Hebeschiff) gesunkener Schiffe mithilfe bordeigener Kräne; 2) zum Freischleppen (Bergungsschlepper) auf Grund aufgelaufener oder zum Schleppen manövrierunfähiger Schiffe.

## Berg Der eigentlich höchste Berg

Lange Zeit galten der 6 310 Meter hohe Chimborazo (Bild) in Ecuador als der höchste Berg und die Anden als höchstes Gebirge der Welt. Erst Vermessungen im Himalaja ergaben, dass es noch wesentlich höhere Gipfel gibt, und auch in den Anden entdeckte man zahlreiche höhere Berge. Einen ersten ernsthaften Besteigungsversuch des Chimborazo unternahm der berühmte Forschungsreisende Alexander von Humboldt, musste aber angesichts des Wetters und der Gletscherspalten wieder umkehren. Die Erstbesteigung glückte dann am 4. Januar 1880 dem Engländer Edward Whymper, der auch als Erster auf dem Matterhorn stand.

Legt man die Entfernung vom Erdmittelpunkt zugrunde, dann ist der Chimborazo mit 6 384,987 km auch heute noch der höchste Gipfel der Erde. Denn unser Planet ist, da er sich dreht, keine Kugel, sondern ein Rotationsellipsoid, d. h. an den Polen ist der Erdradius kleiner als am Äquator. In dieser Rangliste folgt der Mount Everest (6 382,414 km) erst auf Platz sechs. Auch der Gipfel des Kilimandscharo ist weiter vom Erdmittelpunkt entfernt als der Himalaja-Riese.

**Beringung,** das Anbringen von Erkennungsringen am Fuß frei lebender Vögel, um daraus nach Wiederfund beziehungsweise -fang Einzelheiten ihrer Lebensweise folgern zu können (Vogelzug, Ortstreue, Lebensdauer).

**Berkelium** [nach der Stadt Berkeley] *das,* chemisches Symbol **Bk,** künstliches, stark radioaktives Actinoidenelement aus der Gruppe der Transurane, Ordnungszahl 97, Isotope 242–251 mit Halbwertszeiten zwischen 7 Minuten und 1 400 Jahren ($^{247}Bk$); Berkeliumnuklide lagern sich v. a. im Skelett ab.

**Bernoulli** [bɛrˈnʊli], Daniel, schweizerischer Physiker, Mathematiker und Mediziner, *Groningen 8. 2. 1700, † Basel 17. 3. 1782; Professor in Sankt Petersburg und Basel, begründete die Hydrodynamik und schuf erste Ansätze zu einer kinetischen Gastheorie.

**Bernoulli-Gleichung** [bɛrˈnʊli-; nach D. Bernoulli], hydrodynamische Grundgleichung für stationäre, reibungsfreie, inkompressible Flüssigkeiten und Gase; danach ist (ohne Berücksichtigung der Schwerkraft) die Summe aus statischem Druck $p$ und dynamischem Staudruck $^1/_2\,\varrho \upsilon^2$ konstant: $p + {}^1/_2\,\varrho \upsilon^2 = p_{ges}$ = konstant ($\varrho$ Dichte des strömenden Mediums). Durch Messung von Gesamtdruck $p_{ges}$ und statischem Druck lässt sich die Strömungsgeschwindigkeit $\upsilon$ ermitteln.

**Berstversuch,** *Werkstoffprüfung:* die Belastung eines Hohlkörpers durch Innendruck bis zum Bruch, wobei Verformungs- und Festigkeitsverhalten ermittelt werden. Wichtige Kennwerte sind der Fließbeginn, der Höchstdruck und der Berstdruck.

**Bertalanffy,** Ludwig von, kanadischer Biologe österreichischer Herkunft, *Atzgersdorf (heute zu Wien) 19. 9. 1901, † Buffalo (New York) 12. 6. 1972; Professor (ab 1940) u. a. in Wien, Ottawa und Edmonton. Arbeitsgebiete: Physiologie, Biophysik, Krebsforschung, Systemtheorie; prägte den Begriff des Fließgleichgewichts.

**Berthelot** [bɛrtəˈlo], Marcelin Pierre Eugène, französischer Chemiker, *Paris 25. 10. 1827, † ebenda 18. 3. 1907; einer der Begründer der synthetischen organischen Chemie. Arbeiten zur Thermochemie (→Kalorimeter), zu Sprengstoffen und zur physiologischen Chemie.

**Berührungsspannung, 1)** *Elektrochemie:* **Kontaktspannung,** elektrische Spannung, die bei enger Berührung zweier chemisch verschiedener Stoffe auftritt, da von dem einen Körper Elektronen an den anderen abgegeben werden, wodurch sich an der Berührungsstelle durch Ladungstrennung eine elektrische Doppelschicht ausbildet.

**2)** *Elektrotechnik:* die durch einen Defekt hervorgerufene Spannung, z. B. am Gehäuse eines elektrischen Geräts, die bei Berührung einen Spannungsfluss durch den menschlichen Körper zur Folge hat.

**Beryllium** *das,* chemisches Symbol **Be,** metallisches Element aus der 2. Hauptgruppe des Periodensystems (Erdalkalimetall), Ordnungszahl 4, relative Atommasse 9,01218, Dichte (bei 20 °C) 1,848 g/cm$^3$, Schmelzpunkt 1 287 °C, Siedepunkt 2 471 °C.

Beryllium ist ein stahlgraues, hartes, bei Zimmertemperatur sprödes, bei Rotglut dehnbares, leicht oxidierbares Leichtmetall, das sich in Säuren und Laugen löst und von Wasser nicht angegriffen wird. Beryllium und seine Verbindungen sind toxisch. In der Natur kommt es selten vor (etwa 30 Minerale, v. a. Beryll). Es wird durch Elektrolyse oder Reduktion von Berylliumchlorid oder Berylliumfluorid dargestellt.

Beryllium wird v. a. in der Raumfahrt und Raketentechnik verwendet. Als Legierungsbestandteil erhöht es Härte sowie Bruch- und Biegefestigkeit vieler Metalle. Es dient als Austrittsfenster für Röntgenstrahlen und als wichtiges Konstruktionsmaterial für Kernreaktoren. **Berylliumoxid,** BeO, Schmelzpunkt 2 530 °C, wird für hoch feuerfeste, gasdichte Keramiken und Spezialgläser verwendet.

**Berzelius,** Jöns Jakob Freiherr von (seit 1835), schwedischer Chemiker, *Väversunda Sörgård (bei Linköping) 20. 8. 1779, † Stockholm 7. 8. 1848; begründete die Elementaranalyse, führte die heute gebräuchlichen chemischen Symbole sowie die Begriffe organische Chemie und Isomerie ein. Genaue Atommassenbestimmung sowie die Entdeckung der Elemente Cer, Selen, Lithium, Thorium und die Darstellung von Silicium, Zirkon und Tantal gehen auf ihn zurück. Seine dualistische elektrochemische Theorie besagt, dass die chemische Bindung durch elektrisch positiv und negativ geladene Atomgruppen zustande kommt.

100563

Marcelin Berthelot

**Besamung,** *Biologie:* im engeren Sinn das Eindringen der Samenzelle in die Eizelle (→Befruchtung), im weiteren Sinn das Einbringen der Samenflüssigkeit in die weiblichen Geschlechtsorgane (→Begattung). Bei **künstlicher Besamung** (fälschlich auch künstliche Befruchtung genannt) wird der Samen ohne Begattung übertragen (→künstliche Besamung).

**Beschichten,** das Aufbringen metallischer oder nichtmetallischer, anorganischer oder organischer Überzüge auf ein Werkstück; erfolgt aus dem gasförmigen Zustand (z. B. Aufdampfen), aus dem flüssigen oder pastenförmigen Zustand (z. B. Spritzlackieren), durch elektrochemische Abscheidung aus Lösungen (z. B. Galvanisieren) oder aus dem festen Zustand (z. B. Hammerplattieren). Verfahren zum Aufbringen extrem dünner Beschichtungen (z. B. Vakuumverfahren) gewinnen in der heutigen Werkstofftechnik an Bedeutung.

**BESSY GmbH.**
Seit 1998 ist die Hochbrillanz-Synchrotronstrahlungsquelle BESSY II in Berlin-Adlershof in Betrieb.

**Beschleuniger, 1)** *Chemie:* unspezifische Bezeichnung z. B. für →Aktivator, →Katalysator.

**2)** *Physik:* →Teilchenbeschleuniger.

**Beschleunigung,** *Physik:* Formelzeichen $a$, SI-Einheit: $m/s^2$; die zeitliche Änderung der Geschwindigkeit nach Betrag und/oder Richtung. Ein Körper erfährt eine **gleichförmige Beschleunigung,** wenn in gleichen Zeitabschnitten $\Delta t$ stets die gleiche Geschwindigkeitsänderung $\Delta v$ eintritt, $a = \Delta v / \Delta t$. Sie beträgt beim freien Fall (→Fallbeschleunigung) $9{,}81\ m/s^2$. Die Momentanbeschleunigung einer **ungleichförmigen Beschleunigung** berechnet sich aus der Ableitung der Geschwindigkeit $v$ (beziehungsweise des Ortsvektors $\boldsymbol{r}$) nach der Zeit $t$, $\boldsymbol{a} = d\boldsymbol{v}/dt = d^2\boldsymbol{r}/dt^2$. Da die Beschleunigung ein Vektor ist, kann man sie in jedem Punkt der Bahn eines beschleunigten Körpers (Massenpunktes) in die Bahnbeschleunigung oder **Tangentialbeschleunigung** in Richtung der Bahntangente und in die dazu senkrechte Normalbeschleunigung oder **Zentrifugalbeschleunigung** zerlegen.

**Besetzungs|inversion, Besetzungsumkehr,** Zustand eines atomaren Systems, bei dem mindestens ein angeregtes Energieniveau stärker besetzt ist als energetisch tiefer liegende Niveaus; Voraussetzung für den Betrieb von →Lasern.

**Besetzungszahl,** Anzahl gleichartiger Teilchen eines mikrophysikalischen Systems, die einen bestimmten Energie- oder Quantenzustand besetzen. Für Fermionen (z. B. Elektronen eines →Atoms) ist die Besetzungszahl aufgrund des →Pauli-Prinzips immer 0 oder 1, für Bosonen besteht keine solche Einschränkung.

**Bẹssemer,** Sir (seit 1879) Henry, britischer Ingenieur, *Charlton (bei Hitchin, County Hertfordshire) 19. 1. 1813, † London 15. 3. 1898; erfand 1855 den nach ihm benannten **Bessemerprozess,** ein Windfrischverfahren. Das Roheisen wird in einem mit feuerfesten, sauren Steinen ausgekleideten birnenförmigen Gefäß **(Bessemerkonverter, Bessemerbirne)** mit bis zu 60 t Fassungsvermögen von unten mit Luft durchblasen. Dabei verbrennen die Eisenbegleiter, besonders der Kohlenstoff. Der Bessemerprozess wird heute nicht mehr angewendet.

**BESSY GmbH,** Abkürzung für Berliner Elektronenspeicherring-Gesellschaft für Synchrotronstrahlung mbH, 1979 gegründete Gesellschaft, die den Bau, Betrieb und die Weiterentwicklung von Synchrotronstrahlungsquellen zum Ziel hat und →Synchrotronstrahlung im infraroten, vakuumultravioletten (VUV) und Röntgenbereich für Forschung und Industrie bereitstellt. Ihr gehören das Deutsche Elektronen-Synchrotron Hamburg, die Fraunhofer-Gesellschaft zur Förderung der angewandten Forschung e. V., das Forschungszentrum Jülich GmbH, das Forschungszentrum Karlsruhe GmbH, das Hahn-Meitner-Institut Berlin GmbH und die Max-Planck-Gesellschaft zur Förderung der Wissenschaften e. V. an.

■ **Beschleuniger** 1998 nahm der Elektronenspeicherring **BESSY II** in Berlin-Adlershof den Betrieb auf, der das seit 1982 arbeitende 800-MeV-Elektronensynchrotron **BESSY I** ablöste. BESSY II ist für eine Speicherenergie von bis zu 1,7 GeV ausgelegt und kann gegenüber BESSY I eine bis zu 10 000fach höhere Leuchtdichte und ein breiteres Spektrum der erzeugten Synchrotronstrahlung erzielen. In den Speicherring (Umfang 240 m), in dem die auf nahezu Lichtgeschwindigkeit beschleunigten Elektronen das Synchrotronlicht abstrahlen, wurden Hochleistungsmagnete (Wiggler und Undulatoren) eingebaut, in denen der Elektronenstrahl periodisch oszilliert und eine intensivere und schmalbandigere Strahlung liefert, als es herkömmliche Ablenkmagnete erlauben. Die Anlage ermöglicht neben Grundlagenforschungen u. a. Anwendungen in den Werkstoffwissenschaften, der Mikro- und Nanotechnologie, der biologischen Strukturforschung sowie der Halbleiter- und Umwelttechnik.

**Bestand,** durch Baumart, Alter und Wachstum von seiner Umgebung unterscheidbarer, mindestens 0,5 ha großer Waldteil.

**Bestäubung,** die bei den Samenpflanzen der Befruchtung vorausgehende Übertragung des Blütenstaubes (Pollen) auf die Narbe einer Blüte. Bei **Selbstbestäubung (Autogamie)** werden Pollen derselben Blüte übertragen, bei **Fremdbestäubung (Allogamie)** Pollen aus einer anderen Blüte gleicher Art. Überträger sind Wind, Wasser, Tiere. **Wasserbestäubung** ist selten und kommt bei untergetaucht wachsenden Wasserpflanzen vor (z. B. Seegras, Hornblatt). Bei der **Tierbestäubung** ist die **Insektenbestäubung** durch Bienen, Schmetterlinge oder Fliegen am häufigsten; in tropischen und subtropischen Gebieten Bestäubung auch durch Vögel (z. B. Kolibris).

**Bestimmung,** *Biologie:* das Erkennen einer dem Betrachtenden unbekannten, aber bereits beschriebenen Pflanze oder eines Tieres; auch die Einordnung einer noch nicht beschriebenen Art in das biologische →System 1). Als Hilfsmittel hierzu dient ein Bestimmungsschlüssel, der durch das Abfragen von morphologischen Strukturen (Vorhandensein bestimmter Merkmale, Größe, Farbe, Form, Anzahl u. a.) eine zunehmende Spezifizierung bis hin zur genauen Bestimmung der Art oder weiterführend der Unterart (Rasse) ermöglicht.

**Bestockung,** *Tierzucht:* (Besatzdichte), das Verhältnis von Viehzahl zur benutzten Weidefläche.

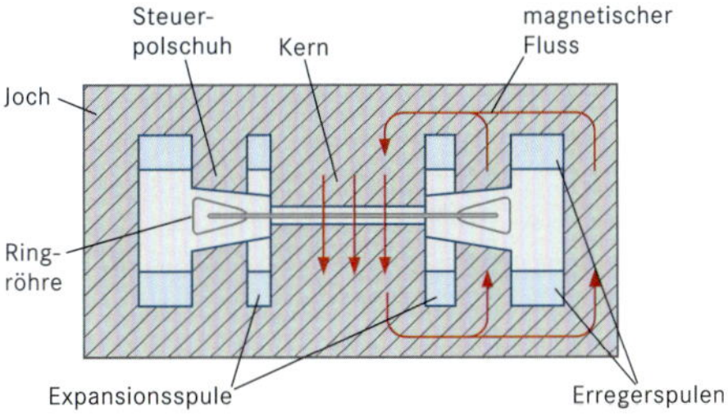


**Betatron.** Schematischer Querschnitt

**Bestrahlungsstärke,** Formelzeichen $E$, $E_e$, SI-Einheit: W/m$^2$; eine Strahlungsgröße; der Quotient aus der auf eine Fläche auftreffenden Strahlungsleistung (→Strahlungsfluss) und dieser Fläche. Die entsprechenden fotometrische Größe ist die →Beleuchtungsstärke.

**Betain** *das,* **Trimethylglycin,** biogenes Amin, Zwitterion mit positiver und negativer Ladung, das in der Zuckerrübe (Beta vulgaris) und als Oxidationsprodukt des Cholins beim Proteinstoffwechsel vorkommt. Betain senkt den Blutcholesterinspiegel; angewendet bei Leberkrankheiten und zur Substitution von Magensalzsäure.

**Betastrahlung, β-Strahlung,** Korpuskularstrahlung mit Energien bis zu mehreren Megaelektronenvolt, die bei einer bestimmten Art des radioaktiven Zerfalls (→Radioaktivität) von Atomkernen **(Betazerfall)** auftritt. Betastrahlung besteht aus (negativ geladenen) Elektronen ($\beta^-$-Strahlen) oder (positiv geladenen) Positronen ($\beta^+$-Strahlen). Die ausgesandten Teilchen heißen **Betateilchen,** die aussendenden Radionuklide **Betastrahler.** Bei den natürlich vorkommenden radioaktiven Kernen wird ein Neutron in ein Proton umgewandelt, dabei entstehen ein Elektron und ein Anti-Elektronneutrino, die abgestrahlt werden **($\beta^-$-Zerfall, Elektronenemission).** Der **$\beta^+$-Zerfall (Positronenemission),** bei dem ein Proton in ein Neutron umgewandelt wird und ein Positron und ein Elektronneutrino entstehen, tritt nur bei künstlich hergestellten Radionukliden auf. Im weiteren Sinn zählen auch der Elektroneneinfang (→Einfangprozesse) und leptonische Zerfälle zum Betazerfall.

■ **Eigenschaften** Die Reichweite der Betastrahlung hängt von der Strahlungsenergie und der Dichte des durchstrahlten Materials ab. Sie beträgt in Luft mehrere Meter, in festen Stoffen einige Millimeter. Betastrahlung wird durch Stoffe hoher Ordnungszahl oder großer Dichte abgeschirmt (Blei, Eisen). Zum Nachweis und zur Intensitätsmessung der ionisierenden Strahlung dienen Blasenkammern sowie Halbleiterzähler. In der Werkstoffprüfung werden Betastrahler z. B. zur Dickenmessung angewendet. Die Betastrahlung ruft als stark ionisierende Strahlung im menschlichen Körper starke Schädigungen hervor und wird deshalb z. B. in der Krebstherapie (u. a. $^{60}$Co) eingesetzt, aber auch bei physiologisch-chemischen Untersuchungen und bei biologischen Untersuchungen von Strahlenexpositionen.

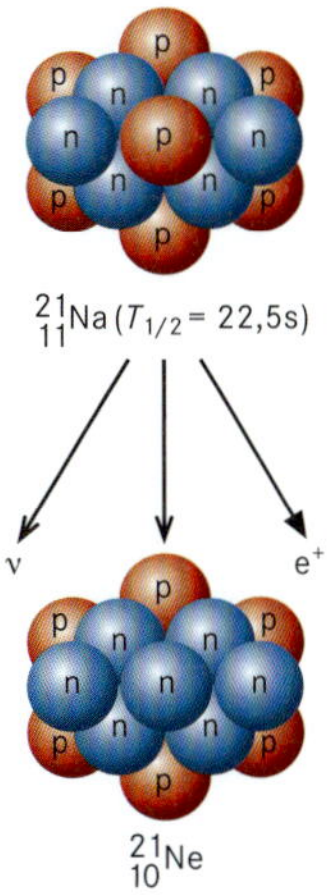


**Betastrahlung.** ß$^+$-Zerfall des Natrium-21-Atomkerns ($T_{1/2}$ Halbwertszeit)

**Betatron** [Kunstwort aus Betastrahlen und Elektron] *das,* Beschleunigungsanlage für Elektronen (→Teilchenbeschleuniger) nach dem Prinzip des Transformators: Um ein zeitlich veränderliches Magnetfeld entsteht ein ringförmiges elektrisches Feld, das eine geschlossene evakuierte Beschleunigungsröhre (als Sekundärspule) durchsetzt, in die Elektronen eingeschossen werden. Das Magnetfeld wird dabei so gesteuert, dass es als Führungsfeld für eine stabile Elektronenbahn sorgt. Die Elektronen können nach etwa $10^6$ Umläufen Energien bis zu 300 MeV erreichen; höhere Energien sind nicht möglich, da die bewegten Elektronen elektromagnetische Strahlung aussenden, deren Energie dann gleich der Beschleunigungsenergie wird. Verwendung in der Kernphysik, in der Werkstoffprüfung und in der Medizin zur Strahlentherapie (bis etwa 50 MeV).

**Betazerfall,** →Betastrahlung.

**Bethe,** Hans Albrecht, amerikanischer Physiker deutscher Herkunft, * Straßburg 2. 7. 1906, † Ithaca (New York) 6. 3. 2005; ab 1937 Professor an der Cornell-Universität in Ithaca (New York), 1943–46 als Direktor der Abteilung für theoretische Physik im Atomforschungsinstitut in Los Alamos maßgeblich an der Entwicklung der Atombombe, später auch der Wasserstoffbombe beteiligt.

Bethe zählt zu den herausragenden theoretischen Physikern des 20. Jahrhunderts; von ihm stammen wesentliche Beiträge zur theoretischen Festkörperphysik (u. a. 1933 eine Darstellung der quantenmechanischen Elektronentheorie der Metalle; zusammen mit A. Sommerfeld), zur Abbremsung der Elektronen

**Hans Albrecht Bethe**
*** 1906, † 2005**

- herausragender theoretischer Physiker
- war maßgeblich an der Entwicklung der Atombombe beteiligt
- erhielt 1967 den Nobelpreis

**Betonbau.** Notre-Dame-du-Haut in Ronchamp (1950–54) von Le Corbusier

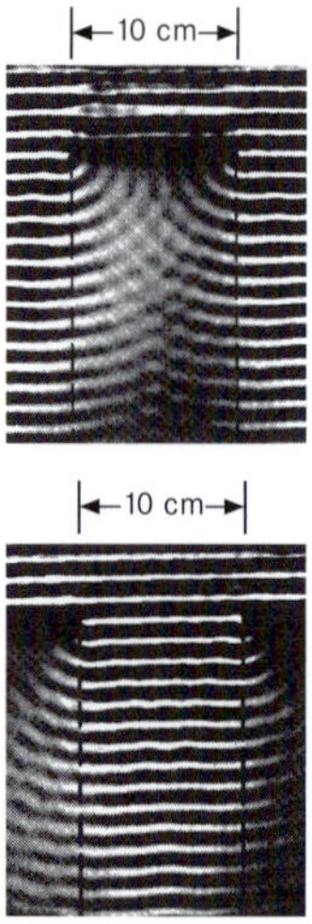


**Beugung.** Beugung von Wasserwellen am Hindernis (oben) und am Spalt (unten)

beim Durchgang durch Materie (1934), über die Entstehung von Teilchenschauern in der kosmischen Strahlung, zur Energieerzeugung in den Sternen (1937; →Bethe-Weizsäcker-Zyklus), zur Quantenelektrodynamik (u. a. 1947 Erklärung der Lamb-Shift) und Quantenfeldtheorie sowie zur theoretischen Kernphysik (u. a. 1935 die Bethe-Weizsäcker-Formel) und zur Reaktorphysik (Bethe-Tait-Störfall). Er erhielt 1955 die Max-Planck-Medaille, 1961 den Enrico-Fermi-Preis und 1967 für seine Theorie der Energie liefernden Kernreaktion in Sternen den Nobelpreis für Physik. Er war häufig Berater der amerikanischen Regierung und Industrie in Fragen der Kernenergie.

**Bethe-Weizsäcker-Zyklus** [nach H. A. Bethe und C. F. von Weizsäcker] **Kohlenstoff-Stickstoff-Zyklus**, **CN-Zyklus**, ein Zyklus von Kernreaktionen mit Kohlenstoff- (C), Stickstoff- (N) und Sauerstoffkernen (O), bei dem Wasserstoff unter Energieabgabe in Helium umgewandelt wird. Der Bethe-Weizsäcker-Zyklus liefert wahrscheinlich den Hauptteil der Strahlungsenergie massereicher Hauptreihensterne.

**Beton** [be'tɔŋ, be'tɔ̃, österreichisch be'to:n; französisch, aus lateinisch bitumen »Erdharz«] *der,* Baustoffgemenge aus Bindemitteln (z. B. Zement, Bitumen, Silikat, Ton), Zuschlagstoffen (z. B. Kies, Schotter, Splitt) und Wasser. Die Eigenschaften des Beton, wie hohe Druckfestigkeit, geringe Zugfestigkeit, Haftfähigkeit an Stahl, Witterungs- und Feuerbeständigkeit, sind abhängig von der Art und Güte der Bindemittel, der Oberflächenbeschaffenheit und Kornform der Zuschlagstoffe, dem Wasser-Zement-Verhältnis (Wasserzementwert) und der Verdichtung. Nach der Rohdichte unterscheidet man **Schwerbeton** (über 2,8 t/m$^3$), **Normalbeton** (2,0–2,8 t/m$^3$) für den Tief-, Wasser- und Hochbau sowie **Leichtbeton** (unter 2,0 t/m$^3$) mit hohem Gehalt an Luftporen, die durch leichte Zuschlagstoffe (Blähschiefer, -ton) eingebracht oder durch Gasblasen künstlich erzeugt werden. Man unterscheidet **Frischbeton** (noch nicht abgebunden) und **Festbeton** (abgebunden, erhärtet).

Leichtbeton ist wärmedämmend und wird für Außen- und Innenwände eingesetzt. Im Bauwesen wird unter Anwendung verschiedener Betonierverfahren auf der Baustelle hergestellter **(Ortbeton)** oder aus Fertigbetonanlagen in Spezialfahrzeugen zur Verwendungsstelle transportierter Beton **(Transportbeton)** verwendet: Stampfbeton wird erdfeucht eingestampft, Gussbeton über Rinnen geführt, Spritzbeton mit Druckluft durch Düsen gespritzt. Zur Erhöhung der Zugfestigkeit werden Stahleinlagen (Bewehrung) so in den Beton eingelegt, dass sie die Zugkräfte aufnehmen. **Stahlbeton** ist nur möglich, weil Stahl und Beton etwa die gleiche thermische Ausdehnung aufweisen.

**Betonbau** [be'tɔŋ-, be'tɔ̃-], Sammelbegriff für jede Herstellung eines Bauwerkes unter Verwendung von Beton: Stahlbeton, Spannbeton, Leichtbeton oder unbewehrtem Beton.

**Betriebsart,** *Technik:* bei elektrischen Maschinen die zeitliche Folge und Dauer der Betriebszustände (z. B. Leerlauf, Belastung, Stillstand), für die das Betriebsmittel ausgelegt ist. Unterschieden werden u. a. Nenn-, Dauer-, Kurzzeit-, Aussetz- und Reversierbetrieb.

**Beugung, Diffraktion,** *Physik:* bei Wellenvorgängen (Wasser-, Schall-, elektromagnetische Wellen) jede nicht durch Brechung, Reflexion oder Streuung bedingte Abweichung von der geradlinigen Ausbreitung, die insbesondere durch Hindernisse (Kante, Spalt u. a.) oder Dichteänderungen des durchquerten Mediums verursacht wird; sie ist stets mit →Interferenz verbunden. Die Beugung lässt sich mit dem →huygensschen Prinzip erklären; sie wird merklich, wenn die Abmessungen des Hindernisses von ungefähr gleicher Größe oder kleiner als die Wellenlänge sind. Beugung tritt bei jeder Art von Wellen (auch bei Teilchenstrahlen) auf (→Elektronenbeugung, →Neutronenbeugung).

■ **Beugung des Lichts** Bei der eng mit Interferenzerscheinungen verknüpften Beugung

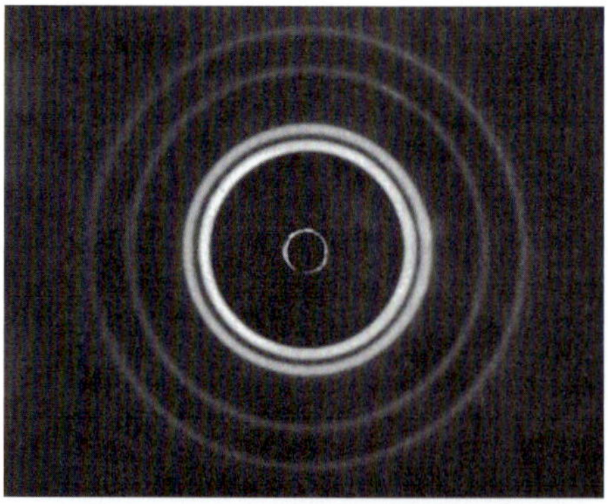

**Beugung.** Interferenzmuster bei der Beugung von Röntgenstrahlen an einer dünnen Metallfolie

**Beuteltiere.** Känguru mit Jungtier

des Lichts an einem Spalt sind auf einem Schirm abwechselnd dunkle (Beugungsminima) und helle (Beugungsmaxima) Streifen mit nach außen abnehmender Intensität als **Beugungsbild** beobachtbar, aus deren Abstand mithilfe der Spaltbreite die Wellenlänge des Lichts berechnet werden kann. Die Erscheinung wird besonders deutlich, wenn anstelle eines Spalts ein **Beugungsgitter** (→Gitter) verwendet wird. Fällt nicht einfarbiges (monochromatisches), sondern weißes Licht auf das Gitter, so entsteht das farbige **Beugungsspektrum** (→Spektrum). Die Beugung ist die Ursache für die Begrenzung des Auflösungsvermögens in optischen Systemen.

**Beutelratten, Didelphidae,** Familie der Beuteltiere, maus- bis katzengroße langschwänzige Tiere in Süd- und im südlichen Nordamerika, mit Greifschwanz, spitzer Schnauze und raubtierähnlichem Gebiss; Allesfresser (→Opossums).

**Beuteltiere, Marsupialia**, Ordnung der Säugetiere, in der Gegenwart fast nur in Australien, Neuguinea und Südamerika vorkommend. Die Jungen werden meist in einem sehr frühen Entwicklungsstadium geboren und während ihrer Weiterentwicklung in einer Hauttasche (Beutel) am Bauch des Weibchens getragen, die die Zitzen einschließt und von einem Paar Beutelknochen gestützt wird. Scheide und Gebärmutter sind doppelt ausgebildet (deshalb früher auch die Bezeichnung **Didelphier**).

**Bevölkerungsentwicklung,** die Veränderung der Bevölkerungszahl eines bestimmten Gebietes, die von den Faktoren Geburtenhäufigkeit, Sterblichkeit (Lebenserwartung) und (v. a. bei kleineren Raumeinheiten) von der Zu- und Abwanderung abhängig ist; diese wiederum werden entscheidend von der Altersstruktur bestimmt. Da sich die globale Bevölkerungsentwicklung bislang immer nur durch einen Anstieg der Weltbevölkerung auszeichnete, wird die Bezeichnung **Bevölkerungswachstum** in einem nahezu synonymen Sinn verwendet; aufgrund hoher Zuwachsraten und einer immer größeren absoluten Zunahme der Bevölkerungszahl wird seit den 1970er-Jahren häufig von einer »Bevölkerungsexplosion« gesprochen. Das Maß der Bevölkerungsentwicklung ist die Wachstumsrate der Bevölkerung, die definiert ist als die jährliche Zu- oder Abnahme der Bevölkerungszahl, ausgedrückt in Prozent. 1970 betrug die Weltbevölkerung etwa 3,7 Mrd., 2006 etwa 6,5 Mrd. Menschen, die Wachstumsrate belief sich zwischen 1995 und 2000 auf 1,35 %. Die durchschnittliche jährliche Wachstumsrate der Bevölkerung für 1995–2000 betrug in Afrika 2,41 %, in Mittel- und Südamerika 1,69 %, in Asien 1,41 %, in Australien und Ozeanien 1,37 %, in Nordamerika 0,9 % und in Europa −0,04 %.

**Beweglichkeit,** *Physik:* bei Ladungsträgern (z. B. Ionen in Elektrolyten) Quotient aus mittlerer Geschwindigkeit (Driftgeschwindigkeit) und elektrischer Feldstärke.

**Bewegung, 1)** *Biologie:* ein Kennzeichen lebender Organismen, besonders der Tiere und Menschen, aber auch der Pflanzen. **Passive Bewegung** ist die Ausnutzung fremder Bewegungsenergie, z. B. die Verbreitung von Pflanzensamen durch den Wind, die Ausnutzung der Wellenbewegung beim Schwimmen, der Transport kleinerer Organismen (Parasi-

**Bevölkerungsentwicklung: Weltbevölkerung in Vergangenheit und Zukunft**

| Zeit | Bevölkerung (in Mio.) | Wachstumsrate (in %) | Verdopplungszeit (in Jahren) |
|---|---|---|---|
| 8000–6000 v. Chr. | 5–10 | ~0 | >1000 |
| 1 n. Chr. | 200– 400 | ~0 | >1000 |
| 1650 | 470– 545 | ~0 | >1000 |
| 1750 | 629– 961 | 0,4 | 173 |
| 1850 | 1128–1402 | 0,5 | 139 |
| 1900 | 1550–1762 | 0,5 | 139 |
| 1950 | 2521 | 0,8 | 83 |
| 1960 | 3022 | 1,8 | 38 |
| 1970 | 3696 | 2,0 | 34 |
| 1980 | 4440 | 1,9 | 38 |
| 1990 | 5266 | 1,7 | 41 |
| 2000 | 6057 | 1,4 | 50 |
| 2025 | 7937 | 1,1*) | 65 |
| 2050 | 9322 | 0,6*) | 109 |

*) mittlere Prognosevariante

ten) durch größere. **Aktive Bewegung** umfasst Lage- beziehungsweise Ortsveränderungen, bei denen der Organismus die benötigte Energie selbst aufbringt; **indirekte Bewegung** geschieht z.B. durch Sekretion von Gasen (Schwimmblase), bei Pflanzen auch durch Turgoränderung; **direkte Bewegung** durch reversible Strukturänderung der Proteinmoleküle des lebenden Plasmas. Die wichtigsten Formen sind: **amöboide Bewegung** durch Scheinfüßchen bei Einzellern, bei den weißen Blutkörperchen; **Zilienbewegung** und **Geißelbewegung** durch fadenförmige Plasmastrukturen von Zellen bei Pantoffeltierchen, Samenzellen, Strudelwürmern; **Muskelbewegung (Kontraktionsbewegung)** durch größere Zellverbände bei mehrzelligen Tieren.

**2)** *Physik:* die Ortsänderung physikalischer Systeme relativ zu einem anderen Körper oder zu einem Bezugssystem **(Relativbewegung).** Bei einer **gleichförmigen Bewegung** ist die Geschwindigkeit konstant, bei einer **ungleichförmigen Bewegung** tritt eine Beschleunigung auf. Gleichförmig beschleunigt ist eine Bewegung bei konstant positiver, gleichförmig verzögert bei konstant negativer Beschleunigung. Bei **krummlinigen Bewegungen** existiert eine zur Bahn senkrechte Beschleunigung. Bei **periodischen Bewegungen** kehren in regelmäßigen Abständen gleiche Bewegungszustände wieder. Jede Bewegung eines Körpers kann aus einer **fortschreitenden Bewegung** (→Translation) und einer **Drehbewegung** (→Rotation) zusammengesetzt werden.

Wird von der Ursache der Bewegung abgesehen, so wird die Bewegungslehre auch als **Kinematik** bezeichnet; im Gegensatz dazu werden in der **Dynamik** die Kräfte als Bewegungsursache untersucht.

Der mittelalterliche Theologe Thomas von Aquino (* 1224, † 1274) definiert die **Bewegung** über ihr Gegenteil:

*»Jegliche Bewegung setzt ein Unbewegliches voraus.«*

**Bewegungs|energie,** die kinetische →Energie.

**Bezoar** [arabisch, aus persisch »Gegengift«] *der,* bei Wiederkäuern die Zusammenballung aus verschluckten und verfilzten Haaren und/oder Pflanzenfasern im Magen oder Darm.

**Bezugssystem,** *Physik:* der Messung oder mathematischen Beschreibung eines physikalischen Sachverhalts zugrunde gelegtes Koordinatensystem, z.B. ein →Inertialsystem.

**Bh,** chemisches Symbol für →Bohrium.

**Bi** [von lateinisch bismutum], chemisches Symbol für →Wismut (fachsprachlich Bismut).

**Bi,** Einheitenzeichen für →Biot.

**Biber, Castoridae,** Familie der Nagetiere mit zwei Arten in Eurasien, Nordamerika, Neufundland und in Kalifornien. Mit rund 1 m Länge und 30 kg Masse ist der **Eurasiatische Biber** (Castor fiber) das größte europäische Nagetier. In Anpassung an das Wasserleben hat er einen horizontal abgeplatteten, schuppigen Schwanz (»Kelle«) und Schwimmhäute an den Hinterfüßen. Er hat kastanienbraunes Fell und wirft bis zu vier Junge pro Jahr. Die Innenwände der Geil- oder Kastorsäcke zwischen After und Geschlechtsteilen sondern das **Bibergeil (Castoreum)** ab. Die Nahrung besteht aus Rinde und anderen Pflanzenteilen. Der Biber baut Burgen, deren Kammern nur durch unter Wasser mündende Gänge zugänglich sind, und Dämme zur Regulierung des Wasserstandes um die Behausung herum. In Deutschland steht der Biber unter Naturschutz.

**Biegen,** *Fertigungstechnik:* das Umformen von Werkstücken mit Biegewerkzeugen oder Biegemaschinen. Man unterscheidet **Winkligbiegen** (Abkanten, Bördeln, Falzen) und **Rundbiegen.** Ergibt Letzteres kreis- oder halbkreisförmige Querschnitte, spricht man von **Runden.** Für das Biegen von Rohren gibt es besondere Vorrichtungen und Maschinen, die durch Dorne oder durch das Rohr umfassende Formteile den Rohrdurchmesser erhalten und Faltenbildung verhindern. Holz wird im Sattdampf (100–120 °C) gedämpft oder in Wasser gekocht, es lässt sich dann leicht um Formen biegen. Um ein Reißen an der Außenseite zu verhindern, wird ein Stahlband aufgelegt, das die Zugspannungen aufnimmt (Thonet-Verfahren). Glas wird bis zum Erweichen erhitzt und dann gebogen. Von Kunststoffen können nur Thermoplaste gebogen werden. Sie werden nach Anwärmen über Formen gebogen und in dieser Lage bis zum Abkühlen gehalten.

**Biegeversuch,** mechanisches Werkstoffprüfungsverfahren zur Bestimmung der Festigkeitskennwerte (Biegefestigkeit, Elastizitätsmodul und Verformbarkeit) von Bauteilen oder Probekörpern aus Beton, Gusseisen, Kunststoff u.a. durch definierte Biegebeanspruchung.

**Bienen, Blumenwespen, Apoidea,** zu den Stechimmen zählende Hautflüglerüberfamilie mit etwa 20 000 Arten, Körperlänge zwischen 2 und 40 mm. Bienen sind Blütenbesucher mit Sammelapparaten aus Haar- und Borstenkämmen für Pollen und Nektar; betreiben Brutpflege in geschützten Nestern mit Brutzellen. Nach der Lebensweise unterscheidet man: soziale (Staaten bildende) Bienen, wie Honigbiene und Hummel, solitäre (allein lebende) Bienen und Schmarotzerbienen (Kuckucksbienen, das heißt Bienen mit kuckuckähnlicher Brutaufzucht).

Die weit verbreitete Honigbiene (Apis mellifica) bildet Stöcke mit bis zu 70 000 Individuen. Die ursprünglich in hohlen Ästen und Baumstümpfen lebenden Honigbienen werden vom Menschen zur Honiggewinnung in Bienenstöcken gehalten (Imkerei). Der Honig entsteht aus Blütennektar im Honigmagen der Arbeitsbiene, das Wachs in Blättchenform aus Drüsen der Bauchseite (den Wachsspiegeln). Außerdem sammeln die Honigbienen Blütenstaub (Pollen), der zu Nahrungsbrei für die

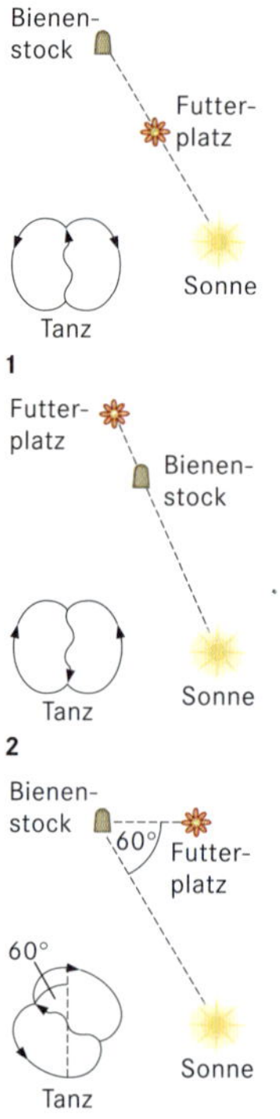


**Bienen.**
Bedeutung des Schwänzeltanzes der Honigbiene an der vertikalen Wabenwand: 1 Futterplatz liegt in Richtung der Sonne; 2 Futterplatz liegt entgegengesetzt zur Richtung der Sonne; 3 Futterplatz liegt 60 ° links von der Richtung zur Sonne

Larven verarbeitet wird. Durch tanzartige Flugbewegungen zeigen sie ihren Artgenossen im Stock die Nahrungsquelle an.

**Bienenwachs,** knetbares Ausscheidungsprodukt der Biene; zur Herstellung von Salben, Bohnerwachsen, Wachsplastiken, besonders Kerzen.

**Bienenzucht, Imkerei,** die Bienenhaltung zur Gewinnung von Honig und Wachs und zur Blütenbestäubung. Bis zum Mittelalter ist in Mitteleuropa die **Waldbienenzucht** betrieben worden; als Beute (Bienenwohnung) wurden hohle oder ausgehöhlte Bäume benutzt. Die spätere **Korbbienenzucht** arbeitete mit fest eingebautem, unbeweglichem Wabenbau in strohgeflochtenen Körben. Heute werden die Bienen in **Bienenständen** gehalten, Kästen **(Mobilbauzucht)** mit auswechselbaren Rähmchen. Sie können einzeln unter einem Schutzdach aufgestellt sein oder in Gruppenständen, am besten ortsbeweglichen Wanderständen, oder im Bienenhaus.

Tätigkeiten des Bienenzüchters (Imker): im Frühjahr die Freigabe von genügend Raum zur Brutbildung (Ausbau neuer Waben); in Notzeiten Versorgung des Volkes mit Futter (Zuckerlösung); Lenkung des Schwarmtriebes, der zur Vermehrung und Verjüngung der Völker führt; Entnahme überschüssiger Honigvorräte; Ernährung mit Winterfutter (Zuckerlösung), Einrichten witterungsgeschützter Stellen zum Überwintern der Völker.

**biẹnn** [lateinisch], **zweijährig,** Pflanzen mit zweijähriger Lebensdauer.

**bifilare Wicklung,** *Elektrotechnik:* Wicklungsart, bei der der Draht gegenläufig gewickelt ist, sodass sich das Magnetfeld in benachbarten Windungen weitgehend aufhebt; die Induktivität ist gering.

**Bifurkation** [lateinisch] *die,* **Verzweigung,** *Physik:* kritischer Punkt (Zustand) eines nichtlinearen mathematischen oder physikalischen Systems, an dem sich die Systemstruktur qualitativ ändern kann.

**bikonkav,** beiderseits konkav (hohl, nach innen gewölbt), im Gegensatz zu **bikonvex,** beiderseits konvex (→Linse).

**Bild,** *Optik:* →Abbildung.

**Bildfeldwölbung,** ein →Abbildungsfehler.

**Bildfrequenz,** die Anzahl der je Sekunde wiedergegebenen Phasenbilder von bewegten Bildszenen. Bei Verwendung von Filmen sind 16 bis 32 Bilder je Sekunde nötig, um eine Wiedergabe in normaler Geschwindigkeit bei ausreichender Wiedergabequalität zu ermöglichen. In der *Fernsehtechnik* wird das →Zeilensprungverfahren angewendet (Übertragung von Halbbildern, Norm 50 Hz). Um ein flimmerfreies Bild zu erzeugen, wird die Bildfrequenz von 50 Hz auf 100 Hz verdoppelt, indem die Halbbilder zweimal wiedergegeben werden.

**Bienen Der informative Tanz der Bienen**

Die weit verbreitete Bienenzucht und die umfassenden Kenntnisse über die streng hierarchisch aufgebauten Bienenvölker und ihre Sprache haben die Honigbiene fast zu einem Haustier des Menschen gemacht. Das Kommunikationssystem der fleißigen Nektarsammler ist faszinierend. Liegt die Futterquelle nicht weiter als 80 m vom Stock entfernt, so genügt ein einfacher Rundtanz, der den Stockgenossinnen den Auftrag gibt, in diesem Umkreis zu suchen. Bei dem so genannten Schwänzeltanz durchläuft die tanzende Biene eine Achterfigur. Die Tanzgeschwindigkeit zeigt die Entfernung an, die Ausrichtung der Schwänzelstrecke symbolisiert die Richtung der Futterquelle. Anhaftende Duftstoffe übermitteln Informationen über die Art der Futterquelle, und die Intensität und Ausdauer beim Tanzen drücken die Ergiebigkeit der Futterquelle aus. Die Weitergabe der Tanzinformation im dunklen Bienenstock erfolgt letztendlich über akustische Signale, die durch Vibrationen der Flügel der Tänzerin entstehen (siehe Randspaltengrafik, S. 80).

**Bildröhre Bildwiedergaberöhre,** eine →Elektronenstrahlröhre, auf deren Kolbenboden der →Leuchtschirm aufgebracht ist. Der von der Kathode ausgehende Elektronenstrahl wird in seiner Intensität von den der Steuerelektrode (Wehnelt-Zylinder) zugeführten Bildsignalen gesteuert. In einer Elektronenlinse wird der Strahl so konzentriert, dass auf dem Leuchtschirm ein punktförmiger Leuchtfleck entsteht. Von den magnetischen Feldern der Ablenkspulenpaare wird der Strahl zeilenweise über den Leuchtschirm geführt. In Fernsehempfängern verwendete Bildröhren werden auch als **Fernsehbildröhren** bezeichnet.

Bei **Farbbildröhren** werden die durch drei unabhängig arbeitende Elektronenstrahlkanonen in einer Röhre entstehenden drei Elektronenstrahlen (jeweils einer für Rot, Blau und Grün) zeilenweise abgelenkt. Nach dem Durchgang der Strahlen durch eine Schattenmaske (z. B. Loch-, Schlitz-, Streifenmaske) leuchten die Bildpunkte entsprechend der Intensität der Elektronenstrahlen rot, blau und grün und bilden durch additive Farbmischung alle anderen Farben.

**Bildschirm, 1)** *Computertechnik:* **Monitor, Screen,** Ausgabegerät zur visuellen Darstellung elektronischer Daten; spezielle Bildschirme, so genannte Touchscreens, dienen auch gleichzeitig als Eingabegerät. Bis in die 1990er-Jahre dominierten mit einer Bildröhre ausgestattete **Röhrenbildschirme,** inzwischen hat sich die →Flüssigkristallanzeige, insbesondere der **TFT-Bildschirm,** durchgesetzt. Andere Anzeigetechniken erlauben ebenfalls eine flache Bauweise (Plasmabildschirm, Elektrolumineszenzbildschirm), weshalb auch solche Bildschirme als Flachbildschirme bezeichnet werden. Ihre Einsatzmöglichkeiten sind derzeit allerdings noch stark eingeschränkt, u. a. wegen der hohen Herstellungskosten.

100674

**Bienen.** Honigbienen beim Schwänzeltanz

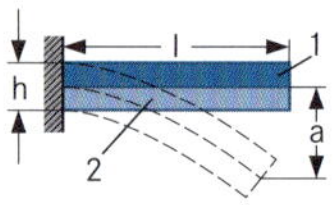


**Bimetall.**
Die Auslenkung a eines eingespannten Bimetallstreifens (l Länge, h Dicke) aus den Metallen 1 und 2 mit Wärmeausdehnungskoeffizienten $\alpha_1$ und $\alpha_2$, für die $\alpha_1 > \alpha_2$ gilt, kann zur Temperaturmessung genutzt werden.

**Bildtelefon**

**2)** *Technik:* Leuchtschirm in Fernsehgeräten beziehungsweise allgemein in braunschen Röhren.

**Bildschirmtext,** Abkürzung **Btx,** weltweit erster Onlinedienst; 1984 eingerichtet, am 1. 12. 2000 offiziell eingestellt.

**Bildsensor,** Bauelement zur Umwandlung der optischen Abbildung in ein elektrisches Signalmuster, z. B. CCD-Bildsensor, Bildaufnahmeröhre.

**Bildspeicherung,** *Fernsehtechnik:* die in Bildspeicherröhren angewandte Methode der kurzzeitigen Speicherung von Bildern zur Erhöhung der Empfindlichkeit von Bildaufnahmeröhren.

**Bildtelefonie,** früher **Bildfernsprechen,** Form der Telekommunikation zur gleichzeitigen Übertragung von Sprache und Bewegtbild zwischen zwei Teilnehmern. Dabei ist das Bild eines Gesprächsteilnehmers oder von Bildvorlagen, Schriftstücken und Ähnlichem durch ein Endgerät **(Bildtelefon)** beim Empfänger sichtbar. Bildtelefone bestehen v. a. aus Bildschirm, Videokamera, Lautsprecher, Mikrofon und Digitalisierungseinheit. Im Gegensatz zur Videokonferenz findet die Kommunikation nur zwischen zwei Teilnehmern statt, wobei Sprache und Bild (keine Daten) ausgetauscht werden.

Die vergleichsweise hohen Kosten für die Endgeräte stehen einer weiten Verbreitung der Nutzung im Privatbereich entgegen; hörgeschädigte Menschen nutzen die Bildtelefonie zur Übermittlung von Gebärdensprache. Eine Belebung erfährt die Bildtelefonie durch die →IP-Telefonie.

**Bildungsgewebe, Meristem,** *Botanik:* embryonales, zur Zellteilung fähiges Zellgewebe, so am →Vegetationspunkt.

**Bildungswärme,** die Wärmemenge, die bei der Bildung chemischer Verbindungen aus ihren Elementen frei (exotherme Reaktion) oder verbraucht (endotherme Reaktion) wird. Die Bildungswärme wird meist auf einen molaren Umsatz bezogen und in kJ/mol angegeben.

**Bildwandler,** elektronische Anordnung zur Verstärkung und Umwandlung von Bildern, die durch eine sehr schwache, sichtbare oder unsichtbare Strahlung (Röntgenstrahlen, Ultraviolett- oder Infrarotlicht) erzeugt werden, in lichtstarke, sichtbare Bilder.

**Röntgenbildwandler** gestatten Röntgenuntersuchungen mit geringer Bestrahlungsstärke, da die Verstärkung der Fotoelektronen ausreichende Bildhelligkeit ergibt.

**Bildweite,** bei der optischen →Abbildung der Abstand eines Bildpunktes von der bildseitigen Hauptebene des abbildenden optischen Systems.

**Biluxlampe®,** Zweifadenlampe für Fahrzeugscheinwerfer mit zwei getrennt schaltbaren Leuchtkörpern: für Fernlicht im Brennpunkt des Scheinwerferspiegels, für Abblendlicht außerhalb und durch Kappe abgedeckt.

**Bimetall,** feste, durch Schweißen, Löten oder Walzen hergestellte Verbindung zweier Metalle mit unterschiedlichen Temperaturkoeffizienten. **Bimetallstreifen** krümmen sich bei Temperaturänderung verschieden stark und können u. a. elektrische Kontakte steuern. **Bimetallplatten** werden im Offsetdruck verwendet.

**binär** [lateinisch], aus zwei Einheiten oder Zeichen bestehend, z. B. die binären Zahlen 0 und 1.

**Binärcode** [-ko't], Code, der nur aus zwei verschiedenen Zeichen **(Binärzeichen)** aufgebaut ist; besonders geeignet zur Darstellung von Daten, die in digitaler Form übertragen werden sollen.

**Bindegewebe,** verschieden gestaltetes Gewebe, das aus ortsständigen Zellen (z. B. Fibrozyten), frei beweglichen Zellen (z. B. Histiozyten) und einer Zwischenzellsubstanz (Interzellularsubstanz aus Fasern und ungeformter Grundsubstanz) besteht. Bindegewebe umhüllt Organe, verbindet sie miteinander, besitzt Stützfunktion, erfüllt verschiedene Stoffwechselleistungen und spielt eine Rolle bei der Immunabwehr. Entsprechend der Differenzierung der Zellen werden embryonales Bindegewebe, gallertiges Bindegewebe, retikuläres Bindegewebe, Fettgewebe, fibrilläres Bindegewebe, lockeres Bindegewebe, straffes Bindegewebe, Knorpelgewebe und Knochengewebe unterschieden.

**Bindemittel,** *Bautechnik:* Stoffe, die Festkörperpartikel untereinander und häufig auch mit dem Untergrund verbinden. Als Bindemittel werden ebenso die verbindenden Stoffe in Klebstoffen, Dichtungsmassen u. a. bezeichnet. Das Abbinden (Erhärten) kommt durch physikalische Vorgänge oder chemische Reaktionen zustande. **Anorganische Bindemittel** sind pulverförmige, mit Wasser zu verarbeitende Stoffe, **hydraulische Bindemittel** (z. B. Zement) erhärten an der Luft oder unter Wasser, **Luftbinden** erhärten nur an der Luft. **Organische Bindemittel** sind z. B. Alkyd- und Epoxidharze, Bitumen.

**Binderfarben,** Dispersionsfarben.

**Bindigkeit, 1)** *Bodenkunde:* der Zusammenhalt von Bodenteilchen. Mit steigendem Gehalt an feinstkörnigen Bestandteilen und Feuchtigkeit nimmt die Bindigkeit zu, die Bearbeitbarkeit ab (schwere Böden).

**2)** *Chemie:* **Bindungswertigkeit,** Zahl der von einem Atom ausgehenden Atombindungen (beziehungsweise Anzahl der Elektronenpaare, die ein Atom in einem Molekül mit anderen Atomen teilt).

**Bindung,** *Chemie, Physik:* Zusammenhalt atomarer oder nuklearer Teilchen durch Bindungskräfte verschiedener Art. Die Energiedifferenz zwischen dem gebundenen System und dem Zustand, in dem die einzelnen Teilchen vollständig getrennt sind, heißt **Bindungsenergie.** Bei Atomen, die zu einem Molekül oder Kristall zusammentreten, spricht man von →chemischer Bindung. Bei Nukleonen, die einen Atomkern bilden **(Kernbindung),** ist die Bindung mit einem →Massendefekt verbunden.

**Bindungswertigkeit,** *Chemie:* die →Bindigkeit.

**Binnig,** Gerd, deutscher Physiker, * Frankfurt am Main 20. 7. 1947; seit 1978 am IBM-Forschungslaboratorium in Rüschlikon (bei Zürich); entwickelte mit H. Rohrer das →Rastertunnelmikroskop. Hierfür erhielten beide 1986 den Nobelpreis für Physik (zusammen mit E. Ruska). Binnig war 1986–96 u. a. als Honorarprofessor an der Universität München tätig und gründete 1994 eine Softwarefirma.

**Binsengewächse, Juncaceae,** Familie der Einkeimblättrigen, mit etwa 300 krautigen, grasähnlichen Arten in kühleren Erdgebieten, meist Sumpfpflanzen; häufig vielblütige Blütenstände.

**bio...** [griechisch], leben(s)...

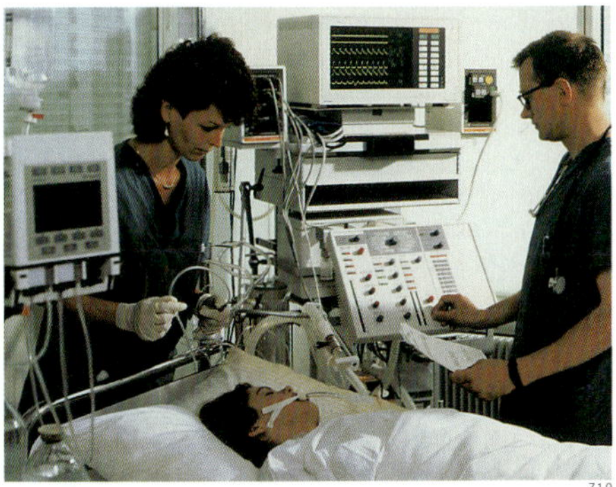

710

**Bioethik.** Die sich ständig verbessernden Möglichkeiten der Intensivmedizin zur Lebenserhaltung führen zunehmend auch zur Debatte ethischer Fragen.

**Biochemie,** die Lehre von der Zusammensetzung und dem Zusammenwirken der am Aufbau der Lebewesen und deren Stoffwechsel beteiligten chemischen Verbindungen. Sie ist ein Grenzgebiet zwischen Chemie, Medizin und Biologie. Die **statische** oder **deskriptive Biochemie** behandelt die Zusammensetzung, Struktur und Beschreibung der organischen Naturstoffe einschließlich der Enzyme, Vitamine, Hormone, Proteine, Träger der Erbinformation u. a. Die **dynamische Biochemie** sucht das Zusammenwirken der verschiedenen Komponenten, die Steuerungs- und Regulationsmechanismen des Stoffwechsels, der Assimilation oder der Übermittlung der genetischen Information zu erforschen.

**biochemischer Sauerstoffbedarf,** Abkürzung **BSB,** Kenngröße für den Gehalt an biologisch abbaubaren Wasserinhaltsstoffen. Der biochemische Sauerstoffbedarf ist die Sauerstoffmenge, die Mikroorganismen innerhalb einer bestimmten Zeit verbrauchen, um die organische Belastung vollständig abzubauen.

**Biochip** [-tʃɪp, englisch], ein in der Entwicklung befindliches, aus organischen Verbindungen (Biopolymere) mit Halbleitereigenschaften bestehender Mikroprozessor mit sehr hoher Schaltelementdichte (um den Faktor 1 Mrd. höher als bei Siliciumchips gleicher Größe). Aus Biochips zusammengesetzte Biocomputer könnten im Unterschied zu heutigen Computern ein dreidimensionales Informationsnetz aufbauen. Damit wäre – ähnlich wie beim menschlichen Gehirn – das Verarbeiten äußerst komplexer Muster möglich.

**Biochorion** [griechisch] *das,* **Biochore,** kleiner inselartiger Teil eines Biotops mit den darin lebenden Arten.

**Biodiversität, biologische Vielfalt,** Eigenschaft biologischer Systeme, voneinander verschieden zu sein. Sie umfasst die genetische Variabilität innerhalb einer Art, die Mannigfaltigkeit der Arten und die Vielfalt von Ökosystemen. Biodiversität gestattet den Arten und Lebensgemeinschaften, sich wandelnden abiotischen (Luft, Wasser, Boden) und biotischen (Mikroorganismen, Flora, Fauna) Umweltbedingungen anzupassen und damit ihr Fortbestehen zu sichern.

**Biodynamik,** Wissenschaft, die sich mit den Einflüssen physikalischer Faktoren wie Beschleunigung, Stoß, Vibration und Schwerelosigkeit auf die organischen Funktionen und die Verhaltensweise von Organismen befasst.

**Bioenergetik,** *Biophysik:* untersucht die stofflichen Umwandlungen, die sich unter Veränderung des Energiegehaltes vollziehen.

**Bioenergie,** aus dem Primärenergieträger →Biomasse durch Energieumwandlung nutzbar gemachte Energie.

**Bioethik,** Teilgebiet der angewandten Ethik, das sich mit sittlichen Fragen zu Geburt, Leben und Tod des Menschen (v. a. im Hinblick auf neue Entwicklungen und Möglichkeiten der biologisch-medizinischen Forschung und Therapie), aber auch mit der Frage der Rechte von Tieren und einer ihrer Würde entsprechenden Behandlung **(Tierethik)** sowie im weiteren Sinn mit ethischen Aspekten der natürlichen Lebensgrundlagen des Menschen **(ökologische Ethik)** befasst. Zu den zentralen Themen der **medizinischen Ethik** gehören Versuche an kranken und gesunden Menschen, Embryonenforschung, Präimplantations- und Pränataldiagnostik, Leihmutterschaft, Sterilisation/Kastration, Schwangerschaftsabbruch, Organtransplantation, Sterbehilfe u. a. Die durch die Gentechnologie und die Reproduktionsbiologie aufgeworfenen ethischen Probleme (z. B. genetische Manipulation von Embryonen, Klonieren, Herstellung transgener Organismen) betreffen prinzipiell auch Tiere. In Deutschland und anderen Ländern gibt es Ethikkom-

565

**Gerd Binnig**

**Biodiversität**
→ GEO **Dossier**
Der Mann in Darwins Schatten, Bd. 6

**Biodiversität**
→ GEO **Dossier**
Die Arche von Manhattan, Bd. 6

**Bioethik**
→ GEO **Dossier**
»Wir sind das Frühwarnsystem«, Bd. 8

missionen zur Beratung des Gesetzgebers in bioethischen Fragen. Die 1996 vom Europarat beschlossene **Konvention über Menschenrechte und Biomedizin** (ursprünglich Bioethik-Konvention; mit einem Zusatzprotokoll von 1998 über das Verbot des Klonierens von Menschen), die der biologisch-medizinischen Forschung am Menschen rechtliche Grenzen setzen soll, trat im Dezember 1999 in Kraft (von Deutschland nicht unterzeichnet).

**Biogas, Faulgas,** brennbares Gasgemisch, das bei der Zersetzung von Biomasse wie Fäkalien, Gartenabfällen, Stroh u. a. durch Bakterien unter Luftabschluss (anaerob) entsteht. Beim Einsatz von Klärschlamm spricht man von **Klärgas.** Biogas enthält 50–70 % Methan, 30–45 % Kohlendioxid, geringe Mengen Stickstoff, Wasserstoff, Schwefelwasserstoff u. a. und hat einen Brennwert (bei 60 % Methan) von etwa 24 $MJ/m^3$.

**biogen** [griechisch], durch Lebewesen entstanden.

**biogene Amine,** Gruppe von Verbindungen, die im Stoffwechsel durch Decarboxylierung von →Aminosäuren und verschiedene Folgereaktionen entstehen. Die Funktionen der biogenen Amine sind vielfältig. Wichtige Vertreter sind unter anderem Spermin, Ethanolamin und Vertreter der Gewebshormone (Histamin, Serotonin, Catecholamine).

**biogenetische Grundregel, Rekapitulationstheorie,** ein von Ernst Haeckel (* 1834, † 1919) und Fritz Müller (* 1822, † 1897) aufgestelltes Entwicklungsgesetz, wonach der Entwicklungsablauf (Ontogenese) eines Individuums eine kurze, gedrängte Wiederholung der Entwicklungsgeschichte (Phylogenese) des zugehörigen Stammes ist. Haeckel unterschied: **Palingenese** (Auszugsentwicklung), die Wiederholung der Stammesentwicklung, und **Zänogenese** (Störungsentwicklung), die Neuentwicklung oder Abwandlung der Stammesentwicklung in der Individualentwicklung. Beispiel: Bildung von Kiemenbögen bei allen Wirbeltierembryonen. Für die Rekonstruktion stammesgeschichtlicher Zusammenhänge hat die biogenetische Grundregel nur beschränkten Wert.

**Biogeochemie,** zwischen Bio- und Geochemie stehendes, der ökologischen Chemie verwandtes, interdisziplinäres Forschungsgebiet, das sich mit den Wechselwirkungen zwischen Stoffen und Organismen in Litho-, Hydro- und Atmosphäre befasst.

Bei der **biogeochemischen Prospektion (Biogeoprospektion)** dient die chemische Analyse von Metall anzeigenden Pflanzen oder Mikroorganismen zum Auffinden und Lokalisieren besonders von Erzlagerstätten.

**Biogeografie,** Lehre von der räumlichen Verbreitung der Lebewesen (Pflanzen- und Tiergeografie), Erforschung der Struktur und Funktion von Arealen und Ökosystemen.

**Biogeozönose** [griechisch-neulateinisch] *die,* System der Wechselbeziehungen, die zwischen Pflanzen und Tieren eines Biotops mit ihrer unbelebten Umwelt bestehen.

**Bioindikatoren,** Organismen mit speziellen Umweltansprüchen, deren Vorkommen oder Fehlen in einem Biotop entsprechende Umweltqualitäten anzeigt (z. B. Flechten als Indikatoren für Luftverschmutzung, Saprobien zur Beurteilung der Wasserqualität).

**Bioinformatik,** in den letzten Jahren neu entstandener interdisziplinärer Zweig der Biowissenschaften, der sich durch Einsatz der Computertechnologie der Erstellung von Algorithmen und Systemen widmet, die die enorme Fülle biologischer Daten (dabei insbesondere genetischer Daten) verwalten und aus diesen anwendbare Informationen ableiten können. Allein das menschliche Genom enthält etwa 40 000 bis 60 000, aus ca. 3 Milliarden Basen bestehende Gene, die in komplexen Wechselwirkungen miteinander das Funktionieren von 50 Billionen Zellen im menschlichen Organismus gewährleisten. Mehrere Millionen Organismen stehen als einzelne bereits derartig komplexe biologische Systeme darüber hinaus in vielfältigen Wechselwirkungen miteinander, die durch die biowissenschaftlichen Disziplinen von der Molekular- bis zur Populationsbiologie und Ökologie bislang nur beschrieben werden können. Die Bioinformatik wird durch die Organisation, Analyse und Interpretation dieser komplexen biologischen Datenfülle dabei zu einer fachübergreifenden Wissenschaft, die neben der Beschreibung biologischer Prinzipien und Methoden zu deren Übertragung auf technische Systeme durch die Ingenieurwissenschaften beiträgt.

**Biokatalysator** *der,* Wirkstoff (z. B. Enzym), der die Stoffwechselvorgänge steuert.

**Biokonversion,** Verfahren, mit dessen Hilfe Biomasse durch mikrobielle Einwirkung in andere Produkte, besonders Energieträger (z. B. →Biogas), umgewandelt wird.

**Biokraftstoff,** aus Pflanzen oder pflanzlichen Abfällen gewonnene Kraftstoffe. Hierzu gehören **Bioalkohol** (durch Vergärung z. B. von Zuckerrohr gewonnener Ethylalkohol), der in reiner Form oder als Mischkomponente im Ottokraftstoff (bis 5 %) angewandt werden kann, und **Biodiesel** (aus ölhaltigen Pflanzen wie Raps oder Nüssen gewonnen). Biodiesel kann in einem auf Pflanzenölbetrieb umgestellten Verbrennungsmotor (Elsbett-Motor) eingesetzt werden. Als Rapsmethylester (durch Zusatz von Methanol gewonnen) eignet er sich auch für übliche Dieselmotoren.

Seit Mai 2003 ist in der EU eine »Richtlinie zur Förderung von Biokraftstoffen« in Kraft. Darin wird deren Mindestanteil am gesamten Kraftstoffverkauf bis 2005 auf 2 % und bis 2010 auf 5,75 % festgeschrieben. 2004 wurden in Deutschland 1,2 Mio. t Biodiesel abgesetzt, das

Rechte Seite:
Biodiesel ist schwefelfrei, emittiert bis zu 50 % weniger Ruß und bis zu 60 % weniger unverbrannte Kohlenwasserstoffe als herkömmlicher Dieselkraftstoff, enthält keine Aromaten (z. B. Naphthalin) und ist biologisch abbaubar.

entspricht 4 % des Gesamtdieselverbrauchs. In Deutschland stand Biodiesel 2004/05 an rund 1 800 Tankstellen zur Verfügung.

In den USA wird Methyl-tert-butylether (MTBE) als Kraftstoffkomponente für Ottokraftstoffe in zunehmendem Maße durch biogenes Ethanol ersetzt. Auch in anderen Staaten, z. B. Brasilien, China und Indien, kommen zunehmend Biokraftstoffe zum Einsatz.

**Biokybernetik** [griechisch-neulateinisch] *die,* Wissenschaft, die die Steuerungs- und Regelungsvorgänge in biologischen Systemen (Mensch, Tier, Pflanze) untersucht.

**Biolistik** [Kurzwort aus englisch biological ballistic (method) »biologisch-ballistisch(e) (Methode)«] *die, -, Gentechnologie:* Methode zur Übertragung von genetischem Material auf Zielzellen (Transformation). Die DNA wird hierzu auf Gold- oder Wolframpartikel aufgebracht und dann mit hoher Geschwindigkeit auf die Zellen geschossen. Der Gentransfer erfolgt mithilfe einer so genannten **Partikelkanone**. Die biolistische Transformation wurde zunächst für die Transfektion von Pflanzenzellen entwickelt, wird aber inzwischen auch für Säugerzellen und -gewebe eingesetzt.

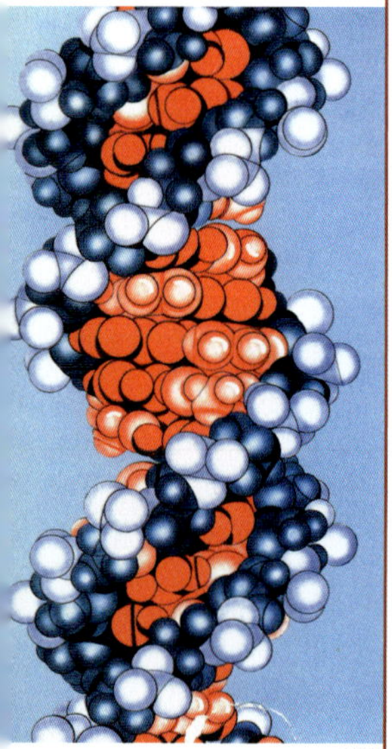

9999

**Biologie.**
Die Entschlüsselung der DNA-Struktur war ein großer Fortschritt in der biologischen Forschung (DNA-Kalottenmodell).

**Biologie** [griechisch] *die,* Wissenschaft, die die Erscheinungsformen lebender Systeme (Mensch: Anthropologie; Tier: Zoologie; Pflanze: Botanik; Mikroorganismen: Mikrobiologie), ihre Beziehungen zueinander und zu ihrer Umwelt sowie die Vorgänge, die sich in ihnen abspielen, beschreibt und untersucht. Die **allgemeine Biologie** befasst sich mit den grundlegenden Erscheinungen und Gesetzmäßigkeiten des Lebens. Morphologie und Anatomie untersuchen den Bau des Organismus, Embryologie und Entwicklungsphysiologie die Vorgänge der Ontogenese. Die Paläontologie studiert die Lebewesen der Vorzeit. Die Biochemie untersucht den stofflichen Aufbau und die Reaktionen im molekularen Bereich, die Biophysik die physikalischen Prozesse im Organismus und die Wirkung physikalischer Faktoren auf ihn. Das Verhalten der Tiere untersucht die Ethologie, die Funktionen des Organismus und seiner Teile die Physiologie. Die Genetik erforscht die Gesetzmäßigkeiten der Vererbung. Die Abstammungslehre (Deszendenztheorie) ist die umfassendste biologische Theorie; ihr Gegenstand sind die Entwicklung der Lebewesen im Verlauf der Erdgeschichte (Phylogenetik) und die Ursachen der Entwicklung (Evolutionsfaktoren). Die Ökologie behandelt die Wechselbeziehungen zwischen Organismus und Umwelt, die Biogeografie die Verbreitung der Pflanzen (Pflanzengeografie, Geobotanik) beziehungsweise der Tiere (Tiergeografie, Zoogeografie) und ihre geografisch bedingte Veränderung. Die Systematik oder Taxonomie benennt und klassifiziert die Lebewesen entsprechend ihren Verwandtschaftsbeziehungen. Die **spezielle Biologie** untersucht einzelne Organismengruppen, z. B. Ornithologie (Vögel), Entomologie (Insekten), Mykologie (Pilze).

Eine große Ausweitung haben v. a. in den letzten Jahrzehnten die zur **angewandten Biologie** zählenden Disziplinen erfahren. Beispiele sind: Gentechnik (Genetik); Bionik (Biophysik); Pflanzenzucht, Phytopathologie und Pflanzenschutz, Forstbotanik (Botanik); Biotechnologie (Mikrobiologie); Tierzucht, medizinische Entomologie, Parasitologie (Zoologie); Chromosomendiagnostik, Blutgruppendiagnostik (Humanbiologie, Humangenetik).

■ **Geschichte** Die wissenschaftliche Erforschung von Lebewesen begann in der griechischen Antike, wobei die Naturbeobachtung meist in ein kosmologisches System einbezogen wurde. Aristoteles (4. Jahrhundert v. Chr.) beschrieb Körperbau, Entwicklung und Lebensweise einzelner Tiere und versuchte eine systematische Gliederung des Tierreichs. Theophrast (3. Jahrhundert v. Chr.) gilt als Begründer der Botanik. Die Erfindung des Mikroskops lenkte im 17. Jahrhundert das Augenmerk der Biologen auf die Mikrobiologie und die Pflanzenanatomie. Das Experiment wurde in die Biologie eingeführt, physikalische Messinstrumente fanden in biologischen Experimenten Anwendung. Im 18. Jahrhundert wurden die mikroskopischen Forschungen besonders im Rahmen der Entwicklungsphysiologie fortgesetzt. Um die Mitte des 19. Jahrhunderts vollzog sich die Wende zur modernen Biologie, Anatomie und Morphologie wurden stärker gegen die Physiologie abgegrenzt, die experimentelle Physiologie wurde durch physikalische und chemische Erkenntnisse und Methoden gefördert. Etwa seit 1915 gelangen die Kultur und Züchtung lebender Gewebe außerhalb des Organismus. Ein Wandel in den Grundlagen der Biologie bahnte sich durch die Einbeziehung der Virusforschung und der Biochemie seit den 1930er-Jahren an.

Die Aufklärung der DNA-Struktur war ein weiterer Meilenstein in der biologischen Forschung, es folgten die erste Totalsynthese eines Gens (1970) und die Entdeckung der Restriktionsenzyme (um 1970). Dies markierte den Beginn der Gentechnologie. DNA-Ketten, die aus Restriktionsfragmenten verschiedener Organismen zusammengesetzt sind, lassen sich über Artengrenzen hinweg in fremde Genome einbauen. Transkription und Translation dieser Ketten erfolgen in völlig normaler Weise. Dieses Verfahrensprinzip wird heute u. a. in der Pharmaindustrie angewendet. Ein Standardverfahren ist heute die DNA-Sequenzierung. Ihre verfeinerten Versionen werden zur Sequenzierung ganzer Genome verwendet, darunter das menschliche Genom im »Human-Genom-Projekt«. Von höchster Bedeutung für die moderne Biologie war die Entwicklung der Polymerase-Kettenreaktion, mittels derer DNA-Stränge in vitro vervielfältigt werden können.

Die verfeinerten molekularbiologischen Methoden, insbesondere die Sequenzierungstechnik, haben seit den 1980er-Jahren auch in den klassischen Gebieten Systematik und Taxonomie für zum Teil erhebliche Veränderungen des Kenntnisstands und der Theorien geführt. Anhand der Austauschhäufigkeiten von Nukleotiden und Aminosäuren haben Molekularbiologen und Taxonomen Sequenzstammbäume aufgestellt, die teilweise erheblich andere verwandtschaftliche Verhältnisse ausweisen als die mit der klassischen Methode (Paläontologie und Homologieforschung) aufgestellten Stammbäume.

In den letzten Jahren des 20. Jh. begann unter Forschern ein Wettlauf um das Klonen von Lebewesen. 1997 wurde der Weltöffentlichkeit ein geklontes Schaf (»Dolly«) vorgestellt, 1998 kamen geklonte Kälber und Mäuse zur Welt. Die Befürworter des Klonens verweisen insbesondere auf die Aussicht, für geschädigte menschliche Organe Ersatzorgane anbieten zu können, gegen die es keine Abstoßungsreaktion geben würde. In diesem Zusammenhang wurde der Begriff therapeutisches Klonen geprägt. Die Diskussion über Verfahren wie Gentransfer, Klonen und vorgeburtliche (pränatale) Diagnostik betrifft vor allem ethische Argumente.

**biologisch-dynamische Wirtschaftsweise,** biologisches Landbauverfahren auf der Grundlage der Anthroposophie: Naturdüngung, Wechsel der Fruchtfolge, biologische Schädlingsbekämpfung, Aussaat bei bestimmten Mondkonstellationen.

**biologisches Gleichgewicht, biozönotisches Gleichgewicht, ökologisches Gleichgewicht,** dynamischer Gleichgewichtszustand in einer Lebensgemeinschaft, der die Stabilität seiner verschiedenen Populationen erhält, wenn nicht durch Katastrophen (z. B. Feuer) oder durch menschliche Eingriffe (z. B. Kultivierung) das System zerstört wird.

**Biolumineszenz,** auf biochemischen Vorgängen beruhende Lichtausstrahlung vieler Lebewesen (Bakterien, Tiefseefische u. a.).

**Biom** [zu griechisch bíos »Leben«] *das,* Organismengemeinschaft eines größeren, einer bestimmten Klimazone entsprechenden geografischen Lebensraums, in dem sich ein einigermaßen ausgewogenes biologisches Gleichgewicht eingestellt hat.

**Biomasse,** Gesamtheit aller lebenden, toten und zersetzten Organismen und der von ihnen stammenden Substanz (hauptsächlich innerhalb eines bestimmten Lebensraums). Weltweit entstehen auf dem Festland jährlich etwa 200 Mrd. t Biomasse (zu 99 % pflanzlichen Ursprungs). Etwa 2 % der jährlich neu gebildeten Biomasse dienen als Nahrungs- und Futtermittel, etwa 1 % wird zu Papier und Faserstoffen verarbeitet. Im Zuge des drohenden Versiegens der Rohstoffquellen steigt in neuerer Zeit das Interesse an Biomasse als regenerativer Energiequelle.

**Biomechanik,** Bereich der Biophysik, der die biologische Konstruktionen der belebten Welt mit physikalisch-technischen Begriffen analysiert und beschreibt (z. B.: Modell der Wirbelsäule als axiale Leichtbaukonstruktion).

**Biolumineszenz Glühwürmchen**

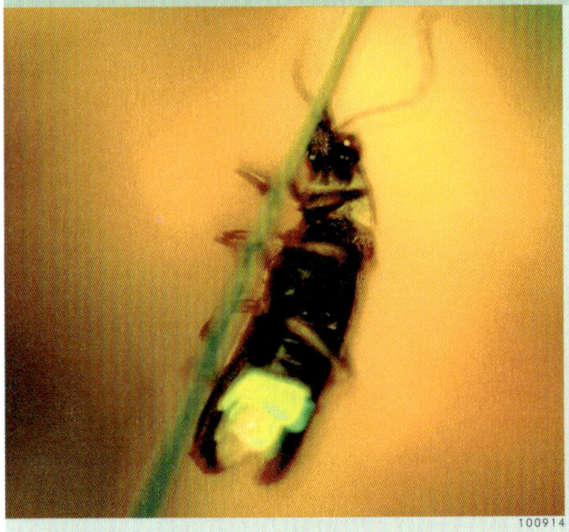
100914

Zu einer romantischen Sommernacht gehören zweifelsfrei die Glühwürmchen, deren Leuchten nicht nur verliebte Paare erfreut. Das Stichwort »Paar« kommt der biologischen Bedeutung des Leuchtens schon sehr nahe, denn die flugunfähigen Weibchen der Leuchtkäfer zeigen den brautsuchenden Männchen in den Monaten Juni und Juli damit den Weg zu ihnen. Weltweit gibt es ca. 2 000 Arten dieser Leuchtkäfer im engeren Sinne – auch Johanniswürmchen genannt –, in Mitteleuropa aber nur drei. Die einzelnen Arten unterscheiden sich sowohl in Zahl und Anordnung der Leuchtorgane als auch in den benutzten Leuchtrhythmen; zum Teil existieren sehr komplexe Kommunikationsmuster zwischen den Geschlechtern.

Das Licht der kleinen Tierchen entsteht durch Biolumineszenz in den Licht produzierenden Zellen (den sog. Fotozyten) der Leuchtorgane. Die wirksame Substanz ist bei allen Leuchtkäfern die Chemikalie Luciferin, die mit ATP und Sauerstoff reagiert, sobald das Enzym Luciferase zugesetzt wird. Dabei wird Energie frei, die fast nur in Form von Licht und nur zu einem geringen Teil als Wärme abgegeben wird – der Wirkungsgrad liegt bei 95 Prozent!

**Biosphärenreservat.** Schorfheide-Chorin

**Biometrie** *die,* **Biometrik, Biostatistik,** die Anwendung von Methoden der mathematischen Statistik auf die Erfassung und Bearbeitung von Daten in Bereichen der Biologie, Medizin, Pharmazie, Landwirtschaft u.a., besonders auf die Mess- und Zahlenwerte von Lebewesen und ihrer Teile.

**biometrische Identifizierung,** siehe Sonderartikel Seite 90.

**biomimetische Werkstoffe,** Werkstoffe, zu deren Herstellung biologische Stoffsynthesen und/oder Prinzipien des Materialaufbaues nachvollzogen oder nachgeahmt werden. Nur in einigen Fällen hat die Anwendung biomimetischer Werkstoffe bisher technische Reife erlangt, z.B. bei künstlichen Implantaten.

**Biomonitoring,** *Biologie:* Verfahren, bei dem die Ablagerung von Schadstoffemissionen in Organismen bestimmt wird, um Rückschlüsse auf die Belastung des jeweiligen Ökosystems ziehen zu können. Zur Prüfung der Belastung von Gewässern werden häufig Muscheln untersucht, da sie Schwermetalle in den Schalen ablagern und organische Substanzen im Weichkörper speichern. Für die Untersuchung der Luftbelastung sind Flechten besonders geeignet, da sie in verschiedenen Lebensräumen auftreten und schnell auf Schadstoffe reagieren.

**Bionik,** siehe Sonderartikel Seite 94.

**Biophysik, biologische Physik,** interdisziplinäre Naturwissenschaft, die sich im Grenzbereich zwischen Physik, Chemie, Biologie und Medizin herausgebildet hat und biologische Objekte und Vorgänge mit physikalischen Methoden untersucht und erklärt. Teilgebiete sind u.a. molekulare Biophysik, Biophysik der Membranen und Zellbiophysik, in der Fragestellungen der Thermodynamik offener (lebender) Systeme, der Biomechanik und der Strahlenbiologie eine Rolle spielen. Ergebnisse biophysikalischer Untersuchungen sind für die Bioenergetik, Bionik und Biotechnologie von entscheidender Bedeutung.

**Biopiraterie,** seit einigen Jahren gebräuchlicher Begriff für die Jagd auf Erbmaterial. Im Zusammenhang mit der Weiterentwicklung der Gentechnik werden (v.a. durch die Pharmaindustrie) genetische Ressourcen ausgebeutet. Dies betrifft z.B. im Rahmen des so genannten »Bioprospecting« in großem Umfang Gene von Pflanzen- und Tierarten, besonders aus dem tropischen Regenwald.

**Bioreaktor,** der →Fermenter.

**Biorhythmus, Biorhythmik,** die Erscheinung, dass bei Organismen manche Lebensvorgänge in einem bestimmten tages- oder jahreszeitlichen Rhythmus ablaufen (z.B. Winterschlaf bei Tieren, Eisprung). Davon abgeleitet die wissenschaftlich nicht fundierte Theorie, nach der das Leben des Menschen vom Tag der Geburt an in wellenförmigen (sinusförmigen) Phasen von 23 (physische Aktivität), 28 (Gefühlsleben) und 33 (intellektuelle Leistungen) Tagen verläuft.

**Bios** [griechisch] *der,* das Leben; die belebte Welt als Teil des Kosmos.

**Biosatelliten,** künstliche Erdsatelliten mit biomedizinischen Aufgabenstellungen, z.B. Untersuchung der physiologischen und genetischen Reaktionen unter kombiniertem Einfluss von Schwerelosigkeit und Strahlung auf Zellen, Pflanzen und Tiere.

**Biosensoren,** →Sensoren.

**Biosphäre,** die Gesamtheit der mit Lebewesen besiedelten Schichten der Erde: Atmo-, Hydro- und Pedosphäre.

**Biosphärenreservat,** Bezeichnung für ein von der UNESCO innerhalb ihres 1968 begonnenen Programms »Mensch und Biosphäre« unter Schutz gestelltes Gebiet, das für das jeweilige →Biom repräsentativ ist oder eine Besonderheit darstellt; in Deutschland sind folgende Landschaften bzw. Orte Biosphärenreservate: Bayerischer Wald, Berchtesgaden, Flusslandschaft Elbe, Hamburgisches Wattenmeer, Niedersächsisches Wattenmeer, Schaalsee, Pfälzerwald, Rhön, Schleswig-Holsteinisches Wattenmeer, Schorfheide-Chorin, Spreewald, Südost-Rügen, Vessertal-Thüringer Wald, Oberlausitzer Heide- und Teichlandschaft.

**Biostratigrafie,** Festlegung der geologischen Gliederung und ihres Alters mithilfe von Fossilien.

**Biosynthese,** Aufbau organischer Substanzen (Zucker, Fette, Nukleinsäuren, Proteine) im lebenden Organismus oder in zellfreien Systemen durch die entsprechenden isolierten Zellkomponenten.

**Biot** [bjo; französisch, nach J.-B. Biot] *das,* Einheitenzeichen **Bi,** Einheit für die elektrische Stromstärke im →CGS-System; 1 Bi = 10 Ampere.

**Biot** [bjo], Jean-Baptiste, französischer Physiker und Astronom, *Paris 21. 4. 1774, †ebenda 3. 2. 1862; lieferte u.a. wichtige Beiträge zur Optik (Polarisation, Doppelbrechung) und stellte zusammen mit F. Savart das nach ihnen benannte **Biot-Savart-Gesetz** der magnetischen Wirkung stationärer elektrischer Ströme auf.

**Biotechnik,** Wissenschaftsdisziplin im Grenzbereich zwischen Biologie und technischer Physik, die die im Rahmen der →Bionik gewonnenen Erkenntnisse technisch nutzbar macht, z.B. im Flugzeug- und Schiffbau.

**Biotechnologie,** Wissenschaft von den Methoden und Verfahren, die zur technischen Nutzbarmachung biologischer Prozesse und bei der Umwandlung von Naturprodukten angewendet werden. Die Biotechnologie erarbeitet die Grundlagen für die Verwendung von lebenden Organismen, v.a. Mikroorganismen, in technischen Prozessen (z.B. bei der biologischen Abwasserreinigung, bei der Herstellung von Enzymen, Antibiotika u.a.). Neben mikrobiologischen und biochemischen werden zunehmend auch gentechnologische Methoden wie Zellfusion, Genvervielfachung mittels Bakteriophagen und Plasmiden angewandt (→Gentechnik).

**Biotechnologie und Umwelt,** siehe Sonderartikel Seite 102.

**Biotin** *das,* früher Vitamin H (→Vitamine).

**biotisch,** auf Organismen, Lebensvorgänge bezogen.

**Biotop** [zu griechisch tópos »Ort«] *der* oder *das,* von einer Lebensgemeinschaft oder einer bestimmten Organismenart besiedelter Lebensraum (zum Beispiel Moor, Wald, Wiese) innerhalb eines Ökosystems. Ein Biotopschutz ist Voraussetzung für einen wirksamen →Artenschutz.

**Biotransformation,** Methode zur enzymatischen Veränderung von Substanzen mithilfe von Mikroorganismen, fixierten Zellen sowie isolierten freien oder trägergebundenen Enzymen.

**Biozide, Biocide,** Bezeichnung für chemische Stoffe (v. a. Pestizide, aber auch andere Umweltchemikalien), die Organismen abtöten.

**Biozönose** [griechisch] *die,* Lebensgemeinschaft, die den belebten Teil eines Ökosystems ausmacht und mit ihrem Standort (Biotop) eine aufeinander angewiesene Einheit bildet.

**Biphenyl** *das* (fälschlich auch Diphenyl), hitzebeständiger, fester Kohlenwasserstoff; als Heizflüssigkeit und zur (kennzeichnungspflichtigen) Konservierung von Zitrusfrüchten verwendet (E 230). Chlorbiphenyle gehören zu den lange wirksamen Umweltgiften.

**Bipolartechnik,** Sammelbegriff für alle Verfahren der Halbleitertechnik zur Herstellung und zum Aufbau integrierter Schaltungen aus bipolaren Bauelementen (wie →Bipolartransistoren). Die Fertigung von bipolaren Bauelementen erfolgt meist auf der Grundlage der →Planartechnik. Zu den in Bipolartechnik hergestellten integrierten Schaltkreisfamilien gehört z. B. die Transistor-Transistor-Logik (TTL). Nachteile der Bipolartechnik gegenüber der →MOS-Technik sind die geringere Packungsdichte und der aufwendigere Fertigungsprozess bipolarer Schaltkreise.

**Bipolartransistor,** Halbleiterbauelement, bestehend aus drei Schichten verschiedenartiger Leitfähigkeit, die die Elektroden des Bipolartransistors bilden; als Verstärker- und Schaltelement eingesetzt. Die Steuerung erfolgt durch Änderung der Spannung zweier dicht benachbarter pn-Übergänge. Je nach Anordnung der p- und n-leitenden Schichten werden **pnp-** und dazu komplementäre **npn-Transistoren** unterschieden; die beiden Grenzflächen dazwischen sind Sperrschichten. Die äußeren Schichten des Bipolartransistors nennt man **Emitter** (emittiert Ladungsträger) und **Kollektor** (sammelt Ladungsträger), die mittlere, wesentlich dünnere **Basis** (steuert die Emission der Ladungsträger). Am Stromtransport und an der Wirkungsweise des Bipolartransistors sind beide Ladungsträgerarten (Elektronen, Defektelektronen) beteiligt. Die Emitter-Basis-Diode wird in Durchlassrichtung betrieben, die Basis-Kollektor-Diode in Sperrrichtung. Unterschieden wird zwischen **Emitter-, Basis-** und **Kollektorschaltung,** je nachdem, welche Elektrode für das Eingangs- und Ausgangssignal als Grundschaltung dient. Für universelle Anwendungen als Verstärker wird die Emitterschaltung bevorzugt.

Zu den Bipolartransistoren gehören auch die **oberflächengesteuerten Transistoren (SCT,** englisch surface controlled transistor), deren Bedeutung aber gering ist.

**Birke, Betula,** Gattung der Birkengewächse mit rund 40 Arten, in der nördlichen gemäßigten und kalten Zone; eingeschlechtige Blüten in Kätzchen, geflügelte Nüsschenfrüchte. Die eurasiatische harzhaltige **Weiß-** oder **Hängebirke** (Betula pendula) wächst auf sandigem wie auf feuchtem, moorigem Boden; weiter nördlich verbreitet ist die **Moorbirke** (Betula pubescens) in Moor- und Bruchwäldern. Die **Strauchbirke** (Betula humilis) wächst auf gebirgigen Torfmooren; auch die **Zwergbirke** (Betula nana), ein niederliegender Strauch, benötigt Moore und Tundren in nördlichen bis arktischen Regionen. In Deutschland wächst sie in Mittelgebirgen, im Ostseegebiet auch in der Ebene. – Das gelblich weiße **Birkenholz** mit gleichmäßiger Struktur wird u. a. als Möbel- und Drechslerholz verwendet. **Maserbirken** liefern Furniere mit lebhafter Zeichnung. Tee aus **Birkenblättern** wird als harntreibendes Heilmittel bei Rheuma angewendet.

**Birke.** Stamm der Papierbirke (Betula papyrifera)

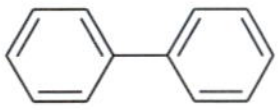

**Biphenyl**

**Bis-** [lateinisch »zweimal«], in chemischen Namen der Hinweis, dass zwei identische Substituenten vorliegen.

**Bisexualität, Zweigeschlechtigkeit,** *Biologie:* das Vorhandensein von weiblichen und männlichen Individuen bei einer Art. Unter **bisexueller Potenz** versteht man die Fähigkeit der Zellen, gesteuert durch Außen- oder Inneneinflüsse, sich in männliche oder weibliche Richtung entwickeln zu können. Bisexualität beim Menschen bedeutet das gleichzeitige Angelegtsein von männlichen und weiblichen Geschlechtsmerkmalen (Zwittertum).

**Bishop** ['bɪʃəp], Michael J., amerikanischer Mediziner, * York (Pennsylvania) 22. 2. 1936; seit 1972 Professor an der University of California (San Francisco); erhielt 1989 mit H. E. Varmus für die Entdeckung des zellulären Ursprungs retroviraler Onkogene (Krebsgene) den Nobelpreis für Physiologie oder Medizin.

*Fortsetzung S. 92*

# Biometrische Identifizierung

Biometrische

Biometrische Identifizierung
→ GEO Dossier
»Wir sind das Frühwarnsystem«, Bd. 8

Biometrische Identifizierung
→ GEO Dossier
Die Erfindung des Bildes, Bd. 7

Die Identifizierung von Personen hat bei Personenkontrollen und beim Grenzübertritt seit jeher eine große Bedeutung. Ein Ausweis mit Foto erfüllt die gewachsenen Sicherheitsanforderungen jedoch in vielen Fällen nicht mehr. Nach dem Terroranschlag in New York am 11. September 2001 kündigte die USA an, Ausländern zukünftig die Einreise nur noch mit einem Pass zu gewähren, der biometrische Daten enthält. Ziel ist es, Personen eindeutig identifizieren zu können und Identitätsdiebstahl zu verhindern. Auch Firmen und Geldinstitute streben zum Schutz vor unberechtigten Personen an, den Zutritt zum Firmengelände, zu Labors und Rechenzentren sowie den Zugang zu ihren Computern durch personengebundene Merkmale wie Fingerabdruck oder Irismuster zu kontrollieren. Gegenüber einfachen Passwörtern und PINs können biometrische Merkmale die Sicherheit erhöhen. Gleichzeitig haben sie den Vorteil, dass sie nicht verloren gehen, gestohlen oder zu Hause vergessen werden können.

## Biometrische Systeme

Das Prinzip eines biometrischen Systems beruht darauf, die Geometrie oder das Muster eines persönlichen Merkmals zu erkennen. Ein Sensor oder Scanner erfasst die Charakteristika eines Fingerabdrucks, der Iris, der Handvenen oder des Gesichts. Mithilfe mathematischer Methoden erzeugt ein Computer daraus ein Referenzmuster (Template) und speichert es in einer Datenbank. Möchte eine Person auf einen geschützten Bereich zugreifen bzw. eine gesicherte Zone betreten, wird das entsprechende biometrische Merkmal eingescannt und elektronisch verarbeitet. Das aktuell erfasste Muster wird mit der Vielzahl gespeicherter Referenzmuster verglichen und mit hoher Wahrscheinlichkeit erkannt. Dieser Vorgang, der als Identifizierung bezeichnet wird, ist unter Alltagsbedingungen mit einer gewissen Fehlerrate behaftet. Dies hat zwei Gründe. Zum einen muss das biometrische System das aktuell aufgenommene Muster so drehen und verschieben, dass es der Lage des Referenzmusters entspricht. Zum anderen soll die Erkennung schnell, d. h. innerhalb weniger Sekunden erfolgen, und wird deshalb nicht anhand des vollständigen Kennzeichensatzes durchgeführt. Stattdessen wird eine geringe Anzahl charakteristischer Punkte des Merkmals verglichen. Diese Gründe führen dazu, dass statistisch gesehen bei einem Fingerabdruck-Scan z. B. jede 50. berechtigte Person abgewiesen wird (FRR, false rejection rate, 2 %) oder jede 100 000. unberechtigte Person den Zugang bzw. Zutritt doch erhält (FAR, false acceptance rate, 0,001 %).

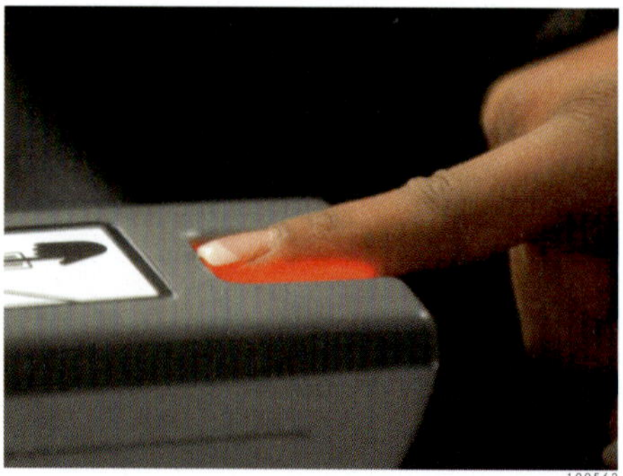
100562
Fingerabdruck-Scan bei einem Flugpassagier

## Fingerabdruck

Der Fingerabdruck repräsentiert das Hautrelief eines Fingers. Er wird seit über 100 Jahren zur Aufklärung von Verbrechen eingesetzt und ist auch vor Gericht anerkannt. Biometrische Systeme, die auf dem Fingerabdruck basieren, sind am weitesten verbreitet. Die Wahrscheinlichkeit, dass die Fingerlinien bei zwei Menschen identisch sind, wird auf unter $10^{-11}$ geschätzt. Bis jetzt wurden noch keine Menschen mit identischem Fingerabdruck gefunden. Selbst Zwillinge haben unterschiedliche Fingerabdrücke. Zusätzlich weist jeder Finger eines Menschen unterschiedliche Muster der Linien, Bögen und Minutien auf. Bei circa 1–5 % der Bevölkerung sind die Fingerlinien zu schwach ausgeprägt bzw. aufgrund handwerklicher Tätigkeiten abgenutzt. Für diesen Personenkreis muss ein ande-

res biometrisches Merkmal wie der Iris-Scan herangezogen werden.
Für die Erfassung des Fingerabdrucks stehen unterschiedliche Scannertechnologien zur Verfügung. Flächensensoren erfassen den Fingerabdruck als Ganzes bei aufgelegtem Finger. Bei Streifensensoren muss der Finger gleichmäßig über den Sensor geführt werden, wobei der Fingerabdruck streifenweise erfasst wird. Ein Bild des Fingerabdrucks kann mit optischen Verfahren erzeugt werden, bei dem eine Kamera das von der Hautoberfläche reflektierte Licht erfasst, mit kapazitivem Verfahren, bei dem eine Mikrokondensatormatrix die Fingerstruktur durch Messung der elektrischen Kapazität erfasst, oder mit thermischen Verfahren, bei der das Wärmeprofil der Hautoberfläche ausgewertet wird. Für hohe Sicherheitsanforderungen gibt es Scanner, die zusätzlich eine so genannte Lebenderkennung anhand von Pulsschlag und Körpertemperatur durchführen.

### Sicherheit biometrischer Systeme

Der Einsatz biometrischer Systeme zur Zugangs- und Zutrittskontrolle findet im Allgemeinen eine hohe Akzeptanz, weil sie einfach und bequem anzuwenden sind. Doch wie steht es mit der Sicherheit? Das NIST (National Institute of Standards and Technology, USA) ordnet den Fingerabdruck-Scan der mittleren Sicherheitsstufe zu (Stand 2002), bei einer Falschakzeptanzrate (FAR) von 1–5 %. Die zentrale oder lokale Speicherung von Referenzabdrücken auf Computern birgt prinzipell die Gefahr, dass diese »geknackt« werden. Eine diesbezüglich höhere Sicherheit lässt sich erreichen, wenn der Fingerabdruck statt auf dem PC in geschützter Form auf einer Smart Card oder einem Token gespeichert wird, die sich im Besitz des Nutzers befinden. Da Menschen – wie z. B. aus der Kriminalistik bekannt – Fingerabdrücke hinterlassen, besteht eine weitere Gefahr darin, dass ein Angreifer z. B. eine Fingerabdruckattrappe anfertigt und das System damit überlistet. Eine geeignete »Lebenderkennung« kann hiervor schützen. Die dabei ermittelten Daten lassen jedoch gegebenenfalls Rückschlüsse auf den gesundheitlichen Zustand des Nutzers zu. Dieser Aspekt ist ebenso wie der Fingerabdruck selbst datenschutzrelevant. Außerdem ist zu berücksichtigen, dass der Einsatz eines biometrischen Systems nicht zur Diskriminierung von Personen führt, bei denen das Merkmal nicht oder nicht ausreichend vorhanden ist. Der große Vorteil des Fingerabdruck-Scans liegt darin, dass dieses biometrische System relativ preiswert ist.
Eine größere Sicherheit wird von biometrischen Systemen erwartet, die das Muster der Iris, der Fingervenen- bzw. Handvenen nutzen. Die Sicherheit wird als hoch bis sehr hoch eingeschätzt, bei hohen bis mittleren Kosten.
Gegenwärtig befindet sich auf europäischer Ebene die Einführung eines fälschungssicheren, maschinenlesbaren Reisepasses mit biometrischen Daten in Vorbereitung. Seit 1. November 2005 sind in Deutschland neue Reisepässe mit einem RFID-Chip ausgestattet, auf dem personenbezogene Daten und ein digitales Foto abgespeichert sind. Zu einem späteren Zeitpunkt sollen Referenzdaten für einen Fingerabdruck und eventuell ein Irisbild folgen. Dies ermöglicht die Überprüfung, ob die Person, die im Besitz des Reisepasses ist, auch wirklich der Passinhaber ist.

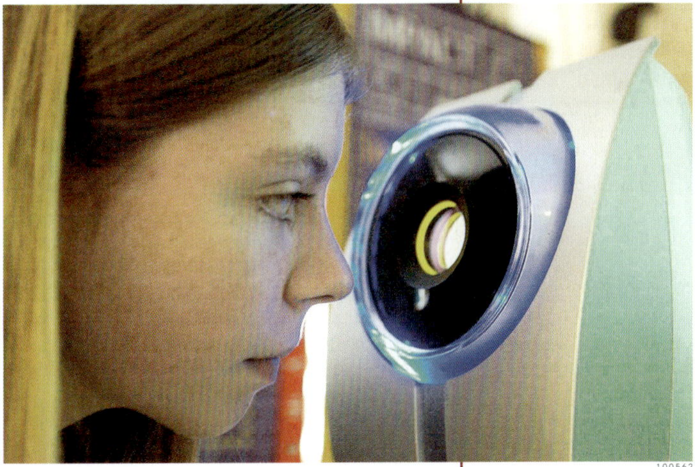
100562

Iris-Scan

*Fortsetzung von S. 89*

**Bịsmut,** fachsprachlich für →Wismut.

**Bịson,** [lateinisch »Auerochse«, aus dem Germanischen] *der,* **Buffalo, Bison bison,** massiges, bis 3 m langes und bis 1,9 m hohes Wildrind in Prärien und lichten Wäldern Nordamerikas. Man unterscheidet zwei Unterarten: den **Präriebison** und den **Waldbison.** Der rötlich dunkelbraune, an Kopf, Mähne und Schultern schwarze Präriebison war wichtigstes Jagdwild der Indianer Nordamerikas; um 1890 fast völlig ausgerottet, leben heute in Schutzgebieten wieder etwa 50 000 Tiere.

**Bịt** [Abkürzung für englisch **bi**nary digi**t**, »Binärziffer«, »Binärstelle«] *das,* kleinste Informationseinheit für binäre Daten, eine der beiden Ziffern 0 und 1 des binären Zahlensystems. In der Informatik dienen sie zur Darstellung von Zahlen, Zeichen und Befehlen. Jede Speicherzelle eines Computers kann ein Bit aufnehmen. Die Zusammenfassung von 8 Bit wird →Byte genannt. Verwendet man Bit als Maßeinheit, wird es kleingeschrieben und mit **bit** (Abkürzung für englisch basic indissoluble information unit, »grundlegende, unzerlegbare Informationseinheit«) angegeben. *Ein bit* entspricht in der Informationstheorie der elementaren Entscheidung zwischen zwei gleich wahrscheinlichen Möglichkeiten (Zeichen, Symbole).

Das Geheimnis des Lebens beschreibt Hugo von Hofmannsthal anhand eines **Blattes:**

*»Wüsst' ich genau, wie dies Blatt aus seinem Zweige herauskam, schwieg ich auf ewige Zeit still; denn ich wüsste genug.«*

**Blatt.**
Schematischer Aufbau eines Laubblatts. Das Grundgewebe (Parenchym) ist beiderseits durch das Abschlussgewebe (Epidermis) bedeckt, das außen einen wachsartigen Überzug (Kutikula) trägt.

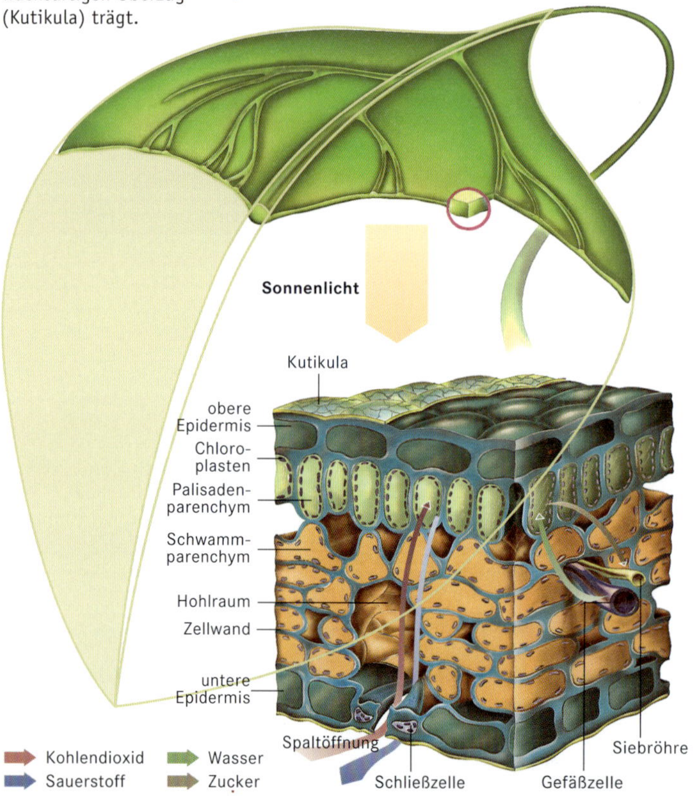


**Bitter|erde,** Bezeichnung für Magnesiumoxid.

**Bitterfäule,** Fruchtfäule durch Pilzbefall, macht Obst bitter.

**Bitụmen** [lateinisch »Erdpech«] *das,* dunkelfarbiges, kolloidales, höher molekulares, halbfestes bis springhartes Kohlenwasserstoffgemisch. Nach Vorkommen und Gewinnung unterscheidet man natürliche bituminöse Stoffe von den bei der Aufarbeitung bestimmter Erdöle gewonnenen Vakuumdestillationsrückständen. Bitumen wird u. a. verwendet zur Herstellung von →Asphalt, Bautenschutzmitteln und Dachpappen.

**Bk,** chemisches Symbol für →Berkelium.

**Black** [blæk], Sir (seit 1981) James Whyte, britischer Pharmakologe, *Uddingston (Schottland) 14. 6. 1924; arbeitete v. a. an der Entwicklung von Beta- und Magensäureblockern; seit 1984 Professor in London. 1988 erhielt er für die Entwicklung des ersten klinisch anwendbaren Betablockers (mit G. B. Elion und G. H. Hitchings) den Nobelpreis für Physiologie oder Medizin.

**Blackbox** ['blækbɔks; englisch »schwarzer Kasten«] *die, Luftfahrt:* bei Flugzeugen Bezeichnung für den →Flugdatenschreiber und den Cockpit-Stimmrekorder (englisch Cockpit-Voice-Recorder, CVR), die wichtige Flugdaten beziehungsweise die Gespräche im Cockpit aufzeichnen und deshalb für die Aufklärung von Flugzeugunfällen wichtig sind. Beide Geräte sind feuerfest und wasserdicht und geben einen Signalton ab, der im Unglücksfall ihre Auffindbarkeit erleichtert.

**Blackett** ['blækɪt], Patrick Maynard Stuart, Baron Blackett of Chelsea, britischer Physiker, *London 18. 11. 1897, †ebenda 13. 7. 1974; erhielt 1948 den Nobelpreis für Physik für die Verbesserung der Wilson-Kammer (→Nebelkammer) sowie die damit gemachten Entdeckungen in der Kernphysik und kosmischen Strahlung.

**Blackout** ['blækaʊt; englisch »Verdunkelung«] *das* oder *der, Funktechnik:* Totalausfall von Radiowellen infolge des Mögel-Dellinger-Effekts in der →Ionosphäre oder als Folge der ionisierenden Strahlung nuklearer Höhenexplosionen.

**Black Smokers** ['blæk 'sməʊkəz, englisch], *Vulkanologie:* →Schwarze Raucher.

**Blasenkammer,** früher auch **Glaser-Kammer,** von D. A. Glaser entwickeltes Gerät zum Nachweis und zum Sichtbarmachen der Spuren energiereicher Teilchen.

Eine leicht siedende Flüssigkeit (z. B. Wasserstoff, Helium, Propan) wird in einem zwischen den Polen eines Magneten angeordneten Behälter knapp über dem Dampfdruck gehalten. Durch plötzliche Verminderung des Drucks wird die Flüssigkeit überhitzt. Die dann in die Blasenkammer eintretenden ionisierenden Teilchen erzeugen längs ihres Weges

Dampfblasen, die fotografisch registriert werden können.

Blasenkammern haben v. a. historische Bedeutung, da ein Großteil der Entdeckungen der Teilchenphysik mit Blasenkammern gemacht wurde, sind aber inzwischen fast ausschließlich durch rein elektronisch arbeitende Detektoren, v. a. →Driftkammern, ersetzt worden.

**Blasenkeim,** die →Blastula.

**Blasentang, Fucus vesiculosus,** rund 60 cm lange Braunalge mit lufthaltigen Blasen, gabelig verzweigt, enthält u. a. Jod und Alginsäure.

**Bläsertriebwerk, Fantriebwerk,** ein →Strahltriebwerk mit großem Nebenstromverhältnis.

**Blastozyste,** →Keimbläschen.

**Blastula** [griechisch-lateinisch] *die,* **Blasenkeim,** frühes Entwicklungsstadium des Embryos vielzelliger Tiere; im Verlauf der Furchungsteilungen aus der Eizelle entstehender, hohler Zellkörper.

**Blasverfahren, Konverterverfahren,** metallurgisches Verfahren zur Stahlherstellung **(Blasstahl);** die chemischen Begleitelemente des flüssigen Roheisens werden durch Auf-, Ein- und Durchblasen reinen Sauerstoffs oxidiert. Zu den modernen Sauerstoffblasverfahren gehört das LD-Verfahren (→Sauerstoffmetallurgie).

**Blatt,** meist flächiges, Chlorophyll enthaltendes Organ der Samen- und Farnpflanzen (im weiteren Sinn auch der Moose). Es dient in erster Linie als Laubblatt dem Aufbau der Kohlenhydrate durch die Fotosynthese und der Wasserabgabe durch Transpiration. Ausgewachsen gliedert sich das Blatt morphologisch in ein **Oberblatt** mit flacher oder nadelförmiger **Spreite** (Laubblatt oder Nadelblatt) und (meist) **Blattstiel** sowie in ein **Unterblatt** mit **Blattgrund,** der das Blatt mit der Sprossachse verbindet. Geschlossene Leitbündel durchziehen als **Blattadern, Blattrippen** oder **Blattnerven** die Spreite, bei zweikeimblättrigen Pflanzen meist netzartig, bei einkeimblättrigen in der Regel parallel oder bogenförmig. Sie dienen der Versorgung mit Wasser und Nährsalzen sowie dem Abtransport der Assimilationsprodukte. Die flache Spreite der Laubblätter kann ungeteilt, gefiedert, gestielt oder ungestielt (sitzend) sein. Nach bestimmter, meist kurzer Lebensdauer werden viele Laubblätter im Unterschied zu den Nadelblättern abgeworfen. Nach der Entwicklungsfolge unterscheidet man folgende Blattarten: Keimblätter, Niederblätter, Laubblätter (Laubblätter, Nadelblätter), Hochblätter und die Blätter im Blütenbereich.

**Blattachsel,** bei Pflanzen der Winkel zwischen Sprossachse und Blatt.

**Blätterpilze, Lamellenpilze,** Bezeichnung für Ständerpilze, an deren Hutunterseite sich radial verlaufende Lamellen (Blätter) befinden, z. B. Champignon, Knollenblätterpilz.

**Blattgrün,** das →Chlorophyll.

**Blattkäfer, Chrysomelidae,** Käferfamilie mit etwa 30 000 – 35 000 Arten; meist gewölbteiförmig, metallisch glänzend oder bunt. Die Larven sind gestreckt-walzenförmig, oft mit Warzen oder Fortsätzen. Als Pflanzenfresser sind Blattkäfer oft schädlich, z. B. Kartoffelkäfer, Erdflöhe, Pappel- und Erlenblattkäfer.

**Blattkakte|en, Phyllokakteen,** verbreiteter Name für Kakteen mit blattähnlichen Flachsprossen; besonders die von Mexiko bis Argentinien verbreitete Gattung **Epiphyllum** (Phyllocactus); auch als Zimmerpflanzen.

**Blattläuse, Aphidina,** Pflanzensauger mit 8 Familien, darunter die **Röhrenläuse, Blasenläuse, Zwergläuse** und **Tannenläuse;** kleine weichhäutige, oft schwarze oder grüne Insekten mit 4 durchsichtigen Flügeln oder flügellos; die zuckerhaltigen Exkremente der Blattläuse **(Honigtau)** werden von Ameisen und Bienen verzehrt. Blattläuse pflanzen sich durch Eier oder lebende Junge fort, ein Puppenstadium fehlt. Natürliche Feinde der Blattläuse sind Schweb- und Florfliegen sowie Marienkäfer. Die chemische Bekämpfung erfolgt mit Insektiziden.

**Blaualgen,** die →Cyanobakterien.

**Blauer Engel,** →Umweltzeichen.

**Blausäure, Cyanwasserstoff,** HCN, farblose, sehr giftige Flüssigkeit, die nach bitteren Mandeln riecht. Blausäure ist, gebunden als Amygdalin, spurenweise in bitteren Mandeln und in den Kernen der Steinfrüchte enthalten. Die Salze der Blausäure heißen **Cyanide.** Blausäure dient zur Herstellung von Kunststoffen, Cyaniden, Farbstoffen u. a.

**Blauschimmel,** Sammelbezeichnung für verschiedene →Schimmelpilze, z. B. bläulichen Sporenrasen bildende Schadpilze (zum Teil sehr giftig) auf Nahrungsmitteln, aber auch Penicillium roquefortii zur Verfeinerung von Käsesorten. **Tabakblauschimmel** ist eine durch den Pilz Peronospora tabacina hervorgerufene gefährliche Krankheit des Tabaks mit auf der Blattunterseite bläulich grauem Pilzrasen.

**Blech,** zu dünnen Platten, Bändern oder Streifen ausgewalztes Metall (meist Metalllegierungen). Man unterscheidet nach dem Verwendungszweck, der Profilierung (z. B. Wellblech, Riffelblech, Warzenblech), der Oberflächenbehandlung (z. B. Schwarzblech, Hochglanzblech), der Oberflächenveredlung (z. B. plattiertes, brüniertes, lackiertes, verzinktes, verzinntes, alitiertes Blech) sowie nach der Dicke: Grobblech (> 4,76 mm), Mittelblech (3 – 4,76 mm), Feinblech (< 3 mm).

**Blei** [lateinisch Plumbum], chemisches Symbol **Pb,** blaugraues, an frischen Schnittstellen glänzendes metallisches Element aus

*Fortsetzung S. 96*

**Blatt.** Verschiedene Blattformen

# Bionik

Bionik

Bionik
→ GEO Dossier
Von Menschen, die alles wissen wollen, Bd. 6

Bionik
→ GEO Dossier
Die Erfindung des Bildes, Bd. 7

Bionik
→ GEO Dossier
Unternehmen Forschung, Bd. 8

Der Begriff Bionik (im englischsprachigen Raum bionics oder biomimetics) setzt sich aus der ersten Silbe des Wortes »Biologie« und der zweiten Silbe des Wortes »Technik« zusammen, wodurch schon eine grundsätzliche Definition der Forschungsrichtung gegeben ist. Geprägt wurde der Begriff »bionics« 1958 von J. E. Steele, wobei für ihn das »Lernen der Technik von der Natur« im Vordergrund stand. Als historischer Begründer der technischen Biologie und Bionik wird gerne Leonardo da Vinci bezeichnet. Er analysierte als Erster die Formveränderung von Vogelflügeln im Flug funktionell und versuchte, basierend auf diesen Beobachtungen, Schlagflügel für den menschlichen Flug zu konstruieren. Er vergaß allerdings die biophysikalischen Randbedingungen, genauer die Beziehung zwischen der Masse des Menschen und ihrer Muskelleistung, zu berücksichtigen. Die vielfältigen, sich über Jahrhunderte hinziehenden erfolglosen Versuche, den Vogelflug zu kopieren, belegen eindrucksvoll die Grenzen einer direkten Kopie von der Natur in der Technik.
Heute versteht man unter Bionik eine technisch orientierte Wissenschaftsdisziplin mit dem Ziel, gegebene Konstruktionen der belebten Natur im Hinblick auf technische Verwertbarkeit zu untersuchen und als Anregung für eigenständiges technisches Gestalten zu nehmen.

## Teildisziplinen der Bionik

Auf der Suche nach ökonomischen Vorbildern und technologischen Höchstleistungen kommen immer mehr Informatiker, Ingenieure, Physiker und Maschinenbauer verschiedenster Fachrichtungen zu dem Schluss, dass die schier unendliche Palette der biologischen Konstruktionen und Verfahrensweisen, die sich im Laufe der Evolution herausgebildet haben, einen reichen Schatz an Ideen und Lösungsansätzen für Problemstellungen liefert. Die Bionik gliedert sich demnach in zahlreiche Teildisziplinen. Die **Strukturbionik** untersucht den strukturellen Aufbau, die **Konstruktionsbionik** die Funktionsweise der unterschiedlichen Organe von Lebewesen. Die **Baubionik** erforscht die Übertragbarkeit natürlicher Baumaterialien und Baukonstruktionen auf die Architektur. Die **Sensorbionik** untersucht die Mechanismen zur Aufnahme, Leitung, Speicherung und Verarbeitung von Informationen, die **Neurobionik** befasst sich mit der Funktion der Neuronen und des Nervensystems, um Erfahrungen für die Entwicklung und den Bau von elektronischen Informationssystemen zu gewinnen. Weitere Teildisziplinen sind Klima- und Energiebionik, Bewegungsbionik, Gerätebionik, Anthropobionik, Verfahrensbionik und Evolutionsbionik.

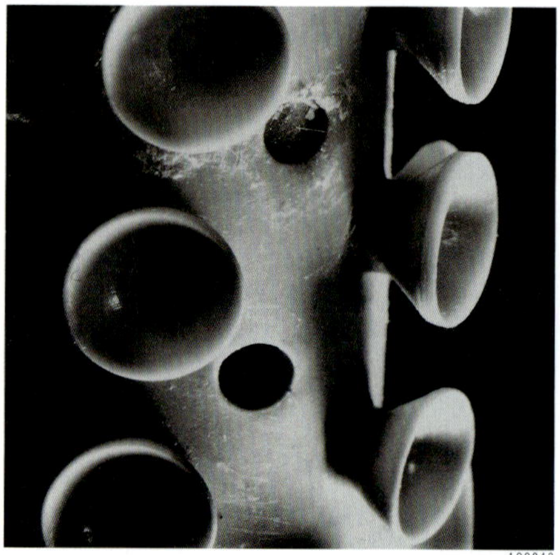

100842

Diese 4 Saugnäpfe einer Seifenhalterung ähneln verblüffend den Saugnäpfen des Gelbrandkäfers.

## Problemlösungen

Morphologische Studien zeigen, dass Natur und Technik für bestimmte Problemstellungen sehr ähnliche Lösungen gefunden haben. Als Beispiel seien die Saugnäpfe an den Vorderbeinen des Gelbrandkäfers (Dytiscus marginalis) genannt, die den Saugnäpfen von Seifenablagen ähneln. Derartige Entwicklungen sind allerdings ohne bewusste Kenntnisse der Natur entstanden. Andere technische Problemlösungen sind tatsächlich bionischer Forschung zu verdanken.

Der so genannte **Lotuseffekt®** leitet sich von der Beobachtung her, dass die Pflanzenblätter der Indischen Lotosblume (Nelumbo nucifera) einen Selbstreinigungseffekt zeigen. Dieser Effekt geht auf die fein genoppte Wachsbeschichtung der Blattoberfläche zurück, auf welcher der Schmutz kaum haften bleibt. Zudem können die Schmutzpartikel nach Benetzung mit Wassertropfen schneller abperlen. Möglicherweise hat die Pflanze diesen Selbstreinigungseffekt zur Abwehr von Krankheitserregern wie Pilzsporen oder Bakterien entwickelt. In der technischen Umsetzung dient der Lotuseffekt zur Herstellung selbstreinigender Oberflächen, z. B. bei Fliesen, Glasscheiben und Folien; eine bionische Fassadenfarbe kam 1999 auf den Markt.
Auch die Nachahmung der **Haifischhaut** verdeutlicht die Umsetzbarkeit von Ideen aus der Konstruktionsbionik. Die Schuppen der Knorpelfische sind durch ihre Längsrippen vergleichsweise reibungsarm, da derartige Oberflächenstrukturen den Strömungswiderstand mindern. Dieses Prinzip lässt sich beispielsweise in der Luftfahrt nutzen. Wissenschaftler haben eine Folie zur Beschichtung von Verkehrsflugzeugen entwickelt, die mit ihrer Rillenstruktur die Wandreibung senkt. Dies könnte je nach Flugzeugtyp und Auslastung zu einer mehr oder weniger deutlichen Minderung des Kerosinverbrauchs führen. Ebenfalls interessant für die Luftfahrt sind die spindelförmigen Fisch- und Pinguinrümpfe. Durch Nachahmung der widerstandsarmen Körperformen dieser Wirbeltiere sucht man ebenfalls eine Reduktion des Treibstoffverbrauchs zu erzielen.
Weitere Beispiele bionischer Forschung sind Flügelklappen nach Vogelvorbild, Überdachungskonstruktionen nach dem Bauprinzip der Schneckenhäuser, Schwingflossenvortrieb nach Art der Fischflosse, Bilderkennung nach Art des Insektenauges und technische Laufapparate nach dem Vorbild laufender Tiere.

### Möglichkeiten und Chancen der Bionik

Auch in Zukunft wird traditionelles ingenieurmäßiges Konstruieren die Grundlage technischer Entwicklungen bleiben; Bionik kann und soll diese Vorgehensweise nicht ersetzen. Die Bionik soll anregen – wo es möglich und sinnvoll erscheint –, technische Neuentwicklungen an der Natur abzugleichen, um so die vielfältigen in der Natur verwirklichten analogen Lösungsvorschläge als Ideenreservoir zur Optimierung technischer Konstrukte nutzen zu können.

100562
Bei dieser Demonstration des Lotus-Effekts gleitet farbiger Alleskleber am Blatt einer Lotuspflanze ab.

Das künstliche »Blatt«, die technologische Nachahmung der Fotosynthese, ist ein wichtiges Ziel der Bionik. Mithilfe einer raffinierten Technologie nutzen die Pflanzen die Sonne als Energielieferanten. Unsere gesamte Existenz beruht auf dem Zusammenspiel von Sonne und Pflanzen. Doch bisher ist der Mensch kaum in der Lage, die unvorstellbaren Energiemengen, die die Sonne auf die Erde schickt, in größerem Umfang zu nutzen. Die detaillierte Erforschung der Nutzung der Solarenergie durch biologische Systeme könnte in Zukunft das Energieproblem der Erde lösen.

*Fortsetzung von S. 93*

der 4. Hauptgruppe des Periodensystems, Ordnungszahl 82, relative Atommasse 207,2, Dichte (bei 20 °C) 11,35 g/cm³, Schmelzpunkt 327,5 °C, Siedepunkt 1 749 °C. Blei und seine Verbindungen sind sehr giftig.

Blei hat 4 natürliche und mehr als 30 künstliche radioaktive Isotope. Die stabilen Isotope sind Endprodukte der Zerfallsreihen von Uran-Actinium ($^{207}Pb$), Uran-Radium ($^{206}Pb$) und Thorium ($^{208}Pb$). Mithilfe dieser Isotope lassen sich geologische Altersbestimmungen durchführen. Mit Phosphor-, Salz- und Schwefelsäure entstehen unlösliche Schichten der entsprechenden Bleiverbindungen, an Luft bildet sich eine dünne Schicht von Bleioxid. Blei findet sich selten in gediegenem Zustand; wichtige Bleierze sind **Bleiglanz, Bleivitriol, Weißbleierz, Rotbleierz** und **Gelbbleierz.**

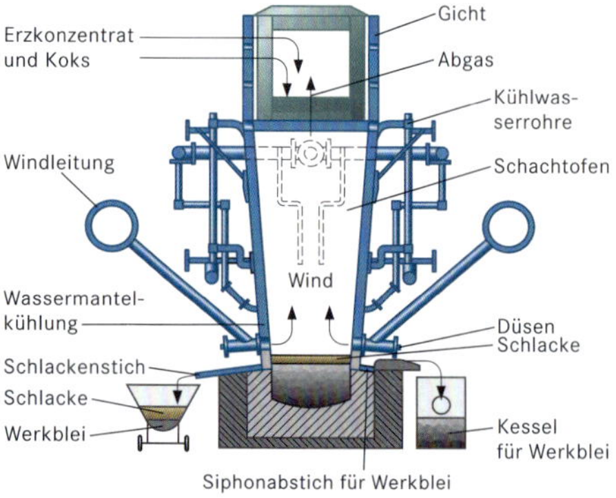


**Blei.** Schematische Darstellung der Bleigewinnung nach dem Röstreduktionsverfahren im Schachtofen

**Blei Süßes Gift**

Mehr als 210 Theorien versuchen zu erklären, warum das Römische Reich untergegangen ist. Einige sehen die Ursache darin, dass die römische Oberschicht an einer chronischen Bleivergiftung litt. In Knochenfunden wurde Blei nachgewiesen, und im Verdacht standen zunächst die Bleirohre, in denen das Trinkwasser in die Häuser geleitet wurde. Da diese jedoch aufgrund des stark kohlensäurehaltigen Wassers mit einer dicken Kalkschicht belegt waren, konnten sie nicht mit den Bleifunden in Zusammenhang stehen. Möglicherweise ist für die Bleivergiftung ein Sirup (sapa) beziehungsweise Mostsaft (defrutum) verantwortlich, der durch Einkochen von saurem Wein in Bleigefäßen gewonnen wurde und als Ersatz für Honig diente. Der Mostsaft enthielt neben konzentrierten Fruchtsäuren vermutlich reichlich Bleiacetat, eine süß schmeckende Verbindung, die auch als Bleizucker bezeichnet wird. Sie entsteht, wenn die im Wein vorhandene Essigsäure während des Kochens Blei aus der Gefäßwand löst. Bleizucker wurde trotz seiner Giftigkeit bis zum 19. Jh. als Süßungsmittel verwendet.

**Bleiglanz**

Blei wird aus sulfidischen Erzen meist nach dem Röstreduktionsverfahren gewonnen, bei dem das Bleisulfid zu Bleioxid und Schwefeldioxid geröstet (→Rösten) und anschließend mit Kohle im Schachtofen zu unreinem Blei (Rohblei, Werkblei) reduziert wird. Durch verschiedene Raffinationsverfahren entfernt man die noch enthaltenen metallischen Verunreinigungen. Verwendet wird Blei zur Herstellung von Akkumulatoren (rund 60 % weltweit; Recyclingrate in Deutschland rund 90 %, weltweit rund 60 %), Kabelmänteln, Rohren, Farben und Gefäßen für aggressive Flüssigkeiten, als Legierungsmaterial sowie im Strahlenschutz zur Absorption von Röntgen- und Gammastrahlen.

■ **Verbindungen** Aus **Bleichlorid,** $PbCl_2$, werden Bleichromat, Lot und Flussmittel hergestellt. **Bleichromat,** $PbCrO_4$, wird als Malerfarbe verwendet (Chromgelb, Chromgrün). Das schwarzbraune **Bleioxid,** $PbO_2$, ist ein starkes Oxidationsmittel und findet u. a. in der Zündholzindustrie und Pyrotechnik Verwendung; **Bleiglätte** (Bleioxid), PbO, mit einer gelben und einer roten Modifikation, u. a. für Akkumulatoren und für keramische Glasuren; **Blei(II,IV)-oxid,** $Pb_3O_4$, ist die →Mennige. **Bleinitrat,** $Pb(NO_3)_2$, wird in der Farbstoff-, Sprengstoff- und Zündholzindustrie verwendet. **Bleisulfat,** $PbSO_4$ (als Mineral: Anglesit), dient als Beschwerungsmittel und weiße Malerfarbe. **Bleiazid,** $Pb(N_3)_2$, explodiert heftig bei Schlag oder Hitze und dient daher als Initialzündstoff. Bleiorgan. Verbindungen (z. B. Tetraethylblei) dienten früher als Antiklopfmittel in Vergaserkraftstoffen.

**Bleichen,** *Chemie:* das Entfärben von Materialien durch Adsorption der Farbstoffe an oberflächenaktiven Stoffen, Überdecken unerwünschter Farben durch Komplementärfarben oder Zerstörung der färbenden Begleitstoffe mit →Bleichmitteln.

**Bleichmittel,** Substanzen, die farbtragende Anteile von Fasern, Papier, Lebensmitteln u. a. chemisch so verändern, dass sie zu einer Aufhellung dieser Produkte führen. **Oxidierende Bleichmittel** zerstören den Farbstoff. Zu ihnen gehören Chlor und Hypochlorite. Schonender wirken Chlordioxid, Natriumchlorit sowie Wasserstoff- und Natriumperoxid. Natriumperborat ist als bleichende Komponente in Waschmitteln enthalten. **Reduzierende Bleichmittel** führen meist nur zu einer reversiblen Umwandlung des Farbstoffs, das heißt nicht zu einer bleibenden Entfärbung. Zu ihnen gehören Schwefeldioxid, Dithionite und Derivate der Sulfoxylsäure.

**Bleiglanz, Galenit, Bleisulfid,** chemisches Symbol PbS, häufigstes und wichtigstes Bleierz, bleigrau, enthält 86,6 % Blei und bis zu 1 % Silber; kristallisiert meist in Würfeln.

**Bleikammerverfahren,** →Schwefelsäure.

**Bleimethoden,** Verfahren der numerischen (absoluten) Altersbestimmung, v. a. von Mineralen; benannt nach dem stabilen Endprodukt beim radioaktiven Zerfall von Uran

(→Uran-Blei-Methoden) und Thorium über verschiedene kurzlebige Zwischenprodukte (→Radioaktivität). Bei bekannter Halbwertszeit der Ausgangsnuklide lässt sich das Alter der Minerale aus dem Verhältnis von Ausgangs- und Endnuklid bestimmen **(Bleialter)**, wobei das Blei (Pb) auf seine isotope Zusammensetzung analysiert werden muss.

**Blende,** *Optik:* feste oder veränderliche Öffnung innerhalb eines optischen Systems zur Begrenzung des Querschnitts von Strahlenbündeln, durch die z.B. Streulicht abgeschirmt (ausgeblendet) wird.

**Blended Wing Body** [ˈblendɪd wɪŋ ˈbɔdi], Abkürzung **BWB** [bi:dʌblju:ˈbi:], spezifische Form des Nurflügelflugzeugs, die gegenwärtig für künftige Großraumflugzeuge untersucht wird. Der BWB soll die Vorteile des Nurflügelflugzeugs mit denen von Flügel-Rumpf-Kombinationen verbinden. Passagiere und Nutzlast werden zumindest teilweise in der stark verdickten Tragfläche untergebracht, was den Bau wesentlich größerer und effizienterer Flugzeuge als bisher ermöglichen könnte. Eine frühe Form des BWB wurde 1929 mit der G 38 von Junkers gebaut.

**Blériot** [bleˈrjo], Louis, französischer Flugtechniker, *Cambrai 1. 7. 1872, †Paris 1. 8. 1936; überflog am 25. 7. 1909 als Erster den Ärmelkanal von Calais nach Dover in einem selbst gebauten Eindecker.

**Blindenleitgeräte,** Orientierungshilfsmittel, die mit Ultraschall- u.a. Ortungsverfahren Entfernung von Gegenständen in hörbare Zeichen umwandeln.

**Blindenlesegeräte,** Geräte, die normale Schrift mit Elektronenstrahlen abtasten und in hörbare oder mithilfe eines Vibrationstastenfeldes in tastbare Zeichen umsetzen.

**Blindflug,** das Führen von Flugzeugen ohne Sicht, nur nach Bordinstrumenten (→Instrumentenflug).

**Blindleistung,** Formelzeichen $Q$, $P_q$, *Elektrotechnik:* der Anteil der elektrischen Leistung in einem Wechselstromsystem, der nicht zur nutzbaren Energieumformung beiträgt. Die Blindleistung hat ihre Ursache in der durch Induktivitäten und Kapazitäten hervorgerufenen Phasenverschiebung $\varphi$ zwischen Stromstärke $I$ und Spannung $U$, es gilt: $Q = I_{eff} \cdot U_{eff} \cdot \sin \varphi$.

**Blindleitwert, Suszeptanz,** Formelzeichen $B$, SI-Einheit: Siemens (S), der Kehrwert des Blindwiderstands im Wechselstromkreis (→Wechselstromwiderstand); speziell der **induktive Blindleitwert (induktiver Leitwert)** $B_L$ und der **kapazitive Blindleitwert (kapazitiver Leitwert, Kapazitanz)** $B_C$.

**Blindprobe,** Nachweisreaktion zur Prüfung der Reinheit der bei chemischen Analysen verwendeten Reagenzien, die ohne die zu bestimmende Substanz durchgeführt wird.

**Blindstrom,** *Elektrotechnik:* der Anteil des elektrischen Stromes, der zur Erzeugung der →Blindleistung erforderlich ist.

**Blindwiderstand, Reaktanz,** Formelzeichen $X$, SI-Einheit: Ohm (Ω); *Elektrotechnik:* derjenige Anteil des (komplexen) →Wechselstromwiderstands, der durch Kapazitäten (Kondensator; →kapazitiver Blindwiderstand) und/oder Induktivitäten (Spule; →induktiver Blindwiderstand) gebildet wird. Kondensator und Spule setzen dem Wechselstrom zwar einen Widerstand entgegen, können jedoch im Gegensatz zum Wirkwiderstand keine verwertbare Leistung (z.B. Wärme, Licht) abgeben. Der Kehrwert des Blindwiderstandes ist der →Blindleitwert.

### Blitz Elfen und Kobolde

100562

Piloten, die über riesige Lichtgestalten berichteten, die bei Stürmen und Gewittern für Sekundenbruchteile über den Wolken zucken, hielt man lange Zeit für verrückt – doch inzwischen ist durch Satellitenmessungen und Fotos vom Spaceshuttle unbestritten, dass es diese mysteriösen Blitzerscheinungen tatsächlich gibt. Man nennt sie »Elfen«, »Kobolde« und »Blaue Jets«. Elfen (englisch Elves) treten bei besonders starken Blitzentladungen als rötliche Ringe über großen Gewitterwolken auf, in etwa 90 km Höhe. Kobolde (englisch Sprites) hingegen sind schmale, einige Millisekunden lang senkrecht leuchtende Streifen, die für das menschliche Auge gerade noch erkennbar sind. Ihre Formen sind unterschiedlich, von Pilzgebilden bis hin zu Lattenzäunen. Die Blauen Jets schlagen direkt aus den Gewitterwolken in die Stratosphäre und haben noch die größte Ähnlichkeit mit normalen Blitzen.

Das nebenstehende Bild eines Kobolds entstand am 21. Januar 2003 im Rahmen des Mediterranean Israeli Dust Experiment (Meidex), einem Gemeinschaftsprojekt der NASA und der Israelischen Raumfahrtagentur ISA. Es wurde an Bord des Spaceshuttles Columbia aufgenommen.

**Günter Blobel**

**Blitzlicht.** Fotoapparat mit großer Blitzlampe

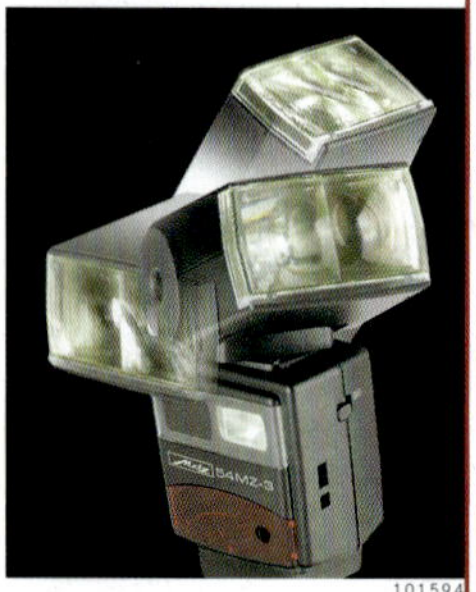

**Blitzlicht.** Blitzgerät mit dreh- und schwenkbarem Reflektor

Rechte Seite: Dieser Labor-Kugelblitz wurde durch eine Hochspannungsentladung in einem Wasserbehälter erzeugt.

**Blindwühlen, Ringelwühlen, Gymnophiona,** Ordnung tropischer Amphibien, mit etwa 165 Arten; wurmförmige, geringelte Bodenwühler mit verkümmerten oder fehlenden Augen.

**Blitz,** natürliche Funkenentladung zwischen verschiedenen geladenen Wolken oder zwischen einer Wolke und der Erde. Häufigste Form ist der sich flussnetzartig verästelnde **Linienblitz.** Daneben gibt es **Flächenblitze** sowie die seltenen **Perlschnurblitze** und **Kugelblitze.** Die Stromstärke von Linienblitzen wird auf bis zu 100 000 Ampere geschätzt, die Spannung auf viele Mio. Volt. Der Blitz vermag Menschen und Tiere zu betäuben oder zu töten, brennbare Gegenstände zu entzünden und Metallteile zu schmelzen. Gebäude und Personen werden durch Blitzschutzanlagen (→Blitzschutz) geschützt. – Infokasten S. 97

**Blitzableiter,** →Blitzschutz.

**Blitzlicht,** *Fotografie:* helle, künstliche Lichtquelle von sehr kurzer Leuchtdauer für Momentaufnahmen. Die ersten Blitzlichter waren Gemische von Aluminium- oder Magnesiumpulver mit Sauerstoff abgebenden Substanzen. Die meisten heutigen Blitzlichter bestehen aus dünnen Metalldrähten oder -folien, die in einem Glaskolben in einer Sauerstoffatmosphäre verbrannt werden **(Kolbenblitz, Vakublitz, Blitzlampe),** meist zu mehreren in einem **Blitzwürfel** zusammengefasst. Eine schnelle Lichtblitzfolge ermöglicht das →Elektronenblitzgerät. Der elektrische Kontakt für Blitzlichtgeräte ist der Synchronverschluss der Kamera. Blitzlichtgeräte sind mit →Reflektoren versehen.

**Blitzschutz,** technische Vorrichtungen **(Blitzschutzanlage)** zum Schutz von Gebäuden gegen Blitzschäden; besteht in der Regel aus der Fangeinrichtung, der Ableitung **(Blitzableiter)** und einer Erdungsanlage, die den Blitzstrom möglichst großflächig in die Erde leitet. Die Wirkung der Fangeinrichtung beruht darauf, dass der Blitz die am besten leitende Verbindung wählt. Darauf ist bei der Konzeption von Blitzschutzanlagen zu achten, insbesondere um unkontrollierte Blitzeinschläge und Blitzabsprünge zu verhindern. Die Gebäudeleitungen verbinden die Fangleitungen mit den Erdleitungen; sie müssen so stark sein, dass sie die hohe Stromstärke des Blitzes ohne Schaden ableiten können. Die Erdung besteht aus Platten oder Kupfernetzen, die möglichst im Grundwasser versenkt sein sollten. Um Schäden an Personen und technischen Einrichtungen im Innern von Gebäuden zu vermeiden, ist ein **Blitzschutzpotenzialausgleich** notwendig (innerer Blitzschutz).

Der erste Blitzableiter wurde 1752 von B. Franklin installiert, der durch seine (teilweise riskanten) Experimente (Drachenversuche) die elektrische Natur von Blitzen nachwies.

**Blizzard** [ˈblɪzəd, englisch] *der,* mit starken Temperaturstürzen verbundener winterlicher Schneesturm in Nordamerika auf der Rückseite von Tiefdruckgebieten, verursacht durch kräftige Kaltlufteinbrüche aus Nord bis Nordwest. Aufgrund fehlender quer verlaufender Gebirge können Blizzarde weit nach Süden (bis zum Golf von Mexiko) vorstoßen.

**Blọbel,** Günter, amerikanischer Zell- und Molekularbiologe deutscher Herkunft, *Waltersdorf (Schlesien) 21. 5. 1936; arbeitet seit 1967 an der Rockefeller University in New York; für seine Entdeckung, dass Proteine ein eingebautes Signal (gebildet aus einer Folge von 10 bis 30 Aminosäuren) besitzen, das ihren Transport und ihre Verteilung innerhalb von Körperzellen steuert, erhielt er 1999 den Nobelpreis für Medizin oder Physiologie. Durch diese Erkenntnis können auch bestimmte Erbkrankheiten erklärt werden, deren Mechanismus auf einem fehlerhaften Transport von Proteinen beruht. Außerdem ist dieses Signalsystem wichtig für die gentechnische Produktion von Arzneimitteln. Das gesamte mit der Auszeichnung verbundene Preisgeld hat Blobel der Stadt Dresden, zum überwiegenden Teil für den Wiederaufbau der Frauenkirche und der Synagoge, gestiftet.

**Blọch, 1)** [blɔk], Felix, amerikanischer Physiker schweizerischer Herkunft, *Zürich 23. 10. 1905, † ebenda 10. 9. 1983; Professor an der Stanford University (Kalifornien); untersuchte u. a. den Durchgang geladener Teilchen durch Materie **(blochsche Bremsformel),** Arbeiten zum Ferromagnetismus sowie zur Quantenelektrodynamik. Bloch erhielt 1952 zusammen mit E. M. Purcell den Nobelpreis für Physik für die von ihm entwickelte Kernresonanzmethode zur genauen Messung der magnetischen Kernmomente.

**2)** [blɔk], Konrad, amerikanischer Biochemiker deutscher Herkunft, *Neisse 21. 1. 1912, † Boston (Massachusetts) 15. 10. 2000; emigrierte 1936 in die USA, erhielt für Arbeiten über den Cholesterin- und Fettsäurestoffwechsel 1964 mit Feodor Lynen den Nobelpreis für Physiologie oder Medizin.

**Blochịnzew,** Dmitri Iwanowitsch, sowjetischer Physiker, *Moskau 11. 1. 1908, † Dubna 27. 1. 1979; ab 1936 Professor in Moskau; 1956–65 Direktor des Vereinigten Instituts für Kernforschung in Dubna; arbeitete über Festkörperphysik, Kernphysik (Theorie der Kernreaktoren) sowie die Quantenfeld- und Elementarteilchentheorie.

**Blọch-Wand** [nach F. Bloch], in ferromagnetischen Stoffen Grenzschicht zwischen verschieden magnetisierten →Weiss-Bezirken.

**Blockheizkraftwerk,** ein mit Erdöl und Erdgas betriebenes kleines Kraftwerk, das mit einem Verbrennungsmotor betrieben wird, der um einen Heizkessel (Spitzenkessel) ergänzt ist. Blockheizkraftwerke versorgen ei-

nen Komplex (z.B. Krankenhaus) oder eine Siedlung mit elektrischer Energie und Fernwärme. Durch →Kraft-Wärme-Kopplung erzielen diese Anlagen im optimalen Betriebspunkt eine Brennstoffausnutzung von 80 bis 85%. Überschüssiger Strom wird in das Netz der öffentlichen Stromversorgung abgegeben, höherer Strombedarf aus diesem gedeckt.

**Bloembergen** ['blu:mbə:gən], Nicolaas, amerikanischer Physiker, * Dordrecht (Niederlande) 11. 3. 1920; ab 1957 Professor an der Harvard University (Massachusetts); er begründete maßgeblich die nichtlineare Optik. Bloembergen erhielt 1981 zusammen mit A. L. Schawlow und K. M. Siegbahn den Nobelpreis für Physik für seine Beiträge zur Entwicklung der Laserspektroskopie.

**Bluetooth** ['blu:'tu:θ, englisch; nach dem dänischen König Harald Blatand (»Blauzahn«), der im 10. Jahrhundert Dänemark und Norwegen unter seiner Herrschaft vereinigt hatte], Kurzstreckenfunkstandard, der die kabellose Kommunikation zwischen Geräten unterschiedlicher Hersteller ermöglicht sowie deren Verbindung mit dem PC. Mit dieser Technologie können z.B. Notebooks, Handys, Drucker und Maus im Nahbereich (bis etwa 10 m, mit Verstärkern bis etwa 100 m) miteinander kommunizieren oder Bilder von Digitalkameras auf PCs oder Laptops schnurlos übertragen werden. Die Übertragungsleistung liegt derzeit (2006, Version 2.0) bei max. 2,1 Mbit/s, der Frequenzbereich bei 2,45 GHz (Wellenlänge 12,2 cm).

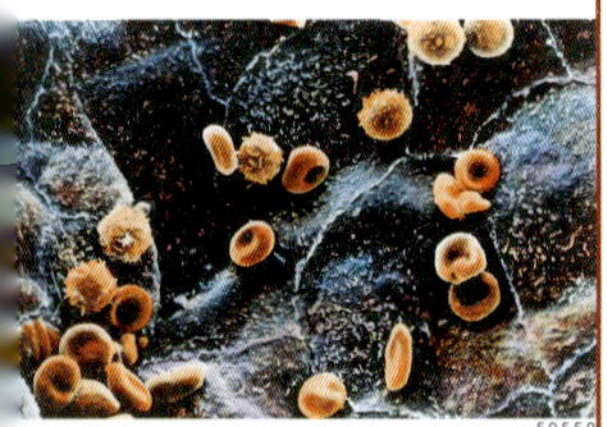
50558

**Blut.**
Rote Blutkörperchen (Mikrofotografie)

**Blumberg** ['blʊmbə:g], Baruch Samuel, amerikanischer Mediziner, * New York 28. 7. 1925; entdeckte 1964 im Blut eines australischen Eingeborenen ein bisher unbekanntes Antigen (HBsAG), das sich als Erreger der Virushepatitis B (Serumhepatitis) herausstellte. Mit D. C. Gajdusek erhielt er 1976 den Nobelpreis für Physiologie oder Medizin.

**Blume,** *Botanik:* bestäubungsbiologisch funktionelle Einheit der Samenpflanzen; oft identisch mit der morphologischen Einheit der Blüte. Bei →Korbblütlern bildet ein Blütenstand mit vielen Einzelblüten die Blume. Im allgemeinen Sprachgebrauch auch Pflanzen, die Blüten tragen.

**Blu-Ray** [dt. »blauer Strahl«; engl. Schreibweise ohne »e«], Aufzeichnungs- und Wiedergabeverfahren bei optischen Datenträgern, das einen Laser mit blauviolettem Licht (statt des herkömmlichen roten) verwendet. Dieses Licht hat eine kürzere Wellenlänge (405 nm). Daher können kleinere Informationseinheiten (Pits) geschrieben werden. Das bedeutet eine höhere Speicherkapazität, weil auf derselben Fläche mehr Informationen gespeichert werden. In der Entwicklung befinden sich aktuell **Blu-Ray-Discs** (zunächst als einmal beschreibbare Datenträger) mit Speicherkapazitäten von ca. 23 bis 27 GByte (einseitig mit einer Speicherschicht) bzw. ca. 50 GByte (einseitig mit zwei Speicherschichten).

Es zeichnet sich mittlerweile ab, dass bei den Blu-Ray-Datenträgern und -Laufwerken eine ähnliche Typenvielfalt entstehen wird wie bei der DVD. Die eigentliche Blu-Ray-Disc wird gegenwärtig unterstützt von Herstellern wie Sony, Hewlett-Packard, Dell und Apple sowie von wichtigen Unternehmen der Medienindustrie. Sie soll eine Speicherkapazität von maximal 50 GByte haben.

Als Konkurrenzprodukt zur Blu-Ray-Disc versucht sich außerdem die technologisch ähnliche, aber nicht kompatible **HD-DVD** zu etablieren. Sie verfügt über eine Speicherkapazität von maximal 40 GByte und ist etwas preisgünstiger. Aktuell wird sie u.a. von den Herstellern NEC und Toshiba unterstützt.

**Blut,** lateinisch **Sanguis,** im Herz-Kreislauf-System (→Blutkreislauf) zirkulierende Körperflüssigkeit, die dem allgemeinen Stofftransport und -austausch dient. Das Blut kann als flüssiges Gewebe oder als Organ des Körpers angesehen werden. Es bringt als Transportmittel Sauerstoff aus der Lunge und Nährstoffe aus dem Darm in die Gewebe, Kohlendioxid und Abbauprodukte des Stoffwechsels in die Ausscheidungsorgane (Lunge, Niere) und überträgt Hormone, Vitamine und Enzyme. Es dient der chemischen Verknüpfung der Organe und der Aufrechterhaltung des Wasser- und Salzhaushaltes des Körpers. Wichtige Eigenfunktionen des Blutes sind die Fähigkeiten, Puffer im Säure-Basen-Haushalt zu sein, als Träger von Antikörpern und Leukozyten eingedrungene Fremdstoffe, Gifte und Fremdorganismen abzuwehren (Immunreaktion) und eröffnete Blutgefäße (Blutgerinnung) verschließen zu können. Die Blutmenge des Menschen beträgt etwa 7–8% seines Körpergewichts, beim Erwachsenen (bei 70 kg Körpergewicht) etwa 4,5–6 l. Das Blut setzt sich aus dem Blutplasma (Blutflüssigkeit) und aus den geformten Bestandteilen, den Blutkörperchen, zusammen.

Das **Blutplasma** besteht aus Wasser (90%), Elektrolyten (besonders Natrium, Kalium und Calcium), den transportierten Stoffen und aus Proteinen (8%). Blutproteine sind Albumine, die an der Regulation des Wasserhaushaltes beteiligt sind, Globuline, die Antikörper enthalten, und Fibrinogen, das für die Blutgerinnung verantwortlich ist. Plasma ohne Fibrinogen wird als **Blutserum** bezeichnet. Von den geformten Blutbestandteilen überwiegen zahlenmäßig (etwa 4,5–5 Mio./$mm^3$) die **roten Blutkörperchen (Erythrozyten),** scheibenförmige, kernlose, in der Mitte eingedellte Zellen von etwa 0,007 mm Durchmesser. Sie bestehen aus einer Gerüstsubstanz, in die der Blutfarbstoff **(Hämoglobin)** eingelagert ist. Das Hämoglobin ermöglicht Atmung und Stoffwechselvorgänge durch seine Fähigkeit,

Sauerstoff zu binden (in der Lunge) oder abzugeben (im Gewebe) entsprechend der in der Umgebung vorhandenen Sauerstoffkonzentration. Im Unterschied zu den roten sind die **weißen Blutkörperchen (Leukozyten)** kernhaltig und enthalten keinen Farbstoff. Ihre Zahl beträgt 4000–9000/mm³ Blut. Man unterscheidet Granulozyten, Monozyten und Lymphozyten; sie sind (mit Ausnahme der Lymphozyten) größer als die roten Blutkörperchen. Die **Granulozyten** werden je nach Anfärbbarkeit ihrer Körnchen (Granula) mit sauren oder basischen Farbstoffen in neutrophile, eosinophile und basophile Granulozyten unterteilt. Die neutrophilen Granulozyten machen den Hauptbestandteil der weißen Blutkörperchen aus. Sie sind aktiv beweglich, können, durch Stoffwechselprodukte von Krankheitserregern oder Zerfallsprodukten der Proteine angelockt, die Blutbahn verlassen (Diapedese), nehmen die Fremdstoffe auf (Phagozytose) und verdauen sie. Zugrunde gegangene Granulozyten bilden die Hauptmasse des Eiters. Die anderen Arten von weißen Blutkörperchen sind ebenfalls an der Körperabwehr beteiligt. **Monozyten** sind zur Phagozytose größerer Fremdkörper in der Lage, die **Lymphozyten** besitzen die Fähigkeit, Antikörper zu bilden, und sind Grundlage der Immunität. Die ebenfalls farblosen **Blutplättchen (Thrombozyten)** sind als Bruchstücke von Knochenmarkzellen die kleinsten Blutkörperchen (etwa 0,003 mm Durchmesser), ihre Zahl in 1 mm³ Blut beträgt 200000–400000. Sie sind für die Blutgerinnung wichtig. Die Blutkörperchen und ihre Vorstufen entstehen vorwiegend im Knochenmark.

**Blutalgen,** meist Flagellaten und Blaualgen, deren Chlorophyll durch rote oder orange Farbstoffe verdeckt ist; bei massenhaftem Auftreten im Wasser oder auf Schnee und Eis tritt meist eine Rotfärbung auf (Blutseen; das Rote Meer; Blutschnee; Alpenrot).

**Blutbuche,** eine Varietät der Rotbuche mit rotbraunen Blättern.

**Blutdruck,** der durch die Tätigkeit des Herzens erzeugte Druck des strömenden Blutes im Blutgefäßsystem. Der Blutdruck ist in den herznahen großen Schlagadern am größten. Mit dem Umlauf des Blutes sinkt er und ist beim Einmünden der großen Venen in das Herz etwa gleich null. Die Höhe des Blutdrucks ist abhängig von der Leistungsfähigkeit des Herzens, von Weite und Elastizität (Tonus) der Blutgefäße und von der inneren Reibung (Viskosität) des Blutes. Die Regulation des Blutdrucks erfolgt durch Blutdruckzentren im Zwischenhirn, verlängerten Mark und Rückenmark. Die **Blutdruckmessung** gilt als wichtigste Maßnahme zur Beurteilung der Kreislauffunktion. Zur Messung des arteriellen Blutdrucks wird eine zunächst leere Gummimanschette, die mit einem Manometer ver-

*Fortsetzung S. 104*

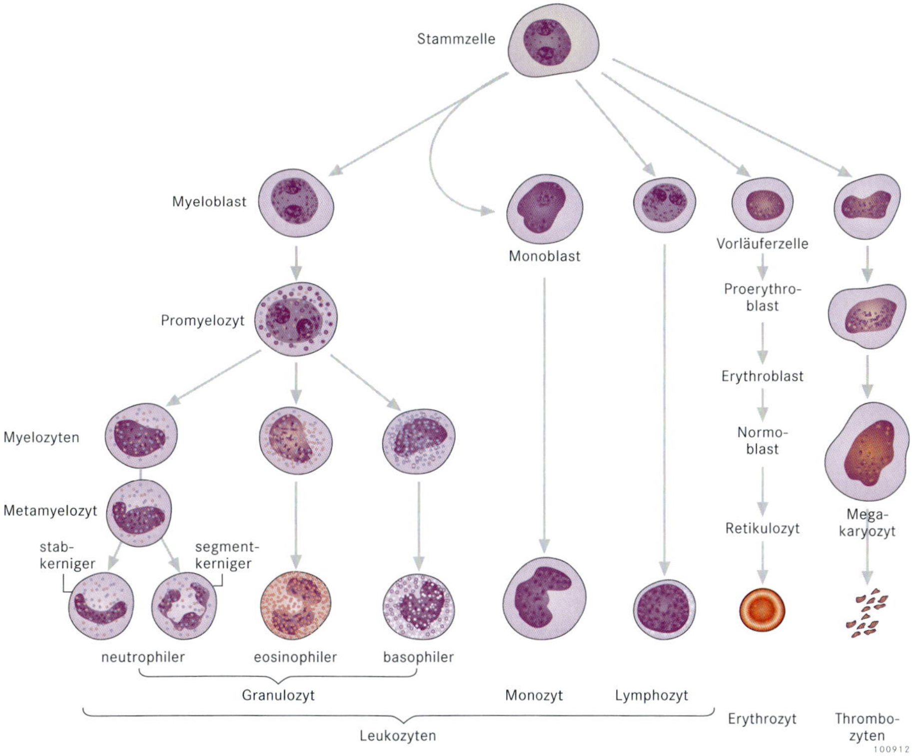


**Blut.** Stammbaum der Leukozyten, Erythrozyten und Thrombozyten; alle Blutkörperchen differenzieren sich aus gemeinsamen Stammzellen, die sich jedoch schon in der Embryonalzeit spezialisieren. Im Knochenmark liegen alle Vorstufen nebeneinander vor. Nur die in der unteren Reihe abgebildeten Zellen finden sich im Blut.

# Biotechnologie und Umwelt

Die Ressourcen der Erde schienen jahrhundertelang schier unerschöpflich. Inzwischen setzt sich langsam die Erkenntnis durch, dass traditionelle Formen der Rohstoffgewinnung, der Abfallbeseitigung und der Energieerzeugung auf lange Sicht »Einbahnstraßen« darstellen. Daher werden alternative Methoden gesucht, bei denen Rostoffvorräte geschont und Abfallmengen reduziert werden können. Die Biotechnologie setzt dabei auf die Stoffwechselleistungen von Mikroorganismen. In manchen Bereichen, z. B. bei der Trinkwasseraufbereitung, sind solche Mikroorganismen schon seit Jahrzehnten im Einsatz, andere Methoden stecken noch in den Kinderschuhen.

100562

Kläranlage mit Faultürmen zur Gewinnung von Biogas

## Mikroorganismen als Rohstofflieferanten

Einer der wertvollsten Rohstoffe auf unserem Planeten ist das Trinkwasser. Noch Mitte des 19. Jahrhunderts wurden in vielen deutschen Städten die Abwässer einfach über die Rinnsteine entsorgt. Fäkalien sammelte man in hauseigenen Dunggruben. Von dort aus sickerte das verschmutzte Wasser in den Boden und verunreinigte das Grundwasser. Mit Fäkalkeimen belastetes Wasser war die Ursachen von todbringenden Seuchen wie Cholera und Typhus. Die Reinigung von Wasser wurde in den wachsenden Städten unumgänglich.
Heute ist für uns in Mitteleuropa sauberes Wasser eine Selbstverständlichkeit. Jeden Tag verbrauchen wir pro Kopf mehrere hundert Liter Trinkwasser, und auch Landwirtschaft und Industrie verschmutzen die wertvolle Ressource in großem Ausmaß. Die anfallenden Abwässer werden in Kläranlagen gereinigt. Die Arbeit der Mikroorganismen bei der Beseitigung von organischen Verunreinigungen ist dabei unverzichtbar. Sie wandeln mithilfe von Luftsauerstoff die Verschmutzungen zu Kohlendioxid und Wasser um. Voraussetzung für die Aktivität der Mikroorganismen ist die Einbringung vom ausreichenden Mengen Sauerstoff in das Abwasser. Das wird bei modernen Anlagen – den so genannten Belebtschlammanlagen – durch mechanische Umwälzung erreicht. Ohne die Arbeit der Mikroorganismen wäre Trinkwasser schon heute zu einem Luxusartikel geworden.
Ein ebenfalls etabliertes Verfahren der Umweltbiotechnologie ist die Gewinnung von Metallen wie z. B. Kupfer mithilfe von Mikroorganismen aus Abraummaterial. Dieses Gestein fällt bei der konventionellen Förderung an und wird bei der **Biolaugung** mit angesäuertem Wasser besprüht. Dadurch vermehren sich die natürlich vorkommenden Schwefelbakterien und wandeln das schwer lösliche Kupfersulfid in wasserlösliches Kupfersulfat um, dass leicht aus der Laugungsflüssigkeit gewonnen werden kann.
Auch nicht ganz neu ist die Idee, von Mikroorganismen produzierte Substanzen als Kunststoffersatz zu verwenden. In Japan kann man bereits Lebensmittel kaufen, die in appetitlicher Folie aus **Pullulan** eingepackt sind. Dieses Polysaccharid besteht aus Glukosemolekülen und wird von Mikroorganismen (Pilze der Art Pullularia pullulans) produziert. Ausgerollt zu dünnen Schichten, ergibt es nach dem Trocknen dünne Folien. Dieses exzellente Verpackungsmaterial verschließt die Ware luftdicht, lässt sich jedoch in heißem Wasser auflösen und wird in feuchtem Zustand von Mikroben abgebaut – ein erster Schritt zugunsten eines natürlichen

Kreislaufs bei der Plastikherstellung ist damit gelungen.

### Mikroorganismen als Energielieferanten und Abfallbeseitiger

Der ständig wachsende Energiebedarf der Weltbevölkerung ist eines der dringenden Probleme der Menschheit. Die Vorräte der fossilen Energieträger schrumpfen stetig, Alternativen werden händeringend gesucht. Erste biotechnologische Ansätze zur Bewältigung des Problems sind Biogasanlagen. In ihnen wird die Fähigkeit von bestimmten Bakterien – so genannten Archaebakterien – genutzt, aus Acetat, Wasserstoff und Kohlendioxid Methan herzustellen. Biogas kann ohne großen technischen Aufwand auch in kleinen Reaktoren aus tierischen Exkrementen und pflanzlichen Abfällen erzeugt werden. Daher sind Biogasanlagen auch in Entwicklungsländern eine sinnvolle Alternative zu der ineffektiven Energiegewinnung aus Holz- und Dungfeuerung. In China sind bereits mehr als eine Million solcher Kleinanlagen in Betrieb. Schätzungen gehen davon aus, dass bis zu 5 % des Energiebedarfs der Bevölkerung in den Industrieländern bei Ausschöpfung des gesamten Potenzials durch Biogas zu decken ist. Darüber hinaus könnten Biogasanlagen bei der Beseitigung von organischen Abfallstoffen helfen. In der industriell betriebenen Tierproduktion fallen riesige Mengen Gülle an, die nicht mehr auf die Felder ausgebracht werden können, da sie den Boden zu stark belasten. Rechnungen ergaben, dass aus den Hinterlassenschaften einer einzigen Kuh jährlich eine Biogasmenge gewonnen werden könnte, die dem Brennwert von 300 l Heizöl entspricht. Auch in Abwasseranlagen wird der anfallende organische Schlamm aus den Belebtschlammbecken zur Energiegewinnung weiterverwendet. In großen Faultürmen setzen die Methanbakterien unter Luftabschluss die verbliebenen organischen Stoffe zu Methan um. Selbst Hausmüll könnte eine weitere Rohstoffquelle für die Produktion von Biogas darstellen. Schon heute kommt es auf Mülldeponien zur ungewollten und teilweise gefährlichen Bildung von Methan, das aber energietechnisch noch nicht genutzt wird.

100562

Erdöl läuft aus einem havarierten Tanker aus.

### Mikroorganismen als Helfer bei Umweltkatastrophen

Die Havarie des Tankers Exxon Valdez erschütterte 1989 die Weltöffentlichkeit. Zahllose Seevögel, Fische und Meeressäugetiere fielen dem Ölteppich zum Opfer. Das dabei freigesetzte Erdöl (38 000 Tonnen) wurde zum großen Teil mechanisch aufgesaugt und filtriert. Die Reinigung der Küsten übernahmen neben zahlreichen menschlichen Helfern Bakterien, die Bestandteile des Erdöls verstoffwechseln können. Dabei kamen nur natürlich vorkommende Bakterien zum Einsatz. Forscher arbeiten jedoch schon lange an der Züchtung von so genannten »Superbakterien«. Der indische Wissenschaftler Ananda Mohan Chakrabarty schuf regelrechte Ölfresser. Er kombinierte die Plasmide von vier Pseudomonasstämmen so, dass das resultierende Bakterium die Erdölbestandteile Campher, Octan, Xylol und Naphtalin als Kohlenstoffquelle nutzen konnte. Zum Einsatz kam dieses Bakterium bisher jedoch nicht, da die Freisetzung gentechnisch veränderter Mikroorganismen nicht erlaubt ist.

Fortsetzung von S. 101

bunden ist, um den Oberarm gelegt. Die Manschette wird so lange aufgepumpt, bis der Blutstrom in der Armschlagader völlig abgedrosselt und der Pulsschlag nicht mehr zu tasten ist. Wird der Manschettendruck wieder vermindert, kann man durch ein im Bereich der Ellenbeuge aufgesetztes Stethoskop das Geräusch des wieder in die Armarterie einfließenden Blutes hören. Der dabei abgelesene Manometerwert zeigt den Spitzendruck (**systolischer Blutdruck;** z.B. 120 mm Quecksilbersäule [Hg]) an. Verschwindet bei weiterer Reduzierung des Manschettendrucks das pulssynchrone Geräusch, so kann der Taldruck (**diastolischer Blutdruck;** z.B. 80 mm Quecksilbersäule) abgelesen werden. Elektronische Blutdruckmessapparate nehmen über ein Mikrofon in der Manschette die Pulsgeräusche auf und ermöglichen eine einfache Ablesung oder die automatische Registrierung. Gemessen wird der Blutdruck seit langem in mm Hg, seit dem 1. 1. 1978 gelten als neue Druckeinheiten das Pascal (Pa) und das Bar (bar), jedoch ist die alte Maßeinheit weiterhin zulässig; Umrechnung: 1 mm Quecksilbersäule ≙ 133,322 Pa. Die Angabe des Blutdrucks gibt den systolischen und diastolischen Wert als Verhältniszahl wieder (z.B. 120/80 mm Hg). Der Blutdruck steigt mit zunehmendem Alter im Durchschnitt an. Auch beim Gesunden kann der Blutdruck schwanken, er steigt bei physischen und psychischen Belastungen an und fällt im Schlaf leicht ab. Krankhaft sind dauernd erhöhte Werte und dauernd erniedrigte Werte.

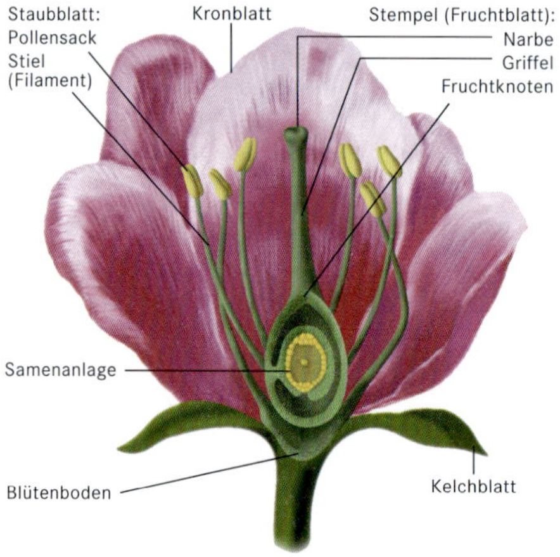


**Blüte.**
Die Staubblätter einer Blüte sind die männlichen Fortpflanzungsorgane der Pflanze; sie enthalten in den Pollensäcken die Pollenkörner. Der in der Samenanlage entwickelte Stempel ist das weibliche Fortpflanzungsorgan.

**Blüte,** der geschlechtlichen Fortpflanzung dienender, für die Samenpflanzen charakteristischer Spross begrenzten Wachstums mit meist in Kreisen angeordneten Blättern spezieller Funktion. Die vollständige Blüte der Bedecktsamer besteht aus den an der Blütenachse sitzenden Staub- und Fruchtblättern, die von der Blütenhülle umgeben sind; diese ist unterteilt in meist grüne Kelch- und farbige Kronblätter. **Staubblätter** (Stamina, als Gesamtheit Andrözeum) tragen im Allgemeinen auf einem Stiel (Staubfaden, Filament) die Antheren (Staubbeutel), die aus 2 durch das Konnektiv verbundenen Fächern (Theken) bestehen. Jede Theke enthält 2 Pollensäcke, die viele Pollenkörner (Pollen, Blütenstaub) erzeugen. Die **Fruchtblätter** (Karpelle, als Gesamtheit Gynözeum) werden zuletzt angelegt; sie tragen die Samenanlagen, frei bei den Nacktsamern, in einem geschlossenen Fruchtknoten bei den Bedecktsamern. Die Samenanlagen sind mit einem Stielchen (Funiculus) an der Plazenta befestigt. Sie enthalten den Embryosack mit der Eizelle. Eine Blüte mit Staub- und Fruchtblättern ist zwittrig (hermaphroditisch, monoklin), eine Blüte mit nur Staub- oder nur Fruchtblättern getrenntgeschlechtig (eingeschlechtig, diklin). Wenn beide Geschlechter auf derselben Pflanze vereinigt sind (Monözie), ist die Blütenverteilung und die betreffende Pflanze einhäusig (monözisch), wenn sie hingegen auf verschiedenen Pflanzen auftreten (Diözie), zweihäusig (diözisch). Die Blütenhüllblätter können als grüne **Kelchblätter** (Sepalen; ihre Gesamtheit: Kelch, Calyx) und als zartere, oft farbige oder weiße Kronblätter (Petalen; ihre Gesamtheit: Blumenkrone, Corolla) ausgebildet sein. Doppelte Blütenhüllen mit Kelch und Krone heißen Perianth. Ist keine zweigestaltige Ausbildung erkennbar, liegt ein Perigon vor. Die Blütenhülle dient teils zum Schutz, teils als Schauapparat zur Anlockung der Insekten (Blütenbestäubung, →Bestäubung); sie kann auch fehlen. Fehlt nur die Krone, heißt die Blüte apetalisch.

Die Blattgebilde an der Blütenachse sind schraubig (azyklisch) oder wirtelig (zyklisch, in Kreisen) angeordnet. Nach den Symmetrieverhältnissen unterscheidet man: polysymmetrische (radiäre, strahlige, aktinomorphe) Blüten mit mehr als zwei Symmetrieebenen (z.B. Nelke), disymmetrische Blüten mit zwei Symmetrieebenen (z.B. Tränendes Herz), monosymmetrische (zygomorphe) Blüten mit nur einer Symmetrieebene (achsensymmetrisch, z.B. Taubnessel) und asymmetrische Blüten (z.B. das Blumenrohr Canna). Die Zahlen- und Stellungsverhältnisse der Blütenblätter lassen sich im Grundriss als **Blütendiagramm** darstellen. Einen Überblick über die Blütengestalt vermittelt die **Blütenformel.** In ihr werden die Symmetrieverhältnisse durch * (radiär) oder ↓ (zygomorph) angegeben sowie P = Perigon, K = Kelch, C = Corolla, A = Andrözeum, G = Gynözeum (jeweils mit der Anzahl der zugehörigen Glieder). Die Fruchtknotenstellung wird durch einen Strich unter (oberständig) oder über (unterständig) oder über und unter (mittelständig) der Anzahl der Fruchtblätter bezeichnet. Untereinander verwachsene Glieder werden durch Klammern zusammengefasst. Für die Taubnessel lautet die **Blütenformel** z. B. ↓K(5)[C(5)A2 + 2]G(2).

**Blutegel, Egel, Hirudinea,** Unterklasse meist im Wasser (aber auch in feuchten Landbiotopen, z. T. auch im Meer) als Räuber oder Blutsauger lebender Ringelwürmer mit rund 300 Arten. Die bekannteste Art ist der **Medizinische Blutegel** (Hirudo medicinalis), der zur Erreichung der Geschlechtsreife an Amphibien und Säugetieren (einschließlich Mensch) saugt und dabei →Hirudin absondert.

**Blütendiagramm,** →Blüte.

**Blütenfarbstoffe,** Naturfarbstoffe in Chromoplasten, Vakuolen oder Zellwänden von Blüten, z. B. Flavone (gelbe Farbstoffe), Anthocyane (blaue, violette, rote Farbstoffe).

**Blütenstand, Infloreszenz,** Blüten tragender, oft verzweigter Sprossabschnitt der Samenpflanzen. **Offene Blütenstände (razemöse Blütenstände)** haben keine Endblüte, z. B. Traube, Ähre, Kolben, Köpfchen, Körbchen, Dolde, Rispe und deren Abwandlungen; **geschlossene Blütenstände (zymöse Blütenstände)** mit Endblüte sind: Dichasium, Pleiochasium, Monochasium mit Fächel, Sichel, Wickel, Schraubel sowie Schein- oder Trugdolde und Spirre.

**Blütenstaub,** der →Pollen.

**Blutfarbstoff,** →Hämoglobin.

**Blutgerinnung,** das Erstarren des Blutes außerhalb der Blutgefäße durch Zerfallen der Blutplättchen, das als Selbstschutzmechanismus des Körpers gegen Verbluten aus kleinen und mittleren Wunden den Verschluss der Wunden ermöglicht. Die Blutgerinnung ist ein komplexer, in mehreren Phasen ablaufender Vorgang, an dem 13 Blutgerinnungsfaktoren beteiligt sind. Bei Wirbeltieren und beim Menschen flockt ein Blutgerinnungsenzym **(Thrombin)** ein Protein des Blutplasmas **(Fibrin)** aus, wobei unter Auspressen von Blutserum ein Pfropf **(Blutkuchen)** entsteht. Blutgerinnung innerhalb von Blutgefäßen führt zu Embolie in den Arterien, zu Thrombose in den Venen.

**Blutgruppen,** erbbedingte serologische Merkmale des Blutes, die zu so genannten Blutgruppensystemen zusammengefasst werden können und die unveränderliche Blutindividualität und außerdem die immunspezifische Struktur des Organismus bedingen. Die roten Blutkörperchen wirken als Antigene, wenn sie mit Blut von Trägern fremder Blutgruppen zusammenkommen, und werden durch die Antikörper **(Alloagglutinine),** die sich in dessen Serum befinden, zusammengeballt. Es werden über 10 verschiedene Blutgruppensysteme mit mehr als 100 antigenen Blutgruppenmerkmalen unterschieden. Am längsten bekannt ist das (auch bei Menschenaffen vorkommende) **AB0-System.** Es umfasst die 4 Hauptgruppen: 0 (in Mitteleuropa 38 %), A (42 %), B (13 %) und AB (7 %). Innerhalb des AB0-Systems unterscheidet man die beiden antigenen Blutgruppenmerkmale A und B, die gemeinsam vorkommen können (Blutgruppe AB) beziehungsweise fehlen können (Blutgruppe 0). Neben dem AB0-System ist v. a. das **Rhesussystem (Rh-System)** von großer praktischer Bedeutung; 85 % der Bevölkerung haben das antigene Erythrozytenmerkmal Rh (Rhesusfaktor); sie sind Rh-positiv (Rh+). Bei 15 % fehlt das Rh-Antigen; sie sind Rh-negativ (Rh–). Rh-negative Menschen bilden leicht Antikörper gegen das Rh-Antigen; sie werden beim Kontakt mit Rh-positivem Blut sensibilisiert.

Die Blutgruppenbestimmung wird mithilfe der Zusammenballung roter Blutkörperchen (bei nicht auf die roten Blutkörperchen bezogenen Blutgruppen entsprechend) durch Serum fremder Blutgruppen durchgeführt. Blutserum mit bekannter Antikörpereigenschaft (Anti-A, Anti-B) wird in Testseren mit roten Blutkörperchen der unbekannten Blutgruppen zusammengebracht; aus der Zusammenballung ist die Blutgruppe ersichtlich. Ähnlich kann mit bekannten roten Blutkörperchen und unbekanntem Serum oder zur Kontrolle mit bekannten Blutkörperchen und bekanntem Serum verfahren werden. Die Blutgruppenbestimmung ist eine unerlässliche Voraussetzung für die Bluttransfusion. Daneben dient sie auch in der Transplantationsmedizin zum Feststellen der Kompatibilität (Verträglichkeit) zwischen den Blutgruppen des Spenders und Empfängers (Vermeiden von Transplantatabstoßung u. a.). Außerdem ist sie für rechtsmedizinische (z. B. Identifizierung von Blutspuren) und anthropologische Untersuchungen (Klärung von Fragen der Abstammung und Vererbung) von Bedeutung.

**Blut-Hirn-Schranke,** Barriere für den Übergang bestimmter Stoffe aus den Blutgefäßen in das Gehirn.

**Blutkreislauf, Blutzirkulation,** die Strömung des Blutes, die beim Menschen und bei höheren Tieren in geschlossenen Gefäßbahnen durch die Triebkraft des Herzens sowie die Elastizität und den Tonus der Blutgefäße unterhalten wird, den Körperzellen Nährstoffe, Sauerstoff und Hormone zuführt sowie Kohlendioxid u. a. Stoffwechselprodukte abtransportiert. Bei Warmblütern dient der Blutkreislauf außerdem zur Regelung der Körpertemperatur.

■ **Blutkreislauf des Menschen** Beim Menschen und den Wirbeltieren gehen vom Herzen die **Arterien** (Schlagadern) in den Körper, wo sie sich in **Kapillaren** (feinste Haargefäße) aufspalten, die die Zellen umspinnen und sich wieder zu größeren Gefäßen, den **Venen,** sammeln, die das Blut zum Herzen zurückleiten. Durch die Wand der Haargefäße vollzieht sich der Stoff- und Gasaustausch mit den umgebenden Gewebezellen und der Ge-

**Blütenstand.** Artischocke mit geschlossenem Blütenstand

webeflüssigkeit. Das Herz arbeitet nach Art einer Druck- und Saugpumpe: Während sich die beiden Kammern des Herzens (gleichzeitig) zusammenziehen **(Systole)** und arterielles Blut auswerfen, erschlaffen und erweitern sich die Vorhöfe **(Diastole)** und saugen venöses

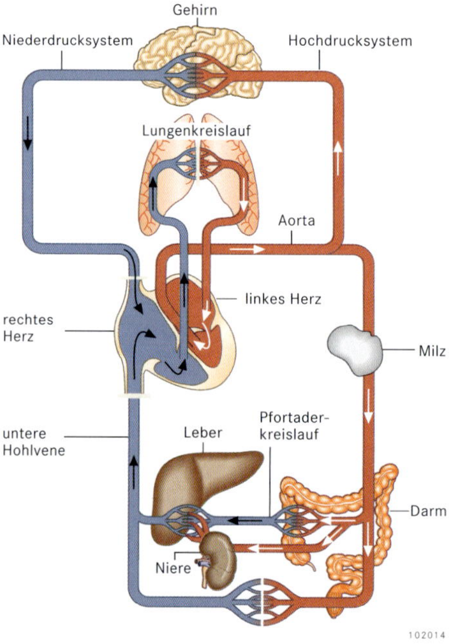


**Blutkreislauf.** Blutkreislauf des Menschen (arterielles Blut rot, venöses Blut blau)

Blut an. Die ausgeworfene Blutmenge **(Schlagvolumen)** beträgt beim erwachsenen Menschen normalerweise in Ruhe 70 ml, die Anzahl der Schläge je Minute **(Herzfrequenz, Puls)** 70. Die Herzfrequenz unterliegt in erster Linie der automatischen Eigensteuerung des Herzens, sie kann jedoch ebenso wie die Schlagkraft über das Nervensystem beeinflusst und so den Bedürfnissen des Körpers (z. B. hoher Sauerstoffbedarf bei körperlicher Belastung) angepasst werden. Das **Herz-Minuten-Volumen,** die in einer Minute vom Herzen geförderte Blutmenge, ist das Produkt aus Herzfrequenz und Schlagvolumen und beträgt in Ruhe etwa 5 l/min. Damit durchströmt etwa die gesamte Blutmenge des Menschen einmal in der Minute den Körper (mittlere Blutumlaufzeit). Bei körperlicher Belastung kann das Herz-Minuten-Volumen durch Steigerung des Schlagvolumens bis zum Doppelten und der Herzfrequenz bis zum Dreifachen auf 30 l/min ansteigen. Die Anteile des Hochdrucksystems (Arterien) beginnen an der linken Herzkammer und enden mit den Arteriolen, in denen der Druck abfällt. Die Kapillaren und Venen gehören zum Niederdrucksystem des Kreislaufs. Durch den **großen Kreislauf (Körperkreislauf),** der mit der aus der linken Herzkammer entspringenden **Hauptschlagader (Aorta)** und ihren Ästen beginnt, wird das sauerstoff- und nährstoffreiche Blut im Körper verteilt und das sauerstoffarme und kohlendioxidreiche Blut zum rechten Herzvorhof durch die **untere** und **obere Hohlvene** zurückgepumpt. Vom rechten Vorhof strömt das Blut in die rechte Kammer, die das Blut durch die Lungen und damit durch den **kleinen Kreislauf (Lungenkreislauf)** treibt. In der Lunge wird das Blut von Kohlendioxid befreit und mit Sauerstoff neu beladen. Eine Sonderstellung im großen Kreislauf nimmt der **Pfortaderkreislauf** ein, bei dem venöses Blut aus dem Magen-Darm-Trakt und benachbarten Organen durch die Pfortader der Leber zufließt (im Unterschied zu anderen Organen, denen nur arterielles Blut zufließt), dort ein weiteres Kapillargebiet durchströmt und erst dann in die untere Hohlvene mündet.

■ **Blutkreislauf des Embryos** Der Blutkreislauf des Embryos weicht wesentlich vom Blutkreislauf des Erwachsenen ab. Da der Embryo Sauerstoff und Nährstoffe über die Nabelvene aus dem Mutterkuchen (Plazenta) und damit dem mütterlichen Blutkreislauf erhält und auch Kohlendioxid und Abfallprodukte des Stoffwechsels über die Nabelarterien wieder dorthin abgibt, weist der Blutkreislauf des Embryos mehrere Kurzschlussverbindungen auf, die Blut an der Leber und v. a. an den Lungen vorbeileiten. So befindet sich zwischen linkem und rechtem Herzvorhof eine Öffnung **(Foramen ovale),** die einen großen Teil des Blutes unter Umgehung des Lungenkreislaufs wieder dem Körperkreislauf zuführt.

■ **Blutkreislauf der Tiere** Als offenes Blutgefäßsystem entwickelte sich im Laufe der Evolution zuerst ein elastischer muskulöser Herzschlauch, der an beiden Enden frei in Hohlräumen der Leibeswand mündete. Die Weichtiere besitzen ein Herz mit Vorkammer und Kammer. Auch Gliederfüßer und Manteltiere haben nur ein offenes Blutgefäßsystem. Ein geschlossenes Blutgefäßsystem tritt erstmals bei den Ringelwürmern auf.

**Blutkuchen,** →Blutgerinnung.

**Blutlaugensalz, 1) gelbes Blutlaugensalz,** Kaliumsalz der Hexacyanoeisen(II)-säure, Kaliumhexacyanoferrat(II); wird zur Färbung von Textilien und als Reagens verwendet.

**2) rotes Blutlaugensalz,** Kaliumsalz der Hexacyanoeisen(III)-säure, Kaliumhexacyanoferrat(III); dient als Stahlhärtungsmittel, Holzbeize, zur Herstellung von Blaupausen u. a.

**Blutserum,** →Blut.

**Blutzirkulation,** der →Blutkreislauf.

**Blutzucker,** die im Blut gelöste Glucose (wichtiges Kohlenhydrat im Blut). Die normale Konzentration beträgt 4,5–5,5 mmol/l (80–100 mg%). Der **Blutzuckerspiegel** wird durch mehrere Hormone reguliert, Insulin wirkt senkend, Adrenalin, Glucagon und

Wachstumshormon erhöhend. Er kann krankhaft erhöht (**Hyperglykämie**) oder erniedrigt (**Hypoglykämie**) sein.

**BNL** ['bien'el, englisch], Abkürzung für →Brookhaven National Laboratory.

**Boaschlangen, Boinae,** Unterfamilie der Riesenschlangen, mit einreihig angeordneten unteren Schwanzschildern. Alle Boaschlangen sind nachtaktiv, lebend gebärend und töten ihre Beute durch Umschlingen. Bekannte Vertreter sind die 80 cm lange **Sandboa** (Eryx jaculus) in Südost-Europa und die etwa 4 m lange **Abgottschlange** (**Königsschlange,** Boa constrictor) in Südamerika.

**Boden,** *Geologie:* die oberste, belebte Verwitterungsschicht der Erde. Der Grad der Verwitterung hängt von physikalischen, chemischen und biologischen Faktoren ab.

■ **Bodenarten** Die Bodenarten werden nach der Korngröße der Bestandteile unterschieden. Man definiert folgende Hauptbodenarten: Ton-, Schluff-, Sand- und Skelettböden (aus Kies oder Steinen). Bei den so genannten »schweren« Böden (**Tonböden**) überwiegen die feinen Teilchen, bei »leichten« Böden (**Sandböden**) grobe Teilchen. Die Sand- und Steinanteile werden als **Bodenskelett** bezeichnet. Die wertvollsten mineralischen Fraktionen sind der Schluff und der Ton. Die **Humusstoffe** sind Verrottungsprodukte aus organischen Substanzen. Vom Kalkgehalt des Bodens wird der Säurezustand (pH-Wert, **Bodenacidität, Bodenversauerung**) bestimmt.

Die Oberfläche der Tonminerale ist der Ort der chemischen und physikalischen Aktivität des Bodens. Die dort adsorbierten Ionen sind u. a. für die Ernährung der Pflanzen wirksam. Günstig für Wasserhaushalt und Durchlüftung ist die Vereinigung der Einzelteilchen zu Aggregaten (**Krümelstruktur**); bedeutend ist v. a. die Krümelfraktion zwischen 1 und 10 mm Durchmesser. Die Tätigkeit pflanzlicher und tierischer Organismen beeinflusst Krümelung und Durchlüftung des Bodens.

Als **antiphytopathogenes Potenzial des Bodens** bezeichnet man seine Fähigkeit, Pflanzenkrankheiten auslösende Keime oder Bestandteile durch bodeneigene Bakterien, Algen und Pilze zu unterdrücken oder zu hemmen.

**Bodenanalyse,** physikalische, chemische und biologische Untersuchung eines Bodens im Labor, um z. B. seine Körnung, seinen pH-Wert, Humus- und Nährstoffgehalt oder seine Sorptionseigenschaften (→Sorption) zu bestimmen. Zusammen mit der im Gelände durchgeführten **Bodenkartierung** (Erstellung von Bodenkarten, die die räumliche Verbreitung besonders der Bodenarten und -typen enthalten) liefert die Bodenanalyse die Voraussetzung für eine sinnvolle Bodennutzung.

**Bodenatmung,** Gasaustausch zwischen Boden- und atmosphärischer Luft, insbesondere Abgabe des von den Pflanzenwurzeln und Bodenlebewesen produzierten Kohlendioxids sowie Aufnahme von Sauerstoff.

**Bodendruck,** *Fahrzeugtechnik:* der Quotient der Masse eines Fahrzeugs und der Aufstandsfläche der Reifen (oder Auflagefläche der Gleisketten); Kenngröße für die Geländegängigkeit eines Fahrzeugs oder für die Verdichtungskräfte von Radwalzen beim Straßenbau.

**Bodeneffekt,** Veränderung der Strömung um Körper oder von Gasstrahlen in Bodennähe infolge von Behinderung der vertikalen Strömungskomponente. Bei Tragflügeln wird der induzierte Widerstand vermindert, der Auftrieb vergrößert, die Flugstabilität verbessert. Der Schub von Hubschrauberrotoren sowie der Strahlschub von Hubtriebwerken nehmen mit Annäherung an den Boden zu. Ein spezieller Bodeneffekt liegt der Wirkungsweise der Bodeneffektfahrzeuge zugrunde (Airfoil-Fluggerät, Luftkissenfahrzeug).

**Bodenentseuchung, Bodendesinfektion,** Bekämpfung pflanzlicher und tierischer Schaderreger im Boden durch Behandlung des Bodens mit Wasserdampf oder durch Zufuhr von Pestiziden.

**Bodenfruchtbarkeit,** Eignung des Bodens für das Pflanzenwachstum, das heißt seine Fähigkeit, die Lebensbedürfnisse der Pflanzen zu befriedigen. Natürliche Bodenfruchtbarkeit erfüllt diese Aufgabe im Landbau von Natur aus, kann aber durch Anbau von Monokulturen, Bodenversalzung, Bodenerosion u. a. gemindert oder gar zerstört werden; durch Melioration erworbene Bodenfruchtbarkeit steigert den Ertrag langfristig oder macht den Boden erst kulturfähig.

**Bodenkartierung,** →Bodenanalyse.

**Bodenklima,** mittlerer Zustand und zeitlicher Ablauf von Temperatur, Feuchtigkeit und Zusammensetzung der Luft im Boden, besonders in den oberen Bodenschichten.

**Bodenorganismen, Bodenlebewesen, Edaphon,** pflanzliche und tierische Organismen, die ganz oder vorwiegend im Boden leben (Einzeller, Algen, Pilze, Würmer, Milben, Insekten, Maulwürfe u. a.), Pflanzen- und Tierreste zersetzen und an der Bildung bodeneigener organischer Stoffe (Huminstoffe) beteiligt sind. Sie tragen zur Bildung von Kohlendioxid, Strukturstabilität, Stickstoffbindung und Nährstofftransformation bei.

**Bodensanierung,** die Entfernung von Schadstoffen aus dem Boden beziehungsweise die Eliminierung, Immobilisierung oder Verdünnung von Schadstoffen im Boden. Durch Bodensanierung soll eine Bodenbelastung entweder behoben oder gemildert werden.

**Bodenschätze,** nutzbare mineralische Rohstoffe als natürliche Anreicherung in der Erdkruste, z. B. Erze, Kohlen, Erdöl und -gas, Salze.

**Bodenfruchtbarkeit**
→ GEO **Dossier**
Ein Zoo im Erdgeschoss, Bd. 7

**Bodenorganismen**
→ GEO **Dossier**
Ein Zoo im Erdgeschoss, Bd. 7

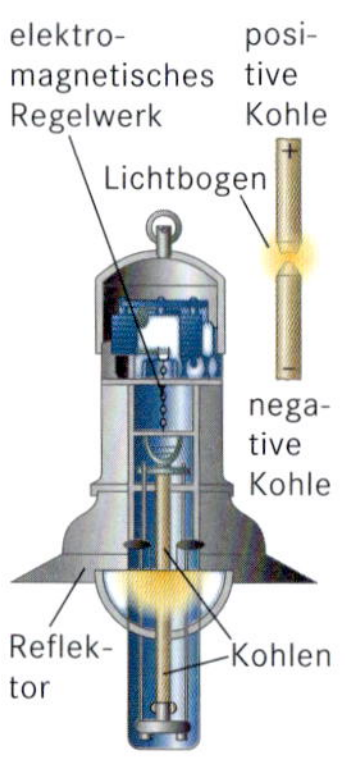


**Bogenlampe.** Kohlenbogenlampe

**Aage Niels Bohr**

**Niels Bohr**
*** 1885, † 1962**

- entwickelte auf der Basis der Quantenhypothese das bohrsche Atommodell
- arbeitete mit W. Heisenberg über den Wellen-Teilchen-Dualismus
- erhielt 1922 den Nobelpreis für Physik

**Bodenschutz,** der Schutz des Erdbodens vor zunehmender Belastung durch Schadstoffe, zunehmendem Landverbrauch, Verlust heimischer Tier- und Pflanzenarten u.a. Gefährdungen. Das Bundes-Bodenschutzgesetz vom 17. 3. 1998 bezweckt die Sicherung und Wiederherstellung der Funktionen des Bodens; es gilt subsidiär gegenüber spezielleren Vorschriften, z.B. aus dem Kreislaufwirtschafts- und Abfallgesetz, den Gefahrgutverordnungen, dem Gentechnikgesetz u.a.

**Bodenversalzung,** natürliche oder vom Menschen verursachte Anreicherung von Salzen im Boden, v.a. in Trockengebieten (Bildung von Salzböden). Die in jüngerer Zeit stark ausgeweitete Bewässerung führte oft zur Versalzung großer Bodenflächen, die damit auch für eine weitere landwirtschaftliche Nutzung unbrauchbar wurden.

**Bodenversiegelung,** die Verdichtung oder Abdichtung des Bodens im Bereich der Siedlungen, industriell und landwirtschaftlich genutzter Flächen sowie Verkehrsflächen. Die Bodenversiegelung hat negative Auswirkungen auf den Naturhaushalt: Das vernetzte Ökosystem bricht zusammen, Oberflächenwasser kann nicht mehr versickern, die Temperaturen schwanken stärker und verschlechtern das Mikroklima.

**Bodenwelle,** *Nachrichtentechnik:* die sich längs der Erdoberfläche ausbreitende elektromagnetische Welle; Langwellen sind stets, Mittelwellen nur bei Tage Bodenwellen (→Raumwelle).

**Bogenentladung,** elektrische →Gasentladung hoher Strom- und Leuchtdichte (→Lichtbogen), die z.B. zum Schweißen oder in Bogenlampen ausgenutzt wird.

**Bogenlampe,** elektrische Lichtquelle hoher Leuchtdichte durch Ausnutzung der elektrischen Bogenentladung und der Temperaturstrahlung zwischen zwei Elektroden (Kohle, Wolfram); früher z.B. in Scheinwerfern verwendet, heute durch Höchstdrucklampen (→Gasentladungslampe) abgelöst.

**Bohm** [bəʊm], David Joseph, amerikanischer Physiker, *Wilkes-Barre (Pennsylvania) 26.12.1917, †London 27.10.1992; ab 1961 Professor für theoretische Physik in London; führend auf dem Gebiet der Quantenphysik und ihrer Deutung; Arbeiten u.a. zur theoretischen Plasmaphysik, über Plasmaschwingungen der Elektronen in Metallen sowie zur Geometrie und Topologie von Raum und Zeit. Bohm entwarf gegen die positivistisch orientierte Kopenhagener Deutung eine »Theorie der verborgenen Variablen«, wonach die physikalische Realität eine über weite Räume zusammenhängende ganzheitliche Struktur bilde.

**Bohr, 1)** Aage Niels, dänischer Physiker, *Kopenhagen 19. 6. 1922, Sohn von 2); entwickelte zusammen mit B. R. Mottelson eine Theorie der Kernstruktur und Kerndeformation, mit der sich der von Bohr erkannte Zusammenhang zwischen kollektiven Bewegungen und Partialbewegungen in Atomkernen beschreiben lässt; erhielt dafür 1975 mit B. R. Mottelson und L. J. Rainwater den Nobelpreis für Physik.

**2)** Niels Henrik David, dänischer Physiker, *Kopenhagen 7. 10. 1885, †ebenda 18. 11. 1962, Vater von 1); Professor in Kopenhagen (1943–45 in den USA, emigriert); wandte 1913 die Quantenhypothese (M. Planck 1900, A. Einstein ab 1905) auf das Atommodell E. Rutherfords an und schuf das **bohrsche Atommodell** (→Atom), das erstmals so genannte Quantenbedingungen enthielt. 1918 führte Bohr das →Korrespondenzprinzip ein. Auf der Basis seines von A. Sommerfeld erweiterten Atommodells konnte er 1921 das Periodensystem der chemischen Elemente theoretisch erklären. 1922 erhielt er den Nobelpreis für Physik. Nach der Aufstellung der Quantenmechanik gelang es Bohr 1926/27 in Zusammenarbeit mit W. Heisenberg, die Entwicklung der Quantentheorie mit der →Kopenhagener Deutung vorläufig abzuschließen, wobei er zu der Überzeugung kam, dass zur vollständigen Beschreibung der atomaren Erscheinungen zwei verschiedene Bilder (→Dualismus von Welle und Teilchen) notwendig seien. Bohr führte den Begriff des Compoundkerns ein und entwickelte das Tröpfchenmodell des Atomkerns. Seine Theorie der 1938 entdeckten Kernspaltung des Urans war wichtig für deren spätere technische Nutzung. 1943–45 arbeitete Bohr in Los Alamos (New Mexico) an der Entwicklung der Atombombe mit.

**Bohr|insel,** allgemeine Bezeichnung für Geräteträger zum Abteufen von Bohrungen nach Erdöl und Erdgas im Meer (→Offshoretechnik).

**Bohrium** [nach Niels Bohr] *das,* chemisches Symbol **Bh,** 1981 bei der Gesellschaft für Schwerionenforschung (GSI) in Darmstadt durch Verschmelzung von $^{209}$Bi und $^{54}$Cr unter Emission eines Neutrons künstlich hergestelltes chemisches Element mit der Kernladungszahl 107 (1976 wurde das Element erstmals in Dubna synthetisiert, jedoch nicht eindeutig nachgewiesen). Es sind zwei Radioisotope bekannt, von denen $^{262}$Bh als Isomer auftritt. Das langlebigste Isotop ist $^{262}$Bh, ein α-Strahler mit einer Halbwertszeit von 102 ms.

**Boiler** [englisch] *der,* →Heißwassergeräte.

**Bölkow** [-o], Ludwig, deutscher Flugzeugkonstrukteur und Unternehmer, *Schwerin 30. 6. 1912, †Grünwald (bei München) 25. 7. 2003; seit 1939 bei der Messerschmitt AG in Augsburg tätig; 1948–56 eigenes Ingenieurbüro in Stuttgart; 1956 Gründung der Firma Bölkow-Entwicklungen KG, die nach mehreren Fusionen seit 1989 zur Daimler-Benz AG (heute DaimlerChrysler AG) gehört.

**Bolometer** [zu griechisch bolḗ »Wurf«, »(Sonnen-)Strahl«] *das,* Gerät zum Messen der Energie einer (meist schwachen) Licht- oder Infrarotstrahlung (Strahlungsthermometer). Der strahlungsempfindliche Teil, z. B. ein sehr dünnes, geschwärztes Platinband **(Metallbolometer)** oder ein →Heißleiter **(Halbleiterbolometer),** ändert durch die auftreffende Strahlung und die damit verbundene Temperaturerhöhung seinen elektrischen Widerstand, der mit einer Messbrücke gemessen wird. Sehr hohe Empfindlichkeit erreichen **Supraleitungsbolometer,** die starke Widerstandsänderungen erzeugen.

**Boltzmann,** Ludwig, österreichischer Physiker, * Wien 20. 2. 1844, † (Selbstmord) Duino (heute Duino-Aurisina, bei Triest) 5. 9. 1906; ab 1869 Professor an verschiedenen österreichischen und deutschen Universitäten, zuletzt (1902) in Wien. Boltzmann bestätigte 1872 die damals noch umstrittene →maxwellsche Theorie der Elektrodynamik, indem er den von J. C. Maxwell geforderten Zusammenhang zwischen optischer Brechzahl und Dielektrizitätskonstante experimentell bei Schwefel nachwies. Sein Hauptarbeitsgebiet war jedoch die theoretische Physik. Er ist einer der Begründer der →kinetischen Gastheorie, deren Entwicklung er als überzeugter Anhänger der Atomistik wesentlich förderte, indem er die Boltzmann-Gleichung aufstellte und unabhängig von Maxwell die Verteilungsfunktionen für Energie und Geschwindigkeit von Gasmolekülen (Maxwell-Boltzmann-Verteilung) herleitete. Mit seinem Boltzmann-Postulat gelang ihm die Begründung der Thermodynamik durch die statistische Mechanik, wobei ihm allerdings eine Erklärung für die Irreversibilität thermodynamischer Prozesse versagt blieb. Er entwickelte außerdem die Boltzmann-Statistik und begründete 1884 das von seinem Lehrer J. Stefan empirisch gefundene Gesetz über die Gesamtstrahlung des schwarzen Körpers (→Stefan-Boltzmann-Gesetz).

**Boltzmann-Konstante** [nach L. Boltzmann], Formelzeichen *k*, wichtige Naturkonstante der Thermodynamik zur Umrechnung von absoluten Temperaturen *T* auf thermische Energien der Teilchen; Quotient aus allgemeiner Gaskonstante und Avogadro-Konstante: $k \approx 1{,}381 \cdot 10^{-23}$ J/K. In der klassischen statistischen Mechanik ist $^1/_2 kT$ die mittlere Energie pro Freiheitsgrad eines Teilchens.

**Boltzmann-Statistik, Maxwell-Boltzmann-Statistik,** von L. Boltzmann 1871 begründete Gleichgewichtsstatistik für Systeme aus sehr vielen gleichen, aber unterscheidbaren Einzelteilchen, die nicht oder nur schwach in Wechselwirkung stehen (klassische Statistik). Grundannahme der Boltzmann-Statistik ist, dass die theoretisch wahrscheinlichste Verteilung der Teilchen auf die verschiedenen möglichen Zustände (Mikrozustände) im thermodynamischen Gleichgewicht auch tatsächlich vorliegt. Die Boltzmann-Statistik liefert u. a. den →Gleichverteilungssatz der Energie, die maxwellsche Geschwindigkeitsverteilung und die Dulong-Petit-Regel. Ihr Anwendungsbereich ist im Gegensatz zur →Quantenstatistik auf Systeme beschränkt, die Gesetzen der klassischen Mechanik gehorchen.

**Bohrinsel.** Erdgas- und Erdölförderplattform vor der norwegischen Küste

**Bombe,** *Chemie:* drucksichere, nahtlose Stahlflasche für stark verdichtete und flüssige Gase.

**Bonsai** [japanisch »Zwergbäume«] *das,* alte (japanische) Kunst, aus Samen oder Pfropfreisern, Stecklingen, Ablegern von normalen Bäumen durch besondere Behandlung (Beschneiden der Zweige und Wurzeln) etwa 15 bis 80 cm hohe Zwergformen zu ziehen.

**boolesche Algebra** [bu:l-], von G. Boole angeregte und von E. Schröder (* 1841, † 1902) ausgebaute Algebra, die auf zweiwertigen logischen Aussagen beruht; wird z. B. in der →Schaltalgebra angewandt.

**Bor** [aus mittellateinisch borax] *das,* chemisches Symbol **B,** nichtmetallisches Element aus der 3. Hauptgruppe des Periodensystems mit Halbleitereigenschaften; Ordnungszahl 5, relative Atommasse 10,81. Bor kommt als braune, amorphe Modifikation und in drei kristallinen (einer tetragonalen und zwei rhombischen) Formen vor. Kristallines Bor, Dichte 2,34–2,37 g/cm³, Schmelzpunkt etwa 2 100 °C, Siedepunkt bei 2 550 °C, ist eine der härtesten Substanzen und bei Raumtemperatur sehr reaktionsträge; erst bei höheren Temperaturen reagiert es mit Halogenen und Sauerstoff. Bor ist ein wichtiges pflanzliches Spurenelement.

Bor wird technisch durch Reduktion von Bortrioxid mit Magnesium (amorphes Bor), aus Borhalogeniden oder Borhydriden durch thermische Zersetzung oder aus Borhalogeniden durch Reduktion mit Wasserstoff im Hochspannungslichtbogen (kristallines Bor)

**Ludwig Boltzmann**
*** 1844, † 1906**

- verband als erster Themodynamik und Statistik
- entwickelte das Stefan-Boltzmann-Gesetz

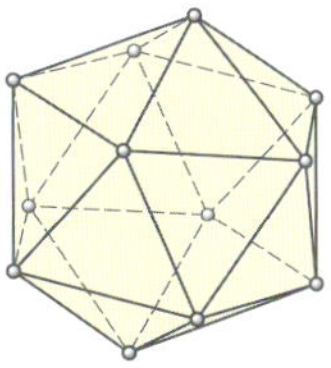

**Bor.** $B_{12}$-Ikosaeder

erzeugt. Es wird u.a. zur Dotierung von Halbleitern, als Neutronenabsorber in Kernreaktoren, zur Herstellung von Borlegierungen, Borfasern und →Whiskers verwendet. **Borwasserstoffe (Borane)** eignen sich für energiereiche Raketentreibstoffe.

**Borate,** die Salze und Ester der →Borsäure.

**Bordcomputer** [-kɔmˈpju:tər, englisch], elektronische Datenverarbeitungsanlage an Bord von Flugzeugen, Raumschiffen; dient u.a. zur Flugführung und Navigation; auch im Kraftfahrzeug von zunehmender Bedeutung.

**Bordet** [bɔrˈdɛ], Jules, belgischer Bakteriologe, * Soignies (Provinz Hennegau) 13. 6. 1870, † Brüssel 6. 4. 1961; beschrieb als Erster die Komplementbindungsreaktion im Rahmen einer Theorie der Immunitätsentwicklung und erhielt dafür 1919 den Nobelpreis für Physiologie oder Medizin. 1906 entdeckte er mit O. Gengou (* 1875, † 1957) den Keuchhustenerreger.

Max Born
* 1882, † 1970

- war maßgeblich an der Entwicklung der modernen Quantenmechanik beteiligt
- entwickelte eine statistische Interpretation der Wellenmechanik
- erhielt 1954 den Nobelpreis für Physik

**Bord|instrumente,** Geräte in Flugzeugen, die der Besatzung die Überwachung flugmechanischer und navigatorischer Größen sowie des Zustands verschiedener Anlagen ermöglichen. Man unterscheidet Flugüberwachungsgeräte (z.B. Geschwindigkeits-, Höhenmesser), Triebwerküberwachungsgeräte (z.B. Drehzahlmesser, Kraftstoffverbrauchsmesser), Flugzeugüberwachungsgeräte (z.B. Stellungsanzeiger für Landeklappen, elektrische und hydraulische Bordsysteme).

**boreal** [zu griechisch boréas »Nordwind«], Bezeichnung für die kaltgemäßigten Klimazonen mit kühlen, feuchten Sommern und langen, kalten Wintern, auch für die diesem Klima zugehörende Pflanzen- und Tierwelt. Der **boreale Nadelwald** ist der an die Arktis anschließende Nadelwaldgürtel auf der Nordhalbkugel.

**Boride,** nichtstöchiometrische Verbindungen von Bor mit Metallen. Viele Boride sind hochschmelzend und hart und werden für Schleifmittel, Hartstoffe, hochtemperaturbeständige Werkstoffe und Ähnliches verwendet.

**Borkenkäfer, Scolytidae, Ipidae,** Käferfamilie mit etwa 4600 Arten, 1–6 mm lange, walzenförmige Käfer, Forstschädlinge. Das Weibchen der **Rindenbrüter** nagt unter die Baumrinde einen Muttergang, in dessen Seiten die Eier abgelegt werden. Bei den **Holzbrütern** finden sich Leiter-, Gabel- oder Platzgänge. Nach dem Fraßbild unterscheidet man Bastkäfer mit dem **Großen Waldgärtner** (Blastophagus piniperda), Splintkäfer mit dem **Großen Ulmensplintkäfer** (Scolytus scolytus) und die eigentlichen Borkenkäfer mit dem nach dem Fraßbild benannten **Buchdrucker** (Ips typographus).

**Borlaug** [ˈbɔ:lɔ:g], Norman Ernest, amerikanischer Agrarwissenschaftler, * Cresco (Iowa) 25. 3. 1914; erhielt 1970 den Friedensnobelpreis für seine Arbeiten zum Welternährungsproblem (Züchtung ertragreicher Getreidesorten).

**Born,** Max, deutscher Physiker, * Breslau 11. 12. 1882, † Göttingen 5. 1. 1970; wirkte zwischen 1914 und 1921 als Professor in Berlin, Breslau und Frankfurt am Main, danach bis zu seiner Emigration (1933) in Göttingen, 1936–53 in Edinburgh; lebte anschließend wieder in Deutschland. 1957 war er einer der Unterzeichner der Göttinger Erklärung, die sich gegen die Ausrüstung der Bundeswehr mit taktischen Atomwaffen wandte.

Born gilt als einer der bedeutendsten Lehrer und Wegbereiter der modernen theoretischen Physik. Neben seinen Arbeiten zur Festkörperphysik (besonders zur Gittertheorie der Kristalle) sowie zur Relativitätstheorie und zur elektromagnetischen Wellentheorie des Lichtes widmete er sich ab 1922 der exakten (mathematischen) Formulierung der mikrophysikalischen Gesetzmäßigkeiten und der Entwicklung einer Theorie atomarer Vorgänge (Quantenmechanik). Dies gelang ihm 1925 mit seinen Schülern W. Heisenberg und P. Jordan auf der Grundlage der von Heisenberg entwickelten Vorstellungen in Form der Matrizenmechanik. Nach Born sind auch die bornsche Näherung und der Haber-Born-Kreisprozess (mit F. Haber) benannt. Für seine 1926 gegebene statistische Interpretation der Quantenmechanik, mit der er den Grundstein für die →Kopenhagener Deutung der Quantentheorie legte, sowie für seine Gittertheorie erhielt er 1954 den Nobelpreis für Physik (mit W. Bothe).

**Borosilikatgläser,** Gläser mit hoher Temperaturwechselbeständigkeit und chemischer Widerstandsfähigkeit, die Bortrioxid und Siliciumdioxid als Glasbildner enthalten; Verwendung als Laborgläser, Kochgeräte, optische Gläser, zur Einbettung hochradioaktiver Abfälle.

**Borrelien** [nach dem französischen Bakteriologen Amedée Borrel (* 1867, † 1936)], anaerobe Spirochäten, 3–20 µm lang, etwa 0,5 µm dick; leben parasitisch in Läusen, Zecken, Wanzen u.a. Gliederfüßern und werden von diesen durch Stich oder Biss auf Mensch und Wirbeltiere übertragen; können dort Erkrankungen hervorrufen, u.a. die Lyme-Borreliose und das Rückfallfieber.

**Borsäure,** $B(OH)_3$, bei Zimmertemperatur feste, schwache Säure. Sie findet sich frei in den heißen Quelldämpfen z.B. bei Sasso in der Toskana und kommt kristallisiert als Mineral (Sassolin) vor. Die Salze und Ester werden als **Borate** bezeichnet.

**Borstenzähner, Chaetodontidae,** Familie tropischer Knochenfische, 15–20 cm lang, mit den **Schmetterlingsfischen, Engelfischen, Kaiserfischen** und **Wimpelfischen;** bunt gefärbt mit zahlreichen borstenartigen Zähnen in beiden Kiefern.

**Bosch, 1)** Carl, deutscher Chemiker, Ingenieur und Industrieller, *Köln 27. 8. 1874, †Heidelberg 26. 4. 1940; wurde 1919 Vorsitzender des Vorstandes der BASF, 1935 des Aufsichtsrates der I. G. Farbenindustrie AG; führte die technische Ausgestaltung der haberschen Ammoniaksynthese (Haber-Bosch-Verfahren) durch; förderte die chemischen Hochdruckverfahren (z. B. Kohlehydrierung, Methanolsynthese), erhielt dafür 1931 mit Friedrich Bergius den Nobelpreis für Chemie.

**2)** Robert, deutscher Industrieller, *Albeck (heute zu Langenau, bei Ulm) 23. 9. 1861, †Stuttgart 12. 3. 1942, Onkel von 1). In der von ihm 1886 gegründeten Werkstätte für Feinmechanik und Elektrotechnik (später Robert Bosch GmbH) wurde u. a. der erste Hochspannungsmagnetzünder für Ottomotoren entwickelt (1902). Sozialpolitisch trat Bosch durch die Einführung des Achtstundentages (1906) hervor.

**Bose,** Satyendra Nath, indischer Physiker, *Kalkutta 1. 1. 1894, †ebenda 4. 2. 1974; wichtige theoretische Arbeiten zur statistischen Thermodynamik.

**Bose-Einstein-Kondensation** [nach S. N. Bose und A. Einstein], der Übergang eines aus gleichartigen Bosonen bestehenden Systems (für das die Bose-Einstein-Statistik gilt) in einen Zustand (Grundzustand), in dem alle Teilchen die gleiche, niedrigstmögliche Energie besitzen. Die unter eine kritische Temperatur abgekühlten Atome verhalten sich dann nicht mehr unabhängig voneinander, sondern kollektiv, wie ein einziges Atom **(Bose-Einstein-Kondensat).** Die Bose-Einstein-Kondensation wurde von A. Einstein 1925 für ideale Gase vorhergesagt. Der experimentelle Nachweis erfolgte erstmals 1995 über die Kondensation von Rubidium- beziehungsweise Natriumatomen in elektromagnetischen Kühlfallen; 2002 wurde die Bose-Einstein-Kondensation auch an Cäsiumatomen nachgewiesen, inzwischen auch an zahlreichen anderen Isotopen. Für die Erzeugung von Bose-Einstein-Kondensaten verdünnter Gase erhielten E. A. Cornell, W. Ketterle und C. E. Wieman 2001 den Nobelpreis für Physik.

■ **Moleküle** Bose-Einstein-Kondensate sind die Grundlage für den Bau von Atomlasern. 2003 gelang es österreichischen und amerikanischen Physikern unabhängig voneinander erstmals, ein Gas aus zweiatomigen Molekülen in ein Bose-Einstein-Kondensat umzuwandeln. Bei der Abkühlung von Lithiumatomen mittels Laserkühlung auf nur wenige Milliardstel Grad über dem absoluten Nullpunkt bildeten sich chemische Bindungen zwischen jeweils zwei Atomen aus, sodass Moleküle entstanden. Die Bedeutung des Experiments besteht insbesondere darin, dass über die chemische Bindung zunächst aus zwei Fermionen (den Lithiumatomen) ein Boson (das zweiatomige Lithiummolekül) entsteht, ein Prozess, der als Bosonisierung des Fermionengases bezeichnet wird und auch für die Bose-Einstein-Kondensation von $^{3}$He und die Bildung von Cooper-Paaren bei der Supraleitung verantwortlich ist.

**Bose-Einstein-Statistik** [nach S. N. Bose und A. Einstein], Quantenstatistik für gleichartige, ununterscheidbare Teilchen mit ganzzahligem Spin (Bosonen) eines nur Wärme austauschenden thermodynamischen Systems. Die paarweise Vertauschung solcher Teilchen ergibt im Gegensatz zur Boltzmann-Statistik keinen neuen Mikrozustand (→Fermi-Dirac-Statistik). Als Folge der Bose-Einstein-Statistik befinden sich in der Nähe des Nullpunkts der Temperatur alle Teilchen im Grundzustand (Bose-Einstein-Kondensation).

**Bosonen** [nach S. N. Bose], Teilchen (z. B. Alphateilchen, Mesonen) und Feldquanten (z. B. Photonen, Phononen) mit ganzzahligem Spin, die sich gemäß der Bose-Einstein-Statistik verhalten.

**Botanik** [zu griechisch botanikós »Kräuter betreffend«] *die,* **Pflanzenkunde, Phytologie,** Wissenschaft von den Pflanzen, Teilgebiet der Biologie, das sich mit der Erforschung der Organisation und der Lebensfunktionen der Pflanzen beschäftigt. Die **Pflanzenmorphologie** beschreibt die Form und Struktur der Pflanzen. Die **Pflanzenphysiologie** erforscht die Funktion und die Lebenserscheinungen. Die **Pflanzenökologie** untersucht die Wechselbeziehungen zwischen den Pflanzen und deren Umwelt. Die **spezielle Botanik** schildert Bau und Lebensvorgänge der einzelnen Pflanzen; zu ihr gehört die **Pflanzensystematik** oder **Taxonomie,** die die Einzelformen beschreibt und sie nach dem Grad ihrer natürlichen Verwandtschaft zu ordnen versucht. Die **Pflanzengeografie** befasst sich mit den Gesetzmäßigkeiten und Ursachen der Verbreitung, die **Paläobotanik** mit den Resten ausgestorbener Pflanzen und dem zeitlichen Auftreten der Pflanzen in der Erdgeschichte.

**botanischer Garten,** öffentliche Gartenanlage mit Freiland und Gewächshäusern, die Sammlungen von Pflanzen aller Erdteile enthält und als Lehr- und Forschungsstätte Bedeutung hat.

**Bothe,** Walter, deutscher Physiker, *Oranienburg 8. 1. 1891, †Heidelberg 8. 2. 1957; Professor in Gießen und Heidelberg, ab 1934 Direktor des Instituts für Physik am Kaiser-Wilhelm-Institut (später Max-Planck-Institut) für medizinische Forschung; entwickelte die Koinzidenzmethode und wies mit W. Kohlhörster den Teilchencharakter der kosmischen Strahlung nach; Nachweis der Kerngammastrahlung, der u. a. zur Entdeckung der künstlichen Kernanregung führte. 1954 erhielt er (zusammen mit M. Born) den Nobelpreis für Physik.

**Bose-Einstein-Kondensation**
→ GEO **Dossier**
Von Menschen, die alles wissen wollen, Bd. 6

**Botanik**
→ GEO **Dossier**
Das geheime Leben der Pflanzen, Bd. 7

**Bottom** ['bɔtəm, englisch], **Beauty,** *Physik:* charakteristische ladungsartige Quantenzahl des 5. →Quarks, genannt **Bottom-Quark** oder **Beauty-Quark.**

**Bouillon,** *Mikrobiologie:* Nährlösung zur Züchtung von Bakterien.

**Bovet** [bɔ'vɛ], Daniel, italienischer Pharmakologe schweizerischer Herkunft, * Neuenburg 23. 3. 1907, † Rom 8. 4. 1992; Mitentdecker der Sulfonamide; erforschte Antihistaminika, Curare, Mutterkornalkaloide u. a.; Nobelpreis für Physiologie oder Medizin 1957.

**Boxermotor,** →Verbrennungsmotor.

**Boyd-Orr** ['bɔɪd'ɔ:], John, Baron of Brechin Mearns (seit 1949), britischer Physiologe und Ernährungswissenschaftler, * Kilmaurs (North Ayrshire) 23. 9. 1880, † Newton (bei Brechin) 25. 6. 1971; trat für die Gründung einer weltweiten Ernährungsorganisation ein; Friedensnobelpreis 1949.

**Boyer** ['bɔɪə], Paul, amerikanischer Chemiker, * Provo (Utah) 30. 7. 1918; 1963–89 Professor an der University of California. Boyer erhielt 1997 für seine Arbeiten über Enzyme mit Jens Skou und John Walker den Nobelpreis für Chemie.

**Boyle,** Robert, britischer Naturforscher, * Lismore (County Waterford, Irland) 25. 1. 1627, † London 30. 12. 1691; Mitbegründer der Royal Society; entdeckte vor E. Mariotte das →Boyle-Mariotte-Gesetz, verbesserte mit R. Hooke die Luftpumpe O. von Guerickes und war Anhänger des Atomismus in der Chemie. Seine Entdeckungen wirkten bahnbrechend für das neuzeitliche naturwissenschaftliche Denken.

**Boyle-Mariotte-Gesetz** ['bɔɪl mar'jɔt-], Beziehung zwischen Druck $p$ und Volumen $V$ eines idealen Gases bei konstanter Temperatur (R. Boyle 1662, E. Mariotte 1676): $p \cdot V =$ constant. Viele reale Gase, z. B. Luft, Wasserstoff, Helium, gehorchen dem Gesetz unter normalen Bedingungen in guter Näherung.

**Bq,** Einheitenzeichen für →Becquerel.

**Br,** chemisches Symbol für →Brom.

**Brackett-Seri|e** ['brækɪt-; nach dem amerikanischen Astronomen F. S. Brackett, * 1865, † 1953], *Physik:* eine Serie von Spektrallinien des atomaren Wasserstoffs, deren Wellenlängen im Infrarotbereich liegen.

**Bradsot** [skandinavisch] *die,* durch Bakterien hervorgerufene (v. a. im Spätherbst und Winter auftretende) »Schnelle Seuche« bei Schafen. Man unterscheidet 2 verschiedene Erregerarten (Clostridium septicum und novyi Typ B) und Krankheitsbilder. Die **Deutsche Bradsot** ist eine bösartige Leberentzündung, die **Nordische Bradsot** eine Entzündung der Labmagenschleimhaut. Vorbeugung bei beiden Formen durch Impfung.

**Bragg** [bræg], Sir (seit 1920) William Henry, britischer Physiker, * Westward (bei Wigton, County Cumbria) 2. 7. 1862, † London 12. 3. 1942; entwickelte zum Teil gemeinsam mit seinem Sohn Sir (seit 1941) William Lawrence Bragg (* 1890, † 1971) die →Drehkristallmethode und begründete damit die Röntgenstrukturanalyse und die Röntgenspektroskopie, wofür sie zusammen 1915 den Nobelpreis für Physik erhielten.

**Brandkrankheiten,** Pflanzenkrankheiten, bei denen die erkrankten Teile wie versengt aussehen; meist durch Brandpilze (Ustilaginales, eine Gruppe der Basidiomyzeten), besonders an Rispen der Getreidegräser verursacht. Die Gattung Ustilago verursacht den **Flugbrand** bei Hafer, Gerste, Weizen und den **Maisbeulenbrand,** die Gattung Tilletiaden den **Steinbrand, Stinkbrand** oder **Schmierbrand** des Weizens; Bekämpfung mit Fungiziden.

**Brandmauer, Brandwand,** durch die Landesbauordnungen vorgeschriebene feuerbeständige, öffnungslose und standfeste Mauer, die die Ausbreitung von Feuer und Rauch verhindern soll; sie unterteilt Gebäude in Brandabschnitte (Mindestdicke der Brandmauer ein Mauerziegel, das heißt 24,5 cm, oder 15 cm Stahlbeton).

**Brandrodung,** Rodung durch Fällen und anschließendes Abbrennen von Bäumen und Sträuchern zur Gewinnung von landwirtschaftlich nutzbarem Land (Brandrodungsfeldbau) und/oder von Siedlungsfläche. Die Folge von Brandrodung ist eine Zerstörung des Bodens, da beim Abbrennen fast der gesamte Stickstoffvorrat des Vegetation-Boden-Systems verloren geht, die Schwammwirkung des Waldbodens nicht mehr vorhanden ist und nach Regen bei Austrocknung eine harte Kruste zurückbleibt, die die für die Wurzeltätigkeit der Pflanzen nötige Sauerstoffzuführung abriegelt.

**Brandrodungsfeldbau,** in den tropischen Waldgebieten verbreitete Form des Wanderfeldbaus. Anbauflächen werden durch Fällen und anschließendes Abbrennen der natürlichen Vegetation gewonnen. Die dabei anfallende Asche dient als Dünger. Da bei diesem Verfahren die Pflanzung schon bald wieder vom Wald zurückerobert wird, sind die Bauern gezwungen, ihre Felder häufig zu verlegen.

**Brandschutz,** Feuerschutz, alle Maßnahmen zur Verhütung (vorbeugender Brandschutz) und Bekämpfung (abwehrender Brandschutz) von Bränden, besonders bau- und gewerberechtliche Vorkehrungen. Dem Brandschutz dienen Regelungen über Bauabstände, Brand- und Trennwände, Herstellung von bestimmten Decken und Dachteilen aus feuerfesten Baustoffen, über Feuerungsanlagen, ausreichende Wasserversorgung u. a. Besondere Anforderungen werden dabei an Hochhäuser und Versammlungsräume (z. B. Theater) gestellt.

**Brandschutz**
→ GEO **Dossier**
Der Bau von Taipei 101, Bd. 8

**Brattain** ['brætn], Walter Houser, amerikanischer Physiker, * Amoy (heute Xiamen,

China) 10. 2. 1902, † Seattle (Washington) 13. 10. 1987; untersuchte mit J. Bardeen die physikalischen Bedingungen des 1948 von ihnen entdeckten Transistoreffekts; hierfür erhielten beide zusammen mit W. Shockley 1956 den Nobelpreis für Physik.

**Braun, 1)** Karl Ferdinand, deutscher Physiker, * Fulda 6. 6. 1850, † New York 20. 4. 1918; erfand 1897 die →braunsche Röhre und führte 1898 den gekoppelten Sender mit geschlossenem Schwingkreis in die Funktechnik ein. Dafür erhielt er 1909 mit G. Marconi den Nobelpreis für Physik.

**2)** Wernher Freiherr von, amerikanischer (seit 1955) Physiker und Raketenkonstrukteur deutscher Herkunft, * Wirsitz (heute Wyrzysk, Woiwodschaft Großpolen) 23. 3. 1912, † Alexandria (Virginia) 16. 6. 1977; wurde 1937 technischer Direktor an der Heeresversuchsanstalt Peenemünde, wo er die Entwicklung der Fernrakete A-4 (später V 2) leitete; ging 1945 in die USA; 1959–72 leitender Mitarbeiter der NASA (seit 1970 Leiter der Planungsabteilung). Braun hatte wesentlichen Anteil am Start der künstlichen Erdsatelliten, am Apollo-Programm und am Ausbau der Raumfahrt. Er entwickelte u. a. die Jupiter-C- und die Saturn-Raketen; schrieb u. a. »Bemannte Raumfahrt« (deutsch 1969).

**Braun|algen, Phaeophyceae,** braune bis olivgrüne, meist fest sitzende, zum Teil mehrere Meter hohe Meeresalgen (nur wenige Süßwasserformen); Rohstofflieferanten für Alginsäure, Jod, Mannit, Soda.

**Braunfäule,** *Pflanzenkrankheiten:* 1) von dem Bakterium **Xanthomonas campestris** bewirkte Schwarzadrigkeit des Kohls, bei der sich die Blattnerven schwarz verfärben und die Blätter absterben; 2) von Pilzen und Bakterien verursachte Pflanzenkrankheiten wie Kartoffelknollenfäule und Fruchtfäule des Obstes.

**Braunkohle,** überwiegend im Tertiär entstandene gelb- bis schwarzbraune Kohle mit niedrigem Inkohlungsgrad. **Weichbraunkohle,** die aus einer Grundmasse von Humussäuren mit Resten von Holz (Xylit) besteht, hat einen Wassergehalt von 45–60 %, in wasser- und aschefreiem Zustand einen Kohlenstoffgehalt von 65–70 %. **Hartbraunkohle** ist ohne sichtbare holzige Einschlüsse und hat einen Wassergehalt von 10–30 %. In wasser- und aschefreiem Zustand weist sie einen Kohlenstoffgehalt von 70–75 % auf.

Braunkohle lagert oberflächennah und wird im →Tagebau gefördert. Sie dient im Wesentlichen als Brennstoff zur Energieerzeugung in thermischen Kraftwerken und zum Teil noch als Hausbrand. Große Braunkohlenvorkommen finden sich um Bitterfeld, Halle (Saale), Leipzig, Borna, Zeitz und Cottbus sowie in der Kölner Bucht, bei Helmstedt, in Hessen und in Bayern.

**Braunkohle.** Die Spur des Riesenbaggers im Braunkohlentagebau Garzweiler (Nordrhein-Westfalen)

Deutschland war 2003 mit rd. 180 Mio. t der weltweit (877 Mio. t) größte Braunkohlenproduzent. Wegen des hohen Landschaftsverbrauchs, der Umweltveränderungen (v. a. im Wasserhaushalt), der sozialen Folgen beim Braunkohlentagebau (durch Umsiedlungsmaßnahmen) sowie des hohen Schadstoffgehalts der Abgase ist der weitere Abbau von Braunkohle umstritten.

**braunsche Röhre,** die von K. F. Braun 1897 entwickelte →Elektronenstrahlröhre mit Leuchtschirm sowie magnetischer und elektrostatischer Strahlablenkung, deren Weiterentwicklungen heute wesentlicher Bestandteil von Oszilloskopen und Fernsehempfängern (als mehr oder weniger großformatige Bildröhre) sind.

**Braunwurzgewächse,** die →Rachenblütler.

**Bravais** [braˈvɛ], Auguste, französischer Naturforscher, * Annonay (Département Ardèche) 23. 8. 1811, † Versailles 30. 3. 1863; zuerst Seeoffizier, 1841–45 Professor in Lyon, danach an der École polytechnique in Paris; grundlegende Beiträge zur Kristallografie, besonders zur Zuordnung der geometrisch möglichen Raumgitter zu den in der Natur vorkommenden Kristallstrukturen; fand 1848 die **Bravais-Gitter** (→Kristallgitter).

**Brechkraft,** *Optik:* der →Brechwert.

**Brechung.** Wirkung der Lichtbrechung in einem Wasserglas

**Brechung, Refraktion,** *Physik:* allgemein jede Änderung der Ausbreitungsrichtung von Wellen beim Übergang aus einem Medium 1 in ein Medium 2, in denen sie verschiedene Ausbreitungsgeschwindigkeiten $c_1$ und $c_2$ haben. Die Brechung ist eines der zentralen Phänomene der Optik. Der Winkel zwischen einfallendem Strahl (Wellennormale) und Einfallslot heißt **Einfallswinkel** $\alpha_1$, der Winkel zwischen gebrochenem Strahl und Einfallslot **Brechungswinkel** $\alpha_2$. Einfallender Strahl, Einfallslot und gebrochener Strahl liegen in einer Ebene (Einfallsebene). An der Grenzfläche

**Brechzahlen verschiedener Stoffe für gelbes Natriumlicht** (Wellenlänge $\lambda$ = 589 nm)

| Stoff | Brechzahl |
|---|---|
| Wasser (bei 0 °C und $10^5$ Pa = 1 bar) | 1,33346 |
| Kronglas, leicht | 1,5153 |
| Kronglas, schwer | 1,6152 |
| Flintglas, leicht | 1,575 |
| Flintglas, schwer | 1,650 |
| Kalkspat, ordentlicher Strahl | 1,658 |
| Kalkspat, außerordentlicher Strahl | 1,486 |
| Diamant | 2,4173 |
| Luft (bei 0 °C und 1,013 · $10^5$ Pa) | 1,000292 |

zwischen isotropen Stoffen gilt das **snelliussche Brechungsgesetz:** $\sin\alpha_1 / \sin\alpha_2 = c_1 / c_2 = n_2 / n_1$. Beim Übergang von einem optisch dünneren Medium (Medium mit niedrigerer **Brechzahl** $n$) in ein optisch dichteres ($n_1 < n_2$, z.B. $n_{\text{Luft}} < n_{\text{Glas}}$) tritt eine Brechung zum Einfallslot hin auf. In anisotropen Stoffen findet man →Doppelbrechung. Wellen unterschiedlicher Wellenlänge werden verschieden stark gebrochen (Dispersion); hierauf beruht z.B. die Zerlegung weißen Lichts in seine Bestandteile bei der Brechung durch ein Glasprisma. Die Brechung ist nicht nur ein grundlegendes Phänomen der Optik, sondern auch an allen anderen elektromagnetischen Wellen sowie an Schall- und Materiewellen zu beobachten.

**Brechwert, Brechkraft,** Formelzeichen $D$, SI-Einheit: $m^{-1}$, weitere gesetzliche Einheit: die Dioptrie (dpt); Maß zur Angabe der strahlenbrechenden Wirkung optischer Systeme. Der Brechwert wird durch den Kehrwert der auf Luft (Brechzahl $n$ = 1) bezogenen Brennweite $f$ angegeben: $D = 1 / f$. Bei Sammellinsen ist er positiv, bei Zerstreuungslinsen negativ.

**Brechzahl,** früher **Brechungsindex, Brechungskoeffizient,** Materialkonstante für die Ausbreitung des Lichts u.a. elektromagnetischer Wellen in einem Medium (→Brechung). Die **absolute Brechzahl** ist das Verhältnis der Lichtgeschwindigkeit im Vakuum zu der im Medium: $n = c_0 / c$.

**Brehm,** Alfred Edmund, deutscher Zoologe, * Renthendorf (Saale-Holzland-Kreis) 2. 2. 1829, † ebenda 11. 11. 1884; unternahm zahlreiche Reisen nach Afrika, Spanien, Skandinavien und Sibirien. 1863–66 war er Direktor des Zoologischen Gartens in Hamburg, 1867 gründete er mit einer Aktiengesellschaft das »Berliner Aquarium«, das er bis 1874 leitete. Neben Reisebüchern schrieb Brehm in fesselnder Darstellung das sechsbändige klassische Werk »Tierleben« (1864–69), das oft bearbeitet, übersetzt und neu herausgegeben wurde.

**Alfred Brehm**
*** 1829, † 1884**

- war ein bedeutender deutscher Zoologe
- verfasste das Werk »Tierleben«

**Breitbandkabel,** Abkürzung **BK,** spezielles Kabel zur Übertragung von Nachrichten großer Übertragungsbandbreite.

**Breitbandkommunikation,** Abkürzung **BBK,** die Übertragung von Informationen mit einer Bandbreite von mehreren Megahertz (MHz) bis zu einem Gigahertz (GHz); je höher die Bandbreite, desto mehr Informationseinheiten können pro Zeiteinheit übertragen werden. Dabei ist zwischen **Breitbandverteilnetz** (z.B. Kabelnetz) und **Breitbandvermittlungsnetz** (z.B. B-ISDN) zu unterscheiden. Während das Kabelnetz den breitbandigen Zugang bis zum Endkunden realisiert, ist das Hauptproblem bei den Breitbandvermittlungsnetzen der Zugang zum Teilnehmer (so genannte »last mile«). Hierfür wurde eine Reihe von technischen Lösungen entwickelt, z.B. die effektivere Nutzung der Übertragungskapazitäten der Kupferdoppelader durch xDSL (→DSL), die über eine kurze Entfernung die Nutzung der Telefonleitung für die Übertragung breitbandiger Dienste ermöglichen, oder die Überbrückung durch drahtlose Teilnehmeranschlussleitungen hoher Kapazität. Weitere Lösungen sind der Ausbau der Glasfaserinfrastruktur bis zum Kunden sowie die Übertragung von breitbandigen Signalen über Satellitensysteme (oder per Stromleitung, »Powerline-Kommunikation«).

**Breite,** *Geophysik:* Die **geografische Breite** eines Ortes der Erde ist der Winkel, den die Flächennormale des Ortes mit der Äquatorebene einschließt; sie ist gleich der Polhöhe. Die Breite wird vom Äquator polwärts als **nördliche Breite** (n. Br.) auf der Nordhalbkugel und **südliche Breite** (s. Br.) auf der Südhalbkugel von 0° (= Äquator) bis 90° (=Pol) gezählt. Orte gleicher Breite liegen auf einem **Breitenkreis.** Durch die Angabe seiner geografischen Länge und Breite ist die Lage eines Ortes auf der Erdoberfläche bestimmt. **Breitengrad,** Zone der Erdoberfläche zwischen zwei um 1° auseinander liegenden Breitenkreisen.

**Bremse** [von mittelniederdeutsch pramen »drücken«], Vorrichtung zur Verzögerung von

## Brechzahl Negative Brechzahlen

Da die Brechzahl das Verhältnis zweier Lichtgeschwindigkeiten ist – nämlich die der beteiligten Medien –, scheinen negative Brechzahlen ausgeschlossen. Sie würden unsere Sehgewohnheiten herausfordern: Ein Strohhalm in einem Glas sähe von außen völlig verbogen aus, weil die negative Brechzahl nun bewirken würde, dass das Licht nicht zum Einfallslot hin gebrochen wird, sondern über das Lot hinaus. In der Natur sind Materialien mit negativen Brechzahlen noch nie entdeckt worden; trotzdem dachte man schon in den 1960er-Jahren darüber nach, wie solche »Metamaterialien« eventuell technisch realisiert werden könnten. Gelänge die Herstellung solcher Werkstoffe, könnte man damit z.B. Linsen mit ungeahnter Abbildungsqualität anfertigen, ohne die Abbildungsfehler normaler Linsen. 2001 gelang amerikanischen Forschern tatsächlich die Konstruktion eines Gitters mit negativer Brechzahl – allerdings nur für Mikrowellen. Doch mithilfe der Nanotechnologie konnten inzwischen Metamaterialen mit Strukturen kleiner als ein Mikrometer hergestellt werden, also in dem Größenbereich der Wellenlängen von sichtbarem Licht.

bewegten Körpern bis zur Ruhe, zur Sicherung dieses Zustandes sowie zur Kontrolle der Geschwindigkeit bewegter Körper. Bremsen wirken entweder mithilfe der inneren Reibung einer Flüssigkeit (Flüssigkeitsbremse, Stoßdämpfer), mithilfe des elektrischen Stromes (Wirbelstrombremse, Kurzschlussbremse oder Elektromotorbremse, zum Teil mit Nutzbremsung, Gegenstrombremse) oder mechanisch durch Reibung (Backenbremse, Trommelbremse, Lamellenbremse oder Scheibenbremse, Fliehkraftbremse). Die v.a. bei Eisenbahnen, als Zusatzbremse bei Straßenbahnen, Lkw, Omnibussen angewendeten Druckluftbremsen sind konstruktiv durch Druckluft betätigte Backenbremsen. Hydraulische Bremsen verwenden Drucköl anstelle von Druckluft. Kfz müssen mit einer Zweikreisbremse zur Erhöhung der Sicherheit ausgerüstet sein. Zusätzlich verfügen sie oft über →ABS und/oder →Bremskraftverstärker. Bei der Motorbremse wird der Schleppwiderstand des Verbrennungsmotors meist durch Drosselung des Auspuffs erhöht. Bremse am Flugzeugfahrwerk sind Mehrscheiben-Bremsen von besonders großer Wärmekapazität.

**Bremsklappen, Luftbremsen,** an Tragflügeln oder am Rumpf eines Flugzeuges quer zur Anströmrichtung ausstellbare Klappen zur Verringerung der Geschwindigkeit, z.B. zur Verkürzung der Landerollstrecke (→Störklappen).

**Bremskraftverstärker,** *Kraftfahrzeugtechnik:* pneumatisch oder hydraulisch arbeitende Zusatzeinrichtung bei Scheibenbremsen (Fremdkraftbremsanlage) zur Verstärkung der Bremskraft (→Servobremse).

**Bremsschirm, Bremsfallschirm,** Landehilfe für Flugzeuge zur Verkürzung der Landerollstrecke; meist im Heck untergebrachter auswerfbarer Bänderschirm zur Erzeugung eines großen Luftwiderstandes.

**Bremsstrahlung,** *Physik:* elektromagnetische Strahlung im Wellenlängengebiet der Gamma- und →Röntgenstrahlen, die beim Abbremsen schnell bewegter, geladener Teilchen (z.B. Elektronen) im Feld von Atomkernen entsteht; im weiteren Sinn die bei jeder Geschwindigkeitsänderung, also auch bei der Richtungsänderung von geladenen Teilchen, im Magnetfeld ausgesandte Strahlung **(magnetische Bremsstrahlung),** z.B. die →Synchrotronstrahlung.

**Bremsweg,** die von der Betätigung der Bremse bis zum Stillstand des Fahrzeugs zurückgelegte Entfernung. Der Bremsweg setzt sich zusammen aus dem während der Bremsenansprechzeit und der Bremsverzögerungszeit zurückgelegten Weg und hängt von Geschwindigkeit und Bremskraft ab. Der Anhalteweg ist um den Reaktionsweg länger, der in der Reaktionszeit vom Erkennen eines Hindernisses bis zum Betätigen des Bremspedals zurückgelegt wird. Der Bremsweg eines Kraftfahrzeugs beträgt bei normalen Straßenverhältnissen und normaler Bereifung bei 50 km/h etwa 30 m und nimmt bei höheren Geschwindigkeiten rasch zu (bei 100 km/h etwa 110 m). Bei der Eisenbahn gilt als größter zulässiger Bremsweg 1000 m bei Hauptbahnen, 700 m bei Nebenbahnen.

**brennbare Flüssigkeiten,** Stoffe mit einem Flammpunkt (→Entzündung), die bei 35 °C weder fest noch salbenförmig sind und deren Dampfdruck bei 50 °C unter 0,3 MPa liegt.

**Brenn|ebene,** durch den Brennpunkt senkrecht zur optischen Achse gelegte Ebene.

**Brenn|element, Brennstoffelement,** Betriebsmittel eines Kernreaktors, das den Kernbrennstoff enthält. Ein Brennelement ist meist aus vielen gasdicht abgeschlossenen **Brennstäben** (Brennstoffstäben) zusammengesetzt, die von einer **Brennstoffhülle** (Metallrohre aus Zircaloy, einer Zirkonlegierung) umschlossen sind und den Kernbrennstoff in Form von aufeinander liegenden keramischen Brennstofftabletten **(Pellets)** enthalten.

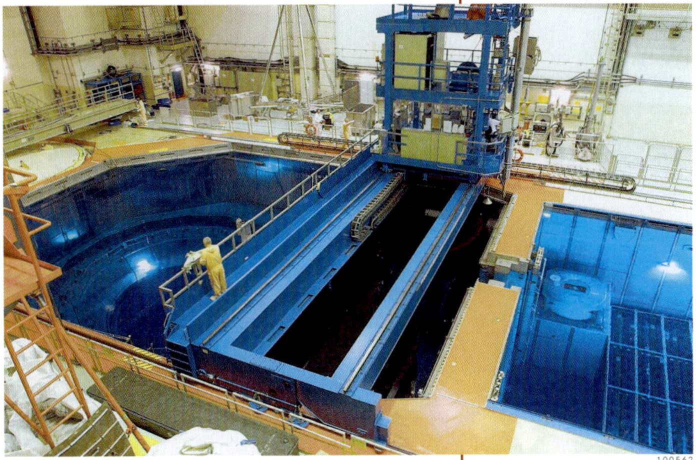

**Brennelement.** Brennelemente-Wechselbühne über dem Brennelemente-Lagerbecken im Kernkraftwerk Krümmel (bei Geesthacht)

**Brenner,** Sydney, britischer Molekularbiologe, * Germiston (Südafrika) 13. 1. 1927; arbeitet am amerikanischen »The Molecular Science Institute« in Berkeley (Kalifornien). Er etablierte den Fadenwurm Caenorhabditis elegans (Länge 1 mm) als neuen Modellorganismus. Dadurch wurde eine Möglichkeit geschaffen, die genetische Analyse mit der Zellteilung, Zellreife und Organentwicklung (bei gleichzeitiger Betrachtung dieser Prozesse unter dem Mikroskop) zu verbinden. Brenner erhielt 2002 (mit R. H. Horvitz und J. E. Sulston) den Nobelpreis für Physiologie oder Medizin.

**Brennfläche,** *Optik:* →Kaustik.

**Brennhaare, 1)** *Botanik:* die →Haare bei →Nesselgewächsen.

**2)** *Zoologie:* leicht ausfallende, zum Teil mit Widerhaken versehene Drüsenhaare bei verschiedenen Schmetterlingsraupen.

**Brennnessel,** →Nesselgewächse.

**Brennpunkt, 1)** *Chemie:* →Entzündung.

**2)** *Optik:* **Fokus,** Punkt, in dem sich achsenparallele Lichtstrahlen nach der Brechung durch eine →Linse oder Reflexion an einem Hohlspiegel annähernd vereinigen. Seine Entfernung von der Hauptebene heißt **Brennweite;** ihre Größe ist vom Krümmungsradius und bei Linsen außerdem von deren Brechzahl abhängig (→Abbildung).

**Brennraum,** beim Verbrennungsmotor der Raum zwischen Zylinderkopf und Kolbenoberfläche im oberen →Totpunkt. Unterteilte Brennräume gibt es bei Dieselmotoren, neuerdings auch bei Ottomotoren (Schichtladung).

100674

**Brennspiegel.** Brennspiegel in einer Forschungsanlage zur Nutzung der Sonnenenergie

**Brennspiegel,** Sammel- oder Hohlspiegel, z. B. zur Konzentrierung der Sonnenstrahlung im Brennpunkt.

**Brennspiritus,** →Spiritus.

**Brennstab,** *Kerntechnik:* →Brennelement.

**Brennstoffaufbereitung, Kernbrennstoffaufbereitung,** die Verfahrensschritte von der Gewinnung und mechanisch-chemischen Aufbereitung von Erzen, die Uran als Kernbrennstoff enthalten, bis zur Vorreinigung des Natururans durch Extraktion oder Ionentauscher. Das Endprodukt ist Urankonzentrat, ein pulverförmiges Gemisch aus Uranoxiden. Die Rückgewinnung spaltbaren Materials aus abgebrannten Kernbrennstoffen wird als →Wiederaufarbeitung bezeichnet.

**Brennstoffe,** natürliche (z. B. Kohle, Erdöl, Erdgas) oder veredelte (z. B. Brikett, Koks, Gas, Benzin, Heizöl) feste, flüssige oder gasförmige Stoffe, die überwiegend aus Kohlenstoff (C) und Wasserstoff (H) bestehen und der Erzeugung von Wärme durch Verbrennung dienen; im weiteren Sinn auch nukleare Brennstoffe (→Kernbrennstoffe), die in Kernreaktoren zur Energiegewinnung eingesetzt werden.

**Brennstoffkreislauf,** *Kerntechnik:* kurz für →Kernbrennstoffkreislauf.

**Brennstoffzelle, Brennstoffelement,** Stromquelle, in der durch elektrochemische Oxidation (»kalte Verbrennung«) einer leicht oxidierbaren Substanz (z. B. Wasserstoff, Hydrazin, Methanol) mit einem Oxidationsmittel (z. B. Sauerstoff, Luft) chemische Energie direkt in elektrische Energie umgewandelt wird. Die Reaktionskomponenten werden kontinuierlich und getrennt den entsprechenden Elektroden, zwischen denen sich ein Elektrolyt befindet, zugeführt. Bei den **Niedertemperaturbrennstoffzellen** und **Mitteltemperaturbrennstoffzellen** (0–150 °C und 150–250 °C) werden als Reaktionsstoffe Sauerstoff und Wasserstoff oder Methanol verwendet. In den **Hochtemperaturbrennstoffzellen** verwendet man bei 500 bis 1 100 °C reaktionsfähige Kohlenwasserstoffe oder Stickstoff-Wasserstoff-Verbindungen (Ammoniak, Hydrazin) als Brennstoffe.

Vorteile der Brennstoffzelle sind hoher Wirkungsgrad und Umweltfreundlichkeit. Im Labormaßstab werden Hochtemperaturbrennstoffzellen wie Schmelzcarbonatbrennstoffzellen (MCFC-Brennstoffzellen; $CaCO_3$ als Elektrolyt, Betriebstemperatur etwa 650 °C) und Festelektrolytbrennstoffzellen (SOFC-Brennstoffzellen; $ZrO_2$ als Elektrolyt, etwa 950 °C) erprobt. Bisher konnten für MCFC-Brennstoffzellen Leistungen in Höhe von einigen Hundert Kilowatt realisiert werden, für SOFC-Brennstoffzellen Leistungen im Kilowattbereich.

Alle großen Automobilkonzerne entwickeln gegenwärtig Fahrzeuge mit Brennstoffzellen-Antrieb (oder Verbrennungsmotoren, die mit flüssigem Wasserstoff arbeiten). Für den Aufbau einer Wasserstoffenergietechnik und der dazu notwendigen Infrastruktur ist es entscheidend, welcher Brennstoff sich durchsetzt (Wasserstoff, Erdgas, Methanol) und welche Art der Speicherung und des Transports. Der Wirkungsgrad, der bei der Stromerzeugung mit Brennstoffzellen (einschließlich der Brennstoffreformierung) gegenwärtig erzielt wird, liegt bei etwa 35–65 %. Wird reiner Wasserstoff als Brennstoff verwendet und die Abwärme zum Heizen genutzt (Kraft-Wärme-Kopplung), sind Wirkungsgrade bis zu 90 % möglich. Im Klärwerk Köln-Rodenkirchen z. B. ist die erste europäische Brennstoffzellen-Anlage in Betrieb gegangen, die aus Klärgas umweltfreundlich Strom und Wärme erzeugt. Mit der breiten Markteinführung von Brennstoffzellen wird in den nächsten Jahren v. a. für por-

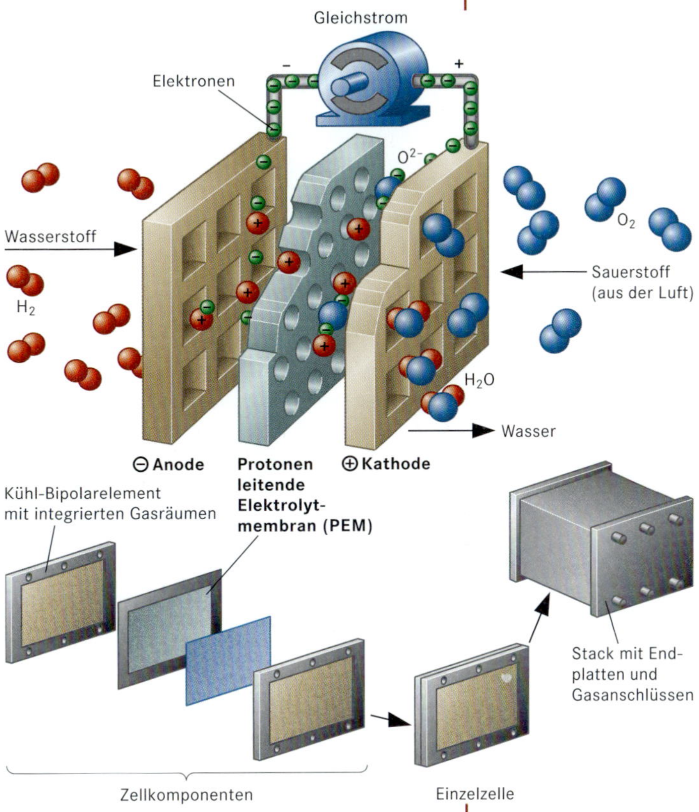


**Brennstoffzelle.** Aufbau einer PEM-Brennstoffzelle

table Geräte (z. B. Notebooks) gerechnet, aber auch in der stationären Hausenergieversorgung durch kleine Brennstoffzellen-Kraft-Wärme-Kopplungs-Anlagen. Im Kraftfahrzeugbereich werden bereits Kleinserien gebaut, Großserien sind ab 2010 geplant.

Noch im Forschungsstadium befinden sich Bio-Brennstoffzellen. Sie enthalten neben der Brennstoffzelle eine Vorrichtung zur Kultivierung spezieller Mikroorganismen. Diese werden zur Produktion des Wasserstoffs genutzt, z. B. aus Glucose, die u. a. Bestandteil von Küchenabfällen ist.

**Brennstoffzellen|antrieb,** spezielle technische Lösung zur On-Board-Erzeugung der elektrischen Antriebsenergie für Fahrzeuge in Brennstoffzellen. Herzstück der Anlage sind Brennstoffzellenstapel **(Stacks),** in denen während der Reaktion von Wasserstoff und Luftsauerstoff elektrische Energie erzeugt wird. Diese wird in Akkumulatoren zwischengespeichert und steht dann für den Fahrantrieb mittels Gleichstrom- oder Drehstrommotoren zur Verfügung. Für die Bereitstellung des Wasserstoffs konkurrieren folgende Techniken: Die Nutzung von flüssig oder gasförmig im Fahrzeug gespeichertem Wasserstoff oder die Herstellung von Wasserstoff in einem Reformer aus flüssigem Methanol als chemischem Energieträger. Im ersten Fall ist die Wasserstoffmenge noch begrenzt, im zweiten Fall ist aufwendige Sicherheitstechnik notwendig. Methanol ist giftig und seine Nutzung in Fahrzeugen bedarf besonderer Sicherheitsvorkehrungen. Hinsichtlich der Abgasemission ist der Brennstoffzellenantrieb optimal, denn bei der Reaktion im Fahrzeug entsteht ausschließlich Wasser in flüssigem oder gasförmigem Aggregatzustand. Für die Bewertung der Gesamtemissionen bzw. des Gesamtwirkungsgrades sind die zur industriellen Herstellung von Wasserstoff oder Methanol notwendigen Energiemengen und Emissionen in Rechnung zu stellen. Neben der Optimierung der Wirkungsgrade ist die Verringerung der Kosten die vordringliche Entwicklungsaufgabe. Am Brennstoffzellenantrieb wird weltweit intensiv geforscht. Prototypen werden im Alltagsbetrieb erprobt; derzeit sind z. B. einige Brennstoffzellenbusse in Berlin in Betrieb

**Brennstoffzellen für unterwegs,** siehe Sonderartikel Seite 118.

**Brennweite,** *Optik:* Abstand zwischen Hauptebene und →Brennpunkt.

**Brennwert, 1)** *Energietechnik* und *physikalische Chemie:* früher **oberer Heizwert** oder **Verbrennungswärme,** nach DIN der Quotient der aus der vollständigen Verbrennung einer bestimmten Brennstoffmenge frei werdenden Wärmemenge und der Masse dieser Brennstoffmenge.

**2)** *Physiologie:* **physiologischer Brennwert, biologischer Brennwert,** im Stoffwechsel eines Organismus beim Abbau von Proteinen, Kohlenhydraten und Fetten frei werdende Energie. Der Brennwert beträgt für Proteine und Kohlenhydrate rund 17 kJ/g (4,1 kcal/g), für Fette 40 kJ/g (9,3 kcal/g).

**Brennwerttechnik,** modernes Verfahrensprinzip der Heizungstechnik, bei dem der Wärmeinhalt des Wasserdampfes im Abgas zur Erhöhung des Wirkungsgrads eingesetzt wird. Das Abgas wird dabei durch das Heizungsrücklaufwasser bis unter den Taupunkt von etwa 57 °C gekühlt, sodass der Wasserdampf des Abgases kondensiert. Die bei der Kondensation frei werdende Energie wird über Wärmetauscher an den Heizkreislauf abgegeben.

**brewstersches Gesetz** ['bru:stə-], von dem britischen Physiker D. Brewster (* 1781, † 1868) 1815 formuliertes Gesetz für die Reflexion von Licht an der Grenzfläche zweier isotroper, nicht absorbierender Medien mit den Brechzahlen $n_1 < n_2$: Der reflektierte Strahl erfährt vollständige lineare →Polarisation, wenn er senkrecht auf dem gebrochenen Strahl steht. Der Tangens des **Brewsterwinkels** oder **Polarisationswinkels** ist dann gleich dem Verhältnis $n_2 / n_1$.

**Bridgman** ['brɪdʒmən], Percy Williams, amerikanischer Physiker und Wissenschafts-

*Fortsetzung S. 120*

# Brennstoffzellen für unterwegs

Das Wasser ist die Kohle der Zukunft. Die Energie von morgen ist Wasser, das durch elektrischen Strom zerlegt worden ist. Die so zerlegten Elemente des Wassers, Wasserstoff und Sauerstoff, werden auf unabsehbare Zeit hinaus die Energieversorgung der Erde sichern.« (Jules Verne, Die geheimnisvolle Insel, 1874)

Wasserstoff als unerschöpflicher und »sauberer« Energieträger – diese Vision scheint in greifbare Nähe zu rücken. Zwar bestreiten fossile Energieträger wie Kohle, Erdöl und Erdgas immer noch vier Fünftel der weltweiten Energieversorgung, sie gehen jedoch in absehbarer Zeit zur Neige. Steigende Energiepreise sind absehbar, und damit werden sich zunehmend Investitionen für neue Infrastrukturen lohnen, wie sie zum Beispiel für eine flächendeckende Versorgung mit Wasserstoff notwendig sind.

Wie die fossilen Brennstoffe ist auch Wasserstoff ein chemischer Energieträger. Er hat jedoch im Vergleich zu anderen Brennstoffen einen viel höheren Energieinhalt: Die Verbrennung von einem Kilogramm Wasserstoff liefert die gleiche Energiemenge wie die Verbrennung von 2,75 Kilogramm Benzin. Beim Verbrennen von Benzin oder Wasserstoff wird ein Teil der Energiemenge in Wärme umgewandelt, die in den Molekülen der Stoffe in Form von chemischen Bindungen gespeichert ist. Die chemische Energie, die in den fossilen Brennstoffen Erdöl, Erdgas und Kohle vorhanden ist, haben Pflanzen vor vielen Millionen Jahren gespeichert, indem sie Sonnenenergie mithilfe der Fotosynthese in die Fotosyntheseprodukte umwandelten. Da Sonnenenergie praktisch unbegrenzt zur Verfügung steht, schwebt Energieforschern vor, diese nach dem Vorbild der Natur in chemischen Verbindungen zu speichern. Fotovoltaikzellen sollen die Energie der Sonneneinstrahlung in elektrische Energie wandeln, die in Wasserelektrolysezellen in die chemische Energie von Wasserstoffmolekülen, $H_2$, umgewandelt wird.

Für die großtechnische Herstellung von Wasserstoff liefern heute noch überwiegend fossile und nukleare Primärenergiequellen die notwendige Energie. Neben der Wasserelektrolyse ist die Dampfreformierung von Erdgas das wichtigste Verfahren zur Wasserstoffgewinnung. Dabei wird Erdgas mit heißem Wasserdampf zu Wasserstoff umgesetzt. Doch wie lässt sich die im Wasserstoff gespeicherte chemische Energie nutzen? Das ideale Verfahren hierfür ist seine elektrochemische Umwandlung in Wasser in der Brennstoffzelle. Hierzu kehrt die Brennstoffzelle den Elektrolyseprozess um. Sie erzeugt aus chemischer Energie nahezu verlustfrei Strom und Wärme. Der Leistungsbereich von Brennstoffzellen reicht von wenigen Watt (portable Systeme) über mehrere Kilowatt (kleine Blockheizkraftwerke) bis zu einigen Megawatt (Heizkraftwerke).

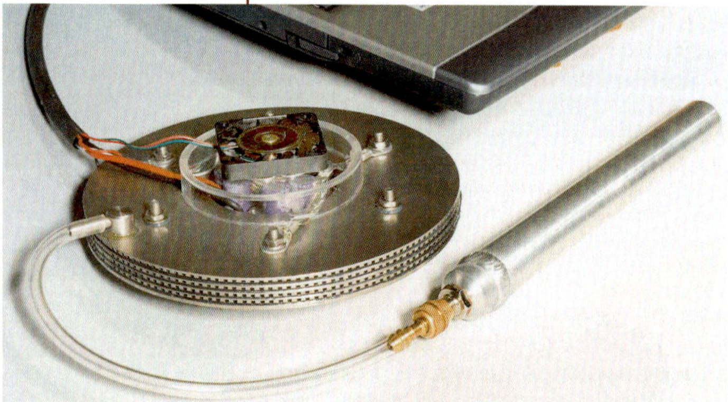
100562

Heutzutage sind Brennstoffzellen für das Notebook noch Forschungsgegenstand.

## Power für unterwegs mit Brennstoffzellen

Der Bedarf an mobiler Energie für Handys, MP3-Player, Automobile u. a. steigt stetig an. Diese sollen Brennstoffzellen zur Verfügung stellen, die im Niedertemperaturbereich arbeiten, wie die PEM-Brennstoffzellen (Proton Exchange Membran Fuel Cell), die teils mit Wasserstoff, teils mit Methanol als chemischen Brennstoff arbeiten. Direkt-Methanol-Brennstoffzellen, DMFC, sind insbesondere als Ersatz für Batterien und Akkus attraktiv. Sie verwenden ein Methanol-Wasser-Gemisch und wandeln die chemische Energie der Bestandteile direkt in elektrische Energie um – ohne Umweg über einen Reformer. Ihr Vorteil liegt in der hohen Energiedichte des Methanols, der einfachen Handhabung und im problemlosen Nachfüllen des Brennstoffs. Ein erstes Serienprodukt mit einer Direkt-Methanol-Brennstoffzelle ist das System SFC A25 der Smart Fuel Cell AG, das beispielsweise Reisemobile oder Wetterstationen mit Strom versorgen kann. Es erzeugt eine Leistung von 25 Watt und verbraucht 1,5 Liter Methanol pro Kilowatt Stromerzeugung.

### Mikrobrennstoffzellen

Navigieren, Filme sehen, Musik hören – Handys, PDAs, Notebooks werden zunehmend leistungsfähiger und brauchen immer mehr Energie. Intelligentes Powermanagement soll zukünftig die Energieversorgung moderner Kommunikation optimieren: Wenn der Akku entladen ist, wird er durch Solarzellen geladen. In der Zwischenzeit greift das Gerät auf die Brennstoffzelle als chemischen Energiewandler zu. Die Brennstoffzellen der mobilen Begleiter sind planar gebaut und bestehen aus Polymer- und Metallfolien. Sie sind etwa einen Quadratzentimeter groß. Drei nebeneinander liegende, in Reihe geschaltete Einzelzellen erzeugen eine Spannung von 1,5 Volt und ersetzen eine Knopfzelle. Diese Mikrobrennstoffzellen sollen mit unterschiedlichen chemischen Energieträgern betrieben werden können: Methanol (DMFC), Hydride wie Natriumborhydrid, die mit Wasser Wasserstoff erzeugen, oder Kohlenwasserstoffe wie Flüssiggas oder Ethanol, die mithilfe von Mikroreformern Wasserstoff herstellen.

Die kleinste DMFC der Welt, ein Prototyp der Firma Toshiba, schaffte im Jahr 2006 den Sprung in das Guinness-Buch der Rekorde. Das Minikraftwerk, das ohne Pumpe und Ventilator auskommt, misst nur $22 \times 56 \times 4{,}5\ mm^3$ – maximale Dicke mit Kraftstofftank 9,1 mm – und kann einen MP3-Player für 20 Stunden mit Energie versorgen. Hierfür verbraucht es nur eine einzige Tankfüllung mit 2 ml Methanol (99,5Vol.-%).

Für Notebooks wird eine Hybridbatterie entwickelt. Eine Mikro-DMFC soll eine Lithium-Polymer-Batterie permanent nachladen und dadurch die Energieversorgung verlängern. Ein Powermanagement-System optimiert den Ladevorgang und informiert den Nutzer über den Ladezustand der Batterie und den Methanolvorrat. Ebenfalls für die mobile Energieversorgung wurde ein geräteexternes Brennstoffzellen-Ladegerät entwickelt, das Akkus von Mobiltelefonen (Handys), Handhelds und Digitalkameras über einen USB-Anschluss auflädt. Die Befüllung der Brennstoffzelle erfolgt mit Wasserstoffkartuschen.

100562

Die Forschung an Mini-Brennstoffzellen hat zum Ziel, die mobile Energiequelle von morgen vorzubereiten.

### Einwegbrennstoffzellen

Ohne teure Membranen und Katalysatormaterialien kommt eine Direktflüssigkeitsbrennstoffzelle (DLFC) aus. Sie eignet sich deshalb als Basis für die Massenproduktion von mobilen, preiswerten Energiesystemen, die nach Gebrauch weggeworfen werden. Die chemische Reaktion von Kaliumboranat, $KBH_4$, mit Kalilauge, die im flüssigen Elektrolyten stattfindet, liefert Wasserstoff. Mit dessen Hilfe erzeugt die Brennstoffzelle Strom zum Aufladen von Kleingeräten. Rund 20 Wattstunden elektrische Energie liefert eine solche Einwegbrennstoffzelle. Das reicht etwa zum siebenmaligen Laden eines Handys.

**Louis de Broglie**
*** 1892, † 1987**

- begründete die Theorie der Materiewellen
- erhielt 1929 den Nobelpreis für Physik

*Fortsetzung von S. 117*

theoretiker, *Cambridge (Massachusetts) 21. 4. 1882, †(Selbstmord) Randolph (New Hampshire) 20. 8. 1961; erforschte das Verhalten der Materie bei sehr hohen Drücken und erhielt dafür 1946 den Nobelpreis für Physik. Bridgman begründete den Operationalismus, einer wissenschaftstheoretischen Richtung, nach der wissenschaftliche Begriffe ihre Bedeutung durch Operationen, z. B. physikalische Messverfahren, erhalten.

**Bridgman-Verfahren** ['brɪdʒmən-], ein von P. W. Bridgman entwickeltes Verfahren der →Kristallzüchtung.

**Brieftaube,** aus verschiedenen Haustaubenrassen gezüchtete Sporttaube mit besonders gutem Heimfindevermögen, Rückflüge bis zu 1 000 km, bei einer durchschnittlichen Fluggeschwindigkeit von etwa 1 km/min. Beförderung von Nachrichten durch Brieftauben war schon im Altertum, besonders im Orient, verbreitet.

**Brillouin-Streuung** [brij'wɛ̃-; nach dem französischen Physiker L. Brillouin, *1889, †1969], Streuung von Licht an hochfrequenten Schallwellen (akustische →Phononen) in Flüssigkeiten und Festkörpern.

**Brinẹll-Härte** [nach dem schwedischen Ingenieur J. A. Brinell, *1849, †1925], die Härte eines Werkstoffs, ermittelt mit der Brinellhärteprüfung (→Härteprüfung), angegeben in HB.

**Brockhouse** ['brɔkhaʊz], Bertram Neville, kanadischer Physiker, *Lethbridge (Provinz Alberta) 15. 7. 1918, †Hamilton (Provinz Ontario) 13. 10. 2003; arbeitete zur Neutronenphysik; entwickelte ein Dreiachsenspektrometer zur Untersuchung von kondensierter Materie mithilfe der unelastischen Neutronenstreuung. Dafür erhielt er 1994 zusammen mit C. G. Shull den Nobelpreis für Physik.

**Broglie** [brɔj], Louis Victor, 7. Herzog von Broglie (seit 1960), genannt **Louis de Broglie,** französischer Physiker, *Dieppe 15. 8. 1892, †Louveciennes (Département Yvelines) 19. 3. 1987; ab 1933 Mitglied der Académie des sciences, ab 1944 der Académie française; war 1919–27 Experimentalphysiker im Privatlaboratorium seines Bruders Maurice (*1875, †1960), 1932–62 Professor in Paris. 1923/24 konzipierte er seine grundlegenden Ideen über den Welle-Teilchen-Dualismus (→Dualismus). Broglie führte den Begriff der →Materiewelle **(De-Broglie-Wellen)** ein, mit dem er die bohrsche Quantenbedingung (→Atom) und das Auftreten stabiler Elektronenbahnen in den Atomen erklären konnte, und gab damit den Anstoß zur Entwicklung der Wellenmechanik durch E. Schrödinger. Er erhielt hierfür 1929 den Nobelpreis für Physik. Später befasste er sich mit der Quantenfeldtheorie der Elementarteilchen und mit Wellengleichungen für Teilchen mit höherem Spin. Außerdem galten seine Bemühungen einer kausalen, nichtstatistischen Deutung der Quantenmechanik im Rahmen einer nichtlinearen Wellenmechanik.

**Brọm** [von griechisch brõmos »Gestank«] *das,* Symbol **Br,** nichtmetallisches Element aus der 7. Hauptgruppe des Periodensystems (Halogene). Ordnungszahl 35, relative Atommasse 79,904, Dichte 3,12 g/cm$^3$, Schmelzpunkt –7,2 °C, Siedepunkt 58,78 °C.

Brom bildet eine dunkelrotbraune, schon bei Raumtemperatur stark verdampfende Flüssigkeit, die Dämpfe reizen die Schleimhäute. Freies Brom ist sehr reaktionsfähig und in Wasser etwas löslich **(Bromwasser).** In der

**Brookhaven National Laboratory.** Luftaufnahme des BNL mit den Beschleunigungsstrecken sowie Experimentierstationen der verschiedenen Beschleuniger des Instituts

**brownsche Bewegung** Einstein, Ameisen und Meinungstrends

600

Erst 78 Jahre nach ihrer Entdeckung gelang Albert Einstein eine vollständige Analyse der brownschen Bewegung; es war das dritte große Werk seines »Annus mirabilis«. Heute nutzen die unterschiedlichsten wissenschaftlichen Disziplinen – von der Biologie bis zur Soziologie – diese Erkenntnisse. Man kann damit beispielsweise die Futtersuche von Ameisen beschreiben. Prinzipiell folgen sie den Duftmarken ihrer Artgenossen, damit aber auch neue Futterquellen entdeckt werden, ist ein zufälliges Abweichen von den bekannten Wegen wichtig. Diese »Störungen« lassen sich durch einen Zufallsfaktor beschreiben, der schon bei Einstein als ungerichteter Einfluss der Wärmebewegung der Moleküle auftaucht. Auch bei der Meinungsbildung von Menschen spielt solch eine ungerichtete, scheinbar zufällige Größe ein wichtige Rolle; es ist gewissermaßen der irrationale Teil bei der Entscheidung für oder gegen einen bestimmten Trend. Das Prinzip kann natürlich nicht das Verhalten eines bestimmten Menschen vorhersagen, lässt sich aber auf größere Gruppen anwenden.

Natur kommt es in Form von Bromiden, Salzen der Bromwasserstoffsäure, vor, z. B. als Magnesiumbromid im Meerwasser. In Mineralen findet es sich in Deutschland v. a. als Bromcarnallit, woraus es durch Einwirkung von Chlor gewonnen wird.

■ **Verbindungen** Von **Bromwasserstoff,** HBr, der sich in Wasser zu einer starken Säure, der **Bromwasserstoffsäure,** auflöst, leiten sich Metallsalze, die Bromide, ab. **Silberbromid,** AgBr, ist ein Bestandteil fotografischer Schichten. **Bromsäure,** $HBrO_3$, eine Bromsauerstoffsäure, entsteht beim Einleiten von Chlor in Bromwasser; von ihren Salzen, den **Bromaten,** ist das in der chemischen Analyse verwendete **Kaliumbromat,** $KBrO_3$, wichtig; **organische Bromverbindungen** werden v. a. als Flammschutzmittel in Kunststoffen verwendet.

**Bronze** [ˈbrɔ̃sə; aus italienisch bronzo], Sammelbezeichnung für die nicht als Messing geltenden, mehr als 60 % Kupfer enthaltenden Kupferlegierungen. Sie sind hoch dehnbar, verschleißfest, korrosionsbeständig, elektrisch leitfähig und gut bearbeitbar. Bronze wird für Armaturen, im chemischen Apparatebau, Schiffbau, in der Elektrotechnik und als Lagermetall verwendet. Wichtige Bronzesorten: **Zinnbronze** mit 1–9 % Zinn als Knetlegierung, mit 4–21 % Zinn als Gusslegierung, ferner Phosphorbronze, Aluminiumbronze, Bleibronze, Berylliumbronze, Mehrstoffzinnbronze; **Sinterbronze** ist eine als Lagermetall verwendete, gesinterte Zinnbronze ohne oder mit Graphitzusatz.

**Brookhaven National Laboratory** [brʊkˈheɪvn ˈnæʃnl ləˈbɔrətərɪ], Abkürzung **BNL,** amerikanisches Forschungszentrum, v. a. für Untersuchungen in der Teilchen- und Kernphysik, Chemie, Medizin, Biologie, Umweltforschung, Energietechnik; 1947 gegründet, Sitz: Upton, Long Island (New York), zahlreiche Teilchenbeschleuniger.

**Brown** [braʊn], **1)** Herbert Charles, amerikanischer Chemiker britischer Herkunft, * London 22. 5. 1912, † Lafayette (Indiana) 19. 12. 2004; arbeitete besonders über Borane und Organoborane; erhielt 1979 für die Entwicklung der Hydroborierung den Nobelpreis für Chemie (mit Georg Wittig).

**2)** Michael Stuart, amerikanischer Mediziner, * New York 13. 4. 1941; seit 1977 Professor an der Universität Dallas (Texas); erhielt 1985 mit J. L. Goldstein für die Erforschung des Cholesterolstoffwechsels und der Arteriosklerose den Nobelpreis für Physiologie oder Medizin.

**brownsche Bewegung** [ˈbraʊn-], **brownsche Molekularbewegung,** 1827 von dem britischen Botaniker R. Brown (* 1773, † 1858) entdeckte unregelmäßige Bewegung (»Zitterbewegung«) kleiner, in einer Flüssigkeit oder einem Gas suspendierter Teilchen. Sie beruht auf der Wärmebewegung der Gas- oder Flüssigkeitsmoleküle, durch die die Teilchen ständig unregelmäßige Stöße erhalten

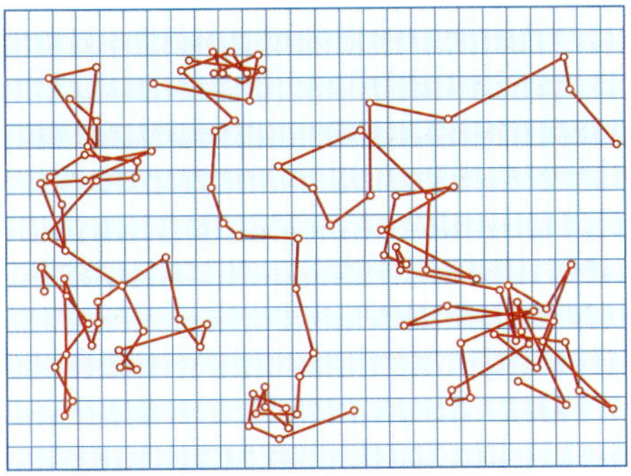

**brownsche Bewegung.** Darstellung der Bewegung dreier Kolloidteilchen in Wasser (nach Jean Baptiste Perrin); die Lage der Teilchen nach jeweils gleichen Zeiten ist durch Punkte gekennzeichnet.

**berühmte Brücken** (Auswahl)

| Name | Ort | Vollendung | größte Spannweite | Gesamtlänge |
|---|---|---|---|---|
| **■ Auslegerbrücken** | | | | |
| Eisenbahnbrücke über den Firth of Forth | Queensferry (Schottland) | 1890 | 521 m | 2 466 m |
| Eisenbahnhochbrücke | Rendsburg | 1913 | 140 m | 2 486 m |
| Commodore-Barry-Brücke | Chester (USA) | 1974 | 501 m | 3 790 m |
| **■ Hängebrücken** | | | | |
| Brooklynbrücke | New York (USA) | 1883 | 486 m | 1 053 m |
| Golden-Gate-Brigde | San Francisco (USA) | 1937 | 1 280 m | 2 150 m |
| Verrazano-Narrows-Brücke | New York (USA) | 1964 | 1 298 m | 4 170 m |
| Humberbrücke | Kingston upon Hull (England) | 1979 | 1 410 m | 2 200 m |
| (zweite) Bosporusbrücke (Fatih Sultan Mehmet Köprüsü) | Istanbul (Türkei) | 1988 | 1 090 m | 1 480 m |
| Akashi-Kaikyo-Brücke | Kobe (Japan) | 1998 | 1 991 m | 3 911 m |
| Brücke über den Großen Belt (Ostbrücke) | Nyborg/Korsör (Dänemark) | 1998 | 1 624 m | 6 800 m |
| **■ Schrägseilbrücken** | | | | |
| Tatarabrücke | Onomichi-Imabari (Japan) | 1999 | 890 m | 1 480 m |
| Öresundbrücke | Malmö-Kopenhagen (Schweden/Dänemark) | 2000 | 490 m | 7 845 m |
| Harilaos-Trikoupis-Brücke | Rion-Antirion (Griechenland) | 2004 | 560 m | 2 800 m |
| Viaduc de Millau | Millau (Frankreich) | 2004 | 342 m | 2 460 m |

und statistischen Schwankungserscheinungen unterliegen.

**Browser** ['braʊsə, von englisch to browse »durchblättern«] *der,* Programm, das es dem Benutzer ermöglicht, im Standardformat →HTML abgefasste Dokumente im World Wide Web (→WWW) zu suchen, abzurufen und auf einem Computerbildschirm anzuzeigen **(Webbrowser).**

**Brucellen** [nach dem englischen Bakteriologen David Bruce (*1855, †1931)], kleine, gramnegative, unbewegliche, sporenlose Stäbchenbakterien, Erreger der →Brucellosen, v. a. **Brucella abortus Bang,** die besonders Rinder, **Brucella melitensis,** die Ziegen, und **Brucella suis,** die Schweine befällt.

**Brucellosen,** durch Bakterien der Gattung Brucella verursachte, weltweit seuchenhaft auftretende Infektionskrankheiten bei Haus- und Wildtieren. Ist durch Schmier- oder Tröpfcheninfektion auf den Menschen übertragbar.

**Brüche,** Ernst, deutscher Physiker, *Hamburg 28. 3. 1900, †Gundelsheim (Kreis Heilbronn) 8. 2. 1985; arbeitete maßgebend an der Entwicklung der Elektronenmikroskopie; Gründer und 1944–72 Herausgeber der »Physikalischen Blätter«.

**Brücke,** *Elektrotechnik:* →Brückenschaltung.

**Brücken,** Bauwerke zur Überführung eines Verkehrsweges, einer Wasserleitung u. a. über ein Hindernis.

■ **Konstruktionsarten** Bei **Balkenbrücken** sind die Hauptträger in statischem Sinn als einfache oder durchlaufende Balken ausgebildet. Sie üben bei lotrechten Lasten nur lotrechte Auflagerdrücke aus. Das Haupttragwerk der **Bogenbrücken** sind Bögen, in denen vorwiegend Druckspannungen entstehen. Bei lotrechter Belastung werden vertikale und horizontale Kräfte an die Auflage abgegeben. **Stabbogenbrücken** sind Balkenbrücken mit darüber gespannten Bögen. Bei den **Schrägseilbrücken** wird der Balken durch schräg geführte Seile gegen Pylone abgespannt. Bei den **Zügelgurtbrücken** ist ein dritter Hängegurt auf einem großen Bereich der Brücken vorhanden. Bei den **Hängebrücken** besteht der tragende Teil aus einem Hängegurt (Kabel, früher – bei den Kettenbrücken – auch aus Ketten) zwischen hohen Pylonen, der die gesamte Last aufnimmt und nur auf Zug beansprucht wird.

■ **Feste Brücken** Spannweiten bis 20 m erreicht man durch **Balkenbrücken** mit zusammengesetzten Tragbalken. **Stahlbrücken** sind in der Regel Balkenbrücken oder Bogenbrücken (Stützweiten bis zu 500 m) sowie Zügelgurtbrücken, Schrägseilbrücken oder Hängebrücken (Stützweiten bis über 1 000 m). Die Hauptglieder der Stahlbrücken sind die Hauptträger, Fahrbahngerippe, Quer- und Längsverbände und Auflager. Vollwandbalkenträger bestehen aus genieteten oder verschweißten Stegblechen von 10–20 mm Dicke und bis 10 m Höhe. Haben die Hauptträger Gelenke, spricht man von **Kragbrücken** oder **Auslegerbrücken.** Bei Fachwerkhauptträgern werden die Querträger in Knotenpunkten gelagert. Die Längsverbände (Windverbände) und die Querverbände verbinden die Hauptträger in Längs- und Querrichtung zu einem steifen räumlichen Tragsystem. Bremsverbände dienen zur Überleitung von Brems- und Anfahrkräften in die Hauptträger und Lager. **Stahlbetonbrücken** und **Spannbetonbrücken** mit Stützweiten bis zu 300 m haben in den letzten Jahrzehnten an Bedeutung gewonnen. Balkenbrücken und Rahmenbrücken aus Stahlbeton haben meist mittlere Spannweiten, Bogenbrücken größere.

■ **Bewegliche Brücken** Sie haben einen Überbau, der die Durchfahrt unter der Brücke durch Bewegung des Tragwerks vergrößert oder ganz freigeben kann. Älteste Form ist die **Zugbrücke.** Bewegliche Brücken werden besonders im Flachland und bei Hafeneinfahrten gebaut. **Drehbrücken** besitzen einen senkrechten Zapfen, den Königsstuhl, um den sich der Überbau dreht. Bei **Klappbrücken** wird der ein- oder zweiteilige Überbau um eine waagerechte Achse nahe dem Schwerpunkt des beweglichen Teils hochgeklappt.

Bei **Hubbrücken** wird der Überbau an Seilen oder Ketten durch Gegengewichte hochgezogen oder durch hydraulischen Antrieb und Schwimmer unmittelbar emporgehoben. Die Durchfahrt von **Rollbrücken** oder **Schiebebrücken** wird durch waagerechte Verschiebung des Überbaues in Richtung der Brückenachse geöffnet.

**Brückenschaltung,** kurz **Brücke,** *Elektrotechnik:* allgemein eine Schaltungsanordnung aus einer Anzahl von Elementen (Zweipolen) mit einer bestimmten Symmetrie in Bezug auf Art der Elemente und Topologie (z. B. ringförmige Anordnung). Nach dem Verwendungszweck unterscheidet man Brückenschaltungen zu Messzwecken (→Messbrücke) sowie Brückenschaltungen in der Leistungselektronik bei Stromrichteranordnungen.

**Brückenwaage,** eine Waage mit einer Plattform (Brücke), die die Last aufnimmt; die bekannteste Form ist die Dezimalwaage.

**Brunnen,** Anlage zur Gewinnung von Grundwasser, das zu Trink- oder Betriebswasser aufbereitet wird.

Die übliche Form einer Brunnenanlage ist der **Schachtbrunnen** oder **Kesselbrunnen:** Ein runder, gemauerter oder betonierter Schacht wird bis zu den Wasser führenden Schichten hinabgeführt. In ihm tritt das Wasser durch die offene Sohle oder durch seitliche Schlitze ein. Bei den Bohrbrunnen unterscheidet man vertikale Bohrbrunnen und Horizontalbrunnen. Für geringmächtige, Grundwasser führende Schichten eignet sich der **Horizontalfilterbrunnen.** Er besteht aus einem wasserdichten Schacht mit Sohle, von dem aus horizontale Filterrohre radial in die Grundwasser führenden Schichten vorgetrieben werden. Bei **artesischen Brunnen** steigt das Wasser unter eigenem Überdruck zutage. Sie können dort angelegt werden, wo das Grundwasser zwischen zwei undurchlässigen (Ton-)Schichten fließt und an einer Stelle angebohrt wird, die tiefer liegt als die Zuflussstelle. – Abb. S. 124

**Brunst** [althochdeutsch »Brand«, »Glut«], **Brunft, Östrus,** der durch spezifische Hormone bewirkte vorübergehende Zustand geschlechtlicher Erregung bei Säugetieren, der in Zusammenhang mit dem Rhythmus der Reifung der Geschlechtszellen steht und in der Regel zur Paarung führt. Die meisten wild lebenden Säugetiere werden nur einmal im Jahr brünstig. Bei Haussäugetieren und tropischen Säugern tritt die Brunst das ganze Jahr über in regelmäßigen Abständen auf. Die Brunst zeigt sich bei männlichen Tieren oft in Kampfeslust, Kraftäußerungen, Liebesspielen, Paarungsrufen, Duftmarkierungen, Paarungsbereitschaft u. a. Zur Brunstzeit treten bei manchen Tieren bestimmte Organe zur Reizung und Anlockung des anderen Geschlechts **(Brunstorgane)** in Erscheinung, z. B. die **Brunftfeige,** eine Hautdrüse auf dem Kopf der Gämsen, der **Brunftfleck,** ein dunkler Fleck um die Rute des Hirsches.

**Brut,** Gesamtheit gleichzeitig ausgebrüteter oder geborener Nachkommen (Vögel, Säuger); die Larven einer Nestgemeinschaft Staaten bildender Insekten (z. B. Bienen, Ameisen); sich entwickelnde Fischeier.

**Brutapparat,** Gerät zum künstlichen Ausbrüten der Eier in der Geflügelzucht (Brutschrank); in der Fischzucht trogförmige Wasserbehälter.

**Brüten, 1)** *Biologie:* das Erwärmen der Eier meist durch die Körperwärme der Elterntiere bis zum Ausschlüpfen der Jungen. Am Bauch entsteht zur Brutzeit der stark durchblutete, den Eiern aufliegende **Brutfleck.** Meist brütet das Weibchen, bei Steißhühnern, Kampfwachteln, bei Emu, Kasuar und einigen Watvögeln das Männchen. Kleine Singvögel brüten 10–14 Tage, das Haushuhn 20–21, der Emu 58, große Albatrosarten 80 Tage.

**2)** *Kerntechnik:* die durch Kernreaktionen im →Kernreaktor ablaufende Umwandlung **(Konversion)** eines zunächst nicht spaltbaren Materials **(Brutstoff)** in spaltbares, sofern mehr Spaltstoff erzeugt als verbraucht wird. Ist das Verhältnis von gewonnener spaltbarer Substanz zu verbrauchter Substanz **(Konversionsfaktor)** > 1, spricht man von **Brutrate,** der Überschuss an erzeugtem Spaltstoff wird als **Brutgewinn** bezeichnet (→Brutreaktor).

**Brutknospen, Bulbillen,** mit Reservestoffen angereicherte Knospen, die sich ablösen und neue Pflanzen bilden; zwiebelartige Brutknospen werden als **Brutzwiebeln** bezeichnet.

**Brutpflege,** *Verhaltensforschung:* Bezeichnung für alle Verhaltensweisen der Eltern, die der Aufzucht, Pflege, Ausbildung und dem Schutz der Nachkommen vor Feinden und Krankheiten (→Nesthygiene) dienen. Brutpflege beginnt bereits vor der Eiablage oder Geburt mit Nestbau oder dem Eintragen von Vorräten (Brutvorsorge).

**Brutreaktor, Brüter,** *Kerntechnik:* ein →Kernreaktor, der sowohl zur Energieerzeugung durch Kernspaltung als auch zum →Brüten genutzt wird. Als Brutreaktoren kommen praktisch nur schnelle Reaktoren **(schnelle Brüter)** in Frage, die Uran 238 in spaltbares Plutonium 239 und Plutonium 241 umwandeln. Falls ein Brutreaktor weniger Spaltstoff erzeugt als er verbraucht, spricht man vom **Konverter** (z. B. Leichtwasserreaktor) oder – bei Konversionsfaktoren zwischen 0,9 und 1 – vom **Hochkonverter.**

**Brutstoff,** *Kerntechnik:* →Brüten.

**Brutzwiebel,** Form der →Brutknospe.

**Bryophyten** [griechisch], wissenschaftliche Bezeichnung der →Moose.

**BSB,** Abkürzung für →**b**iochemischer **S**auerstoff**b**edarf.

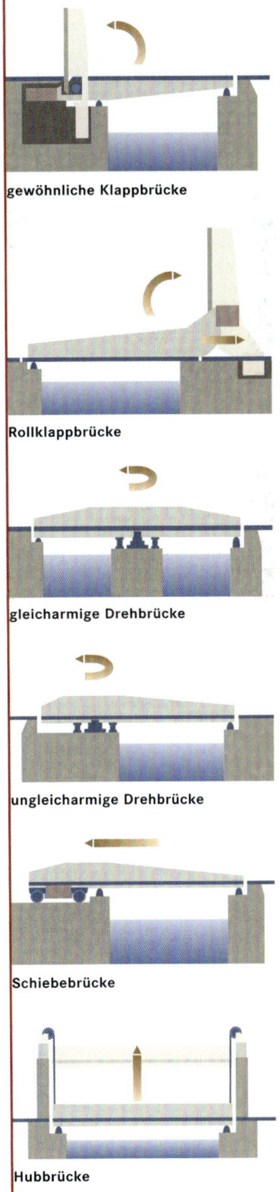


**Brücken.** Schematische Darstellung von beweglichen Brücken

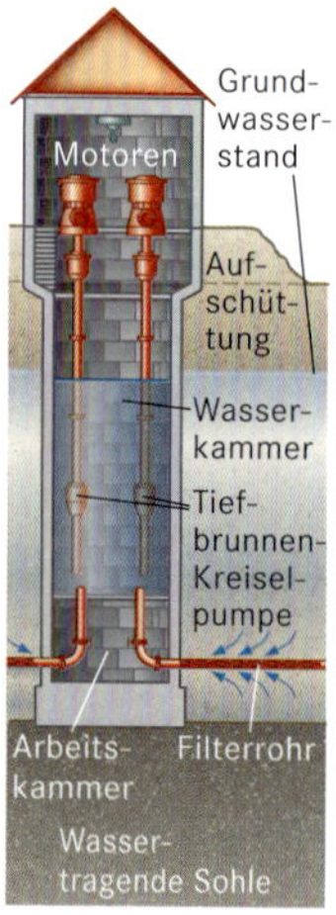


**Brunnen.** Horizontalfilterbrunnen

**BSE, bovine spongiforme Enzephalopathie,** so genannter **Rinderwahnsinn,** eine 1986 in Großbritannien erstmals beschriebene, stets tödlich verlaufende Infektionskrankheit der Rinder. BSE ist auf etwa 50 verschiedene Tierarten (andere Wiederkäuer, Großkatzen, Goldhamster, Krallenaffen u.a.) übertragbar und ähnelt in ihren Erscheinungsformen der →Traberkrankheit der Schafe und der Creutzfeldt-Jakob-Krankheit des Menschen. Erreger sind Prionen (infektiöse Proteine). Nach einer jahrelangen Inkubationszeit zeigen die befallenen Rinder Verhaltensänderungen wie Aggressivität oder Ängstlichkeit und können Bewegungsabläufe nicht mehr koordinieren. Es kommt zu charakteristischen Veränderungen im Gehirn (schwammige Entartung zellulärer Strukturen).

Hauptursache für die Übertragung der Krankheit ist das Verfüttern von kontaminiertem →Tiermehl. Die Wiederverwertung von infiziertem Ausgangsmaterial von Schafen (Traberkrankheit) und später von Rindern, das an Rinder verfüttert wurde, hat in Großbritannien und Nordirland in den 1980er-Jahren in Verbindung mit einer Änderung des Herstellungsverfahrens bei Tiermehl (unzureichende Sterilisierung) BSE ausgelöst. Möglicherweise kommen als Ursache für die Übertragung auch so genannte Milchaustauscher für Kälber, ein mit tierischen Fetten angereicherter Milchersatz, in Betracht. BSE wird auch von infizierten Muttertieren auf Kälber übertragen.

In Großbritannien und Nordirland sind seit Mitte der 1980er-Jahre (bis Ende 2004) mehr als 180000 BSE-Fälle aufgetreten, mit einem deutlichen Rückgang der Neuerkrankungen seit 1993. BSE wurde u.a. auch in anderen europäischen Ländern festgestellt, im November 2000 erstmals bei einem in Deutschland geborenen Rind.

Die Übertragung auf den Menschen manifestiert sich als so genannte neue, aber ebenfalls tödliche Variante der Creutzfeldt-Jakob-Krankheit; diese verläuft oft langsamer und tritt auch bei jüngeren Personen auf. Im Unterschied zu Großbritannien konnte diese Variante in Deutschland bislang nicht nachgewiesen werden.

Europaweit soll das Risikomaterial (insbesondere Gehirn, Augen, Rückenmark, Dünndarm) von über 12 Monate alten Rindern sowie Schafen und Ziegen aus der Nahrungskette herausgenommen werden, um den Gesundheitsschutz des Verbrauchers besser zu gewährleisten. Milch und Milchprodukte gelten nach derzeitigem Kenntnisstand als sicher. In Deutschland sind derzeit BSE-Schnelltests für alle geschlachteten, verendeten und getöteten Tiere über 24 Monate vorgeschrieben. Aufgrund der meist 4–6 Jahre währenden Inkubationszeit ist bei weniger als 30 Monate alten Tieren die Wahrscheinlichkeit eines positiven Befundes jedoch gering. Bis Ende 2005 wurde in Deutschland bei über 360 Kühen im Rahmen von nahezu 11 Mio. Schnelltestuntersuchungen BSE nachgewiesen.

Seit Anfang 2002 müssen alle EU-Mitgliedsstaaten Angaben zu Geburts- und Mastort der einzelnen Tiere machen. Rindfleisch, das aus Großbritannien oder Nordirland eingeführt wird, unterliegt einer besonderen Kennzeichnungspflicht (Sechseck und XEL-Zulassungsnummer).

**Btx,** Abkürzung für →Bildschirmtext.

**Buchdruck,** ein Druckverfahren **(Hochdruck).** Gedruckt wird von zusammengesetzten **Druckformen,** die aus Satz (Hand- oder Maschinensatz, →Setzerei), aus Originaldruckplatten (Ätzungen, elektronischen Gravuren, Auswaschrelief-Druckplatten, manuell hergestellten Druckplatten) und aus Nachformungen (Stereos, Galvanos) bestehen können. Je nach Prinzip ist die Druckform eben (für Tiegeldruckmaschinen und Flachform-Zylinderdruckmaschinen) oder rund (für Rotationsdruckmaschinen). Die fertige Druckform wird in die Druckmaschine eingehoben.

Beim mechanischen Druckvorgang wird die **Druckfarbe** von den eingefärbten erhabenen Stellen der Druckform durch den Anpressdruck des Tiegels oder Zylinders auf das Fundament beziehungsweise den Druckträger (Papier, Metall oder Kunststofffolie u.a.) übertragen. Die Wahl der **Druckmaschine** hängt von der Art und der Auflagenhöhe des Druckauftrages ab. Akzidenzdruck in kleiner Auflage kann in Tiegeldruckmaschinen erfolgen. Flachform-Zylinderdruckmaschinen erfüllen die Ansprüche des Werk- und Bilderdrucks. Für Großauflagen, besonders auch für Zeitungen und Zeitschriften, wird der Rotations-

100563

**Buchdruck.** Buchdruckpresse von Johannes Gutenberg

buchdruck (→Rotationsdruckmaschine) angewandt. Der bis um 1970 dominierende Buchdruck ist gegenüber →Offsetdruck und Tiefdruck (→Druckverfahren) stark zurückgegangen, weil hierfür der →Fotosatz größere Leistungsfähigkeit bietet.

**Buchengewächse, Fagaceae,** Familie zweikeimblättriger Holzgewächse mit sieben Gattungen und etwa 600 Arten in den gemäßigten Breiten und in den Tropen; wichtige Nutzpflanzen sind z. B. Buche, Eiche, Edelkastanie.

**Buchner,** Eduard, deutscher Chemiker, * München 20. 5. 1860, † Feldlazarett Focşani (Rumänien) 13. 8. 1917; entdeckte, dass die alkoholische Gärung des Zuckers durch das aus der Zelle isolierbare Enzym Zymase bewirkt wird (zellfreie Gärung); erhielt 1907 den Nobelpreis für Chemie.

**Buck** [bʌk], Linda, amerikanische Immunologin und Mikrobiologin, * Seattle (Washington) 29. 1. 1947; arbeitete am Howard Hughes Medical Institute der Columbia University (New York) und am Harvard Medical College in Boston (Massachusetts); seit 2002 ist sie am Fred Hutchinson Cancer Research Center in Seattle tätig. Buck ist durch Forschungsarbeiten maßgeblich an der Aufklärung des Geruchssinns beteiligt; sie entdeckte mit R. Axel eine Erbgutfamilie aus etwa 1 000 Genen, die dafür verantwortlich sind, dass der Mensch etwa 10 000 unterschiedliche Gerüche erkennt und erinnert. Buck erhielt 2004 mit Axel für Arbeiten über Geruchsrezeptoren und den Geruchssinn den Nobelpreis für Physiologie oder Medizin.

**Büffel** [lateinisch-griechisch], zwei Gattungen der Wildrinder in Asien und Afrika mit kräftigen, an der Basis breiten Hörnern, die bei beiden Geschlechtern vorkommen; Schulterhöhe 60–180 cm, Gewicht 150–1 200 kg. Weitere Kennzeichen sind erhöhter Widerrist, Muskelkamm auf dem Vorderrücken, Schwanz mit Endquaste, spärliche Behaarung. Man unterscheidet heute die **asiatischen Büffel** (Bubalus) mit dem **Anoa** (**Gämsbüffel**, Bubalus depressicornis) und dem **Wasserbüffel** (**Arni**, Bubalus arnee) und die **afrikanischen Büffel** (Syncerus) mit dem **Kaffernbüffel** (Syncerus caffer). Das Anoa, das kleinste lebende Wildrind, lebt in den Sumpfwäldern von Celebes. Der Wasserbüffel ist ein massiges Wildrind, das in Indien und Indonesien zum Hausbüffel domestiziert wurde, einem der wichtigsten Haustiere in den Tropen. Der Kaffernbüffel wird in drei Unterarten gegliedert: **Schwarzbüffel** (in Ost- und Südafrika), **Grasbüffel** oder **Sudanbüffel** (in Westafrika bis Äthiopien) und **Rotbüffel** oder **Waldbüffel** (in West- und Zentralafrika).

**Bulbillen** [lateinisch], die pflanzlichen →Brutknospen.

**Bulbus** [lateinisch »Zwiebel«] *der, Botanik:* →Zwiebel.

**BUND,** Abkürzung für →**B**und für **U**mwelt und **N**aturschutz **D**eutschland e. V.

**Bündelfunk,** zellular aufgebauter Mobilfunk für Kommunikationsverbindungen innerhalb definierter Wirtschaftsräume (Ballungsgebiete); günstig für Vieltelefonierer im regionalen Bereich. Den Bündelfunkteilnehmern wird vom Netzbetreiber ein Frequenzbündel zur Verfügung gestellt. Die Zuteilung eines Kanals erfolgt erst, wenn der Nutzer einen Verbindungswunsch signalisiert.

**Bündelleiter,** eine besondere Anordnung elektrischer Leiter zur Energieübertragung mit hohen Spannungen von mehr als 100 kV. Zur Herabsetzung der Feldstärke und damit der Koronaverluste wird der Leiter jeder Phase in mehrere parallel laufende Teilleiter aufgeteilt.

**Bund für Umwelt und Naturschutz Deutschland e. V.,** Abkürzung **BUND,** 1975 gegründete, unabhängige private Umweltschutzorganisation, Bundesgeschäftsstelle: Bonn. Der BUND ist als Naturschutzverband staatlich anerkannt und hat (2002) rund 393 000 Mitglieder; setzt sich u. a. für den Ausbau regenerativer Energien, für den Schutz des Waldes, für Müllvermeidung und gesunde Lebensmittel ein.

Robert Bunsen

**Bunsen,** Robert, deutscher Chemiker, * Göttingen 30. 3. 1811, † Heidelberg 16. 8. 1899; Professor in Marburg (1839–50), Breslau und Heidelberg (1852–89); begründete die Jodometrie (→Oxidimetrie), die Gasanalyse sowie die physikalische Chemie in Deutschland, erfand das galvanische Bunsenelement und stellte damit erstmalig größere Mengen Aluminium und Magnesium her. Weiterhin erfand er den →Bunsenbrenner, das Eiskalorimeter, ein Dampfkalorimeter, die Wasserstrahlpumpe und das Bunsenventil. 1859 entwickelte er mit Gustav Kirchhoff die →Spektralanalyse, mit deren Hilfe sie die Elemente Cäsium und Rubidium entdeckten.

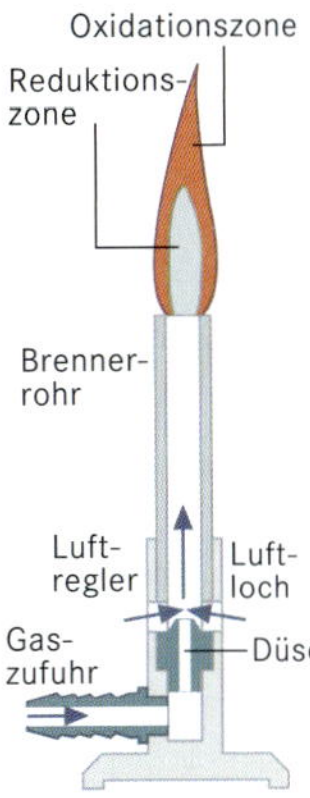


Bunsenbrenner

**Bunsenbrenner,** ein Laboratoriums-Gasbrenner, von Robert Bunsen 1855 entwickelt; besteht aus einem kurzen Rohrstück, in dem das Gas emporströmt und dabei durch regulierbare Öffnungen die Verbrennungsluft ansaugt. Im bläulichen Innenkegel (Reduktionszone) beträgt die Temperatur 300 °C, im äußeren Flammenkegel (Oxidationszone) bis zu 1 500 °C.

**Buntbarsche, Cichlidae,** artenreichste Familie (über 600 Arten) der Barschfische, die besonders in den Gewässern der tropischen und subtropischen Gebiete Südamerikas, Afrikas und Kleinasiens vorkommen. Die Buntbarsche sind bis 80 cm große Süßwasserfische, die zum Teil Brutpflege betreiben; die afrikanischen Tilapia-Arten sind →Maulbrüter. Viele der kleineren Buntbarsche sind beliebte Aquarienfische, z. B. der Zwergbuntbarsch, der Schmetterlingsbuntbarsch und der Pfauenaugenbuntbarsch.

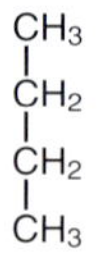

n-Butan

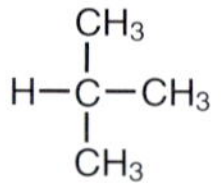

Isobutan

**Butane**

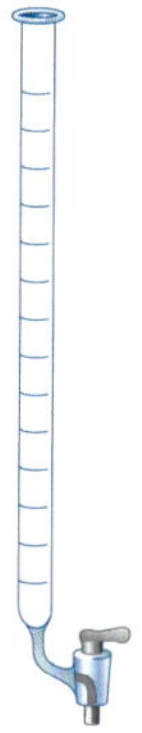

**Bürette**

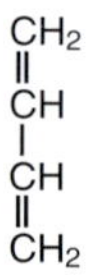

**Butadien**

**Buntmetalle,** Nichteisenmetalle wie Kupfer, Blei, Zinn und ihre Legierungen; abgeleitet von der Farbe der Erze.

**Bürette** [französisch] *die, Chemie:* geeichte Glasröhre mit Skala und eingeschliffenem Hahn zur quantitativen Bestimmung kleiner Flüssigkeitsvolumina v. a. in der Maßanalyse.

**Burnet** ['bəːnɪt], Sir (seit 1951) Frank MacFarlane, australischer Mediziner, * Traralgon (Victoria) 3. 9. 1899, † Melbourne 31. 8. 1985; war 1944–65 Professor in Melbourne; gab neue Einblicke in die Abwehrreaktionen eines Lebewesens gegen die Einpflanzung körperfremden Gewebes; erhielt dafür 1960 mit P. B. Medawar den Nobelpreis für Physiologie oder Medizin.

**Burn-in** [bəːn'ɪn, englisch] *der,* Maßnahme zur Steigerung der Zuverlässigkeit von technischen Erzeugnissen, bei der durch **künstliche Alterung** die Anzahl der Frühausfälle im Betrieb verringert wird. Dazu werden die Bauelemente oder Geräte mit Nennbelastung über einen gewissen Zeitraum betrieben, getestet und danach ihrer Anwendung zugeführt.

**Bürste,** *Elektrotechnik:* Presskörper aus amorpher Kohle, Graphit oder Metall (ursprünglich z. B. Kupferdrahtbündel), der als federnd geführter Schleifkontakt den Stromübergang zu einem bewegten Maschinenteil vermittelt.

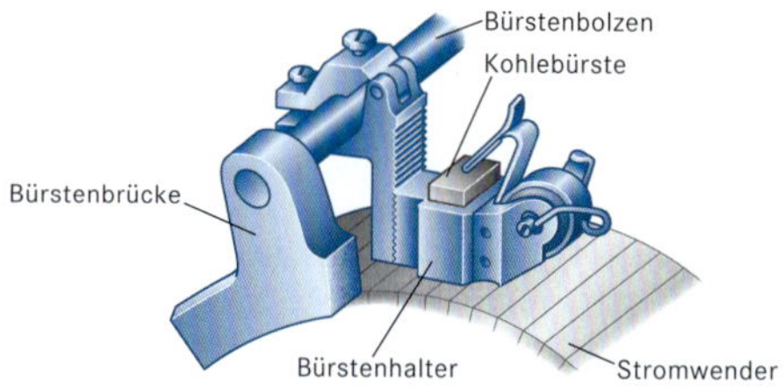


**Bürste.** Anordnung an einer elektrischen Maschine

**Büschel|entladung,** selbstständige →Gasentladung an Spitzen (Spitzenentladung) oder Kanten Hochspannung führender Teile in Form von fadenförmigen Entladungskanälen (Büscheln). Auf Büschelentladungen beruht z. B. das →Elmsfeuer.

**Bussarde** [französisch], **Buteo,** fast weltweit verbreitete Gattung der Greifvögel mit 23 Arten; breite Flügel, bis 70 cm lang; gute Segler; ernähren sich von Kleinsäugern. Der **Mäusebussard** (Buteo buteo), Größe 51–56 cm, ist neben dem Turmfalken einer der häufigsten Greifvögel in Deutschland.

**Butadien** *das,* **1,3-Butadien,** sehr reaktionsfähiger, ungesättigter Kohlenwasserstoff mit zwei konjugierten Doppelbindungen; mehr als 90 % der Produktion wird zu Synthesekautschuk verarbeitet.

**Butane,** Alkane, die als Flüssiggase bei der Erdöldestillation anfallen und in den zwei strukturisomeren Formen **n-Butane** und **Isobutane** auftreten; verwendet zur Herstellung von Butadien, als Zusatz zu Kraftstoffen, als Brenngas u. a., n-Butane auch als Treibgas in Sprays.

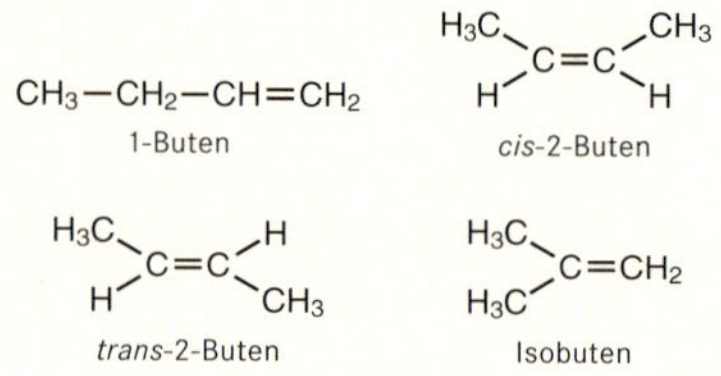


**Butene**

**Butenandt,** Adolf, deutscher Biochemiker, * Lehe (heute zu Bremerhaven) 24. 3. 1903, † München 18. 1. 1995; Professor, 1936–72 Direktor des Kaiser-Wilhelm- beziehungsweise (seit 1948) Max-Planck-Instituts für Biochemie, 1960–72 Präsident der Max-Planck-Gesellschaft; erhielt 1939 für die Isolierung und Konstitutionsermittlung der Geschlechtshormone den Nobelpreis für Chemie (überreicht 1949).

**Butene, Butylene,** gasförmige ungesättigte Kohlenwasserstoffe (Alkene), Summenformel $C_4H_8$. Sie treten in der Regel als Gemisch der drei Isomeren **1-Butene, 2-Butene** und **Isobutene** auf. Butene fallen beim →Steamcracken an und werden zu klopffesten Kraftstoffzusätzen und Polymerbenzin, Butylkautschuk und Butanolen verarbeitet.

**Butyrate,** die Salze und Ester der Buttersäure.

**Bypass,** *Technik:* Umgehungsleitung, z. B. an Maschinen, verfahrenstechnischen Anlagen, in der Fluide abgezweigt, vorbei- oder zurückgeführt werden, um den Volumenstrom oder die Leistung unterschiedlichen Bedingungen anzupassen, z. B. beim **Bypasstriebwerk** (→Strahltriebwerk).

**Byte** [baɪt, englisch] *das, Informatik:* zusammengehörige Folge von acht Bits zur Darstellung je eines Zeichens (Buchstabe, Ziffer, Sonderzeichen), meist ist ein neuntes Bit als Prüfbit angehängt. Ein Byte ermöglicht die Verschlüsselung von $2^8 = 256$ verschiedenen Zeichen. Bei rein numerischer Datenverarbeitung kann ein Byte auch (aufgeteilt in zwei Tetraden) für zwei Dezimalziffern verwendet werden. Das Byte ist die kleinste im Speicher eines Computers adressierbare Informationseinheit. Als Maß für die Speicherkapazität dienen z. B. **Kilobyte** (1 KB = $2^{10}$ Byte = 1 024 Byte), **Megabyte** (1 MB = $2^{20}$ Byte = 1 048 576 Byte) und **Gigabyte** (1 GB = $2^{30}$ Byte = 1 073 741 824 Byte).

**c, C, 1)** *Chemie:* C, Symbol für →Kohlenstoff.

**2)** *Einheitenzeichen:* **C** für →Coulomb; **°C** für →Grad Celsius.

**3)** *Formelzeichen:* *C* für elektrische →Kapazität, →Wärmekapazität; *c* für Stoffmengenkonzentration (→Konzentration), →Lichtgeschwindigkeit.

**4)** *Vorsatzzeichen:* **c** für →Zenti.

**C 14, $^{14}C$,** radioaktives Kohlenstoffatom der Massenzahl 14.

**C 60, $C_{60}$, C 70, $C_{70}$,** *Chemie:* Modifikationen des Kohlenstoffs; →Fullerene.

**Ca,** chemisches Symbol für →Calcium.

**CAD** [kæd, Abkürzung für englisch **c**omputer-**a**ided **d**esign, »rechnergestützter Entwurf«], Entwurf und Konstruktion (auch Optimierung) technischer Produkte mithilfe geeigneter Computer und Programme, wird v. a. bei der Entwicklung hochintegrierter Schaltkreise angewendet.

**Cạdmium** [von lateinisch cadmia »Zinkerz«], **Kadmium,** chemisches Symbol **Cd,** metallisches Element aus der 2. Nebengruppe des Periodensystems, Ordnungszahl 48, relative Atommasse 112,41, Dichte (bei 20 °C) 8,65 g/cm³, Schmelzpunkt 322 °C, Siedepunkt 767 °C.

Das glänzend weiße, geschmeidige Cadmium oxidiert an der Luft rasch; es dient u. a. als Elektrodenstoff, als Überzug, besonders auf Stahl, Korrosionsschutz (kadmieren, verkadmen), zum Absorbieren langsamer Neutronen in Kernreaktoren sowie zur Herstellung von leicht schmelzenden Cadmiumlegierungen.

Natürlich kommt Cadmium als Begleiter der Zinkblende als **Cadmiumsulfid,** CdS, und **Cadmiumcarbonat,** $CdCO_3$, vor. Infolge extrem langsamer Ausscheidung von Cadmium aus dem Körper kann es bei erhöhter Zufuhr zu chronischer Cadmiumvergiftung kommen (Itai-Itai-Krankheit).

■ **Verbindungen** **Cadmiumoxid,** CdO, braunes Pulver; u. a. für Leuchtstoffe, Halbleiter, Batterien (NiCd- und AgCd-Akkus). **Cadmiumsulfat,** $CdSO_4$, entsteht durch Lösen von Cadmium in Schwefelsäure; mildes, antiseptisches Mittel, Reagenz und Elektrolyt. **Cadmiumsulfid,** CdS, aus Cadmiumsalzlösungen als gelber Niederschlag **(Cadmiumgelb)** gefällt, eine Malerfarbe. **Cadmiumbromid,** $CdBr_2 \cdot 4\,H_2O$, und **Cadmiumjodid,** $CdJ_2$, werden in der Fotografie verwendet. **Cadmiumchlorid,** $CdCl_2$, im Druckwesen, in der Galvanotechnik und für Cadmiumpigmente.

**CAE** [Abkürzung für englisch **c**omputer-**a**ided **e**ngineering], rechnergestützte Ingenieurtätigkeit, umfasst die Bereiche →CAD, →CAM und →CAP.

**CAES** [Abkürzung für **C**ompressed **A**ir **E**nergy **S**torage, deutsch Druckluft-Energiespeicherung], Methode der Energiespeicherung, die prinzipiell auf dem Gasturbinenkraftwerk basiert; dabei wird die in komprimierter Luft steckende Energie genutzt. Wenn das Kraftwerk nicht ausgelastet ist, wird Druckluft in einer unterirdischen Kaverne gespeichert, um in Spitzenlastzeiten zur Verfügung zu stehen. Weltweit werden bislang zwei CAES-Elektrizitätswerke betrieben, eines davon in Huntorf.

**Caesium,** fachsprachliche Schreibweise für →Cäsium.

**cal,** Einheitenzeichen für →Kalorie.

**Calciferọl** *das,* Vitamin D (→Vitamine).

**Calcinieren, Kalzinieren,** das Erhitzen von festen Stoffen (Brennen), wodurch Kristallwasser, Kohlendioxid (aus Carbonaten) oder andere flüchtige Bestandteile ausgetrieben werden.

**Cạlcium** [zu lateinisch calx, calcis »Kalkstein«, »Kalk«] *das,* **Kalzium,** chemisches Symbol **Ca,** Element aus der 2. Hauptgruppe des Periodensystems (Erdalkalimetall), Ordnungszahl 20, relative Atommasse 40,08, Dichte (bei 20 °C) 1,55 g/cm³, Schmelzpunkt 842 °C, Siedepunkt 1 484 °C; fünfthäufigstes Element der Erdkruste (Anteil 3,63 %).

Calcium ist ein silberweiß glänzendes, sehr weiches Leichtmetall, das sehr reaktionsfreudig ist. Es wird heute meist durch thermische Reduktion von Kalk mit Aluminium gewonnen. Wichtige Minerale: Kalkspat, Dolomit, Gips. Calcium dient im Körper des Menschen besonders dem Aufbau der Knochen und Zähne (der Calciumbestand beträgt etwa 1,5 % der Körpermasse), es ist an der Erregung von Nerven und Muskeln, der Blutgerinnung und der Muskelkontraktion beteiligt. Hormone (Calcitonin, Parathormon) und Vitamin D regulieren den Calciumstoffwechsel.

■ **Verbindungen** **Calciumhydrid,** $CaH_2$, eine weiße, salzartige Masse, dient der Wasserstofferzeugung im Labor und als Reduktionsmittel. **Calciumoxid,** CaO, gebrannter Kalk. **Calciumhydroxid,** $Ca(OH)_2$, gelöschter Kalk. **Calciumchlorid,** $CaCl_2$, hygroskopisches Salz, dient z. B. zum Trocknen von Gasen oder organischen Flüssigkeiten und für Kältemischungen. **Calciumfluorid,** $CaF_2$, Flussspat. **Calciumcarbonat,** früher **kohlensaurer Kalk,** $CaCO_3$, →Kalk. In kohlensäurehaltigem Wasser löst sich Calciumcarbonat zu **Calciumhydrogencarbonat,** $Ca(HCO_3)_2$, auf, einem Bestandteil der meisten Gewässer und Ursache der temporären →Wasserhärte. Calciumcarbonat bildet beim Verdunsten des Wassers Kessel- und Tropfstein. **Calciumnitrat,** $Ca(NO_3)_2$, zerfließendes weißes Salz; basisches Calciumnitrat ist der Norgesalpeter (→Kalkstickstoff). **Calciumphosphate,** in der Natur z. B. als Apatit und Phosphorit, sind die Calciumsalze der Meta-, Ortho- und Pyrophosphorsäure; Bestandteil der Knochen und Zähne, verwendet als Düngemittel. **Calciumsulfat,** $CaSO_4$, **Gips,** entsteht als Abfallprodukt u. a.

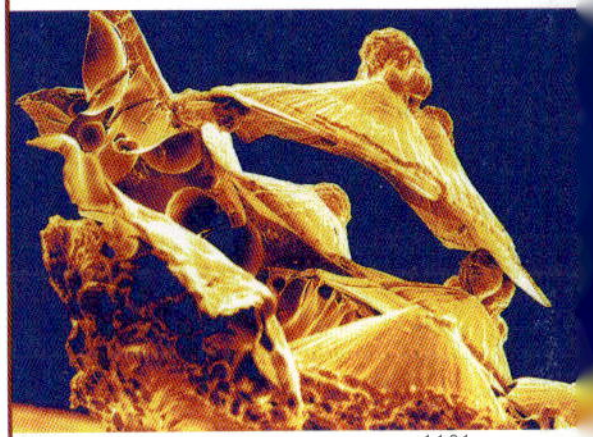

1131

**Calcium.** Elektronenmikroskopische Aufnahme von Calciumcarbonat

bei der →Rauchgasentschwefelung. **Schwefelkalkbrühe**, eine wässrige Lösung von Calciumpolysulfiden; dient zur Schädlingsbekämpfung. **Calciumsilikate** sind Bestandteile natürlicher Minerale. **Calciumhypochlorit**, $Ca(OCl)_2$, ist Hauptbestandteil des Chlorkalks, $CaCl(OCl)$, der als Bleich- und Desinfektionsmittel verwendet wird.

**Calciumcarbid** [lateinisch] (kurz **Carbid**), $CaC_2$, durch Erhitzen von Kalk und Koks im elektrischen Ofen hergestellte technisch wichtige Verbindung; dient zur Herstellung von →Acetylen und als Reduktionsmittel in der Metallurgie.

**Calendula**, die Pflanzengattung →Ringelblume.

**Californium** [neulateinisch, nach Kalifornien] *das*, chemisches Symbol **Cf**, künstliches radioaktives Actinoid aus der Gruppe der Transurane, Ordnungszahl 98, Isotope 239–255 mit Halbwertszeiten von circa 1 min bis 900 Jahre; es gibt drei Modifikationen, eine mit hexagonaler, zwei mit kubischer Kristallstruktur, mit einer Dichte von 15,1, 13,7 beziehungsweise 8,7 g/cm³, Schmelzpunkt bei etwa 900 °C. $^{252}Cf$ wird als starke Neutronenquelle und in der Nuklearmedizin verwendet.

**Call-by-Call** ['kɔ:l baɪ 'kɔ:l, englisch »Anruf-für-Anruf«] *das*, Wahlverfahren bei Einzelferngesprächen, über einen bestimmten (kostengünstigen) Telefonanbieter zu telefonieren. Dabei muss vor dem Eingeben der eigentlichen Telefonnummer die Verbindungskennziffer (englisch Prefix) des Anbieters vorgewählt werden. Muss sich der Nutzer vertraglich an einen Anbieter binden, um dann seine Gespräche über den in der Vermittlungsstelle voreingestellten Prefix des Anbieters zu führen, spricht man von **Preselection.**

**Callingcard** [kɔ:lɪŋ'kɑ:d, englisch] *die*, Telefonkarte zum internationalen bargeldlosen Telefonieren. Dabei wählt man kostenlos die Rufnummer des Providers (Anbieters), gibt eine Identifikations- und die Kartennummer ein und kann nach Erhalt der Freileitung das Gespräch führen. Die Abrechnung erfolgt im Unterschied zur **Prepaidcard** (Guthabenkarte) zeitversetzt in heimischer Währung.

**Calvin** ['kælvɪn], Melvin, amerikanischer Chemiker, * Saint Paul (Minnesota) 8. 4. 1911, † Berkeley (Kalifornien) 8. 1. 1997; arbeitete über die Katalyse von Koordinationsverbindungen und über die →Fotosynthese. Mit Kohlenstoffisotopen als Tracer (→Radiochemie) klärte er den Mechanismus der pflanzlichen Kohlendioxidassimilation auf **(Calvin-Zyklus)** und erhielt dafür 1961 den Nobelpreis für Chemie.

**CAM** [kæm, Abkürzung für englisch **c**omputer-aided **m**anufacturing, »rechnergestützte Fertigung«], computergestützte Steuerung und Überwachung von Produktionsabläufen, z. B. mit numerisch gesteuerten Werkzeugmaschinen.

**Camcorder** ['kæmkɔ:də; gekürzt aus englisch camera und recorder] *der*, eine →Videokamera mit integriertem Videorekorder.

**Camera obscura** [lateinisch »dunkle Kammer«] *die*, **Lochkamera**, kastenförmige Kamera mit feinem Loch anstelle des Objektivs. Auf der transparenten Rückwand der Camera obscura wird ein umgekehrtes, seitenvertauschtes Bild sichtbar.

**CAM-Pflanzen** [Abkürzung für englisch **c**rassulacean **a**cid **m**etabolism], Pflanzen der Dickblattgewächse (Familie Crassulaceae) mit einem diurnalen Säurestoffwechsel, die nachts Kohlendioxid ($CO_2$) besonders an Apfelsäure binden und in der Zellvakuole speichern. Am Tag wird das $CO_2$ für die Fotosynthese wieder abgespalten. So können die Pflanzen die Spaltöffnungen tagsüber geschlossen halten und ihren Wasserverlust einschränken.

**Candela** [lateinisch »Kerze«] *die*, Einheitenzeichen **cd**, SI-Einheit der →Lichtstärke; die Candela ist die Lichtstärke einer Strahlungsquelle, die monochromatische Strahlung der Frequenz $540 \cdot 10^{12}$ Hertz in eine bestimmte Richtung aussendet, in der die Strahlstärke $^1/_{683}$ Watt pro →Steradiant beträgt. Die Frequenz entspricht in Luft einer Wellenlänge von 555 nm (grün), bei der das Auge die höchste Empfindlichkeit hat.

**Candida** [lateinisch] *die*, Gattung der Hefepilze; einige Arten leben auf Haut und Schleimhäuten, zum Teil als Krankheitserreger (Soor); **Candida utilis** bildet Futterhefe.

**Cannizzaro**, Stanislao, italienischer Chemiker, * Palermo 13. 7. 1826, † Rom 10. 5. 1910; fand die Cannizzaroreaktion (→Disproportionierung), setzte die avogadroschen Gesetze in der Chemie durch und klärte die Begriffe Atom und Molekül.

**CAP** [kæp, Abkürzung für englisch **c**omputer-**a**ided **p**lanning], rechnergestützte Arbeitsplanung bei der Konstruktion und Fertigung von technischen Produkten.

**Capsid** [lateinisch] *das*, Proteinhülle um den Nukleinsäurekern eines infektiösen Virusteilchens (Virion); besteht aus Proteinuntereinheiten **(Capsomeren)**, deren Zahl einige Virusarten kennzeichnet.

**Carb|amid** *das*, →Harnstoff.

**Carb|anionen, Carbeniationen**, dreibindige organische Anionen mit einsamem Elektronenpaar am C-Atom; hochreaktive Zwischenstufen bei chemischen Reaktionen.

**Carbene**, hochreaktive Zwischenstufen mit einem freien Elektronenpaar ($R–\ddot{C}–R$) in Zersetzungs- und Eliminierungsreaktionen der organischen Chemie.

**Carbide**, binäre Verbindungen von Elementen mit Kohlenstoff. Die **salzartigen Carbide**, Metallverbindungen des Acetylens, sind instabil und hochexplosiv; das Calciumcarbid, $CaCl_2$, wird auch kurz Carbid genannt. Als **kovalente Carbide** gelten nur Borcarbid ($B_4C$)

und Siliciumcarbid (SiC). Sie sind hart, schwer schmelzbar und chemisch beständig; sie werden als Schleif- und Poliermittel und als Beschichtung für Bohrer verwendet. Die meisten **metallischen Carbide** sind nichtstöchiometrische Verbindungen von Legierungscharakter; sie sind gegen Säuren beständig, in der Regel härter als die reinen Metallkomponenten und leiten den elektrischen Strom. Technisch wichtig sind z. B. die Carbide von Eisen (Zementit), Chrom und Wolfram.

**Carbonate,** Salze und Ester der →Kohlensäure.

**Carbonathärte,** veraltete Bezeichnung für →Wasserhärte.

**Carbonsäuren,** *Chemie:* organische Säuren mit der **Carboxylgruppe** (–COOH) als funktionalem Element. Je nach deren Anzahl unterscheidet man Monocarbonsäuren, Dicarbonsäuren oder Polycarbonsäuren. Die **aliphatischen Carbonsäuren** (Alkan- und Alkensäuren) heißen auch **Fettsäuren.** Die meisten Carbonsäuren haben Trivialnamen (z. B. Ameisensäure, Essigsäure). Beispiele für **aromatische Carbonsäuren** sind Benzoesäure und Terephthalsäure. Die systematischen Namen werden aus denen der Stammkohlenwasserstoffe und der Endung -carbonsäure gebildet.

Die aliphatischen Monocarbonsäuren mit bis zu 3 C-Atomen sind stechend riechende, wasserlösliche Flüssigkeiten. Mit steigender C-Atom-Zahl sinkt die Wasserlöslichkeit. Carbonsäuren mit 4–9 C-Atomen riechen ranzig. Carbonsäuren mit über 10 C-Atomen sind geruchlose, wachsartige Feststoffe. Aliphatische Dicarbonsäuren und aromatische Carbonsäuren sind ebenfalls fest.

Mit Alkoholen bilden Carbonsäuren →Ester. Carbonsäuren und ihre Derivate sind wichtige Zwischenprodukte zur Herstellung von Kunststoffen und Lösungsmitteln.

**Carbonylgruppe, Ketogruppe, Oxogruppe,** *Chemie:* in Aldehyden, Ketonen, Carbonsäuren und auch in Chinonen auftretende charakteristische Atomgruppe –C(=O)–.

**Carboxylgruppe,** organische Atomgruppe, →Carbonsäuren.

**Carlsson,** Arvid, schwedischer Pharmakologe, *Uppsala 25. 1. 1923; 1959–89 Professor für Pharmakologie an der Universität in Göteborg. Carlsson erhielt 2000 mit P. Greengard und E. Kandel für die Entdeckungen zur Signalübertragung im Nervensystem den Nobelpreis für Physiologie oder Medizin. Er erkannte das Dopamin als Signalsubstanz im Hirn und dessen große Bedeutung für die Kontrolle unserer Bewegungen. In der Folge führten diese Forschungsergebnisse zu einem effektiven Arzneimittel gegen die durch Dopaminmangel verursachte Parkinson-Krankheit.

**Carnot** [kar'no], Nicolas Léonard Sadi, französischer Physiker, *Paris 1. 6. 1796, † ebenda 24. 8. 1832; schuf mit seinen Berechnungen zum Wirkungsgrad der Dampfmaschine die Grundlagen für den 2. Hauptsatz der Thermodynamik, wobei er den →carnotschen Kreisprozess einführte.

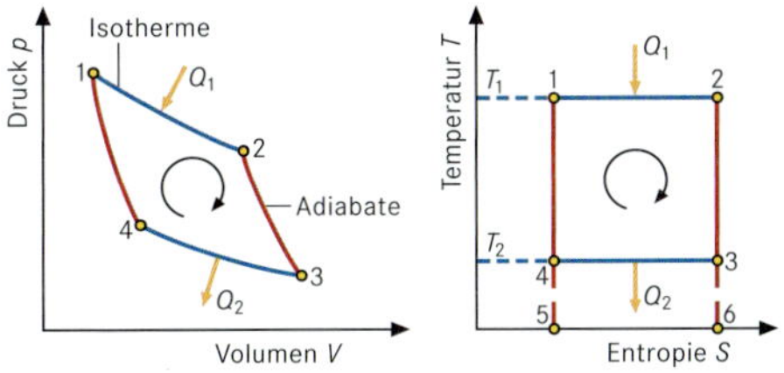


**carnotscher Kreisprozess.** Darstellung der Prozessschritte in einem Druck-Volumen-Diagramm (links) und in einem Temperatur-Entropie-Diagramm (rechts)

**carnotscher Kreisprozess** [kar'no-; nach N. L. S. Carnot], **Carnot-Prozess,** 1824 als Gedankenexperiment entwickelter reversibler →Kreisprozess zwischen zwei Wärmebehältern mit den Temperaturen $T_1$ und $T_2$ ($T_2 < T_1$). Im carnotschen Kreisprozess wird der Zustand eines idealen Gases entlang von Adiabaten beziehungsweise Isothermen (reversibel) geändert; dabei werden Wärmemenge $Q$ und mechanische Arbeit $W$ zu- und abgeführt.

■ **Ablauf** Der carnotsche Kreisprozess besteht aus vier Schritten: 1) isotherme Expansion des Gases bei der Temperatur $T_1$; das Gas entzieht dabei einem Wärmebehälter die Wärmemenge $Q_1$ und verrichtet gleichzeitig die Arbeit $W_1$ an seiner Umgebung; 2) adiabatische Expansion, bei der kein Wärmeaustausch stattfindet; das Gas verrichtet die Arbeit $W_2$ und kühlt sich von $T_1$ auf $T_2$ ab; 3) isotherme Kompression bei der Temperatur $T_2$, wobei am Gas die Arbeit $W_3$ verrichtet wird; gleichzeitig gibt das Gas bei der Temperatur $T_2$ die Wärmemenge $Q_2$ an den kälteren Wärmebehälter ab; 4) adiabatische Kompression, bei der am Gas die Arbeit $W_4$ verrichtet wird; da kein Wärmeaustausch stattfindet, erwärmt sich das Gas von $T_2$ auf $T_1$. Die geleistete Arbeit berechnet sich aus der umschlossenen Fläche im *p-V-* oder *S-T-*Diagramm. Der carnotsche Kreisprozess liefert das theoretische Optimum für den Wirkungsgrad $\eta$ aller periodisch arbeitenden Wärmekraftmaschinen: $\eta = 1 - T_2 / T_1$. Läuft der carnotsche Kreisprozess in umgekehrter Richtung, erhält man den Kreisprozess der idealen Wärmepumpe oder idealen Kältemaschine.

**Carotin** *das,* **Karotin,** aus acht Isopreneinheiten zusammengesetzter, meist gelber bis roter Naturfarbstoff, ein typischer Vertreter der Polyene. Von den drei isomeren Formen ist **β-Carotin** (Provitamin A) am wichtigsten. Carotin kommt angereichert z. B. in Karotten und in Paprika vor, es wird als Lebensmittelfarbstoff verwendet und Vitaminpräparaten zugesetzt. Strukturverwandt mit Carotin sind die **Carotinoide,** zahlreiche Farbstoffe, die in Blüten, Früchten und Blättern sowie auch im Tierreich vorkommen, z. B. Lycopin, Xanthophyll.

**Carrel** [ka'rɛl], Alexis, französischer Chirurg, *Sainte-Foy-lès-Lyon (Département

**Carotin** **Blaue und rote Hummer**

Lebende Hummer erscheinen bläulich-schwarz. Am Meeresboden schützt sie diese Färbung davor, von Fressfeinden entdeckt zu werden. Im Kochtopf färben sie sich dagegen rot. Auslöser der roten Farbe ist das Carotinoid Astaxanthin, das Licht im Blau- und Grünbereich absorbiert und Licht aus dem roten Spektralbereich reflektiert. Beim lebendigen Tier ist Astaxanthin an das Protein β-Crustacyanin gebunden. Dadurch verschiebt sich das Absorptionsspektrum des Astaxanthins, es reflektiert jetzt blaues Licht. Durch Kochen verändert das Protein seine Struktur, d. h., es denaturiert, sodass es das Astaxanthin nicht mehr anlagern kann. Jetzt zeigt sich die rote Farbe des freien Astaxanthins. Bei Fischen ist Astaxanthin weit verbreitet, beim Goldfisch oder Red Snapper erzeugt es z. B. die typisch orangerote Hautfärbung. Beim Lachs und der Forelle färbt Astaxanthin zusätzlich das Muskelfleisch rötlich ein. Fische und Crustaceen wie der Hummer können Carotinoide nicht selbst herstellen, sondern müssen sie wie alle Tiere und auch die Menschen mit der pflanzlichen Nahrung aufnehmen.

Rhône) 28. 6. 1873, † Paris 5. 11. 1944; entwickelte ein Verfahren, Gewebe außerhalb des Körpers in einer Nährflüssigkeit lebend zu erhalten; erhielt 1912 den Nobelpreis für Physiologie oder Medizin.

**Carrier** [ˈkærɪə; englisch »Träger«] *der, Chemie* und *Technik:* chemisch inerter Stoff als Unterlage und/oder Gerüst für Wirkstoffe oder als Überträger z. B. bei der Katalyse. **Carriersubstanzen** sind z. B. Aktivkohle und Tonerde.

**Cartwright** [ˈkɑːtraɪt], Edmund, britischer Erfinder, *Marnham (County Nottinghamshire) 24. 4. 1743, † Hastings 30. 10. 1823; erfand 1785 den ersten mechanischen Webstuhl, ferner u. a. eine Wollkämmmaschine.

**Casein,** →Kasein.

**Cashewnuss** [ˈkæʃu-, englisch kəˈʃuː-; indianisch-portugiesisch], **Kaschunuss, Cachounuss, Acajounuss,** nierenförmige, einsamige Frucht des aus den Tropen Amerikas stammenden Nierenbaumes. Der Samen (enthält 21 % Eiweiß, über 45 % Öl) muss vor dem Verzehr (meist als gerösteter Kern) geschält werden, da die Samenschale giftig ist. Aus dem Gewebe zwischen dem Außenhäutchen des Kerns und der harten Samenschale wird **Cashewnussschalenöl** gewonnen, das als Ausgangsstoff für die Herstellung von Kunstharzen **(Acajouharzen)** dient. Die Cashewnuss sitzt an einem verdickten, saftigen, essbaren Fruchtstiel **(Cashewapfel).**

**Cäsium** [lateinisch »das Blaue«] *das,* fachsprachlich **Caesium,** chemisches Symbol **Cs,** metallisches Element aus der 1. Gruppe des Periodensystems, Ordnungszahl 55, relative Atommasse 132,9054, Dichte (bei 20 °C) 1,873 g/cm³, Schmelzpunkt 28,5 °C, Siedepunkt 671 °C.

Das goldgelb schimmernde, sehr weiche Alkalimetall ist gegen Luft und Wasser unbeständig und kommt nur in Verbindungen vor; wichtigstes Cäsiummineral ist **Pollucit,** $Cs[AlSiO_6] \cdot {}^1/_2 H_2O$. Das Isotop $^{137}Cs$ ist eines der gefährlichsten Radionuklide (→Tschernobyl). Verwendung findet Cäsium z. B. für Fotozellen, Atomuhren und in der Nuklearmedizin.

**Cäsium|uhr, Cäsiumatom[strahl]uhr,** die im Langzeitbetrieb derzeit genaueste und deshalb als Frequenznormal zur Definition der SI-Einheit →Sekunde verwendete →Atomuhr. Cäsiumuhren werden in der Navigation, Geodäsie, Raumfahrt, Telekommunikation und in den Zeitinstituten, wie der Physikalisch-Technischen Bundesanstalt (PTB), eingesetzt. Die besten Cäsiumuhren realisieren die SI-Sekunde mit einer Unsicherheit von wenigen $10^{-15}$ s.

**Cassiopeium** *das,* Symbol **Cp,** frühere Bezeichnung für →Lutetium.

**Castor**® [Abkürzung für englisch **c**ask for **s**torage and **t**ransport **o**f **r**adioactive material »Behälter für Lagerung und Transport radioaktiven Materials«], *Kerntechnik:* Spezialbehälter für den Transport hochradioaktiver Abfälle oder bestrahlter Brennelemente sowie deren Zwischenlagerung in einem Trockenlager. Castor-Behälter müssen so ausgelegt sein, dass auch bei schweren Störfällen der Eintritt einer nuklearen Kettenreaktion innerhalb des Behälters oder eine Strahlungsfreisetzung nach außen ausgeschlossen ist. Sie werden zumeist aus Gusseisenlegierungen (z. B. GGG40) gefertigt, mit Nickel als Korrosionsschutz innen beschichtet, mit einem Neutronenabsorber (Kunststoffstäbe), einem Doppeldeckel sowie Wärmeabfuhreinrichtungen (Kühlrippen) versehen. Für den Transport bedarf es einer verkehrsrechtlichen und zur Zwischenlagerung einer atomrechtlichen Genehmigung durch das Bundesamt für Strahlenschutz.

**Catenane,** Verbindungen aus zwei oder mehreren ineinander greifenden Ringmolekülen.

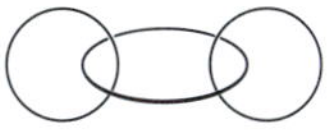

**Catenane**

**Cavendish,** Henry, britischer Chemiker und Privatgelehrter, *Nizza 10. 10. 1731, †London 24. 2. 1810; entdeckte 1766 den Wasserstoff und die Knallgasreaktion, erkannte die Zusammensetzung von Luft und Wasser, bestimmte mit der **Cavendish-Drehwaage** die Gravitationskonstante und die mittlere Dichte der Erde, untersuchte elektrische Erscheinungen.

**CB-Funk** [CB, Abkürzung für englisch **ci**tizen **b**and »Bürgerwelle«], **Jedermann-Funk,** Sprechfunk mit Sende- und Empfangsgeräten, der mit einer vorgeschriebenen Leistung von maximal 4 W und entsprechend geringer Reichweite (10–15 km) im Frequenzbereich von 26,960–27,410 MHz auf 40 Kanälen arbeitet, in Deutschland zusätzlich im Bereich 26,565–26,955 MHz (Kanäle 41–80). Der Betrieb von CB-Funkanlagen ist jedermann (im Unterschied zu Amateurfunkanlagen) ohne Ablegung einer Prüfung gestattet.

**CCD** [Abkürzung für englisch **c**harge-**c**oupled **d**evice, »ladungsgekoppeltes Bauelement«], **Ladungsverschiebeelement,** integrierter Schaltkreis aus Silicium zur Verarbeitung elektrischer und optischer Signale, bei dem die Informationen in Form von elektrischen Ladungen gespeichert und weitergeleitet werden. Aufgrund ihrer einfachen Schieberegisterorganisation sind CCD-Schaltungen als elektrisch steuerbare Verzögerungsglieder sowie zum Aufbau sehr kompakter Halbleiterspeicher **(CCD-Speicher)** geeignet. Spezielle CCDs, bei denen eine Hälfte der Elemente ein auf die Oberfläche fokussiertes Bild punktweise in intensitätsabhängige Ladungsmengen umsetzt, während die andere Hälfte zum

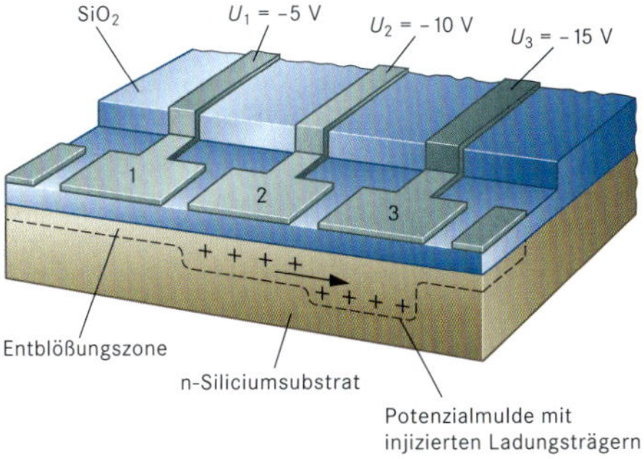


**CCD.** Ausschnitt aus einem im Dreiphasentakt arbeitenden CCD-Element (1, 2 und 3 Gate-Elektroden; $U_1$, $U_2$ und $U_3$ Taktspannungen); dargestellt ist die beim Schalten von 2 nach 3 erfolgende Ladungsverschiebung.

787

**Castor.** Der Spezialbehälter dient zum Transport radioaktiver Abfälle.

Speichern und Auslesen der Information dient, werden als Strahlungsempfänger für sichtbare und infrarote Strahlung sowie als **CCD-Bildsensoren,** z. B. für die Bildaufnahme bei Scannern, →Digitalkameras und →Videokameras, eingesetzt. CCD-Speicher haben Zugriffszeiten zwischen 50 und 100 µs; die Speicherkapazität eines Chips erreicht mehrere MBit.

**cd,** Einheitenzeichen für →Candela.

**Cd,** chemisches Symbol für →Cadmium.

**CD,** englisch **c**ompact **d**isc, digitale, optisch lesbare Speicherplatte in Form einer metallisierten Kunststoffscheibe. Allgemein verbindet man mit dem Begriff CD ihre Verwendung als Tonträger (**Audio-CD,** 1982 von den Firmen Philips und Sony entwickelt). Anstelle der herkömmlichen Rille einer Schallplatte hat die CD spiralförmig angeordnete winzige Vertiefungen (Pits), die die digitalisierten Tonsignale enthalten. Diese werden von einem feinen Laserstrahl abgetastet und von der Elektronik des Abspielgeräts wieder in analoge Musiksignale umgesetzt. Vorteile sind geringe Abmessung (12 cm Durchmesser), Verschleißfreiheit, längere Spieldauer, gezielter Zugriff, bessere Tonqualität.

In der Computertechnik wird die CD als externes Speichermedium für Programme, Daten sowie multimediale Anwendungen eingesetzt. Dabei finden einerseits fertige, durch den Hersteller beschriebene CDs (z. B. für Programme oder Betriebssysteme) Anwendung (→CD-ROM), andererseits lassen sich durch den Nutzer CDs mit den verschiedensten Inhalten (auch Audio-CDs) herstellen. Letztere unterscheiden sich dadurch, ob die CD nur einmal (**CD-R,** englisch compact disc-recordable) oder mehrfach (**CD-RW,** englisch compact disc-rewritable) beschrieben werden kann. Im Multimediabereich gibt es spezielle Entwicklungen, wie die **CD-I** (Abkürzung für CD-Interaktiv), die Ton und Bild mit Softwareanwendungen verknüpft. Alle CD-Arten werden zunehmend durch die →DVD des entsprechenden Typs verdrängt.

**CD-Brenner, CD-Rekorder,** englisch **CD-Writer,** Gerät zum Beschreiben von CD-Roh-

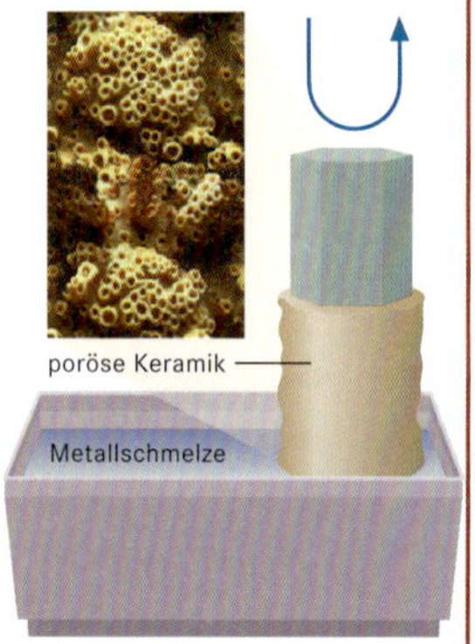


**Cermets.**
Cermets werden hergestellt, indem poröse Keramikkörper in eine Metallschmelze getaucht werden, wo sie sich wie ein Schwamm mit dem flüssigen Metall vollsaugen.

lingen mit Computer- oder Audiodaten, sodass sich entsprechende CDs herstellen beziehungsweise kopieren lassen. Mit den am Markt angebotenen Geräten können die einmal beschreibbare **CD-R** und die wieder beschreibbare **CD-RW** (→CD) »gebrannt« werden.

Bei der CD-R ist auf dem Plastikträger eine fotoempfindliche Farbstoffschicht aufgebracht, in die von einem Laser die Bitmuster gebrannt werden. Diese entsprechen den gepressten Pits einer CD-ROM. Die Daten werden in einer kontinuierlichen Spirale von innen nach außen aufgezeichnet. Bei einer CD-RW besteht die informationstragende Schicht aus einer Metalllegierung, auf die die Bitmuster mittels Laser in dualer Phasenwechseltechnik ebenfalls in einer Spirale aufgezeichnet werden. Bestimmte Stoffe können sich bei Normaltemperatur in zwei optisch unterschiedlichen Zuständen befinden. Je nachdem, wie hoch die aus einem solchen Stoff (hier: Legierung aus Silber, Indium, Antimon und Tellurium) bestehende Speicherschicht der Platte erhitzt oder gekühlt wird, nimmt sie einen reflektierenden oder weniger reflektierenden Zustand an. Der Phasenwechsel wird durch zwei verschiedene Laserstärken bewirkt.

CD-Brenner können gleichzeitig als Lesegeräte für entsprechend hergestellte CDs beziehungsweise CD-ROMs dienen. **DVD-Brenner** für die Herstellung von DVD-R basieren auf der CD-R-, für die Herstellung von DVD-RW und DVD+RW auf der CD-RW-Technologie.

**CD-ROM** [Abkürzung für englisch **c**ompact **d**isc **r**ead **o**nly **m**emory »Nur-Lese-Speicher«], optisches Speichermedium für Computer, das auf dem Funktionsprinzip der Compact Disc (CD) beruht. Der Unterschied zwischen CD-ROM und CD liegt im größeren Informationsgehalt der CD-ROM und dessen codierter Anordnung in Sektoren, die einen schnellen Zugriff auf viele adressierte Datenblöcke ermöglichen. Mittlere Zugriffszeiten liegen bei 350 bis 500 ms. Wegen ihrer hohen Speicherkapazität (zurzeit mehr als 650 Megabyte) wird die CD-ROM v. a. im Multimediabereich eingesetzt. Neben der Wiedergabe von Textinformationen am Bildschirm sind dabei auch die Darstellung bewegter Bilder oder das Abspielen von Tonaufnahmen möglich.

**Ce,** chemisches Symbol für →Cer.

**Cech** [setʃ], Thomas, amerikanischer Biochemiker, *Chicago (Illinois) 8. 12. 1947; seit 1983 Professor an der University of Colorado in Boulder; entdeckte, dass Nukleinsäuren als Biokatalysatoren wirken können, erhielt 1989 mit Sidney Altman den Nobelpreis für Chemie.

**Cellobiose** *die,* geschmackfreier Zucker; aus zwei Glucosemolekülen aufgebautes Disaccharid, ein Baustein der Cellulose.

**Cellulose** [lateinisch] *die,* **Zellulose,** Polysaccharid, als Gerüstsubstanz von Pflanzenzellen in der Natur weit verbreitet; Bruttoformel $(C_6H_{10}O_5)_n$, wobei der Polymerisationsgrad $n$ z. B. bei roher Baumwolle 7 000, bei Tannenholz 2 500 beträgt. Die kettenförmigen Cellulosemoleküle sind aus Glucoseeinheiten aufgebaut. Cellulose quillt in Wasser, ohne sich zu lösen. Durch Säuren werden Cellulosemoleküle zu **Hydrocellulose** und schließlich zu Glucose abgebaut. Mit Alkalien bildet sich **Alkalicellulose.** Durch Lösen mit ammoniakalischer Kupfersalzlösung und anschließende Zugabe von Fällungsmitteln wird so genannte **Regeneratcellulose (Hydratcellulose)** in Form von Fasern oder Folien zurückgewonnen. Cellulose wird v. a. zur Herstellung von Textilien und Papier verwendet. Cellulose ist ein potenzieller Rohstoff und ein Energielieferant. Aus der durch Abbau mit Säuren oder Cellulasen gewonnenen Glucose können z. B. durch Gärung Ethanol, Butanole und Glycerin hergestellt werden.

**Cellulose|ester,** Verbindungen, bei denen die Hydroxylgruppen der Cellulose mit Säuren verestert sind. Besonders wichtig ist der Celluloseester der Essigsäure **(Acetylcellulose, Celluloseacetat, CA),** hergestellt durch Reaktion von Baumwolle oder Zellstoff mit Acetanhydrid. Celluloseester sind weiß, geruch- und geschmacklos. Sie dienen zur Herstellung von Folien, fotografischen Filmen, Chemiefasern, Lacken und Formmassen (→Nitrocellulose).

**Cellulose|ether,** Verbindungen, bei denen die Wasserstoffatome der im Cellulosemolekül vorliegenden Hydroxylgruppen durch Methyl- **(Methylcellulose, MC),** Carboxymethyl- **(Carboxymethylcellulose, CMC)** oder ähnliche Gruppen ersetzt sind. Celluloseether sind weiße, geruch- und geschmacklose Pulver, die zum Verdicken, Suspendieren und Binden von Wasser, in Anstrich-, Kleb- und Baustoffen, Wasch- und Nahrungsmitteln sowie in der Papier-, Textil- und Keramikindustrie verwendet werden.

**Cellulosefasern,** Oberbegriff für aus natürlicher Cellulose bestehende pflanzliche Fasern (Baumwolle, Flachs u. a.) und für aus regenerierter (Viskose und Cupro) oder veresterter Cellulose hergestellte →Chemiefasern.

**Cellulosenitrat, Nitrocellulose,** Salpetersäureester der Cellulose, entsteht durch Nitrieren von Cellulose oder Baumwolllinters. Cellulosenitrat ist eine explosible oder mit heißer Flamme brennbare gelblich-weiße Masse. Niedrig nitrierte Cellulose ergibt **Kollodiumwolle,** höher nitrierte **Schießbaumwolle.**

**Cer** [nach dem Planetoiden Ceres] *das,* **Cerium,** chemisches Symbol **Ce,** metallisches Element aus der Gruppe der Seltenerdmetalle, Ordnungszahl 58, relative Atommasse 140,15, Dichte (6,67 bis 8,23) g/cm³, Schmelzpunkt 799 °C, Siedepunkt 3 424 °C.

Das eisengraue, weiche Cer ist gegen Luft und Wasser sowie gegen die meisten Säuren und Basen unbeständig; es ist (als Cermischmetall) wichtiger Bestandteil technischer Legierungen; Cer(IV)-Verbindungen sind starke Oxidationsmittel. Cer kommt vor in Monazit, Bastnäsit, Cerit und Allanit.

**Cerit|erden,** Gruppenbezeichnung für die Oxide der sechs ersten →Seltenerdmetalle.

**Cerium,** das chemische Element →Cer.

**Cermets** ['sə:məts], Abkürzung für englisch **cer**amics und **met**als, hochtemperaturbeständige, harte Werkstoffe aus keramischen und metallischen Bestandteilen für Werkzeugschneiden, zum Belegen stark temperaturbelasteter Teile von Strahltriebwerken, Turbinenschaufeln u.a. Cermets entstehen durch Gießen oder Sintern oder durch Flammspritzen der pulverförmigen Bestandteile auf metallische Unterlagen.

**CERN** [Abkürzung für französisch **C**onseil **E**uropéen pour la **R**echerche **N**ucléaire], **European Organization for Nuclear Research, Europäische Organisation für Kernforschung,** 1954 gegründete Organisation mit dem Ziel der gemeinsamen kernphysikalischen Grundlagenforschung; Sitz: Genf; 20 europäische Mitgliedsstaaten (2006). CERN betreibt den weltweit größten Verbund an Teilchenbeschleunigern, u.a. das Protonensynchrotron PS (28 GeV) und das Superprotonensynchrotron SPS (450 GeV); zahlreiche Detektoren dienen zum Teilchennachweis. Der mit 27 km Umfang und 8,5 km ⌀ weltweit größte Elektron-Positron-Speicherring **LEP** (Abkürzung für englisch Large Electron Positron Collider), mit dem Elektronen und Positronen auf bis zu je 105 GeV beschleunigt werden konnten, war von 1989 bis November 2000 in Betrieb. Bedeutende wissenschaftliche Erfolge waren u.a. die Entdeckung der →neutralen Ströme der schwachen Wechselwirkung im Neutrinostrahl des PS (1973) und die Entdeckung der intermediären (Vektor-)Bosonen $W^+$, $W^-$, $Z^0$ (1983) bei Experimenten mit Protonen und Antiprotonen im SPS. Am LEP gelang durch Vermessung der Z-Resonanz der Nachweis, dass es nur drei Arten von leichten Neutrinos gibt. Zurzeit wird im LEP-Ringtunnel der europäische Protonenspeicherring **LHC** (Abkürzung für englisch Large Hadron Collider) gebaut, der (voraussichtlich ab 2007) zwei Protonenstrahlen auf eine Energie von je 7 TeV beschleunigen soll. Bei diesen Energien wird u.a. der Nachweis der vermuteten →Higgs-Teilchen erwartet.

**Cetan** [griechisch] *das,* **Hexadecan,** gesättigter Kohlenwasserstoff der Formel $C_{16}H_{34}$. Die **Cetanzahl** ist ein der Oktanzahl analoges Maß für die Zündwilligkeit von Dieselkraftstoffen. Sie ist der Anteil Cetan in Volumen-% in einem Gemisch, das in einem Prüfmotor die gleichen Zündeigenschaften aufweist wie der untersuchte Kraftstoff.

**Cf,** chemisches Symbol für →Californium.

100562

**CERN.** Blick in den Teilchenbeschleuniger LEP am CERN

**CFK,** Abkürzung für **C**arbon**f**aser-**K**unststoff, mit →Kohlenstofffasern verstärkter Kunststoff.

**CGS-System,** System der physikalischen Einheiten, das auf den drei Grundeinheiten der Länge (Centimeter), der Masse (Gramm) und der Zeit (Sekunde) aufgebaut ist.

**Chadwick** ['tʃædwɪk], Sir (seit 1945) James, englischer Physiker, *Manchester 20. 10. 1891, †Cambridge 23. 7. 1974; wies 1932 die Existenz des Neutrons nach, erhielt dafür 1935 den Nobelpreis für Physik.

**Chain** [tʃeɪn], Sir (seit 1969) Ernst Boris, britischer Biochemiker russischer Herkunft, *Berlin 19. 6. 1906, †Castlebar (County Mayo, Irland) 12. 8. 1979; klärte mit H. W. Florey die chemotherapeutische Wirkung und die Struktur des Penicillins auf; erhielt 1945 den Nobelpreis für Physiologie oder Medizin (mit Florey und A. Fleming).

100562

**CFK.** Automatisiertes Legen von CFK-Tapes; aus diesen werden Bauteile für den Airbus A 380 gefertigt.

**Chalkogene** [ç-; griechisch »Erzbildner«], die Elemente der 6. Gruppe des Periodensystems.

**Chamäleons** [k-; griechisch, eigentlich »Erdlöwen«], **Wurmzüngler, Chamaeleonidae,** 25–30 cm lange, baumbewohnende Echsen mit Klammerfüßen und Greifschwanz in Afrika und Asien. Die lange Zunge wird zum Fangen der Beute hervorgeschleudert. Als

**Chamäleons.** Jemen-Chamäleon (Chamaeleo calyptratus)

Nahrung dienen vorwiegend Insekten, bei größeren Arten auch kleine Wirbeltiere. Chamäleons haben ein ausgeprägtes Farbwechselvermögen. Die Färbung wird durch Lichtverhältnisse und Temperatur, aber auch durch Angst, Ärger, Wohlbefinden und Hunger beeinflusst. Einzige in Europa (Südspanien) vorkommende Art ist das **Gewöhnliche Chamäleon** (Chamaeleo chamaeleon).

**Chamäphyten** [griechisch] *Plural,* Pflanzen, deren Erneuerungsknospen in Bodennähe liegen, z. B. Zwergsträucher und Polsterpflanzen.

**Chamberlain** [ˈtʃeɪmbəlɪn], Owen, amerikanischer Physiker, * San Francisco 10. 7. 1920; entdeckte bei Experimenten zur Protonenstreuung das Antiproton; erhielt mit E. Segrè 1959 hierfür den Nobelpreis für Physik.

565

**Owen Chamberlain**

**Chandler-Periode** [ˈtʃɑ:ndlə-], die von dem Amerikaner S. C. Chandler (* 1846, † 1913) entdeckte Periode der →Polhöhenschwankungen (zwischen 412 und 442 Tagen).

**Chaos|theorie** [k-], die Katastrophentheorie und die Theorie dissipativer Strukturen ergänzende mathematisch-physikalische Theorie zur Beschreibung von Systemen, die zwar durch Gesetzmäßigkeiten determiniert sind, bei denen sich aber kleine Änderungen der Anfangsbedingungen exponentiell verstärken **(deterministisches Chaos).** Das Verhalten derartiger Systeme führt zur Ausbildung chaotischer Strukturen und ist langfristig nicht vorhersagbar. Die Chaostheorie ist z. B. bei Strömungsvorgängen, der Wettervorhersage, bei chemischen Reaktionen und in der nichtlinearen Optik anwendbar.

**Charakter|art** [k-], **Kennart,** Pflanzen- oder Tierart, die an eine bestimmte Lebensstätte oder Pflanzengesellschaft gebunden ist.

**Charakteristik** [k-] *die, Physik, Technik:* die →Kennlinie.

**charakteristische Strahlung** [k-], *Physik:* →Röntgenstrahlen.

**Chargaff** [ˈʃɑ:gaf], Erwin, österreichisch-amerikanischer Biochemiker und Schriftsteller, * Tschernowzy 11. 8. 1905, † New York 20. 6. 2002; lehrte 1935–74 an der Columbia University, New York. Seine Aussagen zur quantitativen Basenzusammensetzung der Nukleinsäuren **(Chargaff-Regeln)** waren eine der Voraussetzungen zur Aufstellung des Watson-Crick-Modells der DNA.

**Charge-Transfer-Komplexe** [ˈtʃɑ:dʒ trænsˈfə:-, englisch], **CT-Komplexe,** nicht durch chemische Bindungen bewirkte lockere Zusammenlagerung eines Elektronendonators (elektronenreiches Molekül) und eines Elektronenakzeptors (elektronenarmes Molekül), häufig von intensiver Färbung begleitet. Dabei werden elektrische Ladungen vom Donator- zum Akzeptormolekül übertragen (auch **Elektronen-Donator-Akzeptor-Komplexe** oder **EDA-Komplexe** genannt).

**Charm** [tʃɑ:m, englisch] *das, Physik:* ladungsartige Quantenzahl $C$ des **Charm-Quarks** (→Quarks). Das gebundene System $c\bar{c}$ aus Charm-Quark c und seinem Antiteilchen $\bar{c}$ heißt **Charmonium.**

**Charpak** [ˈxarpak, französisch ʃarˈpak], Georges, französischer Physiker polnischer Herkunft, * Dąbrowica (heute Dubrowyzja, Gebiet Rowno, Ukraine) 1. 8. 1924; entwickelte am CERN einen Teilchendetektor, der wesentlich zum Nachweis von intermediären Bosonen und Quarks beitrug, erhielt dafür 1992 den Nobelpreis für Physik.

**Chauvin,** Yves, französischer Chemiker, * 10. 10. 1930; forschte am französischen Erdölinstitut (Institut Français du Pétrole) in Rueil-Malmaison bei Paris, heute ist er dort Ehrendirektor. Chauvin beschäftigte sich intensiv mit der homogenen Katalyse, v. a. im Rahmen angewandter Forschung. 1971 stellte er ein Modell vor, das den Mechanismus der *Metathese* von Olefinen erklärt (*Chauvin-Mechanismus*). Demnach verläuft die Metathese nach einem Zyklus, in dem der Metallkatalysator zunächst eine Doppelbindung mit einem Kohlenstoffatom eingeht und ein Metallcarben (Carbenkomplexe) als Zwischenprodukt entsteht. Chauvin beschrieb, welche metallischen Verbindungen die Reaktion katalysieren könnten. Auf dieser Grundlage entwickelte sich die Forschung nach geeigneten Katalysatoren, die v. a. durch die Entwicklungen von Richard Schrock und Robert Grubbs Anfang der 1990er-Jahre der Metathese zum Durchbruch verhalfen. Alle drei Forscher erhielten 2005 den Nobelpreis für Chemie.

**Chelate** [ç-, griechisch], Komplexverbindungen, bei denen ein zentrales Metallion unter Ausbildung mehrerer Bindungen von einem oder mehreren Molekülen oder Ionen ringartig umgeben ist. Beispiele sind Chlorophyll und Hämoglobin.

**Chemie** [ç-; aus griechisch chēmeía, vergleiche Alchemie], Naturwissenschaft, die sich mit den chemischen Elementen, den Reaktio-

| Chemie: Geschichte (Auswahl) | |
|---|---|
| rd. 25 000 v. Chr. | Verwendung anorganischer Pigmente zum Färben (Höhlenmalereien von Altamira und Lascaux) |
| rd. 5000 v. Chr. | in Vorderasien und auf der Balkanhalbinsel wurde die Schmelzbarkeit und die Reduktion von Kupfererzen entdeckt, Beginn des Kupferbergbaus |
| rd. 3500 v. Chr. | die Sumerer in Ur (Mesopotamien) stellten Geräte aus Zinnbronze her; die Bronzezeit in Europa, Asien und Teilen Nordafrikas beginnt um 2200 v. Chr. |
| rd. 2500 v. Chr. | die Indigofärbung wird in Indien, China und Ägypten angewendet |
| rd. 2500 v. Chr. | die Sumerer verwenden Seife u. a. zum Waschen von Textilien sowie als salbenartige Medizin |
| rd. 2000 v. Chr. | Gold- und Silberabbau aus Erzen in Nubien, Mesopotamien (die gediegenen Elemente waren schon früher bekannt) |
| rd. 1370 v. Chr. | Beginn der Glasherstellung im großen Stil in Ägypten |
| rd. 600 v. Chr. | Thales von Milet schreibt »Wasser ist der Urstoff aller Dinge« |
| rd. 600 v. Chr. | in China entsteht die Lehre, dass die Welt aus 5 Urstoffen (Wasser, Feuer, Holz, Metall, Erde) zusammengesetzt ist |
| rd. 450 v. Chr. | Empedokles sieht in Erde, Feuer, Wasser und Luft die vier »Grundelemente« |
| rd. 400 v. Chr. | Leukipp und Demokrit entwickeln (spekulativ) eine Atomtheorie |
| rd. 600 n. Chr. | Herstellung von Porzellan in China |
| rd. 900–1000 | Symbole für die damals bekannten Metalle sowie einige andere chemische Begriffe sind nachgewiesen |
| bis rd. 1500 | dauert das alchemistische Zeitalter in Europa; in Ägypten, Arabien, China, Indien, Japan entwickelt sich die Alchemie unabhängig |
| 15./16. Jahrhundert | Paracelsus erkennt die Unmöglichkeit, den »Stein der Weisen« zu entdecken; er fordert stattdessen, mit chemischen Untersuchungen Arzneimittel herzustellen |
| 1619 | D. Sennert begründet eine neue Atomtheorie |
| 1630 | J. Jungius und R. Boyle (1661) begründen den modernen Elementbegriff; sie vermuten die Existenz kleinster Teilchen |
| 1650 | J. R. Glauber erklärt chemische Reaktionen durch »chemische Verwandtschaft« der Stoffe |
| 1697 | G. E. Stahl gelingt durch die Phlogistontheorie erstmals eine systematische Erklärung chemischer Reaktionen |
| 1708/09 | E. W. Tschirnhaus und J. F. Böttger erzeugen Hartporzellan |
| 1713 | die Verkokung wird in England entwickelt |
| 1738 | D. Bernoulli entwickelt eine kinetische Gastheorie |
| 1746 | J. Roebuck entwickelt das Bleikammerverfahren zur industriellen Herstellung von Schwefelsäure |
| 1771/1774 | C. W. Scheele und J. B. Priestley entdecken unabhängig voneinander Sauerstoff |
| 1772 | D. Rutherford entdeckt Stickstoff |
| 1774 | C. W. Scheele entdeckt Chlor |
| 1783 | A. L. Lavoisier deutet den Verbrennungsprozess als eine Aufnahme von Sauerstoff |
| 1783 | H. Cavendish bestimmt den genauen Sauerstoff- und Stickstoffanteil der Luft |
| 1789 | M. H. Klaproth entdeckt Uran |
| 1789 | A. L. Lavoisier unternimmt erste Elementaranalysen |
| 1792/93 | J. B. Richter formuliert das Neutralitätsgesetz und begründet die Stöchiometrie |
| 1797 | J. L. Proust formuliert das Gesetz von den konstanten Gewichtsverhältnissen (Gesetz der äquivalenten Proportionen) |
| 1799 | A. Volta spricht (nach vorangegangenen Versuchen von L. Galvani) die Erkenntnis aus, dass durch chemische Einwirkung zweier Stoffe aufeinander Elektrizität entstehen kann; er begründet damit die Elektrochemie |
| 1803 | J. Dalton stellt eine neue Atomtheorie auf mit der Kernthese, dass sich die Atome verschiedener chemischer Elemente nicht in ihrer Gestalt, sondern in ihrem »Atomgewicht« unterscheiden |
| 1804 | N. T. de Saussure erfasst den Reaktionsverlauf der Fotosynthese und erkennt die Bedeutung des Wassers als Reaktionspartner |
| 1811 | A. Avogadro stellt das avogadrosche Gesetz auf, das den Zusammenhang zwischen den Atomen eines Gases, seinem Volumen sowie Druck und Temperatur beschreibt |
| 1811 | D. Arago entdeckt die optische Aktivität an Quarzkristallen |
| 1814 | J. J. von Berzelius entwickelt die erste Atomgewichtstafel |

**Chemie: Geschichte** (Auswahl; Fortsetzung)

| | |
|---|---|
| 1815 | W. Prout vermutet, dass die kleinsten Teilchen aller Elemente aus verschiedenen Zahlen von Wasserstoffatomen bestehen |
| 1824 | F. Wöhler synthetisiert Oxalsäure; die synthetische organische Chemie wird begründet |
| 1824 | M. Faraday entdeckt Benzol |
| 1828 | F. Wöhler synthetisiert Harnstoff aus Ammoniumcyanat und zeigt damit erstmals, dass Stoffe aus der lebenden Materie (organische Stoffe) aus denselben Elementen aufgebaut sind wie anorganische Stoffe und aus diesen erzeugt werden können |
| 1836 | J. J. von Berzelius prägt den Begriff der Katalyse |
| 1839 | C. Goodyear erfindet die Kautschukvulkanisation |
| 1840 | J. von Liebig entwickelt synthetische Düngemittel und begründet die Agrikulturchemie |
| 1842 | R. von Mayer formuliert das Gesetz von der Erhaltung der Energie |
| 1846 | C. F. Schönbein erfindet die Schießbaumwolle, die Substanz, aus der später die ersten Chemiefasern hergestellt werden |
| 1856 | W. H. Perkin stellt den ersten synthetischen organischen Farbstoff (Mauvein) her |
| 1858 | Kekulé von Stradonitz (und unabhängig davon A. S. Couper) entdeckt die Vierwertigkeit des Kohlenstoffs und dessen Fähigkeit, sich mit anderen Kohlenstoffatomen zu verbinden |
| 1859 | R. W. Bunsen und G. Kirchoff entwickeln die Spektralanalyse |
| 1861 | T. Graham begründet die Kolloidchemie |
| 1861 | A. M. Butlerow veröffentlicht Anschauungen über den räumlichen Aufbau organischer Verbindungen und ihre Darstellung in »Strukturformeln« |
| 1865 | Kekulé von Stradonitz stellt die ringförmige Benzolformel auf mit alternierenden Einfach- und Doppelbindungen; dies ist die Grundlage für die Erforschung der aromatischen Verbindungen und u. a. die Farbstoffchemie |
| 1867 | A. Nobel erfindet das Dynamit |
| 1869 | L. J. Meyer und D. Mendelejew stellen das Periodensystem der chemischen Elemente auf |
| 1874 | J. H. van't Hoff und J. A. Le Bel stellen die Tetraedertheorie für organische Verbindungen auf und begründen die Stereochemie |
| 1876 | O. N. Witt veröffentlicht eine umfassende Theorie der Farbe und prägt die Begriffe chromophore und auxochrome Gruppen |
| 1884 | Chardonnet de Grange begründet die Chemiefaserindustrie |
| 1886 | C. Winkler entdeckt das Germanium und bestätigt damit das Periodensystem |
| 1894/95 | W. Ramsay, J. W. Rayleigh u. a. entdecken die Edelgase in der Luft |
| 1896 | A. H. Becquerel berichtet von ersten Beobachtungen radioaktiver Erscheinungen |
| 1898 | M. und P. Curie entdecken das Radium und Polonium |
| 1909 | F. Hofmann entwickelt den ersten Synthesekautschuk |
| 1909 | F. Haber und C. Bosch entwickeln die Ammoniaksynthese |
| 1911 | E. Rutherford stellt seine Theorie zur Atomstruktur auf |
| 1913 | J. Thomson gelingt erstmals die Zerlegung eines Elements in seine Isotope |
| 1913 | F. Bergius entwickelt ein Verfahren zur Benzinsynthese durch Kohlehydrierung |
| 1913 | N. Bohr entwickelt das Atommodell des Wasserstoffatoms |
| 1913 | W. L. Bragg erforscht den Gitteraufbau von Kristallen mithilfe von Röntgenstrahlen |
| 1919 | E. Rutherford gelingt die erste Kernumwandlung (Stickstoff) |
| 1920 | H. Staudinger beginnt seine Untersuchungen zur Struktur von Polymeren und begründet damit die makromolekulare Chemie und den Beginn der Kunststoffproduktion |
| 1923 | M. Lowry und J. N. Brønsted entwickeln die Säure-Base-Definition auf der Grundlage des Protonenaustausches; sie wird später von G. N. Lewis erweitert |
| 1932 | L. Pauling führt den Begriff der Elektronegativität ein |
| 1933 | H. Urey stellt schweres Wasser (Deuteriumoxid) durch Elektrolyse von gewöhnlichem Wasser her |
| 1938 | P. Schlack und W. Carothers stellen erste Synthesefasern aus Polyamiden her |
| 1938 | O. Hahn und F. Straßmann entdecken die Spaltung von Urankernen mithilfe von Neutronen |
| 1939 | M. Perey entdeckt das Element Francium in der natürlichen Zerfallsreihe von Actinium |
| 1947 | W. F. Libby entwickelt eine Methode zur Altersbestimmung organischer Stoffe anhand ihres Gehalts an radioaktivem $^{14}C$ (Radiokohlenstoffmethode) |
| 1952 | M. Gates und G. Tschudi gelingt die Totalsynthese des Alkaloids Morphin |

**Chemie: Geschichte** (Auswahl; Fortsetzung)

| | |
|---|---|
| 1953 | K. W. Ziegler entwickelt ein Verfahren zur Produktion von Polyethylen, das bei niedrigem Druck arbeitet (Niederdruckpolyethylen); gemeinsam mit G. Natta entwickelt er neuartige Katalysatoren |
| 1956 | M. Calvin, H. T. Witt u. a. beschreiben elementare Schritte der Fotosynthese |
| 1962 | N. Bartlett, R. R. Hoppe und H. H. Claassen stellen Edelgasverbindungen her und beweisen damit deren Existenz |
| 1963 | S. Moore und W. Stein entschlüsseln erstmals die vollständige Aminosäuresequenz eines Enzyms (Ribonuclease) |
| 1968 | J. M. Lehn entwickelt Moleküle, die durch zwischenmolekulare Kräfte zusammengehalten werden, und begründet damit die supramolekulare Chemie |
| 1969 | R. B. Merrifield synthetisiert in 11 931 Schritten das Enzym Ribonuclease |
| 1971 | R. B. Woodward und A. Eschenmoser gelingt nach 11-jähriger Arbeit die Totalsynthese von Vitamin $B_{12}$ |
| 1976 | Entwicklung von Methoden zur raschen DNA-Sequenzierung durch F. Sanger und M. Gilbert |
| 1981 | G. Binnig und H. Rohrer zeigen erste Abbildungen von atomaren Oberflächenstrukturen mit dem Rastertunnelmikroskop |
| 1983 | K. B. Mullis entwickelt die Polymerase-Kettenreaktion zur Vervielfältigung von DNA |
| 1985 | H. W. Kroto, R. E. Smalley und R. F. Curl entdecken $C_{60}$ (Fullerene) |
| 1987 | J. G. Bednorz und K. A. Müller entwickeln keramische Hochtemperatur-Supraleiter |
| 1990 | W. Krätschmer und D. Huffman gelingt die erste Synthese von $C_{60}$ (Fullerene) in größerem Maßstab |
| 1995 | am GSI (Darmstadt) werden die Elemente 110 (Darmstadtium), 111 (Roentgenium), 112 erzeugt |
| 1995 | erstmals wird das Genom eines Lebewesens entschlüsselt, des Bakteriums Haemophilus influenzae |
| 1999 | am Lawrence Berkeley National Laboratory, Kalifornien, wird das Element 114 erzeugt |
| 2000 | verschiedene Arbeitsgruppen weltweit entschlüsseln das erste pflanzliche Genom (Ackerschmalwand Arabidopsis thaliana) |
| 2002/2003 | zahlreiche weitere wichtige Genome werden sequenziert, z. B. Reis, Schimpanse, Maus |
| 2003 | verschiedene Arbeitsgruppen weltweit erklären das Humangenom als vollständig entschlüsselt (zu 99,8 %), es besteht aus etwa 3 Mrd. Bausteinen |
| 2004 | am Institut für kernphysikalische Forschung, Dubna, werden die Elemente 113 und 115 entdeckt |
| 2005 | verschiedene Arbeitsgruppen in den USA und Deutschland entschlüsseln nach 12-jähriger Arbeit die DNA-Sequenz des menschlichen X-Chromosoms |

nen der Elemente und ihrer Verbindungen, der Steuerung und Deutung dieser Prozesse und den Grunderscheinungen und Kräften der Natur beschäftigt, soweit sie Reaktionen, Prozesse usw. betreffen. Die chemischen Stoffumwandlungen (chemische Reaktionen) sind Vorgänge, bei denen Atome infolge →chemischer Bindungen in definierten Zahlenverhältnissen zu Atomverbänden (Moleküle, Kristalle) zusammentreten oder bei denen Atomverbände in Atome zerfallen oder zu anderen Atomverbänden umgelagert werden. Neben den chemischen Reaktionen spielen Verfahren der Stofftrennung (z. B. Destillation, Extraktion, Filtration) in der Chemie eine große Rolle.

Die **allgemeine Chemie** behandelt die allen Teilgebieten gemeinsamen Grundlagen, z. B. Aufbau der Atome, chemische Bindungen, Säure-Base-Theorien; sie gilt als im Wesentlichen abgeschlossen. Unter **organischer Chemie** versteht man heute die Chemie der Kohlenwasserstoffe und ihrer Derivate (circa 4–6 Mio. Verbindungen). Typische Forschungsgebiete der reinen organischen Chemie sind die Synthese und Strukturaufklärung von Naturstoffen und neuen Verbindungen sowie die Aufklärung von Reaktionsmechanismen und die Identifizierung der dabei auftretenden Zwischenstufen. Die **anorganische Chemie** behandelt alle Stoffe, die nicht zu den organischen Verbindungen gehören (circa 120 000 Verbindungen). Typische Forschungsarbeiten beschäftigen sich mit Komplexverbindungen und deren Bedeutung für Katalyse und Biochemie sowie mit Festkörpern (Synthese, Strukturaufklärung) und deren Bedeutung als Leiterwerkstoffe, Katalysatoren, Molekularsiebe u. a. Die **physikalische Chemie** ist ein Grenzgebiet zwischen Chemie und Physik, das die →Elektrochemie einschließt. Die →Biochemie behandelt chemische Probleme aus Biologie und Medizin. Die Unterscheidung zwischen der reinen und der **angewandten Chemie** oder **technischen Chemie** scheint heute nicht mehr sinnvoll.

Eine Gliederung ist auch nach der Aufgabenstellung möglich. Aufgaben der **analytischen Chemie (Analytik)** sind der Nachweis

**Chemiefasern.** Faserstrecke einer Polyester-Stapelfaseranlage in Pakistan.

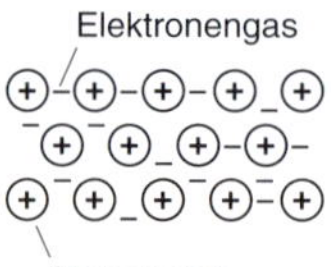


**chemische Bindung.** Metallbindung

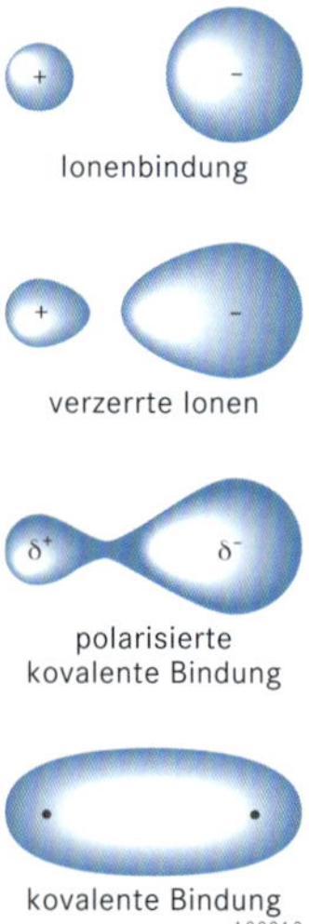


**chemische Bindung.** Übergang zwischen Ionenbindung und kovalenter Bindung

und die quantitative Bestimmung von chemischen Elementen und Verbindungen. Die **präparative Chemie** oder **synthetische Chemie** beschäftigt sich mit der künstlichen Herstellung chemischer Stoffe. Die Lösung chemischer Probleme mithilfe der Quantenmechanik (z.B. Berechnung der Bindungsverhältnisse in Molekülen) strebt die **theoretische Chemie** an.

■ **Geschichte** siehe Tabelle.

**Chemiefasern** [ç-], **Synthesefasern,** im weiteren Sinn alle auf chemischem Wege erzeugten Fasern aus organischen oder auch anorganischen Materialien, im engeren Sinn die aus makromolekularen Naturstoffen (natürliche Polymere) oder Kunststoffen (synthetische Polymere) gewonnenen und v.a. zur Herstellung von Textilien und technischen Geweben geeigneten Fasern. Sie werden in Form von endlosen **Filamentgarnen** (früher auch **Chemieseide** oder **Kunstseide** genannt) von auf eine bestimmte Länge geschnittenen **Chemiespinnfasern** oder von **Chemiebändchen** (Düsen- oder Schnittbändchen) erzeugt.

Die wichtigsten Arten der **synthetischen Chemiefasern** sind: die **Polyamide** (Nylon®, Perlon®, Rilsan, Kevlar® u.a.), die **Polyester** (Diolen®, Trevira®, Dacron u.a.), die **Polyacrylnitrile** (Dralon®, Orlon® u.a.) und die **Polyurethane** (Elasthan). Ihre Vorprodukte werden durch Polymerisation, Polykondensation oder Polyaddition gewonnen.

**Anorganische Chemiefasern** sind die **Silikatfasern** (Glasseide und Glaswolle), die nur als Isoliermaterial dienende **Schlackenwolle** (Sillan) sowie **Keramikfasern** (Fiberfrax), die **Metallfäden** und **Stahlfasern** sowie die **Kohlenstofffasern** zur Verstärkung von Verbundwerkstoffen.

Beim **Nassspinnverfahren** (Viskoseverfahren) wird die Spinnlösung durch Spinndüsen gedrückt und in einem Fällbad fadenförmig ausgeschieden (»ausgefällt«). Beim **Trockenspinnverfahren** (für Acetat und zum Teil Polyacrylnitril) verdampft man das flüchtige Lösungsmittel, nachdem sich der Faden gebildet hat. Beim **Schmelzspinnverfahren** werden thermoplastische Moleküle wie Polyamide, Polyester oder Polyolefine aus der Schmelze durch Anblasen mit Kaltluft verfestigt.

Durch **Längsschneiden** hochverstreckter Polyethylen- oder Polypropylenfolien entsteht **Chemieflock** (Kurzfasern), durch **Spleißen** (Splitten) werden **Spaltfasergarne** oder verspinnbare **Splitterfasern** erzeugt.

Aus profilierten Düsenöffnungen ersponnene **Profilfasern** ergeben neben erhöhter Haftfähigkeit einen Glanz- oder Glitzereffekt. Durch physikalische und chemische Modifikationen entstehen Spezialtypen, z.B. Hohlfasern mit guter Wärmeisolation oder Mikrofasern mit hoher Feuchtigkeitsaufnahme. Aus zwei verschiedenen Polymeren werden Bikomponentenfasern mit stabiler Kräuselung ersponnen. Von besonderer Bedeutung ist das →Texturieren der synthetischen Filamentgarne (Helanca® u.a.) zur Herstellung voluminöser und gleichzeitig elastischer Kräuselgarne. Im technischen Bereich werden Chemiefasern für Autoreifen, Gurte, Schläuche, Planen, Schutzanzüge u.a. eingesetzt.

**Chemikali|en** [ç-], alle durch chemische Verfahren industriell oder laboratoriumsmäßig dargestellten Stoffe anorganischer und organischer Natur. Hochreine Chemikalien heißen **Feinchemikalien,** solche von technischem Reinheitsgrad technische Chemikalien oder **Schwerchemikalien. Grundchemikalien** oder **Basischemikalien** dienen als Ausgangsverbindungen für viele großtechnische Prozesse.

**Chemilumineszenz** [ç-], die →Chemolumineszenz.

**chemische Bindung** [ç-], Art des Zusammenhalts von Atomen in Molekülen, Kristallen u.a. sowie von Molekülen in Molekülverbänden. Ursache aller chemischen Bindungen sind elektrische Wechselwirkungen zwischen Elektronen und Atomkernen gemäß den quantenmechanischen Gesetzen. Von besonderer Bedeutung für die Bildung chemischer Bindungen ist das Bestreben der Atome, die äußerste Elektronenschale durch Elektronenaufnahme oder -abgabe mit acht Außenelektronen (Valenzelektronen) zu besetzen **(Edelgaskonfiguration).** Neben den starken innermolekularen Wechselwirkungen mit freigesetzten Bindungsenergien über 50 kJ/mol

**chemische Bindung.** Ionenbindung beim Natriumchlorid NaCl; das Natrium erreicht durch Abgabe, das Chlor durch Aufnahme eines Elektrons die Edelgaskonfiguration.

**(Hauptvalenzbindungen)** gibt es die zwischenmolekularen und schwach innermolekularen **Nebenvalenzbindungen** (z. B. die →Wasserstoffbrückenbindung), die durch →zwischenmolekulare Kräfte verursacht werden. Bei den Hauptvalenzbindungen unterscheidet man drei Grenzfälle, zwischen denen zahlreiche Übergänge existieren:

1) Die **Ionenbindung** (auch **polare, heteropolare, elektrovalente, elektrostatische, ionische Bindung**) beruht auf der Wirkung elektrostatischer Kräfte zwischen entgegengesetzt geladenen Ionen, die durch Abgabe beziehungsweise Aufnahme von Valenzelektronen entstehen. Sie liefert den überwiegenden Beitrag zum Zusammenhalt der Salze, z. B. beim Kochsalz (NaCl). Reine Ionenbindungen treten nur zwischen Elementen auf, deren Elektronegativitäten um mehr als 1,8 differieren.

2) Die **Atombindung** (auch **kovalente, unpolare, homöopolare Bindung, Elektronenpaarbindung**) kommt bei Verbindungen zwischen Nichtmetallen vor und beruht auf der Ausbildung (mindestens) eines gemeinsamen Elektronenpaars (Einfach-, Doppel-, Dreifachbindung). Reine Atombindungen treten auf, wenn die Elektronegativität beider Atome gleich stark ist. Dies ist stets bei zweiatomigen Molekülen der Fall, z. B. beim Chlormolekül ($Cl_2$). Ein Spezialfall der Atombindung ist die v. a. in →Koordinationsverbindungen auftretende **koordinative Bindung.**

3) Die **Metallbindung (metallische Bindung),** die bei →Metallen und Legierungen auftritt, wird durch die Valenzelektronen bewirkt, die sich als so genanntes **Elektronengas** frei zwischen den als Gitter angeordneten positiven Atomrümpfen (Metallionen) bewegen.

**chemische Elemente** [ç-], durch chemische Verfahren nicht weiter zerlegbare Stoffe, bestehend aus →Atomen mit gleicher Kernladungszahl. Die chemischen Eigenschaften eines Elements sind durch den Aufbau der Elektronenhülle seiner Atome bestimmt. Die aus der Quantentheorie folgende Systematik der Elektronenhüllen der Atome liegt der Anordnung der Elemente im →Periodensystem der

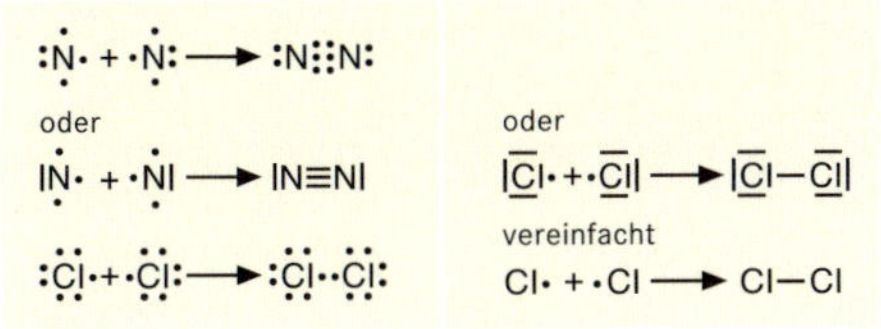


chemischen Elemente zugrunde. Die Atome eines **Reinelements (anisotopen Elements)** haben Kerne gleicher →Massenzahl. Die meisten chemischen Elemente treten in der Natur als **Mischelemente** auf; sie bestehen aus Atomen unterschiedlicher Massenzahlen (→Isotope). Die chemischen Elemente werden durch eine Kurzbezeichnung benannt, die von ihren wissenschaftlichen Namen abgeleitet ist, z. B. Kohlenstoff (lateinisch Carbo) C, Wasserstoff (lateinisch Hydrogenium) H, Kupfer (lateinisch Cuprum) Cu.

Gegenwärtig sind 115 chemische Elemente bekannt; das Element 112 wurde erstmals 1996, das Element 114 1999 synthetisiert (die ebenfalls 1999 bekannt gegebene Entdeckung der Elemente mit den Ordnungszahlen 116 und 118 wurde später revidiert). Die künstlich erzeugten Elemente 113 und 115 konnten erstmals Anfang 2004 nachgewiesen werden. In der Natur kommen 93 chemische Elemente vor, die restlichen sind nur künstlich herstellbar (→Transurane). Die Elemente mit den höchsten Ordnungszahlen verwandeln sich stetig durch natürlichen radioaktiven Zerfall (→Radioaktivität) in leichtere Elemente. Alle durch kernphysikalische Reaktionen erzeugten Elemente sind radioaktiv.

Unter Normalbedingungen sind elf chemische Elemente gasförmig (H, He, Ne, Ar, Kr, Xe, Rn, F, Cl, O, N), zwei flüssig (Br, Hg), die übrigen fest. In der äußeren Erdkruste (einschließlich der Meere und der Atmosphäre) treten am häufigsten auf: Sauerstoff mit 49,5 % (teils frei, teils im Wasser und in Oxiden), Silicium (25,8 %), Aluminium (7,57 %), Eisen (4,70 %), Calcium (3,38 %), Natrium, Kalium, Magnesium (mit je rund 2 %) und Wasserstoff (1 %); alle übrigen Elemente machen den Rest aus.

**chemische Bindung.** Bei der Atombindung des Stickstoffmolekül $N_2$ wird durch drei gemeinsame Elektronenpaare die Edelgasschale erreicht, die drei Bindungen sind jedoch nicht gleichwertig. Bei der Atombindung des Chlormoleküls $Cl_2$ erreichen beide Cl-Atome durch ein gemeinsames Elektronenpaar die Edelgasschale.

**chemische Elemente**[1]

| Name | Symbol | Ordnungszahl | relative Atommasse[2] | Name | Symbol | Ordnungszahl | relative Atommasse[2] |
|---|---|---|---|---|---|---|---|
| Actinium | Ac | 89 | (227) | Blei (Plumbum)[3] | Pb | 82 | 207,2 |
| Aluminium | Al | 13 | 26,9815 | Bohrium | Bh | 107 | (262) |
| Americium | Am | 95 | (243) | Bor | B | 5 | 10,811 |
| Antimon (Stibium)[3] | Sb | 51 | 121,760 | Brom | Br | 35 | 79,904 |
| Argon | Ar | 18 | 39,948 | Cadmium | Cd | 48 | 112,411 |
| Arsen | As | 33 | 74,9216 | Calcium | Ca | 20 | 40,078 |
| Astat | At | 85 | (210) | Californium | Cf | 98 | (251) |
| Barium | Ba | 56 | 137,327 | Cäsium (Caesium)[4] | Cs | 55 | 132,9054 |
| Berkelium | Bk | 97 | (247) | Cer (Cerium)[3] | Ce | 58 | 140,116 |
| Beryllium | Be | 4 | 9,0122 | Chlor | Cl | 17 | 35,4527 |

**chemische Elemente**[1]

| Name | Symbol | Ordnungszahl | relative Atommasse[2] |
|---|---|---|---|
| Chrom | Cr | 24 | 51,9961 |
| Curium | Cm | 96 | (247) |
| Darmstadtium | Ds | 110 | (269) |
| Dubnium | Db | 105 | (262) |
| Dysprosium | Dy | 66 | 162,50 |
| Einsteinium | Es | 99 | (254) |
| Eisen (Ferrum)[3] | Fe | 26 | 55,847 |
| Element 112 | Uub | 112 | (277) |
| Element 113 | Uut | 113 | (284) |
| Element 114 | Uuq | 114 | (285) |
| Element 115 | Uup | 115 | (288) |
| Erbium | Er | 68 | 167,26 |
| Europium | Eu | 63 | 151,964 |
| Fermium | Fm | 100 | (257) |
| Fluor | F | 9 | 18,9984 |
| Francium | Fr | 87 | (223) |
| Gadolinium | Gd | 64 | 157,25 |
| Gallium | Ga | 31 | 69,723 |
| Germanium | Ge | 32 | 72,61 |
| Gold (Aurum)[3] | Au | 79 | 196,9665 |
| Hafnium | Hf | 72 | 178,49 |
| Hassium | Ha | 108 | (265) |
| Helium | He | 2 | 4,0026 |
| Holmium | Ho | 67 | 164,9303 |
| Indium | In | 49 | 114,818 |
| Iridium | Ir | 77 | 192,217 |
| Jod (Iod)[4] | J (I)[4] | 53 | 126,9045 |
| Kalium | K | 19 | 39,0983 |
| Kobalt (Cobalt)[4] | Co | 27 | 58,9332 |
| Kohlenstoff (Carbon)[3] | C | 6 | 12,011 |
| Kupfer (Cuprum)[3] | Cu | 29 | 63,546 |
| Lanthan | La | 57 | 138,9055 |
| Lawrencium | Lr | 103 | (260) |
| Lithium | Li | 3 | 6,941 |
| Lutetium | Lu | 71 | 174,967 |
| Magnesium | Mg | 12 | 24,3050 |
| Mangan | Mn | 25 | 54,9380 |
| Meitnerium | Mt | 109 | (266) |
| Mendelevium | Md | 101 | (258) |
| Molybdän | Mo | 42 | 95,94 |
| Natrium | Na | 11 | 22,9898 |
| Neodym | Nd | 60 | 144,24 |
| Neon | Ne | 10 | 20,1797 |
| Neptunium | Np | 93 | (237) |
| Nickel | Ni | 28 | 58,6934 |
| Niob | Nb | 41 | 92,9064 |
| Nobelium | No | 102 | (259) |

| Name | Symbol | Ordnungszahl | relative Atommasse[2] |
|---|---|---|---|
| Osmium | Os | 76 | 190,23 |
| Palladium | Pd | 46 | 106,42 |
| Phosphor | P | 15 | 30,9738 |
| Platin | Pt | 78 | 195,08 |
| Plutonium | Pu | 94 | (244) |
| Polonium | Po | 84 | (209) |
| Praseodym | Pr | 59 | 140,9077 |
| Promethium | Pm | 61 | (145) |
| Protactinium | Pa | 91 | (231) |
| Quecksilber (Hydrargyrum)[3] | Hg | 80 | 200,59 |
| Radium | Ra | 88 | (226) |
| Radon | Rn | 86 | (222) |
| Rhenium | Re | 75 | 186,207 |
| Rhodium | Rh | 45 | 102,9055 |
| Roentgenium | Rg | 111 | (272) |
| Rubidium | Rb | 37 | 85,4678 |
| Ruthenium | Ru | 44 | 101,07 |
| Rutherfordium | Rf | 104 | (261) |
| Samarium | Sm | 62 | 150,36 |
| Sauerstoff (Oxygen)[3] | O | 8 | 15,9994 |
| Scandium | Sc | 21 | 44,9559 |
| Schwefel | S | 16 | 32,066 |
| Seaborgium | Sg | 106 | (263) |
| Selen | Se | 34 | 78,96 |
| Silber (Argentum)[3] | Ag | 47 | 107,8682 |
| Silicium | Si | 14 | 28,0855 |
| Stickstoff (Nitrogen)[3] | N | 7 | 14,0067 |
| Strontium | Sr | 38 | 87,62 |
| Tantal | Ta | 73 | 180,9479 |
| Technetium | Tc | 43 | (98) |
| Tellur | Te | 52 | 127,60 |
| Terbium | Tb | 65 | 158,92533 |
| Thallium | Tl | 81 | 204,3833 |
| Thulium | Tm | 69 | 168,9342 |
| Titan | Ti | 22 | 47,88 |
| Uran | U | 92 | 238,0289 |
| Vanadium | V | 23 | 50,9415 |
| Wasserstoff (Hydrogen)[3] | H | 1 | 1,0079 |
| Wismut (Bismut)[4] | Bi | 83 | 208,9804 |
| Wolfram | W | 74 | 183,84 |
| Xenon | Xe | 54 | 131,29 |
| Ytterbium | Yb | 70 | 173,04 |
| Zink | Zn | 30 | 65,39 |
| Zinn (Stannum)[3] | Sn | 50 | 118,710 |
| Zirkonium (Zirconium)[4] | Zr | 40 | 91,224 |

[1] Die Namensgebung für die Elemente 102–111 folgte dem Vorschlag der Nomenklaturkommission der IUPAC von 1997 und 2004. – Für die zwischen 1996 und 2004 nachgewiesenen chemischen Elemente 112 bis 115 wurden noch keine Namen festgelegt. [2] Bei Transuranen oder sehr instabilen Elementen die Massenzahl des Isotops mit der längsten Halbwertszeit (in Klammern), sie entspricht dem gerundeten Wert der relativen Atommasse. [3] Lateinische bzw. griechische Bezeichnung des chemischen Elements, von der sich das Elementsymbol ableitet. [4] In der chemischen Fachliteratur abgeänderte Schreibweise und Bezeichnung.

Dabei sind chemische Elemente mit gerader Ordnungszahl häufiger als solche mit ungerader **(Harkins-Regel).** Alle Elemente lassen sich durch Abkühlung oder Erwärmung in den festen, flüssigen oder gasförmigen Zustand überführen. Ihre Einteilung in Metalle und Nichtmetalle ist nur bedingt möglich, da es Übergänge gibt und manche Elemente in metallischen und nichtmetallischen Modifikationen vorkommen.

Nach den heutigen Vorstellungen entstehen die chemischen Elemente v. a. im Innern der Sterne und bei Supernova-Explosionen. Nach der Theorie des expandierenden Universums wurden kurz nach dem Urknall allein Helium und Deuterium gebildet.

**chemische Evolution** [ç-], die Entwicklung einfachster organischer Moleküle zu Makromolekülen aus Komponenten der →Uratmosphäre und der Urmeere der Erde.

**chemische Formeln** [ç-], →chemische Zeichensprache.

**chemische Gleichungen** [ç-], →chemische Zeichensprache.

**chemische Kinetik** [ç-], →Reaktionskinetik.

**chemische Kriminalistik,** siehe Sonderartikel Seite 142.

**chemische Nomenklatur** [ç-], die Namengebung für chemische Verbindungen, die im wissenschaftlichen Bereich von internationalen Fachgremien (IUPAC) festgelegt wird. Vielfach sind auch noch ältere Trivialnamen im Gebrauch, z. B. Blausäure, Kochsalz. Bei den chemischen Verbindungen der anorganischen Chemie steht das elektropositive Element an erster Stelle, dann folgt der elektronegative Bestandteil mit der Endung -id bei einatomigen Anionen. Anionen von Oxosäuren werden durch die Endung -at oder -it (z. B. Sulfat, Sulfit) gekennzeichnet. Eine römische Ziffer in Klammern gesetzt gibt die Oxidationsstufe an, z. B. Kupfer(I)-chlorid, CuCl. Die Bezeichnung für andere Substanzgruppen sind durch Regeln festgelegt.

In der organischen Chemie gibt es seit 1892 ein umfangreiches Regelwerk rationeller Namen **(Genfer Nomenklatur).** Die aliphatischen Verbindungen werden durch Vor- und Nachsilben an griechischen Zahlwortstämmen (Anzahl der Kohlenstoffatome) oder Trivialnamen benannt; man verwendet -an (gesättigte Verbindungen), -en (Verbindungen mit Doppelbindung), -in (solche mit Dreifachbindung), -yl (einwertige Radikale), -ol (OH-Gruppe), -al (Aldehyde), -on (Ketone), iso- (verzweigte Kette), -ase (Enzyme), -ose (Kohlenhydrate). Zur Bezeichnung räumlicher Anordnungen benutzt man die Vorsilben cis- oder syn- (gleichständig), trans- oder anti- (gegenständig), meso- (mittelständig), epi- (vertauscht), cyclo- (ringförmig geschlossen). Fachsprachlich schreibt man Bismut für Wismut, Cobalt für Kobalt, Iod für Jod. Für organische Verbindungen wird auch die von der IUPAC festgelegte Schreibweise mit Eth... für Äth..., z. B. Ethyl..., Ethan, Ether, benutzt.

**chemische Reaktion** [ç-], jeder Vorgang zwischen chemischen Verbindungen oder Elementen (Ausgangsstoffe), der zu einer stofflichen Umwandlung, das heißt zur Bildung von neuen Stoffen (Endstoffe, Reaktionsprodukte), führt.

**chemischer Sauerstoffbedarf** [ç-], Abkürzung **CSB,** Kenngröße für den Gehalt an oxidierbaren Wasserinhaltsstoffen (Verschmutzungsgrad von Gewässern und Abwässern). Erfasst werden v. a. organische Verbindungen (auch biologisch schwer abbaubare).

**chemische Technologie** [ç-], anwendungsorientierte Wissenschaft, die sich mit den Maßnahmen, Einrichtungen und Verfahren zur großtechnischen Herstellung chemischer Produkte beschäftigt. Die **Reaktionstechnik** als Teil der chemischen Technologie befasst sich mit der optimalen Durchführung chemischer Reaktionen, wobei Temperatur, Druck, Reaktionsdauer, Art und Größe des Reaktors u. a. von Bedeutung sind. Als **verfahrenstechnische Grundoperationen** fasst man physikalische und physikalisch-chemische Vorgänge zusammen, die der Vor- und Aufbereitung der reagierenden Stoffe dienen. Im Rahmen der chemischen Technologie sind ferner die chemische Analytik, die Mess- und Regeltechnik, die Werkstoffwissenschaft sowie Methoden der Planung und Wirtschaftlichkeitsrechnung wichtig.

**chemische Verbindungen** [ç-], aus zwei oder mehr Elementen zusammengesetzte homogene Stoffe, die sich in ihren Eigenschaften immer von denen der Ausgangselemente unterscheiden. Anders als Gemische, Lösungen und Legierungen sind sie stets in ganz bestimmten, gleich bleibenden Atom- und daher auch Massenverhältnissen aufgebaut.

**chemische Zeichensprache** [ç-], internationales System von Kurzzeichen und daraus zusammengesetzten Formeln, Symbolen und Gleichungen für chemische Stoffe und Vorgänge. Die Zeichen für die Elemente werden aus den Anfangsbuchstaben ihrer wissenschaftlichen, meist lateinischen Namen abgeleitet, z. B. C, Kohlenstoff, Carbo (→chemische Elemente). Die Zeichen für eine chemische Verbindung erhält man durch Aneinanderreihen der Zeichen der Atome, die an der Verbindungsbildung beteiligt sind. Ein Index gibt die Zahl der beteiligten Atome an **(Summenformel, Bruttoformel),** z. B.: $Na_2SO_4$, Natriumsulfat; $C_2H_4O_2$, Essigsäure. Charakteristische Gruppen werden auch bei Bruttoformeln meist erkennbar angegeben (für Essigsäure dann $CH_3COOH$). Aus der Summenformel einer Verbindung lässt sich unter Berücksichti-

*Fortsetzung S. 144*

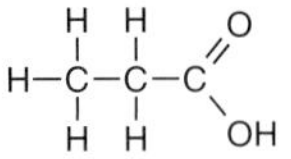

$CH_3—CH_2—COOH$

**chemische Zeichensprache.** Strukturformel (oben) und Konstitutionsformel (unten) der Propionsäure

# Chemische Kriminalistik

Bei der Aufklärung von Verbrechen und Verstößen gegen Gesetze spielt das Sichern und Nachweisen von Spuren eine entscheidende Rolle. Die **forensische Chemie** (Gerichtschemie) sowie **forensische Toxikologie** (Teilgebiet der Gerichtsmedizin) machen auch kleinste Spuren von Schweiß und Blut sowie von Gift und Drogen sichtbar. Die

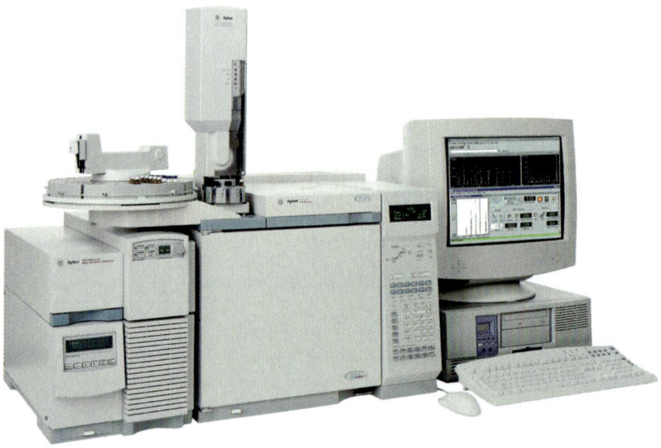

101972

Mithilfe der Gaschromatografie können Spuren von verbotenen Substanzen auch nach längerer Zeit im Körper nachgewiesen werden.

chemischen und physikalisch-chemischen Analysemethoden sind so empfindlich, dass Spurenmengen von bis zu wenigen Nano- oder Picogramm nachgewiesen werden können.

## Leuchtender Fingerzeig

Fingerabdrücke sind die häufigsten Spuren an Tatorten. Da Fingerabdrücke ein einzigartiges Merkmal von Menschen darstellen, sind sie als Beweismittel bei Gerichten zugelassen. Die Spuren, die ein Finger auf einer Oberfläche zurücklässt, enthalten die chemischen Bestandteile des Schweißes. Dies sind im Wesentlichen Wasser, anorganische Salze wie Natriumchlorid, Aminosäuren, Talg und Harnstoff. Das Wasser verdampft und hinterlässt eine klebrige Masse von rund 100 Mikrogramm. Um einen Fingerabdruck auffinden und auswerten zu können, muss ein optischer Kontrast zur Oberfläche erzeugt werden. Graphitstaub, der von den Fettbestandteilen des Fingerabdrucks stärker adsorbiert wird als von glatten Oberflächen wie Glas oder Kunststoff, hebt das Muster des Fingerabdrucks deutlich sichtbar vom Untergrund ab.

Auf rauen oder saugenden Oberflächen wie Papier und Karton werden Fingerabdrücke mithilfe chemischer Reagenzien sichtbar gemacht, die mit einem Bestandteil des Fingerabdrucks reagieren und farbige bzw. fluoreszierende Produkte bilden. So reagiert aufgesprühtes Ninhydrin mit den Aminosäuren des Fingerabdrucks zu einem violetten Farbstoff. Dieser bildet mit Cadmium-Ionen aus der aufgesprühten Lösung eine Komplexverbindung, die fluoresziert, wenn sie mit Licht der Wellenlänge 366 Nanometer bestrahlt wird.

Ein anderes Verfahren setzt Cyanacrylsäureester ein, der als Einkomponentenklebstoff in sog. Sekundenklebern verwendet wird, polymerisiert zu Polycyanacrylat, sobald er mit Feuchtigkeit z. B. aus der Luft in Berührung kommt. Auf einen Fingerabdruck aufgedampft, läuft die Polymerisation an der Feuchtigkeit der Abdruckspur ab. Die anschließende Behandlung mit einem fluoreszierenden Farbstoff bringt den Fingerabdruck bei UV-Bestrahlung zum Leuchten.

Auf der Grundlage der Mikroröntgenfluoreszenz (MXRF) befindet sich eine neue Methode zum Sichtbarmachen von Fingerabdrücken in der Entwicklung, bei der er weder zerstört noch chemisch verändert wird. Ein schmaler Röntgenstrahl durchleuchtet die Probe und analysiert ihre Bestandteile. Dabei machen Natrium-, Kalium- und Chloridionen, die im Schweiß vorhanden sind, die Linien des Fingerabdrucks sichtbar. Auch andere Bestandteile des Fingerabdrucks können mit dieser Methode nachgewiesen werden. Beispielsweise zeigen große Mengen an Nitrat und Kalium an, dass der Verdächtige mit Sprengstoff in Berührung gekommen ist. Mithilfe der MXRF-Technik ist es möglich, Fingerabdrücke auch auf rauen Oberflächen, Textilien, Holz und menschlicher Haut aufzuspüren.

### Dem Verbrechen auf der Spur

Für polizeiliche Ermittlungen spielen Blutspuren eine wichtige Rolle. Sie geben Auskunft darüber, welche Personen an der Tat beteiligt waren, wo die Tat stattfand und wie das Verbrechen abgelaufen ist. Ob es sich bei roten Flecken, die am Tatort oder auf Kleidungsstücken gefunden wurden, um Blut handelt, zeigen chemische Nachweisreaktionen. Blut enthält den Blutfarbstoff Hämoglobin, der bestimmte Substanzen oxidieren kann, indem er Sauerstoff auf sie überträgt. Dabei fungiert das zweiwertige Eisen-Ion seiner Hämgruppe als Katalysator. Beim Luminoltest, der im Dunkeln durchgeführt wird, zeigen sich auch kleinste Blutspuren durch ein blaues Leuchten. Hierzu wird auf den mutmaßlichen Blutfleck eine alkalische, mit Wasserstoffperoxid versetzte Luminollösung gesprüht. In Gegenwart von Hämoglobin oxidiert Wasserstoffperoxid das Luminol (3-Aminophthalsäurehydrazid) zu einem Peroxodianion, das unter Abspaltung von Stickstoff zum Aminophthalsäuredianion zerfällt. Das Produkt dieser Reaktion befindet sich in einem elektronisch angeregten Zustand. Es geht in den Grundzustand über, indem es blaues Licht abstrahlt (Chemolumineszenz). Der Luminoltest ist sehr empfindlich. Er weist auch Wischspuren nach, wenn versucht wurde, die Blutspuren zu beseitigen.

### Haarige Beweise

Vor rund 50 Jahren wurden die meisten Vergiftungen durch Arsen- und Kupferverbindungen hervorgerufen; heute stehen Medikamente und Drogen, die oft in Mengen von weniger als 1 Milligramm wirken, im Vordergrund. Letztere können mithilfe chemisch-toxikologischer Verfahren nachgewiesen werden. In den meisten Fällen ist nicht bekannt, welcher Stoff aufgenommen wurde. Bei der Aufgabe, diesen angesichts der rund 2 900 in Fertigarzneimitteln enthaltenen Wirkstoffe und der 1 000 im Umlauf befindlichen Pestizide und Haushaltschemikalien zu identifizieren, helfen zunächst qualitative und dann quantitative chemische Analysemethoden wie Gaschromatografie (GC) und Massenspektrometrie (MS). Auch bei Verdacht auf Doping oder illegalen Drogenkonsum (z. B. von Autofahrern) werden GC und MS angewendet. Drogen wie Cannabis (Haschisch), Kokain, Heroin und Ecstasy zeigen sich im Chromatogramm als charakteristische Peaks.

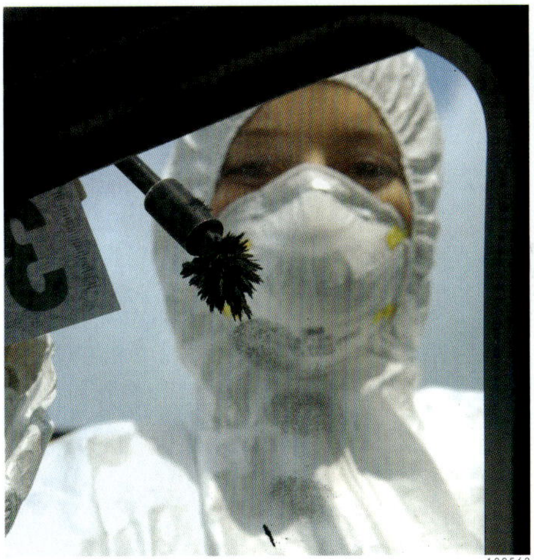
100562
Sicherstellen von Fingerabdrücken an einem Tatort

Zur Überprüfung von länger zurückliegendem Drogen- oder Medikamentenkonsum ist der Haartest geeignet. Drogen und Medikamente werden über die Haarwurzel aufgenommen und lagern sich im Haar ab. Da die Haare im Mittel 10 Millimeter pro Monat wachsen, kann über eine abschnittsweise Untersuchung der Haare auf einen Konsum geschlossen werden, der einige Wochen oder Monate zurückliegt. Dabei können in den Haaren meist die Muttersubstanzen der Drogen nachgewiesen werden, z. B. Kokain, Heroin, 6-Acetylmorphin, während in den Körperflüssigkeiten wie Urin und Blut meist nur die Stoffwechselprodukte ermittelt werden können. Mithilfe von GC/MS-Systemen ist ein Nachweis der Substanzen bis zu $10^{-9}$ bis $10^{-12}$ g/mg Haar möglich.

100746

**Chip.**
Ein Chip als System von integrierten Schaltkreisen (IC); die haarfeinen Drähte verbinden die Anschlüsse des Chips mit den Kontaktfüßchen des IC-Bauelements (Fläche etwa 2 $cm^2$).

Rechte Seite:
Endfertigung von Gallium-Arsenid-Wafern, die in der Mikro- und Optoelektronik, wie in Handys, in Lasern und LEDs, als Hochfrequenzbauelemente zum Einsatz kommen.

*Fortsetzung von S. 141*

gung der bekannten relativen Atommassen der einzelnen Partner ihre relative Molekülmasse ermitteln. Bindestriche zwischen Atomen oder Atomgruppen, häufig in bestimmter Stellung, sind Hinweise für räumliche Anordnungen der Atome in Molekülen, wobei jeweils ein Bindestrich für ein Elektronenpaar steht **(Strukturformel).** Ionen werden durch ein Ladungsvorzeichen symbolisiert, eine vorgesetzte Zahl gibt die Zahl der Ladungen an, z. B. $Na^+$, $Al^{3+}$, $SO_4^{2-}$, Radikale werden durch Punkt oder Stern symbolisiert, z. B. $H^{\bullet}$ für den atomaren Wasserstoff.

Chemische Reaktionen werden durch **chemische Gleichungen** dargestellt. Sie enthalten die chemischen Zeichen der an der Reaktion beteiligten chemischen Stoffe, verknüpft durch einen Pfeil oder bei umkehrbaren Reaktionen durch einen Doppelpfeil. Beispiele: $N_2 + 3\,H_2 \rightleftharpoons 2\,NH_3$, $Ag^+ + Cl^- \rightleftharpoons AgCl$.

Die in der Kernchemie benutzten Symbole für Atome und ihre Isotope enthalten außerdem noch die Massenzahl und die Ordnungszahl; Beispiel: $^{14}_{6}C$, das Kohlenstoffisotop der Masse 14, Ordnungszahl 6.

**Chemismus** [ç-] *der,* Gesamtheit des Ablaufs chemischer Vorgänge, besonders im pflanzlichen und tierischen Stoffwechsel.

**Chemisorption** [ç-] *die,* **Chemosorption**, Sonderfall der →Adsorption.

**Chemolumineszenz** [ç-], **Chemilumineszenz,** eine durch chemische Anregung ausgelöste Lumineszenz. chemische Reaktionen können zur Bildung elektronisch angeregter Molekülzustände führen, wobei die bei der Reaktion freigesetzte Energie als sichtbare, ultraviolette oder infrarote Strahlung abgegeben wird.

**Chemorezeptoren** [ç-, lateinisch-griechisch], Sinnesorgane oder -zellen, die der Wahrnehmung chemischer Reize dienen, v. a. die Geruchs- und Geschmackssinneszellen beziehungsweise -organe.

**Chemosynthese** [ç-, griechisch], **Chemolithotrophie,** Oxidation von anorganischen Stoffen oder Methan zur Energiegewinnung (im Gegensatz zur Fotosynthese, bei der das Sonnenlicht als Energiequelle genutzt wird). Zur Chemosynthese sind mehrere Gruppen von Boden- und Wasserbakterien fähig, z. B. nitrifizierende Bakterien, Methan-, Knallgas- und Eisenbakterien; finden sich oft an abgelegenen Orten, wo Sonnenlicht nicht genutzt werden kann, z. B. in der lichtlosen Tiefsee, im Bereich der Schwarzen Raucher.

**Chemurgie** [ç-, griechisch] *die,* Gewinnung chemischer Produkte aus land- oder forstwirtschaftlich erzeugten Stoffen, z. B. Alkohol aus Kartoffeln.

**Chimäre,** *Biologie,* Individuum, das aus genetisch unterschiedlichen Teilen besteht.

**Chinone** [ç-], *Chemie:* wichtige Gruppe von zyklischen Diketonen, die sich von den Aromaten ableiten lassen (z. B. Benzochinon von Benzol, Anthrachinon von Anthracen), verwendet u. a. als Farbstoffe. Kennzeichnend ist die chinoide Doppelbindung, das heißt, zwei Carbonylgruppen bilden mit mindestens zwei Kohlenstoffbindungen ein System konjugierter Doppelbindungen. **1,4-Benzochinon** (auch para-Chinon oder kurz »Chinon«) bildet goldgelbe, stechend riechende Kristalle, die v. a. zu Hydrochinon weiterverarbeitet werden.

**Chip** [tʃɪp; englisch »Splitter«] *der, Mikroelektronik:* **Halbleiterchip,** dünnes Halbleiterplättchen (Fläche zwischen 0,2 und rund 200 $mm^2$, Dicke etwa 0,1 mm und weniger), auf dessen einer Seite mikroelektronische Schaltungselemente, z. B. Transistoren, Widerstände (mit verbindenden Leitungen), sowie die Anschlüsse zusammengefasst (integriert) sind. Die Herstellung solch eines integrierten Schaltkreises erfolgt nach Verfahren der →Planartechnik. Als Substrat verwendet man bei der Halbleiterblocktechnik einkristalline (Silicium-)Halbleiterscheiben **(Wafer).** Ein Chip kann einzelne Bauelemente oder eine komplette Schaltung enthalten. Chips mit besonders hoch integrierten Schaltungen werden u. a. als Datenspeicher (so genannter Speicherchip) oder als Mikroprozessoren für Steuer- und Rechenaufgaben verwendet. Chips sind Hauptbestandteile von Computern, finden aber in verschiedensten elektronischen Geräten (wie Handys, Kameras, Waschmaschinen) Anwendung. Technisch wird rund alle drei Jahre eine Vervierfachung der Speichermenge von Daten auf einem Chip erreicht (→mooresches Gesetz).

Der Chip wurde 1958 maßgeblich von J. Kilby erfunden.

**Chipkarte** [ˈtʃɪp-], einen Speicherchip oder programmierbaren Mikroprozessor (»intelligente« Chipkarte, Smartcard) enthaltende Kunststoffkarte, die über Kontakte an der Oberfläche der Karte oder kontaktlos über in-

100562

**Chiralität Spiegelwelt der Duftstoffe**

Die Substanz Limonen riecht nach Zitronen – wenn ihre räumliche Struktur dem (S)-Limonen entspricht. Dessen Spiegelbild (Enantiomer), das (R)-Limonen, riecht dagegen nach Orangen. Die Nase erkennt Spiegelbilder flüchtiger Stoffe, die als Dampf in die Nase steigen, weil sie für diese unterschiedliche Rezeptoren besitzt. Die Rezeptormoleküle weisen auf ihrer Oberfläche Einbuchtungen auf, die so geformt sind, dass das Duftstoffmolekül genau hineinpasst – wie ein Schlüssel in ein Schloss. So verleiht das Molekül (R)-Carvon der Minze ihren frischen Geruch, während das typische Kümmelaroma vom (S)-Carvon herrührt. Einen völlig entgegengesetzten Eindruck erzeugen die Spiegelbilder der 2-Methylbuttersäure: Das (S)-Enantiomer riecht angenehm süß und fruchtig, die (R)-Form dagegen unangenehm käseartig.

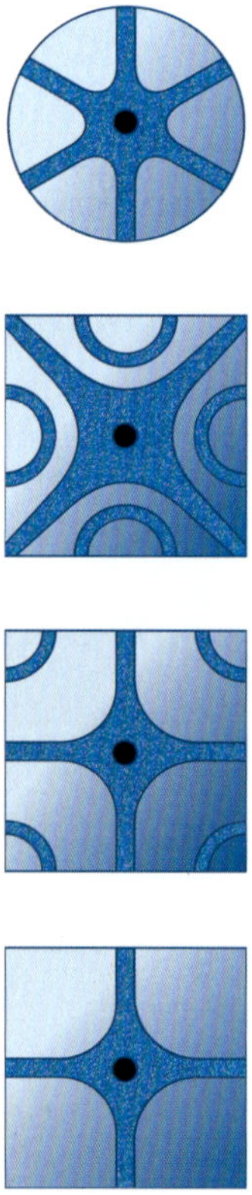

**Chladni.** Chladni-Figuren

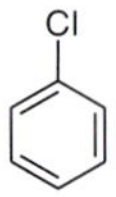

Monochlorbenzol
**Chlorbenzole**

duktive Kopplung mit einem entsprechenden Schreib-Lese-Gerät kommunizieren kann. Auf dem eingeschweißten Chip können verschiedene abrufbare anonyme Daten (z.B. Telefonkarte) oder individuelle Daten (z.B. Krankenversicherungskarte) gespeichert werden. Die Chipkarte wird z.B. als Identifikationskarte bei Zugangskontrollsystemen oder als Kreditkarte im bargeldlosen Zahlungsverkehr eingesetzt.

**Chiralität** [ç-] *die*, Eigenschaft von bestimmten Figuren und Körpern (v.a. Molekülen), die in zwei spiegelbildlichen Formen existieren und sich nicht miteinander zur Deckung bringen lassen. Chirale Moleküle bewirken die →optische Aktivität einer Substanz.

**Chitin** [ç-, griechisch] *das*, geradkettiges, stickstoffhaltiges Polysaccharid; Gerüstsubstanz der meisten niederen Tiere (Insekten) und Zellwandsubstanz bestimmter Pflanzen (Algen, Pilze).

**Chladni** [k-], Ernst Florens Friedrich, deutscher Physiker, *Wittenberg 30. 11. 1756, †Breslau 3.4.1827; begründete die experimentelle Akustik. Er machte die Knotenlinien schwingender Platten durch aufgestreuten Sand sichtbar **(Chladni-Figuren)** und bewies die von E. Halley behauptete kosmische Herkunft der Meteoriten.

**Chlamydi|en** [ç-, griechisch], sehr kleine Bakterien mit Zellwand und Zweiteilung, aber ohne eigenen Energie liefernden Stoffwechsel. Chlamydien können sich deshalb nur im Zytoplasma der Zellen höherer Organismen vermehren; sie wurden früher zu den »großen Viren« gerechnet.

**Chlamydospore** [ç-, griechisch], dickwandige Dauerspore bei Pilzen.

**Chlor** [k-; griechisch chlōrós »gelbgrün«] *das*, chemisches Symbol **Cl**, ein Halogen, chemisches Element aus der 7. Hauptgruppe des Periodensystems. Ordnungszahl 17, relative Atommasse 35,453, Dichte 3,214 g/l (0 °C), Siedepunkt −34,04 °C, Schmelzpunkt −101,5 °C.

Chlor ist unter Normalbedingungen ein grüngelbes Gas ($Cl_2$) von stechendem Geruch; es kommt druckverflüssigt in Stahlflaschen in den Handel. Eingeatmet reizt es schon in großer Verdünnung heftig die Atmungsorgane. Seine Lösung in Wasser, das **Chlorwasser,** geht bei Lichteinwirkung unter Sauerstoffentwicklung in wässrige Salzsäure und hypochlorige Säure (HClO) über; der entstehende Sauerstoff kann sich mit Farbstoffen zu farblosen Oxiden verbinden; hierauf beruht die Bleichwirkung von Chlor. Ein Gemenge von Wasserstoff und Chlor **(Chlorknallgas)** verbindet sich in Sonnen- oder Magnesiumlicht unter heftiger Explosion zu Chlorwasserstoff (HCl). Durch Chlor werden Bakterien getötet. Chlor gehört nach Fluor zu den reaktionsfähigsten Elementen. Es kommt in der Natur niemals frei vor, in großer Menge aber an Metalle gebunden. Technisch wird Chlor durch Elektrolyse aus Natrium- oder Kaliumchlorid gewonnen. Chlor dient zur Herstellung von organischen Chlorverbindungen wie PVC und PCB sowie Salzsäure, Chlorkalk, Bleichflüssigkeiten und Chloraten.

■ **Verbindungen** **Chlorwasserstoff**, ein farbloses, stechend riechendes Gas, löst sich in wässriger Lösung zu →Salzsäure; ihre Salze heißen **Chloride. Ammoniumchlorid,** ist der →Salmiak; **Kaliumchlorid,** KCl, als Mineral **Sylvin** genannt, dient als Düngemittel; **Calciumchlorid,** →Calcium; **Natriumchlorid,** das →Kochsalz. **Chlorsäure,** $HClO_3$, tritt nur in Form ihrer Salze, der **Chlorate,** auf; entsteht aus Bariumchlorat und Schwefelsäure. Ihr wichtigstes Salz ist das Kaliumchlorat (→Kalium). **Silberchlorid,** AgCl, entsteht aus Silbersalzlösungen durch Salzsäure als weißer, in verdünnten Säuren unlöslicher Niederschlag. Durch Lichteinwirkung färbt es sich infolge Bildung metallischen Silbers schwarzgrau; daher in der Fotografie verwendet.

**Chlor|alkali|elektrolyse** [k-], technischer Prozess, der auf der elektrolytischen Zersetzung wässriger Natriumchloridlösungen beruht, nach dem Schema $2\,NaCl + 2\,H_2O + \text{Energie} \rightarrow 2\,NaOH + H_2 + Cl_2$. Die Chloralkalielektrolyse dient zur Gewinnung von Natronlauge, Chlor und Wasserstoff; sie ist einer der wichtigsten Grundprozesse der chemischen Industrie.

**Chlorbenzole** [k-], chlorierte Benzole; dienen als Lösungsmittel und zur Herstellung von Pflanzenschutzmitteln und Farbstoffen. **Monochlorbenzol** ist Zwischenprodukt für die Herstellung von Phenol und Anilin.

**Chloren** [k-], *Desinfektion:* mit Chlorgas keimfrei machen, z.B. Trinkwasser.

**Chlorfluorkohlenstoffe** [k-], die →Fluorchlorkohlenwasserstoffe.

**Chloride** [k-], Salze der →Salzsäure HCl.

**Chlorierung** [k-], Einführung von Chlor in eine chemische Verbindung durch Substitution oder Addition.

**Chlorite** [k-], *Chemie:* Salze der chlorigen Säure, $HClO_2$.

**Chlorkohlenwasserstoffe** [k-], organische Verbindungen, in denen ein oder mehrere Wasserstoffatome durch Chlor substituiert sind. Die von den gasförmigen Kohlenwasserstoffen abgeleiteten Chlorkohlenwasserstoffe sind leicht verflüssigbare Gase oder farblose Flüssigkeiten mit süßlichem Geruch. Sie sind wichtige, schwer brennbare, aber toxische Lösungsmittel. *Methylenchlorid* dient als Abbeizmittel für Lacke, Entfettungsmittel und Extraktionsmittel für Koffein. **Tetrachlorethylen**, das unter der Bezeichnung **Per** in der chemischen Reinigung verwendet wird, sowie *1,1,1-Trichlorethan* und *Trichlorethylen* sind wichtige technische Reinigungsmittel für Maschinen und elektronische Apparate. *Methylchlorid* dient als Methylierungsmittel, z. B. bei der Herstellung von Siliconen. **Tetrachlorkohlenstoff (Tetra)** wird v. a. zu →Fluorchlorkohlenwasserstoffen weiterverarbeitet. *1,2-Dichlorethan* ist wichtiges Zwischenprodukt bei der Herstellung von Vinylchlorid. *Aromatische Chlorkohlenwasserstoffe* dienen u. a. als Lösungsmittel, Kühl- und Hydraulikflüssigkeiten sowie zur Herstellung von Pflanzenschutzmitteln, Farbstoffen und Pharmazeutika.

Chlorkohlenwasserstoffe sind sehr schwer biologisch abbaubar und schädigen die Ozonschicht der Atmosphäre.

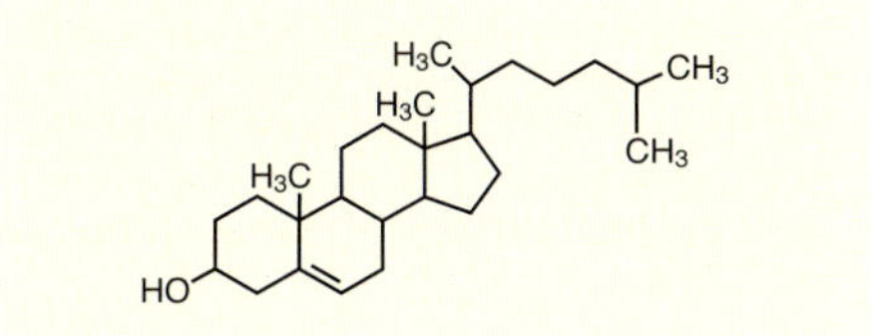

**Cholesterin**

**Chlorophyll** [k-; zu griechisch chlōrós »gelbgrün« und phýllon »Blatt«] *das,* **Blattgrün,** grünes Blattpigment der assimilierenden Pflanzen, das sich in den Chloroplasten befindet und die Fotosynthese der Pflanzen ermöglicht. Chlorophyll besteht aus blaugrünem Chlorophyll a und gelbgrünem Chlorophyll b. Beide Verbindungen haben ein Porphyringerüst mit zentralem Magnesiumatom. Bei der herbstlichen Laubfärbung wird Chlorophyll abgebaut und andere Blattfarbstoffe (z. B. rote Carotinoide) treten hervor. Chlorophyll wird in der Lebensmittel-, Kosmetik- und Kerzenindustrie als Pigment verwendet.

**Chloroplasten** [k-], grüne, fotosynthetisch aktive Plastiden zahlreicher Pflanzen; enthalten viel Chlorophyll.

**Cholesterin** [ç-, auch k-, griechisch] *das,* **Cholesterol,** besonders in Blut, Gehirn, Zellmembranen und Gallenflüssigkeit vorkommendes Sterin; Hauptbestandteil der Gallensteine. Physiologische Abbau- und Umbauprodukte: Gallensäuren, Steroidhormone, Vitamin $D_3$. Cholesterin wird sowohl im Organismus gebildet als auch mit der Nahrung aufgenommen. Cholesterinreiche Nahrungsmittel sind Eigelb, Butter, Sahne, fettes Fleisch. Der Cholesterinspiegel ist abhängig von Alter und Geschlecht; er beträgt beim gesunden Menschen circa 150–220 mg pro 100 ml Blut bis zum Alter von etwa 45 Jahren und kann danach auf bis zu 250 mg ansteigen. Ein zu hoher Cholesterinspiegel gilt als Risikofaktor für die Entstehung von Arteriosklerose.

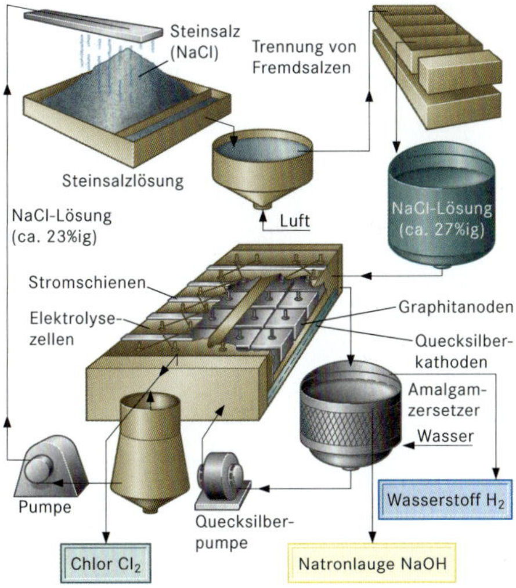


**Chloralkalielektrolyse.** Schematische Darstellung des Amalgamverfahrens

**cholesterinische Phase** [ç-, auch k-], Zustand →flüssiger Kristalle.

**Cholesterol,** das →Cholesterin.

**Cholin** [ç-, griechisch] *das,* Spaltprodukt des Lecithins, hat große physiologische Bedeutung, z. B. als Bestandteil des Acetylcholins

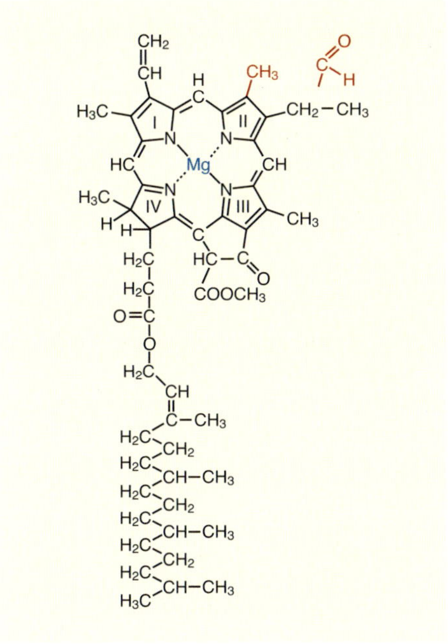

**Chlorophyll.** Strukturformel des Chlorophyll a; im Chlorophyll b (oben rechts, rot) ist die Methylgruppe ($-CH_3$) durch eine Aldehydgruppe ($-CHO$) ersetzt.

und als Methylierungsmittel in Stoffwechselprozessen. Cholin vermindert die Ablage von Fett im Körper und wirkt u. a. blutdrucksenkend.

**Chrom** [k-; französisch von griechisch chrõma »Haut«, »Hautfarbe«, »Farbe«] *das,* **Cr,** metallisches Element aus der 6. Nebengruppe des Periodensystems, Ordnungszahl 24, relative Atommasse 51,996, Dichte (bei 20 °C) 7,18 g/cm³, Schmelzpunkt 1 907 °C, Siedepunkt 2 671 °C.

Chrom ist ein silberglänzendes, in reinem Zustand dehnbares, in unreinem sprödes, hartes Metall. An der Luft und gegen Wasser ist Chrom beständig. Gegen konzentrierte Salpetersäure ist es durch Bildung einer Oxidschicht beständig (passiv); so vorbehandeltes Chrom löst sich auch nicht mehr in einer anderen verdünnten Säure. Bei erhöhter Temperatur reagiert es mit den meisten Nichtmetallen, mit Kohlenstoff bildet es **Chromcarbid.** Chrom ist mit etwa 0,03 % am Aufbau der oberen Erdkruste in Form seiner Verbindungen beteiligt. Es kommt (außer spurenweise in Meteoriten) in der Natur nicht gediegen vor. Sehr reines Chrom wird auf elektrolytischem Wege hergestellt, kohlenstoffhaltige Ferrochromlegierungen werden durch Reduktion von Chromit mit Kohle im elektrischen Ofen gewonnen, kohlenstofffreie Ferrochromlegierungen durch →Aluminothermie. Reinstes Chrom erhält man durch Zersetzung des Dampfs von Chrom(III)-jodid, $CrJ_3$, an heißen Drähten.

■ **Verwendung** Chrom wird v. a. als Ferrochrom zur Herstellung korrosionsbeständiger und hoch beanspruchbarer Chromstähle und Chromnickelstähle verwendet. Reines Chrom dient als Legierungsmetall, zum Verchromen von Metallen als korrosionsfester Überzug und zur Herstellung von →Cermets. Chromverbindungen werden z. B. als Chromfarbe, als Beizmittel und für galvanische Bäder technisch angewendet.

■ **Wirtschaft** Hauptförderländer von Chromerz (Bergwerksproduktion) waren (Fördermenge 2002 in Tonnen) Südafrika (6 436), Kasachstan (2 370), Indien (1 900), Simbabwe (749), Finnland (566), Türkei (314) und Brasilien (280). Die heute bekannten Weltvorräte an Chromerz garantieren statistisch eine Versorgung für mehr als 400 Jahre.

**Chromatiden** [k-], →Chromosomen.

**Chromatieren** [k-], Erzeugung von Schutzschichten auf Metalloberflächen in sauren oder alkalischen Lösungen, die Chromsäure oder Chromate enthalten. Das Chromatieren verbessert die Korrosionsbeständigkeit der Metalle und ergibt einen guten Haftgrund für Lacküberzüge.

**Chromatin** [k-, griechisch] *das,* im Zellkern befindliche Desoxyribonukleinsäuren und Proteine, die sich am Anfang der Zellteilung zu Chromosomen verdichten.

**chromatisch** [k-], *Physik:* die Farbenlehre betreffend.

**chromatische Aberration** [k-], *Optik:* →Abbildungsfehler infolge der Abhängigkeit der Brechzahl von der Lichtwellenlänge.

**Chromatografie** [k-, griechisch] *die,* **Chromatographie,** physikalisch-chemisches Verfahren zur analytischen oder präparativen Trennung von Stoffgemischen durch Verteilung eines Stoffs zwischen einer beweglichen (mobilen) Phase (z. B. Gas, Flüssigkeit) und einer zweiten, stationären Phase aufgrund von Adsorptions- oder Lösungsvorgängen. Bei unterschiedlichem Verhalten der Einzelkomponenten eines Gemischs werden sie von der mobilen Phase mit unterschiedlicher Geschwindigkeit transportiert und so getrennt. Nach Art des Trägermaterials unterscheidet man u. a. Ionenaustausch- und →Papierchromatografie, nach der experimentellen Anordnung Säulen- und →Dünnschichtchromatografie. Manche Trennungen werden in der Gasphase (→Gaschromatografie) oder unter erhöhtem Druck (Hochdruckflüssigkeitschromatografie, HPLC) durchgeführt. Für die Trennprobleme der modernen Biochemie steht die elektrokinetische Kapillar-Chromatografie zur Verfügung, ein Spezialfall der Kapillarelektrophorese (CE, →Elektrophorese).

Aus dem gewonnenen **Chromatogramm,** einem Konzentrationsprofil der zu trennenden Stoffe in der Trennstrecke, erhält man Angaben zur qualitativen und quantitativen Zusammensetzung des Stoffgemischs.

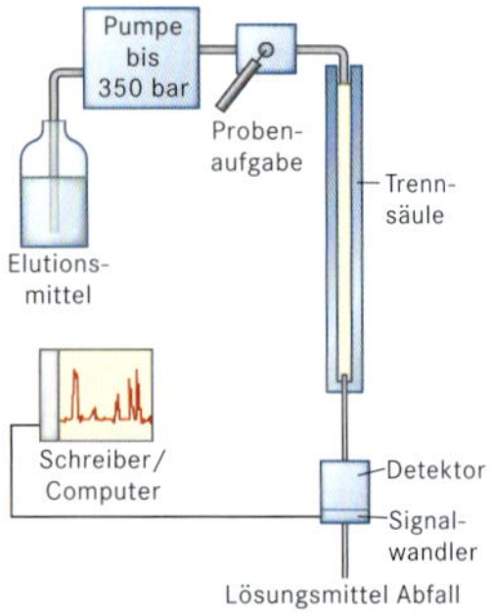


**Chromatografie.** Prinzipieller Aufbau einer Säulenchromatografie; hier eine HPLC

**Chromatophoren** [k-; griechisch »Farbträger«], **1)** *Botanik:* farbige →Plastiden.

**2)** *Zoologie:* Pigment führende Zellen der Körperdecke, die den Farbwechsel bewirken.

**Chromieren** [k-], *Metallkunde:* →Inchromieren.

**Chromomer** [k-, griechisch] *das, Genetik:* stark anfärbbares Chromosomensegment; der Wechsel von Chromomer und Interchromomeren ergibt ein chromosomenspezifisches Chromomermuster.

**Chromophore** [k-, griechisch], Atomgruppen, die durch selektive Lichtabsorption organischen Stoffen Farbigkeit verleihen, z. B. Azo-, Nitrogruppe. Stoffe oder Radikale (→Radikal), die durch ein Chromophor farbig werden, heißen **Chromogene.**

**Chromoplasten** [k-, griechisch], →Plastiden.

**Chromoproteine** [k-, griechisch], mit einer Farbstoffkomponente verbundene Proteine, z. B. Hämo-, Flavoproteine.

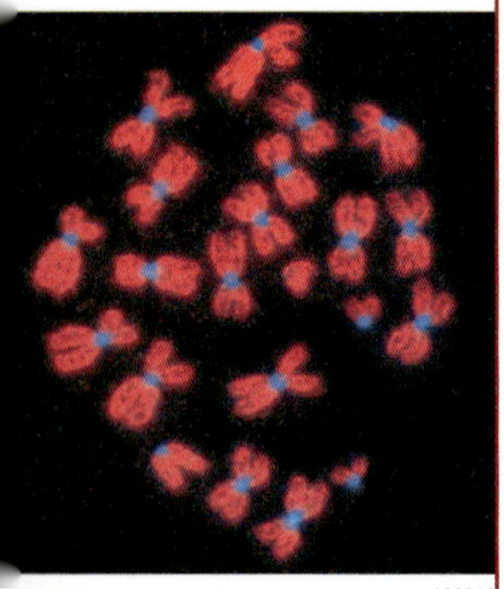

100912

**Chromosomen.** Chromosomen (rot) mit Zentromeren (blau) während der Metaphase der Mitose

**Chromosomen** [k-; griechisch »Farbkörper«], fadenförmige Gebilde in den Zellkernen, Träger der Erbanlagen. Sie bestehen aus einem DNA-Doppelstrang (→Desoxyribonukleinsäure), der, vergesellschaftet mit basischen Proteinen (Histonen), im Chromosom mit unterschiedlicher Packungsrate untergebracht ist. Die Packung 1. Ordnung erfolgt durch Anlagerung von DNA an Histone zu einem **Nukleosom,** wobei sich eine perlenkettenartige Struktur ergibt. Die Packung 2. Ordnung ist eine Zusammenfassung mehrerer Nukleosomen zu einem **Solenoid.** Die Packung 3. Ordnung basiert auf der Bildung von Chromatinschleifen unterschiedlicher Länge. Die Schleifen entstehen durch Bindung von Chromatin an Skelettstrukturen (Matrix) der Zellkerne. Die Packungen 1.–3. Ordnung liegen in Zellkernen während der Interphase vor; die Chromosomen sind in dieser Phase ein diffuses, zartes Fadenwerk. Während der Zellteilung werden die Chromosomen durch dichtere Ausbildung von Chromatinschleifen und zusätzliche Kondensation der Schleifen mit einem Gesamtpackungsfaktor von etwa 1 : 12 000 verdichtet. Chromosomen sind anfärbbar und während der →Kernteilung lichtmikroskopisch sichtbar. Jedes Chromosom besteht aus zwei am Zentromer verbundenen, nahezu identischen Strängen, den **Chromatiden.** Die Chromosomen sind in den Keimzellen einfach (haploider Chromosomensatz durch Reduktionsteilung; →Meiose), in den übrigen Zellen des Körpers paarweise (diploider Chromosomensatz) vorhanden. Die Chromosomen eines Chromosomenpaares werden als homologe Chromosomen bezeichnet, sie sind in Funktion und meist auch Form gleich. Anzahl und Form der Chromosomenpaare sind für jede Tier- und Pflanzenart charakteristisch, ihre Zahl schwankt zwischen einem und über 100. Die Keimzellen des Menschen enthalten 23, die übrigen Körperzellen 46 Chromosomen, davon sind 22 Paare **Autosomen** und ein Paar **Heterosomen** oder **Geschlechtschromosomen.** Zahl und Form der Autosomen sind in Zellen weiblicher und männlicher Organismen gleich, für die Heterosomen dagegen ungleich, ihre Verteilung ist geschlechtsbestimmend. Beim Menschen liegen X- und Y-Chromosomen vor. Weibliches Geschlecht ist durch das Vorliegen von zwei X-Chromosomen, männliches durch ein X- und ein Y-Chromosom gekennzeichnet. Ein bei der →Befruchtung im Spermium vorhandenes X- oder Y-Chromosom entscheidet über das Geschlecht eines neuen Menschen.

Der wichtigste Bestandteil der Chromosomen ist die DNA. Sie ist der stoffliche Träger der genetischen Information, kann sich und ihren Informationsgehalt verdoppeln und programmiert die Proteinsynthese der Zelle. Einzelne DNA-Moleküle durchziehen in Form langer Fäden die Chromosomen, auf denen hintereinander liegend die funktionellen Einheiten der Vererbung, die →Gene, unterschieden werden können. Die Nucleotidabfolge (Sequenz) der DNA-Moleküle der menschlichen Chromosomen wurde in einem großen internationalen Projekt entschlüsselt (→Human-Genom-Projekt). Im April 2003 galten 99,5 bis 99,8 % der Sequenz der etwa 3 Mrd. Bausteine des Genoms als bekannt. Auf dem von einem deutsch-japanischen Wissenschaftlerteam des internationalen Human-Genom-Projekts veröffentlichten Chromosom 21 liegen u. a. Gene für die Alzheimer-Krankheit, einige Formen der Epilepsie und Autoimmunkrankheiten. Von den sequenzierten Chromosomen erhoffen sich die Forscher auch Auskunft über die genetischen Ursachen von Erbkrankheiten wie bestimmten Formen von Krebs, Fettsucht, Taubheit oder Depression.

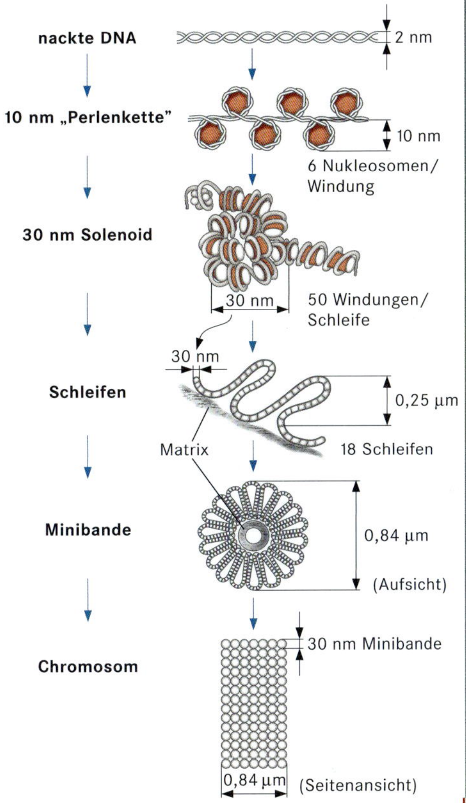


| Basenpaare/ Windungen | Packungsrate |
|---|---|
| 10 bp | 1 |
| 80 bp | 6 – 7 |
| 1200 bp | ca. 40 |
| 60000 bp | 680 |
| ca. $1{,}1 \times 10^6$ | $1{,}2 \times 10^4$ |
| 18 Schleifen/ Minibande | $1{,}2 \times 10^4$ |

**Chromosomen.** Organisationsstufen

**Chromosomen|aberration** [k-], **Chromosomenmutation,** Veränderung in der Chromosomenstruktur durch Verlust (Deletion), Austausch (Translokation), Umkehrung (Inversion) oder Verdopplung (Duplikation) eines Chromosomenstückes, wodurch die Anzahl oder die Art der Gene auf einem Chromosom verändert werden. – Abb. S. 150

**Chromosomen|anomali|en** [k-], durch Genom- oder Chromosomenaberration entstandene Veränderungen in der Zahl (numerische Chromosomenanomalien) oder Struktur (strukturelle Chromosomenanomalien) der Chromosomen, die sich als Komplex von Defekten äußern können und beim Menschen

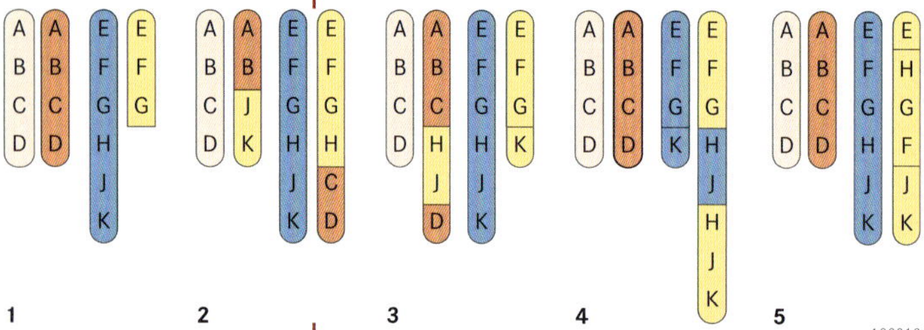

1 2 3 4 5

100912

**Chromosomenaberration.** Schema der Chromosomenmutationen; die homologen Chromosomen des einen Paares sind hell- bzw. dunkelrot, die des anderen Paares blau und gelb markiert; 1 Bruchstückverlust (Deletion), 2 wechselseitige Bruchstückverlagerung (reziproke Translokation), 3 einseitige Bruchstückverlagerung (Translokation), 4 Verdopplung eines Chromosomenabschnitts (Duplikation), 5 Umkehrung eines Chromosomenabschnitts (Inversion).

die Ursache für viele klinische Syndrome bilden, u.a. Down-Syndrom, Edwards-Syndrom, Klinefelter-Syndrom, Turner-Syndrom.

**Chromosomenmarker** [k-], bekannte Abschnitte des Erbgutes (DNA-Sequenz), die einem spezifischen Chromosom eindeutig zugeordnet werden können.

**Chronologie** [k-; griechisch »Lehre von der Zeit«] *die,* **Zeitrechnung,** Wissenschaft von der Datierung und zeitlichen Abfolge früherer Ereignisse, der →Altersbestimmung von Objekten sowie des Kalenderwesens, wobei sich die Chronologie mit der Chronometrie als der Wissenschaft von der Zeitmessung (→Zeit) überschneidet. Die Chronologie bemüht sich um einen eindeutigen absoluten oder relativen Zeitmaßstab für die vergangenen Ereignisse mit ihren Beziehungen zur Gegenwart (Zeitskala) sowie um die zeitliche Einordnung vergangener Ereignisse oder noch ablaufender Vorgänge in dieselbe.

**Chrysalis** [ç-, griechisch] *die,* Puppenstadium der Insekten.

**Chu** [tʃu:], Steven, amerikanischer Physiker, *Saint Louis (Missouri) 28. 2. 1948; 1978–87 an den AT & T Bell Laboratories tätig, seit 1987 Professor für Physik an der Stanford University. Für die Entwicklung von Methoden zur Laserkühlung erhielt er 1997 zusammen mit C. Cohen-Tannoudji und W. D. Phillips den Nobelpreis für Physik.

**Chylus** [ç-, griechisch] *der, Physiologie:* der →Milchsaft.

**Chymosin** [ç-] *das, Zoologie:* das →Labferment.

**Chymus** [ç-; von griechisch chymós »Saft«] *der, Medizin, Zoologie:* der →Speisebrei.

**Ci,** Einheitenzeichen für →Curie.

**Ciechanover,** Aaron, israelischer Biochemiker und Mediziner, *Haifa 1. 10. 1947; lehrt seit 1986 am Israel Institute of Technology (Technion) in Haifa, seit 1992 dort Professor für Biochemie. Ende der 1970er-Jahre untersuchte er als Doktorand bei Avram Hershko die Mechanismen, die zum Abbau von Proteinen im menschlichen Organismus führen. Gemeinsam mit Irwin Rose entdeckten sie 1980, dass das zuvor isolierte Protein *Ubiquitin* eine zentrale Rolle im Kreislauf des Auf- und Abbaus der Proteine spielt. Für die Aufklärung der genauen Mechanismen erhielten die drei Forscher 2004 den Nobelpreis für Chemie.

**CIM** [si:aɪ'em; Abkürzung für englisch **c**omputer **i**ntegrated **m**anufacturing, »rechnerintegrierte Fertigung«], die vollständig computergesteuerte und automatisierte Herstellung von (technischen) Produkten.

**C-Invarianz, C-Symmetrie,** *Physik:* die Invarianz einer Wechselwirkung gegenüber →Ladungskonjugation. Die C-Invarianz gilt nicht für die schwache Wechselwirkung, die z. B. beim Betazerfall verletzt ist (→CPT-Theorem).

**Cirrus** [lateinisch], *Meteorologie:* →Wolken.

**cis-,** →Stereochemie.

**CITES** [esaɪti:i:'es], Abkürzung für englisch **C**onvention on **I**nternational **T**rade in **E**ndangered **S**pecies of Wild Fauna and Flora, das →Washingtoner Artenschutzabkommen.

**Citrate,** die Salze und Ester der Zitronensäure.

**Citratzyklus, Zitronensäurezyklus, Citronensäurezyklus, Tricarbonsäurezyklus, Krebs-Zyklus,** in den Mitochondrien der tierischen und pflanzlichen Zellen ablaufender Teilprozess der der Energiegewinnung dienenden inneren Atmung. Im Citratzyklus laufen die Abbauwege aller Energie liefernden Stoffe (Kohlenhydrate, Fette, Proteine) zusammen; das Prinzip des Citratzyklus ist die Abspaltung von Wasserstoffatomen (mithilfe der Coenzyme $NAD^+$ und $FAD^+$), die zur Energiegewinnung (unter aeroben Bedingungen) der Atmungskette zugeführt werden, und die Abspaltung des Stoffwechselendprodukts Kohlendioxid. Der Citratzyklus dient aber nicht nur dem Abbau von Substanzen, sondern auch (ausgehend von einigen Zwischenprodukten des Citratzyklus) dem Aufbau, z. B. von Aminosäuren, Fettsäuren, Glucose und Häm; er nimmt daher im Zellstoffwechsel eine zentrale Stellung ein. Der Citratzyklus beginnt mit der Kondensation von Acetyl-CoA (»aktivierte Essigsäure«) mit Oxalessigsäure zu Zitronensäure, die über sieben enzymatisch katalysierte Reaktionsschritte (unter mehrfacher Umlagerung und Abspaltung zweier Kohlendioxidmoleküle sowie von acht Wasserstoffatomen) zu Oxalessigsäure abgebaut wird, mit der der Kreislauf wieder beginnt.

**Cityruf** ['sɪtɪ-], drahtloser Funkrufdienst im 465-MHz-Bereich (seit 1989 in Betrieb) zur Übermittlung von Ziffern, kurzen Texten oder Tonsignalen über Telefon oder Internet an ein Funkrufempfangsgerät (→Pager) innerhalb eines bestimmten Rufbereiches. Der Cityruf wird heute als e*Cityruf® durch die Firma e*Message betrieben.

**Cl,** chemisches Symbol für →Chlor.

**Clapeyron** [klapɛ'rɔ̃], Benoît Pierre Émile, französischer Ingenieur, *Paris 21. 2. (oder 26. 1.) 1799, † ebenda 28. 1. 1864; gab in der **clapeyronschen Dreimomentengleichung** eine mathematische Beziehung zwischen drei aufeinander folgenden Stützmomenten durchlaufender Balken an und führte das Wärmediagramm in die theoretische Thermodynamik ein. Clapeyron konstruierte auch Eisenbahnbrücken und war an der Ausführung der ersten französischen Eisenbahnlinien beteiligt.

**Clathrate** [lateinisch], →Einschlussverbindungen.

**Claude** [klo:d], Albert, belgischer Biochemiker, * Longlier (heute zu Neufchâteau, Provinz Luxemburg) 23. 8. 1899, † Brüssel 22. 5. 1983; entdeckte die →Mitochondrien; erhielt 1974 mit C. de Duve und G. E. Palade den Nobelpreis für Physiologie oder Medizin.

**Clausius,** Rudolf Julius Emanuel, deutscher Physiker, * Köslin (heute Koszalin) 2. 1. 1822, † Bonn 24. 8. 1888; Mitbegründer der mechanischen Wärmetheorie; formulierte den 2. Hauptsatz der Thermodynamik und führte den Begriff der →Entropie ein.

**Client** ['klaɪənt; englisch »Kunde«], *Informatik:* →Server.

**Clostridi|en** [zu griechisch klōstḗr »Spindel«], grampositive, anaerobe, Sporen bildende Bakterien. Beim Menschen verursacht Clostridium botulinum den Botulismus, Clostridium tetani den Tetanus und Clostridium perfringens den Gasbrand. Bei Tieren rufen Clostridien u. a. →Bradsot und →Rauschbrand hervor.

**Cluster** ['klʌstə; englisch »Klumpen«, »Traube«] *der, Physik:* als einheitliches Ganzes zu betrachtende Menge von (gegebenenfalls nur zeitweilig) zusammenhängenden Teilchen. Die Untersuchung solcher Ansammlungen von einigen wenigen bis zu mehreren zehntausend Atomen oder Molekülen ist Gegenstand der **Clusterphysik.**

**Clustermodell** ['klʌstə-, englisch], *Physik:* ein →Kernmodell.

**Cm,** chemisches Symbol für →Curium.

**C-14-Methode,** die →Radiokohlenstoffmethode.

**CMOS-Technik** [CMOS, Abkürzung für englisch **c**omplementary **m**etal **o**xide **s**emiconductor] **komplementäre MOS-Technik,** Form der →MOS-Technik zur Herstellung von Halbleiterbauelementen und integrierten Schaltungen, bei der auf einem gemeinsamen Halbleitersubstrat ein oder mehrere MOS-Feldeffekttransistoren erzeugt werden, die aus einem Feldeffekttransistor (FET) mit p-Kanal und einem dazu komplementären FET mit n-Kanal bestehen. Bei positiver Spannung an den Toren (Gates) leitet der n-Kanal-FET, bei negativer Spannung der p-Kanal-FET. Da beide Transistoren stets im Wechsel sperren und leiten, fließt praktisch kein Ruhestrom. Nur während des Umschaltens sind sie kurzzeitig beide leitend, sodass ein nennenswerter Strom fließt. Derartige CMOS-FET beziehungsweise CMOS-Schaltungen zeichnen sich durch besonders geringen Leistungsbedarf, durch geringe Störempfindlichkeit und hohe Temperaturstabilität sowie durch hohe Verarbeitungsgeschwindigkeit und großen Versorgungsspannungsbereich aus.

**CNC,** Abkürzung für englisch **c**omputerized **n**umerical **c**ontrol, computergestützte numerische Steuerung für Werkzeugmaschinen.

**C/N-Verhältnis,** Mengenverhältnis zwischen Kohlenstoff (C) und Stickstoff (N) in organischen Bestandteilen des Bodens (Humus, Ernteabfälle), wichtig für das Tempo des mikrobiellen Abbaues. Günstig ist ein enges C/N-Verhältnis (z. B. 15:1 in reifem Stapelmist) mit relativ hohem Stickstoffanteil.

**Co,** chemisches Symbol für →Kobalt.

**Cobalamin, Vitamin $B_{12}$,** →Vitamine.

**Cobalt** *das,* fachsprachlich für →Kobalt.

**Cockcroft** ['kəʊkrɔft], Sir (seit 1948) John Douglas, britischer Physiker, * Todmorden (bei Rochdale) 27. 5. 1897, † Cambridge 18. 9. 1967; baute mit E. T. S. Walton den ersten →Kaskadengenerator **(Cockcroft-Walton-Generator)** zur Teilchenbeschleunigung. Beide erhielten 1951 den Nobelpreis für Physik für ihre Pionierarbeit bei Kernumwandlungen durch hoch beschleunigte Protonen und Heliumkerne.

**CODEC** [Abkürzung für **Co**dierer/**Dec**odierer], Einrichtung zur Umsetzung von analogen Signalen (z. B. Sprache im Telefonverkehr) in eine digitale Impulsfolge zur Datenübertragung in einem digitalen Kommunikationsnetz und umgekehrt.

**Codierung, Verschlüsselung,** *Nachrichtentechnik:* die Darstellung einer Nachricht in anderer Form, das heißt die Umsetzung eines Zeichenvorrats in einen anderen. Jede Nachricht lässt sich prinzipiell durch beliebige gleichwertige Zeichenmengen ausdrücken (Sprache durch Schrift, Schrift durch Telegrafiezeichen, z. B. beim Morsealphabet, usw.). Die Umsetzungsvorschrift heißt **Code** und ist meist umkehrbar eindeutig, ermöglicht also auch eine Entschlüsselung **(Decodierung).** Die Codierung (Chiffrierung) von Informationen aus Gründen der Datensicherheit ist Gegenstand der →Kryptologie. Codes werden auch zur Fehlererkennung und -korrektur sowie zur Datenkompression verwendet.

In der Informationsverarbeitung erfolgt meist die Umsetzung einzelner Zeichen aus einem umfangreichen alphanumerischen (beziehungsweise numerischen) Zeichenvorrat in Zeichen (Zeichenfolgen) aus einem geringeren Zeichenvorrat, da diese durch Signale mit wenigen Stufen (Zuständen) übertragbar sind. Grenzfall ist der →Binärcode mit dem Zeichenvorrat 2.

**Codon** [Kunstwort] *das,* drei Nukleotide innerhalb einer Nukleinsäure (oder der mRNA), die bei der →Proteinbiosynthese den Einbau einer Aminosäure in die wachsende Polypeptidkette bewirkt. Insgesamt 64 Codons codieren nach dem →genetischen Code eine be-

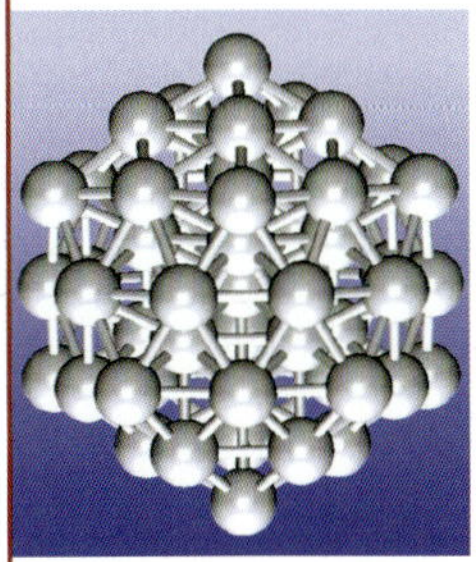

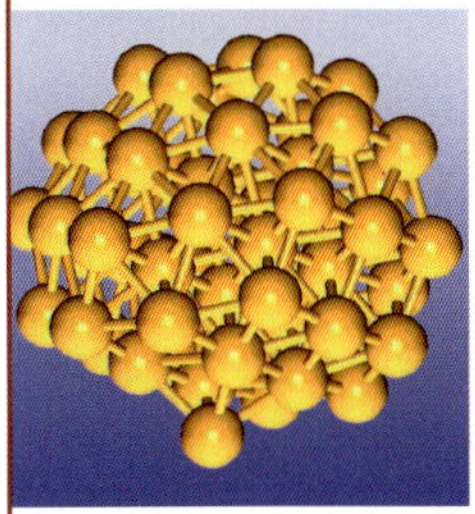

101329

**Cluster.**
Berechnete Cluster aus jeweils 55 Atomen. Silber (oben) bildet einen regulären ikosaederförmigen Kristall, Gold (unten) verhält sich eher konfus.

stimmte Aminosäure bzw. den Anfang oder das Ende der Polypeptidkette.

**Coenzym,** →Enzyme.

**Coenzym A,** Abkürzung **CoA,** wichtigstes Coenzym bei Auf- und Abbaureaktionen in der Zelle, das Carbonsäuregruppen v.a. im Zuge des Stoffwechsels übernimmt und auf andere Substrate überträgt.

**Cohen** ['kəʊɪn], Stanley, amerikanischer Biochemiker, * New York 17. 11. 1922; seit 1962 Professor in Nashville (Tennessee), entdeckte einen speziellen Epidermiswachstumsfaktor (Epithelial Growth Factor, Abkürzung EGF) und erhielt hierfür mit Rita Levi-Montalcini 1986 den Nobelpreis für Physiologie oder Medizin.

**Cohen-Tannoudji** [koˈɛn tanuˈdʒi], Claude, französischer Physiker, * Constantine (Algerien) 1. 4. 1933; seit 1973 Professor am Collège de France , seit 1982 Mitglied der Académie des Sciences. Für seine Experimente zur Laserkühlung erhielt Cohen-Tannoudji 1997 zusammen mit S. Chu und W. D. Phillips den Nobelpreis für Physik.

**Cölestin** *der,* rhombisches Mineral, $SrSO_4$, farblos, weiß, auch bläulich, Mohshärte 3–3,5; Dichte 4 g/cm$^3$; kommt v.a. in Klüften und Lösungshohlräumen oder knollenförmig in Kalk und Mergel vor; wichtigstes Strontiumerz.

**Collider** [kəˈlaɪdə, englisch] *der,* →Teilchenbeschleuniger.

**Compact Disc** [kɔmˈpækt-, englisch] *die,* **Compactdisc,** Abkürzung für →CD.

**Compoundkern** [kɔmˈpaʊnd-; englisch »Zusammensetzung«], **Verbundkern, Zwischenkern,** hoch angeregter, instabiler Atomkern, der bei einer Kernreaktion aus der Verschmelzung der Reaktionspartner **(Compoundzustand)** entsteht und nach für Kernreaktionen relativ »langer« Zeit (etwa $10^{-16}$ bis $10^{-19}$ s) unter Teilchenemission in einen neuen, stabilen Endkern übergeht.

**Compton** [ˈkɔmptən], Arthur Holly, amerikanischer Physiker, * Wooster (Ohio) 10. 9. 1892, † Berkeley (Kalifornien) 15. 3. 1962; entdeckte 1922 den →Compton-Effekt, erhielt dafür 1927 den Nobelpreis für Physik (gemeinsam mit C. T. R. Wilson); maßgebend an der Entwicklung der Atombombe beteiligt.

**Compton-Effekt** [ˈkɔmptən-; nach A. H. Compton], die Streuung elektromagnetischer Strahlung (Licht-, Röntgen-, Gammaquanten) an freien oder schwach gebundenen Elektronen **(Compton-Streuung),** wobei sich die Wellenlänge (beziehungsweise Frequenz $\nu$) der Strahlung vergrößert. Der Compton-Effekt wird als Stoß eines Photons mit einem Elektron gedeutet; die Wellenlängenänderung folgt aus dem (relativistischen) →Impulssatz und →Energiesatz beim Stoß. Der Compton-Effekt beweist den Teilchencharakter des Lichts und bestätigte erstmals die Gültigkeit der Stoßgesetze auch für Elementarvorgänge.

101331

**Computer.** Mini-PC (Modell von Hewlett Packard)

**Computer** [kɔmˈpjuːtər, englisch] *der,* **Rechner, Rechenanlage, Datenverarbeitungsanlage,** programmgesteuerte elektronische Anlage zur →Datenverarbeitung und -speicherung sowie zur Steuerung von Geräten und Prozessen. Unter Computer versteht man heute fast ausschließlich Digitalrechner. Der Begriff Computer reicht dabei vom fest programmierten Rechner, der als Steuerungsautomat z. B. in Haushaltsgeräten verwendet wird, bis zum frei programmierbaren universellen Großrechner und zum Supercomputer für kompliziertеste mathematische Aufgaben.

■ **Struktur und Arbeitsweise** Anwendungsmöglichkeiten eines Computers werden außer durch die gerätetechnischen Einrichtungen **(Hardware)** von den verfügbaren programmtechnischen Hilfsmitteln **(Software)** bestimmt, besonders von dem **Betriebssystem** (Systemsoftware), das die Abwicklung der auszuführenden Programme (Anwendersoftware) steuert und überwacht. Alle Computer besitzen ein oder mehrere Ein- und Ausgabegeräte **(Peripheriegeräte),** die über Kanäle mit der **Zentraleinheit,** dem Hauptbestandteil eines Computers, verbunden sind. Die Eingabe von Daten und Programmen geschieht meist über eine Tastatur und/oder Maus, aber auch von Massenspeichern aus oder über Telekommunikation von anderen Computern. Der Datenausgabe dienen in der Regel Bildschirme und Drucker oder Plotter. Die Zentraleinheit (meist Mikroprozessor) besteht aus einem oder mehreren Prozessoren mit **Steuerwerk** und **Rechenwerk** sowie einem **Hauptspeicher (Arbeitsspeicher).** Er enthält die auszuführenden Programme sowie die zu verarbeitenden Daten und wird heute als Halbleiterspeicher eingesetzt. Das Steuerwerk wird durch die Befehle der Software gesteuert. Es liest die Befehle aus dem Arbeitsspeicher, interpretiert sie und erzeugt die erforderlichen Steuersignale für die Befehlsausführung, die von integrierten Schaltungen, den Chips, realisiert wird. Das Rechenwerk führt die Rechenoperationen aus. Um mehr Daten und Programme speichern zu können, wird der Arbeitsspeicher eines Computers um externe Speicher (z. B. Disketten, CD-ROMs, Magnetplatten) ergänzt.

■ **Geschichte** Eine mechanische Rechenanlage mit Lochstreifensteuerung entwarf C. Babbage um 1840. Seine Idee der Programmsteuerung von Rechenanlagen und das von G. W. Leibniz entwickelte Dualsystem waren die Grundlage für die ersten elektromechanischen Relaisrechner (K. Zuse 1941, H. H. Aiken 1944). Das Konzept der internen Programmspeicherung formulierte J. von Neumann 1945. Die Geschichte der Computerentwicklung vollzog sich nach den verwendeten Bauelementen in **Computergenerationen:** Die erste

Computergeneration begann mit dem Einsatz von Elektronenröhren (1946), die zweite (1955) mit der Verwendung von Transistoren. Integrierte Schaltungen (seit 1962) bestimmten die dritte, der Einsatz hoch beziehungsweise höchst integrierter Schaltkreise (seit 1978) die vierte Computergeneration. Durch die Verwendung elektronischer und optischer Schaltelemente sind Verarbeitungsgeschwindigkeit und Speicherkapazität von Computern bei zunehmender räumlicher Miniaturisierung sehr hoch. Die Leistungsfähigkeit von Supercomputern liegt heute in der Größenordnung von über 100 Mrd. Operationen pro Sekunde.

100562

**Computer.** Der Erfinder des ersten Computers der Welt, der deutsche Ingenieur Konrad Zuse, mit einem Nachbau des sogenannten »Z 1« im Deutschen Technikmuseum Berlin

**Computergrafik,** Teil der grafischen Datenverarbeitung, der sich mit der Erzeugung, Speicherung, Bearbeitung und Ausgabe von Bildern mittels Computer und grafischer Geräte befasst. Gegenstand der Computergrafik sind von Computerprogrammen generierte grafische Darstellungen, die aus bildbeschreibenden Daten abgeleitet werden. Wichtige Anwendungen für Computergrafiken gibt es v. a. bei CAD- und CAM-Systemen, bei geometrischen Modellierungen, Animationen sowie in der Präsentationsgrafik u. a. bei der Visualisierung statistischer Daten.

**Computersatz** [kɔmˈpjuːtər-], im engeren Sinne eine Vorbereitungsstufe für automatischen Blei-, Foto- oder Lichtsatz, im weiteren Sinne eine Sammelbezeichnung für alle Setztechniken, die für die Gestaltung und das Herstellen von Druckvorlagen Computer mit der geeigneten Software einsetzen.

**Computerspiel** [kɔmˈpjuːtər-], Anwendungsprogramm für den Computer (PC). Nach der Spielidee unterscheidet man z. B. Geschicklichkeits-, Strategie-, Lern-, Logik-, Action- oder traditionelle Spiele (z. B. Schach). Der Vertrieb von Computerspielen mit Gewalt verherrlichenden, rassistischen oder pornografischen Inhalten ist verboten.

**Computerviren,** siehe Sonderartikel Seite 156.

**Concorde** [kɔ̃ˈkɔrd] *die,* von der französischen und britischen Luftfahrtindustrie entwickeltes Überschall-Verkehrsflugzeug (Mach 2,2) für 128 Passagiere; im Liniendienst bei Air France und British Airways vom 21. 1. 1976 bis zum 31. 10. 2003. Insgesamt wurden 16 Serienflugzeuge gebaut.

**Confinement** [kənˈfaɪnmənt, englisch »Einschließung«] *das, Physik:* die Erfahrungstatsache, dass die →Quarks bisher nicht als isolierte freie Teilchen beobachtet wurden, sondern nur »eingeschlossen« in Hadronen als deren Bausteine.

**Conodonten** [griechisch], bis 3 mm, selten bis 6 mm lange, meist zahnartige, lamellenförmig aus Fluor- und Carbonat-Apatit aufgebaute Fossilien in marinen Sedimenten vom Unterkambrium bis zur Oberen Trias; drei Typen: Einzelzähne, Zahnreihenconodonten und Plattformconodonten. Sie bildeten die Bezahnung der Conodontenträger, kleine, im Meer lebende, den Aalen ähnelnde, fleischfressende Wirbeltiere.

**Container** [kɔnˈteːnər, englisch] *der,* genormter Großbehälter für die Verwendung in Transportketten, besonders im kombinierten Verkehr. Container vereinfachen den Transport dadurch, dass die Versandeinheit gleich der Lade-, Transport- und Lagereinheit ist. Besondere Bedeutung hat der Container im internationalen Schiffsverkehr **(Containerschiffe).** Container erfordern spezielle Umschlagvorrichtungen **(Containerhafen, Containerterminal).**

**Coolidge** [ˈkuːlɪdʒ], William David, amerikanischer Physiker, * Hudson (Massachusetts) 23. 10. 1873, † Schenectady (New York) 3. 2. 1975; entwickelte die **Coolidge-Röhre,** eine Röntgenstrahlröhre mit Glühkathode aus Wolframdraht.

**Cooper** [ˈkuːpə], Leon N., amerikanischer Physiker, * New York 28. 2. 1930; erkannte 1956 als Erster die Möglichkeit der paarweisen Bindung von Leitungselektronen in Supraleitern **(Cooper-Paare),** die die außergewöhnlichen physikalischen Effekte der Supraleitung bewirken; erhielt 1972 für die quantenmechanische Deutung der Supraleitung (→BCS-Theorie) mit J. Bardeen und J. R. Schrieffer den Nobelpreis für Physik.

**Copolymere,** Kunststoffe, bei denen am Aufbau der Polymerkette mindestens zwei verschiedene Struktureinheiten (Monomere) beteiligt sind. Nach Anordnung der Monomere A und B unterscheidet man **alternie-**

100001

**Computer.** Laptop

rende **Copolymere** (regelmäßiger Wechsel, –A–B–A–B–), **statistische Copolymere** (unregelmäßige Verteilung, z.B. –A–A–B–A–B–B–B–) und **Blockcopolymere** mit jeweils langen Sentenzen der Struktureinheiten A und B. Bei **Pfropfcopolymeren** sind B-Segmente als Seitenketten an einer A-Kette angehängt (→Polymere).

**Corex-Verfahren,** ein →Schmelzreduktionsverfahren.

**Cori,** Carl Ferdinand, deutsch-amerikanischer Biochemiker, *Prag 5. 12. 1896, †Cambridge (Massachusetts) 19. 10. 1984; erforschte den intermediären Stoffwechsel; erhielt 1947 mit seiner Frau Gerty Theresa Cori (*1896, †1957) und B. A. Houssay für die Aufklärung der katalytischen Vorgänge beim Glykogenstoffwechsel den Nobelpreis für Physiologie oder Medizin.

**Coriolis-Kraft** [nach dem französischen Physiker Gaspard Gustave de Coriolis, *1792, †1843], Trägheitskraft, die ein bewegter Körper, von einem rotierenden Bezugssystem aus betrachtet, senkrecht zu seiner Bahn und zur Drehachse des Bezugssystems erfährt. Für einen raumfesten Beobachter tritt sie nicht auf.

**Coriolis-Kraft** Tiefdruck in der Badewanne?

Eine klassische »Stimmt's?«-Frage: Dreht sich das Wasser aufgrund der Coriolis-Kraft beim Abfluss aus der Badewanne nördlich vom Äquator anders herum als südlich vom Äquator? In der Erdatmosphäre tritt das Phänomen ohne Zweifel auf: Tiefdruckgebiete drehen sich auf der Nordhalbkugel gegen den Uhrzeigersinn, auf der Südhalbkugel hingegen im Uhrzeigersinn. Aber in der Badewanne? Im Prinzip ist die Coriolis-Kraft auch hier vorhanden, ist aber viel zu gering, um die Strudelrichtung des Wassers zu beeinflussen. Die zufälligen Faktoren – Stand der Wanne, Unebenheiten der Wannenoberfläche etc. – sorgen dafür, dass sich das Wasser unabhängig von der Position auf der Erde einmal links herum, einmal rechts herum dreht. Selbst Tornados stellen noch zu kleinräumige Wirbel dar und zeigen keine direkte Abhängigkeit von der Coriolis-Kraft.

**Cormack** ['kɔ:mæk], Allen McLeod, amerikanischer Physiker, *Johannesburg (Republik Südafrika) 23. 2. 1924; schuf um 1963 die theoretischen Grundlagen der →Computertomografie, erhielt dafür 1979 mit G. N. Hounsfield den Nobelpreis für Physiologie oder Medizin.

**Cornell** [kɔ:'nel], Eric A., amerikanischer Physiker, *Palo Alto (Kalifornien) 19. 12. 1961; an verschiedenen Forschungseinrichtungen in Boulder (Colorado) tätig, u. a. am National Institute of Standards and Technology, seit 1992 auch an der University of Colorado, seit 1995 als Professor. Cornell gelang im Juni 1995 gemeinsam mit C. E. Wieman die Erzeugung eines Bose-Einstein-Kondensats (→Bose-Einstein-Kondensation) aus Rubidiumatomen. Für seine Entdeckung wurde Cornell mit W. Ketterle und C. E. Wieman 2001 mit dem Nobelpreis für Physik geehrt.

**Cornforth** ['kɔ:nfɔ:θ], Sir (seit 1977) John Warcup, australisch-britischer Chemiker, *Sydney 7. 9. 1917; erhielt 1975 mit Vladimir Prelog für Arbeiten über die Stereochemie von Reaktionen, die durch Enzyme katalysiert werden, den Nobelpreis für Chemie.

**Corpus** [lateinisch] *das,* **1)** *Anatomie:* Bezeichnung für bestimmte Körperstrukturen, besonders Hauptteil eines Organs oder Körperteils, z. B. Corpus luteum, der Gelbkörper.

**2)** *Botanik:* Bildungsgewebe im Innern des Sprossscheitels.

**Corticosteroide** [lateinisch-griechisch] **Corticoide,** Hormone der Nebennierenrinde; gehören zur Gruppe der Steroidhormone, werden nach ihrer Wirkung in Glucocorticoide und Mineralocorticoide unterteilt.

**Corynebakterien** [griechisch korýnē »Keule«], grampositive, unbewegliche Stäbchen, häufig keulenförmig angeschwollen; **Corynebacterium diphtheriae** ist Erreger der Diphtherie. Bei Rind und Schwein sind Corynebakterien die häufigsten Eitererreger.

**Cotton-Mouton-Effekt** [kɔtɔ̃mu'tɔ̃-; nach den französischen Physikern A. Cotton, *1869, †1951, und H. Mouton] **magnetische Doppelbrechung**, durch ein Magnetfeld induzierte Doppelbrechung des Lichts in einem sonst optisch isotropen Material. Der Effekt tritt v. a. in Flüssigkeiten auf und ist viel kleiner als der →Kerr-Effekt.

**Coulomb** [ku'lɔ̃] *das,* Einheitenzeichen **C**, SI-Einheit der elektrischen Ladung (Elektrizitätsmenge): 1 C ist gleich der Elektrizitätsmenge, die während 1 s bei einem zeitlich unveränderlichen Strom der Stärke 1 A durch den Querschnitt eines Leiters fließt: 1 C = 1 As beziehungsweise 1 A · s (Amperesekunde).

**Coulomb** [ku'lɔ̃], Charles Augustin de, französischer Physiker und Ingenieur, *Angoulême 14. 6. 1736, †Paris 23. 8. 1806; führte u. a. den Begriff des magnetischen Moments ein und begründete die Theorie der elektrischen Polarisation, fand 1785 mithilfe der von ihm erbauten Drehwaage das für die Elektro- und Magnetostatik grundlegende **coulombsche Gesetz** über die zwischen elektrischen Ladungen oder Magnetpolen wirkenden Kräfte (→Elektrizität, →Magnetismus).

**Coulombmeter** [ku'lɔ̃-] *das,* →Voltameter.

**Coulometrie** [ku-] *die,* elektrochemisches Analyseverfahren, das nach dem faradayschen Gesetz die quantitative Bestimmung einer elektrolytisch umgesetzten Stoffmenge erlaubt.

**Cournand** [kur'nã], André Frédéric, französisch-amerikanischer Arzt, *Paris 24. 9. 1895, †Great Barrington (Massachusetts) 2. 2. 1988; erforschte angeborene Herzdefekte, chronische Lungenkrankheiten und verbesserte die von W. Forßmann eingeführte Herzkatheterisierung. Cournand erhielt 1956 mit Forßmann und D. W. Richards den Nobelpreis für Physiologie oder Medizin.

**Cowper,** Edward Alfred, britischer Ingenieur, * 10. 12. 1819, † Weybridge (heute zu Walton and Weybridge, County Surrey) 9. 5. 1893; erfand den **Cowper-Apparat** (→Winderhitzer) an Hochöfen, führte 1868 die Tangentialspeichen beim Fahrrad ein.

**CP-Invarianz, CP-Symmetrie,** Symmetrieprinzip, nach dem bei allen Wechselwirkungen in mikrophysikalischen Systemen die Naturgesetze unverändert bleiben, wenn neben einer Raumspiegelung (Paritätstransformation *P*) die Teilchen durch ihre Antiteilchen ersetzt werden, d. h. eine Ladungskonjugation *C* vorgenommen wird. Nach dem →CPT-Theorem folgt die CP-Invarianz aus der Invarianz gegenüber Zeitumkehr, d. h., nicht jeder physikalische Prozess ist dem im zeitlichen Ablauf umgekehrt verlaufenden Prozess gleichwertig. Im Unterschied zu allen anderen Wechselwirkungen besitzt die schwache Wechselwirkung, die z. B. den Betazerfall bestimmt, keine CP-Invarianz **(CP-Verletzung).** Das konnte 1964 erstmals durch Untersuchungen des Zerfalls von langlebigen, neutralen $K^0_L$-Mesonen in Pionen gezeigt werden. 2001 gab es erste Hinweise für die CP-Verletzung außerhalb des Systems der neutralen Kaonen, nämlich bei den B-Mesonen. Hauptziel der neueren Experimente ist die Aufklärung der Ursache der CP-Verletzung. Man vermutet, dass mit der CP-Verletzung das Ungleichgewicht zwischen Materie und Antimaterie in unserem heutigen Universum zu erklären ist.

**CPT-Theorem,** eine Aussage der theoretischen Physik, nach der die Gleichungen zur Beschreibung physikalischer Gesetze unverändert bleiben, wenn darin gleichzeitig alle Teilchen mit ihren Antiteilchen vertauscht (Ladungskonjugation *C*), der Raum gespiegelt (Paritätstransformation *P*) und die Zeitrichtung umgekehrt werden (Zeitumkehr *T*); man spricht daher von **CPT-Invarianz.** Bis zur Entdeckung der Nichterhaltung der →Parität 1957 nahm man an, dass die Naturgesetze bei allen Wechselwirkungen gegenüber jeder einzelnen dieser drei Operationen invariant seien. Heute ist sicher, dass die schwache Wechselwirkung keine der diskreten Symmetrien *C, P, T* und *CP* aufweist.

**Cr,** chemisches Symbol für →Chrom.

**Cracken** ['krækən; englisch to crack »spalten«], Aufspaltung von Kohlenwasserstoffmolekülen in kleinere Bruchstücke. Das Cracken kann allein durch hohe Temperatur (thermisches Cracken) oder durch zusätzliche Anwendung von Katalysatoren (katalytisches Cracken) erreicht werden. Die Spaltung erfolgt an irgendeiner Stelle der Kohlenwasserstoffkette.

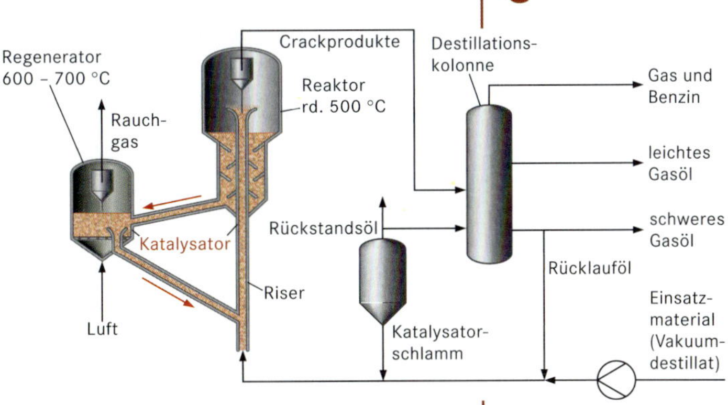


**Cracken.** Schematische Darstellung einer katalytischen Crackanlage nach dem Fließbettverfahren

Im Gegensatz zum →Hydrocracken entstehen beim Cracken stets auch ungesättigte Verbindungen. Das Cracken ist ein wichtiges Verfahren der Erdölverarbeitung, bei dem höher siedende Destillate und Destillationsrückstände in Benzin und Mitteldestillate umgewandelt werden. Das →Steamcracken dient demgegenüber der Herstellung von chemischen Grundstoffen wie Ethylen und Propylen (→Petrochemie). Das **thermische Cracken** läuft über Radikale ab und benötigt Temperaturen bis 800 °C. Eine Variante, bei der bei etwa 450 °C gespalten wird, ist das **Visbreaking,** bei dem die Destillationsrückstände zum Teil in Benzin und Mitteldestillate umgewandelt werden. **Cokingverfahren** verwenden anstelle eines Katalysators feinstverteilten Koks und erreichen bei Reaktionstemperaturen über 510 °C eine vollständige Umwandlung der Destillationsrückstände in Petrolkoks und flüchtige Crackprodukte.

Beim **katalytischen Cracken** werden heute fast ausschließlich Zeolithe als Katalysatoren eingesetzt. Vorteile gegenüber dem thermischen Cracken sind die niedrigere Reaktionstemperatur, der geringere Gasanfall und die höhere Klopffestigkeit des Crackbenzins. Der Katalysator muss kontinuierlich regeneriert werden. Bei dem verbreiteten **Fließbettverfahren** wird ein feinkörniger Katalysator verwendet, der sich im aufgewirbelten Zustand zwischen Reaktor und Regenerator hin- und hertransportieren lässt.

**Cracken**
→ GEO **Dossier**
Vorstoß in die Welt des Kleinsten, Bd. 8

**Cram** [kræm], Donald, amerikanischer Chemiker, * Chester (Vermont) 22. 4. 1919, † Palm Desert (Kalifornien) 17. 6. 2001; forschte auf dem Gebiet der Komplex- und Enzymchemie. 1987 erhielt er für die Entwicklung und Verwendung von Molekülen mit hochselektiver, strukturspezifischer Wechselwirkung den Nobelpreis für Chemie (mit Jean-Marie Lehn und Charles Pedersen).

565

**Donald Cram**

**Crashtest** ['kræʃ-; englisch crash »Zusammenstoß«], Versuchsverfahren zur Untersuchung des Verhaltens von Kraftfahrzeugen und Insassen bei Unfällen. Beim Crashtest prallt das meist mit Testpuppen (Dummys)

*Fortsetzung S. 158*

# Computerviren

Computerviren (Einzahl: *der* Computervirus) sind keine Viren, die Lebewesen befallen und infizieren. Doch ähnlich wie ihre biologischen Vorbilder sind sie in der Lage, sich zu vervielfältigen und weiter zu verbreiten – allerdings nur von Computer zu Computer. Es handelt sich nämlich um kleine Programme, welche Dateien oder die Systembereiche eines Computers verändern oder schädigen. Dazu hängen sich diese Programme an bestehende Programm- oder Dokumentdateien an. Sobald die befallenen Dateien ausgeführt werden, wird auch der Virus aktiv. Der Bereich der Virusaktivitäten ist vielfältig: Fast immer sorgen sie für ihre Weiterverbreitung. Daneben spähen sie Daten aus, verändern Daten oder lösen unerwünschte Aktionen aus. Schätzungen besagen, dass derzeit etwa 100 000 unterschiedliche Computerviren existieren. Die Zuwachsrate wird auf etwa 3000 bis 10 000 neue Viren pro Jahr geschätzt.

**Computerviren**
→ GEO **Dossier**
Weltweit verwoben, Bd. 8

## Virenstämme

Viren tragen oft Fantasienamen wie »Michelangelo« oder »Sober«, die ihnen von Anwendern oder Zeitschriften aufgrund irgendwelcher Besonderheiten gegeben wurden. Die Namen verraten also nur selten, welche Art von Virus vorliegt. Unterteilt werden Viren einerseits nach den Dateien, die sie befallen, andererseits nach ihrem Verhalten. Die hauptsächlichen Virentypen sind Dateiviren, Boot-Sektor-Viren und Makroviren.

**Dateiviren** kopieren sich meist in Programmdateien. Sie werden aktiv, sobald ein Benutzer das befallene Programm oder die Datei aufruft. Dann suchen sie selbsttätig weitere Programmdateien, die noch nicht befallen sind, und kopieren sich in deren Code.

**Boot-Sektor-Viren** kopieren sich in den Boot-Sektor von Festplatten oder Disketten. Sie werden somit beim Start des Computers aktiv.

**Makroviren** verbreiten sich nicht über Programme, sondern über Dokumente. Alle Makroviren benutzen Makro- oder Script-Sprachen, die in vielen Dokumenten wie Texten oder Tabellen benutzt werden, etwa VBA (Visual Basic for Applications). Die Befehle dieser Sprachen erlauben weitgehende Zugriffe auf Dateien und Datenträger, daher können sich aktive Makroviren auf einfache Weise verbreiten und erheblichen Schaden anrichten.

Eine andere Klassifizierung geht von den verschiedenen Formen der Computerviren aus.

**Polymorphe Viren** können ihren eigenen Programmcode ändern und sich so den Nachstellungen von Antivirenprogrammen entziehen.

**Tarnkappenviren- (Stealth)Viren** reagieren auf Antivirenprogramme und deren Versuche, sie ausfindig zu machen, beispielsweise, indem sie ihren eigenen Code verschlüsseln.

**Residente Viren** verbleiben ständig im Arbeitsspeicher, während die Mehrzahl der Viren nur aktiv wird und sich kopiert, wenn das Wirtsprogramm aufgerufen wird.

## Weitere Erreger

Obwohl es sehr viele unterschiedliche Viren gibt, machen sie heute nur noch einen geringen Teil der Bedrohung aus. In den letzten Jahren haben andere »Erreger« drastisch an Bedeutung gewonnen, darunter die sog. Trojaner und allen voran die sog. Würmer – Letztere stellen seit wenigen Jahren mit weit über 90 Prozent die meisten Angreifer auf die Computerdaten. Alle diese Erreger werden ebenfalls unter dem Oberbegriff »Computerviren« geführt, obwohl ihr Verhalten teilweise völlig anders ist:

**Würmer** breiten sich vor allem in Netzwerken aus – nicht zuletzt im Internet. Sie kopieren sich oft in den Arbeitsspeicher des Computers und hängen fortan Kopien von sich selbst an Daten an, die zu anderen Rechnern gesandt werden.

**Trojanische Pferde** tarnen sich als Anwendungsprogramme. Werden sie aufgerufen, spionieren sie etwa Daten aus und senden sie meist unbemerkt an einen Empfänger.

**Hoax** sind oft kurze E-Mails, die vor einem neuen, noch unauffindbaren Virus warnen und dazu auffordern, diese Meldung schnellstens an alle möglichen Empfänger weiterzuleiten. Das kann zu einem »Verstopfen« der Mailsysteme führen.

**Dialer** greifen in die Kommunikationsinfrastruktur der Rechner ein. Sie enthalten meist Telefonnummern zu Anschlüssen im Ausland, deren Anwahl hohe Kosten verursacht. Diese Nummern versuchen die Dialer vom Computer aus anzurufen, sobald die Leitung frei ist. Betroffen sind vor allem Besitzer von Modems und ISDN-Anschlüssen, bei denen der Rechner tatsächlich eine Einwahlverbindung ins Telefonnetz aufbauen kann. Bei DSL-Anschlüssen gehen die Versuche der Dialer ins Leere.

## Firewalls und Antivirenprogramme

Ähnlich wie bei biologischen Infektionen gibt es gegen Computerviren eine aktive sowie eine passive »Immunisierung«. Die aktive Abwehr besteht in einer ständigen Überwachung der Zugangskanäle zum Rechner, also der Laufwerke sowie der Kommunikationsprogramme- und verbindungen, während passive Abwehr schlichtweg bedeutet, dass man empfindliche Daten ständig sichert, um im Bedarfsfall auf nicht infizierte Daten zurückgreifen zu können.

Firewalls sind heutzutage die meist benutzen Wege zur Abschottung eines kompletten Netzwerks. Dabei müssen zwei gegensätzliche Forderungen miteinander vereint werden: Zum einen soll nämlich die Sicherheit im internen Netz so hoch wie möglich sein, zum anderen soll die Kommunikation nicht gestört werden. Oft sind Firewalls nur Software (also Spezialprogramme), es werden aber auch ganze Rechner (mit entsprechenden Programmen) als Firewalls eingesetzt. Hauptkennzeichen einer Firewall ist, dass der Zugang zum Internet immer über sie stattfindet, dass sie also als Filter zur Außenwelt dient. In einem Firmennetz lässt sich die Überwachung nur mit separaten Firewall-Rechnern effektiv und stabil durchführen.

Ein Antivirenprogramm arbeitet entweder auf Abruf, d. h., es muss vom Benutzer eigens gestartet werden, oder aber kontinuierlich (sog. Virenwächter). Letztere werden beim Start des Computers automatisch in den Arbeitsspeicher geladen und bleiben dort aktiv; bei jedem Speicherzugriff prüfen sie die dabei transportierten Daten. Erkannt werden Viren oft an ihrer Signatur, einer charakteristischen Sequenz des Viren-Programmcodes.

100562

Computerprogramme, hier der Wurm »W32.Blaster« können – wie im August 2003 geschehen – innerhalb von Stunden Hunderttausende Computer befallen.

Antivirenprogramme können nur unter zwei Voraussetzungen wirksam eingesetzt werden: Erstens sollte regelmäßig und häufig genug ein Virencheck aller Laufwerke bewusst ausgelöst werden (der Hintergrundbetrieb reicht nicht), damit die Daten auch vollständig überprüft sind, zweitens müssen die gespeicherten Virensignaturen und -muster ständig durch Updates auf den aktuellen Stand gebracht werden.

Einen gewissen Schutz bedeutet auch ein vorsichtiger Umgang mit E-Mail-Anhängen, Disketten und anderen Datenträgern, insbesondere, wenn nicht eindeutig feststeht, woher sie stammen.

Marie Curie
* 1867, † 1934

565

- entdeckte die radioaktiven Elemente Polonium und Radium
- erhielt zweimal den Nobelpreis (Physik und Chemie)

*Fortsetzung von S. 155*

besetzte Fahrzeug gegen ein starres Hindernis oder eine deformierbare Barriere; gemessen und beurteilt werden beim Crashtests die Karosserieverformungen, der Zeitpunkt der Airbagauslösung und das Eindringen von Lenkrad, Armaturenbrett und Pedalen sowie das Verletzungsrisiko der Passagiere.

**Crick,** Francis, britischer Biochemiker, * Northampton 8. 6. 1916, † San Diego (Kalifornien) 28. 7. 2004; entwickelte mit James Watson ein Modell für die räumliche Struktur der DNA-Moleküle **(Watson-Crick-Modell).** Crick erhielt mit Maurice Wilkins und Watson 1962 den Nobelpreis für Physiologie oder Medizin.

**Crompton** ['krʌmptən], Samuel, britischer Erfinder, * Firewood Fold (bei Bolton) 3. 12. 1753, † Bolton 26. 6. 1827; entwickelte bis 1779 eine periodisch arbeitende Spinnmaschine (»Mule Jenny«).

**Cronin** ['krəʊnɪn], James Watson, amerikanischer Physiker, * Chicago (Illinois) 29. 9. 1931; erhielt für die Entdeckung von Verletzungen fundamentaler Symmetrieprinzipien (→CPT-Theorem) beim Zerfall neutraler K-Mesonen 1980 zusammen mit V. L. Fitch den Nobelpreis für Physik.

**Crookes** [krʊks], Sir (seit 1897) William, britischer Physiker und Chemiker, * London 17. 6. 1832, † ebenda 4. 4. 1919; entdeckte 1861 das Thallium, erfand 1874 das Radiometer, untersuchte die elektrischen Entladungen in verdünnten Gasen und charakterisierte die →Kathodenstrahlen.

**Crossing-over** [-'əʊvə, englisch] *das,* **Cross-over, Genaustausch, Faktorenaustausch,** *Genetik:* wechselseitiger, im Prophasestadium der ersten meiotischen Teilung (→Meiose) stattfindender Stückaustausch zwischen homologen Chromatidenpartnern bei der Chromosomenpaarung.

**Crutzen** ['krytsə], Paul, niederländischer Chemiker und Meteorologe, * Amsterdam 3. 12. 1933; betreibt Forschung zur Chemie der Stratosphäre, insbesondere zum →nuklearen Winter und zur Entstehung des →Ozonlochs; erhielt 1995 zusammen mit Mario Molina und Frank Rowland den Nobelpreis für Chemie.

**Cs,** chemisches Symbol für →Cäsium.

**CSB,** Abkürzung für →**c**hemischer **S**auerstoff**b**edarf.

**C-Symmetrie,** *Physik:* die →C-Invarianz.

**CT-Komplexe,** die →Charge-Transfer-Komplexe.

**Cu,** chemisches Symbol für →Kupfer (lateinisch Cuprum).

**Cumulus** [lateinisch] *der,* Haufenwolke, →Wolken.

**Cuprum** [lateinisch] *das,* →Kupfer.

**Curie** [ky'ri] *das,* **Ci,** veraltete Einheit der Aktivität eines radioaktiven Strahlers. 1 Ci entspricht $3{,}7 \cdot 10^{10}$ Zerfallsakten pro Sekunde ($3{,}7 \cdot 10^{10}$ →Becquerel).

**Curie** [ky'ri], **1)** Irène, französische Physikerin, →Joliot-Curie, Irène.

**2)** Marie, geborene Skłodowska, französische Chemikerin und Physikerin polnischer Herkunft, * Warschau 7. 11. 1867, † Sancellemoz (Département Haute-Savoie) 4. 7. 1934, ⚭ mit Pierre Curie; ab 1906 Nachfolgerin ihres Mannes als Professorin für Physik an der Sorbonne, übernahm 1914 die Leitung des Institut du radium in Paris. Entdeckte 1898 gemeinsam mit ihrem Mann die radioaktiven Elemente Polonium und Radium (dafür Nobelpreis für Chemie 1911).

Schon 1903 war sie gemeinsam mit ihrem Mann und Antoine Becquerel für ihre Untersuchungen der Radioaktivität mit dem Nobelpreis für Physik ausgezeichnet worden.

**3)** Pierre, französischer Physiker, * Paris 15. 5. 1859, † ebenda 19. 4. 1906, ⚭ mit Marie Curie; ab 1904 Professor an der Sorbonne in Paris. Curie entdeckte 1880 die Piezoelektrizität der Kristalle und zusammen mit seiner Frau 1898 die radioaktiven Elemente Polonium und Radium. Mit ihr und A. H. Becquerel erhielt er 1903 den Nobelpreis für Physik.

**Curie-Gesetz** [ky'ri-], von P. Curie gefundenes Gesetz, nach dem bei vielen paramagnetischen Stoffen die magnetische →Suszeptibilität $\chi_m$ der absoluten Temperatur $T$ umgekehrt proportional ist: $\chi_m = C / T$, wobei $C$ die stoffabhängige **Curie-Konstante** ist.

**Curie-Temperatur** [ky'ri-], **Curie-Punkt,** die Temperatur, oberhalb der sich ein ferromagnetisches Material paramagnetisch verhält. Sie beträgt für Eisen 768 °C.

**Curium** [nach Marie und Pierre Curie] *das,* **Cm,** künstliches radioaktives Element aus der Gruppe der →Transurane, ein →Actinoid, Ordnungszahl 96; Isotope 236–251, am häufigsten ist $^{244}$Cm (Halbwertszeit 18,11 Jahre). Das silberweiße, duktile, an der Luft sehr unbeständige Metall ist ein starker Alphastrahler. Es fällt in Kilogramm-Mengen in Kernreaktoren an. Wegen seiner langen Halbwertszeit könnte $^{247}$Cm (15,6 Mio. Jahre) noch in Spuren in der Erdkruste vorhanden sein.

Curiumisotope werden in Isotopenbatterien zur Stromversorgung und als Strahlungsquellen verwendet.

**Curl** [kə:l], Robert, amerikanischer Chemiker, * Alice (Texas) 23. 8. 1933; entdeckte bei der Laserverdampfung von Graphit die Fullerene, wofür er 1996 gemeinsam mit Harold Kroto und Richard Smalley den Nobelpreis für Chemie erhielt.

**Cuticula,** →Kutikula.

**Cuvier** [ky'vje], Georges Baron de, französischer Naturforscher, * Montbéliard 23. 8. 1769, † Paris 13. 5. 1832; teilte das Tierreich in vier Typen: Wirbel-, Weich-, Glieder- und Strahltiere; Mitbegründer der wissenschaftlichen Paläontologie. Nach seiner »Katastrophentheorie« ist das Leben periodisch durch

Katastrophen vernichtet und wieder erschaffen worden.

**CVD-Verfahren** [Abkürzung für englisch **c**hemical **v**apor **d**eposition], die Abscheidung verschleiß- und korrosionsschützender Schichten auf Werkstücken, v. a. Titancarbid, Titannitrid, Chromcarbid, Eisenboride. Im Gegensatz zum Aufdampfen entsteht das aufzubringende Material chemisch aus der Gasphase bei Temperaturen zwischen 500 und 1 100 °C, vorzugsweise zwischen 800 und 1 000 °C. Auch zur Abscheidung von Dotierungselementen auf Halbleiteroberflächen oder von hochreinen Gläsern auf einem Substrat eignet sich das CVD-Verfahren.

**$c_w$-Wert, Widerstandsbeiwert,** Formelzeichen $c_w$, experimentell bestimmte, dimensionslose Kennzahl, welche die aerodynamische Güte eines Körpers kennzeichnet; Körper (z. B. Kraftfahrzeuge) mit geringerem $c_w$-Wert sind »windschlüpfiger«.

**Cyanate,** Salze und Ester der Cyansäure.

**Cyanide,** Salze der Blausäure.

**Cyanidlaugung, Cyanidlaugerei,** Gold- und Silbergewinnungsverfahren mithilfe von Natriumcyanid; die Edelmetalle werden als Cyanokomplexe aus dem gemahlenen Erz gelöst und dann elektrolytisch abgeschieden. In Abwässern von Cyanidlaugereien besteht durch das giftige Cyanid ein erstes Umweltproblem. Die Cyanide lassen sich u. a. durch Hypochlorit oder Wasserstoffperoxid oxidativ entfernen.

**Cyanobakteri|en, Cyanophyta, Blaualgen,** einzellige oder zu Kolonien beziehungsweise Zellfäden verbundene, meist sehr kleine, vorwiegend blau- oder olivgrüne, aber auch rote oder schwarze, autotrophe →Prokaryonten. Cyanobakterien sind bis in arktische Bereiche verbreitet, können jedoch auch in heißen Quellen leben; frei schwebend in Seen bilden sie die »Wasserblüte«; einige Arten sind giftig.

**Cyansäure,** farblose, unbeständige Säure mit der Normalform H–O–C≡N; ihre Salze heißen **Cyanate.** Die tautomere Isoform H–N=C=O (Isocyansäure) bildet Isocyanate. Eine weitere isomere Form der Cyansäure ist die wenig beständige Knallsäure, HCNO; deren Salze (Fulminate), z. B. Knallsilber, sind äußerst explosiv. **Cyanursäure** ist eine trimere Form der Cyansäure. Ihre Chlorderivate werden in Scheuer- und Geschirrspülmitteln sowie als Desinfektionsmittel verwendet. **Cyanurchlorid** wird u. a. zu Herbiziden und Reaktivfarbstoffen weiterverarbeitet.

**Cyanverbindungen,** chemische Verbindungen mit der Atomgruppe CN–, die in ihren chemischen Eigenschaften dem Halogenidion ähnlich ist **(Pseudohalogenid).**

Die einfachste Cyanverbindung ist die Blausäure. Ihre Salze sind die **Cyanide,** z. B. das weiße, leicht lösliche, giftige **Kaliumcyanid,** KCN. Einige komplexe Cyanide, wie das **Blutlaugensalz,** haben wissenschaftliche und technische Bedeutung. Die Alkalicyanide werden in der Cyanidlaugung und in der Galvanotechnik verwendet, **Calciumcyanid,** $Ca(CN)_2$, zur Schädlingsbekämpfung. Durch Aufnahme von Schwefel gehen die Cyanide in die Thiocyanate über.

**Cyanwasserstoff,** die →Blausäure.

**Cyberspace** ['saɪbəspeɪs, englisch »künstlicher Raum«], von dem Science-Fiction-Autor W. Gibson in seinem Roman »Neuromancer« (1984 deutsch) geprägter Begriff für eine von Computern generierte, vernetzte Welt; auch als Oberbegriff für weltumspannende Kommunikationsnetze (z. B. Internet) verwendet (→virtuelle Realität).

**Cyclamate,** Salze der Cyclohexylsulfaminsäure, künstliche →Süßstoffe, die kalorienfrei und kochbeständig sind und rasch durch Nieren und Darm ausgeschieden werden; z. B. Natriumcyclamat.

**cyclische Verbindungen,** →zyklische Verbindungen.

**Cyclo|alkane,** →Alkane.

**Cyclo|alkene, Cycloolefine,** ungesättigte alizyklische Kohlenwasserstoffe der allgemeinen Formel $C_nH_{2n-2}$.

**Cyclohexan,** flüssiger Kohlenwasserstoff, der im Erdöl vorkommt und technisch durch Hydrierung von Benzol hergestellt wird. Cyclohexan und seine Derivate **Cyclohexanol** und **Cyclohexanon** werden als Lösungsmittel und als Ausgangsstoff für die Herstellung von Adipinsäure und Caprolactam verwendet.

**Cystein** *das,* Abkürzung **Cys,** schwefelhaltige nichtessenzielle Aminosäure, die im Zellstoffwechsel eine bedeutende Rolle spielt; Proteinbaustein. Oxidation der SH-Gruppen zweier Cysteinmoleküle führt zur Bildung von Disulfidbrückenbindungen zwischen zwei Proteinketten **(Insulin),** flächenförmiger »Vernetzung« **(Keratin),** Bildung von Schlingen **(Trypsin).**

**Cystin** [griechisch] *das,* schwefelhaltige Aminosäure mit Disulfidbindung, Oxidationsprodukt des Cysteins. Vorkommen in Hornsubstanzen. Auftreten von Cystin im Harn **(Cystinurie)** kann zur Bildung von Harnsteinen führen.

**cyt(o)...** [griechisch], **zyt(o)...,** zell...

**Cytochrome, Zytochrome,** Hämoproteine, die u. a. an der Zellatmung als Redoxkatalysatoren, an der →Fotosynthese oder an Hydroxylierungsreaktionen beteiligt sind.

**Cytosomen,** *Zellbiologie:* Sammelbezeichnung für membranumschlossene Bläschen, die durch Abschnürungen aus dem endoplasmatischen Retikulum oder den Dictyosomen entstehen.

**Czochralski-Verfahren** [tʃɔx-], →Kristallzüchtung.

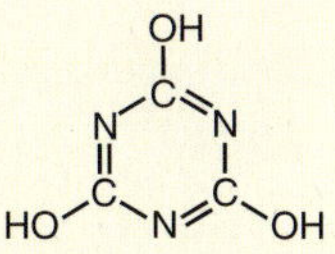

Cyanursäure

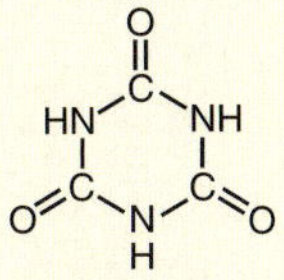

Isocyanursäure

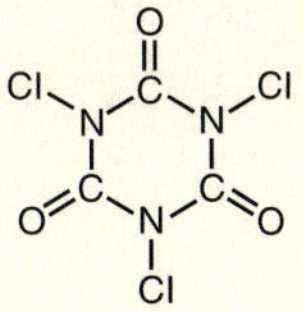

Trichlorisocyanurat

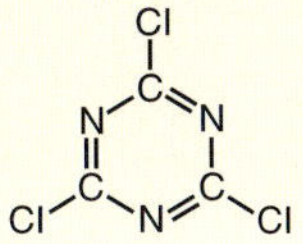

Cyanurchlorid

**Cyansäure**

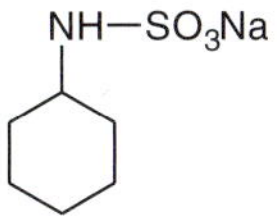

**Cyclamate.**
Natriumcyclamat

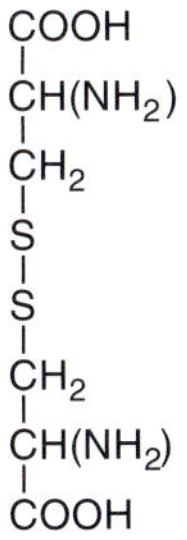

**Cystin**

# D

**d, D, 1)** *Chemie:* **d,** vor Verbindungen Zeichen für optisch rechtsdrehend (dextrogyr); **D,** Symbol für →Deuterium.

**2)** *Einheitenzeichen:* **d** für Tag.

**3)** *Formelzeichen: D* für →Brechwert; *D* für →elektrische Flussdichte.

**4)** *Physik:* **d,** Symbol für das →Deuteron.

**5)** *Vorsatzzeichen:* **d** für →Dezi.

**°d,** Kurzzeichen für die →Wasserhärte in deutschen Härtegraden.

**da,** Vorsatzzeichen für →Deka.

**DAB,** Abkürzung für englisch **d**igital **a**udio **b**roadcasting, →digitaler Hörfunk.

**Dachse, Melinae,** Unterfamilie der Marder. Der **Europäische Dachs** (Meles meles) ist 60–80 cm lang; am weißen Kopf je ein schwarzer Längsstreifen über Augen und Ohren; starke Grabkrallen an den Vorderbeinen, eine Drüsentasche am After, kurzer Schwanz, gelblich graues Rückenfell mit langen, harten Grannenhaaren; Bauchseite bräunlich schwarz; Allesfresser. Dämmerungs- und Nachttier, lebt in selbst gegrabenen Bauen und hält keinen echten Winterschlaf. In Südostasien lebt der **Schweinsdachs** (Arctonyx collaris); auf Borneo, Sumatra und Java kommt der **Malaiische Stinkdachs** oder **Teledu** (Mydaus javanensis) vor; der **Philippinen-Stinkdachs** (Suillotaxus marchei) gehört einer eigenen Gattung an. Der **Amerikanische** oder **Silberdachs** (Taxidea taxus) bewohnt die Prärie Nordamerikas. Marderähnlich wirken die **Sonnendachse** (Melogale). Den Dachsen verwandt sind die Honigdachse.

**Daimler,** Gottlieb Wilhelm, deutscher Maschinenbauingenieur, * Schorndorf 17. 3. 1834, † Cannstatt (heute zu Stuttgart) 6. 3. 1900; neben C. →Benz Schöpfer des modernen Kraftwagens. Daimler wirkte 1872–81 als technischer Direktor der Gasmotorenfabrik Deutz AG. 1882 gründete er mit W. →Maybach eine Versuchswerkstätte in Cannstatt, wo er 1883 einen Einzylinder-Viertakt-Benzinmotor mit Glührohrzündung (Patent 1883) entwickelte. Einen seiner ersten Motoren baute Daimler 1885 in ein hölzernes Zweirad ein; 1886 wurden ein Boot und eine Kutsche mit einem Daimler-Motor ausgerüstet. 1890 wurde die durch den Mercedes-Kraftwagen, das erste moderne Automobil (1900/01, Vierzylindermotoren seit 1899), bekannte **Daimler-Motoren-Gesellschaft** gegründet, der Daimler seit 1895 als Mitglied des Aufsichtsrats angehörte.

**Dale** [deɪl], Sir (seit 1932) Henry Hallet, britischer Physiologe und Pharmakologe, * London 5. 6. 1875, † Cambridge 22. 7. 1968; erhielt 1936 mit O. Loewi für die Entdeckungen bei der chemischen Übertragung von Nervenimpulsen durch Neurotransmitter den Nobelpreis für Physiologie oder Medizin.

**Dalton,** John, britischer Chemiker und Physiker, * Eaglesfield (County Cumbria) 5. oder 6. 9. 1766, † Manchester 27. 7. 1844; eignete sich im Selbststudium umfangreiche naturwissenschaftliche und mathematische Kenntnisse an; war Lehrer in Kendal (bereits 1781) und am New College in Manchester (1793–1800), danach Privatgelehrter und Sekretär, seit 1817 Präsident der Manchester Literary and Philosophical Society.

3046

**Dachse.** Europäischer Dachs

Dalton befasste sich zunächst mit meteorologischen Forschungen, entdeckte 1798 (an sich selbst) die Erscheinung der Farbenfehlsichtigkeit (auch als »Daltonismus« bezeichnet), untersuchte dann die physikalischen Eigenschaften (v. a. die Absorption) von Flüssigkeiten und Gasen, besonders das Verhalten von Gasgemischen, und entdeckte 1801 das später nach ihm benannte **daltonsche Gesetz** über den →Partialdruck, das er 1803 veröffentlichte. Im gleichen Jahr stellte er auch seine an newtonsche Gedankengänge anknüpfende chemische Atomtheorie auf **(Atomismus)**, deren entscheidender neuer Gesichtspunkt der war, dass sich die Atome verschiedener chemischer Elemente nicht in ihrer Gestalt, sondern in ihrem »Atomgewicht« unterscheiden; alle Atome eines Elements sollten physikalisch und chemisch identisch, insbesondere gleich schwer sein. Auf dieser Grundlage konnte er die aus Versuchen anderer bereits bekannte Tatsache erklären, dass beim Zusammentritt chemischer Elemente zu Verbindungen ihre Gewichtsverhältnisse in einfachen Proportionen zueinander stehen. Mit seinem 1804 entdeckten **Gesetz der konstanten und multiplen Proportionen** (Stöchiometrie) konnte er Aussagen zu den auftretenden Mengenverhältnissen machen. Die von ihm entwickelte chemische Zeichensprache konnte sich allerdings nicht gegen die von Jakob Berzelius entwickelte durchsetzen.

**John Dalton**
*** 1766, † 1844**

100880

- arbeitete über physikalische Eigenschaften von Gasen
- entwickelte eine grundlegende Atomtheorie
- erkannte die gleichbleibende Stöchiometrie chemischer Verbindungen

**Dạm,** Carl Peter Henrik, dänischer Biochemiker, * Kopenhagen 21. 2. 1895, † ebenda 17. 4. 1976; arbeitete u. a. über Probleme des Stoffwechsels und der Ernährung. Dam erhielt 1943 für die Entdeckung des Vitamins K mit E. A. Doisy den Nobelpreis für Physiologie oder Medizin.

**Damhirsche, Damwild, Dama dama,** zur Unterfamilie der **Echthirsche** (Cervinae) gehörende Hirschart mit zwei Unterarten. Der **Europäische Damhirsch** (Dama dama dama) hat eine Schulterhöhe von 80–90 cm, ist rotbraun mit weißlicher Fleckung und besitzt ein Schaufelgeweih. Der größere **Mesopotamische Damhirsch** (Dama dama mesopotamica) lebt heute nur noch in Südwestiran.

**Damm,** länglicher Baukörper aus Erde, Kies, Schotter oder Schüttsteinen von trapezförmigem Querschnitt; dient als Deich, Staudamm, Umwandung von künstlichen Speicherbecken, als Rampen an Brücken sowie als Unterbau von Verkehrswegen und Kanälen.

**Dämmstoffe,** *Bautechnik:* poröse Stoffe mit niedriger Rohdichte, die meist in Form von Matten, Platten oder Schüttungen zur **Wärmedämmung** (Kälteschutz) und/oder zur **Schalldämmung** (Vermeidung der Entstehung von Schallschwingungen, Verminderung ihrer Übertragung) dienen. Als organische Dämmstoffe werden Holzprodukte (Holzspan- und Holzfasererzeugnisse) und Kunstharzschäume (Schaumstoffe) sowie auch Kork, Torf, Stroh, Seegras, Kokosfasern genutzt. Anorganische Dämmstoffe sind Kieselgur, Blähperlit, Blähglimmer, Schaumsand und -glas. Die Wärmedämmung poriger Stoffe beruht auf dem Anteil eingeschlossener Luftteilchen.

**Dampf,** die gasförmige Phase eines Stoffs, die in thermodynamischer Wechselwirkung (Energie- und Masseaustausch) mit seiner flüssigen oder festen Phase steht. Im allgemeinen Sprachgebrauch wird gelegentlich eine Suspension von (sichtbaren) Flüssigkeitströpfchen in Luft (z. B. Nebel) als Dampf bezeichnet (in der Energietechnik als **Nassdampf**); gasförmiger →Wasserdampf dagegen ist unsichtbar. Meist entsteht Dampf durch Verdampfung oder Sublimation. Stehen Dampf und flüssige oder feste Phase im thermodynamischen Gleichgewicht, das heißt, ändern sich bei konstanter Temperatur im abgeschlossenen Raum die Stoffmengen infolge Verdampfung beziehungsweise Sublimation und gleichzeitiger Kondensation in den koexistierenden Phasen nicht, so hat der über der flüssigen oder festen Phase befindliche Raum **(Dampfraum)** die größtmögliche Menge an Molekülen aufgenommen. Der Dampf heißt dann **gesättigter Dampf** oder **Sattdampf,** der Druck in diesem Sättigungszustand →Dampfdruck (auch Sättigungs- oder Gleichgewichtsdampfdruck). Wird der Sattdampf von seiner flüssigen oder festen Phase getrennt und bei konstantem Druck weitererhitzt, entsteht **Heißdampf (ungesättigter, überhitzter Dampf).** Beim Abkühlen von Sattdampf bei gleich bleibendem Druck bildet sich **übersättigter Dampf;** dieser metastabile Zustand verliert sich wieder durch Kondensation, z. B. an Staub oder Ionen (→Nebelkammer).

101919

**Damm.** Itaipú-Staudamm im Paraná (Grenzfluss zwischen Brasilien und Paraguay)

**Dampfdruck,** der Druck $p$ des gesättigten →Dampfes; er hängt bei einkomponentigen Stoffen nur von der Temperatur $T$, nicht von den Stoffmengen der beteiligten Phasen ab. Die Temperaturabhängigkeit des Dampfdrucks ist im $p$-$T$-Diagramm durch die **Dampfdruckkurven** als Grenzkurven zwischen zwei Phasen gegeben; für die flüssige Phase beginnt die Dampfdruckkurve am Tripelpunkt, an dem alle drei Aggregatzustände im Gleichgewicht vorliegen, und endet am kritischen Punkt (→kritischer Zustand), bei dem die gasförmige und die flüssige Phase identisch sind. Der direkte Übergang von der festen in die gasförmige Phase wird als **Sublimation** bezeichnet, der zugehörige Gleichgewichtsdampfdruck als **Sublimationsdruck.** Setzt man einer reinen Flüssigkeit einen löslichen Stoff zu, so sinkt nach dem raoultschen Gesetz der Dampfdruck **(Dampfdruckerniedrigung).** In der Folge ist der Siedepunkt erhöht (→Sieden) und der →Gefrierpunkt erniedrigt; aus den Unterschieden gegenüber dem reinen Lösungsmittel lässt sich u. a. die Menge des zugesetzten Stoffes oder dessen Molekülmasse ermitteln.

**Dampf|erzeuger, Dampfkessel,** Anlage zur Erzeugung von Dampf (meist Wasserdampf) bestimmter Temperatur und bestimmten Drucks zur Gewinnung von Sekundärenergie (in Dampfturbinen oder Dampfmaschinen) oder zur Heizung von Gebäuden oder verfahrenstechnischen Anlagen.

**Dampfkraftwerk,** ein →Wärmekraftwerk.

**Dampfmaschine,** eine Wärmekraftmaschine, bei der unter Überdruck stehender Dampf in einem Zylinder einen Kolben bewegt. Die Druckenergie wird durch Entspannung in mechanische Energie umgesetzt. Der Dampf wirkt entweder nur auf eine Seite des Kolbens ein **(einfach wirkende Dampfmaschine)** oder abwechselnd auf beide Seiten **(doppelt wirkende Dampfmaschine).** Der Kolben, die nach außen abgedichtete Kolbenstange und der Kreuzkopf bilden eine Einheit. Am Kreuzkopf, der in einer Geradführung glei-

5389

**Dämmstoffe.** Einsetzen von Mineralfaserplatten in ein Mauerwerk

**Dampfmaschine.** Die Dampfmaschine nach James Watt gilt als wichtigste technische Neuerung der Industrialisierung.

tet, ist die Pleuelstange mit einem Ende beweglich befestigt, ihr anderes Ende umfasst die Kurbelwelle am Schwungrad. Mithilfe der Pleuelstange wird die hin- und hergehende Kolbenbewegung in die Drehbewegung des Schwungrades umgesetzt. Das Schwungrad gleicht Schwankungen im Drehmoment aus und treibt den Kolben über die Totpunktlagen. Die Freigabe des Dampfzutritts zu der einen oder anderen Seite des Kolbens wird meist mit Schiebern, selten mit Ventilen gesteuert (Schieber- oder Ventilsteuerung). Die Schieber (Muschel- oder Kolbenschieber) werden durch einen Exzenter auf der Kurbelwelle bewegt, die Ventile durch Nocken. Dampfmaschinen werden überwiegend mit überhitztem Dampf betrieben **(Heißdampfmaschine).**

Die erste direkt wirkende Dampfmaschine baute J. Watt 1765, 1782–84 die erste doppelt wirkende Niederdruckmaschine mit Drehbewegung. 1798 baute R. Trevithick, 1801 O. Evans die Hochdruckdampfmaschine, 1892 Wilhelm Schmidt die erste Heißdampfmaschine. Wegen ihrer im Verhältnis zur Leistung aufwendigen Bauweise und des niedrigen Wirkungsgrades wurde die Dampfmaschine durch →Dampfturbinen verdrängt.

**Dampfpumpe,** kurbellose Kolbenpumpe mit Dampf- oder Druckluftantrieb, bei der Dampf- und Pumpenkolben auf der gemeinsamen Kolbenstange sitzen. Bei der **Simplexpumpe** wird die Steuerung der Dampfzufuhr zu beiden Seiten des Dampfkolbens von der gemeinsamen Kolbenstange aus angetrieben, bei der zweizylindrigen **Duplexpumpe** wird die Steuerung des einen Zylinders von der Kolbenstange des anderen angetrieben.

**Dampfpunkt,** Gleichgewichtstemperatur zwischen reinem Wasser und seinem Dampf bei Normdruck; Fundamentalpunkt der Celsius-Skala (100 °C).

**Dampfspaltung,** das →Steamreforming.

**Dampfsperre,** *Bautechnik:* eine vorwiegend bei Umhüllungskonstruktionen verwendete vollständig oder nahezu dampfundurchlässige Schicht (physikalisch als **Dampfbremse** bezeichnet). Dampfsperren sind z. B. Bitumendachpappen, Metall- oder Kunststofffolien.

**Dampfturbine,** Wärmekraftmaschine, in der im Gegensatz zur (Kolben-)Dampfmaschine die potenzielle Energie des Dampfes unter hohem Druck nicht direkt in mechanische Arbeit umgesetzt wird, sondern zunächst in kinetische Energie. Eine Turbinenstufe setzt sich aus einem auf der Turbinenwelle befindlichen Laufrad, das zur Umwandlung der kinetischen Energie in mechanische dient, und einem fest stehenden Leitrad (Düse), beide aus Schaufeln bestehend, zusammen. Der Dampf strömt durch das Leitrad, wo er aufgrund der Druckabsenkung stark beschleunigt wird, auf die Laufschaufeln, auf die er Energie überträgt, während sich seine Geschwindigkeit verringert. Bei **Gleichdruckturbinen** wird die gesamte Druckenergie im Leitrad in Bewegungsenergie umgesetzt, es herrscht vor und hinter dem Laufrad gleicher Druck. Einstufige Dampfturbine dieser Art ist die **Laval-Turbine;** die Unterteilung des Gesamtgefälles in Einzelgefälle führt zu der mehrstufigen Dampfturbine mit Druckstufung, Bauart **Zoelly-Rateau.** Eine Verbesserung der Laval-Turbine ist die **Curtis-Turbine,** bei der der noch nicht vollständig entspannte Dampf in weiteren Laufrädern entspannt wird (Gleichdruck mit Geschwindigkeitsstufung). Bei **Überdruckturbinen** wird der Dampf je etwa zur Hälfte in einem Lauf- und einem Leitrad entspannt, z. B. **Parsons-Turbine.** Bei **Axialturbinen** strömt der Dampf in Richtung der Achse, bei **Radialturbinen** in Richtung des Radius. Bei **Kondensationsturbinen** wird der Dampf in einem Kondensator niedergeschlagen; bei **Gegendruckturbinen** ist der Gegen- oder Enddruck höher als bei einer Kondensationsturbine, da die Druckenergie nur zum Teil in mechanische Arbeit umgewandelt wird. **Abdampfturbinen** nutzen den Abdampf von anderen mit Dampf betriebenen Maschinen aus. Meist sind es Kombinationen der Grundtypen Curtis, Laval, Zoelly-Rateau, Parsons.

Dampfturbinen werden v.a. in Wärmekraftwerken und Dampfschiffen verwendet.

**Dämpfung,** *Physik, Technik:* Schwächung der Amplitude von Schwingungen oder Wellen durch Umwandlung der Schwingungsenergie in andere Energieformen, z.B. Wärme. Die Dämpfung wird durch das **Dekrement (Dämpfungsverhältnis)** $K$ zweier aufeinander folgender Amplituden oder durch das **logarithmische Dekrement** $\Lambda = \ln K$ gemessen; für die starke Dämpfung (→aperiodisch) ist $\Lambda = \infty$.

Achsschwingungen bei Fahrzeugen werden durch →Stoßdämpfer, Zeigerschwingungen bei Messgeräten durch Dämpferflügel oder Wirbelstromdämpfung gedämpft. Durch Rückkopplung, das heißt Energiezufuhr zum passenden Zeitpunkt, lassen sich auch gedämpfte Schwingungen »entdämpfen« **(negative Dämpfung).** In der Nachrichtentechnik wird die Dämpfung zur Beschreibung übertragungsbedingter Abschwächungen von elektrischen Signalen verwendet und in den logarithmischen Maßen →Dezibel (dB) oder →Neper (Np) angegeben.

**Daniell-Element** ['dænjəl-; nach dem britischen Chemiker und Physiker John Daniell, * 1790, † 1845], →galvanische Elemente.

**daniellscher Hahn** ['dænjəl-, nach dem britischen Chemiker und Physiker John Daniell, * 1790, † 1845], Gasbrenner, bestehend aus zwei ineinander gesteckten Rohren, durch die das Brenngas (Acetylen) und (im inneren Rohr) Sauerstoff getrennt zu einer gemeinsamen Austrittsöffnung geführt werden.

**Dara,** Abkürzung für **D**eutsche **A**gentur für **Ra**umfahrtangelegenheiten, 1997 zum →Deutschen Zentrum für Luft- und Raumfahrt e.V. übergegangen.

**Darmbakteri|en,** →Darmflora.

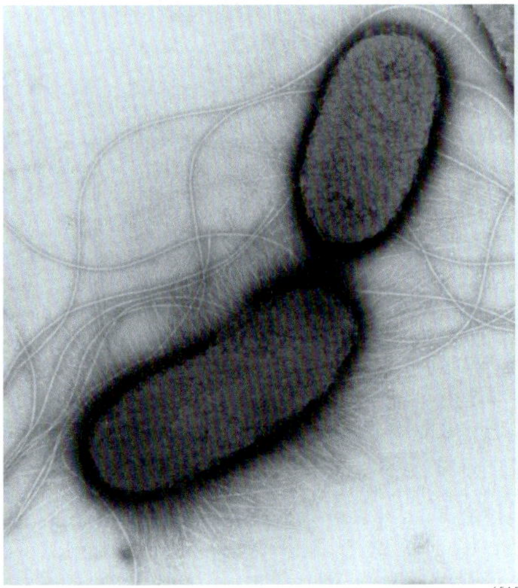

**Darmflora.** Elektronenmikroskopische Aufnahme von Kolibakterien

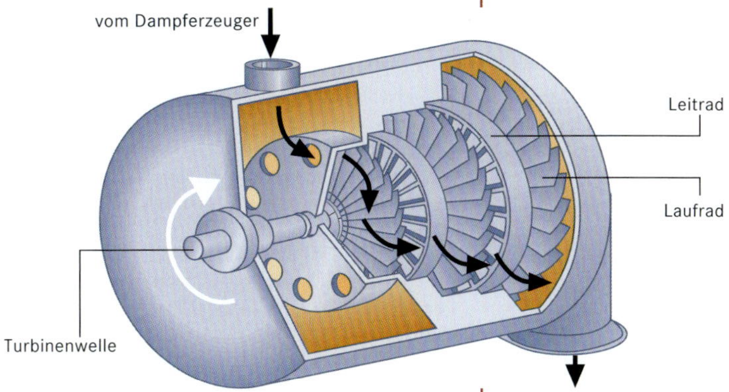


**Dampfturbine.** Schematischer Aufbau

**Darmflora,** Gesamtheit der im Darm von Tieren und Menschen lebenden Pilze und v.a. Bakterien (bestehend aus 100–400 Darmbakterienarten). Wichtigste Funktionen: Lieferung der Vitamine $B_{12}$ und K, Unterdrückung von Krankheitserregern, Hilfe beim Aufspalten einiger Nahrungsbestandteile (z.B. Cellulose).

**Darmstadtium** [nach der Stadt Darmstadt] *das,* chemisches Symbol **Ds,** künstlich erzeugtes chemisches Element der Kernladungszahl 110. Das Element wurde erstmals 1994 bei der Gesellschaft für Schwerionenforschung (GSI) in Darmstadt sicher nachgewiesen und im August 2003 von der IUPAC offiziell benannt. Das Isotop $^{269}110$ entstand durch Verschmelzung von $^{208}Pb$ mit $^{62}Ni$ nach Emission eines Neutrons (Halbwertszeit 170 µs).

**Darwin** ['dɑ:wɪn], **1)** Sir (seit 1942) Charles Galton, britischer Physiker, * Cambridge 19.12. 1887, † ebenda 31.12.1962; Arbeiten zur Theorie der Röntgenstreuung, Quantenmechanik, statistischen Physik; organisierte im Zweiten Weltkrieg die britische Atombombenforschung.

**2)** Charles Robert, britischer Naturforscher, * The Mount (bei Shrewsbury) 12. 2. 1809, † Down House (heute zu London-Bromley) 19. 4. 1882; Begründer der modernen Evolutionstheorie. Darwin studierte anfangs Medizin, später Theologie; wurde durch die Teilnahme an der Weltreise des Vermessungsschiffes »Beagle« (1831–36) zum Naturforscher. Geologische sowie tiergeografische Beobachtungen ließen ihn an der Richtigkeit der Lehre von der Unveränderlichkeit der Arten zweifeln. Nach seiner Rückkehr bearbeitete er zunächst in London, ab 1842 in Down House seine Reiseergebnisse und begann, systematisch umfangreiches Material über das Problem der Entstehung der Arten zusammenzutragen. Sein Hauptwerk »Die Entstehung der Arten durch natürliche Zuchtwahl« (1859) stellte einen Wendepunkt in der Geschichte der Biologie dar. Darwin erklärte mit der Selektionstheorie (→Darwinismus) die zweck-

**Charles Darwin**
*** 1809, † 1882**

- nahm 1831–36 an der Weltreise der »Beagle« teil
- begründete die moderne Evolutionstheorie

Der Ehefrau des Bischofs von Worcester wird folgender Ausspruch zugeschrieben, nachdem man ihr **Darwins** Evolutionstheorie erklärt hatte:

*»Abstammung von Affen! Mein Lieber, hoffen wir, dass es nicht stimmt, aber wenn es stimmt, lass uns beten, dass es nicht allgemein bekannt wird.«*

**Darwinismus**
→ GEO **Dossier**
Der Mann in Darwins Schatten, Bd. 6

**Daten**
→ GEO **Dossier**
Weltweit verwoben, Bd. 8

mäßigen Anpassungen der Lebewesen an die Umwelt.

**Darwinismus** [nach Charles Robert Darwin] *der,* im weiteren Sinn: die Abstammungslehre; im engeren Sinn: die von Darwin (etwa gleichzeitig mit Alfred Russel Wallace (* 1823, † 1913) entwickelte Evolutionstheorie, die in der **natürlichen Auslese** (**Selektion**, Auswahl der für die betreffenden Umweltbedingungen am besten geeigneten Lebewesen, »Kampf ums Dasein«) die Hauptursache für die stammesgeschichtliche Entwicklung sieht. Die grundlegenden Gedankengänge bilden einen zentralen Punkt der modernen biologischen Theorie der Evolution. Die Selektionstheorie verhalf dem Entwicklungsgedanken in der Biologie endgültig zum Durchbruch.

Die darwinsche Evolutionstheorie war lange Zeit sehr umstritten, da sie eine Ablehnung der biblischen Schöpfungsgeschichte sowie der Sonderstellung des Menschen im biologischen System (Tierreich, Ordnung der Primaten) beinhaltete.

**DAT** [Abkürzung für englisch **d**igital **a**udio **t**ape, »Digitaltonband«], in Japan entwickeltes Tonband, bei dem die Aufnahme der Schallsignale in digitalisierter Form erfolgt, wodurch die Wiedergabe mit DAT-Kassettenrekordern die gleich hohe rausch- und verzerrungsfreie Tonqualität hat wie das Original; findet heute vorwiegend in der Studiotechnik Anwendung.

**Daten,** zur Darstellung von Informationen dienende Zeichenfolgen (**digitale Daten**) oder kontinuierliche Funktionen (**analoge Daten**), die auf Datenverarbeitungsanlagen gespeichert, verarbeitet und/oder erzeugt werden können. Bei digitalen Daten unterscheidet man **Binärdaten** (Folgen von Binärzeichen), **numerische Daten** (Folgen von Dezimalziffern) und **alphanumerische Daten**

**Datenautobahn,** englisch **Information-Highway, Data-Highway,** Metapher für schnelle, leistungsfähige Datenübertragungsnetze.

**Datenfunk,** digitale Datenübertragung über Mobilfunknetze, wobei kein Sprechfunk möglich ist. Der Datenaustausch erfolgt zwischen fester Basisstation und mobilen Terminals, die stets geschlossene Gruppen bilden, z. B. zur Kommunikation zwischen Firmenzentrale und mobilen Außenmitarbeitern.

**Datenkompression,** die Veränderung einer digitalen Datenmenge, um den Bedarf an Speicherplatz zu verringern bzw. die Übertragungsgeschwindigkeit zu erhöhen; z. B. der Kompressionsstandard MPEG-4 für Multimediaanwendungen.

**Datenübertragungsrate,** Maß für die Geschwindigkeit, mit der Daten zwischen zwei Datenstationen übertragen werden. Die Datenübertragungsrate ist durch die Zahl der innerhalb einer Sekunde übertragenen Bits gegeben; Maßeinheit ist das bps (englisch bits per second).

**Datenverarbeitung,** Abkürzung **DV,** englisch **data processing, Informationsverarbeitung,** allgemein jeder Prozess, bei dem analoge oder digitale Eingangsdaten durch automatisierte Verarbeitung, wie Erfassung, Speicherung und Bearbeitung, in Ausgangsdaten umgewandelt werden; im engeren Sinn die Gesamtheit der in einem →Computer aufgrund logischer und mathematischer Verknüpfungen ablaufenden Informationsverarbeitungsprozesse (**elektronische Datenverarbeitung,** Abkürzung **EDV,** auch **automatisierte Datenverarbeitung**). Eine umfassende organisatorische Kombination von Hard- und Software zur Datenverarbeitung bezeichnet man als **Datenverarbeitungssystem.** Sein technischer Hauptbestandteil ist die **Datenverarbeitungsanlage** (Abkürzung **DVA**), deren zentraler Baueinheit ein Digitalrechner (der Computer) ist. Der Ablauf der Verarbeitung der Eingangsdaten hängt von der Informationsdarstellung ab. Werden diese Informationen durch kontinuierlich veränderliche physikalische Größen dargestellt, so spricht man von **analoger Datenverarbeitung;** sie ist heute durch die **digitale Datenverarbeitung** ersetzt.

**Datexnetz** [Kunstwort aus englisch data exchange, »Datenaustausch«], speziell konzipiertes Netz der Deutschen Telekom AG zur Übertragung von digitalen Daten. Es werden verschiedene **Datexdienste** angeboten. Bei **Datex-P** (P für Paketvermittlung) werden die zu übermittelnden Daten zu Datenpaketen von 128 Zeichen zusammengefasst, adressiert und ihre Übertragung (Datenrate 300 bit/s bis 64 Kbit/s) vom Netz gesteuert. **Datex-M** (M für Multimegabit) ist ein Hochgeschwindigkeitsservice (Datenrate 64 Kbit/s bis 34 Mbit/s) für die Verknüpfung von lokalen Netzen (LAN). **Datex-S** (S für Satellit) ist ein satellitengestützter Datexdienst (z. B. über EUTELSAT) für leitungsvermittelte Wählverbindungen (Datenrate 64 bis 2 048 Kbit/s). Vorläufer von T-Online war **Datex-J** (J für jedermann), der den Informationsdienst Bildschirmtext fortgesetzt hat.

**Datierung** [lateinisch], die zeitliche Einordnung von Ereignissen und Objekten (Entstehung, Alter) in eine absolute (numerische) oder relative Zeitskala (→Altersbestimmung, →Archäometrie, →Chronologie).

**Dattelpalme, Phoenix,** fiederblättrige, tropische und subtropische Palmengattung, mit 13 Arten in Afrika und Vorderindien heimisch. Die Dattelpalme **Phoenix dactylifera** hat als Kulturpflanze zahlreiche Sorten, bis 30 m hoch. Charakterbaum der Oasen Nordafrikas; wird heute weltweit in trockenen Gebieten angepflanzt. Der weibliche Baum trägt Büschel 4–5 cm langer, im Reifezustand dunkelhonigfarbiger, zuckerreicher Beeren-

**Dauerfrostboden** Wenn der Boden weich wird!

187

Die globale Klimaerwärmung macht auch vor den Permafrostböden der nordischen Tundren nicht halt. In Alaska haben sich die Böden in den letzten Jahrzehnten immer mehr erwärmt, sodass der sonst dauerhaft gefrorene Boden in manchen Gebieten auftaut. Dies hat in bebauten Gebieten verheerende Konsequenzen. Häuser versinken in den Boden, der Asphalt der Straßen reißt auf. Bei den Ölpipelines hat man, um ein Versinken zu verhindern, Wärmeaustauscher eingebaut. Diese kühlen im Winter den Boden zusätzlich ab, indem sie die Wärme aus dem Boden an die kältere Umgebungsluft ableiten. So wird das Auftauen des Bodens im Sommer verzögert. Das kostspielige Verfahren soll jetzt auch beim Straßenbau angewendet werden.
Neben den lokalen Auswirkungen fürchten Wissenschaftler verheerende globale Konsequenzen, wenn die Tendenz der Erwärmung fortschreitet. In dem gefrorenen Boden sind riesige Mengen an Kohlendioxid und Methan gelagert. Diese Gase würden beim Auftauen des Bodens entweichen und in der Atmosphäre als Treibhausgase die globale Klimaerwärmung noch verstärken.

früchte. Jahresernte pro Baum zwischen 50 und 150 kg Früchte **(Datteln).**

**Dauer|eier,** besonders hartschalige Eier vieler Würmer und Krebstiere, die u.a. Trockenheit und Kälte überstehen können.

**Dauerfestigkeit, Dauerschwingfestigkeit,** mechanische Beanspruchung (Spannung), mit der ein Werkstoff beliebig oft, ohne zu brechen, belastet werden kann. Die Spannung schwingt dabei um eine gegebene Mittelspannung und wird im →Dauerschwingversuch ermittelt. Bei der **Wechselfestigkeit** beträgt der Mittelwert null, bei der **Schwellfestigkeit** erfolgt der Lastwechsel zwischen belastungsfreiem Zustand und einer Druck- oder Zugbeanspruchung mit stets gleich bleibendem Höchstwert.

**Dauerfrostboden, ewige Gefrornis, Permafrost,** Boden mit ständig gefrorenem Porenwasser **(Bodeneis),** der unter den heutigen Klimabedingungen in den höheren geografischen Breiten auftritt. Die Grenze des Dauerfrostbodens folgt bei schneefreiem Boden der Jahresisotherme von −2 °C. Eine anhaltende Schneedecke lässt diesen Wert wegen der Isolationswirkung des Schnees wesentlich tiefer sinken. In Sibirien beträgt die Mächtigkeit des Dauerfrostbodens durchschnittlich 300–600 m, maximal 1 500 m, in Alaska und Kanada maximal 600 m, ein Teil davon stammt noch aus dem Eiszeitalter. Die oberste Schicht kann im Sommer bis etwa 2 m Tiefe auftauen, sodass sich Tundrenvegetation oder auch Wald ansiedeln kann.

**Dauermodifikationen,** durch Umwelteinflüsse bedingte Veränderungen (Modifikationen) an Pflanzen und Tieren, die bei den Nachkommen der nächsten Generationen noch auftreten können.

**Dauerschwingversuch,** Sammelbegriff für dynamische Werkstoffprüfverfahren, bei denen Proben über längere Zeit einer wechselnden (z.B. schwingenden oder an- und abschwellenden) Beanspruchung durch Druck, Zug, Biegung u.a. unterworfen werden. Dauerschwingversuche werden als Stufenversuche, Serienprüfung, Einzelversuche oder Schwachstellenprüfung durchgeführt.

**Dauerspore,** dickwandige Sporenform bei Bakterien, Algen und Pilzen zur Überbrückung längerer Ruhezeit oder ungünstiger Lebensbedingungen.

**Dauerstrichlaser** [-ˈleɪzə], **cw-Laser,** zu englisch **continous wave laser,** ein kontinuierlich angeregter Laser, der im Gegensatz zum Pulslaser ununterbrochen Laserstrahlung emittiert.

**Dausset** [doˈsɛ], Jean, französischer Hämatologe, * Toulouse 19. 10. 1916; erhielt 1980 mit B. Benacerraf und G. D. Snell für Arbeiten zur Transplantationsimmunologie den Nobelpreis für Physiologie oder Medizin.

**Davis,** Raymond Jr., amerikanischer Chemiker und Astrophysiker, * Washington (District of Columbia) 14. 10. 1914; ab 1948 am Brookhaven National Laboratory, ab 1985 als Professor am Department of Physics and Astronomy an der University of Pennsylvania (Philadelphia) tätig. Davis konstruierte in den 1960er- und 1970er-Jahren einen Neutrinodetektor, der 1 500 m unter der Erdoberfläche in der Homestake-Goldmine in Süddakota aufgebaut wurde und mit dem erstmals aus den Kernfusionsprozessen in der Sonne entstandene Neutrinos eingefangen wurden. Davis wurde 2002 (gemeinsam mit M. Koshiba zu je 25 %) für seine bahnbrechenden Arbeiten in der Astrophysik mit dem Nobelpreis für Physik ausgezeichnet; mit der anderen Hälfte des Preises wurde R. Giacconi geehrt.

**Davisson** ['deɪvɪsn], Clinton Joseph, amerikanischer Physiker, * Bloomington (Illinois) 22. 10. 1881, † Charlottesville (Virginia) 1. 2. 1958; wies 1927 mit L. H. Germer anhand von Beugungsinterferenzen die Wellennatur von Elektronen nach; erhielt für die Entdeckung der Elektronenbeugung 1937 mit G. P. Thomson den Nobelpreis für Physik.

**Davy,** Sir (seit 1812) Humphry, britischer Chemiker und Physiker, * Penzance (County Cornwall) 17. 12. 1778, † Genf 29. 5. 1829; wurde als Autodidakt zu einem der bedeutendsten Chemiker des 19. Jahrhunderts und zu einem der Begründer der Elektrochemie; 1802–12 Professor an der Royal Institution in London, wo er öffentliche Experimentalvorlesungen hielt, seit 1801 Mitglied, 1820–27 Präsident der Royal Society.

**Humphry Davy**
*** 1778, † 1829**

100562

- isolierte durch Elektrolyse viele Alkali- und Erdalkalimetalle
- entwickelte eine Sicherheitsgrubenlampe
- entdeckte die anästhesierende Wirkung von Lachgas

Davy untersuchte u. a. 1799 die Stickoxide (v. a. das von ihm so benannte Lachgas), wies die Ungültigkeit der kalorischen Wärmetheorie nach und zeigte, dass Wärmestrahlen durch Vakuum gehen, Diamanten aus reinem Kohlenstoff bestehen und die seltenen Erden Oxide von Elementen sind. Seit 1806 befasste er sich mit elektrochemischen Erscheinungen, wobei er erstmals aufzeigte, dass reines Wasser durch elektrischen Strom in Wasserstoff und Sauerstoff zerlegt wird. 1807 gelang ihm die Isolierung der Elemente Kalium und Natrium durch Schmelzflusselektrolyse der Carbonate beziehungsweise Hydroxide mithilfe der voltaschen Säule; 1808 konnte er in gleicher Weise die Erdalkalimetalle darstellen. 1809/10 wies Davy nach, dass die Salzsäure frei von Sauerstoff und damit Chlor ein Element und Wasserstoff der wirksame Bestandteil von Säuren ist. Er entwarf eine Theorie der Elektrolyse und versuchte, chemische Reaktionen als elektrische Phänomene zu deuten. Arbeiten zur Flamme führten ihn zur Entdeckung des Lichtbogens (1812) und der Zündung brennbarer Gasgemische durch Platin (1816) sowie zur Konstruktion der Wetterlampe (1815). Nach anfänglichem Widerstand gehörte Davy zu den entschiedensten Vertretern der daltonschen Atomtheorie.

**D/A-Wandler,** Kurzwort für Digital-analog-Wandler, der →Digital-analog-Umsetzer.

**dB,** Kurzzeichen für →Dezibel.

**Db,** chemisches Symbol für →Dubnium.

**d-Box** [d Abkürzung für digital], →Set-Top-Box.

**DC,** Abkürzung für **d**irect **c**urrent, englische Bezeichnung für →Gleichstrom.

**DDT®,** Abkürzung für **D**ichlor**d**iphenyl**t**richlorethan, ein hochwirksames Schädlingsbekämpfungsmittel (Fraß- und Kontaktgift). DDT® wird in der Natur nur langsam abgebaut, kann sich über die Nahrungskette in tierischem Fettgewebe anreichern und zu Schäden führen. In Deutschland u. a. Industriestaaten ist die Verwendung deshalb verboten.

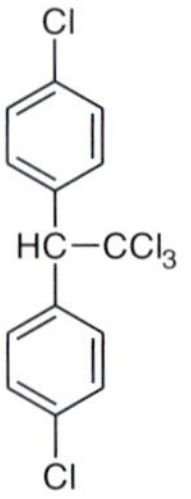


**DDT®**

**De-Broglie-Welle** [də'brɔj-; nach L.-V. de Broglie], die →Materiewelle.

**Debye** [də'bɛjə, englisch də'baj], Peter Josephus Wilhelmus, niederländischer Physiker und Physikochemiker, seit 1946 amerikanischer Staatsbürger, * Maastricht 24. 3. 1884, † Ithaca (New York) 2. 11. 1966; formulierte u. a. 1912 eine Theorie zur Erklärung der spezifischen Wärmekapazität von Festkörpern **(Debye-Theorie)** und klärte die Temperaturabhängigkeit der Dielektrizitätskonstante; erhielt 1936 den Nobelpreis für Chemie.

**Debye-Scherrer-Verfahren** [də'bɛjə-; nach P. J. W. Debye und P. Scherrer], Untersuchung von Kristallstrukturen pulverförmiger Stoffe durch Beugung von Röntgenstrahlen. Ein scharf gebündelter monochromatischer Röntgenstrahl erzeugt nach Durchgang durch den stäbchenförmig gepressten Stoff auf einem zylindrisch um die drehbare Probe angebrachten Film konzentrische Ringe (Interferenzen), deren Lage und Intensität Aufschluss über die Kristallstruktur geben **(Debye-Scherrer-Diagramm).**

**Decarboxylierung** [lateinisch-griechisch], Abspaltung von Kohlendioxid aus Carbonsäuren und ihren Salzen; wichtig z. B. beim enzymatischen Abbau von Aminosäuren zu biogenen Aminen.

**Decca-Navigationsverfahren,** von der Firma Decca Navigator Co. Ltd., London, entwickeltes Funkortungsverfahren im Bereich von 70 bis 130 kHz mit mittlerer Reichweite, das in der Schifffahrt angewendet wurde. Als Sender dienten meist ein Leitsender und drei sternförmig in etwa 200 km Entfernung angeordnete Nebensender, die zusammen eine **Decca-Kette** bildeten. Unter anderem aufgrund der Fortschritte in der Satellitennavigation wurden im Laufe des Jahres 2000 die letzten Decca-Ketten abgeschaltet.

**DECHEMA,** Abkürzung der **Gesellschaft für Chemische Technik und Biotechnologie e. V.** (bis November 1999 Deutsche Gesellschaft für chemisches Apparatewesen, Chemische Technik und Biotechnologie e. V.), gegründet 1926 (seit 1986 Namenszusatz »und Biotechnologie«) mit der Aufgabe, den Erfahrungsaustausch zwischen Chemikern und Ingenieuren und den Bau technisch-chemischer Apparate zu fördern (internationale Ausstellung **ACHEMA** alle drei Jahre in Frankfurt am Main, seit 1989 die **ACHEMASIA** in Peking und seit 2002 die **ACHEMAMERIKA** in Mexiko-City) sowie Forschung und Entwicklung auf den Gebieten chemische Verfahrenstechnik, Werkstofftechnik und Korrosion, Sicherheitstechnik, Biotechnologie und Umweltschutz zu beschleunigen; seit 1970 eigenes Forschungsinstitut (Karl-Winnacker-Institut; Sitz: Frankfurt am Main).

**decken, belegen,** so viel wie begatten bei Haustieren; bei Pferd und Esel: **beschälen,** bei Geflügel u. a. Vögeln: **treten.**

**Deck|infektionen,** beim Decken übertragene Tierkrankheiten wie Trichomoniasis, Beschälseuche.

**Decoder** [englisch] *der,* Funktionseinheit (elektronisches Bauteil, Programm) zur Wiederherstellung **(Decodierung)** der ursprünglichen Form eines zu Übertragungszwecken codierten Signals (z. B. die Set-Top-Box). Im Audiobereich werden →Codierung und Decodierung oft von einem Modul (→CODEC) durchgeführt.

**DECT** [Abkürzung für englisch **d**igital **E**uropean **c**ordless **t**elecommunications], 1992 eingeführter europäischer Standard für digitale Funkübertragung, der insbesondere bei schnurlosen →Telefonen die Schnittstelle zwischen mobilem Handgerät und Basisstation definiert. DECT löste die analogen europäischen Standards **CT 1** und **CT 1+** ab. Vorteile von DECT sind die hohe Sprachqualität und Abhörsicherheit, die Identifikation von Mobilteil und Basisstation und die Teilnehmeridentifikation. Die Reichweite beträgt bis zu 300 m im Freien.

**Deep Sea Drilling Project** [diːp ˈsiː ˈdrɪlɪŋ ˈprəʊdʒekt], Abkürzung **DSDP,** von 1968 bis 1983 dauerndes Tiefseebohrprojekt, trug entscheidend zum Verständnis der Entstehung der Ozeane bei (→Plattentektonik). Im Rahmen des DSDP führte das Bohrschiff »Glomar Challenger« 96 Expeditionen durch. Das Nachfolgeprojekt war von 1985 bis 2003 das →Ocean Drilling Program.

**Defekt, Gitterdefekt,** *Physik:* Fehlordnung in einem Kristall, z. B. der →Frenkel-Defekt.

**Defekt|elektron, Loch,** ein →Quasiteilchen in einem Halbleiter. Wird in einem halbleitenden Kristall ein Elektron thermisch oder optisch angeregt (Übergang ins Leitungsband) oder von einem Fremdatom (Störstelle) eingefangen, so entsteht an der ursprünglichen Stelle im Valenzband ein Loch (unbesetzter Zustand), das Defektelektron, das sich unter dem Einfluss elektrischer und magnetischer Felder wie eine positive Ladung verhält **(Defektelektronenleitung, Löcherleitung, p-Leitung)** (→Energiebändermodell).

**Defensine,** *Plural,* Gruppe von antimikrobiell wirksamen Peptiden.

**Deflagration** [lateinisch] *die,* Zersetzungsreaktion eines Explosivstoffs, die im Unterschied zur →Detonation unterhalb der Schallgeschwindigkeit abläuft.

**Defoliant|en** [lateinisch], die →Entlaubungsmittel.

**Deformation** [lateinisch] *die, Physik:* Form- oder Volumenänderung eines Körpers durch Krafteinwirkung. **Elastische Deformationen** (→Elastizität) gehen nach Beendigung der Kraftwirkung zurück, **plastische Deformationen** (→Plastizität) sind bleibende Verformungen.

**Defroster** [englisch] *der,* 1) Vorrichtung in Kraftfahrzeugen, die das Beschlagen oder Vereisen der Scheiben verhindern soll; auch das Sprühmittel zum Enteisen von Kraftfahrzeugscheiben; 2) Abtauvorrichtung in Kühlschränken.

**Degradation** [lateinisch] *die,* **Bodendegradierung,** teilweise oder völlige Veränderung typischer Merkmale eines Bodens, u. a. verursacht durch Klimaänderungen, menschliche Eingriffe.

**Dehmelt,** Hans-Georg, amerikanischer Physiker deutscher Herkunft, *Görlitz 9. 9. 1922; entwickelte Methoden zur Speicherung von Ionen (Ionenfallen) sowie zur Präzisionsmessung ihres magnetischen Moments. 1989 erhielt er dafür den Nobelpreis für Physik (mit W. Paul und N. F. Ramsey).

**Hans-Georg Dehmelt**

**Dehnung,** *Physik:* die auf die Anfangslänge bezogene Längenänderung **(Längsdehnung)** eines Körpers bei Beanspruchung durch Zug- oder auch Druckkräfte. Zugspannungen erzeugen eine positive Dehnung (Längenzunahme), Druckspannungen eine negative Dehnung (Stauchung). Bei geringer Belastung tritt **elastische Dehnung** auf: Der Körper nimmt nach Entlastung wieder die Anfangslänge ein. Nach Überschreiten der elastischen Dehnfähigkeit, der **Elastizitätsgrenze,** bleibt der Körper dauernd deformiert **(plastische Dehnung).** Mit der Dehnung ist stets eine Querschnittsänderung (positive oder negative Querkontraktion) verbunden.

**Dehnungsmesser, Dilatometer,** Geräte zur Messung der relativen Verlängerung oder Verkürzung von Bauteilen und Werkstoffen, die diese unter dem Einfluss einer Last erfahren; z. B. Messuhr oder Tensometer. **Setzdehnungsmesser** sind mechanische Dehnungsmesser für größere Messlängen, z. B. an Bauwerken; für kleinere Dehnungen dient der **Dehnungsmessstreifen** (Abkürzung DMS), dessen Messwerte von einem Empfangsgerät angezeigt werden. Der DMS besteht aus einem oder mehreren (z. B. drei um 120° versetzten), zwischen isolierenden Folien ausgespannten Widerstandsdrähten. Er wird auf die Messstelle geklebt und folgt der Dehnung des Prüflings. Die der Dehnung verhältnisgleiche Widerstandsänderung wird elektrisch mit Messbrücke und Messinstrument oder einem Elektronenstrahloszilloskop gemessen. Bei den sehr viel empfindlicheren Halbleiterdehnungsmessern ist das Messelement ein lang gestreckter Halbleiter (meist Silicium).

**Dehydration** [griechisch-lateinisch] *die, Biologie:* Entquellung des Protoplasmas der Zelle durch Wasserabgabe. Die Dehydration führt zur Gefrierpunktserniedrigung und damit zur Kälteresistenz.

**Delfine.** Großer Tümmler

**Dehydratisierung,** Eliminierungsreaktion, bei der Wasser aus einer Verbindung durch Erhitzen oder unter der katalytischen Wirkung von Enzymen abgespalten wird.

**Dehydrierung,** Eliminierungsreaktion, bei der Wasserstoff aus organischen Verbindungen abgespalten wird; erfolgt meist katalytisch in der Gasphase bei 500 °C; spielt auch im Zellstoffwechsel eine wichtige Rolle.

**Deisenhofer,** Johann, deutscher Biophysiker, *Zusamaltheim (Kreis Dillingen an der Donau) 30. 9. 1943; wurde 1988 Professor am Howard Hughes Medical Institute der University of Texas in Dallas. 1988 erhielt er für die Bestimmung der dreidimensionalen Struktur des fotosynthetischen Reaktionszentrums eines Bakteriums den Nobelpreis für Chemie (mit Robert Huber (*1937) und Hartmut Michel (*1948).

**Dẹka...** [griechisch], Vorsatzzeichen **da,** Vorsatz vor Einheiten für den Faktor 10, z. B. 1 Dekameter = 1 dam = 10 m.

**Deklinatio̱n** [lateinisch] *die,* **Missweisung,** *Geophysik:* der Winkel zwischen geografischem und magnetischem Nordpol.

**Dekohärẹnz,** der Zerfall von quantenmechanischen →Superpositionszuständen in ein statistisches Gemisch von Eigenzuständen durch Wechselwirkung mit der Umgebung. Der Zerfall beruht auf der Entstehung →verschränkter Zustände zwischen Quantensystem und Umgebung. Er erfolgt umso schneller, je größer die räumliche Ausdehnung des Systems ist. Nur spezielle Zustände, v. a. Eigenzustände, haben eine längere Lebensdauer. Infolge der Kürze der Zerfallszeit erscheinen quantenmechanische Übergänge als unstetige Quantensprünge, obwohl die zeitliche Entwicklung des Systems entsprechend der Schrödinger-Gleichung erfolgt und deshalb stetig ist.

Das theoretisch entwickelte Dekohärenzkonzept wurde an Superpositionszuständen von Atomen in elektromagnetischen →Teilchenfallen experimentell bestätigt.

**Dekontaminatio̱n** *die,* Bezeichnung für alle Maßnahmen, durch die ein radioaktiv, biologisch oder chemisch verseuchtes Gebiet oder Objekt entgiftet wird.

**Dekrẹment** [lateinisch] *das, Physik, Technik:* geringe Abnahme einer Größe, z. B. als Maß für die →Dämpfung in einem schwingungsfähigen System; Gegensatz: Inkrement.

**Dẹlbrück,** Max, amerikanischer Biophysiker und Biologe deutscher Herkunft, *Berlin 4. 9. 1906, † Pasadena (Kalifornien) 9. 3. 1981; ab 1947 Professor in Pasadena. Durch den Nachweis, dass die bakterielle Phagenresistenz auf Mutationen beruht, legte Delbrück mit S. Luria den Grundstein für die Bakteriengenetik; 1946 entdeckte Delbrück (mit W. T. Bailey jr.) die genetische Rekombination bei Bakteriophagen; er erhielt 1969 (mit Luria und A. D. Hershey) den Nobelpreis für Physiologie oder Medizin.

**Delfi̱ne** [griechisch] **Delphine, Delphinidae**, artenreichste Familie vorwiegend Fische fressender Zahnwale von 1 bis 9 m Länge mit waagerechter Schwanzflosse und kegelförmigen Zähnen. Delfine besitzen ein gut entwickeltes Gehirn (differenzierte Laute zur gegenseitigen Verständigung) und sind in Gefangenschaft sehr gelehrig. Der **Gewöhnliche Delfin** (Delphinus delphis), bis 2,5 m lang, mit schnabelförmig verlängerter Schnauze, lebt in warmen und gemäßigten Meeren, der bis 4 m lange **Große Tümmler** (Tursiops truncatus) bevorzugt warme Meere. Der **Schwertwal** (**Butskopf,** Orcinus orca), bis 9 m lang, mit hoher spitzer Rückenflosse, greift auch die größten Meerestiere an. Der **Grindwal** oder **Pilotwal** (Globicephala melaena) ist weltweit verbreitet. Zahlreiche Sagen schildern, wie Delfine Menschen aus Seenot retteten; nachweislich bewahrten Delfine Menschen vor dem Ertrinken.

**Dẹltaflügel,** Flugzeugtragflügel, die in Draufsicht die Form eines Dreiecks (Deltas) aufweisen; bietet geringen Widerstand im Überschallbereich und Stabilitätsvorteile. Der Doppeldeltaflügel hat gebrochene, der gotische Deltaflügel geschwungene Flügelvorderkanten.

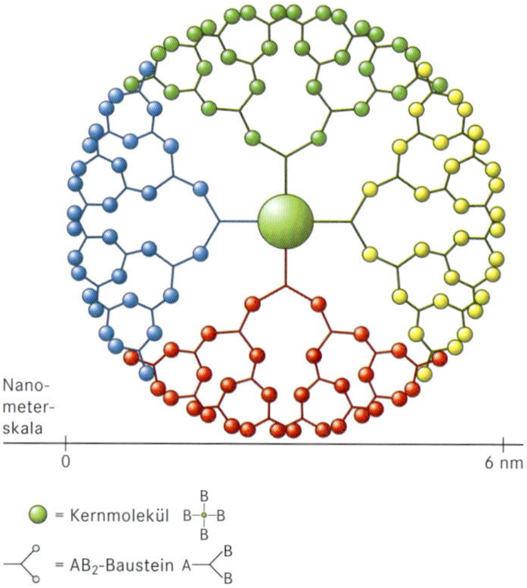


**Dendrimere**

## Dendrochronologie Holzpfosten erzählen die Geschichte der Anasazi

Die Entdeckung der Felsenbauten der Anasazi Indianer in den Canyons von Mesa Verde im Südwesten der USA (Bild) war eine archäologische Sensation. Zahlreiche Wissenschaftler suchten daraufhin nach weiteren Spuren des verschollenen Indianervolkes. Mehr als 4 000 Wohnstätten wurden in dem Gebiet entdeckt. Funde u. a. von Keramik ließen darauf schließen, dass die Anasazi Ackerbau und Viehzucht betrieben.
Doch wann diese Indianer in diesem Gebiet lebten und warum sie schließlich verschwanden, blieb lange Zeit ungeklärt. Erst mithilfe der Dendrochronologie konnten manche der offenen Fragen beantwortet werden. Das Material für die Untersuchungen lieferten die Holzpfosten in den Lehmbauten. Die Forschungsergebnisse zeigten, dass etwa ab 700 n. Chr. Pueblos auf der Hochebene gebaut wurden, die Felsenwohnungen in den Canyons aber erst etwa 1190 n. Chr. bezogen wurden. Bereits 85 Jahre später wurden diese Behausungen wieder verlassen. Die Baumringe aus dieser Zeit zeugen von einer extremen, mehrere Jahre dauernden Trockenperiode, die möglicherweise den Exodus der Anasazi veranlasst hat.

**Demodulation** [lateinisch] *die, Nachrichtentechnik:* die möglichst originalgetreue Rückgewinnung der niederfrequenten Schwingungen, die einer hochfrequenten Trägerschwingung durch →Modulation aufgeprägt wurden.

**Demodulator** [lateinisch] *der,* elektronische Schaltung oder Bauelementgruppe zur Rückgewinnung **(Demodulation)** von Ton-, Bild- oder Hilfssignalen aus einer mit ihnen modulierten elektrischen Hochfrequenzschwingung. Als Demodulator ist grundsätzlich jedes elektronische Bauelement verwendbar, das den elektrischen Strom in einer Richtung durchlässt, in der anderen sperrt (z. B. Gleichrichter).

**Demulgatoren** [lateinisch], oberflächenaktive Stoffe wie Salze von Fett- oder Sulfonsäuren, die die Entmischung einer Emulsion bewirken.

**Demutsgebärde, Demutsstellung,** Körperhaltung eines Tieres, wenn es sich (z. B. im Rivalenkampf) geschlagen gibt. Demutsgebärde verhindern ernsthafte Schädigung oder Tötung, sind angeboren, zeigen Haltungen, die den Körperumfang kleiner erscheinen lassen oder bieten verwundbare Körperstellen ungeschützt dar.

**Dendrimere** [griechisch], hochverzweigte sphärisch symmetrische Polymerstrukturen. Ein tri- oder höherfunktioneller Grundbaustein (Monomer) dient als Wurzel, um die weitere tri- oder höherfunktionelle Grundbausteine sternförmig verteilt sind. Die große Zahl von Anknüpfungspunkten auf der Moleküloberfläche und die im Molekül vorhandenen Hohlräume machen Dendrimere zu idealen Trägermolekülen für Katalysatoren oder für pharmazeutische Wirkstoffe.

**Dendrochronologie, Baumringchronologie,** ein Verfahren zur Datierung vorgeschichtlicher Kulturschichten aus den Jahresringen der darin gefundenen Hölzer.

**Dendrologie** [griechisch] *die,* **Gehölzkunde,** Lehre von den Bäumen und Sträuchern.

**Depolarisation** [lateinisch] *die,* **1)** *Optik:* teilweise oder vollständige Aufhebung der →Polarisation elektromagnetischer Wellen.

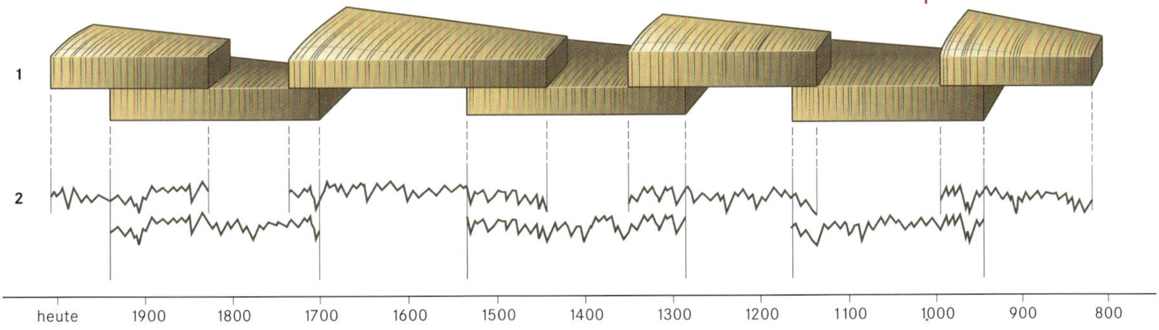


**Dendrochronologie.** Überbrückungsverfahren zur Erstellung einer Jahrringchronologie; 1 Holzproben alter Gegenstände mit einer ausreichenden Anzahl von Jahresringen ergeben ein für sie typisches Kurvenbild; 2 Kurvenlinien, deren Anfang und Ende mit denen anderer Hölzer übereinstimmen, ergeben aneinander gefügt einen Kalender.

**Desertifikation.**
Dürre in der Sahelzone

2) *physikalische Chemie:* Einschränkung der elektrochemischen Polarisation in galvanischen Elementen durch polarisationshemmende Substanzen.

**Deponie** [lateinisch] *die,* **Abfalldeponie,** umgangssprachlich **Mülldeponie,** Ablagerungsort von Abfällen. Deponien werden v.a. zur Beseitigung von Hausmüll, hausmüllähnlichem Gewerbeabfall (Hausmülldeponien), kommunalem Klärschlamm, Erdaushub einschließlich Bauabfall oder von Sonderabfall **(Sonderabfalldeponien)** genutzt. Ungesetzlich sind ungeordnete Deponien (offene Deponien, »Müllkippen«), auf denen Abfälle unbehandelt und unkontrolliert gelagert werden, sowie »wilde« Deponien in Wald und Flur.

Nach der am 1. 8. 2002 in Kraft getretenen Deponieverordnung darf in Deutschland seit dem 31. 5. 2005 kein unbehandelter Abfall mehr auf Deponien gelagert werden. Seither dürfen nur noch in Abfallverbrennungsanlagen oder mechanisch-biologischen Abfallbehandlungsanlagen vorbehandelte Abfälle auf Deponien verbracht werden.

Geordnete Deponien sind wannenförmige Senken oder Geländeeinschnitte mit wasserundurchlässigem Untergrund, der ein Eindringen flüssiger Abfälle ins Oberflächen- und/oder Grundwasser verhindern soll. Neben den **Grubendeponien** werden wegen deren umwelttechnischen Nachteile (schwieriges Abdichten der Wände, ständiges Abpumpen des Sickerwassers von der Sohle) heute zunehmend **Haldendeponien** errichtet. Eine Nutzung der bei den Gärungs- und Faulprozessen in Deponien entstehenden Methangase (→Biogas) wird weltweit angestrebt. Je nach Füllart der Deponie wird der Müll vorzerkleinert oder zu Ballen verpresst (Ballendeponie), der deponierte Abfall durch ständiges Planieren verdichtet. Die zum Teil 100 m hohen Müll- und Schuttberge werden mit Erde überdeckt und bepflanzt (Rekultivierung). In der **Inertdeponie** werden nur mineralisierte (inerte) Materialien ohne auslaugbare Schadstoffe abgelagert. Es ist Ziel der Abfallpolitik, den Anteil der Inertdeponien gegenüber den anderen Betriebsformen der Deponien zu steigern.

Bei der Deponierung von Sonderabfall wird zwischen **oberirdischen Deponien** und **Untertagedeponien** unterschieden. Besonders gefährlicher Sonderabfall, wie PCB-haltige Abfälle, darf nur auf Untertagedeponien deponiert werden. Hierbei muss Sonderabfall aufgrund seiner Gefährlichkeit sowie der in Zukunft durch weiterentwickelte Technologien eventuell gegebenen Möglichkeit einer Aufbereitung grundsätzlich rückholbar gelagert werden.

**Derivat** [lateinisch, zu derivare »ableiten«] *das, Chemie:* Verbindung, die sich von einer anderen ableitet und aus ihr herstellen lässt. Zwischen Derivaten besteht eine enge chemische Verwandtschaft.

**Des|aminierung** [Kunstwort] *die,* Abspaltung der Aminogruppe ($-NH_2$) aus chemischen Verbindungen als Ammoniak.

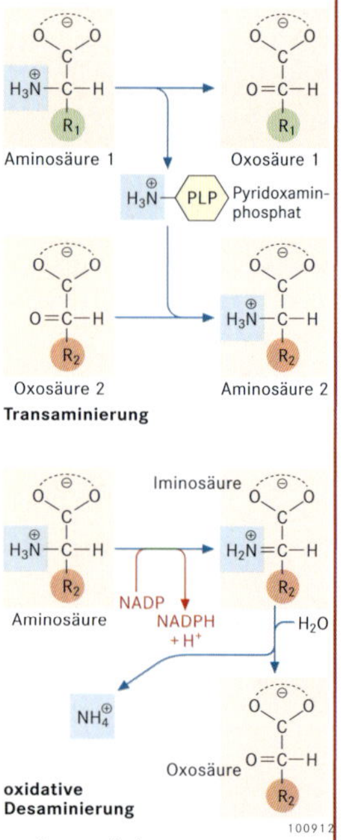



**Desaminierung.**
Transaminierung (oben) und oxidative Desaminierung (unten)

**Desertifikation** [lateinisch] *die,* das Vordringen von Wüsten oder wüstenähnlichen Verhältnissen in ariden oder semiariden Räumen. Die Desertifikation bedroht nicht nur die randtropische Dornstrauch- und Trockensavannen südlich der Sahara (Sahel), sondern auch die Steppen und Wüstensteppen nördlich der Sahara sowie die entsprechenden Gebiete in anderen Teilen der Erde. Die Desertifikation beruht auf einem komplexen Zusammenwirken verschiedener natürlicher und anthropogener Faktoren. Dazu gehört die zu starke Nutzung der Wüstenrandgebiete, die im Allgemeinen empfindliche Ökosysteme darstellen, durch den Menschen. Meist handelt es sich um ackerbauliche Erschließung von Gebieten, die eigentlich nur eine nomadische Weidewirtschaft zulassen; zum Teil auch um Überweidung v.a. durch Ziegen und Rinder. Da vielfach in den entsprechenden Gebieten Holz der wichtigste und oft einzige Energieträger ist, sind die Gehölze in weitem Umkreis um die Siedlungen meist abgeschlagen, was wiederum Auswirkungen auf den Grundwasserhaushalt hat, da durch den Ausfall der Osmose der Grundwasserspiegel sinkt. Aber auch Maßnahmen der Entwicklungshilfe, z.B. das Bohren von Tiefbrunnen, können die Desertifikationen verstärken; durch das dann reichlich vorhandene Wasser werden die Herden vergrößert und immer mehr Menschen siedeln sich an, was das empfindliche ökologische Gleichgewicht nachhaltig stört.

Desertifikationserscheinungen sind auch aus der Geschichte bekannt. Heute stellt die Desertifikation für viele Entwicklungsländer nicht nur ein Problem für die Nahrungsmittelversorgung, sondern auch für die politische Stabilität dar. Möglicherweise wird auch der weltweit zu beobachtende Vorgang zu großräumigen Veränderungen in der atmosphärischen Zirkulation beziehungsweise des globalen Klimas führen, wenn entsprechende Gegenmaßnahmen des Menschen erfolglos bleiben.

**Designerfood** [dɪˈzaɪnə ˈfuːd, englisch] *das,* andere Bezeichnung für →Novelfood.

**Desktop-Publishing** [ˈdesktɔppʌblɪʃɪŋ; englisch »Publizieren vom Schreibtisch«] *das,* Abkürzung **DTP,** Form des Publizierens auf elektronischer Grundlage, bei der alle Vorgänge von der Text- und Grafikeingabe bis zur Satzherstellung auf einem Computer in Verbindung mit einem Drucker abgewickelt werden können.

**Desorption** [lateinisch] *die,* die Ablösung eines absorbierten Stoffs vom Absorbens (→Absorption) oder eines adsorbierten Stoffs vom Adsorbens (→Adsorption).

**Des|oxidation,** Entfernung von Sauerstoff aus chemischen Verbindungen oder Metallschmelzen durch reduzierend wirkende Desoxidationsmittel.

**Des|oxyribonukleinsäure,** Abkürzung **DNS** oder **DNA** (von deoxyribonucleic acid), polymere Verbindung, die aus Desoxyribonukleotiden aufgebaut ist. Die Nukleotide bestehen jeweils aus einer organischen Base (Adenin, Thymin, Guanin oder Cytosin), einem Zuckermolekül (Desoxyribose) und einem Phosphorsäurerest. Ein DNA-Molekül besteht in der Regel aus zwei Polynukleotidsträngen, die schraubig umeinander gewunden (Doppelhelix, Watson-Crick-Modell) sind. Der äußere Teil dieser Doppelhelix wird von den Phosphorsäurediester-Desoxyribose-Ketten gebildet. Die Basen ragen senkrecht zur Zentralachse in die Doppelhelix hinein, wobei sich zwischen den Basen der beiden Stränge Wasserstoffbrückenbindungen ausbilden (Basenpaarung). Aus Strukturgründen sind diese Bindungen stets nur zwischen den als komplementär bezeichneten Basen Adenin und Thymin sowie Cytosin und Guanin möglich. In dieser Anordnung bestimmt die Basenfolge auf einem Strang des Moleküls stets die Basensequenz des komplementären Stranges eindeutig, eine Eigenschaft, die für die identische Verdoppelung der DNA von ausschlaggebender Bedeutung ist (→DNA-Replikation). Die genetische Information ist in der DNA als Sequenz der vier verschiedenen Basen verschlüsselt. Die Umsetzung der Erbinformation (→Transkription) erfolgt über die Synthese von RNA-Molekülen (→Ribonukleinsäuren).

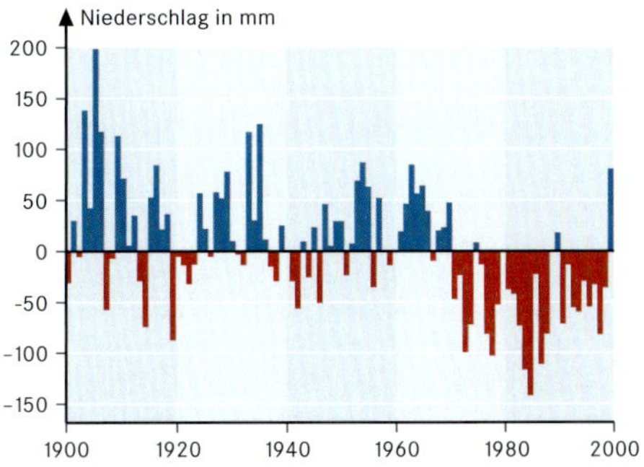


**Desertifikation.** Niederschlagsabweichungen vom langjährigen Mittel von Juni bis August in der Sahelzone; Während in der ersten Hälfte des 20. Jahrhunderts im Durchschnitt nur etwa ein Viertel des Gebietes ernsthafte Dürren erlitt, verdoppelte sich dieser Anteil seit 1970 auf 50 %. 1999 gab es den niederschlagsreichsten Sommer seit den frühen 1960er-Jahren.

Die von Kari Mullis entwickelte →Polymerase-Kettenreaktion erlaubt es, DNA im Labor nahezu beliebig zu vervielfältigen. Seit den 1980er-Jahren verfolgen Wissenschaftler Projekte, deren Ziel die Entschlüsselung der Basenfolge des Genoms von Pflanzen und Tieren ist. Die Sequenzanalyse von DNA findet automatisiert nach einem von Frederick Sanger entwickelte Verfahren statt. Im Mittelpunkt der

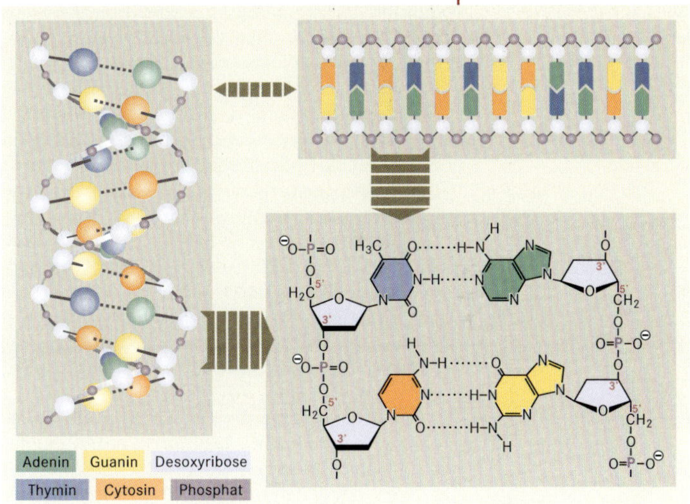


**Desoxyribonukleinsäure.** Modell der DNA-Doppelhelix (links); schematische Darstellung eines DNA-Moleküls in entdrillter Form mit den komplementären Basen in der Mitte (rechts oben); Detaildarstellung der komplementären Basenpaarung (rechts unten)

Genomprojekte steht das →Human-Genom-Projekt, das sich der vollständigen Strukturaufklärung der menschlichen Erbsubstanz widmete. Nachdem die Genomsequenzen zahlreicher Pro- und Eukaryoten sowie Viren bekannt sind, verfolgt eine 2003 gegründete Initiative die Beschreibung des Methylierungsstatus des Genoms (Humanes Epigenomprojekt).

**Dessauer,** Friedrich, deutscher Ingenieur, Biophysiker und Philosoph, * Aschaffenburg 19. 7. 1881, † Frankfurt am Main 16. 2. 1963; war maßgeblich an der Entwicklung der Röntgenologie, z. B. der Kinematografie mit Röntgenstrahlen, und der Erforschung ihrer quantenbiologischen Grundlagen (→Treffertheorie) beteiligt; auch naturphilosophisch-theologische Schriften.

**Destillation** [lateinisch] *die,* wichtigstes Verfahren zur Trennung von Flüssigkeitsgemi-

**Desoxyribonukleinsäure**
→ GEO **Dossier**
Wettlauf um den Code des Lebens, Bd. 6

schen. Die Destillation ist möglich, wenn die Siedepunkte der zu trennenden Flüssigkeiten verschieden sind, wenn sich keine azeotropen Gemische bilden und wenn sich die Stoffe bei der erforderlichen Temperatur nicht zersetzen. Andernfalls wird mit einem Hilfsstoff gearbeitet (Azeotropdestillation, Extraktivdestillation).

■ **Verfahren** Mit der **einfachen Destillation (Gleichstromdestillation,** nur einmaliges Verdampfen und Kondensieren des Dampfs) lässt sich das Gemisch nur teilweise trennen. Die einfache **Labordestillation** verläuft meist diskontinuierlich. Dazu bringt man das Gemisch in einem Destillierkolben (Siedekolben) zum Sieden, kondensiert den Gemischdampf im →Kühler (z. B. Liebigkühler) und fängt ihn als Kondensat **(Destillat)** auf; hierin ist das leichter Siedende, im Destillationsrückstand das schwerer Siedende angereichert. Im technischen Maßstab passiert der Gemischdampf zunächst einen speziellen Kühler, in dem sich vermehrt das schwerer Siedende sammelt (Rücklauf). Der Gemischdampf wird anschließend vollständig kondensiert und als Destillat in den Vorlagen aufgefangen. Bei der **Gegenstromdestillation (Rektifikation)** wird der Gemischdampf in einer →Kolonne mit dem herabfließenden Rücklauf in Kontakt gebracht. Auf den einzelnen Böden der Kolonne findet dabei ein intensiver Stoff- und Wärmeaustausch statt. So kann man reine Komponenten isolieren.

Im großtechnischen Maßstab wird die Destillation meist kontinuierlich durchgeführt, das heißt, das zu trennende Flüssigkeitsgemisch strömt stetig der Anlage zu. Dadurch ändert sich während des Betriebs die Zusammensetzung von Destillat und Rückstand nicht.

Bei Substanzen, die aus vielen Komponenten (z. B. bei Erdöl) bestehen, deren Siedepunkte dicht beieinander liegen, begnügt man sich mit der Auftrennung in Fraktionen mit bestimmtem Siedebereich und spricht von **fraktionierender Destillation.** Bei der **Erdöldestillation** werden auch flüssige Seitenströme aus der Kolonne abgezogen. Um bei thermisch empfindlichen Flüssigkeitsgemischen eine Zersetzung der Stoffe zu vermeiden, kann man durch Vakuum **(Vakuumdestillation)** oder Zusatz von Trägerdampf **(Trägerdampfdestillation)** den Siedepunkt der Komponenten erniedrigen.

Bei der **trockenen Destillation** (z. B. von Holz oder Kohle) handelt es sich um eine →Pyrolyse und nicht um eine Destillation.

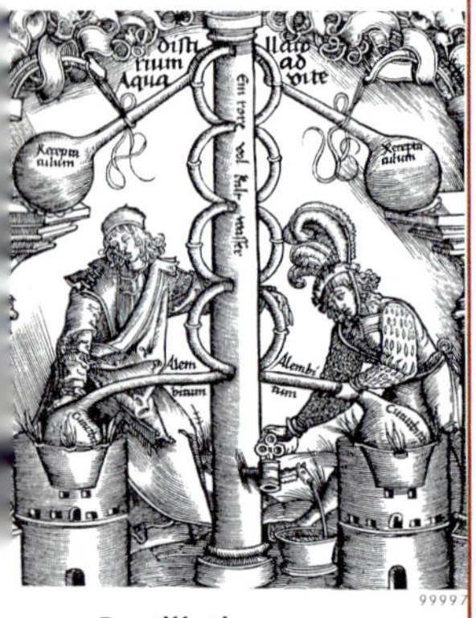

**Destillation.** Kühlungsgerät für die Destillation von Weingeist (historische Darstellung)

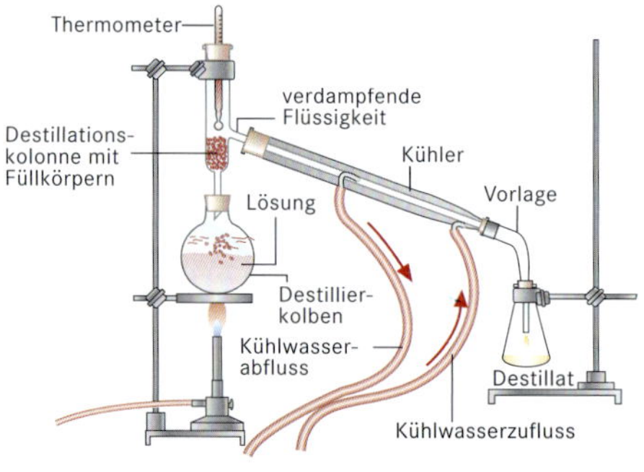


**Destillation.** Aufbau einer einfachen Destillationsapparatur

**Destillier|ofen,** Industrieofen zur Gewinnung von Metallen (z. B. Zink) aus ihren Oxiden durch Reduktion und Abdestillation.

**Destruẹnten** [lateinisch], →Reduzenten.

**DESY,** Abkürzung für →Deutsches Elektronen-Synchrotron.

**Deszendẹnzlehre,** die →Abstammungslehre.

**Detẹktor** [lateinisch] *der,* Gerät zum Nachweis und zur Messung elektromagnetischer oder korpuskularer Strahlung (→Strahlungsdetektor) sowie atomarer Teilchen (→Teilchendetektor).

**Detergẹnzi|en** [lateinisch], →Tenside.

**Determinatiọn** [zu lateinisch determinare »abgrenzen«] *die,* zwangsläufige Bestimmtheit durch vorgegebene Bedingungen (Determinanten). Bestimmung der systematischen Zugehörigkeit (Art, Gattung, Familie und Ähnliches) von Tieren und Pflanzen (→Systematik); in der Entwicklungsphysiologie das Festgelegtsein bestimmter Teile der Eizelle oder des Keimlings auf eine endgültige Differenzierungsrichtung.

**Detonatiọn** [lateinisch] *die,* unter rascher Volumenausdehnung ablaufende chemische Reaktion von explosiven Gasgemischen, Explosivstoffen oder nukleare Reaktion von Kernspaltstoffen; bei dieser besonders schnellen Explosion werden Geschwindigkeiten bis 10 000 m/s und Drücke bis 300 000 bar in der Stoßwelle erreicht.

**Detri̱tus** [lateinisch] *der,* frei im Wasser schwebender, allmählich absinkender, unbelebter Stoff aus abgestorbenen, sich zersetzenden Tier- und Pflanzenresten.

**Deute̱rium** [griechisch] *das,* **schwerer Wasserstoff,** chemisches Symbol **D** oder $^{2}$**H,** 1931 von Harold Urey und Mitarbeitern entdecktes natürliches Isotop des Wasserstoffs der Massenzahl 2. Sein Kern **(Deuteron)** besteht aus einem Proton und einem Neutron. Deuterium ist in natürlichen Wasserstoffverbindungen zu 0,015 % enthalten; auch im Weltraum nachgewiesen. Bei der Elektrolyse von normalem Wasser reichert sich **schweres Wasser,** $D_2O$, im Rückstand an, aus dem es aufgrund der unterschiedlichen physikalischen Eigenschaften (Siedepunkt $D_2O$: 101,43 °C; $H_2O$: 100,0 °C) in reiner Form gewonnen werden kann. Gasförmiges Deuterium lässt sich aus $D_2O$ durch Zersetzung mit Metallen gewinnen. Chemisch ist $D_2O$ weniger reaktionsfähig als »leichtes« Wasser. Auf höhere Organismen wirkt es giftig, niedere können in $D_2O$-haltiger Umgebung leben.

Deuterium wird analytisch mit dem Massenspektrometer oder durch Messung der Wärmeleitfähigkeit bestimmt, in seinen Verbindungen auch infrarotspektroskopisch oder durch Messung der Dichte- und Brechungsunterschiede. Deuterium hat Bedeutung als Leitisotop in markierten Verbindungen **(deuterierte Verbindungen)**, als Füllgas für UV-Quellen in der Spektroskopie **(Deuteriumlampen)** und als Ausgangsprodukt für die thermonukleare →Kernfusion. In Form von schwerem Wasser ist Deuterium die beste Bremssubstanz für Neutronen in Kernreaktoren.

**Deuteron** *das,* Symbol **d,** Atomkern des →Deuteriums. **Antideuteronen** bestehen aus einem Antiproton und einem Antineutron.

**Deuterostomi|er,** *Zoologie:* →Protostomier.

**Deutsche Gesellschaft für chemisches Apparatewesen, Chemische Technik und Biotechnologie e.V.,** bis November 1999 Name der →DECHEMA.

**Deutsche Lufthansa AG,** Abkürzung **DLH,** deutsche Luftverkehrsgesellschaft, gegründet am 6.1.1926 durch Zusammenschluss von Junkers Luftverkehr und Deutschem Aero Lloyd. Durch technische und finanzielle Unterstützung ausländischer Gesellschaften und durch fliegerische Pioniertaten (Luftpostdienst nach Südamerika) förderte die DLH die Entwicklung des gesamten Luftverkehrs. 1945 stellte sie aufgrund eines Kontrollratsbeschlusses ihren Betrieb ein und wurde am 6.1.1953 als AG für Luftverkehrsbedarf (Luftag) neu gegründet, seit 1954 heutiger Name. Sitz der Hauptverwaltung ist Köln, der Werft Hamburg, der Betriebsbasis Frankfurt am Main. 1955 wurde der Liniendienst aufgenommen. Der Flugpark (Bestand 2006: 375 Verkehrsflugzeuge) umfasst v.a. Boeing- sowie Airbus-Flugzeuge.

**Deutsche Physikalische Gesellschaft,** Abkürzung **DPG,** Fachorganisation der deutschen Physiker zur Förderung der reinen und angewandten Physik und Verbreitung ihrer Forschungsergebnisse, Sitz: Bad Honnef, über 52 000 Mitglieder (2006); u.a. Herausgeber des »Physik Journals« (bis Ende 2001 »Physikalische Blätter«). Sie geht auf die 1845 gegründete »Physikalische Gesellschaft zu Berlin« zurück. Die nach dem Zweiten Weltkrieg wieder gegründeten regionalen Gesellschaften schlossen sich 1950 zum »Verband Deutscher Physikalischer Gesellschaften« zusammen, der 1963 den heutigen Namen annahm. Die »Physikalische Gesellschaft der DDR« (1952 gegründet) wurde 1990 in die DPG integriert. Seitdem wird neben dem Physikzentrum in Bad Honnef auch das traditionsreiche Magnus-Haus in Berlin als wissenschaftliche Begegnungsstätte genutzt.

**Deutscher Tierschutzbund e.V.,** Abkürzung **DTSchB,** 1881 gegründete Spitzenorganisation aller Tierschutzvereine Deutschlands; Aufgaben u.a.: Förderung des Tierschutzgedankens, Vervollkommnung des deutschen Tierschutzrechts; Sitz: Bonn.

**Destillation.** Destillationsanlage für die Herstellung von Whisky in Schottland

**Deutscher Umweltindex,** der →DUX.

**Deutscher Wetterdienst,** Abkürzung **DWD,** 1952 per Gesetz geschaffene, dem Bundesverkehrsminister nachgeordnete Oberbehörde, die für die Erledigung der zivilen wetterdienstlichen Aufgaben in Deutschland zuständig ist. Zentrale: Offenbach am Main.

**Deutsches Elektronen-Synchrotron,** Abkürzung **DESY,** Forschungszentrum für Elementarteilchenphysik in Hamburg mit einem Teilinstitut in Zeuthen, dem früheren Institut für Hochenergiephysik der DDR (1992 angegliedert); gegründet 1959, circa 1 600 Mitarbeiter (2006). DESY ist eine Stiftung der Bundesrepublik Deutschland sowie der Stadt Hamburg und des Landes Brandenburg und Mitglied der Hermann von Helmholtz-Gemeinschaft Deutscher Forschungszentren. Der Name geht auf das erste, 1964 in Betrieb genommene 7-GeV-Elektronensynchrotron zurück.

1974 wurde das Doppelspeicherringsystem **DORIS** in Betrieb genommen, das ab 1982 als Einzelspeicherring Elektronen und/oder Positronen von bis zu 5,1 GeV Energie speicherte und seit 1993 als Synchrotronstrahlungsquelle (DORIS III) genutzt wird. In der 1978 fertig gestellten Positron-Elektron-Tandem-Ringbeschleuniger-Anlage **PETRA** wurden in entgegengesetzter Richtung umlaufende Elektronen und Positronen (maximal jeweils 19 GeV) in den Wechselwirkungszonen aufeinander geschossen und durch Elektron-Positron-Ver-

**Deutsche Lufthansa AG.** Das Logo des Unternehmens

163

**Deutsches Elektronen-Synchrotron.** Blick in den HERA-Tunnel

nichtung neue Teilchen erzeugt (z. B. 1979 Nachweis des →Gluons). Seit 1988 wird PETRA zur Vorbeschleunigung von Elektronen (14 GeV) und Protonen (40 GeV) für HERA eingesetzt. Die zur experimentellen Überprüfung von Theorien zur Vereinigung der unterschiedlichen Wechselwirkungen benötigten höheren Energien werden mit der 1990 fertig gestellten Elektron-Proton-Speicherringanlage **HERA** (Abkürzung für Hadron-Elektron-Ring-Anlage) erzielt; sie ist die erste (und derzeit einzige) Anlage, in der man Partikel unterschiedlicher Art speichern und miteinander kollidieren lassen kann. Sie besteht aus zwei Speicherringen mit über 6,3 km Umfang, in denen Protonen auf 820 GeV und Elektronen auf 30 GeV beschleunigt werden können, sodass Schwerpunktsenergien von etwa 380 GeV zur Verfügung stehen. Außerdem umfasst das DESY zahlreiche Teilchendetektorsysteme sowie seit 1980 das Hamburger Synchrotronstrahlungslabor **HASYLAB**, in dem Experimente mit →Synchrotronstrahlung durchgeführt werden.

■ **Perspektiven** Seit 1993 wird am DESY in internationaler Zusammenarbeit die Entwicklung von **TESLA** (englisch tera electron volt energy superconducting linear accelerator), einem supraleitenden Elektron-Positron-Linearcollider für Energien von 0,5 bis 1 TeV mit integrierten Röntgenlasern (Freier-Elektronen-Laser) geplant. Eine derartige Anlage soll, einem weltweiten Konsens der Elementarteilchenphysik zufolge, als das nächste Großprojekt nach dem LHC am CERN im internationalen Rahmen realisiert werden; über den Standort ist noch nicht entschieden. Dieses globale Projekt läuft unter der Bezeichnung **ILC** (für englisch international linear collider).

Mit der gleichen Technologie wurde 2004 bei DESY ein supraleitender Linearbeschleuniger mit einem Freie-Elektronenlaser für Strahlung im ultravioletten und weichen Röntgenbereich (d. h. Wellenlängen bis zu 6 nm) fertig gestellt. Als Nächstes soll dort als europäisches Gemeinschaftsprojekt ein 3,3 km langer supraleitender **Freie-Elektronen-Röntgenlaser (XFEL)** gebaut werden, der hochintensive, ultrakurze Röntgenblitze (von Wellenlängen zwischen etwa 1 und 6 nm) mit laserartigen Eigenschaften erzeugen kann. Dies wird neue Forschungsperspektiven für Wissenschaft und Industrie auf dem weiten Feld der Strukturforschung eröffnen.

**Deutsches Institut für Normung e. V.,** →DIN Deutsches Institut für Normung e. V.

**Deutsches Museum von Meisterwerken der Naturwissenschaft und Technik,** kurz **Deutsches Museum,** München, gegründet 1903 von Oskar von Miller, zeigt die historische

163

**Deutsches Elektronen-Synchrotron.** Eingezeichnet ist der Verlauf der unterirdischen Ringbeschleuniger PETRA und HERA sowie die Lage der vier großen Hallen mit den HERA-Detektoren (Nord, Süd, Ost, West). Das DESY-Gelände wird vom PETRA-Ring umschlossen, HERA verläuft auch unter Wohn- und Geschäftshäusern.

Entwicklung der Naturwissenschaften, der Technik und Industrie durch Originalmaschinen und -apparate, Nachbildungen, Modelle, Demonstrationseinrichtungen, Bilder, Zeichnungen. Der Neubau (1925) auf der »Museumsinsel« in der Isar umfasst 50 000 m² Ausstellungsfläche. Die Bibliothek verfügt über mehr als 800 000 Bände.

**Deutsches Zentrum für Luft- und Raumfahrt e. V.,** Abkürzung **DLR,** 1997 durch die Fusion der Deutschen Forschungsanstalt für Luft- und Raumfahrt (DLR) und der Deutschen Agentur für Raumfahrtangelegenheiten (Dara) entstandene Institution mit acht Standorten in Deutschland, Sitz: Köln. Die DLR konzentriert sich auf Forschungen und Entwicklungen mit Blick auf die industrielle Nutzung. Des Weiteren bestehen ihre Aufgaben im Raumfahrtmanagement und der Vertretung Deutschlands in internationalen Organisationen (z. B. ESA).

**Deviation** [lateinisch] *die, Navigation:* der Winkel, um den die Anzeige eines Magnetkompasses von der magnetischen Nordrichtung nach Osten (+) oder Westen (–) infolge des Eigenmagnetismus eines See- oder Luftfahrzeugs abgelenkt wird; zu unterscheiden von der →Deklination.

**Devon** [nach der englischen County Devon] *das,* ein →geologisches System des Paläozoikums, in Unterdevon, Mitteldevon und Oberdevon gegliedert. Nach der kaledonischen Gebirgsbildung entstand im nördlichen Europa ein ausgedehntes Festland, der Oldred-Kontinent. Südlich anschließend entwickelte sich die variskische Geosynklinale (Nordfrankreich, Rheinisches Schiefergebirge, Harz, Mittelpolen). Im Mitteldevon erfolgte die Ausdehnung des Meeres; ein Flachmeer bedeckte den Südkontinent Gondwana. Im Devon traten (erste Samen-)Pflanzen, Amphibien und Insekten auf dem Festland auf.

**Dextrane** [lateinisch], schleimartige, hochmolekulare Polysaccharide, die von bestimmten Mikroorganismen aus Glucose gebildet werden; verwendet für Molekularsiebe, Leime, Appreturen, Plasmaersatzmittel.

**Dextrine** [lateinisch], farblose bis gelbbraune, wasserlösliche Stärkeabbauprodukte, molare Masse zwischen 2 000 und 30 000. Technisch werden Dextrine aus Mais- oder Kartoffelstärke durch Erhitzen **(Röstdextrine)** oder durch Hydrolyse mit verdünnten Säuren **(Säuredextrine)** hergestellt. Sie werden v. a. als Klebstoffe, Verdickungs- und Appreturmittel, in Gießereien als Formsandzusatz verwendet. Bei Abbau von Stärke durch das Bakterium Bacillus macerans erhält man Cyclodextrine, durch Abbau mit Amylasen Grenzdextrine.

**Dextrose** [lateinisch] *die,* die →Glucose.

**Dezi...,** Vorsatzzeichen **d,** Vorsatz vor Einheiten für den Faktor $10^{-1} = 0{,}1$, z. B. 1 Dezimeter = 1 dm = 0,1 m.

**Dezibel** *das,* Kurzzeichen **dB,** der zehnte Teil des **Bels,** in der Nachrichtentechnik übliches Pegelmaß für die →Dämpfung oder Verstärkung zweier physikalischer Größen. Bei elektroakustischen Messungen wird zusätzlich zum Wert des Schalldruckpegels noch angegeben, nach welcher Bewertungskurve die Messung bewertet wurde, z. B. dB (A). Dabei bedeutet A die international genormte Frequenzbewertungskurve, die etwa der Isophone der Hörschwelle entspricht.

**Dezimeterwellen,** Abkürzung **UHF** [für englisch ultra high frequency], elektromagnetische Wellen mit Wellenlängen zwischen 1 m und 10 cm, entsprechend Frequenzen von 300 bis 3 000 MHz; vom Fernsehen genutzte Frequenzbereiche.

**di...,** Vorsilbe in Namen chemischer Verbindungen, die das Auftreten von zwei identischen, unsubstituierten Atomgruppen oder Atomen im Molekül kennzeichnet.

**Dialekt,** *Verhaltensforschung:* standortgebundene Sonderform der Lautäußerung einer Tierart. Dialekte werden erlernt und durch Überlieferung weitergegeben. So übernehmen bei einigen Singvogelarten die Jungen Strophenabweichungen der Eltern in das eigene Gesangsrepertoire, das dann wiederum von deren Jungen übernommen wird. Dialekte sind auch von Säugetieren, Fröschen und Grillen bekannt.

**Dialekt**
→ GEO **Dossier** Mein Reich, meine Melodie, Bd. 7

**Dialer** [daɪəlɛr, von englisch to dial »wählen«] *der,* Einwahl-Software, die selbsttätig einen Internetzugang über die Telefonnummer eines Mehrwertdienstes herstellt, was für den Nutzer meistens hohe Gebühren verursacht und dem Anbieter hohe Einnahmen bringt. Solche Dialer benutzen bestimmte 0900er-Telefonnummern (früher 0190er-, 0180er-Telefonnummern). Es gibt auch Dialer zur automatischen Anwahl des momentan günstigsten Providers. Seit dem 13. 12. 2003 sind nur noch Einwahlprogramme für die Vorwahl 09009 zugelassen. Alle anderen Vorwahlnummern gelten als illegal; über sie gewählte Dienste müssen nicht mehr honoriert werden.

**Dextrine Nano-Zuckertüten**

Bekleidung, die schlechte Gerüche einfach wegsperren kann, ist mit Millionen von Cyclodextrin-Nanotüten ausgestattet. Ein Ring aus 6–8 Glucosemolekülen umschließt einen Hohlraum mit einem Durchmesser von rund 1 nm, dessen Form an ein Fass ohne Boden erinnert. Er nimmt gerne unpolare Gastmoleküle auf wie die Substanzen des Schweißes, Parfumduftstoffe, Menthol, Insekten abwehrende Mittel und andere organische Stoffe. Beim Waschen werden die Nanotüten geleert und können z. B. mit einem Spray wieder gefüllt werden. Hergestellt werden die Cyclodextrine durch enzymatischen Abbau von Stärke. Empfindliche Substanze wie Vitamin A, das häufig in Faltencremes eingesetzt wird, schützt diese Art der Umhüllung vor UV-Strahlung und Hitze. Dabei beherbergen zwei Cyclodextrinringe den Wirkstoff bis er von der Feuchtigkeit der Haut freigesetzt wird.

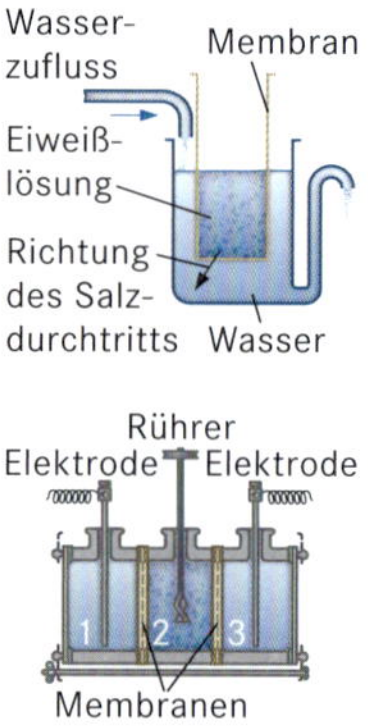


**Dialyse.**
Schematische Darstellung der Dialyse (oben) einer Eiweißsuspension und einer Elektrodialyse (unten); 1 und 3 sind Außenzellen mit fließendem Spülwasser, 2 ist die Mittelzelle mit der zu dialysierenden Suspension.

**Dialyse** [griechisch] *die,* physikalisches Verfahren zur Abtrennung von niedermolekularen Teilchen (z.B. Salze) aus einer Lösung hochmolekularer Stoffe (z.B. Eiweiße, Stärke). Eine semipermeable Membran hält die Makromoleküle in der Lösung zurück, während die kleinen Moleküle durchtreten und von einem an der Membranaußenwand vorbeigeführten Lösungsmittelstrom abtransportiert werden. Bei der **Elektrodialyse** erhöht eine angelegte elektrische Spannung die Wanderungsgeschwindigkeit. In der Medizin wird die Dialyse zur Reinigung des Bluts von Stoffwechselprodukten bei Ausfall der Nierenfunktionen angewendet (künstliche Niere).

**Diamagnetismus,** Eigenschaft aller Stoffe, in einem äußeren Magnetfeld der Feldrichtung entgegengesetzte, schwach ausgeprägte magnetische Eigenschaften zu entwickeln; er ist meist durch →Paramagnetismus oder →Ferromagnetismus verdeckt. Der Diamagnetismus beruht darauf, dass ein äußeres Magnetfeld die Bahn der Elektronen in einem Stoff beeinflusst (→Larmor-Präzession) und dadurch in diesem magnetische Momente induziert.

**Diamant** [von griechisch adámās, eigentlich »Unbezwingbares«] *der, Mineralogie:* aus reinem Kohlenstoff (C) bestehendes kubisches Mineral. Die Kristalle sind teils eingewachsen, teils lose, meist charakteristisch gerundet; ihre vorherrschenden Formen sind Oktaeder und Dodekaeder, seltener Würfel. Farblos (»blauweiß«) ist der Diamant einer der wertvollsten Edelsteine; auch kräftige, durch Fremdatome (Verunreinigungen) verursachte (»Fantasie«-)Farben (Rot, Blau, Grün, Orange- und Goldgelb, Kaffeebraun), werden hoch bewertet. Der Diamant ist der härteste natürliche Stoff (Mohshärte 10, Dichte 3,52), doch gut spaltbar und sehr spröde. Er wird besonders als Brillant bearbeitet, um seine optischen Eigenschaften (Brechzahl 2,40–2,48) am besten zur Wirkung zu bringen.

**Diamine** [Kunstwort], basenartige organische Verbindungen, die zweimal die Aminogruppe $-NH_2$ im Molekül enthalten; z.B. Benzidin.

**Diapause** [griechisch] *die,* Entwicklungsruhe in der Gesamtentwicklung, besonders von Insekten, z.B. während der Embryonalentwicklung, der Larven- oder Puppenstadien; meist erblich festgelegt, jedoch durch äußere Einflüsse (Temperaturerniedrigung, Abnahme der Tageslänge) ausgelöst.

**Diaphragma** [griechisch] *das, Chemie:* eine semipermeable →Membran; in der *Elektrochemie* die poröse, stromdurchlässige Trennwand, die bei der Elektrolyse Anoden- und Kathodenraum voneinander trennt, um eine Vermischung von Stoffen zu verhindern.

**Diapositiv** [griechisch-lateinisch] *das,* Kurzwort **Dia,** durchsichtiges positives fotografisches Bild, das auf Film, in Sonderfällen auf Glas hergestellt wird. Diapositive werden mit Diaprojektoren (→Projektor) projiziert.

**Diastasen** [griechisch], frühere Bezeichnung für →Amylasen.

**Diastereo|isomerie** [griechisch] *die,* **Diastereomerie,** Stereomerie, bei der sich die Isomere nicht wie Bild und Spiegelbild verhalten. Sie tritt u.a. bei Verbindungen mit mehreren asymmetrischen Kohlenstoffatomen auf. Diastereoisomere zeigen unterschiedliche chemische und physikalische Eigenschaften.

**Diastole** [griechisch »Ausdehnung«] *die,* Phase der Erschlaffung des rhythmisch tätigen Herzmuskels. Während der Diastole erfolgt die Blutfüllung der Herzkammern sowie die für

### Diamant Die lange Reise der Diamanten

976

Funkelnde Diamanten sind von ihrer chemischen Natur her nichts anderes als das unscheinbare Graphit in Bleistiftminen. Beide Stoffe unterscheiden sich lediglich durch die Anordnung der Kohlenstoffatome. Die spezielle Packungsweise der Atome im Diamant kann nur bei Temperaturen über 1000 °C und einem Druck von mehr als 40 000 bar erreicht werden. Solche Bedingungen finden sich in der Erdkruste erst in Tiefen von mehr als 150 km. Nach dem Auskristallisieren können Diamanten nur an die Erdoberfläche gelangen, wenn sie durch Zufall von einem Vulkanausbruch mitgerissen werden.
Wie gelangte aber der Kohlenstoff in diese Tiefen? Forscher untersuchten Diamanten aus der südafrikanischen Diamantmine Jagersfontein. Aus ihren Befunden schlossen sie, dass vor vielen Millionen Jahren Sedimentschichten aus abgestorbenen Meereslebewesen aufgrund von plattentektonischen Bewegungen in den Erdmantel einsanken. Von dem organischen Material blieb im Laufe der Zeit nur der Kohlenstoff übrig, dieser verwandelte sich zu den von den Menschen so begehrten Edelsteinen.

den Stoffaustausch des Herzmuskels erforderliche Blutdurchströmung desselben. Gegensatz: Systole.

**Diatomeen** [griechisch], die →Kieselalgen.

**Diazoniumverbindungen,** salzartige organische Verbindungen mit dem Kation $[R-N{=}N]^+$ (R = Arylgruppe), die bei der Einwirkung von salpetriger Säure auf primäre aromatische Amine entstehen **(Diazotierung).** Die meist sehr unbeständigen und explosiven Diazoniumverbindungen sind wichtige Zwischenprodukte bei der Herstellung der Azofarbstoffe.

**Dicarbonsäuren,** organische Säuren mit zwei Carboxylgruppen, die v. a. als Zwischenprodukte für Ester (Weichmacher), Polyester und Polyamide verwendet werden.

**Dichotomie,** *Biologie:* gabelige Verzweigung bei Algen, Moosen, Farnen.

| Dichte fester und flüssiger Stoffe (in g/cm³ bei 20 °C) | |
|---|---|
| Aluminium | 2,699 |
| Beton | 1,5–2,4 |
| Blei | 11,35 |
| Eis (bei 0 °C) | 0,917 |
| Eisen | 7,86 |
| Ethylalkohol | 0,7893 |
| Gold | 19,3 |
| Holz (trocken) | 0,4–0,8 |
| Kork (Platten) | 0,2–0,35 |
| Kupfer | 8,93 |
| Quecksilber | 13,54 |
| Sand (trocken) | 1,5–1,6 |
| Silber | 10,5 |
| Stahl (Flussstahl) | 7,8 |
| Steinkohle | 1,2–1,4 |
| Uran | 18,7 |
| Wasser | 0,998 |
| Ziegel (trocken) | 1,4–1,8 |

**Dichte,** allgemein das Verhältnis einer physikalischen Größe zu Raum, Fläche oder Länge **(Raumdichte, Flächendichte** oder **Liniendichte),** z. B. die Raumladungsdichte (= Ladung/Volumen) bei Ladungsverteilungen sowie die Stromdichte (= Stromstärke/Querschnittsfläche) bei strömenden Medien oder elektrischen Strömen; speziell das Verhältnis der Masse $m$ eines Körpers zu seinem Volumen $V$ **(Massendichte,** Formelzeichen $\varrho$, SI-Einheit $kg/m^3$); bei homogener Massenverteilung gilt: $\varrho = m / V$. Die Dichte eines Materials hängt von Temperatur und Druck ab, sodass sie, besonders bei Gasen, häufig auf den →Normzustand **(Normdichte)** bezogen wird.

Dichtebestimmungen fester Stoffe können z. B. über Wägungen, Auftriebsmethoden und Schwebeverfahren erfolgen (→mohrsche Waage, →Aräometer).

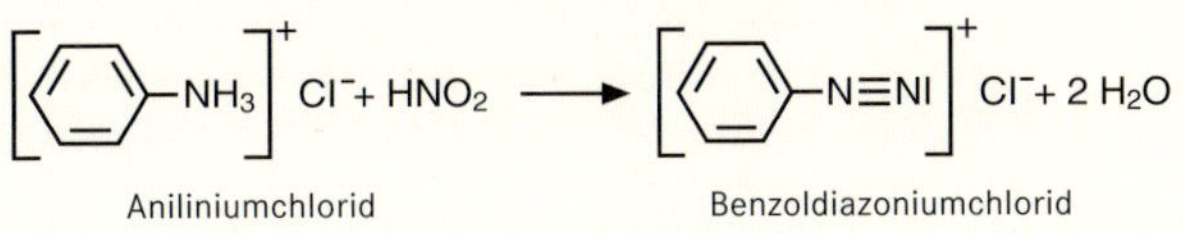


**Diazoniumverbindungen.** Herstellung von Benzoldiazoniumchlorid aus Aniliniumchlorid

**Dichtung** [mhd. dīhte, eigtl. »fest«, »undurchlässig«], Vorrichtung zur Verhinderung oder Verminderung des Aus- und Überströmens von gasförmigen, flüssigen oder körnigen Stoffen aus Behältern oder Rohren durch Spalte. **Ruhende Dichtungen** (flüssige oder plastische Masse, Papier, Gummi, Kupfer, Aluminium u. a.) befinden sich zwischen unbeweglich miteinander verbundenen Teilen. Bei gegeneinander bewegten Teilen verwendet man Berührungsdichtungen oder berührungsfreie Dichtungen. **Berührungsdichtungen** sind z. B. Flachdichtungen, Stopfbuchsen, Packungen (z. B. aus Metallen), Radialdichtungen. **Berührungsfreie Dichtungen** behindern den Durchtritt von Gasen und Dämpfen durch enge Spalte (z. B. bei Labyrinthdichtungen durch stufenweisen Druckabfall). Dichtungen für begrenzte Bewegungen sind Membranen, Manschetten und Bälge.

**Dichtungsstoffe,** Sperrstoffe zur Abdichtung (Dichtung) gegen meist von außen auf ein Bauwerk einwirkendes Wasser. Zu den Dichtungsstoffen gehören Dichtungsbahnen und Dichtungsfolien aus Dachpappen, Kunststoffen, Dichtungsmassen und NE-Metallen, Dichtungsanstriche und Spachtelmassen auf bituminöser oder Kunststoffbasis zur flächenhaften Abdichtung sowie Dichtungsmassen (Vergussmassen) und Dichtungsprofile zur Fugenabdichtung. Dichtungsstreifen aus Gummi, Schaumgummi, Schaumstoff, Filz oder federndem Metall zur Abdichtung gegen Gase (Luft), Lärm, Staub werden z. B. in Tür- und Fensterfalze eingelegt.

**Dickblattgewächse, Crassulaceae,** weltweit verbreitete Pflanzenfamilie mit rund 1 400 an trockene Standorte angepasste Arten, besonders in Südafrika, Mexiko und im Mittelmeergebiet; einjährige und ausdauernde Kräuter, Halbsträucher und Sträucher mit

| Dichte: Normdichte einiger Gase (in kg/m³) | |
|---|---|
| Ammoniak | 0,7714 |
| Argon | 1,784 |
| Chlor | 3,214 |
| Ethan | 1,3566 |
| Helium | 0,1785 |
| Methan | 0,7174 |
| Sauerstoff | 1,42895 |
| Luft | 1,2923 |
| Stickstoff | 1,2505 |
| Wasserstoff | 0,08989 |

dickfleischigen Blättern und meist fünfzähligen Blüten, z. B. Dickblatt, Fetthenne.

**Dickschichttechnik, Dickfilmtechnik,** *Elektronik:* Herstellungsverfahren für einfache, kompakte elektronische Schaltkreise. Auf ein isolierendes Trägermaterial (Substrat) werden mittels Siebdruck Leiterbahnen sowie Widerstände, Kondensatoren und spiralförmige Induktivitäten in Schichtdicken zwischen 10 und 50 µm aus pastenartigen Mischungen eines organischen Binders mit leitenden oder dielektrischen Substanzen aufgebracht und eingebrannt. Aktive Halbleiterbauelemente (z. B. Dioden, Transistoren) müssen nachträglich eingefügt werden.

**Dickung,** Altersklasse des Forstes; die Entwicklung vom Bestandesschluss bis zum Absterben der unteren Äste.

**Di|elẹktrikum** [griechisch] *das,* Isolierstoff; die Elektroden trennende Substanz, v. a. eines Kondensators (→Dielektrizitätskonstante).

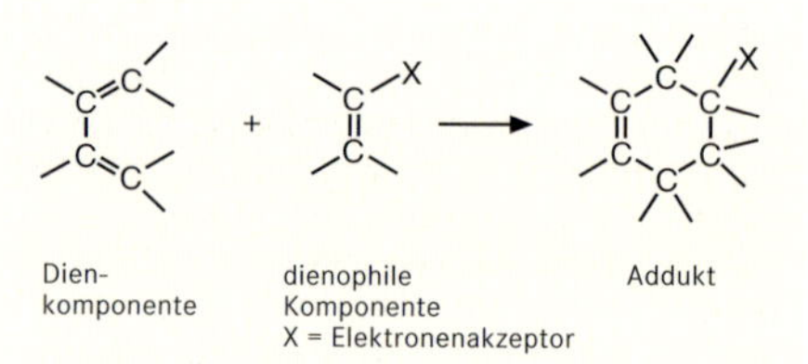


**Diensynthese**

**di|elẹktrische Verschiebung,** *Physik:* die →elektrische Flussdichte.

**Di|elektrizitạ̈tskonstante,** Abkürzung **DK, Permittivität,** der Proportionalitätsfaktor $\varepsilon$ in der Beziehung $D = \varepsilon E$ zwischen der elektrischen Flussdichte $D$ und der elektrischen Feldstärke $E$. Im Vakuum ist $\varepsilon$ gleich der **elektrischen Feldkonstanten** $\varepsilon_0 \approx 8{,}854 \cdot 10^{-12}$ F/m **(absolute Dielektrizitätskonstante des Vakuums,** seltener **Influenzkonstante).** In einem isotropen Dielektrikum ist die Dielektrizitätskonstante ein skalarer Stoffwert ($\varepsilon = \varepsilon_0 \cdot \varepsilon_r$), in anisotropen Stoffen ein Tensor 2. Stufe. Das Verhältnis $\varepsilon_r = \varepsilon / \varepsilon_0$ heißt **relative Dielektrizitätskonstante (relative Permittivität, Dielektrizitätszahl).** In elektrischen Wechselfeldern hängt die Dielektrizitätskonstante von der Frequenz ab.

**Diels,** Otto, deutscher Chemiker, * Hamburg 23. 1. 1876, † Kiel 7. 3. 1954; war 1906–16 Professor in Berlin, danach in Kiel (bis 1948).

Diels entdeckte 1906 das Kohlensuboxid $C_3O_2$, den ersten Vertreter der Ketene. 1927 setzte Diels erstmals Selen zur Dehydrierung organischer Verbindungen ein. Mit dieser Methode baute er Cholesterin ab und klärte damit das Grundskelett der Steroide auf. Mit seinem Schüler Kurt Alder entwickelte er 1928 die →Diensynthese (Diels-Alder-Reaktion), eine wichtige Reaktion zur Synthese ungesättigter zyklischer Verbindungen, wofür beide 1950 den Nobelpreis für Chemie erhielten. Mit der Bezeichnung Diensynthese wird ein Reaktionsmechanismus beschrieben, in dem ein Dien und ein Dienophil (»Dien liebende« Substanz) zu einer neuen chemischen Verbindung reagieren. Mit der theoretischen Deutung des Reaktionsverlaufs gelang es, die Möglichkeiten der Synthese von Naturstoffen bedeutend zu erweitern. Die Diensynthese verläuft spontan bei Raumtemperatur als glatte Reaktion. Sie hat bei geeignet strukturiertem Dien und Dienophil eine spezifische räumliche Anordnung beim Endprodukts zur Folge, was gerade bei der Synthese von Naturstoffen von großer Bedeutung ist.

**Otto Diels**
*** 1876, † 1954**

565

- entdeckte die Grundstruktur der Steroide
- entwickelte die Diensynthese
- erhielt 1950 den Nobelpreis für Chemie

**Di̱ene, Diolefine,** ungesättigte aliphatische **(Alkadiene)** oder zyklische **(Cyclodiene)** Kohlenwasserstoffe mit zwei Doppelbindungen im Molekül. Benachbarte Doppelbindungen nennt man **kumuliert,** solche, die durch eine Einfachbindung voneinander getrennt sind, **konjugiert;** bei **isolierten** liegt mindestens eine $CH_2$-Gruppe zwischen ihnen. Diene mit konjugierten Doppelbindungen können Stoffe mit einfacher Doppelbindung unter Ringbildung anlagern (→Diensynthese). Diene sind technisch bei der Kunststoffherstellung wichtig.

**Di̱ensynthese, Diels-Alder-Reaktion,** chemische Cycloadditionsreaktion zur Darstellung von 6-Ring-Verbindungen durch Anlagerung eines Diens (→Diene) an eine ungesättigte Verbindung (so genanntes Dienophil), z. B. Alken, Alkin. Die Molekülverbindung wird auch als **Addukt** bezeichnet. Die Diensynthese ist eines der wichtigsten Verfahren der organischen Chemie und hat sich besonders zur Darstellung vieler Naturstoffe bewährt.

**Diesel,** Rudolf, deutscher Maschineningenieur, * Paris 18. 3. 1858, † (ertrunken im Ärmelkanal) 29. 9. 1913; Erfinder des →Dieselmotors. Diesel erhielt 1892 ein Patent auf eine Verbrennungskraftmaschine, gab 1893 die Schrift »Theorie und Konstruktion eines rationellen Wärmemotors« heraus und entwickelte 1893–97 mit der Maschinenfabrik Augsburg und der Firma F. Krupp den nach ihm benannten Hochdruckverbrennungsmotor (erstes Modell im Deutschen Museum in München).

**diesel|elektrischer Antrieb,** Fahrzeugantrieb, bei dem Dieselmotoren Gleich- oder Drehstromgeneratoren antreiben, die die Antriebsmotoren speisen. Der Dieselmotor läuft immer mit der günstigsten Drehzahl, die Regelung ist stufenlos ohne Getriebe, in beiden Drehrichtungen; wird v. a. bei Lokomotiven und Schiffen eingesetzt.

**dieselhydraulischer Antrieb,** Fahrzeugantrieb, bei dem die Leistung eines Dieselmotors über ein Flüssigkeitsgetriebe hydrodynamisch oder hydromechanisch auf die Treibräder übertragen wird; v. a. für Schienenfahrzeuge.

**Dieselkraftstoff,** Kraftstoff für Motoren mit Selbstzündung. Für schnell laufende Motoren werden Gasöle, das heißt Kohlenwasserstoffgemische mit einem Siedebereich zwischen 170 und 360 °C, verwendet. Zur Verbesserung der Zündwilligkeit (Cetanzahl mindestens 45) können Zündbeschleuniger zugesetzt werden. Der Schwefelgehalt von Dieselkraftstoff ist seit 2005 nach Euro-4-Norm auf maximal 50 ppm beschränkt. Kraftstoffe mit maximal 10 ppm dürfen als »schwefelfrei« gekennzeichnet werden. Um die Partikelemission zu begrenzen (zurzeit 0,05 g/km), werden Additive wie Ceroxid zugesetzt und die Motoren mit Rußfiltern oder Katalysatoren ausgerüstet. Ein alternativer Dieselkraftstoff ist der aus ölhaltigen Pflanzen gewonnene Biodiesel (→Biokraftstoff).

**Dieselmotor,** der von R. Diesel erfundene Verbrennungsmotor. Im Zylinder wird Luft durch den Kolben so hoch verdichtet (30–55 bar) und erhitzt (700–900 °C), dass sich der von der Einspritzpumpe geförderte und durch die Einspritzdüse eingespritzte →Dieselkraftstoff entzündet (Selbstzündung). Dadurch steigen Druck und Temperatur im Brennraum, der Kolben wird nach unten getrieben und leistet Arbeit.

Man unterscheidet verschiedene Gemischbildungsverfahren: Beim **Direkteinspritzverfahren** wird der Kraftstoff direkt in den Brennraum gespritzt. Beim **Vorkammerverfahren** und beim **Wirbelkammerverfahren** (mit unterteiltem Brennraum) wird der Kraftstoff in eine Kammer, in der er sich entzündet, gespritzt und von da in den Hauptbrennraum geblasen, wo er vollständig verbrennt. In der Wirbelkammer bildet sich durch tangentiales Einströmen ein Luftwirbel aus. Beim Vorkammerverfahren ist dies nicht notwendig. Bei schlechter Verbrennung ergibt sich Ruß im Abgas. Die Ruß- oder Rauchgrenze bestimmt die Leistungsgrenze des Dieselmotors. Die Leistung kann durch Aufladung, insbesondere durch ladeluftgekühlte Abgasturboaufladung, erheblich gesteigert werden. Für Schwerlastwagen wurden so genannte LEV-Modelle entwickelt (LEV: Abkürzung für englisch low emission vehicle), die darüber hinaus mit speziell gestalteten Brennräumen, höheren Einspritzdrücken, Kraftstoffdispersion durch Mehrlochdüsen u. a. arbeiten. Gleichzeitig wurden durch innermotorische Maßnahmen die Geräuschemissionen vermindert. Um den Rußanteil im Abgas zu reduzieren, werden →Rußfilter eingebaut.

Wegen hoher Verdichtung ist der Dieselmotor die Wärmekraftmaschine mit dem höchsten thermischen Wirkungsgrad. Der Dieselmotor arbeitet meist als Viertaktmotor (→Verbrennungsmotor), sehr kleine und sehr große Dieselmotoren als Zweitaktmotoren. Große und mittlere Dieselmotoren dienen zur Krafterzeugung in Kraftwerken, Schiffen, Lokomotiven, Triebwagen; mittlere und kleine in Kfz (höheres Leistungsgewicht als der Ottomotor, geringerer Kraftstoffverbrauch, längere Lebensdauer), Schleppern, Bau- und Landmaschinen.

**Diethyl|ether,** der wichtigste →Ether.

**Differenzialprinzipi|en,** *Physik:* →Extremalprinzipien.

**Differenzialschraube,** koaxiale Doppelschraube mit zwei Gewinden unterschiedlicher Steigung $h_1$ und $h_2$. Die Drehung des einen Gewindeteils um 360° ruft eine nur geringe, der Differenz $h_2 - h_1$ entsprechende axiale Verschiebung des anderen Gewindeteils hervor. Anwendung: Feinverstellung bei Geräten oder Erzeugung großer Kräfte mit nach dem gleichen Prinzip arbeitenden Differenzialpressen und -winden.

**Differenzierung,** *Entwicklungsphysiologie:* Bezeichnung für den Vorgang während des Wachstums eines Lebewesens, durch den sich zwei gleichartige embryonale Zellen, Gewebe oder Organe in morphologischer und physiologischer Hinsicht in verschiedene Richtungen entwickeln. Die Differenzierung wird durch die unterschiedliche Aktivität der Gene gesteuert und von Umweltfaktoren beeinflusst.

**Diffraktion** [lateinisch] *die, Physik:* die →Beugung.

**Diffusion** [lateinisch »das Auseinanderfließen«] *die,* **1)** *Chemie, Physik:* mit einem Masse- und/oder Ladungstransport verbundener physikalischer Ausgleichsprozess, in dessen Verlauf Teilchen infolge ihrer Wärmebewegung (→brownsche Bewegung) von Orten höherer zu solchen niedrigerer Teilchendichte oder Konzentration diffundieren, sodass sich die Dichte- oder Konzentrationsunterschiede ausgleichen. Die bekannteste Wirkung der Diffusion ist die Vermischung von Gasen oder Flüssigkeiten; eine besondere Form ist die →Thermodiffusion. Diffusion tritt auch in oder an der Oberfläche **(Oberflächendiffusion)** fester Körper auf, allgemein an der Grenzfläche zweier Phasen **(Grenzflächendiffusion).** In Kristallen findet man eine (sehr langsame) **Volumendiffusion** über Platzwechselvorgänge. Eine einseitige Diffusion tritt bei der →Osmose und der →Dialyse auf. Leichte Moleküle diffundieren wegen ihrer größeren Molekulargeschwindigkeit schneller als schwere. Besteht der diffundierende Stoff aus verschieden schweren Teilchen, so können sich die Teilchen durch Diffusion teilweise entmischen **(Diffusionstrennung),** was zur Gas- und Isotopentrennung ausgenutzt wird.

**2)** *Physiologie:* die treibende Kraft der Stoffverteilung innerhalb der Zellen oder zwischen benachbarten Zellen, wobei räumliche Konzentrationsunterschiede der diffundierenden Stoffarten die Wanderung der Moleküle durch Diffusion beschleunigen.

1395

**Dieselmotor.** Kurbelwelle eines Viertakt-Großdieselmotors

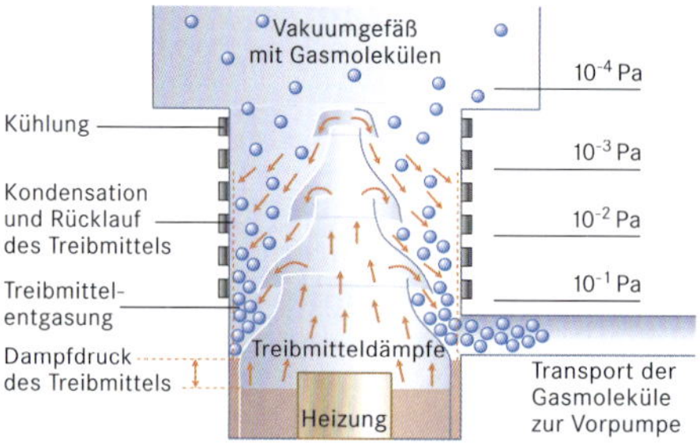


**Diffusionspumpe.** Darstellung der Arbeitsweise; rechts Drücke in verschiedenen Pumpenbereichen

**Diffusionspumpe,** von W. Gaede erfundene →Vakuumpumpe zum Erzeugen niedriger Drücke (bis $10^{-8}$ Pa) in abgeschlossenen Gefäßen. In einem Siedegefäß werden Öl **(Öldiffusionspumpe),** Quecksilber **(Quecksilberdiffusionspumpe)** oder andere Treibmittel verdampft. Die Dämpfe steigen hoch, werden durch eine Düse beschleunigt und nehmen dabei durch Diffusion aus dem auszupumpenden Gefäß Gasmoleküle mit. Der Dampf wird am Kühlmantel kondensiert, das Gas von der Vor(vakuum)pumpe abgesaugt. Bei mehrstufigen Diffusionspumpen sind mehrere Pumpsysteme so hintereinander geschaltet, dass die in einer Stufe verdichteten Gase von der folgenden übernommen werden.

**Digerieren** [lateinisch], das Herauslösen (Ausziehen) löslicher Bestandteile aus einem Stoffgemisch oder auch aus (getrocknetem) Pflanzenmaterial durch Übergießen mit einem geeigneten Lösungsmittel und anschließendes Dekantieren oder Filtrieren.

**Digestion** [lateinisch, zu digerere »zerteilen«] *die,* die →Verdauung.

**Digestor** *der, Chemie:* →Abzug.

**digital,** *Informatik, Physik, Technik:* stufenförmig, nur diskrete, das heißt nicht stetig veränderliche Werte annehmend, in diskrete Einzelschritte aufgelöst; Gegensatz: →analog.

**Digital-analog-Umsetzer,** Abkürzung **DAU, Digital-analog-Wandler,** kurz **D/A-Wandler,** elektronische Anordnung, die ein digitales Eingangssignal in ein analoges Ausgangssignal umsetzt, um es der Weiterverarbeitung durch analog arbeitende Komponenten zuzuführen; Gegensatz: →Analog-digital-Umsetzer.

**digitaler Hörfunk, digitaler Rundfunk,** digitales Übertragungsverfahren für den Hörfunk sowie zur Übermittlung digitaler Informationen (Daten, Texte, Bilder), bei dem die analogen Daten in digitale umgewandelt und komprimiert werden. Vorteile des digitalen Hörfunks sind weitgehende Störungsfreiheit, hohe Tonqualität (CD-Qualität) und Reichweite.

Die Übertragung des seit 1991 ausgestrahlten **DSR** (Abkürzung für Digitaler Satellitenrundfunk) wurde 1999 zugunsten des 1995 begonnenen →ADR eingestellt. Mit dem zunehmenden Wegfall der satellitengestützen Ausstrahlung analoger Fernsehprogramme bis zum Jahr 2010 ist jedoch die Existenz von ADR gefährdet. Der 1986/87 entwickelte und seit 1995 erprobte **DAB** (Abkürzung für englisch digital audio broadcasting, »digitaler Hörfunk«) wurde 1999 in den Regelbetrieb überführt und ermöglicht neben der digitalen Ausstrahlung der Audioinformationen die optische Anzeige zusätzlicher Daten auf dem Display des Empfangsgeräts (z.B. Sendername, Typ des Senders, Name des gespielten Stücks, Reiserufe, Wetternachrichten, Verkehrsinformationen). DAB stellt ebenfalls Leistungsmerkmale bereit, die →RDS bietet. Die erfolgreiche Einführung des digitalen terrestrischen Fernsehens **DVB-T** wird DAB jedoch zurückdrängen, da mit DVB-T ebenfalls ein digitales Hörfunkkonzept aufgebaut werden kann, das über die DVB-T-Fernsehempfangsgeräte ohne Mehrkosten die Teilnehmer erreicht. Zudem ist auch DVB-T für den mobilen Empfang ausgelegt. Digitaler Hörfunkbetrieb in Kabelnetzen wird vorwiegend über das DVB-C-System realisiert.

Einen Standard für den digitalen Hörfunk unterhalb von 30 MHz auf Lang-, Mittel- und Kurzwelle entwickelt das 1998 gegründete Konsortium **DRM** (Digital Radio Mondiale) mit weltweit mehr als 80 Mitgliedern (Sender, Gerätehersteller u. a.) aus 29 Ländern (2003). Die Digitalisierung in diesem Frequenzbereich beruht auf dem gleichen Prinzip wie DAB und soll eine dem UKW-Empfang ähnliche Hörqualität erreichen. Die erste Radiosendung wurde am 16. 6. 2003 übertragen. Für den Empfang des digitalen Hörfunks sind eigens dafür entwickelte Geräte notwendig.

**digitales Drucksystem,** Gerätesystem zum Drucken ohne Verwendung optischer Vorlagen oder analoger Zwischenschritte. Die in digitaler Form vorhandenen Text- und Bildinformationen werden – durch einen Computer gesteuert – direkt an die digitale Druckmaschine weitergegeben **(Computer-to-print).** Die Aufbereitung der Bild- und Textinformationen erfolgt mit einem Raster Image Proces-

**digitales Fernsehen** Digital via Antenne

Die terrestrische Ausstrahlung digitaler Fernsehsignale (DVB-T) begann in Deutschland Ende 2002 im Großraum Berlin; inzwischen ist sie in vielen Bundesländern verfügbar. Prinzipiell ist die Bildqualität des digitalen Fernsehens der analogen Ausstrahlung mit ihrem typischen Rauschen überlegen; allerdings setzt der einwandfreie Empfang von DVB-T-Signalen eine sicher nur sehr selten vorhandene Empfangssituation voraus. Um mit einer DVB-T-Zimmerantenne ungetrübten Fernsehgenuss erleben zu dürfen, müssen die Wetterbedingungen wirklich optimal und die Störungen von außen minimal sein; bereits ein vorbeifahrenden Lkw führt zu Störungen: Das Bild »friert« ein, der Ton ist weg, ganze Programme verschwinden usw. In topografisch ungünstigen Gegenden mit relativ großen Höhenunterschieden gibt es zudem viele »Funklöcher«, in die das digitale Signal überhaupt nicht hinkommt.

sor (RIP). Digitale Drucksysteme ermöglichen ein schnelles Drucken nach Bedarf **(Printing-on-Demand)**.

**digitales Fernsehen,** Fernsehverfahren und -systeme, mit denen anstelle analoger Signale digital codierte Signale zwischen Sender und Empfänger übertragen werden. Dazu werden nach dem europäischen Standard →DVB die akustischen und optischen Signale moduliert, komprimiert und terrestrisch **(DVB-T)**, über Satellit **(DVB-S)** oder Kabel **(DVB-C)** übertragen.

Um die Übertragungskapazität zu erhöhen, werden Verfahren der Datenkompression genutzt. Konventionelle Fernsehempfänger sind für die unmittelbare Aufnahme digital codierter Sendungen nicht geeignet. Zur empfangsgerechten Aufbereitung der Signale muss ein Decoder (→Set-Top-Box) vorgeschaltet werden. Vorzüge des digitalen Fernsehens sind u.a. bessere Bild- und Tonqualität, die Nutzbarkeit von hochauflösendem Fernsehen (→HDTV), die Vervielfachung des Programmangebots und Zugriffsmöglichkeit auf weitere Serviceleistungen wie Homeshopping, Telebanking, elektronische Programmführer (→EPG) oder Pay-TV.

DVB-T begann in Deutschland Ende 2002 im Großraum Berlin und hat sich in den Gebieten, in denen diese Übertragungstechnik angeboten wird, bereits etabliert. Die Abschaffung der analogen Ausstrahlung von Fernsehprogrammen ist bis 2010 vorgesehen.

**Digitalis** [lateinisch], Pflanzengattung, →Fingerhut.

**Digitalisierung,** die Umwandlung von analogen in digitale Signale, um sie mit einem Computer weiterverarbeiten zu können. Ein Verfahren zur Digitalisierung von Signalen (v.a. von Sprache und Musik) ist die →Pulscodemodulation. Die zur Digitalisierung verwendeten Geräte werden unter der Bezeichnung **Digitalisierer** (englisch **Digitizer**) zusammengefasst; ihr wichtigster Bestandteil ist der →Analog-digital-Umsetzer. Zu den Digitalsierern gehören z.B. Scanner, Digitalkameras und spezielle Stifte als Eingabegeräte für Notepads (Penpads).

**Digitalkamera,** Kameratyp, bei dem die Bilder nicht analog auf einem Film, sondern in digitaler Form gespeichert werden. Das vom Objekt reflektierte Licht fällt dabei auf einen →CCD-Bildsensor und wird in intensitätsabhängige elektrische Impulse gewandelt. Diese werden zunächst im Zwischenspeicher der Kamera gespeichert und von dort aus auf die Speicherkarte übertragen. Die Abbildungsqualität von mit Digitalkameras aufgenommenen Bildern nahm in den letzten Jahren sprunghaft zu und erreicht inzwischen die Qualität von herkömmlichen Papierbildern.

**Digitaltechnik,** Teilgebiet der Informationstechnik und Elektronik, das die Gesamtheit der Verfahren und Einrichtungen (elektronische Bauelemente, Schaltkreise, Funktionseinheiten oder Anlagen) zur Erzeugung, Erfassung, Darstellung, Verarbeitung und Übertragung digitaler Größen umfasst. Die mathematischen Grundlagen der Digitaltechnik bilden die Theorie der Zahlensysteme (besonders des Dualsystems), die boolesche Algebra (→Schaltalgebra) und die Theorie diskreter Systeme. Ein wesentlicher Bereich der Digitaltechnik ist die **Schaltkreistechnik,** zu der die Halbleitertechnologie (wie →Bipolartechnik, →MOS-Technik) gehört. Bezüglich der Anwendungen haben sich drei Bereiche der Digitaltechnik besonders stark entwickelt: die Entwicklung und Fertigung von Mikroprozessoren, von Halbleiterspeichern sowie von kunden- beziehungsweise anwenderspezifischen →integrierten Schaltkreisen. Die Entwicklungen in der Digitaltechnik sind eng mit denen in Kommunikationstechnik, Unterhaltungselektronik und Messtechnik verknüpft, wo überwiegend digitale Baugruppen und Verfahren angewendet werden.

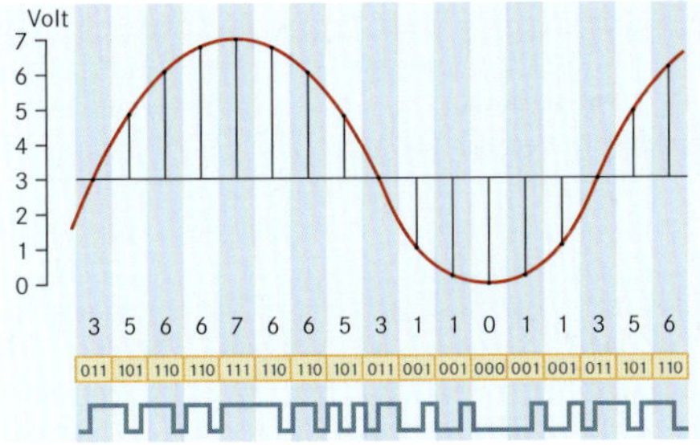


**Digitalisierung.** Schema der Digitalisierung von analogen akustischen Signalen durch Abtasten der Signalspannungen bei der Aufnahme einer CD; die Messwerte sind in Dezimal- und Binärzahlen angegeben (oben); Umsetzung der Binärzahlen in digitale elektrische Signale (unten).

**Digitalkamera.** Rechts von vorn, links von hinten

3822

**3,4-Dihydroxyphenylalanin,** →Dopa.

**Dikotyledonen,** die →Zweikeimblättrigen.

**Diktiergerät,** ein besonders den Erfordernissen von Textansagen (Diktaten) angepasstes kleines Schallaufnahme- und -wiedergabegerät mit Netz- oder Batteriebetrieb. Als Datenträger wird Magnetband oder ein digitales Speichermedium (z.B. Flash-Speicher) verwendet.

**Dilatation** [lateinisch] *die, Physik:* 1) allgemein die Ausdehnung (Verlängerung) eines

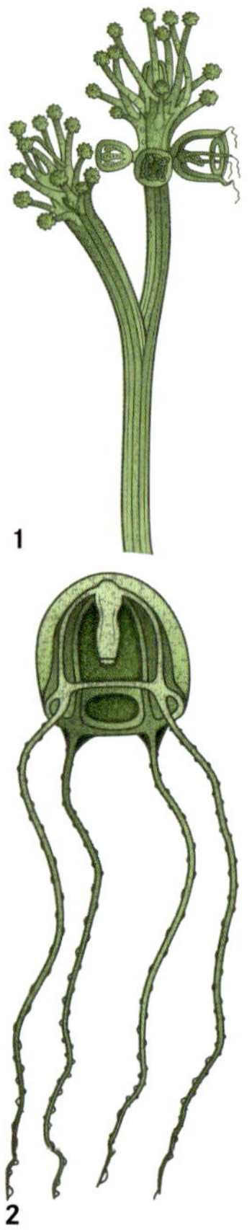


**Dimorphismus.** Generationsdimorphismus; 1 Polypenstöckchen (vegetative Generation) mit knospenden Medusen; 2 Meduse (Geschlechtsgeneration) des Nesseltieres Syncoryne fruticosa

Körpers durch äußere Kräfte oder Wärme; 2) in der →Relativitätstheorie die Zeitdilatation.

**Dilatometer** [lateinisch-griechisch], →Dehnungsmesser.

**Dimension** [lateinisch »Abmessung«] *die, Physik:* Ausdruck zur qualitativen Beschreibung einer physikalischen Größe als Potenzprodukt der Basisgrößen, ohne numerische Faktoren, Vorzeichen, Vektorcharakter und Ähnliches zu berücksichtigen. So haben z. B. die Größen Breite, Höhe, Brennweite und Radius alle die Dimension einer Länge, geschrieben dim $l$ = L. Alle relativen Größen sind **dimensionslos.**

**dimer** [griechisch], *Chemie:* zweigliedrig.

**Dimerisation** [griechisch] *die, Chemie:* Vereinigung zweier gleicher Moleküle zu einem neuen Molekül, dem **Dimeren,** durch Additionsreaktionen.

**Dimmer** [englisch] *der,* Gerät zur stufenlosen Steuerung der Leistung und damit der Helligkeit, v. a. von elektrischen Glühlampen.

**Dimorphismus** [griechisch] *der,* Bezeichnung für das regelmäßige Auftreten von Individuen verschiedener Erscheinungsformen bei ein und derselben Art. Im Entwicklungsverlauf mancher Tiere und Pflanzen treten verschieden gestaltete Generationen auf, der **Generationsdimorphismus,** z. B. bei Polyp und Meduse, Farnpflanze und Prothallium. Beim **Geschlechtsdimorphismus** (Sexualdimorphismus) sind Männchen und Weibchen derselben Tierart beziehungsweise männliche und weibliche Pflanzen oder Blüten derselben Art in Gestalt, Größe, Färbung, Physiologie (z. B. Produktion von Hormonen und Pheromonen) oder im Verhalten verschieden. **Saisondimorphismus** ist das Auftreten einer nach Farbe und Form verschiedenen Frühjahrsgeneration bei manchen Schmetterlingen, z. B. beim Landkärtchen.

**DIN Deutsches Institut für Normung e. V.,** nationale Normenorganisation in Deutschland, Sitz: Berlin; erarbeitet mit interessierten Kreisen (Hersteller, Handel, Wissenschaft, Verbraucher, Behörden) in Ausschüssen Normen, die der Rationalisierung, der Sicherheit, der Qualitätssicherung u. a. in Wirtschaft, Technik und Wissenschaft dienen. Die Arbeitsergebnisse werden als **DIN-Normen** in das Deutsche Normenwerk aufgenommen. Das Verbandszeichen DIN darf unter bestimmten Voraussetzungen zur Kennzeichnung genormter Gegenstände verwendet werden. Das DIN ist federführend für die deutsche Vertretung bei internationalen Normungsarbeiten, z. B. in der ISO (International Organization for Standardization).

**DIN-Formate,** genormte Papierformate mit dem Urformat A0 = 1 $m^2$ Fläche. Das Verhältnis der langen zur kurzen Bogenkante beträgt bei jedem DIN-Format $\sqrt{2} : 1 : 1$. Die Formate der A-Reihe gelten für unabhängige Papiergrößen wie Briefbogen, die Reihen B und C für abhängige Papiergrößen wie Briefhüllen.

**Dinoflagellaten** [griechisch-lateinisch], **Peridinales,** Ordnung der Algen, einzellige, planktisch lebende Flagellaten; Zellhülle häufig aus panzerartigen Celluloseplatten mit zwei Geißeln; oft sind Schwebefortsätze vorhanden. Einige Arten rufen Meeresleuchten hervor.

**Dinosauri|er** [griechisch], **Dinosauria,** zusammenfassende Bezeichnung für die ausgestorbenen Kriechtierordnungen **Saurischia** und **Ornithischia,** die ihre größte Verbreitung zur Jura- und Kreidezeit hatten. Die Dinosaurier waren etwa 0,6–40 m lang, hatten meist einen kleinen Kopf sowie langen Hals und Schwanz. Sie waren ursprünglich räuberische Fleischfresser oder Aasfresser, die sich auf den Hinterbeinen fortbewegten, wobei die oft sehr kurzen Vorderbeine Greifhände hatten; viele Arten wurden im Verlauf der späteren Entwicklung zu Pflanzenfressern, die auf vier säulenartigen Beinen liefen. Über das Aussterben der Dinosaurier gegen Ende der Kreidezeit gibt es verschiedene Theorien (→Saurier).

**Dinosaurier**
→ GEO **Dossier**
Die Arche von Manhattan, Bd. 6

**DIN-Verbrauch,** genormte Angabe des Kraftstoffverbrauchs von Kraftfahrzeugen in Liter/100 km, und zwar bei Pkw ermittelt für drei Werte: Stadtverkehr (Leerlaufanteil 30 %), konstante Geschwindigkeit von 90 und von 120 km/h (jeweils unter Berücksichtigung des Luftwiderstands, der Streckenbeschaffenheit, der Wetterbedingungen u. a.). Der vereinfachte Durchschnittswert ist der →Drittelmix. Bei anderen Kraftfahrzeugen wird der DIN-Verbrauch über 10 km auf ebener, trockener Fahrbahn bei 34 % der Höchstgeschwindigkeit (jedoch maximal 110 km/h) plus einem Zuschlag von 10 % ermittelt.

**Diode** [griechisch] *die,* Halbleiterbauelement mit zwei Anschlüssen (Elektroden). Dioden haben eine ausgeprägte Stromrichtungsabhängigkeit (»Ventilwirkung«). Verantwortlich für den Leitungsmechanismus ist der im Halbleiterkristall durch Dotierung gebildete →pn-Übergang: In **Durchlassrichtung** betrieben, fließt bei zunehmender, zwischen den beiden Anschlüssen angelegter Spannung ein stark ansteigender Durchlassstrom, in **Sperrrichtung** fließt nur ein sehr geringer Sperrstrom, der erst bei Überschreiten eines bestimmten Grenzwertes steil ansteigt. Zur Herstellung sind besonders Silicium **(Silicium-Dioden),** Germanium **(Germanium-Dioden),** daneben Galliumarsenid, Galliumphosphid u. a. Verbindungshalbleiter geeignet. Die gleiche Ventilwirkung wie beim pn-Übergang im Kristall erzielt man auch durch einen Metall-Halbleiter-Kontakt.

Früher bezeichneten Dioden die zur Gleichrichtung benutzte Elektronenröhre ohne Gitter **(Röhrendiode),** deren geheizte Kathode im Vakuum Elektronen zur Anode sendet.

■ **Anwendung** Dioden dienen zur Gleichrichtung von Wechselströmen **Gleichrichterdiode),** zur Spannungsstabilisierung und Signalbegrenzung. Im Mikrowellenbereich werden z.B. **Gunn-Dioden** (→Gunn-Effekt), →IMPATT-Dioden sowie →Tunneldioden und →Backwarddioden eingesetzt, für optoelektronische Anwendungen →Fotodioden, →Lumineszenzdioden und →Laserdioden. Weitere spezielle Dioden: **Thyristor-Dioden (Vierschichtdiode), Leistungs-,** →Kapazitätsdioden.

**Diodenlaser** [-ˈleɪzə], die →Laserdiode.

**Dioden-Transistor-Logik,** Abkürzung **DTL,** Schaltkreisfamilie der Digitaltechnik, deren verschiedene Logikelemente die zu verknüpfenden Signale über Dioden (speziell Z-Dioden bei **DZTL**) einkoppeln und das resultierende Nutzsignal über bipolare Transistoren verstärkt auskoppeln. Die DTL wurde durch die →Transistor-Transistor-Logik (TTL) ersetzt.

**Diole,** zweiwertige Alkohole, technisch bedeutend als Komponenten von Polyurethanen und Polyester.

**Diopter** [griechisch] *das,* eine Visiereinrichtung an optischen Geräten und an Handfeuerwaffen.

**Dioptrie** [griechisch] *die,* Einheitenzeichen **dpt,** gesetzliche Einheit des →Brechwertes optischer Systeme: 1 Dioptrie ist gleich dem Brechwert eines optischen Systems mit der Brennweite 1 m in einem Medium der Brechzahl 1. Dies entspricht dem Kehrwert der in Meter gemessenen Brennweite: $1\ \text{dpt} = 1\ \text{m}^{-1}$.

**dioptrisch,** lichtbrechend; durchsichtig; nur lichtbrechende Elemente (z. B. Linsen) enthaltend.

**Dioxid** *das,* Verbindung, bei der jeweils zwei Sauerstoffatome an ein anderes Atom gebunden sind, z. B. $CO_2$ (Kohlendioxid).

**Dioxine** [griechisch], stark giftige organische Substanzen, die sich vom Dioxin, einer hypothetischen heterozyklischen Verbindung, ableiten. Dioxine entstehen bei Verbrennung von Kohlenstoff- und Chlor- oder anderen Halogenverbindungen bei Temperaturen zwischen 300 und 600 °C; sie gelangen mit Rauchgasen, Verbrennungs- und Produktionsrückständen in die Umwelt. Am giftigsten ist das als **Sevesogift** bekannt gewordene 2,3,7,8-Tetrachlordibenzodioxin (kurz **TCDD**), die im Tierversuch stärkste bekannte Krebs erzeugende Substanz. TCDD ist wie viele Chlorkohlenwasserstoffe chemisch und thermisch äußerst beständig und wird auch biochemisch praktisch nicht abgebaut. Die Entsorgung ist durch Verbrennung in Spezialanlagen bei über 1 200 °C und ausreichender Brenndauer möglich. In Deutschland gilt seit 1990 (17. Bundesimmissionsschutz-VO) für die Dioxinemission aus Müllverbrennungsneuanlagen ein Grenzwert von 0,1 ng/m³.

**Diode.** Herstellung von Laserdioden

**Diözie** [griechisch] *die,* **Zweihäusigkeit,** Form der Getrenntgeschlechtlichkeit (Diklinie) bei Pflanzen; die Ausbildung der männlichen und weiblichen Blüten ist auf zwei verschiedene Individuen einer Art verteilt.

**Diphenyl,** frühere Bezeichnung für →Biphenyl, heute Bezeichnung für zwei Phenyl-Reste als Substituenten.

**Diphosphate, Pyrophosphate,** Salze der Diphosphorsäure, $H_4P_2O_7$.

**diploid** [griechisch], mit doppeltem Chromosomensatz versehen, einen Chromosomensatz aus Paaren homologer Chromosomen besitzend.

**Diplokokken** [griechisch], paarig angeordnete, kugelförmige Bakterien.

**Dipol** *der,* Anordnung von zwei gleich großen elektrischen Ladungen entgegengesetzten Vorzeichens **(elektrischer Dipol)** oder zweier Magnetpole entgegengesetzter Polarität **(magnetischer Dipol)** in geringem Abstand zueinander. Dipole werden durch ihr **Dipolmoment** gekennzeichnet, das Vektorprodukt aus elektrischer Ladung beziehungsweise magnetischer Polstärke und Abstand; es zeigt in Richtung der negativen Ladung. Bei einem elektrischen Oszillator **(hertzscher Dipol)** ändern sich Abstand und Dipolmoment periodisch durch Schwingung einer Ladung gegen die andere, wodurch elektromagnetische Wellen abgestrahlt werden **(Dipolstrahlung).** Der Dipol **(Dipolantenne)** ist (als offener Schwingkreis) die Grundform von linearen Sende- und Empfangsantennen.

**Dipolmolekül,** Molekül mit ungleichmäßig verteilter elektrischer Ladung und einem

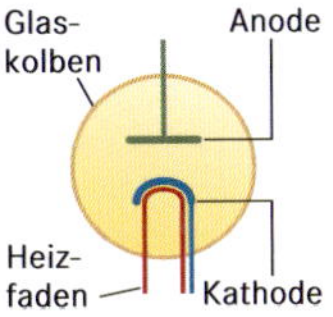


**Diode.** Prinzip und Schaltbild einer Röhrendiode mit indirekter Heizung der Kathode

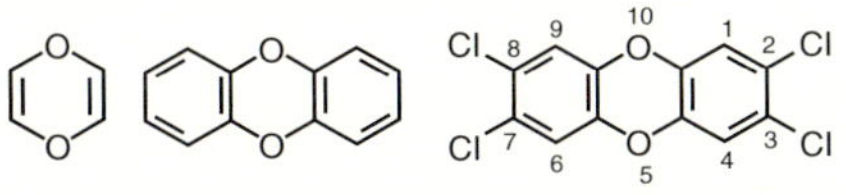


Dioxin | Dibenzodioxin | 2,3,7,8-Tetrachloridbenzodioxin, 2,3,7,8-TCDD

**Dioxine**

**Paul Dirac**
*** 1902, † 1984**

- war Mitbegründer der modernen Quantenphysik
- erhielt 1933 den Nobelpreis für Physik

daraus resultierenden permanenten Dipolmoment, z. B. das Wassermolekül $H_2O$.

**Diptera** [griechisch], die →Zweiflügler.

**Dirac** [dɪˈræk], Paul Adrien Maurice, britischer Physiker, * Bristol 8. 8. 1902, † Tallahassee (Florida) 20. 10. 1984; Professor in Cambridge (1932–69) und Tallahassee (seit 1971). Dirac lieferte grundlegende Beiträge zur Quantentheorie und Quantenelektrodynamik. Ausgehend von den von W. Heisenberg entwickelten Vorstellungen formulierte er 1925 (unabhängig von M. Born, Heisenberg und P. Jordan) eine sehr allgemeine Form der Quantenmechanik. 1926 schlug er (gleichzeitig mit E. Fermi) eine wellenmechanische Behandlung von Systemen gleichartiger Teilchen vor, die die →Fermi-Dirac-Statistik enthielt. 1926/27 lieferte Dirac zur Beschreibung der Wechselwirkung von Licht und Materie die Grundlagen der Quantentheorie des elektromagnetischen Strahlungsfeldes und der Quantenelektrodynamik und entwickelte dabei die nach ihm benannte quantenmechanische Störungstheorie für zeitlich veränderliche Vorgänge. 1928 stellte er seine relativistische Quantenmechanik des Elektrons auf (→Dirac-Gleichung). Das Problem der in dieser Theorie auftretenden negativen Energiezustände löste Dirac mit der →Löchertheorie. Spätere Arbeiten betrafen die Quantenfeldtheorie, kosmologische Fragen und das Problem der Quantisierung des Gravitationsfeldes. Dirac erhielt 1933 mit E. Schrödinger den Nobelpreis für Physik.

**Dispersion 2).** Für sichtbares Licht nimmt die Ausbreitungsgeschwindigkeit in Glas mit sich verringernder Wellenlänge ab. Blaues Licht ist in Glas langsamer als rotes. Dies ist die Ursache dafür, dass blaues Licht in einem Prisma stärker gebrochen wird als rotes, also für die spektrale Zerlegung des Lichts in verschiedene Farben in einem Prisma.

**Dirac-Gleichung** [dɪˈræk-], **diracsche Wellengleichung,** von P. Dirac 1928 aufgestellte relativistische Wellengleichung für Elektronen (→Wellenmechanik), die das quantenphysikalische Verhalten der Elektronen auf der Grundlage der speziellen Relativitätstheorie beschreibt. Sie erklärt die Feinheiten im Spektrum des Wasserstoffatoms und führte zur Voraussage des →Positrons und Antiprotons, den →Antiteilchen von Elektron und Proton. Die Dirac-Gleichung liefert außerdem den Spin des Elektrons, der sich als innerer, mit einem magnetischen Moment verbundener Drehimpuls äußert.

**Direktionskraft,** *Physik:* die →Rückstellkraft.

**Direktkraftsteuerung,** Steuerung eines Flugzeugs oder Flugkörpers durch Beeinflussung des Kräftegleichgewichts, wobei Flugbahn und Lagewinkel voneinander unabhängig sind. Mit Direktkraftsteuerung können Einzelbewegungen des Flugzeugs voneinander unabhängig gemacht werden, sodass das Flugzeug schneller auf Steuerkommandos reagiert.

**Direktreduktionsverfahren,** Verfahren zur Roheisenerzeugung in Schacht- oder Drehrohröfen, in einer Wirbelschicht oder in Retorten im Temperaturbereich zwischen 750 und 1 050 °C. Dabei wird das Eisen aus seinen Oxiden zu 80–95 % reduziert und fester Eisenschwamm erzeugt. Die Einteilung der Verfahren wird in der Regel nach dem verwendeten Reduktionsmittel vorgenommen (Gasreduktionsverfahren oder Feststoffreduktionsverfahren). Der Anteil der Gasreduktionsverfahren liegt bei etwa 90 %. Reduktionsgase sind Kohlenmonoxid, Wasserstoff und Mischungen beider Komponenten. Als feste Reduktionsmittel werden Kohlen beliebiger Körnung und Zusammensetzung verwendet. Die Erze für die Direktreduktion sollen hohen Eisengehalt bei geringem Gangartanteil, geringe Gehalte an unerwünschten Begleitelementen und eine geringe Zerfallsneigung während der Reduktion aufweisen. Einsatz billiger Brennstoffe und die Umgehung hoher Investitionskosten sind Vorteile gegenüber dem Hochofen.

**Discman®** [ˈdɪskmən, englisch] *der,* tragbarer CD-Player mit Kopfhörern.

**Dispenser** [englisch] *der,* Hilfsfahrzeug zur Betankung von Flugzeugen aus Unterflurtankanlagen.

**Dispergiermittel,** grenzflächenaktive Stoffe, die die Benetzung erhöhen und so die Bildung von →Dispersionen erleichtern.

**Dispersion** [lateinisch] *die,* **1)** *Chemie:* ein System aus mehreren Phasen, von denen eine kontinuierlich **(Dispersionsmittel)** und mindestens eine weitere fein verteilt ist **(disperse Phase),** z. B. Emulsion, Aerosole.

**2)** *Physik:* die Abhängigkeit einer physikalischen Größe oder Erscheinung von der Wellenlänge; im engeren Sinn die Wellenlängenabhängigkeit der Brechzahl und damit der Ausbreitungsgeschwindigkeit einer Welle in einem Medium. Die Dispersion der Brechzahl bewirkt, dass Licht verschiedener Wellenlängen beim Übergang zwischen zwei Medien mit unterschiedlicher Brechzahl verschieden stark gebrochen wird. Daher wird weißes Licht beim Durchgang durch ein Prisma in seine farbigen Bestandteile (Spektrum) zerlegt. Nimmt die Dispersion mit zunehmender Wellenlänge ab, spricht man von **normaler Dispersion,** ansonsten von **anomaler Dispersion.** Die Quantentheorie erklärt die Dispersion als Folge der Wechselwirkung der Welle mit den atomaren Bausteinen der Materie.

**Dispersionskräfte, London-Kräfte,** →zwischenmolekulare Kräfte.

**Display,** *Technik:* Anzeigesystem, das elektrische Signale von Maschinen, Messgeräten, Uhren, Computern u. a. in für das menschliche Auge erkennbare (numerische, alphanumerische u. a.) Zeichen umwandelt. Jedes Display besteht aus einem elektronischen Steuerteil, das die Anzeige auslöst, und elektrooptischen Wandlern. Nach der Anzahl der Bildelemente unterscheidet man u. a. die **Siebensegmentanzeige,** die **Matrixanzeige,** ein matrixförmiges Punktraster von z. B. 9 × 7 Bildelementen und den Bildschirm, ein Display mit mehr als 10 000 Bildelementen. Displays sind z. B. aus speziellen →Lumineszenzdioden aufgebaut; andere Anzeigetechniken sind →Flüssigkristallanzeige und →Plasmaanzeige.

**Disproportionierung** [lateinisch] *die,* chemische Reaktion, bei der ein Element mit mittlerer Oxidationszahl gleichzeitig in eine höhere und eine tiefere Oxidationsstufe übergeht, z. B. bei der Umsetzung von Stickstoffdioxid mit Wasser zu salpetriger und Salpetersäure:

$$\overset{0}{Cl_2} + OH^- \rightarrow \overset{-1}{Cl} + HO\overset{+1}{Cl}.$$

**Dissimilation,** *Biologie:* Abbau körpereigener Stoffe in lebenden Zellen der Organismen unter Freisetzung von Energie (z. B. Atmung, Gärung); Gegensatz: Assimilation.

**Dissipation** [lateinisch] *die,* **Energiedissipation,** *Physik:* der bei irreversiblen physikalischen Prozessen unvermeidbare Übergang einer Energieform in Wärme, z. B. die Umwandlung von elektrischer Energie in Wärme bei der Elektrizitätsleitung.

**dissipative Strukturen,** von I. Prigogine eingeführte Bezeichnung für räumlich und/oder zeitlich periodische Zustände, die in offenen Systemen weitab vom thermodynamischen Gleichgewicht auftreten. Dissipative Strukturen lassen sich durch nichtlineare dynamische Gleichungen beschreiben. Sie bilden sich aus einem ursprünglich instabilen Zustand, meist infolge →Selbstorganisation jenseits gewisser Instabilitätsschwellen. Ihre Stabilität beruht auf der Balance von Nichtlinearität und Energiedissipation.

**Dissoziation,** *Chemie, Physik:* Spaltung chemischer Bindungen unter Bildung kleinerer Einheiten; Gegensatz: Assoziation. Bei der **thermischen Dissoziation** (z. B. von Gasen) wird die benötigte Energie als Wärme zugeführt; entstehen bei der Dissoziation Atome, spricht man auch von Atomisierungswärme. Die thermische Dissoziation läuft in der Regel erst bei hohen Temperaturen ab. Die Dissoziation von Elektrolyten in Lösungen **(elektrolytische Dissoziation)** lässt sich dagegen infolge der energetisch günstigen Wechselwirkung der gebildeten Ionen mit dem Lösungsmittel **(Solvatationsenergie)** bereits bei Zimmertemperatur beobachten. Bei schwachen Elektrolyten (z. B. Essigsäure) stellt sich ein **Dissoziationsgleichgewicht** ein, dessen Lage durch die **Dissoziationskonstante** beschrieben wird. Die **fotochemische Dissoziation** spielt u. a. bei der Entstehung des →Ozonlochs eine Rolle.

**Distel,** verschiedene stachlige Pflanzen, meist Korbblütler, besonders Gattung **Carduus** mit der bis 1 m hohen **Nickenden Distel** (Carduus nutans), Gattung **Cirsium** mit der schlanken, kleinköpfigen **Ackerdistel, Kratzdistel** (Cirsium arvense), der rot blühenden **Wollkopfkratzdistel** (Cirsium eriophorum) und der gelblich blühenden Fettwiesenpflanze **Kohldistel** (Cirsium oleraceum); Gattung **Eselsdistel** (Onopordon), bis 2 m hoch.

**Distorsion** [lateinisch] *die, Optik:* ein →Abbildungsfehler.

**Ditfurth,** Hoimar von, deutscher Publizist, * Berlin 15. 10. 1921, † Freiburg im Breisgau 1. 11. 1989; seit 1968 Professor für Psychiatrie und Neurologie in Heidelberg, trat besonders als Wissenschaftsjournalist und Sachbuchautor hervor.

**diurnaler Rhythmus** [lateinisch diurnus »täglich«], rhythmisch wechselndes Tag-Nacht-Verhalten bei Lebewesen, z. B. Säurewechsel (→CAM-Pflanzen) oder Stellungswechsel der Blätter bei →Schlafbewegungen.

**Diversität** *die,* **Artenmannigfaltigkeit,** *Biogeografie:* die Vielfalt von Arten in einem →Biom.

**DLR,** Abkürzung für →**D**eutsches Zentrum für **L**uft- und **R**aumfahrt e. V.

**dm,** Einheitenzeichen für Dezimeter, 1 dm = 0,1 m.

**DMB** [Abk. für **D**igital **M**ultimedia **B**roadcasting, deutsch »digitaler Multimediafunk«], eine Technologie zur Übertragung von Video- und Audiosignalen auf mobile Handgeräte mit kleinem Bildschirm, vor allem auf Handys. DMB befindet sich noch in der Testphase. Umgangssprachlich wird DMB – wie das konkurrierende DVB-H – auch Handyfernsehen genannt. Ob sich DMB oder aber das aufwendigere und leistungsfähigere →DVB-T auf Dauer durchsetzt, ist noch nicht entschieden.

**DNA,** aus dem Englischen abgeleitete Abkürzung für Deoxyribonucleic acid (→Desoxyribonukleinsäure), die sich auch im deutschen Sprachgebrauch zunehmend anstelle von DNS eingebürgert hat.

**DNA-Analyse, Genanalyse,** experimentelle Untersuchung von DNA (→Nukleinsäuren) mittels physikochemischer und biochemischer Methoden zur Aufklärung ihrer Struktur (u. a. Größe, Nukleotidsequenz, Faltung im Raum) und Funktion. Ist die Sequenz eines DNA-Stücks bekannt, lässt sich auf deren

**DNA-Analyse**
→ GEO **Dossier**
Wettlauf um den Code des Lebens, Bd. 6

Funktion schließen (z. B. die Voraussage der Aminosäuresequenz eines in der DNA codierten Proteins, in einigen Fällen sogar auf die Funktion dieses Proteins). Von diagnostischer Bedeutung ist die Analyse der DNA auf Mutationen, die Krankheiten hervorrufen können. Bei einer direkten DNA-Analyse muss die Nukleotidreihenfolge des zu untersuchenden Gens bekannt sein. Ein kurzer Abschnitt des Gens wird als DNA-Sonde verwendet. Diese Sonde wird mit der DNA der entnommenen Probe des Embryos zusammengeführt. Verbindet sich ein Abschnitt der zu untersuchenden DNA mit der DNA-Sonde, liegt keine Mutation der DNA vor. Die Veränderung eines Bausteins in der DNA hätte die Anlagerung verhindert. Es gibt etwa 5 000 Krankheiten, deren Ursachen auf ein einziges Gen (deshalb auch die Bezeichnung monogene Krankheiten) zurückgeführt werden können, z. B. Mukoviszidose, Farbenblindheit, erbliche Formen der Taubheit oder der Diabetes mellitus. Etwa 2 000 dieser monogenen Krankheiten sind inzwischen genetisch diagnostizierbar. Die Tests werden eingesetzt, wenn andere pränataldiagnostische Untersuchungen einen Verdacht auf eine Erbkrankheit ergeben haben und die Familiengeschichte diesen Verdacht erhärtet.

5694

**Dock.**
Schwimmdock der Werft Blohm + Voss im Hamburger Hafen

**DNA-Chip** [-tʃɪp], **Genchip, DNA-Array,** zur schnellen Analyse von Nukleinsäuren (DNA, RNA) entwickelter, mit verschiedenen, genau positionierten DNA-Molekülen beladener Kunststoff- oder Glaschip. Zu den angehefteten DNA-Molekülen komplementäre Nukleinsäuren können damit aus komplexen Mischungen herausgefiltert und in Art und Menge bestimmt werden. DNA-Chips gewinnen zunehmende Bedeutung in der Genom- und Transkriptomanalyse sowie als diagnostisches Hilfsmittel in der Medizin.

**DNA-Computer,** Computertyp, bei dem DNA-Moleküle als Speicher- und Verarbeitungsmedium verwendet werden. Der DNA-Computer befindet sich noch im Forschungsstadium und wird als eine Alternative für den Computer der Zukunft diskutiert.

**DNA-Replikation, DNA-Reduplikation,** die identische Verdopplung (Autoreduplikation) der genetischen Substanz in lebenden Zellen. Der Verdopplungsmechanismus ist durch die Doppelhelix-Struktur vorgegeben. Die beiden Stränge der DNA trennen sich voneinander, indem die Wasserstoffbrücken zwischen den Basenpaaren gelöst werden. Jeder Einzelstrang dient als Matrize für die Synthese des komplementären Strangs. Nach Beendigung der DNA-Replikation besteht jeder Doppelstrang zur Hälfte aus altem und zur Hälfte aus neuem Material (semikonservative Replikation).

**D-Netz,** *Telekommunikation:* digitales Mobilfunknetz (→Mobilfunk), das sich in die beiden Netze **D 1** und **D 2** unterteilt.

**DNL** [Abkürzung für englisch **d**ynamic **n**oise **l**imiter], ein →Rauschunterdrückungssystem.

**DNR** [Abkürzung für englisch **d**ynamic **n**oise **r**eduction], ein →Rauschunterdrückungssystem.

**DNS,** Abkürzung für →**D**esoxyribo**n**ukleinsäure.

**Dobson-Einheit** [dɔbsn-, nach dem britischen Physiker G. M. B. Dobson, *1889, †1976], Maßeinheit zur Messung der Stärke der Ozonschicht; 1 Dobson-Einheit = 0,01 mm Ozonsäule bei Normaldruck.

**Dock** [englisch] *das,* Anlage in Werften und Häfen zur Trockenlegung von Schiffen für Reinigungs-, Erhaltungs- und Reparaturarbeiten: 1) **Trockendock,** ein durch Docktore verschließbares, betoniertes Becken. Die Docksohle liegt unter dem Wasserspiegel, das eindockende Schiff schwimmt ein, das geschlossene Dock wird leer gepumpt, das Schiff senkt sich auf die Kielpallen ab und liegt trocken. 2) **Schwimmdock,** ein vorwiegend für Unterwasserreparaturen und Anstricharbeiten verwendeter hohlwandiger Schwimmkörper; meist u-förmig ausgebildet. Die Boden- und Seitentanks werden beim Absenken des Docks geflutet, das Schiff schwimmt ein, das Dock wird leer gepumpt und hebt sich unter das Schiff. 3) **Dockschiff,** mobile schiffsähnliche Anlage, deren vorderer Teil den Antrieb beherbergt und deren hinterer Teil als Schwimmdock ausgebildet ist.

**Doherty** [ˈdəʊətɪ], Peter Charles, australischer Immunologe, *Brisbane 15. 10. 1940; seit 1988 am Saint Jude Children's Research Hospital in Memphis (Tennessee) tätig; erhielt 1996 mit R. Zinkernagel den Nobelpreis für Physiologie oder Medizin für Arbeiten zur körpereigenen Abwehr virusinfizierter Zellen.

**Doisy** [ˈdɔɪzɪ], Edward Adelbert, amerikanischer Biochemiker, * Hume (Illinois) 13. 11. 1893, † Saint Louis (Missouri) 23. 10. 1986; Professor in Saint Louis; erforschte insbesondere die Struktur der Geschlechtshormone und des Vitamins K. Erhielt 1943 mit C. P. H. Dam den Nobelpreis für Physiologie oder Medizin.

**Dokumẹnten-Management-Systẹm** [-ˈmænɪdʒmənt-], Abkürzung **DMS,** System zur elektronischen Verwaltung von Dokumenten, mit deren Hilfe der Umlauf und die Archivierung von Papierdokumenten beziehungsweise -akten reduziert werden soll.

**Dọlby-System®,** von dem amerikanischen Elektrotechniker R. M. Dolby (* 1933) erfundenes elektronisches Verfahren zur Rauschunterdrückung (→Rauschunterdrückungssysteme) bei magnetischen Tonaufzeichnungen.

**Dolde,** offener →Blütenstand; die **Doppeldolde** hat statt Einzelblüten doldige Teilblütenstände (**Döldchen;** z. B. Möhre); die **Doldenrispe** ist eine doldenartig ausgebreitete Rispe (z. B. Holunder), die **Doldentraube** oder **Schirmtraube** eine doldenartig ausgebreitete Traube (z. B. Rainfarn).

**Doldenblütige, Umbelliflorae,** Ordnungsgruppe der Blütenpflanzen mit meist in Dolden oder Köpfchen angeordneten Blüten; u. a. Araliengewächse, Hartriegelgewächse.

**Doldengewächse, Doldenblütler, Apiaceae, Umbelliferae,** Familie zweikeimblättriger Pflanzen, vorwiegend auf der nördlichen Erdhalbkugel; meist Kräuter mit doldigen Blütenständen und meist gefiederten Blättern; reich an ätherischen Ölen; viele Doldenblütler finden als Gemüse-, Heil- und Gewürzpflanze vielfältige Verwendung (z. B. Dill, Kümmel, Sellerie, Bärwurz).

**Dọmagk,** Gerhard, deutscher Pathologe und Bakteriologe, * Lagow (heute Łagów, bei Sulęcin) 30. 10. 1895, † Burgberg (heute zu Königsfeld im Schwarzwald) 24. 4. 1964; förderte die Chemotherapie, besonders der Tuberkulose, durch Einführung der Sulfonamide; erhielt 1939 den Nobelpreis für Physiologie oder Medizin.

**Domäne** [französisch, aus lateinisch dominium »Herrschaft«] *die, Physik:* makroskopischer Bereich in einem kristallinen Festkörper, in dem eine vektorielle Stoffgröße überall den gleichen Wert hat, z. B. die Magnetisierung in ferromagnetischem Material (→Weiss-Bezirke).

**Domestikation** *die,* Umwandlung wild lebender Tier- und Pflanzenarten in Haustiere und Kulturpflanzen durch gezielte Züchtung. Durch Charles Robert Darwin wurde allgemein bekannt, dass domestizierte Formen von Wildarten abzuleiten sind und sich durch Domestikation eine außerordentliche Wandlungsfähigkeit in Form und Leistung erzielen lässt. Die ältesten Kulturpflanzen (Einkorn, Gerste, Mais, Reis) sind wahrscheinlich aus Sammelpflanzen entstanden; der Anbau begann vor etwa 10 000 bis 12 000 Jahren in Vorderasien, Südostasien und im tropischen Amerika. Noch in der Altsteinzeit dürften Jägerstämme wandernden Rentierherden gefolgt sein, die sie als Vorstufe der Domestikation nutzten und kontrollierten. Das älteste bisher nachgewiesene echte Haustier ist ein Hund und wird auf etwa 15 000 Jahre geschätzt. Die genetischen Grundlagen von Domestikation sind zum Teil bekannt.

**Dominạnz** [lateinisch] *die,* **1)** *Biologie:* hoher Anteil einer Art in einer Pflanzen- oder Tiergesellschaft.

**2)** *Genetik:* vorherrschende Wirkung eines Allels bei der Merkmalsausprägung.

**Donator** [lateinisch »Spender«] *der,* **Donor, 1)** *Chemie:* Atom oder Molekül, das beim Ablauf einer chemischen Reaktion Elektronen, Atome oder Ionen abgibt.

**2)** *Physik:* eine Störstelle in einem Kristallgitter, die bereits bei thermischer Anregung Elektronen aus lokalisierten Zuständen an das Leitungsband des Kristalls abgeben kann und so Elektronenleitung (n-Leitung) ermöglicht; in →Halbleitern meist ein Fremdatom, das mehr Valenzelektronen hat als die Atome des Grundgitters, z. B. Phosphor (fünfwertig) bei der Dotierung von Silicium (vierwertig).

**Dopa** *das,* Kurzwort für **3,4-Dihydroxyphenylalanin,** Aminosäure, die aus Tyrosin durch Einführung einer weiteren Hydroxylgruppe in den aromatischen Rest entsteht. Dopa ist Ausgangssubstanz und Zwischenprodukt bei der Bildung biologisch wichtiger Substanzen, z. B. von Noradrenalin, Adrenalin und Melanin. Als Vorstufe von Dopamin wird Dopa (L-Dopa, Levodopa) bei der Therapie der Parkinson-Krankheit eingesetzt, bei der Dopamin in Teilen des Zentralnervensystems fehlt, da Dopa im Unterschied zu Dopamin die Blut-Hirn-Schranke passieren kann. Dopa trägt zur Pigmentierung der Haut bei; Fehlen bewirkt Albinismus.

**Doppelbindung,** kovalente →chemische Bindung, die durch zwei Elektronenpaare gebildet wird, z. B. bei C=C, C=O, S=O.

**Doppelbrechung,** die Eigenschaft aller optisch anisotropen Kristalle, einen einfallenden Lichtstrahl in zwei senkrecht zueinander li-

**Doldengewächse.** Wilde Möhre

$CH_2{=}C{=}CH{-}CH_3$
1,2-Butadien (kumulierte Doppelbindungen)

$CH_2{=}CH{-}CH{=}CH_2$
1,3-Butadien (konjugierte Doppelbindungen)

$CH_2{=}CH{-}CH_2{-}CH{=}CH_2$
1,4-Pentadien (isolierte Doppelbindungen)

**Doppelbindung.** Zwei Doppelbindungen in einem Molekül können direkt benachbart (kumuliert), durch eine Einfachbindung getrennt (konjugiert) oder durch mindestens eine Atomgruppe voneinander getrennt (isoliert) sein.

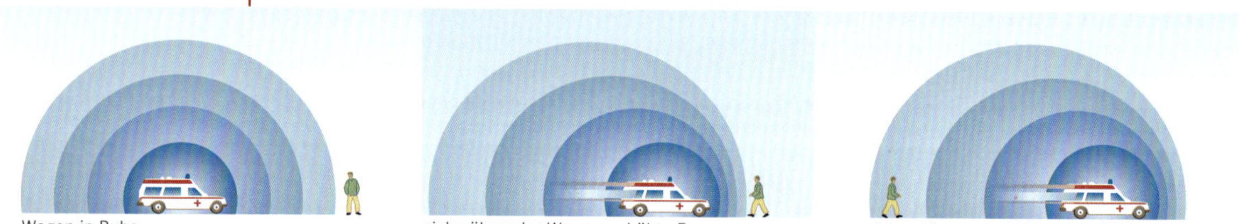

Wagen in Ruhe — sich nähernder Wagen: erhöhte Frequenz — sich entfernender Wagen: erniedrigte Frequenz

**Doppler-Effekt.** Eine ruhende Quelle strahlt rotationssymmetrisch in alle Richtungen (links). Bewegt sich die Quelle auf einen Beobachter zu, registriert dieser eine kürzere Wellenlänge, bewegt sie sich von ihm weg, eine längere.

near polarisierte Teilstrahlen aufzuspalten. Bei optisch einachsigen Kristallen (z. B. Kalkspat, Quarz) folgt der **ordentliche Strahl** dem normalen Brechungsgesetz, nicht aber der **außerordentliche Strahl.**

Optisch isotrope Körper können durch äußere Einwirkungen doppelbrechend werden, z. B. durch mechanische Spannungen, durch elektrische (→Kerr-Zelle) oder magnetische Felder (→Magnetooptik) oder durch die innere Reibung strömender Flüssigkeiten.

**Doppeldecker,** Flugzeug mit zwei übereinander liegenden Tragflächen; weist eine hohe Festigkeit bei geringem Gewicht, aber auch einen hohen Luftwiderstand auf.

**Doppelkolbenmotor,** Zweitaktmotor, bei dem zu einem gemeinsamen Verbrennungsraum zwei Arbeitskolben gehören. Beim **U-Motor** bewegen sich die Kolben nebeneinander in einem u-förmigen Zylinder, beim **Gegenkolbenmotor** gegenläufig.

**Doppelresonanzmethode,** in der Hochfrequenzspektroskopie ein Verfahren, bei dem gleichzeitig zwei Resonanzübergänge verschiedener Frequenz angeregt werden.

**Doppelsalze,** chemische Verbindungen aus formal zwei getrennten einfachen Salzen, die kristallisiert eine einheitliche Verbindung bilden, z. B. Alaun. In wässriger Lösung zerfallen die Doppelsalze in alle Ionen der Einzelsalze.

**Doppelschicht,** an der Grenzfläche zweier Phasen auftretende, durch Ladungsverteilung hervorgerufene Schicht entgegengesetzter Flächenladungsdichte, z. B. die **elektrische Doppelschicht** an der Grenze zwischen Metall und Vakuum oder die **elektrochemische Doppelschicht** zwischen Metall und Elektrolytlösung.

**Doppelschichtkondensator, Superkondensator, Supercap,** Kondensator mit sehr großer Energiedichte, wofür v. a. die große Elektrodenoberfläche verantwortlich ist. Doppelschichtkondensatoren können u. a. Batteriefunktionen übernehmen, erlauben kurzfristig jedoch die Entnahme wesentlich höherer Ströme und sind zudem wartungsfrei.

**Doppelschlussmaschine,** *Elektrotechnik:* Gleichstrommotor (→Elektromotor) oder Gleichstromgenerator (→Generator) mit einer Reihenschluss- (Erregerwicklung in Reihe mit Ankerwicklung) und einer Nebenschlusswicklung (Erregerwicklung parallel zur Ankerwicklung).

**Doppelwendellampe,** Glühlampe mit einem doppelt gewendelten (schraubenförmig gedrehten) Faden. Durch die Doppelwendel reduzieren sich die Wärmeverluste der Lampe und die Lichtausbeute wird erhöht.

**Doppler-Effekt,** 1842 von dem österreichischen Physiker C. Doppler (* 1803, † 1853) beschriebene Veränderung der beobachteten Frequenz bei der Ausbreitung von Wellen (Schall-, Lichtwellen u. a.), wenn sich Quelle und Beobachter relativ zueinander bewegen. Ein Ton erscheint beim Näherkommen der Quelle höher, beim Entfernen tiefer. Ursache dieses **akustischen Doppler-Effekts** ist, dass den Beobachter bei Annäherung der Quelle pro Zeiteinheit mehr Wellenzüge erreichen, sodass die empfangene Frequenz höher ist als bei unbewegter Quelle; entfernt sich die Quelle, ist es umgekehrt.

■ **Anwendung** In der Astronomie wird der Doppler-Effekt bei Lichtwellen **(optischer Doppler-Effekt)** ausgenutzt, um die Bewegung der Himmelskörper in Richtung der Gesichtslinie zu messen; sie äußert sich in einer Verschiebung der Spektrallinien in den Spektren der Himmelskörper **(Doppler-Verschiebung),** und zwar zum kurzwelligen Blau (Violett), wenn sich der Himmelskörper auf den Beobachter zu bewegt; eine Rotverschiebung tritt auf, wenn sich der Himmelskörper vom Beobachter entfernt. In der Spektroskopie wird infolge der thermischen Bewegung der strahlenden Atome eine auf dem Doppler-Effekt beruhende Verbreiterung der Spektrallinien **(Doppler-Verbreiterung)** beobachtet.

**Doppler-Navigationsverfahren,** auf dem →Doppler-Effekt beruhendes Navigationsverfahren für Luftfahrzeuge, das von Bodenstationen unabhängig ist. Vom Luftfahrzeug aus werden mit Richtstrahlantennen schräg nach unten unter bestimmtem Winkel gegeneinander zwei elektromagnetische Strahlenbündel ausgesandt. Aus dem Doppler-Effekt der vom Erdboden reflektierten Wellen können die Übergrundgeschwindigkeiten in Vorausrichtung und querab dazu (Abdrift) bestimmt werden.

**DORIS,** Abkürzung für **Do**ppelspeicher**ri**ngsystem, →Deutsches Elektronen-Synchrotron.

**Dormanz** [französisch] *die, Biologie:* Ruhezustand zum Überdauern von ungünstigen örtlichen oder zeitlichen Lebensverhältnissen.

**Dorno,** *Botanik:* stechendes, starres, holziges Pflanzenorgan, das durch Umwandlung eines Sprosses (z. B. Weißdorn), eines Blattes (z. B. Berberitze) oder einer Wurzel entsteht. Dorn ist kein Synonym für (→Stachel).

**Dorno-Strahlung** [nach dem Physiker C. Dorno, * 1865, † 1942], die UV-B-Strahlung (→Ultraviolett).

**Dosimeter** [griechisch] *das,* Messgerät zur Bestimmung der Dosis oder Dosisleistung von ionisierender Strahlung, besonders der Strahlenbelastung von Personen durch Röntgenstrahlung oder radioaktive Präparate. **Personendosimeter** werden am Körper getragen, **Ortsdosimeter** dienen zur Überwachung von bestimmten Orten. Die gebräuchlichsten Personendosimeter sind 1) das luftgefüllte **Füllhalterdosimeter** (Stabdosimeter), ein Ionisationsdosimeter in Stiftgröße, bei dem je nach der Menge der einfallenden Strahlung durch Ionisation der Luft eine Kondensatorkammer entladen wird, 2) das **Filmdosimeter (Filmplakette),** das auf der Schwärzung eines fotografischen Films beruht, 3) das **Thermolumineszenzdosimeter,** ein Festkörperdosimeter, bei dem durch ionisierende Strahlung lumineszenzfähige Zentren in Kristallen erzeugt werden.

**Dosimetrie** *die,* Messung der Dosis und der Strahlenexposition mithilfe von Dosimetern.

**Dosis** [griechisch »Gabe«] *die, Physik, Strahlenschutz:* Maß für die einem System (Körper) zugeführte Menge an ionisierender Strahlung **(Strahlendosis).** Die **Energiedosis** ist der Quotient aus der auf das Volumenelement eines Materials übertragenen Energie und der in ihm enthaltenen Masse. SI-Einheit ist das →Gray; nicht mehr zugelassen ist die Einheit →Rad. Die **Ionendosis** ist der Quotient aus der von der ionisierenden Strahlung in Luft erzeugten Ionenladung (eines Vorzeichens) und der bestrahlten Luftmasse. SI-Einheit ist das Coulomb je Kilogramm (C/kg); alte Einheit war das →Röntgen. Die **Äquivalentdosis** kennzeichnet die biologische Wirkung ionisierender Strahlung. Sie ist das Produkt aus der gemessenen Energiedosis und einem aus biologischen Messungen abgeschätzten Bewertungsfaktor; er beträgt 1 für Röntgenstrahlen, circa 5 für langsame Neutronen und 25 für schwere Rückstoßkerne. SI-Einheit ist das →Sievert; die Einheit →Rem ist nicht mehr zugelassen. Eine weitere Dosisgröße ist das →Kerma. Die **Dosisleistung (Dosisrate)** ist die auf eine Zeiteinheit bezogene Dosis.

**Dotierung** [lateinisch], **Dotieren,** *Halbleitertechnik:* Einbringung von Fremdatomen in reines Halbleitermaterial (z. B. Germanium und Silicium), etwa durch Diffusion, Ionenimplantation oder Neutronenbestrahlung, um Zonen verschiedener Leitfähigkeit zu erzeugen.

**Down-Quark** ['daʊnkwɔːk, englisch] *das, Physik:* →Quarks.

**dpt,** früher **dptr,** Einheitenzeichen für →Dioptrie.

**Draht,** Metallstrang von vorwiegend kreisförmigem Querschnitt, im Allgemeinen unter 12 mm Durchmesser, jedoch auch von Vierkant-, Halbrund- und sonstigen Querschnitten. Drähte werden je nach Anwendungszweck aus unterschiedlichen Werkstoffen hergestellt, z. B. gibt es Stahldraht für Federn, Klaviersaiten, Drahtseile oder Drahtgeflechte, Messingdraht und Kupferdraht für elektrische Leitungen, Aluminiumdraht und Bleidraht für Dichtungen, Silberdraht und Golddraht für Filigranarbeiten sowie Draht mit einem Kern aus anderem Metall als die Außenschicht. Draht wird durch Gießen und Strangpressen, meist aber durch Walzen und Ziehen hergestellt. Draht wird als **Walzdraht** aus Blöcken oder vorgewalzten Knüppeln durch Warmwalzen in Kalibern bis zu einer geringsten Dicke von etwa 5 mm hergestellt. Dünnere Drähte oder Drähte hoher Oberflächengüte und Genauigkeit werden aus gewalztem oder vorgezogenem Draht durch Ziehsteine oder Ziehringe aus Hartmetall oder Diamanten unter Verwendung von Schmiermitteln kaltgezogen.

**Drain** [englisch dreɪn, französisch drɛ̃] *der, Elektronik:* Elektrode des →Feldeffekttransistors.

**Drall,** der →Drehimpuls.

**Dreheiseninstrument,** früher **Weicheiseninstrument,** elektrisches Messinstrument für Wechselströme und -spannungen, das auf der Kraftwirkung zwischen festen und beweglichen Eisenteilen im Magnetfeld einer fest stehenden Spule beruht; misst den Effektivwert des Wechselstroms. Im Gegensatz zum →Drehspulinstrument wird ein beweglicher Weicheisenkern von einer festen, vom Messstrom durchflossenen Spule aufgrund des dabei induzierten Magnetfelds abgelenkt.

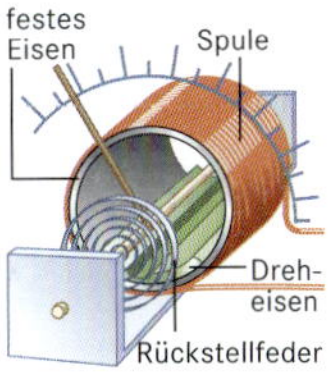

**Dreheiseninstrument**

**Drehen,** spanendes Fertigungsverfahren zur Herstellung von rotationssymmetrischen Innen- und Außenflächen vorgefertigter Teile mit kreisender Schnittbewegung und stetiger Vorschubbewegung des ständig im Eingriff befindlichen Werkzeugs.

**Drehfeld,** rotierendes magnetisches Feld in einer elektrischen Maschine. Besondere Bedeutung hat das kreisförmige Drehfeld, das mit konstanter Winkelgeschwindigkeit umläuft. Ein Drehfeld entsteht, wenn sich ein Magnet senkrecht zur Feldrichtung um eine Achse dreht oder Wicklungen durch Ströme gleicher Frequenz und Amplitude gespeist werden. Das Drehfeld dient der Spannungs- und Drehmomenterzeugung.

**Drehimpuls, Drall,** Formelzeichen $L$, in der Mechanik eines Massenpunktes (Masse $m$), der sich mit der Geschwindigkeit $v$ bewegt, das Vektorprodukt $\boldsymbol{L} = \boldsymbol{r} \times \boldsymbol{p}$ aus dem Ortsvektor $\boldsymbol{r}$ und dem Impulsvektor $\boldsymbol{p} = m \cdot \boldsymbol{v}$ **(Bahn-**

1454

**Drehmaschine.** Drehmaschine CTX 400; links Arbeitsteil, rechts Dateneingabefeld und Kontrollbildschirm

**drehimpuls).** Für einen um seine feste Achse rotierenden starren Körper ist der Drehimpuls das Produkt aus Winkelgeschwindigkeit $\omega$ und Trägheitsmoment $J$ bezüglich der Drehachse: $L = J \cdot \omega$. In einem abgeschlossenen System ist der Drehimpuls zeitlich konstant **(Erhaltung des Drehimpulses).** Bei der quantenmechanischen Beschreibung eines physikalischen Systems erhält man dessen **Gesamtdrehimpuls** aus den Bahndrehimpulsen und Eigendrehimpulsen (→Spin) der das System aufbauenden Teilchen.

**Drehkolbenmaschine,** eine Kolbenmaschine, bei der die Drehachsen der beiden Drehkolben, die den Arbeitsraum bilden, im Gehäuse fest stehen. Übliche Ausführungen sind **Drehkolbenpumpe** (Rotationspumpe, →Pumpe) und **Drehkolbenverdichter** (→Verdichter).

**Drehkrankheit, Drehsucht,** eine meist tödliche Gehirnerkrankung bei Wirbeltieren, v.a. bei Schafen, durch die bis zu hühnereigroße Blasenfinne (Drehwurm) des Quesenbandwurms verursacht, deren Druck auf das Großhirn Zwangsbewegungen hervorruft.

**Drehkristallmethode, Bragg-Methode,** von W. und W. L. Bragg entwickeltes Verfahren zur Kristallstrukturanalyse mithilfe von Röntgenstrahlen, die an den Netzebenen eines sich langsam drehenden Kristalls unter bestimmtem Winkel reflektiert und fotografisch festgehalten werden.

**Drehmaschine,** früher **Drehbank,** eine Werkzeugmaschine für die spanende Formung rotationssymmetrischer Werkstücke und zum Schneiden von Gewinden. Das Drehmaschinenbett trägt alle festen und beweglichen Teile. Im Spindelkasten ist die Arbeitsspindel gelagert; sie wird meist mithilfe eines Getriebes für mehrere Drehzahlen angetrieben. Das Werkstück wird in ein Spannfutter oder auf eine Planscheibe, die auf der Arbeitsspindel sitzt, eingespannt oder zwischen zwei Spitzen, von denen die eine in der Arbeitsspindel, die andere im verschiebbaren Reitstock sitzt, gelagert. Lange Werkstücke werden durch Lünetten (Setzstücke, Stützlager) gegen Durchbiegen gesichert. Das Bearbeitungswerkzeug, der Drehmeißel (aus Stahl, Hartmetall, Diamant), wird in den auf dem Drehmaschinenbett gleitenden Support (Schlitten) eingespannt. Die Vorschubbewegung des Supports wird durch die Zugspindel bewirkt. Die Leitspindel vermittelt den Vorschub beim Gewindeschneiden.

**Drehmoment,** *Physik:* Formelzeichen $M$, SI-Einheit ist das Newtonmeter (Nm); das Vektorprodukt $M = r \times F$ aus der an einem Massenpunkt $P$ angreifenden Kraft $F$ bezüglich eines festen Punktes $O$ und dem Ortsvektor $r = \overrightarrow{OP}$. Den Betrag des Drehmoments berechnet man aus dem Betrag $F$ der Kraft und dem **Kraftarm** oder **Hebelarm** (das heißt dem senkrechten Abstand $r_0$ der Wirkungslinie der Kraft vom Drehpunkt): $M = r_0 \cdot F$ (→Hebel). Das Drehmoment ist somit ein Maß für die Drehwirkung, die eine Kraft auf ein drehbares System ausübt.

Im Maschinenbau wird das Drehmoment zur Berechnung und als Kenngröße von Antriebselementen (Motoren u.a.) verwendet.

**Drehmomentwandler,** ein Getriebe, bei dem sich Ein- und Ausgangsdrehmoment umgekehrt proportional zu den Drehzahlen verhalten, z.B. Zahnrad-, Druckmittelgetriebe (oder Kombinationen beider), Reibradgetriebe; u.a. bei Kfz, Eisenbahn, Werkzeugmaschinen.

**Drehrohrofen, Drehofen,** Reaktions- oder Trockenapparat (Durchmesser bis über 4 m, Länge bis 150 m) für rieselfähige Stoffe, die den Drehrohrofen infolge der Schrägstellung ständig und unter dauernder Umwendung durchlaufen; für Braunkohlenschwe-

100562

**Drehrohrofen.** Drehrohrofen einer Sondermüllverbrennungsanlage

lung, Schwefelkiesröstung, Brennen von Zement, Pyrolyse von Kunststoffen.

**Drehspul|instrument,** meistverwendetes Messinstrument für elektrische Ströme und Spannungen. Im Feld eines Dauermagneten wird eine drehbar gelagerte Spule (Drehspule) mit Weicheisenkern durch den zu messenden Strom gegen die rücktreibende Kraft von Spiralfedern ausgelenkt und bewegt einen Zeiger. Mithilfe von Gleichrichtern ist das Drehspulinstrument auch für Wechselstrom anwendbar; eingesetzt werden Drehspulinstrumente als Amperemeter oder als Galvanometer.

**Drehstrom,** Verkettung mehrerer sinusförmiger elektrischer Wechselströme, die gegeneinander phasenverschoben sind. In einem Generator (Drehstromgenerator), in dessen Gehäuse (Stator) mehrere ($n$) Spulen angebracht sind, wird bei Drehung des Polrades (Rotors) durch das entstehende magnetisches →Drehfeld in jeder der Spulen eine Wechselspannung induziert, die in ihrer Phase gegeneinander verschoben sind **(Mehrphasensystem).**

Das technisch wichtigste, in der Stromversorgung im Allgemeinen angewandte Mehrphasensystem ist das den **Dreiphasenstrom** (Drehstrom im engeren Sinn) liefernde (symmetrische) **Dreiphasensystem** ($n$ = 3, Phasenwinkel $^{2\pi}/_3 = 120°$). Die drei Phasen (Ströme) werden mit L1, L2, L3 (früher R, S, T) bezeichnet. Durch die Verkettung der drei um 120° phasenverschobenen Wechselströme gleicher Frequenz und Amplitude in →Sternschaltung oder →Dreieckschaltung benötigt man zur Fortleitung des Drehstroms nur drei Außenleiter. Dieses **Dreileitersystem** wird für alle Hochspannungsanlagen angewendet. Das **Vierleitersystem** mit drei Außenleitern und dem an den geerdeten Mittelpunkt der Sternschaltung angeschlossenen Mittelpunktleiter wird für Niederspannung verwendet. Dem Verbraucher stehen dabei zwei verschiedene Spannungen zur Verfügung: 380 V zwischen zwei Außenleitern und 220 V zwischen Außen- und Sternpunktleiter. An die 380-V-Spannung werden größere Verbraucher (z. B. Elektroherde, Motoren) angeschlossen, deren Stränge ebenfalls in Stern oder Dreieck verkettet sind. Kleinere Verbrauchsgeräte (z. B. Glühbirnen, Computer) werden einphasig zwischen einem der drei Außenleiter und dem Nullleiter angeschlossen; die Spannung ist dann $380/\sqrt{3} = 220$ V.

**Drehstrommaschine,** elektrische Maschine zur Umwandlung mechanischer in elektrische Leistung beim **Drehstromgenerator** (→Generator) oder umgekehrt beim **Drehstrommotor** (→Elektromotor).

**Drehstrommotor,** →Elektromotor.

**Drehtransformator,** ein Stelltransformator mit stufenloser Spannungseinstellung durch Änderung der induktiven Verkettung zwischen der Läufer- und der Ständerwicklung, indem die Lage der Wicklungen zueinander verstellt wird.

**Drehung,** *Physik:* →Rotation.

**Drehvermögen,** *Physik:* die Drehung der Polarisationsebene von linear polarisiertem Licht durch optisch aktive Substanzen (**optisches Drehvermögen;** →optische Aktivität) oder durch Magnetfelder (**magnetisches Drehvermögen;** Faraday-Effekt, →Magnetooptik).

**Drehwaage, Torsionswaage,** Gerät zur Bestimmung sehr kleiner anziehender oder abstoßender Kräfte, die aus der Torsion (Verdrehung) eines elastischen Aufhängefadens (Drahtes) bestimmt werden.

■ **Typen** Bei der **Cavendish-Drehwaage,** mit der H. Cavendish 1798 erstmals die Gravitationskonstante bestimmte, wird ein an einem Faden waagerecht hängender Stab, an dessen Enden zwei Massen befestigt sind, beim Annähern von zwei weiteren Massen durch Massenanziehung aus der Ruhelage gedreht. Mit der **Eötvös-Drehwaage (Schwerevariometer)** können die räumlichen Änderungen der Schwerkraft gemessen werden; mit einer speziellen Form wurde auch die Äquivalenz von träger und schwerer Masse nachgewiesen (Eötvös-Versuch). Bei der **Coulomb-Drehwaage** sind die Massen durch elektrisch geladene Kugeln **(elektrische Drehwaage)** oder Magnetpole **(magnetische Drehwaage)** ersetzt, es lassen sich elektrostatische oder magnetostatische Kräfte messen.

**Drehzahl,** korrekt **Drehfrequenz, Umdrehungsfrequenz,** Formelzeichen $n$ oder $f_r$, SI-Einheit ist $s^{-1}$, daneben werden U/s und r/s verwendet (r Abkürzung von lateinisch revolutio »Umdrehung«), der Quotient $n = u/t$ aus der Anzahl $u$ der Umdrehungen eines gleichförmig rotierenden Systems und der dazu erforderlichen Zeit $t$. Zwischen der Drehzahl und der Winkelgeschwindigkeit $\omega$ besteht die Beziehung $\omega = 2\pi n$. Zur Bestimmung der Drehzahl verwendet man **Drehzahlmesser (Tourenzähler).** Mechanische Drehzahlmesser beruhen meist auf dem Prinzip der Fliehkraftpendel, magnetische erzeugen induktiv Spannungsimpulse oder Wirbelströme und elektronische zählen Impulse, deren Zahl der Drehzahl proportional ist.

**Drei-Alpha-Prozess, 3α-Prozess,** eine Folge von Kernreaktionen, die Helium durch schrittweise Kombination von drei Heliumkernen (Alphateilchen) in Kohlenstoff umwandeln (so genanntes **Heliumbrennen**). Die Reaktion findet als Phase der oberhalb von $10^8$ K statt.

**Dreieckschaltung,** Schaltungsart, bei der in dreiphasigen Drehstromsystemen die drei Wicklungsstränge einer Drehstrommaschine (drei Widerstände, Spulen, Kondensatoren oder anderes) gleichsinnig in Reihe zu einem

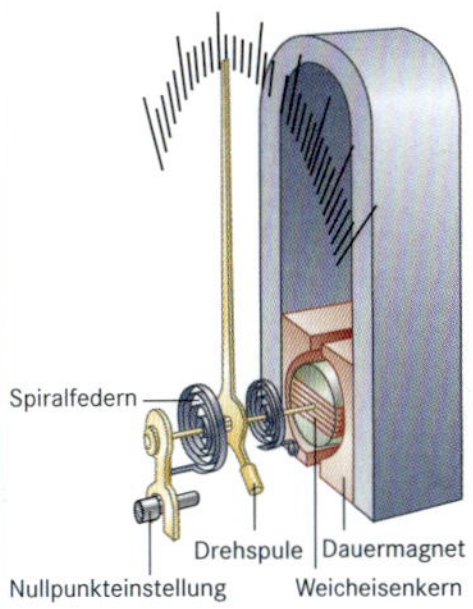


**Drehspulinstrument**

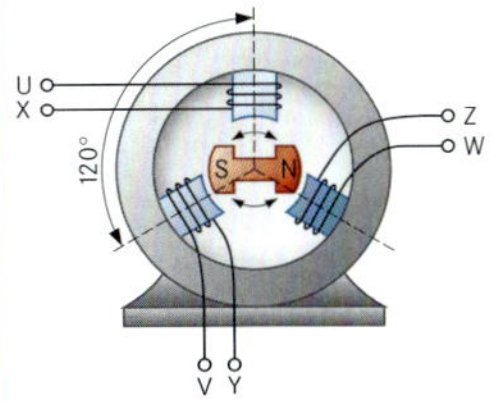


**Drehstrom.** Schema der Drehstromerzeugung (U, V, W Spulenanfänge, X, Y, Z Spulenenden, N Nordpol, S Südpol)

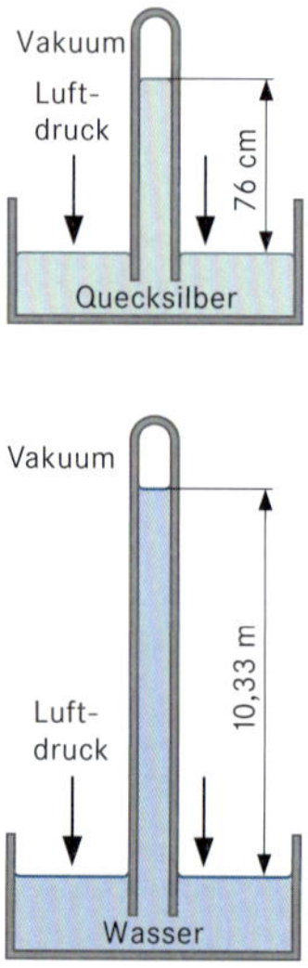


**Druck.**
Der normale Luftdruck drückt in einer leer gepumpten Röhre Quecksilber 0,76 m (oben) und Wasser 10,33 m hoch (unten).

Dreieck zusammengeschaltet werden; die Zuleitungen werden an den drei Eckpunkten angeschlossen. Die Dreieckschaltung bietet Vorteile bei hohen Strömen und kleinen Spannungen (wie z. B. bei Kraftwerksgeneratoren).

**Dreifachbindung,** kovalente →chemische Bindung, die durch drei Elektronenpaare gebildet wird.

**Dreifingerregel,** *Physik:* →Handregeln.

**Dreiliter|auto,** →Kraftwagen.

**Dreiphasenstrom,** →Drehstrom.

**Dreiwegekatalysator,** →Katalysator.

**Dressur** [französisch] *die,* allmähliches Erlernen von Verhaltensweisen bei Tieren unter Anleitung eines Dresseurs (Trainers). Dabei werden angeborene Fähigkeiten genutzt und durch Belohnung oder milde Bestrafung verstärkt. Die Dressur findet Anwendung u. a. im Zirkus und dient sportlichen und wirtschaftlichen Zwecken, so werden z. B. Pferde und Hunde für Polizeidienst und Jagd abgerichtet (dressiert).

**Drift,** *Physik:* eine der Wärmebewegung überlagerte, im Mittel gleich gerichtete langsame Bewegung von Teilchen, z. B. in Plasmen unter der Wirkung eines elektrischen Feldes.

**Driftkammer,** *Teilchenphysik:* eine →Gasspurkammer, in der durch zusätzlich angebrachte Potenzial- oder Felddrähte ein justierbares Beschleunigungsfeld für die von den hochenergetischen Teilchen ausgelösten Elektronen erzeugt, das ihnen eine bestimmte Driftgeschwindigkeit erteilt. Die Signale werden nicht nur registriert, sondern es wird zusätzlich die Driftzeit der erzeugten Ladungsträger gemessen; dies liefert eine Bestimmung des Ursprungsortes der Ionisation mit einer Genauigkeit von einigen 0,1 mm (oder besser). Damit erreicht man eine genaue Bahnspurmessung.

**Drittelmix** *der,* Bezeichnung für den durchschnittlichen Kraftstoffverbrauch von Kraftfahrzeugen, ermittelt aus drei Werten: dem Verbrauch bei konstant 90 km/h, konstant 120 km/h und einer Stadtfahrt. (→DIN-Verbrauch)

**Drossel** [zu althochdeutsch drozza »Kehle«], die →Drosselspule.

**Drosselklappe,** bewegliche Klappe in einer Rohrleitung zur Verengung des Querschnittes und somit zur Regelung der durchfließenden Menge von Flüssigkeiten, Dampf oder Gasgemischen.

**Drosseln, Turdidae,** weltweit verbreitete Familie der Singvögel; meist Zugvögel. Zu den Drosseln zählen u. a. Amsel, Nachtigall, Sprosser, Singdrossel. Weitere bekannte Arten sind z. B. Misteldrossel, Wacholderdrossel, Rotdrossel, Steinrötel, Blaumerle.

**Drosselspule, Drossel,** elektrische Spule mit hohem induktivem Widerstand, z. B. zur Trennung von Gleich- und Wechselstrom. Die Drosselspule nutzt den frequenzabhängigen Blindwiderstand in einer Spule. Sie sperrt (drosselt) Ströme höherer Frequenzen, während Gleichstrom nur durch den geringen ohmschen Widerstand der Spule beeinflusst wird.

**Druck,** *Physik:* Formelzeichen $p$, gesetzliche Einheiten des Drucks sind die SI-Einheit Pascal (Pa) und das Bar (bar; →Einheiten, Übersicht); der Quotient aus dem Betrag einer senkrecht auf eine Fläche wirkenden Kraft $F$ und der Größe $A$ dieser Fläche: $p = F/A$. Der **hydrostatische Druck** ist der in einer ruhenden Flüssigkeit oder in einem ruhenden Gas herrschende Druck (→Hydrostatik). In Strömungen unterscheidet man **Gesamtdruck, statischen Druck** und **Staudruck** (→Bernoulli-Gleichung).

■ **Geräte** Die zur Druckmessung verwendeten Geräte bezeichnet man allgemein als →Manometer. Geräte zur Messung des →Luftdrucks nennt man →Barometer, Messgeräte für sehr niedrige Drücke Vakuummeter.

**Druckbehälter,** unter einem inneren Überdruck stehender Behälter, der z. B. in der chemischen Industrie als Vorrats- oder Reaktionsbehälter Verwendung findet. Für Druckbehälter gibt es besondere Abnahme- und Sicherheitsvorschriften.

**Drücken,** Umformverfahren zur Herstellung rotationssymmetrischer metallischer Hohlkörper aus Blechscheiben, die auf der **Drückmaschine** mit einem Drückwerkzeug gegen das Drückfutter (Modell der Innenform) gedrückt und mit diesem in Drehung versetzt werden. Beim **Abstreckdrücken** wird im Unterschied zum Drücken die Wanddicke des Hohlkörpers verringert.

**Drucker,** englisch **printer,** Ausgabegerät von Datenverarbeitungsanlagen, das die zum Druck aufbereiteten Daten in Klarschrift auf Papier darstellt. Die gängigsten Druckertypen sind heutzutage →Tintenstrahldrucker und →Laserdrucker.

**Druckkabine,** druckdicht abgeschlossener und meist klimatisierbarer Fluggast- und/oder Besatzungsraum von Flugzeugen, in dem der Druck durch einen Verdichter gegenüber dem Außendruck erhöht und auf einem Wert gehalten wird, der dem Luftdruck in einer Flughöhe von etwa 2 500 m entspricht.

**Druckluft,** früher **Pressluft,** verdichtete Luft als Energieträger mit vielfältigen Anwendungen, z. B. Antrieb von Druckluftwerkzeugen, für Sandstrahlgebläse, Spritzpistolen, pneumatische Förderung, Druckluftsteuerungen, Druckluftmotoren oder Druckluftlokomotiven. Druckluft wird in Verdichtern (z. B. Hubkolben-, Schrauben- oder Turboverdichtern) erzeugt, oftmals in mehreren Druckstufen. Der Druck liegt meist zwischen 8 und 200 bar.

**Druckmaschine,** Maschine zur Herstellung von Druckerzeugnissen. Wesentliche

Baugruppen der Druckmaschinen sind Druckwerk (z.B. Druckformzylinder und Druckzylinder), Farbwerk sowie Vorrichtungen zur Zu- und Ausführung des Bedruckstoffes (z.B. Bogenanleger). Man unterscheidet nach →Druckverfahren (z.B. Tief-, Hoch-, Flachdruck) und Arbeits- oder Druckprinzip. Es gibt **Tiegeldruckmaschinen** (Fläche gegen Fläche), **Flachformzylinder-Druckmaschinen** (Zylinder gegen Fläche) und →Rotationsdruckmaschinen.

**Druckmittelgetriebe,** Getriebe, bei denen nur auf Druck beanspruchbare Stoffe (meist Gase oder Flüssigkeiten) die Bewegung vom Antrieb auf den Abtrieb einer Maschine übertragen. Bei **pneumatischen Getrieben** wirken unter Druck stehende Gase oder Luft auf Kolben als Antriebsglieder. **Flüssigkeitsgetriebe** sind entweder **hydrostatische Druckmittelgetriebe,** bei denen die Energie wegen der Inkompressibilität der Flüssigkeiten als reine Verdrängungsarbeit übertragen wird, oder **hydrodynamische Druckmittelgetriebe** (Strömungsgetriebe, Föttinger-Getriebe), die die kinetische Energie der Flüssigkeit nutzen. Um gute Wirkungsgrade zu erreichen, werden dazu eine Kreiselpumpe (gekoppelt mit der Antriebswelle) und eine Turbine (gekoppelt mit der Abtriebswelle) mit zwischengeschalteten Leitapparaten zu einem möglichst kurzen Kreislauf in einer Einheit zusammengefasst **(hydrodynamischer Wandler),** besonders für automatische Getriebe.

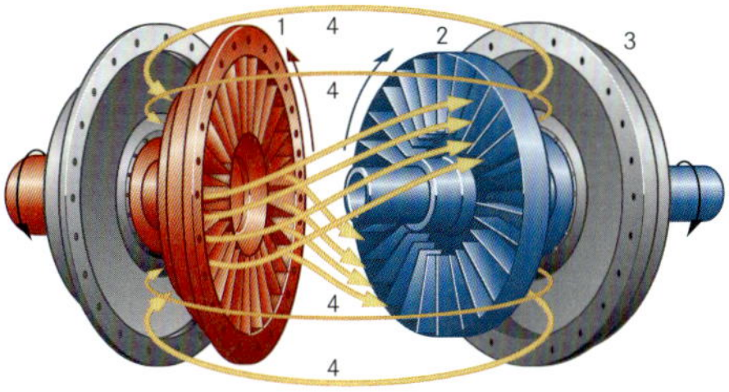


**Druckmittelgetriebe.** Hydrodynamischches Getriebe; 1 Pumpenrad, 2 Turbinenrad, 3 Gehäuse, 4 Ölstrom

**Druckverfahren,** Arbeitsweisen und -methoden zur Vervielfältigung zweidimensionaler Vorlagen. Die verschiedenen Druckverfahren unterscheiden sich im Wesentlichen durch die Eigenschaften der Druckform, deren Bebilderung und durch die Art und Konsistenz der färbenden Substanzen (z.B. Druckfarbe, Toner, Tinte, Lack). Heute werden zwei große Gruppen von Druckverfahren unterschieden: **konventionelle Druckverfahren** und **Digitaldruckverfahren.** Die konventionellen Druckverfahren werden im Allgemeinen nach der geometrischen Gestalt der festen Druckform unterteilt. Als Hauptdruckverfahren sind Hochdruck, Flachdruck, Tiefdruck und der Durchdruck zu nennen.

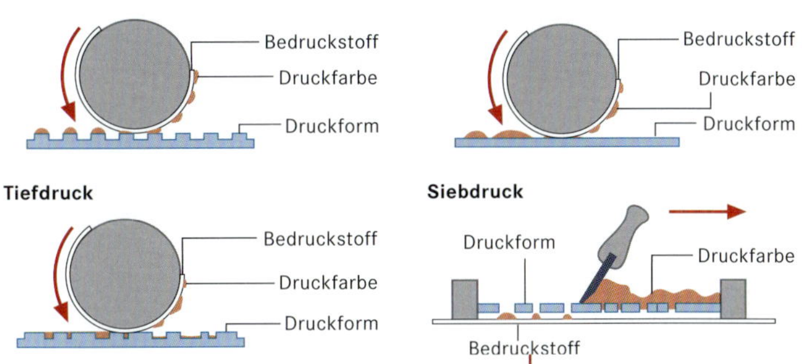


**Druckverfahren.** Schematische Darstellung verschiedener Verfahren

Im **Hochdruck** erfolgt die Farbübertragung von einer Druckform, deren druckende Elemente erhaben sind; zu dieser Gruppe zählen u.a. der Buchdruck. Im **Flachdruck** liegen die druckenden und nicht druckenden Elemente nahezu auf einer Ebene der Druckform; Beispiele sind Offsetdruck und Lichtdruck. Im **Tiefdruck** wird eine Druckform verwendet, deren druckende Elemente vertieft liegen; zu dieser Gruppe gehört u.a. der Kupferdruck. Im **Durchdruck** (meist **Siebdruck**) wird durch eine Druckform gedruckt, die an den bebilderten Stellen farbdurchlässig ist.

**Digitaldruck** ist eine uneinheitlich verwendete Bezeichnung für eine Reihe von modernen Druckverfahren, die direkt (ohne analoge Zwischenstufe) die digital vorliegenden Informationen punktweise drucken können. Einige Digital-Druckverfahren besitzen latente Druckformen, die wiederbeschreibbar und löschbar sind (z.B. Fotoleitertrommel), andere Digital-Druckverfahren besitzen keine (so genannte virtuelle) Druckformen (z.B. Tintenstrahldruck).

**Druckversuch,** Werkstoffprüfverfahren für spröde Stoffe (Gusseisen, Beton) und druckbeanspruchte Lagerwerkstoffe. Zylindrische oder würfelförmige Körper werden in einer Druckpresse bis zum Auftreten von Rissen (Bruch) belastet; die dabei erreichte, auf den ursprünglichen Querschnitt bezogene Höchstlast ist die **Druckfestigkeit.**

**Druckwasserreaktor,** Abkürzung **DWR,** ein →Kernreaktor.

**Druckwelle,** die Ausbreitung einer Druck- oder Dichteänderung in Gasen, z.B. ein **Verdichtungsstoß,** wie er bei Explosionen oder der Bewegung von Geschossen, schneller Flugzeuge oder Flugkörper auftritt (→Mach-Kegel, →Schallmauer). Dabei pflanzt sich die **Stoßfront** wie eine bewegte Wand hochkomprimierter Luft mit Überschallgeschwindigkeit fort. Hinter der Stoßfront nimmt der Überdruck wesentlich langsamer wieder ab und kann sogar in eine Unterdruckphase übergehen. Während vor der Stoßfront das Gas in Ruhe ist, wird es hinter ihr heftig mitgerissen und kann an Hindernissen zu einem beträchtlichen Windstaudruck führen. Gleichzeitig

Der amerikanische Medienwissenschaftler Neil Postman (* 1931, † 2003) gab folgende Bewertung der **Druckverfahren:**

*»Wenn das Fernrohr das Auge war, das den Zugang zu einer Welt neuer Tatsachen eröffnete und zu neuen Methoden, um diese Tatsachen zu ermitteln, dann war die Druckpresse das Stimmband.«*

wird in der Stoßfront das Gas intensiv aufgeheizt.

**Drude,** Paul, deutscher Physiker, * Braunschweig 12. 7. 1863, † (Selbstmord) Berlin 5. 7. 1906; erforschte den Zusammenhang zwischen elektrischer Leitfähigkeit von Substanzen und ihrer Absorption von elektromagnetischen Wellen; formulierte eine Theorie der elektrischen und der Wärmeleitfähigkeit.

**Drumstick** ['drʌmstɪk, englisch] *der,* trommelschlägelähnliches Anhängsel an den Zellkernen der weißen Blutkörperchen von Frauen, Bestimmungsmerkmal für die Geschlechtsdiagnose. Der Drumstick entspricht dem →Barr-Körperchen anderer Körperzellen.

**Drüsen,** *Botanik:* lokale Ausscheidungsgewebe von Pflanzen; nach Form und Anordnung der Zellen unterscheidet man Drüsenflecken, Drüsenköpfchen, Drüsenhaare, Drüsenschuppen; nach Sekretart u. a. Schleimdrüsen, Öldrüsen, Harzdrüsen und Salzdrüsen sowie Nektarien (um Insekten anzulocken).

**Ds,** chemisches Symbol für →Darmstadtium.

**Dschungel** [Sanskrit-englisch] *der,* selten *das,* ursprünglich der gras- und schilfreiche Buschwald des subtropischen Indien, im weiteren Sinn Bezeichnung für unpassierbaren tropischen Sumpf- oder Regenwald.

**DSL** [Abkürzung für englisch **d**igital **s**ubscriber **l**ine, »digitale Anschlussleitung«], **xDSL,** Sammelbegriff für Zugangstechnologien, mit denen Daten per Telefonleitung in einer hohen Bandbreite digital übertragen werden können (→Breitbandkommunikation). DSL erlaubt auch hohe Übertragungsraten in normalen Kupferkabeln, allerdings nur auf kürzeren Strecken (2–5 km), sodass viele Zwischenverstärker benötigt werden. Die Übertragungsraten beim Senden (»upstream«) können etwa 2 Mbit/s erreichen, die beim Empfangen (»downstream«) bis zu 52 Mbit/s. Je nach der technischen Konzeption gibt es verschiedene DSL-Varianten (entsprechend steht für das »x« jeweils ein anderer Buchstabe), wie uni- und bidirektionale beziehungsweise bidirektionale symmetrische oder bidirektionale asymmetrische Technologie. Die Bezeichnungen lauten: **ADSL** (asymmetric DSL, Bandbreite bis 1 MHz), **SDSL** (single line DSL, 240 kHz), **HDSL** (high data rate DSL, 240 kHz), **VDSL** (very high date rate DSL, bis 30 MHz).

**DTL,** Abkürzung für →Dioden-Transistor-Logik.

**Duales System Deutschland GmbH,** kurz **Duales System, DSD,** Träger des vom Handel und von der Verpackungsindustrie neben der öffentlichen Abfallentsorgung aufgebauten zweiten (dualen) privatwirtschaftlichen Entsorgungssystems für Verkaufsverpackungen. Gesetzliche Grundlage ist die Verpackungsverordnung, die die Hersteller und Vertreiber von Verkaufsverpackungen zu einer flächendeckenden Entsorgung beim Endverbraucher verpflichtet, wenn der Handel eine generelle Rücknahmeverpflichtung vermeiden möchte.

Das Duale System vergibt nach Vorlage einer Verwertungsgarantie der Verpackungshersteller Lizenzen gegen Entgelte, die nach Verpackungsart und -größe gestaffelt sind. Verpackungen mit solchen Lizenzen sind am **grünen Punkt** erkennbar. Die Unternehmen geben die dadurch entstandenen Kosten an die Verbraucher weiter. In den meisten Städten und Gemeinden werden Verpackungsmaterialien mit dem grünen Punkt (außer Papier, Pappe, Glas) in »gelben Tonnen« oder »gelben Säcken« gesammelt. Das Duale System holt die sortierten Abfälle ab und leitet sie an die (derzeit über 400) Entsorgungsunternehmen weiter, die nach Art und Reinheitsgrad der Abfälle pro abgenommener Tonne einen Zuschuss erhalten.

**Dualismus, Welle-Teilchen-Dualismus,** *Physik:* die experimentell an mikrophysikalischen Objekten vielfach nachgewiesene Tatsache, dass sich diese Objekte, das heißt sowohl elektromagnetische Wellen (wie Licht) als auch Korpuskeln, je nach den Versuchsbedingungen wie Wellen oder Teilchen verhalten. Die in der klassischen Physik einander ausschließenden Bilder der Welle und des Teilchens sind nach der Quantenmechanik beide nur begrenzt und deshalb widerspruchsfrei anwendbar (→Komplementarität, →Materiewelle).

**Dublett** [französisch] *das, Physik:* →Multiplett.

**Dubnium** [nach der Stadt Dubna], Symbol **Db,** künstlich hergestelltes, instabiles radioaktives chemisches Element, ein Transactinoid mit der Ordnungszahl 105. 1967 erzeugte die Arbeitsgruppe um Georgi Fljorow im Kernforschungszentrum Dubna die Isotope $^{260}$105 und $^{261}$105, 1970 stellten Albert Ghiorso und Mitarbeiter in Berkeley (Kalifornien) das Isotop $^{260}$105, 1971 die Isotope $^{261}$105 und $^{262}$105 her. Von den 9 bekannten Isotopen 254–262 ist das Isotop $^{262}$105 (Halbwertszeit 34 s) das langlebigste.

**Emil Du Bois-Reymond**
*** 1818, † 1896**

- gilt als Begründer der Elektrophysiologie
- erforschte die bioelektrischen Phänomene in Muskeln und Nerven

**Du Bois-Reymond** [dybwarɛ'mɔ̃], Emil, Physiologe, * Berlin 7. 11. 1818, † ebenda 26. 12. 1896; Schüler von Johannes Müller, ab 1851 als dessen Nachfolger Professor für Physiologie an der Universität Berlin.

Du Bois-Reymond war einer der bedeutendsten theoretischen Mediziner des 19. Jh. Er führte grundlegende Untersuchungen über bioelektrische Erscheinungen in Muskeln und Nervensystemen durch. Er vertrat mit Hermann von Helmholtz die physikalische Richtung der Physiologie und gilt als Begründer der neueren Elektrophysiologie. Als Wissenschaftshistoriker beschäftigte er sich mit erkenntnistheoretischen Fragen des Bewusstseins.

**Duftstoffe,** flüchtige Substanzen, die in sehr kleinen Mengen von Organismen aus Duftdrüsen abgegeben werden und bei Individuen derselben Art oder anderen Arten Reaktionen auslösen. Duftstoffe dienen der Kommunikation.

**Duisberg** [ˈdy:s-], Carl, deutscher Chemiker und Industrieller, *Barmen (heute zu Wuppertal) 29. 9. 1861, †Leverkusen 19. 3. 1935; Mitbegründer der IG-Farbenindustrie AG (1925), seitdem Vorsitzender von Aufsichts- und Verwaltungsrat; erwarb sich große Verdienste bei der Entwicklung neuer Farbstoffe, förderte die Kontakte zwischen Wissenschaft und chemischer Industrie.

Die **Carl-Duisberg-Gesellschaft e.V.**, gegründet in Köln 1949, fördert (mit staatlicher Unterstützung) den Auslandsaustausch von Nachwuchskräften der Wirtschaft.

**Duktilität** [zu lateinisch ductilis »dehnbar«] *die,* Bezeichnung für die Dehnbarkeit, Verformbarkeit; auch Maß für die Streckbarkeit (z.B. von Werkstoffen).

**Dulbẹcco** [englisch dʌlˈbekəʊ], Renato, amerikanischer Biologe italienischer Herkunft, *Catanzaro 22. 2. 1914; erhielt für Entdeckungen auf dem Gebiet der Interaktion des Tumorvirus mit der Erbmasse der Zelle 1975 (mit D. Baltimore und H. M. Temin) den Nobelpreis für Physiologie oder Medizin.

**Dulong** [dyˈlɔ̃], Pierre Louis, französischer Physiker und Chemiker, *Rouen 12. 2. 1785, †Paris 19. 7. 1838; stellte mit A.T. Petit 1819 die →Dulong-Petit-Regel auf.

**Dulong-Petit-Regel** [dyˈlɔ̃ pəˈti-], Näherungsregel, nach der die molare Wärmekapazität (»Atomwärme«) für alle festen Elemente unabhängig von der absoluten Temperatur ist und $3R \approx 25\,J/(K \cdot mol)$ beträgt ($R$ universelle Gaskonstante). Die Dulong-Petit-Regel lässt sich aus der kinetischen Theorie der Wärme ableiten.

**Düngemittel, Dünger,** Substanzen oder Stoffgemische, die dem Boden zugeführt werden, um den Gehalt an Nährstoffen zu erhöhen und die Erträge des Bodens zu steigern. Die wichtigsten Pflanzennährstoffe sind Verbindungen des Stickstoffs (z.B. Ammoniumsalze, Nitrate und die so genannte Amiddünger wie Harnstoff und Kalkstickstoff), des Phosphors (Phosphate), des Kaliums (Kaliumsalze) und des Calciums (Kalk).

Früher verwendete man nur **Naturdüngemittel** wie Mist, Kompost, Torf, die zwar die Nährstoffe nur in geringen Mengen enthalten, aber wie die →Gründüngung wichtig für die Humusbildung sind. Später kamen Guano, Knochenmehl, Natursalpeter u.a. mit hohem Gehalt an Pflanzennährstoffen hinzu. Heute werden die Pflanzennährstoffe als so genannte **synthetische Düngemittel** (Kunstdüngemittel, mineralische Düngemittel) in großen Mengen industriell hergestellt; sie kommen meist gemischt (Mischdüngemittel) in den Handel. **Volldüngemittel** und **Spezialdüngemittel** enthalten darüber hinaus noch Verbindungen der für den Pflanzenwuchs notwendigen Spurenelemente, z.B. Magnesium, Eisen, Kupfer. Mit der Ausweitung naturgemäßer Produktionsweisen in Land- und Gartenbau steigt die Verwendung von **organischen Handelsdüngemitteln** wie Torf, Rindensubstrat und Biertreber, die häufig aufbereitete oder unbearbeitete (Abfall-)Produkte der entsprechenden Industrien sind. Sie dienen auch als Humuslieferanten. Die Intensivlandwirtschaft mit zu großen Düngemittelgaben kann zu Schäden im Ökosystem führen (→Eutrophierung).

Der Verbrauch von anorganischen Handelsdüngemitteln in Deutschland im Wirtschaftsjahr 200405 betrug für Stickstoff (N) 105 kg, für Phosphat ($P_2O_5$) 18 kg; für Kali ($K_2O$) 28 kg und für Kalk (CaO) 109 kg je ha landwirtschaftlich genutzter Fläche.

**Dunkel|adaptation,** Anpassung des Auges vom Tag- zum Nachtsehen; beruht auf der Änderung der Lichtempfindlichkeit der Sehzellen, beim menschlichen Auge Steigerung auf das 1500- bis 8000fache.

**dünne Schichten,** *Physik:* amorphe, poly- und einkristalline Schichten fester Stoffe, deren Dicke so gering ist (Mikrometer- beziehungsweise Nanometerbereich), dass ihr physikalisches Verhalten (z.B. elektrische Leitfähigkeit) stark von dem gleichartiger massiver Proben abweicht. Dünne Schichten werden praktisch durch Epitaxie, Kathodenzerstäubung, Laserablation oder Aufdampfen auf einen Träger hergestellt. Anwendung u.a. in der Optik zur Reflexionsminderung (Wärmedämmung, Schutz empfindlicher Gläser), auf CDs, in der Mikroelektronik.

**dünne Schichten**
→ GEO **Dossier**
Vorstoß in die Welt des Kleinsten, Bd. 8

**Dünnsäure,** verdünnte wässrige Abfallschwefelsäure (circa 20%), die etwa 1% organische Verunreinigungen enthält. Dünnsäure fällt bei der Herstellung organischer Zwischenprodukte und von Farbstoffen an.

**Dünnschichtchromatografie,** Verfahren der →Chromatografie. Dabei wird die Substanz aufgrund unterschiedlich starker Adsorption der einzelnen Komponenten an feinkörnigen Sorbenzien (Kieselgel u.a.), die als dünne Schicht auf einem geeigneten Träger aufgebracht sind, getrennt. Die Dünnschichtchromatografie erlaubt die Analyse äußerst geringer Substanzmengen und weist geringe Trennzeiten auf; Anwendung z.B. in Chemie, Diagnostik, Kriminaltechnik.

**Dünnschichttechnik, Dünnfilmtechnik,** *Elektronik:* Herstellungsverfahren für miniaturisierte elektronische Schaltungen durch Aufdampfen von Bauelementen (meist Widerstände, Kondensatoren) als Schicht von 10 bis 1 000 nm auf ein isolierendes Substrat.

**Duplexverfahren,** zweistufiges Verfahren zum Erschmelzen und Behandeln metallischer Werkstoffe (Stahl, Gusseisen) in Kombination zweier metallurgischer Schmelzeinheiten, z. B. Kupolofen mit Elektroofen.

**Durchbruchspannung,** die bei Überschreiten einer zulässigen Feldstärke den Isolierstoff zum Teil zerstörende Spannung.

**Durchflutung, elektrische Durchflutung,** die Summe aller elektrischen Ströme, die eine Fläche durchfließen:

$$\Theta = \int_A j_n \, \mathrm{d}A$$

($j_n$ ist die Stromdichte [$j$] bezüglich des Normalenvektors $\boldsymbol{n}$ eines Flächenelements d$A$). Die über eine geschlossene, einen oder mehrere Stromleiter umschließende Kurve berechnete magnetische Umlaufspannung $\oint H \mathrm{d}s$ ($H$ magnetische Feldstärke, d$\boldsymbol{s}$ Wegelement) ist gleich der Durchflutung **(Durchflutungsgesetz, ampèresches Verkettungsgesetz).** Bei der Berechnung des Magnetfeldes einer stromdurchflossenen geraden Spule (Stromstärke $I$, Länge $l$, Windungszahl $n$) nach dem Durchflutungsgesetz ($H = nI/l$) heißt die Durchflutung $\Theta = nI$ veraltet auch **Amperewindungszahl.**

**Durchgriff,** bei Elektronenröhren mit Steuergittern ein Maß für den Einfluss der Anoden- auf die Steuerspannung; gibt das Verhältnis einer Gitterspannungs- zur Anodenspannungsänderung bei konstantem Anodenstrom (in %) an; je kleiner der Durchgriff, desto größer die Verstärkung.

**Durchlassrichtung,** *Halbleitertechnik:* die Polungsrichtung eines →pn-Übergangs, die einen hohen Stromfluss durch das Bauelement zulässt; Gegensatz: Sperrrichtung.

**Durchlauf|erhitzer,** →Heißwassergeräte.

**Durchschlag,** *Elektrotechnik:* plötzlicher unerwünschter Stromdurchgang durch die Isolierung von Geräten und Leitungen. Bei einem Durchschlag entlang der Oberfläche eines Isolators spricht man von einem **Überschlag.**

**Durchschlagfestigkeit, Durchschlagfeldstärke,** *Elektrotechnik:* Formelzeichen $E_\mathrm{d}$, SI-Einheit ist Volt durch Meter (V/m), die elektrische Feldstärke, bei der ein →Durchschlag zwischen zwei Elektroden erfolgt; ein Maß für das Isoliervermögen von elektrischen Isolierstoffen.

**Durchstrahlungsprüfung,** Verfahren der zerstörungsfreien Werkstoffprüfung, bei dem Werkstoffproben mit Röntgen-, Gamma- oder Teilchenstrahlen durchstrahlt werden. Da die Strahlung in Hohlräumen viel weniger absorbiert wird als im umgebenden Werkstoff, können Poren, Lunker und auch Risse gut abgebildet werden.

**Duroplaste, Duromere,** →Kunststoffe.

**Durst,** Empfindung, die mit dem Verlangen verbunden ist, Flüssigkeit in den Körper aufzunehmen. Durst tritt normalerweise dann auf, wenn durch Wasserverluste (z. B. Schwitzen, Durchfall) oder durch Erhöhung des osmotischen Drucks des Blutes (z. B. reichliche Kochsalzaufnahme) die Sekretion der Speichel- und Mundschleimhautdrüsen nachlässt und der Mund- und Rachenraum trocken wird. Das den Wasserbedarf des Körpers kontrollierende Zentrum ist das Durstzentrum im Hypothalamus.

Der tägliche Wasserbedarf des Menschen beträgt etwa 2 l, den er in Form von Flüssigkeit oder mit der aufgenommenen Nahrung decken kann. Schwerer Durst (mit Wasserverlusten von 5 bis 12 % des Körpergewichts) erzeugt bei gestörtem Allgemeinbefinden und quälendem Trinkbedürfnis u. a. Schleimhautrötungen und Hitzegefühl im Bereich von Augen, Nase, Mund und Rachen, Durstfieber, dann Versagen der Schweiß- und Harnsekretion. Nach einem Wasserverlust von 15–20 % des ursprünglichen Körpergewichts tritt im Fieberzustand und bei tiefer Bewusstlosigkeit der Tod durch Verdursten ein.

100532

**Durchstrahlungsprüfung.** Probenkammer für die Ionenstrahlanalytik

**Düse,** Verengung eines Strömungskanals zur praktisch verlustlosen Umwandlung von Druckenergie (potenzieller Energie) eines hindurchströmenden Fluids in Bewegungsenergie (kinetische Energie), das heißt, das Fluid wird beschleunigt. Bei Gasen werden Düsen verwendet, die sich erst verengen und anschließend wieder erweitern **(Laval-Düse).** Im engsten Querschnitt kann Schallgeschwindigkeit erreicht werden. Düsen werden verwendet zur Erzeugung kompakter Flüssigkeits-, Dampf- oder Gasstrahlen (z. B. in Wasser- oder

DVD. Fabrikarbeiterinnen im Philips-Werk in Singapur am Fließband bei der Endmontage von digitalen Videodisc-Abspielgeräten

Dampfturbinen, Strahltriebwerken, Mundstücken von Feuerlöschgeräten), zur Verteilung durchströmender Produkte in einer bestimmten Form, meist als feine Tröpfchen (Zerstäubung, z. B. in Dieselmotoren und Einspritz-Ottomotoren, Brennern für Ölfeuerungen, Spritzpistolen), zum Mischen von Flüssigkeiten in geschlossenen Leitungen (z. B. Strahlapparate), zum Messen des Durchflusses in geschlossenen Leitungen **(Venturi-Düse)** oder zur Herstellung von Chemiefasern (Spinndüse).

**Duve** [dy:v], Christian René de, belgischer Biochemiker, * Thames Ditton (County Surrey) 2. 10. 1917; entdeckte die Lysosomen und die Peroxisomen. 1974 erhielt er dafür mit A. Claude und G. E. Palade den Nobelpreis für Physiologie oder Medizin.

**DUX** [Deutscher Umweltindex], Gesamtindex (Kennwert) zur Beschreibung von Entwicklungstrends des Umweltschutzes in Deutschland; setzt sich aus statistischen Einzelinformationen zu den Bereichen Klima, Luft, Boden, Wasser, Energie- und Rohstoffverbrauch zusammen. In jedem Bereich können bis zu 1 000 Punkte erzielt werden, sodass, wenn alle umweltpolitischen Ziele erreicht wären, der DUX 6 000 Punkte betragen würde. Er ist ein Instrument, mit dem Entwicklungen in Problembereichen der Umweltpolitik in knapper und verständlicher Form der Öffentlichkeit vermittelt werden können.

**DVB** [Abkürzung für englisch **d**igital **v**ideo **b**roadcasting], Projekt zur koordinierten Entwicklung und Markteinführung von Systemen und Standards, mit denen →digitales Fernsehen möglich gemacht wird. Neben der Nutzung von DVB durch das digitale Fernsehen stellt diese Technologie für universale Anwendungen Datenraten bis zu 39 Millionen bit/s zur Verfügung. Die Bild- und Tonqualität können durch DVB so gesteigert werden, dass auch Sendungen in hochauflösender Qualität empfangen werden können (→HDTV).

1991 als European Launching Group (ELG) gegründet, sind inzwischen (2006) über 270 Unternehmen und Organisationen (Gerätehersteller, Sendeanstalten, Netzbetreiber u. a.) aus mehr als 30 Ländern daran beteiligt. Aufgrund der unterschiedlichen Übertragungsbedingungen entstanden spezielle Standards für die Satelliten- **(DVB-S)**, die Kabel- **(DVB-C)** und die terrestrische Übertragung **(DVB-T)**, die sich in der jeweils verwendeten Übertragungstechnik (Modulation, Bandbreite, Bitfehlerkorrektur), aber nicht in der digitalen Codierung der Bild- und Tonsignale unterscheiden. Auf DVB-T beruht auch **DVB-H**, eine Technologie zur Übertragung von Video- und Audiosignalen auf mobile Handgeräte mit kleinem Bildschirm, vor allem auf Handys. Sie befindet sich noch in der Testphase. Umgangssprachlich wird DVB-H – wie das konkurrierende DMB – auch Handyfernsehen genannt. Digitales Fernsehen nach DVB verfügt mit der Multimedia-Home-Platform (→MHP) über eine Schnittstelle, die die Vernetzung zwischen Fernseher und Computer ermöglicht.

**DVD** [Abkürzung für englisch **d**igital **v**ersatile **d**isc], nach der CD die nächste Generation der optischen Datenträgertechnologie, die ein höheres Datenvolumen als konventionelle CDs speichern kann. Durch ein- oder zweifache Beschichtung sind derzeit 4,7 beziehungsweise 8,5 GB (Gigabyte) Speicherkapazität möglich, durch zweiseitige Beschreibung 17 GB. Zum Auslesen sind spezielle Laserabtastsysteme mit rotem Laserlicht (Wellenlänge 650 nm) nötig, z. B. mithilfe von **DVD-Playern** oder **DVD-PC-Laufwerken.**

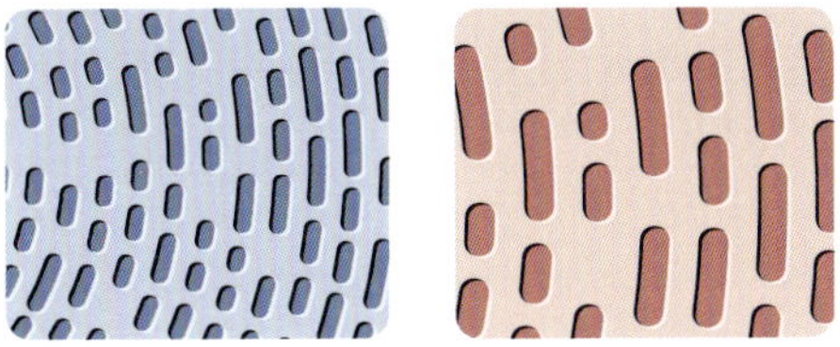

DVD. Struktur einer DVD (links) und einer CD

DVDs werden als Tonträger **(DVD-Audio)** und als Speicherplatte zum Speichern von Filmen (**DVD-Video**, digitale Videodisc) eingesetzt. In der Computertechnik dienen DVDs als **DVD-ROM** zum Speichern von Programmen, Daten sowie multimedialen Anwendungen durch den Hersteller. Mithilfe von **DVD-Rekordern** beziehungsweise DVD-PC-Laufwerken lassen sich DVDs durch den Nutzer beschreiben. Dabei unterscheidet man zwischen der nur einmal beschreibbaren **DVD-R** (R: recordable, »beschreibbar«) und den wieder beschreibbaren DVDs. Bei Letzteren gibt es drei verschiedene Formate: **DVD-RW** (RW: rewritable, »wieder beschreibbar«) beziehungsweise **DVD+RW** und **DVD-RAM**, die miteinander im Wettbewerb stehen und sich insbesondere durch die verwendete Technologie zum Wiederbeschreiben unterscheiden.

Mit der optischen Speicherplatte →Blu-Ray (»blauer Strahl«) ist bereits der potenzielle Nachfolger der DVD in Entwicklung.

**DWD,** Abkürzung für →**D**eutscher **W**etter**d**ienst.

**DWR,** Abkürzung für **D**ruck**w**asser**r**eaktor, ein →Kernreaktor.

**Dy,** chemisches Symbol für das Element →Dysprosium.

**Dyn** [griechisch] *das,* Einheitenzeichen **dyn,** nicht gesetzliche Einheit der Kraft im CGS-System; $1\,\text{dyn} = 1\,\text{g} \cdot \text{cm/s}^2 = 10^{-5}\,\text{N}$.

**Dynamik** [griechisch] *die,* **1)** *Elektroakustik:* Verhältnis zwischen der größten und der kleinsten Amplitude elektrischer oder akustischer Signale, meist in Dezibel (dB) angegeben.

**2)** *Physik:* die Lehre von der Bewegung (Zustandsänderung) physikalischer Systeme unter dem Einfluss innerer oder äußerer Kräfte beziehungsweise Wechselwirkungen; im engeren Sinn der Teil der Mechanik, der die Änderung des Bewegungszustandes von Körpern durch Kräfte behandelt, im Gegensatz zu Statik und Kinematik. Grundlage ist das 2. →newtonsche Axiom.

**Dynamit.** Dynamitstange aus der Produktion von »Nobel Explosives Company Limited« (1884)

**dynamischer Druck,** →Staudruck.

**dynamische Systeme,** →komplexe Systeme.

**Dynamit** [griechisch] *das,* Bezeichnung für vorwiegend aus Nitroglycerin bestehende Sprengstoffgemische, z. B. das von Alfred Nobel 1867 erfundene **Gurdynamit** (75 % Nitroglycerin, 25 % Kieselgur). Dynamite wurden v. a. durch →Ammon-Gelite ersetzt.

**Dynamo** [auch ˈdyː-] *der,* ältere Bezeichnung für einen selbsterregenden Gleichstromgenerator, z. B. Fahrraddynamo.

**dynamoelektrisches Prinzip,** 1866 von W. von Siemens entdecktes Prinzip der Selbsterregung von Gleichstromgeneratoren: Der remanente Magnetismus im Eisenkreis erzeugt einen schwachen Induktionsstrom in den Wicklungen, der das Magnetfeld verstärkt, sodass sich der Generator selbst zu voller Leistung »aufschaukelt«.

**Dynamometer** [griechisch] *das,* **1)** *Elektrotechnik:* **Elektrodynamometer,** →elektrodynamisches Messinstrument.

**2)** *Messtechnik:* Gerät, bei dem die elastische Verformung eines Messfühlers (z. B. Feder, Torsionsstab, Dehnungsmessstreifen) zur Bestimmung von Kräften oder Drehmomenten dient. Das **Bremsdynamometer** greift direkt am Umfang einer Scheibe an und misst das von einer laufenden Maschine abgegebene Drehmoment über eine Reibungsbremse (z. B. pronyscher Zaum).

**Dysprosium** [griechisch] *das,* **Dy,** metallisches Element aus der Gruppe der →Lanthanoide. Ordnungszahl 66, relative Atommasse 162,50, Dichte (bei 20 °C) 8,551 g/cm³, Schmelzpunkt 1 411 °C, Siedepunkt 2 561 °C. Das silberglänzende Dysprosium tritt drei- und vierwertig auf, die entsprechenden Verbindungen sind schwach gelb bis grünlich beziehungsweise tief orangegelb gefärbt. Es wird im Reaktorbau und für magnetische Werkstoffe verwendet.

**e, E, 1)** *Formelzeichen:* *E* für die Energie, *E* für die elektrische Feldstärke; *e* für die →Elementarladung.

**2)** *Physik:* **e,** Symbol für das →Elektron ($e^-$) und das →Positron ($e^+$).

**3)** *Vorsatzzeichen:* E für →Exa.

**E 605®,** Handelsname für das Insektizid →Parathion®.

**Ebbe,** das Fallen des Meeresspiegels von einem Hochwasser bis zum folgenden Niedrigwasser (→Gezeiten).

**Ebene,** *Physik:* →geneigte Ebene.

**Ebenholz,** braunes bis tiefschwarzes Kernholz verschiedener Arten der besonders in Afrika und Ostindien einheimischen Gattung Diospyros aus der Familie der →Ebenholzgewächse. Ebenholz wird für Intarsien, Musikinstrumente und Kunstdrechslerarbeiten verwendet.

**Ebenholzgewächse, Ebenaceae,** Pflanzenfamilie mit rund 450 tropischen und subtropischen baumförmigen Holzgewächsen, die zum Teil Ebenholz liefern.

**Eber|esche, Sorbus,** Gattung der Rosengewächse, Holzpflanzen der nördlichen gemäßigten Zone. Die **Eberesche (Vogelbeerbaum,** Sorbus aucuparia) ist ein Waldbaum Europas und Westasiens mit unpaarig gefiederten Blättern, Doldenrispen, gelbweißen Blüten und scharlachroten, beerenartigen Früchten; der aus dem Mittelmeergebiet in Mitteleuropa eingebürgerte **Speierling** (Sorbus domestica) hat rötlich weiße Blüten und pflaumengroße, gelbe, rotbäckige Früchte, die z. T. als Zusatz bei der Apfelweinherstellung genutzt werden; der europäische Waldbaum **Echte Mehlbeere** (Sorbus aria) hat weißfilzige Blätter, weiße Blüten und orangegelbe Früchte; die in Europa, Nordafrika und Asien vorkommende **Elsbeere** (Sorbus torminalis) hat ahornähnliche Blätter und lederbraune Früchte; die **Zwergmehlbeere** (Sorbus chamaemespilus), ein Strauch in europäischen Gebirgen, hat hellrosafarbene Blüten und orangerote Früchte.

**Ebola-Virus** [nach dem Fluss Ebola im Norden der Demokratischen Republik Kongo], zur Familie der Filoviren gehörendes RNA-Virus; wahrscheinlich in tropischen Regenwäldern beheimatet. Bisher wurden drei Stämme mit extrem hoher Ansteckungsfähigkeit unterschieden, von denen zwei für Menschen pathogen sind.

**Ebullioskopie** [lateinisch-griechisch] *die,* Verfahren zur Bestimmung der Molekülmassen von gelösten, nicht flüchtigen Stoffen aus der Erhöhung des Siedepunkts der Lösung im Vergleich zum reinen Lösungsmittel (→Kryoskopie).

**Eccles** [eklz], Sir John Carew, australischer Physiologe, * Melbourne 27. 1. 1903, † Contra (bei Locarno) 2. 5. 1997; Professor in Canberra, Chicago und Buffalo (New York); erforschte Gehirn- und Rückenmarkfunktionen und erkannte die Bedeutung der Ionenströme für die Erregungsübertragung an den Synapsen; Studien zum Bewusstsein (»Das Ich und sein Gehirn«, 1982; mit Karl Popper). Mit Alan Lloyd Hodgkin und Andrew Fielding Huxley erhielt er 1963 den Nobelpreis für Medizin.

**Ecdyson** [griechisch] *das,* Häutungs- und Metamorphosenhormon der Insekten, ein Steroid.

**Echinokokken,** Gattung der →Bandwürmer mit den auch für den Menschen gefährlichen Arten Echinococcus granulosus (Blasenwurm oder Hundebandwurm) und Echinococcus multilocularis (Fuchsbandwurm). Die Eier dieser kleinen, wenig gliedrigen Bandwürmer werden mit dem Kot der befallenen Tiere ausgeschieden. Gelangen sie, z. B. mit verunreinigter Nahrung, in den Darm eines Zwischenwirts, so wandern die darin befindlichen Hakenlarven auf dem Blutweg meist in die Leber (auch in die Lunge, zu 2–4 % in das Zentralnervensystem), wo sie sich zu der für jede der beiden Parasitenarten kennzeichnenden Finnenform entwickeln. Die durch den Finnenbefall verursachte **Echinokokkose (Echinokokkenkrankheit, Blasenwurmkrankheit)** führt zur Zystenbildung im Gewebe. Symptome der Erkrankung sind abhängig von der Lokalisation im Körper und der Zystengröße. Durch Platzen der Zysten kommt es zur sekundären Echinokokkose mit Tochteransiedlungen und schweren allergischen Erscheinungen.

**Echo** [griechisch] *das,* **1)** *Nachrichtentechnik:* durch Reflexion der elektromagnetischen Wellen auf dem Übertragungsweg verursachte, dem akustischen Echo vergleichbare Erscheinung; beim Funkverkehr durch Umwege in der Ausbreitung hervorgerufene Interferenzen und z. B. Mehrfachbilder beim Fernsehen.

**2)** *Physik:* allgemein eine durch Reflexion zum Ursprungsort zurückkehrende Welle; speziell eine Schallreflexion **(Widerhall),** bei der der reflektierte Schall getrennt vom Originalschall wahrgenommen wird. Für ein Echo eines kurzen Geräuschs muss das reflektierende Hindernis mindestens 33 m entfernt sein, da das menschliche Ohr zwei Schallereignisse nur dann getrennt voneinander erkennen kann, wenn zwischen beiden ein zeitlicher Abstand von mindestens 0,1 s besteht. Schnell aufeinander folgende Echos verschmelzen zum **Nachhall.**

**Echolot,** Gerät zur Entfernungsmessung mithilfe reflektierter Schallimpulse (Schall, Explosion, Ultraschallimpulse). Aus der Zeit zwischen Senden und Empfangen des Signals (Laufzeit) und der Schallgeschwindigkeit im jeweiligen Medium wird die Entfernung bestimmt. Im Wasser dient meist das Ultraschallecholot zum Messen der Wassertiefe, zum Anpeilen von Wracks, Fischschwärmen (Fischlupe) usw. Daneben werden Echolote zur Lagerstättenexploration mithilfe von Ex-



**John Eccles**
*** 1903, † 1997**

565

- erforschte die elektrische Erregungsübertragung zwischen den Nervenzellen an den Synapsen
- erhielt 1963 den Nobelpreis für Medizin

**Echolot.**
Prinzip des Echolots; aus der Zeitdauer zwischen dem Aussenden des Schallsignals und der Detektion des reflektierenden Echos kann bei bekannter Schallgeschwindigkeit die Tiefe des reflektierenden Objekts berechnet werden.

Echoorientierung
→ GEO Dossier
Die Erfindung des Bildes, Bd. 7

**Edelstahl.**
Aus Edelstahl bestehende Skulptur »Doppelsäule« von Erich Hauser (1970; München, Alte Pinakothek, Skulpturengarten)

**Thomas Alva Edison**
*** 1847, † 1931**

- meldete mehr als 1 000 Patente an
- erfand u. a. die erste brauchbare Glühlampe

plosionsdruckwellen verwendet. Das Echolot wurde 1913 von A. Behm erfunden.

**Echo|orientierung, Echoortung,** *Zoologie:* Orientierung mancher Tiere durch selbst ausgesandte Laute, die von den Gegenständen ihrer Umgebung zurückgeworfen werden. So senden Fledermäuse, einige Fliegende Hunde, Delfine, Spitzmäuse und einzelne Höhlen bewohnende Vögel Schallsignale aus und bestimmen aus dem zurückkehrenden Echo die eigene Lage im Verhältnis zu Hindernissen im Raum. Die Fledermäuse, deren Ortungssystem besonders gut untersucht ist, senden Peiltöne im Ultraschallbereich aus; Stärke, Tonhöhe (Doppler-Effekt), Zeitabstand und Richtung des Echos vermitteln ihnen ein räumliches »Bild« (»Bildhören«). Sie erkennen im Flug z. B. Drahthindernisse von 15 mm Stärke. Der Echoorientierung sind bei landbewohnenden Tieren im Vergleich zu wasserlebenden enge Grenzen gesetzt, da die Schallgeschwindigkeit im Medium Luft erheblich geringer und die Schalldämpfung sehr viel stärker ist als im Wasser. Deshalb besitzen im Wasser lebende Tiere, v. a. einige Walarten und Delfine, die leistungsfähigsten Ortungssysteme.

**Echsen, Sauria,** Unterordnung der Schuppenkriechtiere mit etwa 3 000 Arten, gekennzeichnet durch höcker- oder schuppenförmige Hornbedeckung, meist langen Schwanz, bewegliche Augenlider und locker in die Kieferknochen eingefügte Zähne. Die vier Gliedmaßen können mehr oder minder vollständig ausgebildet sein, aber auch fehlen. Der Schwanz kann bei manchen Arten bei Gefahr abgeworfen und später regeneriert werden. Zu den Echsen gehören u. a. Eidechsen, Geckos, Agamen, Leguane, Schleichen und Warane.

**EDA-Komplexe,** Kurzwort für Elektronen-Donator-Akzeptor-Komplexe, →Charge-Transfer-Komplexe.

**Edaphon** [zu griechisch édaphos »Erdboden«] *das,* Gesamtheit der Organismen des Erdbodens.

**Edelfäule,** Zersetzung reifer Weinbeeren durch den Grauschimmelpilz (Botrytis cinerea) bei feuchtwarmem Herbstwetter. Die rosinenähnlichen Beeren liefern natursüße Weine, z. B. Beerenauslesen.

**Edelgase,** die Elemente Helium, Neon, Argon, Krypton, Xenon und das radioaktive Radon, die im Periodensystem der Elemente die achte (nullte) Hauptgruppe bilden. Die Edelgase sind einatomige, farb- und geruchlose Gase; wegen der besonders abgeschlossenen Elektronenanordnung ihrer Atome **(Edelgaskonfiguration)** sind die Edelgase sehr reaktionsträge (inert) und bilden nur unter extremen Bedingungen chemische Verbindungen. Edelgase kommen zu rund 1 % in der atmosphärischen Luft vor. Zusammen mit Mineralwässern und aus Erdgasquellen treten oft Gase mit größerem Gehalt an Argon und Helium aus. Verwendung in der Beleuchtungs-, Tieftemperatur- und Kerntechnik (Helium) sowie in der Medizin.

**Edelman** ['eɪdlmæn], Gerald Maurice, amerikanischer Biochemiker, * New York 1. 7. 1929; seit 1960 Professor an der Rockefeller University in New York; klärte 1969 die vollständige Struktur eines Immunglobulins auf; hierfür erhielt er 1972 mit R. R. Porter den Nobelpreis für Physiologie oder Medizin.

**Edelmetalle,** im elementaren Zustand sehr beständige Metalle (speziell gegen Sauerstoff und Säuren), zu denen Silber, Gold, Quecksilber und die Platinmetalle zählen; besonders für Schmuck und technische Zwecke geeignet.

**Edelstahl,** mit Stahlveredelungsmitteln wie Chrom oder Mangan legierter rostfreier Stahl mit nur geringem Gehalt an Phosphor, Schwefel u. a. unerwünschten Begleitelementen und Schlackeneinschlüssen.

**Edelweiß, Leontopodium,** Korbblütlergattung mit etwa 40 Arten in Gebieten Asiens und Europas; weiß- oder grauhaarige Kleinstauden oder Halbsträucher mit meist trugdoldig gehäuften Blütenkörbchen. Das europäische **Leontopodium alpinum** mit strahlig abstehenden, weißfilzigen Hochblättern wächst in den Alpen ab 1 700 m Höhe; steht unter Naturschutz.

**Edison** ['edɪsn], Thomas Alva, amerikanischer Elektrotechniker, * Milan (Ohio) 11. 2. 1847, † West Orange (New Jersey) 18. 10. 1931; leistete auf den verschiedensten Gebieten der Technik Pionierarbeit und meldete mehr als 1 000 Patente an. Dazu gehören u. a. 1877 das Kohlekörnermikrofon und der Phonograph (Vorläufer des Grammophons®) sowie die Verbesserung des von A. G. Bell erfundenen Telefons, 1879 die Kohlefadenglühlampe (erste brauchbare Glühlampe), 1881 die Verbundmaschine (Dampfmaschine mit elektrischem Generator), 1891 der Kinetograph (Filmaufnahmegerät) und 1904 der Nickel-Eisen-Akkumulator (Edison-Sammler). Seine Entdeckung der →Glühemission von Elektronen **(Edison-Effekt)** war die Voraussetzung für die Entwicklung der Elektronenröhre.

**EDV,** Abkürzung für **e**lektronische →**D**aten**v**erarbeitung.

**Effektivwert,** *Physik:* die Quadratwurzel aus dem quadratischen Mittelwert einer zeitlich periodisch veränderlichen Größe während einer Periode; besonders in der Wechselstromtechnik von Bedeutung. Für den Effektivwert $A_{\text{eff}}$ der Größe $A(t) = A_0 \sin(\omega t + \varphi)$ gilt: $A_{\text{eff}} = A_0/\sqrt{2}$.

**Effektor** [lateinisch] *der,* **1)** *Biochemie:* meist niedermolekulare Substanz, die durch Bindung an ein Enzym oder ein regulatorisches Protein bei diesem eine Konformationsänderung und dadurch eine Aktivitätsänderung hervorruft.

**2)** *Physiologie:* Nerv, der einen Reiz vom Zentralnervensystem zum Erfolgsorgan (z. B. Muskel) weiterleitet und dort eine Reaktion auslöst; auch Bezeichnung für das den Reiz beantwortende Organ.

**Egel, Hirudinea,** hoch entwickelte, borstenlose Ringelwürmer mit stets 33 Segmenten, Mundsaugnapf und bauchseits gelegener Haftscheibe am Körperende; ernähren sich räuberisch von anderen Wassertieren oder saugen Blut an Wirbeltieren. Zu den Egeln gehören die Kieferegel (darunter der Blutegel), die Rüsselegel (darunter der Fischegel) und die Schlundegel (darunter der Hundeegel).

**EHF** [Abkürzung für englisch **e**xtremely **h**igh **f**requency »extrem hohe Frequenz«], internationale Bezeichnung für →Millimeterwellen.

**Ehrenfest,** Paul, österreichischer Physiker, * Wien 18. 1. 1880, † (Selbstmord) Amsterdam 25. 9. 1933; ab 1912 Professor in Leiden; arbeitete über Atomphysik, Quantentheorie, statistische Mechanik; stellte u. a. die Quasiergodenhypothese (→Ergodenhypothese) auf.

**Ehrenpreis, Veronica,** Gattung der Braunwurzgewächse, v. a. auf der Nordhalbkugel, meist Kräuter mit gegenständigen Blättern und überwiegend blauen Blüten in Trauben. Einheimisch sind etwa 35 Arten, u. a. **Gamander-Ehrenpreis** (Männertreu, Veronica chamaedrys) mit blauen Blüten auf Wiesen und der bis 20 cm hohe **Echte Ehrenpreis** (Veronica officinalis) mit hellvioletten Blüten auf Heiden und in Wäldern.

**Ehrlich,** Paul, deutscher Serologe, * Strehlen 14. 3. 1854, † Bad Homburg v. d. Höhe 20. 8. 1915; führte neue diagnostische Verfahren besonders zur Anfärbung von Blut und Gewebeschnitten ein und begründete die experimentelle Chemotherapie; 1909 entwickelte er das Syphilismittel Salvarsan (mit S. Hata). Ehrlich erhielt 1908 mit I. Metschnikow den Nobelpreis für Physiologie oder Medizin.

**Ei, Eizelle, Ovum,** unbewegliche weibliche Geschlechtszelle von Mensch, Tier und Pflanze; meist wesentlich größer als die männliche Geschlechtszelle (Samenzelle), z. B. beim Menschen 0,12–0,2 mm, beim Strauß über 10 cm, bei Saugwürmern 0,012–0,017 mm im Durchmesser. Die Bildung des Eies erfolgt meist in besonders differenzierten Geschlechtsorganen, bei mehrzelligen Pflanzen u. a. in Samenanlagen, bei mehrzelligen Tieren in Eierstöcken.

Der Aufbau tierischer Eier ist sehr einheitlich. Unter der von der Eizelle selbst gebildeten Eihaut (Dotterhaut) befindet sich das Eiplasma (Ooplasma) mit dem relativ großen Eikern. Die im Eiplasma gespeicherten Reservestoffe (u. a. Proteine, Lipoproteide, Fette, Glykogen) werden in ihrer Gesamtheit als Dotter bezeichnet. Nach der Menge des Dotters im Eiplasma unterscheidet man **oligolezithale Eier** (sehr dotterarm; bei Säugetieren) und **mesolezithale Eier** (weniger dotterarm; bei Amphibien, Lungenfischen). Eier mit großer Dottermenge werden als **polylezithale Eier** bezeichnet. Bei gleichmäßiger Verteilung des Dotters spricht man von **isolezithalen Eiern** (z. B. bei Säugetieren). Die nach der →Befruchtung durch eine männliche Geschlechtszelle oder durch Wirksamwerden anderer Entwicklungsreize (z. B. bei der Jungfernzeugung) beginnende Eifurchung wird anfangs äußerst stark durch Menge und Verteilung des im Ei befindlichen Dotters beeinflusst. Im Zellkern des Eies ist die gesamte für die Ausbildung des Organismus notwendige Information gespeichert. Einzelne Eibezirke sind für die Bildung bestimmter Körperabschnitte des späteren Organismus mehr oder weniger ausgeprägt determiniert. Das Ei wird oft von mehreren **Eihüllen** umgeben, die Hafteinrichtungen (bei Insekten) besitzen oder hornartig (bei Haien und Rochen), gallertig (Wasserschnecken, Amphibien) oder äußerst fest (→Dauereier) sind. Auch das Eiklar (Eiweiß) der Vogeleier mit Hagelschnüren und die Kalkschale sind Eihüllen.

**EIA,** Abkürzung für →**E**nzym**i**mmun**a**ssay.

**Eibe, Taxus baccata,** Nadelholzart der Familie Eibengewächse (Taxaceae), in Europa, im Orient und in Nordafrika heimisch; ein immergrüner Strauch oder bis 20 m hoher Baum mit rötlich brauner Rinde, flachen Nadeln und zweihäusigen Blüten. Die männlichen Blüten bilden kugelige Köpfchen, die weiblichen bestehen aus einer einzigen aufrechten Samenanlage, um die sich im Reifestadium ein roter, sehr süßer ungiftiger Samenmantel **(Arillus)** hüllt. Die Jungtriebe, Nadeln und Samen enthalten das giftige Alkaloid **Taxin.** Das harte, elastische, politurfähige Holz wird zu Kunsttischlerarbeiten verwendet.

**Eibl-Eibesfeldt,** Irenäus, österreichischer Verhaltensforscher, * Wien 15. 6. 1928; seit 1970 Professor in München; Leiter der Forschungsstelle für Humanethologie in der Max-Planck-Gesellschaft, in Andechs. Eibl-Eibesfeldt untersucht besonders die inner- und zwischenartliche Kommunikation bei Mensch und Tier.

**Eichbosonen, Austauschteilchen, intermediäre Vektorbosonen,** *Physik:* allgemein die Elementaranregungen der →Eichfelder, insbesondere die Feldquanten der elektromagnetischen, der schwachen und der starken Wechselwirkung. Zu den Eichbosonen gehören das Photon (elektromagnetische Wechselwirkung), die $W^+$-, $W^-$- und $Z^0$-Bosonen (schwache Wechselwirkung) und die Gluonen (starke Wechselwirkung). Auch für die Gravitation soll es Eichbosonen geben, die hypothetischen Gravitonen. Die Eichbosonen haben als Quanten der die Wechselwirkung übertragenden Vektorfelder (daher auch die Bezeich-

**Ehrlich**
→ GEO **Dossier**
Im Rausch der Erkenntnis, Bd. 6

100562
**Irenäus Eibl-Eibesfeldt**

nung intermediäre Vektorbosonen) den Spin 1; als **intermediäre Bosonen** im engeren Sinn bezeichnet man häufig nur die Feldquanten der schwachen Wechselwirkung.

**Eidechsen.** Zauneidechse (Männchen)

**Eiche, Quercus,** Gattung der Buchengewächse, zum Teil über 700 Jahre alt werdende Bäume mit gesägten bis gelappten Blättern. Die männlichen Blüten sitzen in hängenden Kätzchen, die weiblichen einzeln oder gebüschelt. Jede weibliche Blüte ist von einem später becherförmigen Fruchtbecher (Cupula) umgeben; die Frucht nennt man Eichel. In Mitteleuropa sind heimisch: die **Stieleiche** oder **Sommereiche** (Quercus robur), die **Traubeneiche** oder **Wintereiche** (Quercus petraea). Von den südeuropäischen Eichenarten liefern die beiden **Korkeichen** (Quercus suber und Quercus occidentalis) den Kork; die **Steineiche** (Quercus ilex) ist eine Charakterpflanze der Macchie. Das harte, mittelschwere Eichenholz verwendet man besonders für Fässer, Parkettfußböden und Furniere. Aus der Rinde (Lohrinde) wurden früher Gerbmittel gewonnen. Schädlinge sind u.a. die Raupen der Frostspanner, des Grünen Eichenwicklers, die Larven des Eichenbocks und verschiedener Prachtkäfer sowie der Eichenmehltaupilz.

**Eichen** [mittelhochdeutsch ichen »abmessen«, zu lateinisch aequus »gleich«], Überprüfung und Abstimmung der Messgenauigkeit und -sicherheit von Messgeräten, die für den gesamten amtlichen und geschäftlichen Verkehr, das Verkehrswesen sowie die Herstellung und Prüfung von Arzneimitteln eingesetzt werden, mit den amtlich Normalen. Grundlage ist das Eichgesetz in der Fassung vom 23. 3. 1992, das auch die **Eichpflicht** verankert, das heißt die Pflicht, alle für den Geschäftsverkehr bedeutenden Messgeräte zu eichen. Dazu muss ein Messgerät eichfähig sein, das heißt, seine Bauart muss richtige Messergebnisse und eine ausreichende Messbeständigkeit erwarten lassen. Messwerte müssen in gesetzlichen Einheiten angezeigt werden. Die geeichten Gegenstände werden durch **Eichstriche** oder **Eichstempel** gekennzeichnet. Die oberste Fachbehörde für das Eichen ist die Physikalisch-Technische Bundesanstalt.

**Eichfelder,** *Physik:* physikalische Felder, die lokale Symmetrietransformationen (so genannte **Eichtransformationen**) gestatten und deren als →Eichbosonen bezeichnete Feldquanten Wechselwirkungen zwischen Elementarteilchen vermitteln. Beispiele für die **Eichfeldtheorien (Eichtheorien)** sind die Theorien der elektroschwachen und der starken Wechselwirkung.

**Eichhörnchen, Sciurus,** Gattung der Familie der Hörnchen, verbreitet über Europa, Sibirien bis zum nördlichen Japan und China. Das **Eurasiatische Eichhörnchen** (Sciurus vulgaris), Körperlänge bis 25 cm, Schwanzlänge bis 20 cm, ist in Wäldern und Parklandschaften heimisch. Eichhörnchen sind gute Kletterer und Springer, wobei der buschige Schwanz als Steuer dient; das Fell ist in der Regel rotbraun, aber auch schwarzbraun oder grau. Eichhörnchen bewohnen ein selbst gebautes, kugelförmiges Nest **(Kobel)** oder Vogelnester und Baumhöhlen. Hauptfeinde: Marder und Greifvögel. – Eichhörnchenfelle aus Sibirien und Kanada werden als **Feh** (Fehrücken) naturell (grau) oder gefärbt zu Mänteln und Besatz verarbeitet.

**Eidechsen, Lacertidae,** Familie schlanker Echsen mit langem Schwanz, vier langzehigen Füßen und schlängelnder Fortbewegung; Bewohner trockener Gegenden der Alten Welt; Kleintier- und Pflanzenfresser. In Mitteleuropa sind z.B. heimisch die bis 25 cm lange, als Weibchen bräunliche, als Männchen grünliche **Zauneidechse** (Lacerta agilis), die bis 40 cm lange, leuchtend grüne, an der Kehle blaue **Smaragdeidechse** (Lacerta viridis), die in Mitteleuropa lebend gebärende, in Südwesteuropa Eier legende **Waldeidechse** (Lacerta vivipara). Ihr Schwanz bricht leicht ab, wächst aber nach.

**Eiffel** [ɛˈfɛl], Alexandre Gustave, französischer Ingenieur, * Dijon 15. 12. 1832, † Paris 28. 12. 1923; konstruierte zahlreiche Brücken und die Hallen der Pariser Weltausstellung von 1878 sowie 1885–89 den 300,51 m (mit Antenne 320,8 m) hohen **Eiffelturm,** ein Wahrzeichen von Paris.

**Manfred Eigen**
*** 1927**

- erforschte den Reaktionsablauf extrem schneller chemischer Reaktionen
- entwickelte ein Modell zur Entstehung des Lebens
- erhielt 1967 den Nobelpreis für Chemie

**Eigen,** Manfred, deutscher Chemiker, * Bochum 9. 5. 1927; emeritierter Professor am Max-Planck-Institut für biophysikalische Chemie in Göttingen, wo er seit 1951 (damals noch MPI für Physikalische Chemie) tätig ist; ehemaliger Direktor dieses und des Vorgängerinstituts. Eigen ist Mitglied mehrerer internationaler Akademien, u.a. Ehrenmitglied der American Academy of Arts and Sciences (seit 1964), Mitglied des Ordens Pour le Mérite (seit 1973), Mitglied der Russischen Akademie der Wissenschaften (seit 1991; zuvor Mitglied der Akademie der Wissenschaften der Sowjetunion, ab 1976).

Die Arbeitsgebiete Eigens umfassten die chemische Reaktionskinetik, Enzymreaktionen, Ionentransport durch Membranen sowie Anwendung mathematischer und physikalischer Modellvorstellungen in der Biophysik. Für seine Arbeiten zur Messung und Aufklärung des Mechanismus sehr schneller chemischer und biochemischer Reaktionen, die bis dahin für unmessbar schnell gehalten wurden, erhielt Eigen 1967 zusammen mit Ronald Norrish und George Porter den Nobelpreis für Chemie. Danach beschäftigte er sich mit der Selbstorganisation biologischer Moleküle (→Entropie) und entwickelte 1971 eine dynamische Molekulartheorie zu frühen Evolutionen von Lebensstrukturen und letztlich zur Entstehung der biologischen Information überhaupt (»Hyperzyklus«).

**Eigendreh|impuls,** *Physik:* der →Spin.

**Eigenfrequenz,** *Physik:* →Eigenschwingung.

**Eigenleitung,** *Physik:* elektrischer Leitungsvorgang in einem (undotierten) →Halbleiter, hervorgerufen durch thermische Anregung. Durch Übergang von Elektronen aus dem Valenz- ins Leitungsband werden paarweise quasifreie Elektronen und Defektelektronen gebildet.

**Eigenlenkung, Selbstlenkung,** Verfahren zur Beeinflussung der Bewegung von Fahrzeugen, besonders von Flugkörpern, durch eine an Bord befindliche Lenkanlage. Ihre hohe Störfestigkeit ist v. a. für militärische Anwendungen von Bedeutung. Ortsfeste Zielpunkte können mithilfe der →Trägheitsnavigation angesteuert werden, durch die sich der momentane Standort errechnen lässt, woraus die Lenkbefehle abgeleitet werden (autonomes Lenkverfahren).

**Eigenlenkverhalten,** Fahrverhalten eines Fahrzeugs bei Kurvenfahrt, abhängig von Konstruktion, Lage des Schwerpunktes, Radaufhängung und Federung sowie Seitenführungseigenschaften der Reifen. Ist der Schräglaufwinkel an den Hinterrädern größer als an den Vorderrädern, weist das Fahrzeug ein **übersteuerndes Eigenlenkverhalten** auf. Größere Schräglaufwinkel der Vorderachse kennzeichnen das **untersteuernde Eigenlenkverhalten,** gleiche Schräglaufwinkel vorn und hinten das **neutrale Eigenlenkverhalten.** Übersteuernde (kurvenwillige) Fahrzeuge erfordern bei steigender Kurvengeschwindigkeit ein Zurücknehmen des Lenkeinschlags (Gegenlenken), untersteuernde (kurvenunwillige) Fahrzeuge müssen dagegen durch zunehmenden Lenkeinschlag in der Bahn gehalten werden.

**Eigenschwingung,** *Physik:* jede freie Schwingung eines einmalig angeregten, sich selbst überlassenen schwingungsfähigen Systems (z. B. Pendel, elektrischer Schwingkreis). Die Eigenschwingung ist stets eine gedämpfte Schwingung mit einer charakteristischen Frequenz, der **Eigenfrequenz;** die Anzahl der Eigenschwingungen des Systems entspricht der Zahl seiner Freiheitsgrade. Durch äußeren Anstoß werden im Allgemeinen mehrere Eigenschwingungen gleichzeitig angeregt, meist eine Grundschwingung bestimmter Frequenz und deren Oberschwingungen. (→Resonanz)

**Eigenzeit,** *Relativitätstheorie:* die in einem mitbewegten Bezugssystem ablaufende Zeit, d. h. die von einer mit einem bewegten Körper mitgeführten Uhr gemessene Zeit.

**Eigenzustand,** jeder quantenmechanische Zustand eines mikrophysikalischen Systems, der durch eine sich als Eigenfunktion der zeitunabhängigen →Schrödinger-Gleichung des Systems ergebende quantenmechanische Wellenfunktion beschrieben wird.

**Eijkman** ['ɛjkman], Christiaan, niederländischer Hygieniker, * Nijkerk (Provinz Gelderland) 11. 8. 1858, † Utrecht 5. 11. 1930; fand u. a. ein Verfahren zur Bestimmung des Gehalts an Kolibakterien im Wasser und erkannte die Beriberi als Avitaminose. Damit legte er den Grundstein für die Vitaminforschung. Eijkman erhielt 1929 mit Sir F. G. Hopkins den Nobelpreis für Physiologie oder Medizin.

**Einbalsamieren,** ein schon im 3. Jahrtausend v. Chr. geübtes Verfahren, Leichname zum Schutz vor Verwesung (→Mumie) mit Konservierungsstoffen (Natron, Asphalt, Harze) zu behandeln. Seit Ende des 18. Jahrhunderts werden Öle und Chemikalien injiziert.

**Eindampfen, Abdampfen,** *Chemie:* das Erhitzen von Lösungen, um das Lösungsmittel vom gelösten Stoff zu trennen. **Einengen** oder **Konzentrieren** heißt das teilweise Eindampfen des Lösungsmittels.

**Einengen,** *Chemie:* das →Eindampfen.

**Einfachbindung,** kovalente →chemische Bindung, die durch ein Elektronenpaar gebildet wird; dargestellt durch einen Valenzstrich zwischen den Atomsymbolen.

**einfache Maschinen,** Bezeichnung für die Grundformen aller mechanischen Maschinen, mit deren Hilfe Angriffspunkt, Größe oder Richtung einer Kraft geändert werden können und Arbeit mit möglichst geringem Kraftaufwand verrichtet wird, z. B. Hebel, geneigte Ebene, hydraulische Presse, feste und lose Rolle.

**Einfallslot,** *Optik:* →Brechung, →Reflexion.

**Einfangprozesse,** Kernreaktionen, bei denen ein Teilchen (Neutron, Proton, Alphateilchen, Elektron, Photon, Schwerion) von einem Atomkern eingefangen (absorbiert) wird. Dabei entsteht ein hochangeregter, kurzlebiger Kernzustand (Zwischenkern), der durch Aussendung von Gammastrahlung oder durch Zerfall in einen Endzustand übergeht, der stabil oder instabil sein kann. Die Wahrscheinlichkeit für einen Einfangprozess hängt von den reagierenden Teilchen, deren Energie und dem absorbierenden Kern ab und wird durch den energieabhängigen →Wirkungsquerschnitt (auch **Einfangquerschnitt**) beschrie-

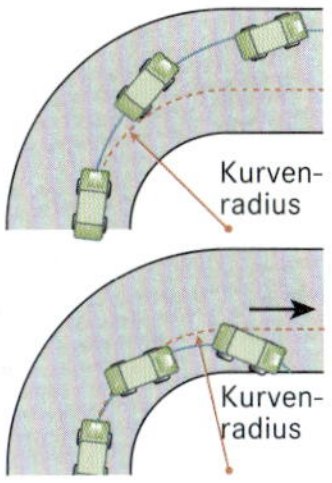


**Eigenlenkverhalten.** Untersteuerndes Verhalten (oben), übersteuerndes Verhalten

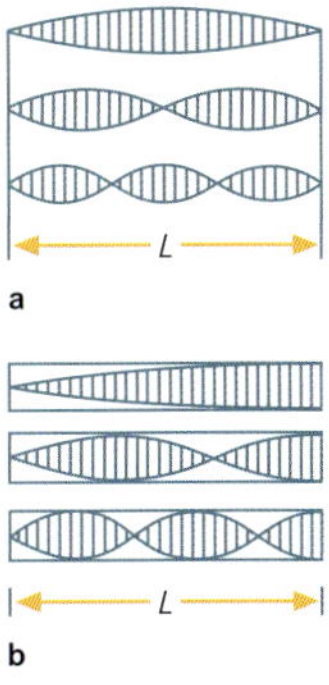


**Eigenschwingung.** Die Grundschwingung und die beiden ersten Oberschwingungen einer eingespannten Saite (a) und einer einseitig offenen Pfeife (b); L Saiten-, Pfeifenlänge

ben. Wichtig sind z. B. **Neutroneneinfang** (im Kernreaktor) und **Elektroneneinfang** von freien Elektronen.

**Einfriertemperatur, Glasübergangstemperatur, Glastemperatur,** für hochpolymere Stoffe kennzeichnender Temperaturbereich, bei dem sie aus dem weichen, unter Umständen elastischen in den glasartig starren Zustand übergehen. Die Einfriertemperatur bestimmt den praktischen Einsatzbereich von Kunststoffen bei der Verarbeitungs- und Gebrauchstemperatur. →Weichmacher können die Einfriertemperatur senken.

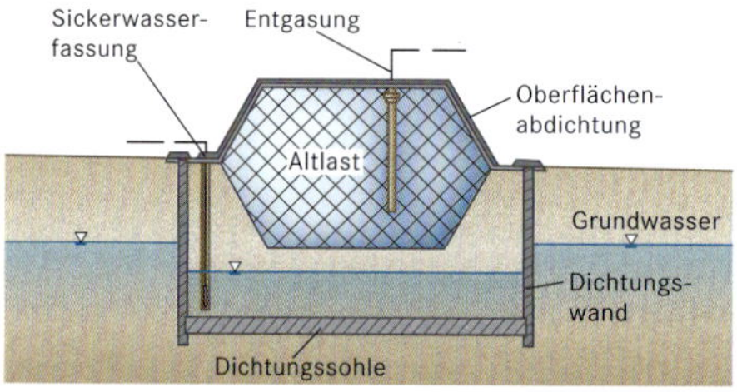


**Einkapselung.** Schematische Darstellung

**eingeschlechtig,** *Botanik:* →Blüte.

**Eingeweidefische, Ophidioidei,** eine Unterordnung der Dorschartigen Fische, lang gestreckt, mit kleinen kehlständigen Bauchflossen; allen Flossen fehlen Stachelstrahlen. Es gibt drei Familien: die **Brotuliden** (Brotulidae), darunter Tiefseebewohner und blinde Höhlenfische; die **Bartmännchen** (Ophidiidae) mit Bauchflossen auf dem Kinn (»Bart«) und die durchsichtig hellen **Nadelfische** oder Eingeweidefische (Carapidae oder Fierasferidae), die z. B. im Darm von Seesternen und Muscheln leben. Im Mittelmeer lebt der etwa 20 cm lange **Fierasfer** (Carapus acus).

**einhäusig,** *Botanik:* männliche und weibliche Blüten befinden sich auf derselben Pflanze.

**Einheiten,** früher **Maßeinheiten,** aus der Menge gleichartiger Größen ausgewählte und in der Regel international vereinbarte Vergleichsgrößen (→SI-Einheiten), die einen festen, jeweils durch ein genau vorgeschriebenes Mess- oder Eichverfahren jederzeit reproduzierbaren Betrag haben. Normalerweise werden nur die →Basiseinheiten eines Maßsystems festgelegt, aus denen sich die übrigen Einheiten über Definitionsgleichungen (abgeleitete Einheiten) oder durch Vervielfachung, gekennzeichnet durch Vorsätze, ergeben. – Tabelle S. 205/206.

**Einheitensystem,** früher **Maßsystem,** ein System von Einheiten, in dem für jede Größenart genau eine Einheit vorhanden ist, z. B. für die Größenart Länge im →Internationalen Einheitensystem (SI) das Meter. Daher gehören z. B. Zentimeter und Millimeter diesem System nicht an. Ein Einheitensystem heißt **kohärent,** wenn die Einheiten des Systems ausschließlich durch Einheitengleichungen miteinander verbunden sind, in denen kein von »1« abweichender Zahlenfaktor vorkommt, z. B.: $1\ \mathrm{N} = 1\ \mathrm{kg} \cdot 1\ \mathrm{m/s}^2$ oder $1\ \mathrm{N} \cdot 1\ \mathrm{m} = 1\ \mathrm{J}$. Dagegen ist z. B. die Pferdestärke, $1\ \mathrm{PS} = 75\ \mathrm{kp} \cdot \mathrm{m/s}$, eine **nichtkohärente** Einheit der Leistung des technischen Maßsystems.

**einjährig, annuell,** Pflanzen von einjähriger Lebensdauer.

**Einkapselung, Einschließung,** *Umwelttechnik:* Verfahren und Maßnahmen, die einen Abschluss belasteter Böden von den umgebenden Medien bewirken sollen, um die Ausbreitung von Schadstoffen in die Biosphäre einzudämmen (z. B. bei der Altlastensanierung).

**Einkeimblättrige, Monokotyledonen, Monocotyledoneae,** Gruppe der Bedecktsamer unter den Blütenpflanzen, deren Keimling nur ein einziges Keimblatt hat, im Gegensatz zu den →Zweikeimblättrigen. Die Blüten sind meist aus dreizähligen Blütenorgankreisen aufgebaut, die Blattnerven laufen parallel. Einkeimblättrige sind u. a. Liliengewächse, Gräser, Orchideen und Palmen.

**Einkristall,** Kristall, dessen atomare Bausteine ein einziges homogenes Kristallgitter bilden, im Gegensatz zu polykristallinen Aggregaten; Verwendung v. a. in der Halbleitertechnologie und Mikroelektronik.

**Einlagerungsverbindungen, interstitielle Verbindungen,** nichtstöchiometrische chemische Verbindungen, bei denen kleinere Atome auf Zwischengitterplätzen oder in Lücken des Kristallgitters eingelagert werden, z. B. $Fe_3C$.

**Einphasenstrom,** ein →Wechselstrom mit nur einer Phase im Gegensatz zum Dreiphasenstrom (→Drehstrom) unter Verwendung eines spannungsführenden Leiters und des Neutralleiters (z. B. Oberleitung und Schiene für Bahnstrom).

**Einschienenbahn,** spurgeführte Eisenbahn mit nur einer Fahrschiene zum Tragen und Führen der Fahrzeuge. Entweder hängt das Fahrzeug unter dem Tragbalken und wird durch Laufwerke auf der Schiene angetrieben (**Hängebahn,** umgangssprachlich: Schwebebahn, z. B. in Wuppertal seit 1901), oder das Fahrzeug sitzt sattelförmig auf einem Tragbalken mit Schiene, läuft auf den Triebrädern und hat seitliche Führungsräder **(Sattelbahn).** Zu ihnen zählte auch die **ALWEG-Bahn** (nach dem schwedischen Industriellen Axel Lenhart Wenner-Gren). Auch →Magnetschwebebahnen wie der Transrapid umgreifen den Fahrbalken, ohne ihn jedoch zu berühren.

**Einschlusskörperchen,** *Zytologie:* lichtmikroskopisch sichtbare Teilchen, die bei vielen virusbedingten Krankheiten im Zellleib und/oder Zellkern gebildet werden und aus zellulären Reaktionsprodukten und Viren bestehen.

**Einschlussverbindungen,** *Chemie:* Verbindungen, bei denen eine Wirtskomponente

**Einheiten der wichtigsten physikalischen Größen** (Auswahl)

| Größenart | Einheiten-zeichen | Einheitenbenennung | Beziehung zu anderen Einheiten |
|---|---|---|---|
| **■ Raum** | | | |
| Länge, Weglänge, Radius | m | Meter | – |
| | fm | Femtometer | 1 fm = $10^{-15}$ m |
| | *)Å | Ångström | 1 Å = $10^{-10}$ m = 0,1 nm |
| | nm | Nanometer | 1 nm = $10^{-9}$ m |
| | µm | Mikrometer | 1 µm = $10^{-6}$ m |
| | mm | Millimeter | 1 mm = $10^{-3}$ m |
| | cm | Zentimeter | 1 cm = $10^{-2}$ m |
| | dm | Dezimeter | 1 dm = $10^{-1}$ m |
| | km | Kilometer | 1 km = $10^{3}$ m |
| | *)sm | internationale Seemeile | 1 sm = 1,852 km |
| | *)AE, AU | astronomische Einheit | 1 AE = 1 AU = 149,597870 · $10^{9}$ m |
| | *)Lj | Lichtjahr | 1 Lj = 9,460528 · $10^{15}$ m |
| | *)pc | Parsec | 1 pc = 30,856776 · $10^{15}$ m |
| Fläche | $m^2$ | Quadratmeter | 1 $m^2$ = 1 m · 1 m |
| | a | Ar | 1 a = 100 $m^2$ |
| | ha | Hektar | 1 ha = 100 a = $10^4$ $m^2$ |
| | $km^2$ | Quadratkilometer | 1 $km^2$ = $10^6$ $m^2$ = 100 ha |
| Volumen, Raum-inhalt | $m^3$ | Kubikmeter | 1 $m^3$ = 1 m · 1 m · 1 m |
| | l, L | Liter | 1 l = 1 L=1 $dm^3$ |
| | ml | Milliliter | 1 ml = $10^{-3}$ l = 1 $cm^3$ |
| | hl | Hektoliter | 1 hl = 100 l = 0,1 $m^3$ |
| **■ Zeit** | | | |
| Zeit, Dauer | s | Sekunde | – |
| | min | Minute | 1 min = 60 s |
| | h | Stunde | 1 h = 60 min = 3,6 · $10^3$ s |
| | d | Tag | 1 d = 24 h = 86,4 · $10^3$ s |
| | a | bürgerliches Jahr | 1 a = 365 d |
| Frequenz | Hz | Hertz | 1 Hz = 1 $s^{-1}$ |
| **■ Mechanik** | | | |
| Masse | kg | Kilogramm | – |
| | g | Gramm | 1 g = $10^{-3}$ kg |
| | mg | Milligramm | 1 mg = $10^{-3}$ g |
| | *)Kt | metrisches Karat | 1 Kt = 0,2 g |
| | *)Ztr | Zentner | 1 Ztr = 50 kg |
| | *)dz | Doppelzentner | 1 dz = 100 kg |
| | t | Tonne | 1 t = 1 Mg = $10^3$ kg |
| | dt | Dezitonne | 1 dt = 100 kg |
| | Mt | Megatonne | 1 Mt = $10^6$ t = $10^9$ kg |
| Kraft | N | Newton | 1 N = 1 kg · m · $s^{-2}$ |
| | *)dyn | Dyn | 1 dyn = 1 g · cm/$s^2$ = $10^{-5}$ N |
| Druck, mechanische Spannung | Pa | Pascal | 1 Pa = 1 N/$m^2$ = 1 kg · $m^{-1}$ · $s^{-2}$ |
| | MPa | Megapascal | 1 MPa = 1 N/$mm^2$ = 10 bar |
| | bar | Bar | 1 bar = $10^6$ dyn/$cm^2$ = $10^5$ Pa = 0,1 MPa |
| | *)atm | physikalische Atmosphäre | 1 atm = 1,01325 bar |
| | *)at | technische Atmosphäre | 1 at = 1 kp/$cm^2$ = 0,980665 bar |
| | *)mWS | Meter Wassersäule | 1 mWS = 9,81 kPa = 98,1 mbar |
| | *)mm HG | Millimeter Quecksilbersäule | 1 mm Hg = 1 Torr |
| | *)Torr | Torr | 1 = Torr = 1,33322 mbar |
| Energie | J | Joule | 1 J = 1 Nm = 1 Ws = 1 kg · $m^2$ · $s^{-2}$ |

**Einheiten der wichtigsten physikalischen Größen** (Auswahl; Fortsetzung)

| Größenart | Einheiten-zeichen | Einheitenbenennung | Beziehung zu anderen Einheiten |
|---|---|---|---|
| Arbeit | kWh | Kilowattstunde | 1 kWh = 3 600kWs = 3,6 MJ |
| | *)erg | Erg | 1 erg = 1 dyn · cm = $10^{-7}$ J |
| | eV | Elektronvolt | 1 eV = 1,6021773 · $10^{-19}$ J |
| | *)t SKE | Tonne Steinkohlen-einheiten | 1 t SKE = 29,3076 GJ = 8,141 MWh |
| | t ÖE | Tonne Öleinheiten | 1 t ÖE = 42 GJ = 11,7 MWh |
| Leistung | W | Watt | 1 W = 1 J/s = 1 kg · $m^2$ · $s^{-3}$ |
| | *)PS | Pferdestärke | 1 PS = 75 kp · m/s = 0,73549875 kW |
| ■ **Elektrizität und Magnetismus** | | | |
| elektrische Stromstärke | A | Ampere | – |
| Elektrizitätsmenge, elektrische Ladung | C | Coulomb | 1 C = 1 As |
| elektrische Spannung | V | Volt | 1 V = 1 J/C = 1 W/A = 1 kg · $m^2$ · $s^{-3}$ · $A^{-1}$ |
| elektrischer Widerstand | Ω | Ohm | 1 Ω = 1 V/A = 1 W/$A^2$ = 1 kg · $m^2$ · $s^{-3}$ · $A^{-2}$ |
| elektrischer Leitwert | S | Siemens | 1 S = 1 $Ω^{-1}$ = 1 A/V = 1 $kg^{-1}$ · $m^{-2}$ · $s^3$ · $A^2$ |
| elektrische Kapazität | F | Farad | 1 F = 1 C/V = 1 s/Ω = 1 $kg^{-1}$ · $m^{-2}$ · $s^4$ · $A^2$ |
| magnetischer Fluss, Induktionsfluss | Wb | Weber | 1 Wb = 1 V · s = 1 J/A = 1 kg · $m^2$ · $s^{-2}$ · $A^{-1}$ |
| magnetische Flussdichte | T | Tesla | 1 T = 1 Wb/$m^2$ = 1 kg · $s^{-2}$ · $A^{-1}$ |
| Induktivität | H | Henry | 1 H = 1 Wb/A = 1 Ω · s |
| ■ **Ionisierende Strahlung** | | | |
| Aktivität | Bq | Becquerel | 1 Bq = 1 $s^{-1}$ |
| | *)Ci | Curie | 1 Ci = 3,7 · $10^{10}$ Bq |
| Energiedosis | Gy | Gray | 1 Gy = 1 J/kg = 1 $m^2$ · $s^{-2}$ |
| | *)rd | Rad | 1 rd = $10^{-2}$ Gy |
| Äquivalentdosis | Sv | Sievert | 1 Sv = 1 J/kg = 1 $m^2$ · $s^{-2}$ |
| | rem | Rem | 1 rem = $10^{-2}$ J/kg |
| Ionendosis | C/kg | Coulomb durch Kilogramm | – |
| Exposition | R | Röntgen | 1 R = 258 · $10^{-6}$ C/kg |
| ■ **Lichttechnik** | | | |
| Lichtstärke | cd | Candela | – |
| Leuchtdichte | cd/$m^2$ | Candela durch Quadratmeter | – |
| | *)sb | Stilb | 1 sb = $10^4$ cd/$m^2$ = 1 cd/$cm^2$ |
| | *)asb | Apostilb | 1 asb = 1/π · cd/$m^2$ |
| Lichtstrom | lm | Lumen | 1 lm = 1 cd · sr |
| Beleuchtungsstärke | lx | Lux | 1 lx = 1 lm/$m^2$ |
| Lichtmenge | lm · s | Lumensekunde | – |

Einheiten außerhalb des Internationalen Einheitensystems (SI) sind mit *) gekennzeichnet.

(z. B. Zeolithe) in Hohlräumen ihres Kristallgitters eine Gastkomponente aufnimmt. Sind die Hohlräume käfigartig, spricht man von **Clathraten** (z. B. Edelgase in Eiskristallen).

**Einsiedlerkrebse, Paguroidea,** Überfamilie der Zehnfüßigen Krebse (Decapoda), die meist leere Schneckengehäuse bewohnen; ihr weichhäutiger Hinterleib steckt im Schalenhohlraum. Häufig ist das Gehäuse mit einem Kieselschwamm überzogen. Manche Einsiedlerkrebse leben in Symbiose mit Seeanemonen, die an den Mahlzeiten der Aas fressenden Krebse teilnehmen und diese durch ihre nesselnden Tentakel vor Angreifern schützen. Der wachsende Einsiedlerkrebs überträgt »seine« Seeanemone auf ein größeres Gehäuse. In der Nordsee lebt der **Bernhardskrebs** (Eremit, Pagurus bernardus), im Pazifik der bis 30 cm lange **Palmendieb** (Beutelkrebs, Diebskrabbe, Birgus latro), der neben Aas und Landkrabben auch Palmenfrüchte verzehrt; er atmet durch lungenartig entwickelte Kiemen.

**Einspritzdüse,** Vorrichtung an Ottomotoren mit Benzineinspritzung und an Dieselmotoren, die dazu dient, den von einer Pumpe (z. B. →Einspritzpumpe) unter Druck geförderten Kraftstoff einzuspritzen beziehungsweise zu zerstäuben. Bei Ottomotoren erfolgt dies meist in der Ansaugleitung, bei Dieselmotoren direkt im Brennraum. Die meisten Einspritzdüsen haben eine federbelastete Düsennadel, die bei Förderbeginn durch den Flüssigkeitsdruck (Dieselmotoren) oder durch eine elektromechanische Steuerung (Ottomotoren) angehoben wird und die Einspritzöffnung freigibt.

**Einspritzpumpe,** Kolbenpumpe zur Förderung des von einer besonderen Kraftstoffpumpe angelieferten Kraftstoffs zur Einspritzdüse sowie zur Dosierung der Kraftstoffmenge entsprechend der Motorbelastung und der geforderten Drehzahl. Zum Niederdruckteil gehören Kraftstoffbehälter, -filter, Förderpumpe (z. B. Flügelzellenpumpe) und die Kraftstoffzuleitungen. Im Hochdruckteil wird der zum Einspritzen benötigte Kraftstoffdruck erzeugt. Der Kraftstoff wird hierbei über das Druckventil zur Einspritzdüse gefördert. Nach der Bauart unterscheidet man Verteilerpumpen (bei denen ein zentraler Kolben [Verteilerkolben], der über eine Hubscheibe angetrieben wird, die Druckerzeugung und Verteilung auf die einzelnen Zylinder übernimmt; ein Regelschieber dosiert die Einspritzmenge), Reihenpumpen (mehrere Pumpenelemente entsprechend der Anzahl der Zylinder) und Pumpe-Düse-Systeme für kleine, schnelle Direkteinspritzmotoren.

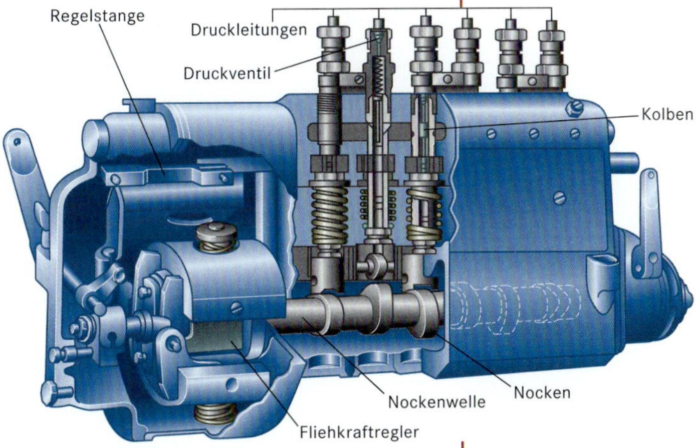


**Einspritzpumpe.** Schematische Darstellung einer Reihenpumpe für Dieselmotoren

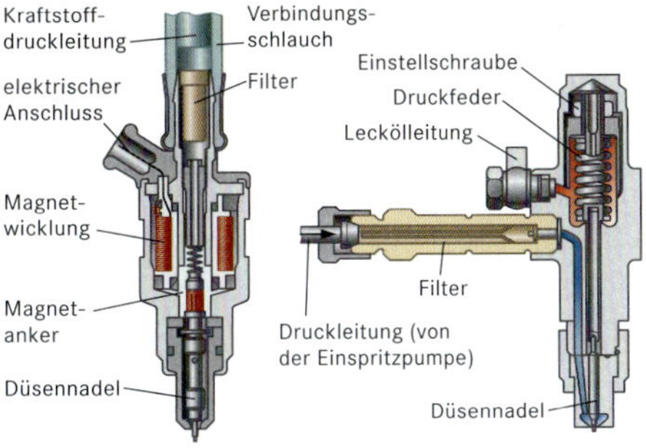


**Einspritzdüse.** Einspritzdüse für Benzin (links) und Dieselkraftstoff (rechts)

**Einstein,** Albert, Physiker, *Ulm 14. 3. 1879, † Princeton (New Jersey) 18. 4. 1955; Professor in Zürich und Prag, 1914–33 Leiter des Kaiser-Wilhelm-Instituts für Physik in Berlin. 1933 veranlassten ihn die nationalsozialistischen Angriffe aufgrund seiner jüdischen Abkunft zum Verzicht auf seine akademischen Ämter in Deutschland, emigrierte in die USA, dort (bis zu seinem Tod) Professor in Princeton. Einstein entwickelte um 1905 die spezielle, 1915 die allgemeine →Relativitätstheorie, die die moderne Physik auf neue Grundlagen stellten; 1905 formulierte er eine Theorie der brownschen Bewegung, 1907 eine Theorie der spezifischen Wärme fester Körper. Seine Erklärung des äußeren Fotoeffekts (1905; 1921 Nobelpreis für Physik) mithilfe der Lichtquantenhypothese trug zur Anerkennung der Quantentheorie bei, obwohl Einstein die statistische Interpretation der Quantenmechanik nie akzeptierte. Seine Arbeiten nach dem Ersten Weltkrieg galten der allgemeinen Relativitätstheorie, insbesondere einer Theorie der →Gravitation und einer einheitlichen →Feldtheorie. Mit einem Brief an Präsident Roosevelt (1939) gab Einstein, ein überzeugter Pazifist, aus Furcht vor einer deutschen Aggression zusammen mit anderen den Anstoß zum Bau der Atombombe; nach 1945 setzte er sich nachhaltig für den Abbau von Kernwaffen ein.

**Einstein-de-Haas-Effekt,** 1915 von Albert Einstein und dem niederländischen Physiker W. J. de Haas (*1878, †1960) nachgewiesener →gyromagnetischer Effekt, bei dem ein frei aufgehängter Eisenstab durch plötzliche Magnetisierung in Rotation versetzt wird.

**Einsteinium** [nach Albert Einstein] *das,* Symbol **Es,** nur künstlich herstellbares radioaktives Element aus der Reihe der →Transurane, Ordnungszahl 99, Isotope mit Massenzahlen von 243 bis 256. Die längste Halbwertszeit (1,29 Jahre) besitzt der Alphastrahler $^{252}$Es. Einsteinium wurde 1952 in den Reaktionsprodukten der ersten Wasserstoffbombe entdeckt. Heute entsteht es in Kernreaktoren durch Neutronenbestrahlung von Plutonium oder durch Bestrahlung von Uran oder Transuranen geringerer Ordnungszahl mit hochbeschleunigten leichten Atomkernen (z. B. Kohlenstoff). Chemisch verhält sich Einsteinium wie das homologe Holmium aus der Reihe der Lanthanoide.

**einsteinsches Gesetz** [nach Albert Einstein], **1) einsteinsches Gesetz über die Äquivalenz von Masse und Energie,** →Äquivalenz.

**Einstein**
→ GEO **Dossier**
Der Mensch, das Genie und sein Weltbild, Bd. 6

**Albert Einstein**
*** 1879, † 1955**

- veränderte durch seine Arbeiten das physikalische Weltbild
- entwickelte die spezielle und allgemeine Relativitätstheorie
- erklärte den fotoelektrischen Effekt
- erhielt 1921 den Nobelpreis für Physik

**2) Einstein-Gleichung,** Beziehung zwischen der Frequenz $\nu$ einer elektromagnetischen Welle (z. B. Licht) und der Energie $W$ der zugeordneten Teilchen (Photonen) $W = h \cdot \nu$ ($h$ plancksches Wirkungsquantum).

**Eintagsfliegen, Hafte, Ephemeroptera,** Ordnung der Insekten, die im ausgebildeten Zustand sehr zart und nicht fressfähig sind, sich nur begatten und höchstens wenige Tage leben. Die Larven sind meist räuberische Wassertiere; mitteleuropäische Arten: die ohne Schwanzborsten fast 2 cm lange **Gemeine Eintagsfliege** (Ephemera vulgata), **Uferaas** (Polymitarcis virgo) und die mit Schwanzborsten fast 10 cm lange **Theißblüte** (Palingenia longicauda).

**Einthoven** ['ɛjnthovə], Willem, niederländischer Physiologe, *Semarang (Java) 21. 5. 1860, †Leiden 29. 9. 1927; entwickelte u. a. die Grundlagen für die Elektrokardiografie und erhielt hierfür 1924 den Nobelpreis für Physiologie oder Medizin.

**Eintrittspupille,** Blende, die den in ein optisches System eintretenden Strahlenkegel begrenzt (→Apertur); entsprechend ist die **Austrittspupille** für austretende Strahlen definiert.

**einwertig,** *Chemie:* →Wertigkeit.

**Einwohnergleichwert,** Abkürzung **EWG,** Verschmutzungsgrad gewerblicher und industrieller Abwässer, umgerechnet auf den **Einwohnerwert,** der die je Tag und Einwohner im Abwasser enthaltene Menge an organischen Schmutzstoffen angibt.

**Einzeller,** Lebewesen, die im Gegensatz zu Mehrzellern nur aus einer Zelle bestehen, z. B. →Protozoen, →Bakterien, viele Algen und Pilze.

**Eis,** *Physik:* durch Gefrieren entstehende feste Form von Wasser; es bildet sich bei 273,15 K (0 °C) und $1{,}01325 \cdot 10^5$ Pa (Eispunkt) in verschiedenen Kristallformen. Gewöhnliches Eis (Eis I) ist leichter als Wasser (Dichte 0,91674 g/cm$^3$), die Modifikationen Eis II bis Eis VIII unterscheiden sich durch Dichte, Härte und elektrische Eigenschaften.

Beim Gefrieren dehnt sich das Wasser aus (etwa um 9 %) und sprengt daher Boden- und Felsspalten und unterstützt die Erosion. Bei stehenden Gewässern bildet sich das Eis zuerst an der Oberfläche, bei fließenden am Grund. In der Atmosphäre ist Eis als Graupel und Hagel enthalten, abgelagert als Reif.

**Eisbär,** Art der →Bären.

**Eisberg,** im Meer schwimmende große Eismasse, entstanden durch Abbrechen **(Kalben)** ins Meer vorgeschobener Gletscherzungen oder des Inlandeises, auch durch Auftürmen von Packeis. Eisberge gefährden die Schifffahrt (internationale Überwachung), zumal nur ein Fünftel bis ein Achtel ihrer Masse über die Meeresoberfläche aufragt. Eisberge vom antarktischen Eisschild gleichen riesigen Tafeln **(Tafeleisberg).**

**Eisbrecher,** kräftiges, mit starker Antriebsanlage und besonderer Vorschiffsform versehenes Spezialschiff zum Aufbrechen und Freihalten von Fahrrinnen, Seewegen, Flüssen und Häfen bei Eisgang. **Hochseeeisbrecher** werden in der nördlichen Ostsee und im Nordpolarmeer eingesetzt. **Binneneisbrecher** und **Hafeneisbrecher** haben nur Schleppergröße. Antrieb meist dieselelektrisch; die sehr großen russischen Eisbrecher im Nordpolarmeer werden durch Kernenergie angetrieben. Eisbrecher haben einen schrägen Vorsteven, der das Vorschiff anhebt und das Eis nach unten wegbrechen lässt. Die Stömung der Antriebsschrauben in der Nähe des Stevens unterstützt das Eisbrechen, indem sie die Eisdecke unterspült. Bei Binneneisbrechern bringen umlaufende Umwuchtgewichte den Eisbrecher in Stampfschwingungen, um so die Brechtätigkeit durch Massenbeschleunigung zu fördern und ein Festklemmen im Eis zu verhindern. Neuere Hochseeeisbrecher schneiden mit scharfen Kanten am Pontonsteven das Eis ab, das vom Rumpf zerteilt und von Wasserstrahldüsen seitwärts unter das Festeis gedrückt wird. Die Schollen können so nicht wieder aufschwimmen, und das aufgebrochene Fahrwasser friert langsamer wieder zu.

**Eisdienst,** *Schifffahrt:* Überwachung und Bekanntgabe der Lage schifffahrtsgefährdender Eisvorkommen über Funk und moderne Telekommunikation.

**Eisen** [althochdeutsch isarn »das feste Metall«] *das* (lateinisch **Ferrum**), Symbol **Fe,** metallisches Element aus der 4. Periode des Periodensystems; wichtigstes Gebrauchsmetall. Ordnungszahl 26, relative Atommasse 55,847, Dichte (bei 20 °C) 7,874 g/cm$^3$, Schmelzpunkt 1 538 °C, Siedepunkt 2 861 °C.

Reines Eisen ist bläulich weiß, polierbar und so dehnbar, dass es sich zu feinstem Draht ausziehen lässt. Die elektrische Leitfähigkeit und die Wärmeleitfähigkeit betragen $^1/_5$ bis $^1/_6$ von der des Kupfers. Eisen ist besonders gut magnetisierbar (unter 769 °C).

■ **Verbindungen** Eisen tritt in seinen Verbindungen v. a. in den Oxidationsstufen zwei, drei und sechs auf. **Eisen(II)-oxid,** FeO (mit leichtem O-Überschuss; $Fe_{0,90-0,95}O$), kommt als Mineral Wüstit vor. **Eisen(III)-oxid,** $Fe_2O_3$, entsteht beim Erhitzen von Eisen(III)-hydroxid und kommt in der Natur z. B. als Eisenglanz und als Brauneisen vor. Das geglühte reine $Fe_2O_3$ wird als Poliermittel sowie als Pigment (Eisenpigmente) benutzt. Durch starkes Glühen von $Fe_2O_3$ sowie bei der Verbrennung von Eisen entsteht schwarzes magnetisches $Fe_3O_4$ (= $FeO \cdot Fe_2O_3$), ein **Eisen(II,III)-oxid (Hammerschlag),** das in der Natur als Magnetit vorkommt. Eisen(II)-salzlösungen, mit Lauge versetzt, ergeben weißes **Eisen(II)-hydroxid,** $Fe(OH)_2$, das an der Luft und bei Einwirkung von Oxidationsmitteln in braunes **Eisen(III)-**

**Eisbrecher.** Hochseeeisbrecher vor der Küste Finnlands

**Eisberg.** Schematische Darstellung, die deutlich macht, dass nur ein kleiner Teil des Eisberges über die Meeresoberfläche aufragt

**hydroxid,** $Fe(OH)_3$, übergeht. Die bei Zusatz von Lauge zu Eisen(III)-salzlösungen ausfallenden braunen, wasserhaltigen Eisen(III)-hydroxide gehen beim Trocknen und Erhitzen in Eisenglanz über. Beim Rosten des Eisens entsteht **Eisen(II)-oxidhydrat,** $FeO(OH)$. Beim Erhitzen von elementarem Eisen in Chlorwasserstoffgas entsteht weißes **Eisen(II)-chlorid,** $FeCl_2$. Wird Eisen im Chlorstrom erhitzt, so entsteht **Eisen(III)-chlorid,** $FeCl_3$. **Eisen(II)-sulfid,** $FeS$, fällt aus Eisen(II)-salzlösungen mit Ammoniumsulfid als grünlich schwarzer, in Säure löslicher Niederschlag aus. Technisch wird es durch Zusammenschmelzen von Eisen und Schwefel hergestellt; es dient zur Schwefelwasserstofferzeugung im Labor. Der wichtige **Pyrit,** $FeS_2$, dient zur Schwefelsäuregewinnung und Eisenherstellung. **Eisen(II)-sulfat,** $FeSO_4$, entsteht beim Lösen von Eisenabfällen in Schwefelsäure und kristallisiert als hellgrünes, an der Luft unbeständiges **Eisenvitriol,** $FeSO_4 \cdot 7\,H_2O$, aus. Das technisch wichtige Eisensalz wird z. B. zur Herstellung von Tinten, in der Färberei und Gerberei, im Pflanzenschutz, in der Tierheilkunde und zur Holzkonservierung genutzt.

**Eisen(II)-carbonat,** $FeCO_3$, kommt in der Natur als **Eisenspat** vor. In kohlensäurehaltigen Wässern löst es sich unter Bildung von **Eisen(II)-hydrogencarbonat,** $Fe(HCO_3)_2$, das auch Bestandteil von Trinkwasser und mancher Mineralwässer **(Eisensäuerlinge)** ist. Lufteinwirkung führt zu Abscheidung von **Eisen(III)-oxidhydrat (Ocker),** $Fe_2O_3 \cdot xH_2O$. **Eisen(II)-phosphat** kommt als Mineral **Vivianit** vor. Die Eisensalze der Kieselsäure sind im Gemisch mit anderen Silikaten als gesteinsbildende Minerale weit verbreitet. Durch besondere Beständigkeit zeichnen sich viele Komplexverbindungen des zwei- und dreiwertigen Eisens aus (gelbes Blutlaugensalz, rotes Blutlaugensalz).

■ **Vorkommen** Die Erde enthält etwa 40 % Eisen; für den Erdkern werden rund 90 % angenommen, an der zugänglichen Erdkruste ist Eisen mit etwa 4,7 % beteiligt. Die wichtigsten Eisenerze sind Pyrit, Magnetit, Eisenglanz, Brauneisen und Eisenspat.

■ **Gewinnung** Eisen wird gewonnen als chemisch reines Pulver (Reineisen) durch Reduktion von Eisenoxid mit Wasserstoff bei niedriger Temperatur, als Carbonyleisen, Elektrolyteisen, Reinsteisen durch Zonenschmelzen und als technisches Eisen durch Verhüttung von Eisenerzen (die in der Regel über 60 % Fe enthalten), Eisenschlacken, Kiesabbränden, Gichtstaub und durch Umschmelzen von Alteisen und Legierungen. Das Ausschmelzen des Eisens aus Erzen geschieht in einem **Hochofen.** Der Ofenraum wird schichtweise mit Erz, Zuschlägen und Hüttenkoks gefüllt. Die Zuschläge (hauptsächlich Kalkstein) sollen die in jedem Eisenerz enthaltenen erdigen und kieseligen Stoffe (taube Gangarten) sowie die Koksasche in eine leicht schmelzbare Schlacke überführen. Nach der Inbetriebnahme (Anblasen) bleibt ein Hochofen eine Ofenreise (zehn Jahre und länger) ununterbrochen in Betrieb. Durch große Gebläsemaschinen wird heiße Luft (Heißwind) durch Düsen (Blasformen) unter der Rast eingeblasen. Der Koks verbrennt zu Kohlendioxid, das durch unverbrannten Koks im Überschuss zu Kohlenmonoxid umgewandelt wird. Durch dieses werden im Schacht 40–70 % des Erzes zu festem **Schwammeisen** reduziert **(indirekte Reduktion).** Dem restlichen Erz in der Schmelzmasse, die sich in der Rast und im Gestell ansammelt, wird durch glühenden festen Kohlenstoff der Sauerstoff entzogen **(direkte Reduktion).** Das flüssige **Roheisen** setzt sich unter der leichteren Schlacke ab und wird alle 3–6 Stunden zusammen mit der Schlacke abgestochen. Dabei rinnt das Roheisen durch Sandrinnen in eine Masselgießmaschine oder – in »gemischten« Hüttenwerken mit Hochofen, Stahl- und Walzwerken – in fahrbare Pfannen, aus denen es in große trommelartige Sammelbehälter (Mischer) gekippt wird. Die Schlacke wird vom Roheisen getrennt und fließt in eine eigene Pfanne. Die oben entweichenden →Gichtgase erwärmen v. a. die Verbrennungsluft. Dazu werden sie in hohe Türme (Winderhitzer, Cowperapparate) geleitet, wo sie verbrennen und ein Gitterwerk aus feuerfesten Steinen erhitzen (Mehrzonengitterwerk). Nach der Heizperiode wird auf eine einstündige Windperiode umgeschaltet, in der der Wind im Gegenstrom durch den Winderhitzer geleitet und auf etwa 1 250 °C erwärmt wird. Wegen dieser periodischen Betriebsweise hat jeder Hochofen stets mehrere Winderhitzer. Moderne Hochöfen erzeugen täglich über 11 000 t Roheisen.

Im Elektrohochofen wird der Heizkoks durch elektrischen Strom ersetzt (rund 2 400»kWh je t Roheisen). Den Reduktionskohlenstoff liefert Holzkohle. Im Niederschachtofen wird auch synthetisches Roheisen aus Alteisen und Kohlungsmitteln erschmolzen.

Roheisen lässt sich wegen seines über 1,5 % liegenden Kohlenstoffgehalts nicht schmieden, walzen, hämmern oder pressen. **Graues Roheisen** (nach der Farbe des Bruchs) enthält den Kohlenstoff zum größten Teil als Graphit und dient zur Erschmelzung von **Grauguss,** der nicht sehr spröde ist. **Weißes Roheisen,** in dem der Kohlenstoff vorwiegend als Eisencarbid vorliegt, ist hart und spröde; aus ihm wird **Hartguss** und **Temperguss** hergestellt. Eine scharfe Grenze zwischen Roheisen oder Gusseisen und →Stahl besteht nicht; der nicht schmiedbare Zustand geht allmählich in den schmiedbaren über.

Alternativ zur Erzreduktion im Hochofen wurden Direktreduktionsverfahren und die →Schmelzreduktionsverfahren entwickelt.

Das Sprichwort weiß, was mit **Eisen** zu tun ist:
*»Man soll das Eisen schmieden, solange es heiß ist.«*

**Eisenbahn: Hochgeschwindigkeitsstrecken in Europa**

| Strecke | Eröffnung[1] | Länge (in km) | Geschwindigkeit (in km/h) |
|---|---|---|---|
| Paris–Lyon | 25. 09. 1983 | 417 | 270 |
| Paris–Le Mans/Tours | 30. 09. 1990 | 282 | 300 |
| Hannover–Würzburg | 02. 06. 1991 | 327 | 280 |
| Mannheim–Stuttgart | 02. 06. 1991 | 99 | 280 |
| Madrid–Sevilla | 21. 04. 1992 | 471 | 300 |
| Florenz–Rom | 31. 05. 1992 | 238 | 250 |
| Paris–Calais | 29. 05. 1994 | 333 | 300 |
| Berlin–Hannover | 27. 09. 1998 | 263[2] | 250 |
| Valence–Marseille | 03. 07. 2001 | 250 | 320 |
| Köln–Rhein/Main | 15. 12. 2002 | 177 | 300 |
| Folkestone–Fawkham Junction[3] | 28. 09. 2003 | 74 | 300 |
| München–Nürnberg | 12. 05. 2006 | 171 | 300 |

[1] Beginn des öffentlichen Verkehrs, auf Teilstrecken schon früher. [2] Neubaustrecke 153 km. [3] 1. Abschnitt der Strecke vom Kanaltunnel nach London (109 km, Fertigstellung etwa 2007).

**Eisenbahn**
→ GEO **Dossier**
Eben durch die Alpen, Bd. 8

**Eisenbahn,** Bezeichnung für Schienenbahnen mit Ausnahme der Straßenbahnen und Bahnen besonderer Art (z. B. Schwebe-, Hoch- oder Untergrundbahnen).

■ **Zuggattungen** Fernzüge im deutschen Binnenverkehr sind neben dem **InterCityExpress®** (**ICE®**) vor allem **InterCity®** (**IC®**),, vereinzelt noch **InterRegio®** (**IR®**), in Verbindung mit dem Ausland **EuroCity (EC).** In Europa gilt der Aufbau eines Hochgeschwindigkeitsnetzes als verkehrspolitisches Ziel. Neben dem Ausbau bestehender Strecken wurden, ausgehend von Japan (1964), zunächst in Frankreich, später auch in Italien, Deutschland und Spanien neue Strecken für hohe Geschwindigkeit gebaut. In Deutschland beträgt die Höchstgeschwindigkeit des ICE® 300 km/h, in Frankreich fährt der TGV planmäßig mit 350 km/h. Der Geschwindigkeitsweltrekord der Eisenbahn liegt (Frankreich 18. 5. 1990) bei 515,3 km/h.

**Eisenbahn.** Von George Stephenson und seinem Sohn Robert konstruierte Lokomotive »Rocket«

■ **Geschichte** 1801 erteilte das englische Parlament die Konzession für die erste öffentliche Pferdeeisenbahn von Wandsworth nach Croydon, die jeder mit eigenem Fuhrwerk benutzen konnte. Die erste von G. Stephenson gebaute Lokomotive zog 1825 die erste öffentliche Dampfeisenbahn (zunächst nur für Güter) Stockton–Darlington. Die erste Personen-Dampf-Eisenbahn verkehrte seit 1830 zwischen Liverpool und Manchester (Weiteres →Lokomotive). Die erste Dampfeisenbahn Deutschlands fuhr am 7. 12. 1835 von Nürnberg nach Fürth. 1837–39 entstand die erste deutsche Ferneisenbahnstrecke Leipzig–Dresden (116 km). Zwischen 1870 und 1910 wurden im Deutschen Reich die meisten Eisenbahnstrecken gebaut. Erste elektrische Eisenbahnen fuhren ab 1895. Ab 1914 setzte sich der Dieselmotor als Verbrennungskraftmaschine für Eisenbahnen durch.

**Eisenbahnbau,** Planung, Bau und Unterhaltung der ortsfesten Eisenbahnanlagen. Der **Bahnkörper** hat einen Unter- und Oberbau. Der **Unterbau** besteht aus dem Erdkörper (Damm, Einschnitt oder Anschnitt) mit den zugehörigen Kunstbauten (z. B. Brücken, Tunnel), die den **Oberbau** aus dem Schotterbett oder einer festen Fahrbahn, den Querschwellen und den Schienen tragen. Das **Schotterbett** aus wetterfestem Hartgestein (z. B. Basalt) soll die Gleisanlagen entwässern und als deren elastische Unterlage einen ruhigen Lauf der Fahrzeuge gewährleisten. Für den Hochgeschwindigkeitsverkehr wird zunehmend ein Oberbau mit fester Fahrbahn (z. B. aus Beton oder Asphalt) in unterschiedlichen Bauformen genutzt. Die **Schwellen** übertragen den Druck der Schienen auf die Bettung; sie werden aus teergetränktem Kiefern- oder Buchenholz (selten Eiche) oder Stahlbeton hergestellt. Als **Schienen** werden heute Breitfußschienen in lückenlos geschweißten Gleisen verlegt. Auftretende Wärme- und Kältespannungen werden über die Schienenbefestigungsmittel (meist Schrauben) und den Schwellenrost in den Untergrund abgeleitet, ohne dass es zu wesentlichen Lageveränderungen des steifen Gleisrahmens kommt. Die **Spurweite,** das heißt der Abstand der oberen Innenkanten der beiden Schienenstränge (die zusammen das **Gleis** bilden), beträgt bei Regelspurbahnen (auch Normal- oder Vollspurbahn genannt) 1 435 mm, bei Breitspurbahnen über 1 435 mm (z. B. Russland u. a. Republiken der GUS 1 520 mm) und bei Schmalspurbahnen unter 1 435 mm. Mit Rücksicht auf die konischen Radreifen werden die Schienen mit einer Neigung von 1 : 20 beziehungsweise 1 : 40 nach innen verlegt.

Anlässlich eines Haftungsprozesses gab das Reichsgericht in Leipzig 1879 folgende Definition einer **Eisenbahn:**

*»Eine Eisenbahn ist ein Unternehmen, gerichtet auf wiederholte Fortbewegung von Personen oder Sachen über nicht ganz unbedeutende Raumstrecken auf metallener Grundlage, welche durch ihre Konsistenz, Konstruktion und Glätte den Transport großer Gewichtmassen, beziehungsweise die Erzielung einer verhältnismäßig bedeutenden Schnelligkeit der Transportbewegung zu ermöglichen bestimmt ist, und durch diese Eigenart in Verbindung mit den außerdem zur Erzeugung der Transportbewegung benutzten Naturkräften – Dampf, Elektricität, thierischer oder menschlicher Muskeltätigkeit, bei geneigter Ebene der Bahn auch schon durch die eigene Schwere der Transportgefäße und deren Ladung usf. – bei dem Betriebe des Unternehmens auf derselben eine verhältnismäßige gewaltige, je nach den Umständen nur in bezweckter Weise nützliche oder auch Menschenleben vernichtende und menschliche Gesundheit verletzende, Wirkung zu erzeugen fähig ist.«*

**Eisenbahnbremsen,** Bremssysteme, die einen fahrenden Zug durch Energieumwandlung anhalten beziehungsweise mit verringerter Geschwindigkeit befördern sollen. Man unterscheidet nach der Art der Kraftwirkung Rad-, Schienen- und Triebwerksbremsen. Bei **Radsatzbremsen** werden die Reibungskräfte über Bremsklötze auf die Lauffläche der Räder (Klotzbremse) oder über Bremsbacken auf besondere, an den Radsatzwellen oder Radscheiben befestigte Bremskörper (Trommel- oder Scheibenbremse) ausgeübt. Sie sind meist als Druckluft- oder Saugluftbremsen ausgeführt. Bei **Schienenbremsen** wirken die Bremskräfte unmittelbar auf die Schienen ein (z.B. bei Magnetschienenbremsen), und bei **Triebwerksbremsen** werden durch die Bewegung im Triebwerk Kräfte erzeugt, die den normalen Antriebskräften entgegengerichtet sind (»Kraftbremsen«, hydro- oder elektrodynamische Bremsen). Die Wirkung von **Induktionsbremsen** beruht auf elektromagnetischer Streuung in den Schienen (Wirbelstrombremse). Handbremsen dienen als Feststellbremsen zum Sichern abgestellter Fahrzeuge.

**Eisenbahn.** Verlegung von Schienen auf fester Fahrbahn

**Eisenbahnsignale,** sicht- und hörbare Zeichen zur Sicherung des Eisenbahnverkehrs. Art und Bedeutung der deutschen Eisenbahnsignale sind in der Eisenbahn-Signalordnung (ESO) gesetzlich verankert und werden im Signalbuch ausführlich dargestellt. Haupt- und Vorsignale stehen als **Formsignale** oder oft als elektrische **Lichtsignale** bei rechts fahrenden Bahnen (Deutschland) meist rechts, bei links fahrenden Bahnen (Schweiz, Belgien, Großbritannien, Italien, Frankreich) meist links vom Gleis. **Hauptsignale** (Einfahr-, Ausfahr-, Zwischen-, Deckungs- oder Blocksignale) sind meist Flügelsignale, die anzeigen, ob das Gleis bis zum nächsten Hauptsignal befahren werden darf (→Signaltechnik). Vor dem Hauptsignal steht das **Vorsignal** und kündigt an, welches Signalbild das folgende Hauptsignal zeigt (auf Nebenbahnen in 400 m, auf Hauptbahnen in 700 m oder 1 000 m Entfernung). **Weichensignale** zeigen an einem würfelförmigen Kasten mit seitlichen Zeichen die Weichenstellung an, **Langsamfahrsignale** kündigen Anfang und Ende der Langsamfahrstrecke an, **Gleissperrsignale** geben beim Rangieren Weisung für Halt oder Fahrt, **Fahrleitungssignale** kennzeichnen wichtige Abschnitte der elektrischen Fahrleitung, und **Zugsignale** zeigen die Zugspitze und den Zugschluss an.

Die Deutsche Bahn AG hat 1994 ein einheitliches System von Kombinationssignalen eingeführt, die Fahrterlaubnis- und Geschwindigkeitssignalisierung trennen. Die erforderlichen Informationen werden ununterbrochen über Linienleiter oder Funk zwischen Zug und Steuerstellen der Strecke ausgetauscht und im Führerpult angezeigt, aber auch für die automatische Fahr- und Bremssteuerung (AFB) zu vollautomatischem Betrieb genutzt.

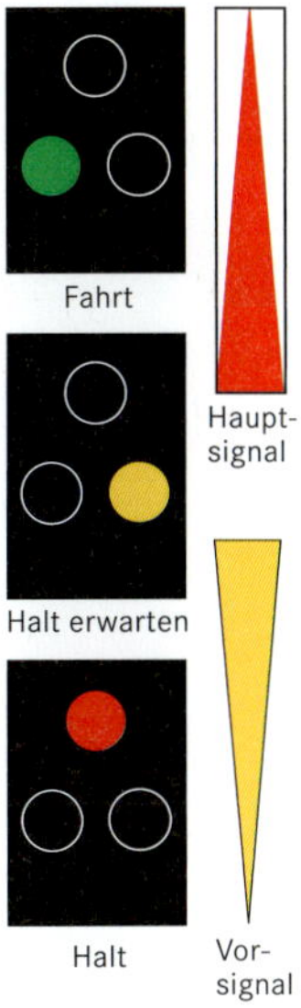


**Eisenbahnsignale.** Kombinationssignale (links) und Mastschilder (rechts)

**Eisenbakteri|en,** im engeren Sinn Bakterien, die in sauren, eisenhaltigen Wässern leben und $CO_2$ in organische Verbindungen überführen, indem sie die dazu notwendige Energie aus der Oxidation von $Fe^2$ in $Fe^3$ gewinnen. Im weiteren Sinn Bezeichnung für Bakterien (z.B. Brunnenfaden), in deren Kapseln oder Scheiden sich Eisenhydroxidniederschläge bilden können, die aus einer spontanen Oxidation von Eisen (in neutralen und alkalischen Wässern) herrühren.

**Eisenfleckigkeit,** Viruskrankheit der Kartoffelknollen, die von Nematoden übertra-

| | Beginn vor (in 1000 Jahren) | Alpen | nördliches Mitteleuropa | Polen | Russland/ Ukraine | Nordamerika | generalisierte Paläotemperaturkurve | paläomagnetische Epochen und >Events< (Alter in Mio. Jahren) |
|---|---|---|---|---|---|---|---|---|
| Oberes Pleistozän | ? 70/ ? 115 | Würm-Eiszeit: Stephanskirchener Stadium, Olköfener Stadium, Ebersberger Stadium, Kirchseeoner Stadium | Weichsel-Eiszeit: Pommersches Stadium, Frankfurter Stadium, Brandenburger Stadium | Weichsel-Eiszeit | Waldai-Eiszeit | Wisconsin | | Brunhes-Epoche (normal magnetisiert) |
| | 126 | *Riß-Würm-Interglazial* | *Eem-Interglazial* | *Eem-Interglazial* | *Mikulino-Interglazial* | Sangamon | 0,1 Mio. | |
| Mittleres Pleistozän | 195 | Riß-Eiszeit: Jung-Riß, Haupt-Riß | Saale-Eiszeit: Warthe-Vereisung | Warthe-Vereisung | Dnjepr-Vereisung | Illinoian | | |
| | 230 | *Mindel-Riß-Interglazial* | *Treene-Warmzeit* | *Pilica-Interglazial* | | | 0,2 Mio. | |
| | ? 300 | Mindel-Eiszeit | Drenthe-Vereisung | Radomka/ Oder-Vereisung | | | | |
| | 350 | *Günz-Mindel-Interglazial* | *Holstein-Interglazial* | *Masovien-Warmzeit* | *Lichwin-Warmzeit* | | | |
| | | Günz-Eiszeit | Elster-Eiszeit | Krakauer Vereisung | Oka-Kaltzeit | | | |
| | 781 | Wechsel von schwächer ausgeprägten *Warm-* und Kaltphasen | Cromer-Komplex: *Cromer-Warmzeit*, Elbe-Kaltzeit, weitere *Warm-* und Kaltphasen | ? | ? | *Yarmouth*<br>? | 0,5 Mio. | 0,70 |
| Unteres Pleistozän | 900 | Jüngere Donau-Eiszeit | Menop-Eiszeit | | | Kansan | | Jaramillo-Event 0,90 0,97 |
| | 1300 | *Uhlenberg-Warmzeit*<br>? | *Waal-Warmzeit* | | | ?<br>*Aftonian* | 1,0 Mio.<br>1,2 Mio. | Matuyama-Epoche (revers magnetisiert) |
| | 1700 | Ältere Donau-Kaltzeitengruppe | Eburon-Kaltzeit<br>*Tegelen-Warmzeit* | | | ?<br>Nebraskan | | Olduvai-Event 1,67 1,87 |
| | 1806 | Biber-Kaltzeitengruppe | Prätegelen-Kaltzeiten (Brüggen-Kaltzeit) | | | ? | 1,8 Mio. | |
| | | Pliozän | | | | | kalt warm | 2,47<br>Gauß-Epoche |

**Eiszeitalter.** Zeitliche Abfolge der pleistozänen Kalt- und Warmzeiten

gen wird; das Fleisch der Knollen weist rostrote Zonen auf.

**Eisenhut, Aconitum,** Gattung der Hahnenfußgewächse mit rund 300 Arten, besonders auf der Nordhalbkugel; die blauen, gelben oder weißen helmförmigen Blüten stehen in endständigen, meist verzweigten Blütentrauben; alle Pflanzenteile sind giftig, besonders die Wurzelknollen enthalten u. a. das Alkaloid Aconitin. Der geschützte **Blaue Eisenhut** (Aconitum napellus) ist auch Zierpflanze.

**Eisenhüttenkunde,** Metallurgie und Technologie des Eisens und Stahls. Die Eisenhüttenkunde befasst sich mit der Gewinnung von Eisen aus Erzen und Altstoffen (Schrott), der Überführung von Roheisen und Eisenschwamm in Stahl und Gusseisen sowie mit der Formgebung von Eisen und Stahl.

**Eisenkerne,** in Elektromagneten, Transformatoren und Ähnlichem den Hohlraum einer Spule ausfüllender magnetisierbarer Eisenkörper (massiv oder aus Blechen) zur Erhöhung der magnetischen Induktion.

**Eisen-Kohlenstoff-Diagramm,** die grafische Darstellung der Änderungen des Aggregatzustands (fest-flüssig) und des kristallinen Gefüges von Eisen-Kohlenstoff-Legierungen bei genügend langsamem Erstarren, Abkühlen und Erhitzen. Abszisse und Ordinate des Eisen-Kohlenstoff-Diagramms sind der Kohlenstoffgehalt in Prozent und die Temperatur in Grad Celsius. An der Ordinatenachse sind auch die Umwandlungstemperaturen des reinen Eisens aufgetragen: 1 536 °C (Erstarrung zu kubisch-raumzentriertem δ-Eisen), 1 401 °C (Umwandlung in kubisch-flächenzentriertes γ-Eisen), 906 °C (Umwandlung in paramagnetisches, kubisch-raumzentriertes α-Eisen), 768 °C (Umwandlung in ferromagnetisches α-Eisen). Mit zunehmendem Kohlenstoffgehalt ändern sich die Umwandlungstemperaturen längs charakteristischer Kurven, und es kommt zu Mischkristall- und Verbindungsbildung. Im Gleichgewicht wird längs der gestrichelten Linien Graphit ausgeschieden. Das Eisencarbid (Zementit, $Fe_3C$), dessen Existenzbereich durch die durchgezogenen Linien gekennzeichnet wird, ist für den Anwendungsbereich der Stähle beständig. Die Teilbereiche des Eisen-Kohlenstoff-Diagramms geben nach Temperatur und Kohlenstoffgehalt die Existenzbereiche der verschiedenen Phasen und damit der verschiedenen Gefügearten an. Voraussetzung dabei ist, dass die Temperaturänderungen genügend langsam erfolgen.

**Eisenschwamm,** Roheisen, hergestellt nach dem Direktreduktionsverfahren.

**Eis|essig,** →Essigsäure.

**Eispunkt,** Gefrierpunkt des Wassers unter Normdruck; Fundamentalpunkt der Celsius-Skala (0 °C = 273,15 K).

**Eiszeitalter,** ein Abschnitt der Erdgeschichte, der durch mehrfache Abfolge von Kalt- (Eiszeiten, Glaziale) und Warmzeiten (Interglaziale, Zwischeneiszeiten) geprägt ist. Während einer **Eiszeit** verschlechterte sich das Klima so nachhaltig (Temperaturverminderung), dass sich in weiten Teilen der Erde, v. a. in den höheren Breiten und in Gebirgen der mittleren und niederen Breiten, das Gletschereis ausdehnte. Teilweise drangen große Inlandeismassen bis in mittlere Breiten vor. Auf den Meeren dehnten sich Pack- und Treibeis aus; der Meeresspiegel sank wegen der starken Bindung des Niederschlagswassers in den Eismassen. Die Lage von ehemaligen Gletschern oder Inlandeis wird aus dem Vorkommen von Moränen, ortsfremden Gesteinsblöcken und Gletscherschliffen erschlossen. Für die Gebiete, in denen während dieser Zeiträume wegen zu geringer Temperatursenkung oder wegen nicht ausreichender Niederschläge keine Vereisung erfolgte, aber vielfach Periglazialerscheinungen auftraten, sollte man für diese Epoche nur von Kalt-, nicht von Eiszeit sprechen. In niederen Breiten entsprechen den Eiszeiten teilweise Pluvialzeiten. Eine allgemein anerkannte Erklärung für das Auftreten von Eiszeitaltern gibt es noch nicht. Außer im Quartär gab es Eiszeitalter v. a. im Paläozoikum, wohl auch im Proterozoikum.

■ **Quartäres Eiszeitalter** Das quartäre Eiszeitalter (früher Diluvium, heute **Pleistozän**) ist die Epoche unmittelbar vor der geologischen Gegenwart (→geologisches System). Sein Anfang liegt etwa 2,5 Mio., sein Ende rund 11 000 Jahre zurück. Es fand eine globale Verschiebung der Klimagürtel statt, verbunden mit der äquatorwärtigen Verlagerung der Luftdruck- und Windgürtel. Die Warmzeiten ähnelten in Klima und Vegetation der Gegenwart. In der Würm-Eiszeit (letzte pleistozäne alpine Vereisung, der Weichsel-Eiszeit in Nordmitteleuropa entsprechend) lag in Mitteleuropa das Januarmittel (auf die damalige Meereshöhe umgerechnet) zwischen −14° und −22 °C und das Julimittel zwischen +10° und +5 °C. Außer Grönland, Spitzbergen und der Antarktis waren auch Nordeuropa, die Alpen, Teile Sibiriens, Nordamerikas und Patagoniens vereist. Die Vergletscherung umfasste in der letzten Eiszeit weltweit maximal 42, in der vorletzten bis über 48 Mio. km², das heißt eine dreimal größere Fläche als heute (15,3 Mio. km²).

In Europa reichte das nordische Inlandeis maximal bis an die deutschen Mittelgebirge. Die Alpen waren besonders im Westen vergletschert, die Talgletscher stießen weit ins Vorland hinaus. Lokalvergletscherungen sind in den Vogesen, im Schwarzwald, Harz, Böhmerwald, Riesengebirge sowie in den Pyrenäen und in der Tatra nachgewiesen. In weitem Umkreis um Inlandeis und Gletscher herrschte ein periglazialer Formenschatz vor, z. B. Dauerfrost- und Strukturböden, Frostschutt und Blockmeere. Die nördliche Waldgrenze lag südlich der Alpen. Das eisfreie Gebiet zwischen Alpen und Inlandeis wurde von einer Tundra eingenommen; dort lebten Mammut, Höhlenbär, wollhaariges Nashorn, Wisent, Reh, Eisfuchs, Lemming u. a. Kälte gewohnte Tiere. Mit dem Pleistozän ist auch die Geschichte der Menschheit aufs Engste verknüpft. Der Rückgang des Eises wurde durch Haltepausen (Interstadiale) mit leichter Klimaverbesserung unterbrochen; neuerliche kurzfristige Eisvorstöße werden Stadialzeiten genannt.

**Eiszeitalter Bergspitzen als Arche Noah**

Während der letzten Eiszeit waren weite Teile Europas mit riesigen Eismassen bedeckt. Um zu überdauern, musste sich der weitaus größte Teil der Tier und Pflanzenarten in den nur wenige hundert Kilometer breiten eisfreien Streifen zwischen den alpinen und skandinavischen Gletschern zurückziehen. Einige wenige Arten fanden jedoch auf den eisfrei gebliebenen Bergspitzen, sogenannten Nunatakkern, ein Refugium, wo sie die lebensfeindliche Kälteperiode überdauerten.
Noch heute kennzeichnen inselartig verstreute Gebiete in den Alpen mit endemischen Florenbestandteilen die Lage solcher ehemaligen Nunatakker. Ein Beispiel dafür ist der Gartnerkofel in den Karnischen Alpen. Hier gedeiht die äußerst seltene Kärntner Wulfenie, eine Pflanze, die sonst nirgendwo auf der Welt zu finden ist.

**Eiweiß, 1)** *allgemein:* der den Dotter umgebende helle Bestandteil des Eies.

**2)** *Biochemie:* ursprüngliche Bezeichnung für →Proteine; zunehmend von diesem Begriff verdrängt.

**Eizelle,** die weibliche Keim- oder Geschlechtszelle, →Ei.

**Ejakulation** [lateinisch] *die,* **Samenerguss,** das Ausspritzen der Samenflüssigkeit aus dem erigierten Penis durch rhythmische Kontraktionen der Muskulatur des Samenleiters, der Samenblase, der Schwellkörper und des Beckenbodens. Spontane, meist nachts auftretende Ejakulation wird Pollution genannt. Vorzeitiger Samenerguss vor Einführung des Gliedes **(Ejaculatio praecox)** und die stark verzögerte Ejakulation **(Ejaculatio retarda)** sind psychisch bedingt.

**Ektoderm** [griechisch] *das,* **Ektoblast,** bei der →Entwicklung des Embryos das äußere →Keimblatt.

**Ektoparasiten** [griechisch], auf der Körperoberfläche ihres Wirts lebende →Parasiten.

**Elefanten.** Afrikanische Elefanten (Steppenelefanten)

**Elaioplast** [griechisch] *der,* Fett oder Öl speichernde Form der Leukoplasten; farblose Plastiden in nicht fotosynthetisch aktiven Geweben, v. a. bei einkeimblättrigen Pflanzen.

**Elastin** *das,* Gerüstprotein (Skleroprotein) der elastischen Fasern in Bindegeweben, Gefäßwandungen und manchen Sehnen.

**elastische Schwingungen,** durch äußere Krafteinwirkung in festen Körpern auftretende Schwingungen der atomaren Bausteine um ihre Ruhelage, die auf dem Zusammenwirken von Trägheits- und elastischen Rückstellkräften beruhen. Elastische Schwingungen führen zu →Gitterschwingungen der Atome oder zu makroskopischen Dichteschwankungen im Körper. Sie breiten sich in Form **elastischer Wellen** aus. Beispiele für elastische Schwingungen und Wellen sind neben den Gitterschwingungen und -wellen die Schallschwingungen und -wellen (→Schall) sowie die Wellen (z. B. Oberflächenwellen) bei →Erdbeben.

**Elastizität** [griechisch], **1)** *Physik:* die Eigenschaft fester Körper, ihre durch äußere Kräfte oder Temperaturunterschiede angenommene Form- oder Volumenänderung (Deformation) nach Beseitigung der Einwirkungen wieder rückgängig zu machen **(Formelastizität** oder **Volumenelastizität).** Bei Flüssigkeiten und Gasen, die unter Druck ihr Volumen ändern, spricht man von →Kompressibilität. Sind die äußeren Kräfte, die den mittleren Abstand der Atome verändern, im Gleichgewicht mit den zwischen ihnen wirkenden Rückstellkräften, liegt eine reversible **vollkommene Elastizität** oder **elastische Verformung** vor (v. a. bei elastischer →Dehnung). Überschreiten die zu den einwirkenden Kräften gehörigen mechanischen Spannungen einen bestimmten stoffabhängigen Wert, die **Elastizitätsgrenze,** tritt im Allgemeinen eine irreversible **plastische Verformung** (→Plastizität) ein. In einigen Stoffen (z. B. bei Hochpolymeren) gehen plastische Verformungen nach gewisser Zeit (zum Teil) wieder zurück **(elastische Nachwirkung).**

Bei Metallen, den typischen Stoffen mit linearer Elastizität, sind geringe Formänderungen proportional den äußeren Kräften und damit den inneren Spannungen **(hookesches Gesetz, Elastizitätsgesetz).** Es lautet für einachsige Beanspruchung $\sigma = E\,\varepsilon$ mit der Normalspannung $\sigma$, der Dehnung $\varepsilon$ und dem Elastizitätsmodul $E$.

**2)** *Technik:* Maß für den Drehmomentenanstieg bei verringerter Drehzahl eines Verbrennungsmotors. Die Elastizität bestimmt für ein Kfz die Auslegung des Schaltgetriebes und die Anzahl der erforderlichen Schaltgänge.

**Elastomere** [griechisch], **Elaste,** →Kunststoffe.

**Elch, Elen, Alces alces,** größte Art der Hirsche im nördlichen Europa, Asien und Nordamerika. Elche werden bis 3 m lang, 2,4 m schulterhoch und bis zu 800 kg schwer. Das hochbeinige Tier hat einen sehr langen, schmalen Kopf, eine breite, lange Oberlippe und einen kurzen Hals. Das Fell ist graubraun oder rötlich braun bis schwarz, im Winter aufhellend; die Zehen sind spreizbar. Das Geweih des Männchens ist schaufelförmig (bis zu 20 kg schwer). Elche leben in meist sumpfigen Laub- und Mischwäldern sowie in Mooren und Tundren.

**Electronic Mail** [ɪlekˈtrɔnɪk ˈmeɪl, englisch] *die,* →E-Mail.

**Elefanten** [von griechisch eléphas], **Elephantidae,** Familie der Rüsseltiere, die größten, schwersten Landsäugetiere. Die Schneidezähne sind zu Stoßzähnen umgebildet, die das begehrte Elfenbein liefern. Jede Seite des Unter- und Oberkiefers trägt nur einen großen Backenzahn mit vielen Schmelzfalten. In der tastempfindlichen Rüsselspitze liegen die Nasenlöcher. Die 2–4 cm dicke Haut ist fast unbehaart. Die säulenförmigen Beine haben unter den Fußknochen ein mächtiges elastisches Polster, wodurch der Elefant einen weichen und federnden Gang bekommt. Nach einer Tragzeit von 20 bis 22 Monaten wird ein rund 100 kg schweres Junges geboren, das zwei Jahre lang gesäugt wird. Elefanten werden bis zu 65 Jahre alt.

Die bekannteste Unterart der **Asiatischen Elefanten** ist der in tropischen Regenwaldgebieten Vorder- und Hinterindiens, Indonesiens und Sri Lankas lebende **Indische Elefant** (Elephas maximus bengalensis). Er wird bis 3 m hoch und 7 m lang (davon 2 m Rüssel und 1,5 m Schwanz); im Allgemeinen haben nur die Bullen Stoßzähne (bis zu 1,6 m lang und 20 kg schwer); bei einer Unterart auf Sri Lanka feh-

Rechte Seite: Superelastische Materialien – das Bild zeigt eine Festigkeitsprüfung – lassen sich bis auf das Zwanzigfache ihrer Länge dehnen.

100562

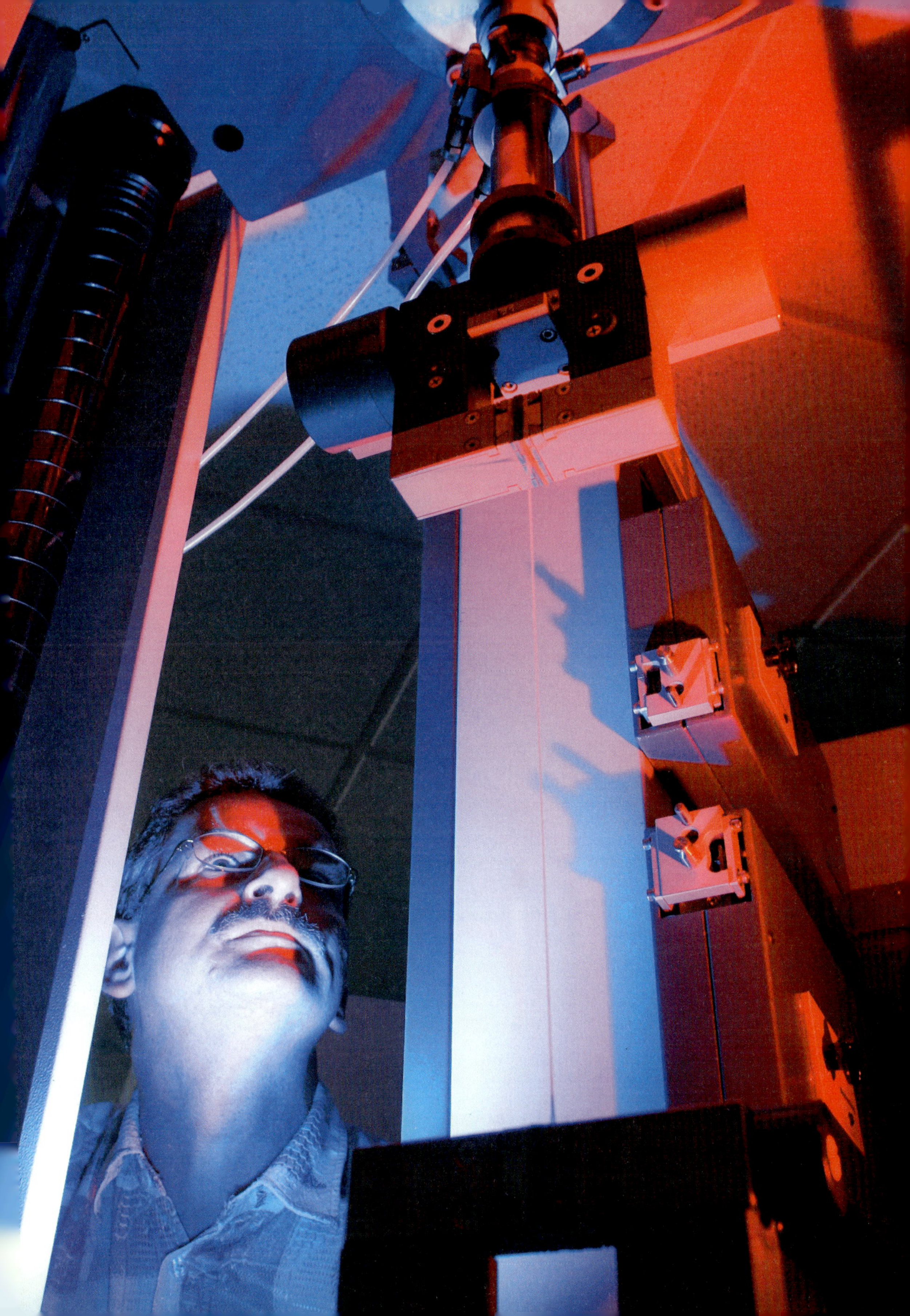

len sie ganz. Von den beiden Unterarten des **Afrikanischen Elefanten** ist der **Steppenelefant, Großohrelefant** oder **Spitzohrelefant** (Loxodonta africana africana) der größte; er wird häufig bis 4 m hoch und bis zu 7,5 t schwer (Gesamtlänge 8 m); im Gegensatz zum Asiatischen Elefanten hat der Afrikanische Elefant größere Stoßzähne, die beide Geschlechter tragen; oft sind sie 2–2,5 m lang und wiegen 30–50, selten 70–90 kg. Beim kleineren **Waldelefanten** oder **Rundohrelefanten** (Loxodonta africana cyclotis) gibt es »Zwergformen«, die nur bis zu 2 m hoch werden.

Elefanten sind klug und gelehrig und haben ein gutes Gedächtnis. Sie leben in Herden, in denen die einzelnen Familien geschlossene Verbände bilden. Elefanten ernähren sich von Laub und Zweigen und nehmen gern Wasser- und Schlammbäder. Die Gattung der →Mammute ist heute ausgestorben.

**Elefantenschildkröte, Galapagos-Riesenschildkröte, Testudo elephantopus,** bis 1,20 m lange (Panzerlänge) und über 200 kg schwere Riesenlandschildkröte auf den Galápagosinseln, heute stark dezimiert.

**Elektret** [griechisch] *der,* ein Dielektrikum mit permanenter dielektrischer →Polarisation. Analog einem Permanentmagneten bleibt die z. B. in Harzen in geschmolzenem Zustand durch ein starkes elektrisches Feld erzwungene Ausrichtung der molekularen Dipole bestehen, wenn nach der Erstarrung das Feld abgeschaltet wird.

**Elektrik** *die,* Gesamtheit einer elektrischen Anlage oder Einrichtung (z. B. Autoelektrik).

**elektrische Bahnen,** durch elektrischen Gleich- oder Wechselstrom verschiedener Spannung und Frequenz betriebene Bahnsysteme, z. B. Straßenbahnen, U-Bahnen und Eisenbahnen, die ihre elektrische Energie über Oberleitungen, besondere Stromschienen oder aus mitgeführten Batterien beziehen. Straßen- und Stadtbahnen werden über Oberleitungen mit Gleichstrom von 500 bis 750 V Spannung, U-Bahnen über Stromschienen mit Gleichstrom von 750 bis 1 500 V betrieben, S-Bahnen in Berlin mit 800 V und in Hamburg mit 1 200 V. Elektrifizierte Eisenbahnen **(elektrische Vollbahnen)** werden u. a. in Deutschland, Österreich und in der Schweiz mit Einphasenwechselstrom hoher Fahrdrahtspannung (15 kV) und niederer Frequenz ($16\,^2/_3$ Hz = $^1/_3$ von 50 Hz) betrieben (seit 1912). Diese Frequenz wurde gewählt, weil die Konstruktion von 50-Hz-Einphasen-Kommutatormotoren damals noch nicht möglich war, andererseits das Bahnstromsystem sich mit 50-Hz-Umformern der Landesversorgung gut kuppeln lässt. Die elektrische Energie wird über Unterwerke aus einem Bahnstromnetz oder über Umformer- oder Gleichrichterwerke aus dem öffentlichen Stromnetz bezogen.

100770

**elektrische Bahnen.** Straßenbahn mit zweiachsigem Triebwagen und Beiwagen

Noch heute werden auch in Europa umfangreiche Vollbahnnetze mit Gleichstrom betrieben: in Großbritannien mit 750 V, in Frankreich und den Niederlanden mit 1,5 kV, in Belgien, Italien, Spanien und Russland mit 3 kV. Wegen der geringen Fahrleitungsspannung verursachen Gleichstrombahnen höhere Leitungsverluste und erfordern Stromeinspeisung in kurzen Abständen. Bei Neuelektrifizierung wird im Ausland meist Wechselstrom aus den öffentlichen. Netzen (50 oder 60 Hz) verwendet, um eine besondere Bahnstromversorgung zu sparen. Der Einphasenstrom aus der Oberleitung wird in den Triebfahrzeugen gleichgerichtet und heute vielfach in Drehstrom mit stufenlos veränderbarer Spannung und Frequenz umgewandelt. Damit können in den elektrischen Lokomotiven Drehstrom-Induktionsmotoren verwendet werden.

**elektrische Energie, Elektroenergie,** in Kraftwerken aus Wärmeenergie primärer Energieträger (Kohle, Erdöl, -gas, Kernspaltstoffe) oder aus erneuerbaren Energien (z. B. Wasser, Wind, Sonne) gewonnener Strom. Elektrische Energie kann auch durch direkte chemische (Brennstoffzellen), thermoelektrische und magnetohydrodynamische Energieumwandlungen gewonnen werden. Die elektrische Energie wird infolge ihrer leichten Übertragbarkeit, Steuer- und Regelbarkeit und wegen der hohen Betriebssicherheit in allen Wirtschaftsbereichen angewendet.

**elektrische Energieübertragung,** Übertragung elektrischer Energie über Höchstspannungsleitungen und -netze (Netzspannung 230 und 400 kV, →Hochspannung). Die elektrische Energieübertragung erfolgt meist in Form von Drehstrom, zunehmend auch mit Gleichstrom **(Hochspannungsgleichstromübertragung),** z. B. zur Überbrückung weiter Strecken, zum Koppeln großer Netze oder von Netzen unterschiedlicher Frequenz. Die elektrische Energieübertragung dient außerdem zum Elektrizitätsaustausch zwischen benachbarten Ländern.

**elektrische Erregung,** die →elektrische Flussdichte.

**elektrische Feld|energie,** →Energie.

**elektrische Feldkonstante,** →Dielektrizitätskonstante.

**elektrische Feldstärke,** →elektrisches Feld (→Elektrizität).

**elektrische Flussdichte, elektrische Verschiebung, Verschiebungsdichte, elektrische Erregung,** Formelzeichen $D$, SI-Einheit ist $C/m^2$; vektorielle Größe zur Beschreibung eines →elektrischen Feldes. In isotropen Medien ist $D$ der elektrischen Feldstärke $E$ proportional: $D = \varepsilon_0\, \varepsilon_r\, E$, wobei $\varepsilon_0$ die elektrische Feldkonstante und $\varepsilon_r$ die relative →Dielektrizitätskonstante ist.

**elektrische Kapazität,** →Kapazität, →Elektrizität.

**elẹktrische Ladung,** Grundbegriff der Physik (→Ladung, →Elektrizität).

**elẹktrische Leitfähigkeit,** →Leitfähigkeit.

**elẹktrische Maschịnen,** Arten von Energiewandlern, deren Funktion auf den Gesetzen des Elektromagnetismus, besonders der elektromagnetischen Induktion, beruht. Zu den elektrischen Maschinen zählen **rotierende (umlaufende) elektrische Maschinen,** die mechanische in elektrische Energie (Generator) oder elektrische in mechanische Energie (Elektromotoren) umwandeln sowie solche, die Spannung, Stromstärke, Frequenz und Phasenzahl elektrischer Energie verändern (Umformer). Im weiteren Sinn gehören auch die Transformatoren **(ruhende elektrische Maschinen)** dazu. Elektrische Maschinen werden nach Stromart (Gleich-, Wechsel- und Drehstrommaschinen) sowie Aufbau und Wirkungsweise (unipolare und kommutierende Gleichstrommaschinen, Synchron-, Asynchron- und Kommutatormaschinen) unterschieden. Der Leistungsbereich elektrischer Maschinen reicht von einigen wenigen Watt bis zu mehreren Hundert Megawatt.

**elẹktrische Polarisation,** *Elektrizitätslehre, Magnetismus:* →Polarisation.

**elẹktrischer Fluss,** früher **elektrischer Kraftfluss** oder **Verschiebungsfluss,** im elektrostatischen Feld das Flächenintegral der elektrischen Flussdichte $D$ über eine beliebige Fläche der Größe $A$, die von $D$ durchsetzt wird. Ist $n$ der Normaleneinheitsvektor im Flächenelement $\mathrm{d}A$ und $\mathrm{d}A = n\,\mathrm{d}A$, so gilt:

$$\Psi = \int_A D \cdot \mathrm{d}A = \int_A D \cdot n\,\mathrm{d}A;$$

umschließt die Fläche $A$ eine elektrische Ladung $Q$, so ist $\Psi = Q$.

**elẹktrischer Leitwert,** *Elektrizitätslehre:* →Leitwert.

**elẹktrischer Strom,** →Strom (→Elektrizität).

**elẹktrischer Widerstand,** *Elektrizitätslehre:* →Widerstand.

**elẹktrisches Feld,** der elektrische Zustand des leeren oder stofferfüllten Raumes, der von ruhenden **(elektrostatisches Feld)** oder bewegten elektrischen Ladungen und zeitlich veränderlichen magnetischen Feldern **(elektromagnetisches Feld)** erzeugt wird und durch den jede elektrische Ladung eine ihrer Größe $Q$ proportionale, vom Ort $r$ abhängige Kraft $F(r)$ erfährt. In seiner räumlichen Verteilung wird das elektrische Feld durch **elektrische Feldlinien (Kraftlinien)** dargestellt, in seiner Stärke durch die **elektrische Feldstärke** $E$, $E(r) = F(r)/Q$ (SI-Einheit: V/m), und die →elektrische Flussdichte. – Infokasten S. 218

**elẹktrische Spannung, elektrische Potenzialdifferenz,** *Elektrizitätslehre:* →Spannung, →Elektrizität.

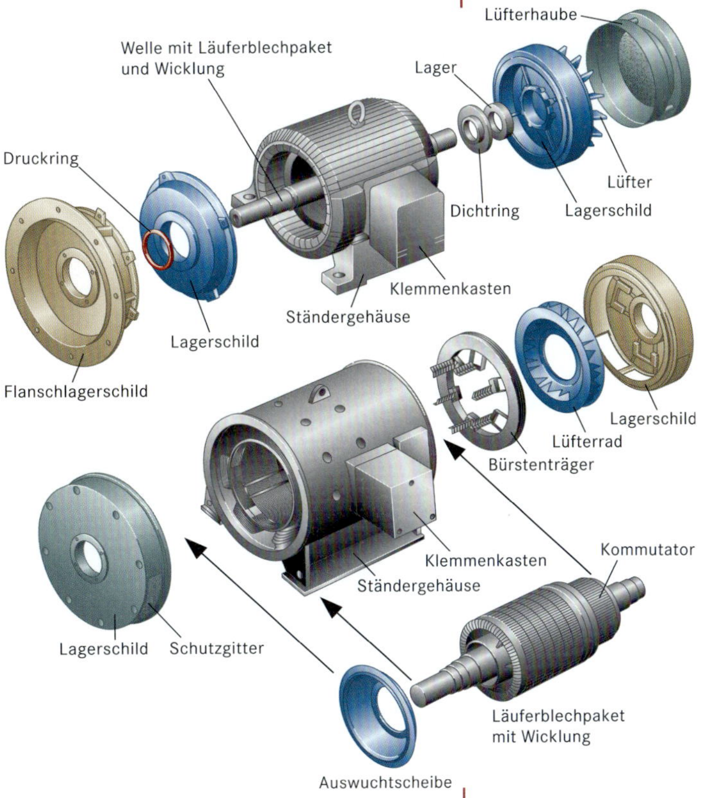


**elektrische Maschinen.** Hauptbestandteile eines Drehstromkäfigläufermotors (oben) und eines Gleichstrommotors (unten); weggelassen wurden u. a. Lager, Scheiben und Ringe.

**elẹktrische Stromstärke,** →Stromstärke, →Elektrizität.

**elẹktrische Trennverfahren,** Aufbereitungsverfahren zur Trennung eines Mineralgemisches nach den unterschiedlichen Dielektrizitätskonstanten, Ladungen und/oder Leitfähigkeiten im Hochspannungsfeld (30–100 kV). Als Geräte werden verwendet: Kammerscheider, Freifallscheider, Walzenscheider mit Sprühelektrode.

**elẹktrische Verschiebung,** die →elektrische Flussdichte.

**Elektrisierung,** 1) die elektrische Aufladung eines Körpers; 2) das Verhältnis $P/\varepsilon_0$ aus elektrischer →Polarisation $P$ und elektrischer Feldkonstante $\varepsilon_0$ (→Dielektrizitätskonstante).

**Elektrizität** [zu griechisch élektron »Bernstein«, da Reibungselektrizität zuerst am Bernstein beobachtet wurde] *die,* alle Erscheinungen, die von elektrischen →Ladungen und Strömen sowie den damit verbundenen elektrischen und magnetischen Feldern hervorgerufen werden; im engeren Sinn die elektrischen Ladungen selbst, in der Elektrotechnik besonders die elektrische Energie und ihre praktische Anwendung (→elektrische Energieübertragung, →Elektrizitätsversorgung, →Elektrizitätszähler).

■ **Elektrostatik** Die Elektrostatik ist die Lehre von den ruhenden elektrischen Ladungen und ihren zeitlich unveränderlichen Feldern, die die Wechselwirkungen mit der Umgebung beschreibt. In der Natur finden sich zwei Arten **elektrischer Ladungen** (positive und negative Ladungen beziehungsweise Elektrizität), die in der Regel in der Materie gleichmäßig verteilt sind und z. B. in Elektrisiermaschinen voneinander getrennt und gesondert angesammelt werden können. Die zwischen elektrisch geladenen Körpern auftretenden elektrischen Kräfte bewirken, dass sich gleichnamige Ladungen abstoßen und ungleichnamige anziehen **(coulombsches Gesetz);** diese Kräfte können z. B. mit der →Drehwaage gemessen werden. In der Umgebung einer Ladung besteht ein →elektrisches Feld, in dem jeder Punkt an den unmittelbar benachbarten die Kraftwirkung weitergibt. Die Richtung, in der die Kraft auf eine Probeladung im Feld wirkt, wird durch **Kraftlinien (Feldlinien)** angegeben. Entlang der Kraftlinien ändert sich die elektrische Feldstärke $E$, deren Betrag man durch die Dichte der Kraftlinien darstellt. Orte gleicher Feldstärken liegen auf zusammenhängenden Flächen, auf denen die potenzielle Energie einer Probeladung konstant ist **(Äquipotenzialflächen).** Bei Verschiebung einer Ladung $Q$ ändert sich ihre potenzielle Energie um $W = Q \cdot U$, wobei $U$ die **elektrische Potenzialdifferenz (elektrische Spannung)** ist. Misst man die Energiedifferenz in Joule (J), die Ladung in Coulomb (C), so ergibt sich die Spannung in Volt (V). Ein elektrisches Feld lässt sich neben der elektrischen Feldstärke auch durch die →elektrische Flussdichte $D$ beschreiben. Bringt man zwei sich zunächst berührende Metallplatten (Kondensator) senkrecht zu den Kraftlinien ins Feld und zieht sie auseinander, so sind sie gleich, aber mit entgegengesetzten Vorzeichen geladen. Ist $A$ die Fläche einer Platte des Kondensators und $Q$ die auf ihr befindliche Ladung, so gilt $Q / A = D$, das heißt, der Betrag $D$ der elektrischen Flussdichte ist der Flächenladungsdichte der durch Influenz verschobenen Ladung gleich. In einem Leiter trennen sich Ladungen durch Influenz so lange, bis in ihm kein elektrisches Feld mehr besteht, das weitere Ladungen bewegen könnte, sofern in ihm nicht durch dauernde Energiezufuhr eine Potenzialdifferenz aufrechterhalten wird. Ein mit $-Q$ geladener Leiter hält in einer gegenüberstehenden, leitenden Platte die Ladung $+Q$ fest, die negativen Ladungen fließen ab. Im Endzustand haben Leiter und Platte je ein festes Potenzial. Die Potenzialdifferenz $U$ ist proportional zu $Q$, es gilt: $Q = C \cdot U$. Die Konstante $C$, die nur von der geometrischen Anordnung der Leiter zueinander abhängt, heißt **elektrische Kapazität** (Einheit: Farad [F]). Ist der Zwischenraum mit einem Dielektrikum der relativen →Dielektrizitätskonstante $\varepsilon_r$ ausgefüllt, multipliziert sich die Vakuumkapazität mit $\varepsilon_r$.

■ **Elektrischer Strom** Ein elektrischer Strom entsteht durch die Bewegung von Ladungsträgern (Elektronen, Ionen) in metallischen Leitern, Halbleitern, Flüssigkeiten (Elektrolyten), Gasen und im Plasma; seine Stärke, die in der Sekunde durch den Leiter fließende Ladungsmenge, wird als **elektrische Stromstärke** $I$ bezeichnet und in Ampere (A)

**elektrisches Feld** Elektrojäger

100914

Wie die Fledermaus geht er nachts auf Nahrungssuche und kann sich dabei auch in trübstem Gewässer perfekt orientieren: Der afrikanische Elefantenrüsselfisch »sieht« elektrisch, auf Licht ist er nicht angewiesen. In völliger Dunkelheit tastet der kleine Fisch mit seinem elektrischen Sinn die Umwelt ab. Er erzeugt regelmäßig elektrische Pulse von wenigen Volt Spannung und misst gleichzeitig über Hunderte von Hautsensoren das elektrische Feld, das sich dabei um ihn aufbaut. Gegenstände in seiner Nähe verzerren das elektrische Feld – der Elefantenrüsselfisch erhält so ein komplexes elektrisches Bild seiner Umgebung. Er ist sogar in der Lage, eine möglicherweise fatale Verwechslung zu vermeiden: Das elektrische Bild eines kleinen Beutetiers wird mit wachsender Entfernung größer und könnte daher mit der Projektion eines größeren, aber näheren Tieres verwechselt werden. Diese Problem löst der Fisch offenbar dadurch, dass er die Schärfe des elektrischen Bildes am Rand und seine Intensität in der Mitte »verrechnet« – das Verhältnis dieser Größen hängt von der Entfernung ab.

Wissenschaftler erforschen inzwischen, ob auch Geräte die Methode des Fisches beherrschen könnten. Denkbare Anwendungen wären Abstandsmessgeräte sowie Sensoren, die Materialfehler in Produkten finden.

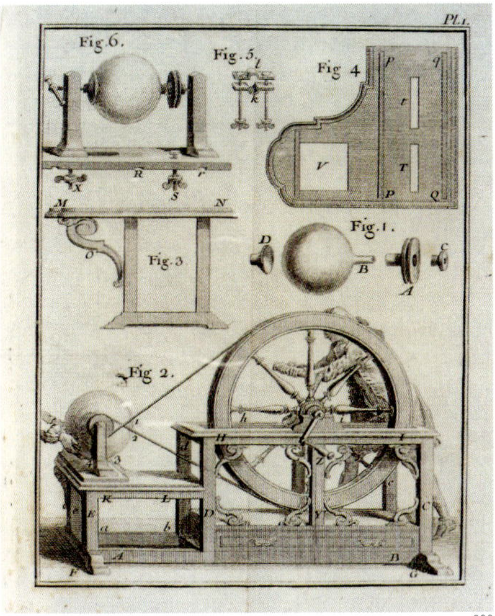


**Elektrizität.** Illustration aus dem »Essai sur l' electricité des corps« des französischen Physikers Jean-Antoine Nollet (Paris 1746; Stiftung Weimarer Klassik und Kunstsammlungen, Herzogin Anna Amalia Bibliothek)

gemessen. Der elektrische Strom kann durch seine **magnetische Wirkung** (→Magnetismus) gemessen werden: Jede bewegte elektrische Ladung wird außer von ihrem elektrischen Feld zusätzlich von einem →Magnetfeld ringförmig umgeben. Ein Strom, der von Süden nach Norden über eine Magnetnadel geführt wird, lenkt den Nordpol der Nadel nach Westen ab, wenn man als Stromrichtung die vom positiven Pol der Batterie zum negativen festsetzt **(konventionelle** oder **technische Stromrichtung).** Durch ihre Magnetfelder üben zwei Strom führende Leiter Kräfte aufeinander aus (→ampèresches Gesetz). Ein Zylinder, auf den der Strom führende Draht gewickelt ist (→Spule), verhält sich wie ein Magnet.

Zur Erzeugung und Aufrechterhaltung elektrischer Ströme nutzt man neben elektrochemischen Vorgängen (→galvanische Elemente), thermo-, pyro- und piezoelektrischen Effekten v.a. die Spannung erzeugende Wirkung veränderlicher Magnetfelder (→Generator).

■ **Elektrodynamik** Bei rasch hin- und herschwingenden Ladungen (wie sie einem Wechselstrom zugrunde liegen) lassen sich elektrische und magnetische Felder nicht mehr trennen; sie verschmelzen zum elektromagnetischen Feld, dessen periodische Änderungen als →elektromagnetische Wellen erscheinen. Die Gesamtheit der elektrischen und magnetischen Erscheinungen werden auch als **Elektromagnetismus** bezeichnet. Die Elektrodynamik ist die Lehre von den zeitlich veränderlichen **elektromagnetischen Feldern,** die mathematisch durch die →maxwellsche Theorie beschrieben werden. Die Erzeugung **langsam veränderlicher Felder** beruht ausschließlich auf der →Induktion: In einer Leiterschleife wird eine Spannung induziert, wenn sich der die Schleife durchsetzende magnetische Fluss zeitlich ändert. Im Unterschied zur Induktion lässt sich die magnetische Wirkung des Verschiebungsstroms (die zeitliche Änderung der elektrischen Flussdichte) nur in **schnell veränderlichen Feldern** beobachten. Diese entstehen z.B. in elektrischen →Schwingkreisen durch hochfrequente Entladungsströme.

**Elektrizitätsmenge,** die elektrische →Ladung (→Elektrizität).

**Elektrizitätsversorgung, elektrische Energieversorgung,** die Belieferung der Verbraucher mit elektrischer Energie. Die Elektrizitätsversorgung umfasst alle Einrichtungen zur Erzeugung, Fortleitung und Verteilung elektrischer Energie. Der Verbraucher erhält die elektrische Energie durch Verteilungsnetze und -leitungen von den Elektrizitätsversorgungsunternehmen (EVU). Mithilfe der Netzleittechnik lassen sich die elektrischen Transport- und Verteilernetze überwachen und steuern.

In Europa erfolgt die Bereitstellung von Energie heute fast nur durch ein Dreileiter-Drehstromsystem (Betriebsfrequenz 50 Hz); Einphasenwechselstrom von $16^2/_3$ Hz wird teilweise an elektrische Bahnen abgegeben. Drehstrom ist leicht transformierbar, dadurch können unterschiedliche Spannungsebenen verwendet werden.

**Elektrizitätsversorgung: Weltenergieverbrauch nach Energieträgern** (in Mrd. t ÖE*)

| Energieträger | 1970 | 1980 | 1990 | 2000 | 2005 |
|---|---|---|---|---|---|
| Erdöl | 2,254 | 2,972 | 3,145 | 3,537 | 3,839 |
| Kohle (Stein- u. Braunk.) | 1,552 | 1,801 | 2,234 | 2,361 | 2,930 |
| Erdgas | 0,924 | 1,307 | 1,794 | 2,192 | 2,475 |
| Kernenergie | 0,018 | 0,161 | 0,453 | 0,585 | 0,627 |
| Wasserkraft, Sonstige | 0,269 | 0,387 | 0,495 | 0,611 | 0,669 |
| ■ **insgesamt** | 5,017 | 6,628 | 8,121 | 9,286 | 10,540 |

*) Öleinheiten

Im Zuge der Liberalisierung fand ein Konzentrationsprozess in der deutschen Stromwirtschaft statt. In 5–6 Jahren sind aus 9 Verbundunternehmen 4 Übertragungsnetzbetreiber entstanden und die Zahl der Stadtwerke hat sich halbiert. Derzeit (2006) gibt es in Deutschland über 900 Energieversorgungsunternehmen, die für unterschiedlich große Teile des Energienetzes Verantwortung tragen. Das **Energieversorgungsnetz** besteht aus Kraftwerken, Umspannwerken, Freileitungen und Kabeln. Für weite Entfernungen wird die Höchstspannungsebene genutzt (400–230 kV), für mittlere Entfernungen die

Hochspannungsebene (150–50 kV). Mittelspannungs- und Ortsnetze nutzen die Mittelspannungsebene (30–10 kV). Innerstädtische Kabelnetze arbeiten mit 20 und 10 kV, und der Haushaltskunde erhält Versorgung aus dem Niederspannungsnetz (230 bzw. 400 V).

**Elektrizitätszähler, Energieverbrauchszähler, Zähler,** Gerät zur Messung der elektrischen Arbeit. Ein Elektrizitätszähler erfasst die Wirk- und Blindleistung des zu messenden Stroms und integriert mit einem mechanischen Zählwerk über die Zeit, sodass der Energieverbrauch direkt in kWh angegeben wird. Man unterscheidet nach der *Stromart* **Wechsel-** und **Drehstromzähler** (hierbei werden **Blind-** und **Wirkverbrauchszähler** unterschieden), nach dem *Messprinzip* **Induktionszähler** und **elektronische Zähler,** nach der *Verrechnungsart* **Mehrtarif-** und **Maximumzähler.** Für Wechsel- und Drehstromanlagen werden meist Induktionszähler eingesetzt: In einer drehbaren Aluminiumscheibe erzeugte Induktionsströme bewirken, dass die Scheibe sich unter dem Einfluss von Magnetfeldern dreht, die der Versorgungsstrom erregt.

Seit einigen Jahren gibt es auch elektronische Elektrizitätszähler ohne mechanisch bewegte Teile, deren Messwerte über Fernabfrage von den Energieversorgungsunternehmen ausgewertet werden können.

**Elektroakustik,** Teilgebiet der Elektrotechnik und der technischen Akustik, das sich mit der Umwandlung von Schall (mechanische Energie) in elektrische Signale in Form tonfrequent modulierter elektrischer Schwingungen (elektrische Energie) und umgekehrt befasst sowie mit der synthetischen Erzeugung, Verstärkung, Übertragung, Speicherung und Wiedergabe akustischer Vorgänge. Als Teilgebiet der physikalischen Akustik befasst sich die Elektroakustik mit der Messung von Schallfeldgrößen und der Schallanalyse mit elektroakustischen Verfahren und Geräten (z. B. in der Raumakustik). Untersucht wird besonders der für das menschliche Gehör erfassbare Frequenzbereich von etwa 16 Hz bis 16 kHz.

**Elektroanalyse, elektrochemische Analyse,** auf elektrochemischen Vorgängen beruhende analytische Methoden zur quantitativen Bestimmung einer Substanz (→Maßanalyse), z. B. die →Konduktometrie, →Potenziometrie und →Polarografie.

**Elektrochemie,** Teilgebiet der physikalischen Chemie, das sich mit den Zusammenhängen zwischen elektrischen und chemischen Vorgängen befasst. Dazu gehören v. a. das Hervorrufen chemischer Reaktionen durch Zufuhr elektrischer Energie von außen (→Elektrolyse) sowie die Gewinnung elektrischer Energie durch freiwillig ablaufende chemische Reaktionen in →galvanischen Elementen.

Die wichtigsten Grundgesetze der Elektrochemie wurden von Michael Faraday entdeckt. Weitere wesentliche Beiträge leisteten Johann Hittorf (Theorie der Ionenwanderung), Svante Arrhenius (Theorie der elektrolytischen Dissoziation), Wilhelm Ostwald (Verdünnungsgesetz) und Walther Nernst (Theorie der galvanischen Elemente).

**elektrochemische Elemente,** Stromquellen, in denen chemische Energie in elektrische umgewandelt wird. Grundsätzlich gibt es zwei Arten elektrochemischer Elemente: die elektrolytischen Zellen (→Elektrolyse) und die →galvanischen Elemente.

**elektrochemisches Abtragen,** das →Elysieren.

**elektrochemisches Äquivalent,** →faradaysche Gesetze.

**Elektrochromie** *die,* Änderung der optischen Eigenschaften von Molekülen (insbesondere der Lichtabsorption) durch ein äußeres elektrisches Feld; wird z. B. bei farbigen Anzeigeelementen ausgenutzt.

**Elektrode** [griechisch] *die,* derjenige Teil eines festen elektrischen Stromleiters, der dem Übergang elektrischer Ladungsträger in ein anderes leitendes Medium (z. B. Flüssigkeit, Elektrolyt, Gas, Festkörper) oder dem Aufbau eines elektrischen Feldes dient. Die mit dem positiven Pol einer Spannungsquelle verbundene Elektrode bezeichnet man als →Anode, die negative Elektrode als →Kathode. Zusätzliche Steuerelektroden in Elektronenröhren heißen Gitter.

In der analytischen Chemie werden Elektroden in vielfältiger Weise eingesetzt, z. B. zur Bestimmung des pH-Wertes, in der →Potenziometrie oder als Sensoren. Seit etwa den 1970er-Jahren haben sich dafür verstärkt *ionenselektive Elektroden* durchgesetzt. Dies sind Sensoren, die ein bestimmtes Ion in Gegenwart anderer Ionen selektiv anzeigen. Gegenwärtig lassen sich etwa 40 Anionen und

**Elektrochromie** Clevere Gläser

Glasscheiben können inzwischen viel mehr als nur Licht durchlassen. Selbsttönende, so genannte fotochrome Gläser in Sonnenbrillen etwa ändern ihre Durchlässigkeit in Abhängigkeit von der Intensität und der Wellenlänge des auftreffenden Lichts. Ursache für diesen Effekt sind Silberionen im Brillenglas, die durch Licht reversibel in Silberatome umgewandelt werden können – das Glas wird vorübergehend dunkel. Elektrochromes Glas hingegen reagiert nicht direkt auf einfallendes Licht, sondern indirekt über die Änderung einer angelegten Gleichspannung. Dieser Vorgang wird bei Autorückspiegeln genutzt. Hier misst eine Fotozelle am Spiegel die Helligkeit und erzeugt ein elektrisches Signal, das dann die Lichtdurchlässigkeit des Spiegelglases regelt: Bei erhöhtem Lichteinfall dunkelt das Glas ab. Elektrochrome Spiegel bestehen aus zwei Glasscheiben, zwischen denen neben zwei transparenten leitenden Schichten die eigentliche schaltbare elektrochrome Schicht aus Wolframoxid liegt. Deren optische Eigenschaften werden über die angelegte Spannung gesteuert.

Kationen mit derartigen Elektroden quantitativ bestimmen. Werden auf die Oberfläche der Elektroden Enzyme immobilisiert, können sie sogar als Sensoren (Enzymelektroden) für biologische Substrate genutzt werden (enzymatische Analyse). In Halbleiterbauelementen ist eine Elektrode eine galvanische Verbindung zwischen einer Halbleiterzone und der Zuleitung zum Anschluss. Die Bezeichnungen Anode und Kathode werden hier kaum verwendet; bei Bipolartransistoren heißen die Elektroden Emitter, Basis und Kollektor, bei Feldeffekttransistoren Source, Gate und Drain.

**Elektrodynamik,** die Lehre von den zeitlich veränderlichen elektromagnetischen Feldern (→Elektrizität, →maxwellsche Theorie). Die Elektrodynamik ist eine klassische Theorie, d.h., sie beschreibt nicht die Erscheinungen im atomaren Bereich (→Quantenelektrodynamik).

**elektrodynamisches Messinstrument, Elektrodynamometer,** Messinstrument für elektrische Gleich- und Wechselströme beziehungsweise -spannungen, bei dem eine stromdurchflossene Spule im Feld einer zweiten (von einem zweiten Strom durchflossenen) fest stehenden Spule ausgelenkt wird; der Ausschlag ist proportional dem Produkt der Ströme in beiden Spulen. Elektrodynamische Messinstrumente haben verschiedene Messwerke; das eisengeschlossene Messwerk arbeitet nach dem Prinzip des Drehspulinstruments (nur wird anstelle eines Dauermagneten eine fest stehende Spule verwendet). Der Einsatz erfolgt fast ausschließlich als Standardinstrument zur Messung der Wirkleistung in Wechselstromnetzen.

**Elektro|erosion,** abtragendes Verfahren zur Bearbeitung harter, spröder, schwer zerspanbarer, elektrisch leitfähiger Werkstoffe. Durch kurzzeitige elektrische Entladungen mittels elektrischen Lichtbogens oder periodischer Funkenüberschläge **(Funkenerosion)** zwischen Werkzeug und dem in einer dielektrischen Flüssigkeit befindlichen Werkstück wird das Material verdampft und abgeschmolzen.

**Elektrofahrzeug,** durch Elektromotoren angetriebenes Kraftfahrzeug. Die benötigte elektrische Energie wird entweder einer Oberleitung (bei Oberleitungsomnibussen) oder meistens einer mitgeführten Akkumulatorenbatterie entnommen oder von einem mitgeführten, durch einen Verbrennungsmotor angetriebenen Generator erzeugt (→Hybridantrieb). Elektroantriebe werden auch durch direkte Umwandlung von chemischer Energie in einer Brennstoffzelle oder von Sonnenenergie in Solarzellen realisiert. Als umweltfreundliche Lösung bietet sich der Elektroantrieb für Stadtfahrzeuge an, da er ohne Abgase, geräuscharm und mit gutem Wirkungsgrad arbeitet. Seine Nachteile v.a. für Personenautos **(Elektroauto)** sind die geringe Reichweite (maximal bis zu 120 km), die lange Wiederaufladezeit und die große Masse des Akkumulators. Mit der Entwicklung neuer Batterietypen (Lithium-Ionen-Batterie, Natrium-Schwefel-Batterie) erhofft man Reichweiten von 500 km und mehr realisieren zu können. Mit rasch und einfach auswechselbaren Batterien betriebene Omnibusse werden bereits im Stadtverkehr eingesetzt. Auch als Flurfördermittel (»Elektrokarren«) finden Elektrofahrzeuge bereits Verwendung.

**Elektrofilter,** zur Luftreinhaltung (Entstaubung) dienende elektrostatische Abscheider. Die in einem hohen Spannungsfeld (30–80 kV) von einer Sprühelektrode (Kathode) ausgesendeten Elektronen ionisieren Gasmoleküle, die wiederum die Staubpartikel negativ aufladen, die dann zur Niederschlagselektrode (Anode) wandern und dort abgeschieden werden. Mit Elektrofiltern lassen sich auch Stäube unter 1 µm abscheiden; sie sind für große Abgasvolumenströme (bis 100 000 $m^3$/h) und Temperaturen (bis 450 °C) geeignet.

**Elektrofotografie,** fotografische Verfahren, die fotoelektrische und elektrostatische Effekte zur Bilderzeugung benutzen. Als Aufnahmematerial dienen Fotohalbleiterschichten (z.B. Selen, Zinkoxid), die durch Projektions-, Kontakt- oder Reflexbelichtung sensibilisiert werden, wobei sich eine Schicht negativer Ladung ausbildet, die bildmäßig aufgebaut wird. Das Bild wird mit →Toner entwickelt und mittels Wärme oder Lösungsmittel fixiert.

**elektrokalorischer Effekt,** die Umkehrung der →Pyroelektrizität.

**elektrokinetische Erscheinungen,** Erscheinungen, die auf dem Vorhandensein einer elektrischen →Doppelschicht an der Grenze zweier Stoffe beruhen und die entweder durch Bewegungsvorgänge entstehen oder in äußeren elektrischen Feldern zu solchen führen. Die wichtigste elektrokinetische Erscheinung ist die →Elektrophorese; weitere elektrokinetische Erscheinungen sind: 1) in einer Flüssigkeit bewegte oder fallende Körper (Kolloidteilchen, Metallkörner u.a.) erzeugen einen elektrischen Strom und elektrische Aufladung; 2) eine durch eine feinporige Substanz (Diaphragma, Kapillare) gepresste Flüssigkeit erzeugt eine elektrische Spannung (Strömungspotenzial) und einen elektrischen Strom (Strömungsstrom); 3) geladene Teilchen in einer Flüssigkeit bewegen sich unter dem Einfluss eines elektrischen Feldes durch ein Diaphragma **(Elektroosmose);** 4) die Abhängigkeit der Oberflächenspannung eines Flüssigkeitstropfens vom Ladungszustand **(Elektrokapillarität).**

**Elektrolumineszenz,** das Auftreten und die Anregung von Leuchterscheinungen

(→Lumineszenz) in Festkörpern unter Einfluss eines elektrischen Feldes. Im Vergleich zu gebräuchlichen Lichtquellen ist der Wirkungsgrad der Elektrolumineszenz groß, die Leuchtdichte jedoch gering; Anwendung z. B. in Lumineszenzdioden (LED).

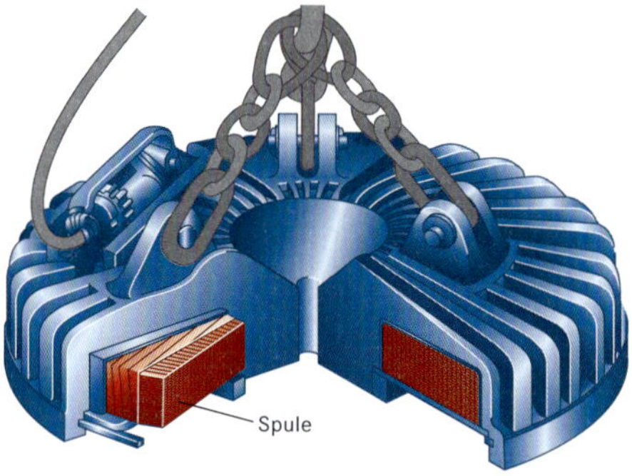


**Elektromagnet.** Lasthebemagnet

**Elektrolyse** [griechisch] *die,* Umwandlung (meist Zersetzung) eines gelösten oder geschmolzenen →Elektrolyten durch elektrischen Strom. Beim Anlegen einer elektrischen Spannung wandern die positiv geladenen Ionen (Kationen) zur Kathode, die negativ geladenen Ionen (Anionen) zur Anode; dort entladen sie sich, werden als neutrale Atome (Moleküle) abgeschieden oder gehen neue Reaktionen ein. Die an jeder Elektrode abgeschiedene Stoffmenge ist der transportierten Elektrizitätsmenge proportional (→faradaysche Gesetze).

Elektrolyseverfahren spielen in Wissenschaft und Technik eine große Rolle. Neben der Gewinnung von elementaren Gasen (→Chloralkalielektrolyse) werden sie auch zur Reindarstellung von Metallen in besonders hohem Reinheitsgrad (Elektrolytmetalle, z. B. Kupfer, Gold, Silber, Zink) verwendet. Metalle mit hoher Affinität zum Sauerstoff werden z. B. durch →Schmelzflusselektrolyse gewonnen. Außerdem können Metalle mithilfe von Galvanotechnik und →Elektroanalyse aus Lösungsgemischen ihrer Salze getrennt und abgeschieden werden.

**Elektrolyt** *der,* jeder Stoff, der in Lösung, als Schmelze oder in fester Form infolge des Vorhandenseins oder der Bildung entgegengesetzt geladener, beweglicher Ionen (Anionen und Kationen) elektrisch leitfähig ist. Die in einem Lösungsmittel erfolgende, mehr oder weniger vollständige Aufspaltung von Elektrolytmolekülen oder Ionenkristallen in einzelne Ionen wird als elektrolytische →Dissoziation bezeichnet. **Schwache Elektrolyte** (z. B. organische Säuren) zerfallen auch in schwachen Konzentrationen nie völlig, **starke Elektrolyte** sind in höheren Konzentrationen wenig, in schwächeren so gut wie ganz dissoziiert. Der Dissoziationsgrad ist umso größer, je verdünnter die Lösung ist.

Zunehmend gewinnen feste Elektrolyte (z. B. für Akkumulatoren, Batterien, Brennstoffzellen, Sensoren) an Bedeutung, d. h. kristalline Verbindungen, in denen der Stromtransport mit Ionen durch Fehlordnungen im Kristallgitter ermöglicht wird. In der *Medizin* dienen **Elektrolytlösungen** zum Ersatz von Elektrolytverlusten des Körpers (z. B. bei starken Durchfällen, anhaltendem Erbrechen). Die wichtigsten Elektrolyte des Blutes sind Chloride, Hydrogencarbonate, Phosphate von Natrium, Kalium, Calcium und Magnesium.

**Elektrolythaushalt,** das lebensnotwendige Gleichgewicht an Elektrolyten im Organismus. Für die Aufrechterhaltung des Elektrolythaushaltes bedarf dieser außer einer genügenden Wasserzufuhr eines ausgewogenen Bestandes an Elektrolyten. Die normale Mischkost mit genügend pflanzlichen Bestandteilen enthält ausreichend Minerale (Natrium-, Kalium-, Calcium-, Magnesiumsalze), um den Bedarf des Organismus zu decken. Weitere unentbehrliche Stoffe sind die Spurenelemente.

**Elektromagnet,** eine Spule mit einem unmagnetischen Weicheisenkern. Fließt durch sie ein elektrischer Strom, entsteht ein magnetisches Feld, das den Eisenkern durchsetzt; dieser nimmt dadurch magnetische Eigenschaften an. Einsatz in den meisten elektrischen Maschinen, in Messgeräten, Relais sowie als Lasthebemagnet.

**elektromagnetische Verträglichkeit,** Abkürzung **EMV,** die Fähigkeit eines elektrotechnischen oder elektronischen Gerätes, eines Systems oder einer Anlage, in seiner elektromagnetischen Umwelt zufrieden stellend zu arbeiten, ohne dabei selbst elektromagnetische Störungen zu verursachen, die für andere in dieser Umwelt betriebenen Geräte, Systeme und Anlagen unannehmbar wären. Ursachen von Störfeldern sind z. B. Leitungsnetze, Funkgeräte und elektrostatische Entladungen (Blitzschlag). Elektrische und elektronische Geräte, die mit dem CE-Zeichen ge-

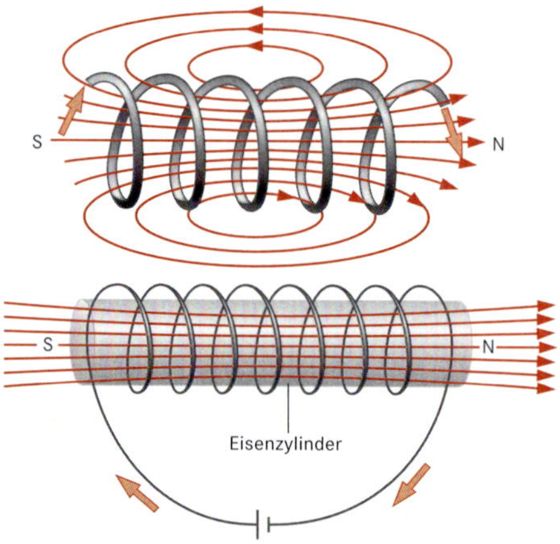


**Elektromagnet.** Magnetische Feldlinien (Kraftlinien) in einer von Strom durchflossenen Spule

kennzeichnet sind, müssen den EMV-Normen entsprechen (Gesetz über die elektromagnetische Verträglichkeit von Geräten vom 18. 9. 1998).

**elektromagnetische Verträglichkeit zur Umwelt,** Abkürzung **EMVU,** charakterisiert und beschreibt die Wirkungen elektrischer, magnetischer und elektromagnetischer Felder auf biologische Systeme (Pflanzen, Tiere, Menschen) sowie die Gesetzmäßigkeiten, die diesen Wirkungen zugrunde liegen. Eine zu hohe Strahlenexposition elektromagnetischer Felder kann zu biologischen Beeinflussungen führen. Die nach gegenwärtigem Stand der Wissenschaft erforderlichen Grenzwerte sind in der 26. Verordnung zur Durchführung des Bundes-Immissionsschutzgesetzes festgelegt.

**elektromagnetische Wechselwirkung,** eine der vier fundamentalen →Wechselwirkungen im Standardmodell der Elementarteilchen.

**elektromagnetische Wellen,** elektromagnetische Felder, die sich im Raum, in Isolatoren, auf Leitern oder im Vakuum mit der →Lichtgeschwindigkeit des jeweiligen Mediums ausbreiten. Elektromagnetische Wellen zeigen die vom Licht her bekannten Reflexions-, Brechungs-, Beugungs- und Polarisationserscheinungen. In isotropen Medien sind elektromagnetische Wellen Transversalwellen, bei denen elektrische und magnetische

**elektromagnetische Verträglichkeit zur Umwelt**
→ GEO Dossier Störfeuer aus dem Äther, Bd. 8

**elektromagnetische Wellen** (Wellenlängen und Frequenzbereiche)[1]

| Wellenlängenbereich | Frequenzbereich | deutsche Bezeichnung (Abkürzung) | internationale Abkürzung | Verwendung (Beispiele) |
|---|---|---|---|---|
| 18 000 km | $16\frac{2}{3}$ Hz | technischer Wechselstrom | – | elektrische Fernbahnen |
| 6 000 km | 50 Hz | technischer Wechselstrom | – | elektrische Energieversorgung (Mitteleuropa) |
| 30 000–15 km | 10 Hz–20 kHz | Niederfrequenz (NF) | – | Regelungstechnik, Telegrafie, induktive Heizung |
| 18 800–15 km | 16 Hz–20 kHz | Tonfrequenz | – | Übertragung von Sprache und Musik |
| 30–10 km | 10–30 kHz | Längstwellen | VLF | Frequenznormale, Unterwasserfunk, Objektorientierung |
| 10–1 km | 30–300 kHz | Langwellen (LW) | LF | Zeitzeichensender, Seefunk, Wetterdienst, Langwellenrundfunk |
| 1 km–100 m | 300–3 000 kHz | Mittelwellen (MW) | MF, AM | Hörrundfunk, Schiffsfunk (SOS), Flugfunk, Polizeifunk |
| 182–100 m | 1,650–3 MHz | Grenzwellen[2] | – | Küstenfunk |
| 100–10 m | 3–30 MHz | Kurzwellen (KW) | HF | transkontinentaler Funk, Rundfunk, Funkdienste, Amateurfunk, Kernspinresonanz (NMR), Radioastronomie |
| 10–1 m | 30–300 MHz | Ultrakurzwellen (UKW) | VHF, FM | Hör- und Fernsehrundfunk, Funkdienste, Richtfunk, Radioastronomie |
| 1 m–1 dm | 300–3 000 MHz | Dezimeterwellen[3] | UHF | Fernsehrundfunk, Satellitensteuerung, Mobilfunk, Telematik |
| 10–1 cm | 3–30 GHz | Zentimeterwellen[3] | SHF | Richtfunk, Radar, Satellitenfunk, Maser, Mikrowellenerwärmung |
| 10–1 mm | 30–300 GHz | Millimeterwellen[3] | EHF | aerologische Funkmesstechnik, kosmische Hintergrundstrahlung |
| 1–0,3 mm | 300–1 000 GHz | Submillimeterwellen (Terahertzwellen) | – | noch nicht technisch genutzt |
| 1 mm–780 nm | $3 \cdot 10^{11}$–$3{,}8 \cdot 10^{14}$ Hz | Infrarot | IR | Wärmeortung, Wärmelampe, Infrarotnachrichtentechnik |
| 780–380 nm | $3{,}8 \cdot 10^{14}$–$7{,}9 \cdot 10^{14}$ Hz | (sichtbares) Licht | VIS | Beleuchtung, Mikroskopie, Lasertechnik, Astronomie |
| 380–10 nm | $7{,}9 \cdot 10^{14}$–$3 \cdot 10^{16}$ Hz | Ultraviolett | UV | Photochemie, Leuchtstoffröhre (›Neonröhre‹), Sterilisation medizinischer Geräte |
| 25–2,5 nm | $10^{16}$–$10^{17}$ Hz (0,5–5 keV) | Röntgenstrahlen[4]: weich | X | Röntgendiagnostik, -therapie, Röntgenspektroskopie, Kristallstrukturanalyse, Materialprüfung |
| 2,5–0,25 nm | $10^{17}$–$10^{18}$ Hz (5–50 keV) | Röntgenstrahlen[4]: mittelhart | X | |
| $0{,}25$–$3 \cdot 10^{-3}$ nm | $10^{18}$–$10^{20}$ Hz (50 keV–3 MeV) | Röntgenstrahlen[4]: hart | X | |
| < 1 nm | $3 \cdot 10^{17}$ Hz (> 10 keV) | Gammastrahlen[4] | γ | Strahlentherapie, Materialprüfung, kosmische Sekundärstrahlung |

[1] Die Übergänge der angegebenen Wellenlängen- bzw. Frequenzbereiche sind fließend und je nach technischer Anwendung teilweise auch unterschiedlich. [2] Die Grenzwellen rechnet man heute zu den Mittelwellen. [3] Diese Bereiche werden unter der Bezeichnung Mikrowellen zusammengefasst. [4] Die Grenzen zwischen UV-, Röntgen- und Gammastrahlen sind fließend. UV- und Röntgenstrahlen entstehen in der Elektronenhülle, Gammastrahlen durch Kern- oder Elementarteilchenreaktionen.

**elektromagnetische Wellen**
→ GEO **Dossier**
Störfeuer aus dem Äther, Bd. 8

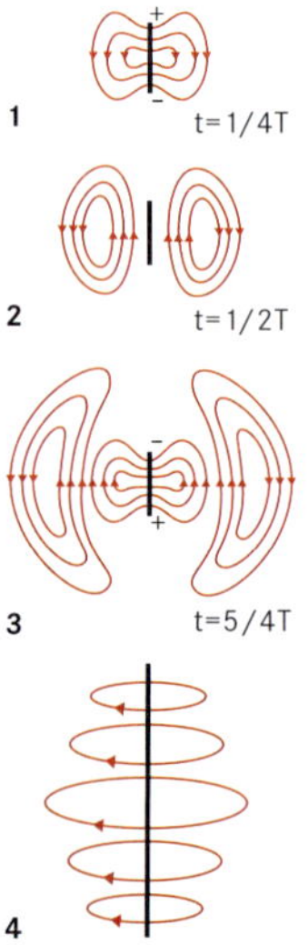


**elektromagnetische Wellen.**
1 bis 3 Feldlinienverlauf des sich von einem Dipol ablösenden elektrischen Feldes; t Zeit, T Schwingungsdauer; 4 magnetische Feldlinien

Felder senkrecht aufeinander und senkrecht zur Ausbreitungsrichtung stehen. Die Gesamtheit der Wellenlängen $\lambda$ (beziehungsweise der Frequenzen $\nu$) elektromagnetischer Wellen bildet das **elektromagnetische Spektrum.** Zwischen Frequenz und Wellenlänge jeder elektromagnetischen Strahlung gilt im Vakuum die Beziehung $\nu = c/\lambda$ ($c$ Lichtgeschwindigkeit).

■ **Ausbreitung** Bei der Ausbreitung elektromagnetischer Wellen im erdnahen beziehungsweise erdfernen Raum unterscheidet man zwischen →Bodenwellen und →Raumwellen.

■ **Entstehung und Nachweis** Elektromagnetische Wellen treten auf, wenn elektrische Ladungsträger (z.B. Elektronen) beschleunigt werden und sich damit elektrische Strom- und Ladungsdichten räumlich und zeitlich ändern (→maxwellsche Theorie). Sie entstehen – als natürliche Schwingungsvorgänge der Ladungsträger in Atomen, Molekülen und Festkörpern – durch Quantensprünge der Elektronen in angeregten atomaren Systemen (Emission von sichtbarem Licht, Infrarot-, Ultraviolett- oder Röntgenstrahlung) oder der Protonen in angeregten Atomkernen (Emission von Gammastrahlung). Technisch erzeugt man elektromagnetische Wellen z.B. beim Fließen hochfrequenter elektrischer Wechselströme in →Schwingkreisen und Antennen, als Abstrahlung eines hertzschen →Dipols sowie durch Abbremsung geladener Teilchenstrahlen (→Bremsstrahlung, →Synchrotronstrahlung). Der Nachweis (Empfang) elektromagnetischer Wellen erfolgt im Bereich der Funkwellen über Antennen mit Verstärkern, bei höheren Frequenzen vorwiegend mit Quantendetektoren (Fotozellen, Fotodioden) und thermischen Detektoren (wie Thermoelement, Bolometer).

**Elektromagnetismus,** die Gesamtheit der Erscheinungen der →Elektrizität und des →Magnetismus mit ihren wechselseitigen Verknüpfungen.

**Elektrometallurgie,** metallurgische Verfahren mit Anwendung von Elektroenergie; bei der Pyrometallurgie dient die Elektroenergie als Heizquelle, in der Hydrometallurgie als chemische Energie.

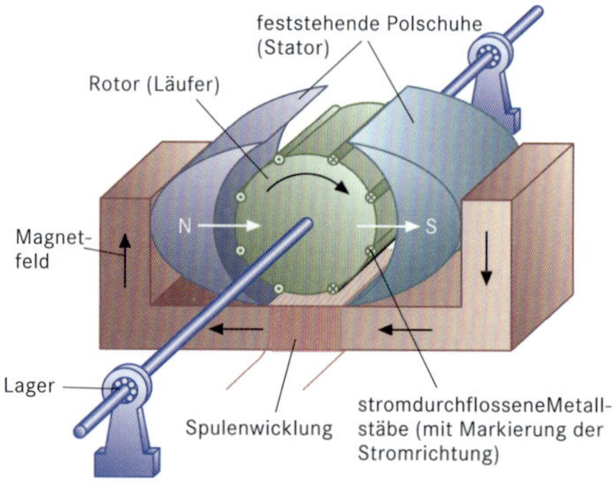


**Elektromotor.**
Einfacher elektrischer Rotationsmotor; die Stromrichtung wird durch Kreuze (Stromrichtung in Blickrichtung) bzw. Punkte (entgegen der Blickrichtung) dargestellt.

**Elektrometer,** empfindliches elektrostatisches Gerät zur Messung elektrischer Ladungen, Spannungen und Leistungen bei Gleich- und Wechselströmen. Ausgenutzt werden die elektrostatischen Kraftwirkungen zwischen festen und beweglichen, elektrisch geladenen Metallelektroden. Das **braunsche Elektrometer,** ein Spannungsmesser, nutzt die Kraftwirkung zwischen der Spannungszuführung, einer beweglichen Nadel, und dem entgegengesetzt aufgeladenen Gehäuse.

**Elektromotor,** elektrische Maschine, die elektrische Energie in mechanische Arbeit umwandelt. Die Umwandlung beruht auf der Kraftwirkung, die ein Magnetfeld auf einen stromdurchflossenen Leiter ausübt, und den dadurch hervorgerufenen Drehmomenten. Das Magnetfeld wird meist von stromdurchflossenen Spulen (Erregerwicklungen) erzeugt. Die Spulen sind um den fest stehenden Ständer oder Stator **(Außenpolmaschine)** oder um den umlaufenden Läufer oder Rotor mit Antriebswelle **(Innenpolmaschine)** angebracht. Der stromdurchflossene Leiter ist um den Anker gewickelt, der bei der Außenpolmaschine der innen umlaufende Rotor, bei der Innenpolmaschine der außen fest stehende Stator ist. Der Kontakt zum Läufer oder Rotor erfolgt mit dem Kollektor über Bürsten aus Kohlefasern oder Kupfergewebe.

Alle Elektromotoren können auch als Generatoren verwendet werden. Man unterscheidet →Linearmotoren und Rotationsmotoren (Elektromotoren im engeren Sinn) sowie nach der Art der Stromversorgung Gleich-, Wechsel- und Drehstrommotoren.

Bei einem **Gleichstrommotor** wird dem Anker über einen Stromwender (Kommutator) fortlaufend umgepolter Strom zugeführt. Die stromdurchflossene Wicklung wird im Magnetfeld der im Ständer angebrachten Elektromagnete (Feldmagnete) abgelenkt; der Anker dreht sich, die nächste Wicklung erhält Strom usw. Das Drehmoment wirkt dabei stets in gleicher Richtung. Sind Anker- und Erregerwicklung in Reihe geschaltet, spricht man von einem **Hauptschlussmotor (Reihenschlussmotor);** er hat ein gutes Anzugsdrehmoment, die Drehzahl ändert sich aber mit der Belastung. Bei Parallelschaltung von Anker- und Erregerwicklung erhält man einen **Nebenschlussmotor;** er weist gleich bleibende Drehzahl, aber ein kleines Anzugsdrehmoment auf. Der **Doppelschlussmotor (Verbund-** oder **Compoundmotor)** hat außer der Nebenschluss- eine zusätzliche Reihenschlusserregerwicklung. Gleichstrommotoren werden für Spezialantriebe verwendet, z.B. als Reihenschlussmotor für Fahrzeuge und Anlasser von Verbrennungskraftmaschinen, als Allstrommotor für Gleich- und Wechselstromspeisung, als Universalmotor für Haushaltsgeräte, Elektrowerkzeuge und Ähnliches sowie als Doppelschlussmotor mit einstellbarer Drehzahl als Grundlage aller selbsttätigen Regelschaltungen.

**Drehstrom-** und **Wechselstrommotoren** werden oft als Käfiganker- oder Kurzschlussläufermotoren gebaut. Bei ihnen induziert das im Ständer erzeugte Drehfeld in der kurzgeschlossenen Wicklung des Läufers einen Strom, der in Wechselwirkung mit dem Drehfeld ein Drehmoment erzeugt (Induktionsmotor); die Drehzahl des Läufers ist etwas geringer als die des Drehfeldes, deshalb heißt er auch **Asynchronmotor.** Werden die Läuferwicklungen an Schleifringe angeschlossen (Schleifringläufer), kann durch Vorschalten von Widerständen die Drehzahl geregelt werden. Je nach Bauart des Läufers unterscheidet man **Drehstromasynchronmotoren** (Drehung des Rotors asynchron zum Ständerdrehfeld; der meistangewandte Motor, enthält im Ständer drei um 120° versetzte Wicklungsstränge) und **Drehstromsynchronmotoren** (Drehung des Rotors synchron zum Ständerdrehfeld; für gleich bleibende, vom Drehfeld abhängige Drehzahl: als Drehstrommotor mit Gleichstromerregung für größere Leistung, als Einphasenmotor für Kleinstmotoren). Zu den mit (einphasigem) Wechselstrom gespeisten Wechselstrommotoren gehört der **Einphasenwechselstrommotor** (mit Kurzschlussläufer ähnlich dem Drehstromasynchron-Elektromotor nur für kleine Leistungen). Der **Reluktanzmotor** ist eine Sonderform des Wechsel- oder Drehstrommotors mit Polansätzen im Läufer. Er hat keine Erregerwicklung, läuft asynchron an und geht selbsttätig in synchronen Lauf über. **Universalmotoren** kleiner Leistung werden mit Gleichstrom oder einphasigem Wechselstrom betrieben.

**elektromotorische Kraft,** Abkürzung **EMK, Urspannung, Quellenspannung,** historische Bezeichnung für die elektrische Spannung zwischen den Klemmen einer Stromquelle im stromlosen Zustand, bei kontakt- oder thermoelektrischen Erscheinungen sowie bei der elektromagnetischen Induktion.

**Elektron** [griechisch »Bernstein«] *das,* leichtes, elektrisch negativ geladenes, stabiles Elementarteilchen (physikalisches Symbol $e^-$). Sein Antiteilchen ist das positiv geladene **Positron** ($e^+$). Das Elektron ist der wichtigste Vertreter der →Leptonen, da es (neben Proton und Neutron) einer der Bausteine der Materie ist. Es besitzt eine etwa 1837-mal kleinere Masse als das Proton und ist Träger einer negativen Elementarladung. Das Elektron hat halbzahligen Spin, ist also ein Fermion, das heißt, für statistische Gesamtheiten gilt die →Fermi-Dirac-Statistik. Jedes neutrale →Atom enthält in der Hülle so viele Elektronen, wie die Ordnungszahl angibt. In Metallen können sich die Elektronen in den Zwischenräumen des Kristallgitters bewegen. Die freie Beweglichkeit der Elektronen ist Ursache der guten elektrischen Leitfähigkeit und der Wärmeleitfähigkeit. Nach der **Elektronengastheorie** kann man die Leitungselektronen wie ein im Metall eingeschlossenes →Elektronengas behandeln. Um die Elektronen aus ihren gebundenen Zuständen zu befreien, muss ihnen Energie zugeführt werden, die die Ionisierungsenergie (Atome, Moleküle) beziehungsweise die Austrittsarbeit (Metalle) übertrifft. Die Energie kann z. B. durch Temperaturerhöhung **(Glühemission),** Bestrahlung mit Licht oder Röntgenstrahlung **(Fotoemission),** Beschuss mit Elektronen **(Sekundäremission)** oder durch Anlegen starker elektrischer Felder **(Feldemission)** aufgebracht werden. Freie Elektronen spielen z. B. in Elektronen- und Röntgenröhren, im Elektronenmikroskop sowie in Teilchenbeschleunigern eine große Rolle.

■ **Theorie** Das Elektron zeigt wie alle atomaren Teilchen den Welle-Teilchen-Dualismus (→Dualismus). Die **lorentzsche Elektronentheorie** (1895) stellte die Elektronen als kleine geladene Massenpunkte dar, deren Bewegung in elektromagnetischen Feldern aus den Gesetzen der klassischen Physik abgeleitet wurde. Während dieses Teilchenbild zur Beschreibung vieler makroskopischer Effekte (z. B. Elektronenröhre) ausreicht, versagt es im atomaren Bereich. Bei der Wechselwirkung mit atomaren Systemen zeigen Elektronen ausgeprägte Welleneigenschaften wie Beugungs-, Brechungs- und Interferenzerscheinungen; den Elektronen kann daher in atomaren Dimensionen keine Bahn im klassischen Sinn zugeordnet werden. Eine gute Beschreibung des Verhaltens der Elektronen im atomaren Bereich liefert die →Quantenmechanik. Auf diese Weise erhält man genaue Aussagen über den Aufbau der Atom- oder Elektronenhülle eines Atoms, über die Entstehung der Atom- und Bandenspektren, über das Zustan-

100562

**Elektromotor.** Arbeiten an den Erregerwicklungen eines Elektromotors

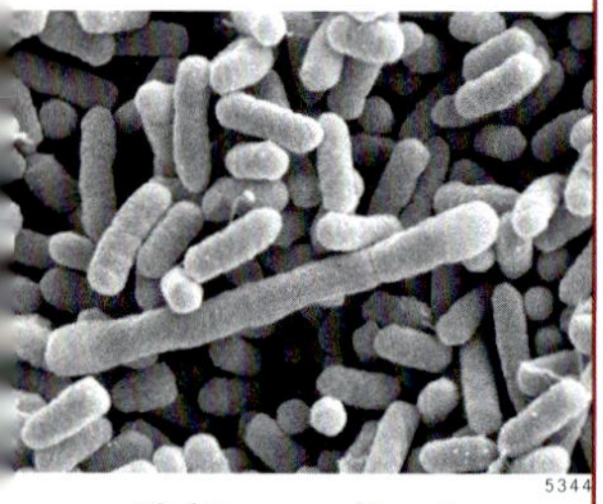

**Elektronenmikroskop.** Salmonellen unter dem Elektronenmikroskop. Die Länge der stäbchenförmigen Bakterien beträgt nur 2 bis 3 Mikrometer.

dekommen der →chemischen Bindung der Atome zu Molekülen und kristallinen Festkörpern durch »Verformung« und »Überlappung« der Elektronenhüllen der Atome, über das Verhalten von Elektronen in Festkörpern und die dadurch bestimmten Festkörpereigenschaften. Die Wechselwirkung mit elektromagnetischen Strahlungsfeldern ist exakt nur mithilfe der →Quantenelektrodynamik zu berechnen.

**Elektro|negativität,** Maß für die Fähigkeit eines Atoms, innerhalb eines Moleküls Elektronen des bindenden Elektronenpaars anzuziehen. Die Elektronegativität bestimmt wesentlich den Charakter einer chemischen Bindung.

**Elektronen|affinität, Elektroaffinität,** der Energiebetrag, den ein Atom mit nicht abgeschlossenen Elektronenschalen bei Anlagerung eines Elektrons freisetzt; kennzeichnet die Fähigkeit der Atome, Anionen zu bilden, z. B. haben Fluoratome eine Elektronenaffinität von 3,399 eV.

**Elektronenbeugung,** die Abweichung der Elektronenstrahlen von der geradlinigen Ausbreitung beim Durchgang durch (v. a. kristalline) Materie aufgrund der Welleneigenschaften des Elektrons (→Materiewelle). Eine Methode der Elektronenbeugung ist das →LEED-Verfahren.

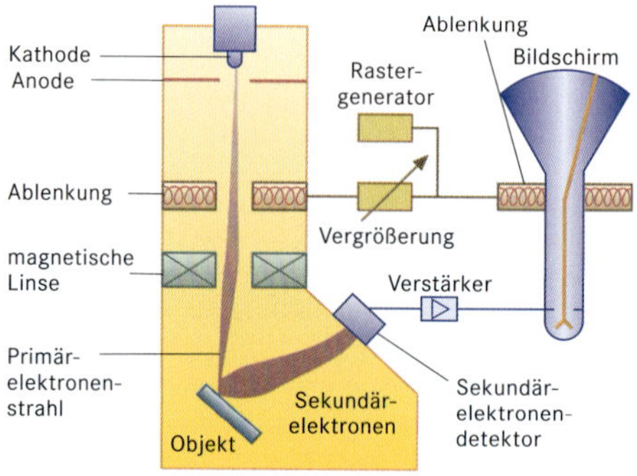


**Elektronenmikroskop.** Schematischer Aufbau eines Rasterelektronenmikroskops

**Elektronenblitzgerät,** *Fotografie:* fotografische Blitzlichtquelle, deren Licht von einer Gasentladungsröhre geliefert wird. Die Blitzröhre wird über den Synchronkontakt (X-Kontakt) des Kameraverschlusses gezündet. Elektronenblitzgeräte mit Lichtregelschaltung **(Blitzautomatik, Computerblitz)** messen über eine Fotodiode (»Sensor«) oder über die TTL-Messzelle der Kamera das vom Aufnahmeobjekt reflektierte Licht und stimmen die Leuchtzeit auf die eingestellte Blende ab.

**Elektroneneinfang,** →Einfangprozesse.

**Elektronengas,** die ein →Fermi-Gas bildende Gesamtheit von Elektronen, insbesondere von Leitungs- oder Valenzelektronen eines Metalls, die nur schwach an die Atome gebunden sind und sich weitgehend frei durch das gesamte Volumen des Metalls bewegen.

**Elektronenhülle,** →Atom.

**Elektronenkonfiguration,** die Verteilung der Elektronen in der Atomhülle auf die verschiedenen Atomorbitale (→Orbital); sie ist ein wichtiges Merkmal der elektronischen Struktur eines Atoms im Periodensystem der chemischen Elemente.

**Elektronenleitung,** der Elektrizitätstransport durch Elektronen, z. B. in →Halbleitern.

**Elektronenlinse,** →Elektronenoptik.

**Elektronenmikroskop,** Mikroskop, das anstelle von Licht gebündelte, durch Hochspannung beschleunigte Elektronen im Hochvakuum zur Abbildung und starken Vergrößerung kleinster Objekte verwendet. Da das Auflösungsvermögen eines Mikroskops durch die Wellenlänge der abbildenden Strahlen begrenzt ist, können beim Lichtmikroskop Objektpunkte von geringerem Abstand als etwa $0{,}4 \cdot 10^{-6}$ m nicht mehr getrennt wahrgenommen werden (bei Verwendung von langwelligem Ultraviolett bis $0{,}2 \cdot 10^{-6}$ m). Nach L. V. de Broglie (1924) muss einem bewegten materiellen Teilchen mit der Ruhemasse $m$ ein zeitlich und räumlich periodischer Wellenvorgang zugeordnet werden (→Materiewelle). Die Wellenlänge $\lambda$ hängt vom Impuls $p$ beziehungsweise der Energie $E$ des Teilchens ab. Es gilt: $\lambda = h/p = h/\sqrt{2m \cdot E} = h/\sqrt{2m \cdot e \cdot U}$ ($h$ plancksches Wirkungsquantum, $e$ Elementarladung). Elektronen, die eine Beschleunigungsspannung von $U = 10^5$ V durchlaufen haben, ist demnach eine Wellenlänge von rund $4 \cdot 10^{-12}$ m = 0,004 nm zuzuordnen, was rein rechnerisch eine Steigerung des Auflösungsvermögens gegenüber dem Lichtmikroskop um 4–5 Größenordnungen ergibt. In der Praxis wird nur eine 100–1000fache Steigerung erreicht, da sich Elektronenlinsen (→Elektronenoptik) nicht für so weit geöffnete Strahlenbündel herstellen lassen wie optische Glaslinsen. Mit heutigen Elektronenmikroskopen lassen sich Strukturen mit atomarer Auflösung bis circa 0,1 nm abbilden.

Als strahlenbrechende, den optischen Linsen entsprechende Elemente werden rotationssymmetrische magnetische und elektrische Felder verwendet, die in ihrer Funktion Kondensor, Objektiv und Okular eines Lichtmikroskops entsprechen.

■ **Elektronenmikroskoparten** Beim **Transmissionselektronenmikroskop** (Abkürzung **TEM,** Durchstrahlungselektronenmikroskop) konzentriert die als Kondensor wirkende magnetische oder elektrische Linse den von einer Elektronenquelle kommenden Elektronenstrahl auf das Objekt. Je nach Dicke und Dichte des durchstrahlten Präparats werden die Elektronen verschieden stark gestreut, sodass eine entsprechende Intensitätsverteilung (z. B. mittels integrierter Elektronenenergiefilter) im Elektronenbild die Objektstruktur wie-

Rechte Seite: Mit diesem Transmissions-Elektronenmikroskop des Universitätsklinikums Rostock sind bis zu 630 000-fache Vergrößerungen möglich, eine hochauflösende CCD-Kamera liefert digitale Aufnahmen der Präparate. Das Mikroskop ermöglicht auch eine zerstörungsfreie Elementenanalyse und wird bei der Erforschung von seltenen Krankheiten eingesetzt.

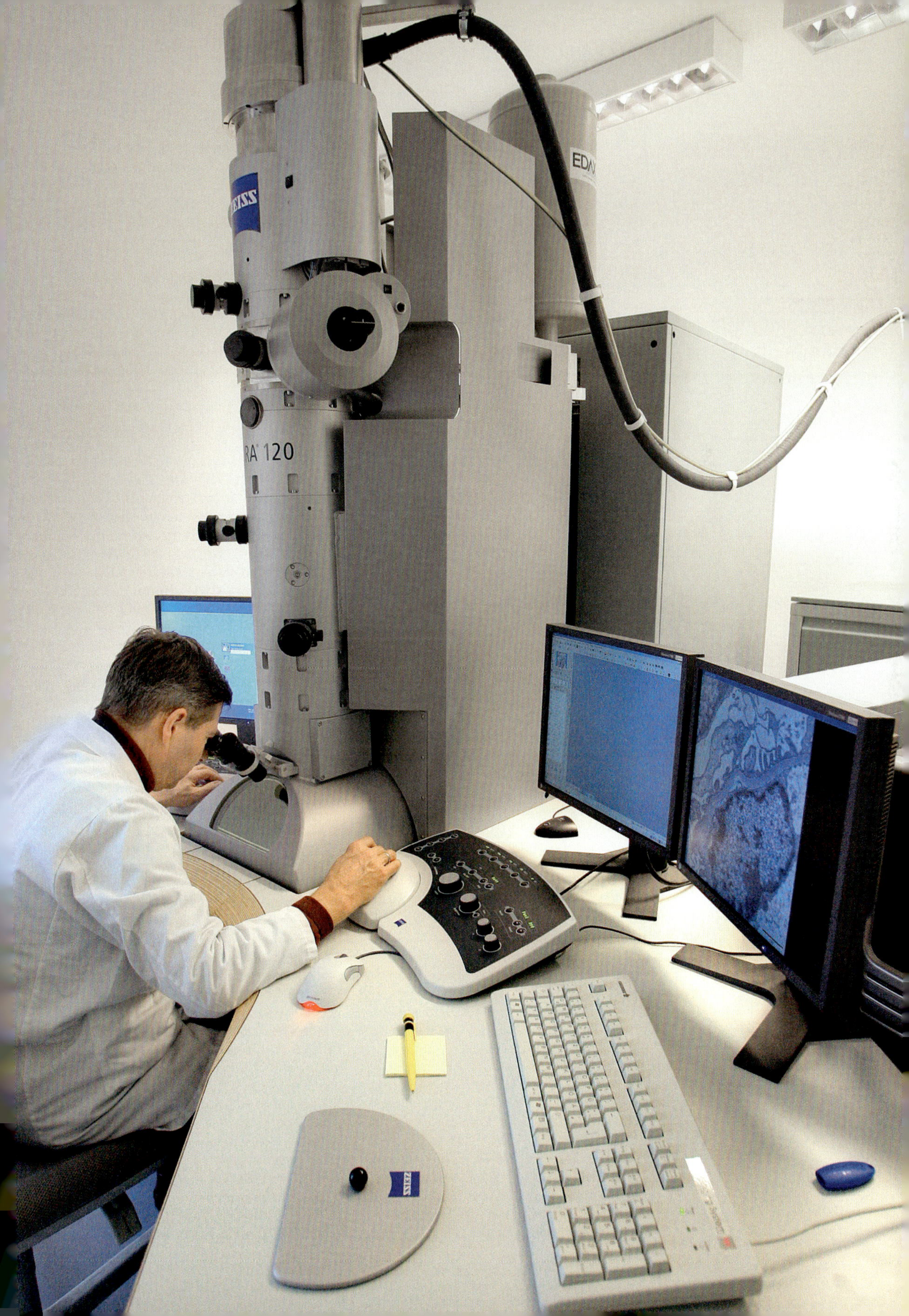

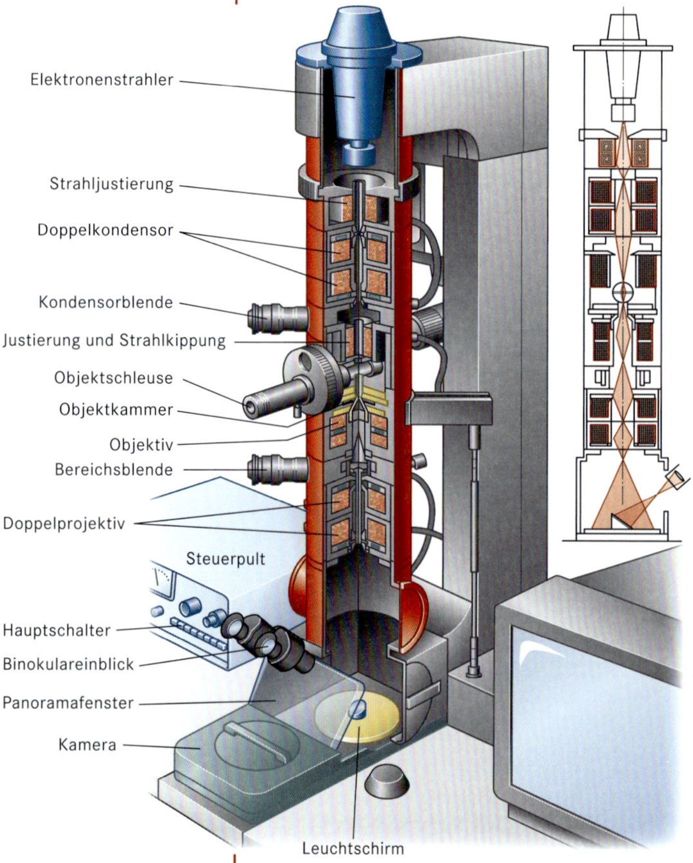


**Elektronenmikroskop.** Links Schnittzeichnung; rechts Strahlengang

dergibt. Diese wird auf einen Leuchtschirm oder eine fotografische Platte abgebildet. Transmissionselektronenmikroskope arbeiten mit Nanometerauflösung und können z. B. die lokale chemische Elementverteilung angeben. Durch Anwendung elektronenholografischer Methoden kann die Auflösung bis in den (Sub-)Ångströmbereich gesteigert werden. Beim **Rasterelektronenmikroskop** (Abkürzung **REM**) wird ein Elektronenstrahl rasterförmig über das Objekt bewegt. Das Signal der rückgestreuten oder in der Oberfläche der Probe ausgelösten Sekundärelektronen wird durch einen Szintillator und einen angekoppelten Fotomultiplier verstärkt. Das **Elektronenemissionsmikroskop** wird zur direkten Abbildung Elektronen emittierender Metalloberflächen genutzt. Die Elektronen werden u. a. durch Aufheizung, Ionenbeschuss oder elektrische Felder aus dem Objektiv herausgelöst und durch das Linsensystem abgebildet. Ein weiteres Elektronenmikroskop zur Oberflächenuntersuchung ist das linsenlose →Feldionenmikroskop, das zum →Rastertunnelmikroskop weiterentwickelt wurde.

■ **Geschichte** Die Entwicklung des Elektronenmikroskops begann 1931; es wurde als Transmissionselektronenmikroskop mit magnetischen Linsen von E. Ruska, M. Knoll und Mitarbeitern konstruiert. 1942 gelang V. K. Zworykin und Mitarbeitern eine Oberflächenabbildung mit dem Rasterelektronenmikroskop mit einer Auflösung unterhalb der des Lichtmikroskops. Heute ist das Elektronenmikroskop in Physik, Chemie, Technik und v. a. in Zytologie, Mikrobiologie und Virologie ein wichtiges Hilfsmittel für die Strukturforschung.

**Elektronenoptik,** Teilgebiet der Physik, das sich mit der Ablenkung von Elektronenstrahlen in elektrischen und magnetischen Feldern befasst sowie insbesondere mit ihren der Lichtoptik analogen abbildenden Eigenschaften. Entsprechend den Gesetzmäßigkeiten der optischen Abbildung lassen sich Strahlen geladener Teilchen durch Elektronenlinsen, -spiegel und -prismen sammeln, zerstreuen, reflektieren und brechen. Die sammelnde oder zerstreuende Wirkung rotationssymmetrischer Felder für achsennahe Elektronenstrahlen wird z. B. bei der **Elektronenlinse** ausgenutzt. Die **elektrische Elektronenlinse** besteht im Allgemeinen aus einer Kombination von metallischen Lochblenden und/oder Hohlzylindern auf unterschiedlichem elektrischen Potenzial. Eine **magnetische Elektronenlinse** wird von einer stromdurchflossenen Spule gebildet. Als **Elektronenspiegel** dient z. B. eine gegen die Elektronenquelle negativ aufgeladene Flächenelektrode; je nach Krümmung des negativen Potenzialfeldes, in dem die Elektronen reflektiert werden, wirkt sie als Sammel- oder Zerstreuungsspiegel. Als **Elektronenprisma** wirkt ein homogenes elektrisches oder magnetisches Querfeld, das die Elektronen kontinuierlich ablenkt. Prinzipien der Elektronenoptik werden u. a. im Elektronenmikroskop und Sekundärelektronenvervielfacher ausgenutzt.

Die Gesetze der Elektronenoptik lassen sich mit geringen Abwandlungen auf Ionen übertragen **(Ionenoptik).**

**Elektronenpaarbindung,** Art der →chemischen Bindung.

**Elektronenprisma,** →Elektronenoptik.

**Elektronenresonanz,** →Elektronenspinresonanz.

**Elektronenröhre,** kurz **Röhre,** hochevakuiertes Glas-, Keramik- oder Metallgefäß zur trägheitslosen Steuerung und Verstärkung elektrischer Gleich- und Wechselströme, in dem Elektronen Träger des elektrischen Stroms zwischen den Elektroden sind. Die Elektroden **(Kathode, Anode** und dazwischenliegende **Gitter)** werden konstruktiv zum Röhrensystem zusammengefasst und haben herausgeführte Anschlüsse. Die Elektronen treten aus der geheizten Kathode aus (→Glühemission) und fliegen zur Anode und zu den Gittern, die unter positiver Spannung stehen. **Steuer-, Schirm-** und **Bremsgitter**

steuern den Elektronenstrom, schirmen die Elektroden ab und bremsen Sekundärelektronen. Bei Empfängerröhren unterscheidet man Elektronenröhren mit 2 **(Diode),** 3 **(Triode),** 4 **(Tetrode),** 5 **(Pentode),** 6 **(Hexode),** 7 **(Heptode),** 8 **(Oktode)** oder 9 **(Enneode)** Elektroden sowie Verbundröhren mit 2 oder mehr Systemen. Als Senderöhren werden Trioden oder Tetroden verwendet. Dioden, bestehend aus Kathode und Anode, dienen zur Gleichrichtung oder Demodulation. Trioden, Tetroden und Pentoden, bestehend aus Kathode, Anode und einem oder mehreren Gittern, dienen zur Verstärkung, Erzeugung, Modulation oder Mischung, Hexoden, Heptoden und Oktoden zur Mischung, Enneoden zum Phasenvergleich elektrischer Wechselspannungen beziehungsweise -ströme.

Die Elektronenröhre war lange Zeit das wichtigste Gerät der Elektrotechnik. Große Verbreitung fand sie insbesondere als Empfängerröhre im Rundfunk- und Fernsehempfänger, als Senderöhre und im Mikrowellenbereich als Laufzeitröhre. Wichtige Funktionen wie Gleichrichtung, Verstärkung, Modulation elektrischer Schwingungen sowie Aufgaben in der Schalt- und Regelungstechnik werden heute von Halbleiterbauteilen (Halbleiterdiode, Transistor) beziehungsweise integrierten Schaltungen erfüllt. Elektronenröhren wurden aus dem Bereich niedriger und mittlerer Leistungen weitgehend verdrängt, werden aber weiterhin bei hohen Leistungen und hohen Frequenzen (Mikrowellenröhren, Magnetron, Klystron) sowie zur Bildaufnahme und Bildwiedergabe (Fernsehaufnahme- und Bildröhre) verwendet. Elektronenröhren, bei denen die Elektronen in einem gebündelten Strahl zur Bildgebung verwendet werden, heißen →Elektronenstrahlröhren.

Die wichtigsten Röhrenkenngrößen sind der →Durchgriff, die Steilheit der Strom-Spannungs-Kennlinie und der innere Widerstand der Elektronenröhre; ihr Produkt ist für die im Arbeitspunkt gemessenen Werte immer gleich 1 **(barkhausensche Röhrenformel).** Die Steilheit ist das Verhältnis der Anodenstromänderung zur verursachenden Gitterspannungsänderung (bei fester Anodenspannung). Der Innenwiderstand ist der Wechselstromwiderstand, gegeben durch das Verhältnis einer Anodenspannungsänderung zur zugehörigen Anodenstromänderung (bei fester Gitterspannung).

**Elektronenschale,** *Atomphysik:* Räume des wahrscheinlichsten Aufenthaltes von Elektronen mit gleichem Energieniveau (→Schalenmodell). Jede Elektronenschale kann danach eine bestimmte maximale Zahl von Elektronen aufnehmen; allgemein gilt, dass die $n$-te Schale $2n^2$ Elektronen aufnehmen kann ($n$ Hauptquantenzahl). Bei den Atomen der Edelgase sind alle Elektronenschalen **abgeschlossene Schalen,** die keine weiteren Elektronen aufnehmen können.

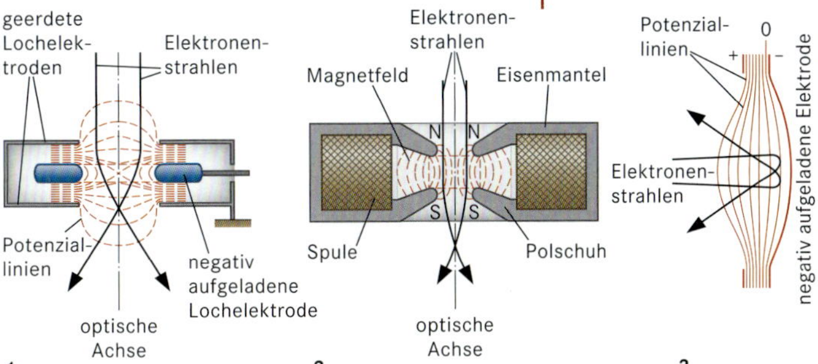


**Elektronenoptik.**
1 elektrische Dreielektrodenlinse (mit eingezeichnetem Potenzialfeld); 2 magnetische Elektronenlinse; 3 Elektronenspiegel

**Elektronenspiegel,** →Elektronenoptik.

**Elektronenspin,** der Eigendrehimpuls (→Spin) eines Elektrons.

**Elektronenspinresonanz,** Abkürzung **ESR,** durch Mikrowellen ausgelöster Übergang zwischen zwei Energieniveaus in einem paramagnetischen Material, daher auch als **paramagnetische (Elektronen-)Resonanz** (Abkürzung **EPR**) bezeichnet. Die verschiedenen Energien entsprechen den verschiedenen Einstellungsmöglichkeiten des Spins eines ungepaarten Elektrons des Systems in einem statischen Magnetfeld. Die **Elektronenspinresonanzspektroskopie** (ESR-Spektroskopie) komplizierter Moleküle erlaubt u. a. wichtige Aussagen über Kristall- und Molekülstruktur, Kernmomente und chemische Reaktionen.

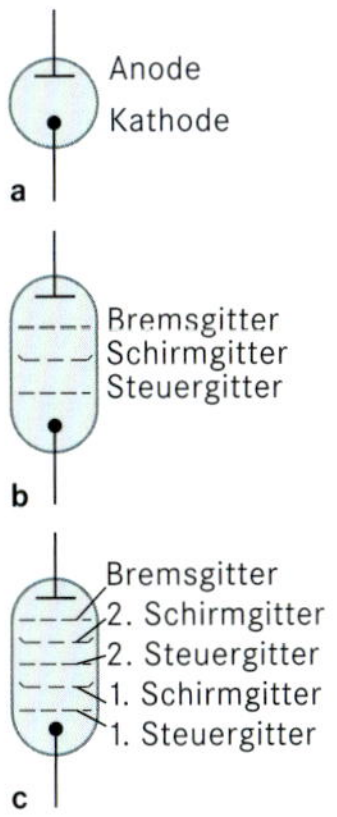


**Elektronenröhre.**
a Diode; b Pentode; c Heptode

**Elektronenstrahlbohren,** das Herstellen von kleinsten Durchbrüchen in harten, schlecht bearbeitbaren Werkstoffen unter Vakuum mithilfe eines gebündelten Elektronenstrahls. Zur Erzeugung eines ausreichenden Elektronenstrahls sind Spannungen zwischen 60 und 175 kV nötig. Der Werkstoff verdampft an der Auftreffstelle des Strahls.

**Elektronenstrahlen,** freie Elektronen, die sich im Vakuum, in Gasen oder Plasmen strahlenförmig ausbreiten, z. B. Kathoden- und Betastrahlen; durch geeignete elektronenoptische Anordnungen lassen sie sich bündeln.

**Elektronenstrahlröhre, Kathodenstrahlröhre,** aus der →braunschen Röhre weiterentwickelte evakuierte oder mit geringen Gasmengen gefüllte Elektronenröhre, bei der die von der Glühkathode emittierten Elektronen durch elektrostatische oder magneti-

100918

**Elektronenstrahlröhre**

sche Felder gebündelt werden, auf einen Leuchtschirm (Bildschirm) gelenkt und dort als Elektronenstrahl sichtbar gemacht werden; angewendet als Fernsehbildröhre, als Oszilloskopröhre (→Oszilloskop) und an Bildschirmgeräten.

**Elektronenzerfall,** der mit Elektronenemission verbundene Betazerfall (→Betastrahlung).

**Elektronik** [griechisch] *die,* Wissenschaftsgebiet, das sich mit den durch elektrische oder magnetische Felder, durch elektrische Ströme, durch Strahlung (Licht) oder Wärme beeinflussten physikalischen Vorgängen, v. a. der Elektrizitätsleitung im Vakuum, in Gasen, Festkörpern, Flüssigkeiten oder Flüssigkristallen befasst und diese sowie die dabei auftretenden Effekte in technisch realisierbare Anwendungen umzusetzen sucht. Dafür entwickelt und nutzt die Elektronik unterschiedlich aufgebaute elektronische Bauelemente, die sich u. a. durch das Fehlen mechanisch bewegter Teile (Kontakte), durch große Zuverlässigkeit und lange Lebensdauer, hohe Schaltgeschwindigkeit (das heißt nahezu trägheitslose Informationsverarbeitung) sowie geringen Energie- und Platzbedarf auszeichnen.

Der amerikanische Zukunftsforscher John Naisbitt (* 1929) zur **Elektronik:**

*»Im Zeitalter des Computers haben wir es mit der Überwindung geistiger Entfernungen mittels der Elektronik zu tun, statt dass wir, wie im Zeitalter der Industrieproduktion, physikalische Entfernungen mithilfe des Automobils überwinden mussten.«*

Die Elektronik war ursprünglich ein Bereich der Elektrotechnik und bezog sich v. a. auf das Gebiet kleiner Leistungen. Sie gründet sich auf die Entwicklung der →Elektronenröhre und umfasste zunächst die dort und in ähnlichen Anordnungen auftretenden physikalischen Erscheinungen. Insbesondere durch die Grundlagen der Festkörper- beziehungsweise Halbleiterphysik hat sie sich zu einem eigenständigen Gebiet entwickelt. Heute ist die **Halbleiterelektronik** von großer Bedeutung, die sich mit der Untersuchung und Ausnutzung gesteuerter Ströme und Ladungsverteilungen von Elektronen und Defektelektronen (Löchern) in gebietsweise unterschiedlich dotierten Halbleiterkristallen sowie den dort auftretenden Effekten befasst. Ihre wesentliche Aufgabe ist die Entwicklung und Anwendung von Halbleiterbauelementen, integrierten Schaltungen und Mikroprozessoren (→Mikroelektronik). Weitere Bereiche und Spezialgebiete der Elektronik sind →Leistungselektronik, →Magnetoelektronik, →Optoelektronik, →Polymerelektronik und →Quantenelektronik. In der **Informationselektronik** dienen elektrische Ströme als Informationsträger. In ihrer digitalen Form (Digitalelektronik) findet sie Anwendung in der →Digitaltechnik. Die Elektronik wird u. a. auch in der Nachrichten-, Energie-, Medizin- und Regelungstechnik sowie im Unterhaltungsbereich eingesetzt.

**Elektronikschrott,** Sammelbegriff für ausgediente Elektrogeräte und elektronische Bauteile (wie Computer, Telefaxgeräte, Chips), die aufgrund ihrer Anteile an Schwermetallen (Blei, Nickel, Cadmium, Zinn, Kupfer) und organischen Verbindungen eine sorgfältige Entsorgung erfordern. Beim Recycling von Elektronikschrott müssen die aus einer Vielzahl unterschiedlicher Materialien bestehenden Altgeräte in alle Bestandteile zerlegt, diese sortiert und getrennt entsorgt werden (z. B. cadmiumhaltige Bildröhren als Sonderabfall). Den Anforderungen von zwei EG-Richtlinien entsprechend wurde 2005 das Elektro- und Elektronikgerätegesetz verabschiedet, das am 24. 3. 2005 in Kraft trat. Demnach müssen ab 24. 3. 2006 alte Elektro- und Elektronikgeräte von den Herstellern zurückgenommen und entsorgt werden; Verbraucher können ihre Altgeräte kostenlos bei kommunalen Sammelstellen abgeben.

**elektronische Datenverarbeitung,** Abkürzung **EDV,** →Datenverarbeitung.

**elektronische Post,** englisch **electronic mail,** die →E-Mail.

**elektronischer Programmführer,** *Fernsehtechnik:* →EPG.

**elektronisches Papier,** papierähnlicher Datenträger für elektronisch übermittelte Information, der die elektronisch veränderbare Wiedergabe von Schrift- und Bildinformation auf einer nur wenige zehntel Millimeter dicken Folie ermöglicht. Die mit elektronischen Schaltkreisen versehene Folie ermöglicht die Steuerung der sichtbaren Farbe einzelner Bildpunkte durch elektrische Felder. Eine solche Folie besteht beispielsweise aus zwei dünnen Schichten, deren untere mit elektronischen Schaltkreisen aus organischen Halbleitern bedruckt ist und deren Oberseite eine transparente Elektrode darstellt. Zwischen den beiden Schichten befindet sich mit Mikrokapseln gefüllte **»elektronische Tinte«.** Jede dieser Mikrokapseln ist zur Hälfte mit schwarzen negativ geladenen Pigmentteilchen und zur Hälfte mit weißen positiv geladenen Pigmentteilchen gefüllt. Je nach Polung der elektrischen Spannung zwischen den unten liegenden Schaltelementen und der Deckelektrode bewegen sich innerhalb jeder Mikrokapsel schwarze oder weiße Pigmentteilchen an die dem Leser zugewandte Folienseite und erzeugen ein elektronisch veränderbares Bild. In einem separaten Datenspeicher können ein Buch oder die durch Mobilfunk übertragenen Nachrichten einer Zeitung gespeichert und bei Bedarf zur Wiedergabe abgerufen werden.

**elektronische Steuerung,** Steuerung von Fahrzeugen, Werkzeugmaschinen, chemischen Prozessen, Haushaltsgeräten, EDV-Anlagen u. a. nach einem festen Programm oder in Abhängigkeit von äußeren Daten. Von einer elektronischen Steuerung spricht man, wenn bei der Programm- oder Datenerfassung oder -verarbeitung oder bei der Übertragung der Steuersignale elektronische Schaltkreise in wichtigen Funktionen mitwirken.

**Elektrophorese** Lab-on-a-Chip

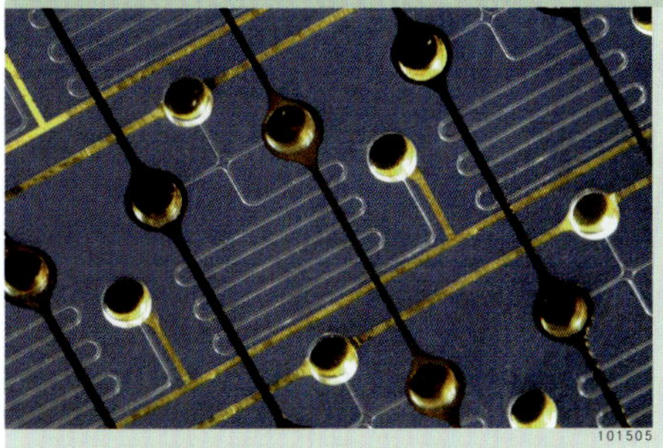


Westentaschenlabore lassen Chemie- und Analyselaboratorien auf Chipgröße schrumpfen. Zentrale Bauteile sind – analog zu den Leiterbahnen in der Mikroelektronik – mikrofluidische Kanäle. In ihnen werden Reagenzien im Nanolitermaßstab transportiert, gemischt und getrennt. Neben dem äußerst geringen Verbrauch an chemischen Substanzen und Lösungsmitteln haben Lab-on-a-Chip-Systeme den Vorteil, dass Analysen und Synthesen außerordentlich schnell ablaufen. Beispielsweise gelingt die Trennung von enantiomeren Wirkstoffen, die im Körper trotz ihrer chemischen Ähnlichkeit ganz unterschiedlich wirken können, mithilfe der Chip-Elektrophorese in weniger als einer Sekunde.
Die Trennung beruht wie bei der »normalen« Elektrophorese auf der unterschiedlichen Wanderungsgeschwindigkeit der verschiedenen Substanzen im elektrischen Feld. Die Injektion der wenige Nanoliter umfassenden Probe erfolgt im Mikrofluidiksystem durch Anlegen einer Spannung an den haarfeinen Injektionskanal. Die Trennung der Probensubstanzen findet nach dem Umschalten der Spannungen auf den Kanal statt, der den Injektionskanal kreuzt.

**Elektronvolt, Elektronenvolt,** Einheitenzeichen **eV,** gesetzliche Einheit der Energie in der Atomphysik: 1 Elektronvolt ist jene Energie, die ein Elektron beim Durchlaufen einer Potenzialdifferenz von 1 Volt im Vakuum gewinnt: $1\ \mathrm{eV} = 1{,}6021773 \cdot 10^{-19}\ \mathrm{J}$ (Joule).

**Elektro|öfen,** die am vielseitigsten verwendbare Gruppe von →Industrieöfen, bei denen die Erwärmung oder Aufheizung eines Gutes mithilfe elektrischer Energie nach unterschiedlichen Verfahren erfolgt. Man unterscheidet: Lichtbogenöfen (z. B. zum Schmelzen), Widerstandsöfen (z. B. für elektrische Heizgeräte, zum Schmelzen, Härten), Induktionsöfen (z. B. zum Löten, Schmelzen), Plasmaöfen (z. B. zum Schweißen, Schneiden, Schmelzen), elektrische Öfen (z. B. zum Trocknen, Kunststoffschweißen), Infrarotöfen (z. B. zum Trocknen), Elektronenstrahlöfen und Laserstrahlöfen (z. B. zum Schweißen, Schmelzen, Abtragen durch Verdampfen).

**Elektro|optik,** Teilgebiet der Physik, das sich mit der Beeinflussung von optischen Materialeigenschaften durch elektrische Felder sowie deren Anwendung zur Steuerung von Licht beschäftigt. Wichtige **elektrooptische Effekte** sind der →Kerr-Effekt, →Pockels-Effekt, →Stark-Effekt.

**Elektro|osmose,** →elektrokinetische Erscheinungen.

**elektrophile Reaktion,** Bezeichnung für eine chemische Umsetzung, bei der ein Elektrophil, d. h. eine Verbindung oder eine funktionelle Gruppe, die eine positive Ladung oder Partialladung besitzt und deshalb »Elektronen sucht«, eine Verbindung mit höherer Elektronendichte (ein Nukleophil) angreift. Elektrophile Reaktionen sind Additionen und Substitutionen, z. B. Halogenierung, Nitrierung.

**Elektrophorese** *die,* Wanderung elektrisch geladener suspendierter oder kolloidaler Teilchen in einem elektrischen Feld; sie heißt bei negativ geladenen Teilchen auch **Anaphorese,** bei positiven Teilchen **Kataphorese.** Die Elektrophorese ist die wichtigste →elektrokinetische Erscheinung, wird industriell z. B. zur Oberflächenbeschichtung angewendet und in der analytischen Chemie und Biochemie zur Trennung hochmolekularer Stoffe wie Proteinen. Die Trennung wird auf einem mit der Pufferlösung getränkten Träger, z. B. einem Gel (*Gel-Elektrophorese*), durchgeführt. Nach der Trennung liegen die Analyten in einzelnen Zonen getrennt vor (Banden).

Die neueste Entwicklung auf dem Gebiet der Elektrophorese ist die *Kapillarelektrophorese* (CE). Statt auf Folien oder einem Gel wandert das Probengemisch hierbei durch eine dünne, mit einem Elektrolyten oder einem Gel gefüllte Kapillare. Nach diesem Prinzip arbeiten mehrere Methoden. Einige davon kann man, dem Trennprinzip nach, auch den Verfahren der Chromatografie zuordnen.

**Elektrophysiologie,** Teilgebiet der Physiologie, das sich mit der Messung elektrischer Erscheinungen im Organismus, ihrer Entstehung und Veränderung bei Tätigkeit befasst; z. B. Aktionspotenzialmessung und Elektrokardiografie.

**Elektroschiff,** ein Schiff, bei dem die Schiffsschraube durch einen Elektromotor angetrieben wird, wobei als Stromquelle Akkumulatoren, Turbogeneratoren (Turboelektroschiff) oder Dieselgeneratoren (Dieselelektroschiff) dienen.

**elektroschwache Wechselwirkung,** eine der vier fundamentalen →Wechselwirkungen im Standardmodell der Elementarteilchen.

**Elektroskop** [griechisch] *das,* Gerät zum Nachweis elektrischer Ladungen; höhere Genauigkeiten erreicht man mit dem →Elektrometer.

**Elektrospeicherheizung,** Heizungsart mit Wärmeerzeugung durch eine elektrische Widerstandsheizung. Die erzeugte Wärme wird in Wasser, Öl, Keramik u. a. gespeichert und bei Bedarf vom Medium abgegeben.

**Elektrostatik,** →Elektrizität.

**elektrostatische Aufladung,** →Aufladung.

**elektrostatische Bindung,** die Ionenbindung (→chemische Bindung).

**Elektrotechnik,** Ingenieurwissenschaft, die sich mit der technischen Anwendung der physikalischen Grundlagen und Erkenntnisse der Elektrizitätslehre befasst, das heißt, die Erscheinungsformen und Wirkungen elektrischer Ladungen und Ströme, die von ihnen erzeugten elektrischen und magnetischen Felder sowie ihre wechselseitigen elektromagnetischen Beeinflussungen technisch ausnutzt.

Es gibt verschiedene Einteilungen der Elektrotechnik, z. B. in **Gleichstromtechnik** und **Wechselstromtechnik,** die sich wiederum in den Niederfrequenz- und den Tonfrequenzbereich sowie die Hochfrequenztechnik aufteilt. Früher wurde auch zwischen **Starkstromtechnik** mit Spannungen über circa 250 V (heute elektrische →Energietechnik) und **Schwachstromtechnik** (heute →Nachrichtentechnik) unterschieden. Weitere Teilgebiete der Elektrotechnik sind die elektrische Mess-, Regel- und Steuerungstechnik sowie im weiteren Sinn auch die →Elektronik, die heute ein selbstständiges Wissensgebiet ist.

**Element,** *Chemie:* →chemische Elemente.

**Element 110,** das chemische Element →Darmstadtium.

**Element 111,** das chemische Element →Roentgenium.

**Element 112,** künstlich erzeugtes chemisches Element der Kernladungszahl 112; erstmals 1996 bei der GSI nachgewiesen. Das Isotop $^{277}112$ entstand durch Beschuss von $^{208}Pb$ mit $^{70}Zn$ nach Emission eines Neutrons (Halbwertszeit 280 µs).

**Element 113, Ununtrium,** Abkürzung **Uut,** künstlich erzeugtes chemisches Element der Kernladungszahl 113; 2006 am Schweizer Paul-Scherrer-Institut sicher nachgewiesen.

**Element 114,** →chemische Elemente, →superschwere Elemente.

**Element 115, Ununpentium,** Abkürzung **Uup,** künstlich erzeugtes chemisches Element der Kernladungszahl 115; 2006 am Schweizer Paul-Scherrer-Institut sicher nachgewiesen beim Beschuss von Americium mit Kalzium-Atomen, wobei in der Zerfallsreihe auch das Element 113 identifiziert wurde.

**Elementaranalyse,** Methode zur Bestimmung der in organischen Verbindungen enthaltenen Elemente Kohlenstoff, Wasserstoff, Sauerstoff, Stickstoff, Schwefel u. a. (qualitative Elementaranalyse) und ihres prozentualen Gehalts (quantitative Elementaranalyse). Aus dem prozentualen Gehalt kann man bei bekannter Molekülmasse die Summenformel einer Verbindung berechnen.

**Elementaranregungen,** mögliche Anregungsformen eines Festkörpers aus seinem Grundzustand. Elementaranregungen beschreibt man als →Quasiteilchen.

**Elementarladung,** Formelzeichen *e,* eine Naturkonstante; die kleinste nachgewiesene positive oder negative elektrische Ladung: $e \approx 1{,}6022 \cdot 10^{-19}$ Coulomb. Träger einzelner Elementarladungen sind die →Elementarteilchen, z. B. das Elektron.

**Elementarmagnet,** kleinste magnetische Einheit eines Stoffes, die ein konstantes, von

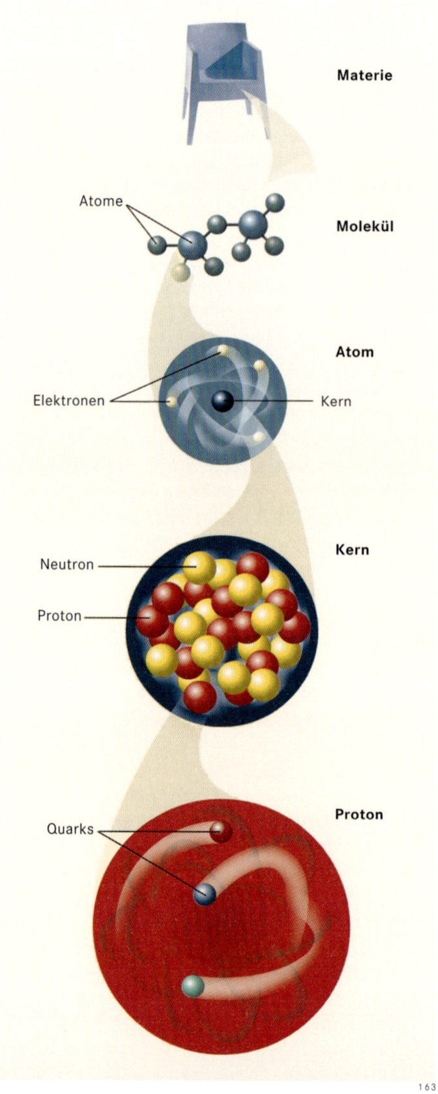


**Elementarteilchen.** Mit den heutigen Beschleunigern lassen sich noch materielle Strukturen wie die Quarks untersuchen, die höchstens ein Hundertmillionstel eines Atomdurchmessers groß sind.

äußeren Feldern unabhängiges →magnetisches Moment besitzt. In unmagnetischen Körpern sind die Elementarmagnete ungeordnet. Sie werden durch ein äußeres Feld ausgerichtet, soweit die Temperaturbewegung dem nicht entgegenwirkt. Bei paramagnetischen Stoffen (→Paramagnetismus) sind die Elementarmagnete die magnetischen Momente einzelner Atome oder Moleküle, die dadurch zustande kommen, dass die magnetischen Eigen- und Bahnmomente ihrer Elektronen sich nicht gegenseitig aufheben. In ferromagnetischen Körpern (→Ferromagnetismus) werden die Elementarmagnete durch größere Gruppen von Atomen, die magnetisch gesättigten Bereiche (→Weiss-Bezirke), gebildet.

**Elementarmembran,** *Biologie:* aus zwei monomolekularen Lipoproteidschichten aufgebaute Lamellenstruktur in →Zellen, nur elektronenmikroskopisch nachweisbar. Elementarmembranen bilden z. B. das endoplasmatische Retikulum und das Plasmalemma.

**Elementarteilchen,** subatomare Existenzformen der Materie, die sich unter Berücksichtigung der →Erhaltungssätze für Energie, Impuls und bestimmte Quantenzahlen ineinander umwandeln können und die in der **Elementarteilchenphysik** (Hochenergiephysik) erforscht werden. Sie sind die kleinsten bisher beobachteten physikalischen Objekte und können (mit den zur Verfügung stehenden Mitteln und Energien) nicht weiter zerlegt werden. Außer den bekannten Bestandteilen der Atome (→Elektronen, →Protonen, →Neutronen) sind bei der Untersuchung radioaktiver Zerfälle und der kosmischen Strahlung sowie in Teilchenbeschleunigern über 200 weitere, meist sehr schnell zerfallende Elementarteilchen entdeckt worden.

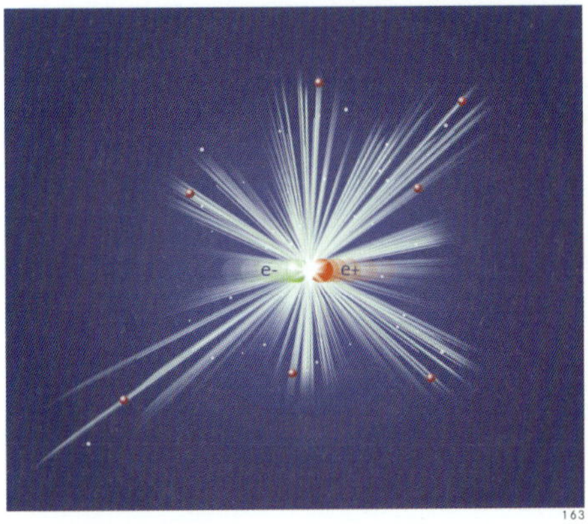

163

**Elementarteilchen.** Im Beschleuniger prallen die Partikel mit großer Geschwindigkeit aufeinander und zerstrahlen zu reiner Energie, aus der neue Elementarteilchen entstehen können.

■ **Einteilung** Die Elementarteilchen lassen sich in →Leptonen und →Hadronen (zu diesen gehören die →Baryonen und →Mesonen) sowie in →Eichbosonen **(Feldquanten** oder **Austauschteilchen)** unterteilen, die elementare →Wechselwirkungen vermitteln. Man hält heute die Leptonen und die →Quarks für die fundamentalen Bausteine; die Hadronen werden als Kombinationen von Quarks angesehen, wobei Baryonen aus je drei Quarks und/oder Antiquarks, Mesonen aus je einem Quark-Antiquark-Paar gebildet werden. Versuche zur Klärung der Frage, ob auch Quarks, die bislang nicht als frei existierende Teilchen beobachtet wurden, noch aus kleineren Einheiten aufgebaut sind, werden z. B. an der Elektron-Proton-Speicherringanlage HERA des →Deutschen Elektronen-Synchrotrons (DESY) unternommen. Die →Wechselwirkungen zwischen den Teilchen werden nach den Vorstellungen der →Quantenfeldtheorie durch die Feldquanten der Strahlungsfelder vermittelt. Diese sind die Photonen für die elektromagnetische, die

**Klassifizierung der Teilchenfamilien**

| | Familien | | | elektrische Ladung | Kräfte | | | |
|---|---|---|---|---|---|---|---|---|
| | 1. Familie | 2. Familie | 3. Familie | | stark | elektromagnetisch | schwach | gravitativ |
| **Quarks** | u (Up) | c (Charm) | t (Top) | 2/3 | x | x | x | x |
| | d (Down) | s (Strange) | b (Bottom) | −1/3 | x | x | x | x |
| **Leptonen** | $\nu_e$ (Elektronneutrino) | $\nu_\mu$ (Myonneutrino) | $\nu_\tau$ (Tauonneutrino) | 0 | – | – | x | x |
| | e (Elektron) | $\mu$ (Myon) | $\tau$ (Tauon) | −1 | – | x | x | x |

**Klassifizierung der Wechselwirkungen und der sie vermittelnden Teilchen**

| | Wechselwirkung | | | | |
|---|---|---|---|---|---|
| | stark | schwach mit Ladungsaustausch | schwach ohne Ladungsaustausch | elektromagnetisch | Gravitation |
| **Eichbosonen** | Gluon | $W^{\pm}$ | $Z^0$ | Photon | Graviton (zzt. unbeobachtet) |
| **Higgs-Bosonen** | | $H^0$ (zzt. unbeobachtet) | | | |

grün unterlegt: Elementarteilchen der 1. Familie und Photonen sind Bauteile der gewöhnlichen Materie.

**Elementarteilchen.** Das Standardmodell der Elementarteilchenphysik

W- und Z-Bosonen für die schwache, die Gluonen für die starke Wechselwirkung und die (hypothetischen) Gravitonen für die Gravitationswechselwirkung. Die Feldquanten haben ganzzahligen Spin und sind somit **Bosonen**, die fundamentalen Elementarteilchen Quarks und Leptonen besitzen dagegen halbzahligen Spin und sind **Fermionen.**

Zu jedem Teilchentyp gibt es einen Antiteilchentyp; einige Elementarteilchen sind ihren →Antiteilchen gleich. Unter den Elementarteilchen sind nur die Elektronen, Protonen, Neutronen (wenn in Atomkernen gebunden), Photonen und Neutrinos stabil, alle anderen sowie das Neutron im freien Zustand sind unbeständig. Neben diesen langlebigen Elementarteilchen gibt es sehr kurzlebige Elementarteilchen (Lebensdauer $< 10^{-20}$ s), die so genannten →Massenresonanzen **(Teilchenresonanzen** oder **Resonanzen).** Jedes Elementarteilchen ist durch Masse (Ruhemasse), Spin, (mittlere) Lebensdauer, elektrische Ladung, magnetisches Moment und weitere innere Quantenzahlen charakterisiert.

■ **Standardmodell** Die wesentlichen Ergebnisse der Elementarteilchenphysik werden heute im so genannten Standardmodell der Elementarteilchen zusammengefasst, nach dem es als Materieteilchen drei Familien von Quarks und von Leptonen und deren Antiteilchen sowie vier fundamentale Naturkräfte gibt. Es gibt zahlreiche Versuche, alle elementaren Wechselwirkungen in einer →Großen Vereinheitlichten Theorie zu vereinheitlichen. Erste Schritte dazu sind die →Glashow-Salam-Weinberg-Theorie, die die elektromagnetische und die schwache zur elektroschwachen Wechselwirkung zusammenfasst, sowie supersymmetrische Theorien, die auch die Gravitation mit einzubeziehen suchen (→Supersymmetrie, →Stringtheorie).

**Elementarteilchenphysik, Hochenergiephysik,** Teilgebiet der Physik, das die Erzeugung und Umwandlung von →Elementarteilchen bei extrem hohen Energien (oberhalb etwa 150 MeV) sowie ihre Struktur und Wechselwirkungen untersucht. Derartige Energien, deren untere Grenze durch die zur Energie äquivalenten Ruhemasse der Teilchen bestimmt wird, kommen in der kosmischen Strahlung vor (bis $10^{11}$ GeV) oder werden in großen →Teilchenbeschleunigern über Stoßprozesse (v. a. von Protonen und Elektronen) künstlich erzeugt. Die wichtigsten Beschleuniger der Elementarteilchenphysik in Westeuropa stehen in Hamburg (→Deutsches Elektronen-Synchrotron) und bei Genf (→CERN). Die Experimente haben zur Entdeckung sehr vieler instabiler Elementarteilchen und kurzlebiger Resonanzen sowie zu wesentlichen Erkenntnissen in der Theorie der Elementarteilchen geführt.

**Elementarwelle,** nach dem →huygensschen Prinzip die von jedem Punkt des Raumes, der von einer Welle (Primärwelle) erreicht wird, ausgehende Kugelwelle. Die Hüllkurve aller Elementarwellen ist dabei identisch mit der sich ausbreitenden Wellenfront.

**Elimination,** *Biologie:* das Verlorengehen bestimmter Erbmerkmale im Laufe der stammesgeschichtlichen Entwicklung.

**Eliminierung,** chemische Reaktion, bei der Atome oder Atomgruppen ohne Ersatz durch andere Gruppen aus einem Molekül entfernt werden. Die Eliminierung ist eine Umkehrung der →Addition. Eliminierungen sind z. B. →Dehydrierung, →Dehydratisierung.

**Elion** ['eljən], Gertrude Belle, amerikanische Pharmakologin und Biochemikerin, * New York 23. 1. 1918, † Chapel Hill (North Carolina) 21. 2. 1999; ab 1944 Mitarbeiterin von G. H. Hitchings, ab 1973 auch Professorin in Chapel Hill (North Carolina); erhielt 1988 (mit J. W. Black und Hitchings) für die Entwicklung neuer, selektiv wirksamer Chemotherapeutika den Nobelpreis für Physiologie oder Medizin.

**Elmsfeuer,** Sprüh-, Büschel- oder Glimmentladung an hervorstehenden Kanten und Spitzen bei hohen elektrischen Feldstärken in der Luft (Gewitter), z. B. an Mastspitzen von Schiffen.

**El Niño** [-'ninjo, spanisch], Klimaanomalie im südlichen Pazifik, →Niño.

**Elongation** [lateinisch] *die, Physik:* bei einer Schwingung die momentane Auslenkung aus der Ruhelage.

**Eloxieren,** Bezeichnung für die →anodische Oxidation von Aluminiumwerkstoffen.

**Elter** *der* oder *das, Biologie, Statistik:* ein Elternteil.

**Elution** [zu lateinisch eluere »auswaschen«, »ausspülen«] *die,* das Herauslösen von adsorbierten Stoffen aus festen oder mit Flüssigkeit getränkten Adsorptionsmitteln.

**Eluvialhorizont,** durch Auswaschung an organischer Substanz, Ton oder Eisen- und Aluminiumverbindungen verarmte, horizontale Schicht im →Boden.

**Elysieren, elektrochemisches Abtragen,** die elektrolytische Bearbeitung der Oberfläche harter Metalle, wobei das Metall sich als Anode in einem rasch fließenden Elektrolyten einer Kathode in geringem Abstand gegenüber befindet und oberflächlich gelöst (abgetragen) wird. Hierbei erhält das Metall seine durch die Form der Kathode und ihre Bewegung bedingte Gestalt oder Oberfläche. Ein verwandtes, aber nicht elektrochemisches Verfahren ist die →Elektroerosion.

**E-Mail** ['i:meɪl; Abkürzung für englisch **e**lectronic **mail**], die Übermittlung von Dokumenten auf elektronischem Weg durch Datenübertragung. Dadurch ist ein Informationsaustausch zwischen zwei Datenendgeräten (Computer, Terminal) in einem Datennetz über große Entfernungen in Bruchteilen von Sekunden möglich, auch wenn die Endgeräte an verschiedenen Rechnern und in verschiedenen Netzen angeschlossen sind. Das Datenendgerät des Empfängers muss mit einem speziellen Speicher **(Mailbox)** ausgestattet sein, in dem die Dokumente abgelegt werden. Die Bearbeitungsmöglichkeiten von E-Mail (z.B. Anhängen von Dateien, automatische Rückantworten) sind vom verwendeten E-Mail-Programm abhängig. Mailadressen bestehen oftmals aus einem Benutzernamen, dem @-Zeichen (englisch »at«) und einer Folge von Rechner- und Domain-Namen, beispielsweise president@whitehouse.gov.

**E-Mail**
→ GEO **Dossier** Weltweit verwoben, Bd. 8

**Embryo** [griechisch] *der,* österreichisch auch *das* **Keim**, **Keimling**, **1)***Anatomie, Zoologie:* der sich aus der befruchteten Eizelle entwickelnde Organismus, solange er sich noch in den Eihüllen, der Eischale oder im mütterlichen Körper befindet. Die Embryonen höherer Wirbeltiere (Amnioten) sind von besonderen Embryonalhüllen (Amnion und Serosa) umgeben. Bei den meisten Säugetieren wird die Serosa unter Ausbildung von Zotten zur Zottenhaut (Chorion). Der Embryo schwimmt, gegen Druck- und Temperaturschwankungen geschützt, im Fruchtwasser der Amnionhöhle. Er ist bei Säugetieren über den Nabelstrang und den Mutterkuchen (Plazenta) mit dem ihn ernährenden mütterlichen Organismus verbunden. Beim Menschen und den Säugetieren wird die Leibesfrucht bis zum Ende der Organentwicklung (beim Menschen bis zum Ende des 3. Schwangerschaftsmonats) als Embryo bezeichnet; danach **Fetus.**

**2)***Botanik:* die aus der befruchteten oder unbefruchteten (→Jungfernzeugung) Eizelle hervorgehende, aus teilungsfähigen Zellen bestehende junge Anlage des Sporophyten der Moose, Farn- und Samenpflanzen.

**Embryosack,** der Teil der →Samenanlage der Samenpflanzen, in dem sich der Embryo bildet.

**Emission** [zu lateinisch emittere »ausschicken«] *die,* **1)***Physik:* die Aussendung einer Wellen- oder Teilchenstrahlung durch ein atomares System, z.B. die Emission von Licht durch leuchtende Körper (→Lumineszenz), von Alpha-, Beta- oder Gammastrahlung durch radioaktive Stoffe oder die Emission von Elektronen aus Metallen durch hohe Temperatur (→Glühemission) oder durch Licht (→Fotoeffekt). Während die **spontane Emission** von elektromagnetischer Strahlung (z.B. die Lichtemission) ohne äußere Einwirkung erfolgt, wird die **induzierte (stimulierte) Emission** durch Einwirkung einer Strahlung ausgelöst (→Laser).

**2)***Umweltschutz:* das Ablassen oder Ausströmen fester, flüssiger oder gasförmiger Stoffe aus Anlagen oder technischen Abläufen beziehungsweise aus natürlichen Quellen (z.B. Vulkane), die die Luft, das Wasser oder andere Umweltbereiche verunreinigen; auch Bezeichnung für die abgegebenen Stoffe selbst. Emissionen im Sinne der TA Luft sind auch Geräusche und Erschütterungen sowie Licht-, Wärme- und radioaktive Strahlen. Verursacher von Emissionen heißen **Emittenten.** Emissionen führen in der Umwelt zu →Immissionen. Der von Menschen verursachte, ständig zunehmende Emissionsanteil gefährdet das ökologische Gleichgewicht der gesamten Erde.

**Emissionsgrenzwerte,** Höchstmengen des Schadstoffausstoßes von technischen An-

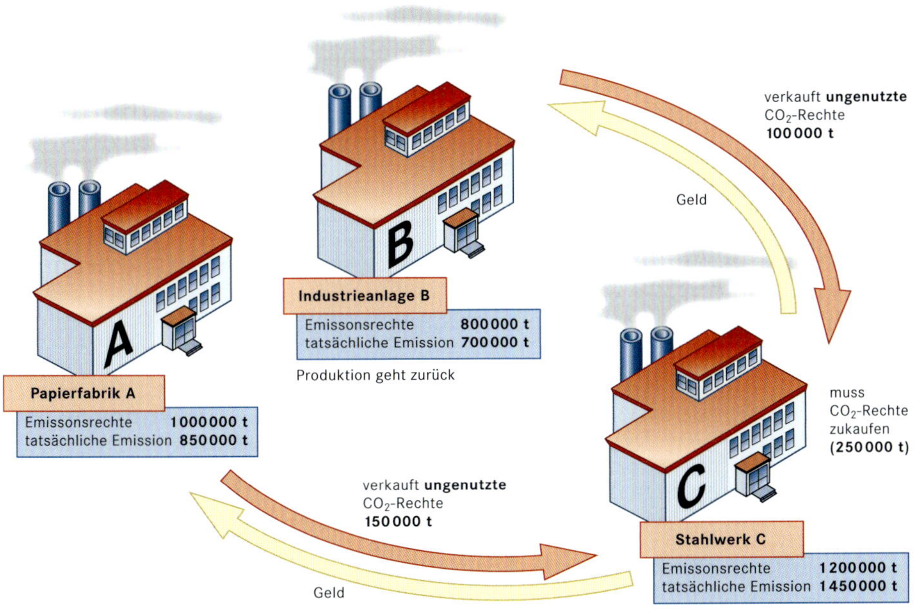


**Emissionshandel.** Emissionshandel am Beispiel von drei Unternehmen

lagen und Einrichtungen (u.a. Kfz-Motoren). Emissionsgrenzwerte für genehmigungspflichtige Anlagen sind z.B. in der →TA Luft beziehungsweise in zahlreichen Verordnungen des Bundesimmissionsschutzgesetzes festgelegt.

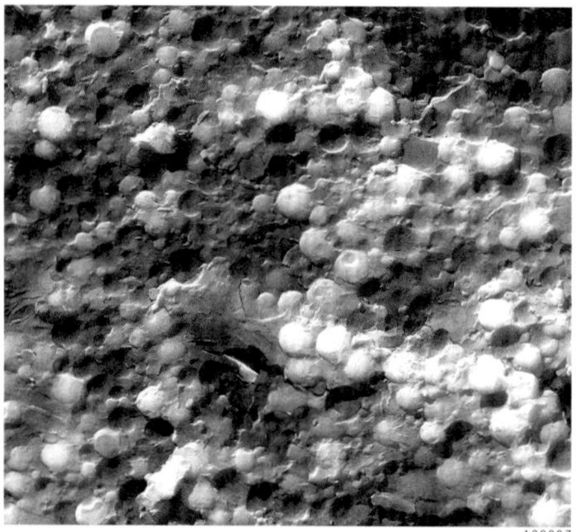

100097

**Emulsion.** Die klassische Niveacreme, eine Wasser-Öl-Emulsion, unter dem Rasterelektronenmikroskop

**Emissionshandel,** ein Marktmechanismus, der darauf angelegt ist, die im →Kyōto-Protokoll festgelegte Reduktion von Treibhausgasen effizienter zu gestalten. Den Teilnehmern wird gestattet, die ihnen zugewiesene Menge an Emissionen entweder selbst aufzubrauchen oder mit Teilen davon zu handeln. Ein Teilnehmer, der sein Kontingent nicht voll ausschöpft, also weniger Schadstoffe ausstößt, als er eigentlich dürfte, kann das überschüssige Emissionsguthaben an einen anderen Teilnehmer verkaufen. Die Lizenzen werden dem Käufer als eigene Emissionsreduktionen gutgeschrieben. Bei einem optimalen Emissionshandel würden die Kosten für die meisten Akteure verringert, weil Emissionsreduktionen dort stattfänden, wo sie am billigsten sind. Das europäische Emissionshandelssystem trat mit Beginn des Jahres 2005 in Kraft. Die EU-Staaten legen dafür Emissionsobergrenzen für alle Unternehmen schadstoffintensiver Industrien fest und vergeben Zertifikate, die am Ende jeder Handelsperiode verrechnet werden. – Abb. S. 235

**Emissionskataster,** Datensammlung zur Beschreibung der Emissionssituation in regionalen oder überregionalen Räumen für luftverunreinigende Schadstoffe. Der Emissionskataster enthält Angaben über Art, Menge, räumliche und zeitliche Verteilung und Austrittsbedingungen von Schadstoffen aus Industrie, Gewerbe, Hausbrand und Verkehr.

**Emittent** [lateinisch] *der, Umweltschutz:* →Emission.

**Emitter** [englisch, von lateinisch emittere »ausschicken«] *der,* Elektronen abgebende Elektrode des →Bipolartransistors.

**EMK,** Abkürzung für →**e**lektro**m**otorische **K**raft.

**Empfänger, Receiver,** Gerät, Schaltung oder Bauelement zur Aufnahme, Wandlung und Verstärkung von Signalen. Die Signale können von einem Sender erzeugt und abgegeben und mittels elektromagnetischer Wellen, elektrischer Impulse, Lichtstrahlen, Schallwellen u.a. übertragen werden. Der Empfang ist mit entsprechend eingerichteten Geräten möglich, z.B. mit Rundfunk- und Fernsehgeräten (über Empfangsantennen), Mikrofonen und Sensoren (optoelektronische Empfänger).

**Empfindlichkeit,** *Fotografie:* Angabe zur Lichtempfindlichkeit des fotografischen Materials, erfolgt in ISO-Werten (→Fotografie), wobei die früheren Empfindlichkeitsangaben nach DIN und ASA kombiniert werden, z.B. 21 DIN = 100 ASA = ISO 100/21°.

**Emulsion** [lateinisch] *die,* eine →Dispersion aus zwei oder mehr nicht mischbaren Flüssigkeiten, bei der die eine Flüssigkeit, die **disperse Phase,** in Form kleiner Tröpfchen in der anderen, der **geschlossenen Phase,** suspendiert (verteilt) ist. Emulsionen stabilisiert man durch Zugabe von **Emulgatoren,** die die Oberflächenspannung der emulgierten Flüssigkeit herabsetzen.

**EMV,** Abkürzung für →**e**lektro**m**agnetische **V**erträglichkeit.

**EMVU,** die →**e**lektro**m**agnetische **V**erträglichkeit zur **U**mwelt.

**Enantiomerie** [griechisch] *die,* die Spiegelbildisomerie, →Isomerie von Molekülen.

**Enantiotropie** [griechisch] *die,* Modifikationsänderung eines Stoffes (Phasenumwandlung) an scharf definierten Umwandlungspunkten beliebig oft nach beiden Richtungen; z.B. bei flüssigen Kristallen.

**Encoder** [ɪnˈkoʊdə, englisch] *der,* Einrichtung zum Verschlüsseln von Daten usw.; Datenverschlüsseler in einem →Computer; Gegensatz →Decoder.

**endemisch,** *Biologie:* in einem bestimmten Gebiet verbreitet; z.B. Beuteltiere in Australien.

**endergonisch,** Energie verbrauchend; eine **endergonische Reaktion** ist eine chemische Reaktion, die nur abläuft, wenn den reagierenden Stoffen Energie zugeführt wird. Gegensatz: exergonisch.

**Enders** [ˈendəz], John Franklin, amerikanischer Bakteriologe, *West Hartford (Connecticut) 10. 2. 1897, †Waterford (Connecticut) 8. 9. 1985; arbeitete besonders auf dem Gebiet der spinalen Kinderlähmung; erhielt 1954 (mit F. C. Robbins und T. H. Weller) den Nobelpreis für Physiologie oder Medizin.

**Endhandlung,** →Appetenzverhalten.

**Endlagerung,** die sichere Verwahrung von schädlichen und giftigen, besonders aber radioaktiven Abfällen mit dem Ziel (im Gegensatz zur →Zwischenlagerung), eine dauernde Isolierung der Schadstoffe vom menschlichen Lebensbereich zu gewährleisten.

■ **Methoden** Als relativ sichere Methode der Endlagerung radioaktiver Abfälle gilt heute die Verwahrung in geologischen Formationen des tieferen Untergrunds (Salz, Granit, Ton, Tuff). Die wesentlichen Anforderungen an ein solches **Endlager** sind: geologische Stabilität über einen Zeitraum von etwa 10 000 Jahren, Sicherheit gegenüber dem Zutritt von Wasser, das die Schadstoffe auslaugen und transportieren könnte, gute Wärmeleitfähigkeit zur Abfuhr der beim radioaktiven Zerfall auftretenden Wärme. Die radioaktiven Abfälle müssen dabei in eine zur Endlagerung geeignete, meist feste Form gebracht werden, die ein Austreten radioaktiver Stoffe auch über derart lange Zeiträume verhindert **(Endkonditionierung).** Schwach- bis mittelaktive Abfallstoffe, z. B. in Form radioaktiver Abwässer, werden dazu im Allgemeinen mit Bitumen oder Beton in Stahlfässern fixiert, hochradioaktive Stoffe mit Glas verschmolzen (Verglasung) und anschließend von rostfreiem Stahl umschlossen. Die Endlagerung durch Versenken von Abfällen ins Meer in Tiefen von mehr als 4 000 m wurde bis 1983 vorwiegend für schwachaktive Abfälle praktiziert und ist seitdem weltweit gestoppt.

Die Endlagerung hochradioaktiver Abfälle ist weltweit ein bisher weder technisch noch finanziell gelöstes Problem. In Deutschland wurde ein Endlager in Morsleben betrieben, dessen Stilllegung jedoch 2001 eingeleitet wurde. Die Erkundung eines Salzstocks bei Gorleben ruht seit 2000, die Genehmigung für den Schacht »Konrad« bei Salzgitter wird zurzeit vor Gericht verhandelt.

**Endmaße,** *Messtechnik:* Körper aus gehärtetem Stahl mit vorwiegend rechteckigem Querschnitt und parallelen Messflächen **(Parallelendmaße);** dienen als Längenmaßnormale. Durch Aneinandersetzen mehrerer Endmaße können beliebige Maßlängen (bis auf 0,001 mm genau) gebildet werden.

**Endobiose** [griechisch] *die, Biologie:* Sonderform der →Symbiose; der **Endobiont** lebt im Inneren eines anderen Lebewesens (z. B. Bakterien im Darm der Tiere).

**Endodermis** [griechisch] *die, Botanik:* innerste, meist einzellige Schicht der Wurzelrinde.

**Endokarp** [griechisch] *das, Botanik:* innerste Fruchtwandschicht.

**Endoparasiten** [griechisch], **Entoparasiten,** im Wirt lebende Schmarotzer, z. B. Bandwurm; Gegensatz: Ektoparasiten.

**Endophyten** [griechisch], **Entophyten,** pflanzliche Organismen (v. a. Pilze, Algen), die im Inneren anderer Organismen leben.

**endoplasmatisches Retikulum,** Abkürzung **ER,** Organell der →Zelle.

**Endosperm** [griechisch] *das,* Nährgewebe im Embryosack der →Samenanlage) bei Samenpflanzen.

100562

**Endlagerung.** Blick in einen unterirdischen Tunnelgang der geplanten finnischen Atommüllendlagerstätte in Eurajoki (südlich von Pori)

**Endosymbiontenhypothese,** Erklärungsmodell für die Entstehung der eukaryontischen Zelle, die unter anderem durch den Besitz von Zellorganellen charakterisiert ist. Die Endosymbiontenhypothese geht davon aus, dass die eukaryontische Zelle das Produkt eines symbiontischen Zusammenschlusses ist. Gärende zellwandfreie Bakterien sollen im Laufe der Evolution symbiontische Cyanobakterien und aerobe Bakterien aufgenommen haben, die dann zu →Chloroplasten und →Mitochondrien wurden. Hauptargumente für diese weitgehend anerkannte Hypothese sind das Vorhandensein von DNA und eines vollständigen Proteinsyntheseapparates in diesen Organellen, der in Aufbau und Empfindlichkeit gegenüber Hemmstoffen dem rezenter Bakterien ähnlicher ist als dem des Zytoplasmas der »Wirtszelle«; die genannten →Organellen sind zur eigenständigen Vermehrung (Autoreduplikation) innerhalb der Zelle fähig. Im Laufe der Evolution wurde ein großer Teil des genetischen Materials der Symbionten auf den Zellkern der Wirtszelle übertragen, die hierdurch kodierten Proteine werden im Zytoplasma synthetisiert und dann in das Organell transportiert.

**endotherm** [griechisch], Wärme aufnehmend, Bezeichnung für chemische oder physikalische Prozesse, die unter Wärmeverbrauch ablaufen; Gegensatz: exotherm.

**endotroph** [griechisch], *Botanik:* im Innern wachsend; bei einigen Formen von →Mykorrhiza.

**Endwirt,** Lebewesen, in dem ein Schmarotzer mit Wirtswechsel geschlechtsreif wird.

**Energie** [griechisch enérgeia »Wirksamkeit«] *die, Physik:* Formelzeichen $E$ oder $W$, SI-Einheit ist das Joule (J): 1 J = 1 Nm = 1 Ws, gesetzliche Einheiten sind außerdem Kilowattstunde (kWh) und Elektronvolt (eV), veraltete, nicht gesetzliche Einheiten das Erg (erg) und die Kalorie (cal); die in einem physikalischen System gespeicherte →Arbeit (Arbeitsvermögen) beziehungsweise die Fähigkeit, Arbeit zu verrichten. Die Änderung der Energie eines Systems bei einem Vorgang ist gleich der von außen verrichteten oder nach außen abgegebenen Arbeit. Energie hat sehr unterschiedliche Erscheinungsformen (z. B. als mechanische, elektrische, magnetische, thermische, chemische, Kernenergie), die an das Vorhandensein von materiellen Körpern, ihre Bewegungen und Wechselwirkungen gebunden sind, oder die mit physikalischen Feldern verknüpft sind **(Feldenergie).** Alle Energieformen sind ineinander umwandelbar. In einem abgeschlossenen System bleibt die Gesamtenergie konstant (→Energiesatz).

■ **Mechanik** a) Ein im Schwerefeld der Erde um die Höhe $h$ gehobener Körper der Masse $m$ besitzt aufgrund seiner Lage die **potenzielle** oder **Lageenergie** $E_{pot} = m \cdot g \cdot h$ ($g$ Fallbeschleunigung). b) Ein Körper der Masse $m$ mit der Geschwindigkeit $\upsilon$ hat die **kinetische** oder **Bewegungsenergie** $E_{kin} = {}^1/_2 m \cdot \upsilon^2$. c) Analog hat ein Körper bei einer Drehbewegung mit der Winkelgeschwindigkeit $\omega$ die **Rotationsenergie** $E_{rot} = {}^1/_2 I \cdot \omega^2$ ($I$ Trägheitsmoment um die Drehachse).

■ **Elektrizitätslehre** 1) Allgemein ist die **elektrische Feldenergie** eines Feldes der Feldstärke $\boldsymbol{E}$ durch das Volumenintegral seiner Energiedichte $w_{el} = {}^1/_2 \boldsymbol{E} \cdot \boldsymbol{D}$ gegeben ($\boldsymbol{D}$ elektrische Flussdichte). Für einen Leiter mit dem konstanten elektrischen Potenzial $V$, auf dem sich die Ladung $Q$ befindet, gilt $E_{el} = {}^1/_2 Q \cdot V$. 2) Ein stationärer elektrischer Strom mit der Stromstärke $I$ gibt beim Durchfließen eines Leiters (zwischen dessen Enden die Spannung $U$ besteht) während der Zeit $t$ die Energie $E_{el} = U \cdot I \cdot t$ ab. 3) Die in einem auf die Spannung $U$ aufgeladenen Kondensator der Kapazität $C$ gespeicherte Energie beträgt: $E_{el} = {}^1/_2 C \cdot U^2$. 4) Ein vom Strom $I$ durchflossener Leiter (z. B. eine Spule) mit der (Selbst-)Induktivität $L$ ist von einem Magnetfeld umgeben, in dem die **magnetische Feldenergie** $E_{mag} = {}^1/_2 L \cdot I^2$ gespeichert ist. 5) Bei Systemen bewegter elektrischer Ladungen tritt zur kinetischen Energie der Ladungsträger die im elektrischen und im magnetischen Feld dieser Ladungen gespeicherte **elektromagnetische Feldenergie** hinzu. Aufgrund der elektromagnetischen →Induktion ist →magnetische Energie in elektrische umwandelbar und umgekehrt. Eine Ausbreitung von elektromagnetischer Feldenergie (z. B. Lichtenergie) ist auch ohne Trägermedium durch elektromagnetische Wellen möglich.

■ **Wärmelehre** Auch die **Wärmemenge** $Q$ ist eine Form der Energie; sie ist die in der ungeordneten Wärmebewegung der Teilchen gespeicherte **thermische** oder **Wärmeenergie** eines thermodynamischen Systems (→innere Energie). Die Umsetzung thermischer Energie in Arbeit wird durch den 2. Hauptsatz der →Thermodynamik eingeschränkt.

■ **Chemie** Die in chemischen Verbindungen gespeicherte **chemische Energie** ist gleich der bei der →chemischen Bindung frei werdenden chemischen Bindungsenergie (→Bindung). So wird z. B. beim Akkumulator die zugeführte elektrische Energie in chemische Energie umgewandelt und gespeichert.

■ **Kern- und Elementarteilchenphysik** Nach der speziellen Relativitätstheorie sind auch Masse und Energie zueinander äquivalent, daher entspricht jeder Masse $m$ die Energie $E = mc^2$ ($c$ Lichtgeschwindigkeit); sie wird bei der Paarvernichtung vollständig freigesetzt. Beim Aufbau der Atomkerne aus einzelnen Protonen und Neutronen tritt ein →Massendefekt $\Delta m$ auf, wobei die Bindungsenergie $E = \Delta m c^2$ frei wird. Da die Bindungsenergie je Nukleon für mittelschwere Kerne am größten ist, kann →Kernenergie sowohl durch Kernfusion leichter Kerne (→Sonnenenergie) als auch durch Kernspaltung schwerer Kerne gewonnen werden.

■ **Technik** Bei der Energieerzeugung und Energieversorgung unterscheidet man die in natürlichen Energieträgern wie Kohle, Erdöl, Erdgas, Kernbrennstoffen sowie die in Wasser, Wind, Sonnenstrahlung u. a. Trägern erneuerbarer Energien enthaltene **Primärenergie** und die daraus durch Umwandlung gewonnene **Sekundärenergie,** die in erster Linie als elektrische, aber auch mechanische, thermische oder chemische Energie vorliegt.

**Energiebändermodell, Bändermodell,** quantenmechanische Modellvorstellung zur Beschreibung des Energiespektrums der Elektronen in →Festkörpern. In einem ausgedehnten Kristall spalten sich die Energiezustände der Elektronen infolge der Wechselwirkung der Atome auf und überlagern sich zu Energiebändern. Neben besetzten und unbesetzten Energiebändern gibt es **verbotene Zonen (Energielücken** oder **Bandlücken),** in denen die Elektronen sich nicht aufhalten können. Bei sehr tiefen Temperaturen $T$ werden sämtliche Energiezustände bis zu einer Grenzenergie **(Fermi-Energie, Fermi-Grenze)** besetzt. Das oberste, bei $T = 0$ K voll besetzte Band heißt **Valenzband,** das niedrigste leere oder teilweise besetzte **Leitungsband.** Von der Besetzung dieser Bänder sowie deren Abstand zueinander hängen viele physikalische Eigenschaften ab, v. a. die unterschiedliche elektrische Leitfähigkeit von Isolatoren, Halbleitern und Metallen.

**Energiedosis,** *Physik, Strahlenschutz:* →Dosis.

**Energieforschung,** die Forschung zur Erschließung neuer und zur optimalen Nutzung vorhandener Energiequellen. Von zunehmendem Interesse sind vor allem die Erschließung und Nutzbarmachung regenerativer Energiequellen (Erdwärme, Sonnen-, Gezeiten-, Wind-, Meereswärme- und Bioenergie).

**Energieniveau** [-nivo:], Bezeichnung für jeden der von einem quantenmechanischen System (z. B. Atomkern, Atom, Molekül) in den möglichen stationären oder quasistationären Energiezuständen angenommenen Energiewerte. Die Gesamtheit der möglichen Energieniveaus bildet das **Energiespektrum,** ihre grafische Darstellung das **Energieniveauschema** oder (v. a. in der Spektroskopie) **Termschema.**

**Energiesatz, Energieerhaltungssatz, Energieprinzip,** allgemein gültiges Naturgesetz, nach dem Energie weder erzeugt noch vernichtet, sondern nur von einer Form in eine andere (oder in mehrere andere Energieformen) umgewandelt werden kann (→Erhaltungssätze); in einem abgeschlossenen physikalischen System ist somit die Gesamtenergie zeitlich konstant. Ein →Perpetuum mobile 1. Art, das heißt eine Maschine, die mehr Energie abgibt, als sie aufnimmt, ist danach unmöglich. Wegen der →Äquivalenz von Masse und Energie wird in der Relativitätstheorie die Masse in die Energiebilanz einbezogen.

**Energiesparlampe,** eine →Leuchtstofflampe.

**Energiespeicherung,** Speicherung von Sekundärenergie, die jederzeit in gewünschter Menge über einen gewissen Zeitraum rationell zur Verfügung stehen soll. Die Speicherung von Wärmeenergie gehört zu den ältesten Formen der Energiespeicherung. Die Wärmeenergiespeicherung nutzt die Wärmespeicherkapazität bestimmter Stoffe (z. B. Wasser, Öl, Gestein) und ist v. a. für Wärmekraftmaschinen (→Wärmespeicher) und Heizzwecke von großer Bedeutung. Die Speicherung mechanischer Energie ist in Pumpspeicherwerken (→Wasserkraftwerk) möglich. Das Spektrum der potenziell einsetzbaren Stromspeicher reicht von Batterien, Schwungrädern über Doppelschichtkondensatoren (»Supercaps«) und supraleitenden magnetischen Energiespeichern bis hin zu Druckluftspeichergasturbinen (CAES) und Pumpspeicherkraftwerken. Direkte Stromspeicher speichern die elektrische Energie unmittelbar ohne Umwandlung in eine andere Energieform (z. B. Supercaps mit hohem Wirkungsgrad $\eta$ von rund 95 %). Im Gegensatz dazu erfolgt die elektrische Energiespeicherung bei Schwungrädern über die Umwandlung in mechanische Energie ($\eta$ rund 90 %) sowie bei Batterien mittels elektrochemischer Vorgänge (zwischen 70 und 85 %). Grundlage für neuere Entwicklungen leichterer und leistungsfähigerer wiederaufladbarer →Akkumulatoren, wie sie z. B. im mobilen Bereich für Elektrofahrzeuge benötigt werden, sind der Natrium-Schwefel-Akkumulator, der Natrium-Nickel-Chlorid-Akkumulator, der Nickel-Cadmium-Akkumulator, die Lithium-Schwefel-Batterie, die Metall-Luft-Batterie sowie die Strömungs- beziehungsweise Redoxbatterie. Der dezentrale Einsatz von Schwungspeichern, z. B. in Kombination mit einer Windkraftanlage, könnte in zukünftigen Energiesystemen Anwendung finden.

Elektrische Energiespeicherung in Form von Wasserstoff (oder auch Metallhydriden; →Wasserstoffenergietechnik), der durch Elektrolyse von Wasser gewonnen und mit →Brennstoffzellen am Verbraucherort wieder in Elektrizität umgewandelt wird, ist bisher wegen der zu geringen Umwandlungsausbeuten noch unwirtschaftlich.

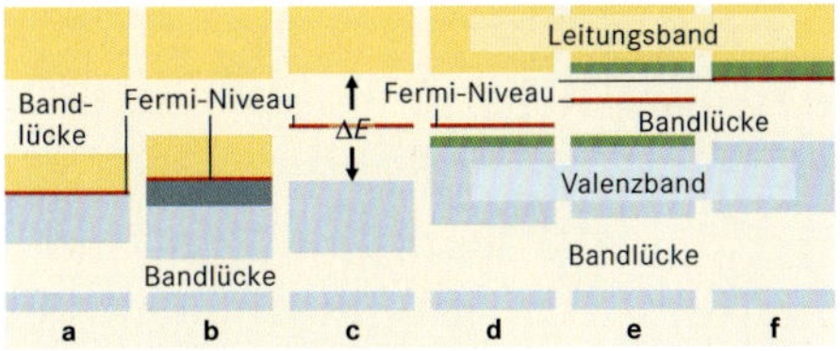


**Energiebändermodell.** Energiebänder und ihre Besetzung durch Elektronen; a einwertiges Metall, b zweiwertiges Metall (mit Bandüberlappung), c Isolator (große Energielücke $\Delta E$ zwischen Valenz- und Leitungsband), d p-Halbleiter, e Eigenhalbleiter, f n-Halbleiter; leere Bandzustände sind gelb, teilweise besetzte grün, voll besetzte blau, bei Bandüberlappung dunkelblau gekennzeichnet; das Ferminiveau ist rot eingezeichnet.

> Die Zukunft der **Energietechnik** beschrieb vorausschauend bereits der französische Schriftsteller Jules Verne (* 1828, † 1905) folgendermaßen:
>
> *»Das Wasser ist die Kohle der Zukunft. Die Energie von morgen ist Wasser, das durch elektrischen Strom zerlegt worden ist. Die so zerlegten Elemente des Wassers, Wasserstoff und Sauerstoff, werden auf unabsehbare Zeit hinaus die Energieversorgung der Erde sichern.«*

**Energietechnik, technische Energetik,** die Gesamtheit der Verfahren, Vorrichtungen und Anlagen zur möglichst optimalen (das heißt mit einem hohen Wirkungsgrad bei geringer Umweltbelastung) Umwandlung jeder Art von Primärenergie (→Energie) in eine der nutzbaren Sekundärenergieformen (→Solartechnik, →Wärmekraftwerk, →Windkraftwerk). Zur Energietechnik gehört neben der **Wärmetechnik** die **elektrische Energietechnik (Elektroenergietechnik),** die sich mit der Erzeugung, Fortleitung und Verteilung von Elektroenergie (Elektrizitätsversorgung) in Industrie, Verkehrswesen und Haushalt befasst, darunter auch mit der Beherrschung hoher Spannungen (Hochspannungstechnik) sowie mit der Verwertung der elektrischen Energie (Elektroenergieumwandlung); hierzu gehören u. a. Elektrowärmetechnik, Lichttechnik, Elektrochemie und elektrische Antriebstechnik (Elektromotoren, Generatoren).

**Energieterm,** *Physik:* →Term.

**Engerling.** Engerlinge des Feldmaikäfers

**Energieversorgung,** die Versorgung von Wirtschaft, Haushalten und Verkehr mit Primär- (Öl, Gas) oder Sekundärenergie (Strom, Wärme), die in ihrer Qualität und Quantität unterschiedlich sein können.

**E-Netz,** *Telekommunikation:* digitales Mobilfunknetz (→Mobilfunk), das sich in die Netze **E 1** und **E 2** unterteilt.

**Engerling,** Larve der Blatthornkäfer; die Engerlinge einiger Arten (z. B. des Maikäfers) schädigen Wurzeln.

5580

**Enteisungsanlage.** Stationäre Anlage des Münchener Flughafens in Betrieb

**Enigma** [von griechisch aínigma »Rätsel«], Name eines Verschlüsselungssystems, das das Deutsche Reich im Zweiten Weltkrieg zur Chiffrierung geheimer Nachrichten nutzte. Mit der Enigma wurde während des Zweiten Weltkriegs der größte Teil der Funksprüche der deutschen Wehrmacht und Marine vor dem Absenden verschlüsselt und nach dem Empfang wieder entschlüsselt. Die mit der Enigma chiffrierten Funksprüche wurden während des Kriegs (mit Unterbrechungen) in der britischen Chiffrierstelle in Bletchley Park trotz immer neuer technischer Raffinessen dechiffriert, sodass die Alliierten diesen Teil des militärischen Funkverkehrs mit einigen Ausnahmen mithören konnten. Man nimmt an, dass während des Zweiten Weltkriegs 100 000 bis 200 000 solcher Verschlüsselungsmaschinen gebaut wurden.

**Enole,** ungesättigte Alkohole mit der chemischen Gruppe $-C(OH){=}CH-$; sie sind tautomer (→Tautomerie) zu Carbonylverbindungen mit der Gruppe $-CO-CH_2-$ (Keto-Enol-Tautomerie).

**Ensemble** [ãˈsã:bəl, französisch] *das, statistische Physik:* die →Gesamtheit.

**Entartung,** *Physik:* von bestimmten Gesetzmäßigkeiten abweichende Verhaltensweise physikalischer Systeme; z. B. Erscheinungsform eines quantenmechanischen Systems (Atom), bei dem zur gleichen Energie zwei oder mehrere Bewegungszustände gehören (das heißt, zu demselben Energieeigenwert gehören mehrere Eigenfunktionen), oder in der *Quantenstatistik* durch die Nichtunterscheidbarkeit identischer Teilchen bedingte Abweichung vom klassisch-physikalischen Verhalten bei Vielteilchensystemen (→Gasentartung).

**Enteisungsanlage,** Bordanlage eines Luftfahrzeugs oder stationäre Anlage auf Flughäfen zur Verhinderung oder Beseitigung des fluggefährdenden Eisansatzes an Flügel- und Leitwerksvorderkanten, Luftschrauben u. a.

**Enten, Anatinae,** heterogene Unterfamilie der Gänsevögel, im engeren Sinn die **Schwimmenten,** mit etwa 35 Gattungen und 115 Arten; starker Geschlechtsdimorphismus in Kehlkopfstruktur, Stimme und Gefieder; die Männchen **(Enterich** oder **Erpel)** tragen zur Paarungszeit ein Prachtkleid, die Weibchen sind tarnfarben. Enten suchen ihre Nahrung gewöhnlich auf dem Wasser durch Gründeln, nicht durch Untertauchen wie die Tauchenten. In Europa, Asien und Nordamerika weit verbreitet ist die 60 cm lange **Stockente** (Anas platyrhynchos). Etwas kleiner als sie ist die **Schnatterente** oder **Mittelente** (Anas strepera), am kleinsten die 36 cm lange **Krickente** (Anas crecca) und die bis 40 cm lange **Knäkente** (Anas querquedula) mit weißem Schaft der Handschwingen. Durch breiten Löffelschnabel fällt die **Löffelente** (Anas clypeata) auf, durch sehr langen dünnen Hals und spießartig verlängerte mittlere Steuerfedern die **Spießente** (Anas acuta). Fast ausschließlich auf dem Durchzug von Norden erscheint die **Pfeifente** (Anas penelope), Erpel mit heller Blesse auf rotbraunem Kopf. Zu den Meeresenten gehören u. a. die Eiderenten.

Die **Hausenten** stammen von der Stockente ab; es gibt etwa 30 Rassen. Mastrassen sind: **Rouenenten, Pekingenten;** Legerassen: **Khakienten, Campbellenten.**

**Enteneier** sollten nur gekocht gegessen werden, da sie Paratyphuserreger enthalten können.

**Entenflugzeug,** Flugzeug mit an der Rumpfspitze (vor dem Tragflügel liegendem) angebrachtem Höhenleitwerk, dadurch verbesserte Flugeigenschaften.

**Enterotoxine,** hitzestabile bakterielle Giftstoffe, die nach Verzehr verunreinigter Lebensmittel im Darm nicht abgebaut werden können, häufige Ursache von Lebensmittelvergiftungen.

**Enteroviren, Darmviren,** Sammelbezeichnung für eine Gruppe der Picornaviren, die sich hauptsächlich in der Darmschleimhaut vermehren und mit dem Stuhl ausgeschieden werden. Zu den Enteroviren gehören die Coxsackie-Viren, ECHO-Viren und Poliomyelitisviren. Sie sind Erreger der unterschiedlichsten Krankheiten (Kinderlähmung, abakterielle Hirnhautentzündung, Schnupfen u.a.).

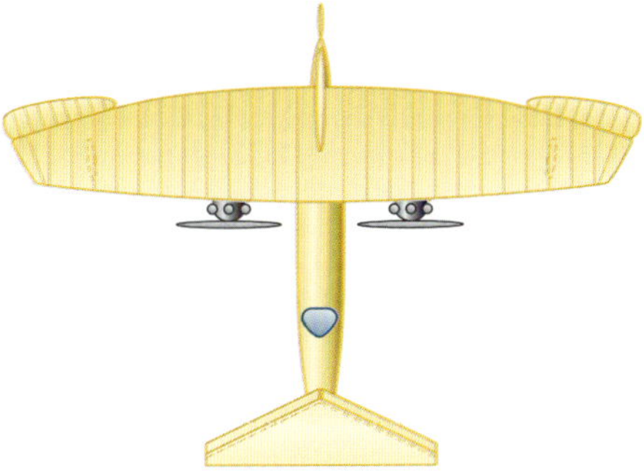

**Entenflugzeug.** Die Focke-Wulf-»Ente« von 1930

**Entfernungsmessung,** die Bestimmung des Abstandes zwischen zwei Punkten an der Erdoberfläche oder im Raum durch mechanische, optische oder elektronische Messverfahren.

■ **Verfahren** Die **optische Entfernungsmessung** beruht auf der Bestimmung der Distanz *D* aus einem spitzwinkligen Dreieck mithilfe einer kurzen Basis *b* und des zugehörigen parallaktischen Winkels *γ*. Die **elektronische Entfernungsmessung** ist das wichtigste Verfahren zur Bestimmung von Streckenlängen zwischen einigen Metern und einigen 10 000 km. Strecken bis zu einigen km werden direkt zwischen den Punkten an der Erdoberfläche gemessen, während größere Entfernungen indirekt durch Entfernungsmessung zu künstlichen Erdsatelliten bestimmt werden (→Satellitengeodäsie). Als Träger des Messsignals werden meist Laserstrahlen oder Mikrowellen benutzt. Aus der gemessenen Signallaufzeit ergibt sich nach Multiplikation mit der Ausbreitungsgeschwindigkeit und Korrekturen die schräge Distanz. Beim Einwegverfahren wird die Laufzeit am Zielpunkt gemessen, Stand- und Zielpunkt müssen dazu mit hochpräzisen, phasensynchronisierten Frequenznormalen (Atomuhr) ausgerüstet sein. Das Verfahren wird z.B. bei der →GPS-Satellitennavigation angewandt. Beim Zweiwegverfahren wird die ausgesandte Welle im Zielpunkt zurück zum Standpunkt reflektiert, die im Empfänger gemessene Signallaufzeit entspricht der doppelten Entfernung zwischen Stand- und Zielpunkt.

**Enten.** Stockentenpaar, links Erpel

Nach der Art der Laufzeitmessung lassen sich Impulsmess- und Phasenvergleichsverfahren unterscheiden. Beim **Impulsmessverfahren** wird ein der Trägerwelle durch Modulation aufgeprägter Impuls ausgesendet und wieder empfangen, ein von einer genauen Uhr gesteuerter Laufzeitmesser bestimmt die Zeitdifferenz zwischen dem Aussenden und dem Empfang des reflektierten Impulses. Das Verfahren wird u.a. bei der Entfernungsmessung zu künstlichen Erdsatelliten und dem Mond eingesetzt. Beim **Phasenvergleichsverfahren** wird eine durch Modulation der Trägerwelle erzeugte niederfrequente Messwelle ausgestrahlt. Am Empfänger wird nach Demodulation der Phasendifferenz gegenüber der ausgesandten Welle (Zweiwegverfahren) oder einer Referenzwelle (Einwegverfahren) gemessen, aus der sich die Entfernung bestimmen lässt.

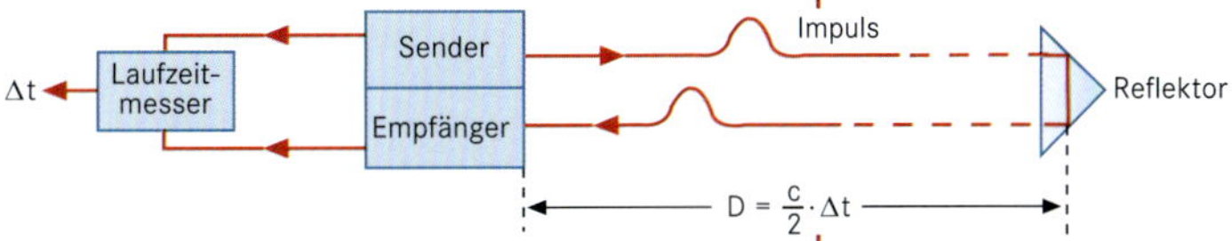


**Entfernungsmessung.** Prinzip des Impulsmessverfahrens

**Entflammungstemperatur,** Temperatur am →Flammpunkt.

**Entgasung,** Entfernung von fein verteilten, gelösten oder gebundenen Gasen aus chemischen Stoffen, z.B. durch Unterdruck, Ultraschall oder chemische Zusätze. Kohle wird durch Erhitzen unter Luftabschluss (Schwelen, Verkokung) entgast.

**Enthalpie** [griechisch] *die,* von J.W. Gibbs eingeführte thermodynamische Zustandsfunktion $H$, definiert als die Summe aus innerer Energie $U$ und Volumenarbeit $pV$; $H = U + pV$ ($p$ äußerer Druck, $V$ Volumen). Sie hat die Dimension einer Energie. Bei einer unter konstantem Druck ablaufenden Zustandsänderung (z. B. Verdampfung) ist die Änderung der Enthalpie gleich der vom System mit der Umgebung ausgetauschten Wärmemenge. Die Enthalpie besitzt technische Bedeutung bei der Berechnung von Wärmekraftmaschinen. Die **freie Enthalpie** ist der Teil der Enthalpie, der bei umkehrbarer isobarer Prozessführung in einem thermodynamischen System in jede beliebige Energieform umwandelbar ist.

**Enthärtung,** Entfernung v. a. der Calcium- und Magnesiumionen aus Trink- oder Betriebswasser. Die Entfernung der temporären Wasserhärte heißt **Entkalkung.**

**Entkalkung,** *Wasserwirtschaft:* →Enthärtung.

**Entkopplung,** *Elektrotechnik:* schaltungstechnische und/oder konstruktive Maßnahme zur Vermeidung von unerwünschten induktiven, kapazitiven oder galvanischen Beeinflussungen zwischen elektrischen Stromkreisen, Nachrichtenkanälen, Baugruppen und Ähnlichem.

**Entladung,** elektrischer Ladungsausgleich zwischen entgegengesetzt aufgeladenen Körpern (z. B. Elektroden). Entladungen sind stets mit dem Fließen eines elektrischen Stroms, in Gasen auch mit Funkenbildung verbunden (→Gasentladungen).

**Entladungslampe,** die →Gasentladungslampe.

**Entlaubungsmittel, Defoliantien,** Substanzen, die bei Pflanzen das Abfallen der Blätter (Entlaubung, Defoliation) bewirken. Entlaubungsmittel werden zur Erleichterung des Aberntens pflanzlicher Produkte (z. B. Baumwolle) verwendet. Ein natürliches Entlaubungsmittel ist die Abscisinsäure, praktisch angewendet werden v. a. synthetisch hergestellte Substanzen. Besonders bekannt wurden bestimmte Entlaubungsmittel durch ihre Verwendung als taktische chemische Waffen während des Vietnamkrieges.

**Entmagnetisierung,** *Physik:* 1) die Zurückführung eines ferromagnetischen Stoffes in den unmagnetischen Zustand; 2) die Schwächung eines äußeren Magnetfeldes im Innern eines nicht geschlossenen magnetischen Kreises; das durch die Magnetisierung hervorgerufene zusätzliche Magnetfeld erzeugt nach der lenzschen Regel ein dem äußeren Feld entgegengerichtetes (entmagnetisierendes) Feld; 3) **adiabatische Entmagnetisierung,** →magnetokalorischer Effekt.

**Entoderm** [griechisch] *das,* **Entoblast,** inneres →Keimblatt bei der →Entwicklung des Embryos.

**Entomologie** [griechisch] *die,* die Wissenschaft von den Insekten.

**Entropie** [griechisch] *die,* Formelzeichen $S$, SI-Einheit: Joule/Kelvin (J/K); von R. J. E. Clausius eingeführte makrophysikalische Zustandsfunktion thermodynamischer Systeme. Sie ist ein Maß für den Ordnungszustand thermodynamischer Systeme beziehungsweise für die Irreversibilität der in ihnen ablaufenden thermodynamischen Prozesse. In einem **abgeschlossenen System** (ohne Energie- und Massenaustausch) ist die Entropieänderung bei **reversiblen** Vorgängen konstant. Sie ist gegeben durch den Quotienten aus zu- oder abgeführter Wärmemenge $dQ$ und der Temperatur $T$, bei der der Wärmeaustausch mit der Umgebung erfolgt: $dS = dQ / T$. Der Absolutwert der Entropie wird festgelegt durch den 3. Hauptsatz der Thermodynamik, der besagt, dass die Entropie am absoluten Nullpunkt der Temperatur null ist. Für **irreversible** Vorgänge gilt $dS \geq dQ / T$. Die Gesamtentropie kann in einem abgeschlossenen System nie abnehmen.

Dieser als **Entropiesatz** bezeichnete Zusammenhang ist identisch mit dem 2. Hauptsatz der Thermodynamik. Vorgänge, bei denen die Entropie zunimmt, verlaufen von selbst (Selbstorganisation), können aber nicht ohne anderweitigen Aufwand von Energie rückgängig gemacht werden. Dieses Prinzip legt die Richtung eines thermodynamischen Prozesses fest. In einem **offenen System,** das durch Stoffaustausch mit seiner Umgebung verbunden ist (z. B. ein lebender Organismus; →dissipative Strukturen), kann die Entropie zunehmen, gleich bleiben oder abnehmen. Trotz der laufenden Aufnahme und Abgabe von Materie und Energie auf mikroskopischer Ebene kann der makroskopische Zustand des offenen Systems stationär werden (→Fließgleichgewicht).

Diese bei Abnahme der Entropie mögliche Zunahme der Komplexität offener Systeme stellt nach M. Eigen die Basis für die Entstehung und Evolution von Lebewesen dar.

■ **Statistische Interpretation** Zu einer anschaulichen Deutung der Entropie führt die statistische Mechanik, die die Wärmeenergie eines Gases durch die ungeordnete Bewegung der Moleküle erklärt. Von allen Verteilungen der Moleküle auf räumliche Positionen und mögliche Geschwindigkeiten wird sich wegen der Zusammenstöße als Gleichgewicht ein Zustand mit einer gleichmäßigen Verteilung einstellen. Dieser Zustand größter »Unordnung« besitzt die größte Wahrscheinlichkeit (L. Boltzmann, 1866).

**Entsalzung,** teilweises oder vollständiges Entfernen der im Wasser gelösten Ionenverbindungen, meist zur Gewinnung von salzfreiem Betriebswasser oder salzarmem Trinkwasser. Teilentsalzung von salzreichem Meerwasser dient in einigen Gebieten der Erde der Gewinnung von Trinkwasser (→Meerwasserentsalzung). Als Entsalzungsverfahren eignen sich Destillation (Verdampfung), Ionenaustausch, Elektrodialyse, Hyperfiltration (umgekehrte Osmose), Gefrierverfahren.

**Entschwefelung,** Bezeichnung für Verfahren zur Entfernung von Schwefelverbindungen aus fossilen Brennstoffen, Abgasen (→Rauchgasentschwefelung) u. a., meist zum Zwecke der Luftreinhaltung. Wichtigstes Verfahren zur Entschwefelung von Erdölprodukten ist das →Hydrotreating. Für Kraftstoffe ist eine schrittweise Reduzierung des Schwefelgehaltes vorgeschrieben. Laut Euro-Norm (Euro IV) darf der Gehalt an Schwefel in Otto- und Dieselkraftstoffen ab 2005 jeweils maximal 50 mg/kg betragen.

**Entseuchung,** →Dekontamination.

**Entsorgung,** der Abtransport und die geordnete Beseitigung, wie Aufbereitung, Behandlung (Konditionierung) und/oder gefahrlose Deponierung (→Deponie) von Abfallstoffen aller Art (einschließlich Abgase, Abwasser), auch die Abfallverwertung (→Recycling). V. a. bei der **nuklearen Entsorgung,** die die →Wiederaufarbeitung, →Zwischenlagerung und →Endlagerung radioaktiver Abfälle umfasst, und der Entsorgung von →Sonderabfall müssen besondere Sicherheitsmaßnahmen für Mensch und Umwelt getroffen werden.

**Entspannung, thermodynamische Entspannung,** *Physik:* der Übergang eines Gases von einem Zustand höheren Drucks in einen mit niedrigerem Druck.

**Entspiegeln,** *Optik:* Form der →Vergütung von optischen Elementen (z. B. Brillen, Fotoobjektive).

**Entstaubung,** das Entfernung von Stäuben aus Gasströmen (insbesondere Luft) zur (Luft)reinhaltung oder Wiederverwertung, wobei trockene und nasse Entstaubungsverfahren unterschieden werden. Die **Trockenentstaubung** beruht auf der Einwirkung der Schwerkraft auf die Staubteilchen (Staubkammer). Bei Fliehkraftabscheidern (→Zyklon) erfolgt die Abscheidung der Stäube aufgrund von Fliehkräften, bei der **Filterentstaubung** werden die Stäube durch gewebte oder vliesartige Filterstoffe abgeschieden (→Gewebefilter). Bei der **Nassentstaubung,** wird der Staub in mit Wasser oder Öl berieselten Füllkörpertürmen aus der Luft ausgewaschen. Die **Elektroentstaubung** beruht darauf, dass Staubteilchen elektrostatisch aufgeladen werden und sich anschließend an Niederschlagselektroden ablagern (→Elektrofilter).

**Entstickung,** →Rauchgasentstickung.

**Entstörung,** Beseitigung oder Reduzierung unerwünschter elektrischer Beeinflussungen bei elektrischen Geräten oder Anlagen (→elektromagnetische Verträglichkeit, →Funkentstörung). Besonders anfällig sind z. B. nachrichtentechnische Anlagen gegenüber Störungen durch Starkstromanlagen, Haushaltsgeräte u. a.

**Entwässerung,** *chemische Verfahrenstechnik:* Verfahren zur Fest-flüssig-Trennung einer Suspension. Man unterscheidet mechanische (→Filtration) und thermische (→Trocknung, →Calcinieren) Verfahren.

**Entwickler, fotografischer Entwickler,** Lösung reduzierender Substanzen, die das durch die Belichtung entstandene unsichtbare (latente) Bild sichtbar machen. Durch die Belichtung werden die in der lichtempfindlichen Schicht fein verteilten Silberhalogenidkristalle so verändert, dass sie durch den chemischen Vorgang der **Entwicklung** zu Silber reduziert werden. Ein Entwickler enthält gewöhnlich mehrere Substanzen, meist Benzolderivate mit Hydroxyl- oder Aminogruppen. **Farbentwickler** sind meist Derivate des p-Phenylendiamins (z. B. Diäthyl-p-Phenylendiamin), deren Oxidationsprodukte mit den Farbkomponenten oder Farbkupplern des Films farbige Verbindungen eingehen. Die Farbkomponenten werden den einzelnen Farbfilmschichten entweder beim Ansatz der Emulsion zugesetzt oder beim Entwicklungsprozess nachträglich eingebracht; sie »kuppeln« mit dem beim Entwicklungsprozess oxidierten Entwickler an allen Stellen, an denen ein Bromsilberkorn entwickelt wurde. Es entsteht also neben dem schwarzen Silberbild noch ein Farbstoffbild.

**Entwicklung,** *Biologie:* der Werdegang der Lebewesen von der Eizelle bis zum Tod. Beim Menschen und bei mehrzelligen Tieren gliedert sich die **Individualentwicklung (Ontogenese, Ontogenie)** in vier Abschnitte: 1) **Embryonalentwicklung;** eine befruchtete Eizelle beginnt mit ihrer **Furchung,** das heißt einer schrittweise verlaufenden Teilung in 2, 4, 8, 16, 32 usw. Zellen, die Furchungszellen. Es entsteht zunächst ein Zellhaufen, der **Maulbeerkeim** (Morula), hieraus weiter die hohlkugelähnliche **Keimblase** (Blastula). Die einschichtige Wand nennt man **Keimhaut** (Blastoderm), den Raum im Innern **Furchungshöhle** (Blastozöl). Nun entwickelt sich die Körper-

**Entsorgung**
→ GEO **Dossier**
»Wir sind das Frühwarnsystem«, Bd. 8

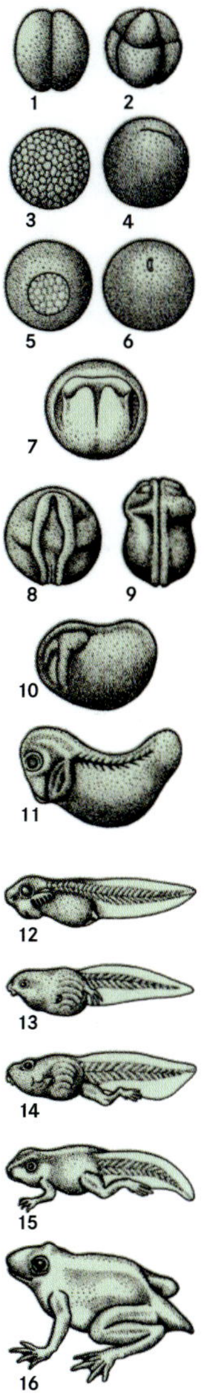


**Entwicklung.** Darstellung der Embryonalentwicklungsphasen eines Grasfrosches: 1 und 2 Zwei- und Achtzellenstadium (punktiert Pigment); 3 Morula; 4 beginnende Gastrula mit Urmundspalt (schwarz); 5 und 6 Gastrula mit Dotterpropf; 7 Ausbildung der Medullarplatte (Anlage von Hirn und Rückenmark); 8 und 9 Neurula (Rückenansicht); 10 Neurula (Seitenansicht); 11 Embryo mit Anlagen der Augen; 12 junge Larve mit äußeren Kiemen und Schwanzflosse; 13 Einziehen der äußeren Kiemen, Haftorgane in Rückbildung; 14 ausgewachsene Kaulquappe mit langen Hinterbeinen, Vorderbeine unter dem Kiemendeckel verborgen; 15 Umgestaltung von Kopf und Rumpf, Durchtritt der Vorderbeine durch verdünnte Stellen der Kiemendeckel nach außen, Abbau von Kiemen und Ruderschwanz; 16 junger Frosch

grundgestalt meist durch Eindellung der Keimhaut der Blastula (Gastrulation). Es entsteht der zweischichtige **Becherkeim** (Becherlarve, Gastrula) mit einer Öffnung, dem **Urmund** (Blastoporus), der Einstülpungshöhle **(Urdarm)** und den beiden Zellschichten, **äußeres Keimblatt** (Ektoderm, Ektoblast) und **inneres Keimblatt** (Entoderm, Entoblast), aus dem heraus sich später ein drittes, **mittleres Keimblatt** (Mesoderm, Mesoblast) bildet. Die Keimblätter enthalten die Anlagen der späteren Organe. In der Folge bildet sich eine Medullarplatte aus, aus der die Anlagen von Gehirn und Rückenmark entstehen (Medullarrohr, Neuralrohr). Dieses Stadium heißt Neurula. 2) **Jugendentwicklung (postembryonale Entwicklung, Juvenilstadium),** dauert von der Geburt beziehungsweise vom Schlüpfen aus dem Ei oder den Embryonalhüllen bis zum Erreichen der Geschlechtsreife; 3) **Reifeperiode (adulte Periode),** gekennzeichnet durch das geschlechtsreife Lebewesen, wobei zu Beginn dieser Phase die Körperentwicklung noch nicht endgültig abgeschlossen zu sein braucht; 4) **Periode des Alterns,** in ihr vollziehen sich im Körper Abbauprozesse, bis der natürliche Tod den Abschluss bringt. Über die Keimesentwicklung der Pflanzen →Keimung, →Embryo. Die **Stammesentwicklung** (→Phylogenese) beschreibt die Entwicklung von niederen Organismen bis zu höchstentwickelten Lebewesen.

**Entwicklungsphysiologie,** Teilgebiet der Biologie, ursprünglich auch als Entwicklungsmechanik bezeichnet; sucht die Entstehung eines Entwicklungsstadiums aus dem Vorhergehenden zu erklären und so zu Gesetzen der Formbildung bei Lebewesen zu gelangen; erforscht durch Versuche an Eiern und frühen Keimlingszuständen die Ursachen der Entwicklungsvorgänge am Einzelwesen.

**Entzündung,** *Chemie:* Beginn einer Verbrennung oder allgemein einer chemischen Reaktion, die lebhaft unter Wärme- und Lichtentwicklung abläuft; sie setzt ein, sobald der brennbare Stoff in Berührung mit Luft oder Sauerstoff die **Entzündungstemperatur** erreicht hat. Bei flüssigen Brennstoffen, Schmierölen und dergleichen unterscheidet man zwischen dem **Flammpunkt (Entflammungstemperatur),** bei dem sich die entwickelten brennbaren Dämpfe entzünden lassen, und dem **Brennpunkt,** bei dem die Flüssigkeit selbst weiterbrennt.

**Enzian** [althochdeutsch (g)encian(e), aus gleichbedeutend lateinisch gentiana], **Gentiana,** Gattung der Enziangewächse mit über 450 Arten, die v. a. in den Gebirgen der Nordhalbkugel vorkommen; Kräuter mit ganzrandigen, kahlen Blättern und trichter- oder glockenförmigen Blüten. Sämtliche in Mitteleuropa vorkommenden Arten (rund 30) sind geschützt, u. a. der gelb blühende, in Magerrasen und Hochgrasfluren vorkommende **Gelbe Enzian** (Gentiana lutea), der dunkelrot blühende **Purpurenzian** (Gentiana purpurea) und der **Tüpfel-Enzian** (Gentiana punctata; Blüten blassgelb mit schwarzen Punkten). Blau blühen u. a. der Kalk liebende, in subalpinen und alpinen Magerrasen vorkommende **Stängellose Enzian** (Gentiana acaulis), der in alpinen Steinrasen verbreitete **Schneeenzian** (Gentiana nivalis) sowie die u. a. in subalpinen Steinrasen vorkommenden Arten **Fransenenzian** (Gentiana ciliata) und **Frühlingsenzian** (Gentiana verna).

**Enzo|otie** [griechisch] *die,* Stall- oder Ortsseuche, eine auf eng begrenzte Bezirke beschränkte Tierseuche, z. B. Milzbrand. Gegensatz: Epizootie.

**Enzyme** [griechisch], **Biokatalysatoren,** veraltet **Fermente,** in der Zelle gebildete hochmolekulare Proteine, die als Biokatalysatoren der Organismen deren Stoffwechsel katalytisch steuern. Zu ihren Aufgaben gehört es, die Zellversorgung zu gewährleisten, toxische Stoffe zu entfernen oder abzubauen, andere (Fett, Glykogen) aus den Depots zu mobilisieren und die Prozesse auszulösen und zu beschleunigen (katalysieren), die zur Gewinnung der für den Organismus nötigen Energie erforderlich sind. Enzyme kommen kolloidal in den Körperflüssigkeiten oder an Membranen gebunden vor. Sie ermöglichen einen raschen Ablauf biochemischer Reaktionen bei niedrigen Temperaturen in wässrigem Medium. Wie »Schloss und Schlüssel« besteht strenge Spezifität des jeweiligen Enzyms zu seinem Substrat.

In ihrem Aufbau unterscheiden sich die Enzyme nicht von anderen Proteinen. Ihre physiologische Aktivität beruht vielmehr auf der Eigenart der Verknüpfung der Peptidketten (Sekundär-, Tertiär- und Quartärstrukturen). Die meisten Enzyme bestehen aus dem eigentlichen Enzymproteinanteil, dem **Apoenzym,** und einem Nichtproteinbestandteil, dem **Coenzym** oder der **prosthetischen Gruppe.** Beide zusammen bilden das **Holoenzym.** Die Coenzyme sind organische Substan-

**Enzyme** Porentiefe Reinheit durch Enzyme

Schon kurz nach der Jahrhundertwende kamen die ersten Waschmittel mit Enzymzusätzen auf den Markt. Damals wurden aus Schlachttieren Pankreasproteinasen isoliert. Das Verfahren konnte sich jedoch nicht durchsetzen, da die Enzyme instabil und teuer waren. Erst die Entdeckung des Subtilisins, eine alkalischen Protease aus *Bacillus subtilis,* brachte den Durchbruch. Die heute zum Einsatz kommenden Proteasen sind im alkalischen Milieu der Waschlauge optimal wirksam, sie zeichnen sich durch eine geringe Substratspezifität aus und werden deshalb mit nahezu jedem Proteinfleck fertig. Ihre optimale Betriebstemperatur liegt bei 50 bis 60 °C, das Kochen der Wäsche ist daher unnötig, und wertvolle Energie wird gespart.

zen, die die Übertragung bestimmter funktioneller Gruppen oder Atome vom oder auf das Substrat bewirken.

Die Enzyme bilden mit ihrem Substrat an den aktiven Zentren **Enzym-Substrat-Komplexe.** An diesen erfolgt auch die Umwandlung oder Spaltung des Substrats, worauf das Reaktionsprodukt wieder abgespalten wird und das Enzymmolekül für eine neue Umsetzung frei ist. Da die Zahl der Enzyme infolge ihrer Spezifität sehr groß ist, erfordern viele Reaktionswege im Organismus ganze **Enzymsysteme** wie der Citratzyklus oder die Atmungskette. Bei den enzymatischen Biosynthesewegen spielen auch **Gruppenübertragungsreaktionen** (Austauschreaktionen zwischen zwei Substraten) eine Rolle, so z. B. die Übertragung von »energiereichem« Phosphat durch Adenosintriphosphat.

Viele Stoffwechselanomalien beruhen auf dem genetisch bedingten und somit erblichen Funktionsausfall bestimmter Enzyme (Enzymdefekte, Enzymopathien), der gegebenenfalls zur Blockierung einer ganzen Stoffwechselkette führen kann (z. B. Albinismus, Phenylketonurie). Die Kenntnis der enzymatischen Ausstattung der verschiedenen Organe (Enzymmuster) ist von hohem diagnostischem und therapeutischem Wert (Enzymdiagnostik).

Die technische Anwendung von Enzymen hat in den letzten Jahren erheblich zugenommen, bedingt durch Methoden der →Gentechnik, die eine Synthese zahlreicher Enzyme durch Mikroorganismen ermöglicht. Einsatzbereiche sind u. a. Arzneimittelherstellung, Lebensmittelverarbeitung, Energiegewinnung, Abwasserüberwachung, Waschmittelindustrie.

**Enzymimmunassay** [englisch assay »Versuch«, »Prüfung«] *der* oder *das,* **Enzymimmunoassay,** Abkürzung **EIA,** auf dem Prinzip der Antigen-Antikörper-Reaktion beruhende Methode zur Bestimmung biologisch aktiver Substanzen (z. B. Hormone, Zytokine, Pharmaka).

**Eosin** [griechisch, nach Eos] *das,* wasserlöslicher roter Xanthenfarbstoff, der durch Einwirkung von Brom auf Fluorescein entsteht; wirkt fotosensibilisierend. Verwendet für Lacke, rote Tinte u. a. sowie in der Mikroskopie.

**Eötvös** ['øtvøʃ], Loránd (Roland) Baron von, ungarischer Physiker, * Buda (heute zu Budapest) 27. 7. 1848, † Budapest 8. 4. 1919; Professor in Budapest, auch Präsident der Ungarischen Akademie der Wissenschaften; bewies mit der von ihm konstruierten Drehwaage **(Eötvös-Waage)** die Gleichheit von träger und schwerer Masse. Der **Eötvös-Effekt** ist die durch die Erddrehung bedingte geringe Abnahme (Zunahme) der Fallbeschleunigung eines Körpers, wenn er sich nach Osten (Westen) bewegt, eine Folge der →Coriolis-Kraft.

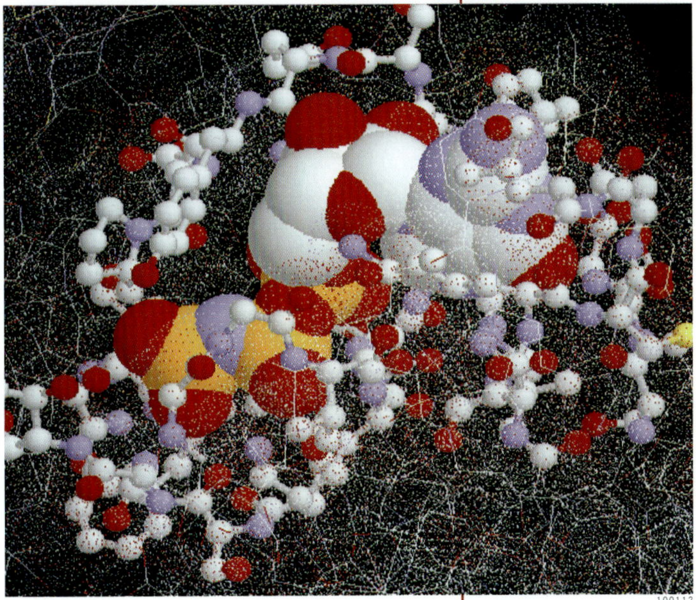


**Enzyme.**
Molekülmodell eines an der Zellteilung beteiligten Enzyms

**EPG** [i:pi:'dʒi, Abkürzung für englisch **e**lectronic **p**rogram **g**uide, »elektronischer Programmführer«] *der,* beim →digitalen Fernsehen auf dem Bildschirm als Bedienoberfläche dargestellte Programmübersicht. So werden z. B. Hintergrundinformationen zu Sendungen geliefert oder die automatische Aufzeichnung auf einem Videorekorder aktiviert. Für Inhalt und Gestaltung des EPG ist der jeweilige Anbieter/Sender (für sein Programmpaket) verantwortlich.

**Epidermis** [griechisch] *die,* **1)** *Anatomie:* oberste Schicht der →Haut.

**2)** *Botanik:* primäres, meist einschichtiges Abschlussgewebe der höheren Pflanzen.

**Epigenese** *die,* **Epigenesis, Postformationstheorie,** von Caspar Friedrich. Wolff (* 1733, † 1767); allgemein anerkannte Lehre, nach der der Organismus sich von der befruchteten Eizelle zum Lebewesen über eine Kette vielgestaltiger Zelldifferenzierungsvorgänge entwickeln muss. Davor galt die Präformationstheorie nach der alle Lebewesen in den Geschlechtszellen bereits fertig vorgebildet sind und sich nach der Befruchtung nur noch entfalten.

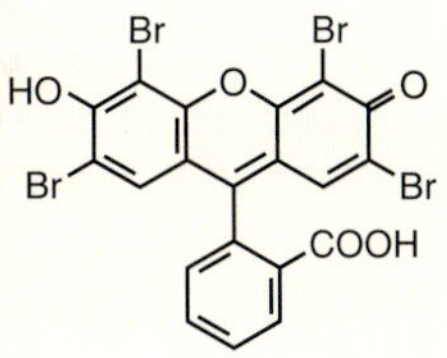


**Eosin**

**Epinastie** [griechisch] *die, Botanik:* eine Wachstumsbewegung infolge stärkeren Wachstums der Oberseite eines Pflanzenorgans im Vergleich zu dessen Unterseite; führt zu einer Krümmung des Organs nach unten; Gegensatz →Hyponastie.

**Epiphyten** [griechisch], **Aufsitzer,** Gewächse, die ohne Kontakt mit dem Erdboden auf anderen Pflanzen, besonders Bäumen, wachsen, ohne diesen Nährstoffe zu entziehen. In den Klimabereichen der gemäßigten Zone sind es hauptsächlich Algen, Moose und

Flechten. In den tropischen Regenwäldern sind es manche Farne, Orchideen und Ananasgewächse, die zum Speichern von Wasser und Humus Organe entwickelt haben wie Sprossknollen, Blattbecher, Nischenblätter oder Schildhaare.

**Epiphyten.** An der Westabdachung der Anden sind die Bäume der Wolkenwälder mit einer Fülle von epiphytischen Pflanzen (Aufsitzerpflanzen) besetzt.

**Epitaxie** [griechisch] *die,* das Aufwachsen einer Kristallschicht auf einer Kristalloberfläche der gleichen Substanz **(Homoepitaxie)** oder einer anderen Substanz **(Heteroepitaxie).** Halbleiterbauelemente werden nach verschiedenen Epitaxieverfahren hergestellt. Bei der **Flüssigkeitsphasenepitaxie** wird der Trägerkristall (Substratkristall) mit einer gesättigten Lösung und bei der **Gasphasenepitaxie** mit einer gesättigten Atmosphäre von Atomen des aufwachsenden Kristalls in Kontakt gebracht. Bei der **Molekularstrahlepitaxie** werden die elementaren Bestandteile des aufwachsenden Kristalls durch Molekularstrahlen im Ultrahochvakuum zur Substratoberfläche transportiert und dort Atom für Atom angelagert.

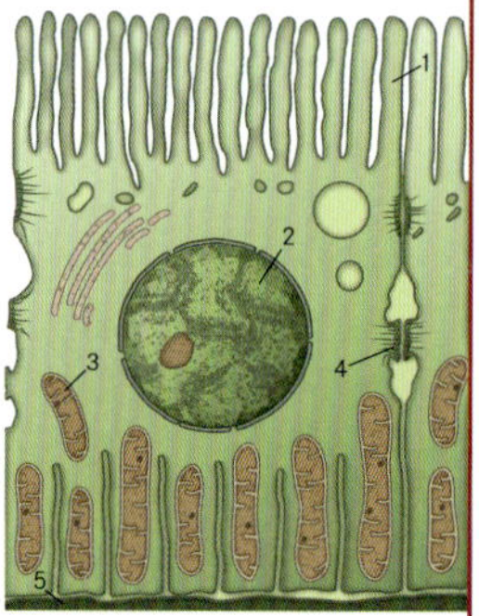


**Epithel.** Schematische Darstellung einer Epithelzelle mit Desmosomen (Zellkontakten) und Mikrovilli (Bürstensaum); 1 Mikrovilli, 2 Kern, 3 Mitochondrien, 4 Desmosom, 5 Basalmembran

**Epithel** [griechisch] *das,* **Epithelgewebe, Deckgewebe,** Verband von Zellen, der äußere oder innere Oberflächen des Körpers oder von Hohlorganen beim Menschen und bei Tieren bedeckt. Nach der Form unterscheidet man **Plattenepithel** mit flachen, plattenartigen Zellen (z. B. in Gefäßen), **Pflasterepithel** mit kubischen Zellen (z. B. in Nierenkanälchen) und **Zylinderepithel** mit zylindrischen Zellen (z. B. in der Magen- und Darmwand). Nach der Funktion unterscheidet man **Deckepithel** (Schutzfunktion, z. B. die →Haut), **Flimmerepithel,** das mit Geißel- oder Flimmerzellen besetzt ist (z. B. in den oberen Luftwegen), **Drüsenepithel** als innere Auskleidung von Drüsenorganen (mit Sekretionsfunktion) und das von Sinneszellen gebildete **Sinnesepithel** (z. B. das **Riechepithel** in der Nase der Säugetiere).

**Epizoen** [griechisch], Tiere, die auf anderen Tieren leben, ohne sie zu schädigen, z. B. Seepocken auf Muscheln.

**Epizo|otie** [griechisch] *die,* **Landseuche,** Tierkrankheit, die örtlich und zeitlich gehäuft auftritt (z. B. Rinderpest) im Gegensatz zur Enzootie.

**Epökie** [griechisch] *die,* **Aufsiedlertum,** Lebensweise von →Epiphyten und →Epizoen auf anderen Organismen, wobei lediglich die von diesen gebotenen Wuchsorte genutzt werden, ohne bei ihnen zu schmarotzen.

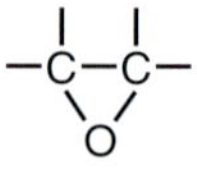

**Epoxide**

**Epoxide, Oxirane,** reaktive organische Verbindungen, die einen dreigliedrigen Ring mit einem Sauerstoffatom **(Epoxidgruppe)** enthalten. Das einfachste Epoxid ist das →Ethylenoxid. Epoxide sind Ausgangsstoffe zur Herstellung von Kunststoffen.

**Epoxidharze,** Abkürzung **EP,** durch Umsetzung von Epichlorhydrin mit zweiwertigen Phenolen hergestellte Kunstharze, deren Moleküle mehr als eine Epoxidgruppe enthalten. Sie werden während der Verarbeitung mit Härtern versetzt; um die Eigenschaften zu modifizieren, gibt man Füllstoffe, Weichmacher, Glasfasern u. a. zu. Epoxidharze werden in Zweikomponenten-Reaktionslacken und Einbrennlacken, als Zweikomponentenkleber, Gießharze und zur Herstellung von glasfaserverstärkten Kunststoffen verwendet. Große Bedeutung haben Epoxidharze auch als Bindemittel in Kunstharzbeton und -klebmörtel sowie zum Tränken und Imprägnieren von Spulen und Wicklungen in der Elektroindustrie und zum Einbetten elektronischer Teile.

**EPR, 1)** [Abk. für englisch European Pressurized Water Reactor], **Europäischer Druckwasserreaktor,** von einem deutsch-französischen Unternehmen entwickelter Leistungsreaktor, der mit einem neuen Sicherheitskonzept weit über den bisher in Europa erreichten Sicherheitsstand hinausgeht. Zur weiteren Minderung des Restrisikos ist der EPR so ausgelegt, dass selbst beim Eintritt extrem unwahrscheinlicher schwerer Störfälle (wie Unfälle mit Kernschmelzen) die radiologischen Auswirkungen in der Umgebung begrenzt bleiben und Maßnahmen zum Schutz der Allgemeinheit außerhalb des abgeschlossenen Geländes der Anlage (wie Evakuierung der Bevölkerung) nicht erforderlich werden. Der EPR verfügt im Vergleich zum herkömmlichen Druckwasserreaktor u. a. über einen Spannbeton-Sicherheitsbehälter mit äußerer Betonhülle als Doppelcontainment mit Ringraumabsaugung (bisher nur bei Sicherheitsbehältern aus Stahl), vier redundante und räumlich integrierte Sicherheitssysteme in separaten Gebäuden, ein Containment-Wärmeabfuhrsystem als diversitäre Ergänzung der Nachkühlsysteme, eine Druckentlastungseinrichtung zur Druckabsenkung im Reaktorkühlsystem bei schweren Störfällen, Vorrichtungen zur Verhinderung von Wasserstoff- und Dampfexplosionen sowie zum Auffangen, Kühlen und Konditionieren von eventuell geschmolzenem Kernmaterial innerhalb des Containments. Ende 2003 wurde der erste Auftrag (Finnland) für die Errichtung eines 1 600-MW-Kernkraftwerks mit einem EPR vergeben. Die Grundsteinlegung für das neue Kernkraftwerk auf der finnischen Insel Olkiluoto (Gemeinde Eurajoki, südlich von Pori) fand im September 2005 statt, der kommerzielle Betrieb soll voraussichtlich 2009 aufgenommen werden. – Abb. S. 248

**2)** *Physik:* →Elektronenspinresonanz.

**EPR-Experiment, EPR-Paradoxon,** nach A. Einstein, Boris Podolski (* 1896, † 1966) und Nathan Rosen (* 1909, † 1995) benanntes Gedankenexperiment (1939) zum Verhalten verschränkter Zweiteilchenzustände bei der Messung an einem Teilchen. Die Quantenmechanik sagt vorher, dass eine Messung am Teilchen A ein gleichzeitig an einem weit entfernten Teilchen B ausgeführtes Experiment beeinflusst, wenn beide sich in einem →verschränkten Zustand befinden. Diese Aussage der Quantenmechanik wurde 1999 experimentell an verschränkten Photonen zweifelsfrei bestätigt. Das Experiment beweist das Vorhandensein nichtlokaler Korrelationen bei Superpositionszuständen und ist die Grundlage für die Quantenkryptologie und die Quantenteleportation.

**Ẹpstein-Bạrr-Virus** [nach den britischen Virologen Michael Anthony Epstein (* 1921, † 1965) und Yvonne M. Barr], zur Gruppe der Herpesviren gehörender Erreger der infektiösen Mononukleose (Pfeiffer-Drüsenfieber). Außerdem besteht eine enge Beziehung zu zwei beim Menschen auftretenden Tumorformen, dem Burkitt-Tumor und dem Nasopharyngealkarzinom.

**Er,** chemisches Symbol für →Erbium.

**ER,** Abkürzung für **e**ndoplasmatisches **R**etikulum, Organell der →Zelle.

**Erbanlage, Erbfaktoren,** die →Gene.

**Erbgut|entschlüsselung,** die Identifizierung des Erbgutes, im engeren Sinn durch DNA-Analyse; die gesamte Erbinformation des Menschen liegt in jeder Zelle in kettenförmiger Anordnung in 46 Elementen, den Chromosomen, vor. Sie ist in der DNA der Chromosomen als Folge von etwa 6 Milliarden Bausteinen, den Basen, festgelegt, wobei die eine Hälfte des Erbgutes von der Mutter, die andere vom Vater stammt. Es gibt nur vier Basen – Adenin, Cytosin, Guanin und Thymin –, in deren Abfolge die genetische Information gespeichert ist. Die systematische Entschlüsselung des Erbgutes des Menschen war das Ziel des →Human-Genom-Projektes.

Die Beschreibung der Basenabfolge des gesamten Erbgutes ermöglicht die Erkennung von Veränderungen in den Genen, den so genannten Mutationen. Mit diesen Informationen ist bei einigen genetisch bedingten Erkrankungen eine annähernd sichere Prognose möglich. Hierbei handelt es sich um die Gruppe monogen bedingter (das heißt aufgrund nur einer Krankheitsanlage auftretender) Erkrankungen, die durch eine eher direkte Wirkung des Genprodukts eine enge Korrelation von Genmutation und Phänotyp zeigen, z. B. Albinismus und Phenylketonurie. Für die überwiegende Mehrzahl von genetischen Merkmalen, Erkrankungen und Fehlbildungen aber gilt, dass ihre Ausprägung durch ein Zusammenspiel von genetischen Faktoren, Umwelt und Zufall bestimmt wird, sie also eine stärkere Variabilität zeigen. Damit ist nicht die Sequenzanalyse der DNA die eigentliche Herausforderung bei der Bekämpfung von Krankheiten, sondern die funktionelle Genomanalyse, die Untersuchung der Proteinausstattung, des →Proteoms, eines Individuums. Die Wissenschaft (Proteomics) untersucht die Wechselwirkungen der Genprodukte (Proteine), um veränderte Proteine und ihre Fehlsteuerungen feststellen zu können.

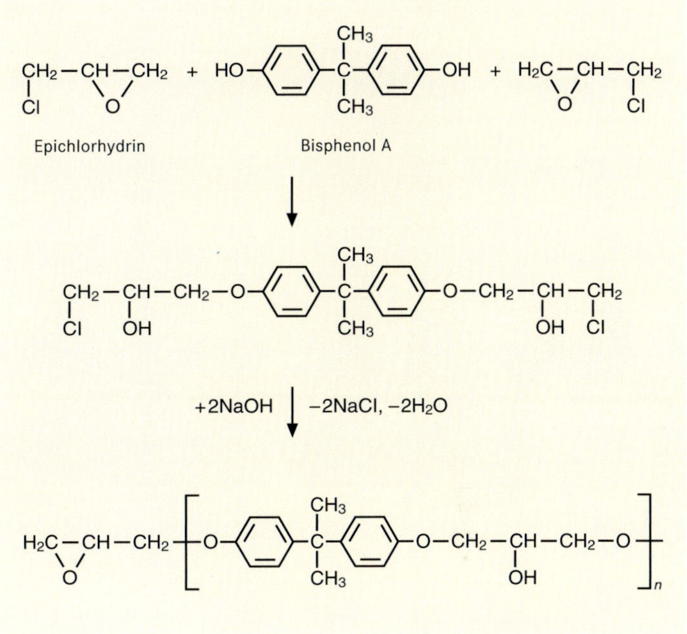


**Epoxidharze.** Epoxidharze entstehen z. B. durch Reaktion von Epichlorhydrin mit Bisphenol A in Gegenwart von Natriumhydroxid.

**Erbgutentschlüsselung**
→ GEO **Dossier**
Wettlauf um den Code des Lebens, Bd. 6

**Ẹrbium** *das,* Symbol **Er,** Seltenerdmetall aus der Gruppe der Lanthanoide. Ordnungszahl 68, relative Atommasse 167,26, Dichte 9,066 g/cm$^3$ (bei 20 °C), Schmelzpunkt 1 529 °C, Siedepunkt 2 862 °C. Erbium findet sich in der Natur in geringen Konzentrationen in den →Yttererden. Technische Bedeutung hat es nur vereinzelt, v. a. in der Metallurgie und als Dotiermaterial in speziellen Lasern.

**Erbkrankheiten,** →genetische Krankheiten.

**Erblichkeit,** die Übertragbarkeit bestimmter, nicht umweltbedingter elterlicher Merkmale auf die Nachkommen.

**Erbse, Pisum,** Gattung der Schmetterlingsblütler, einjährige Kräuter mit gefiederten, bläulich grünen Blättern, deren endständige Fiedern zu Ranken umgebildet sind. Die

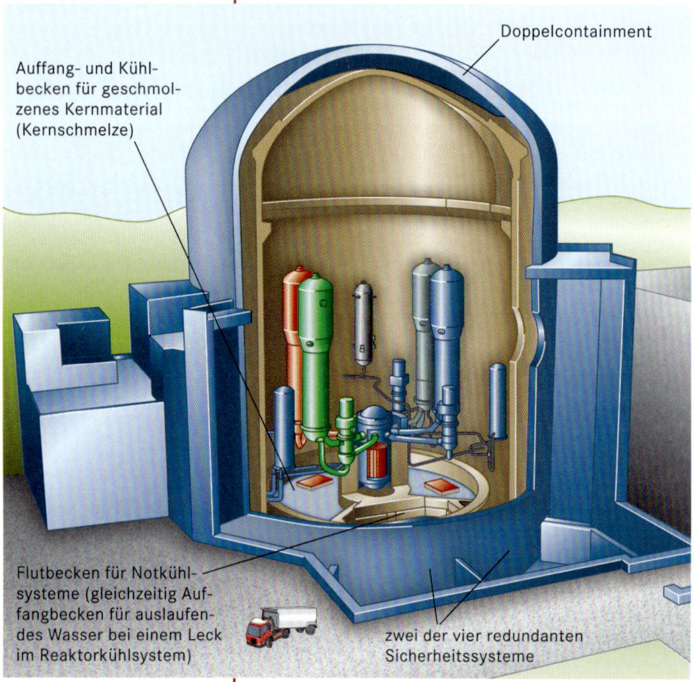


**EPR 1).**
Die wichtigsten Sicherheitssysteme des EPR

Wurzeln haben kleine Wurzelknöllchen, durch die der Boden mit Stickstoff angereichert wird (Gründüngung). Als Kulturpflanze bedeutend ist die weiß blühende etwa 1 m hohe **Gemüseerbse** (**Gartenerbse,** Pisum sativum ssp. sativum) mit Hülsenfrüchten (fälschlich »Schoten« genannt), die die Samen (Erbsen) enthalten. Erbsen werden in zahlreichen Sorten als Gemüsepflanzen kultiviert, u. a. Palerbse, Zuckererbse, Markerbse; auch Futtererbse – Im Volksglauben findet sich die Erbse häufig als Zaubermittel; sie gilt als Sinnbild der Fruchtbarkeit.

**Erd|alkalimetalle,** Sammelbezeichnung für die in der 2. Hauptgruppe des Periodensystems stehenden Elemente Calcium, Strontium, Barium und Radium; zur **Erdalkaligruppe** zählt man auch Beryllium und Magnesium. In ihrem Reaktionsverhalten stehen die Erdalkalimetalle zwischen den besonders reaktionsfähigen Alkalimetallen und den beständigeren Erdmetallen. Mit Ausnahme des Radiums sind die Erdalkalimetalle Leichtmetalle. Die Oxide der Erdalkalimetalle heißen **Erdalkalien.**

**Erdanziehung,** Anziehungskraft der Erde, ein Sonderfall der Massenanziehung (→Gravitation, →Schwerkraft).

**Erdbau,** Teilgebiet des →Tiefbaus, das sich mit der Konstruktion und Herstellung von Erdbauwerken (Dämmen, Deichen, Böschungen, Einschnitten, Bodenbe- und Bodenverfestigungen, Bodensicherungen und dergleichen) befasst.

**Erdbeben,** siehe Sonderartikel Seite 250.

**erdbebensichere Bauweisen**
→ GEO **Dossier**
Der Bau von Taipei 101, Bd. 8

**erdbebensichere Bauweisen,** konstruktive Maßnahmen zum Abfangen vorrangig horizontaler Kräfte (weiche Zwischenlager, Sollbruchstellen in vertikalen Fugen).

**Erdbeere, Fragaria,** Gattung der Rosengewächse mit weißen Blüten und roter, fleischiger Sammelnussfrucht. Heim. Arten sind u. a. die **Walderdbeere** (Fragaria vesca) in Laubwäldern oder die **Knackerdbeere** (Fragaria viridis) in Trockengebüschen. Die **Gartenerdbeere** (Fragaria ananassa) ist eine in vielen Sorten gezüchtete Bastardart aus der chilenischen Fragaria chiloensis und der nordamerikanischen Fragaria virginiana. Die kleinfrüchtige **Monatserdbeere** fruchtet mehrmals im Jahr. Erdbeeren vermehren sich vegetativ durch Ausläufer.

**Erdbeschleunigung,** die →Fallbeschleunigung der Erde.

**Erddruck,** Bezeichnung für Kräfte und Spannungen, die an der Grenzfläche zwischen Baukonstruktion und Erdreich auftreten.

**Erde,** nach Merkur und Venus von der Sonne aus der drittnächste Planet des Sonnensystems; sie wird zu den inneren (terrestrischen) Planeten gezählt. Die Erde bewegt sich wie alle Planeten auf einer Ellipsenbahn, in deren einem Brennpunkt die Sonne steht. Durch die Masseanziehung, die Gravitation, der Sonne wird die Erde auf ihrer Bahn gehalten. Ihr nahezu kreisförmiger Umlauf um die Sonne erfolgt, vom Nordpol der Erdbahnebene aus betrachtet, entgegen dem Uhrzeigersinn.

■ **Erdbahn** Die mittlere Entfernung der Erde von der Sonne beträgt 149,6 Mio. km. Im sonnennächsten Punkt ihrer Bahn, im Perihel, ist die Erde 147 Mio. km, im sonnenfernsten Punkt, im Aphel, 152 Mio. km von der Sonne entfernt. Das Perihel wird Anfang Januar, das Aphel Anfang Juli durchlaufen. Der Umfang der Erdbahn beträgt rund 940 Mio. km, diese Strecke wird von der Erde mit einer mittleren Geschwindigkeit von 29,8 km/s in einem Jahr zurückgelegt. Die Geschwindigkeit der Erde in ihrer Bahn variiert, sie ist in Sonnennähe größer, in Sonnenferne kleiner als die mittlere Geschwindigkeit. Je nach dem Bezugspunkt (Stern, Frühlingspunkt, Perihel) hat das Jahr, das als Maßeinheit dient, eine etwas unter-

| Erde: die wichtigsten Daten des Erdkörpers | |
|---|---|
| Äquatorradius | 6 378 137 m |
| Polradius | 6 356 752 m |
| Abplattung | 1:298,257 |
| Äquatorumfang | 40 075 017 m |
| Meridianumfang | 40 007 863 m |
| Oberfläche | 510 065 600 km$^2$ |
| Volumen | 1 083 207 000 000 km$^3$ |
| Masse | $5{,}974 \cdot 10^{24}$ kg |
| mittlere Dichte | 5,516 g/cm$^3$ |
| mittlerer Erdradius | 6 371 000 m |

schiedliche Länge: Das tropische Jahr, vom Frühlingspunkt gemessen, ist 365,24220 Tage lang, das anomalistische Jahr (Perihel – Perihel) 365,25964 Tage, das siderische Jahr (Fixstern – Fixstern) 365,25636 Tage.

Die Bahnebene der Erde, also die durch den Mittelpunkt der Sonne und den Schwerpunkt des Erde-Mond-Systems gehende Ebene, wird Ekliptikalebene genannt. Schnittpunkt dieser Ebene mit der Himmelskugel ist die **Ekliptik.** Die Erdachse ist um 66° 33' gegen die Erdbahn geneigt.

Neben der Bewegung in ihrer Bahn führt die Erde eine von dieser unabhängige Drehung, eine Rotation um ihre eigene Körperachse, aus. Die Rotation der Erde erfolgt von West nach Ost, also im gleichen Drehsinn wie ihre Bewegung in ihrer Bahn. Diese Drehbewegung spiegelt sich in der scheinbaren Drehung des Himmelsgewölbes von Ost nach West wider. Die Rotationsdauer um die Erdachse, gemessen an der Wiederkehr der Kulmination eines Sterns, beträgt 23 h 56 min 4 s, diese Zeit wird ein Sterntag genannt. Wird die Rotationsdauer hingegen an der Wiederkehr der Kulmination der Sonne gemessen, so ist sie um 3 min 56 s länger und beträgt 24 h, das ist ein mittlerer Sonnentag.

Die Erde ist umgeben vom erdmagnetischen Feld (→Erdmagnetismus), das wie ein Schutzschirm gegen die elektrisch geladenen Teilchen der kosmischen Strahlung wirkt. Nach neuesten Erkenntnissen erstrecken sich drei Strahlungsgürtel (→Van-Allen-Gürtel) im Abstand bis zu etwa 25 000 km um die Erde. Zusätzlichen Schutz liefert die Erdatmosphäre (→Atmosphäre, →Ionosphäre), die auch einen großen Teil der elektromagnetischen Strahlung der Sonne absorbiert. Die Erde wird vom Mond umrundet, dessen große Nähe (mittlere Entfernung 384 403 km) und große Masse (rund $^1/_{81}$ Erdmasse) auf der Erde zu deutlichen Gezeiteneffekten (→Gezeiten) führen.

Auch der Erdpol liegt nicht absolut fest, sondern wandert ständig. Entsprechend variiert auch die Lage des Erdäquators. Diese Polbewegung lässt sich in säkulare Polwanderungen und in periodische Polbewegungen, die Breitenschwankung, aufspalten. Der Erdachse werden ferner noch Drehbewegungen durch äußere Kräfte aufgezwungen. Wirksam sind die Gravitationskräfte des Mondes, der Sonne und im gewissen Maße die Wirkungen der Planeten. Diese Drehbewegungen der Erdachse werden als Präzession und Nutation bezeichnet.

■ **Form** Die Erde hat in erster Annäherung die Gestalt einer Kugel. Wird die Annäherung weitergetrieben, so nimmt die Erde die Gestalt eines abgeplatteten Rotationsellipsoids ein. Der Erdkörper ist nicht durch eine einfache geometrische Figur beschreibbar, neben geometrischen müssen physikalische Messungen treten, z. B. Schweremessungen. Dies führt nun dazu, von der Erdfigur als dem **Geoid** zu sprechen. Die Internationale Union für Geodäsie und Geophysik hat aber die Maße des »Internationalen Ellipsoids« für die Erdfigur als verbindlich angenommen.

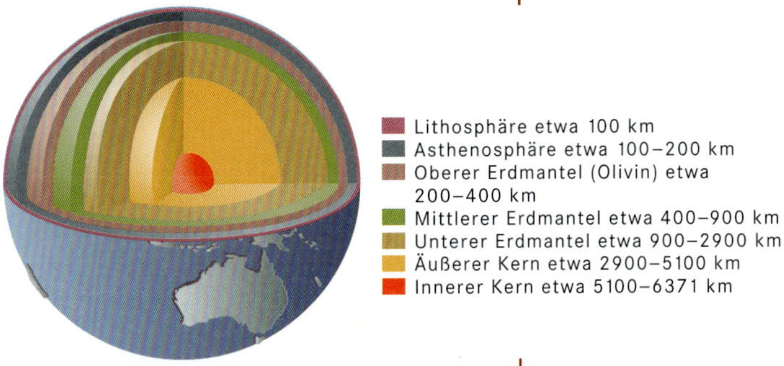


**Erde.** Tiefengliederung des Erdkörpers

Zur Ortsbestimmung auf der Erdoberfläche dient das **Koordinatennetz.** Es besteht aus den **Breitenkreisen (Parallelkreisen),** parallel zum Äquator, und aus den **Längenkreisen (Meridianen),** die senkrecht zu den Breitenkreisen zwischen den Polen verlaufen. Die **geografische Breite** wird vom Äquator aus polwärts von 0° bis 90° gezählt (nördlicher und südlicher Breite), die **geografische Länge** vom Nullmeridian (Meridian von Greenwich) aus östlich und westlich von 0° bis 180°. Die Breitenkreise in 23° 27' nördlicher und südlicher Breite heißen Wendekreis des Krebses (nördlicher Wendekreis) und Wendekreis des Steinbocks (südlicher Wendekreis). Über ihnen steht die Sonne am 22. Juni und 22. Dezember um 12 Uhr im Zenit. Zwischen ihnen liegt die heiße Zone (Tropen), in der die Sonne im Laufe eines Jahres an jedem Ort zweimal im Zenit steht. Nördlich und südlich der Tropen liegen die gemäßigten Zonen, sie reichen bis zu den Polarkreisen in 66° 33' nördlicher und südlicher Breite. Von den Polarkreisen zu den Polen erstrecken sich die kalten oder Polarzonen; je nach Breite bleibt in ihnen die Sonne 1 Tag bis 6 Monate über oder unter dem Horizont.

■ **Aufbau** Da die tiefsten Bohrlöcher nicht einmal ein Prozent der Entfernung bis zum Erdmittelpunkt erreichen, ist man bei der Erforschung des überwiegenden Teils des Erdinneren auf indirekte, v. a. seismische Verfahren angewiesen.

Die Auswertung von Erdbebenwellen hat ergeben, dass das Erdinnere aus mehreren Schalen aufgebaut ist. Man nimmt drei Schalen an, Kruste, Mantel und Kern. Über ihren Inhalt bestehen zum Teil unterschiedliche Auffassungen.

■ **Erdkurste** Bei der Erdkruste unterscheidet man zwei verschiedene Bautypen, die

*Fortsetzung S. 252*

Der britische Geologe Derek V. Ager über die Entwicklung der **Erde:**

*»Die Geschichte jedes Teils der Erde besteht wie das Leben eines Soldaten aus langen Phasen der Langeweile und kurzen Zeiten des Schreckens.«*

# Erdbeben

Erdbeben

Der Boden stößt und schlingert, sodass die vermeintlich feste Erde keinen Halt mehr bietet. Schränke stürzen um und im schlimmsten Fall brechen Gebäude zusammen. Erdbeben haben viele unterschiedliche Gesichter.

Ein zerstörter Strandabschnitt auf der Insel Phi-Phi im Süden Thailands nach dem Seebeben im Indischen Ozean Ende Dezember 2004

## Auswirkungen

Nur starke Beben, die Schlagzeilen machten, haben die Chance, im Gedächtnis der Menschen haften zu bleiben. Zu ihnen gehört u. a. das große Beben in San Francisco am 18. April 1906. An einer unter der Stadt verlaufenden Verwerfung, dem San-Andreas-Graben, fand ein schweres Erbeben statt, das die Stadt in Schutt und Asche legte – zum größten Teil aufgrund der Brände, die wegen zerstörter Wasserleitungen nicht gelöscht werden konnten. 3 000 Menschen fanden dabei den Tod. Das schwerste jemals gemessene Erdbeben ereignete sich am 22. Mai 1960 an der chilenischen Küste. Wegen der dünnen Besiedlung der Region starben durch das Beben »nur« 2 000 Menschen. Eine von diesem Beben ausgelöste Flutwelle, ein Tsunami, kostete zusätzlich in der gesamten Pazifikregion mindestens 250 Menschen das Leben. Nur wenig schwächer als das Chile-Beben war das Beben vor der indonesischen Küste, das am 26. Dezember 2004 einen schweren Tsunami auslöste. Dieser brach ohne Vorwarnung über die Anrainerstaaten des Indischen Ozeans herein und kostete etwa 300 000 Menschenleben.

## Messung

Alle Erdstöße senden Schwingungen hoher Intensität aus, die sich durch das Erdinnere ausbreiten – ganz ähnlich wie Schallwellen in der Luft. Anders als dort kann sich das Gestein nicht nur longitudinal, also in Ausbreitungsrichtung vor und zurück, sondern auch senkrecht zur Ausbreitungsrichtung hin und her (transversal) schwingen. Da das Gestein bei Longitudinalwellen ziehharmonikaartig gestaucht und gestreckt wird, heißen diese Wellen auch **Kompressionswellen.** Bei den auch **Scherwellen** genannten Transversalwellen wirken kurzzeitige Scherkräfte auf das Gestein ein, die es seitwärts verzerren. Beide Wellentypen haben unterschiedliche Ausbreitungsgeschwindigkeiten: Longitudinalwellen kommen etwa doppelt so schnell voran wie Transversalwellen. Der Grund ist die Absorption der Scherwellen in flüssiger oder gasförmiger Umgebung. Daher können sie den flüssigen Teil des Erdinneren nicht durchqueren und müssen nahe der Erdoberfläche bleiben. Aus der Differenz der Fortpflanzungsgeschwindigkeiten der Wellen ergeben sich unterschiedliche Laufzeiten zwischen Bebenherd und Seismograf. Damit kann man mithilfe eines Netzes mehrerer seismischer Stationen Ort und Tiefe des Bebenherds mit hoher Auflösung in allen drei Dimensionen ermitteln.

Als Maß für die Stärke eines Bebens gilt die sogenannte Magnitude. Sie wird aus den aufgezeichneten Schwingungen berechnet und in logarithmischen Einheiten der sogenannten Richterskala angegeben. Auf dieser Skala hatte das San-Francisco-Beben die Stärke 7,8, das Beben in Chile die Stärke 9,5 und das Beben vor Indonesien die Stärke 9,1.

## Plattentektonik

Der Ausgangspunkt (das Hypozentrum) von Erdbeben liegt meist in 50 bis 100 Kilometer Tiefe, also knapp unterhalb der Erdkruste. Diese sogenannten tektonischen Beben stellen mit rund 90 Prozent den größten Anteil aller Erdbeben. Ihren Namen haben sie von dem ihnen zugrunde liegenden Phänomen der Plattentektonik.

Die Theorie der Plattentektonik geht auf die im Jahr 1912 von Alfred Wegener veröffentlichte Hypothese der Kontinentalverschiebung zurück. Wegener bemerkte, dass viele der heutigen Kontinente, insbesondere die Atlantikküsten Afrikas und Südamerikas, wie Teile eines Puzzles zueinander passen und folgerte daraus, dass es vor etwa 225 Millionen Jahren einen zusammenhängenden Urkontinent (Pangäa) gegeben hat, der auseinander brach und dessen Bruchstücke seither voneinander fortdriften.

Erst um 1970 wurden Wegeners Hypothesen in der Fachwelt anerkannt, als die heute allgemein akzeptierte plattentektonische Theorie entwickelt wurde. Die grundlegende Annahme ist dabei, dass die äußerste Schicht der Erdkugel, die unter den Ozeanen wesentlich dünner als im Bereich der Kontinente ist, aus einzelnen, mehr oder weniger starren Platten besteht. Diese sind unterschiedlich groß, unregelmäßig geformt, etwa 70 bis 100 Kilometer dick und »schwimmen« auf dem plastischen Gestein der Asthenosphäre (Magma). Als Ursache für die Plattenbewegung gelten die Konvektionsströmungen im Mantel.

Tektonische Erdbeben, so die Geologen, sind nun eine Folge von Spannungen, die sich bei der Bewegung zweier Platten aufbauen. Besonders in den höheren Bereichen der Erdkruste, in denen die nach innen wachsenden Temperaturen noch so niedrig sind, dass die Gesteine fest bleiben, verhaken sich die Platten regelrecht. Wird dieser Widerstand plötzlich überwunden, entstehen Erdstöße, bei denen die über längere Zeit in der Erdkruste aufgebauten mechanischen Spannungen abgebaut werden.

Während tektonische Beben an den Rändern der Kontinentalplatten auftreten, entstehen Intraplattenbeben weit entfernt von den Plattengrenzen. Sie zeigen, dass es auch im Zentralbereich von Platten Spannungen im Gesteinsgefüge gibt, beispielsweise in Deutschland.

422

Zerstörungen in San Francisco nach dem Erdbeben im Jahre 1906

## Vorhersage

Besonders für erdbebengefährdete und dicht besiedelte Gebiete der Erde ist eine korrekte Erdbebenvorhersage von großem Interesse. Um sie zu ermöglichen, bedient man sich eines umfangreichen Arsenals von Messverfahren. Dazu gehören die Messung tektonischer Verschiebungen mithilfe von Lasertheodolithen, Bebenmessung mit empfindlichen, computergesteuerten Seismometern, Beobachtung des Standes und der chemischen Zusammensetzung von Grundwasser, Bohrungen bis in vier Kilometer Tiefe mit diversen Experimenten (Schall- und Neutronenausbreitung, geochemische Analysen), Bestimmung von Konzentrationen und Flüssen des radioaktiven Edelgases Radon sowie Druck-, Spannungs- und Durchlässigkeitsmessungen des Untergrunds.

Mithilfe von Satelliten werden die Bewegungen der Kontinentalplatten vom Weltraum aus kontinuierlich millimetergenau überwacht, um die sich aufbauende mechanische Spannung abschätzen zu können. Aber trotz aller Anstrengungen sind den Versuchen bis heute keine Erfolge beschieden.

**Erdbeben**
→ GEO **Dossier**
Der Bau von Taipei 101, Bd. 8

*Fortsetzung von S. 249*

kontinentale Kruste im Bereich der Kontinente und die ozeanische Kruste im Bereich der Tiefsee des Atlantischen, Indischen und Pazifischen Ozeans. Die kontinentale Kruste schließt den Schelf mit ein; im Mittel ist sie 30–45 km dick, kann aber unter Gebirgen 50–60 km Mächtigkeit erreichen (hier spricht man von Gebirgswurzel). Sieht man von den insgesamt gesehen wenig mächtigen Sedimenten ab, besteht sie aus zwei Schichten. Die obere Schicht weist hauptsächlich Silicium-Aluminium-Verbindungen auf und wird als **Sial** bezeichnet. Da Granite u.a. saure Tiefen-, saure Erguss- und saure metamorphe Gesteine (v.a. Gneis) vorherrschen, spricht man auch von einer Granit- oder Gneisschicht. Durch eine seismische Unstetigkeitsfläche (Sprungfläche), die **Conrad-Diskontinuität,** ist sie von der darunter lagernden Schicht getrennt. Diese setzt sich überwiegend aus Silicium-Magnesium-Verbindungen zusammen und wird als **Sima** bezeichnet, nach den vorherrschenden basischen Gesteinen auch Basalt- oder Gabbroschicht. In der ozeanischen Kruste fehlt die obere Schicht, hier bildet also die untere Schicht den von mehr oder weniger geringmächtigen Sedimenten bedeckten Tiefseeboden.

100001

**Erde.**
(Satellitenaufnahme)

Die Temperatur in der Erdkruste nimmt mit der Tiefe zu, in größerer Tiefe aber sicher in geringerem Maße, als es der geothermischen Tiefenstufe entspricht. Die spezifische Dichte der oberen Kruste beträgt 2,7 g/cm³, die der unteren Kruste 3,0 g/cm³. Da die mittlere Dichte der gesamten Erde 5,5 g/cm³ ausmacht, müssen die Werte für das tiefere Erdinnere wesentlich höher liegen. Das Material der Erdkruste ist fest und verhält sich spröde gegenüber Erschütterungen (diese Eigenschaft führt zu Erdbeben). In der unteren Erdkruste sind wahrscheinlich kleinere Areale glutflüssigen Magmas vorhanden.

■ **Erdmantel** Der Erdmantel wird durch eine weitere seismische Unstetigkeitsfläche, die **Mohorovičić-Diskontinuität** (kurz **Moho** genannt), von der Erdkruste getrennt. Der Erdmantel ist 2 800–2 900 km dick. Seine äußere, im Durchschnitt bis in etwa 60 km Tiefe reichende, aber sehr verschiedenmächtige Zone besteht aus einem ultrabasischen Material; das ihm entsprechende, an die Erdoberfläche gelangte Gestein ist Peridotit; man spricht deshalb von der **Peridotitschicht.** Diese ähnelt dem Sima und wird oft auch als **Ultrasima** bezeichnet. Das Material verhält sich gegenüber Erdbebenwellen wie ein fester elastischer Körper und reagiert auf langsame Bewegungen wie eine viskose Flüssigkeit. Daher ist entsprechend den Vorstellungen von der Isostasie der Erdkruste vermutlich die Peridotitschicht am isostatischen Gleichgewicht beteiligt.

In 100–300 km Tiefe ist der obere Erdmantel von einer Zone durchsetzt, in der die Fortpflanzungsgeschwindigkeit der Erdbebenwellen sprunghaft zurückgeht. Diese **Low-Velocity-Zone** oder **Asthenosphäre** ist fast schmelzflüssig, da hier die Temperatur gerade so hoch und der Druck niedrig genug ist, dass das Erdmantelmaterial zum kleinen Teil aufgeschmolzen und daher weniger fest ist. Der Bereich oberhalb der Asthenosphäre, die **Lithosphäre,** umfasst die oberste Erdmantelschicht und die Erdkruste. Sie besteht aus einer Reihe mehr oder weniger starrer »Platten«, die sich von den großen mittelozeanischen Rücken aus auf der Asthenosphäre bewegen. Als Antriebsmittel der Bewegung dienen die aus den Zentralspalten der mittelozeanischen Rücken austretenden basaltischen Schmelzen der Asthenosphäre, aber auch die innerhalb der Asthenosphäre zirkulierenden thermischen Ausgleichsströmungen (Konvektionsströmungen). Durch →Subduktion wird der Asthenosphäre wieder Lithosphärenmaterial zugeführt (→Plattentektonik).

Unter dem oberen Erdmantel folgt in 400–900 km Tiefe der mittlere Erdmantel mit deutlich höherer Geschwindigkeit der Erdbebenwellen. Die stoffliche Zusammensetzung ist hier wahrscheinlich die gleiche wie im oberen Erdmantel. Durch den höheren Druck ist aber das dort im Peridotit vorherrschende Mineral Olivin wahrscheinlich durch den kompakter gebauten Spinell ersetzt, ab

650–670 km Tiefe durch das ausgesprochene Hochdruckmineral Perowskit. Für den unteren Erdmantels nimmt man eine Zusammensetzung aus Sulfiden und Oxiden oder basischen Silikaten, Eisen und Schwermetallen an. Die Temperatur nimmt im Erdmantel von 1 400 °C an der Obergrenze bis zur Untergrenze in 2 900 km Tiefe auf 3 000 °C zu, die Dichte von 3,3 auf 5,7 g/cm$^3$.

■ **Erdkern** Der Erdkern hat einen Durchmesser von rund 7 000 km. Über seinen Aufbau herrscht am wenigsten Gewissheit. Viele nehmen an, dass er aus Nickel und Eisen **(Nife)** besteht, und unterscheiden einen äußeren Kern von 2 200 km Mächtigkeit mit Temperaturen von 3 000–5 000 °C (vielleicht auch bis über 5 000 °C) und einer Dichte von 9,4 g/cm$^3$ sowie einem inneren Kern von 1 271 km mit Temperaturen bis zu 7 000 °C und einer Dichte von 11–13,5 g/cm$^3$; trotz dieser hohen Temperaturen ist der innere Kern wegen des hohen Drucks möglicherweise fest. Der äußere Kern verhält sich dagegen sowohl gegenüber den Gezeitenkräften wie den kurzperiodischen Erdbebenwellen wie eine Flüssigkeit; in ihm gibt es eine Konvektionsströmung, die Ursache des erdmagnetischen Feldes ist. Nach anderer Ansicht soll der Erdkern aus einer an Wasserstoff und Helium stark verarmten Sonnenmaterie bestehen, das heißt einem sehr heißen, unter hohem Druck stehenden, vollständig ionisierten Gas, einem Plasma. Dieses soll sich Erdbebenwellen gegenüber wie ein fester Körper verhalten.

Das Alter der Erde wird auf etwa 4,6 bis 5 Mrd. Jahre geschätzt.

■ **Oberfläche** Die Oberfläche der Erde misst rund 510 Mio. km$^2$, und zwar 149 Mio. km$^2$ (29,2 %) Land- und 361 Mio. km$^2$ (70,8 %) Wasserfläche. Verteilung und Form der Landmasse sind ungleich: Eurasien und Nordamerika haben zwischen 40 und 70° nördlicher Breite ihre größte Flächenausdehnung, verschmälern sich dann rasch nach Süden; auch die Kontinente der Südhalbkugel verengen sich nach Süden und enden in zugespitzten Endländern (Südafrika in 35°, Tasmanien in 43°, Südamerika in 56° südlicher Breite). Das Nordpolargebiet ist weitgehend meerbedeckt, um den Südpol liegt der Kontinent Antarktika.

**Erderkundungssatellit, Erderforschungssatellit,** Satellit, der die Erde nahezu kontinuierlich mit Spezialgeräten (Spektrometer, CCD-Kamera u. a.) abtastet und der →Fernerkundung der Erdoberfläche dient. Erderkundungssatelliten übertragen u. a. geologische, kartografische, ozeanografische und klimatische Informationen.

**Erdgas,** Sammelbegriff für brennbare, in der Erdkruste vorkommende Naturgase, die neben anderen Bestandteilen (z. B. Ethan, Propan, Stickstoff, Kohlendioxid) überwiegend Methan enthalten. Erdgas ist zum Teil gemeinsam mit Erdöl entstanden, zum Teil hat es sich im Lauf der Inkohlung aus Kohle gebildet. Die Suche nach Erdgaslagerstätten und Ausführung der Bohrungen ist ähnlich wie beim Erdöl. Erdgas tritt aus der Lagerstätte stets mit einem Überdruck (bis zu 400 bar) aus, der mit zunehmender Ausbeutung der Lagerstätte sinkt. Erdgas wird überwiegend für Heizzwecke, aber auch als chemischer Rohstoff verwendet. In der Industrie sowie auf dem kommunalen Sektor gewinnt Erdgas zunehmend an Bedeutung in gasmotor- oder gasturbinengetriebenen Blockheizkraftwerken, die gleichzeitig elektrische Energie und Wärme für Beheizungszwecke erzeugen und neuerdings auch durch Erdgas verbrauchende Brennstoffzellen ergänzt werden. Mit dieser Kraft-Wärme-Kopplung können Nutzungsgrade von 80–90 % erreicht werden, also weit höhere Werte als bei der reinen Stromerzeugung. Im Haushalts- und Gewerbesektor gibt es neuere Gasanwendungstechnologien, die einen besonders sparsamen Energieeinsatz ermöglichen.

Erdgas steht in der Versorgung der Welt mit Primärenergie nach Erdöl und Kohle an 3. Stelle. Die Weltreserven wurden (2003) mit 148 000 Mrd. m$^3$ angegeben, ihre statistische Reichweite beträgt noch 60 Jahre. Die Weltförderung betrug (2003) rund 2 558,2 Mrd. m$^3$; die größten Förderländer waren (in Mrd. m$^3$): Russland (590,0), die USA (550,3), Kanada (180,9), Großbritannien (108,7), Algerien (81,0), Norwegen (76,9), die Niederlande (72,8), Indonesien (71,0), Iran (62,6), Usbekistan (50,1) und Saudi-Arabien (58,0). In Deutschland wurden 20,9 Mrd. m$^3$ Erdgas gefördert.

**Erdgas|antrieb,** Kraftfahrzeugantrieb, der anstelle flüssigen Kraftstoffes mit Erdgas arbeitet. Für Pkw werden konventionelle Ottomotoren für den Erdgaseinsatz umgerüstet und in der Regel bivalent betrieben; Lkw und Busse nutzen umgebaute Dieselmotoren ausschließlich monovalent. Als Erdgastank werden Druckbehälter (bis 200 bar) aus Stahl, Kompositwerkstoffen oder Kunststoffen verwendet, was in jedem Fall zusätzliche Sicherheitstechnik erfordert. Die Reichweite einer Erdgastankfüllung von 200–600 km kann beim bivalenten Betrieb durch den zusätzlichen Benzintank erhöht werden. Erdgasantrieb zeichnet sich im Vergleich zum Benzinbetrieb von Ottomotoren durch deutlich verringerte Abgasemission (Kohlenwasserstoffe und Stickoxide um 20 %, Kohlenmonoxid um 75 %, Kohlendioxid um 25 %) aus. Bis 2020 soll Erdgas als alternativer Antrieb europaweit einen Marktanteil von 10 % erreichen. Erdgasantrieb erfordert aber einen spezifisch höheren Energieeinsatz als flüssiger fossiler Brennstoff, deshalb muss eher nachgetankt werden. Weltweit gibt es heute fast 2,5 Mio. erdgasbetriebene Kraftfahrzeuge, wobei Argentinien,

Italien, die USA und Brasilien führend sind. In Deutschland gibt es (2005) rund 27 000 Erdgasfahrzeuge (1995: 950) und rund 550 Erdgastankstellen. Bis 2007 soll sich die Anzahl der Erdgastankstellen auf rund 1 200 erhöhen.

**Erdmagnetismus, Geomagnetismus,** Gesamtheit derjenigen physikalischen Eigenschaften des Erdkörpers und der physikalischen Vorgänge in ihm, die das erdmagnetische Feld und seine Änderungen hervorrufen. Der Erdmagnetismus wirkt sich u. a. darin aus, dass der Nordpol einer Magnetnadel nach dem nördlichen Magnetpol zeigt (ungefähr nach der geografischen Nordrichtung); die Abweichung der Magnetnadel von der genauen N-S-Richtung heißt **magnetische Missweisung** oder **Deklination.** Die Neigung einer frei aufgehängten Magnetnadel gegen die Waagerechte heißt **Inklination.** Das an der Erdoberfläche beobachtete Magnetfeld hat Quellen im Erdinneren **(Innenfeld)** und außerhalb der Erde **(Außenfeld).** Der größte Teil des Innenfeldes wird von Stromsystemen im äußeren flüssigen Erdkern erzeugt. Es hat die Geometrie eines im Zentrum der Erde gedachten Permanentmagneten **(Dipol).** Die Verlängerung dieses gedachten Magneten (Dipolachse) trifft die Erdoberfläche an den zwei magnetischen Polen. Weitere kleine Teile des erdmagnetischen Feldes, gemessen an der Erdoberfläche, werden erzeugt durch die variablen elektrischen Ströme in der **Ionosphäre** und in der **Magnetosphäre,** die bis in Entfernungen von zehn Erdradien reicht. Richtung und Stärke des erdmagnetischen Feldes sind nicht konstant, sondern unterliegen einer über Jahrzehnte gleichförmig gerichteten Veränderung. Daneben treten kurzzeitige periodische und unregelmäßige Schwankungen auf, die mit Vorgängen in der Ionosphäre und auf der Sonne in Verbindung stehen. Mit zunehmender Entfernung von der Erde wird das geomagnetische Feld schwächer. In einer Entfernung von etwa sechs Erdradien ist das erdmagnetische Feld nur wenig größer als die vom Sonnenwind mitgeschleppten unregelmäßigen Magnetfelder, sodass sich aus der Wechselwirkung vom Magnetfeld der Erde und dem des Sonnenwindes eine neue Konfiguration des gesamten Magnetfeldes ergibt. Auf der der Sonne zugewendeten Seite sind die Feldlinien gestaucht; auf der anderen Seite sind sie auseinander gezogen. Durch Ausmessen der Magnetisierungsrichtungen **(Paläomagnetismus)** an orientiert entnommenen Gesteinsproben lassen sich die fossilen Richtungen des erdmagnetischen Feldes ermitteln und die Lage der geomagnetischen Pole in den geologischen Systemen berechnen.

**Erdmagnetismus**
→ GEO **Dossier**
Die Erfindung des Bildes, Bd. 7

**Erdmagnetismus**
→ GEO **Dossier**
Odyssee nach Plan, Bd. 7

**Erdmetalle,** ältere Bezeichnung für die Elemente Aluminium, Scandium, Yttrium und die Lanthanoide.

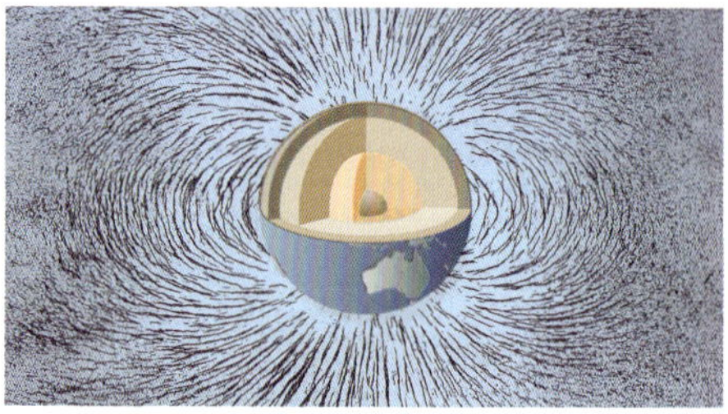

**Erdmagnetismus.** In geringer Entfernung von der Erdoberfläche entspricht das Magnetfeld näherungsweise dem eines Stabmagneten, dessen Pole in der Nähe der geografischen Pole liegen.

**Erdöl,** englisch **Petroleum,** helles bis schwarzgrünes, flüssiges Gemisch verschiedener Kohlenwasserstoffe. Erdöl ist weltweit der wichtigste Primärenergieträger (rund 37 % des Weltenergiebedarfs) und Rohstoff für die Petrochemie. Es bildet sich unter anaeroben Verhältnissen aus abgestorbenem tierischen und pflanzlichen Plankton, das in schlecht belüfteten reduzierten (durch Schwefelwasserstoff) marinen Ablagerungsräumen oder auch in gut durchlüftetem Wasser unter der Oberfläche feinklastischer Sedimente, v. a. im Bereich des Kontinentalschelfs, angereichert und mithilfe von Bakterien chemisch umgebildet wird. Erdöllager werden durch Tiefbohrung erschlossen, auch durch Unterwasserbohrungen. Zur Verarbeitung des Rohöls wird dieses in Raffinerien durch fraktionierte Destillation (in turmartigen Destillierkolonnen) in seine verschieden hoch siedenden Anteile zerlegt. Die Destillate werden gekrackt (→Cracken) und gereinigt, wodurch man verschiedene Benzine, Dieselöle, Leichtöle, Schmieröle, Paraffin und Asphaltbitumen erhält.

**Erdschluss,** *Elektrotechnik:* →Kurzschluss.

**Erdung,** das Herstellen einer leitenden Verbindung zwischen elektrischen Geräten und Leitungen sowie der Erde (Erdleitung) zum Schutz gegen Gefährdung durch zu hohe Berührungsspannungen oder Blitzschlag, zum Senden und Empfangen in der Funktechnik, zum Beseitigen von Störungen in der Nachrichtentechnik. Nach ihrer Funktion unterscheidet man die **Betriebserdung** elektrischer Anlagenteile, die **Schutzerdung** zum Berührungsspannungsschutz und die **Blitzschutzerdung** zum Schutz gegen Blitzeinschläge.

**Erdwärme,** die Wärme des Erdkörpers. In der äußeren Erdkruste nimmt die Temperatur mit der Tiefe zu **(geothermische Tiefenstufe).** Daneben besteht ein kontinuierlicher Wärmestrom zur Erdoberfläche hin, der auf rund $6{,}5 \cdot 10^{20}$ J pro Jahr geschätzt wird und durch Zerfallsprozesse radioaktiver Elemente in den Gesteinen entsteht. Diese nahezu unerschöpfliche Energiequelle ist besonders hoch in Vulkangebieten, im Bereich großer geotektonischer Störungen oder an den Rändern der Erdkrustenplatten (→Plattentektonik), an geologischen Gräben und im Rückland junger Faltengebirge.

■ **Nutzung** Als alternative Energiequelle gewinnt die Erdwärme zunehmende Bedeutung. Neben den in Erdwärmekraftwerken, zur Gebäudeheizung und Warmwasserbereitung genutzten vulkanischen Heißwasser- und Dampfspeichern (Island, Italien) werden auch **geothermische Anomalien** interessant (in Deutschland z. B. bei Bad Urach und Landau in der Pfalz). Die bedeutenden Wärmereserven in heißen Gesteinsmassen **(hot dry rock)** sind durch Bohrungen erschließbar, in die kaltes Wasser eingepumpt wird, das sich erhitzt und als heißes Wasser wieder austritt.

**Ẹrg** [griechisch] *das,* Einheitenzeichen **erg,** nicht gesetzliche Einheit der Energie im CGS-System: 1 erg = 1 dyn · cm = $10^{-7}$ Nm (Newtonmeter) = $10^{-7}$ J (Joule).

**Ergodenhypothese,** *statistische Mechanik:* Hypothese, die von L. Boltzmann in die kinetische Gastheorie eingeführt und später von P. und T. Ehrenfest durch die genauere **Quasi-Ergodenhypothese** ersetzt wurde. Danach wird in einem sich selbst überlassenen thermodynamischen System (z. B. einem Gas) bei Vorhandensein einer bestimmten Gesamtenergie im Laufe der Zeit jeder mögliche Bewegungszustand des Systems mit beliebiger Annäherung verwirklicht. Die Ergodenhypothese spielt eine Rolle in den Berechnungen der Chaostheorie.

**Ergosterịn** *das,* ein Mykosterin (in Pilzen vorkommendes Sterin), geht durch UV-Bestrahlung in Vitamin $D_2$ (→Vitamine) über.

**Erhaltungssätze,** Grundgesetze der Naturwissenschaften, nach denen bestimmte physikalische Größen **(Erhaltungsgrößen)** in abgeschlossenen Systemen bei jeder zeitlichen Zustandsänderung ihren Wert beibehalten. Die fundamentalen Erhaltungssätze sind: der Erhaltungssatz der Energie (→Energiesatz), der wegen der →Äquivalenz von Masse und Energie auch den Satz von der Erhaltung der Masse enthält, der Erhaltungssatz des Impulses (→Impulssatz), dem der →Schwerpunktsatz gleichwertig ist, und der Erhaltungssatz für den →Drehimpuls. In Systemen, bei denen Ladungsträger beziehungsweise makroskopische Ladungsmengen auftreten und in Wechselwirkung stehen, gilt der Erhaltungssatz der elektrischen →Ladung.

■ **Innere Symmetrien** Neben diesen klassischen Erhaltungssätzen führen so genannte innere Symmetrien der Materie zu Erhaltungssätzen für Spin, Isospin, Parität, Strangeness, Baryonen- und Leptonenzahl; diese Erhaltungssätze sind v. a. zur Klassifizierung der Elementarteilchen von Bedeutung. Zwischen den Erhaltungssätzen und den Symmetrien der Naturgesetze besteht ein enger Zusammenhang: Die Erhaltungsgrößen sind die Invarianten derjenigen Symmetrietransformationen, die die Naturgesetze ungeändert (invariant) lassen.

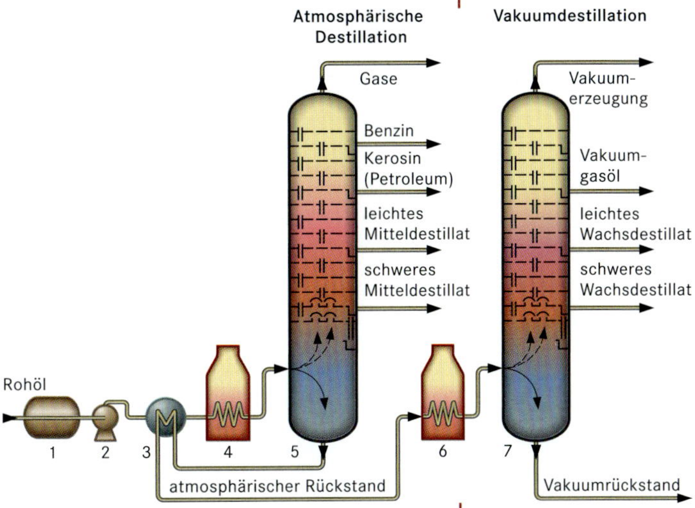


**Erdöl.** Die Destillation (atmosphärische und Vakuumdestillation) ist der erste Schritt der Erdölverarbeitung in einer Raffinerie. Die einzelnen Fraktionen werden zu unterschiedlichen Produkten weiterverarbeitet. 1 Entsalzer, 2 Rohölpumpe, 3 Wärmetauscher, 4 Röhrenofen, 5 Fraktionierturm, 6 Röhrenofen, 7 Fraktionierturm

**Erholung,** *Werkstoffkunde:* Entfestigung der durch plastische Kaltumformung oder Partikelbestrahlung bewirkten Verfestigung in Metallen und Legierungen; geschieht in der Regel durch thermische Aktivierung.

**Erlanger** ['ə:læŋə], Joseph, amerikanischer Neurophysiologe, *San Francisco (Kalifornien) 5. 1. 1874, † Saint Louis (Missouri) 5. 12. 1965; erhielt für die Entdeckung der hoch differenzierten Tätigkeit der einzelnen Nervenfasern 1944 mit H. S. Gasser den Nobelpreis für Physiologie oder Medizin.

**Erle, Eller, Alnus,** Gattung der Birkengewächse. Die männlichen Blüten sind zu hängenden Kätzchen vereinigt, die weiblichen zu kurzen Zapfen, die als Fruchtstände verholzen und den Winter über am Baum bleiben. Erlen besitzen Wurzelknöllchen, in denen Strahlenpilze freien atmosphärischen Stickstoff binden. Die in Europa beheimatete **Schwarzerle** (Alnus glutinosa) wächst an Ufern und auf

**Erdöl Wie lange noch?**

Die Angaben zu den Welterdölreserven liegen je nach Quelle zwischen 144 Mrd. und 172 Mrd. Tonnen. Aus geologischer Sicht reicht das verbleibende Potenzial an konventionellem Erdöl aus, um bei einem moderaten Anstieg des Verbrauchs die Versorgung mit Erdöl über einen Zeitraum von 10 bis 20 Jahren zu gewährleisten. Da die großen Erdöllager der Erde bekannt sind, ändern auch kleinere Felder, die noch gefunden werden können, die Gesamtbilanz nicht mehr. Auch Reservenzuwächse aufgrund besserer Gewinnungsmethoden, mit welchen z. B. entlegene Bereiche einer Lagerstätte ausgebeutet werden können und wie sie immer wieder öffentlich bekannt werden, ändern die Lage nicht wesentlich. Die Gewinnung von Bitumen und Schwerstölen aus Ölsanden ist mit erheblichen Investitionen verbunden und kann die ökologischen Folgen der Erdölverknappung höchstens abmildern.

Flachmooren **(Erlenbrüche)**. Sie hat schwärzliche Rinde (Tafelborke), klebrige Knospen und Blätter sowie reichen Stockausschlag. Das Holz wird als Schnitzholz und im Möbelbau verwendet. Die **Grauerle** (Alnus incana) wächst in Europa, Ostasien und Nordamerika besonders auf Kalkboden. Sie hat spitze, nicht klebrige, unten grau behaarte Blätter, geflügelte Nüsschen, graue Rinde. Die **Grünerle** (**Laublatsche,** Alnus viridis) wächst in den Hoch- und Mittelgebirgen Mitteleuropas als 1–4 m hohes Knieholz und dient zur ersten Aufforstung.

**Ermüdung, 1)***allgemein:* nach längerer Tätigkeit auftretende Abnahme der körperlichen und geistigen Leistungsfähigkeit und -bereitschaft. Psychologische Indikatoren sind Reizbarkeit, Unlustgefühle, Verminderung der Konzentrations- und Denkfähigkeit sowie ein allgemeines »Müdigkeitsgefühl«.

**2)***Physiologie:* die durch Anhäufung von Stoffwechselprodukten (z.B. Milchsäure bei Muskelermüdung) in den Zellen auftretende Funktionsminderung eines Organismus oder Organs.

**3)***Werkstoffkunde:* durch häufig wiederholte Beanspruchung bewirkte Verminderung der Festigkeit eines Werkstoffes aufgrund geringfügiger plastischer Verformungen in seinem Innern.

**Ernährung,** die Aufnahme der Nahrungsstoffe für das Wachstum, die Erhaltung und Fortpflanzung eines Lebewesens.

Die grünen **Pflanzen** können die körpereigenen organischen Substanzen aus anorganischen Stoffen (Kohlendioxid, Wasser, Mineralsalze) aufbauen, sie sind autotroph. Ihre Energiequelle ist die Sonne. Durch ihre Synthesetätigkeit liefern die grünen Pflanzen allen heterotrophen, auf organische Nährstoffe angewiesenen Organismen (Bakterien, Pilze, nichtgrüne höhere Pflanzen, Tiere, Mensch) die Existenzgrundlage. Wichtigster Ernährungsvorgang dieser Pflanzen ist die →Fotosynthese.

Die nichtgrünen Pflanzen (Saprophyten, Parasiten) decken ihren Energie- und Kohlenstoffbedarf aus lebender oder toter organischer Substanz. Für ihre Ernährung müssen Tiere und Menschen lebenswichtige organische Verbindungen aufnehmen, um dem Organismus die Energiesubstrate für seine Leistungen (Betriebsstoffwechsel), die Stoffe für das Wachstum und den laufenden Ersatz verbrauchter Körpersubstanzen (Baustoffwechsel) zuzuführen.

Nach der Art der Nahrungsaufnahme unterscheidet man bei **Tieren** u.a.: Strudler (z.B. Muscheln), Substratfresser (Regenwurm), Schlinger (Schlangen) und Zerkleinerer (viele Insekten, Weichtiere und Wirbeltiere). Endoparasiten nehmen durch ihre Körperoberfläche Nahrungsstoffe ihrer Wirtstiere auf. Je nach bevorzugter Nahrungsquelle unterscheidet man **Fleischfresser** (Karnivoren), **Pflanzenfresser** (Herbivoren) und **Allesfresser** (Omnivoren). Die Ernährung des **Menschen** entspricht derjenigen von tierischen Allesfressern. Art, Menge, Zusammensetzung und Zubereitung der pflanzlichen (Gemüse, Obst, Getreide) und tierischen (Milch, Eier, Fleisch) Nahrungsmittel hängen von biologischen und sozialen Gegebenheiten ab. Die aufgenommenen Nährstoffe werden im Verdauungskanal in eine lösliche und damit resorbierbare Form gebracht, mit dem Blut in die verschiedenen Gewebe transportiert und dort in den einzelnen Zellen mithilfe von Enzymen abgebaut. Dieser Vorgang ist einer Verbrennung vergleichbar, die Bewegungsenergie und Wärme liefert. Die Abfallprodukte dieser Verbrennung werden aus dem Körper durch den Stuhl, den Harn und die Atmung ausgeschieden. Kohlenhydrate und Fette sind hauptsächlich Energiespender, während Proteine vorwiegend zum Aufbau und Ersatz von Zellen und zur Bildung von Enzymen und Hormonen benötigt werden.

**erneuerbare Energien, regenerative Energien, Alternativenergien,** regenerierbare, das heißt sich erneuernde und im Gegensatz zu fossilen Energieträgern und Kernbrennstoffen – in menschlichen Zeiträumen gemessen – nicht erschöpfbare Energieformen. Sie gelten zudem als klima- und umweltverträglich, da mit ihrer Nutzung geringere Umweltbelastungen verbunden sind und mit Ausnahme der vorgelagerten Prozesskette (z.B. Anlagenherstellung) keine klimarelevanten Spurengase freigesetzt werden. Das Energieangebot der erneuerbaren Energien basiert auf drei verschiedenen Energiequellen, der Wärmeenergie im Inneren der Erde, der Rotationsenergie der Erde und den Kernfusionsprozessen in der Sonne. Dennoch trugen sie 2004 in Deutschland insgesamt nur zu rund 3,6% zur Deckung des Primärenergiebedarfs bei. An der Deckung des Strombedarfs aber waren sie 2005 bereits zu 10,6% beteiligt. Ihre Bedeutung ist damit heute noch vergleichsweise gering. Für die Zukunft wird jedoch insbesondere infolge weltweit zunehmender Bemühungen zum Klimaschutz eine verstärkte Ausschöpfung der bestehenden Potenziale erwartet. Die Bundesregierung will ihren Anteil an der Deckung des Primärenergiebedarfs bis 2010 verdoppeln. Die wichtigsten, bereits genutzten erneuerbaren Energien sind Sonnenenergie (→Solartechnik, →Solarzelle), Wind- (→Windkraftwerk) und Wasserenergie (→Wasserkraftwerk), aber auch geothermische Energie (Erdwärme) oder die Energie aus Biomasse.

**Erregung, 1)***Physik:* **elektrische Erregung,** von M. Faraday formulierter Begriff für die →elektrische Flussdichte.

**2)***Physiologie:* spezifische Reaktion bestimmter erregbarer Gewebesysteme auf äußere oder innere Reize, z. B. bei Kontraktion von Muskelzellen.

**Erregungsleitungssystem, Reizleitungssystem,** Gesamtheit spezifisch aufgebauter Herzmuskelzellen, die Erregung bilden beziehungsweise weiterleiten und damit für die Tätigkeit des Herzens verantwortlich sind. Zum Erregungsleitungssystem gehören Sinusknoten (im rechten Vorhof, mit etwa 70 Erregungen je Minute der Schrittmacher), Atrioventrikularknoten (an der Vorhofkammergrenze, etwa 40 Erregungen je Minute), His-Bündel (Verbindung zwischen Vorhof und Kammer, etwa 30 Erregungen je Minute) mit Aufgliederung in zwei Schenkel (rechte und linke Kammer) und Purkinje-Fasern (Endverzweigung). Erregungen werden im Sinusknoten gebildet, breiten sich über das gesamte Herz aus und bestimmen dessen Schlagfolge. Bei Ausfall oder Unterbrechung der Verbindung zum nächsten Zentrum kann dieses mit entsprechend geringerer Frequenz die Funktion übernehmen. Das Erregungsleitungssystem wird durch das vegetative Nervensystem beeinflusst (z. B. gesteigerte Herzfrequenz bei Angstzuständen).

**Erstarrung,** der Übergang vom flüssigen in den festen Aggregatzustand, erfolgt bei chemisch einheitlichen Stoffen beim Unterschreiten der druckabhängigen **Erstarrungstemperatur (Erstarrungspunkt),** die der Schmelztemperatur gleich ist, Stoffgemische (z. B. Wachs, Glas) erstarren in einem Temperaturintervall, dem **Erstarrungsintervall.** Eine Erstarrung von Stoffen, die unter Normbedingungen flüssig sind, nennt man →Gefrieren. In der Bautechnik ist Erstarren die früher als Abbinden bezeichnete erste Phase der Verfestigung eines Baustoffs.

**Erstbesiedlung,** *Ökologie:* Eroberung neu entstandener Lebensräume (z. B. vulkanischer Rohböden, Inseln) durch Organismen; die Zusammensetzung einer sich neu entwickelnden Lebensgemeinschaft wird meist durch solche Organismen geprägt, die zufällig durch Wind, Wasserströmung, mit fliegenden Tieren oder durch Eigenflug den neuen Lebensraum erreichen (z. B. Bakterien, Algen, Moose, Flechten sowie tierische Einzeller).

**Erweichungspunkt,** der Temperaturbereich, der den Übergang vom festen zum flüssigen Aggregatzustand bei amorphen Stoffen oder solchen mit teilkristallinen Anteilen (z. B. bei Gläsern) umfasst (im Gegensatz zu kristallinen Körpern mit definiertem Schmelzpunkt).

**Es,** chemisches Symbol für →Einsteinium.

**Esaki,** Leo, japanischer Physiker, *Ōsaka 12. 3. 1925; wies das Auftreten des Tunneleffekts beim Durchgang von Elektronen durch extrem dünne pn-Übergänge zwischen unterschiedlich dotierten Halbleitern nach und entwickelte die →Tunneldiode **(Esaki-Diode)**; erhielt hierfür 1973 mit I. Giaever und B. D. Josephson den Nobelpreis für Physik.

100770

**erneuerbare Energien.** Niedrigenergiehaus mit Solarkollektoren

**ESCA** [Abkürzung für englisch **e**lectron **s**pectroscopy for **c**hemical **a**nalysis], **induzierte Elektronenemission,** →Fotoelektronenspektroskopie.

**Esche, Fraxinus,** Gattung der Ölbaumgewächse, rund 60 Arten mit gegenständigen, meist unpaarig gefiederten Blättern, die Blüten erscheinen vor dem Laubaustrieb, Früchte geflügelt. Die **Gemeine Esche** (Fraxinus excelsior), ein bis 40 m hoher Baum, wächst meist in feuchten Niederungen; hat anfangs grünlich graue, glatte, später rissige Borke. Das Holz eignet sich gut für Drechslerarbeiten. In Südeuropa und Kleinasien (in Deutschland als Zierbaum) ist die **Mannaesche (Blumenesche,** Fraxinus ornus) heimisch; bis 8 m hoch mit weißen, duftenden Blüten.

**Esel.** Hengst

**Esel** [lateinisch asinus (asellus) »Esel«] **Afrikanischer Wildesel, Equus asinus,** zur Familie der Pferde gehörender, 1,4 m schulterhoher Unpaarhufer mit schmalen, hohen Hufen, langen Ohren und Quastenschwanz in Afrika. Von den urspr. drei Unterarten ist mindestens eine, der **Nordafrikanische Wildesel,** ausgestorben; der gelblich graue **Nubische Wildesel** und der graue **Somali-Wildesel** sind stark bedroht. Der vom Nubischen Wildesel abstammende **Hausesel** ist ein genügsames Lasttier; er kann mit Pferden gekreuzt werden (Maultier: Bastard aus Pferdestute und Eselhengst; Maulesel: Bastard aus Eselstute und Pferdehengst).

**ESP.** Schematischer Wirkungsablauf: Bricht das Fahrzeug aus, wird ein Rad gebremst (gelber Pfeil), sodass sich der Wagen um die Hochachse wieder in die richtige Bahn dreht (links beim Untersteuern, rechts beim Übersteuern des Fahrzeugs).

**ESP,** Abkürzung für **E**lektronisches **S**tabilitäts**p**rogramm, *Fahrzeugtechnik:* Fahrdynamikregelung, die neben der Längsdynamik auch die Querdynamik eines Fahrzeuges betrachtet. Neben den herkömmlichen Brems- und Radschlupfregelsystemen (ABS, EBV, EDS, ASR) beinhaltet ESP als wesentliches Funktionsmodul einen Giermomentenregler. Aufgrund einer Vielzahl von Daten verschiedener Sensoren (z. B. Giergeschwindigkeits-, Lenkwinkel-, Querbeschleunigungssensor) wird die Notwendigkeit eines gezielten Bremseingriffes an einem Rad berechnet und durchgeführt.

**ESR-Datierung,** auf der →Elektronenspinresonanz (ESR) beruhendes Verfahren zur →Altersbestimmung prähistorischer Objekte von einigen Tausend bis zu vielen Hunderttausend Jahren, wie Tropfsteine, Travertine, Knochen und Zähne.

**ESRF** [Abkürzung für englisch **E**uropean **S**ynchrotron **R**adiation **F**acility, »Europäische Synchrotronstrahlungsanlage«], europäisches Forschungszentrum in Grenoble (Frankreich) mit dem gleichnamigen, 1994 in Betrieb gegangenen Elektronenspeicherring zur Erzeugung von →Synchrotronstrahlung im Röntgenbereich. An der ESRF, die in einen Komplex mit dem Institut Laue-Langevin integriert wurde, sind 18 (2006) Länder beteiligt. Die ESRF erschließt als Synchrotronstrahlungsquelle bei großer Strahlungsleistung und hoher Brillanz (Leuchtdichte) den Spektralbereich bis in die harte Röntgenstrahlung. Sie wird u. a. für Untersuchungen in der Physik der kondensierten Materie, in der Chemie, Molekularbiologie, Medizin, Materialforschung und den Geowissenschaften sowie für industrielle Anwendungen genutzt.

**essenziẹll,** *Biochemie:* zur Kennzeichnung von Nahrungsinhaltsstoffen gebraucht, die für den Organismus lebensnotwendig sind und von diesem nicht aus anderen Stoffen aufgebaut werden können (z. B. essenzielle →Aminosäuren, essenzielle →Fettsäuren).

**Essig,** ein sauer schmeckendes Würz- und Konservierungsmittel, wird aus alkoholhaltigen Flüssigkeiten durch Gärung **(Gärungsessig)** oder durch Verdünnen von (meist synthetisch hergestellter) 100%iger →Essigsäure (Eisessig) auf 80% Säuregehalt **(Essigessenz)** gewonnen. Der handelsübliche Essig hat einen Gehalt von 5 bis 15,5 g Essigsäure pro 100 $cm^3$. Je nach den verwendeten Rohstoffen unterscheidet man Branntweinessig, Weinessig, Malzessig, Obstessig, Kräuteressig (Gewürzessig). Letzteren erhält man durch Auslaugen von Gewürzkräutern mit Essig.

Für die Herstellung von Gärungsessig wandte man früher das **Orléans-Verfahren** an, ein Oberflächengärverfahren, bei dem die alkoholhaltige Maische »ruhend« in mit Luftlöchern versehenen Fässern oder offenen Gärbottichen vergoren wurde; dabei bildeten die Essigsäurebakterien auf der Flüssigkeit eine Haut **(Essigkahm, Essigmutter).** Dieses Verfahren liefert besonders aromareichen Essig, ist aber zeitaufwendig. Bevorzugt wird bei der Herstellung von Gärungsessig heute das **Generatorverfahren (Rundpumpverfahren),** bei dem die Maische mehrfach durch 4–5 m hohe, mit Holzspänen gefüllte Behälter (Essiggeneratoren) gepumpt wird, bis der Alkohol in Essigsäure umgewandelt ist.

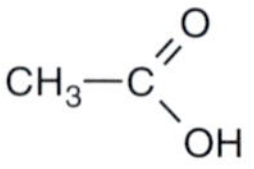

**Essigsäure**

**Essigsäure, Ethansäure,** wichtige Monocarbonsäure. Wasserfreie Essigsäure **(Eisessig)** riecht stechend, wirkt stark ätzend, siedet bei 117,9 °C und erstarrt bei 16,6 °C; Dichte 1,049 g/$cm^3$. Essigsäure kommt in Form ihrer Salze und Ester, der **Acetate,** in der Natur verbreitet vor; in freier Form findet sie sich in manchen Pflanzensäften und tierischen Sekreten. Sie bildet sich durch Gärung verdünnter wässriger Lösungen von Alkohol unter dem Einfluss von Essigsäurebakterien (→Essig). Technisch wird Essigsäure nach unterschiedlichen Verfahren synthetisch hergestellt, v. a. durch katalytische Umsetzung von Methanol mit Kohlenmonoxid (Carbonylierung), durch Oxidation von Acetaldehyd und durch Direktoxidation von Kohlenwasserstoffen.

Essigsäure wird v. a. zu Essigsäureestern weiterverarbeitet, wobei Vinylacetat (für Kunststoffe), Celluloseacetat (Faserrohstoff), Ethylacetat und Butylacetat (Lösungsmittel) die größte Bedeutung haben.

**Essigsäurebakteri|en, Essigbakterien,** eine Gruppe von Bakterien; gramnegative, bewegliche oder unbewegliche Stäbchen, die v. a. in freigesetzten Pflanzensäften leben. Technisch werden Essigsäurebakterien verwendet zur Erzeugung von Sorbose aus Sorbit (bei der Vitamin-C-Synthese), von Gluconsäure aus Glucose und v. a. von Essigsäure (beziehungsweise Essig).

**Ẹster** [Kunstwort aus Essig und Ether], organische Verbindungen, die formal aus Säuren und Alkoholen unter Wasseraustritt entstehen: R−COOH + R'OH → R−COOR' + $H_2O$ (R, R' = organische Reste) und auch durch Umesterung aus anderen Estern oder aus Olefinen hergestellt werden. Durch Hydrolyse (Verseifung) können Ester in Säure und Alkohol zurückgespalten werden. Viele Ester sind fruchtartig riechende Flüssigkeiten. Glycerinester von Fettsäuren treten in der Natur als Fette, Öle und Wachse auf. Phthalsäureester haben als Weichmacher, der Methylester der Terephthalsäure hat bei der Herstellung von Polyestern Bedeutung.

**Etalon** [eta'lɔ̃, französisch] *der, Physik:* zwei genau parallel montierte Spiegelflächen bester Ebenheit, die in der Interferometrie verwendet werden, z. B. beim Fabry-Pérot-Interferometer.

**Ethan** *das,* **Äthan,** farb- und geruchloser gasförmiger Kohlenwasserstoff aus der Gruppe der →Alkane; in Erd- und Raffineriegasen; zur Ethylenherstellung.

**Ethanol** [griechisch] *das,* **Äthanol, Ethylalkohol, Spiritus, Alkohol, Weingeist,** $C_2H_5OH$, eine farblose, brennend schmeckende, würzig riechende und leicht entzündliche Flüssigkeit aus der Gruppe der →Alkohole. Dichte 0,789 g/cm³, Siedepunkt 78,3 °C, in hoher Konzentration giftig. Ethanol entsteht durch die **alkoholische Gärung** von zucker- oder stärkehaltigen Substanzen, die durch Hefe in Ethanol und Kohlendioxid gespalten werden. Das gewöhnliche Ethanol des Handels **(Sprit)** ist 96 %ig. Durch Azeotropdestillation (→azeotropes Gemisch) entsteht das wasserfreie **absolute Ethanol.**

Weitaus das meiste Ethanol wird in Form von alkoholischen Getränken verwendet. Ferner dient es als vielseitiges Lösungsmittel (z. B. für Lacke und Kosmetika), als Ausgangsstoff in der chemisch-pharmazeutischen Industrie, als Desinfektionsmittel, zur Konservierung und als Kraftstoffzusatz.

**Ethen** *das,* **Äthen,** das →Ethylen.

813

**ESRF.** Ringförmige Experimentierhalle der Europäischen Synchrotronstrahlungsanlage in Grenoble; dahinter das Institut Laue-Langevin mit dem Gebäude des Neutronen-Hochflussreaktors

**Ether,** *Chemie:* **Äther,** Bezeichnung für organische Verbindungen der allgemeinen Formel $R^1{-}O{-}R^2$ ($R^1$, $R^2$ – gleiche oder unterschiedliche Alkyl- oder Arylgruppen), meist leicht flüchtige, brennbare Flüssigkeiten, treten in vielen Naturstoffen auf (Zucker, Stärke). Der wichtigste Ether ist der **Diethylether,** ein ausgezeichnetes Lösungsmittel für viele Stoffe, aber extrem feuergefährlich (Siedepunkt 34,5 °C); früher auch als Narkosemittel verwendet.

**Ethernet** ['iːθə-], Typ eines lokalen Rechnernetzes (→LAN).

**Ethin** *das,* **Äthin,** das →Acetylen.

**Ethogramm** *das,* **Aktionskatalog, Verhaltensinventar,** *Verhaltensforschung:* eine umfassende Beschreibung des Verhaltens einer Tierart, das unter bestimmten Umweltbedingungen gezeigt wird.

**Ethologie** [griechisch] *die,* →Verhaltensforschung.

**Ethyl,** *das,* **Äthyl,** die vom Ethan abgeleitete einwertige Atomgruppe $-C_2H_5$, die in vielen organischen Verbindungen vorkommt, z. B. **Ethylalkohol** (→Ethanol), **Ethylcellulose** (→Celluloseether).

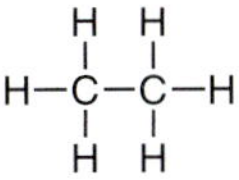

**Ethan**

**Ethanol Alkohol im Körper**

103142

Alkohol wird überwiegend in der Leber, ein kleiner Teil auch im Magen mithilfe des Enzyms Alkoholdehydrogenase, ADH, zu Acetaldehyd abgebaut. Normalerweise baut die Leber 0,1 g Alkohol pro Stunde und Kilogramm Körpergewicht ab, dies entspricht bei einem 70 kg schweren Mann 75 ml Wein. Ein weiteres Enzym, die Acetaldehyddehydrogenase, wandelt Acetaldehyd in Essigsäure um, die im Citratzyklus unter Energiegewinn zu Kohlendioxid abgebaut wird. Kopfschmerzen und Übelkeit, die nach dem Alkoholkonsum auftreten können, werden zum Teil vom giftigen Acetaldehyd verursacht. Aber auch ein vermehrter Wasserverlust trägt zum »Kater« bei. Denn der Alkohol verringert die Konzentration des Hormons Vasopressin im Blut, das normalerweise die Rückgewinnung von Wasser in der Niere reguliert.

**Eulen.**
Waldkauz (Strixaluco)

**Eulen.**
Schneeeule (Nyctea Scandiaca)

**Ethylen** *das,* **Äthylen, Ethen,** gasförmiger ungesättigter Kohlenwasserstoff aus der Gruppe der Alkene. Ethylen ist farb- und fast geruchlos; es entsteht beim Cracken von Benzin oder Ethan. Wichtigstes Zwischenprodukt der →Petrochemie; v.a. zur Herstellung von Kunststoffen.

**Ethylen|oxid, Äthylenoxid, Oxiran,** zyklischer Ether, hautreizende, giftige Flüssigkeit, großtechnisch aus Ethylen durch Oxidation mit Luft oder Sauerstoff erzeugt; verwendet zur Herstellung von Glykol, Tensiden, Ethanolaminen u.a. Als T-Gas dient Ethylenoxid zur Schädlingsbekämpfung.

**Etiolement** [etiolə'mã, französisch] *das, Botanik:* das →Vergeilen.

**Eu,** chemisches Symbol für →Europium.

**Eubakteri|en** [griechisch-neulateinisch], **Eubacteria,** neuere Bezeichnung für das Reich der Bakterien, in das die Mehrzahl der bekannten →Prokaryonten einschließlich der Strahlenpilze, fototrophen Bakterien und Cyanobakterien (Blaualgen) eingeordnet werden. Die übrigen Prokaryonten werden im Reich der →Archaebakterien zusammengefasst.

**Eugenik** [griechisch, Lehre von der »guten« Erbveranlagung] *die,* **Erbgesundheitslehre, Erbhygiene,** von dem britischen Naturforscher Sir Francis Galton (* 1822, † 1911) 1883 geprägte Bezeichnung für die Lehre von der Verbesserung des Erbguts. Ziel eugenischer Maßnahmen ist es, unter Anwendung genetischer Erkenntnisse den Fortbestand günstiger Erbanlagen in einer menschlichen Population zu sichern und zu fördern **(positive Eugenik)** sowie die Ausbreitung nachteiliger Gene einzuschränken **(negative** oder **präventive Eugenik).** In der Zeit des Nationalsozialismus wurde mit der Eugenik der Massenmord an geistig und körperlich behinderten Menschen begründet (Euthanasie).

**Eukaryonten** [griechisch], **Eukaryoten, Eukaryota,** zusammenfassende Bezeichnung für alle Organismen, deren Zellen einen echten Zellkern besitzen.

**Eulen, Strigiformes,** Ordnung der Vögel mit rund 145 Arten; die meisten Eulen jagen im Dunkeln Kleinsäuger, auch Vögel, Insekten und Würmer, die sie mit den Füßen packen und mit den spitzen Krallen töten. Ihre unbeweglichen Augen sind nach vorn gerichtet, der Gehörsinn ist gut entwickelt.

Einige Eulenarten werden als »Käuze« bezeichnet. Die größte Eule ist der Uhu; weit verbreitet in Wäldern ist die **Waldohreule** (Asio otus). Die **Sumpfohreule** (Asio flammeus) nistet in Moorgebieten und auf nassen Wiesen. In lockeren Baumbeständen, an Felsen und Gemäuern lebt der **Steinkauz** (Athene noctua), in großen Nadelwäldern der seltene **Raufußkauz** (Aegolius funereus), in den Alpen und im Schwarzwald der zum Teil tagsüber jagende **Sperlingskauz** (Glaucidium passerinum). Bis in die Parks und Gärten der Städte hat sich der rindenfarbige **Waldkauz** (Strix aluco) ausgebreitet. Die **Schleiereule** (Tyto alba) lebt oft im Gebälk von Türmen und in altem Mauerwerk. Nord- und osteuropäische Eulen sind **Schneeeulen** (Nyctea scandiaca), **Sperbereulen** (Surnia ulula) und **Habichtskauz** (Strix uralensis). Alle Eulen stehen unter Naturschutz.

**Euler-Chelpin** [-'kɛlpi:n], **1)** Hans von, schwedischer Chemiker deutscher Herkunft, * Augsburg 15. 2. 1873, † Stockholm 7. 11. 1964, Vater von 2); entwickelte neue Methoden zur Untersuchung der Enzyme und Vitamine. 1929 erhielt er mit Arthur Harden den Nobelpreis für Chemie für die Erforschung der Gärung von Zuckern und der Gärungsenzyme.

**2)** Ulf Svante von, schwedischer Physiologe, * Stockholm 7. 2. 1905, † ebenda 11. 3. 1983, Sohn von 1); erhielt für seine Untersuchungen über die chemische Natur des Neurotransmitters Noradrenalin an den Synapsen mit J. Axelrod und B. Katz 1970 den Nobelpreis für Physiologie oder Medizin.

**Eurocity** [-sɪtɪ], Abkürzung **EC,** im Fernreisezugverkehr mit dem Ausland eingesetzte →IC®; die Bezeichnung EC wurde mit dem Sommerfahrplan 1987 eingeführt.

**Eurocontrol,** 1960 gegründete europäische Organisation für Flugsicherung; Mitgliedstaaten (2004): Albanien, Belgien, Bosnien und Herzegowina, Bulgarien, Dänemark, Deutschland, Finnland, Frankreich, Griechenland, Großbritannien, Irland, Italien, Kroatien, Luxemburg, Makedonien, Malta, Moldawien, Monaco, Niederlande, Norwegen, Österreich, Portugal, Rumänien, Schweden, Schweiz, Slowakische Republik, Slowenien, Spanien, Tschechische Republik, Türkei, Ukraine, Ungarn und Zypern; Aufgaben: Festlegung gemeinsamer Ziele und mittelfristiger Pläne auf dem Gebiet der Flugsicherung; Sitz: Brüssel.

**Euromix,** seit 1997 in den meisten europäischen Ländern eingesetztes Testverfahren für den Kraftstoffverbrauch von Pkw, das im Vergleich zum →Drittelmix realere Verbrauchswerte liefert.

**Europäische Organisation für Kernforschung,** →CERN.

**Europäische Synchrotronstrahlungsanlage,** →ESRF.

**Europaschiff,** Typschiff (Motorgüterschiff) der europäischen Binnenschifffahrt, 85 m lang, 9,50 m breit, 2,80 m Tiefgang, bis 1 500 t Tragfähigkeit; danach werden Querschnitt und Wassertiefe wichtiger Binnenwasserstraßen bemessen.

**Europium** *das,* chemisches Symbol **Eu,** Seltenerdmetall aus der Gruppe der →Lanthanoide, Ordnungszahl 63, relative Atommasse 151,96, Dichte (bei 25 °C) 5,24 g/cm$^3$, Schmelzpunkt 822 °C, Siedepunkt 1 596 °C. Europium ist ein eisengraues, schmiedbares Metall; es wird als Aktivator in Leuchtmassen der Farbfernsehschirme und als Neutronenabsorber in der Kerntechnik verwendet.

**Eurostar,** Name der Hochgeschwindigkeitszüge, die seit 1994 London direkt mit Paris und Brüssel verbinden, wobei für die Verbindung zwischen Frankreich und Großbritannien der Fahrweg des Eurotunnels benutzt wird. Eurostar ist eine Kooperation zwischen den französischen Eisenbahnen (SNCF), den belgischen Eisenbahnen (SNCB/NMBS) und der European Passenger Services Ltd. in Großbritannien. Auf den Hochgeschwindigkeitsstrecken in Frankreich und Belgien werden 300 km/h, im Eurotunnel 160 km/h erreicht.

**Eury|ökie** [griechisch] *die,* das Vermögen einiger Tier- und Pflanzenarten, in sehr unterschiedlichen Biotopen zu leben.

**Eutektikum** [griechisch] *das,* festes Gemenge zweier Stoffe (z. B. Metalllegierungen), die in festem Zustand nicht, in flüssigem dagegen völlig miteinander mischbar sind. Eine Flüssigkeit, die gerade die **eutektische Zusammensetzung** hat, erstarrt ohne Änderung der Zusammensetzung und hat die tiefste Erstarrungstemperatur **(eutektische Temperatur)** des Systems.

**EUTELSAT,** Abkürzung für englisch **Eu**ropean **Tel**ecommunications **Sat**ellite Organization, europäische Betreibergesellschaft für Satelliten zur Übertragung von Telekommunikations-, Fernseh- und Rundfunkdiensten; 1982 gegründet, Sitz: Paris. EUTELSAT bietet satellitenbasierte Kommunikationslösungen auch in Bereichen wie Internetzugang, Multimedia, Unternehmensnetzwerke an und betreibt 24 (2006) geostationäre Satelliten, u. a. aus der Reihe EUTELSAT und HOT BIRD.

**Eutrophierung** [griechisch], unerwünschte Anreicherung eines Gewässers an Nährstoffen, besonders an Phosphor- und Stickstoffverbindungen (hauptsächlich durch Einleiten von Abwässern und Abschwemmung von Düngemitteln). Führt zur Übervermehrung von Pflanzen (v. a. Algen) und tierischem Plankton (erhebliche Verminderung des Sauerstoffgehaltes des Wassers).

**eV,** Einheitenzeichen für →Elektronvolt.

**Evakuierung** [lateinisch], *Physik:* das Entleeren, Auspumpen eines Raumes, um ein Vakuum zu erzeugen.

**Evolution** [lateinisch] *die,* langsame, kontinuierlich fortschreitende Entwicklung (im Unterschied zur Revolution) in verschiedenen (v. a. großräumigen) Zusammenhängen und Beziehungen, z. B. →chemische Evolution. In der *Biologie* bezeichnet Evolution den Verlauf der Stammesgeschichte von den niedrigsten Organisationsstufen des Lebens bis zu den heutigen hoch organisierten Formen. Evolution erfolgt, weil **Evolutionsfaktoren** (→Hardy-Weinberg-Gesetz) wirken, besonders Mutation, Rekombination, Selektion, Isolation und Zufall.

**evolutionär** [neulateinisch], auf Evolution beruhend; sich allmählich und stufenweise entwickelnd.

**Evolution des Menschen,** siehe Sonderartikel Seite 262.

**Evolutionstheorie,** →Abstammungslehre.

**Exa,** Vorsatzzeichen **E** (→Vorsätze), steht für den Faktor $10^{18}$ (Trillion); z. B.: 1 Exajoule = 1 EJ = $10^{18}$ Joule.

**exakte Wissenschaften,** diejenigen Wissenschaften, die entweder messende (quantitative) Methoden verwenden oder deren Ergebnisse auf logischen und/oder mathematischen Begriffen und Beweisen beruhen (u. a. Mathematik, Physik, Logik); der Begriff exakte Wissenschaften ist wissenschaftstheoretisch umstritten.

**Excimer** [ɪkˈsaɪmə; von englisch excited dimer, »angeregtes Dimer«], meist kurzlebige, durch Anlagerung eines angeregten Moleküls an ein nicht angeregtes Molekül gebildete Molekülkomplexe, die als Zwischenstufen z. B. bei fotochemischen Reaktionen und Energieübertragungsprozessen eine Rolle spielen. Sind die zusammentretenden Moleküle voneinander verschieden, so spricht man von **Exciplexen** (englisch excited complexes). Die Excimer- beziehungsweise Exciplexbildung aus Edelgas-Halogen-Molekülen wird beim **Excimerlaser** genutzt, einem äußerst leistungsstarken Impulslaser im ultravioletten Spektralbereich.

**Exciton** *das, Festkörperphysik:* →Exziton.

**Exergie** *die, technische Thermodynamik:* der in wirtschaftlich verwertbare Form umwandelbare Teil der zugeführten Energie (z. B. in Wärmekraftmaschinen). Der für die praktische Nutzung verloren gehende Teil heißt **Anergie.**

**exergonisch,** Energie abgebend; eine **exergonische Reaktion** ist eine chemische Reaktion, in deren Verlauf Energie freigesetzt wird. Gegensatz: endergonisch.

**Exkremente** [lateinisch], unverdauliche Teile der aufgenommenen Nahrung, die vom menschlichen oder tierischen Körper ausgeschieden werden (→Kot, →Harn).

**Exkretion** [lateinisch] *die,* die Ausscheidung von Abfallprodukten **(Exkreten)** aus dem Stoffwechsel von Lebewesen, besonders von stickstoffhaltigen Resten aus dem Proteinstoffwechsel: Ammoniak (Einzeller, Schwämme), Harnsäure (Reptilien, Vögel, Insekten), Harnstoff (Fische, Amphibien, Säugetiere). Exkretionsorgan der Wirbeltiere ist v. a. die Niere. Exkrete bei den Pflanzen sind z. B. Alkohole, Harze und ätherische Öle.

**Exokarp** [griechisch] *das, Botanik:* meist ledrig derbe äußerste Wandschicht der Frucht; durch Wachsbeläge (z. B. Zwetschge) oder Haarüberzüge (z. B. Pfirsich, Aprikose) verdunstungshemmend. Weitere Wandschichten sind: →Endokarp und →Mesokarp.

*Fortsetzung S. 264*

Für den britischen Genetiker und Evolutionsbiologen John Maynard Smith ist der Verlauf der **Evolution** hochgradig ungewiss:

*»Wäre man in der Lage, die gesamte Evolution der Tiere, beginnend mit dem Kambrium, noch einmal durchzuspielen, hätte man keine Garantie dafür – ja, es ist nicht einmal wahrscheinlich –, dass das Ergebnis das gleiche wäre. Es könnte durchaus sein, dass keine Eroberung des Landes stattfindet, dass keine Säugetiere auftreten, und ganz gewiss würden keine Menschen auftauchen.«*

**Evolution**
→ GEO **Dossier**
Die Arche von Manhattan, Bd. 6

**Evolution**
→ GEO **Dossier**
Der Mann in Darwins Schatten, Bd. 6

**Evolution**
→ GEO **Dossier**
Das Spiel der Triebe, Bd. 7

# Evolution des Menschen

Evolution des Menschen
→ GEO Dossier
Von Menschen, die alles wissen wollen, Bd. 6

Evolution des Menschen
→ GEO Dossier
Wettlauf um den Code des Lebens, Bd. 6

Evolution des Menschen
→ GEO Dossier
Das Spiel der Triebe, Bd. 7

## Hominoide – gemeinsame Vorfahren

Der Stammbaum des Menschen ist bis heute noch in weiten Teilen unvollständig. Die menschliche Evolutionslinie geht von menschenaffenähnlichen Formen (Propliopithecus und Aegyptopithecus) des frühen Oligozäns (seit rund 38 Mio. Jahren) aus. Aus dem unteren Miozän (vor 17–25 Mio. Jahren) liegen Reste von Hominoiden vor, unter denen der *Proconsul africanus* durch Funde am besten belegt ist. 1994 wurden in Äthiopien die Überreste des *Australopithecus ramidus* (Alter ca. 4,4 Mio. Jahre) und 1995 Reste eines *Australopithecus anamensis* (Alter rund 4,2 Mio. Jahre) entdeckt. Erste Interpretationen sehen diese beiden Arten als typische Vertreter des *Tier-Mensch-Übergangsfeldes* und damit als wichtige Zwischenglieder in der Entwicklung zum Menschen an. Gut belegt ist der zuerst 1973 entdeckte *Australopithecus afarensis* (u. a. »Lucy«), der bis vor knapp 3 Mio. Jahren nachweisbar ist. Um diese Zeit trat auch der *Australopithecus africanus* auf, der nur 1,20 m groß war. Ihm fehlte der Scheitelkamm, und sein Hinterhaupt zeigte ein abgerundetes Profil.
Der *Australopithecus aethiopicus* war ein Vorfahre des *Australopithecus boisei* und des *Australopithecus robustus.* Er hatte ein stark entwickeltes, bereits menschenartiges Gebiss; ein Knochengrat auf dem Scheitel diente als Ansatz für die Kaumuskulatur. Diese Art war Vegetarier und etwa 1,50 m groß. Funde von Beckenfragmenten legen nahe, dass diese *Australopithecinen (Urmenschen)* sich aufrecht fortbewegt haben. Ihre noch weitgehend affenähnlichen Schädel hatten nur ein geringes Volumen von gut 500 $cm^3$. Die evolutionäre Entwicklung der Australopithecinen endete in einer Sackgasse.

## Hominide – direkte Vorfahren

Der vor etwa 2–2,5 Mio. Jahren erscheinende *Homo habilis* oder der zur gleichen Zeit erstmals belegte *Homo rudolfensis* werden an den Anfang der Entwicklungslinie gestellt, die zum heutigen Menschen geführt hat (Familie der *Hominiden*). Beiden Arten wurde erstmals die Herstellung von Steinwerkzeugen zugeschrieben. Die Entwicklungsstadien sind im Einzelnen strittig. Kein Zweifel besteht jedoch daran, dass zuerst die zweibeinige Körperhaltung und Fortbewegungsweise erworben wurde, bevor die Entfaltung des Gehirns weit über das bei höheren Affen erreichte Maß hinaus erfolgte.
Vor etwa 1,8 Mio. Jahren tauchte der *Homo erectus* auf, der schon weitgehend die Körpergestalt des heutigen Menschen hatte. Homo erectus wird auch zu den *Frühmenschen (Archanthropinen)* gezählt. Er war diejenige Art, die sich erstmals über Afrika hinaus nach Asien und Europa ausbreitete.
Der erste Fund stammt aus Java (*Javamensch;* 1891). In Peking wurde der *Homo erectus pekinensis (Pekingmensch),* in Rhodesien der *Homo erectus rhodesiensis (Rhodesiamensch),* in Olduvai der *Homo erectus leakeyi (Olduvaimensch)* gefunden. Weitere Funde wie *Homo erectus heidelbergensis* (in der Nähe von Heidelberg; *Heidelbergmensch*) beweisen, dass die Frühmenschen die Tropen verließen und in kühlere Klimagebiete vorstießen.
Ihr Schädel wies mehr oder weniger starke Überaugenwülste auf, ihr Unterkiefer war kinnlos, ihr Gebiss durchaus menschlich. Das Gehirnvolumen schwankte zwischen 680 und 800 $cm^3$ beim Olduvaimenschen und 1 250 $cm^3$ beim Rhodesiamenschen. Der Homo erectus pekinensis gebrauchte mit Sicherheit bereits das Feuer.
Auch über die Kultur ist einiges bekannt. Im ostasiatischen Bereich besaß der Frühmensch sogenannte Haumesser. Der Olduwaimensch benutzte bereits den Faustkeil, und der Heidelbergmensch hatte eine Steingerätekultur. Die Frühmenschen lebten vorzugsweise von der Jagd; auch Kannibalismus kann nicht ausgeschlossen werden.

## Seitenlinien

Im mittleren Pleistozän (vor ungefähr 250 000 Jahren) sind aus der Homo-erectus-Gruppe die

*Altmenschen (Paläanthropinen)* hervorgegangen, die im oberen Pleistozän als die Gruppe der *Homo sapiens neanderthalensis* (*Neandertaler*, benannt nach dem Neandertal bei Düsseldorf) auftrat.
Sie waren ein Spättypus aus der letzten Eiszeit und konnten nur in Europa und Vorderasien nachgewiesen werden. Die Neandertaler starben vor rund 30 000 Jahren wieder aus. Ihre typischen Merkmale waren: starke Überaugenwülste, hohe, rundliche Augenhöhlenöffnungen, vorspringender, kinnloser Unterkiefer und ein geräumiger Hirnschädel mit einem Gehirnvolumen von 1 400–1 600 $cm^3$. Der Neandertaler war untersetzt und hatte einen kräftigen Knochenbau. Seine Werkzeuge waren Faustkeile und Blattspitzen (blattförmige Steingeräte, z. B. als Messer).
Der Neandertaler ist allerdings nicht der direkte Vorfahre des Jetztmenschen. Beide hatten zwar eine gemeinsame Wurzel, ihre Wege trennten sich aber schon in der Mindel-Riss-Zwischeneiszeit.

**Jetztmenschen**
Während der letzten Eiszeit vor rund 40 000 Jahren und noch vor dem allmählichen Verschwinden des Neandertalers treten die *Jetztmenschen (Neanthropinen)* in Westeuropa auf. Es sind die ersten typischen Vertreter des *Homo sapiens sapiens*, die nach ihrem Fundort auch *Cro-Magnon-Mensch* genannt werden. Sie erscheinen in Europa an verschiedenen Stellen gleichzeitig und trugen die Kulturzüge der jüngeren Altsteinzeit. Ihr Gehirnvolumen betrug 1400 $cm^3$. Es erreichte in wenigen tausend Jahren eine Größe bis zu 1500 $cm^3$. Diese schnelle Entwicklung des Gehirns ist für die ganze Menschwerdung von großer Bedeutung. Die Frage, ob der heutige Mensch, der in Afrika (Südäthiopien, Südafrika) seit etwa 130 000 Jahren belegt werden kann, nur in Afrika entstand und von hier aus die übrige Erde besiedelte (seit 100 000 Jahren im Nahen Osten) oder ob er sich auch auf anderen Kontinenten (Europa, Asien) aus Vorgängerformen entwickelt haben könnte, wird noch diskutiert.

**Evolution des Menschen**
→ GEO **Dossier**
Der Mann in Darwins Schatten, Bd. 6

100563

Der Neandertaler lebte in Europa und Vorderasien und war an das Leben in kühleren Regionen angepasst (Diorama, Szene aus der letzten Zwischeneiszeit; Hannover, Niedersächsisches Landesmuseum).

*Fortsetzung von S. 261*

**Exon** *das,* →Mosaikgene.

**EXOR** [Abkürzung für englisch **ex**clusive **or**, »ausschließendes Oder«], **Antivalenz, Exklusiv-ODER,** eine logische Verknüpfung; in der *Digitaltechnik* Grundfunktion der →Schaltalgebra.

**exotherm** [griechisch], chemische oder physikalische Prozesse, die unter Freisetzung von Wärme ablaufen; Gegensatz: endotherm.

**exotische Atome,** Atome, bei denen entweder in der Atomhülle ein Elektron oder im Atomkern ein Proton durch ein anderes Elementarteilchen gleicher Ladung ersetzt ist, im weiteren Sinn jeder atomähnliche, kurzlebige gebundene Zustand zweier entgegengesetzt geladener Teilchen, z. B. eines Elektrons mit einem Positron **(Positronium)** oder einem positiven Myon **(Myonium),** eines Pions mit einem entgegengesetzt geladenen Myon **(Pionium)** oder eines Protons mit einem Antiproton **(Protonium).** Bei einem **myonischen Atom** ist ein Elektron der Atomhülle durch ein negativ geladenes Myon ersetzt; zwischen Myon und Atomkern dominieren elektromagnetische Wechselwirkungen. Ein **Hyperatom** enthält im Atomkern neben den Nukleonen ein Hyperon.

**exotische Hadronen,** *Elementarteilchenphysik:* Teilchen, die sich nicht in die übliche Klassifikation des Quarkmodells der Hadronen einfügen lassen, wonach Mesonen als Quark-Antiquark-Paar und Baryonen als Drei-Quark-Systeme aufgefasst werden; exotische Hadronen stehen aber nicht im Widerspruch zur Quantenchromodynamik, die die Wechselwirkung von Quarks und Gluonen beschreibt. Exotische Mesonen könnten einerseits als gebundene, rein gluonische Zustände **(Glueballs)** oder als Hybride aus einem Quark-Antiquark-Paar und einem angeregten Gluon auftreten. Auch Bindungszustände von je zwei (oder drei) Quarks und Antiquarks, werden diskutiert.

■ **Nachweis** Der Nachweis von exotischen Baryonen aus vier Quarks und einem Antiquark **(Pentaquarks)** wurde von verschiedenen Forschungsgruppen berichtet, u. a. am japanischen Synchrotron SPring-8 in Harima. Es gibt allerdings Zweifel an diesen Resultaten, außerdem fanden andere Gruppen keine Hinweise auf Pentaquarks.

**exotische Teilchen,** *Elementarteilchenphysik:* im engeren Sinn die →exotischen Hadronen; im weiteren Sinn alle hypothetisch, zur Erklärung bestimmter Eigenschaften der Materie eingeführten Elementarteilchen, die aber bisher nicht experimentell verfiziert werden konnten. Dazu zählen neben den noch nicht nachgewiesenen Higgs-Teilchen des Glashow-Salam-Weinberg-Modells der elektroschwachen Wechselwirkung vor allem die von der →Supersymmetrie postulierten Superpartner gewöhnlicher Elementarteilchen.

**Expansion** [lateinisch] *die, Physik, Technik:* →Ausdehnung.

**Experiment** [lateinisch] *das,* methodisch-planmäßige Herbeiführung von reproduzierbaren, meist variablen Umständen zum Zwecke wissenschaftlicher Beobachtung; wichtigste empirische Methode der Naturwissenschaften, aber auch anderer empirisch vorgehender Wissenschaften (z. B. Psychologie, zum Teil auch Soziologie). Während man in der Antike an der Beobachtung der möglichst ungestörten natürlichen Abläufe interessiert war, greift das moderne Experiment gezielt in die Natur ein. Heute ist ein grundsätzlich neues Verständnis des Experiments erforderlich, da

**Explosion** **Mehlstaubexplosion**

100562

Ein kleines Feuer löste in der Bremer Rolandmühle im Jahr 1979 eine Katastrophe aus: Mehlstaub verbrannte explosionsartig und löste eine Kettenreaktion aus. Jede Einzelexplosion wirbelte neuen Mehlstaub auf, der wiederum explodierte. Solche Staubexplosionen sind jedoch nicht auf Mehl beschränkt.

Alle fein gemahlen Stoffe, die organischen Ursprungs sind, können explodieren. Dazu gehören Kakao, Kaffee oder Cellulose. Denn fein gemahlen verfügen sie über eine stark vergrößerte Oberfläche und verbrennen sehr viel schneller als in größeren Stücken. Kommt zum Staub dann noch die richtige Menge Sauerstoff hinzu, genügt beim Mehlstaub zum Beispiel ein Funke, wie er beim Herausziehen eines Steckers entsteht, um die Explosion auszulösen. Beim Backen oder Kochen besteht normalerweise keine Explosionsgefahr, dazu müsste schon die ganze Küche von Staub erfüllt sein. Unter welchen Bedingungen organischer Staub explodiert und wie sich eine Explosion auf Silos und Gebäude auswirkt, untersucht die Berufsgenossenschaft Nahrungsmittel und Gaststätten auf ihrem Testgelände in Kappelrodeck.

sich die Beobachtungen in vielen Bereichen nur statistisch durchführen lassen und eine nicht zu eliminierende Wechselwirkung zwischen Beobachter und Beobachtetem besteht.

**Expertensystem,** Computer- und Programmsystem aus dem Bereich der →künstlichen Intelligenz, das Expertenwissen über ein spezielles Fachgebiet (z. B. medizinische Diagnostik, Suche nach Bodenschätzen) speichert, Schlussfolgerungen daraus zieht und zu konkreten Problemen des Gebiets Lösungen anbietet, das heißt Aufgaben übernehmen kann, die bisher Experten lösen mussten. Expertensysteme können große Mengen auch diffusen und unformalisierten Wissens in problembezogener Weise darstellen, aus diesem auf logischem und/oder heuristischem Weg neues Wissen gewinnen sowie Anfragen zu präzisen Problemstellungen umformulieren und im Dialog mit dem Benutzer Lösungen finden. Zur Bewältigung dieser Aufgaben besitzen Expertensysteme eine Struktur, die aus Wissensbasis, Wissensveränderungs-, Dialog-, Problemlösungs- und Erklärungskomponente besteht.

**Explosion** [lateinisch] *die,* schlagartige Verbrennung von Gemischen aus brennbaren Gasen, Dämpfen oder Stäuben mit Luft oder Sauerstoff, führt durch Entstehung von Verbrennungsgasen und durch Temperaturanstieg zu einer plötzlichen Volumenvergrößerung und ist von einem Knall, häufig auch von zerstörender Wirkung (Explosionsdruck, Stoßwellen) begleitet. Je nach Geschwindigkeit der Zersetzungsreaktion wird zwischen →Deflagration (bis 1 km/s) und →Detonation (über 1 km/s) unterschieden. Ohne Stoßwellen und viel langsamer (1–100 cm/s) läuft die →Verpuffung ab.

**Explosionsumformung,** *Fertigungstechnik:* das Pressen eines ebenen Blechs oder eines vorgeformten Hohlkörpers in die Form mithilfe eines Druckstoßes, der durch Detonation eines Sprengstoffes in einer z. B. mit Wasser gefüllten Hohlform erzeugt wird. Je nach verwendetem Explosivstoff und Übertragungsmedium können sehr hohe Umformgeschwindigkeiten (z. B. 2 000 m/s in Wasser) erreicht werden.

**Explosivstoffe,** feste, flüssige oder gelatinöse explosionsfähige Stoffe, die zum Sprengen **(Sprengstoffe)**, Treiben (**Treibmittel**, z. B. für Geschosse), Zünden (→Zündmittel) sowie für pyrotechnische Zwecke (→Pyrotechnik) hergestellt werden.

**Gewerbliche Sprengstoffe** werden im Bergbau, für Straßenbauten, Steinbrüche u. a. verwendet. Zu ihnen gehören Gesteinssprengstoffe (z. B. Ammonite, Ammon-Gelite), die für Sprengarbeiten ohne Schlagwettergefahr zugelassen sind, und →Wettersprengstoffe für den Kohlenbergbau. Ein im Bohrloch angewendeter Explosivstoff muss ein hohes Arbeitsvermögen haben, das v. a. von der Gasausbeute (Schwadenvolumen) und der bei der Explosion freigesetzten Wärme abhängig ist. Bei **militärischen Sprengstoffen** (z. B. für Granaten, Minen) wird häufig eine hohe Brisanz (Stoßdruck) angestrebt, z. B. mit Hexogen und Nitropenta. Trinitrotoluol (TNT) ist sehr unempfindlich gegen Stoß und Schlag und daher für militärische Zwecke besonders geeignet. **Plastiksprengstoffe** sind knetbare Mischungen aus brisanten Sprengstoffen mit Plastifizierungsmitteln wie Wachs oder Vaseline.

Das deutsche Sprengstoffgesetz in der Fassung vom 20. 9. 2002 regelt die Einfuhr von und den Umgang und Verkehr mit explosionsgefährlichen Stoffen; Verstöße gegen seine Vorschriften werden mit Freiheits- und Geldstrafe oder als Ordnungswidrigkeiten mit Geldbuße belegt. Die Herbeiführung einer Gemeingefahr durch Explosion und die Vorbereitung eines Sprengstoffdelikts werden nach §§ 308, 310 StGB mit Freiheits- oder Geldstrafe bedroht. Schließlich wird mit Freiheitsstrafe von sechs Monaten bis zu fünf Jahren belegt, wer zur Vorbereitung einer Flugzeugentführung Sprengstoffe herstellt, verschafft, verwahrt oder einem anderen überlässt (§ 316 c Absatz 4 StGB). Ähnliche Regelungen finden sich im *österreichischen* (§§ 173–175) und im *schweizerischen* StGB (Artikel 224–226).

**Exsikkator** [lateinisch] *der,* gläsernes, meist evakuierbares Laborgerät mit aufgeschliffenem Deckel zum Trocknen oder zum trockenen Aufbewahren von (feuchtigkeitsempfindlichen) Substanzen über einem Trockenmittel.

**Expiration** [lateinisch] *die,* Ausatmung, Teil der →Atmung.

**extensiv,** *Landwirtschaft:* auf große Flächen bezogen.

100562

**Explosion.** Vulkanische Wasserdampfexplosion auf der isländischen Insel Surtsey

**Explosivstoffe**
→ GEO **Dossier**
Eben durch die Alpen, Bd. 8

5294

**Exsikkator**

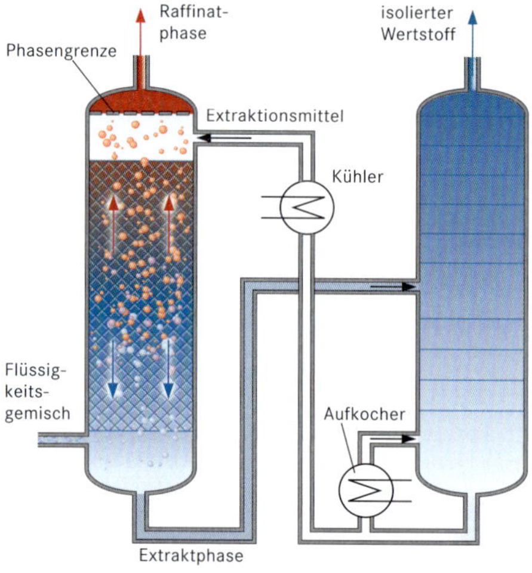


**Extraktion.** Das zu trennende Gemisch und das Extraktionsmittel durchlaufen die Extraktionskolonne (links) im Gegenstrom. Der Wertstoff reichert sich im Extrakt an und wird durch Destillation (rechts) vom Extraktionsmittel abgetrennt.

**extensive Größen,** *Physik:* →intensive Größen.

**Extinktion** [lateinisch] *die, Optik:* die Schwächung von Strahlung beim Durchgang durch Materie infolge Streuung und Absorption.

**Extraktion,** *Chemie:* selektives Herauslösen bestimmter Substanzen aus flüssigen **(Flüssig-flüssig-Extraktion, Solventextraktion)** oder festen **(Fest-flüssig-Extraktion, Auslaugung)** Stoffgemischen mithilfe von Lösungsmitteln (Extraktionsmitteln). Die **Flüssig-flüssig-Extraktion** wird als thermisches Trennverfahren v.a. eingesetzt, wenn die zu trennenden Komponenten nahe beieinander liegende Siedepunkte haben, →azeotrope Gemische bilden oder wenn mehrere Komponenten mit unterschiedlichen Siedepunkten gleichzeitig abgetrennt werden sollen. Eine einfache einstufige Flüssig-flüssig-Extraktion gelingt durch Schütteln des zu trennenden Gemisches mit dem Lösungsmittel in einem Scheidetrichter. Technische Anlagen arbeiten meist mehrstufig mit mehreren in Serie geschalteten Misch- und Beruhigungsapparaten (Mixer-Settler) oder Kolonnen. Bei der **Fest-flüssig-Extraktion** wird der zerkleinerte Feststoff z.B. in Extraktionstürmen oder auf Siebbändern mit Lösungsmittel behandelt; Beispiele sind die Gewinnung von Öl aus Hülsenfrüchten oder von Zucker aus Rübenschnitzeln. Ein neues Verfahren ist die **Hochdruckextraktion** mit überkritischen Gasen. Sie dient zur Zerlegung fester oder flüssiger Stoffgemische mit Gasen, z.B. zur Entkoffeinierung von Kaffee mit Kohlensäure.

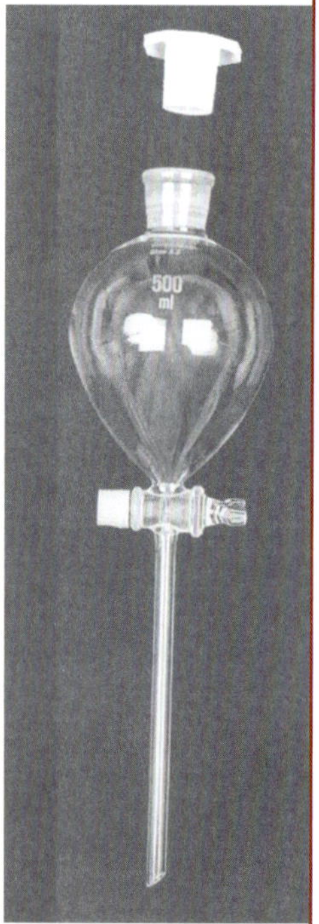


5294

**Extraktion.** Scheidetrichter

**extrazellulär** [lateinisch], außerhalb der Zelle gelegen; Gegensatz: intrazellulär.

**Extremalprinzipi|en,** vorwiegend die Mechanik betreffende Aussagen über das Verhalten physikalischer Systeme, wobei eine bestimmte Größe bei der Bewegung einen Extremwert (meist ein Minimum) annimmt. Die Extremalprinzipien sind gleichwertig zu den newtonschen Axiomen, oft aber leichter zu handhaben. Man unterscheidet **Differenzialprinzipien** (z.B. Prinzip der virtuellen Verschiebung, d'alembertsches Prinzip), bei denen benachbarte Systemzustände verglichen werden, und **Integralprinzipien** (Prinzip der kleinsten Wirkung, fermatsches und Hamilton-Prinzip), bei denen das Verhalten des Systems während endlicher Zeiten auf benachbarten Bahnkurven verglichen wird.

**Extruder** [lateinisch-englisch] *der,* Schneckenstrangpresse, mit der vorwiegend thermoplastische Kunststoffe in kontinuierlichen Verfahren zu Schläuchen, Bändern, Ummantelungen, Stangen, Rohren u.a. Profilen verarbeitet werden. Extruderverfahren werden auch in der industriellen Lebensmittelverarbeitung angewendet, u.a. in der Teigwarenindustrie.

**Exzenter** [lateinisch] *der,* Kurbeltrieb, der entsteht, wenn eine Kreisscheibe außerhalb des Kreismittelpunktes (außermittig) gelagert wird und bei Drehung um die Drehachse der Welle schwingt. Der Exzenter wandelt eine Dreh- in eine Hubbewegung quer zur Drehachse um. Der Abstand zwischen Kreismittelpunkt und Mittelpunkt der Lagerung, die Exzentrizität *e*, entspricht dem wirksamen Kurbelradius.

1395

**Extruder.** Suprex-Getriebe für Extruder der Kunststoffindustrie

**Exziton** [lateinisch] *das,* **Exciton,** *Festkörperphysik:* ein →Quasiteilchen; der durch die Coulomb-Wechselwirkung erzeugte gebundene Zustand zwischen einem Elektron im Leitungsband und einem Loch im Valenzband **(Elektron-Loch-Paar)** eines Halbleiters.

F

**f, F, 1)** *Chemie:* F, chemisches Symbol für →Fluor.

**2)** *Einheitenzeichen:* f für →Fermi; F für →Farad.

**3)** *Formelzeichen: F* für die →Faraday-Konstante, die →freie Energie; *F* für die →Kraft; *f* für die Brennweite und die Frequenz.

**4)** *Vorsatzzeichen:* f für →Femto.

**°F,** Einheitenzeichen für →Grad Fahrenheit.

**Fabaceae,** die →Schmetterlingsblütler.

**Fabry-Pérot-Interferometer** [fa'bri pe'ro-; nach den französischen Physikern C. Fabry, * 1867, † 1945, und A. Pérot, * 1863, † 1925], ein Interferometer aus zwei hochreflektierend verspiegelten, leicht keilförmigen ebenen Planplatten, deren Innenflächen exakt parallel zueinander justiert sind; dient der genauen Wellenlängenmessung und zur Untersuchung der Fein- und Hyperfeinstruktur von Spektrallinien, die mit Gitter- oder Prismenspektrometern nicht aufgelöst werden können.

**Fächerpalmen,** Gruppe der →Palmen.

**Fachwerk,** eine ebene oder räumliche Baukonstruktion aus starr miteinander verbundenen Stäben in der Regel aus Holz, Stahl oder Aluminiumlegierungen, bei der alle Kräfte und Lasten in statisch angeordneten Stäben aufgelöst werden, z. B. für den Bau frei gespannter Hallen, von Dachtragwerken, Brücken (Fachwerkträger) und Fachwerkhäusern.

**FAD,** Abkürzung für →**F**lavin**a**denin**d**inukleotid.

**Fading** ['feɪdɪŋ; englisch »Schwund«] *das, Funktechnik:* →Schwunderscheinung.

**Faeces** [lateinisch] *Plural,* **Fäzes,** →Kot.

**Fagaceae,** die Pflanzenfamilie der →Buchengewächse.

**Fahrdynamik,** Teilgebiet der technischen Mechanik (Fahrzeugmechanik), das sich mit den auf ein Fahrzeug wirkenden Kräften und den daraus resultierenden Fahrzeugbewegungen in Längs-, Quer- und Vertikalrichtung befasst. Durch den Einsatz elektronischer Regelsysteme lassen sich erhebliche Verbesserungen der Längsdynamik (Antiblockiersystem), der Querdynamik (Fahrdynamikregelung mit gezielter Beeinflussung der Giermomente durch Bremseneingriff) sowie der Vertikaldynamik (Verringerung der Wankneigung des Fahrzeugaufbaus und Beeinflussung der Dämpfungseigenschaften durch elektronische Fahrwerkregelung) erzielen.

**Fähre,** Wasserfahrzeug zum Transport von Personen, Gütern und Landfahrzeugen über Gewässer, oft als regelmäßige Verbindung. **Seefähren** sind seetüchtige Schiffe mit Bug- oder Heckklappen für Kraftfahrzeuge (Autofähre) oder Eisenbahnen (Eisenbahnfähre beziehungsweise Trajekt) oder als kombinierte Eisenbahn-Kraftwagen-Fähre gebaut. **Flussfähren** sind kahnähnliche Wasserfahrzeuge mit nur einem nicht überdachten Deck für Kraftfahrzeuge und Personen. Sie gibt es als Ketten- beziehungsweise Seilfähren (die sich an einer Kette beziehungsweise einem Seil vorwärts ziehen), Gierfähren (Antrieb durch stromseitiges Pendelseil und Strömungsdruck), Schwebefähren (unter Brückenkonstruktionen laufend) oder Fähren mit üblichem Motor- und Propellerantrieb. Mehrere schwere Unglücke von Seefähren mit zahlreichen Todesopfern führten zu einer verschärften Sicherheitsdiskussion. Laut Seerechtskonvention SOLAS (Safety of Life at Sea) muss seit 1998 für →Roll-on-roll-off-Schiffe ein Sicherheitsmanagement gemäß ISM Code (International Safety Management Code) entwickelt und eingeführt werden. Ziel dieses Sicherheitsmanagements ist es, Notfälle schnell zu erkennen und ein qualifiziertes und effektives Handeln der Mannschaft aufgrund von Notfallplänen zu ermöglichen. Auch einige strenge EU-Richtlinien wurden auf den Weg gebracht, einschließlich zusätzlicher Überprüfungen von Fähren ohne vorherige Anmeldung.

**Fahrenheit,** Daniel Gabriel, deutscher Physiker, * Danzig 24. 5. 1686, † Den Haag 16. 9. 1736; verbesserte das Thermometer durch Füllung mit Quecksilber anstelle von Weingeist und führte die **Fahrenheit-Skala** ein (→Grad Fahrenheit).

**Fahrleitung,** Leitung zur Energieversorgung elektrischer Triebfahrzeuge. Für Gleichstrom und Einphasenwechselstrom genügt ein gegen Erde unter Spannung stehender Fahrdraht, den zweiten Pol (Rückleitung) bilden die Schienen. Der dreipolige Anschluss von Drehstrombahnen erfordert zweipolige Oberleitungen, als dritter Pol dienen ebenfalls die Schienen. O-Busse benötigen wegen der drahtgebundenen Rückleitung zwei Fahrdrähte. Bei Eisenbahnen hängt der Fahrdraht meist an einem gesonderten Tragseil.

**Fahrrad,** ein zweirädriges, einspuriges Fahrzeug, das mit Muskelkraft durch Tretkurbeln (selten über eine Kardanwelle) angetrieben wird. Das Gleichgewicht beim Fahren wird durch Verlagern des Körpergewichts und durch Lenken des Vorderrads gehalten. Die Räder haben eine stabilisierende Kreiselwirkung. Im Rahmen aus nahtlos gezogenem Stahlrohr oder aus Leichtmetall sind die Vorderradgabel mit der Lenkstange, das Tretlager und das Hinterrad gelagert. Die Kröpfung der Vorderradgabel bewirkt den für die Stabilisierung und das Lenken wichtigen Nachlauf. Von der Lenkstange aus sind eine (Vorderrad) oder zwei Felgen-, Trommel- oder Rollenbremsen zu betätigen. An den Naben der Räder sind die Speichen tangential und schräg zur Radebene befestigt. Die Speichen sind durch Nippel an den Felgen gleichgespannt. Die Felgen tragen Schlauch und Mantel (Decke) der Bereifung. Das Hinterrad wird in der Regel durch Kettenübersetzung angetrieben. Die Übersetzung beträgt 1 : 2 bis 1 : 4, das heißt, bei einer Umdrehung der Tretkurbel dreht sich das Hinterrad zwei- bis viermal. Viele Fahrräder haben eine Gangschaltung zur Änderung des Übersetzungsverhältnisses. Die Getriebe bestehen entweder aus mehreren Planetenrädern (Nabenschaltung, →Planetengetriebe) oder aus mehreren Kettenrädern mit verschiedenem Durchmesser (Kettenschaltung). Es gibt auch Kombinationen von Naben- und Kettenschaltung. Der →Freilauf ermöglicht, das Fahrrad ohne Betätigen der Tretkurbel rollen zu lassen. Bei Nabenschaltung kann der Freilauf eine Rücktrittbremse (Hinterrad) enthalten.

**Fahrt,** *Schifffahrt:* die Geschwindigkeit eines Schiffes in Knoten, in der Binnenschifffahrt in km/h.

**Fahrtschreiber, Tachograf,** Messgerät zur Überwachung der Fahrweise von Kraftfahrzeugen. Auf der Diagrammscheibe werden Geschwindigkeit, Wegstrecke und Zeitgruppen (Fahrt- und Haltezeit oder Lenk-, Arbeits- und Ruhezeit für Fahrer) über der Uhrzeit aufgezeichnet. Fahrtschreiber sind für bestimmte Kraftfahrzeuge (schwere Lkw und Busse) gesetzlich vorgeschrieben.

**Fäkali|en** [lateinisch], die Exkremente (→Kot, →Harn).

**Falken.** Würgfalke (etwa 50 cm groß) beim Beutefang

**Falken, Falconidae,** Familie der Greifvögel mit 60 Arten, in Europa vertreten durch Arten der Gattung **Falco,** die in offenem Gelände jagen und sich durch einen zahnartigen Höcker des Oberschnabels **(Falkenzahn)** sowie durch lange, schmale, spitz zulaufende Flügel von anderen Greifvögeln unterscheiden. Der in Mitteleuropa verbreitete (jetzt seltenere) **Wanderfalke** (Falco peregrinus) jagt fliegende Vögel bis zur Größe von Enten. Ihm ähnlich ist der in Südosteuropa heimische **Würgfalke** (Falco cherrug), der außer Vögeln auch Nagetiere schlägt. Der **Gerfalke** (Falco rusticolus) Norwegens und Islands tritt in Grönland fast weiß auf (Grönländischer Jagdfalke, Falco rusticolus candicans). Viel kleiner als die Vorgenannten sind unter den heimischen Falken **Baumfalke** (Falco subbuteo), **Rotfußfalke** (Falco vespertinus) und **Turmfalke** (Falco tinnunculus), am kleinsten der **Merlin** (Falco columbarius). Der Baumfalke macht Jagd auf fliegende Insekten und kleine Vögel. Der oben rostbraune Turmfalke ergreift seine Beute (Mäuse, Insekten) fast nur am Boden. Der nordeurasische Merlin ist ein Vogeljäger, der gesellige Rotfußfalke Südosteuropas ein Insektenfresser.

**Fall,** *Physik:* Bewegung eines Körpers unter dem Einfluss der Schwerkraft, speziell im Schwerefeld der Erde. Wirkt außer der zum Erdmittelpunkt gerichteten Schwerkraft keine zusätzliche Kraft auf den Körper, ist also kein Luftwiderstand vorhanden (z. B. in einem Fallturm), so spricht man vom **freien Fall;** dabei fallen alle Körper unabhängig von ihrer Masse und Form gleich schnell, die Bewegung ist gleichmäßig beschleunigt. Fallgeschwindigkeit $v$, Fallzeit $t$ und Fallweg $h$ sind mit der (in der Nähe der Erdoberfläche konstanten) →Fallbeschleunigung $g$ über die **Fallgesetze** verknüpft:

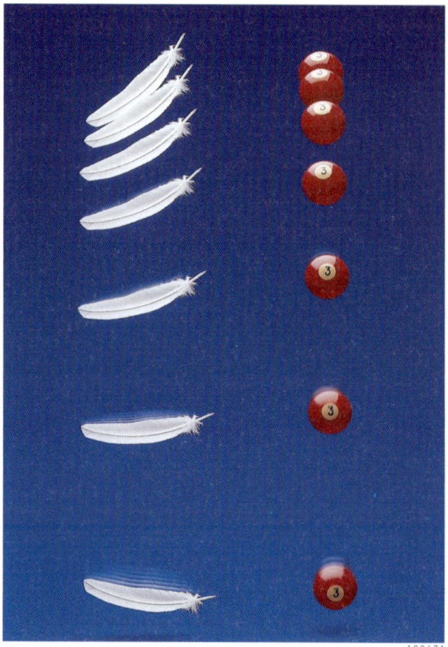

**Fall.** Feder und Kugel fallen im Vakuum gleich schnell.

$$h = \frac{1}{2} g \cdot t^2, \quad v = g \cdot t, \quad v = \sqrt{2gh}.$$

Ist der fallende Körper dem Luftwiderstand ausgesetzt, so strebt seine Geschwindigkeit nach anfänglich beschleunigter Bewegung einem konstanten Wert zu.

**Fallbeschleunigung, Gravitationsbeschleunigung, Schwerebeschleunigung,** Formelzeichen $g$, Beschleunigung, die ein frei fallender Körper im Gravitationsfeld eines Himmelskörpers, speziell der Erde **(Erdbeschleunigung)** erfährt. Bei rotierenden Körpern überlagert sich der der reinen Gravitationswirkung entgegengerichtete Anteil der Zentrifugalkraft. Die Fallbeschleunigung nimmt (gemäß dem Gravitationsgesetz) mit wachsender Entfernung von der Erdoberfläche ab und infolge der Erdabplattung vom Äquator ($g \approx 9{,}78\ \mathrm{m/s^2}$) nach den Polen ($g \approx 9{,}83\ \mathrm{m/s^2}$) zu; infolge inhomogener Masseverteilungen treten zusätzlich lokale Schwankungen auf (→Schwereanomalie). Die Fallbeschleunigung ist somit ortsabhängig. Als gerundeten Wert verwendet man in mittleren Breiten $g = 9{,}81\ \mathrm{m/s^2}$, die **Normfallbeschleunigung** beträgt $g_n = 9{,}806\,65\ \mathrm{m/s^2}$.

**Fallhöhe,** *Wasserbau:* senkrechte Höhendifferenz zwischen Bezugshorizonten, die für eine Wasserkraftnutzung wichtig sind.

**Fall-out** ['fɔ:laʊt, englisch] *der,* →radioaktiver Niederschlag.

**Fallschirm,** schirmförmiges Gebilde aus Naturseide, Baumwolle oder Chemiefasern zur Minderung der Sinkgeschwindigkeit fallender Körper. Neben den bislang überwiegend verwendeten **Rundkappenschirmen,** die allein durch Vergrößerung des Luftwiderstands die gewünschte Sinkgeschwindigkeit von etwa 5 m/s erreichen, werden **Gleitfallschirme** verwendet, deren Schirmkappe sich in Form einer rechteckigen gewölbten Fläche entfaltet, die bei einer der Fallbewegung überlagerten Horizontalbewegung eine aerodynamisch erzeugte Auftriebskraft liefert **(Flügelschirme** oder **Rechteckgleiter).** Die Schirmkappe ist durch Fangleinen und eine abtrennbare Kupplung mit dem Gurtzeug verbunden, das am fallenden Körper befestigt ist. Bei Sportfallschirmen kann die Form der Kappe über Steuerleinen während des Falles verändert und damit die Fallrichtung beeinflusst werden. Kappe und Fangleinen werden in gefaltetem Zustand in einen Packsack eingelegt. Zur Entfaltung des Schirmes wird der Packsack durch manuelle Betätigung **(manueller Fallschirm)** oder durch eine mit dem Luftfahrzeug verbundene Aufziehleine **(automatischer Fallschirm)** geöffnet.

101240

**Faraday-Käfig.** Modell eines Faraday-Käfigs zur Demonstration eines künstlich erzeugten Blitzeinschlags (im Deutschen Museum, München)

**Fallturm,** Laboranlage für Mikrogravitation, bei der eine mit Experimenteinrichtungen bestückte Kapsel in einer hinreichend langen, luftleer gepumpten Röhre frei fällt (→Fall); sie erlaubt Kurzzeitexperimente unter Schwerelosigkeit. Im Fallturm der Universität Bremen (Höhe 146 m) beträgt die Fallzeit der Kapsel bei einer Fallhöhe von 112 m 4,74 s.

**Fällung, Ausfällen,** Abscheiden eines gelösten Stoffs als unlöslicher Niederschlag durch Zugabe fester, flüssiger oder gasförmiger **Fällungsmittel.** Fällung kann u. a. ausgelöst werden durch chemische Reaktion des Fällungsmittels mit der zu fällenden Substanz, durch Änderung des pH-Werts oder durch Überschreiten des →Löslichkeitsprodukts. **Fällungsreaktionen** dienen zum qualitativen Nachweis von Elementen oder Verbindungen aufgrund eines charakteristischen Niederschlags.

**Falz,** *Fertigungstechnik:* formschlüssige Verbindung von Blechen, die durch Umbiegen und Ineinanderschieben der Ränder hergestellt wird.

**Famili|e,** *biologische Systematik:* **Familia,** systematische Kategorie, in der näher verwandte Gattungen zusammengefasst werden; in der Zoologie gekennzeichnet durch die Endung **-idae,** in der Botanik durch **-aceae.**

**Fangschaltung,** *Telekommunikation:* vermittlungstechnische Einrichtung zur Identifizierung der Rufnummer des Anrufers; moderne Telekommunikationsnetze bieten die Rufnummerfeststellung des anrufenden Anschlusses als Leistungsmerkmal an. Fangschaltungen werden z. B. bei Belästigung durch anonyme Anrufer, zur Feststellung von Störungen des Verbindungsweges und in der Verbrechensbekämpfung eingesetzt.

**FAQ** [fæk, Abkürzung für englisch **f**requently **a**sked **q**uestions, »häufig gestellte Fragen«], *Informatik:* ein Dokument, das häufig gestellte Fragen zu einem bestimmten Themengebiet beinhaltet.

**Farad** [nach M. Faraday] *das,* Einheitenzeichen **F,** SI-Einheit der elektrischen Kapazität. Ein Kondensator hat die Kapazität 1 F, wenn eine elektrische Ladung von 1 Coulomb (C) eine Spannung von 1 Volt (V) an ihm erzeugt: 1 F = 1 C/1 V.

**Faraday** ['færədɪ], Michael, britischer Physiker und Chemiker, * Newington Butts (heute zu London) 22. 9. 1791, † Hampton Court (heute zu London) 25. 8. 1867; bildete sich nach einer Buchbinderlehre autodidaktisch, wurde 1813 Laboratoriumsgehilfe bei H. Davy und 1825 dessen Nachfolger als Direktor des Laboratoriums der Royal Institution, danach auch Professor für Physik und Chemie. Faraday entdeckte das Benzol im Leuchtgas, die elektromagnetische Induktion, die Selbstinduktion, die dielektrischen und diamagnetischen Erscheinungen, die Drehung der Polarisationsebene des Lichts durch ein magnetisches Feld **(Faraday-Effekt,** →Magnetooptik) und die Grundgesetze der Elektrolyse. Faraday führte den Begriff der elektrischen und magnetischen Kraftlinien ein und konstruierte den ersten Dynamo.

**Faraday-Käfig** ['færədɪ-; nach M. Faraday], allseitig geschlossene Hülle aus leitfähigem Material, in die kein äußeres elektrisches Feld eindringen kann. Das äußere Feld induziert zwar eine Ladung auf der Oberfläche, aber das

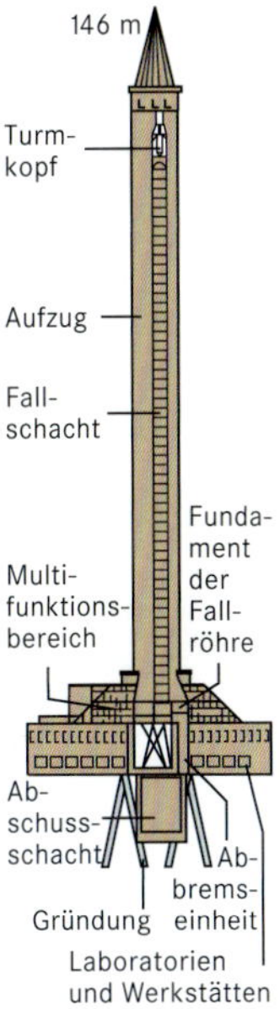


**Fallturm.** Aufbau des Fallturms Bremen

**Michael Faraday**
*** 1791, † 1867**

- machte zahlreiche bedeutende Entdeckungen auf dem Gebiet der Elektrizität
- konstruierte den ersten Dynamo

Der Psychoanalytiker C. G. Jung (* 1875, † 1961) sieht den Unterschied zwischen **Farben** und ihrer physikalischen Beschreibung:

*»Wir sehen Farben, aber keine Wellenlängen.«*

**Farbanpassung.** Ein Windenschwärmer passt sich farblich an eine Baumrinde an.

Rechte Seite: Der für Experimente in der Schwerelosigkeit verwendete Fallturm in Bremen

Innere des Käfigs bleibt feldfrei; es wirkt als Äquipotenzialfläche. Faraday-Käfige sind z. B. Autos, Flugzeuge und das ein Gebäude umgebende Drahtsystem einer Blitzschutzanlage.

**Faraday-Konstante** ['færədɪ-; nach M. Faraday], Formelzeichen $F$, physikalische Konstante der Elektrolyse; Produkt aus Avogadro-Konstante $N_A$ und Elementarladung $e$; sie gibt die Ladungsmenge an **(Faraday-Ladung),** die zur elektrolytischen Abscheidung von 1 Mol eines chemisch einwertigen Stoffs nötig ist: $F = N_A \cdot e = 96485{,}309\,\text{C/mol}$.

**faradaysche Gesetze** ['færədɪ-], die 1833/34 von Michael Faraday aufgestellten Zusammenhänge zwischen dem Stromfluss bei der Elektrolyse und den an den Elektroden abgeschiedenen Stoffmengen. Nach dem **1. faradayschen Gesetz** ist die Masse $m$ einer aus einem Elektrolyten abgeschiedenen Stoffmenge der durchflossenen Ladung $Q$ proportional, $m = cQ$; der Proportionalitätsfaktor $c$ heißt **elektrochemisches Äquivalent** des abgeschiedenen Stoffs. Nach dem **2. faradayschen Gesetz** scheiden gleiche Elektrizitätsmengen aus verschiedenen Elektrolyten gleiche Äquivalentmassen der Stoffe ab.

**Farbabweichung,** *Optik:* →Abbildungsfehler.

**Farbanpassung, Homochromie,** farbliche Übereinstimmung oder Ähnlichkeit von Organismen mit ihrer Umgebung. Zur **passiven Farbanpassung** gehören u. a. die Farbgleichheit vieler Insekten mit ihrer Futterpflanze, die Ähnlichkeit des Farbkleides mancher Organismen mit dem Boden und die unterschiedliche Färbung der meisten Fische (dunkler Rücken, heller Bauch). Tiere mit **aktiver Farbanpassung** ändern ihre Farbe entsprechend ihrer Umgebung, z. B. Chamäleon, Laubfrosch.

**Farbe, 1)** eine durch Licht bestimmter spektraler Beschaffenheit ausgelöste und durch das Auge vermittelte Sinnesempfindung (→Farbensehen); die wahrgenommene Farbe ist keine physikalische Eigenschaft der Gegenstände, wird jedoch im Sprachgebrauch für die auslösende Lichtstrahlung selbst oder für stoffliche →Farbmittel verwendet.

An den **bunten Farben** nimmt man einen **Farbton** wahr (Gelb, Rot, Blau, Grün), der verschieden stark ausgeprägt sein kann **(Sättigung),** sowie eine **Helligkeit.** Fehlt der Farbe der Farbton, ist die Sättigung null, und es liegt eine **unbunte Farbe** vor (Schwarz, Weiß und ihre Mischungen, die Farben der Graureihe).

■ **Farbmischungen** Eine Farbe eines bestimmten Farbtons lässt sich in zweierlei Weise abwandeln: Durch additive Zumischung von gleich hellem Grau kann man den Farbtoncharakter immer mehr zurücktreten lassen; die ursprüngliche Helligkeit bleibt unverändert und die Sättigung wird vermindert. Durch Abdunkeln der gegebenen Farbe, das heißt eine additive Zumischung von Schwarz, bleiben Farbton und Sättigung unverändert; nur die Helligkeit nimmt ab, und es entstehen Farben derselben **Farbart.** Da außerdem der Farbton geändert werden kann, ergibt sich eine dreifache Variationsmöglichkeit der Farbe: Die Farbe ist »dreidimensional«, das heißt, drei voneinander unabhängige Bestimmungen sind zur eindeutigen Beschreibung einer Farbempfindung notwendig; diese Dreidimensionalität ist im physiologischen Vorgang des Farbensehens begründet und wird in der Farbmetrik ausgenutzt.

Die Helligkeitsempfindung bei nicht selbstleuchtenden Flächen **(Körperfarbe)** wird vom Auge stets relativ zu den Helligkeiten gleichzeitig gesehener anderer Flächen beurteilt **(gebundene Farbe).** Bei selbstleuchtenden Objekten (Lichtquellen) ist dem Auge ein solcher Bezug nicht möglich; deshalb wird deren Helligkeit durch das fotometrische Maß der Leuchtdichte beschrieben. Eine **freie Farbe** wird wahrgenommen, wenn durch geeignete Mittel (z. B. Abbildung der Farbfläche in die Augenpupille) Form, Raumlage und Oberflächenstruktur der gesehenen Fläche unsichtbar gemacht sind.

Die Folge der Farbtöne läuft in sich zurück: Auf Gelb folgen Orange, Rot, Violett, Blau, Blaugrün, Grün, Gelbgrün und dann wieder Gelb. Daher wird die Reihe der Farbtöne häufig in einem Kreis, dem **Farbkreis** (oder **Farbtonkreis**), angeordnet, von dem v. a. zwei Arten üblich sind: Bei der einen Art stehen sich **Gegenfarben,** das heißt **Komplementärfarben** (solche, die sich bei additiver Mischung zu Unbunt kompensieren lassen, z. B. Gelb-Violettblau, Purpur-Grün), diametral gegenüber, z. B. im ostwaldschen Farbtonkreis; bei der anderen Art sind die Farbtöne so angeordnet, dass gleich großen Empfindungsunterschieden gleich große Abstände im Kreis entsprechen, z. B. im Farbsystem DIN 6164. Beide Prinzipien lassen sich nicht miteinander vereinbaren.

Die →Farbmetrik beruht auf den Gesetzen der additiven →Farbmischung; diese liefern auch die Grundlage für die Farbmessung, die z. B. für Farbfestlegungen und Farbtoleranzvereinbarungen wichtig ist.

**2)** *Elementarteilchenphysik:* die →Farbladung.

**Farbenlehre,** die Wissenschaft von der →Farbe, im naturwissenschaftlichen Sinn von der Farbe als physiologisch-optischer Erscheinung. Die Farbenlehre basiert somit auf Erkenntnissen aus Physik, Biologie, Physiologie und Psychologie. Teilgebiete sind u. a. die Lehre vom →Farbensehen und die →Farbmetrik; zur Farbenlehre gehören auch die Lehre vom Sinneserlebnis Farbe und seinen Wirkungen, wozu Fragen der Farbästhetik und der Farbenharmonie zählen.

J. W. von Goethes »Farbenlehre« (1810) nimmt eine Sonderstellung ein. Sie behandelt insbesondere die Physiologie und die psychologische Wirkung der Farben und vertritt im Gegensatz zu I. Newton, der v. a. physikalische Gesichtspunkte betrachtete, die Einheitlichkeit des weißen Lichts.

**Farbenraum,** →Farbmetrik.

**Farbensehen,** die beim Menschen, den Wirbeltieren und bei vielen Wirbellosen vorhandene Fähigkeit, mit ihren Augen Farben unabhängig von ihren Helligkeitswerten aufgrund der Wellenlänge des Lichtes zu unterscheiden. Träger dieser Funktion sind die für das Tagessehen bestimmten Zapfen in der Netzhaut des Auges. Der Mensch sieht trichromatisch, das heißt, alle Farbeneindrücke entstehen entsprechend dem Erregungszustand der drei vorkommenden Zapfentypen (Rot, Grün, Blau). Innerhalb eines bestimmten Wellenlängenbereichs (380 nm bis 750 nm) der elektromagnetischen Strahlung (sichtbarer Spektralbereich) kann das menschliche Auge etwa 160 Farbtöne unterscheiden. Im Grün- (um 500 nm) und im Rotbereich (um 620 nm) ist die Unterscheidungsfähigkeit am besten (2 nm). Aus der Mischerregung zweier oder aller drei Zapfentypen ist entsprechend einer additiven Farbmischung die Vielfalt der etwa 500 000 Farbempfindungen erklärbar **(Dreikomponententheorie, Dreifarbentheorie, Young-Helmholtz-Theorie).** Farbkontraste und farbige Nachbilder erscheinen in der Komplementärfarbe. Die Wahrnehmung von Farben beruht auf komplexen Mechanismen, an denen das ganze Sehsystem vom Auge bis zur Hirnrinde beteiligt ist.

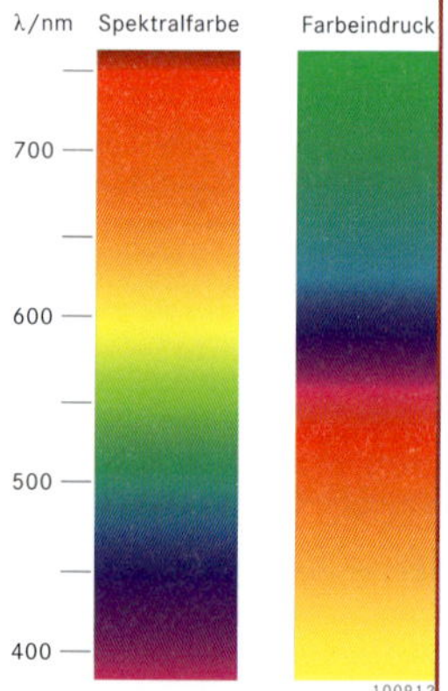


**Farbensehen.** Der Farbeindruck entsteht, wenn Moleküle die Lichtquanten bestimmter Frequenzen aus dem sichtbaren Teil des Spektrums absorbieren; der Stoff erscheint dann in der Komplementärfarbe der absorbierten Spektralfarben. Chlorophyll erscheint z. B. daher grün, weil die Moleküle rotes Licht absorbieren.

**Farbfernsehen,** heutige Form des →Fernsehens. Das Grundprinzip beruht auf der Umwandlung von Farbtönen und -sättigungen in elektrische Signale und deren Rückumwandlung, wobei Informationen zu Helligkeit (Luminanzsignal), Farbsättigung und -ton (zusammen Chrominanzsignal) erforderlich sind. Aus der additiven Mischung von Rot, Grün und Blau lassen sich alle anderen Farben unter Berücksichtigung der menschlichen Farbempfindlichkeit darstellen. Farbsättigung und Farbton können zwei voneinander unabhängigen Größen, wie z. B. Betrag und Phase einer Schwingung, zugeordnet werden. Hierauf beruhen die Farbfernsehsysteme →NTSC und →PAL; ein weiteres System ist →SECAM.

**Farbfilter,** ein →Lichtfilter.

**Farbfotografie,** fotografisches Verfahren zum Herstellen farbiger Bilder (Diapositive, Aufsichtsbilder) und kinematografischer Filme. Zur Farbwiedergabe dient heute fast ausschließlich die subtraktive Farbmischung im Mehrschichtenfarbfilm. Wird das Spektrum des weißen Lichts in die drei Grundfarben Blau, Grün und Rot eingeteilt, die in der additiven Farbmischung wieder weißes Licht

**Farbenlehre.** »Temperamentenrose« von Johann Wolfgang von Goethe und Friedrich Schiller mit den Temperamenten zugeordneten Personengruppen und Farben (1798/99; Klassik Stiftung Weimar)

ergeben, so ergeben je zwei Farben davon in ihrer Mischung die Farben der subtraktiven Farbmischung (Gelb = Rot und Grün, Purpur = Rot und Blau sowie Blaugrün = Blau und Grün). Umgekehrt lassen Filter dieser Farben jeweils die beiden Spektralanteile hindurchtreten und absorbieren den dritten Teil (ein Gelbfilter lässt Rot und Grün durchtreten und absorbiert Blau). Zwei Filter hintereinander lassen nur noch ein Spektraldrittel durchtreten (Gelb- und Purpurfilter lassen nur noch Rot durchtreten), drei Filter hintereinander absorbieren alle Farben (sie erscheinen grau bis schwarz).

Auf der Grundlage der subtraktiven Farbmischung wurde der Mehrschichtenfarbfilm mit drei übereinander gegossenen, besonders sensibilisierten Silberhalogenidschichten (und einer Gelbfilterschicht), in denen jeweils die drei farbigen Teilbilder entstehen, entwickelt. Jede Schicht enthält einen Farbstoffbildner, der die Komplementärfarbe zur Farbempfindlichkeit der Schicht entwickelt; in der oberen, blauempfindlichen Schicht entsteht der gelbe Farbstoff, in der mittleren, grünempfindlichen Schicht der purpurne und in der unteren, rotempfindlichen Schicht der blaugrüne Farbstoff beziehungsweise das gelbe, purpurne und blaugrüne Teilbild. Beim Negativfilm entstehen bei der Farbentwicklung in den einzelnen Schichten die Farben, die in ihrer Gesamtwirkung etwa komplementärfarbig zu den Farben der Vorlage sind. Der Farbumkehrfilm liefert ein farbrichtiges Dia, nach Erstentwicklung in einem Schwarz-Weiß-Negativentwickler, diffuser Zweitbelichtung, bei der alle bisher nicht reduzierten Silberhalogenide entwickelbar werden, und anschließender Farbentwicklung.

**Farbgläser,** farbige Gläser, hergestellt durch Farbzusatz zur Glasschmelze und nachträgliche Wärmebehandlung **(Anlaufgläser).**

**Farbladung, Farbe,** amerikanisch **Color,** *Elementarteilchenphysik:* innere Quantenzahl, ein Freiheitsgrad der Quarks (→Quantenchromodynamik).

**Farbmetrik,** die Lehre von den Maßbeziehungen zwischen den Farben. In der **Farbvalenzmetrik (niedere Farbmetrik)** gilt nur das Gleichheitsurteil des Auges; hier werden die Farbmerkmale durch verschiedene Maßsysteme **(Farbsysteme)** erfasst, die u. a. in Farbenkarten (Farbatlanten) dargestellt sind (z. B. nach Mansell, Ostwald, DIN 6164). Das **Normvalenzsystem** beschreibt eine Farbe als die Summe aus drei Mischungswerten, das heißt den **Normfarbwerten** $X, Y, Z$ (DIN 5033); häufig werden auch die **Normfarbwertanteile** $x$ und $y$ angegeben, wobei $x = X/(X+Y+Z)$ und $y = Y/(X+Y+Z)$ gilt. Bei der grafischen Darstellung der Farbart in der zweidimensionalen **Farbtafel** dienen $x$, $y$ als rechtwinklige Koordinaten der Farborte. Bei dreidimensionaler Darstellung werden Farbvalenzen durch Ortsvektoren **(Farbvektoren)** wiedergegeben und bauen so den **Farbenraum** auf; hierin grenzt der **Farbkörper** das körperliche Gebilde ab, in dem alle Körperfarben ihren Ort haben. In der **Farbempfindungsmetrik (höhere Farbmetrik)** wird der Farbreiz in Beziehung zur Farbwahrnehmung gesetzt.

**Farbmischung,** eine Mischung von Farben, in deren Ergebnis eine von den Ausgangsfarben verschiedene Mischfarbe entsteht. Eine **additive Farbmischung** ist eine Kombination mehrerer Farbvalenzen. Sie kommt zustande, wenn zwei oder mehr unterschiedliche Farbreize gleichzeitig (z. B. durch Übereinanderprojektion) oder in rascher periodischer Folge (z. B. durch eine rotierende Farbscheibe) die gleiche Netzhautstelle erregen, oder wenn sie unterhalb der Auflösungsgrenze des Auges dicht nebeneinander liegende Netzhautpunkte treffen (wie beim Farbfernsehen oder Farbrasterdruck). Die additive Farbmischung gehorcht einfachen Gesetzen, die die Grundlage für die Farbenlehre bilden. Von **subtraktiver** (oder auch **multiplikativer**) **Farbmischung** spricht man, wenn Farbstoffe gemischt werden (Farbkasten) oder Strahlung durch hintereinander angeordnete Farbfilter spektral beeinflusst wird. Im Unterschied zur additiven ist die subtraktive Farbmischung ein physikalisch-optischer Vorgang.

**Farbmittel,** nach DIN Sammelname für alle farbgebenden Stoffe wie →Pigmente oder →Farbstoffe.

**Farbstoffe,** organische Stoffe, die zur Farbgebung verwendet werden und die im Gegensatz zu →Pigmenten im Anwendungsmedium löslich sind. Farbstoffe lassen sich nach dem Verwendungszweck in Textilfarbstoffe, Lebensmittelfarbstoffe u. a. einteilen.

**Natürliche Farbstoffe** sind pflanzlichen oder tierischen Ursprungs. So unterscheidet man u. a. Holz-, Blüten-, Blutfarbstoffe. Einige (z. B. Purpur) waren schon im Altertum bekannt, Indigo und Krapp waren über Jahrhunderte die wichtigste Textilfarbe. Beschränkte Bedeutung haben heute z. B. Betanin, Carotin, Carminsäure.

**Farbmischung.** Additive Farbmischung (links) und subtraktive Farbmischung (rechts)

Mauvein war der erste **synthetische Farbstoff,** der Mitte des 19. Jahrhunderts aus Produkten des Steinkohlenteers hergestellt wurde. Synthetische Farbstoffe beherrschen heute mit mehreren Tausend Produkten den Markt. Sie lassen sich nach charakteristischen chemischen Gruppen (Chromophore) einteilen, z. B. Azo-, Formazan-, Methinfarbstoffe. **Textilfarbstoffe** müssen aus dem Färbebad (Flotte) gleichmäßig auf die Faser aufziehen. Manche Textilfarbstoffe lassen sich nur für bestimmte Fasern verwenden. Zum Färben von Polyamidfasern (Nylon®) sind **Säurefarbstoffe** geeignet, für Polyacrylfasern **kationische Farbstoffe,** für Polyesterfasern **Dispersionsfarbstoffe; Entwicklungsfarbstoffe** werden erst auf der Faser synthetisiert. **Direktfarbstoffe (substantive Farbstoffe)** lassen sich direkt auf Baumwolle aufziehen; diese wird jedoch heute meist mit **Reaktivfarbstoffen** gefärbt oder bedruckt. **Küpenfarbstoffe,** wasserunlösliche Farbstoffe auf Indigo- und Anthrachinonbasis, werden zum Färben und Bedrucken von Textilien zunächst durch Reduktion wasserlöslich und anschließend durch Oxidation wieder wasserunlöslich gemacht.

**Farbstofflaser,** ein →Laser mit einem organischen Farbstoff im Lösungsmittel als aktivem Medium. Farbstofflaser können (mit unterschiedlichen Farbstoffen) als abstimmbare Laser den Spektralbereich von etwa 300 bis 1 000 nm überdecken. Sie erreichen im kontinuierlichen Betrieb Leistungen bis zu 100 mW, im Impulsbetrieb bis in den Megawattbereich. – Abb. S. 274

**Farbtemperatur,** die Temperatur des →schwarzen Körpers, bei der dieser Licht der gleichen Farbe (spektralen Intensitätsverteilung) wie die zu kennzeichnende Lichtquelle aussendet. Die Farbtemperatur dient z. B. zur Charakterisierung von Sternen.

**Färbung,** natürliche oder künstliche Farbgebung in toten oder belebten Körpern, konstant oder periodisch wechselnd. Bei Mensch und Tieren entsteht die Färbung 1) durch Körperflüssigkeiten, z. B. Blut, so bei roten Lippen und Wangen, dem roten Kamm der Hühner;

100532

**Farbstofflaser.** Jet-Zeile eines Farbstofflasers zur Reinigung von Prüfobjekten durch Laserstrahlen

2) durch Pigmente (chemische Farben) in Haaren und Federn oder in →Chromatophoren; 3) durch Strukturfarben (physikalische Farben), die Schillereffekte bewirken, z. B. Schuppen der Schmetterlingsflügel. Bei Pflanzen vorherrschend ist die durch das Chlorophyll hervorgerufene Grünfärbung. Carotinoide sind beteiligt an der Gelb-, Orange- oder Braunfärbung von Blüten und Früchten sowie an der Herbstfärbung der Blätter. Rot- und Blaufärbung bewirken die Anthocyane.

**Farne, Filicopsida, Pteropsida, Filicatae,** Klasse der Farnpflanzen mit rund 10000 Arten; vorwiegend krautige Pflanzen mit großen, meist gestielten und gefiederten Blättern (Farnwedel). Auf der Unterseite der (in der Jugend stark eingerollten) Blätter befinden sich die Sporenbehälter (Sporangien), die meist in kleinen Gruppen (Sori) zusammenstehen und häufig von einer zarten Hülle (Schleier oder Indusium) umhüllt oder klappenförmig überdeckt werden.

Charakteristisch für die Farne ist der Wechsel von zwei Generationen. Beide Generationen, **Gametophyt** und **Sporophyt** (die eigentliche Farnpflanze), leben selbstständig. Aus einer Spore entwickelt sich ein Gametophyt (Prothallium, Vorkeim); auf ihm bilden sich die männlichen und weiblichen Geschlechtsorgane. Die Befruchtung der Spermatozoid- und Eizellen ist nur in Wasser (feuchter Untergrund, Tautropfen) möglich. Aus der befruchteten Eizelle entsteht der ungeschlechtliche Sporophyt. Aus seinen Sporangien lösen sich die Sporen, die wieder zu Gametophyten auswachsen.

Die Farne sind größtenteils Bewohner schattiger und feuchter Orte, deshalb am mannigfaltigsten im tropischen Regenwald; im Nebelwald treten auch baumförmige Farne auf. Nur widerstandsfähigere Arten, z. B. der Adlerfarn, reichen bis in subarktische, arktische und alpine Gebiete. Als Zierpflanzen werden u. a. Geweihfarne verwendet.

**Farnpflanzen, Pteridophyta,** Abteilung der Pflanzen mit den Klassen: Urfarne (Psilophytopsida; ausgestorben), Gabelblattgewächse (Psilotopsida), Bärlappgewächse (Lycopodiopsida), Schachtelhalmgewächse (Equisetopsida) und →Farne.

**Fasanen** [griechisch], **Phasianinae,** Unterfamilie der Fasanenartigen, z. B. mit dem in Asien verbreiteten Jagdfasan, dem grünen **Schillerfasan** (Phasianus versicolor) aus Japan, dem **Goldfasan** (Chrysolophus pictus) aus dem südlichen China, dem **Diamantfasan** (**Amherstfasan,** Chrysolophus amherstiae) der Bergwälder Westchinas, dem langschwänzigen **Königsfasan** (Syrmaticus reevesi) Mittelchinas, dem **Kupferfasan** (Syrmaticus soemmeringii) Japans und dem südchinesischen **Silberfasan** (Gennaeus nycthemerus). Fasanen können mit Schwanzfeder insgesamt eine Länge von 2 m erreichen; die Hähne sind häufig prächtig gefärbt. Viele Arten sind heute in ihrem Bestand gefährdet.

**Fasanenartige Phasianidae**, weltweit verbreitete Familie der Hühnervögel mit rund 200 Arten; meist Bodenbewohner; Männchen häufig auffallend gefärbt, mit großen Schmuckfedern. Zu den Fasanenartigen zählen u. a. die →Fasanen und die →Pfauen.

**Fasergitter, Faser-Bragg-Reflektor,** optisches Gitter, das durch die periodische Modulation der Brechzahl einer Lichtleitfaser entsteht. Licht mit einer durch die Gitterparameter festgelegten Wellenlänge wird innerhalb der Faser reflektiert. Fasergitter bilden die Basis für wellenlängenselektive Filter und schmalbandige Spiegel, sie werden zur Frequenzstabilisierung von Laserdioden sowie als →faseroptische Sensoren verwendet. Fasergitter können erzeugt werden, indem z. B. fotoempfindliche Fasern periodischen UV-Intensitätsmustern ausgesetzt werden.

**Fasermetallurgie,** die Herstellung von Formkörpern aus Draht, Metallfasern oder -wolle mittels Pressdruck und Wärme. Im Schmelzextraktionsverfahren werden feine metallische Fasern ohne mechanisches Umformen direkt aus der Schmelze gewonnen. Fasermetallkörper sind besonders schlagfest und porös mit Porenvolumina von 50–95 %; sie werden für hoch beanspruchbare Teile (Lagerschalen, Turbinenschaufeln) und Filter verwendet.

**Fasern,** mehr oder weniger lang gestreckte Strukturen im pflanzlichen und tierischen Organismus, bestehend aus einzelnen Zellen, Zellsträngen, Zellstrangbündeln oder auch Teilen von Zellen. Fasern sind bei Mensch und

Tieren Bestandteile des Bindegewebes, der Muskeln und der Nerven; ferner Haare, die Byssusfäden der Muscheln und die Seide der Seidenspinner.

**Faseroptik, Fiberoptik,** 1) Teilgebiet der Optik, das sich mit der Übertragung von Licht und Bildinformationen durch fortgesetzte Totalreflexion in →Lichtleitern befasst; 2) Bezeichnung für alle aus gebündelten lichtleitenden Fasern bestehenden optischen Bauelemente zur Informationsübertragung.

**faseroptische Sensoren, Fasersensoren,** miniaturisierte Sensoren, die dämpfungsarme Lichtwellenleiter (→Lichtleiter) in dotierten Glasfasern zur Messung unterschiedlicher Größen (wie Temperatur, Dehnung, Vibration) nutzen. Faseroptische Sensoren weisen gegenüber konventionellen elektronischen Sensoren zahlreiche anwendungsspezifische Vorteile auf. Sie sind u. a. einsetzbar in Hochspannungs- und Kernstrahlungsbereichen, chemisch aggressiven Medien sowie bei hohen Temperaturen, sie ermöglichen Online-Messwerterfassungen und sind unempfindlich gegenüber elektromagnetischen Störfeldern. Faseroptische Sensoren ermöglichen eine verstärkerlose optische Signalübertragung.

**Faserzement,** Gemisch aus organischen Fasern, synthetischen Bewehrungsfasern und Zement sowie von Zuschlagstoffen unter Zugabe von Wasser; Faserzement ist Rohprodukt für Herstellung von Faserzementplatten, Faserzementrohren.

**Fassung,** *Elektrotechnik:* Halte- und Kontaktvorrichtung bei elektrischen Leuchten zur Aufnahme des Lampensockels.

**Fast Ethernet** [faːst ˈɪːθərnət, englisch] *das,* →LAN.

**Fata Morgana** [italienisch Fee Morgana] *die,* eine Luftspiegelung.

**Faulgas,** das →Biogas.

**Fäulnis,** anaerobe, bakterielle Zersetzung stickstoffhaltiger Substanzen, v. a. von Proteinen unter Entwicklung von zum Teil übel riechenden Verbindungen (u. a. Ammoniak, Kohlenmonoxid, Schwefelwasserstoff); einige wirken giftig. Fäulnis kommt im Darm der Fleischfresser und im Dickdarm des Menschen vor.

**Faulschlamm, 1)** *Abwasserreinigung:* in Kläranlagen im Faulbehälter entstehender Schlamm.

**2)** *Bodenkunde:* **Sapropel,** schwarzer Schlamm am Boden nährstoffreicher Gewässer, bildet ein feinkörniges, graues bis schwarzes, bitumenreiches Sediment mit organischen Resten. Verfestigt ergeben sich **Sapropelite,** z. B. bestimmte Kohlen, Öl- und Kupferschiefer.

**Faultiere, Bradypodidae,** Familie der Zahnarmen mit zwei Gattungen in den Wäldern des tropischen Mittel- und Südamerika;

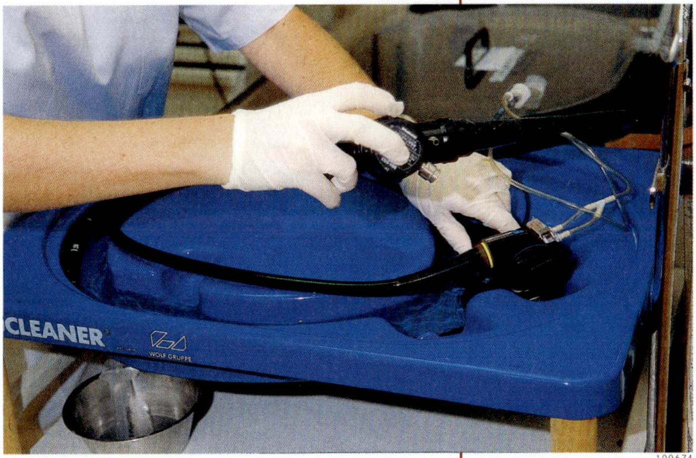


**Faseroptik.** Flexible Bildleiter zur optischen Übertragung von Bildinformationen werden z. B. in der Endoskopie (hier für gastroskopische Untersuchungen) eingesetzt.

an Blätternahrung und an das Leben in Bäumen angepasste Tiere, die fast immer mit dem Rücken nach unten an den langen Krallen der starken Gliedmaßen hängen und sich so langsam fortbewegen. Die Körpertemperatur beträgt 24–35 °C. Im Pelz wachsen Algen und schmarotzen Kleinschmetterlinge. Zu den **Zweifingerfaultieren** gehört der olivgraue bis -braune **Unau** (Choloepus didactylus), zu den **Dreifingerfaultieren** gehören das aschgraue **Ai** (Bradypus tridactylus) und das **Kragenfaultier** (Bradypus torquatus) mit schwarzem Schulter- und Halskragen.

**Fauna** [lateinisch] *die,* die Tierwelt eines bestimmten Gebietes.

**Fax** [Kunstwort zu Faksimile] *das,* Telekommunikationsdienst, mit dem sich schriftliche Vorlagen (ebenfalls Fax genannt) über Telefonleitung kopieren lassen (früher **Fernkopieren**). Der entsprechende Dienst der Deutschen Telekom AG heißt **Telefax.** Die Nutzung des Dienstes erfolgt mit einem **Faxgerät** (häufig auch kurz als Fax bezeichnet), mit dessen Hilfe die Dokumente übertragen werden. Die Dokumentenvorlage wird beim »Faxen« vom Sendegerät zeilen- und punktweise optisch abgetastet, die Schwarzweißwerte über das Netz übertragen und im Empfangsgerät Punkt für Punkt wieder aufgezeichnet. Faxgeräte werden beim analogen Anschluss (digital moduliert) mit standardisierten Datenübertragungsraten bis 14 400 bit/s

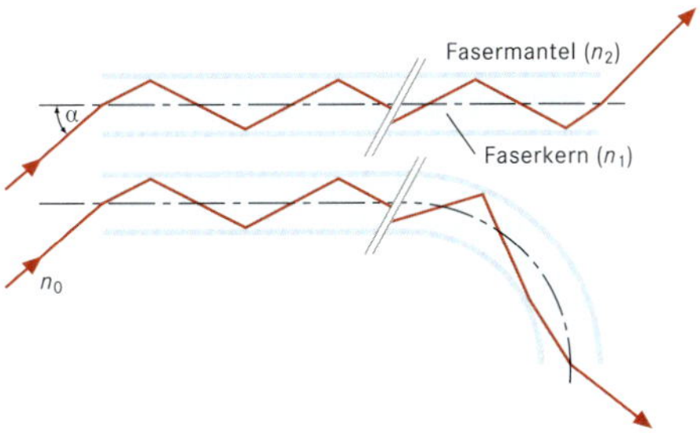


**Faseroptik.** Strahlengang in einer geraden und einer gebogenen Lichtleitfaser; $\alpha$ Einfallswinkel, $n_0$ Brechzahl der Umgebung, $n_1$ Brechzahl des Faserkerns, $n_2$ Brechzahl des Fasermantels

betrieben (die Übertragungsdauer für eine DIN-A4-Seite beträgt dabei circa 30 s); im digitalen ISDN-Netz erfolgt die Übertragung mit 64 Kbit/s (DIN-A4-Seite: circa 9 s). Über ein **Faxmodem** oder eine **Faxkarte** (spezielle Steckkarte) ist es möglich, Dokumente auch direkt aus dem Computer an ein Faxgerät oder einen entsprechend ausgestatteten PC zu versenden.

■ **Geschichte** Das erste Patent für eine Übertragung grafischer Vorlagen mittels →Telegrafie wurde 1843 erteilt. Um 1948 wurden erste (bezahlbare) Fernkopierer für Schwarz-Weiß-Vorlagen in den USA vorgestellt. 1979/80 wurde in Deutschland der erste Faxstandard verabschiedet.

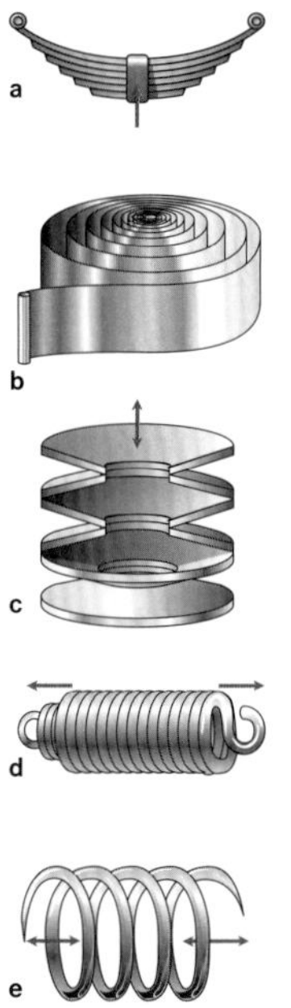

**Feder.**
a Blattfeder, b Spiralfeder, c Tellerfeder (Schnitt), d Schraubenzugfeder, e Schraubendruckfeder

**FCKW,** Abkürzung für →**F**luor**c**hlor**k**ohlen**w**asserstoffe.

**Fe,** chemisches Symbol für →Eisen.

**Fẹchner,** Gustav Theodor, deutscher Naturforscher und Psychologe, * Groß-Särchen (heute zu Knappensee, bei Hoyerswerda) 19. 4. 1801, † Leipzig 18. 11. 1887; lehrte Physik, Naturphilosophie und Anthropologie in Leipzig. Er gilt als Begründer der Psychophysik und der experimentellen Psychologie (→Weber-Fechner-Gesetz) und erarbeitete eine psychologische Ästhetik. Die Welt betrachtete er als beseelt (»Tagesansicht«, im Gegensatz zur »Nachtansicht« des physikalisch-mathematischen Weltbildes), das Stoffliche nur als Außenseite des Daseins.

**Fechser,** unterirdische Abschnitte vorjähriger Triebe, aus deren Knospen sich im Frühjahr die neuen Laubsprosse bilden, z. B. bei Hopfen und Wein.

**Feder,** *Maschinenbau:* Maschinenelement, das aufgrund seiner elastischen Eigenschaften bei Verformung Arbeit aufnehmen kann und beim Entlasten diese mit Reibungsverlusten (Dämpfung) wieder abgibt (Rückfederung). Federn dienen als Arbeitsspeicher (Uhrwerk), Kraftmesser (Federwaagen), zur Stoß- und Schwingungsdämpfung (Fahrzeugbau) sowie zur Kraftverteilung und zum Kraftausgleich (Spannwerkzeuge). Federn lassen sich nach der Art ihres Werkstoffes, ihrer Gestalt und der Art der Beanspruchung einteilen. Federn sind zumeist aus Stahl, für besondere Anforderungen aus nichtmetallischen Werkstoffen (z. B. Gummi, Luft). Nach Art des Kraftangriffes werden biege- und drehbeanspruchte sowie zugdruckbeanspruchte Federn unterschieden. Die Gestalt von Federn ist unterschiedlich (z. B. Blattfeder, Spiralfeder, Tellerfeder, Schraubenfeder) und v. a. von der Beanspruchungsart und dem Verwendungszweck abhängig. Kennzeichnend für jede Feder ist die **Federkennlinie,** die progressiv, linear oder degressiv verlaufen kann. Je steiler die Gerade im Federdiagramm verläuft, desto geringer ist bei gleicher Kraft der Federweg und desto steifer (härter) ist die Feder. Die Kennlinien für Be- und Entlastung fallen bei dämpfungsarmen (reibungsfreien) Federn zusammen.

**Federbein,** 1) *Kraftfahrzeugtechnik:* Bauelement, bei dem in einer Hülse eine Schraubenfeder mit dem Stoßdämpfer kombiniert ist, besonders bei Krafträdern.

2) *Luftfahrt:* radtragendes und mit gedämpfter Teleskopfederung versehenes Bauteil eines Fahrwerks.

**Federn, Vogelfedern,** charakteristische Horngebilde der Oberhaut der Vögel; bilden die Voraussetzung für den Vogelflug und dienen der Wärmeisolation sowie dem Schutz vor Nässe. Die Federn bestehen aus **Federkiel (Federachse)** und **Federfahne.** Der hautnahe, runde Teil des Kiels **(Federspule)** steckt in einer Hauttasche **(Federbalg)** und enthält während des Wachstums blutreiches Gewebe, der restliche markhaltige Abschnitt **(Federschaft)** ist kantig und trägt die Federfahne. Federarten sind **Konturfedern** oder **Deckfedern** mit steifem Schaft und fester Fahne; **Daunenfedern** oder **Flaumfedern** (Dunen), bei denen die Federstrahlen kranzförmig angeordnet sind, also der Federschaft fehlt; **Fadenfedern** mit dünnem Schaft und verkümmerter oder fehlender Fahne. Die Farbstoffe der Federn wandern in die Oberhautzellen vor deren Verhornung ein. Farbiges Schillern der Federn beruht auf der Interferenz des weißen Lichtes an stark abgeflachten Melaninkörnern der Strahlenzellen.

Federn wurden besonders von Indianern und Völkern Ozeaniens zu Kopf- und Körperschmuck und anderen Zierarten (z. B. Mosaiken) mit meist kultischer oder sozialer Bedeutung verarbeitet. Sie dienten zur Verzierung von Geräten, als Geld (mit Federn umwickelte Rollen) oder zur Flugstabilisierung von Pfeilen. Im Abendland zierten Federn seit dem Mittelalter festliche Kopfbedeckungen von Männern und Frauen (Helmzier, Pfauenhut, Federbusch), bevor sie seit dem Ende des 17. Jahrhunderts hauptsächlich nur noch in der Frauenmode Verwendung fanden (Hutputz, Fächer, Boa, Muff u. a.). Über die Kleidung hinaus besitzen Federn seit Jahrhunderten Bedeutung als Kissen- und Bettfüllungen (Daunen). Vor Erfindung der Stahlfedern wurden Kiele von Gänse- und Schwanenfedern zu Schreibgeräten zugeschnitten.

**Federung,** Anordnung von →Federn zwischen beweglichen Maschinenteilen; bei Fahrzeugen elastische Verbindung zwischen den Achsen und dem Aufbau (Rahmen), wobei neben den Federelementen auch die Luftreifen federnd wirken.

**Fehler|ortsbestimmung,** systematische Ermittlung der genauen Lage und gegebenenfalls der Art eines Fehlers in einem Kabel, Gerät oder System durch elektrische Messungen. Man unterscheidet Impedanz-, Laufzeit- bzw. Impuls-Echo- und Kennungsmessungen.

**Fehlerspannungsschutzschalter, FU-Schutzschalter,** Schutzschalter zur Vermeidung gefährlicher Berührungsspannungen beim Auftreten von Fehlern an elektrischen Anlagen. Überschreitet bei einem Körperschluss die zwischen Körper und Hilfserder auftretende Spannung den Wert der höchstzulässigen Berührungsspannung, unterbricht der Fehlerspannungsschutzschalter den Betriebsstromkreis sofort allpolig. Der Fehlerspannungsschutzschalter wurde (seit 1970) zunehmend durch den →Fehlerstromschutzschalter ersetzt.

**Fehlerstrom,** der bei Isolationsfehlern an elektrischen Anlagen, Geräten und Betriebsmitteln über die Fehlerstelle fließende Strom. Der Fehlerstrom kann mit einem →Fehlerstromschutzschalter überwacht werden. Fehlerströme sind z. B. Kurzschluss- oder Erdschlussströme (Erdfehlerströme), im weiteren Sinn auch →Leckströme.

**Fehlerstromschutzschalter, FI-Schutzschalter, Fehlerstromschutzeinrichtung,** englisch residual current protective device, Abkürzung **RCD,** Schalteinrichtung, die einen elektrischen Stromkreis augenblicklich oder kurz verzögert allpolig unterbricht, sobald ein durch Körperschluss oder anderweitigen Erdschluss hervorgerufener Fehlerstrom in bestimmter Höhe auftritt. Beim Fehlerstromschutzschalter wird die Summe aller im Leitungssystem fließenden Ströme in einem Stromsummenwandler ermittelt. Tritt infolge eines Fehlers ein in Richtung Erde fließender Fehlerstrom auf, wird dieser im Wandler als Differenzstrom registriert. Sobald der Fehlerstrom einem bestimmten Nennwert entspricht (Bemessungsströme bis 125 A beziehungsweise Bemessungsdifferenzströme zwischen 10 und 500 mA) wird die Schaltung ausgelöst und der fehlerbehaftete Betriebsstromkreis unterbrochen. Benötigen die Fehlerstromschutzschalter zur Fehlerstromerfassung eine Hilfsspannung, werden sie im Allgemeinen als **Differenzstromschutzeinrichtung (DI-Schutzeinrichtung)** bezeichnet.

**Fehling-Lösung** [nach dem Chemiker Hermann von Fehling, *1812, †1885], aus Kupfersulfatlösung und einer Seignettesalz- sowie Weinsäurelösung bestehendes Reagenz zum Nachweis von Zucker (z. B. im Harn) u. a. reduzierenden Verbindungen, v. a. von Aldehyden.

**Fehl|ordnung,** Abweichungen der Realkristalle in ihrem strukturellen Aufbau sowie in ihrer chemischen Zusammensetzung vom idealkristallinen Aufbau der Festkörper.

**Feigenbaum, Ficus carica,** Art der Gattung Feige, wild wachsend vom Mittelmeergebiet bis Nordwestindien, kultiviert und eingebürgert in vielen tropischen und subtropischen Ländern. – Der wild wachsende Feigenbaum bildet drei Feigengenerationen mit unterschiedlichen Früchten pro Jahr, davon essbare im September **(Fichi)** und ungenießbare im April/Mai **(Mamme)** und im Juli **(Profichi).** Die aus dem wilden Feigenbaum entwickelte Kulturform tritt in zwei Varietäten auf, wovon die **Bocksfeige** (Holzfeige) nur männliche Blüten hat und keine essbaren Früchte hervorbringt. Die **Kulturfeige** (Essfeige) hat nur weibliche Blüten und bildet drei Generationen: **Fiori di fico** (Juni/Juli), **Pedagnuoli** (August bis Oktober, Haupternte) und **Cimaruoli** (Dezember bis März). Die Feige genannte Frucht des Feigenbaums ist ein grüner oder violetter Steinfruchtstand. Essbar (mit flei-

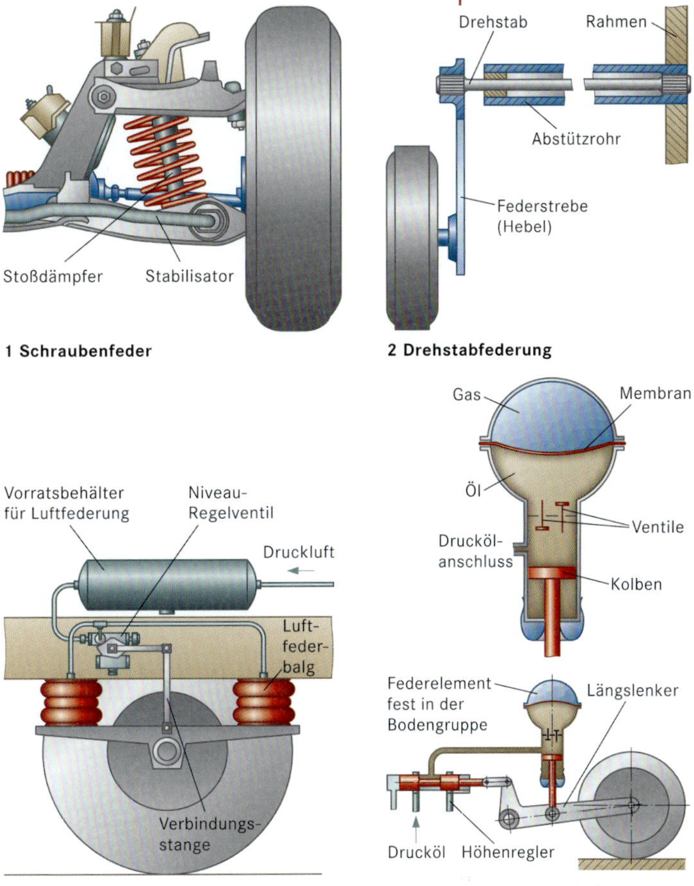

1 Schraubenfeder
2 Drehstabfederung
3 Luftfederung
4 hydropneumatische Federung

**Federung.** Verschiedene Federungsarten

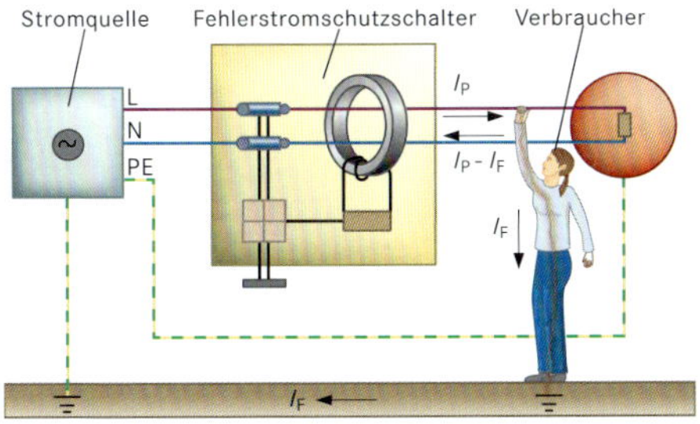


**Fehlerstromschutzschalter.** Schema des Stromflusses bei unmittelbaren Kontakt mit dem elektrischen Stromkreis. Durch den Fehlerstrom $I_F$, der durch den Körper fließt, unterbricht der Fehlerstromschutzschalter den Stromkreis ($I_P$ Prüfstrom).

**Feinstaub** Dreckige Romantik

Angesichts ständig steigender Öl- und Gaspreise erlebt das Heizen mit Holz eine Renaissance. Der Vorteil der Holzverfeuerung: Sie ist weitgehend $CO_2$-neutral; die Menge des freigesetzten Kohlendioxids entspricht der Menge, die beim Wachstum des Holzes gebunden wurde. Der Nachteil: Solche Heizungen produzieren mehr Feinstaub. Seit 1996 haben sich die Feinstaubemissionen aus Holzöfen verdoppelt. Inzwischen (2006) belasten private Haushalte und Kleingewerbe die Umwelt mit Feinstaub stärker als alle Pkw, Lkw und Motorräder zusammen; 24 000 Tonnen Feinstaub pro Jahr gehen auf ihr Konto. In Entwicklungsländern versucht man übrigens, von festen Brennstoffen wegzukommen, weil Studien der Weltgesundheitsorganisation WHO gezeigt haben, dass der Rauch von offenen Feuern jährlich 800 000 Kinder tötet. Die WHO will die Zahl der Menschen, die mit festen Brennstoffen kochen, deshalb bis zum Jahr 2015 halbieren.

schigem, zuckerhaltigem Fruchtfleisch) sind nur Feigen, deren weibliche Blüten von der Feigenwespe bestäubt wurden. Feigen werden frisch oder getrocknet gegessen.

**Feingehalt, Feinheit, Feine,** der Gehalt an Edelmetall in einer Legierung, bei Gold und Silber heute meist als Anteil des reinen Edelmetalls an 1 000 Teilen der Legierung; früher Angabe bei Gold in Karat, bei Silber in Lot; z. B. »900er-Gold« mit 900 Teilen Gold, 100 Teilen Zusatzmetallen (entspricht 21,6 Karat) oder »925er-Silber« (entspricht 14,8 Lot).

**Feingewicht,** in Gramm ausgedrückte Masse eines in einer Edelmetalllegierung enthaltenen Edelmetalls.

**Feinmechanik,** Teilgebiet der →Feinwerktechnik, das sich mit der Herstellung mechanisch arbeitender Geräte hoher Präzision befasst.

**Feinmess|okular,** an Mikroskopokularen eine Einrichtung, mit der die Intervalle von Messskalen weiter unterteilt werden können. Ein Feinmessokular auf mechanischer Grundlage ist die **Okularmessschraube** (früher Okularschraubmikrometer), bei dem eine Strichplattenskala mithilfe einer eingebauten Messschraube verschoben werden kann. Beim **Koordinatenmessokular** sind zwei Strichplattenskalen senkrecht gegeneinander verschiebbar. Bei Feinmessokularen auf optischer Grundlage werden ein oder mehrere Maßstabstriche durch optische Mittel gegen die Okularstrichplatte verschoben.

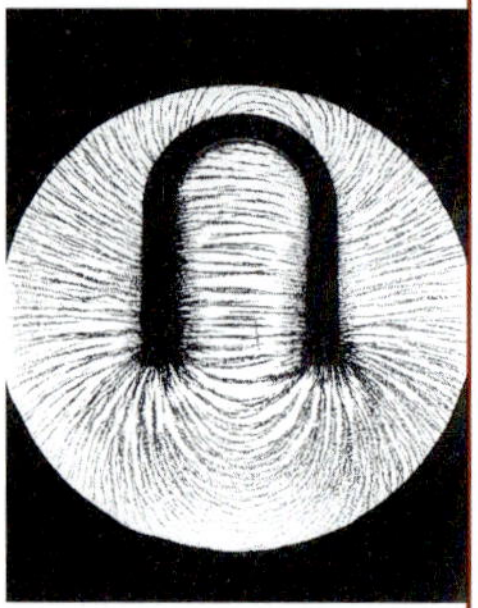

**Feld 2).** Verlauf der magnetischen Feldlinien um einen Hufeisenmagneten

**Feinmesstechnik,** allgemein die Technik jeder Art von Präzisionsmessungen; umfasst besonders die Grundlagen, Arbeitsmethoden und Instrumente bei genauen Messungen der Abmaße und der Oberflächengüte von Lehren und Bauteilen in Maschinenbau, Feinmechanik u. a. Die verwendeten Feinmessgeräte beruhen häufig auf optischen (Interferometer, Interferenzkomparator, Messmikroskop), mechanischen (Schieblehre, Messschraube, Messuhr), elektrischen (Sensor) oder pneumatischen (Blasen eines Luftstroms mit konstantem Druck gegen die Messfläche) Verfahren.

**Feinstaub,** Bezeichnung für kleine Schwebeteilchen in der Luft mit einem Durchmesser von höchstens 10 µm (→Aerosol). Aufgrund ihrer Winzigkeit können sie in den Atemtrakt des Menschen gelangen und sind daher besonders gesundheitsgefährdend. Weil feine und ultrafeine Teilchen v. a. bei Verbrennungsprozessen entstehen, werden z. B. Fahrverbote in Innenstädten diskutiert oder der Verzicht auf umweltbelastende Brennstoffe in den Städten.

**Feinstruktur,** *Physik:* 1) der Aufbau der Materie im Bereich submikroskopischer Dimensionen (Feinstruktur der Materie); 2) in der Spektroskopie die bei genügend hoher Auflösung sichtbar werdende Struktur der Spektrallinien (Aufspaltung in mehrere eng benachbarte Komponenten, so genannte →Multipletts), die von der Wechselwirkung zwischen Spin und Bahndrehimpuls der Elektronen herrührt. Die Größe der Feinstrukturaufspaltung ist eng mit der →sommerfeldschen Feinstrukturkonstanten verknüpft. Eine noch feinere Aufspaltung ist die →Hyperfeinstruktur.

**Feinstrukturanalyse,** die →Röntgenstrukturanalyse.

**Feinwerktechnik,** Zweig der Technik, der sich mit der Konstruktion und Fertigung technischer Geräte, v. a. der Feinmechanik, Optik (z. B. Mikroskopie, Augenoptik), Elektronik, Optoelektronik (Optronik), Sensorik, Signalübertragung sowie Steuerungs-, Regelungs- und Mikrosystemtechnik befasst. Es bestehen enge Verbindungen zu Elektrotechnik und Informatik, da die entwickelten Geräte im Allgemeinen signalorientiert sind und der Erzeugung, Verarbeitung und Übertragung elektrischer, optischer, akustischer u. a. Signale dienen. Beispiele sind Feinmess-, Registrier- und Zählgeräte, Geschwindigkeits-, Kraft- und Drehmomentmessgeräte sowie Waagen, Uhren, Musikinstrumente, Präzisionswerkzeuge.

**Feld,** **1)** *Naturwissenschaften:* allgemein die eindeutige, im Allgemeinen stetige Zuordnung von Ereignissen zu den Punkten eines abstrakten Raumes, z. B. in der *Mathematik* die Zuordnung mathematischer Größen, wie Skalare (Skalarfelder), in der *Stochastik* von Ereignissen (Ereignisfelder), in der *Informatik* von Daten.

**2)** *Physik:* die Gesamtheit der allen Punkten des mit einem besonderen physikalischen Zustand verbundenen Raumes zugeordneten Werte von physikalischen Größen, den **Feldgrößen,** die orts- und im Allgemeinen auch zeitabhängig sind. Der Begriff des Feldes ist grundlegend für die gesamte Physik. Hängen die Feldgrößen nicht von der Zeit ab, so liegt ein **statisches Feld** vor; **stationäre Felder** haben zeitunabhängige Feldgrößen und beschreiben stationäre Bewegungszustände. Ein Feld heißt **homogen,** wenn jedem Raumpunkt die gleiche Feldgröße zugeordnet ist, andernfalls **inhomogen.** Die physikalisch möglichen räumlich-zeitlichen Änderungen der Feldgrößen werden durch **Feldgleichungen,** meist partielle Differenzialgleichungen, eingeschränkt. Lokale Feldgleichungen verknüpfen Feldgrößen in unmittelbar benachbarten Raum- und Zeitpunkten und drücken damit die (im Gegensatz zur →Fernwirkung) angenommene Vorstellung der kausalen Nahwirkung aus.

■ **Feldtypen** Nach der mathematischen Struktur der Feldgrößen unterscheidet man **Skalarfelder** (z. B. Potenzialfelder, Temperaturfelder), **Tensorfelder** (mechanische Spannungsfelder bei deformierten elastischen Körpern) und **Spinorfelder** (zur Beschreibung von Fermionen); eine besonders große Rolle spielen **Vektorfelder.** Sie lassen sich durch **Feldlinien** veranschaulichen, deren Tangenten in jedem Raumpunkt mit der Richtung der Feldgrößen übereinstimmen (am bekanntesten sind die mit Eisenfeilspänen sichtbar gemachten magnetischen Feldlinien). Ein Maß für den Betrag der Feldgröße **(Feldstärke)** ist die Feldliniendichte. Beispielsweise nimmt beim elektrischen Feld einer geladenen Kugel die Feldliniendichte und damit der Betrag $E$ der elektrischen Feldstärke nach außen hin ab; $E$ ist die Feldgröße (der Feldvektor) des elektrischen Feldes. Beispiele für Vektorfelder sind alle **Kraftfelder,** das heißt jedes auf Probekörper Kräfte ausübende Feld (z. B. Gravitationsfelder), jedes durch die Geschwindigkeitsvektoren einer strömenden Flüssigkeit dargestellte Strömungsfeld sowie die elektrischen, magnetischen beziehungsweise elektromagnetischen Felder (→Elektrizität, →Magnetismus).

Je nach der Struktur eines Vektorfeldes unterscheidet man zwischen **Quellenfeldern,** bei denen die Feldlinien von Quellen des Feldes ausgehen und in Senken enden, und **Wirbelfelder,** die nur in sich geschlossene Feldlinien haben.

Während Geschwindigkeits-, Temperaturfelder u. a. seit dem Erkennen der atomistischen Struktur der Materie als nur für eine grobe makroskopische Beschreibung der Materie brauchbare, auf mikroskopische Strukturen zurückführbare Hilfsbegriffe angesehen werden, sind heute die verschiedenen zur Beschreibung von Elementarteilchen dienenden Materiefelder (→Materie) und die deren Wechselwirkungen vermittelnden →Eichfelder sowie das Gravitationsfeld (→Gravitation) als fundamentale physikalische Realitäten zu betrachten.

**Feldeffekt,** *Physik:* 1) die →Feldelektronenemission; 2) die Änderung der elektrischen Leitfähigkeit eines Halbleiters infolge eines äußeren elektrischen Feldes, durch das in einem Halbleiterkanal Ladungen influenziert werden.

**Feldeffekttransistor,** Abkürzung **FET,** Halbleiterbauelement, bei dem (im Gegensatz zum →Bipolartransistor) am Stromfluss nur Ladungsträger einer Art (Elektronen beim n-Kanal-Feldeffekttransistor oder Defektelektronen beim p-Kanal-Feldeffekttransistor) beteiligt sind, deshalb auch als **Unipolartransistor** bezeichnet. Der Feldeffekttransistor hat zwei nicht sperrende Schichten und eine davon isolierte Steuerelektrode, die den wirksamen Querschnitt des Stromwegs **(Kanal)** beeinflusst. Die dem Emitter- und dem Kollektoranschluss beim Bipolartransistor entsprechenden Anschlüsse werden als **Source (Quelle)** und **Drain (Senke),** die Steuerelektrode als **Gate (Tor)** bezeichnet. Die Funktion des Feldeffekttransistors beruht auf der Steuerung des Widerstands des leitfähigen Kanals zwischen den zwei Elektroden (Source und Drain) durch die isolierte Steuerelektrode. Je nach Art der Isolierung zwischen Steuerelektrode und Halbleiterkanal (die für die Änderung des Kanalwiderstands zwischen Source und Drain verantwortlich ist) unterscheidet man **Sperrschicht-Feldeffekttransistoren** (Abkürzung **SFET**) und **Isolierschicht-Feldeffekttransistoren** (Abkürzung **IGFET,** englisch insulated gate field effect transistor). Die Vorteile gegenüber den Bipolartransistoren liegen in dem besonders hohen Eingangswiderstand und der damit verbundenen leistungslosen Steuerung.

■ **Sperrschicht-Feldeffekttransistoren** Bei den Sperrschicht-Feldeffekttransistoren erfolgt eine Änderung des Kanalquerschnitts mithilfe von Sperrschichten (Isolation durch gesperrten pn-Übergang, die Breite der Raumladungszone wird verändert). Dazu nutzt man die klassischen Sperrschicht-Feldeffekttransistoren mit pn-Übergang (**JFET,** englisch junction field effect transistor), Schottky-Übergänge wie beim **MESFET** (englisch metal silicon field effect transistor) oder Hetero-Übergänge →HEMT).

■ **Isolierschicht-Feldeffekttransistoren** Bei den Isolierschicht-Feldeffekttransistoren erfolgt die Veränderung der Ladungsträgerdichte im Kanal durch Influenz (dielektrische Isolation). Zu diesen Feldeffekttransistoren gehören die in MOS-Technik hergestellten **MOSFET** (englisch metal oxide semiconductor field effect transistor), die in MIS-Technik hergestellten **MISFET** (englisch metal insulator silicon field effect transistor) und in einer besonderen Ausführungsform dünner Schichten die **Dünnschichttransistoren** (**TFT,** englisch thin film transistor). Besondere Arten mit Speicherfunktionen **(Speicher-Feldeffekttransistoren)** sind →MNOSFET und →MASFET. Für den speziellen Einsatz als Leistungsverstärker eignet sich aufgrund seines vertikal zum Substrat liegenden Kanals der **VFET** (englisch vertical field effect transistor).

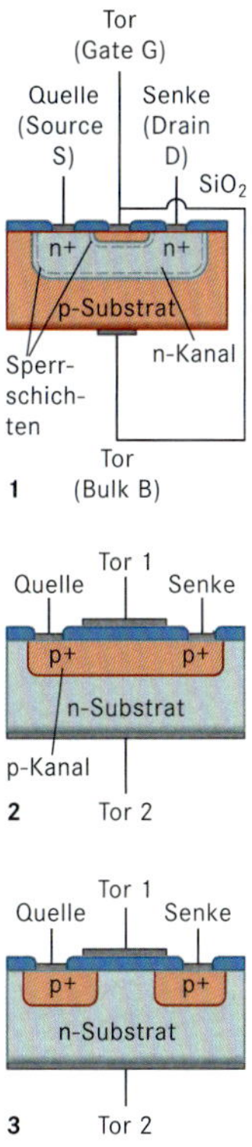


**Feldeffekttransistor.** Prinzipieller Aufbau eines Sperrschicht-Feldeffekttransistors in Planartechnik (1), eines Oberflächen-Feldeffekttransistors vom Verarmungs- (2) und vom Anreicherungstyp (3)

**Feldelektronenemission, Feldemission, Feldeffekt,** Austritt von Elektronen aus kalten Metallen bei Einwirkung eines äußeren Feldes von sehr hoher Feldstärke (etwa $10^7$ V/cm).

**Feldelektronenmikroskop, Feldemissionsmikroskop,** von E. W. Müller entwickeltes linsenloses Elektronenmikroskop, bei dem in einem Vakuumgefäß eine sehr feine Kathodenspitze aus Wolframdraht (Spitzenmikroskop) einem Leuchtschirm gegenübersteht. Legt man eine hohe Spannung (1–10 kV) zwischen Kathodenspitze und Anodenbelag an, so treten aus der Spitze infolge der sehr hohen Feldstärke (Feldelektronenemission) Elektronen durch →Tunneleffekt aus. Die Elektronen verlassen die Oberfläche praktisch senkrecht und erzeugen auf dem Leuchtschirm ein Bild von der Emissionsverteilung der Spitzenkuppe in einer Vergrößerung, die gleich dem Verhältnis von Schirmabstand zum Krümmungsradius der Spitze ist. Das Auflösungsvermögen reicht mit etwa $2 \cdot 10^{-9}$ m bis in den molekularen Bereich.

**Feldemission,** die →Feldelektronenemission.

**Feldemissionsdisplay,** Abkürzung **FED,** noch in der Entwicklung befindlicher Typ des Flachbildschirms, der auf der Basis von miniaturisierten Kathodenstrahlröhren arbeitet. Diese Miniröhren sind flächig angeordnet und bilden einzeln oder in Gruppen je ein Pixel. Das entstehende Bild ist kontrastreich, farbig, beliebig in seiner Helligkeit regelbar und auch bei schrägem Betrachtungswinkel gut zu erkennen. FEDs vereinigen damit die Vorteile von Röhrenbildschirmen und Flüssigkristallanzeigen in sich.

**Feldgleichungen,** *Physik:* →Feld.

**Feldgröße,** *Physik:* →Feld.

**Feldkonstanten,** für physikalische Felder charakteristische Naturkonstanten, die elektrische Feldkonstante $\varepsilon_0$ (→Dielektrizitätskonstante) die magnetische Feldkonstante $\mu_0$ (→Permeabilität).

**Feldlini|en,** *Physik:* →Feld.

**Feldquanten,** *Quantenfeldtheorie:* die kleinsten einem Feld zugeordneten Einheiten (Energiequanten) von korpuskularem Charakter; im engeren Sinn die verschiedenen Bosonen, die Wechselwirkungen zwischen Materieteilchen vermitteln ( →Eichbosonen).

**Feldstärke,** Bezeichnung für die Feldgröße bei einem Vektorfeld, z. B. die elektrische Feldstärke *E* und die magnetische Feldstärke *H.*

**Feldtheorie,** *Physik:* mathematisch-physikalischer Formalismus, der es gestattet, jede durch ein →Feld beziehungsweise seine Feldgrößen beschreibbare Erscheinung nach einheitlichen Gesichtspunkten zu charakterisieren. Jede speziell-relativistische Feldtheorie ist eine Nahwirkungstheorie, da sich alle Wirkungen nur mit endlicher Geschwindigkeit (Lichtgeschwindigkeit) ausbreiten. Aus der Invarianz gegenüber Koordinatentransformationen folgen in der **allgemeinen Feldtheorie** die →Erhaltungssätze für Energie, Impuls u. a. der betrachteten Felder. In der **klassischen Feldtheorie** wird der Formalismus der allgemeinen Feldtheorie auf Felder angewendet, die nicht der Feldquantisierung unterworfen sind. Durch die Quantisierung der klassischen Feldtheorie (→Quantenfeldtheorie) lassen sich die von den Feldquanten vermittelten Wechselwirkungen und der Dualismus von Welle und Teilchen erfassen.

Wichtige Feldtheorien sind die →maxwellsche Theorie des elektromagnetischen Feldes und die diracsche Theorie des Elektron-Positron-Feldes (→Dirac-Gleichung). Das Aufstellen einer **einheitlichen Feldtheorie** (→Große Vereinheitlichte Theorie), die allen vier bekannten Wechselwirkungen nur ein einziges Feld zuschreibt, ist ein grundlegendes Ziel der Elementarteilchenphysik.

**Feldversuch,** wissenschaftlicher Versuch unter realen Bedingungen; Gegensatz: Laborversuch.

**Femelschlagbetrieb,** forstwirtschaftliche Hochwaldbetriebsform, bei der alle Altersstufen einzeln oder gruppenweise gemischt auf derselben Bestandsfläche vorkommen. Die Nutzungshiebe (älteste, stärkste, kranke Bäume; einzeln oder in Gruppen) dienen zugleich der Naturverjüngung; besonders im Gebirge verbreitet, häufig als Schutzwald.

**Femto...** [schwedisch femton »fünfzehn«], Vorsatzzeichen **f,** ein Vorsatz vor Einheiten für den Faktor $10^{-15}$ (Billiardstel); z. B. 1 Femtometer = 1 fm = $10^{-15}$ m.

**Femtosekundenchemie,** kurz **Femtochemie,** Teilgebiet der Fotochemie, das ultraschnelle, durch Licht induzierte chemische Reaktionen untersucht. Die experimentelle Beobachtung dieser im Pikosekunden- ($10^{-12}$) und Femtosekundenbereich ($10^{-15}$) ablaufenden Reaktionen ist erst durch die Entwicklung spezieller Laser (Femtosekundenlaser) möglich (→Femtosekundenspektroskopie). Reaktionen, die mit extremer Zeitauflösung im Femtosekundenbereich beobachtet werden, offenbaren zahlreiche Zwischenstrukturen, die heute neue Möglichkeiten bei der nanoskaligen Synthese von Materialien eröffnen (→Nanotechnologie).

Die Femtochemie zielt auf eine Beobachtung von Kernbewegungen während einer Fotoreaktion, auf die Bestimmung von Zwischenzuständen und damit auf die Aufklärung der Reaktionsmechanismen. So sind ultraschnelle Elektrontransferprozesse, welche die ersten Schritte der biologischen Fotosynthese bestimmen, eingehend untersucht und theoretisch modelliert worden. Ein weiteres wichtiges Anwendungsfeld sind die Dynamik von

Wasserstoffbrücken und Protontransferprozesse.

**Femtosekundenspektroskopie, Ultrakurzzeitspektroskopie,** Methode der zeitaufgelösten optischen Spektroskopie, um ultraschnelle Abläufe in Echtzeit zu verfolgen. Viele funktions- und strukturbestimmende mikroskopische Vorgänge in Physik, Chemie und Biologie laufen extrem schnell ab, häufig im Pikosekunden- ($10^{-12}$ s) und Femtosekundenbereich ($10^{-15}$ s). Beispiele sind die Schwingungsbewegungen von Molekülen, die Verschiebung von Ladungen und Atomkernen bei chemischen Reaktionen oder Umverteilungs- und Energieverlustprozesse von Elektronen in Festkörpern.

Die Femtosekundenspektroskopie beruht auf der Anwendung von Femtosekundenlaserimpulsen. Nach Anregung des zu untersuchenden Systems durch einen Femtosekundenimpuls wird die zeitliche Entwicklung eines optischen Signals gemessen. Sequenzen solcher Momentaufnahmen ergeben detaillierte Informationen über ultraschnelle Prozesse, z. B. die Rückkehr des Systems in seinen Ausgangszustand.

**Fenn,** John, amerikanischer Chemiker, * New York 15. 6. 1917; lehrte an der Yale University. Fenn veröffentlichte 1988 die »ESI«-Methode (Abkürzung für englisch electrospray ionisation), bei der kleine geladene Tropfen einer Lösung zu untersuchender Proteine produziert werden, die sich im Massenspektrometer beobachten lassen. Für diese Entwicklung einer wichtigen Methode zur Analyse von Proteinen erhielt Fenn 2002 mit Koichi Tanaka und Kurt Wüthrich den Nobelpreis für Chemie (zu einem Viertel).

**Fenster,** *Bauwesen:* in oberirdisch angelegten Gebäuden ein verglastes Ausbauelement zum Verschluss einer Wandöffnung und zum Beleuchten und Belüften eines Innenraumes. Die Fensteröffnung wird unten durch die äußere **Sohlbank** und die innere **Fensterbank (Fensterbrett),** seitlich durch die **Fensterlaibung** und oben durch den **Fenstersturz** gebildet und unten durch die **Fensterbrüstung** begrenzt. Das Fenster besteht aus Fensterrahmen und Fensterflügel(n) (dieser aus Flügelrahmen, Beschlägen und Verglasung).

Fenster werden nach verschiedenen Gesichtspunkten eingeteilt: 1) nach Werkstoff (z. B. Holz-, Metall-, Kunststofffenster); 2) nach Konstruktion des Fensterrahmens (Blendrahmen-, Zargen-, Kastenfenster); 3) nach Zahl der hintereinander befindlichen Glasscheiben (Einfach-, Doppel-, Dreifachfenster); 4) nach Öffnungsart der Flügel (Drehflügel-, Wendeflügel-, Schwingflügel-, Drehkippflügel-, Kipp-, Klappfenster); 5) nach der Lage im Gebäude (Innen-, Außenfenster); 6) nach Funktion (Küchen-, Dach-, Kellerfenster u. a.).

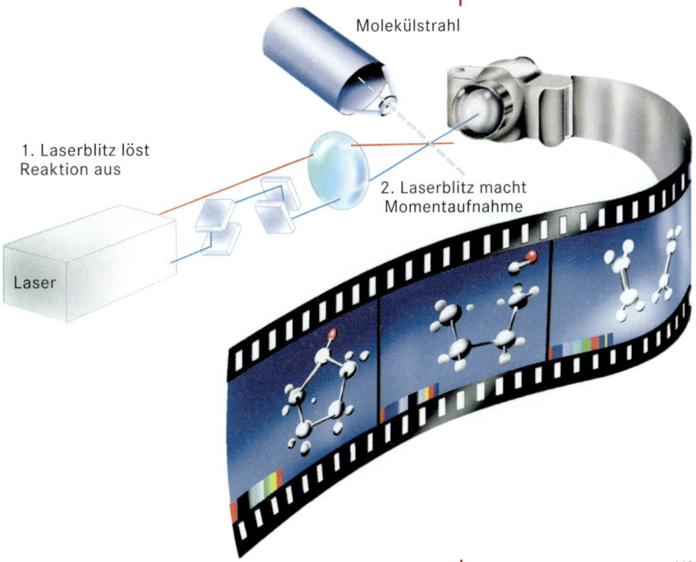


163

**Femtosekundenchemie.** Durch einen Laserblitz wird eine chemische Reaktion ausgelöst. Moleküle werden dadurch in einen energiereicheren (angeregten) Zustand gebracht. Anschließend »fallen« sie wieder in ihren energieärmeren Gleichgewichtszustand zurück. Ein zweiter Laserblitz macht – jeweils zu verschiedenen Zeitpunkten – Momentaufnahmen von den dabei ablaufenden Molekülveränderungen.

**fermatsches Prinzip** [fɛrˈma-; nach dem französischen MathematikerPierre de Fermat (* 1601, † 1665)], Grundgesetz der geometrischen Optik, nach dem sich Licht zwischen zwei Punkten so ausbreitet, dass der optische Lichtweg extremal, das heißt ein Minimum ist; das Licht wählt den schnellsten und nicht den geometrisch kürzesten Weg.

**Fermentation** *die,* Umsetzung biologischer Materialien, die durch Enzyme katalysiert und durch Sauerstoffentzug, Belüftung, Wärme, Licht oder Dunkelheit beeinflusst oder gelenkt wird. Fermentation findet z. B. bei Gärungen, der Käsebereitung, der Silierung von Gras oder Klee und der Herstellung von Getränken, Lebensmitteln, aber auch von Chemikalien (z. B. Zitronensäure) oder Arzneimitteln (z. B. Penicillin) statt. Der Begriff Fermentation wird auch bei der technischen Aufarbeitung von Leder, Flachs, Tabak, Kaffee, Tee u. a. benutzt.

**Fermente** [lateinisch fermentum »Gärung«, »Gärstoff«], veraltete Bezeichnung für die →Enzyme.

**Fermenter** *der,* **Bioreaktor,** Reaktionsapparat zur Durchführung biochemischer Reaktionen (→Biotechnologie). Für die besonders wichtigen Submersverfahren, bei denen die Mikroorganismen (Hefen, Pilze, Bakterien) in der Nährlösung verteilt sind, werden meist geschlossene Behälter aus Edelstahl verwendet, die u. a. mit Vorrichtungen zur Durchmischung und Kühlung sowie für die Zuführung von steriler Luft, Nähr- und Impflösungen ausgestattet sind.

**Fermi** [nach E. Fermi] *das,* Einheitenzeichen **f,** 1 f = $10^{-15}$ m, nicht gesetzliche Einheit in der Kernphysik, ersetzt durch das **Femtometer (fm):** 1 fm = $10^{-15}$ m.

**Enrico Fermi**
*** 1901, † 1954**

- entdeckte den Einfluss von Neutronenstrahlung auf Kernumwandlungsprozesse
- war maßgeblich an der Entwicklung der ersten Atombombe beteiligt
- erhielt 1938 den Nobelpreis für Physik

**Fẹrmi,** Enrico, italienischer Physiker, *Rom 29. 9. 1901, †Chicago (Illinois) 28. 11. 1954; Professor für theoretische Physik in Rom (1927–38), danach an der Columbia University in New York, ab 1942 in Chicago; zwischenzeitlich (1944–46) in Los Alamos (New Mexico) an der Entwicklung der amerikanischen Atombombe beteiligt.

Fermi lieferte entscheidende Beiträge zur Entwicklung der modernen Physik. 1926 entwickelte er (etwa gleichzeitig mit P. A. M. Dirac) eine Quantenstatistik (→Fermi-Dirac-Statistik) und 1934 eine grundlegende Theorie des Betazerfalls (→Betastrahlung), in der er die schwachen Wechselwirkungen einführte. Experimentell stellte er 1934/35 fest, dass bei fast allen Elementen durch Beschuss mit Neutronen Kernumwandlungen und künstliche Radioaktivität hervorgerufen werden können, wobei er die sich bei Uran ergebenden Reaktionsprodukte fälschlich für Transurane hielt.

Nach der Entdeckung der Uranspaltung durch O. Hahn und F. Straßmann (1938) untersuchte Fermi die Möglichkeit zur Erzeugung einer nuklearen Kettenreaktion. Die Versuche gipfelten im Bau des ersten Kernreaktors in Chicago, mit dem am 2. 12. 1942 erstmals eine kontrollierte und sich selbst erhaltende Kernkettenreaktion gelang.

Für seine Entdeckung radioaktiver Elemente durch Neutronenbeschuss und die Entdeckung von Kernreaktionen, die durch langsame Neutronen ausgelöst werden, erhielt Fermi 1938 den Nobelpreis für Physik. Nach Fermi ist die SI-fremde Längeneinheit Fermi (f) benannt.

**Fẹrmi-Dirac-Statistik** [-dɪ'ræk-; nach E. Fermi und P. Dirac], **Fermi-Statistik,** Quantenstatistik, die für gleichartige, nicht unterscheidbare Teilchen mit halbzahligem Spin **(Fermionen)** gilt, z. B. für Elektronen, Protonen, Neutronen (→Elementarteilchen). Im Unterschied zur →Bose-Einstein-Statistik dürfen die Besetzungszahlen der einzelnen Energiezustände bei der Fermi-Dirac-Statistik wegen des →Pauli-Prinzips nur die Werte 0 und 1 annehmen. Von besonderer Bedeutung ist die Fermi-Dirac-Statistik bei der Theorie der metallischen Leitung (Elektronengas).

**Fẹrmi-Energie** [nach E. Fermi], in der quantenstatistischen Theorie der Festkörper (→Energiebändermodell) die Energiegrenze **(Fermi-Grenze)** der besetzten Elektronenzustände in einem Metall oder Halbleiter am absoluten Nullpunkt der Temperatur. Die zur Fermi-Energie gehörende Fläche konstanter Energie im Wellenvektorraum ist die **Fermi-Fläche.**

**Fẹrmi-Flüssigkeit** [nach E. Fermi], eine →Quantenflüssigkeit.

**Fẹrmi-Gas** [nach E. Fermi], Gesamtheit von Fermionen, deren gegenseitige Wechselwirkung vernachlässigt (ideales Fermi-Gas) oder durch ein mittleres Potenzial approximiert werden kann.

**Fermi National Accelerator Laboratory** ['fəːmɪ 'næʃnl ək'seləreɪtə lə'bɔrətrɪ, englisch], Abkürzung **FNAL,** Kurzbezeichnung **Fermilab,** amerikanisches Forschungszentrum für Elementarteilchenphysik in Batavia (Illinois) mit dem zurzeit größten Proton-Antiproton-Speicherring (»Tevatron«).

**Fermiọnen** [nach E. Fermi], Sammelbezeichnung für Teilchen mit halbzahligem Spin, die der →Fermi-Dirac-Statistik gehorchen.

**Fẹrmium** [nach Enrico Fermi] *das,* Symbol **Fm,** künstliches radioaktives chemisches Element (Transuran) aus der Gruppe der Actinoide, Ordnungszahl 100, Isotope 242–259 mit Halbwertszeiten von 0,38 ms bis zu 100 Tagen ($^{257}$Fm). Fermium verhält sich chemisch ähnlich wie Erbium; seine Isotope sind meist Alphastrahler.

**Fern|erkundung, Remote Sensing,** *Geowissenschaften:* die Gesamtheit von Verfahren, die die Umwelt und ihre Veränderungen ohne direkten physikalischen Kontakt erfassen können. Als Träger der Informationen dient die elektromagnetische Strahlung, die von einem beobachteten Objekt abgestrahlt und durch spezielle Aufnahmesysteme (Sensoren) von Flugzeugen oder Satelliten aus empfangen wird. Bei der Aufnahme werden die empfangenen Messwerte meist in Bilddaten (z. B. →Luftbilder) umgesetzt. Gegenstand der Beobachtung ist die Erdoberfläche mit allen darauf befindlichen Objekten oder die Oberfläche anderer Planeten. Nicht abbildende Systeme kommen zur Erfassung der Meeresoberfläche oder der Atmosphäre vor.

**Fernlenkung, Fernsteuerung,** Steuerung eines (unbemannten) Fahrzeugs (Flugzeug, Flugkörper, Landfahrzeug, Schiff, Raumflug-

**Fermi** Fermi-Probleme

Wie viele Klavierstimmer gibt es in Chicago? Diese inzwischen legendäre Frage stellte Enrico Fermi seinen Studenten – um ihnen zu verdeutlichen, wie man ein Problem quantitativ abschätzen kann, selbst wenn kaum Informationen und erst recht keine Daten dazu vorhanden sind. Fermi war ein Meister solcher Analysen; die entsprechenden Aufgaben sind deshalb nach ihm benannt. Fermi-Probleme lassen sich nie durch logische Schlussfolgerungen allein lösen, vielmehr ist ein gewisses Faktenwissen sowie ein »gesunder Menschenverstand« notwendig, um zu einer Antwort zu gelangen. Zerlegt man das Problem dann in viele kleine Unterprobleme, kommt man auch ohne ergiebige Informationen zu einem Schätzwert, der der exakten Lösung erstaunlich nahe kommt. Im Falle der Klavierstimmer funktioniert das so: Wenn Chicago vier Millionen Einwohner hat und in jedem fünften Durchschnittshaushalt mit vier Personen ein Klavier steht, gibt es 200 000 Klaviere in der Stadt. Wenn diese jeweils alle vier Jahre gestimmt werden müssen und ein Stimmer vier Klaviere pro Arbeitstag schafft, kommt man – ein Jahr hat 250 Arbeitstage – auf ungefähr 50 Klavierstimmer in Chicago – vermutlich keine schlechte Lösung.

körper) durch funktechnische, bei kurzen Entfernungen auch drahtelektrische, mechanische, akustische oder optische Signale von außen. Das wesentliche Verfahren der Fernlenkung ist die **Kommandolenkung** von einem Fernlenkstand aus, wo durch Messungen die Bewegungskommandos gebildet und auf das Lenkobjekt übertragen werden. Besondere Formen der Kommandolenkung sind das **Leitstrahlverfahren,** bei dem die Bewegungsbahn des Lenkobjekts durch einen funktechnisch erzeugten Leitstrahl (Schnittlinie zweier gerichteter Strahlungsfelder) vorgeschrieben wird, und das **Zieldeckungsverfahren,** bei dem die Lenkkommandos aus den Abweichungen des Lenkobjekts aus einer optisch kontrollierten Visierlinie zum Ziel gewonnen werden.

Neben der Fernlenkung werden auch Verfahren der →Eigenlenkung zur Beeinflussung der Bewegung von Fahrzeugen verwendet.

**Fernmeldetechnik,** Bereich der Nachrichtentechnik, der sich mit den Verfahren und Ausführungsformen der Kommunikation zwischen Menschen, Maschinen u.a. Systemen mithilfe elektrischer Übertragungs- und Vermittlungstechniken befasst. Die Fernmeldetechnik ermöglicht den Aufbau der Telekommunikationsnetze.

**Fernschreiber,** als Endgerät der Fernschreibtechnik benutzter schreibmaschinenähnlicher Drucktelegraf (Ein- und Ausgabe im Klartext), der als Sende- und Empfangsanlage arbeitet und als Blatt- oder Streifenschreiber ausgeführt ist (→Telegrafie). Nach Niederdrücken einer Taste sendet der Fernschreibsender eine für das zu übermittelnde Zeichen charakteristische Gruppe von elektrischen Signalen. Der Fernschreibcode hat für jedes Zeichen eine Kombination von fünf (Internationales Telegrafenalphabet Nummer 2) oder sieben (Alphabet Nummer 3 und 5) gleich langen »Schritten«, mit einer Schrittgeschwindigkeit von 50 Bd (Baud). Der Fernschreiber arbeitet nach dem Start-Stop-Prinzip, das heißt, Sender, Empfänger und Drucker werden für jedes Zeichen in Gang gesetzt und wieder angehalten. Der entsprechende Dienst des **Fernschreibens** heißt →Telex. Fernschreibgeräte werden international mit **TTY** (für Teletype) abgekürzt. Mit der zunehmenden Verbreitung von Internetzugang und E-Mail in der Bürokommunikation hat das Fernschreiben seit Beginn der 1990er-Jahre an Bedeutung verloren.

**Fernsehempfänger,** Gerät zum Empfang und zur Wiedergabe von Fernsehsendungen. Die Rückwandlung der Fernsehsignale erfolgt im Allgemeinen in der Fernsehbildröhre. Nach einer Vorverstärkung werden die als Ultrakurz- (VHF) und Dezimeterwellen (UHF) ankommenden Bild-, Ton- und Synchronsignale durch Mischung in den Zwischenfrequenzbereich umgesetzt, verstärkt und anschließend demoduliert. Weiterhin erfolgt eine Trennung der Bild-, Ton- und Synchronsignale; das Bildsignal (Videosignal) dient zur Helligkeitssteuerung der Bildröhre, das Tonsignal wird dem Lautsprecher zur Tonwiedergabe zugeführt, und die Synchronsignale steuern die Ablenkschaltungen in der Weise, dass Zeilen- und Bildwechsel im Fernsehempfänger mit denen in der →Fernsehkamera synchron erfolgen. Beim Farbfernsehempfänger übernimmt ein Decoder die Rückgewinnung der drei Farbkomponentensignale Rot, Grün und Blau, mit denen die Farbfernsehröhre ausgesteuert wird. Moderne Fernsehempfänger sind mit Elektrolumineszenz-, Plasma- oder Flüssigkristalldisplays ausgerüstet. Für den Empfang von →digitalem Fernsehen sind spezielle Fernsehempfänger oder vorschaltbare Decoder (→Set-Top-Box) erforderlich. – Abb. S. 284

**Fernsehen,** englisch **Television,** Abkürzung **TV,** drahtlose oder kabelgebundene Übertragung von Bildern bewegter und unbewegter Objekte mit zugehörigem Begleitton für einen großen, mit entsprechenden Empfangsgeräten ausgestatteten Teilnehmerkreis. Bei der Aufnahme von Sendungen werden zur Umwandlung der Helligkeits- beziehungsweise Farbwerte des Bildfeldes in elektrische Signale (Videosignale) elektronische Fernsehkameras verwendet. Diese sind heute fast ausschließlich mit →Festkörperbildsensor ausgestattet. Während der Zeilen- und Bildrückläufe wird das Abtastsignal »ausgetastet«, d.h., das Signal entspricht einem schwärzeren Helligkeitswert als dem Bildschwarzwert, sodass die Rückläufe unsichtbar bleiben. Die Ablenkimpulse erhält die Kamera von der Impulszentrale des Fernsehsenders, die den Takt der Abtastung angibt. Zur Übertragung werden diese Signale über Kabel- oder Richtfunkverbindungen einem Fernsehsender zugeführt, wo die Bild- und Synchronsignale im Bild-, die Tonsignale im Tonsender je einem Träger aufmoduliert und als elektromagnetische Wellen ausgestrahlt werden. Fernsehsendungen können nur mit hohen Sendefrequenzen (ultrakurze elektromagnetische Wellen)

100674

**Fermi National Accelerator Laboratory.** Luftaufnahme der Beschleunigeranlage

100562

**Fernschreiber.** Fernschreiberraum der Deutschen Presse-Agentur in den 1950-er Jahren

Fernsehempfänger. Das Gerät »D4« mit stehender Bildröhre und Spiegel (1939)

übertragen werden, denn die Bildsignale selbst benötigen zur Wiedergabe der Bildeinzelheiten analoge oder digitale elektrische Signale sehr hoher Frequenz (bis zu mehreren MHz). Es werden Ultrakurz- (VHF) und Dezimeterwellen (UHF) verwendet, die sich lichtähnlich ausbreiten, weswegen Sendeantennen auf Bergen oder Türmen errichtet werden müssen. Empfang und Wiedergabe der Signale erfolgen über die Bildröhre im →Fernsehempfänger. Für große Bildwiedergabeflächen (ab etwa 90 cm Bilddiagonale) haben sich Flachbildschirme auf der Basis der Plasmatechnologie bewährt. Alternativ werden auch Videoprojektionsgeräte eingesetzt. Für kleine Bildwiedergabegeräte sind besonders kompakte Geräte mit LCD-Technologie im Einsatz.

Während beim Schwarz-Weiß-Fernsehen das Bildsignal nur Helligkeitswerte überträgt, enthält es beim →Farbfernsehen Helligkeits- und Farbinformationen.

Standardfernsehsysteme für das Farbfernsehen sind →NTSC, →PAL und →SECAM. Bei neueren Fernsehsystemen, wie dem Breitwandverfahren **PALplus** und dem hochauflösenden Fernsehen →HDTV, stehen die Verbesserung der Wiedergabequalität durch größere Bildschärfe, kräftigere Farben, verändertes Bildseitenverhältnis, Flimmerfreiheit und CD-Qualität des Begleittons im Vordergrund. Beim →digitalen Fernsehen werden sowohl Bild- als auch Tonsignale digital übertragen; über einen Rückkanal zum Sender wird →interaktives Fernsehen ermöglicht.

Stark verbreitet sind inzwischen das →Kabelfernsehen und das →Satellitenfernsehen. Bis etwa 2010 soll in Deutschland der Übergang vom analogen zum (kostengünstigeren) digitalen Fernsehen vollzogen werden, um dadurch Frequenzengpässe abzubauen und die in der Entwicklung befindliche Verknüpfung von Fernsehen, Hörfunk, Internet und Mobiltelefon voranzutreiben.

Fernsehen. Plasmabildschirm

**Fernsehkamera,** ähnlich einer →Videokamera aufgebautes Gerät, das ein optisches Bild einer Szene in ein Bildraster zerlegt und zu jedem Bildelement des Rasters ein elektrisches Signal abgibt, das dessen äußerer Leuchtdichte entspricht. Fernsehkameras sind i.d.R. mit →Festkörperbildsensor ausgestattet.

**Fernsehkarte, TV-Karte,** Zusatzkomponente, meist als Steckkarte, für den Einbau in einen Computer (PC), um mit diesem fernsehen zu können. Die Fernsehkarte wird mit dem Antennen- oder Kabelanschluss verbunden und die zugehörige Software auf dem Computer installiert. Mit einer Fernsehkarte kann man Sendungen aufzeichnen, Standbilder abspeichern und weiter zu bearbeiten.

**Fernsehnormen,** die Vorschriften über die für eine Fernsehübertragung notwendigen Größen wie etwa Bildwechselzahl, Modulationsart oder Gleichlaufsignale. In den verschie-

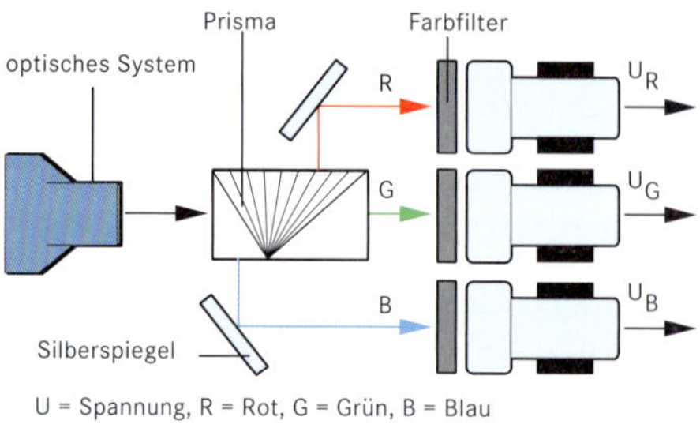


Prinzip der Farbfernsehkamera

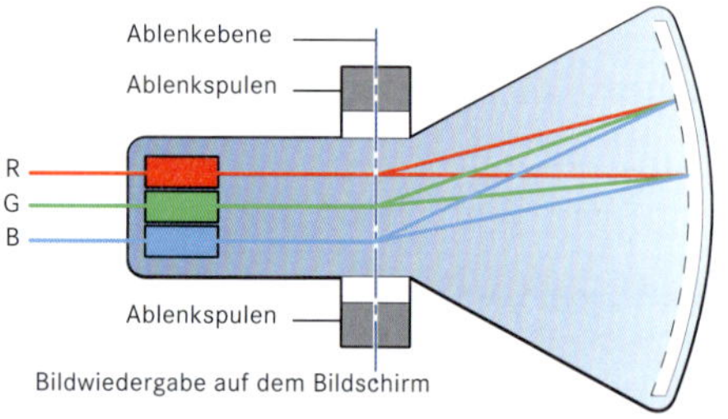


Bildwiedergabe auf dem Bildschirm

**Fernsehen.** Die Zerlegung des Fernsehbildes in der Farbfernsehkamera in die drei Grundfarben Rot, Grün und Blau (oben) sowie die Bildwiedergabe auf dem Bildschirm (Schema)

denen Ländern gelten aus historischen Gründen heute noch verschiedene Normen. In Europa gibt es mehrere Normen, die zur Kurzbezeichnung mit Großbuchstaben benannt werden. Sie geben u. a. Vorschriften über folgende Größen: Zeilenzahl je Bild (Z), Videobandbreite eines Fernsehkanals (VB), Bild-Ton-Träger-Abstand (BT), Modulationsart für Bild (BM) und Ton (TM), Leistungsverhältnis Bild-/Tonsender (LBT), Restseitenband (RB), Bandbreite eines Fernsehkanals (KB). Nach dem Stockholmer Wellenplan (1952) sind für Fernsehen die Bänder I, III (VHF) sowie IV, V (UHF) vorgesehen. Band II ist dem UKW-Rundfunk vorbehalten.

**Fernsehsatellit,** als aktiver Sender oder Umsetzer wirkender →Nachrichtensatellit zur Übertragung von Fernsehprogrammen. Fernsehsatelliten erhalten die auszustrahlenden Signale von Bodenstationen, haben hohe Sendeleistung und müssen gut ausgerichtete Antennen aufweisen; bevorzugt werden geostationäre Satelliten. Für die Übertragung der Programme zwischen zwei Endstellen sind (seit 1962) Nachrichtensatelliten im Einsatz, u.a. aus der Reihe →EUTELSAT (z.B. Hot Bird) und →Astra (z.B. Astra 1F).

**Fernsprecher,** Einrichtung zum Senden und Empfangen gesprochener Nachrichten. Erst 1980 wurde der Begriff Fernsprecher (**Fernsprechen**) von der Deutschen Bundespost durch die Bezeichnungen →Telefon (**Telefonieren**) ersetzt.

**Fernsprechnetz,** →Telefonnetz.

**Fernwärme, Fernwärmeversorgung,** in einer zentralen Anlage, z. B. im reinen Heizwerk oder im Heizkraftwerk (Kombi-, Blockheizkraftwerk) mit Elektroenergiegewinnung erzeugte Wärme, die über ein Rohrleitungsnetz (Fernwärmenetz) in Form von Dampf oder Heißwasser einer Vielzahl von Wärmeverbrauchern, z. B. zur Heizung **(Fernheizung)**, Warmwasserbereitung und Prozesswärmeversorgung, zugeführt wird.

**Fernwirkung,** *Physik:* jede Kraftwirkung, die ohne die Vermittlung des dazwischenliegenden Raumes oder eines Zwischenmediums auftritt. Die **Fernwirkungstheorie,** die dem coulombschen Gesetz der Elektrostatik und dem newtonschen Gravitationsgesetz zugrunde liegt, wurde seit der Mitte des 19. Jahrhunderts zugunsten der **Nahwirkungstheorie** (→Feldtheorie) aufgegeben, da die Annahme einer augenblicklichen (instantanen) Fernwirkung der in der relativistischen Physik postulierten endlichen Ausbreitungsgeschwindigkeit von Wirkungen widerspricht. Alle modernen Wechselwirkungstheorien sind als Nahwirkungstheorien formuliert.

**Ferrari,** Enzo, italienischer Automobilfabrikant, *Modena 20. 2. 1898, † ebenda 14. 8. 1988; baute seit 1943 Renn- und Sportwagen unter eigenem Namen.

**Ferrate** [zu lateinisch ferrum »Eisen«], die Salze der Sauerstoffsäuren des Eisens.

**Ferri...** [zu lateinisch ferrum »Eisen«], veralteter Namensbestandteil für Verbindungen des 3-wertigen Eisens, heutige Bezeichnung: Eisen(III)-Verbindungen.

**Ferrimagnetismus,** Sonderform des →Antiferromagnetismus; in ferrimagnetischen Stoffen (z. B. →Ferrit) sind die magnetischen Momente antiparallel ausgerichtet und kompensieren sich in ihrer Wirkung teilweise, sodass nach außen eine geringe ferromagnetische Wirkung auftritt.

**Ferrit** *der,* Gefügeart in Eisenlegierungen, die unterhalb von 911 °C beständig ist und aus kubisch-raumzentrierten Kristallen des α-Eisens besteht.

**ferritischer Stahl,** Stahl, der zum größten Teil aus →Ferrit besteht; hat zumeist einen Kohlenstoffgehalt von weniger als 1 % und wird u. a. mit Chrom, Nickel, Silicium, Aluminium, Magnesium für technische Zwecke legiert. Je nach Kristallstruktur unterscheidet man hart- und weichmagnetischen ferritischen Stahl; hartmagnetische ferritische Stähle werden als Dauermagneten eingesetzt, weichmagnetische, die bei Einwirkung äußerer magnetischer Felder ferromagnetische Eigenschaften zeigen und nach deren Entfernung schnell wieder in den unmagnetischen Zustand übergehen, werden z. B. in der Hochfrequenztechnik eingesetzt.

**Ferro...** [zu lateinisch ferrum »Eisen«], veralteter Namensbestandteil für Verbindungen des 2-wertigen Eisens; heutige Bezeichnung: Eisen(II)-Verbindungen.

**Ferro|elektrizität,** Erscheinung, die bei gewissen pyroelektrischen Substanzen, den **Ferroelektrika,** auftritt. Ferroelektrische Kristalle zeigen spontane elektrische Polarisation, das heißt, sie sind bereits ohne ein angelegtes elektrisches Feld polarisiert. In einem Ferroelektrikum kann die Richtung der spontanen Polarisation durch ein genügend starkes äußeres elektrisches Feld in die Gegenrichtung umgeklappt werden. Die phänomenologisch-makroskopische Beschreibung der Ferroelektrizität steht in Analogie zu der des Ferromagnetismus, es treten Domänen (Bereiche mit homogener Polarisation) auf. Beim Erhöhen der elektrischen Feldstärke wächst die Polarisation nur bis zu einem bestimmten Wert (ferroelektrische Sättigung); die Polarisation durchläuft in Abhängigkeit von der elektrischen Feldstärke eine Hysteresekurve.

Atomistisch wird die spontane Polarisation durch Ionenverschiebung im Kristallgitter verursacht.

**Ferro|elektromagnet,** Stoff, der gleichzeitig ferromagnetisch (oder antiferromagnetisch) und ferroelektrisch (oder antiferroelektrisch) geordnete Domänen aufweist. Beispielsweise enthält Yttriummanganat ($YmnO_3$) antiferromagnetische und ferroelektrische Domänen. Derartige Materialien könnten z. B. als Datenspeicher Anwendung in der Spintronik (→Magnetoelektronik) finden, da sich über die Wechselwirkung von Domänenwänden elektrische Domänen durch Magnetfelder und magnetische Domänen durch elektrische Felder beeinflussen lassen.

**Ferrofluid,** die →magnetische Flüssigkeit.

**Ferrolegierungen,** Legierungen des Eisens mit relativ hohen Anteilen anderer Metalle oder Nichtmetalle, so enthält z. B. Ferromangan bis 95 % Mangan.

**Ferromagnetismus,** bereits im Altertum bekannte Erscheinungsform des Magnetismus, die sich in einer spontanen Magnetisierung bestimmter kristalliner Festkörper **(Ferromagnetika)** äußert. Zu ihnen gehören die Elemente Eisen, Nickel und Kobalt sowie Legierungen, deren Komponenten zum Teil oder alle **(Heusler-Legierungen)** nicht ferromagnetisch sind. Im Magnetfeld haben die Ferromagnetika eine um einige Tausend Mal größere Magnetisierung als para- oder diamagnetische Stoffe. Sie nimmt mit zunehmender Temperatur ab und verschwindet bei einer für den Stoff charakteristischen Temperatur, der Curie-Temperatur, oberhalb derer die Substanz nur noch paramagnetisch ist. Die →Permeabilität ist bei Ferromagnetika keine Materialkonstante, sondern hängt in komplizierter Weise vom äußeren Magnetfeld ab (→Hysterese) und erreicht einen Sättigungswert. Ferromagnetische Stoffe können nach außen unmagnetisch wirken, da sich viele spontan magnetisierte, durch Bloch-Wände getrennte homogene Bereiche (Domänen), die Weiss-Bezirke, bilden, deren Magnetisierung sich gegenseitig aufheben kann. Der Ferromagnetismus wird durch die magnetischen Momente der Elektronenspins hervorgerufen.

**Ferrum** *das,* lateinische Bezeichnung für →Eisen.

100562

**Fesselballon.** Meterologische Messstation des Leipziger Instituts für Troposphärenforschung an einem Fesselballon

**Fertigungstechnik,** Teilgebiet der Produktionstechnik, das technische und organisatorische Hilfsmittel und Methoden zur Umwandlung von Rohmaterialien in Einzelteile, das heißt die Herstellung geometrisch bestimmter fester Körper oder Stückgüter (diskrete Produktion) umfasst. Geometrisch bestimmte Teile (z. B. Maße, Werkstoff, Oberflächengüte) werden von Hand oder mittels Maschinen (Werkzeugmaschinen) u. a. Fertigungsmitteln (Vorrichtungen, Werkzeuge, Prüfmittel) im Industrie- oder Handwerksbetrieb aus formlosem Zustand durch unterschiedliche Fertigungsverfahren verändert. Dabei umfasst der Fertigungsfluss den Stoff-, Informations- und Personenfluss. Die **flexible automatisierte Fertigungstechnik** ermöglicht gegenüber der konventionellen Fertigungstechnik Kostenreduzierungen, Qualitätsverbesserungen und Zeiteinsparungen.

**Fertigungsverfahren,** alle Verfahren, die in der Fertigungstechnik zur Herstellung oder Veränderung von Werkstücken zur Verfügung stehen. Die Wahl des anzuwendenden Fertigungsverfahrens hängt von der vorgegebenen Werkstückform mit den Abmessungen, Maßtoleranzen, Oberflächengüten sowie von betrieblichen Gegebenheiten ab. Es werden unterschieden: 1) **Urformen** wie Gießen, Pressen, Sintern; 2) **Umformen** wie Schmieden, Ziehen, Biegen; 3) **Trennen** mit den Untergruppen Zerteilen (z. B. Abschneiden), Spanen (z. B. Drehen, Bohren, Fräsen, Schleifen), Abtragen (z. B. Elysieren, Ätzen, Erodieren), Zerlegen, Reinigen und Evakuieren; 4) **Fügen** wie Nieten, Schweißen, Kleben; 5) **Beschichten** wie Aufdampfen, Anstreichen, Galvanisieren; 6) **Stoffeigenschaftsändern** wie Härten, Entkohlen, Nitrieren.

**Fesselballon** [-balɔŋ, -balõ], durch ein Seil (Fesselballonseil) über einem festen Ort gehaltener Ballon; entweder kugelförmig oder von lang gestreckter Form mit Stabilisierungsflächen am Heck **(Drachenballon).** Heute werden Fesselballons fast nur noch als Instrumententräger für meteorologische Untersuchungen der unteren Luftschichten oder für Zwecke der Luftwerbung verwendet.

**Festigkeit,** *Werkstoffkunde:* Widerstand, den ein fester Körper den auf ihn wirkenden Kräften gegen Verformung und Bruch entgegensetzt. Als Maß für die Festigkeit wird die Kraft, bezogen auf den Querschnitt, angegeben, die für die Formänderung notwendig ist (Einheit: $N/mm^2$ = MPa). Man unterscheidet nach dem zeitlichen Verlauf der Belastungsart die **statische Festigkeit** (allmähliche Belastungssteigerung bis zu einer Höchstbelastung) und die **dynamische Festigkeit** (schlagartige oder schwingende Beanspruchung), nach der Krafteinwirkung die Zug-, Druck-, Schub-, Biege- und Torsionsfestigkeit sowie die →Dauerfestigkeit.

**Festkörper,** Stoffe im festen Aggregatzustand. Sie besitzen ein definiertes Volumen und eine definierte Form, deren Änderung sie einen großen Widerstand entgegensetzen, da die durch die verschiedenen Arten der →chemischen Bindung räumlich fixierten Bausteine (Atome, Moleküle oder Ionen) ihre feste Anordnung zu halten suchen. Vom Festkörper zu unterscheiden ist der →starre Körper, der in der Mechanik eine besondere Rolle spielt, wenn von den elastischen Eigenschaften (→Elastizität) der Festkörper abgesehen wird.

Nach der Art der Ordnung der Bausteine unterscheidet man kristalline Festkörper und amorphe (nicht kristalline) Festkörper. In den **kristallinen Festkörpern** sind die Atome in einer regelmäßigen Gitterstruktur (→Kristall) angeordnet, wobei die Realkristalle in ihrer Struktur infolge von Fehlordnungen und Gitterschwingungen verschieden stark von der der Idealkristalle abweichen. Viele physikalische Eigenschaften kristalliner Festkörper, v. a. die unterschiedliche elektrische Leitfähigkeit von Metallen, Halbleitern und Isolatoren, lassen sich nur quantentheoretisch erklären (→Energiebändermodell). **Amorphe Festkörper** (z. B. Glas, Teer, Siegellack) weisen eine regellose statistische Verteilung der Atome und Moleküle auf (Nahordnung); sie können als Flüssigkeiten mit extrem hoher Zähigkeit **(unterkühlte Flüssigkeiten)** aufgefasst werden. Durch die im Vergleich zu den Kristallen schwächeren Bindungskräfte sind amorphe Stoffe leichter verformbar. Während die kristallinen Festkörper einen definierten

Schmelzpunkt besitzen, erweichen amorphe Festkörper bei Temperaturanstieg allmählich und gehen erst in den zäh-, dann in den dünnflüssigen Zustand über. Sie lassen sich z. B. durch schnelles Abkühlen von Schmelzen (→metallische Gläser) herstellen.

Zu den physikalischen Phänomenen von Festkörpern gehören der →Ferromagnetismus und die →Supraleitung.

**Festkörperbatterien,** die →Feststoffbatterien.

**Festkörperbildsensor, Halbleiterbildsensor, Detektormatrix,** eine matrixförmige, flächenhafte Anordnung von optoelektronischen Halbleiterbauelementen (als fotoelektrischer Lichtempfänger), die mit Ladungsspeicherelementen elektrisch leitend verbunden sind. Die Anordnung ermöglicht die Zerlegung von optischen Bildern in einzelne Bildelemente (z. B. 512 × 512), deren Umwandlung in vorübergehend gespeicherte Ladungsbildelemente und anschließend die Umwandlung in Fernsehbildsignale. Derartige in Dünnschichttechnik auf Glassubstraten hergestellte Festkörperbildsensoren werden heute anstelle einer Elektronenstrahl-Bildaufnahmeröhre in Fernsehkameras eingebaut, wodurch diese wesentlich kleiner gebaut werden können. Als lichtempfindliche Elemente dienen Fotodioden, -transistoren oder -widerstände, zur Ladungsbildspeicherung nutzt man Strukturen von MIS- oder MNOS-Feldeffekttransistoren, besonders BBD-, CCD- und CID-Elemente; man spricht dann entsprechend von BBD-, CCD- und CID-Bildwandlern sowie -Videokameras.

**Festkörperchemie,** Teilgebiet der anorganischen Chemie, das sich mit der Darstellung (→Kristallzüchtung, →Epitaxie) und Untersuchung fester Stoffe beschäftigt, deren chemische und physikalische Eigenschaften stark durch die periodische Anordnung der Bausteine in einem ausgedehnten Kristallgitter bestimmt werden.

**Festkörperphysik,** Gebiet der Physik, das sich mit den physikalischen Eigenschaften von Festkörpern und der theoretischen Deutung dieser Eigenschaften befasst. Die Festkörperphysik untersucht insbesondere kristalline Materie, wie die räumlich-periodische Anordnung der Gitterbausteine, die elementaren Anregungszustände sowie die Wechselwirkungen in den Festkörpern; die Wechselwirkungen zwischen Licht und Materie finden z. B. bei der Entwicklung von Halbleiterlasern, Lumineszenzdioden, Fotodetektoren, Solarzellen u. a. optoelektronischen Bauelementen Anwendung. Wichtige Spezialgebiete der Festkörperphysik sind →Halbleiterphysik, →Oberflächenphysik und Physik →dünner Schichten sowie →Supraleitung.

**Festplattenspeicher, Festplatte,** englisch **Harddisk,** ein →Magnetplattenspeicher, der fest in einen Computer eingebaut ist. Festplattenspeicher zeichnen sich durch schnelle Zugriffszeiten und hohe Speicherkapazität aus.

**Festpunkt,** *Thermodynamik:* **Fixpunkt,** physikalisch sehr genau definierter Temperaturpunkt reiner Stoffe (wie Tripel-, Schmelz-, Erstarrungspunkte) zur gesetzlichen Festlegung einer Temperaturskala und zur Eichung von Thermometern. In der internationalen Temperaturskala von 1990 sind 17 Festpunkte vereinbart worden, z. B. der Tripelpunkt des Wassers.

**Festspeicher,** der →Festwertspeicher.

**Feststoffbatterien, Festkörperbatteri|en, Feststoffelemente, Solid-State-Batteri|en,** Sammelbezeichnung für →galvanische Elemente, bei denen die Elektroden wie auch der Ionen leitende Elektrolyt Festkörper sind (anorganische Stoffe oder organische Polymere), sodass deshalb kein zusätzlicher Separator (Diaphragma) zwischen den Elektroden erforderlich ist. Zu den nicht wieder aufladbaren Feststoffbatterien (Primärelemente) gehören u. a. →Lithiumbatterien und **Silberfeststoffbatterien.** Diese bestehen aus einer Silberanode und einem Silberionen ($Ag^+$) enthaltenden Festelektrolyten. Für Anwendungen von Feststoffbatterien (z. B. als Stromquelle für implantierbare Herzschrittmacher) sind ihre lange Lagerfähigkeit und die Unmöglichkeit eines Austretens von Gas oder Flüssigkeit von Vorteil. Als wieder aufladbare Feststoffbatterien (Sekundärelemente) sind u. a. der →Natrium-Schwefel-Akkumulator, die →Lithium-Schwefel-Batterie und Materialien aus Lithium-Vanadiumoxid entwickelt worden.

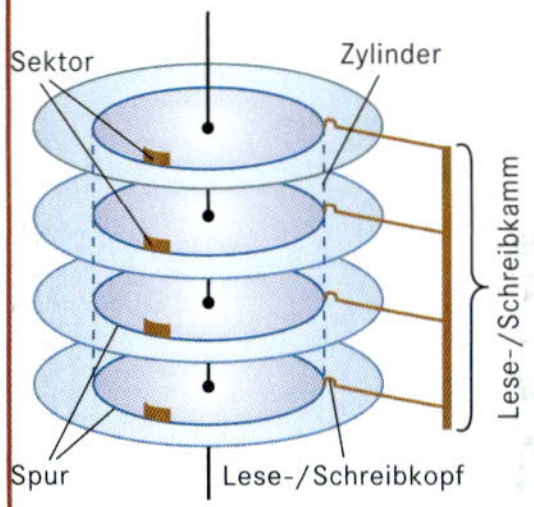

**Festplattenspeicher.** Prinzipieller Aufbau

**Feststoffelemente,** →Festkörperbatterien.

**Festwertspeicher, Festspeicher,** *Informatik:* Speicher zur permanenten Speicherung von Informationen. Als Festwertspeicher werden heute Halbleiterspeicher bezeichnet, deren Dateninhalt unveränderlich ist (»Nurlesespeicher«, →ROM).

**FET,** Abkürzung für →**F**eld**e**ffekt**t**ransistor.

**Fett|alkohole,** geradkettige höhere primäre Alkohole mit 8 bis 22 Kohlenstoffatomen, durch Hydrierung von Fettsäuren aus Fetten und Ölen oder synthetisch hergestellt. Die Schwefelsäureester (Fettalkoholsulfate) und Fettalkoholethoxylate haben große Bedeutung als biologisch abbaubare Tenside.

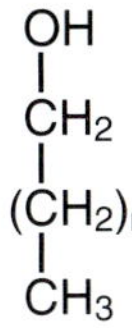

**Fettalkohole**

**Fette,** Ester des Glycerins mit einem bis drei Molekülen Fettsäure, die als Stoffwechselprodukte von Pflanzen und Tieren in der belebten Natur weit verbreitet vorkommen. Am häufigsten sind Triglyceride mit drei Fettsäuremolekülen. Die →Fettsäuren der natürlichen Fette sind fast ausnahmslos unverzweigt und von geradzahliger Kettenlänge, weil bei ihrem Aufbau und Abbau im Fettstoffwechsel stets $C_2$-Einheiten auftreten. Die in den Fetten am häufigsten enthaltenen Fettsäuren haben eine Kettenlänge von 16 oder 18 C-Atomen, wobei in den tierischen Fetten Palmitin-, Stearin- und Ölsäure überwiegen; pflanzliche Fette enthalten zudem noch mehrfach ungesättigte und damit leichter verdauliche Fettsäuren, die die tierische Zelle nicht zu synthetisieren vermag. Bei Zimmertemperatur flüssige Fette bezeichnet man als **fette Öle.** In vielen Fetten finden sich auch gesättigte Fettsäuren geringerer Molekülgröße. Alle natürlichen Fette enthalten in wechselnden Mengen (meist 0,1–2 %) Begleitstoffe verschiedener Art, besonders Verbindungen aus der Reihe der →Lipoide (u. a. Phosphatide, Cerebroside, Sterine, fettlösliche Vitamine, Carotinoide), die mit den Fetten die Gruppe der →Lipide bilden.

Die Fette sind in reinem Zustand farb-, geruch- und geschmacklos, sie können aber ranzig werden: Beim chemischen Verderben der Fette, besonders durch Autoxidation, entstehen unangenehm riechende Verbindungen. Höhere Temperatur, Licht und Spuren mancher Metalle beschleunigen den Vorgang. Daher schützt man Speisefette durch Kühlung, Licht- und Luftabschluss. Das biochemische Verderben geht auf den Einfluss von noch im Fett enthaltenen Enzymen, besonders Lipasen, oder auf Mikroorganismen zurück (Sauer-, Seifigwerden). Manche Schimmelpilze bauen die Fettsäuren zu Methylketonen ab, die stark unangenehm riechen (Ketonranzigkeit). Fette sind leichter als Wasser, in diesem unlöslich, aber löslich in Lösungsmitteln, z. B. Benzol und Tetrachlorkohlenstoff. In äußerst feiner Verteilung bilden sie Emulsionen, die durch Protein u. a. Emulgatoren vor der Anreicherung der Fette an der Oberfläche (dem Aufrahmen) geschützt werden können (z. B. Milch). Bei den Ölen unterscheidet man je nach dem Sättigungsgrad des Fettsäureanteils **nicht trocknende Öle** (v. a. mit gesättigten und einfach ungesättigten Fettsäuren), **halb trocknende Öle** (mit einfach und zweifach ungesättigten Fettsäuren) und **trocknende Öle,** die durch einen hohen Anteil an bestimmten, mehrfach ungesättigten Fettsäuren charakterisiert sind und wegen ihrer leichten Oxidierbarkeit und Härtung zur Herstellung von Anstrichmitteln verwendet werden. Die Weltproduktion an Fetten beträgt heute über 100 Mio. t, davon dienen 80 % der menschlichen Ernährung. Außerdem werden Fette als Rohstoff zur Herstellung von Seifen, Waschmitteln, Lacken, Firnissen, Ölfarben, Kunststoffen, Textilhilfsmitteln u. a. verwendet.

100562

**Feuerlöschboot.** Löschkreuzer bei einem Einsatz in der Nordsee

**Fetthenne, Sedum,** Gattung der Dickblattgewächse; Kräuter und Halbsträucher mit dickfleischigen, Wasser speichernden Blättern. Die europäisch-asiatische **Große Fetthenne** (Sedum maximum) ist eine bis 60 cm hohe Staude mit Knollen und gelblichen Blüten.

Weitere Arten: die bis 15 cm hohe, gelbblütige **Scharfe Fetthenne** (**Mauerpfeffer,** Sedum acre), die weiß- bis lilaweiß blühende, bis 20 cm hohe **Weiße Fetthenne** (Sedum album), die bläulich grüne, gelb blühende **Felsenfetthenne** (**Tripmadam,** Sedum reflexum).

**Fettsäuren,** die aliphatischen einbasigen organischen Säuren (Monocarbonsäuren), die in der Natur v. a. an Glycerin gebunden in Form tierischer und pflanzlicher Fette und fetter Öle vorkommen und am Aufbau weiterer Naturstoffe beteiligt sind. Die **gesättigten Fettsäuren** leiten sich von den Paraffinen ab; zu ihnen gehören Ameisen-, Essig-, Propion-, Butter-, Valerian-, Capronsäure und **höhere Fettsäuren** wie die Palmitinsäure. Die **ungesättigten Fettsäuren** enthalten eine Doppelbindung (einfach ungesättigte Fettsäuren, z. B. die Ölsäure) oder mehrere Doppelbindungen (mehrfach ungesättigte Fettsäuren, z. B. die Linolsäure). Mehrfach ungesättigte Fettsäuren haben als **essenzielle Fettsäuren** (Vitamin F) Bedeutung für den Fettstoffwechsel; sie senken den Cholesterinspiegel des Blutes und beugen so einer Arterienverkalkung vor; vom Organismus sind sie nicht synthetisierbar, daher in der Nahrung unentbehrlich.

**Fettsäuresynthese,** biologische Bildung von Fettsäuren als Komponenten des Fettes in den Zellen; geht von aktivierter Essigsäure, einem Abbauprodukt der Glucose in der Atmung, aus und wird durch Fettsäuresynthetase, einen Multienzymkomplex, gesteuert. Die Essigsäure wird durch Kondensation um jeweils zwei Kohlenstoffeinheiten erweitert, bis die geradzahligen Fettsäuren mit 12–18, selten 20 Kohlenstoffatomen entstehen.

**Feuchtgebiete,** unter Natur- oder Landschaftsschutz stehende Landschaftsteile, deren pflanzliche und tierische Lebensgemeinschaften an das Vorhandensein von Wasser gebunden sind, z. B. natürliche Gewässer, Moore, Feuchtwiesen, Küsten, Wattflächen. Großflächige Feuchtgebiete in Deutschland sind u. a. Dümmer, Steinhuder Meer, Ammersee, Müritz, Spreewald.

**Feuchtigkeitspflanzen,** →Hygrophyten.

**Feuchtsavanne,** Vegetationstyp der wechselfeuchten Tropen mit einfacher Trockenzeit. Neben geschlossenem Graswuchs sind Baumgruppen und Galeriewälder typisch; v. a. in Afrika südlich und nördlich des tropischen Regenwaldes anzutreffen.

**Feueralarm,** Alarmierung der Feuerwehrkräfte zur Bekämpfung von Bränden, bei technischen Hilfeleistungen oder Notständen. (→Feuermeldeanlagen)

**feuerfeste Stoffe,** Werkstoffe und Bauteile (z. B. aus Bauxit, Magnesit, Quarz) mit der Eigenschaft, hohen Gebrauchstemperaturen zu widerstehen (z. B. in Heizanlagen, Schmelzöfen, Hitzeschild an Weltraumkapseln). Sie sind **feuerhemmend,** wenn sie nach halbstündiger Einwirkung des Feuers nicht selbst brennen und ihren Zusammenhang bewahren; sie sind **feuerbeständig,** wenn sie unter gleichen Bedingungen eineinhalb Stunden lang dem Feuer widerstehen, und **hochfeuerbeständig,** wenn sie der gleichen Prüfung drei Stunden standhalten.

**feuergefährliche Flüssigkeiten,** leicht verdampfbare Flüssigkeiten, z. B. Benzin, Ether, deren Dämpfe sich rasch ausbreiten und an einem offenen Feuer oder durch Funken entzünden können.

**Feuerlöschanlagen,** ortsfeste Anlagen, die einen Brand unmittelbar nach seinem Ausbruch durch Abgabe geeigneter Löschmittel wirksam bekämpfen oder zumindest begrenzen sollen. Feuerlöschanlagen werden als Raum- und Objektschutzanlagen (für Maschinen, Förderbänder u. a.) eingesetzt, wobei selbstständige Feuerlöschanlagen auf Bildung von Wärme, Rauch oder optisch auf Flammen ansprechen.

Wasser wird in Sprinkler-, Sprühwasseranlagen, Regenvorhängen oder Berieselungsanlagen verwendet. **Sprinkleranlagen** schützen Gebäude mithilfe eines Rohrnetzes, das in regelmäßigen Abständen mit Sprühdüsen (Sprinklern) versehen ist, die sich bei bestimmten Temperaturen selbsttätig öffnen. **Schaumlöschanlagen** für Schwer- oder Leichtschaum dienen besonders zum Schutz von Tankanlagen für brennbare Flüssigkeiten. **Kohlendioxid-Löschanlagen** gibt es als Niederdruck- oder Hochdruckanlagen mit Ausstoß von Kohlendioxid in Form von Schnee, Gas oder Nebel. **Löschpulveranlagen** eignen sich besonders für Raffinerien.

**Feuerlöschboot,** Spezialwasserfahrzeug mit Wasserwerfern, Schaumrohren u. a. zur Bekämpfung von Bränden auf Schiffen, im Hafengebiet und in Ufernähe. Seetüchtige Feuerlöschboote sind die **Löschkreuzer.**

**Feuerlöscher,** mit bis zu 20 kg Einsatzmasse gefüllte, von Hand tragbare Feuerlöschgeräte, die ihren Löschmittelinhalt (→Feuerlöschmittel) durch gespeicherten oder bei der Inbetriebsetzung erzeugten Druck selbsttätig ausstoßen. Sie dienen zur sofortigen Bekämpfung von Entstehungsbränden und Kleinbränden und müssen auch von wenig geübten Personen gehandhabt werden können. Feuerlöscher bestehen aus einem druckfesten Behälter, der das Lösch- und meist auch das Treibmittel (z. B. Kohlendioxid) enthält. Durch Betätigung eines Schlagbolzens oder eines Schraub- oder Hebelventils wird das Treibmittel wirksam und drückt das Löschmittel über ein Steigrohr durch die Spritzdüse ins Freie. Feuerlöscher sind typprüfungs- und zulassungspflichtig.

**Feuerlöschmittel,** flüssige oder dampfförmige Stoffe sowie mehrphasige Systeme (z. B. Schäume, Pulverwolken) zur Brandbekämpfung. Feuerlöschmittel wirken durch Ersticken (Hemmen der Sauerstoffzufuhr), Abkühlen (z. B. durch Verdampfen von Wasser) oder Unterbinden der Verbrennungsreaktion. Das wichtigste Feuerlöschmittel ist Wasser. Kohlendioxid und Standardlöschpulver werden für Brände in elektrischen Anlagen sowie für Gas- und Flüssigkeitsbrände, ABCD-Löschpulver für Glut- und Metallbrände und Schaumlöschmittel für großflächige Brände von Erdölprodukten verwendet. Halone sind aus Umweltschutzgründen seit dem 1. 1. 1994 verboten.

**Feuermeldeanlagen,** Gefahrenmeldeanlagen zur Alarmierung von Feuerwehrkräften bei Brandausbrüchen oder sonstigen Gefahrenzuständen unter Angabe des Meldeortes. Öffentlich zugängliche Hauptmelderanlagen übermitteln eine Feuermeldung über Meldungsgeber und ein öffentliches Leitungssystem zur Feuerwache. Eine Feuermeldeanlage besteht aus mehreren Meldungsgebern, dem Leitungsnetz und der Feuermelde-Empfangszentrale in der Einsatzzentrale der Feuerwehr mit der erforderlichen Stromversorgung.

Möglichkeiten der Verbindung zur Feuerwehr: 1) das Schleifensystem, bei dem bis zu 30 Melder in einer Leitungsschleife oder Ringleitung hintereinander geschaltet und vom gleichen Strom durchflossen werden; 2) das Liniensystem, das für jeden Melder einen separaten Stromweg über eine Zweidrahtleitung erfordert.

Meldungsgeber werden handbetätigt **(Druckknopfmelder)** oder reagieren selbstständig. Zu Letzteren gehören **Wärmemelder,** die sich bei Erreichen einer bestimmten Höchsttemperatur schließen oder öffnen (Maximalmelder) oder auf den durch den Brandausbruch entstandenen Temperaturanstieg je Zeiteinheit reagieren (Differenzialmelder), **Flammenmelder,** die auf die von den Flammen ausgehende Infrarotstrahlung reagieren, und Rauchmelder. Zu den **Rauchmeldern** gehören optische Melder und Ionisationsrauchmelder, die die Feststellung von Brandausbrüchen ermöglichen, lange bevor Flammenbildung oder gefährliche Temperaturerhöhung auftreten.

Sprechmöglichkeit bieten Melder in Fernsprechnotrufsäulen; Notrufmelder für zwei Richtungen (Polizei und Feuerwehr) gibt es als Zusatzgerät zum Münzfernsprecher. Gebührenfreier Notruf im öffentlichen Fernsprechnetz in Deutschland: 112.

**Feuerökologie,** relativ junges Teilgebiet der Ökologie, das sich seit den 1970er-Jahren verstärkt mit den vielfältigen ökologischen Folgen von Feuer beschäftigt. Die ausgedehntesten »Feuerlandschaften« der Erde sind Savannen und Trockenwälder der Tropen und Subtropen, die weltweit eine Fläche von etwa 2,6 Mrd. ha einnehmen und heute im Durch-

**Feuerlöschmittel.** Schaumlöschmittel

100437

**Feuermeldeanlagen.** Alter Feuermelder in Berlin

schnitt alle 1–3 Jahre abbrennen. Zwar sind diese Ökosysteme, z. B. durch Feuerresistenz ihrer Pflanzenarten, an regelmäßige Brände angepasst und teilweise sogar davon abhängig, doch übersteigt die gegenwärtige Feuerhäufigkeit die natürliche um ein Vielfaches. Dies gilt auch für die mediterranen Feuerlandschaften des Mittelmeerraumes (Macchie/Garigue), Kaliforniens (Chaparral) und Südafrikas (Fynbos).

Neben den unmittelbaren ökosystemaren Auswirkungen beschäftigt sich die Feuerökologie auch mit den globalen Folgen zunehmender Flächenbrände. Hauptprobleme, die hier v. a. auch aus großflächigen Brandrodungen tropischer Wälder resultieren, ergeben sich durch die weitere Verlagerung von Kohlenstoff aus der Vegetation in die Atmosphäre (Beitrag zum Anstieg der Kohlendioxidkonzentration) und die daraus entstehenden Folgen für das Klima (globale Erwärmung, Veränderung des Niederschlagsregimes und letztlich sogar wieder Rückwirkungen auf die Häufigkeit von Feuer, etwa durch ausbleibende Niederschläge).

**Feuersalamander,** ein Lurch, →Molche und Salamander.

**Feuerschiff,** an navigatorisch wichtigen oder gefährlichen Stellen verankertes Spezialschiff mit starkem →Leuchtfeuer und Nebelsignalapparaten; heute unbemannt oder ersetzt durch entsprechend ausgerüstete Leuchttürme oder Baken.

**Feuerschutz,** →Brandschutz.

**Feuerwache,** stets besetzte Unterkunft der Feuerwehr, in der Fahrzeuge, Geräte und Mannschaften (nur bei Berufsfeuerwehren) ständig in Bereitschaft stehen.

**Feuerwehr,** öffentliche (Berufs-, Pflicht-, freiwillige Feuerwehr) oder private (Werk-, Betriebsfeuerwehr) Einrichtung, deren Hauptaufgaben der abwehrende Brandschutz (Abwehr von Gefahren für Leben, Gesundheit und Sachwerte durch Brände und Explosionen), technische Hilfeleistung bei Überschwemmungen, Unfällen (z. B. Chemie- und Gefahrgutunfälle), Einsturzgefahren, Umweltkatastrophen, Giftgasalarm u. a. sowie die Mitwirkung im Rahmen des vorbeugenden Brandschutzes (z. B. Maßnahmen zur Verhinderung eines Brandes oder Sicherung der Rettungswege) sind. Vielfach ist der Feuerwehr auch der Rettungs- und Krankentransportdienst übertragen. Das Feuerwehrwesen ist in Deutschland landesrechtlich zum Teil unterschiedlich geregelt.

Die **Berufsfeuerwehr** besteht aus Beamten des feuerwehrtechnischen Dienstes, die **freiwillige Feuerwehr** in der Regel aus ehrenamtlich tätigen Einsatzkräften. Können die Feuerwehraufgaben auf diese Weise von einer Gemeinde nicht oder nicht ausreichend erfüllt werden, muss eine **Pflichtfeuerwehr** aus dienstverpflichteten, nebenamtlich tätigen Einsatzkräften gebildet werden.

Einheiten der Feuerwehr sind der Trupp (ein Führer und höchstens zwei Truppmänner, Kurzbezeichnung 1/2), die Staffel (Staffelführer, Maschinist und zwei Trupps, 1/5), Gruppe (Gruppenführer, Maschinist, Melder und drei Trupps, 1/8) und der Zug (Zugführer, Gruppenführer, Maschinist, Melder und zwei Gruppen oder eine entsprechende Anzahl von Staffeln oder Trupps, 1/22). Der **Löschzug** der Berufsfeuerwehr besteht heute meist aus einem Löschgruppenfahrzeug, einem Tanklöschfahrzeug (Wassertank 1600 l, Besatzung 6 Mann) und einem Hubrettungsfahrzeug (Drehleiter, Leiterbühne, Gelenk- oder Teleskopmastbühne). Für Sonderaufgaben stehen Spezialfahrzeuge zur Verfügung: Schlauchwagen, Atemschutzwagen, Rüstwagen, Kranwagen, Strahlenmesswagen, Wasserrettungs- und Bootswagen, mobile Leitstellen, Großtanklöschfahrzeuge, Rüstwagen für Öleinsätze, für Schieneneinsätze, Erdbewegungsgeräte, Löschpulver- und Schaumfahrzeuge, Notarztwagen u. a. Die individuelle Ausrüstung der Feuerwehrleute soll einheitlich sein: u. a. Schutzkleidung, Feuerwehrhelm, Hakengurt.

**Feuerwerk,** →Pyrotechnik.

**Feynman** ['feɪnmən], Richard Phillips, amerikanischer Physiker, * New York 11. 5. 1918, † Los Angeles 15. 2. 1988; grundlegende Arbeiten zur Theorie der Suprafluidität und des flüssigen Heliums II sowie zur Theorie des Betazerfalls. Feynmans Lehrbücher begründeten eine neue Physikdidaktik. Für seine Beiträge zur Quantenelektrodynamik erhielt er 1965 mit J. Schwinger und S. Tomonaga den Nobelpreis für Physik.

**Feynman-Graphen** ['feɪnmən-; nach R. P. Feynman], **Feynman-Diagramme,** Diagramme zur anschaulichen Darstellung und

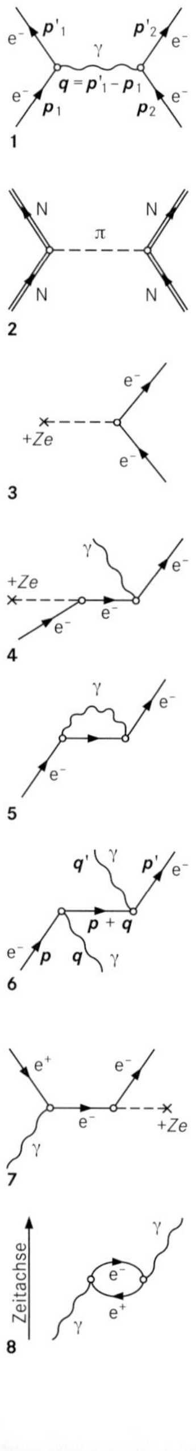


**Feynman-Graphen.** Die Graphen bestehen aus gerichteten Linien, die den am jeweiligen Wechselwirkungsprozess beteiligten Teilchen oder Feldquanten zugeordnet sind. Es treffen dabei je nach Art der Wechselwirkung mindestens drei oder auch mehr Linien in einem als Knotenpunkt oder Vertex bezeichneten Wechselwirkungspunkt zusammen; die Linien können sich aber auch ohne Knotenbildung einfach überschneiden. 1 Coulomb-Streuung zweier Elektronen ($\boldsymbol{p}_1$, $\boldsymbol{p}_2$ ihre Impulse vor, $\boldsymbol{p}'_1$, $\boldsymbol{p}'_2$ nach der Streuung; γ das dabei virtuell ausgetauschte Photon); 2 die Nukleon-Nukleon-Wechselwirkung infolge π-Meson-Austauschs; 3 Elektronenstreuung am Atomkern (Ladung + *Ze*); 4 Bremsstrahlung; 5 Elektronenselbstenergie; 6 Compton-Streuung; 7 Paarerzeugung durch ein γ-Quant in Gegenwart eines Atomkerns; 8 Photonenselbstenergie (infolge virtueller Paarerzeugung)

Berechnung von Wechselwirkungsprozessen (besonders von Zerfalls- und Streuprozessen) zwischen Elementarteilchen.

**Fibiger,** Johannes, dänischer Pathologe, *Silkeborg 23. 4. 1867, †Kopenhagen 30. 1. 1928. Fibiger gelang 1912 die erste experimentelle Krebserzeugung bei Ratten durch Verfütterung von infizierten Küchenschaben (so genannter Spiropterakrebs); hierfür erhielt er 1926 den Nobelpreis für Physiologie oder Medizin.

**Fibroin** [lateinisch] *das,* ein Faserprotein, Hauptbestandteil des Seidenfadens.

**Filament** [lateinisch filum »Faden«] *das,*

**1)** *Chemiefaserherstellung:* praktisch endlose Chemiefaser zur textilen Verarbeitung.

**2)** *Zytologie:* lichtmikroskopisch nicht darstellbare, stab- oder fadenförmige Struktur (Durchmesser 5–50 nm), z.B. im Muskel **(Myofilament).**

**Filialgeneration,** Abkürzung **F Tochtergeneration,** *Genetik:* Bezeichnung für die direkten Nachkommen ($F_1$) eines Elternpaares (Elterngeneration) und die auf diese folgenden Generationen ($F_2$ usw.).

**Film,** *Fototechnik:* lichtempfindliches, biegsames Aufzeichnungsmaterial für fotografische beziehungsweise kinematografische Bilder; besteht aus einem durchsichtigen Schichtträger (Acetylcellulose), der schwer entflammbar ist und als Unterlage für die lichtempfindliche Schicht (Emulsion) beziehungsweise mehrere Schichten dient. Die Farbwiedergabe erfolgt beim Negativfilm als Farbfilm komplementärfarbig, als Schwarz-Weiß-Film in umgekehrten Grauwerten (Schwarz als Weiß usw.). Wichtige Eigenschaften von Filmen sind v.a. die Farbempfindlichkeit und das Auflösungsvermögen, das im Allgemeinen mit zunehmender Empfindlichkeit abnimmt und in Linien je mm angegeben wird.

**Filter** *der,* fachsprachlich meist *das,*

**1)** *Akustik:* Vorrichtung zur Schallanalyse oder zum Aussieben bestimmter Schallfrequenzbereiche.

**2)** *chemische Technik:* Gerät zur →Filtration. Im Labor werden v.a. **Filterpapier** und Glasfilter unterschiedlicher Porosität verwendet. Zur Wasserreinigung dienen Schüttungen von Sand, Koks und Ähnlichem. **Filterpressen** bestehen aus vielen mit Filtertüchern bespannten Filterplatten, **Trommelzellenfilter** aus drehbaren, in Zellen eingeteilte Trommeln mit gelochter Mantelfläche, die mit Filtertuch bespannt ist (→Zentrifuge). Zur Sterilfiltration von Druckluft und zum Klären von Flüssigkeiten (z.B. Kraftstoffe, Öle, Trinkwasser) werden längliche, zylindrische Filterelemente mit Papier, Metallvliesen, Sinterwerkstoffen, Aktivkohle u.a. Filtermitteln verwendet. Gase (→Luftfilter) reinigt man oft mit **Schlauchfiltern** (Entstaubung) oder **Hochleistungsschwebstofffiltern** aus feinsten Glasfasern, sie erreichen in der Reinraumtechnik für Aerosole mit einem Partikeldurchmesser von 0,3 µm Durchlassgrade von unter 0,03 %. **Ultrafilter** erlauben die Abtrennung kolloider Teilchen (→Membranverfahren).

**3)** *Elektrotechnik, Elektronik:* **Frequenzfilter,** ein Netzwerk, das zur Trennung von elektrischen Wechselspannungen beziehungsweise elektromagnetischen Wellen unterschiedlicher Frequenzen dient; eine →Siebschaltung. Filter, die einen begrenzten Frequenzbereich übertragen, nennt man **Pass.** Nach Lage der Sperr- und Durchlassbereiche unterscheidet man zwischen →Tiefpass, →Hochpass, →Bandpass, →Bandsperre und →Allpass.

Filter für elektrische Wechselspannungen stellen Vierpole dar, die Induktivitäten (L), Kapazitäten (C), Widerstände (R), Operationsverstärker, Digitalschaltkreise sowie Quarz- (→Quarzfilter), Metall- oder Keramikresonatoren enthalten können. Man unterscheidet **analoge** und **digitale Filter** (Abtast-Filter), die Digitalschaltkreise enthalten. Zu den analogen Filtern gehören die passiven RC-, RLC- und LC-Filter (→RC-Glied, →LC-Glied), die aktiven RC-Filter (Operationsverstärker) sowie die mechanischen Filter. Filter für Mikrowellen werden durch metallische Leitungsstrukturen (Topfkreis, Hohlraumresonator, Streifenleitung) realisiert.

**4)** *Optik:* **optisches Filter,** →Lichtfilter.

**Filtergeräte,** leichte →Atemschutzgeräte, die schädliche Bestandteile aus der Atemluft durch mechanische Siebung, Adsorption oder chemische Bindung fern halten. Filtergeräte sind nur im Freien verwendbar und wenn die Umgebungsatmosphäre mindestens 17 % Sauerstoff, kein Kohlenmonoxid und weniger als 2 % Giftstoffe enthält. Die **Atemfilter** (Filtereinsätze) werden in Atemanschlüsse der Atemschutzmasken eingeschraubt. Als Filter-

**Richard Feynman**
*** 1918, † 1988**

- leistete wesentliche Beiträge auf dem Gebiet der Quantenelektrodynamik
- verfasste zahlreiche Lehrbücher und populärwissenschaftliche Werke
- erhielt 1965 den Nobelpreis für Physik

**Filter 2).** Schnellfilteranlage zur Trinkwassergewinnung in einem Wasserwerk

material dienen Papier-, Watte- oder Zellstoffschichten gegen Schwebstoffe, gekörnte Aktivkohle hauptsächlich gegen organische Dämpfe, bestimmte Chemikalien vorwiegend gegen anorganische Gase und Dämpfe. Filtergeräte schützen nicht gegen Stickstoff, Methan oder Kohlenmonoxid. Gegen Kohlenmonoxid gibt es Spezialfilter (→Filterselbstretter).

**Filterglas,** Glas mit definierter Lichtdurchlässigkeit für eine bestimmte Wellenlänge innerhalb des optischen Spektralbereiches (ultraviolett, sichtbar, infrarot), z. B. als →Lichtfilter.

**Filtermittel,** →Filtration.

**Filterselbstretter,** Atemschutzgerät, das als Fluchtgerät für Bergleute dient. Filterselbstretter sollen bei plötzlich auftretenden Grubenbränden und Explosionen vor Atemgiften, besonders Kohlenmonoxid **(CO-Filterselbstretter),** schützen. In Bergwerken mit Gefahren von $CO_2$-Ausbrüchen und Gummigurtbränden müssen die Bergleute unabhängig von der Umgebungsluft funktionierende **isolierende Selbstretter** mit sich führen, bei denen der verbrauchte Sauerstoff durch chemische Reaktion wieder ergänzt wird.

**Emil Fischer**
*** 1852, † 1919**

- klärte die Struktur von Glucose auf
- erhielt 1902 den Nobelpreis für Chemie

**Filtration** *die,* **Filtrieren,** mechanisches Trennverfahren zur Abscheidung von meist festen Teilchen aus einer Flüssigkeit oder einem Gas mithilfe eines porösen **Filtermittels** (z. B. Filtertuch, Kiesschüttung). Die Triebkraft für die Filtration wird durch Überdruck **(Druckfiltration)** auf der Seite der Trübe (zu trennende Suspension), durch Unterdruck **(Vakuumfiltration)** auf der Filtratseite (ablaufende Flüssigkeit) oder durch die Schwere der Trübe **(Schwerkraftfiltration)** erzeugt.

**Fingerhut, Digitalis,** Gattung der Rachenblütler, überwiegend hohe Stauden mit zweilippigen, langröhrigen meist nickenden roten, weißen oder gelben Blüten in Trauben; in Mitteleuropa drei (giftige) Arten: **Großblütiger Fingerhut** (Digitalis grandiflora), bis 1 m hoch mit großen gelben Blüten, geschützt; **Gelber Fingerhut** (Digitalis lutea), Blüten gelb, bis 2,5 cm groß, geschützt; **Roter Fingerhut** (Digitalis purpurea) mit bis 6 cm langen Blüten, liefert herzwirksame Glykoside.

**Finken, Finkenvögel, Fringillidae,** bis starengroße Singvögel in Amerika, Eurasien und Afrika; vorwiegend Körnerfresser mit Kegelschnabel. In Mitteleuropa sind Buchfink, Grünling, Stieglitz, Erlen- und Birkenzeisig, Hänfling, Girlitz, Zitronengirlitz, Gimpel, Karmingimpel, Fichtenkreuzschnabel und Kernbeißer heimisch. Bergfink und Berghänfling, die im Norden brüten, sind regelmäßige Wintergäste.

**Finsen** ['fensən], Niels Ryberg, dänischer Arzt, * Thórshavn (Färöer) 15. 12. 1860, † Kopenhagen 24. 9. 1904; führte die Lichtbehandlung mit kaltem, UV-reichem Bogenlicht **(Finsenlicht)** ein (früher zur Behandlung der Hauttuberkulose genutzt); erhielt dafür 1903 den Nobelpreis für Physiologie oder Medizin.

**Firewall** ['faɪəwɔːl, englisch »Brandmauer«] *der,* auch *die,* Sicherungssystem, das ein Intranet vor dem Zugriff nicht befugter Nutzer schützt; verhindert die unerlaubte Kommunikation unternehmensinterner Rechner mit netzfremden externen Geräten (und umgekehrt).

**Fische,** *Zoologie:* Überklasse seit dem Silur bekannter, wasserbewohnender, durch Kiemen atmender, wechselwarmer Wirbeltiere. Die rezenten Fische, von denen zwei Drittel im Meer und ein Drittel im Süßwasser leben, werden in zwei Klassen unterteilt: **Knorpelfische** und **Knochenfische.** Die Körperform ist der Lebensweise angepasst: Schwimmfische sind torpedoförmig, Bodenfische sind abgeplattet, Rifffische sind seitlich zusammengedrückt. Die Fische haben Gliedmaßen (Flossen) und Schuppen, Schilde oder Platten in der Lederhaut. Das Skelett ist entweder verknöchert (Knochenfische) oder knorpelig (Knorpelfische) und bei Knochenfischen ergänzt durch feine Verknöcherungen der bindegewebigen Scheidewände, die die einzelnen Muskelschichten trennen (Gräten). Die meisten Fische legen Eier (Fischrogen), wenige sind lebend gebärend. Die Fische leben hauptsächlich von tierischer Nahrung (Insekten, Würmer). Als Vorstufen zu den Fischen sind die niedersten Wirbeltiere anzusehen, Lanzettfischchen und die Rundmäuler. Den Übergang zu den Amphibien bilden die →Lungenfische.

**Fischer, 1)** Edmond Henri, amerikanischer Biochemiker, * Schanghai 6. 4. 1920; entdeckte den biologischen Regulierungsmechanismus, der das Zusammenspiel von bestimmten Proteinen (v. a. Phosphorylase) im Körper steuert, und erhielt dafür (mit E. Krebs) 1992 den Nobelpreis für Physiologie oder Medizin.

**2)** Emil, deutscher Chemiker, * Euskirchen 9. 10. 1852, † Berlin 15. 7. 1919; Professor in München (1879–82), Erlangen (1882–85), Würzburg (1885–92) und ab 1892 in Berlin.

Fischer gehört zu den bedeutendsten Naturstoffchemikern des 19. und 20. Jahrhunderts. Ausgehend von der zufälligen Entdeckung des Phenylhydrazins (1875) und dessen Umsetzung mit Aldehyden und Ketonen, fand Fischer 1883 die Fischersche Indolsynthese. Zwischen 1884 und 1900 ermittelte er die Konstitution und Konfiguration der wichtigsten Zucker.

1887 begann er mit der Synthese von Zuckern. Waren bis zu Fischers Arbeiten nur Zucker mit fünf oder sechs Kohlenstoffatomen bekannt, so gelang ihm die Synthese von Sacchariden mit zwei bis neun Kohlenstoffatomen. Unter Verwendung der von Fischer synthetisch hergestellten Saccharide trat die Bedeutung der geometrischen Struktur des jeweiligen Moleküls für die biochemische Umwandlung durch Enzyme zu Tage, beschrieben durch das Bild von Schloss und passendem Schlüssel. Ab 1882 erforschte und synthetisierte er zahlreiche Verbindungen der Puringruppe; ab 1899 untersuchte er Aminosäuren, arbeitete zu Proteinen und untersuchte ferner Enzyme und Gerbstoffe. Für seine Arbeiten auf dem Gebiet der Kohlenhydrate und Purine erhielt Fischer 1902 den Nobelpreis für Chemie.

Die **Emil-Fischer-Gedenkmünze** wird von der Gesellschaft deutscher Chemiker für Verdienste um die organische Chemie verliehen.

**3)** Ernst Otto, deutscher Chemiker, *München 10. 11. 1918; 1957–63 Professor für anorganische Chemie an der Universität München, 1964–84 an der TH (heute TU).

Fischer arbeitete v. a. zu metallorganischen Verbindungen; er entwickelte bei Untersuchungen über Ferrocen die (von Geoffrey Wilkinson unabhängig bestätigte) Vorstellung, dass bestimmte Verbindungen zwischen Metallen und organischen Stoffen »sandwichartigen« Molekülaufbau besitzen (Sandwichverbindungen). Durch Fischers (und Wilkinsons) Arbeiten entstand eine neue Teildisziplin, die metallorganische Chemie, die die klassische Trennung zwischen anorganischer und organischer Chemie endgültig aufhob.. Für die Entdeckung des neuartigen Strukturtyps der Sandwichverbindungen und die Erforschung der dabei vorliegenden Bindungsverhältnisse erhielt Fischer 1973 (mit Wilkinson) den Nobelpreis für Chemie.

**4)** Franz, deutscher Chemiker, *Freiburg im Breisgau 19. 3. 1877, †München 1. 12. 1947; seit 1911 Professor in Berlin, zugleich 1913–43 Leiter des Kaiser-Wilhelm-Instituts für Kohlenforschung in Mülheim an der Ruhr, führend beteiligt an der Entwicklung der →Fischer-Tropsch-Synthese (1926) und der Paraffinsynthese (1936).

**5)** Hans, deutscher Chemiker, *Höchst (heute zu Frankfurt am Main) 27. 7. 1881, †München 31. 3. 1945; Professor in Innsbruck, Wien und München (1921); arbeitete über die Blut- und Blattfarbstoffe; für die Synthese des Hämins erhielt er 1930 den Nobelpreis für Chemie; 1935 gelang ihm die Klärung der Konstitution des Chlorophylls.

**Fischer-Tropsch-Synthese,** von Franz Fischer und Hans Tropsch entwickeltes indirektes Verfahren der →Kohlehydrierung, in den 1930er- und 40er-Jahren in Deutschland zur Herstellung von flüssigen Kohlenwasserstoffen aus Kohlenmonoxid und Wasserstoff angewandt. Bei 220 bis 340 °C und 20–25 bar bilden sich an Eisenkatalysatoren $CH_2$-Radikale, die sich je nach den Bedingungen zu mehr oder weniger langen Ketten addieren. V. a. Benzin und feste Paraffine entstehen beim Arbeiten mit Festbettreaktoren **(Argeprozess),** gasförmige Kohlenwasserstoffe bei Flugstaubreaktoren **(Syntholprozess).**

**Fischlupe,** ein Echolot mit Sichtgerät, auf dessen Leuchtschirm der vom Meeresboden oder von Fischen reflektierte Ultraschallimpuls angezeigt wird; in der Hochseefischerei genutzt.

**Fischmehl,** hochwertiges, proteinhaltiges Futtermehl aus Fischen oder Fischabfällen.

**Fischsterben,** Massensterben von Fischen in Gewässern, verursacht besonders durch Sauerstoffmangel infolge Wasserverschmutzung, Vergiftung durch eingeleitete Chemikalien oder Infektionskrankheiten.

**Fischtest,** Methode, um die Giftigkeit eines Abwassers gegenüber Fischen zu bestimmen. Maßgebend ist der kleinste Verdünnungsfaktor des Abwassers, bei dem unter genormten Bedingungen innerhalb von 48 Stunden alle Testfische überleben.

**FI-Schutzschalter,** der →Fehlerstromschutzschalter.

**Fischwege, Fischaufstiegsanlagen,** Einrichtungen, die Fischen die Überwindung künstlicher Hindernisse in Fließgewässern ermöglichen. Bei **Fischpässen** oder **Fischtreppen** wird der Höhenunterschied zwischen Ober- und Unterwasser durch eine Kette kleiner wassergefüllter Becken überwunden. **Wildpässe** haben Einbauten, die die Fließgeschwindigkeit des Wassers stark herabsetzen. **Aalgänge** oder **Aalleitern** sind mit Reisig oder Grobkies gefüllte Rohrleitungen.

**Fitch** [fɪtʃ], Val Logsdon, amerikanischer Physiker, *Merriman (Nebraska) 10. 3. 1923; erhielt für die gemeinsame Entdeckung (1964) der Verletzung fundamentaler Symmetrieprinzipien (→CPT-Theorem) beim Zerfall von langlebigen, neutralen K-Mesonen zusammen mit J. W. Cronin 1980 den Nobelpreis für Physik.

**Fitness,** *Evolutionsbiologie:* der Fortpflanzungserfolg eines Individuums in der nächstfolgenden Generation. Dieses Maß ist Ausdruck der gesamten Lebensleistung des Individuums unter den Bedingungen der natürlichen Selektion.

**fixieren,** *Fotografie:* fotografische Schichten nach dem Entwickeln lichtbeständig machen durch Herauslösen der nicht belichteten und somit auch nicht geschwärzten Silberhalogenidkristalle in einem Fixierbad (wässrige Lösung des Fixiermittels, meist Natriumthiosulfat, und eventuell bestimmter Zusätze).

**Fixierung,** *biologische Technik:* die Haltbarmachung von tierischem oder pflanzlichem Material (ganze Organismen, Körper-, Gewebeteile u. a.) durch Behandlung mit Fixierungsmitteln (z. B. Alkohol, Formalin®, Sublimat, Osmiumsäure) für mikroskopische Untersuchungen.

**Fixpunkt,** *Thermodynamik:* der →Festpunkt.

**Fizeau** [fiˈzo], Armand Hippolyte Louis, französischer Physiker, *Paris 23. 9. 1819,

**Ernst Otto Fischer**
*** 1918**

565

- erforschte metallorganische Sandwichkomplexe
- erhielt 1973 den Nobelpreis für Chemie

† Venteuil (bei Épernay) 18. 9. 1896; führte 1849 die erste terrestrische Bestimmung der Lichtgeschwindigkeit durch (Zahnradmethode); fand 1850, dass die Lichtgeschwindigkeit in strömendem Wasser geringer ist als in Luft. Dieser so genannte Fizeau-Versuch wurde zu einer wesentlichen Stütze der speziellen Relativitätstheorie.

Flachbildschim

**Flachbildschirm,** englisch **Flatscreen, Flat Panel Display,** Bildschirm, mit geringer Bautiefe (circa 2 bis 20 cm), der keine Kathodenstrahlröhre enthält. Gebräuchliche Anzeigetechniken sind Elektrolumineszenz- (ELD), Plasma- (PDP) und Flüssigkristall-Displays (LCD). Durch die digitale Funktionsweise entsteht eine hohe Bildqualität. Weitere Typen von Flachbildschirmen, die auf dem Prinzip der Kathodenstrahlröhre basieren, sind der flache Elektronenstrahlbildschirm und das Feldemmissions-Display (FED).

Am meisten verbreitet sind derzeit (noch) →Flüssigkristallbildschirme, die auf dem Funktionsprinzip der Flüssigkristallanzeige beruhen. Im Vergleich dazu zeichnen sich **Plasmabildschirme** durch ein leuchtstärkeres, kontrastreicheres Farbbild und einen breiteren Betrachtungswinkel aus. Sie basieren auf dem Prinzip der →Plasmaanzeige und haben für die Anwendung als Flachbildschirme sehr gute Zukunftsperspektiven.

**Flachdruck,** →Druckverfahren.

**Flächenbelastung,** Verhältnis des Fluggewichts eines Flugzeuges zu seiner Flügelfläche; wichtiger und leistungsbestimmender Entwurfsparameter.

**Flächenladung,** flächenhaft verteilte elektrische Ladung. Ihre Dichte, die **Flächenladungsdichte** $\sigma$, ist als Ladung je Flächeneinheit definiert.

**Flächentragwerke,** Tragwerke aus platten-, scheiben- oder schalenartigen Teilen, die so miteinander verbunden sind, dass das Ganze als frei gespanntes Hallendach, rippenloser Turmschaft und Ähnliches angewendet werden kann.

**Flachs, Echter Lein, Linum usitatissimum,** vorwiegend in der nördlichen gemäßigten Zone verbreitete Leinart. Das einjährige, 30–120 cm hohe Kraut besitzt lanzettförmige Blätter und himmelblaue oder weiße, selten rosafarbene Blüten in endständigen, überhängenden Wickeln. Die fünffächerigen Kapselfrüchte enthalten 5–10 öl- und proteinhaltige Samen mit quellbarer, brauner Schale. Man unterscheidet zwischen den Kulturformen **Gespinstlein** (Faserlein) mit nicht oder kaum verzweigten Stängeln, der v.a. in Osteuropa und Westeuropa zur Gewinnung von Flachsfasern angebaut wird, und **Öllein,** einer reich verzweigten Pflanze, deren zahlreiche große, das Leinöl liefernde Samen (Leinsamen) einen Rohfettgehalt von 32 bis 34 % haben.

Flachs, eine der ältesten Faser- und Nahrungspflanzen, bezeugt seit der Jungsteinzeit, wurde in Mesopotamien seit dem 5. Jahrtausend v. Chr. angebaut.

**Flagellaten** [lateinisch], **Geißelträger, Geißelinfusorien, Flagellata, Mastigophora,** formenreiche Gruppe der Einzeller, deren Arten sich mit einer oder mehreren Geißeln fortbewegen; teils blattgrünhaltig und autotroph **(Geißelalgen, Phytoflagellaten),** teils blattgrünfrei und heterotroph **(Geißeltierchen, Zooflagellaten).** Flagellaten besiedeln Gewässer, feuchte Orte und Schnee. Einige befallen als Parasiten Mensch und Tier und rufen gefährliche Erkrankungen hervor, z.B. die Trypanosomen die Schlafkrankheit.

**Flamingos.** Rote Flamingos (Phoenicopterus ruber)

**Flamingos** [spanisch], **Phoenicopteridae,** Familie stelzenbeiniger Regenpfeifervögel; bis 1,4 m hohe Wasservögel v.a. an Salzseen und Brackgewässern Südeuropas (Camargue, Südspanien), Südasiens, Afrikas sowie Mittel- und Südamerikas; gesellig lebend, meist weiß, rot oder rosafarben befiedert; leben von Krebsen, Algen, Protozoen, die sie mit ihren hakenförmig gebogenen Schnäbeln aus dem Wasser filtern. Das einzige Ei wird in ein kegelstumpfförmiges Schlammnest gelegt. Alle Arten sind geschützt.

**Flamme,** Bereich brennender Gase oder Dämpfe, von denen sichtbare Strahlung ausgeht. Man unterscheidet **vorgemischte Flammen,** bei denen ein homogenes Gemisch der reagierenden Gase vorliegt (z.B. Bunsenbrenner), **Diffusionsflammen,** bei denen Brennstoffe und Oxidationsmittel getrennt zugeführt werden (z.B. Kerze) und die **turbulenten Flammen** bei nichtlaminaren Gasströmen.

Eine stark leuchtende Flamme enthält wenig Sauerstoff; sie entzieht daher diesen einem sauerstoffreichen Stoff **(Reduktionsflamme).** Nicht leuchtende, das heißt viel Sauerstoff enthaltende Flammen oxidieren Stoffe **(Oxidationsflamme).**

**Flammenfärbung,** Färbung der nicht leuchtenden Flamme, z. B. des Bunsenbrenners, beim Hineinhalten bestimmter Substanzen; tritt v. a. bei Metallsalzen auf. Natriumsalze z. B. verursachen eine intensive Gelbfärbung, Calciumsalze ziegelrote, Barium- und Kupfersalze grüne Färbungen. Die Flammenfärbung liefert bei der **Flammenspektroskopie** Hinweise auf die qualitative Zusammensetzung der zu untersuchenden Substanzen. Für jedes chemische Element entstehen charakteristische Linienspektren.

**Flammpunkt, Entflammungstemperatur,** die niedrigste Temperatur, bei der sich aus einer brennbaren Flüssigkeit so viele Dämpfe entwickeln, dass sich ein durch Fremdzündung entflammbares Dampf-Luft-Gemisch bildet.

**Flammschutzmittel,** Stoffe, die bei Kunststoffen, Holz oder Textilien u. a. die Entflammbarkeit herabsetzen oder das Weiterbrennen verhindern.

**Flammspritzen,** das Aufspritzen metallischer oder nichtmetallischer Überzüge (z. B. Kunststoffe) auf metallische Werkstücke als Korrosionsschutz oder Isolation, wobei das Spritzgut in einer Brenngas-Sauerstoff-Flamme geschmolzen und zerstäubt wird.

**Flammstrahlen,** das kurzzeitige Erhitzen von Metalloberflächen mit einer Brenngas-Sauerstoff-Flamme, um Rost oder Anstrichreste zu beseitigen.

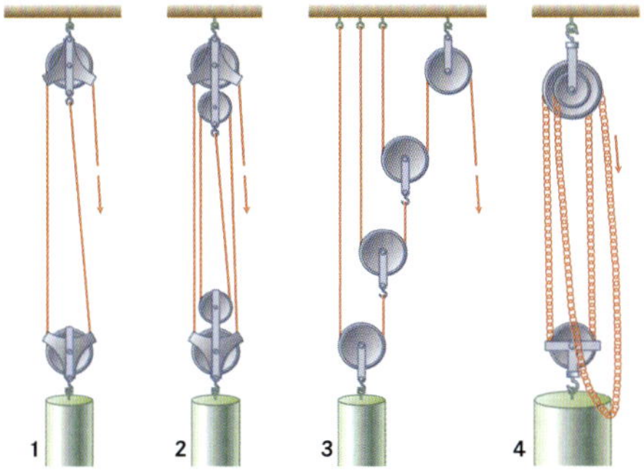


**Flaschenzug.** 1 einfacher Flaschenzug (die Kraft beträgt 1/2 der Last); 2 vierrolliger Flaschenzug (die Kraft beträgt 1/4 der Last); 3 Potenzflaschenzug (die Kraft beträgt 1/8 der Last); 4 Differentialflaschenzug (die Kraft beträgt 1/2 der Last, multipliziert mit dem Verhältnis der Differenz der Radien der beiden oberen Rollen zum Radius der größeren dieser Rollen)

**Flaschenzug,** manuell oder elektrisch betriebenes Lastenhebegerät, bei dem ein Seil oder eine Kette über Rollengruppen (zu »Flaschen« oder Kloben vereinigt) geführt wird. Beim einfachen Flaschenzug ist die obere Flasche fest, die untere beweglich. Nach dem Gesetz »Kraft × Kraftweg = Last × Lastweg« ist der Weg der Kraft entsprechend größer als der der Last. Beim **Differenzialflaschenzug** wird eine endlose Kette oben über zwei koaxiale, fest miteinander verbundene feste Rollen von unterschiedlichem Durchmesser und unten über eine lose Rolle geführt. Zum Heben der Last ist nur die Differenz der an den oberen Rollen wirkenden Drehmomente aufzubringen.

**Flash-over** ['flæʃəʊvə; englisch »Funkenüberschlag«] *der, -(s)/-s,* **Flashover,** gefährliches Phänomen bei Bränden, bei dem es durch das Zusammenspiel von Strömung und Wärmefreisetzung infolge chemischer Reaktion zu einem teilweise heftigen plötzlichen Umschlagen des Brandzustandes kommt. Die Ursache ist das schlagartige Durchzünden von brennbaren Gasen (Rauch- und Pyrolysegase) im Raum, die in einer relativ harmlosen Entstehungsbrandphase thermisch auf eine kritische Temperatur aufgeheizt wurden. Der Flashover ist im Erscheinungsbild häufig ein sich explosionsartig ausbreitender Feuerball, der zu schweren Brandverletzungen bei Einsatzkräften der Feuerwehr führen kann. Weniger spektakulär tritt er in einer zeitlich kurzen Phase beim Übergang vom Entstehungs- zum Vollbrand auf. Ein ähnliches Erscheinungsbild wie der Flash-over hat der »Backdraft« der durch plötzliche Sauerstoffzufuhr in einen Raum mit schwelendem Brand auftreten kann.

**Flatrate** ['flɛtreɪt; englisch »Einheitssatz«, »Pauschalsatz«] *die,* Pauschalpreis, meist monatlich für die Nutzung von Telekommunikationsdienstleistungen. Bei Anwendung der Flatrate wird weder Dauer noch Umfang der Nutzung protokolliert, sondern ein fester Betrag gezahlt, durch den jede Nutzung in einem vorbestimmten Zeitraum abgedeckt ist.

**Flatscreen** [flɛt'skri:n, englisch], *der,* der →Flachbildschirm.

**Flattern,** selbst erregte Schwingungen elastomechanischer Systeme, die bei Luft- und Raumfahrzeugen infolge der Wechselwirkungen zwischen instationären Luftkräften, elastischen Reaktionskräften und Trägheitskräften in bestimmten Geschwindigkeitsbereichen angeregt werden können, was meist zu Überbeanspruchung tragender Bauteile führt. Bei Kraftfahrzeugen ist Flattern der elastisch bereiften Vorderräder um die Lenkzapfen möglich, angeregt durch Fahrbahnunebenheiten. Dadurch werden Fahrsicherheit und Reifenverschleiß ungünstig beeinflusst.

**Flavin|adenin|dinukleotid** [lateinisch] *das,* Abkürzung **FAD,** wasserlösliches Flavinnukleotid im pflanzlichen und tierischen Stoffwechsel; als prosthetische Gruppe zahlreicher **Flavoproteine (Flavoenzyme)** wichtig als Wasserstoffüberträger, z. B. in der Atmungskette und im Citratzyklus.

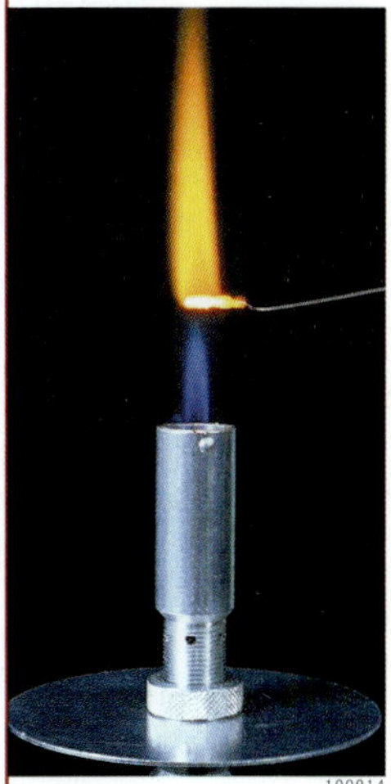

**Flammenfärbung.** Ca-Ionen färben beim Verbrennen die Flamme gelb.

100562

**Fledermäuse.**
Großes Mausohr (Myotis myotis)

**Flavoproteide, Flavoproteine, Flavinenzyme,** Gruppe natürlicher, in den Zellen aller Organismen vorkommender Enzyme, die bei der biologischen Oxidation als Wasserstoffüberträger wirksam werden.

**Flavour** ['fleɪvə; englisch »Geschmack«] *der,* auch *das,* amerikanisch **Flavor,** *Physik:* Sammelbezeichnung für die durch die **Flavourquantenzahlen** Isospin, Strangeness (oder Hyperladung), Charm, Bottom und Top gekennzeichneten charakteristischen Eigenschaften der verschiedenen Arten von →Quarks, die bei starker Wechselwirkung erhalten bleiben.

**Flechten, Lichenes,** Abteilung der Pflanzen mit über 20 000 Arten in etwa 400 Gattungen. Sie stellen einen aus Grün- oder Blaualgen und Schlauchpilzen bestehenden Verband (→Symbiose) dar, der eine morphologische und physiologische Einheit bildet. Die Alge versorgt den Pilz mit organischen Nährstoffen (Kohlenhydrate), während das Pilzgeflecht der Alge als Wasser- und Mineralstoffspeicher dient.

Die Vermehrung der Flechten erfolgt meist ungeschlechtlich durch abgeschnürte, Algen enthaltende Pilzhyphen (Soredien) oder durch stift- oder korallenförmige Auswüchse auf der Thallusoberfläche (Isidien), seltener geschlechtlich durch Ausbildung von Fruchtkörpern des Pilzes. Nach der Gestalt unterscheidet man **Krustenflechten** (haften flach auf der Unterlage), **Laubflechten** (großflächige, blattartige Ausbildung) und **Strauchflechten** (ähneln den höheren Pflanzen).

Da fast alle Flechtenarten zum Leben saubere Luft benötigen, werden sie heute als Indikatorpflanzen für die Beurteilung der Luftqualität in Ballungsräumen benutzt. Bekannte Flechten sind Rentierflechte und Isländisches Moos.

**Flechten**
→ GEO **Dossier**
Die Natur als Joint Venture, Bd. 7

**Fledermäuse, Kleinfledermäuse, Microchiroptera,** eine Unterordnung der Flattertiere mit rund 800 meist tropischen Arten in etwa 100 Gattungen und 16 Familien. Die **Blattnasen** (Phyllostomidae) haben blattartige Nasenaufsätze ebenso wie die von Früchten lebende **Große Spießblattnase** (Vampyrum spectrum) mit 90 cm Flughautspannweite. Die **Glattnasen** (Vespertilionidae) kommen besonders in Mitteleuropa vor, z. B. das **Große Mausohr** (Myotis myotis) mit etwa 35 cm Flughautspannweite, die **Zwergfledermaus** (Pipistrellus pipistrellus) mit nur 20 cm Spannweite oder die **Nordfledermaus** (Eptesicus nilssoni), die bis über den Polarkreis vordringt. Die **Dreizehigen Hufeisennasen** (Rhinolophidae) sind auch in Mitteleuropa verbreitet, so die **Große** und die **Kleine Hufeisennase** (Rhinolophus ferrumequinum, Rhinolophus hipposideros). Die meisten Fledermäuse sind nützliche Insektenvertilger. Sie nehmen Beutetiere auch bei völliger Dunkelheit wahr. Nach dem Prinzip der Echopeilung (→Echoorientierung) vermitteln Ultraschallwellen den Tieren ein gehörtes Raumbild.

**Fleet** [niederdeutsch, zu vleten »fließen«], *Wasserbau:* Entwässerungsgraben oder -kanal; auch Zufahrtskanal zu Lagerhäusern, Werften u. a. Anlagen in Seehäfen.

**fleischfressende Pflanzen, tierfangende Pflanzen,** Pflanzen nährstoffarmer, v. a. stickstoffarmer Böden, die kleine Tiere, besonders Insekten (deshalb auch Bezeichnung **Insektivoren**), anlocken, festhalten und durch Enzyme verdauen, wodurch sie sich zusätzlich Nährstoffquellen (Protein) erschließen. Der Fang geschieht aktiv mit Klappmechanismus (z. B. Venusfliegenfalle), passiv nach dem Leimruten- (z. B. Sonnentau) oder Fallgrubenprinzip (z. B. Kannenpflanze). – Infokasten S. 298

**Fleischfresser, Karnivoren,** Tiere, die sich vom Körpergewebe anderer Tiere ernähren, z. B. Raubtiere.

**Fleming,** Alexander, Sir (seit 1944), britischer Bakteriologe, * Lochfield (bei Ayr) 6. 8. 1881, † London 11. 3. 1955; entdeckte (1928) das Penicillin; erhielt 1945 mit Sir H. Florey und E. B. Chain den Nobelpreis für Physiologie oder Medizin.Maurois, A.: Alexander Fleming. Arzt und Forscher. Leipzig 1962.

**Flerov** ['fljɔ-], Georgi Nikolajewitsch, →Fljorow.

**Fliegen, Brachycera,** Unterordnung der Zweiflügler mit gedrungenem Körper und kurzen Fühlern; Körperlänge 1 bis 70 mm. Ihre Hinterflügel sind zu Schwingkölbchen umgestaltet, die die Flügelschwingungen regulieren. Die Larven (Maden) sind beinlos und minieren in Blättern, leben in Holz, Früchten und Abfällen, sind Räuber und Schmarotzer und ent-

Rechte Seite:
Die Wasserschlauchgewächse sind fleischfressende Pflanzen; sie haben an ihren Blättern blasenförmige, durch Reusenhaare und einen Deckel verschließbare Fallen, in denen sich Insekten und Kleinkrebse fangen, die von den Pflanzen verdaut werden. Das Bild zeigt den in stehenden Gewässern vorkommenden Gewöhnlichen Wasserschlauch (Utricularia vulgaris).

100674

## fleischfressende Pflanzen Venusfliegenfallen – geschickte Fallensteller

Bei der auch in Europa vorkommenden Venusfliegenfalle sind ein Teil der Laubblätter zu tellereisenartigen Fangorganen umgebildet. Die Mittelrippe bildet das Scharnier zwischen den beiden aus der Blattspreite entstandenen Klappen. Auf den Innenseiten der Fallenblätter befinden sich mehrere Sinneshaare. Werden mindestens zwei dieser Sinneshaare gleichzeitig z. B. durch ein anfliegendes Insekt gereizt, klappt die Falle mit überraschender Schnelligkeit zu. Diese seismonastische Bewegung wird durch rasche Turgorveränderungen in bestimmten Zellen des Fangapparates ermöglicht. Anschließend schließt sich durch langsamere Wachstumsprozesse die Klappe noch fester um die Beute. Erst nach Wochen öffnet sich die Falle wieder und gibt die Überreste der durch die Verdauungsenzyme ausgelaugten Leiche frei. Erfolgt dagegen eine rein mechanische Reizung durch ein unverdauliches Objekt, öffnet sich die Falle schon nach wenigen Stunden wieder und steht für einen erneuten Versuch bereit.

wickeln sich zum Teil im Wasser. Die Vollinsekten besuchen Blüten, saugen Säfte oder Blut, sitzen auf Kot und Abfällen, in Tiernestern und Höhlen. Fliegen gehören zu den vielseitigsten Schadinsekten: z. B. als Seuchenüberträger, als Parasiten bei Haus- und Wildtieren, als Schädlinge an Kulturpflanzen. Sie nützen als Vertilger von Schädlingen, durch rasche Beseitigung zerfallender organischer Substanzen und durch Blütenbestäubung. Die Fliegen umfassen etwa 94 Familien mit mehr als 45 000 Arten, darunter Bremsen, Raubfliegen, Schwebfliegen, Taufliegen, Bohrfliegen, Vollfliegen (Stubenfliege), Raupenfliegen, Dasselfliegen und Lausfliegen.

**Fliegende Fische, Exocoetidae,** Familie der Echten Knochenfische, 138 Arten mit länglich-spindelförmigem Körper sowie flügelartig vergrößerten Brustflossen. Fliegende Fische leben in tropischen und subtropischen Meeren und können mehrmals hintereinander bis zu 50 m lange Gleitflüge durch die Luft machen (dient der Flucht vor Feinden). Die am besten segelnde Art ist **Exocoetus volitans.**

**Fliehkraft,** die →Zentrifugalkraft.

**Fliehkraftregler,** mechanischer Drehzahlregler mit meist zwei an gegenüberliegenden Pendeln befestigten Schwungmassen, die bei rascher Umdrehung durch die Fliehkräfte angehoben werden. Dabei betätigen die auseinander strebenden Pendel meist über ein Hebelsystem ein Regelorgan (z. B. Drosselklappe).

**Fließband,** Stetigförderer mit Gurt- oder Kettenband, der u. a. in der Serienfertigung zum Materialtransport oder z. B. im Bergbau zur Beförderung großer Mengen von Schüttgütern eingesetzt wird.

**Fließbett,** *chemische Technik:* die →Wirbelschicht.

**Fließbild, Fließschema,** zeichnerische Darstellung verfahrenstechnischer Anlagen, in der die Hauptverfahrensschritte als Kästchen und die wichtigsten Stoffströme als Pfeile wiedergegeben sind. Das **Verfahrensfließbild** enthält alle für das Verfahren erforderlichen Apparate und Maschinen sowie die wesentlichen Stoffströme mit Benennung der Ein- und Ausgangsstoffe. Das **Rohrleitungs-und-Instrumentenfließbild (RI-Fließbild)** enthält darüber hinaus v. a. sämtliche Rohrleitungen, Armaturen sowie Mess- und Regelstellen.

**Fließen, 1)** *Physik:* durch Einwirkung äußerer Kräfte hervorgerufene, bei Überschreiten der Fließgrenze einsetzende Bewegung der Teilchen flüssiger, viskoser oder plastischer Stoffe sowie von Festkörpern geringer Festigkeit (geringer Elastizitätsgrenze) bei höheren Temperaturen oder auch hohen Drücken.

Bei den **newtonschen Flüssigkeiten** (»normale« Flüssigkeiten, z. B. Wasser), deren dynamische Viskosität vom Spannungs- oder Deformationszustand unabhängig ist, setzt das Fließen sofort bei Beginn der Krafteinwirkung (also schon durch die eigene Gewichtskraft) ein; solche Stoffe haben keine →Fließgrenze. Beim **laminaren Fließen** (Strömungsgeschwindigkeiten unter 0,1 m/s) schieben sich Flüssigkeitsschichten aneinander vorbei, ohne sich zu mischen. Bei größeren Geschwindigkeiten herrscht das durch Turbulenz gekennzeichnete **turbulente Fließen** vor, bei dem sich die Flüssigkeit strömend oder schießend bewegt; im ersten Fall ist die Wellengeschwindigkeit kleiner, im letzten größer als die Fließgeschwindigkeit. Die Gesetzmäßigkeiten newtonscher Flüssigkeiten untersucht die →Hydrodynamik.

**Nichtnewtonsche Flüssigkeiten** sind viskose Stoffe mit nichtlinearer Viskosität, unscharfer bis scharfer Fließgrenze und stark temperaturabhängigem Fließverhalten. Zu ihnen gehören Kolloide, Dispersionen, Suspen-

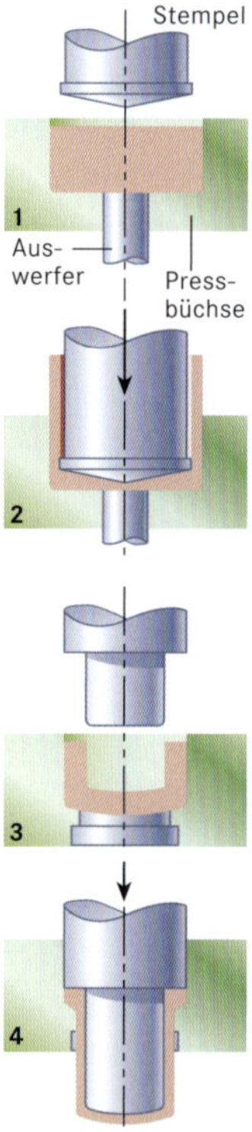


**Fließpressen.**
1 und 2 Rückwärtsfließpressen eines Napfes; 3 und 4 Vorwärtsfließpressen einer Hülse

sionen, polymere Lösungen, Schmelzen. Das nichtnewtonsche Fließen wird in der Rheologie (Fließkunde) durch allgemeine Zustandsgleichungen beschrieben, die die Beziehungen zwischen Spannungs-, Dehnungs- oder Deformationsvorgeschichten wiedergeben.

**2)** *Werkstoffkunde:* der Vorgang der plastischen Verformung von Metallen und Legierungen bei hohen Belastungen. Im kalten Zustand tritt dabei eine Verfestigung des Werkstoffs ein. Bei hohen Temperaturen ist die Verfestigung gering, da durch thermische Aktivierung kontinuierlich Entfestigung auftritt. Dies wird bei der Warmumformung technisch genutzt.

**Fließgleichgewicht,** *Thermodynamik:* der stationäre (kleinen Schwankungen unterworfene, aber im Mittel unveränderliche) Zustand offener Systeme (→Entropie), den sie trotz ständigen und wechselnden Stoffaustauschs mit der Umgebung erreichen können. Geschlossene Systeme müssen einem Zustand des Gleichgewichts zustreben.

**Fließgrenze,** *Physik* und *Werkstoffkunde:* mechanische Spannung, bei deren Überschreiten der Werkstoff vom elastischen in den plastischen Zustand übergeht. Bei Metallen sinkt die Fließgrenze mit zunehmender Temperatur.

**Fließpressen,** *Fertigungstechnik:* Umformverfahren zur Herstellung von Voll- oder Hohlkörpern und Profilen, bei dem der Werkstoff durch hohen Druck zum Fließen gebracht und durch den von Pressstempel und Pressbüchse gebildeten Hohlraum unter Druckeinwirkung hindurchgepresst wird. Beim **Vorwärtsfließpressen** haben Stempelbewegung und Werkstofffluss die gleiche Wirkrichtung, beim **Rückwärtsfließpressen** ist der Stofffluss der Werkzeugbewegung entgegengesetzt; bei Verwendung einer geteilten Pressbüchse ist auch ein **Querfließpressen** möglich. Abhängig von der Fließfähigkeit des Werkstoffes wird Fließpressen bei Raumtemperatur **(Kaltfließpressen)**, bei Temperaturen zwischen Raumtemperatur und circa 750 °C **(Halbwarmfließpressen)** und Temperaturen über 750 °C **(Warmfließpressen)** durchgeführt.

Der Mitbegründer der theoretischen Biologie, Ludwig von Bertalanffy, veranschaulichte den Begriff des **Fließgleichgewichts** folgendermaßen:

*»Wenn Sie etwa einen Hund besitzen, so glauben Sie, dass Sie in fünf Jahren noch den gleichen Hund vor sich haben… aber tatsächlich ist von dem heutigen Hund, was diesen als einen Komplex materieller Bestandteile anlangt, kaum mehr etwas übrig; der Hund enthält in fünf Jahren kaum mehr ein Molekül und sehr wenige Zellen Ihres früheren Lieblings. Die Folgerungen, die sich aus dieser ständigen Erneuerung des Lebendigen für Ihre menschlichen Bekannten und Ihre Frau ergeben, mögen Sie selber ziehen.«*

**Flipflop** [englisch] *das,* **bistabiler Multivibrator,** bistabile Kippschaltung, bestehend aus zwei Teilsystemen, die über gleichstromdurchlässige Rückkopplungsglieder verbunden sind. Dabei enthält jedes Teilsystem ein aktives (verstärkendes) Schaltelement (Transistor). Die Umschaltzeiten von einem Zustand in den anderen hängen von den Eigenschaften der Teilsysteme ab und können extrem kurz sein. Flipflops sind Grundbausteine von Digitalschaltungen mit sequenzieller Logik. Das Zusammenschalten von Flipflops gestattet z. B. die Realisierung von speichernden Baugruppen (Schaltkreisen).

**Fljọrow, Flerov,** Georgi Nikolajewitsch, sowjetischer Physiker, * Rostow am Don 2. 3. 1913, † Moskau 9. 11. 1990; arbeitete im Kernforschungszentrum Dubna, erkannte 1940 die Möglichkeit von Kernkettenreaktionen und die Spontanspaltung von Uran, entdeckte 1963 die Protonenradioaktivität. Fljorow und seine Mitarbeiter synthetisierten 1957/58 erstmals das chemische Element 102 (→Nobelium), 1964 das Element 104 (→Rutherfordium) und 1967 das Element 105 (→Dubnium).

**Flocke,** *allgemein:* kleine Zusammenballung von Fasern (Wolle), Kristallen (Schnee) u. a. (→Flockung); auch Bezeichnung für durch Quetschen von Getreidekörnern u. a. zwischen Walzen entstandenes Nährmittel (z. B. Haferflocke).

**Flockenblume, Centaurea,** Gattung der Korbblütler mit über 500 Arten, v. a. in den gemäßigten Zonen; meist flockig behaarte Kräuter mit in Köpfchen stehenden, großen Röhrenblüten; bekannte mitteleuropäische Arten sind u. a. die **Kornblume** (Centaurea cyanus), bis 60 cm hoch, Randblüten leuchtend blau, auf Getreidefeldern und an Feldrainen, sowie die **Wiesenflockenblume (Gemeine Flockenblume,** Centaurea jacea), 10–80 cm hoch, mit rötlichen Blütenköpfchen, auf Wiesen und an Wegrändern.

**Flockung,** alle Vorgänge, die die Abscheidung der in einem kolloiden System suspendierten Teilchen in Form von Flocken bewirken. Die Zusammenlagerung der fein- oder kolloiddispersen Teilchen wird durch **Flockungsmittel** ermöglicht, die die elektrostatische Abstoßung der im Wasser (beziehungsweise in anderen Dispersionsmitteln) meist negativ aufgeladenen Teilchen überwinden. Häufig werden dazu Metallsalze oder wasserlösliche Polymere verwendet. Von technischer Bedeutung ist die Flockung heute v. a. für die Aufbereitung von Oberflächenwasser und Klärschlämmen sowie bei der Erz- und Kohleaufbereitung.

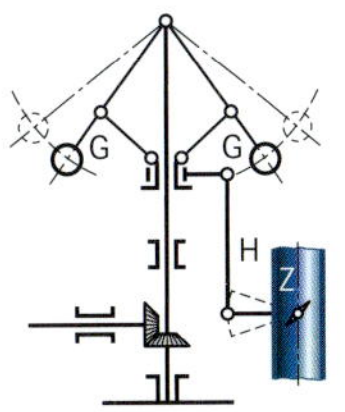


**Fliehkraftregler.** Schematische Darstellung der Wirkungsweise; je größer die Umdrehungsgeschwindigkeit, umso höher werden durch Zentrifugalkraft die Gewichte (G) gehoben, wodurch der Hebel (H) die Dampfzufuhr (Z) mindert.

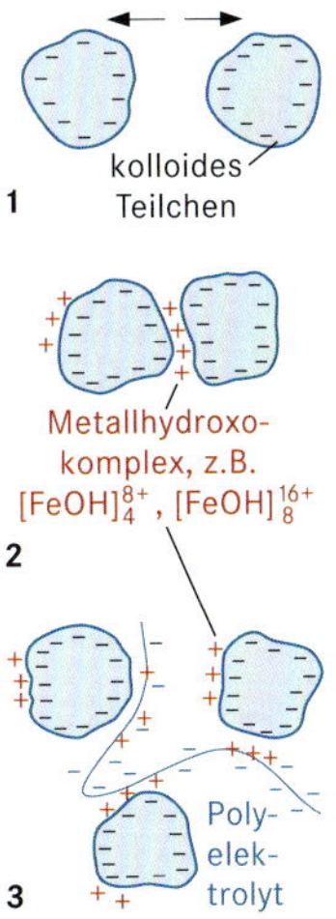


**Flockung.** 1 Abstoßung kolloider Teilchen (ohne Flockungsmittel); 2 und 3 Flockung durch positiv geladene Flockungsmittel, die die Oberflächenladung kolloider Teilchen kompensieren, sodass sie sich zusammenlagern können.

**Flöhe, Siphonaptera, Aphaniptera, Suctoria,** Ordnung flügelloser Insekten mit saugend-stechenden Mundwerkzeugen; Hinterbeine zu Sprungbeinen entwickelt. Die Larven ernähren sich von organischen Abfallstoffen, erwachsene Flöhe saugen Blut. Als Überträger von Krankheiten können Flöhe gefährlich werden. Der **Menschenfloh** (Pulex irritans) lebt auf Menschen, Hunden, Ratten, Katzen, Hühnern; er ist etwa 3 mm lang, braun, harthäutig, fähig, bis zu 35 cm weit und 20 cm hoch zu springen. Die Eier werden in Ritzen, Kleider, Betten gelegt. Die weißliche, bis 1 cm lange, behaarte Made hat kauende Mundteile; sie verpuppt sich in einem mit Schmutzteilchen verklebten Gespinst. Die Flöhe können monatelang hungern. Ihre Stiche verursachen starken Juckreiz. Bekämpfung: Sauberhalten der Wohnung; Insektengifte.

Zu den Flöhen gehören auch der **Hundefloh** (Ctenocephalides canis) auf Hund, Katze, Ratte und der indisch-afrikanische **Rattenfloh** (Xenopsylla cheopis), ein Überträger der Pest von Ratten auf Menschen.

101355

**Flohkrebse.** Antarktischer Flohkrebs

**Flohkrebse, Amphipoden, Amphipoda,** eine Gruppe der höheren Krebse ohne Scheren, die mit den Asseln die Gruppe Ranzenkrebse (Peracarida) bilden; meist seitlich abgeflacht, gekennzeichnet durch sechs Beinpaare am Hinterleib, von denen die drei hinteren als Sprungbeine, die drei vorderen als Schwimmbeine dienen. In Bächen lebt unter Steinen der **Bachflohkrebs** (Gammarus pulex) von faulenden Stoffen; am Strand **Strandflöhe,** u. a. der **Gemeine Sandhüpfer** (Talitrus saltator).

**Flora** *die,* **1)** Gesamtheit der in einem bestimmten Gebiet **(Florengebiet)** natürlich wachsenden Pflanzen; danach: ein Verzeichnis oder Buch, das diesen Bestand behandelt.

**2)** Gesamtheit der im Darm (Darmflora) oder Mund (Mundflora) lebenden Bakterien.

**Florenreich,** floristisch gekennzeichneter Teil der Erde, der sich grundlegend durch das Fehlen oder Auftreten bestimmter Pflanzensippen von anderen Erdräumen absetzt. Man unterscheidet sechs Florenreiche: Holarktis, Paläotropis, Neotropis, Capensis, Australis und Antarktis.

**Florey** [ˈflɔrɪ], Sir (seit 1965) Howard Walter, britischer Pathologe, * Adelaide 24. 9. 1898, † Oxford 21. 2. 1968; führte das Penicillin in die medizinische Behandlung ein. Er erhielt 1945 mit A. Fleming und E. B. Chain den Nobelpreis für Physiologie oder Medizin.

**Flosse,** am Flugzeug die fest stehenden Teile des Leitwerks, im Unterschied zu den beweglichen Rudern.

**Flotation** [lateinisch] *die,* mechanisches Verfahren zur Trennung feinkörniger Gemenge (z. B. Erze) in einer wässrigen Suspension mithilfe von Luftblasen. Durch Zusatz von Sammlern **(Flotationsmittel)** wird eine Feststoffkomponente durch Wasser hydrophob gemacht, während die andere hydrophil bleibt. In die Trübe eingebrachte Luftblasen haften an den hydrophoben Teilchen und tragen sie zur Wasseroberfläche, während die hydrophilen Teilchen suspendiert bleiben.

**Flüchtigkeit,** *Chemie:* die Eigenschaft flüssiger und fester Stoffe, bei Normalbedingungen mehr oder weniger stark durch Verdunstung in den Dampfzustand überzugehen.

**Flug, 1) Fliegen,** *allgemein:* die freizügige Bewegung von Körpern innerhalb der Lufthülle der Erde ohne direkte Stützung von der Erdoberfläche aus. Dabei muss die Erdanziehungskraft durch eine Gegenkraft (Auftriebskraft) ausgeglichen oder überwunden werden. Diese kann durch Dichteunterschiede zwischen fliegendem Körper und umgebender Luft **(aerostatischer Auftrieb,** z. B. beim Ballon), durch die Bewegung eines geeignet geformten Körpers durch die Luft **(aerodynamischer Auftrieb,** z. B. beim Flugzeug) oder durch **Reaktionskräfte** von Strahlantrieben (z. B. bei der Rakete) erzeugt werden. Der beim Fliegen unvermeidlich auf die Körper einwirkende Luftwiderstand wird bei Flugzeugen durch die von den Flugtriebwerken gelieferte Vortriebskraft, am antriebslosen Gleit- oder Segelflugzeug durch die in Flugrichtung liegende Komponente der Gewichtskraft überwunden. Man unterscheidet hier **stationäre (unbeschleunigte) Flugzustände,** bei denen die vertikal wirkenden Auftriebs- und Gewichtskräfte und die v. a. horizontal wirkenden Antriebs- und Widerstandskräfte sowie ihre statischen Momente im Gleichgewicht sind (z. B. beim Horizontalflug und beim Schiebeflug), und **instationäre (beschleunigte) Flugzustände,** bei denen dies nicht zutrifft und Beschleunigungen sowie zusätzliche Drehmomente wirksam werden, die z. B. den Steig- oder Sinkflug und den Kurvenflug ergeben sowie zu Gier-, Nick- und Rollbewegungen oder -schwingungen führen. Weitere Flugzustände sind der Gleitflug, der Sturzflug und das Trudeln.

Eine Bewegung außerhalb der Erdatmosphäre ist möglich durch Ausnutzung der Bewegungsenergie des Körpers und der Gravitationskräfte anderer Himmelskörper sowie durch Erzeugung von Antriebskräften mithilfe von Raumantrieben (Massenausstoß).

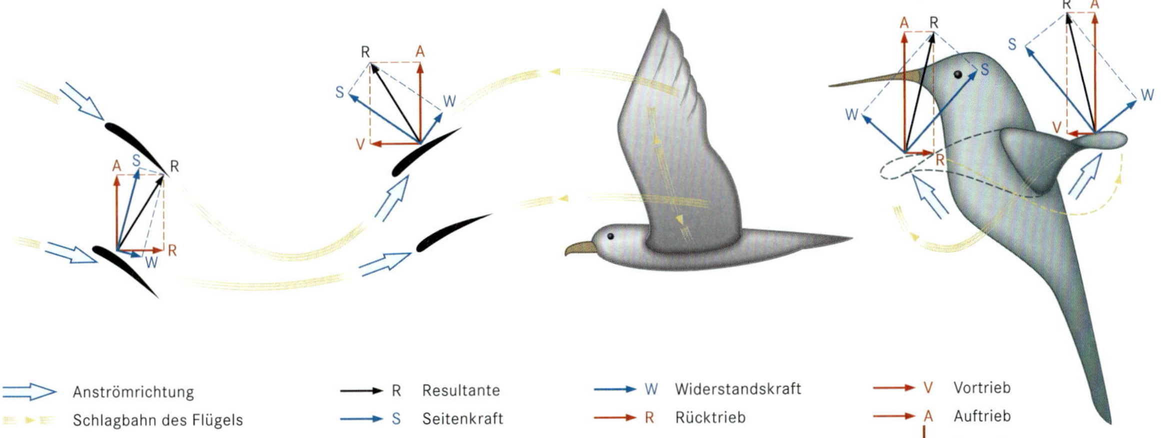


**Flug 2).** Bewegungen der Flügel beim Ruderflug; rechts Schwirrflug des Kolibris, bei dem die Flügel bis zu 80-mal in der Sekunde bewegt werden

**2)** *Biologie:* Passive oder aktive Fortbewegung durch die Luft. Der **passive Gleitflug** lässt sich bei allen Wirbeltierklassen beobachten (u.a. auch bei Fliegenden Fischen, Flugdrachen und Gleithörnchen). Bei ihm kann die Anfangshöhe nicht aktiv überschritten werden, der Auftrieb mindert die Abwärtsbewegung. Als Gleitflächen dienen Flügel, Flughäute und Flossen. Der **Segelflug** ist ein Spezialfall des Gleitflugs, bei dem sich der Vogel in aufwärts strömenden Luftmassen bewegt. Der **aktive Flug** ist die Fähigkeit, sich mithilfe der Muskelkraft frei im Luftraum fortzubewegen; dazu sind Vögel, Insekten und, als einzige Säugetiere, die Fledertiere (Flughunde und Fledermäuse) in der Lage. Die Flügel der Vögel und Insekten sind zugleich Tragflächen und Antriebsorgane. Am häufigsten ist bei Vögeln der **Ruderflug (Schlagflug).** Dabei wird beim Abschlag der Armteil von vorn angeblasen, der Handteil von unten. Beim Übergang zum Aufschlag ändern sich die Anstellwinkel des Hand- und des Armteils; der des Handteils wird annähernd null, der des Armteils wird etwas stumpfer, sodass der Armteil von unten angeströmt wird (starker Auftrieb, leichter Rücktrieb). Beim Abschlag ist somit nur der Handteil belastet, der allein den Vortrieb erzeugt. Beim **Rüttelflug** (Flug auf der Stelle) werden auch im Aufschlag durch Anströmung der Flügeloberseiten Vortriebskräfte erzeugt.

Beim **Insektenflug** entstehen die tragenden und vorwärts treibenden Kräfte prinzipiell in gleicher Weise wie beim Vogelflug. Die Kleinheit der Insekten und ihrer Flügel erfordert eine wesentlich höhere Schlagfrequenz zur Erzeugung ausreichenden Vor- und Auftriebs (z.B. Stechmücken 300 Schläge je Sekunde).

**Flugbahn,** die Bahn eines fliegenden Körpers, der dem Einfluss von Schwerkraft und Coriolis-Kraft, Antriebskräften, Steuerkräften sowie tangential und normal zur Bahn wirkenden Strömungskräften (Luftwiderstand und Auftrieb) unterworfen ist. Für Flugzeuge wird diese Bezeichnung im Allgemeinen nicht verwendet. Im weiteren Sinn werden auch die parabelförmige Wurfbahn eines geworfenen Körpers (→Wurf) und die antriebslos durchflogene Bahn eines Geschosses als Flugbahn bezeichnet. Im Unterschied zur Wurfbahn kann die Flugbahn während der gesamten Bewegungsdauer durch Steuerkräfte und Veränderung von Antriebs- und Auftriebskräften beeinflusst und damit einer gegebenen Aufgabenstellung optimal angepasst werden. Eine Zwischenstellung nehmen Raketen ein, die während der Antriebsphase einer Flugbahn, nach Brennschluss der Triebwerke (Freiflugphase) jedoch einer Wurfbahn folgen. Die Bewegungsbahnen von Raumfahrzeugen werden als **Raumflugbahnen** bezeichnet.

**Flugbild,** charakteristisches Erscheinungsbild fliegender Vogelarten, das zu deren Bestimmung herangezogen wird.

**Flugdatenschreiber, Flugschreiber, Flugdatenregistriergerät, Flight-Recorder,** Flugzeugbordgerät zur fortwährenden Aufzeichnung von Kurs, Flughöhe, Geschwindigkeit, Beschleunigung, Fluglage u.a. wichtigen Flugdaten. Durch bruch- und feuersichere Gehäuse und Datenträger soll ein Datenverlust bei Flugunfällen verhindert werden, um nachträglich aus den aufgezeichneten Daten einen Unfallhergang rekonstruieren und aufklären zu können.

**Flügel, 1)** *Botanik:* a) die zwei seitlichen Blütenblätter der Schmetterlingsblüte; b) die häutigen Anhänge einer Frucht (**Flügelfrucht,** z.B. beim Ahorn) oder eines Samens (**Flügelsamen,** z.B. bei der Kiefer) zur Verbreitung durch den Wind.

**2)** *Technik:* a) Tragfläche am Flugzeug (**Tragflügel**); b) einzelne Fläche eines Windrades, Propellers oder Verdichterrades.

**Flügelfrucht,** *Botanik:* Frucht mit Flugeinrichtung.

**Flügelsamen,** *Botanik:* Samen mit Flugeinrichtung.

**Flugfläche,** englisch **Flight-Level,** *Luftfahrt:* Fläche konstanten Luftdruckes, die auf die Normalatmosphäre 1013,2 mbar bezogen ist. Flugflächen dienen zur Höhenstaffelung von Flugzeugen, sie sind rund 500 Fuß (≈150 m) voneinander getrennt. Die Flugfläche kann nach der Anzeige eines auf Normaldruck eingestellten barometrischen Höhenmessers festgestellt werden.

**Fluggeschwindigkeit,** Geschwindigkeit eines Luftfahrzeuges im Flug. Die Relativgeschwindigkeit gegenüber der umgebenden Luft heißt **wahre Fluggeschwindigkeit** oder **Eigengeschwindigkeit;** zusammen mit der Eigengeschwindigkeit der Luftmasse (Windgeschwindigkeit) ergibt sich daraus die **Absolutgeschwindigkeit** oder **Geschwindigkeit über Grund.** Die größte im Horizontalflug erreichbare Eigengeschwindigkeit ist die **Höchstgeschwindigkeit,** während die durchschnittliche Fluggeschwindigkeit **Reisegeschwindigkeit** heißt. Die auf die Schallgeschwindigkeit der umgebenden Luft bezogene Fluggeschwindigkeit wird **Flug-Mach-Zahl** genannt.

**Flughafen,** Geländefläche mit Anlagen zum Starten und Landen von Luftfahrzeugen **(Flugplatz)** sowie mit zusätzlichen Anlagen zur Abwicklung des zivilen gewerbsmäßigen Luftverkehrs **(Verkehrsflughafen,** englisch **Airport)** oder des militärischen Flugbetriebs **(Militärflughafen, Fliegerhorst,** englisch **Airbase).** Die **Startbahnen** und **Landebahnen** sind befestigte Pisten (2000–4000 m lang, 45–60 m breit), die nur in den Hauptwindrichtungen angelegt werden. Besonders verkehrsreiche Flughäfen benötigen Zwei- und Mehrpistensysteme in 2 oder 3 Richtungen. Befestigte **Rollwege** verbinden die Pisten mit dem **Vorfeld,** auf dem sich die Abfertigungs- und Abstellplätze für die Flugzeuge befinden. An das Vorfeld grenzen die **Abfertigungsgebäude** an. Sie enthalten die eigentlichen Abfertigungsschalter für Passagiere und Gepäck, Verteilungs- und Ausgabeanlagen für Reisegepäck sowie Warteräume, aus denen die Fluggäste mit Omnibussen zu den Flugzeugstandplätzen gebracht werden oder über gedeckte Teleskopbrücken direkt an Bord der Flugzeuge gelangen. Zur Frachtabfertigung werden spezielle Luftfrachtcontainer verwendet; die Abfertigungsanlagen sind hoch mechanisiert und automatisiert. Die **Tankanlagen** umfassen unterirdische Kraftstofflager sowie Unterflurzapfanschlüsse auf dem Vorfeld, aus denen die Flugzeuge über →Dispenser betankt werden. Die für Lenkung und Überwachung des Verkehrs erforderlichen Flugsicherungsanlagen und Einrichtungen für die Nachrichtenübermittlung sind im **Kontrollturm** (englisch **Tower**) untergebracht, der Überblick über Vorfeld, Rollwege und Pisten gewährt. Vom Kontrollturm aus werden auch die bodenseitigen →Landehilfen bedient und überwacht.

**Flughunde, Fliegende Hunde, Pteropodidae,** Familie der Flattertiere mit etwa 170 Arten in den Tropen und Subtropen der Alten Welt. Der Kopf ist hundeähnlich, ein Schwanz fehlt oder ist kurz. Flughunde schlafen tagsüber in Höhlen oder Bäumen, manche frei hängend zu Hunderten in einem Baum. Zu den Flughunden gehört der malaiische **Kalong** (Pteropus vampyrus) mit einer Flughautspannweite bis zu 1,5 m; etwas kleiner ist der **Flugfuchs** (Pteropus giganteus) aus Vorderindien und Ceylon. Männchen der afrikanischen **Epaulettenflughunde** (Epomophorus) tragen Drüsenhaarbüschel an den Schultern.

**Fluglotsen, Flugsicherungslotsen,** Bedienstete im Flugverkehrskontrolldienst der Flugsicherung, die in bodengebundenen Kontrollstellen (Kontrollturm, »Tower«) den Flugverkehr überwachen und durch Funkkontakt mit den Luftfahrzeugen den Flugverkehr lenken und sichern.

**Flugmodell,** flugfähiges, unbemanntes Kleinstflugzeug, dessen Masse nach internationalen Vorschriften 5 kg und dessen Tragflächen 1,5 m² nicht überschreiten dürfen. Vorbildgetreue Maßstabmodelle werden als **Flugzeugmodelle** oder **Modellflugzeuge** bezeichnet. Als Baustoffe werden Leichthölzer (Balsaholz), zunehmend Kunststoffe u. a. verwendet. Mit Flugmodellen werden flugsportliche Wettbewerbe durchgeführt.

**Flugmotoren,** den Anforderungen des Flugbetriebes angepasste Verbrennungsmotoren, fast ausschließlich Viertakt-Hubkolbenmotoren (häufig 4- oder 6-Zylinder-Boxermotoren), deren Leistungen heute bis etwa 400 kW reichen (Sport-, Landwirtschafts-, kleinere Reiseflugzeuge). Die stärkeren Flugmotoren wurden von den →Strahltriebwerken verdrängt.

**Flugnavigation,** →Funknavigation, →Navigation.

**Flugregler,** Systemteil einer automatischen Flugzeugsteuerung, das die von Mess-

**Flugzeug Luftlöcher**

Zu den äußerst unangenehmen Ereignissen einer Reise mit dem Flugzeug gehört das plötzliche Absacken der Maschine, wenn sie in ein so genanntes »Luftloch« gerät. Doch wieso kommt es überhaupt dazu, dass ein Flugzeug »fällt«? Schuld daran sind besonders ausgeprägte Abwinde, auf die die Maschine beispielsweise bei einem Gewitter stößt. Solche Abwinde können an den Tragflächen einen negativen, also abwärts gerichteten, Auftrieb erzeugen und ein Flugmanöver einleiten, das Kunstflieger als Außenlooping bezeichnen: die Flugkruve zeigt plötzlich nach unten.

Die geltenden Sicherheitsnormen für Passagierflugzeuge schreiben vor, dass ein Flugzeug eine vertikale Böe von 17 Meter pro Sekunde überstehen muss. Für die Passagiere typischer Großraummaschinen bedeutet das Beschleunigungen von fast 4*g* (*g* Erdbeschleunigung), die sie zugemutet bekommen!

**Flugzeug.** Doppeldecker-Gleitflugzeug (Hängegleiter) von Otto Lilienthal; 1894

gebern ermittelten Istwerte der Flugbewegung mit vorgegebenen Sollwerten vergleicht und daraus Korrektursignale zur Überführung der Istbewegung in die Sollbewegung bestimmt.

**Flugsauri|er, Flugechsen, Pterosauria,** ausgestorbene, vom Lias bis zur oberen Kreide weltweit verbreitete flugfähige, vogel- oder fledermausähnliche Reptilien. Wichtige Fundorte von Fossilien sind die Plattenkalke von Solnhofen und Eichstätt sowie der Posidonienschiefer von Holzmaden (bei Kirchheim unter Teck).

**Flugschrauber,** ein Drehflügelflugzeug, dessen Rotor durch zusätzliche Antriebsanlagen von der Vortriebserzeugung entlastet wird; erreicht höhere Fluggeschwindigkeiten als ein Hubschrauber.

**Flugsicherung,** Organisation (Flugsicherungsdienst) und Maßnahmen zur Gewährleistung der Sicherheit im Luftverkehr, im Rahmen der Vereinbarungen des Weltverbandes des Luftverkehrs (IATA) international geregelt. Aufgaben der Flugsicherung sind die Flugverkehrskontrolle zur Überwachung und Lenkung der Bewegungen im kontrollierten Luftraum und auf den Rollflächen von Flugplätzen, die Verkehrsflussregelung und die Steuerung der Luftraumnutzung, der Fluginformationsdienst, die Mitwirkung beim Suchdienst und Rettungsdienst für Luftfahrzeuge (Flugalarmdienst) sowie bei der Flugberatung, ausgenommen Flugwetterberatung. Der Luftraum über dem größten Teil der Erdoberfläche und über den Weltmeeren ist in Fluginformationsgebiete und obere Fluginformationsgebiete eingeteilt. Die Fluginformationsgebiete reichen von Grund bis Flugfläche 245 (7 500 m Höhe), die oberen Fluginformationsgebiete von Flugfläche 245 bis unbegrenzt nach oben.

**Flugzeitmethode, Laufzeitmethode,** Verfahren zur Identifizierung von Teilchen durch die Messung ihrer Flugzeit (Laufzeit) zwischen zwei Zählern (Szintillationszählern) über eine bekannte Flugstrecke. Auf der Flugzeitmethode beruhen z. B. **Flugzeitspektrometer.** Sie dienen zur Bestimmung der Energie von atomaren Teilchen, v. a. von Neutronen (→Neutronenspektrometer).

**Flugzeug,** ein Luftfahrzeug, schwerer als Luft, das durch den aerodynamischen Auftrieb fester oder umlaufender Flügel oder durch die Reaktionskräfte von Strahlantrieben getragen wird (→Flug).

■ **Auftriebserzeugung** Zur Auftriebserzeugung werden die Vertikalkomponenten der bei einer Relativbewegung zwischen umgebender Luft und umströmten Körpern entstehenden, senkrecht zur Bewegungsrichtung wirkenden Querkräfte genutzt, die bei Flugzeugen an den besonders geformten Tragflügeln auftreten oder bei den Drehflüglern von den rotierenden Flügelblättern (Rotoren) erzeugt werden. Beim **Starrflügelflugzeug** sind die Tragflügel fest mit dem Flugzeug verbunden, weshalb Auftrieb nur bei Bewegung des gesamten Flugzeugs erzielt wird. Beim **Drehflügelflugzeug** ist die Bewegung der Auftrieb bewirkenden Flügelblätter unabhängig von der Bewegung des Flugzeugs, was den ortsfesten Schwebeflug ermöglicht, der auch mit strahlgetragenen Flugzeugen erreichbar ist (→Hubstrahler).

100520

**Flugzeug.** Eine Junkers Ju 52 auf dem Flugplatz in Dessau (heute Luftfahrtmuseum)

■ **Vortriebserzeugung** Die **Gleitflugzeuge** und **Segelflugzeuge** sind antriebslos, bei ihnen überwindet die in Flugrichtung weisende Komponente der Gewichtskraft den Widerstand. Beim angetriebenen Flugzeug werden dafür entweder durch Flugmotoren angetriebene →Luftschrauben oder von Strahltriebwerken bewirkte Reaktionskräfte austretender Gasströme genutzt. Flugzeuge mit Vortriebserzeugung durch Luftschrauben heißen nach Art der Antriebsmaschine **(Kolben-)Motorflugzeug** oder **Propellerturbinenflugzeug** (Turbopropflugzeug); bei Vortriebserzeugung durch →Strahlantrieb spricht man von **Strahlflugzeugen** oder **Düsenflugzeugen** oder von **Raketen-Flugzeugen.**

■ **Baugruppen** Das **Tragwerk** umfasst alle zur Erzeugung und Aufnahme der tragenden Luftkräfte erforderlichen Bauteile: die Tragflügel einschließlich aller Anschluss- und Versteifungsglieder (Abstrebungen, Verspannungen), die Querruder, alle Hochauftriebsmittel, Störklappen, Grenzschichtzäune und am Flügel angebrachte Bremsklappen. Der **Rumpf** nimmt Besatzung, Fluggäste, Nutzlast, Ausrüstung und häufig auch Triebwerke sowie Betriebsstoffe auf und verbindet das Tragwerk mit dem Leitwerk sowie mit dem Fahr- oder Schwimmwerk. Er wird bei Verkehrsflugzeugen meist als →Druckkabine ausgebildet und enthält bei Frachtflugzeugen große Ladepforten an Bug oder Heck.

Das **Leitwerk** dient der Stabilisierung und Steuerung. Es besteht aus starr mit dem Rumpf oder besonderen Leitwerksträgern verbundenen Flächen (Flossen oder Dämpfungsflächen) sowie den beweglichen Rudern, an denen im ausgeschlagenen Zustand am fliegenden Flugzeug Luftkräfte wirksam werden, die Drehmomente um die Hauptachsen ausüben und entsprechende Drehbewegungen hervorrufen. Bei der Normalbauart sind Höhen- und Seitenleitwerk hinter dem Tragflügel angeordnet, beim Entenflugzeug liegt das Höhenleitwerk vor dem Tragflügel. Beim Nurflügelflugzeug befinden sich auch die Höhenruder an der Hinterkante der Tragflügel.

100562

**Flugzeug.** Düsentriebwerk

Das **Steuerwerk** dient zur Betätigung der Ruder durch Übertragung der vom Flugzeugführer an den Steuerorganen (Steuerknüppel oder -säule für Höhen- und Querruder und Pedale für Seitenruder) aufgebrachten Steuerbewegungen oder durch Übertragung elektrischer Impulse (→Fly-by-Wire). Die Steuerkräfte werden entweder direkt durch Seilzüge, Stoßstangen oder Drehwellen auf die Ruder übertragen (Handkraftsteuerung), oder die Ruder werden (bei großen Flugzeugen oder bei hohen Fluggeschwindigkeiten) durch mechanisch oder elektrisch aktivierte Stellmotoren verstellt. Auch die Betätigungsvorrichtungen für Hochauftriebsmittel, Störklappen, Bremsklappen und Trimmklappen gehören zum Steuerwerk. Das **Fahrwerk** besteht aus den aus Streben, Federbeinen und Radträgern gebildeten Fahrgestellen, den Laufrädern, den Radbremsen sowie gegebenenfalls einem Sporn.

Die **Triebwerksanlage** liefert die Vortriebskraft durch Beschleunigung eines durch sie hindurch geströmten Luftstromes. Luftschrauben (Propeller) erteilen einer großen Luftmenge eine kleinere Zusatzgeschwindigkeit, →Strahltriebwerke einer kleineren Luftmenge eine größere Zusatzgeschwindigkeit. Strahltriebwerke sind zur Überwindung des im Schallgrenz- und Überschallbereich sehr hohen Luftwiderstandes besser geeignet als Propellertriebwerke und ermöglichen damit höhere Fluggeschwindigkeiten. Luftschrauben werden durch Kolbenmotoren oder Gasturbinentriebwerke angetrieben; als Strahlantrieb kommen Luft atmende Triebwerke (Turbinenluftstrahl- oder Staustrahltriebwerke) und für Spezialzwecke Raketentriebwerke zur Anwendung. Nach Anzahl der Triebwerke unterscheidet man ein- oder mehrmotorige beziehungsweise ein- oder mehrstrahlige Flugzeuge. Propellertriebwerke werden meist in der Rumpfspitze oder an den Tragflügelvorderkanten (seltener im Heck oder an den Tragflügelhinterkanten) eingebaut; Strahltriebwerke befinden sich in den Tragflügeln oder in Gondeln unter oder über dem Flügel, im Rumpf oder in Gondeln am Rumpf (meist seitlich am Heck). Zur Triebwerksanlage gehören weiterhin die Triebwerkaufhängung, Kühlanlagen, Lufteinlauf- und Schubumkehranlagen sowie die Betriebsstoffbehälter.

■ **Geschichte** →Luftfahrt.

**Fluid** [von lateinisch fluere »fließen«] *das, Strömungslehre:* Oberbegriff für Flüssigkeiten und Gase.

**Fluidik** [lateinisch] *die,* **strömungsmechanische Schaltkreistechnik,** die Verwendung strömungsmechanischer (statt elektronischer) Bauelemente, der **Fluidics,** in Analog- und Digitalschaltungen für Steuer- und Verknüpfungsaufgaben. Neben reinen Freistrahlelementen werden auch Schalteinrichtungen mit sehr leichten Kolben und Ventilen verwendet. Anwendungen finden diese verschleißlosen und zuverlässigen strömungsmechanische Schaltelemente, die sich auch als »integrierte Schaltungen« in Platten zusammenfassen lassen, in der Luftfahrt-, Raumfahrt- und Reaktortechnik wegen ihrer Unempfindlichkeit gegen Strahlung, Magnetfelder und Beschleunigungen, außerdem bei Wärmekraft- und Werkzeugmaschinen sowie bei medizinischen Geräten.

**Fluidtechnik,** Sammelbezeichnung für die technischen Bereiche der →Hydraulik und der →Pneumatik.

**Fluktuation** [lateinisch »das Schwanken«] *die, Physik:* die Schwankung (→Schwankungserscheinungen).

**Fluor** *das, Chemie:* Symbol **F,** chemisches Element aus der 7. Hauptgruppe des Periodensystems, ein Halogen. Ordnungszahl 9, relative Atommasse 18,9984, Dichte 1,696 g/cm³, Schmelzpunkt −219,62 °C, Siedepunkt −188,12 °C; es gibt nur künstliche Isotope.

Fluor ist ein gelbgrünes, sehr reaktionsfähiges Gas, das sich schon bei gewöhnlicher Temperatur mit den meisten Elementen (außer Sauerstoff) unter Feuererscheinung verbindet. Es liegt in Form dimerer Moleküle ($F_2$) vor. In seinen Verbindungen ist Fluor negativ einwertig; es ist das elektronegativste Element. Die Minerale Flussspat (Fluorit), Kryolith und Fluorapatit sind Fluorverbindungen. Technisch wird Fluor durch Elektrolyse von Kaliumfluorid, KF, in wasserfreier Flusssäure dargestellt. Fluor dient zur Herstellung von

Fluorverbindungen, v. a. von Uranhexafluorid zur Trennung von Uranisotopen. Daneben wurde Fluor auch zur Verwendung in Raketentreibstoffen vorgeschlagen. Die Salze des Fluors heißen **Fluoride;** sie werden zur Kariesvorbeugung (Zahnkaries, →Fluoridierung) verwendet. Weitere wichtige Fluorverbindungen sind Fluorwasserstoff und Flusssäure.

**Fluorchlorkohlenwasserstoffe,** Abkürzung **FCKW, Chlorfluorkohlenwasserstoffe,** Abkürzung **CFKW, Chlorfluorkohlenstoffe,** Abkürzung **CFK, Fluorchlorkohlenstoffe,** Abkürzung **FCK,** niedere Kohlenwasserstoffe, in denen die Wasserstoffatome durch Chlor- und Fluoratome ersetzt sind; unter Druck verflüssigbare Gase oder niedrig siedende Flüssigkeiten von hoher chemischer und thermischer Beständigkeit; dienten viele Jahre als Treibmittel für Spraydosen, Kältemittel und zum Schäumen von Kunststoffen.

In die Stratosphäre gelangende Fluorchlorkohlenwasserstoffe werden durch die kurzwellige solare UV-Strahlung fotolysiert und setzen Chlorradikale frei, die mit dem Ozon weiterreagieren und so die Ozonschicht schädigen. Als Folge davon kann die kurzwellige UV-Strahlung bis zur Erdoberfläche gelangen, und die Gefahr von Hautkrebs erhöht sich. Deshalb wird weltweit nach Ersatzstoffen für Fluorchlorkohlenwasserstoffe geforscht. In Deutschland findet z. B. das Ersatzkältemittel »R 134 a« Anwendung, das zwar nicht ozonschädlich ist, jedoch den Treibhauseffekt unterstützt. In der EU ist die Produktion von Fluorchlorkohlenwasserstoffen seit dem 1. 1. 1995 verboten, in Deutschland wurden bereits seit 1994 keine Fluorchlorkohlenwasserstoffe mehr produziert. In den Industriestaaten ist die Verwendung von Fluorchlorkohlenwasserstoffen seit 1996 verboten, in den Entwicklungsländern ab 2010. Produktion und Verwendung der teilhalogenierten Fluorchlorkohlenwasserstoffe (HFCKW, als Ersatzstoffe für FCKW entwickelt) sollen von 2004 an stufenweise abgebaut und ab 2020 (Entwicklungsländer ab 2040) ganz verboten werden.

**Fluorescein** *das,* Xanthenfarbstoff, der bereits in stärkster Verdünnung deutlich grün fluoresziert; dient u. a. zum Nachweis unterirdischer Wasserläufe, als Indikator und Farbzusatz.

**Fluoreszenz** [lateinisch-englisch] *die,* nach dem Fluorit (Flussspat) benannte Form der Lumineszenz von gasförmigen, flüssigen oder festen Stoffen, die die nach Bestrahlung mit Licht, UV-, Röntgen- oder Elektronenstrahlen absorbierte Energie in Form von elektromagnetischer Strahlung gleicher **(Resonanzfluoreszenz)** oder längerer Wellenlänge (→stokessche Regel) wieder abgeben. Fluoreszenz zeigen neben Fluorit v. a. Uranverbindungen, Salze von Seltenerdmetallen und Dämpfe von Quecksilber, Natrium sowie organische Stoffe. Im Gegensatz zu der durch Nachleuchten gekennzeichneten →Phosphoreszenz gehen die durch die Bestrahlung angeregten Elektronen des Fluoreszenzstoffes praktisch spontan (etwa innerhalb von $10^{-8}$ s nach der Anregung) unter Emission einer charakteristischen Fluoreszenzstrahlung in den Grundzustand zurück. Die Messung der dabei aufgenommenen Fluoreszenzspektren ist Gegenstand der Fluoreszenzspektroskopie.

**Fluoreszenzanalyse,** Sammelbezeichnung für analytische Methoden, die die charakteristische Fluoreszenz bestrahlter Stoffe zum Nachweis von Substanzen in Verbindungen ausnutzen. Hierzu gehören die Fluoreszenzspektroskopie, -mikroskopie und die Röntgenfluoreszenzanalyse.

**Fluoreszenzmikroskopie,** Verfahren der Mikroskopie: Präparate, die fluoreszierende Stoffe enthalten, werden mit ultraviolettem Licht zur Fluoreszenz im sichtbaren Licht angeregt und in diesem betrachtet; Anwendung z. B. in der Kriminalistik, Diagnostik.

**Fluoreszenzspektroskopie,** die Aufnahme und Auswertung der charakteristischen Fluoreszenzspektren von Gasen, Flüssigkeiten sowie Festkörpern für Strukturbestimmungen von Atomen, Molekülen und Kristallen oder zum analytischen Nachweis. Man unterscheidet die **Emissionsfluoreszenzspektroskopie,** bei der mit einer festen Wellenlänge angeregt und die Intensität der Fluoreszenzstrahlung über einen definierten (großen) Spektralbereich gemessen wird, und die **Anregungsfluoreszenzspektroskopie,** bei der die Fluoreszenzintensität bei einer festen Wellenlänge in Abhängigkeit von der Wellenlänge der Anregungsstrahlung registriert wird. Für die Aufnahme der Fluoreszenzspektren werden heute meist laserinduzierte Fluoreszenzspektrometer verwendet.

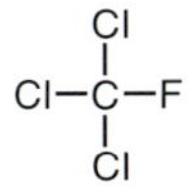


Trichlorfluormethan (R 11)

**Fluorchlorkohlenwasserstoffe**

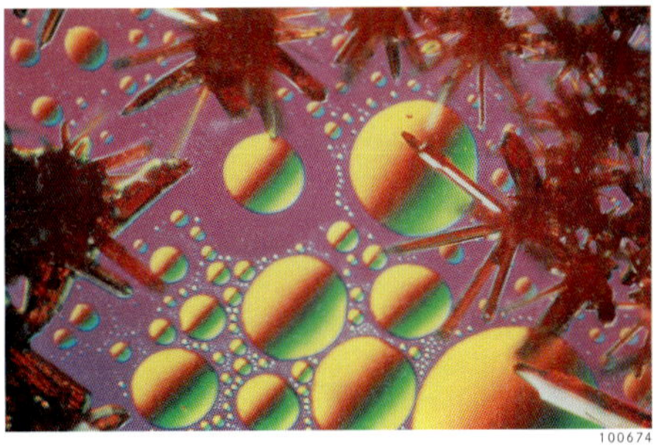


**Fluoreszenz.** Mikroaufnahme eines fluoreszierenden Farbstoffs

**Fluoridierung,** Zusatz von Fluorverbindungen (z. B. Natriumfluorid) zu bestimmten diätetischen Lebensmitteln oder Zahnpflegemitteln im Rahmen der Kariesprophylaxe. Außerdem ist in Deutschland fluoridiertes Kochsalz erhältlich. Die **Trinkwasserfluoridierung** (etwa 1 mg chemisch gebundenes Fluor je Liter; in Deutschland verboten) ist umstritten, da eine gezielte Dosierung kaum gewährleistet ist und die Gefahr einer Fluorvergiftung besteht, die durch Erbrechen, Durchfälle, Bauchschmerzen, Krämpfe und Schock gekennzeichnet ist.

**Fluorkohlenwasserstoffe,** Abkürzung **FKW,** Kohlenwasserstoffe, in denen Wasserstoffatome durch Fluor ersetzt sind. Bei vollständiger Substitution der Wasserstoffatome spricht man von perfluorierten Kohlenwasserstoffen. Sie werden technisch durch Reaktion von Chlorkohlenwasserstoffen mit Fluorwasserstoff oder Metallfluoriden hergestellt. Wird das Chlor dabei nicht vollständig gegen Fluor ausgetauscht, entstehen →Fluorchlorkohlenwasserstoffe. Fluorkohlenwasserstoffe unterscheiden sich von den entsprechenden Kohlenwasserstoffen durch größere thermische und chemische Stabilität, niedrigere Oberflächenenergie, Dielektrizitätskonstanten und Brechzahlen, geringere Löslichkeit und höhere Dichte. Deshalb werden Fluorkohlenwasserstoffe in vielen technischen Bereichen angewendet, z. B. als Kältemittel, hydraulische Flüssigkeiten, Schmiermittel, Rohstoffe für hoch beständige Kunststoffe.

Chlorfreie Fluorkohlenwasserstoffe werden in der Stratosphäre relativ schnell fotochemisch abgebaut, ohne die Ozonschicht zu schädigen; sie dienen daher zum Teil als Ersatzstoffe für Fluorchlorkohlenwasserstoffe.

**Fluormethode, Fluortest,** Methode zur Altersbestimmung von fossilen Knochen und Zähnen. Die im Grundwasser enthaltenen Fluorionen wurden auf dem Austauschwege dem Calciumphosphat der Knochen eingelagert; ihr Fluorgehalt ist mikrochemisch bestimmbar und erlaubt unter günstigen Umständen eine relative Altersgruppierung. Häufig wird Fluor zusammen mit Uran und Stickstoff bestimmt, was die Sicherheit der Altersaussage erhöht; man spricht dann vom **Fluor-Uran-Stickstoff-** oder **FUN-Test.**

**Fluorokieselsäure, Kieselfluorwasserstoffsäure, Hexafluorokieselsäure,** $H_2SiF_6$, starke anorganische Säure, als Desinfektions- und Konservierungsmittel verwendet. Ihre Salze, die **Fluorosilikate,** dienen zum Fluatieren (Dichten und Härten von Zement) und zur →Fluoridierung.

**Fluorwasserstoff,** HF, farbloses, stechend riechendes Gas, das technisch durch Einwirkung von Schwefelsäure auf Calciumfluorid hergestellt wird. Seine Lösung in Wasser ist die **Fluorwasserstoffsäure** oder **Flusssäure,** eine mittelstarke, stechend riechende, ätzende, giftige, farblose Säure, die viele Metalle und alle kieselsäurehaltigen Stoffe, z. B. Glas, angreift; wird als Lösungsmittel sowie zum Glasätzen benutzt.

**Fluss,** *Physik:* 1) →Vektorfluss (z. B. →elektrischer Fluss, →magnetischer Fluss); 2) Wärmefluss (→Wärmestrom).

**Flussdichte,** *Physik:* 1) →elektrische Flussdichte; 2) →magnetische Flussdichte; 3) →Neutronenflussdichte.

**flüssige Kristalle, Flüssigkristalle, kristalline Flüssigkeiten,** organische Verbindungen aus lang gestreckten Molekülen, bei denen sich in bestimmten Temperaturbereichen bestimmte »Kristallstrukturen« (Texturen) bilden. Man unterscheidet die **nematische Phase** (die Moleküle sind ausgerichtet, aber nicht in Schichten angeordnet), die **smektische Phase** (Moleküle in Schichten angeordnet und senkrecht dazu ausgerichtet) sowie die **cholesterinische (cholesterische) Phase** (Moleküle sind schichtweise orientiert, die Schichten sind schraubenartig verdreht). Durch Anlegen äußerer Felder können die optischen Eigenschaften (z. B. Farbe, Transparenz) reversibel geändert werden; dies nützt man in →Flüssigkristallanzeigen aus.

Flüssige Kristalle bilden eine Übergangsstufe, die **Mesophase,** zwischen dreidimensional geordneten Phasen (Kristalle) und isotropen Flüssigkeitsphasen. Die von den Kristallen bekannten Anisotropieeffekte wie Doppelbrechung treten auch an flüssigen Kristallen auf.

**flüssige Luft,** Luft, die durch wiederholte Kompression mit Abkühlung auf Temperaturen unter ihrem Siedepunkt (−194,5 °C) gebracht und dadurch verflüssigt wird; wichtiges Kühlmittel und Ausgangsstoff für die Luftzerlegung.

**Flüssiggas,** bei der Verarbeitung von Erdgas und Erdöl gewonnenes, in Druckbehältern verflüssigtes Propan, Butan, Propylen, Butylen u. a.; wird in der chemischen Industrie, als Brenngas und Kraftstoff (Autogas) verwendet.

**Flüssigkeit,** Materie im flüssigen Aggregatzustand, in dem die Atome oder Moleküle eng beieinander liegen, aber leicht gegeneinander verschiebbar sind. Eine Flüssigkeit nimmt daher (im Gegensatz zu Festkörpern) die Form des Gefäßes an, behält aber (anders als Gase) ihr Volumen auch unter Druck bei. Ein charakteristisches Merkmal von Flüssigkeiten ist ihre Fähigkeit, Gefäßwände u. a. zu benetzen (→Benetzung). Im Unterschied zu Gasen können Flüssigkeiten stabile Oberflächen annehmen; in Gefäßen bilden sie unter der Einwirkung der Schwerkraft eine ebene Oberfläche aus, während kleine Flüssigkeitstropfen infolge der Oberflächenspannung Kugelform annehmen. Außer bei **kristallinen Flüssigkeiten** (→flüssige Kristalle) fehlt bei Flüssigkeiten die Fernordnung der Flüssigkeitsteilchen. Bezüglich ihres Fließverhaltens unterscheidet man zwischen **newtonschen** und **nichtnewtonschen Flüssigkeiten** (→Fließen). Mit Ausnahme des flüssigen Heliums (→Suprafluidität) existiert in Flüssigkeiten stets nur eine flüssige Phase.

**Flüssigkristallanzeige,** englisch liquid crystal display, Abkürzung **LCD,** bei elektronischen Geräten eine Anzeigeeinheit aus →flüssigen Kristallen. Dabei befindet sich eine dünne (transparente) Schicht nematischer flüssiger Kristalle zwischen zwei durchsichtigen leitenden Platten (Glasplatten mit Elektroden). Wird ein elektrisches Feld angelegt, so ändert sich die Orientierung der Kristalle und damit deren optische Eigenschaften, insbesondere die Transparenz der Schicht; bei bestimmten flüssigen Kristallen sind auch Farbänderungen möglich.

**Flüssigkristallbildschirm,** Bildschirmtyp, der auf der →Flüssigkristallanzeige beruht. Dazu zählen neben den **LCD-Bildschirmen** (zu englisch liquid crystal display), die z. B. als →Flachbildschirme eingesetzt werden, auch die **FLC-Bildschirme** (ferroelectric liquid crystal), die ferroelektrische Flüssigkristallmoleküle verwenden.

LCD-Bildschirme lassen sich in passive und aktive Schirme unterteilen. Passive LCD-Bildschirme reflektieren das Licht, woraus sich ein geringer Stromverbrauch ergibt. Bei aktiven LCD-Bildschirmen (auch **TFT-Flüssigkristallbildschirme** genannt) werden die einzelnen Bildpunkte über Dünnfilmtransistoren (englisch thin film transistor) individuell aktiviert und deaktiviert. Durch eine besonders hohe Beweglichkeit der Kristalle und die präzise Ansteuerung werden die Reaktionszeiten verkürzt und Schattenbildeffekte vermieden. Der TFT-Flüssigkristallbildschirm erlaubt damit einen hohen Kontrast.

**Flussmittel,** Gemischzusätze bei verschiedenen Schmelzprozessen (Metallerzverhüttung, Keramikherstellung, Glasschmelzen), die das Schmelzen oder die Abscheidung bestimmter Stoffe erleichtern oder die Oxidation verhindern. Zu Flussmitteln gehören auch Desoxidationsmittel, viele Löt- und Schweißhilfsmittel.

**Flusspferde, Hippopotamidae,** Paarhuferfamilie mit zwei dicken, plumpen, fast nackten, kurzbeinigen Arten mit breitem, flachem Kopf, kleinen Augen und Ohren sowie verschließbaren Nasenöffnungen. Die vierzehigen Füße haben Schwimmhäute. Flusspferde sind nicht wiederkäuende Pflanzenfresser, sie leben in Afrika südlich der Sahara. Das **Große Flusspferd** (**Nilpferd,** Hippopotamus amphibius) wird über 4 m lang und über 3 t schwer. Es lebt gesellig außerhalb des geschlossenen Regenwaldes. Paarung, Geburt und Säugen finden im Wasser statt. Das **Zwergflusspferd** (Choeropsis liberiensis), bis zu 175 cm lang, 270 kg schwer, bewohnt geschlossene Waldgebiete einzeln oder paarweise in Sümpfen und Dickichten. Die Jungen werden an Land geboren.

**Flussregelung,** Veränderung eines natürlichen Wasserlaufs im Interesse der Schifffahrt sowie der Energie- und Wasserwirtschaft durch Ein- oder Uferbauten und Baggerungen; dient zur Verbesserung der Wasserstands- und Abflussverhältnisse sowie zur Herabsetzung der Fließgeschwindigkeit.

**Flusssäure,** →Fluorwasserstoff.

**Flut,** periodisches Steigen des Meerwassers zwischen Niedrigwasser und Hochwasser. (→Gezeiten)

**Fly-by-Wire** ['flaɪ 'baɪ 'waɪə; englisch »Fliegen per Draht«] *das,* Übertragung der Steuersignale von den Steuerorganen zu den Steuerflächen eines Flugzeugs durch Leitungen, die elektrische Impulse an die Stellmotoren einer kraftverstärkten Steuerung übertragen. Vorteile gegenüber mechanischen Flugsteuersystemen sind Masseeinsparung sowie höhere Genauigkeit der Signalübertragung. Im weiteren Sinn auch Bezeichnung für computergestützte Flugsteuersysteme.

**fm,** Einheitenzeichen für Femtometer, 1 fm = $10^{-15}$ m.

**Fm,** chemisches Symbol für →Fermium.

**FM,** Abkürzung für Frequenz**m**odulation (→Modulation).

**FNAL,** Abkürzung für englisch →**F**ermi **N**ational **A**ccelerator **L**aboratory.

**Focke,** Henrich, deutscher Flugzeugkonstrukteur, * Bremen 8. 10. 1890, † ebenda 25. 2. 1979; Mitbegründer (1924) der Focke-Wulf Flugzeugbau AG, Bremen, von der Schul-, Sport- und Verkehrsflugzeuge sowie Jagdflugzeuge und Bomber gebaut wurden. 1932–37 arbeitete er an der Entwicklung des ersten gebrauchsfähigen Hubschraubers (Fw 61) und gründete dafür mit G. Achgelis 1937 die Firma **Focke, Achgelis & Co.** in Delmenhorst; nach 1945 Hochschullehrer.

**Föhn** [von lateinisch favonius »lauer Westwind«], warmer, trockener böiger Fallwind auf der Leeseite von Gebirgen, z. B. den Alpen; entsteht durch Luftdruckausgleich von einem Gebiet hohen Luftdrucks zu einem Gebiet tiefen Luftdrucks. Nach Überqueren des Gebirgskammes löst sich die Luvwolke entlang einer stationären Grenze auf, die von Lee her gesehen als mächtige Wolkenwand **(Föhnmauer)** erscheint.

**Fokker,** Anthony Herman Gerard, niederländischer Flugzeugkonstrukteur, * Kediri (auf

**Flusspferde.** Großes Flusspferd (Nilpferd)

Java) 6. 4. 1890, † New York 23. 12. 1939; gründete 1912 eine Flugzeugfabrik bei Berlin und baute während des Ersten Weltkriegs u. a. einsitzige Jagdflugzeuge. 1919 gründete er in Amsterdam die **Nederlandse Vliegtuigenfabriek Fokker,** in der viele bedeutende Verkehrsflugzeuge entstanden. Nach 1922 gründete Fokker in den USA mehrere Flugzeugwerke.

**Fokus** [lateinisch »Herd«] *der, Optik:* der →Brennpunkt.

100746

**Fördermaschine.** Förderturm der Zeche Zollern in Dortmund; sie war bei ihrer Einweihung 1898 die Musterzeche der Gelsenkirchener Bergwerks AG mit modernster Technik (heute Industriemuseum).

**Foli|e** [von lateinisch folium »Blatt«] *die,* flächiges, in sich homogenes, sich selbst tragendes und flexibles Gebilde mit einer Dicke zwischen 2 µm und 1 mm. **Metallfolien,** in der Regel Aluminium- und Zinnfolien (Stanniol), sind meist gewalzt und werden als Verpackungsmaterial, zum Belegen von Spiegeln u. a. verwendet. **Kunststofffolien** erhält man durch Gießen, Kalandrieren oder Extrudieren. **Verbundfolien** werden durch Verkleben, Verschweißen oder Metallisieren im Hochvakuum (z. B. Aluminium und Kunststoff) hergestellt. **Schrumpffolien** werden durch Recken bei hoher Temperatur und Abkühlung unter Spannung vorbehandelt; um das zunächst locker eingeschlagene Packgut legt sich diese Folie beim Erwärmen eng an. Folien werden für Verpackungen, in Bautechnik, Landwirtschaft und für Auskleidungen im Apparatebau verwendet.

**Folsäure, Pteroylglutaminsäure,** Substanz aus der Gruppe der $B_2$-Vitamine, Vitamine.

**Foraminiferen** [lateinisch], **Kammerlinge, Foraminiferas,** seit dem Kambrium bekannte Ordnung mariner Urtierchen mit etwa 20 µm bis 15 cm großer, vielgestaltiger Schale aus Kalk (Kalkschaler) oder zusammengekitteten Sedimentteilchen (Sandschaler). Foraminiferen finden sich in rezenten marinen Ablagerungen oft in großer Zahl **(Foraminiferensand, Globigerinenschlamm),** zum Teil sind sie wichtige Leitfossilien und Gesteinsbildner, besonders im Karbon und in der Kreide **(Foraminiferenkalke).**

**Ford** [fɔ:d], Henry, amerikanischer Industrieller, * Dearborn (Michigan) 30. 7. 1863, † Detroit 7. 4. 1947; konstruierte 1892 sein erstes Automobil und gründete 1903 die Ford Motor Company. Weltruf erlangte Ford durch die Herstellung des Serienwagens Modell T (»Tin Lizzie«), von dem 1908–27 mehr als 15 Mio. Wagen verkauft wurden.

**Förderhöhe,** charakteristische Größe für Pumpen u. a., die man aus dem Energieunterschied an zwei Stellen in einem strömenden Medium erhält; z. B. Höhenunterschied zwischen saugseitigem und druckseitigem Wasserspiegel einer Pumpe.

**Fördermaschine,** *Bergbau:* Einrichtung zum Heben und Senken von Lasten in Schächten (Förderung), besteht aus elektrischer Antriebsmaschine und Treibmittel, die der Halterung des Förderseils und der Kraftübertragung von der Maschine auf das Seil dienen (z. B. Seiltrommeln oder gekerbte Scheiben). **Flurfördermaschinen** stehen neben dem Schacht, sie erfordern ein Fördergerüst über dem Schacht mit Seilscheiben zur Umlenkung der Förderseile. **Turmfördermaschinen** stehen auf einem Turm **(Förderturm)** über dem Schacht.

**Fördermittel, Förderer,** Maschinen und Geräte zum Transportieren von Schütt- und Stückgütern, Flüssigkeiten, auch Personen in geschlossenen Räumen, im Freien und unter Tage in Bergwerken. **Stetigförderer** transportieren in unablässiger Folge nur in einer Richtung. Viele **mechanische Stetigförderer** haben ein endloses, um je eine Trommelscheibe oder einen Kettenstern der Antriebs- und der Umkehrstation geführtes Zugmittel (z. B. Band, Gurt, Drahtseil oder Kette). Mit 1, 2 oder 3 Ketten als Zugmittel gibt es mechanische Stetigförderer in vielen Formen, z. B. als Gurt-, Trog-, Platten- und Kastenbandförderer, als Fahrtreppen, Becherwerke, Schaukel- und Kettenkratzerförderer, ferner als Kettenförderer zum Anhängen von Werkstücken oder dergleichen sowie als Kettenbahnen, die Transportwagen über Mitnehmer an ihren Achsen vorschieben. Seil- und Seilschwebebahnen haben Seile als Zugmittel. Bei Kreisförderern läuft an Hängebahnschienen eine endlose Kette. Mechanische Stetigförderer ohne Zugmittel sind (für Stückgut) u. a. die Rollenförderer und für Schüttgut Schneckenförderer, geneigte feste Rutschen, sowie Schüttelrutschen und Schwingförderer. Bei **pneumatischen Stetigförderern,** zu denen auch die Rohrpost gehört, wird das Fördergut durch eine Schleuse in eine Druckleitung oder durch

Rechte Seite: Das Kunstprojekt »Der Berg« – eine monumentale Installation aus Stahlgerüsten und beleuchteter Kunststofffolie – war 2005 in der Bauruine des Palastes der Republik in Berlin aufgebaut.

100562

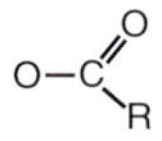
Formaldehyd

H[–O–CH$_2$]$_n$C–OH

Paraformaldehyd
$n$ = 8–100

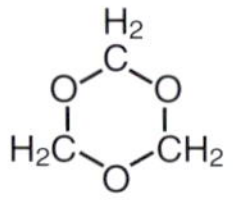
Trioxan

**Formaldehyd**

eine Düse in eine Saugleitung gebracht und von einem Gasstrom mitgenommen. Man verwendet sie vorwiegend für leichte, feinkörnige Medien (z. B. Feinkohle, Zement, Getreide, Holzspäne). **Hydraulische Stetigförderer** eignen sich für feinkörnige Stoffe, die mit einem von einer Pumpe erzeugten Wasserstrom durch Rohrleitungen gefördert werden. **Unstetigförderer** bewegen meist Einzellasten diskontinuierlich, wobei Zeit und Richtung der Förderung frei wählbar sind. Dazu gehören Flurfördermittel, Regalförderzeuge zum Ein- und Auslagern in Hochregallagern, Hebezeuge (Kran, Elektro-, Flaschenzug) zum vorwiegend senkrechten Fördern von Lasten, Seilbahnen, Hängebahnen und Aufzüge.

**Forellen,** zwei Arten von Lachsfischen der Gattung Salmo: 1) Die **Europäische Forelle** (Salmo trutta) in europäischen Binnen- und Küstengewässern wird drei Unterarten zugeordnet: Die **Meerforelle** oder **Lachsforelle** (Salmo trutta trutta), bis 1 m lang, bewohnt als Meeresfisch die Küstenzonen von Portugal bis zum Weißen Meer; zur Laichzeit wandert sie in die Flüsse, um in deren Oberlauf abzulaichen. Frühestens nach einem Jahr wandern die Jungfische ins Meer. Die **Seeforelle** (Salmo trutta lacustris) bewohnt tiefere Seen der Alpen, Voralpen, Skandinaviens und Schottlands; sie wird maximal 140 cm lang. Die Jungtiere leben in Ufernähe, die geschlechtlich unentwickelten größeren Exemplare als **Schwebeforelle** oder **Maiforelle** in der Oberflächenzone, die geschlechtlich entwickelten Tiere als **Grundforelle, Förche, Förne** oder **Rheinlanke** in Bodennähe der Seen. Die **Bachforelle** (Salmo trutta fario) ist ein Bewohner rasch fließender Gewässer, sie wird 25–50 cm lang und ist durch Nachzucht weit verbreitet. 2) Die in Nordamerika beheimatete **Regenbogenforelle** (Salmo gairdneri), ein 25–50 cm langer Süßwasserfisch mit meist rosa schillerndem Längsband, ist in Europa als Zuchtfisch eingeführt.

**forensische Gentechnik,** gentechnische Analysemethoden, die in der Kriminalistik eingesetzt werden, z. B. die Polymerase-Kettenreaktion, mit deren Hilfe man u. a. geringste Mengen von Blut oder Spermien zur Identifikation eines Straftäters nutzen kann.

**Form|aldehyd, Methanal,** farbloses, stechend riechendes, stark reizendes Gas; seine etwa 40 %ige, durch Methanol stabilisierte Lösung in Wasser, das **Formalin®**, dient u. a. zum Desinfizieren. Beim Eindampfen wässriger Lösungen polymerisiert Formaldehyd zu *Para-Formaldehyd*, beim Destillieren im sauren Medium zu *Trioxan*. Formaldehyd ist ein wichtiges chemisches Zwischenprodukt, überwiegend durch Dehydrierung von Methanol in Gegenwart von Luft hergestellt. Der größte Teil wird zur Herstellung von Kunstharzen, besonders von Aminoplasten und Phenolharzen, zur Härtung von Kasein, Leim, Gelatine u. a. verwendet.

Formaldehyddampf verursacht Entzündungen der Atemwege (MAK-Wert 1 ppm), auch besteht der Verdacht auf karzinogene und mutagene Wirkung. Deshalb wurden zulässige Höchstkonzentrationen festgelegt, z. B. dürfen Wasch-, Reinigungs- und Pflegemittel nicht mehr als 0,2 % Formaldehyd, Spanplatten und daraus hergestellte Möbel nur noch 0,1 ppm Formaldehyd enthalten.

**Formel,** *Chemie:* →chemische Zeichensprache.

**Formfaktor,** *Physik:* experimentell gewonnener Korrekturfaktor, der ein noch unvollständiges theoretisches Teilchenmodell so korrigiert, dass es die räumliche Verteilung einer Größe richtig wiedergibt. So beschreiben elektrische und magnetische Formfaktoren die Verteilung der Ladung und des magnetischen Moments in den Nukleonen; sie können aus der Winkelverteilung gestreuter Elektronen bestimmt werden.

**Formgedächtnislegierungen,** die →Memory-Legierungen.

**Formiate** [neulateinisch], die Salze und Ester der Ameisensäure.

**Formmassen,** pulver- oder granulatförmige Kunststofferzeugnisse, die innerhalb eines bestimmten Temperaturbereichs durch Druck spanlos zu Formteilen oder Halbzeug geformt werden können. Die aus Formmassen hergestellten Werkstoffe heißen **Formstoffe.**

Nicht härtbare, thermoplastische Formmassen **(Thermoplaste)** sind schmelzbar (z. B. Polyolefine, Polystyrol, Polyvinylchlorid, Polymethylmethacrylat, Polyamid, Polyacetal, Polyurethan, Polyethylenterephthalat, Polycarbonat, Celluloseester). Härtbare Formmassen **(Thermodure, duroplastische Formmassen, duromere Formmassen)** sind Gemische aus härtbaren Kunstharzen (Bindemittel), Füll- und Verstärkerstoffen. Der gehärtete Formstoff kann nicht wieder geschmolzen werden.

**Formschluss,** Art der Verbindung von Maschinenelementen, bei der Kräfte und Bewegungen senkrecht zur Berührungsebene durch die Form der an der Verbindung beteiligten Teile übertragen werden (Falze, Bolzen, Zahnräder). →Kraftschluss

**Formylierung** [von neulateinisch acidum formicum »Ameisensäure« und griechisch hýlē »Stoff«], Einführung der Aldehyd- oder Formylgruppe –CHO in organische Verbindungen.

**Forschung,** die Gesamtheit der systematischen Bemühungen um Erkenntnisse im Rahmen der Wissenschaften. Nach dem Forschungsanliegen differenziert man im Allgemeinen zwischen →Grundlagenforschung (»reiner« Forschung) und angewandter (zweckorientierter) Forschung, zur Lösung konkreter praktischer Anliegen. Nach Art der

**Forschung**
→ GEO **Dossier**
Von Menschen, die alles wissen wollen, Bd. 6

**Forschung**
→ GEO **Dossier**
Unternehmen Forschung, Bd. 8

Finanzierung unterscheidet man zwischen überwiegend staatlich finanzierter und nichtstaatlich finanzierter Forschung, deren wichtigster Bereich die Industrieforschung ist. Zur hauptsächlich staatlich finanzierten Forschung gehören in Deutschland u. a. die Hochschulforschung, die Forschung an Bundes- und Landesforschungsanstalten und an staatlich geförderten Institutionen; zu diesen zählen v. a. die Akademien der Wissenschaften, die Einrichtungen der →Hermann von Helmholtz-Gemeinschaft Deutscher Forschungszentren sowie die Institute der →Max-Planck-Gesellschaft zur Förderung der Wissenschaften e. V. und der →Fraunhofer-Gesellschaft zur Förderung der angewandten Forschung e. V. Von großer Bedeutung ist die Beteiligung des Bundes an internationalen Forschungsorganisationen und Forschungsprojekten (z. B. CERN, ESO, EURATOM, ISS, ITER) sowie die internationale Zusammenarbeit.

**Forschungsreaktor,** Kernreaktor mit geringer Leistung, v. a. für Forschungs- und Bestrahlungsversuche. Forschungsreaktoren mit einer hohen Neutronenflussdichte **(Hochflussreaktoren)** eignen sich besonders als Materialprüfreaktoren oder Neutronenquellen für die Grundlagenforschung.

**Forschungsschiff,** Schiff für Aufgaben der Meeresforschung mit Einrichtungen zum Einsatz ozeanografischer, geophysikalischer und meeresbiologischer Instrumente und Labors für Wissenschaftler.

**Forschungszentrum Jülich GmbH,** gegründet 1956, Sitz: Jülich; Mitglied der →Hermann von Helmholtz-Gemeinschaft Deutscher Forschungszentren, getragen vom Bund (90 %) und vom Land Nordrhein-Westfalen (10 %). Hauptarbeitsgebiete sind Material-, Energie- und Umweltforschung, biologische und medizinische (Grundlagen-)Forschungen, Informationstechnik.

815

**Forschungsreaktor.** Blick in die Experimentierhalle des Forschungsreaktors des Hahn-Meitner-Instituts (Berlin); in der Bildmitte die Außenwand des Reaktorbeckens

**Forschungszentrum Karlsruhe GmbH,** Abkürzung **FZK,** gegründet 1956 (früher Kernforschungszentrum Karlsruhe GmbH); Mitglied der →Hermann von Helmholtz-Gemeinschaft Deutscher Forschungszentren. Arbeitsschwerpunkte sind u. a. Forschung und Entwicklung im Bereich umweltschonender Hochtechnologien (Umwelt, Energie, Mikrosystemtechnik/Medizintechnik) und der Nukleartechnik (z. B. Materialforschung, Entsorgungstechnik, Stilllegung nuklearer Anlagen).

**Forßmann,** Werner, deutscher Chirurg und Urologe, * Berlin 29. 8. 1904, † Schopfheim 1. 6. 1979; führte 1929 im Selbstversuch erstmals die →Herzkatheterisierung durch; erhielt 1956 mit A. Cournand und D. W. Richards den Nobelpreis für Physiologie oder Medizin.

**Forst** [von lateinisch foris »außerhalb«], im Gegensatz zu dem vom Menschen unbeein-

**Forschungsschiff** Die »Maria S. Merian«

100562

Am 9. Februar 2006 wurde dem Institut für Ostseeforschung in Warnemünde ein neues Forschungsschiff übergeben: die »Maria S. Merian«. Im Gegensatz zu früheren Expeditionsschiffen – in der Regel umgebaute Fischtrawler – wurde die »Maria S. Merian«, benannt nach der gleichnamigen Naturforscherin, eigens für die Forschung konzipiert. An Deck störende Winden befinden sich bei ihr im stahlverstärkten Rumpf, 20 Container für Labore und Ausrüstung stehen an Bord, Abflüsse und Anschlüsse für Gas und Wasser liegen an jedem Containerplatz bereit. Wissenschaftler schwärmen zudem über die ruhige Lage des Schiffes – ausfahrbare Flügel an den Seiten des Rumpfes stabilisieren es. Prunkstücke des Antriebs sind die so genannten Gondelantriebe unter dem Heck, zwei Rotoren, die das Schiff quasi auf der Stelle steuern können. Sie verursachen kaum Vibrationen und arbeiten sehr leise, was ungestörte Messungen erlaubt.

**Fossilien.**
Das versteinerte Skelett einer Messelralle (Messelornis christata), Fundort Grube Messel bei Darmstadt

flussten Urwald ein Wirtschaftswald, der der Produktion von Holz, Harz, Waldfrüchten, Pilzen, u.a. dient. Von wachsender Bedeutung sind v.a. in dicht besiedelten Industrieländern die Erhaltung und Pflege von Forsten als Erholungswald für die Bevölkerung, als Schutzwald gegen Erosion und Lawinen im Gebirge oder als Wald, der die Umwelt nachhaltig positiv beeinflusst (Luftfilter, Wasserspeicher, Wind- und Lärmschutz, Klimaregulator).

**Forstschutz,** alle forstlichen Maßnahmen zur Vorbeugung und zur Abwendung von schädigenden Einwirkungen auf den Wald. Man unterscheidet Forstschutz gegen Eingriffe des Menschen, gegen Forstschädlinge und gegen abiotische Einflüsse wie Sturm, Frost, Hitze, Schnee, Hagel, Eis. Besondere Bedeutung haben in Mitteleuropa Bekämpfungs- und Vorbeugungsmaßnahmen gegen die immissionsbedingten Waldschäden (→Waldsterben) erlangt.

**Forstwirtschaft,** beschäftigt sich mit der wirtschaftlichen Nutzung und Pflege sowie dem Anbau des Waldes. Die Forstwirtschaft in Deutschland hat v.a. wirtschaftliche, aber auch soziale (Erholungs-, Schutzwald) sowie angesichts zunehmender Umweltbelastung (→Waldsterben) wachsende Bedeutung für die Erhaltung des ökologischen Gleichgewichts. Für die Erfüllung vielfältiger Aufgaben (Mehrzweckforstwirtschaft) wird moderne Forstwirtschaft verstärkt nach ökologischen Grundsätzen und Erkenntnissen betrieben. Seit etwa 1980 haben Maßnahmen der Walderhaltung und des →Forstschutzes in Mittel- und Nordeuropa und in Nordamerika besondere Bedeutung erlangt. Kennzeichen der Forstwirtschaft sind die im Vergleich zu Landwirtschaft und Gartenbau sehr langfristigen Planungen, Maßnahmen und Auswirkungen. Zwischen Saat, Pflanzung und Ernte liegen oft mehr als 100 Jahre, sodass ein Nutzen erst kommenden Generationen möglich ist. Von Bedeutung ist die Einhaltung des Prinzips der Nachhaltigkeit, das heißt, dass nicht mehr Holz geerntet wird, als jeweils nachwachsen kann. Die **Forstnutzung** richtet sich auf wirtschaftlich und arbeitstechnisch zweckmäßige Gewinnung, rohstoff- und marktgerechte Bereitstellung sowie volks- und betriebswirtschaftlich beste Verwertung von primären Produkten des Waldes.

■ **Geschichte** Das Nutzungsrecht am Wald stand zusammen mit dem Jagdrecht dem König zu, der jedem die Benutzung bestimmter Wälder (Bannforsten) untersagen konnte. Erst Anfang des 19. Jahrhunderts konnte sich unter Einfluss der stein-hardenbergschen Reform Privateigentum am Wald stärker entwickeln.

**Forstwissenschaft,** Wissenschaft und Lehre von den biologischen Gesetzmäßigkeiten im Wachstum von Bäumen und Wäldern, der planmäßigen und nachhaltigen Nutzung von Holzerträgen, der Anwendung von Technik und Mechanisierung in der Forstwirtschaft sowie von der Auslotung aller rechtlichen und gesetzlichen Probleme bezüglich Mensch und Wald.

Die Forstwissenschaft gliedert sich in forstliche Produktionslehre (Waldbau, Forstschutz, forstliche Arbeitslehre, Forstbenutzung, Wegebau, forstliches Transportwesen), forstliche Betriebslehre (Forsteinrichtung, forstliche Betriebswirtschaftslehre, Forstverwaltung) sowie Forst- und Holzwirtschaftspolitik, einschließlich Forstgeografie, Forstgeschichte, Sozialwissenschaften Seit einigen Jahren hat die Erforschung der Waldschäden, im Rahmen des fortschreitenden →Waldsterbens, besondere Bedeutung erlangt.

**Fossilien** Altersbestimmung von Fossilien

Die Grundlage für eine relative Altersbestimmung von Gesteinen und den darin enthaltenen Fossilresten bilden die Leitfossilien, z.B. Einzellerschalen oder Muscheln. Diese kommen nur ein einem schmalen Schichtenhorizont, dafür aber häufig und weit verbreitet vor. Diese Gliederung der Sedimentschichten mithilfe von Leitfossilien nennt man Biostratigrafie. Um das Alter genauer bestimmen zu können, ist eine absolute Altersbestimmung notwendig. Hier liefern die Zerfallsreihen verschiedener radioaktiver Isotope eine Art »geologische Uhr«. Die Radiokarbonmethode nutzt den Zerfall des radioaktiven $^{14}C$-Isotops, dessen Halbwertszeit etwa 5740 Jahre beträgt. Bei Fossilien, die älter als 50000 Jahre sind, nutzt man die Kalium-Argon-Methode, die auf dem Zerfall von $^{40}K$ zu $^{40}Ar$ basiert (Halbwertszeit 1,3 Milliarden Jahre).

**Fortpflanzung, Reproduktion,** die Erzeugung von Nachkommen; durch Fortpflanzung wird in der Regel die Zahl der Individuen erhöht (Vermehrung) und die Art erhalten. Man unterscheidet ungeschlechtliche und geschlechtliche Fortpflanzung. Die **ungeschlechtliche Fortpflanzung** (asexuelle Fortpflanzung, vegetative Fortpflanzung, Monogonie) geht von Körperzellen des mütterlichen Organismus (bei Einzellern von deren einziger Körperzelle) aus und vollzieht sich über mitotische Zellteilungen, wobei die Tochterzellen den gleichen Chromosomensatz und somit dasselbe Erbgut wie der mütterliche Organismus beziehungsweise die Mutterzelle haben. Bei der **geschlechtlichen Fortpflanzung** entsteht aus zwei geschlechtlich unterschiedlichen Keimzellen durch deren Verschmelzung (→Befruchtung) und anschließende mitotische Teilung ein neues Individuum. Die geschlechtliche Fortpflanzung bedingt eine Neukombination der Erbanlagen. Geschlechtliche und ungeschlechtliche Fortpflanzung können bei derselben Tier- oder Pflanzenart miteinander abwechseln (→Generationswechsel).

Eine so genannte eingeschlechtliche Fortpflanzung ist die **Jungfernzeugung** (Parthenogenese), bei welcher aus unbefruchteten Eizellen Nachkommen hervorgehen (z.B. bei Ameisen, Bienen, Wespen, Blattläusen, Stechapfel, Tabak, Reis).

**Fortpflanzungsgeschwindigkeit, Ausbreitungsgeschwindigkeit,** bei Wellenvorgängen die →Geschwindigkeit, mit der sich 1) eine physikalische Wirkung (Gruppengeschwindigkeit) oder 2) die Phase einer →Welle (Phasengeschwindigkeit) ausbreitet.

**fossil** [lateinisch], aus der erdgeschichtlichen Vergangenheit stammend; Gegensatz →rezent.

**Fossili|en** [lateinisch], durch Fossilisation erhalten gebliebene Überreste von Tieren (auch von deren Lebensspuren) oder Pflanzen, die in erdgeschichtlicher Vergangenheit gelebt haben. Neben Abdrücken und Steinkernen sind organische Reste auch als Einschlüsse in Harz (Bernstein) und im Dauerfrostboden des arktischen Bereichs (Mammutleichen) erhalten. Besondere Bedeutung haben →Leitfossilien.

**Fossilisation** [lateinisch] *die,* Vorgang der Bildung von Fossilien. Erhalten bleiben v.a. Hartteile von Tieren oder Pflanzen. Sie können eine Umkristallisation erfahren, das heißt, die ursprüngliche Kalksubstanz kann durch Kieselsäure, Schwefelkies u.a. ersetzt werden. Werden Hohlräume abgestorbener Lebewesen mit Sediment ausgefüllt, so entstehen **Steinkerne,** bei denen der innere Abdruck der Schale zu sehen ist. Reste von Pflanzen finden sich in Form feinster Kohlehäutchen, Kriech- und Laufspuren als **Abdruck.**

**Fotobiologie, Photobiologie,** interdisziplinäres Forschungsgebiet, das sich mit lichtabhängigen und Licht erzeugenden Vorgängen bei Organismen befasst, einschließlich der Anwendung von Licht in Biologie und Medizin. Fotobiologische Vorgänge sind u.a. Fotosynthese, Fotonastie (durch Lichtreiz bewirkte Krümmungsbewegung von Organen), der Sehvorgang und die Biolumineszenz (die Erzeugung von sichtbarem Licht durch Lebewesen bei sehr geringer Wärmeerzeugung).

**Fortpflanzung**
→ GEO **Dossier**
Das Spiel der Triebe, Bd. 7

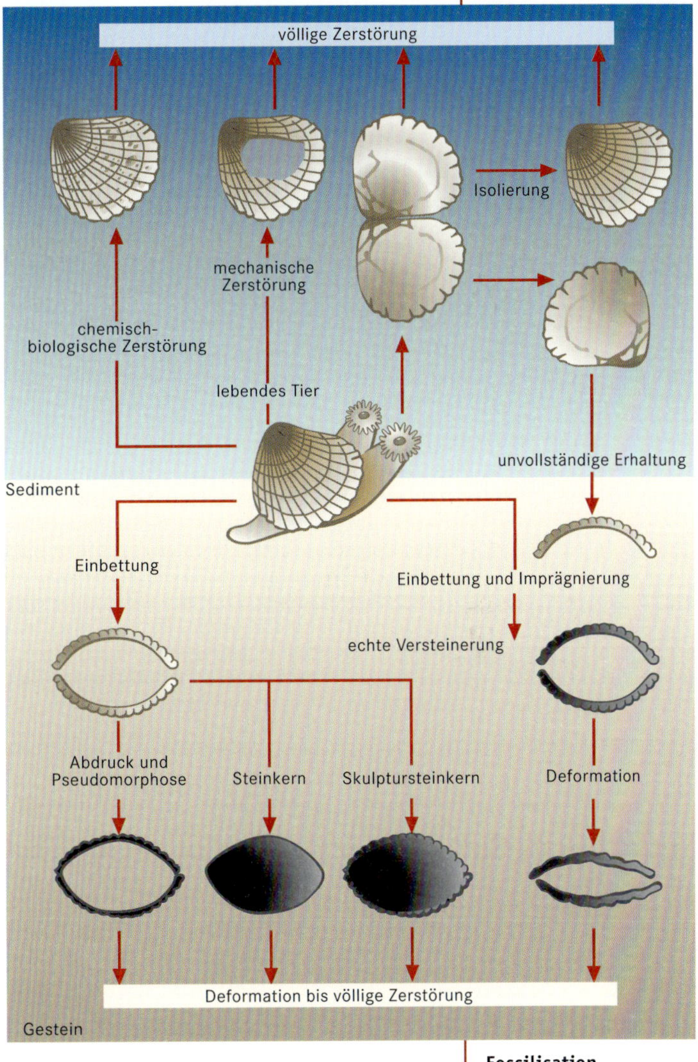


**Fossilisation.** Schematische Darstellung am Beispiel einer Muschel

**Fossilien**
→ GEO **Dossier**
Die Arche von Manhattan, Bd. 6

**Fotochemie,** Teilgebiet der Chemie, das sich mit chemischen Reaktionen befasst, die durch elektronisch angeregte Moleküle ausgelöst werden, sofern die absorbierte Strahlungsenergie nicht in Wärme umgewandelt oder als Strahlung (→Lumineszenz) emittiert wird. Die erforderliche Energiezufuhr erfolgt bei fotochemischen Prozessen im Allgemeinen durch Absorption von Licht (Photonen).

Neben der Fotosynthese als wichtigstem fotochemischen Prozess sind für das organische

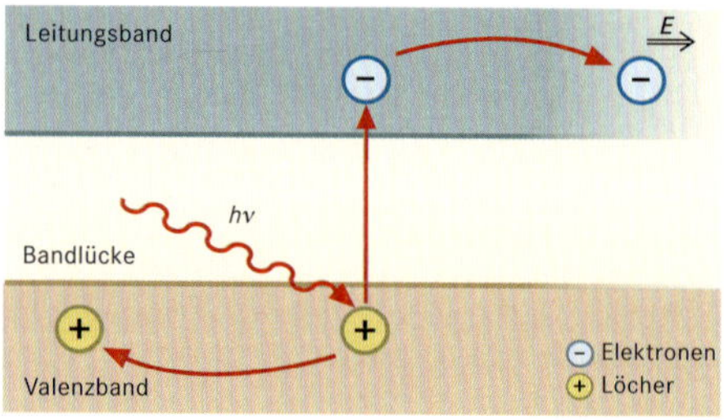


**Fotoeffekt.** Die Erzeugung eines Elektron-Loch-Paares durch Licht beim inneren Fotoeffekt

Leben fotochemische Reaktionen in der Atmosphäre (biogene und anthropogene Stoffe, Ozonschicht, Smog), an der Erdoberfläche (Assimilation des Kohlendioxids) und im Meerwasser von Bedeutung; bei höheren Organismen spielen sie z. B. für den Sehvorgang und bei der Umwandlung von Ergosterin in Vitamin $D_2$ eine bedeutende Rolle.

**Fotochromie** [griechisch] *die,* **Fototropie,** reversible Farbänderung bestimmter chemischer Verbindungen durch Einwirkung von Licht; nutzbar für fotografische Verfahren und zur Informationsspeicherung.

**Fotodetektor, Fotoempfänger, Photodetektor,** Bauelement der Optoelektronik, das eine auftreffende elektromagnetische Strahlung im sichtbaren Wellenlängenbereich und in angrenzenden Wellenlängenbereichen in elektrische Signale umwandelt; ein fotoelektrischer →Strahlungsdetektor. Entsprechend der Art der Wechselwirkung zwischen Strahlung und Detektorsubstanz unterscheidet man zwischen indirekter und direkter optisch-elektrischer Signalumwandlung und unterteilt die Fotodetektoren in thermische und Quantendetektoren.

Bei **thermischen Fotodetektoren** erfolgt die Wechselwirkung mit den Gitteratomen eines Festkörpers (Photon-Phonon-Wechselwirkung), das Ausgangssignal wird indirekt durch eine Temperaturerhöhung der Detektorsubstanz erzeugt (z. B. Bolometer, Thermoelement, pyroelektrischer Detektor, Golay-Zelle). Thermische Fotodetektoren haben eine weitgehend von der Lichtwellenlänge unabhängige Fotoempfindlichkeit (Arbeitsbereiche überwiegend im nahen und fernen Infrarot). **Quantenfotodetektoren** beruhen auf dem inneren oder äußeren →Fotoeffekt, bei dem durch Wechselwirkung des Lichts mit den Elektronen im Festkörper direkt ein von der eingestrahlten Leistung abhängiges Signal (Fotostrom oder Fotospannung) erzeugt wird (Photon-Elektron-Wechselwirkung). Die auf dem inneren Fotoeffekt beruhenden Quantenfotodetektoren werden in *Sperrschichtfotodetektoren* (z. B. Fotodiode, Fotoelement, Fototransistor und Fotothyristor) und *Fotoleitfähigkeitsdetektoren* eingeteilt; die auf dem äußeren Fotoeffekt beruhenden Fotodetektoren bezeichnet man auch als *fotoemissive Detektoren.*

**Fotodiode, Photodiode,** in Sperrrichtung betriebene Halbleiterdiode, die bei Lichteinstrahlung in der Sperrschicht freie Ladungsträger erzeugt, sodass ein erhöhter Strom fließt. Anwendungen finden Fotodioden zur Messung von Lichtintensitäten und zur Umwandlung von Licht- in Stromschwankungen. (→Fotoelement)

**Foto|effekt, lichtelektrischer Effekt, fotoelektrischer Effekt, Photoeffekt,** quantenmechanischer Vorgang, bei dem Elektronen durch Lichtabsorption aus ihrem Bindungszustand gelöst und für den elektrischen Ladungstransport verfügbar werden; im weiteren Sinn jede Art der Wechselwirkung von Photonen (Lichtquanten) mit Materie, bei der die Photonen ihre gesamte Energie abgeben; z. B. wird beim **atomaren Fotoeffekt (Fotoionisation)** ein Licht-, Röntgen- oder Gammaquant durch die Elektronenhülle eines freien Atoms vollständig absorbiert, wobei die Photonenenergie auf ein Elektron übergeht, das die Atomhülle verlässt. Sehr harte Gammastrahlung kann den →Kernfotoeffekt auslösen.

Beim **äußeren Fotoeffekt (Hallwachseffekt, Fotoemission),** der an Festkörpern (v. a. an Metallen) beobachtet wird, werden Elektronen **(Fotoelektronen)** aus einem Festkörper herausgelöst. Ihre kinetische Energie $W_k$ hängt nur von der Frequenz $\nu$ des eingestrahlten Lichtes und von der materialspezifischen Austrittsarbeit $A$ ab, nicht jedoch von der Lichtintensität. Beim **inneren Fotoeffekt,** der besonders an Halbleiterkristallen (z. B. Cadmiumsulfid) sowie an Isolatoren auftritt, verlassen die durch Lichtabsorption angeregten Ladungsträger den Festkörper nicht. Durch Bestrahlung werden die vorher fest gebundenen Elektronen der Gitterbausteine teilweise im Kristall frei beweglich; der Übergang der Elektronen aus dem Valenz- ins Leitungsband führt zu einer elektrischen Leitfähigkeit **(Fotoleitfähigkeit, Fotoleitung),** zu der auch die Defektelektronen einen Beitrag liefern. Eine spezielle Form des inneren Fotoeffekts ist der **Sperrschichtfotoeffekt (fotovoltaischer Effekt),** der bei Bestrahlung von Sperrschichten in Halbleitern zu einer Fotospannung an der Sperrschicht führt.

Bei Bestrahlung einiger Kristalle (z. B. Kupferoxid) tritt der **Kristallfotoeffekt (Dember-Effekt)** auf. Durch das von der Lichtintensität abhängige Konzentrationsgefälle der Elektronen längs des Lichtweges treten Diffusionserscheinungen in Lichtrichtung auf, die zur Ausbildung einer Fotospannung führen.

**foto|elektromagnetischer Effekt, photo|elektromagnetischer Effekt,** Abkürzung **PEM-Effekt,** tritt in Halbleitern bei Lichteinstrahlung auf, wenn senkrecht zum Lichtstrom ein Magnetfeld angelegt ist. Der durch den Dember-Effekt (→Fotoeffekt) ins Innere fließende Diffusionsstrom der Elektronen und Defektelektronen wird durch das Magnetfeld in entgegengesetzter Richtung abgelenkt. So bildet sich senkrecht zum Magnetfeld und senkrecht zum Lichtstrom eine Spannung aus **(Foto-Hall-Effekt).**

**Foto|elektronen,** →Fotoeffekt.

**Foto|elektronenspektroskopie, Photo|elektronenspektroskopie,** Abkürzung **PES,** spektroskopisches Verfahren zur Untersuchung elektrischer und optischer Eigenschaften von Festkörpern, insbesondere der Bindungszustände von Atomen und Molekülen. Dabei werden aus dem zu untersuchenden Stoff (in fester, flüssiger oder gasförmiger Phase) durch Bestrahlung mit energiereicher Ultraviolettstrahlung (Abkürzung **UV-PES** beziehungsweise **UPS**) oder mit weicher Röntgenstrahlung (**Röntgen-PES** beziehungsweise **XPS,** X von X-rays für Röntgenstrahlen; auch **ESCA** für electron spectroscopy for chemical analysis) Fotoelektronen infolge des äußeren →Fotoeffekts freigesetzt, deren Energieverteilung (Energiespektrum) gemessen wird.

**Foto|element, Photoelement,** aus Halbleitermaterial bestehendes optoelektronisches Bauelement, das auf dem inneren →Fotoeffekt beruht und bei Auftreffen elektromagnetischer Strahlung eine elektrische Spannung abgibt. Im Unterschied zur →Fotodiode benötigt das Fotoelement keine von außen angelegte Spannung, sondern erzeugt selbst aufgrund der durch die Lichteinwirkung hervorgerufenen Fotospannung einen im Außenkreis (Verbraucher) fließenden Strom; Anwendung z. B. als →Solarzelle.

**Foto|emission,** der äußere →Fotoeffekt.

**Fotografie, Photographie,** Bezeichnung für alle Verfahren, ein durch Licht (sichtbarer und nicht sichtbarer Spektralbereich, z. B. Infrarot, Ultraviolett) erzeugtes reelles Bild auf lichtempfindlichen Schichten (Platte, Film, Papier) mithilfe optischer Systeme (→fotografische Apparate) festzuhalten; im weiteren Sinn auch für andere bildgebende Verfahren verwendet, z. B. für solche, bei denen ein elektrostatisches Ladungsbild erzeugt (Elektrofotografie) oder ein Magnetspeicher beeinflusst wird (Videografie).

Als fotografische Materialien werden hauptsächlich die Silberhalogenide verwendet, da sie eine hohe Lichtempfindlichkeit und einen großen Verstärkungseffekt bei der Entwicklung aufweisen. Beim Silberhalogenidverfahren wird die auf einem Träger befindliche lichtempfindliche Schicht, die aus einer festen Suspension von feinsten Silberhalogenidkörnern in einem Schutzkolloid (Gelatine) besteht, (in einer Kamera) belichtet, wobei das Bild des Aufnahmegegenstands in der Schicht optisch abgebildet wird. Die einfallenden Lichtquanten spalten aus den Halogenidionen Elektronen ab, die Silberionen zu Silberatomen reduzieren können. Wenn eine bestimmte Mindestanzahl von benachbarten Silberatomen erreicht ist, spricht man von einem Entwicklungskeim, an dem der Entwickler angreifen und den ganzen Kristall zu metallischem, schwarzem Silber reduzieren kann (Überführung des →latenten Bildes in ein sichtbares). Man erhält eine negative Abbildung, das Negativ, das an den Stellen intensivster Belichtung die größte Schwärzung aufweist. Durch Herauslösen des unentwickelten (unbelichteten) Silberhalogenids (Fixieren) wird die Abbildung lichtunempfindlich und dauerhaft gemacht. Kopiert man das Negativ auf eine andere lichtempfindliche Schicht, erhält man eine positive Abbildung (Negativ-Positiv-Verfahren). Das im Positiv sichtbare Korn ist die Abbildung der Lücken zwischen den Kornanhäufungen des Negativs.

■ **Schwarz-Weiß-Fotografie** Das Silberhalogenidverfahren, bei dem Schwarz-, Weiß- und Grautöne entstehen, liegt der Schwarz-Weiß-Fotografie zugrunde. Je nach Art des Trägers für die lichtempfindliche Schicht unterscheidet man fotografische Platten, Filme und Papiere. Glasplattenträger sind (bis auf spezielle Anwendungen) vom Film (Cellulosetriacetat, Polyäthylenterephthalat) verdrängt worden. Platten und Filme weisen (sich in fotografischen Bädern lösende) Lichthofschutzschichten auf; Fotopapiere werden in verschiedenen Härtegraden (entsprechend den Kontrastverhältnissen des Negativs), Untergrundanfärbungen (weiß, elfenbein, chamois) und Oberflächen (glänzend, das heißt hochglanzfest, oder durch Stärkezusatz matt) geliefert. Aufnahmematerialien werden nach ihrer Empfindlichkeit und Körnigkeit eingeteilt in: niedrig empfindliche, extrem feinkörnige, steil arbeitende so genannte Dokumentenfilme (ISO 12/12°), niedrig empfindliche, feinkörnige Filme normaler Gradation (ISO 25/15° bis ISO 50/18°), mittelempfindliche Filme (ISO 50/18° bis ISO 100/21°), hoch empfindliche, so genannte Highspeedfilme (ISO 200/24° bis ISO 400/27°), extrem hoch empfindliche, relativ grobkörnige Filme mit flacher Gradation (ISO 800/30° und mehr).

■ **Farbfotografie** Auch die Farbfotografie arbeitet mit Silberhalogenidschichten. Die Farben entstehen als Nebenprodukte bei der Reduktion des Silberhalogenids durch die Entwicklersubstanzen, das Silberbild wird ausgebleicht. Einen bestimmten Farbeindruck kann man auf verschiedene Weise erzeugen: Das additive Farbverfahren beruht auf der Mischung der drei Grundfarben Blau, Grün und Rot in verschiedenen Mengenverhältnissen. Grünes und rotes Licht addieren sich zu Gelb; Blau und Rot ergeben Purpur, Blau und Grün Blaugrün. Das subtraktive Verfahren beruht auf der Ausfilterung von Licht bestimmter Wellenlänge aus weißem Licht. Ein gelbes Filter z. B. absorbiert das blaue Licht einer weißen Lichtquelle und lässt Grün und Rot durch, die zusammen Gelb ergeben. Die früher praktisch angewand-

**Fotografie.** Frauenkirche in München (vermutlich die erste Fotografie Deutschlands; entstanden in Zusammenarbeit von Carl August Ritter von Steinheil und Franz Ritter von Kobell)

**Fotografie.** Blick in den Hof (1826/27); die erste Fotografie überhaupt von Joseph Nicephore Niépce

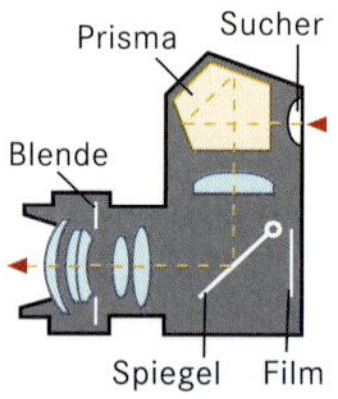


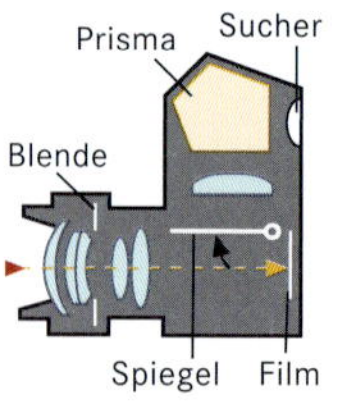


**fotografische Apparate.** Schnittzeichnung einer einäugigen Spiegelreflexkamera; Strahlengang vor (oben) und während (unten) der Aufnahme

ten farbfotografischen Verfahren beruhten auf dem additiven Prinzip. Heute werden wegen der besseren Lichtausbeute subtraktive Verfahren bevorzugt. Hierfür verwendet man ein mehrschichtiges Material mit blauempfindlicher Oberschicht, einer Gelbfilterschicht, grünempfindlicher Mittelschicht und rotempfindlicher Unterschicht (Agfacolor® 1936, Kodacolor® 1942). Bei den Verfahren mit Farbstoffaufbau enthalten die Schichten jeweils diffusionsfest eingelagerte Farbkuppler (auch Farbbildner, Farbkomponenten), die bei der Entwicklung mit einem Farbentwickler (p-Phenylendiaminderivate als Entwicklersubstanzen) einen Bildfarbstoff ergeben (chromogene Entwicklung). So wird z. B. in der rotempfindlichen Schicht der komplementäre Blaugrünfarbstoff erzeugt. Man kann die Farbkuppler auch drei getrennten Farbentwicklungsbädern zugeben (Kodachrome-Umkehrverfahren®). Bei den Farbumkehrverfahren, die Diapositive ergeben, wird durch eine Schwarz-Weiß-Erstentwicklung ein negatives Silberbild erzeugt. Nach Zweitbelichtung oder Verschleierung des restlichen Silberhalogenids erfolgt die Zweitentwicklung mit einem Farbentwickler, sodass ein positives Farbbild resultiert. Beim Silberfarbbleichverfahren, einem Verfahren mit Farbstoffabbau, werden den Silberhalogenid-Emulsionsschichten lichtechte Azofarbstoffe zugefügt. Nach einer Schwarz-Weiß-Entwicklung werden die Farbstoffe in einem Farbbleichbad selektiv an den Stellen mit Bildsilber zerstört (Cibachrome®). Der Dye-Transfer-Prozess ist ein von Kodak entwickeltes Kopierverfahren, nach dem von einem Negativ oder Diapositiv beliebig viele und lichtfeste Farbbilder hergestellt werden können.

■ **Digitalfotografie** Die Digitalfotografie als vollelektronischer Weg mit direkt digital aufzeichnenden Kameras erhält immer größere Bedeutung. Digitalkameras sind Kompaktkameras mit →Festkörperbildsensoren anstelle der Filmbühne. Für Mittel- und Großformatkameras gibt es ansetzbare elektronische Rückteile. Zur Bildübertragung in den Computer müssen sie über Kabel mit ihm verbunden werden, oder es erfolgt in der Digitalkamera eine Zwischenspeicherung auf eine elektronische Speicherkarte.

**fotografische Apparate, fotografische Kameras,** optische Geräte zur Aufnahme fotografischer Bilder nach dem Vorbild der →Camera obscura. Sie bestehen prinzipiell aus einem lichtdichten Gehäuse mit Bildbühne und Transportvorrichtung für das lichtempfindliche Material, dem bilderzeugenden optischen System (→fotografische Objektive), dem Verschluss zur Steuerung der Belichtungszeit und der Visier- beziehungsweise Bildbetrachtungseinrichtung (Sucher).

■ **Kameratypen** Unmittelbar nach der Aufnahme liefern Sofortbildkameras ein fertiges Positiv. Vollelektronisch arbeitet eine als Videoeinzelbildkamera (Still-Videokamera) bezeichnete Kamera, die das Bild in elektrische Signale umwandelt und auf einer Magnetkassette aufzeichnet. Die Aufnahmen können mit einem normalen Fernsehgerät über ein besonderes Abspielgerät sichtbar gemacht werden. Bei →Digitalkameras werden die Bilder nicht analog auf einem Film, sondern in digitaler Form gespeichert. Das vom Objekt reflektierte Licht fällt dabei auf einen CCD-Sensor und wird in intensitätsabhängige elektrische Impulse gewandelt. Bei Scannerkameras werden die CCD-Sensoren von Schrittmotoren über die Bildfläche bewegt und das Bild zeilenweise aufgebaut; Chipkameras arbeiten mit rechteckigen CCD-Chips, die sofort das komplette Bild digitalisieren. Die Ausgabe der Bilder erfolgt mithilfe von Computern oder Fernsehgeräten.

Systemkameras verfügen über auswechselbare Objektive der verschiedensten Brennweiten: für Kleinbildkameras z. B. Weitwinkelobjektive zwischen 16 und 35 mm, Normalobjektive zwischen 45 und 75 mm sowie Teleobjektive zwischen 85 und 200 mm. Eine besondere Rolle spielen die Zoomobjektive mit verstellbarer Brennweite. Spezialobjektive sind z. B. Makroobjektive für Nahaufnahmen bis zu einem Abstand von wenigen Zentimetern oder Fisheye-Objektive mit Brennweiten von etwa 6 mm.

**fotografische Objektive,** an fotografischen Apparaten verwendete optische Systeme. In der einfachsten Ausführungsform ist ein fotografisches Objektiv eine einzelne Linse (aus Glas oder Kunststoff) oder ein Achromat mit einfacher Lochblende. Mittlere und hochwertige fotografische Objektive bestehen aus 3 bis 8 Linsen, um die Abbildungsfehler möglichst gering zu halten. Im fotografischen Objektiv befindet sich die verstellbare Irisblende, deren Einstellung am Blendenring vorgenommen wird, auf dem die Blendenzahlen angegeben sind. Sie sind so abgestuft, dass sich die zugehörigen Blendenöffnungen wie 1 : 2 verhalten, das heißt, jeweils die doppelte beziehungsweise halbe Lichtmenge hindurchtreten lassen. Maßgeblich für die erste Blendenzahl ist das Öffnungsverhältnis beziehungsweise die Lichtstärke des Objektivs, welches durch das Verhältnis der wirksamen Öffnung zur Brennweite gegeben ist (z. B. 18 mm : 50 mm = 1 : 2,8 oder kurz 2,8). Je größer die Lichtstärke, umso kürzer kann die Belichtungszeit sein. Das Scharfeinstellen für die Aufnahme erfolgt hauptsächlich durch einen Schneckengang, bei dessen Betätigung das gesamte Objektiv seinen Abstand zum Aufnahmematerial verändert, oder indem die Frontlinse ihren Abstand zu den übrigen Linsen ändert.

Das Licht wird beim Durchgang durch die Gläser in seinen Spektralanteilen nicht immer gleichmäßig absorbiert, sodass bei Farbaufnahmen leichte Farbstiche entstehen können. Objektive, die leicht bläuliche Bilder ergeben, heißen Kaltzeichner, Warmzeichner ergeben Bilder mit gelblichem Farbstich. Mittels reflexionsmindernder Schichten auf dem Objektiv lässt sich die Farbabweichung korrigieren.

**Fotogrammetrie** *die,* **Bildmessung,** Aufnahme und Auswertung ursprünglich nur fotografischer Messbilder zur Bestimmung von Beschaffenheit, Form und Lage beliebiger Objekte. Die Fotogrammetrie erfährt heute eine bedeutende Ausweitung dank neuartiger Bildaufnahmegeräte und der digitalen Bildverarbeitung als Folge der Möglichkeiten von Optoelektronik, Computertechnik und digitalen Massenspeichern. Hauptanwendungsgebiet der Fotogrammetrie ist die Geodäsie. Die **terrestrische Fotogrammetrie (Erdbildmessung),** bei der die Messbilder von erdfesten Standpunkten aus aufgenommen werden (Fototheodolit), wird im geodätischen Bereich z. B. bei topografischen Aufnahmen im Hochgebirge und bei Ingenieurvermessungen genutzt. Bei der **Aerofotogrammetrie (Luftbildmessung)** werden die Messbilder vorwiegend zur Herstellung topografischer Karten, für Katastermessungen und Aerotriangulationen mit einer →Messkammer vom Flugzeug aus aufgenommen (→Luftbild). Nach der Anzahl der verwendeten Bilder werden die Verfahren der Einbildfotogrammetrie, Zweibildfotogrammetrie (Stereofotogrammetrie) und Mehrbildmessung unterschieden. Die Messbilder werden in Einzelbildauswertegeräten entzerrt oder an stereoskopischen Doppelbildauswertegeräten in drei Dimensionen ausgemessen. Die Fotogrammetrie wird auch in zahlreichen nicht geodätischen Bereichen benutzt, z. B. in der Architektur- und Kunstwerkvermessung, in der äußeren Ballistik, im forstlichen Vermessungswesen, in der Röntgenologie, im Polizeiwesen, im technischen Versuchswesen, im Ingenieurbau.

**Foto-Hall-Effekt,** →fotoelektromagnetischer Effekt.

**Foto|ionisation,** →Fotoeffekt.

**Fotokathode,** Elektrode, aus der bei Lichteinfall durch den äußeren →Fotoeffekt Elektronen herausgelöst werden.

**Fotolack, Fotoresist,** *Mikrotechnik:* →Resist.

**Fotoleitung, Fotoleitfähigkeit,** die Änderung der elektrischen Leitfähigkeit von Halbleitern oder Isolatoren infolge der Absorption elektromagnetischer Strahlung, insbesondere von Licht (Photonen). Durch den inneren →Fotoeffekt kann sich die Zahl quasifreier Ladungsträger oder die Beweglichkeit bereits vorhandener quasifreier Ladungsträger erhöhen.

**Fotolithografie, 1)** *grafische Technik:* Verfahren zur Druckformenherstellung für den Zink- und Offsetdruck. In der modernen Offsetdruckformenherstellung wird die Bearbeitung der Kopiervorlagen nicht mehr Fotolithografie, sondern **Offsetretusche** genannt, weil keine lithografischen Techniken im engeren Sinn angewendet werden.

**2)** *Halbleitertechnik, Mikrotechnik:* Verfahren der →Lithografie, das Licht zur Übertragung der Maskenstrukturen in den →Resist verwendet, dessen Wellenlänge zwischen etwa 100 und 450 nm liegt. Als Lichtquellen dienen Quecksilber- und Xenonhöchstdrucklampen oder gepulste Excimerlaser.

Mit üblichen Masken und Belichtungswellenlängen zwischen 300 und 400 nm können mithilfe der Fotolithografie Strukturen bis zu einer minimalen Abmessung von 0,8 µm übertragen werden; mit Phasenmasken und kürzeren Wellenlängen werden auch Abmessungen um 0,2 µm erreicht. Die derzeit eingesetzten Belichtungsverfahren sind **Kontaktbelichtung** (ein mit Resist beschichtetes Substrat wird nach der Justierung auf die Maske gepresst und mit Licht im nahen UV-Bereich belichtet), **Proximitybelichtung** (ähnlich der Kontaktbelichtung mit jedoch kleinerem Abstand – 10–30 µm – zwischen Maske und Substrat) und **Projektionsbelichtung** (die Strukturen der Maske werden mit einer Linsen- oder Spiegeloptik auf das Substrat projiziert).

**Fotolyse** [zu griechisch lýsis »Auflösung«] *die,* Spaltung einer chemischen Verbindung durch Absorption elektromagnetischer Strahlung (besonders von Licht); bei der →Fotosynthese die Spaltung von Wasser.

**Fotometrie** [griechisch] *die,* **Photometrie,** Arbeitsgebiet der Lichttechnik (»Lichtmessung«), befasst sich mit Definition und Messung **fotometrischer Größen.** Im Gegensatz zu den →Strahlungsgrößen, die das Licht nach seiner Energie oder Leistung bewerten, liegt den fotometrischen Größen (wie Lichtmenge, Lichtstärke, Lichtstrom, Leuchtdichte, Beleuchtungsstärke, Belichtung) die Helligkeitsempfindung des menschlichen Auges zugrunde (→Hellempfindlichkeitskurven). Ziel ist es, die (sichtbare) Strahlung mithilfe von **Fotometern** so zu bewerten, dass zwei unter identischen Bedingungen gleich erscheinende Strahlungen die gleiche Maßzahl erhalten. Dient das Auge eines Normalbeobachters als Lichtempfänger, so spricht man von **visueller Fotometrie** (subjektive Fotometrie), bei Verwendung eines lichtelektrischen Empfängers von **physikalischer Fotometrie** (objektive Fotometrie). Ein Spezialfall der physikalischen Fotometrie ist die **Spektralfotometrie,** bei der die Strahlung spektral zerlegt und die Strahlungsverteilung definitiver Wellenlängen bestimmt wird.

Mit den kaum noch verwendeten **visuellen Fotometern** werden die Strahlungen einer bekannten und der zu messenden Lichtquelle mit dem Auge verglichen. Als Abgleichmetho-

80461

**Fotogrammetrie.** Fotogrammetrische Aufnahme der Statue von Ramses II. im größeren Tempel von Abu Simbel (13. Jh. v. Chr.)

den dienen der Direkt- und der Flimmerabgleich. Beim **Flimmerfotometer** werden dem Auge zwei in rascher Folge abwechselnd beleuchtete, aneinander grenzende Flächen dargeboten; die Flimmerfrequenz wird so gewählt, dass das Farbflimmern gerade verschwindet, sodass gleiche Helligkeit der Flächen erzielt werden kann. Zur direkten Messung des Lichtstromes (visuell oder physikalisch) dient die **Ulbricht-Kugel (Kugelfotometer),** eine innen mattweiße Hohlkugel, in deren Mitte die zu messende Lichtquelle gesetzt wird. Die auf der Kugelwand erzeugte Beleuchtungsstärke ist dem Gesamtlichtstrom proportional. Bei den **physikalischen Fotometern** dienen v.a. Fotoelemente und Fotodioden als Strahlungsempfänger, deren spektrale Empfindlichkeit der des Auges angepasst ist.

**fotometrische Größen,** →Fotometrie.

**Foto|oxidanti|en,** Bezeichnung für eine Gruppe äußerst reaktionsfähiger Substanzen unterschiedlicher Zusammensetzung (z.B. Ozon, Stickoxide), die sich aus in der Luft befindlichen (ungesättigten) Kohlenwasserstoffen (entstanden durch unvollständige Verbrennungsvorgänge oder als natürliche Ausscheidungsprodukte von Pflanzen), Stickstoffdioxid (ebenfalls aus Verbrennungsvorgängen) und Luftsauerstoff unter dem Einfluss von kurzwelligem Licht bilden und sehr rasch zu Kohlenwasserstoffen, Stickstoffmonoxid und Ozon zerfallen. Fotooxidantien kommen besonders im fotochemischen →Smog vor, lassen sich aber auch in »Reinluftgebieten« nachweisen. Durch Fotooxidantien kommt es u.a. zu einer Erhöhung des Ozongehaltes in der Luft.

**Fotosatz, Filmsatz, Lichtsatz,** *grafische Technik:* mittels Licht auf Film oder Fotopapier hergestellter Schriftsatz, wozu Film- oder Lichtsetzmaschinen (→Setzmaschine) verwendet werden.

**Fotosynthese**
→ GEO **Dossier**
Die Natur als Joint Venture, Bd. 7

**Fotosynthese** [auch 'fo:to-], grundlegende Stoffwechselreaktion chlorophyllhaltiger Organismen (Samenpflanzen, Farne, Moose, Algen, Cyanobakterien u.a. fototrophe Bakterien), die nach der Absorption von Licht zur Synthese einer energiereichen organischen Verbindung führt. Kohlendioxid ($CO_2$) wird aus der Luft aufgenommen und unter Energieverbrauch an Zuckermoleküle gebunden, sodass Glucose entsteht. Die Absorption des energiereichen Sonnenlichts durch Chlorophyll führt zur Bildung von ATP und NADPH + $H^+$ (reduziertes Nikotinsäureamidphosphat). Bei der **oxygenen Fotosynthese** wird Wasser ($H_2O$) gespalten (in Wasserstoff und Sauerstoff), bei der **anoxygenen Fotosynthese** fototropher Bakterien dagegen Schwefelwasserstoff ($H_2S$) oder andere Moleküle. Der heutige Sauerstoffgehalt der Atmosphäre (21%) beruht allein auf der Sauerstofffreisetzung durch die Fotosynthese. Ohne den freigesetzten Sauerstoff und die aufgebaute Glucose wäre ein Leben für Tiere und Menschen auf der Erde unmöglich. Die Fotosynthese besteht aus zwei miteinander gekoppelten Prozessen, der Lichtreaktion und der Dunkelreaktion. Die Bruttogleichung der Fotosynthese lautet:

$$6CO_2 + 12H_2O \xrightarrow{\text{Licht}} C_6H_{12}O_6 + 6O_2 + 6H_2O.$$

In der **Lichtreaktion** wird nach Absorption des Lichts ein Elektron angeregt und Wasser gespalten (Fotolyse). Ort der Lichtreaktion sind mehrere Proteinkomplexe, die in Membransysteme (Thylakoide) eingelagert sind. Diese befinden sich in Chloroplasten (Algen, höhere Pflanzen) oder liegen frei im Zytoplasma (Cyanobakterien, fototrophe Bakterien). Kernstück der Proteinkomplexe sind die verkoppelten Fotosysteme I und II, welche die Chlorophylle und Carotinoide als Pigmente gebunden haben. Nach Absorption eines Photons in einem Chlorophyll- oder Carotinoidmolekül des Fotosystems II wird dessen Energie zu einem zentralen Chlorophyll (P 680) weitergeleitet. Ein Elektron dieses Chlorophylls wird dadurch angeregt und zum ersten Akzeptor Phaeophytin (Chlorophyll ohne Magnesium) abgegeben. Die entstandene Elektronenlücke füllt ein bei der Wasserspaltung frei werdendes Elektron über einen Tyrosinrest des Wasserstoff spaltenden Proteins. In diesem Protein werden Manganatome in einem Zyklus mehrfach reduziert, bevor Wasserstoff und Sauerstoff frei werden. Das energiereiche Elektron im Fotosystem II wird vom Phaeophytin in einer Folge von Redoxreaktionen über drei verschiedene Chinone (u.a. Plastochinon), ein Eisen-Schwefel-Protein (FeS), Cytochrom$_f$ (Cyt$_f$) und Plastocyanin (PC, ein Kupfer-Protein) weitergeleitet. Es füllt die Lücke im zentralen Chlorophyll des Fotosystems I (P 700), die nach der Abgabe eines energiereichen Elektrons durch die vorhergehende Lichtabsorption im Chlorophyll entstanden ist. Dieses Elektron reduziert im Fotosystem I zunächst ein weiteres Chlorophyll, um anschließend in Redoxreaktionen über Menachinon (MC, Vitamin K) und vier Eisen-Schwefel-Proteine (u.a. Ferredoxin) zum $NADP^+$ weitergeleitet zu werden. Zwei energiereiche Elektronen und zwei Protonen reduzieren $NADP^+$ zu NADPH + $H^+$. Mit den Redoxreaktionen findet gleichzeitig ein Protonentransport über die Thylakoidmembran statt. Der entstehende Protonengradient wird zur ATP-Bildung genutzt. Bei der Bildung eines Moleküls Sauerstoff werden vier Elektronen freigesetzt ($2H_2O \rightarrow O_2 + 4H^+ + 4e^-$). Da zum Transport jedes Elektrons zwei Photonen nötig sind, ergibt sich ein Bedarf von acht Photonen für jedes entstandene Sauerstoffmolekül.

Die **Dunkelreaktion** ist in der Regel mit der Lichtreaktion gekoppelt, kann aber auch alleine im Dunkeln ablaufen. Die Enzyme dieser

Reaktion liegen alle im Zytoplasma des Chloroplasten. $CO_2$ bindet an einen phosphorylierten Pentosezucker ($C_5$). Die so entstandene instabile Hexose ($C_6$) zerfällt in zwei $C_3$-Carbonsäuren, die mithilfe von ATP und NADPH + $H^+$ reduziert werden. Aus den Produkten dieser Reaktion entsteht entweder Glucose, oder der ursprüngliche Pentosezucker wird in einem komplexen Reaktionszyklus **(Calvin-Zyklus)** wieder zur Verfügung gestellt.

**fototropes Glas, fotochromes Glas,** Glas, das sich durch Fotochromie in seiner Transparenz den Lichtverhältnissen anpasst.

**Fotovoltaik** *die,* **Photovoltaik,** Gebiet der Physik, das sich mit der direkten Umsetzung von Lichtenergie in elektrische Energie befasst, im engeren Sinn die Umsetzung von Sonnenenergie in →Solarzellen.

**Fotowiderstand, Fotoleiter,** ein optoelektronisches Halbleiterbauelement, dessen Leitfähigkeit bei Zufuhr von Energie elektromagnetischer Strahlung, meist Licht, zunimmt. Der Fotowiderstand eignet sich daher als →Fotodetektor. Seine Funktion beruht auf dem inneren →Fotoeffekt; er besteht aus einem Substrat mit einer meist aufgedampften dünnen Schicht aus lichtempfindlichem Material (z. B. Cadmiumsulfid, -selenid, Bleisulfid).

**Fotozelle, lichtelektrische Zelle,** eine Stromquelle, die bei auftreffender elektromagnetischer Strahlung (wie Licht) Strom abgeben kann. Halbleiterfotozellen, optoelektronische Halbleiterbauelemente mit pn-Übergang, eignen sich als Stromquellen (→Solarzelle) und →Fotodetektoren. Technisch kaum noch Verwendung finden Röhrenfotozellen (als Spannungsquelle betriebene Röhrenfotodiode), da der Fotostrom ohne äußere Spannungsquelle sehr gering ist.

**Foucault** [fu'ko], Léon, französischer Physiker, * Paris 18. 9. 1819, † ebenda 11. 2. 1868; bewies mithilfe eines Pendels **(foucaultsches Pendel)** die Umdrehung der Erde (→foucaultscher Pendelversuch), lieferte den Nachweis, dass sich das Licht in Wasser langsamer fortpflanzt als in Luft, untersuchte die elektrischen Wirbelströme in Metallen.

**foucaultscher Pendelversuch** [fu'ko-], von L. Foucault 1850 in der Pariser Sternwarte und 1851 im Pariser Panthéon durchgeführter Versuch (Pendellänge 67 m, Pendelmasse 28 kg) zum Nachweis der Erdrotation. Als Folge der in einem rotierenden Bezugssystem auftretenden →Coriolis-Kraft scheint sich die Schwingungsebene eines Pendels bei genügend großer Pendellänge und -masse langsam relativ zur Erdoberfläche zu drehen (im Raum bleibt die Schwingungsebene erhalten); die Drehung hängt von der geografischen Breite des Ortes auf der Erde ab.

**Fourier-Spektroskopie** [fur'je-; nach J. B. J. Fourier], besonders im infraroten Spektralbereich angewandtes spektroskopisches Verfahren hoher Nachweisempfindlichkeit ohne spektrale Zerlegung des Lichts. Aus der mit einem Interferometer registrierten örtlichen Intensitätsverteilung (Interferogramm) der zu analysierenden Strahlung wird über Fourier-Analyse das Spektrum errechnet.

100264

**foucaultscher Pendelversuch.** Demonstration des Experiments von Léon Foucault im Museum de la Ciencia in Barcelona; die Pendellänge beträgt 18 Meter.

**Fowler-Flügel** ['faʊlə-], *Flugzeugbau:* als Flügel-Hinterkantenklappe ausgebildetes →Hochauftriebsmittel. Durch Vergrößerung der Profilwölbung (Klappenausschlag nach unten) und gleichzeitige Vergrößerung der Flügelfläche (Ausfahren der Klappe nach hinten) wird eine sehr wirksame Auftriebssteigerung erreicht.

**Fr,** chemisches Symbol für →Francium.

**Fraktionierung,** *Chemie:* stufenweise Trennung eines Stoffgemischs in mehrere Teilgemische **(Fraktionen),** z. B. durch Destillation, Extraktion oder Kristallisation.

**Francium** *das,* chemisches Symbol **Fr,** sehr seltenes radioaktives Element aus der 1. Gruppe des Periodensystems, Ordnungszahl 87; es sind die Isotope $^{201}$Fr bis $^{230}$Fr (alle radioaktiv) bekannt. Das Alkalimetall Francium ist chemisch dem Cäsium ähnlich.

**Franck,** James, deutsch-amerikanischer Physiker, * Hamburg 20. 8. 1882, † Göttingen 21. 5. 1964; Professor in Berlin, Göttingen, Baltimore (USA) und Chicago, bestätigte 1913 durch Untersuchungen über die Energieabgabe von Elektronen beim Zusammenstoß mit Gasatomen zusammen mit G. Hertz **(Franck-Hertz-Versuch)** die plancksche Quantenhypothese sowie die bohrsche Theorie der Spektrallinien. Dafür erhielten Franck und Hertz 1925 den Nobelpreis für Physik.

**Frank,** Ilja Michailowitsch, sowjetischer Physiker, * Sankt Petersburg 23. 10. 1908, † Moskau 22. 6. 1990; arbeitete über Fotochemie, physikalische Optik, Kern- und Neutronenphysik; erhielt 1958 mit I. J. Tamm und P. A. Tscherenkow für die Entdeckung und Aufklärung des Tscherenkow-Effekts den Nobelpreis für Physik.

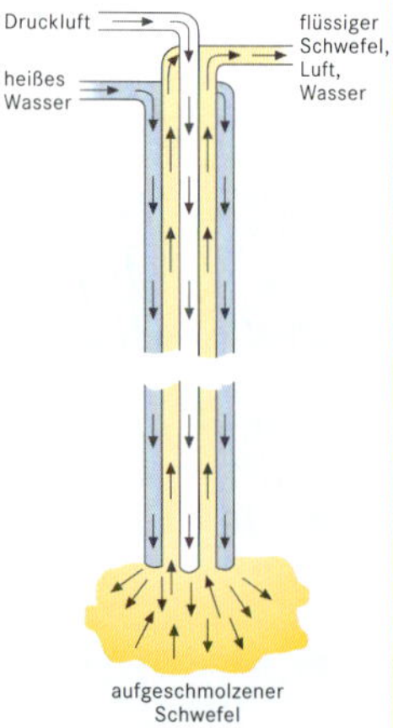


**Frasch-Verfahren.** Schema des Frasch-Verfahrens

**Joseph von Fraunhofer**

**Fraunhofer-Gesellschaft zur Förderung der angewandten Forschung e. V.**
→ GEO **Dossier** Unternehmen Forschung, Bd. 8

**Frasch-Verfahren** [fræʃ-; nach dem amerikanischen Chemiker H. Frasch, *1851, †1914], in den USA entwickeltes Verfahren zur Schwefelgewinnung aus tief gelegenen Lagerstätten ohne vorherigen bergmännischen Abbau; der durch ein Rohr eingeleitete überhitzte Wasserdampf verflüssigt den Schwefel, der mittels Druckluft durch ein weiteres Rohr zutage gefördert wird, wo er erstarrt.

**Fräsmaschine,** Werkzeugmaschine zur Herstellung von Plan- und Formflächen durch spanende Bearbeitung mittels Fräsern. Die wichtigsten Arten sind Konsolfräsmaschine (als Senkrecht-, Waagerecht-, Universalfräsmaschine), Bettfräsmaschine (als Ein- und Zweiständerausführung) und Sonderfräsmaschinen (z. B. Gewinde-, Nuten-, Nachformfräsmaschine).

**Frauenmantel, Sinau, Alchemilla,** Gattung der Rosengewächse mit kleinen, gelbgrünen Blüten und rundlichen gefalteten Blättern; auf feuchten Wiesen der bis 50 cm hohe **Gemeine Frauenmantel** (**Marienmantel,** Alchemilla vulgaris), der in der Volksmedizin Verwendung findet, und auf Weiden und Geröll der **Alpenfrauenmantel** (**Silbermantel,** Alchemilla alpina) mit bis zum Grund geteilter Blattspreite.

**Fraunhofer,** Joseph von (seit 1824), deutscher Physiker und Glastechniker, *Straubing 6. 3. 1787, †München 7. 6. 1826; ab 1819 Professor in München und ab 1823 Konservator des Physikalischen Kabinetts der Bayerischen Akademie der Wissenschaften; entwickelte optische Geräte (Mikroskope, Refraktoren u. a.) hoher Qualität durch neuartige Methoden zur Herstellung und Bearbeitung von optischen Linsen. Er erfand das Beugungsgitter und untersuchte damit die Spektren von Planeten und Sternen. Dabei entdeckte er (unabhängig von W. H. Wollaston) im Sonnenspektrum die als **fraunhofersche Linien** bezeichneten dunklen Absorptionslinien, anhand derer man die in der Sonnenatmosphäre enthaltenen Elemente bestimmen kann und die Fraunhofer ab 1815 katalogisierte. Fraunhofer verhalf der Wellentheorie des Lichts zum endgültigen Durchbruch.

**Fraunhofer-Gesellschaft zur Förderung der angewandten Forschung e. V.,** Abkürzung **FhG,** gemeinnützige Gesellschaft für angewandte und anwendungsorientierte Forschungsarbeiten v. a. auf dem Gebiet der Natur- und Ingenieurwissenschaften, größte Forschungseinrichtung für angewandte Forschung in Europa; gegründet 1949, Sitz: München; unterhält (2006) 58 Forschungsinstitute (**Fraunhofer-Institute**) in Deutschland sowie Forschungszentren in den USA und in Asien.

**Freecall** [ˈfriːkɔːl, englisch] *der,* **Freephone,** *Telekommunikation:* für den Anrufer gebührenfreie Rufnummer.

**Freiballon** [-balɔŋ, -balɔ̃], bemannter Ballon, der sich frei (das heißt ungefesselt) und beschränkt steuerbar im Luftraum bewegen kann. Er wird überwiegend für sportliche Zwecke verwendet, früher auch für meteorologische und astronomische Beobachtungen (Ballonastronomie). Die beim **Wasserstoffballon** oder **Heliumballon** mit Gas gefüllte Ballonhülle trägt am unteren Pol den Füllansatz und am oberen Pol ein Ventil zum Ablassen von Gas. Mittels Reißleine und einer über einen Schlitz der Hülle geklebten Reißbahn kann das Gas bei der Landung schnell entleert werden. Ein Netz über der Hülle verteilt das Gewicht des daran aufgehängten Korbes, der die Besatzung und den Ballast aufnimmt. Durch Ablassen von Gas kann das Sinken und durch Abwurf von Ballast das Steigen bewirkt werden. Bei **Heißluftballons** wird der Auftrieb durch periodisches Aufheizen der in der Ballonhülle enthaltenen Luft mit einem Propangasbrenner erzeugt. Heißluftballons waren die ersten Luftfahrzeuge (→Montgolfier).

■ **Geschichte** Dem schweizerischen Psychiater Bertrand Piccard (*1958) und dem britischen Flugingenieur Brian Jones (*1948) gelang vom 1. 3. bis 21. 3. 1999 (in 19 Tagen, 21 Stunden und 55 Minuten) in einem Heliumballon die erste Erdumrundung. Der 58-jährige US-amerikanische Abenteurer Steve Fossett umrundete die Erde in Alleinfahrt vom 19. 6. bis 2. 7. 2002 (Überflug der Ziellinie) in 13 Tagen und über 12 Stunden nach mehr als 31 200 km (Landung am 4. 7. 2002).

**freie Energie, Helmholtz-Funktion, Helmholtz-Energie,** Formelzeichen $F$, nach neuer Empfehlung $A$, thermodynamische Zustandsfunktion, die bei konstantem Volumen durch $F = U - TS$ gegeben ist ($T$ Temperatur, $S$ Entropie). Sie ist derjenige Teil der →inneren Energie $U$ eines Systems, der bei einem reversiblen isothermen Prozess als Arbeit nach außen abgegeben werden kann, im Gegensatz zu dem als **gebundene Energie** verbleibenden Rest.

**freie Enthalpie, Gibbs-Funktion, Gibbs-Energie,** thermodynamische Zustandsfunktion (→Enthalpie), die durch $G = F + pV = H - TS$ definiert ist ($F$ freie Energie, $H$ Enthalpie, $p$ Druck, $V$ Volumen, $T$ Temperatur, $S$ Entropie).

**freies Radikal,** Molekülfragment mit einem ungepaarten Elektron. Der Begriff freies Radikal hat sich besonders in der Biochemie durchgesetzt. Hier werden freie Sauerstoffradikale für bestimmte Alterungsprozesse lebender Zellen verantwortlich gemacht; Schutzsysteme dagegen sind Antioxidanzien.

**Freiheitsgrad,** *Physik:* Anzahl der frei wählbaren, voneinander unabhängigen Parameter eines physikalischen Systems, die dessen Zustand eindeutig bestimmen.

■ **Mechanik** Der Freiheitsgrad bezeichnet in der Mechanik die Möglichkeit, im Raum unabhängige Bewegungen auszuführen. Ein im Raum freier Massepunkt hat drei Freiheitsgrade der Translation **(Translationsfreiheitsgrade)**; er besitzt zwei Freiheitsgrade bei der Bewegung längs einer Fläche und einen Freiheitsgrad bei der Bewegung auf einer Kurve. Bei einem freien starren Körper kommen noch drei Freiheitsgrade der Rotation **(Rotationsfreiheitsgrade)** hinzu. Eine kontinuierliche, nichtstarre Masseverteilung (z. B. Flüssigkeit) hat unendlich viele Freiheitsgrade.

■ **Thermodynamik** In der Thermodynamik bezeichnet die Anzahl der Freiheitsgrade die Gesamtanzahl der Phasenkoordinaten (das heißt der Orts- und Impulskoordinaten), von denen im gegebenen Zustand die Energie abhängt. Je mehr Freiheitsgrade ein Molekül hat, desto mehr Möglichkeiten zur Speicherung kinetischer Energie bestehen. Bei nichtstarren mehratomigen Molekülen treten noch **Schwingungsfreiheitsgrade** auf. Nach der Quantentheorie werden vom absoluten Nullpunkt ansteigend zuerst die translatorischen, dann die rotatorischen und schließlich die Schwingungsfreiheitsgrade angeregt.

**Freikolbenmotor, Freikolbenverdichter,** ein Doppelkolbenmotor ohne Pleuel und Kurbelwelle, bei dem die Kolben eines Zweitaktdieselmotors mit den Stufenkolben eines Verdichters verbunden sind. Ein unbelastetes Gestänge sorgt für den Gleichlauf der Kolben. Der Freikolbenmotor dient zur Erzeugung von Druckluft oder als Gaserzeuger für Turboanlagen.

**Freilandversuch,** der →Freisetzungsversuch.

**Freilauf,** *Technik:* Vorrichtung, die die Verbindung zwischen zwei Wellen löst, wenn die angetriebene Welle sich schneller dreht als die treibende. Beim Fahrrad befinden sich in der Nabenhülse in einem Ring geführte Rollen, die beim Vorwärtstreten gegen die Hülse gepresst werden, das Hinterrad mitnehmen und beim Nichttreten das Rad lose rollen lassen.

**Freiname,** *Chemie:* Warenname, der nicht für einen einzelnen Hersteller oder Verteiler geschützt ist, z. B. Trivialnamen wie Alizarin, Carbolineum. Sie dienen als chemische Kurzbezeichnung zur einfachen Benennung der meist kompliziert zusammengesetzten Verbindungen. Freinamen sind besonders für Arznei- und Schädlingsbekämpfungsmittel eingeführt.

**Freisetzungsversuch, Freilandversuch,** das genehmigungspflichtige Aussetzen von gentechnisch veränderten Pflanzen. Der erste Freisetzungsversuch in Deutschland erfolgte 1990 und diente der Untersuchung springender Gene (bewegliche Strukturen in der Erbmasse). Freisetzungsversuche stoßen in Deutschland, aber auch zunehmend im Ausland, bei großen Teilen der Bevölkerung auf Widerstand. Es wird kritisiert, dass nicht abschätzbar ist, welche Gefahren von gentechnisch veränderten Pflanzen ausgehen können, z. B. das Überspringen von als →Markergene verwendete Resistenzgene auf Unkräuter. – Infokasten S. 322

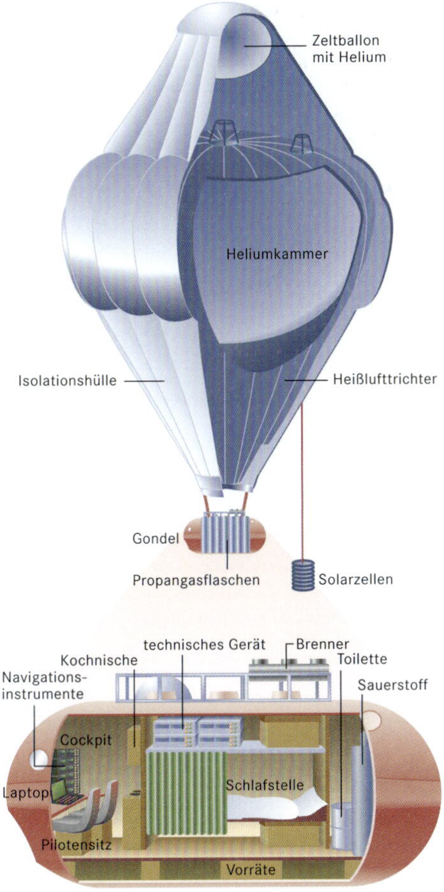


**Freiballon.** Schemazeichnung des Ballons »Orbiter 3«, in dem B. Piccard und B. Jones im März 1999 die erste Erdumrundung gelang

**Freispiegelleitung,** Flüssigkeitsleitung, deren Querschnitt nicht voll durchflossen wird, sodass stets eine freie Flüssigkeitsoberfläche bleibt; Gegensatz: Druckleitung.

**Freisprecheinrichtung,** *Telekommunikation:* Leistungsmerkmal von Telefonen (Handys), welches das Telefonieren ohne Benutzung der Hände gestattet (seit Anfang 2001 in Deutschland in Kfz Pflicht). Das Telefon ist dabei mit Mikrofon und einem zusätzlichen Lautsprecher ausgestattet, sodass bei aufge-

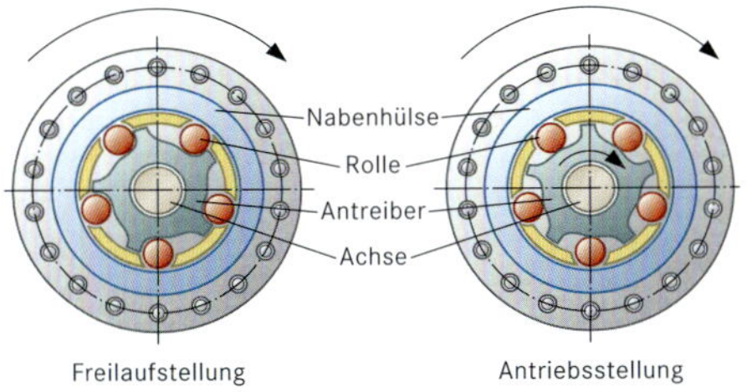


**Freilauf.** Freilauf beim Fahrrad

**Freisetzungsversuch** Antifrost- und Frostbakterien

Viele Pflanzen sind frostempfindlich, da Eiskristalle ihr Gewebe zerstören. Bakterien spielen als Kristallisationszentren dabei eine große Rolle. Bakterienfreie Pflanzen überleben Temperaturen unter dem Gefrierpunkt ohne Schäden. Proteinstrukturen auf der Oberfläche einer bestimmten Bakterienart sind maßgeblich an der Kristallbildung beteiligt. Sprüht man Bakterien, denen diese Proteine fehlen, auf Pflanzen, verdrängen sie die natürliche Bakterienflora und wirken so als Frostschutzmittel. Die Angst der Öffentlichkeit vor einer unkontrollierten Ausbreitung der genmanipulierten Bakterien verhindert deren landwirtschaftliche Nutzung. Die natürlichen Frostbakterien werden jedoch in abgetöteter Form unter dem Namen »Snowmax« verkauft. Setzt man die Bakterien dem Wasser von Schneekanonen zu, steigt bei gleichbleibender Kühlenergiezufuhr die Schneeproduktion beträchtlich.

**Carl Remigius Fresenius**
*** 1818, † 1897**

- verfasste grundlegende Werke mit Anleitungen zur chemischen Analyse
- gründete ein eigenes Untersuchungslabor, das später zur Fachakademie ausgebaut wurde

legtem Hörer telefoniert werden kann. Eine Sonderform der Freisprecheinrichtung ist das →Headset.

**Fremdatome,** dem Idealkristall chemisch fremde Atome. Durch →Dotierung mit Fremdatomen können Kristalleigenschaften gezielt geändert werden.

**Frẹnkel-Defekt** [nach dem russischen Physiker J. I. Frenkel, * 1894, † 1952], Gitterfehler in einem Kristall, verursacht durch das Abwandern eines im Kristall eingebauten Atoms beziehungsweise Ions von seinem normalen Platz im Kristallgitter auf einen Zwischengitterplatz bei thermischer Anregung.

**Frequẹnz** [lateinisch] *die, Physik, Technik:* Formelzeichen $f$ oder $\nu$, Einheit der Frequenz ist das Hertz (Hz); bei periodischen Vorgängen (z. B. elektromagnetischen Wellen) der Quotient aus der Anzahl $n$ der Schwingungen und der zugehörigen Zeit $t$, $f = n / t$. Die Frequenz ist der reziproke Wert der Zeitdauer $T$ (Periode) einer vollen Schwingung, $f = 1 / T$. Die **Kreisfrequenz** $\omega$ ergibt sich aus der Frequenz zu $\omega = 2\pi f$. Jedes schwingungsfähige System geht bei Anstoß von außen in Schwingungen über. Die für das System charakteristischen Frequenzen dieser Schwingungen heißen **Eigenfrequenz** (→Eigenschwingung). Erfolgt die Anregung periodisch mit der Eigenfrequenz, tritt →Resonanz auf.

**Frequẹnzband,** *Nachrichtentechnik:* zusammenhängender Frequenzbereich des Spektrums elektromagnetischer Wellen. Die Wellenbereiche sind für bestimmte Anwendungen (Rundfunk, Richtfunk, Fernsehen u. a.) in Frequenzbänder unterteilt, die durch Frequenzlage und Bandbreite gekennzeichnet sind. Zur Übertragung eines Signals ist ein Frequenzband mit einer Mindestbandbreite erforderlich, z. B. bei einer analogen Telefonverbindung: 3,1 kHz. Die Frequenzlage, die durch die Trägerfrequenz bestimmt wird, ist für das Signal von sekundärer Bedeutung.

**Frequẹnzbereich,** *Nachrichtentechnik:* frequenzmäßige Einteilung des Spektrums elektromagnetischer Wellen, die für die Funktechnik verwendet werden, entsprechend ihrem Ausbreitungsverhalten. Die nachrichtentechnischen Frequenzbereiche erstrecken sich vom Längstwellenbereich (Frequenzen 10–30 kHz) bis zum Submillimeterwellenbereich (300–3 000 GHz). Für sie gibt es internationale Bezeichnungen und Abkürzungen sowie innerhalb ihrer Einteilung international vereinbarte Zuordnungen der verschiedenen Funkdienste zu diesen Bereichen (→elektromagnetische Wellen, Übersicht).

**Frequẹnzgang,** allgemein der Verlauf einer physikalischen Größe als Funktion der Frequenz, auch Bezeichnung für diese Funktion selbst; im engeren Sinn Frequenzabhängigkeit des Ausgangssignals eines linearen Übertragungsglieds (z. B. Verstärker, Filter) vom Eingangssignal. Der Frequenzgang ist als komplexe Funktion beschreibbar und grafisch als Kurvenzug (Ortskurve) darstellbar; der Betrag des Frequenzgangs heißt **Amplitudengang,** seine Phase **Phasengang.**

**Frequẹnzmodulation,** *Nachrichtentechnik:* →Modulation.

**Frequẹnzweiche,** elektronische Filteranordnung, die meist zum Aussondern eines Frequenzbandes aus einem breiteren Frequenzbereich oder zur Trennung zweier Frequenzbereiche dient.

**Fresẹnius,** Carl Remigius, deutscher Chemiker, * Frankfurt am Main 28. 12. 1818, † Wiesbaden 11. 6. 1897; war ab 1845 Professor für Chemie, Physik und Technologie am nassauischen landwirtschaftlichen Institut in Wiesbaden; gründete 1848 in Wiesbaden ein chemisches Untersuchungslaboratorium (heute »Institut Fresenius GmbH« in Taunusstein), das zu einer Lehranstalt für Chemotechniker ausgebaut wurde (heute »Chemieschule Fresenius« in Wiesbaden).

Fresenius entwickelte wichtige Grundlagen und Methoden der chemischen Analyse, z. B. den Trennungsgang mit Schwefelwasserstoff. Er verfasste eines der bedeutendsten Lehrbücher für analytische Chemie, die »Anleitung zur quantitativen chemischen Analyse …« (1846) und gründete 1861 die »Zeitschrift für analytische Chemie«.

**Fresnel** [frɛˈnɛl], Augustin Jean, französischer Physiker und Ingenieur, * Broglie (Département Eure) 10. 5. 1788, † Ville d'Avray (bei Sèvres) 14. 7. 1827; seit 1823 Mitglied der Académie des sciences; begründete ab 1815 die Wellentheorie des Lichts (→fresnelscher Spiegelversuch), untersuchte die Polarisation des Lichts und die Doppelbrechung. Fresnel erfand den nach ihm benannten Doppelspiegel und das Doppelprisma; er konstruierte die →Fresnel-Linse, die noch heute (u. a. in Leuchttürmen) verwendet wird.

**Fresnel-Linse** [frɛˈnɛl-; nach A. J. Fresnel], Stufenlinse mit großem Öffnungsverhältnis bei kleiner Dicke, verwendet als Sammellinse in optischen Geräten, z.B. in Scheinwerfern, Seezeichen (fälschlich auch als Zonenlinse bezeichnet). Sie besteht aus einer zentralen Linse und nach außen anschließenden ringförmigen Kegelzonen, deren Krümmungsradien so gewählt sind, dass die Brennpunkte aller Zonen zusammenfallen. Bei Verwendung von Kunststoff lassen sich die einzelnen Zonen sehr schmal ausführen (einige 0,01 mm) und in eine dünne Folie einprägen; derartige Fresnel-Linsen werden z.B. in Overheadprojektoren eingesetzt. Fresnel-Linsen zerspringen beim Erhitzen weniger schnell, in Solarzellen dienen sie zur Fokussierung der Sonnenstrahlung.

**fresnelscher Spiegelversuch** [frɛˈnɛl-; nach A. J. Fresnel], klassischer Interferenzversuch (1816) zum Nachweis der Wellennatur des Lichtes. Zwei nur gering zueinander geneigte Spiegel $S_1$ und $S_2$ entwerfen je ein virtuelles Bild $Q_1$ und $Q_2$ einer punkt- oder linienförmigen monochromatischen Lichtquelle. Die von diesen Bildern ausgehend gedachten Strahlenbündel überlagern sich zu einem Interferenzsystem von hellen und dunklen Streifen, die auf einem Schirm beobachtet werden können.

**fresnelsche Zonen** [frɛˈnɛl-; nach A. J. Fresnel], ringförmige Bereiche in einer beugenden Kreisöffnung, in denen sich der Gangunterschied der Wellenlänge $\lambda$ des Lichtes um jeweils $\lambda/2$ ändert. Die Fresnelsche Zonen werden z.B. zur Konstruktion von Beugungsgittern (→Zonenplatte) ausgenutzt.

**Freund-Feind-Kennung,** →Kennung.

**Friedel-Crafts-Reaktion** [-krɑ:fts-; nach dem französischen Chemiker Charles Friedel (* 1832, † 1899) und dem amerikanischen Chemiker James Crafts (* 1839, † 1917)], 1877 entwickelte Methode zur Alkylierung und Acylierung von aromatischen Ringsystemen in Gegenwart von wasserfreiem Aluminiumchlorid, Bortrifluorid oder anderen Katalysatoren. Eine der wichtigsten organisch-chemischen Synthesemethoden.

**Friedman** [ˈfri:dmən], Jerome Isaac, amerikanischer Physiker, * Chicago (Illinois) 28. 3. 1930; seit 1967 Professor am Massachusetts Institute of Technology. Friedman bestätigte zusammen mit H. W. Kendall und R. E. Taylor erstmals durch unelastische Streuung von Elektronen an Protonen und gebundenen Neutronen die Theorie vom Aufbau der Hadronen aus Quarks; dafür erhielten sie 1990 den Nobelpreis für Physik.

**Friktion,** *Technik:* Übertragung von Kräften und Drehmomenten durch Reibung zwischen gegeneinander bewegten Körpern.

**Frisch, 1)** Karl von, österreichischer Zoologe, * Wien 20. 11. 1886, † München 12. 6. 1982; führte sinnesphysiologische Forschungen durch, besonders an Fischen und Bienen (Orientierung nach Farben, Formen, Geruch, dem Sonnenstand und nach polarisiertem Licht); erhielt 1973 mit K. Lorenz und N. Tinbergen den Nobelpreis für Physiologie oder Medizin.

**2)** Otto Robert, britischer Physiker österreichischer Herkunft, * Wien 1. 10. 1904, † Cambridge 22. 9. 1979; gab zusammen mit Lise Meitner die physikalische Deutung der Uranspaltung; war im Zweiten Weltkrieg in den USA an der Entwicklung der Atombombe beteiligt.

**Frischen,** *Technik:* Raffination flüssigen Roheisens zu Stahl durch Oxidation der Beimengungen (Kohlenstoff, Silicium u. a.).

**Frischluftgeräte,** Atemschutzgeräte, die den Träger über einen an eine Atemschutzmaske angeschraubten langen Schlauch von außen mit frischer Luft versorgen. Anwendung u. a. bei Arbeiten in Tanks, Silos.

**Fritten,** das Erhitzen einer pulver- oder körnerförmigen Mischung bis zur oberflächlichen Verschmelzung der Teilchen. Das Ergebnis ist eine poröse Masse.

**FRM,** Abkürzung für Forschungsreaktor München, Bezeichnung für den Forschungsreaktor der Technischen Universität München in Garching bei München, der 1957–2000 (Leistung 4 MW) in Betrieb war (»Atom-Ei«). Die Anlage wurde durch einen Hochflussreaktor mit einer thermischen Leistung von 20 MW ersetzt **(FRM II).** Sie soll als Neutronenquelle in der Grundlagenforschung sowie für eine anwendungsorientierte Forschung und Entwicklung eingesetzt werden. Um die angestrebte hohe Neutronenflussdichte zu erreichen, soll hoch angereichertes Uran (englisch high enriched uranium, **HEU**) verwendet werden, was eine starke öffentliche Diskussion ausgelöst hat. Der FRM II wurde im Juni 2004 offiziell in Betrieb genommen, muss jedoch bis spätestens 2010 auf nicht kernwaffenfähiges Uran umgerüstet werden.

**Front** [französisch, von lateinisch frons »Stirn«], *Meteorologie:* Grenzfläche zwischen warmen und kalten Luftmassen, oft nur wenige Kilometer breit, in Auflösung und Neubildung ständig wechselnd. Nach Art der vordringenden Luftmasse unterscheidet man **Warmfront** und **Kaltfront;** im Verlauf der Ver-

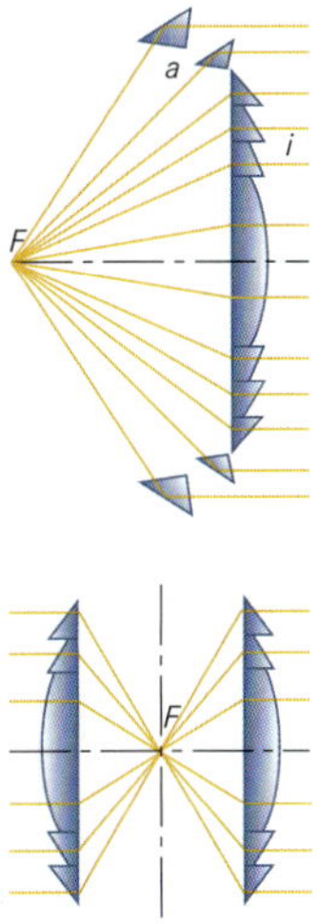


**Fresnel-Linse.** Meridianschnitt einer Fresnel-Linse (oben); lässt man ihn um eine durch den Brennpunkt gehende und auf der optischen Achse senkrecht stehende Achse rotieren, so erhält man eine Gürtellinse (unten), die z. B. für Seezeichen und Positionslaternen von Schiffen verwendet wird (*a* katoptische Ringe, *i* dioptische Ringe, *F* Brennpunkt).

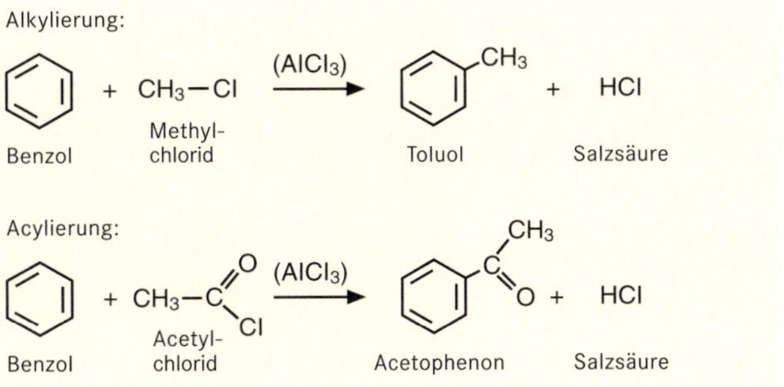


**Friedel-Crafts-Reaktion.** Herstellung von Toluol (oben) und Acetophenon (unten)

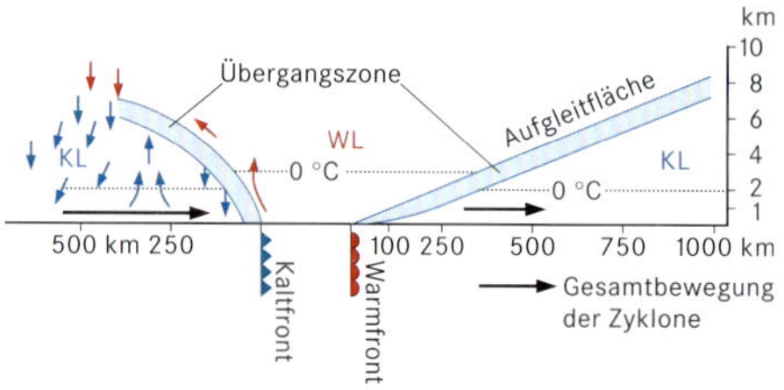


**Front.** Darstellung der Bewegungskomponenten in einem schematisierten vertikalen Querschnitt durch ein Tiefdruckgebiet. Die idealisierte Grenzlinie zwischen Vorderseiten-Kaltluft (KL) und der nachfolgenden wärmeren Luftmasse (WL) ist am Boden die Warmfront, diejenige zwischen Warmluft und der Rückseiten-Kaltluft, die Kaltfront.

einigung von beiden (Okklusion) setzt sich in Bodennähe meist die Kaltfront durch. Fronten sind bestimmend für den Wetterablauf (→Tiefdruckgebiet) und in der Regel mit ausgeprägten Wettererscheinungen verbunden. Über die **Frontalzone,** die Übergangsschicht in größeren Höhen, →Jetstream.

**Front-Fan-Triebwerk** ['frʌnt'fæn-; englisch »Vordergebläse«], ein →Strahltriebwerk.

**Frösche, Echte Frösche, Ranidae,** Familie der →Froschlurche in Afrika, Eurasien sowie Teilen Nord- und Südamerikas mit glatter Haut, horizontal stehender Pupille und breitem, in Oberkiefer und Gaumen bezahntem Maul. Die Ochsenfrösche und Goliathfrösche fressen kleine Wirbeltiere, die kleineren Arten Insekten, Schnecken und Würmer. In Mitteleuropa leben der Wasserfrosch, Seefrosch, Grasfrosch, Moorfrosch und der Springfrosch.

**Froschlurche, Anura, Salientia,** Ordnung der Amphibien mit gedrungenem Körper und kurzen Vordergliedmaßen; die Hintergliedmaßen sind Sprungbeine mit Schwimmhäuten zwischen den Zehen. Die Eier **(Laich)** werden, oft in Schnüren oder Klumpen, ins Wasser abgelegt und vom Männchen befruchtet. Die ausschlüpfende Larve **(Kaulquappe)** hat am fußlosen Körper einen Ruderschwanz mit Flossensaum, ferner Raspelzähne für das anfängliche Abweiden von Algen; sie atmet durch Kiemen. Im Verlauf der Entwicklung bilden sich Beine und Lunge, während Kiemen und Ruderschwanz schwinden. Die Froschlurche verlassen dann meist das Wasser und ernähren sich von Kleintieren. Zu den Froschlurchen gehören u. a. →Kröten, →Laubfrösche und →Frösche.

**Frostkeimer,** Freilandpflanzen, deren Samen bei niedrigen Temperaturen besser keimen.

**Frostresistenz,** →Kälteresistenz.

**Frostschäden,** bei Pflanzen verschiedene Krankheitsbilder durch Frost: an Baumstämmen in Längsrichtung **Frostrisse** oder **Frostspalten,** in denen sich Überwallungswülste **(Frostleisten)** bilden, eingesunkene Rindenpartien **(Frostplatten);** an Zweigen herabhängende Rindengewebe **(Frostlappen),** breitkegelförmige Auftreibungen **(Frostbeulen),** erfrorene Zweigspitzen **(Spitzenbrand);** krautige Pflanzen vergilben oder werden bei Auftauen schlaff, wässrig durchscheinend und vertrocknen; an Blättern hebt sich die Oberhaut ab **(Frostblasen),** das Laub fällt vorzeitig ab **(Frostschütten);** an Wintersaaten werden die Spitzen weiß und vertrocknen; an Blüten werden Griffel und Fruchtknoten schwarz. **Indirekte Frostschäden** sind z. B. das Vertrocknen junger Saaten durch Abreißen der Wurzeln nach wechselndem Gefrieren und Auftauen des Bodens sowie Eindringen von Pilzparasiten durch Frostrisse.

Frostschutzmaßnahmen sind das **Frosträuchern** (Verhinderung der Wärmeausstrahlung durch Erzeugen von Rauch) oder die direkte Beheizung der Kulturen. Am wirksamsten ist die **Frostschutzberegnung** vor Einsetzen des Frostes, damit bei Eisbildung die frei werdende Erstarrungswärme die Pflanzen schützt.

### Frösche Pfeilgiftfrösche – schön, gefährlich, nützlich

Zu den auffälligsten Amphibien gehören dank ihrer knallbunten Warnfärbung die in Süd- und Mittelamerika beheimateten Baumsteigerfrösche. Ihren Beinamen »Pfeilgiftfrösche« erhielten die Tiere, weil im Regenwald lebende Indianerstämme das giftige Hautsekret der Frösche zur Jagd nutzten. Über 200 verschiedene Alkaloide wurden inzwischen in den Sekreten der Tiere nachgewiesen. Manche davon sind so giftig, dass weniger als 1 mg reicht, einen Menschen zu töten, andere dagegen könnten vielleicht sogar in der Medizin eingesetzt werden. Das Alkaloid Epibatidin ist ein Schmerzmittel, dass 200-mal stärker als Morphium wirkt.

Lange Zeit war es ein Rätsel, warum Baumsteigerfrösche in Terrarien ihre Giftigkeit verlieren und in Gefangenschaft geborene Tiere überhaupt nicht giftig sind. Heute weiß man, dass die Insekten und Tausendfüßler, die von den Fröschen in ihrer natürlichen Umgebung verspeist werden, Vorstufen der giftigen Alkaloide enthalten. Allein sind die Tiere nicht in der Lage, die Gifte zu synthetisieren.

**Frostschutzmittel,** die →Gefrierschutzmittel.

**Frucht,** *Botanik:* aus dem Fruchtknoten einer Blüte während der Samenentwicklung entstehendes Organ, das den oder die Samen enthält. Es gibt verschiedene Fruchtformen: 1) **Einzelfrüchte:** Aus einer Blüte geht nur eine einzige Frucht hervor, die sich bei der Reife ganz oder teilweise öffnet und die Samen freigibt (**Öffnungsfrüchte, Streufrüchte;** z. B. Balgfrucht, Hülse, Schote und Kapselfrucht) oder in geschlossenem Zustand von der Pflanze abfällt (**Schließfrüchte;** z. B. Nuss, Beere, Steinfrucht); 2) **Sammelfrüchte:** Aus jedem einzelnen Fruchtblatt entsteht eine Frucht für sich (Früchtchen), jedoch bilden alle Früchtchen dieser Blüte unter Mitwirkung anderer Blütenteile (z. B. der Blütenachse) bei der Reife einen einheitlichen Verband (**Fruchtverband**), der eine Einzelfrucht vortäuscht (**Scheinfrucht**) und sich als Gesamtheit ablöst. Nach der Ausbildung der Früchtchen werden die Sammelnussfrucht (z. B. Erdbeere), die Sammelsteinfrucht (z. B. Himbeere) und die Sammelbalgfrucht (z. B. Apfel) unterschieden; 3) **Fruchtstände:** Ganze Blütenstände, die bei der Reife (unter Mitwirkung zusätzlicher Organe) das Aussehen einer Einzelfrucht annehmen und als Ganzes verbreitet werden (Scheinfrüchte). Fruchtstände können als **Nussfruchtstand** (z. B. Maulbeere), **Beerenfruchtstand** (z. B. Ananas) oder **Steinfruchtstand** (z. B. Feige) ausgebildet sein.

**Fruchtbarkeit, 1)** *Biologie:* **Fertilität,** die Fähigkeit von Organismen, Nachkommen hervorzubringen; Gegensatz: →Sterilität.
**2)** *Bodenkunde:* die Fähigkeit des Bodens (Bodenfruchtbarkeit) zur ausreichenden Ernährung von Feldfrüchten; Fruchtbarkeit durch Melioration steigert den Ertrag langfristig oder macht den Boden erst fruchtbar.

**Fruchtfäule,** Pflanzenkrankheit, bei der die Früchte verfaulen, so →Graufäule, →Moniliakrankheit.

**Fruchtholz,** Obstbaumzweige, die Blüten und Früchte tragen. Das Kernobst bildet **Fruchtruten,** bis 30 cm lang, und **Fruchtspieße,** bis 10 cm lang; beide verlängern sich durch eine endständige Holzknospe. Das stark verzweigte Fruchtholz nennt man auch **Quirlholz.** Der **Ringelspieß** ist ein gestauchter, mehrjähriger Trieb, der mit einer Blattrosette abschließt, in der sich eine Blütenknospe entwickeln kann. Steinobst bildet **Bukettriebe,** Kurztriebe, die rundum Blütenknospen und in deren Mitte eine Blattknospe tragen.

**Fruchtknoten,** *Botanik:* der aus den Fruchtblättern gebildete, geschlossene Hohlraum, in dem die Samenanlagen eingeschlossen sind.

**Fruchtsäuren,** organische Säuren, die in Früchten vorkommen, z. B. Apfel-, Zitronen-, Weinsäure.

**Frösche.** Wasserfrosch (Rana esculenta, Körperlänge bis 9 cm)

**Fruchtstand,** *Botanik:* →Frucht; aus Einzelfrüchten bestehende Scheinfrucht.

**Fruchtzucker,** die →Fructose.

**Fructose** [lateinisch] *die,* **Fruktose, Fruchtzucker,** in der Natur weit verbreiteter Zucker, eine optisch aktive Ketohexose (Monosaccharid). Praktische Bedeutung hat nur die linksdrehende D-Form (**Lävulose**), die sich frei in vielen Früchten und im Honig, chemisch gebunden in Saccharose und im Inulin findet. Das Molekül liegt bei der reinen Substanz als sechsgliedriger Ring (**Pyranose**) vor, im gebundenen Zustand als fünfgliedriger Ring (**Furanose**).

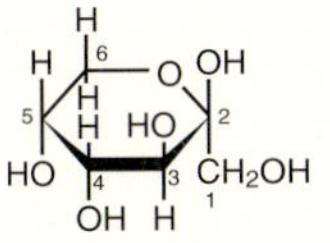

β-o-Fructose, Pyranoseform

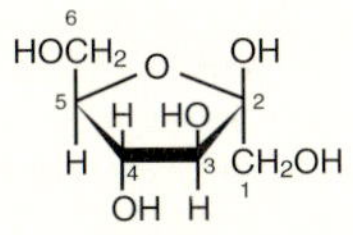

β-o-Fructose, Furanoseform

**Fructose**

**Frühreife,** *Zoologie:* bei Haustieren ein erblich bedingter früher Entwicklungsabschluss.

**FTP** [Abkürzung für englisch **f**ile **t**ransfer **p**rotocol], ein Dienst des →Internet.

**Fuchs,** Klaus, deutscher Physiker, * Rüsselsheim 29. 12. 1911, † Berlin (Ost) 28. 1. 1988; 1943–46 als britischer Staatsbürger im amerikanischen Atomforschungszentrum Los Alamos, danach im britischen Forschungszentrum Harwell beschäftigt. Wegen Verrats von Geheimnissen an die UdSSR 1950–59 inhaftiert; danach in der DDR tätig.

**Füchse,** mehrere verwandte Gattungen aus der Familie Hundeartige; bis mittelgroße, schlanke Tiere mit kurzen Beinen, spitzer Schnauze, großen, spitzen Ohren und langem, buschigem Schwanz. Füchse sind Kleintierfresser, die sich aber auch von Aas und Pflanzen ernähren. Zu den Füchsen gehören die **Echten Füchse** (Gattung Vulpes) sowie Fennek, Graufuchs, Polarfuchs (→Hunde). Die bekannteste Art ist der mit mehreren Unterarten in Eurasien und Nordamerika verbreitete **Rot-**

**Füchse.** Polarfuchs (Körperlänge bis 70 cm)

fuchs (Vulpes vulpes). Der **Polarfuchs** (**Eisfuchs,** Alopex lagopus) mit im Winter weißem, im Sommer graubraunem Fell lebt in der Arktis. Eine Farbvariante des Polarfuchses ist der **Blaufuchs.**. Als **Edelfüchse** gelten im Rauchwarenhandel die Felle der Füchse außer dem Rot-, Grau-, Kittfuchs und Fennek.

**Fuchsin** [zu Fuchsie] *das,* (fälschlich auch **Rosanilin**) intensiv roter, aber wenig lichtechter synthetischer Farbstoff (Triphenylmethanfarbstoff); früher zum Färben von Textilien, heute für Druckfarben und zur Färbung mikroskopischer Präparate verwendet.

**Fügen,** Verfahren zur form-, kraft- oder stoffschlüssigen Verbindung zweier oder mehrerer Werkstücke oder von Werkstücken mit einem formlosen Stoff z. B. durch Schrauben, Nieten, Schweißen, Falzen.

**Fühler,** Sinnesorgane tragende Kopfanhänge bei niederen Tieren (→Antennen, →Tentakel).

**Fukui,** Kenichi, japanischer Chemiker, * Nara 4. 10. 1918, † Kyōto 9. 1. 1998; Arbeiten zur Quantenchemie von Reaktionen; erhielt 1981 mit Roald Hoffmann für die (unabhängig voneinander) erstellten Theorien über den Verlauf organisch-chemischer Reaktionen den Nobelpreis für Chemie.

**Fullerene** → GEO **Dossier** Vorstoß in die Welt des Kleinsten, Bd. 8

**Fullerene** [nach dem amerikanischen Architekten Richard Fuller], ausschließlich aus Kohlenstoff bestehende Moleküle (Cluster) mit in sich geschlossener, polyedrischer Struktur und einer geraden Anzahl von Atomen. Am häufigsten sind die Fullerene aus 60 ($C_{60}$, »Buckminster-Fullerene«) und 70 Kohlenstoffatomen ($C_{70}$), bei denen die Atome ein Netzwerk aus jeweils 12 Fünfecken und einer unterschiedlichen Zahl von Sechsecken bilden. Feststoffe, die aus einem bestimmten Fullerenmolekül oder einem Gemisch verschiedener Fullerenmoleküle aufgebaut sind, werden als **Fullerite** bezeichnet. Sie stellen eine bisher unbekannte und – neben Graphit und Diamant – dritte Modifikation des Kohlenstoffs dar.

Reines Fullerit ist elektrisch nicht leitend, aber in Verbindung mit Alkalimetallen (Dotierung) wird es leitend beziehungsweise bei tiefen Temperaturen supraleitend. Fullerene sind außerdem hitzebeständig und haben Halbleitereigenschaften. Sie können eine diamantharte Oberfläche bilden, als Katalysatoren wirken oder zu fotoleitenden Filmen verarbeitet werden. Die NASA testet $C_{60}$ als Treibstoff für Ionentriebwerke, in der Medizin untersucht man ihre Eignung als Trägerstoff für neue Präparate.

Fullerene wurden 1985 mithilfe der Massenspektrometrie bei der Laserverdampfung von Graphit entdeckt (Robert Curl, Harold Kroto, Richard Smalley; Nobelpreis für Chemie 1996). Der deutsche Physiker Wolfgang Krätschmer (* 1942) und sein amerikanischer Kollege Donald Huffman stellten 1990 Fullerene erstmals in makroskopischen Mengen her, wodurch der eindeutige Strukturnachweis ermöglicht wurde.

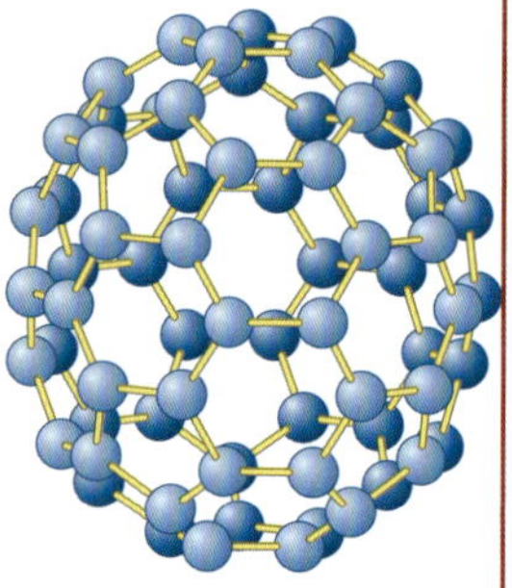

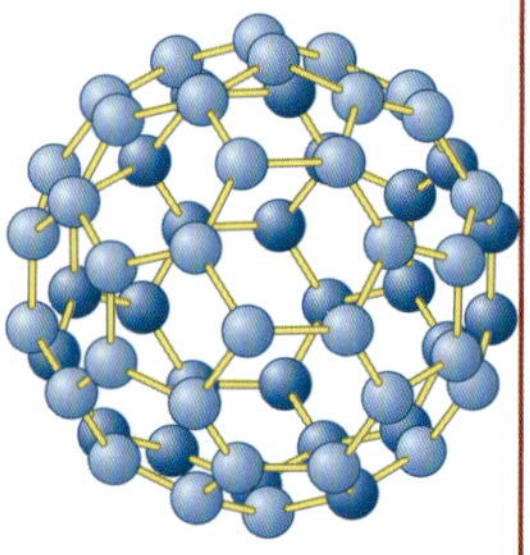

**Fullerene.** $C_{70}$-Fulleren (oben), $C_{60}$-Fulleren (unten)

**Füllkörper,** *Chemie:* meist ring- oder sattelförmige Körper aus Glas, Metall, Keramik u. a., die als lose Schüttungen in →Kolonnen z. B. bei Destillationen oder Extraktionen verwendet werden, um die Grenzfläche zwischen den beteiligten Phasen (z. B. Dampf und Flüssigkeit) zu vergrößern und so den Stoffübergang zu beschleunigen (z. B. Raschig-Ringe).

**Fundamentalkonstanten,** die →Naturkonstanten.

**Fundamentalpunkte,** Bezeichnung für den →Eispunkt (0 °C) und den →Dampfpunkt (100 °C) des Wassers, die früher zur Festlegung der internationalen Temperaturskala und der Temperatureinheiten dienten (→Festpunkt). Die Temperaturdifferenz zwischen den beiden Fundamentalpunkten heißt **Fundamentalabstand.**

**Fungi** [lateinisch], die höheren →Pilze.

**Fungizide** [zu lateinisch fungus »Pilz« und caedere »töten«], Wirkstoffe, die Pilze und deren Sporen abtöten. Im Pflanzenbau werden als **anorganische Fungizide** Schwefel und Kupferoxidchlorid angewendet. Als **organische Fungizide** finden u. a. Derivate der Dithiocarbamidsäure Verwendung. Seit 1996 sind Fungizide der Gruppe der Strobilurine gegen Getreidekrankheiten in der Anwendung. Quecksilberhaltige Fungizide sind in Deutschland verboten. Fungizide werden auch zur Konservierung von Lebensmitteln (z. B. Propionsäure gegen Schimmelpilze) und zum Holzschutz verwendet. Präparate zur Behandlung von Pilzerkrankungen beim Menschen werden als Antimykotika bezeichnet.

**Funk,** Kurzwort für →Funktechnik und ihre Teilbereiche, im engeren Sinn auch für →Rundfunk.

**Funke,** Glutteilchen, das bei Verbrennungs- oder Reibungsvorgängen entsteht.

**Funkenanalyse, Funkenprobe,** Prüfung der Zusammensetzung eines Stahls anhand der Funkenbilder, die beim Anschleifen des Werkstückes entstehen.

**Funkenentladung,** kurz dauernde, selbstständige →Gasentladung bei Atmosphärendruck, begleitet von lebhaften Licht- und Schallerscheinungen (elektrischer Durchbruch). Funkenstrecken werden zur Auslösung extrem kurzzeitiger Schaltvorgänge benutzt. Die Schlagweite des Funkens ist durch Gaszusammensetzung, Druck, Temperatur, Elektrodenform und Spannung bestimmt. Eine besondere Form der Funkenentladung ist der →Blitz.

**Funkeninduktor,** Hochspannungstransformator aus zwei über einen stabförmigen Eisenkern gewickelten Zylinderspulen. Durch die Primärspule fließt in der Regel ein zerhackter Gleichstrom, der durch einen selbsttätigen Unterbrecher (wagnerscher Hammer, Wehnelt-Unterbrecher) erzeugt wird. In der Sekundärspule entsteht eine Wechselspannung zwischen 1 und 100 kV von stark unsymmetrischer Kurvenform. Nach dem Prinzip des Funkeninduktors arbeiten die Zündspulen der Ottomotoren, die die Hochspannungsimpulse für die Zündkerzen liefern.

**Funkenkammer,** zu den Gasspurkammern zählendes Nachweisgerät für geladene, energiereiche, ionisierende Elementarteilchen; wird zur Untersuchung von Kern- und Elementarteilchenreaktionen benutzt. Die Funkenkammer besteht aus einem Satz paralleler Platten, die abwechselnd miteinander elektrisch verbunden sind. Der Raum zwischen den Platten ist mit einem geeigneten Edelgas (meist Neon-Helium-Gemisch) gefüllt. Kurz nach dem Durchgang eines geladenen Teilchens durch den Plattensatz wird ein Hochspannungsimpuls angelegt. Die entstehenden Funkenüberschläge entlang der Teilchenbahn werden aus zwei Richtungen fotografiert. – Abb. S. 328

**Funk|entstörung,** Maßnahmen zur Verminderung oder Beseitigung von Funkstörungen, die das störende und/oder das gestörte Gerät betreffen. Für die Funkentstörung werden v.a. Kondensatoren, Drosselspulen und Widerstände verwendet.

**Funkfeuer,** ortsfester Sender, der ausschließlich für die Zwecke der Funknavigation von Schiffen und Flugzeugen ein Signal ausstrahlt. Man unterscheidet: **ungerichtete Funkfeuer (rundstrahlende Funkfeuer),** die gleichmäßig in alle Richtungen des Azimuts strahlen, z. B. Decca-Navigator-System, **Richtfunkfeuer,** die mittels Richtantennen einen oder mehrere Leitstrahlen aussenden, z. B. Markierungsfeuer, sowie die **Drehfunkfeuer** mit einem umlaufenden Richtstrahl, die außer der Ortung auch das Einhalten eines gewählten Kurses ermöglichen, z. B. Consol. **Satellitenfunkfeuer** umrunden an Bord von Satelliten die Erde und werden schon seit Ende der 1950er-Jahre zur Positionsbestimmung von Schiffen verwendet. Seit 1995 ist das aus 24 Satelliten bestehende →GPS-System verfügbar, das auch die Positionsbestimmung von Luftfahrzeugen ermöglicht. – Abb. S. 328

**Funknavigation,** die Navigation von Wasser- oder Luftfahrzeugen mithilfe von Funksignalen, die von Funkfeuern ausgesendet und von bordeigenen Funkpeilern empfangen oder von Bordsendern abgestrahlt und als reflektierte Signale empfangen werden. Entsprechend der Reichweite unterscheidet man all-

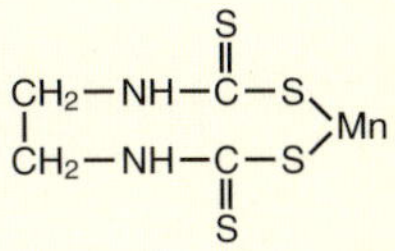

Maneb

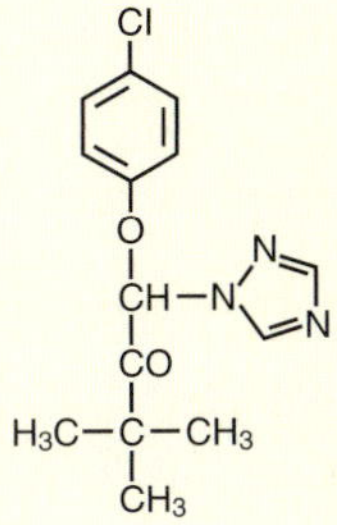

Triadimefon

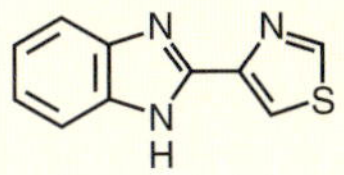

Thiabendazol

**Fungizide**

80585

**Fungizide.**
Eine hochmoderne Spritzstraße im Institut für Fungizide der Bayer AG. Hier wird nach neuen Pflanzenschutzmitteln gegen Pilzkrankheiten gesucht.

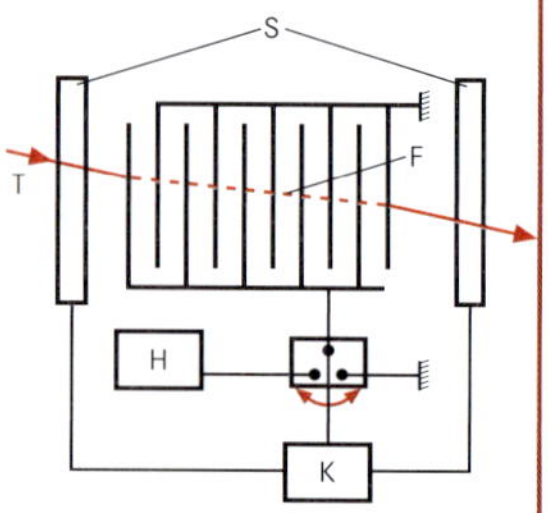


**Funkenkammer.** Funktionsprinzip einer Parallelplattenfunkenkammer; F Funkenspur, H Hochspannungsgenerator, K Koinzidenzelektronik, S Szintillationszähler, T Bahn des einfallenden Teilchens

gemein Kurzstrecken-, Mittelstrecken- und Langstreckenfunknavigation; spezielle Verfahren der Kurzstreckenfunknavigation werden z. B. in der Luftfahrt für den Landeanflug und die Allwetterlandung, in der Schifffahrt für das Befahren schwieriger Küstengewässer verwendet.

■ **Verfahren** Die Funknavigationsverfahren werden in folgende Gruppen eingeteilt: Bei den **Richtempfangsverfahren** wird die Abhängigkeit der Antennenspannung von der Richtung der von einer Land- oder Bodenfunkstelle einfallenden elektromagnetischen Wellen ausgenutzt, z. B. beim Radiokompass. Bei den **Richtsendeverfahren** werden von einer oder mehreren ortsfesten Funkstellen modulierte Wellen ausgesendet, wobei die Modulation als Richtungsinformation dient, z. B. beim Instrumentenlandesystem oder beim VOR-Verfahren. Bei den **Differenzentfernungsmessverfahren** werden Entfernungen zu verschiedenen Bodenstationen dadurch ermittelt, dass entweder die Zeitdifferenzen zwischen dem Empfangen der von den Stationen gleichzeitig ausgesendeten Impulse (Laufzeitdifferenzen) gemessen werden (z. B. beim LORAN-Verfahren) oder die Phasendifferenzen zwischen den gleichfrequenten elektromagnetischen Wellen (z. B. beim Decca-Navigator-System). Beide Methoden liefern als Standlinien Hyperbeln (so genannte Hyperbelnavigation). Bei den **Entfernungsmessverfahren** wird aus der Laufzeit eines von einem (bordeigenen) Sender ausgestrahlten Impulses zu einem aktiven Rückstrahler und zurück die momentane Entfernung bestimmt. **Radarverfahren** (Radarnavigation) dienen in der Schifffahrt v. a. zur Ermittlung des Standorts und des Kurses bei Nacht und schlechter Sicht. Navigationseinrichtungen unabhängig von Bodenstationen sind z. B. →Doppler-Navigationsverfahren. Die Funknavigation für Luftfahrzeuge findet vor und während der Landung eine Ergänzung durch Leitverfahren (→Landeführungssysteme).

**Funktechnik**
→ GEO Dossier
Störfeuer aus dem Äther, Bd. 8

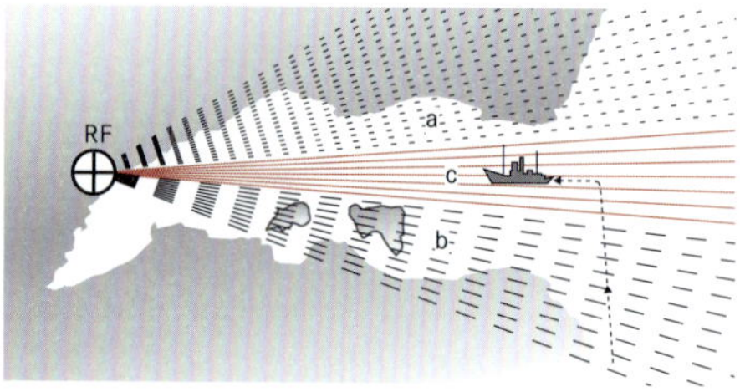


**Funkfeuer.** Darstellung der Funktionsweise eines Richtfunkfeuers (RF) beim Richtsendeverfahren; punkt- oder strichförmige Funkzeichen kennzeichnen die unbefahrbaren Sektoren (a und b), Dauerzeichen den zu einem Hafen führenden Fahrwassersektor (c).

**Funkortung,** die Ermittlung von Standort und/oder Bewegungszustand von Land-, See-, Luft- oder Raumfahrzeugen unter Verwendung von Funkwellen. Funkortung ist eine wesentliche Aufgabe der Navigation (→Funknavigation). Zu unterscheiden sind Eigenortung vom Fahrzeug oder Fremdortung von anderen Stellen aus.

**Funkpeiler,** Funkempfänger mit einer Richtantenne zur Bestimmung und Anzeige der Richtung zu einem Sender. Beim **Drehrahmen-** oder **Minimumpeiler** dient als Richtantenne ein Mehrwindungsrahmen mit einer Doppelkreis-Richtcharakteristik; die Peilrichtung wird durch das Minimum der Empfangsspannung angezeigt. Beim **Kreuzrahmen-** oder **Goniometerpeiler** wird durch zwei gekreuzte Rahmenantennen das Feld der einfallenden Welle in zwei Komponenten zerlegt und über zwei HF-Leitungen zu einem →Goniometer übertragen. Durch diese Anordnung kann der Kreuzrahmen an einem von elektrischen Rückstrahlern freien Ort (z. B. Mastspitze auf Schiffen) aufgestellt werden. Der **Doppler-Peiler** beseitigt weitgehend durch seine Großbasisantennen die durch Mehrwegeausbreitung entstehenden Peilfehler: Durch den simulierten Umlauf einer Empfangsantenne auf einer Kreisbahn wird das Empfangssignal durch den →Doppler-Effekt, von der Einfallsrichtung in seiner Phase abhängig, mit der Umlauffrequenz frequenzmoduliert. Zum Phasenvergleich dient eine von der Umlaufschaltung abgeleitete, in ihrer Phase richtungsunabhängige Bezugsschwingung. Der gemessene Phasenwinkel ist direkt der Peilrichtung proportional, bezogen auf die Nordrichtung der Empfangsanlage. Beim **Zweikanalpeiler (Watson-Watt-Peiler)** werden die beiden Ausgangsspannungen eines Kreuzrahmens oder Adcock-Peilers in getrennten Empfangskanälen verstärkt und der $x$- und $y$-Ablenkung eines Oszilloskops zugeführt, auf dessen Schirm der Leuchtstrich direkt die Peilrichtung anzeigt.

**Funkrufdienst,** heute **Pagingdienst,** einseitig gerichtete Übertragung des Funkrufs **(Paging)** mittels codierter Zeichen von ortsfesten Funkstellen an bewegliche Empfangsgeräte (→Pager). Die Bedeutung der Zeichen muss verabredet sein; sie übermitteln dem Empfänger eine Information oder veranlassen ihn zur Rückfrage über einen anderen Nachrichtenweg (z. B. Telefon). Vorteil gegenüber einem Funkdienst mit gegenseitiger Verständigung ist die Einfachheit, Preisgünstigkeit und Tragbarkeit des Empfangsgerätes. Der **nicht öffentliche Funkrufdienst** wird zum Rufen von Personen in begrenzten Bereichen angewendet. Der **öffentliche Funkrufdienst** gestattet das Rufen von Personen über Fernsprechanschlüsse. Ein bekannter Funkrufdienst in Deutschland ist z. B. →Cityruf.

**Funksprechgerät,** bewegliche oder tragbare Sende-Empfangs-Anlage für drahtlose Sprachübertragung. Ein kleines handliches Funksprechgerät wird auch **Walkie-Talkie** genannt. Funksprechgeräte haben meist nur eine begrenzte Auswahl an fest eingestellten Kanälen. Die Sendeleistung ist relativ gering, die Reichweite auf kurze und mittlere Entfernungen begrenzt. Funksprechgeräte sind meist für Wechsel-, seltener für Gegensprechen eingerichtet. Sie werden im beweglichen Funkdienst verwendet, zunehmend allerdings durch Mobiltelefone ersetzt.

**Funktechnik,** Gesamtheit der Verfahren und Einrichtungen zur drahtlosen Übermittlung von elektrischen Signalen beliebigen Informationsinhaltes mittels entsprechend modulierter Funkwellen. Spezielle Bereiche und Anwendungen der Funktechnik sind Funknavigation (→Radar), Mobilfunk, Richtfunk, Rundfunk, Fernsehen, Satellitenfunk, Telegrafie, Telemetrie sowie CB- und Amateurfunk, Zeitzeichensender und drahtlose lokale Netze.

**Funktelefon,** →Mobiltelefon.

**funktionelle Gradientenwerkstoffe,** Werkstoffe, deren Zusammensetzung, Struktur und Gefüge vom Volumeninneren zur Oberfläche ein Gefälle aufweisen; der gradierte Bereich erstreckt sich über wenige Mikrometer.

**funktionelle Gruppe,** Atom oder Atomgruppierung, die ein Wasserstoffatom einer Stammverbindung ersetzen kann. Die funktionelle Gruppe verleiht einer Verbindungsklasse charakteristische physikalische und chemische Eigenschaften und wird deshalb auch **charakteristische Gruppe** genannt, z. B. die Aminogruppe $-NH_2$ (bei Aminen).

**Funkuhr,** elektronische Uhr, deren Zeit- und Datumseinstellung über Funksignale erfolgt. Das Funksignal wird von Mainflingen bei Frankfurt am Main mit dem Langwellensender DCF77 (Sendefrequenz 77,5 kHz) übertragen und hat eine Reichweite von ca. 2 000 km. Die Zeitinformation erhält der Sender von →Atomuhren, die von der Physikalisch-Technischen Bundesanstalt betrieben werden. Der Wechsel zwischen Sommer- und Winterzeit erfolgt bei Funkuhren automatisch.

**Furan** [lateinisch] *das,* fünfgliedrige heterozyklische Verbindung, eine farblose, chloroformartig riechende Flüssigkeit. Furanabkömmlinge werden u. a. in Riech- und Aromastoffen verwendet, bedeutsam sind **Furanharze** zur Herstellung u. a. von Klebstoffen.

**Furchenwale, Balaenopteridae,** Familie der Bartenwale mit Längsfurchen an der Unterseite des Vorderkörpers, die eine starke Erweiterung der Mundhöhle bei Aufnahme des nahrungshaltigen Wassers ermöglichen. Die Furchenwale umfassen sechs Arten in zwei Gattungen; sie ernähren sich von kleinen Krebsen, Schnecken und Fischen, die sie mit Barten abseihen. Zu den **Finnwalen** (Balaenoptera) gehören der **Zwergwal** (Balaenoptera acutorostrata), 8–10 m lang, bis zu 9 t schwer, mit 50–60 Furchen, der **Seiwal** (Balaenoptera borealis), 15–19 m lang, mit 60–100 Furchen, und der **Brydewal** oder **Edenwal** (Balaenoptera edeni), etwa 12 m lang. Der eigentliche **Finnwal** (Balaenoptera physalus) wird 20–25 m lang und hat 68–114 Furchen. Der größte Wal ist der **Blauwal** (Balaenoptera musculus); mit bis zu 35 m Länge und 130 t Gewicht das größte gegenwärtig lebende Tier. Zur Gattung **Langflossenwale** (Megaptera) gehört als einzige Art der **Buckelwal** (Megaptera novaeangliae), 14–19 m lang, 30–45 t schwer, 14–20 Furchen; Kopf mit kleinen Knollen (Buckeln). Mit Ausnahme des Zwergwals sind die übrigen Furchenwale in ihrem Bestand bedroht.

**Furchgott** ['fə:tʃgɔt], Robert F., amerikanischer Pharmakologe, *Charleston (South Carolina) 4. 6. 1916; arbeitete 1958–88 am Department of Pharmacology an der State University of New York. Furchgott erhielt mit L. J. Ignarro und F. Murad 1998 den Nobelpreis für Medizin oder Physiologie für die Entdeckung der Bedeutung des Stickoxids als Signalgeber (Botenstoff) im Herz-Kreislauf-System.

**Furchung, Blastogenese,** erste Phase der →Entwicklung des Embryos, in der sich die befruchtete Eizelle ohne Volumenzunahme in **Furchungszellen (Blastomeren)** aufteilt. Der Furchungsverlauf ist von der Dottermenge des Eies abhängig und äußerlich durch das Auftreten von Furchen gekennzeichnet.

**Fusariosen** [lateinisch-neulateinisch], durch Pilze der Gattung Fusarium verursachte Pflanzenkrankheiten, z. B. die Fusariumfäule (eine Fruchtfäule des Obstes oder eine Knollenfäule der Kartoffel).

**FU-Schutzschalter,** der →Fehlerspannungsschutzschalter.

**Fusion** [lateinisch], *Physik:* die →Kernfusion.

**Futterautomat,** Vorrichtung, die den Tieren das Futter selbsttätig, periodisch und meist dosiert zuteilt.

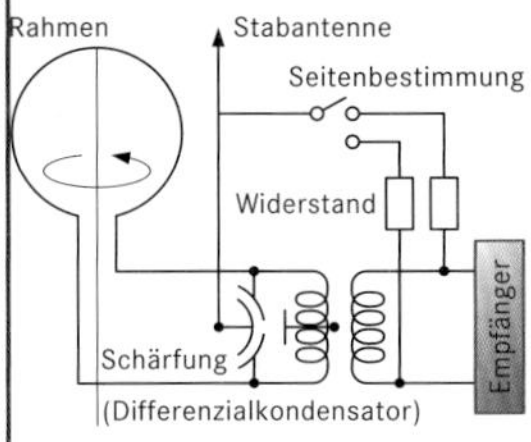


**Funkpeiler.** Schärfung und Seitenbestimmung beim Drehrahmenpeiler

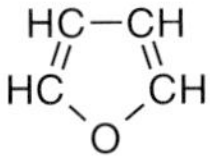

**Furan**

| Funktionelle Gruppe: Name | Struktur | Stoffklasse |
| --- | --- | --- |
| Hydroxygruppe | $\geq C^{\delta+}-\bar{\underline{O}}^{\delta-}-H$ | Alkohole<br>Phenole |
| Halogen | $\geq C^{\delta+}-\bar{\underline{X}}|^{\delta-}$ | Halogenalkane |
| Aminogruppe | $\geq C^{\delta+}-N^{\delta-}H_2$ | Amine |
| Ethergruppe | $\geq C^{\delta+}-\bar{\underline{O}}^{\delta-}-C^{\delta+}\leq$ | Ether |
| Aldehydgruppe | $-C^{\delta+}(=\bar{O}^{\delta-})H$ | Aldehyde |
| Ketogruppe | $-C^{\delta+}(=\bar{O}^{\delta-})R$ | Ketone |
| Carboxygruppe | $-C^{\delta+}(=\bar{O}^{\delta-})\bar{\underline{O}}-H$ | Carbonsäuren<br>Carbonsäurederivate |

**funktionelle Gruppe.** Beispiele für funktionelle Gruppen, die eine bestimmte Stoffklasse charakterisieren

# G

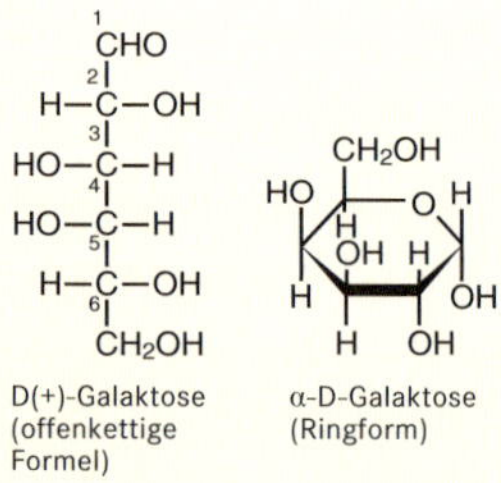


**Galaktose**

**Galileo Galilei**
*** 1564, † 1642**

- gilt als Begründer der systematischen Naturwissenschaften
- trat öffentlich für ein heliozentrisches Weltsystem ein
- wurde von der Inquisition unter Hausarrest gestellt

**g, G, 1)** *Einheitenzeichen:* **g** für Gramm; ᵍ für Neugrad, **G** für Gauß.

**2)** *Formelzeichen:* *g* für den Betrag der →Fallbeschleunigung, *G* für die →freie Enthalpie und die Gravitationskonstante.

**3)** *Vorsatzzeichen:* **G** für →Giga.

**Ga,** chemisches Symbol für →Gallium.

**Gabor** [ˈgeɪbə], Dennis, britischer Physiker ungarischer Herkunft, *Budapest 5. 6. 1900, † London 9. 2. 1979; arbeitete über Plasmaphysik, Elektronenoptik und Informationstechnik; entwickelte 1948 die →Holografie und erhielt dafür 1971 den Nobelpreis für Physik.

**Gadolinium** [nach dem finnischen Chemiker Johan Gadolin (*1760, † 1852)] *das,* chemisches Symbol **Gd,** Seltenerdmetall aus der Gruppe der Lanthanoide, Ordnungszahl 64, relative Atommasse 157,25, Dichte 7,90 g/cm³ (bei 25 °C), Schmelzpunkt 1314 °C, Siedepunkt 3264°C. Gadolinium ist ferromagnetisch und zeigt Supraleitfähigkeit. Es hat von allen Elementen den höchsten Absorptionsquerschnitt für Neutronen, wird deshalb in der Kerntechnik verwendet; dient auch als Legierungsbestandteil.

**Gaede** [ˈgæ-], Wolfgang, deutscher Physiker, *Lehe (heute zu Bremerhaven) 25. 5. 1878, † München 24. 6. 1945; 1919–34 Professor in Karlsruhe, schuf die Grundlagen der modernen Hochvakuumtechnik. Er erfand und verbesserte 1905 die nach ihm benannte rotierende Quecksilberluftpumpe; entwickelte 1912/13 die Molekularluftpumpe in Gestalt der rotierenden Pumpe, 1914/15 die →Diffusionspumpe und 1936 die Gasballastpumpe.

**Gajdusek** [geɪˈdu:sək], Daniel Carleton, amerikanischer Kinderarzt und Virologe, *Yonkers (New York) 9. 9. 1923; erhielt 1976 mit B. S. Blumberg für die Entdeckung neuer Mechanismen bei der Entstehung und Verbreitung von Infektionskrankheiten den Nobelpreis für Physiologie oder Medizin.

**Galaktose** [griechisch] *die,* zu den Hexosen gehörender Zucker (Monosaccharid), kommt v. a. in Milchzucker und Pektinstoffen vor und wird im Organismus in Glucose umgewandelt und abgebaut.

**Galilei,** Galileo, italienischer Mathematiker, Physiker und Philosoph, *Pisa 15. 2. 1564, † Arcetri (heute zu Florenz) 8. 1. 1642; wurde 1589 Professor in Pisa, 1592 in Padua, 1610 Hofmathematiker und Hofphilosoph des Großherzogs von Florenz; wurde durch die Einführung des systematischen Experiments und der induktiven Methode zum Begründer der neueren Naturwissenschaft. Mit seinen Untersuchungen zur Fall- und Wurfbewegung begründete Galilei die moderne Kinematik. Er baute 1609 das ein Jahr früher in Holland erfundene Fernrohr nach und beobachtete damit u. a. die Phasen der Venus, die Mondgebirge, die vier größten Jupitermonde **(Galileische Monde),** den Ring des Saturn sowie die Zusammensetzung der Milchstraße aus vielen Sternen.

Galilei trat seit 1610 öffentlich für das heliozentrische Weltsystem des N. Kopernikus ein. 1613 entwickelte er seine Vorstellungen über das Verhältnis der Bibel zur Naturerkenntnis und zum heliozentrischen System, die eine Neuinterpretation der Heiligen Schrift erforderten. Dies führte zu einer ersten Auseinandersetzung mit der katholischen Kirche, die 1616 mit dem Verbot dieser Lehre durch den Papst antwortete. Seine Schrift »Dialogo« (1632) führte zum Prozess gegen Galilei vor der Inquisition; am 22. 6. 1633 musste er »seinem Irrtum« abschwören und wurde zu Hausarrest in seinem Landhaus in Arcetri verurteilt. In der Haft verfasste er trotz seiner Erblindung (1637) die »Discorsi e dimostrazioni matematiche« (Leiden 1638), in denen er physikalische Probleme wie die Fallgesetze behandelte; als einer der Ersten in Italien bediente sich Galilei bei seinen Schriften der Muttersprache. – 1992 charakterisierte die katholische Kirche die Verurteilung Galileis als ungerechtfertigt und rehabilitierte ihn.

Galileis Konflikt mit der Kirche wurde wiederholt in der Literatur behandelt, so von B. Brecht (3. Fassung 1955), M. Brod (1948) und Gertrud von Le Fort (1954).

**Gallen, Pflanzengallen, Zezidien, Cecidien,** *Botanik:* Gewebewucherungen an Pflanzen; hervorgerufen durch Bakterien, parasitische Pilze oder durch Einstich und Eiablage von Milben oder Gallinsekten (Gallmücken, Gallwespen). Rundliche Galläpfel beziehungsweise Markgallen kommen an Blättern der Eiche oder Beutelgallen an Blättern der Pappel vor.

**Gallerte** [auch ˈga-] *die,* **Gallert,** Bezeichnung für im Gelzustand vorliegende Kolloide, die eine hohe Affinität zu ihrem Lösungsmittel (meist Wasser) haben. Gallerte sind von zähelastischer Konsistenz; bei Trocknung verfestigen sie sich und quellen bei Zugabe eines Lösungsmittels wieder auf. Gallerte dienen zur Verfestigung z. B. von mikrobiologischen Nährböden oder von Produkten der Nahrungsmittelindustrie; sie können mit Gelatine, Agar-Agar, Isländischem Moos, Pektin, Leim u. a. hergestellt werden.

**GALLEX** [Kurzwort aus Gallium-Experiment], ein Experiment zum Nachweis von so-

Albert Einstein schrieb im Vorwort zu einer modernen Neuausgabe von **Galileis** Schriften:

*»Da offenbart sich ein Mann, der den leidenschaftlichen Willen, die Intelligenz und den Mut hat, sich als Vertreter des vernünftigen Denkens der Schar derjenigen entgegenzustellen, die, auf die Unwissenheit des Volkes und die Indolenz der lehrenden im Priester- und Professorengewande sich stützend, ihre Machtpositionen einnehmen und verteidigen.«*

laren →Neutrinos. Zur Messung des Flusses der aus den Kernfusionsprozessen im Innern der Sonne stammenden Elektronneutrinos $\nu_e$ dient die Reaktion: $\nu_e + {}^{71}Ga \rightarrow {}^{71}Ge + e^-$. Der dafür benötigte Galliumdetektor (im italienischen Gran-Sasso-Massiv) enthält konzentrierte $GaCl_3$-HCl-Lösung als Target (Galliumgehalt 30,3 t). Der Nachweis erfolgt über das aufgrund des Neutrinoeinfangs in der Targetflüssigkeit sich bildende $GeCl_4$. Die Ergebnisse scheinen den bisherigen Vorstellungen von den thermonuklearen Vorgängen auf der Sonne zu widersprechen. Die 1992 begonnenen Beobachtungen werden seit Mai 1997 unter der Bezeichnung **Gallium Neutrino Observatory (GNO)** fortgesetzt.

**Gallium** *das,* chemisches Symbol **Ga,** metallisches Element aus der 3. Gruppe des Periodensystems, Ordnungszahl 31, relative Atommasse 69,72, Dichte 5,91 g/cm³ (bei 20 °C), Schmelzpunkt 29,76 °C, Siedepunkt 2 204 °C.

Gallium ist ein silberglänzendes, an der Luft beständiges, dehnbares Metall, das in Gesteinen und Erzen weit verbreitet ist, aber praktisch keine eigenen Minerale bildet; ein Nebenprodukt der Zink- und Aluminiumgewinnung. Hauptverwendung für Halbleiterverbindungen (z. B. **Galliumarsenid,** GaAs, und **Galliumphosphid,** GaP), daneben dient es u. a. zur Füllung von Hochtemperaturthermometern, als Wärmeaustauschmedium in der Reaktortechnik sowie als Detektormaterial zum Nachweis von Neutrinos (wie beim sog. Gallium-Experiment, GALLEX, im γ Gallium-Neutrino-Observatorium im Gran-Sasso-Massiv in Italien).

**Gallo** [ˈgæləʊ], Robert Charles, amerikanischer Mikrobiologe, * Waterbury (Connecticut) 23. 3. 1937; Professor am National Institute of Health in Bethesda (Maryland). Gallo vermutete als einer der Ersten den Erreger der erworbenen Immunschwäche (Aids) in der Gruppe der Retroviren. 1984 gelang ihm die Identifizierung des von ihm HTLV-III (→HIV) genannten Virus (fast gleichzeitig mit L. Montagnier).

**Galvani,** Luigi, italienischer Arzt und Naturforscher, * Bologna 9. 9. 1737, † ebenda 4. 12. 1798; Professor der Anatomie und Gynäkologie in Bologna, entdeckte 1780 im Froschschenkelversuch elektrochemische Effekte, die er auf elektrische Entladungen im tierischen Körper zurückführte. Dieser Irrtum führte u. a. zur Entdeckung der galvanischen Elemente und leitete einen neuen Abschnitt der Elektrizitätslehre ein.

**galvanische Elemente** [nach Luigi Galvani], **galvanische Zellen,** elektrochemische Stromquellen, die chemische Energie unmittelbar in elektrische umwandeln. Sie bestehen aus zwei verschiedenen Elektroden (Metalle oder Kohle), die als **Halbelemente** (z. B. durch ein Diaphragma) räumlich getrennt sind und in Elektrolytlösungen (Salz- oder Säurelösungen) eintauchen. Dadurch gehen Metallionen in Lösung oder schlagen sich aus der Lösung auf den Elektroden nieder, sodass elektrische Spannungen entstehen. Die an einer Elektrode zum Ablauf der Redoxreaktion benötigten Elektronen werden an der anderen Elektrode erzeugt. Bei leitender Verbindung beider Elektroden durch einen äußeren Draht fließt ein Strom vom negativen (Anode) zum positiven (Kathode) Potenzialniveau.

Zu den galvanischen Elementen zählen die **Primärelemente** (→Batterie), die nach Ablauf der Reaktion nicht wieder verwendet werden können, und die wieder aufladbaren **Sekundärelemente** (→Akkumulator); eine dritte Gruppe der elektrochemischen Stromquellen stellen die →Brennstoffzellen dar. Als klassisches galvanisches Element gilt das **Daniell-Element,** das aus einer in Zinksulfatlösung tauchenden Zinkelektrode (Anode) und einer in Kupfersulfatlösung tauchenden Kupferelektrode (Kathode) besteht (Spannung: 1,1 V). Für technische Anwendungen (z. B. Batterien) sind insbesondere **Trockenelemente** von Bedeutung, bei denen der Elektrolyt durch geeignete Zusätze verdickt wird; am bekanntesten ist die →Kohle-Zink-Zelle. **Normalelemente** dienten bis zur Neuregelung der elektrischen Einheiten 1990 als Spannungsnormal; das beständigste ist das **Weston-Element,** das bei 20 °C eine Spannung von 1,01865 V liefert.

**galvanomagnetische Effekte** [nach L. Galvani], Sammelbegriff für Erscheinungen, die bei Einwirkung eines homogenen Magnetfeldes auf einen stromdurchflossenen elektrischen Leiter entstehen (z. B. →Hall-Effekt, →Nernst-Effekt).

**Galvanometer** [nach L. Galvani] *das,* hoch empfindliches elektrisches Messgerät zum Messen sehr niedriger Gleichspannungen und -ströme oder zum Nachweis der Stromlosigkeit, bei dem die Kraftwirkung zwischen einem Magneten und einem vom zu messenden Strom durchflossenen Leiter zur Anzeige ausgenutzt wird, z. B. in Messbrücken. Das **Drehspulgalvanometer** hat eine drehbare, vom zu messenden Strom durchflossene Spule zwischen den Polen eines Permanentmagneten. Je nach Art der Ablesung unterscheidet man Zeiger-, Spiegel- oder Lichtmarkengalvanometer. Weitere Galvanometerarten sind u. a. **Vibrationsgalvanometer** zur Messung von Wechselspannungen und Galvanometer mit supraleitender Feldwicklung **(supraleitende Galvanometer).**

Ein **Galvanoskop** zeigt nur das Vorhandensein eines Stromes (ohne exakte Messwertanzeige) an.

**Galvanoskop** [nach L. Galvani] *das,* →Galvanometer.

**Galvanotaxis** [nach Luigi Galvani] *die,* **Elektrotaxis,** durch elektrischen Strom be-

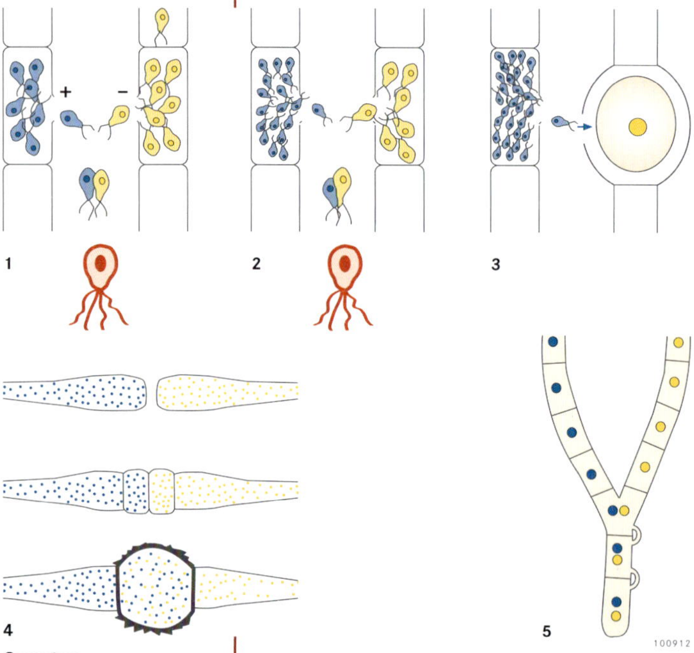


**Gameten.** Verschiedene Formen der Fortpflanzung; 1 Isogamie mit äußerlich gleich gestalteten Gameten, 2 Anisogamie mit ungleichen Gameten, 3 Oogamie mit beweglichen männlichen und unbeweglichen weiblichen Gameten, 4 isogame Gametangiogamie, 5 Somatogamie; männliche +Gameten oder Kerne grün, weibliche -Gameten oder Kerne gelb, diploide Zygoten rot

wirkte aktive Ortsveränderung frei beweglicher Organismen (wie Amöben, Algen, Fische, Kaulquappen).

**Galvanotechnik** [nach L. Galvani], die elektrolytische Abscheidung von Metall- und die Erzeugung von Nichtmetallüberzügen, z. B. Oxiden. Ferner gehören zur Galvanotechnik die Metallabscheidung ohne äußere Stromquelle sowie Vor- und Nachbehandlungsverfahren.

Die Galvanotechnik dient zur Erzeugung von bestimmten Oberflächeneigenschaften auf Werkstücken (Korrosionsschutz, Verbesserung des Aussehens, der physikalischen Eigenschaften u. a.) sowie zur elektrolytischen Herstellung von Metallgegenständen, die nach anderen Verfahren schwierig zu fertigen sind (»Elektroformung«). Zur Abscheidung der Metallüberzüge werden die mechanisch, chemisch oder elektrochemisch vorbereiteten Gegenstände als Kathode in eine Lösung **(galvanisches Bad)** eingehängt, die Salze des abzuscheidenden Metalls und weitere Bestandteile enthält. Durch Gleichstrom bei etwa 1 bis 15 V wird Metall an der Kathode abgeschieden und eine entsprechende Menge an der Anode gelöst. Die Überzugsdicke beträgt für die meisten Zwecke etwa 0,001 bis 0,05 mm. Ohne äußere Stromquelle lassen sich unedle Werkstoffe mit edleren Metallen dünn überziehen, indem man die Werkstoffe in geeignete Lösungen des edleren Metalls, meist bei höherer Temperatur, taucht **(Sudverfahren).** Dickere Überzüge kann man mit Reduktionsmitteln abscheiden. So versilbert und verkupfert man z. B. Glas und Kunststoffe (Leiterplatten, gedruckte Schaltungen) oder vernickelt Hohlkörper (z. B. das Innere von Tanks) und Gegenstände komplizierter Form, die sich galvanisch schlecht behandeln lassen. Für die galvanische Behandlung nicht leitender Gegenstände (z. B. Glas, Kunststoffe) werden diese nach verschiedenen Verfahren leitend gemacht, dann in der Regel in einem sauren Kupferbad verkupfert und mit dem gewünschten Überzug (z. B. Nickel, Silber, Gold) versehen. Die Galvanisierung von Kunststoffen, besonders von ABS-Polymerisaten, hat erhebliche technische Bedeutung.

**Gameboy**® [ˈgeɪmbɔɪ, englisch], tragbares, batteriebetriebenes Gerät für →Videospiele mit kleinem (schwarz-weißem oder farbigem) LCD-Bildschirm. Der Gameboy® kann allein oder mithilfe von Dialogkabeln beziehungsweise Mehrspieladaptern von mehreren Spielern gleichzeitig genutzt werden; die einzelnen Spiele, von denen Hunderte auf dem Markt sind, werden in Form von Softwarekassetten ausgetauscht.

**Gameten** [griechisch], **Geschlechtszellen, Keimzellen,** die bei der Befruchtung miteinander verschmelzenden, als männlich und weiblich unterschiedenen, haploiden Zellen.

**Gametophyt** [griechisch] *der,* bei Pflanzen mit Generationswechsel die geschlechtliche Generation.

**Gametozyt** [griechisch] *der,* **Gamont,** besonders differenzierte Zelle bei Einzellern, die Gameten bildet.

**Gammagrafie** [griechisch] *die,* **Gammagraphie, Gammastrahlenverfahren,** Verfahren zur zerstörungsfreien Werkstoffprüfung, bei dem starkwandige Werkstücke zur Untersuchung auf innere Fehler mit Gammastrahlen durchstrahlt werden. Das Bild wird fotografisch festgehalten.

**Gammaquant, γ-Quant,** Photon der →Gammastrahlung.

**Gammaspektrometer,** Messgerät zur Bestimmung des Energiespektrums von Gammaquanten **(Gammaspektrum)** unter Ausnutzung von Fotoeffekt, Compton-Effekt und/oder Paarerzeugung. Die Wechselwirkung der Gammaquanten mit der Detektormaterie aufgrund dieser (oder eines dieser) Effekte erzeugt einen elektrischen Impuls, dessen Höhe der gesamten oder einem definierten Teil der Energie des Teilchens proportional ist. Bauarten sind: **Szintillationsspektrometer,** bei denen die Gammastrahlung im Szintillator (z. B. Natriumjodid-Einkristall) Elektronen freisetzt, einen Halbleiterdetektor (z. B. eine lithiumgedriftete Germaniumdiode) enthaltende **Halbleiterspektrometer,** bei denen die Gammaquanten einen dem Energieverlust proportionalen Spannungsimpuls verursachen sowie **Comptonspektrometer** und **Paarspektrometer;** im **Kristallspektrometer** wird die Wellenlänge der Gammastrahlung durch Beugung an einem Einkristall bestimmt.

**Gammastrahlung, γ-Strahlung,** im engeren Sinn die bei Atomkernumwandlungen auftretende hochenergetische elektromagnetische Strahlung mit Wellenlängen zwischen etwa $10^{-10}$ und $10^{-14}$ m. Gammastrahlung entsteht, wenn ein angeregter Atomkern in einen stabileren Zustand übergeht; dabei können ein oder mehrere **Gammaquanten,** das heißt entsprechend energiereiche Lichtquanten (oberhalb einiger keV pro Gammaquant) bei diskreten Wellenlängen ausgesandt werden. Auch beim Elementarteilchenzerfall und bei der Paarvernichtung (→Paarbildung) entsteht Gammastrahlung (Gammastrahlung im weiteren Sinn). Gammastrahlen sind durchdringender als Alpha- und Betastrahlen; ihre physiologische Wirkung entspricht der von →Röntgenstrahlen. Die Gammastrahlung von Kobalt und Radium wird in der Medizin zur Tumorbehandlung, in der Technik zur zerstörungsfreien Werkstoffprüfung (→Durchstrahlungsprüfung), Sterilisation von Lebensmitteln u. a. genutzt.

**Gamow** [ˈgeɪməʊ], George Anthony, amerikanischer Physiker russischer Herkunft, *Odessa 4. 3. 1904, †Boulder (Colorado) 19. 8. 1968; entwickelte eine Theorie des Alphazerfalls der Atomkerne **(Gamow-Theorie),** prägte den Begriff des »Big Bang« für den Urknall und sagte die Existenz einer kosmischen Hintergrundstrahlung voraus.

**Gämse, Echte Gämse, Gams, Rupicapra rupicapra,** veraltet: **Gemse,** etwa ziegengroße Art der Horntiere (Unterfamilie Ziegenartige) in den Hochgebirgen Europas (mit Ausnahme des Nordens) und Südwestasiens, eingebürgert auch in europäischen Mittelgebirgen (z. B. im Schwarzwald und Erzgebirge) und in Neuseeland; Körperlänge etwa 1,1–1,3 m, Schulterhöhe etwa 70–85 cm, Gewicht bis 60 kg; die besonders verlängerten Haare auf Widerrist und Kruppe liefern den Gamsbart; Männchen und Weibchen mit hakenartig nach hinten gekrümmtem Gehörn (Krucken, Krickel, Krückel); die spreizbaren, hart- und scharfrandigen Hufe mit einer elastischen Sohlenfläche passen sich gut dem Gelände an.

**Gang, 1)** *Kfz-Technik:* das Übersetzungsverhältnis zwischen Motor und Radantrieb, das durch Umschalten des Getriebes in bestimmten Stufen (Gängen) verändert wird. Üblich sind bei Pkw 4–6 **Vorwärtsgänge** und 1 **Rückwärtsgang,** bei Nutzfahrzeugen 4–14 Vorwärtsgänge und 1 oder 2 Rückwärtsgänge.

**2)** *Maschinenbau:* →Gewinde.

**3)** *Uhrentechnik:* die Größe, deren Zahlenwert angibt, wie viel eine Prüfuhr gegenüber einer Normaluhr in einer bestimmten Zeit vor- oder nachgeht, meist in Sekunden je Tag gemessen.

**Gangunterschied,** *Optik:* →optische Weglänge.

**Gänsevögel, Anseriformes,** Ordnung der Vögel mit den Familien **Wehrvögel** (Anhimidae) und **Entenvögel** (Anatidae), darunter die Unterfamilien **Gänse** (Anserinae) und **Enten** (Anatinae).

Viele Gänsevögel sind Wasservögel mit breiten Schwimmhäuten. Ihre Nahrung besteht meist aus Pflanzen. Die Eier sind groß und meist weißlich, bei einigen Arten olivgrün oder blaugrün.

**Garnelen** [niederländisch], **Natantia,** Unterordnung überwiegend meerbewohnender Zehnfußkrebse mit etwa 2 000 Arten; bis über 30 cm groß, Körper schlank, fast stets seitlich zusammengedrückt, häufig glasartig durchsichtig. Die bekanntesten Arten sind: **Felsengarnele (Krevette,** Palaemon serratus), etwa 5–7 cm lang, an der südeuropäischen Atlantikküste und im Mittelmeer; **Nordseegarnele (Gemeine Garnele,** Crangon crangon), etwa 4,5–7 cm lang; **Ostseegarnele** (Palaemon squilla), etwa 6 cm lang, werden zu Konserven (Krabben) verarbeitet; **Pistolenkrebs (Knallkrebschen,** Alpheus californiensis), bis etwa 5 cm lang, an der kalifornischen Küste Nordamerikas; **Steingarnele** (Palaemon elegans), etwa 3–6 cm lang, in der Nordsee sowie im Mittelmeer.

**Garrigue** [gaˈriːg, provenzalisch garric »Kermeseiche«] *die,* **Garigue,** niedrige Gebüschformation, Strauchheide im Mittelmeergebiet, meist auf Kalk siedelnd (z. B. in der französischen Landschaft **Garrigues** am Fuß der Cevennen); ähnlich der Macchie; v. a. Kermeseiche neben Zistrosen, Lavendel, Rosmarin, Zwergpalme, Euphorbien; durch Überweidung und Bodenerosion entstanden. Ähnlich sind die Tomillares in Spanien, die Phrygana in Griechenland, die Trachiotis auf Zypern und die Bartha in der Levante; sie alle werden unter dem Namen **Gariden** zusammengefasst.

**Gärung,** der anaerobe (ohne Sauerstoff verlaufende) enzymatische Abbau von organischen Verbindungen, besonders von Kohlenhydraten, wobei die beteiligten Enzyme (Gärungsenzyme) von lebenden Mikroorganismen (Hefezellen, Bakterien, Schimmelpilze u. a.) oder von Zellen höherer Organismen gebildet werden. Die Gärung beginnt mit der Reaktionskette der Glykolyse (Abbau von Glucose zu Brenztraubensäure). Bei der **Milchsäuregärung** wird die Brenztraubensäure zu Milchsäure hydriert (bedeutend für die Energiegewinnung bei der Muskelarbeit). Bei der insbesondere durch Hefen bewirkten **alkoholischen Gärung** entsteht aus Traubenzucker oder anderen Hexosen Alkohol (Ethanol) und Kohlendioxid ($CO_2$). Die **Propionsäuregärung** spielt v. a. bei der Käsereifung eine Rolle (die Löcher im Schweizer Käse entstehen durch dabei freigesetztes $CO_2$).

**Gas** [zu griechisch cháos »leerer Raum«], Materie im gasförmigen →Aggregatzustand, bei dem die Kräfte zwischen den Molekülen so klein sind, dass er weder eine bestimmte Form

Gämse

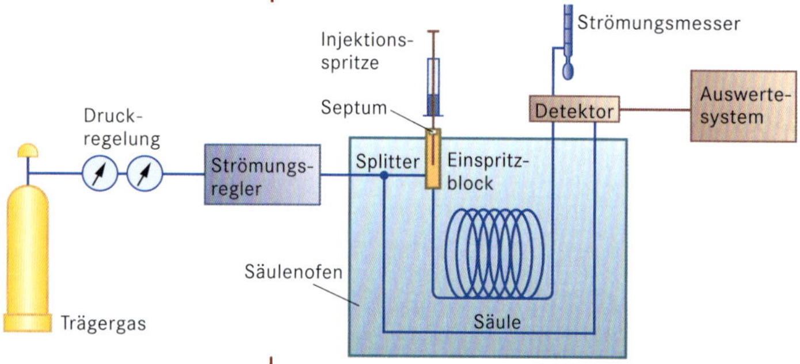


**Gaschromatografie.** Schematischer Aufbau eines Gaschromatografen

(wie ein Festkörper) noch ein konstantes Volumen (wie Festkörper und Flüssigkeit) besitzt. Die Moleküle eines Gases verteilen sich auf den gesamten zur Verfügung stehenden Raum, wenn der Einfluss äußerer Kräfte in diesem Raum konstant ist. Volumen und Dichte sind nur durch die äußeren Bedingungen bestimmt. Ein in einem Raum (Gefäß) eingeschlossenes Gas übt auf jedes im Raum vorhandene Flächenelement denselben Druck $p$ aus. Bei gegebener Gasmenge ist der Druck umso größer, je kleiner das Volumen $V$ und je höher die Temperatur $T$ des Gases ist. Der thermodynamische Zustand eines Gases wird durch diese drei Zustandsgrößen festgelegt, die in den **Gasgesetzen,** insbesondere den →Zustandsgleichungen, miteinander verknüpft sind. Für ein **ideales Gas** nimmt man an, dass die Gasmoleküle punktförmig sind und (außer bei Stößen) zwischen ihnen keine Kräfte wirken. Bei beliebigen Drücken und Temperaturen gilt die thermische Zustandsgleichung $pV = nRT$ ($n$ Molzahl, $R$ allgemeine →Gaskonstante); in dieser **allgemeinen Gasgleichung** sind das →Boyle-Mariotte-Gesetz und das 1. →Gay-Lussac-Gesetz enthalten. Die meisten **realen Gase** verhalten sich unter genügend hohen Temperaturen und genügend geringen Dichten in der Regel nahezu wie ideale Gase. Die Abweichungen sind umso geringer, je niedriger der Druck und je höher die Temperatur ist. Die einfachste Zustandsgleichung zur Beschreibung realer Gase ist die →Van-der-Waals-Gleichung.

Die →kinetische Gastheorie erklärt das Verhalten der Gase mithilfe statistischer Methoden aus den Gesetzen der Mechanik sowie unter Berücksichtigung quantenmechanischer Erkenntnisse. Die einzelnen Gasteilchen, im weiteren Sinn die Fermionen in einem →Fermi-Gas und die Bosonen in einem Bose-Gas, bewegen sich entsprechend den statistischen Gesetzmäßigkeiten, denen sie unterliegen (→Boltzmann-Statistik, bei Auftreten von Quanteneffekten →Fermi-Dirac-Statistik oder →Bose-Einstein-Statistik) vollkommen ungeordnet auf geradlinigen Bahnen, die nur durch Zusammenstöße mit anderen Molekülen oder Stöße auf die Gefäßwand gestört werden. Der Gasdruck entspricht dem durch Stöße auf die Gefäßwand übertragenen Impuls, die Temperatur der kinetischen Energie der bewegten Moleküle. Berücksichtigt man den Raumbedarf der Moleküle und intermolekulare Kräfte, so lassen sich auch die Abweichungen realer Gase vom idealen Verhalten bei tieferen Temperaturen und größeren Dichten, insbesondere auch die Erscheinungen der →Verflüssigung bei Temperaturen unterhalb der für jedes Gas charakteristischen kritischen Temperatur verstehen. Das Gas kondensiert, wenn die gegenseitige Anziehung der Moleküle größer wird als die Wirkung der Bewegung. Als **permanente Gase** bezeichnete man früher Gase (Sauerstoff, Helium u. a.), die mit den damals erreichbaren Tieftemperaturen nicht verflüssigt werden konnten. **Technische Gase** sind z. B. Acetylen, Propan, →Erdgas, →Stadtgas.

**Gasbehälter,** Speicher- und Druckregulierungsbehälter für verdichtete, flüssige oder unter Druck gelöste Gase. Ortsbewegliche Gasbehälter (Druckgasbehälter) sind Flaschen, Fässer und Fahrzeugbehälter. **Gasflaschen** haben einen Rauminhalt bis zu 150 Liter. Sie sind zur schnellen Unterscheidung mit einem Farbanstrich versehen (z. B. blau = Sauerstoff, grün = Stickstoff, gelb = Acetylen, rot = Wasserstoff). Ortsfeste Niederdruckgasbehälter sind z. B. **Glockengasbehälter,** in denen das Gas unter einer Glocke gespeichert wird, die in ein Wasserbecken eintaucht. **Scheibengasbehälter** sind zylindrische Behälter, die durch eine bewegliche Scheibenkonstruktion in zwei Räume unterteilt sind. Unterhalb der Scheibe, die zur Behälterwand hin mit einer ölgefüllten Abdichteinrichtung ausgestattet ist, befindet sich das Gas. Ortsfeste Druckgasbehälter sind z. B. oberirdische **Kugelbehälter** (z. B. für Flüssiggas, Äthylen) oder unterirdische **Röhrenspeicher** (z. B. für Erdgas), die aus Röhren von etwa 1 km Länge bestehen können. Viele Gase (z. B. Stickstoff, Ammoniak, Erdgas) werden heute auch bei tiefen Temperaturen verflüssigt und drucklos in isolierten Behältern gelagert. Zur Speicherung großer Erdgasvorräte dienen unterirdische Gaskavernen in Salzstöcken.

**Gas|chromatografie,** chromatografisches Verfahren zur Trennung und quantitativen Bestimmung verdampfbarer Stoffgemische. Die gasförmige oder verdampfbare Sub-

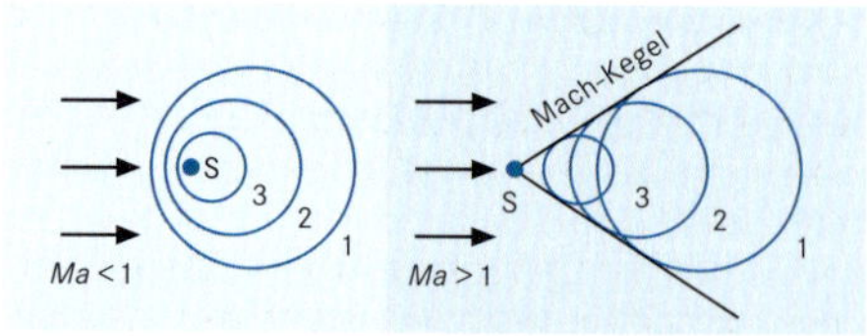


**Gasdynamik.** Ausbreitung einer von einem ruhenden Störzentrum (S) ausgehenden Druckwelle, wenn S von einer Unterschallströmung (links) oder einer Überschallströmung (rechts) angeströmt wird (*Ma* Mach-Zahl)

stanz wird von einem inerten Trägergas (z. B. Helium) über die in einem längeren, dünnen Rohr (Trennsäule) befindliche stationäre Phase (z. B. Kieselgur-Präparate) geleitet. Aufgrund von Adsorptions- und Löslichkeits-Verteilungsvorgängen wandern die Einzelsubstanzen mit verschiedener Geschwindigkeit durch die Trennsäule, an deren Ende sich geeignete Detektoren (Wärmeleitfähigkeitszelle, Flammenionisationsdetektor u. a.) befinden. Zur qualitativen Identifizierung dienen die unterschiedlichen Verweilzeiten in der Säule **(Retentionszeiten),** zur Bestimmung der Stoffe die Stärke des Detektorsignals.

Die Gaschromatografie gestattet die Bestimmung und Trennung chemisch sehr ähnlicher Substanzen mit kleinsten Mengen.

**Gasdiffusionsverfahren,** Diffusionstrennverfahren zur Isotopentrennung, bei dem die Tatsache ausgenutzt wird, dass die Geschwindigkeit der Diffusion durch eine poröse Wand von der Masse der Gasteilchen abhängt. Das Gasdiffusionsverfahren wird besonders zur industriellen Anreicherung des spaltbaren $^{235}$U-Isotops aus natürlichem Uran eingesetzt. Dazu wird gasförmiges Uranhexafluorid ($UF_6$) durch Diffusionsbarrieren (Membrane) gedrückt, wobei das leichtere Gas ($^{235}UF_6$) eine etwas höhere Diffusionsgeschwindigkeit aufweist und sich hinter den Barrieren anreichert.

**Gasdynamik,** Teilgebiet der →Strömungslehre, beschreibt die Mechanik der Gase unter besonderer Berücksichtigung ihrer Kompressibilität (Zusammendrückbarkeit). Diese macht sich bemerkbar, wenn die Geschwindigkeit der in dem Gas bewegten Körper ansteigt und mit der Schallgeschwindigkeit vergleichbar wird. Die für die Gasdynamik wichtige Kennzahl ist die →Mach-Zahl *(Ma).* Man unterscheidet stationäre Strömungen mit $Ma < 1$ **(Unterschallströmungen)** und mit $Ma > 1$ **(Überschallströmungen).** Bei **transsonischen** (*Ma* zwischen 0,8 und 1,2) und bei **supersonischen Geschwindigkeiten** ($Ma > 1{,}2$) ändern sich Strömungsgesetz und Strömungsbild, weil Kopfwellen u. a. Verdichtungsstöße (das heißt unstetige Änderungen von Gasdruck und -dichte) auftreten. Bei Erreichen der Schallgeschwindigkeit steigt der →Strömungswiderstand stark an (→Schallmauer). **Hypersonische** oder **Hyperschallströmungen** ($Ma > 5$) sind außerdem mit starken Temperaturerhöhungen in der Grenzschicht und bei hohen Temperaturen mit Ionisation und Dissoziation der Gasmoleküle verbunden.

**Gas|entartung,** von klassischen Gesetzmäßigkeiten abweichendes Verhalten eines Gases bei tiefen Temperaturen und/oder hohen Teilchendichten infolge von Quanteneffekten. Dabei sind die Voraussetzungen der klassischen Statistik nicht mehr gegeben und das Gas muss durch eine →Quantenstatistik beschrieben werden. Die Gasentartung ein- oder mehratomiger Gase ist bei gewöhnlichen Temperaturen unmerklich; Extremfall: die →Suprafluidität beim Helium. Ein weiteres stark entartetes Gas ist das →Elektronengas. Die Gasentartung von Elektronen- beziehungsweise Neutronengasen ist für die Bildung und den Aufbau von Weißen Zwergen und Neutronensternen wesentlich.

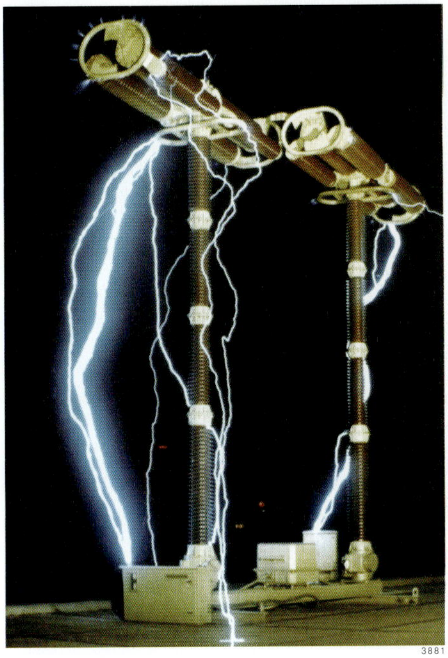

**Gasentladung.** Gasentladung in einem Hochspannungsprüffeld zwischen einem getesteten Leistungsschalter und der Erde

**Gas|entladung,** der Durchgang eines elektrischen Stroms durch ein unter Normalbedingungen nicht leitendes Gas, oft verbunden mit Leuchterscheinungen, akustischen Effekten oder chemischen Prozessen (z. B. Ozonbildung). Bei der **unselbstständigen Entladung** werden die Ladungsträger ständig von außen (z. B. durch Fotoeffekt oder Glühemission), bei der **selbstständigen Entladung** durch die Entladung selbst erzeugt. Nach der Stromstärke unterscheidet man **Dunkelentladung, Glimmentladung** und **Bogenentladung.** Dicht an der Kathode einer Gasentladung fällt

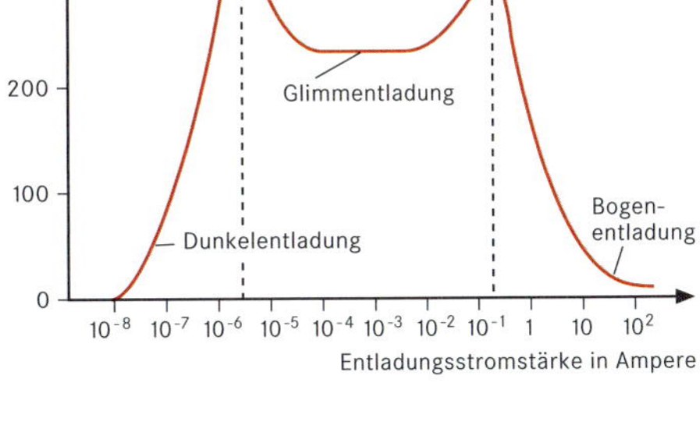


**Gasentladung.** Strom-Spannungs-Kennlinie der verschiedenen Gasentladungsformen (z. B. in einer Gasentladungsröhre)

**Gasentladungslampe**
→ GEO **Dossier**
Neue Wege zur
Erleuchtung, Bd. 8

die Spannung stark ab **(Kathodenfall),** der Abfall an der Anode **(Anodenfall)** ist etwas geringer; dazwischen erstreckt sich der **Entladungsrumpf,** ein hochionisiertes Gemisch aus Gasmolekülen, Ionen, Elektronen und Lichtquanten (Plasma) mit nur geringem Spannungsabfall. Besondere Formen der Gasentladung sind →Koronaentladung, →Büschelentladung und →Funkenentladung.

**Gas|entladungslampe, Entladungslampe,** elektrische Lichtquelle, in der das Licht durch elektrische Entladung in Gasen, Metalldämpfen oder Mischungen davon erzeugt wird. Der Stromdurchgang erfolgt in einem meist rohrförmigen, lichtdurchlässigen Entladungsgefäß, das mit Elektroden versehen und mit Edelgasen gefüllt ist. Die Strahlung hängt von der Art des Gases beziehungsweise Metalldampfes, dem Druck und der Temperatur ab. Je nach dem Druck, der beim Stromdurchgang im Gefäß auftritt, werden Niederdruck- (z.B. Leuchtstoffröhre), Hochdruck- und Höchstdrucklampen unterschieden. Zu den Gasentladungslampen zählen z.B. →Natriumdampflampen, →Quecksilberdampflampen und →Metalldampflampen.

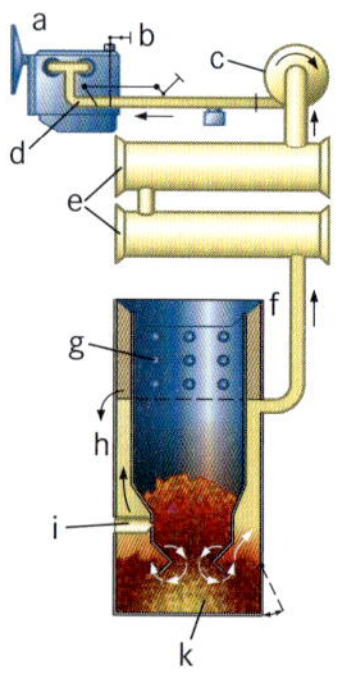


**Gasgenerator.**
a Motor, b Luftschieber, c Ventilator, d Drosselklappe, e Reiniger, f Gasabzug, g Generator, h Kondenswasserabfluss, i Luft- und Zündloch, k Holzkohle

**Gasgenerator,** technische Anlage (meist geschlossener Schachtofen, z.B. →Winklergenerator) zum Vergasen fester Brennstoffe (Steinkohle, Braunkohle, Koks, →Kohlevergasung), in der durch Einleiten von Luft oder Sauerstoff, eventuell im Gemisch oder im Wechsel mit Wasserdampf, eine Umsetzung des Brennstoffs hauptsächlich zu Generatorgas (hoher Kohlenmonoxidanteil) oder Wassergas (hoher Wasserstoffanteil) erfolgt.

**Gasgesetze,** →Gas.

**Gaskonstante, universelle Gaskonstante, allgemeine Gaskonstante,** in der thermischen Zustandsgleichung idealer Gase auftretende, von der Gasart unabhängige Konstante: $R \approx 8{,}3145\,\mathrm{J/(K \cdot mol)}$.

**Gaslagerung,** Lagerung sauerstoffempfindlicher Lebensmittel in abgeschlossenen Räumen, in denen der Sauerstoff weitgehend durch →Inertgase ersetzt ist, um die Haltbarkeit zu verbessern.

**Gasmotor,** Verbrennungsmotor, der mit gasförmigen Kraftstoffen betrieben wird. Das Luft-Gas-Gemisch kann entweder durch einen elektrischen Funken gezündet werden oder dadurch, dass Zündöl in das durch die Verdichtung erhitzte Gemisch gespritzt wird. Gasmotoren werden besonders dort eingesetzt, wo brennbare Gase als Industrieabgase anfallen. Als Fahrzeugantriebe sind Gasmotoren eine interessante Alternative, da eine Verwendung von Alternativkraftstoffen (besonders Wasserstoff), eine Verbesserung der Abgasqualität und eine Geräuschminderung möglich sind. Nachteilig ist, dass das Gas bei Umgebungstemperatur flüssig oder gasförmig in Druckbehältern oder bei Umgebungsdruck tiefgekühlt flüssig in →Kryogentanks mitgeführt werden muss.

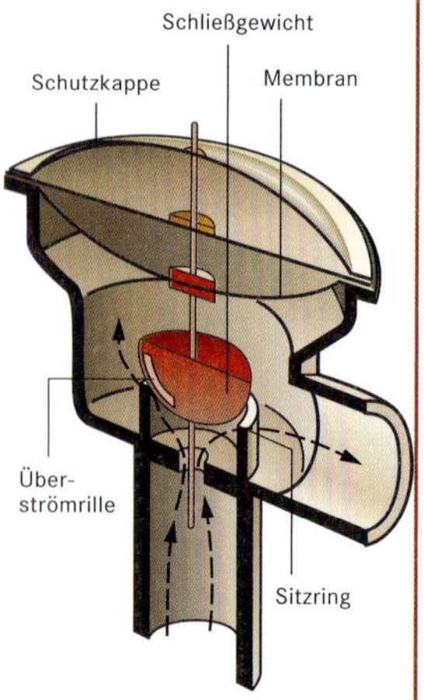


**Gassicherung.**
Gasmangelsicherung

**Gasoline** [ˈgæsəli:n] *das,* englische Bezeichnung für Benzin.

**Gasprüfer,** die →Gasspürgeräte.

**Gasser** [ˈgæsə], Herbert Spencer, amerikanischer Pharmakologe und Neurophysiologe, *Platteville (Wisconsin) 5. 7. 1888, †New York 11. 5. 1963; entdeckte 1924 mit J. Erlanger mithilfe des Kathodenstrahloszillografen das Vorhandensein dreier verschiedener Nervenfasertypen in den Nervensträngen. 1944 erhielten beide den Nobelpreis für Physiologie oder Medizin.

**Gassicherung,** Sicherheitsvorrichtung an Gasbrennern, die das unbeabsichtigte Ausströmen von Gas verhindert. Bei **Gasmangelsicherungen** schließt eine vom üblichen Gasdruck angehobene Membran das mit ihr verbundene Sicherheitsventil, sobald der Gasdruck einen bestimmten Wert unterschreitet. Bei einer schadhaften Zündeinrichtung, bei fehlendem oder unzureichendem Wasserstrom (z.B. bei Heißwasserbereitern) wird durch eine entweder optisch (UV-Zelle), thermoelektrisch oder durch die ionisierende Wirkung der Flamme ausgelöste **Zündsicherung** die Schließung des Gasventils bewirkt.

**Gasspürgeräte, Gasprüfer,** tragbare Geräte zur Feststellung giftiger und/oder explosionsgefährlicher Gas- und Dampfkonzentrationen an Einsatz- und Arbeitsstellen. Gasspürgeräte bestehen aus einer durch Handdruck betätigten Saugpumpe (Balg oder Ball) und aufsteckbaren speziellen Glasprüfröhrchen. Die **Prüfröhrchen** zur Bestimmung der Gaskonzentration sind mit Chemikalien gefüllt, die mit dem zu messenden Gas weitgehend spezifisch reagieren, wobei eine Farbänderung entsteht. Die Intensität der Färbung oder die Fläche der gefärbten Zone ist ein Maß für die Gaskonzentration. Beispiel ist der Alkoholtest, bei dem die zu untersuchende Atemluft durch das Messröhrchen gedrückt wird. Bei dem **Orsatgerät** wird zur Bestimmung von z.B. Sauerstoff, Kohlendioxid und Kohlenmonoxid eine spezifische Absorptionsflüssigkeit verwendet (z.B. Kalilauge bei der Bestimmung von Kohlendioxid). Mit dem **Explosimeter** werden brennbare Gase in Luft bestimmt. Die Gase werden katalytisch verbrannt; die durch die Erwärmung hervorgerufene Widerstandsänderung wird zur Anzeige gebracht.

**Gasspurkammern,** gasgefüllte Teilchendetektoren (Spurkammern), in denen die Gasverstärkung zum Registrieren und Sichtbarmachen der Bahnspuren hochenergetischer Teilchen ausgenutzt wird; z.B. die Funkenkammer.

**Gastrulation** [griechisch-neulateinisch] *die,* frühembryonaler Entwicklungsvorgang bei Tieren, der von der einschichtigen Blastula durch Einstülpung, Umwachsung, Zelleinwanderung oder Abspaltung zur zweischichtigen, aus Ekto- und Entoderm bestehenden **Gastrula** (Becherkeim) führt.

**Gas|turbine,** als hochtourige Strömungsmaschine gebaute Wärmekraftmaschine, die mechanische Leistung in Form von Wellenleistung abgibt oder Schubleistung (wie beim Strahltriebwerk) liefert. Bei der **Gasturbine mit offenem Kreislauf** wird Luft aus der Atmosphäre angesaugt, verdichtet und in einer Brennkammer mit einem ununterbrochen zugeführten Brennstoff verbrannt oder in einem Wärmetauscher erhitzt und anschließend der Turbine zugeführt. Die heißen Gase treten nach Arbeitsleistung in einer Turbine, die den Verdichter und eine Arbeitsmaschine (z.B. einen Generator) antreibt, in die Atmosphäre aus. Die Nutzleistung ist die Differenz zwischen der Turbinenleistung und der Leistung des Verdichters. Der Wirkungsgrad ist umso höher, je tiefer die Temperatur der angesaugten Luft und je höher die Gastemperatur am Turbineneintritt ist. Das obere Temperaturniveau ist durch die Dauerstandfestigkeit des zur Konstruktion der Gasturbine verwendeten hitzebeständigen Materials begrenzt.

Bei der **Gasturbine mit geschlossenem Kreislauf** wird das Arbeitsmedium im Kreislauf geführt, das heißt verdichtet, erhitzt, entspannt und rückgekühlt. Die Wärmeübertragung findet dabei in einem Wärmetauscher statt. Der geschlossene Kreisprozess, von Jakob Ackeret (* 1898, †*1981) und C. Keller in der Schweiz eingeführt, ist wegen der hohen Anlagekosten bisher noch wenig angewendet worden.

Die schuberzeugende Fluggasturbine dient als Antriebsaggregat für über 90% der Transportkapazität der Weltluftfahrt, sie ist in den meisten Militärflugzeugen der Gegenwart eingebaut. Als Wellentriebwerk findet die Gasturbine v.a. in Hubschraubern, im Schiffbau, bei Pumpstationen (z.B. für Pipelines), Gasturbinenkraftwerken, kombinierten Gasturbinen-Dampfturbinen-Kraftwerken, Notstrom-, Spitzenstrom- und transportablen Kraftwerken (Gasturbosatz) Anwendung. Als Lokomotivantrieb bewährt sich die Gasturbine vielerorts, für Straßenfahrzeuge kommt sie in gewissen Grenzen infrage.

**Gas|uhr,** →Gaszähler.

**Gasverflüssigung,** die Überführung von unter Normalbedingungen gasförmigen Stoffen in den flüssigen Zustand (→kryogene Gase). Bei vielen Gasen (z.B. Chlor, Ammoniak, Kohlendioxid) ist die Verflüssigung durch isotherme Kompression möglich. Andere Gase, v.a. tief siedende Edelgase und Luft (Stickstoff und Sauerstoff), lassen sich nur unterhalb ihrer kritischen Temperatur verflüssigen. Die anzuwendenden Verfahren beruhen v.a. auf der Verwendung des →Joule-Thomson-Effektes oder der adiabatischen Entspannung (→Luftverflüssigung). Die Gasverflüssigung wird

710

**Gasturbine.** Zusammenbau einer Gasturbine

großtechnisch zur Trennung von Gasgemischen (z.B. Luft in Sauerstoff und Stickstoff) genutzt sowie für wissenschaftliche Untersuchungen besonders in der Tieftemperaturforschung (flüssige Gase als Kältereservoir).

**Gaszähler, Gasuhr,** Einrichtung zur Gasvolumenmessung. Als Haushaltsgaszähler werden meist **trockene Gaszähler** mit zwei Lederbälgen verwendet, die sich abwechselnd füllen und leeren und jede Entleerung auf ein Zählwerk übertragen. **Nasse Gaszähler** enthalten als Messelement ein aus einzelnen Kammern bestehendes Schaufelrad, das in eine Sperrflüssigkeit (Wasser, Öl) eintaucht. Die beim Durchgang des Gases einsetzende Drehbewegung wird auf ein Zählwerk übertragen. **Münzgaszähler (Gasautomaten)** sind mit einem Sperrwerk versehen, das nach Einwurf einer Münze die Entnahme eines vorgegebenen Gasvolumens gestattet.

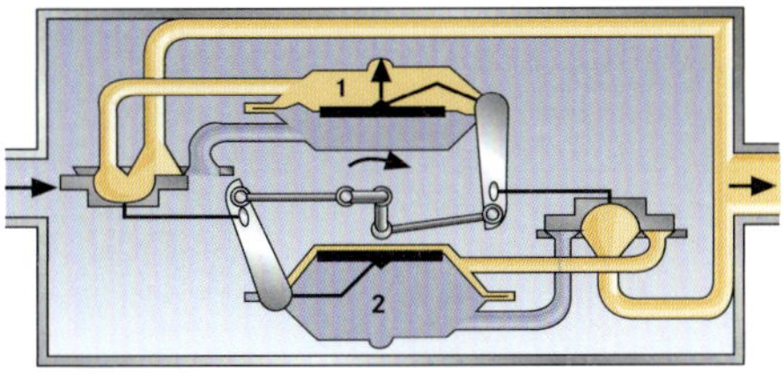


**1** Messkammer 1
**2** Messkammer 2
ausströmendes Gas
einströmendes Gas

**Gaszähler.** Trockener Gaszähler

**Gaszentrifuge,** Gerät zur →Isotopentrennung, in dem die unterschiedlichen Zentrifugalkräfte ausgenutzt werden, die in einer Ultrazentrifuge auf die verschieden schweren Isotope eines chemischen Elements ausgeübt werden. Der Trennfaktor ist hier der Massendifferenz der Isotope proportional. Das Verfahren eignet sich besonders zur Trennung schwerer Isotope, es wird v.a. zur Urananreicherung eingesetzt. Bei der **Gegenstromzentrifuge** wird die Entmischung in einer vertikalen Ultrazentrifuge dadurch stark gesteigert, dass der Rotordeckel (oberes Rotorende) schwach geheizt und damit eine vertikale Konvektion erzielt wird.

**Gate** [geɪt, englisch »Tor«] *das, Elektronik:* Steuerelektrode beim →Feldeffekttransistor und beim →Thyristor.

**Gebärde**
→ GEO **Dossier**
Können Tiere denken?, Bd. 7

101153

**Geckos.** Leopardengecko (Eublepharis macularius)

**Gatter, Logikgatter,** ein Schaltkreis für elementare logische Verknüpfungen im Sinne der →Schaltalgebra mit mindestens je einem Ein- und Ausgang.

**Gattung, Genus,** *Biologie:* systematische Kategorie, in der verwandtschaftlich einander sehr nahe stehende →Arten zusammengefasst werden, die dann dieselbe Gattungsbezeichnung tragen (z. B. bei Löwe und Leopard: Panthera).

**Gauß** [nach C. F. Gauß], Einheitenzeichen **G,** nicht gesetzliche Einheit der magnetischen Flussdichte (magnetische Induktion) im elektromagnetischen CGS-System: $1\ \mathrm{G} = 10^{-4}\ \mathrm{T}$ (Tesla).

**Gauß,** Carl Friedrich, deutscher Mathematiker, Astronom und Physiker, * Braunschweig 30. 4. 1777, † Göttingen 23. 2. 1855; ab 1807 Direktor der Sternwarte in Göttingen, Professor für Mathematik und Mitglied der Göttinger Akademie der Wissenschaften, einer der bedeutendsten Mathematiker; von großer Bedeutung sind aber auch seine Abhandlungen zur Physik, zur Potenzialtheorie und zur Optik sowie die Erfindung des Magnetometers. Zusammen mit dem Physiker W. E. Weber untersuchte er den Erdmagnetismus und stellte dabei sein absolutes physikalisches Maßsystem (1832) auf. Der von beiden konstruierte elektromagnetische Telegraf (1833) wurde damals technisch nicht weiterentwickelt.

**gaußsche Abbildung** [nach C. F. Gauß], ältere Bezeichnung: **gaußsche Dioptrik,** die Lehre von der idealen, das heißt fehlerfreien optischen →Abbildung im paraxialen Gebiet. Sie ist die Grundlage der Theorie der optischen Instrumente.

**gaußsches CGS-System,** ein →Maßsystem.

**Gay-Lussac** [gely'sak], Joseph Louis, französischer Physiker und Chemiker, * Saint-Léonard-de-Noblat (bei Limoges) 6. 12. 1778, † Paris 9. 5. 1850; Professor in Paris; verfasste wichtige Arbeiten zur Ausdehnung der Gase (→Gay-Lussac-Gesetz); unternahm wissenschaftliche Ballonfahrten bis in 7 000 m Höhe und untersuchte Luftproben aus verschiedenen Höhen; bestimmte die Abhängigkeit der Löslichkeit von Salzen in Wasser von der Temperatur; stellte die Alkalimetalle sowie Jod dar.

**Gay-Lussac-Gesetz** [gely'sak-; nach J. L. Gay-Lussac], Gesetzmäßigkeit im Verhalten von idealen Gasen. **1. Gay-Lussac-Gesetz** (1802): Das Volumen (bei konstantem Druck) oder der Druck (bei konstantem Volumen) idealer Gase ist direkt proportional zur absoluten Temperatur. **2. Gay-Lussac-Gesetz** (1807): Die innere Energie eines idealen Gases hängt nur von der Temperatur ab, nicht aber von Druck und Volumen.

**Gd,** chemisches Symbol für →Gadolinium.

**Ge,** chemisches Symbol für →Germanium.

**Gebärde,** Verhaltensausdruck für eine bestimmte psychische Verfassung bei Tieren und Menschen. Sie übermittelt Informationen, die von den Artgenossen verstanden werden. Allgemein bekannt sind Demutsgebärden und →Imponierverhalten. Gebärden können angeboren sein oder bewusst und durch Lernprozesse vervollkommnet verwendet werden. In der menschlichen Kommunikation spielen Gebärden eine erhebliche Rolle.

**Geckos, Haftzeher, Gekkonidae,** Familie weltweit in warmen Gebieten verbreiteter, meist kleiner, 4 bis maximal 40 cm langer, nacht- (teils auch tag-)aktiver Echsen; Finger und Zehen tragen auf der Unterseite Haftlamellen mit mikroskopisch kleinen Haaren, mit deren Hilfe eine Fortbewegung auf glatten Oberflächen (Zimmerdecken, senkrechten Glasscheiben) möglich ist. Die Haftung erfolgt durch Adhäsionskräfte (Van-der-Waals-Wechselwirkung). Einige Arten haben zusätzlich (oder ausschließlich) Krallen, so aus der Unterfamilie der **Eigentlichen Geckos** der **Scheibenfinger** (Hemidactylus turcicus) und der **Mauergecko** (Tarentola mauritanica). Ein beliebtes Terrarientier ist der grüne **Madagassische Taggecko** (Phelsuma madagascariensis).

**Gedächtnis,** Fähigkeit, Informationen abrufbar zu speichern und zu reproduzieren. Körperliche Grundlage für das Gedächtnis ist bei Mensch und Tier die Gesamtheit der Nervenzellen. Wie diese die Informationen aufbewahren, das heißt, durch welche Vorgänge Erregungen zurückbleiben beziehungsweise Spuren hinterlassen, ist noch weitgehend ungeklärt. Das menschliche Gedächtnis arbeitet in drei Stufen: Im **Ultrakurzzeitgedächtnis** werden für 6–10 Sekunden Eindrücke bewahrt. Das **Kurzzeitgedächtnis** hält Eindrücke für maximal 1–2 Stunden fest, im Allge-

**Gedächtnis** Savants

Der Amerikaner Kim Peek kann über 12 000 Bücher Wort für Wort auswendig und nennt zu jedem Kalenderdatum den Wochentag, ohne nachzudenken – er leidet aber seit seiner Kindheit an einem Gehirnschaden: Seine beiden Gehirnhälften sind nur gering miteinander verbunden. Der Londoner Stephen Wiltshire, als autistisches Kind diagnostiziert, zeichnete im Rahmen eines Experiments nach einem Überflug über Rom eine detaillierte Panoramaansicht dieser Stadt. Die beiden Genannten sind extreme Fälle von Inselbegabungen, auch »Savants« genannt. Das Phänomen tritt häufig bei Menschen mit kognitiver Behinderung auf; nur etwa ein Prozent aller Inselbegabten leidet unter keinerlei Hirnstörungen.
Die Ursache der Inselbegabung ist noch nicht genau bekannt. Eine gängige Theorie behauptet, bei Inselbegabten seien die Filtermechanismen des Kleinhirns gestört, die normalerweise dafür sorgen, dass nur bestimmte, für das alltägliche »Überleben« relevante Informationen in den bewussten Bereich des Großhirnes gelangen. Ein Savant hingegen *muss* sich geradezu alles merken, unabhängig von der Relevanz oder der emotionalen Bedeutung.

meinen jedoch nur für Sekunden bis Minuten. Inhalte des Kurzzeitgedächtnisses (z.B. eine bestimmte Zahlenfolge), die man sich eingeprägt hat, geraten rasch wieder in Vergessenheit **(Extinktion)**, wenn sie nicht durch häufiges Wiederholen (Üben) ins **Langzeitgedächtnis** überführt werden. Dort werden die Informationen relativ dauerhaft (Tage bis Jahre) gespeichert und die von ihnen gebildeten Gedächtnisspuren **(Engramme)** verfestigen sich mit jeder Ablesung. Die Erhärtung von Engrammen durch ihre wiederholte Benutzung bildet die Grundlage für eine dauerhafte Speicherung und Wiedergabe der zugehörigen Informationen. Dieser Vorgang wird auch als **Konsolidierung** bezeichnet. Die meisten Informationen werden in dem am stärksten differenzierten Teil der Großhirnrinde, dem Neokortex, gespeichert.

Ungelöst ist das Problem des **Vergessens.** Im Allgemeinen gilt: 1) Es wird umso mehr vergessen, je größer der zeitliche Abstand zwischen Einspeicherung und Erinnerung ist; 2) sinnarmes, unwichtiges, umfangreiches Material wird eher vergessen; 3) Art und Anzahl der auf einen Lernvorgang folgenden Eindrücke beeinflussen das Ausmaß des Vergessens.

Von den Tieren haben (Mesozoen und Schwämme ausgenommen) alle Vielzeller ein Gedächtnis.

**Gedächtnismetalle,** die →Memory-Legierungen.

**Gedächtniszellen,** *Physiologie:* die →Memory-Zellen.

**gedruckte Schaltung,** in Miniaturbauweise ausgeführte elektrionsche Schaltung. Das Leiterbild wird bei der **Subtraktivtechnik** durch chemisches Entfernen (Ätzen), bei der **Additivtechnik** durch Metallabscheidung auf eine Isolierstoffplatte aufgebracht. Zur Herstellung mit der Subtraktivtechnik wird im Allgemeinen eine kupferkaschierte, dünne Isolierstoffplatte entsprechend den Leiterzügen mit einem säurefesten Lack bedruckt (Siebdruck); die nicht durch den Lack abgedeckte Kupferschicht wird weggeätzt. Häufig wird auch der Fotodruck angewandt. Die flachen Leiterzüge bilden mit der Isolierstoffplatte eine **Leiterplatte (Platine)**, die mit Bauelementen (Widerstände, Kondensatoren, Spulen, Transistoren, integrierte Schaltkreise) bestückt wird. Neben einseitigen gedruckten Schaltungen gibt es mit beidseitigem Leiterbild versehene gedruckte Schaltungen sowie mehrschichtige **(Multilayer)** und durchkontaktierte Schaltungen. Als Weiterentwicklung der gedruckten Schaltung wird der →integrierte Schaltkreis angesehen.

**gefährdete Pflanzen und Tiere,** Pflanzen- und Tierarten der Gegenwart, deren Bestand unterschiedlich stark gefährdet ist. Für Deutschland sind etwa 45 000 Tierarten (weltweit etwa 1,4 Mio.) beschrieben, wobei die tatsächliche Zahl höher geschätzt wird (weltweit etwa 10–15 Mio.). Mehr als 1 000 Arten sind in Deutschland zurzeit gefährdet oder sogar vom Aussterben bedroht (→Rote Liste).

Von den insgesamt etwa 400 000 bis 500 000 (weltweit) beschriebenen Pflanzenarten sind gegenwärtig allein bei den höheren Pflanzen rund 10 % gefährdet oder vom Aussterben bedroht (und mit jeder Pflanzenart verschwinden etwa 10–30 auf diese Pflanzenart angewiesene Tierarten, v.a. Insekten).

Statistiken belegen, dass zurzeit fast 50 Arten (Pflanzen und Tiere) pro Tag vor allem durch Lebensraumverlust (→Regenwald) und -belastung, in geringerem Umfang auch durch Nachstellung und Handel (→Washingtoner Artenschutzabkommen) verschwinden, das heißt rund 17 500 Arten pro Jahr, wenn nicht einschneidende Schutzmaßnahmen getroffen werden.

**Gefahrenmeldeanlagen,** Alarmanlagen für unterschiedliche Gefahrenarten; z.B. Brandmeldeanlagen, Einbruchmeldeanlagen, Überfallmeldeanlagen.

**Gefahrensymbole,** international festgelegte bildhafte Symbole zur Kennzeichnung von →Gefahrstoffen.

**Gefahrstoffe,** Bezeichnung für Stoffe und Zubereitungen, die explosionsgefährlich, explosionsfähig, brandfördernd, hoch oder leicht entzündlich, entzündlich, sehr giftig, giftig, gesundheitsschädlich, ätzend, reizend, sensibilisierend, Krebs erzeugend, fortpflanzungsgefährdend, erbgutverändernd oder auf sonstige Weise chronisch schädigend beziehungsweise umweltgefährlich sind. Die wichtigsten Rechtsvorschriften zum Umgang mit Gefahrstoffen sind in Deutschland das Chemikaliengesetz in der Fassung vom 20. 6. 2002, die Chemikalienverbotsverordnung in der Fassung vom 25. 2. 2004 und die Gefahrstoffverordnung in der Fassung vom 23. 12. 2004. Letztere ordnet auch Herstellungs- und Verwendungsverbote (z.B. für Asbest) an und schreibt arbeitsmedizinische Vorsorgeuntersuchungen vor. In den Handel gebrachte Gefahrstoffe müssen außer durch die Bezeichnung des Stoffes und den Namen des Vertreibers durch das →Gefahrensymbol, die Gefahrenbezeichnung und Sicherheitsratschläge gekennzeichnet sein.

**Gefäßbündel,** →Leitgewebe.

**Geflügel,** Sammelbegriff für die Vogelarten, die als Nutz- und Haustiere gehalten werden; z.B. Hühner, Gänse, Enten, Truthühner, Tauben.

**Geflügelkrankheiten.** Die wichtigsten seuchenhaft auftretenden Geflügelkrankheiten sind: **ansteckender Schnupfen (Pips)**, besonders bei Hühnern, Puten und Tauben vorkommender, meist chronischer Katarrh der Nase, Nebenhöhlen und Bindehäute; bakteriell bedingt; bei schlecht gehaltenen Jungtieren bis zu 95 % Todesfälle. **Geflügelcholera,** befällt alle Geflügelarten. Erreger: Bakterium Pasteurella multocida; Anzeichen: Fieber, Atemnot, Durchfall; Tod nach 1 bis 4 Tagen. **Geflügelpest** (Vogelgrippe) ist sehr ansteckend insbesondere für Hühner und Truthähne; verursacht durch Geflügelpestviren (Influenzaviren); Anzeichen sind in Abhängigkeit von der Verlaufsform unterschiedlich: hohes Fieber, Schwarzfärbung von Kamm und Kehllappen, Mattigkeit, Fressunlust, Durchfall; hohe Sterblichkeit. Anzeigepflichtig, staatliche Bekämpfung. Bei Nachweis der Erkrankung erfolgt Schlachtung des gesamten Bestandes. Neben dieser klassischen Geflügelpest gibt es die atypische Geflügelpest, **Newcastle Disease;** Anzeichen: bei Küken und Jungtieren Mattigkeit, Husten, Krächzen, Durchfall, Appetitlosigkeit, zum Teil auch nervöse Erscheinungen wie Kreisbewegungen, Krämpfe, Lähmungen; bei erwachsenen Tieren plötzliches Legen der Eier in die Streu, Erlöschen der Legetätigkeit für etwa 4 Wochen. Anzeigepflichtig, staatliche Bekämpfung. **Geflügelpocken** sind eine durch ein Virus hervorgerufene, sehr ansteckende Krankheit der Hühner und Tauben mit verschiedenen Erscheinungsformen (Haut-, Lungen-, Schleimhautform). Bekämpfung durch Schutzimpfung. **Geflügeltuberkulose,** durch das Mycobacterium avium hervorgerufen, befällt v. a. Hühner; Anzeichen: Rückgang der Legeleistung, Abmagerung, Blutarmut; auf Säugetiere und den Menschen übertragbar. Bekämpfung: Ausmerzen des gesamten Bestandes, Desinfektion. **Rote Kükenruhr,** durch Schleimhautparasiten (Eimerien) verursachte, seuchenhafte Darmentzündung; Hauptanzeichen: blutiger Durchfall; Sterblichkeit bei Küken bis zu 100 %. **Weiße Kükenruhr** (bei erwachsenem Geflügel **Hühnertyphus**), durch Salmonella pullorum (gallinarum) hervorgerufene, seuchenhafte Erkrankung der Hühner; sie wird durch das Ei auf die Küken übertragen. Krankheitserscheinungen bei Küken: grünlich oder bräunlich weißer Durchfall. Bekämpfung durch Ausmerzen der Dauerausscheider und der kranken Tiere sowie hygienische Maßnahmen. Auch Mangelkrankheiten und Befall durch Hautungeziefer und Würmer sind häufige Geflügelkrankheiten.

**Geflügelpest, Vogelgrippe,** →Influenzaviren.

**Gefrier|anlagen, Gefrierapparate,** Geräte zum schnellen Gefrieren und Lagern von Lebensmitteln bei tiefen Temperaturen (−18 °C und tiefer). Die erforderlichen Temperaturen werden mithilfe von →Kältemaschinen erzeugt. Bauformen sind Gefrierschrank, Gefriertruhe oder Kombinationen aus Kühl- und Gefrierschrank.

**Gefrier|ätzung,** Verfahren zur Präparierung biologischer Objekte für die Elektronenmikroskopie.

**Gefrierbrand,** weiße oder bräunlich rote Verfärbungen und Wasserverluste an der Oberfläche von Tiefkühlkost, die bei ungleichmäßigen Lagertemperaturen durch die Temperaturdifferenz zwischen Produkt und Umgebung entstehen.

**Gefrieren, 1)** *Chemie, Physik:* der Übergang von Wasser, einer wässrigen Lösung oder einer anderen Flüssigkeit in den festen Aggregatzustand am →Gefrierpunkt.

**2)** *Lebensmitteltechnologie:* **Tiefgefrieren, Tiefkühlen,** Verfahren zur Konservierung von Lebensmitteln durch Temperaturabsenkung deutlich unter ihren Gefrierpunkt, wobei Nährstoffe, Vitamine, Farbe, Geruch und Geschmack erhalten bleiben und physikalische, chemische, enzymatische Reaktionen und Mikroorganismenwachstum verlangsamt oder unterbrochen werden. Beim **Luftgefrieren** dient rasch bewegte Luft von −30 bis −45 °C als Kälteträger. Beim **Kontaktgefrieren** werden quaderförmige Lebensmittel zwischen gekühlten Metallplatten gefroren. In Schrumpffolien verpackte, unregelmäßig geformte Lebensmittel lassen sich durch **Tauchgefrieren** in Kühlsolen gefrieren. Das **Gefrieren mit verdampfenden Kältemitteln** (z. B. Stickstoff) eignet sich für verpackte und unverpackte Lebensmittel.

**Gefrierpunkt,** stoffspezifische Temperatur, bei der eine Flüssigkeit in den festen Aggregatzustand übergeht. Bei Reinsubstanzen bleibt die Temperatur bei weiterer Wärmeabfuhr durch Freisetzung von Schmelzwärme konstant, bis die gesamte Flüssigkeit gefroren ist. Alle Stoffe, die sich beim Schmelzen ausdehnen, beim Erstarren zusammenziehen, zeigen bei Erhöhung des Drucks eine Erhöhung der Gefrier- oder Schmelztemperatur. Im Unterschied zum Erstarrungspunkt (→Erstarrung) wird die Bezeichnung Gefrierpunkt v. a. bei Stoffen verwendet, die bei Normdruck und Raumtemperatur flüssig sind.

Die Herabsetzung des Gefrierpunkts eines Lösungsmittels durch in ihm gelöste Stoffe **(Gefrierpunktserniedrigung)** wird zur Bestimmung der molaren Masse (→Kryoskopie) herangezogen und z. B. bei der Herstellung von Gefrierschutzmitteln ausgenutzt.

**Gefrierschutzmittel, Frostschutzmittel,** Stoffe, die den Gefrierpunkt von Wasser herabsetzen. Technische Bedeutung haben v. a. Alkohole, z. B. Glykole. Gefrierschutzmittel werden u. a. verwendet bei Kühlkreisläufen von Verbrennungsmotoren, für Warmwasserheizungen und in Scheibenwaschanlagen.

**Gefriertrocknung, Lyophilisation,** schonende Vakuumtrocknung von tiefgefrorenem, wasserhaltigem Gut, bei der Vitamine weitgehend erhalten bleiben. Das Ausgangsprodukt wird zunächst auf Temperaturen bis −70 °C tiefgefroren, anschließend werden ihm während des Trocknungsprozesses im Hochvakuum 95–98 % des Wassergehalts durch Sublimation entzogen.

**Gefüge,** *Metallkunde:* durch metallografische Untersuchungen feststellbarer kristalliner Aufbau eines Metalls oder einer Legierung, der von der chemischen Zusammensetzung, Form, Größe und Anordnung der einzelnen Kristallkörner (Kristallite) abhängt, die an den Korngrenzen miteinander verbunden sind.

**Gegensonne,** ein Lichtfleck in gleicher Höhe wie die Sonne, aber in entgegengesetzter Richtung, eine atmosphärisch-optische Erscheinung (→Halo).

**Gegenstandsweite, Objektweite, Dingweite,** bei einer optischen Abbildung der Abstand eines Gegenstandspunktes des abgebildeten Objektes von der gegenstandsseitigen Hauptebene des abbildenden optischen Systems.

**Gegenstrahlung, atmosphärische Gegenstrahlung,** →Strahlung.

**Gegenstromverfahren,** Wärme- oder Stoffaustausch zweier Stoffe, besonders Gase oder Flüssigkeiten, bei dem die beiden Stoffströme in entgegengesetzter Richtung aneinander vorbeigeführt werden. Gegenstromverfahren werden z. B. bei Wärmeaustauschern und bei der Destillation angewendet.

**Gehaltsgrößen,** *Chemie:* die Zusammensetzungsgrößen (→Konzentration).

**Gehirn, Hirn, Cerebrum, Encephalon,** Abschnitt des Zentralnervensystems mit den wichtigsten Schalt- und Steuerungszentren des Körpers.

Im **Tierreich** tritt ein einfach gebautes Gehirn bereits bei Strudelwürmern als lokale Verdickung des Nervengeflechts auf. Bei Fadenwürmern umgibt das Gehirn als Nervenring den Schlund. Im Strickleiternervensystem der Gliedertiere bilden die über dem Schlund befindlichen paarigen **Oberschlundganglien** (Cerebralganglien) das Gehirn; es handelt sich um knotenförmige Anhäufungen von Nervenzellen. Bei Tintenfischen entsteht durch Verschmelzung mehrerer Ganglien eine zentrale Nervenmasse. Bei Wirbeltieren ist das Gehirn besonders stark ausgeprägt; es bildet mit dem Rückenmark das Zentralnervensystem und besteht aus fünf Abschnitten: Das **Endhirn** (Telencephalon) ist bei niederen Wirbeltieren v. a. ein Riechhirn. Bei den höheren Wirbeltieren wird es zu dem aus zwei Hälften (Hemisphären) bestehenden **Großhirn,** das bei Zahnwalen, Elefanten, Menschenaffen und Menschen besonders hoch entwickelt ist. Das **Zwischenhirn** (Diencephalon) entsendet die Sehnerven. Dorsale Anhangsgebilde sind die Zirbeldrüse (Epiphyse) sowie das Parietalorgan (Scheitelauge mancher Reptilien). An einem ventralen Fortsatz liegt die Hypophyse (Hirnanhangdrüse), eine wichtige Hormondrüse. Vom **Mittelhirn** (Mesencephalon), einer wichtigen Schaltstation für Sinnesnerven aus Auge und Innenohr, gehen zwei Hirnnerven ab. Das **Hinterhirn** (Metencephalon) entsendet keine Hirnnerven. Es steuert besonders den Muskeltonus und die Bewegungskoordination; bei Fischen, Vögeln und Säugetieren ist es daher stark entwickelt (**Kleinhirn,** Cerebellum). Die restlichen Hirnnerven entspringen dem **Nachhirn** (Myelencephalon; verlängertes Mark, Medulla oblongata), das u. a. die Atmung und den Kreislauf reguliert; es geht ohne scharfe Grenze in das Rückenmark über. Das Gehirn enthält vier zusammenhängende Hohlräume (Ventrikel), die mit dem Rückenmarkkanal verbunden und mit der Gehirn-Rückenmark-Flüssigkeit (Liquor cerebrospinalis) gefüllt sind. Größe und Gewicht des Gehirns stehen mit seiner Leistungsfähigkeit in keinem direkten Verhältnis.

Das **Gehirn des Menschen** ist ein hoch empfindliches Organ mit einem mittleren Gewicht von 1 245 g (Frauen) beziehungsweise 1 375 g (Männer); es bildet zusammen mit dem Rückenmark das Zentralnervensystem. Das Gehirn ist Zentrum aller Sinnesempfindungen und Willkürhandlungen, Sitz des Bewusstseins, Gedächtnisses und aller geistigen und seelischen Leistungen. Es liegt geschützt in der Schädelhöhle und wird von dem äußeren Liquorraum umgeben, der sich zwischen weicher Hirnhaut (Pia mater) mit Spinnwebenhaut (Arachnoidea) und harter Hirnhaut (Dura mater) ausbreitet. Die Blutversorgung erfolgt aus zwei getrennten Schlagadern (innere Halsschlagader und Wirbelsäulenschlagader), die sich an der Gehirnbasis vereinigen.

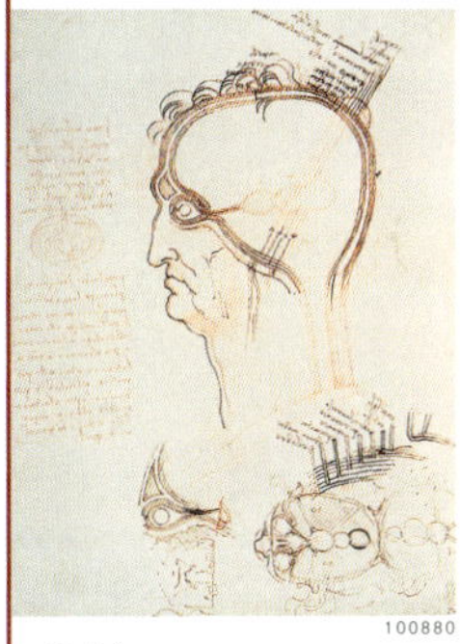


**Gehirn.**
Anatomische Studie zur Physiologie des Gehirns von Leonardo da Vinci (1490–93; Windsor Castle, Royal Collection)

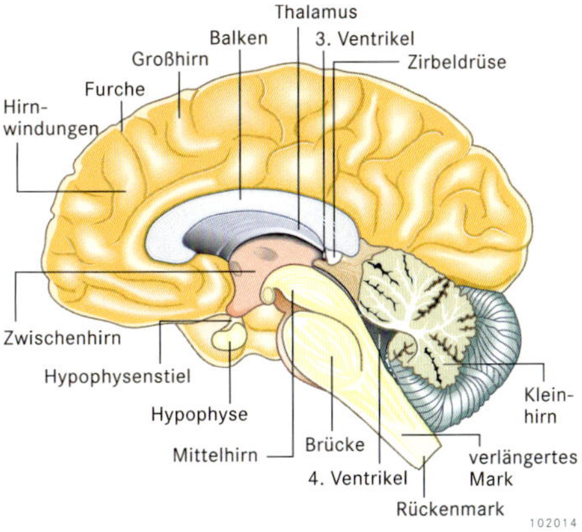


**Gehirn.**
Medianschnitt durch das Gehirn des Menschen

Das **Großhirn** hat sich erst beim Menschen zu solcher Größe und Leistungsfähigkeit entwickelt. Wie ein Mantel bedeckt die aus Nervenzellen bestehende graue Substanz der Großhirnrinde zusammen mit den darunter gelegenen Nervenfasern (weiße Substanz) die übrigen Hirnteile. Durch die Vergrößerung der Oberfläche des Hirnmantels (Pallium) entstanden im Lauf der Entwicklung immer mehr Faltungen mit Windungen (Gyri) und Furchen

**Geier.** Aasgeier (Neophron percnopterus)

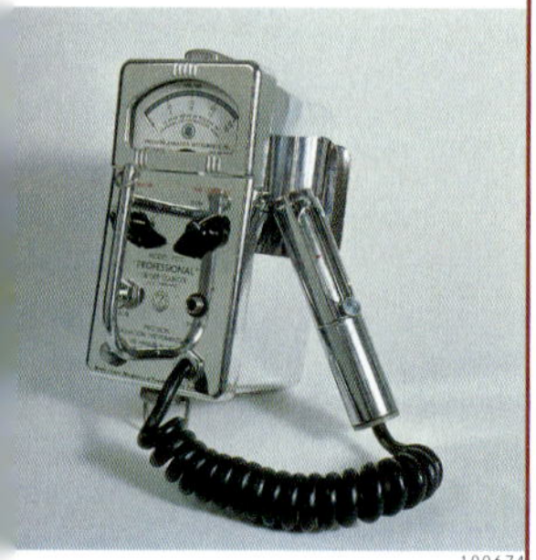

**Geiger-Müller-Zählrohr.** Gerät zur Registrierung und Messung radioaktiver Strahlung

(Sulci). In die Marksubstanz des Großhirns sind graue Kerngebiete, die Stammganglien, eingelagert. Die beiden Großhirnhemisphären (Hirnhälften) sind durch eine breite Nervenfaserplatte, den Balken (Corpus callosum), miteinander verbunden. Außerdem wird das Großhirn in mehrere Abschnitte unterteilt: Stirnlappen (Lobus frontalis), Scheitellappen (Lobus parietalis), Hinterhauptlappen (Lobus occipitalis), Schläfenlappen (Lobus temporalis) und Stamm- oder Insellappen (Lobus insularis).

Die **Großhirnrinde** (Cortex cerebri) ist das höchste Integrationsorgan des Zentralnervensystems. Sie weist in ihrem Feinbau sechs verschiedene Schichten auf, die sich durch die Form der in ihnen enthaltenen Nervenzellen unterscheiden. Als Ganzes bezeichnet man diese Schichten als **graue Substanz.** Funktionell lassen sich in bestimmten Rindenfeldern bestimmte Leistungen lokalisieren. Der Stirnlappen der Großhirnrinde steht in enger Beziehung zur Persönlichkeitsstruktur. Der Hinterhauptlappen enthält Sehzentren, der Schläfenlappen Hörzentren. An der Grenze zwischen Stirn- und Scheitellappen liegen zwei Gebiete mit den motorischen Zentren für die einzelnen Körperabschnitte und einem Zentrum für Sinneseindrücke aus der Körperfühlsphäre. Das Großhirn ist Sitz von Bewusstsein, Wille, Intelligenz, Gedächtnis und Lernfähigkeit. Zum Großhirn gehört auch das **limbische System,** das »gefühlsmäßige« Reaktionen (z. B. das Sexualverhalten) als Antwort auf bestimmte Umweltsituationen beeinflusst oder bestimmt. Das **Kleinhirn**, das wie das Großhirn aus zwei Hemisphären besteht, ist durch unbewusste (reflektorische) Steuerung der Muskelspannung, des Zusammenspiels der Muskeln sowie der Körperstellungen v. a. für den richtigen Ablauf aller Körperbewegungen verantwortlich; außerdem ermöglicht es die Orientierung im Raum. Das Kleinhirn erhält Informationen aus allen Bereichen, die für die Motorik wichtig sind, v. a. von der Muskulatur und vom Gleichgewichtssystem; über die **Brücke** (Pons) empfängt es außerdem die motorischen (willkürlichen) Bewegungsimpulse aus der Großhirnrinde. Zum **Zwischenhirn** gehören der paarig angelegte Thalamus (Sehhügel) und der Hypothalamus. Der Thalamus ist zum Teil einfach venöse Schaltstation zwischen Peripherie und Großhirn, zum Teil Bestandteil des extrapyramidal-motorischen Systems. Im Hypothalamus befinden sich verschiedene übergeordnete Zentren des autonomen Nervensystems, von denen lebenswichtige vegetative Funktionen gesteuert werden, so z. B. der Wärme-, Wasser- und Energiehaushalt des Körpers. Das **Stammhirn** (Hirnstamm) bilden die tieferen, stammesgeschichtlich ältesten Teile des Gehirns, er umfasst Rauten-, Mittel- und Zwischenhirn sowie die Basalganglien des Endhirns. Im Stammhirn liegen besonders wichtige Zell- und Fasersysteme als Steuerungszentren für Atmung und Blutkreislauf. Als **Formatio reticularis** bezeichnet man ein dichtes Netzwerk von Schaltneuronen mit einigen Kerngebieten, die sich längs über das ganze Stammhirn erstrecken; sie kann u. a. die Aufmerksamkeit ein- und ausschalten und den Schlaf-wach-Rhythmus steuern. Im **verlängerten Mark** (Medulla oblongata) kreuzen sich v. a. die Nervenbahnen des Pyramidenstrangs. Es beherbergt die Zentren für die automatisch ablaufenden Vorgänge wie Herzschlag, Atmung, Stoffwechsel. Außerdem werden von ihm auch verschiedene Reflexe gesteuert, z. B. Speichelfluss, Schlucken, Tränensekretion, Niesen, Husten, Lidschluss, Erbrechen. Das verlängerte Mark geht in das Rückenmark über. Die direkt am Gehirn (in ihrer Mehrzahl im Stammhirn) entspringenden 12 Hauptnervenpaare werden als **Hirnnerven** bezeichnet: I Riechnerv; II Sehnerv; III Augenbewegungsnerv; IV Augenrollnerv; V Drillingsnerv (Trigeminus) mit Augennerv, Oberkiefernerv und Unterkiefernerv; VI seitlicher Augenabzieher; VII Gesichtsnerv (Fazialis); VIII Hör- und Gleichgewichtsnerv; IX Zungen-Schlund-Nerv; X Eingeweidenerv (Vagus); XI Beinnerv (Akzessorius); XII Zungenmuskelnerv.

**Gehölzkunde,** die →Dendrologie.

**Gehör, Gehörsinn, Hörsinn,** Vermögen zum Wahrnehmen von Schallreizen beziehungsweise Gesamtheit aller anatomischen Strukturen und physiologischen Prozesse, auf denen es beruht. Schallwellen werden über das äußere Ohr und das Mittelohr (Luftleitung) beziehungsweise über Schwingungen der Schädelknochen (Knochenleitung, besonders hohe Frequenzen) zum Innenohr (Schnecke) transportiert, wo die Schwingungen auf der das Corti-Organ tragenden Basilarmembran eine Wanderwelle auslösen. Diese erreicht in Abhängigkeit von der Schallfrequenz (Tonhöhe) in bestimmter Entfernung von der Schneckenbasis ein Amplitudenmaximum, wobei die Haarzellen (Rezeptoren) erregt werden. Diese Reizverteilung (Frequenzdispersion) ermöglicht eine Tonhöhenunterscheidung, deren volle Leistungsfähigkeit durch weitere Mechanismen der zentralen Informationsverarbeitung erreicht wird. Mit zunehmender Lautstärke nimmt die Erregung der Haarzellen zu, und in den nachgeschalteten hinführenden Hörnervenfasern steigt die Impulsdichte. Über die Hörbahn wird so die Information über Tonhöhen und Lautstärken räumlich und zeitlich codiert dem Gehirn übermittelt, wo die Analyse der komplexen Muster zur Verarbeitung und Wahrnehmung einschließlich der Bewertung der Schallereignisse zum Sprachverständnis führt. Das menschliche Gehör kann Schallfrequenzen von 20–20 000 Hz aufnehmen. Im Sprachbereich ist die Unterschiedsempfindlichkeit am größten (bis etwa 0,3 %), das heißt, bereits ein Frequenzunterschied von 3 Hz kann vom menschlichen Ohr wahrgenommen werden. Die Schwingungsamplitude im Innenohr ist bei normalem Hören außerordentlich klein und wird auf Werte unter 0,1 nm geschätzt. Hohe Schalldruckpegel führen zu meist bleibender Haarzellschädigung (Lärmschäden).

**Gehörorgane,** dem Gehörsinn (→Gehör) dienende Organe (z. B. →Hörhaare, →Ohr, →Tympanalorgane).

**Geier** [althochdeutsch gīr, eigentlich »der Gierige«], **Altweltgeier, Aegypiinae,** Greifvögel aus der Familie der Habichtartigen, die sich vorwiegend von Aas ernähren, mit höchstens flaumbedecktem Kopf und Hals, nur an der Spitze hakigem Schnabel, starken Füßen; vorzügliche Flieger; besonders in den Trockengebieten Afrikas und Südasiens. In Südeuropa sind heimisch: der **Aasgeier** oder **Schmutzgeier** (Neophron percnopterus), schneeweiß mit schwarzen Schwingen; der **Gänsegeier** (Gyps fulvus), fahlbraun mit weißer Krause an der Halswurzel, und der seltene **Mönchsgeier** (Aegypius monachus) mit dunkelbraunem Gefieder und sehr starkem Schnabel sowie der **Bartgeier.** Die →Neuweltgeier gehören zu den Storchenvögeln.

**Geiger,** Hans, eigentlich Johannes, deutscher Physiker, * Neustadt an der Weinstraße 30. 9. 1882, † Potsdam 24. 9. 1945; 1912–25 Leiter des Laboratoriums für Radioaktivität an der Physikalisch-Technischen Reichsanstalt in Berlin, danach Professor in Kiel, Tübingen und Berlin; erkannte bei seinen Experimenten über die Ablenkung von Alphastrahlen in Materie u. a., dass die Ordnungszahl eines chemischen Elements gleich der Kernladungszahl seiner Atomkerne ist (1913). Geiger entwickelte seinen Spitzenzähler 1928 zusammen mit W. M. Müller zum →Geiger-Müller-Zählrohr weiter.

**Geiger-Mụ̈ller-Zählrohr** [nach H. Geiger und W. M. Müller, * 1905, † 1979], **Geigerzähler,** ein Auslösezähler zum Nachweis und zur Zählung ionisierender Teilchen und Strahlungsquanten (→Zählrohr). Das Geiger-Müller-Zählrohr ist ein im Auslösebereich betriebener Gasionisationsdetektor in Form einer Gasentladungsröhre mit axialem Kathodendraht. Er findet im Strahlenschutz und bei der Untersuchung kosmischer Strahlung Anwendung. Von Nachteil ist seine geringe Auslesegeschwindigkeit.

Der Vorläufer des 1928 entwickelten Geiger-Müller-Zählrohrs ist der **Geiger-Spitzenzähler** (→Spitzenzähler).

**Geisir,** →Geysir.

**Geißblatt, Heckenkirsche, Lonicera,** strauchige Gattung der Geißblattgewächse mit rund 150 Arten; in vielen Formen als Ziersträucher in Kultur. Zu den rechtswindenden Kletersträuchern gehören: **Echtes Geißblatt** oder **Jelängerjelieber** (Lonicera caprifolium) mit teils verwachsenen, stängeldurchwachsenen Blättern und **Deutsches Geißblatt** oder **Waldgeißblatt** (Lonicera periclymenum) mit unverwachsenen Blättern. Aufrechte Sträucher sind z. B. **Rote Heckenkirsche** (Lonicera xylosteum) mit scharlachroten Früchten, **Schwarze Heckenkirsche** (Lonicera nigra) mit schwarzen Früchten.

**Geitel,** Hans Friedrich, deutscher Physiker, * Braunschweig 16. 7. 1855, † Wolfenbüttel 15. 8. 1923; führte mit J. Elster (* 1854, † 1920) bedeutende Untersuchungen über Elektrizitätsleitung in Gasen, atmosphärische Elektrizität, Fotoeffekt und Radioaktivität durch.

**Gẹl** [Kurzwort von Gelatine] *das,* formbeständiges, leicht deformierbares disperses System (→Dispersion, →Kolloide). Man unterscheidet feste **Aerogele** (z. B. Kieselgel) und zähelastische **Lyogele** (Gallerten) mit Luft beziehungsweise Flüssigkeit als Dispersionsmittel sowie feste, hornartige **Xerogele,** die durch Trocknung aus Lyogelen entstehen.

**Gelatine** [zu lateinisch gelatus »gefroren«, »erstarrt«] *die,* fast ausschließlich aus tierischem Bindegewebseiweiß bestehendes Hydrolyseprodukt mit der Fähigkeit, in kaltem Wasser zu quellen, sich bei Erwärmen des Wassers zu lösen und beim Wiederabkühlen ein reversibles Gel auszubilden. Ausgangsstoff für die Gelatine ist das Kollagen, das in den Häuten von Rindern und Kälbern, entfetteten und entmineralisierten Knochen (Ossein) und in Schweineschwarten enthalten ist.

Gelatine wird v. a. in der Nahrungsmittelindustrie als Geliermittel, Stabilisator für Emulsionen und Schäume u. a., als Emulgator, Flockungsmittel und je nach Viskosität als Verdickungsmittel u. a. eingesetzt. In der Fotografie dient Gelatine als Bindemittel für die lichtempfindlichen Silberhalogenide in Emulsionen.

**gelber Galt, Galt, Streptokokkenmastitis,** durch Infektion mit Streptokokken hervorgerufene Euterentzündung besonders bei Hausrindern; äußerlich gekennzeichnet durch Schwellungen am Euter, Knötchenbildungen an den Zitzen, nachlassende Milchproduktion und (durch Ausscheidung von eitrigem Sekret) Veränderungen in der Milch; weltweit verbreitet. Die Behandlung erfolgt mit Antibiotika.

**Gẹlchromatografie, Gelfiltration, Molekularsiebchromatografie,** zur Flüssigkeitschromatografie gehörendes Verfahren zur Trennung und Reinigung von Stoffen verschiedener Molekülmassen und zur Molmassebestimmung, v. a. in der Polymer- und Biochemie. Bei der Trennung von wässrigen Systemen (z. B. Proteinlösungen) spricht man von *Gelfiltration.*

**Gelege,** an einem Platz abgelegte Eier von Vögeln, Reptilien, Insekten u. a. Tieren.

**Gel-Elektrophorese,** →Elektrophorese.

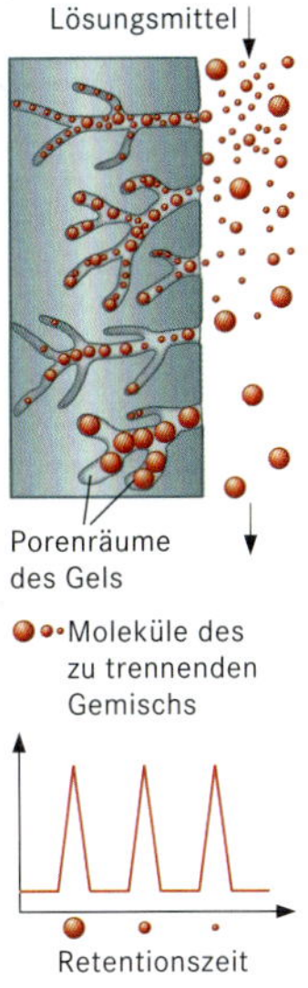


**Gelchromatografie.** Oben: Darstellung des Trennprinzips bei der Gelchromatografie; die kleinen Moleküle können ganz, die großen Moleküle kaum oder gar nicht in die Poren eindringen. Sie gelangen als Erste zum Detektor. Unten: Die Elution (dargestellt im Chromatogramm) erfolgt in der Reihenfolge abnehmender Molekülgröße.

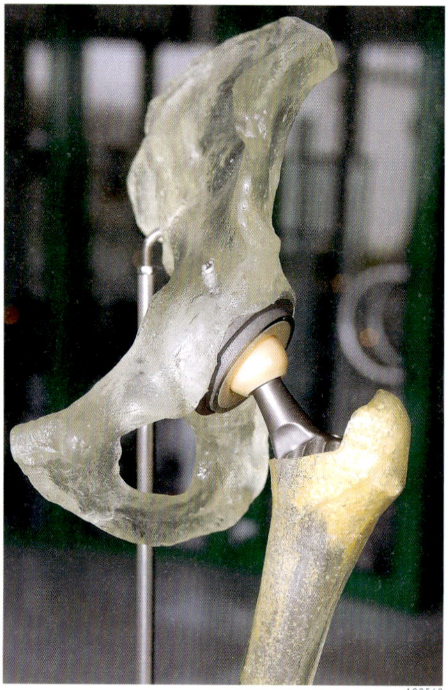

**Gelenk 1).**
Hüftgelenk aus Titan

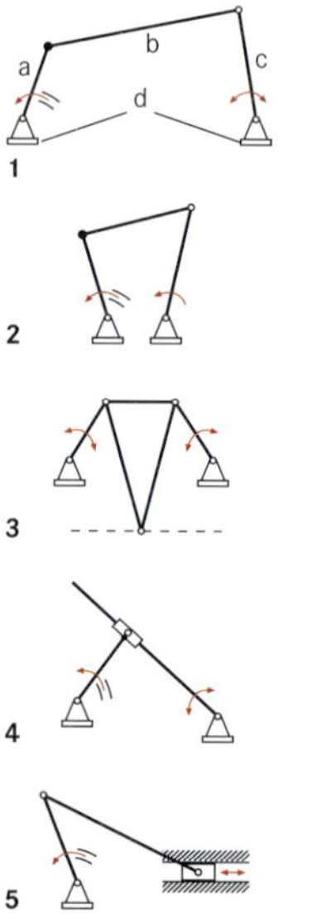


**Gelenkgetriebe.**
1 Kurbelschwinge (a Kurbel, b Koppel, c Schwinge, d Gestell), 2 Doppelkurbel, 3 Doppelschwinge, 4 Kurbelschleife, 5 Schubkurbel

**Gelenk, 1)** *Anatomie:* **Junctura synovialis , Articulatio, Diarthrosis,** bei Tieren und beim Menschen bewegliche Knochenverbindung zweier oder mehrerer Knochen, deren Enden (meist als Gelenkkopf und Gelenkpfanne) von Gelenkknorpel überzogen sind und durch die Gelenkkapsel und die Gelenkbänder zusammengehalten werden. Die **Gelenkkapsel** ist eine sackartige, straff gespannte oder schlaffe Hülle, die die beiden Gelenkenden gemeinsam einschließt. Sie besitzt eine äußere fibröse und eine innere Schicht, die **Gelenkinnenhaut** (Synovialhaut). Letztere sondert die **Gelenkschmiere,** eine klare, fadenziehende, muzinhaltige Flüssigkeit ab, die das Gleiten der Gelenkflächen ermöglicht. Der **Gelenkspalt** besteht beim intakten Gelenk nur in Form der Berührungsfläche beider Gelenkenden, da äußerer Luftdruck und Muskelzug diese aneinander pressen. Einige Gelenke besitzen als Puffer wirkende **Gelenkzwischenscheiben.** Je nach Gelenkform und Freiheitsgraden der Bewegung unterscheidet man verschiedene Gelenktypen: **Kugelgelenk** (freie Bewegung in allen Richtungen möglich, z. B. Schultergelenk); eine Sonderform des Kugelgelenks mit etwas eingeschränkter Bewegungsfreiheit ist das **Nussgelenk** (Hüftgelenk); **Scharniergelenk** (Bewegungen nur in einer Ebene möglich, z. B. Ellbogengelenk und Kniegelenk); **Eigelenk** (Bewegungen in 2 Richtungen möglich, Drehung ausgeschlossen, z. B. Handwurzelknochen); **Sattelgelenk** (Bewegungen in 2 Ebenen möglich, z. B. Daumengelenk); **Drehgelenk** oder **Zapfengelenk** (z. B. bei Elle und Speiche). Außer bei den Wirbeltieren kommen Gelenke v. a. auch bei Gliederfüßern vor, bei denen sie die über eine membranartige Haut (Gelenkhaut) gegeneinander beweglichen Teile des Außenskeletts miteinander verbinden.

**2)** *Botanik:* **Gelenkpolster,** bei Pflanzen ein Zellgewebewulst um den Blattstielgrund (so beim **Blattpolster, Blattkissen, Blattgelenk**) oder an den Stängelknoten (Gelenkknoten), worin Winkelbewegungen des Blattes oder eines Stängelteils durch ungleichmäßiges Wachstum **(Wachstumsgelenke)** oder durch Änderung des osmotischen Drucks im Zellsaft des Gelenkwulstes **(Spannungsgelenke)** entstehen; Gelenke bewirken z. B. das Aufstehen umgelegter Grashalme, die Berührungsreize der Mimosenblätter.

**Gelenkgetriebe, Koppelgetriebe,** *Maschinenbau:* mechanische Getriebe, bei denen alle Glieder in Gelenken miteinander verbunden sind. Die einfachsten Gelenkgetriebe sind Kurbel-, Doppelschwinge, Doppelkurbel.

**Gelenkwelle,** Maschinenelement mit allseitig beweglichen Gelenken an einem oder beiden Enden der Welle zum Übertragen von Drehmomenten zwischen versetzten Wellen. Als Gelenkwellen werden u. a. **Kurvengelenkwellen,** bei denen die Elementteile aufeinander abrollen, sowie Kreuz- beziehungsweise Kardangelenke **(Kardanwelle),** die eine Bewegung in zwei senkrecht aufeinander stehenden Ebenen gestattet, verwendet.

**Geleucht, Grubenlampe,** *Bergbau:* unter Tage verwendete, in der Hand oder am Schutzhelm tragbare Leuchte. Die Entwicklung ging vom Kienspan über offene Öllampe, Acetylenlampe (Acetylengas, aus Calciumcarbid und Wasser in der Lampe erzeugt), Benzinlampe (→Wetterlampe) zu elektrischen Lampen mit Akkubetrieb.

**Gẹlfiltration,** →Gelchromatografie.

**Gell-Mann** ['gel'mæn], Murray, amerikanischer Physiker, * New York 15. 9. 1929; entwickelte 1961 gleichzeitig mit Y. Neeman das Achtfach-Weg-Modell (→Oktettmodell) der Baryonen, Mesonen und ihrer Resonanzen und führte 1964 (unabhängig von G. Zweig) die →Quarks ein. Für seine Beiträge und Entdeckungen zur Klassifikation der Elementarteilchen und ihrer Wechselwirkungen erhielt Gell-Mann 1969 den Nobelpreis für Physik.

**Gemenge,** *Chemie:* heterogenes →Gemisch.

**Gemisch, Mischung,** Aggregat aus zwei oder mehreren chemisch verschiedenen Substanzen, die chemisch nicht miteinander reagieren; ein Gemisch lässt sich physikalisch (z. B. durch Sedimentation, Filtration, Destillation) in einzelne Bestandteile zerlegen. **Homogene Gemische** bestehen aus nur einer Phase (z. B. Flüssigkeitsgemische, Lösungen, Legierungen), **heterogene Gemische (Ge-**

**menge)** aus mehreren Phasen (z. B. Suspensionen, Emulsionen, Aerosole).

**Gemischbildung, Gemischaufbereitung,** beim Verbrennungsmotor die Herstellung eines brennbaren Gemisches aus Kraftstoff und Luft. Bei der **äußeren Gemischbildung** saugt der Motor (Ottomotor) ein schon fertiges brennbares Gemisch an, das mittels Vergasers oder durch Benzineinspritzung gebildet wird. Bei der **inneren Gemischbildung** saugt der Motor (Dieselmotor) nur Luft an, der Kraftstoff wird in den Brennraum gespritzt und dort aufbereitet.

**Gemischschmierung,** einfache Motorschmierung, verwendet v. a. bei Zweitakt-Ottomotoren mit Kurbelkastenspülung. Das Schmieröl wird dem Kraftstoff im Verhältnis 1:25 bis 1:50 zugesetzt und gelangt mit ihm in den Kurbelraum, wo es die Wälzlager von Kurbelwelle und Pleuelstange schmiert.

**Gen** *das,* →Gene.

**Genanalyse,** die →DNA-Analyse.

**Genauigkeit,** Grad der Annäherung an den wahren Wert, an ein gewünschtes oder erforderliches Ergebnis. In der *Messtechnik* wird die Genauigkeit eines Messergebnisses durch die Auswirkung aller zufälligen und systematischen **Fehler** beeinträchtigt. Sie wird quantitativ bestimmt durch die **Fehlergrenze** und die **Messunsicherheit,** die sich durch den »Schwankungsbereich« eines Mittelwertes aus mehreren Einzelmessungen charakterisieren lässt. Bei elektrischen Messgeräten ist die Messunsicherheit nach bestimmten Fehlergrenzen durch **Genauigkeitsklassen** festgelegt.

**Genbank, Genbibliothek,** Einrichtung zur Sammlung, Erhaltung und Nutzung des Genmaterials von Organismen in Form von klonierten DNA-Fragmenten und kompletten Organismen, insbesondere von Pflanzenarten (v. a. der für die menschliche Ernährung und sonstige Nutzung wichtigen).

**Genchip,** der →DNA-Chip.

**Gendrift, genetische Drift,** Zufallsfaktor in der Zusammensetzung der genetischen Information in realen Populationen, oft maßgeblicher Faktor der Evolution.

**Gene** [griechisch], **Erbfaktoren, Erbanlagen,** ursprünglich rein formale genetische Einheit der Vererbung eines Merkmals von einer Generation auf die nächste; später molekular definiert. Die Gesamtheit aller Gene wird als →Genom bezeichnet. Ein Gen bestimmt (neben Umwelteinflüssen) die Ausbildung eines bestimmten Merkmals (Phän) im Erscheinungsbild (Phänotyp) und wird erkennbar durch das Vorkommen alternativer Formen (→Allele) für dieses Merkmal. Die Gene liegen in linearer Anordnung auf den Chromosomen.

Während früher ein Gen mit dem Chromosomenabschnitt gleichgesetzt wurde, der die Information für ein Protein enthält (Ein-Gen-ein-Protein-Hypothese), versteht man heute unter einem Gen eine Nukleotidsequenz innerhalb der Desoxyribonukleinsäure (DNA; bei RNA-Viren innerhalb der Ribonukleinsäure), die die Information für mindestens ein Genprodukt (Polypeptid, RNA) enthält. Die für ein Polypeptid kodierenden Nukleotidsequenzen **(Strukturgene)** sind regulatorische Sequenzen **(Regulatorgene)** vor- oder nachgeschaltet, die als Signalstrukturen für einen korrekten Ablauf der →Transkription sorgen.

Alle Zellen eines Individuums haben, von Ausnahmen abgesehen, denselben Genotyp. Die Veränderung eines Gens durch Mutation führt zu unterschiedlichen Allelen, die sich zueinander dominant oder rezessiv verhalten.

Aus den Daten des →Human-Genom-Projekts lässt sich abschätzen, dass ein Mensch nur etwa 20 000 bis 40 000 Gene in einem Zellkern besitzt, also nur etwa doppelt so viele wie die Taufliege oder ein Fadenwurm. Trotzdem ist die Gesamtheit der menschlichen Proteine (das Proteom) wesentlich komplexer als bei niederen Tieren, da viele Gene des Menschen in mehrere RNA- und Proteinvarianten übersetzt werden.

**Gene-Farming** [ˈdʒiːnfɑːmɪŋ, englisch], Bezeichnung für die Produktion von Wirkstoffen für Arzneimittel mithilfe →transgene Organismen. So können z. B. Schafe, denen man zuvor ein Gen des Menschen übertragen hat, in ihrer Milch das menschliche Protein Alpha-1-Antitrypsin liefern.

**Gene Gun,**→Partikelkanone

**geneigte Ebene,** früher unexakt **schiefe Ebene,** *Mechanik:* eine um den Winkel $\alpha$ **(Neigungswinkel)** gegen die Horizontale geneigte Ebene; gehört zu den einfachen →Maschinen. Ein auf ihr befindlicher Körper mit der Gewichtskraft vom Betrag $G$ erfährt eine Normalkraft senkrecht zur geneigten Ebene und eine parallel zur geneigten Ebene nach unten gerichtete Tangentialkraft (Hangabtriebskraft) vom Betrag $F_t = G \cdot \sin\alpha$. Diese Kraft muss überwunden werden, um den Körper reibungsfrei auf der geneigten Ebene hochzuziehen; $F_t$ ist um das Verhältnis der Höhe $h$ zur Länge $l$ der geneigten Ebene kleiner als die Gewichtskraft $G$, die (bei unveränderter Arbeit) zum senkrechten Hochheben des Körpers erforderlich ist.

**Generalkonferenz für Maß und Gewicht,** die Vollversammlung der bevollmächtigten Vertreter der Signatarstaaten der →Meterkonvention. Sie tritt mindestens alle sechs Jahre in Paris zusammen. Ihre Beschlüsse sind Empfehlungen für die Gesetzgebung der Mitgliedstaaten. Aufgabe ist es, Einheiten zu definieren und deren Realisierung (beliebig oft wiederholbar) mit der geringstmöglichen Messunsicherheit sicherzustellen.

**Generation** [lateinisch] *die, Physik:* allgemein die Erzeugung von Paaren von →La-

**Gene**
→ GEO **Dossier**
Das Spiel der Triebe, Bd. 7

**Gene**
→ GEO **Dossier**
Wettlauf um den Code des Lebens, Bd. 6

**Gene**
→ GEO **Dossier**
Odyssee nach Plan, Bd. 7

**Gene**
→ GEO **Dossier**
Mein Reich, meine Melodie, Bd. 7

dungsträgern mit entgegengesetzter Ladung, speziell die Bildung von Elektron-Loch-Paaren in Halbleitern; Gegensatz →Rekombination.

**Generationswechsel,** häufig mit äußerem Gestaltwandel und Kernphasenwechsel (diploid, haploid) verbundener Wechsel zwischen unterschiedlichen Fortpflanzungstypen bei Pflanzen und Tieren. **Primärer Generationswechsel** ist regelmäßiger Wechsel zwischen geschlechtlicher und ungeschlechtlicher Generation (z. B. bei Moosen und bei Farnen), **sekundärer Generationswechsel** Wechsel zwischen einer sich geschlechtlich fortpflanzenden Generation und fakultativ einer oder mehreren sich ungeschlechtlich vermehrenden Generationen (**Metagenese,** z. B. Wechsel zwischen Meduse und Polyp). Als **Heterogonie** wird der Wechsel zwischen sich eingeschlechtlich (parthenogenetisch) und zweigeschlechtlich fortpflanzenden Generationen bezeichnet (z. B. bei Wasserflöhen).

**generativ** [lateinisch], geschlechtlich, die geschlechtliche Fortpflanzung betreffend.

**Generator** *der,* **1)** *elektrische Energietechnik:* eine rotierende elektrische Maschine, in der mithilfe der elektromagnetischen Induktion mechanische in elektrische Energie umgewandelt wird. Generatoren arbeiten nach dem Prinzip, das dem des →Elektromotors entgegengesetzt ist, und bestehen ebenso wie dieser aus Ständer (Stator) und Läufer. Nach der erzeugten Stromart unterscheidet man Gleichstromgeneratoren sowie Wechselstromgeneratoren für einphasigen und für dreiphasigen Wechselstrom (Drehstromgeneratoren).

Zur Erzeugung sehr hoher Spannungen werden →Hochspannungsgeneratoren eingesetzt. Generatoren zur Umwandlung anderer Energiearten sind z. B. →thermoelektrische Generatoren, →magnetohydrodynamische Generatoren sowie Solargeneratoren (→Sonnenbatterie).

■ **Generatortypen** Die häufigste Bauform der **Wechselstromgeneratoren** sind die **Drehstromsynchrongeneratoren,** die für die Elektrizitätsversorgung (Europa 50 Hz, USA 60 Hz) eingesetzt werden. Die Drehzahl ist von der Frequenz und der Polpaarzahl abhängig. Man unterscheidet **Außenpolmaschinen** mit der gleichstromgespeisten Erregerwicklung (Feldwicklung) im Ständer und **Innenpolmaschinen** mit der Erregerwicklung im Läufer. Drehstromsynchrongeneratoren von etwa 50 kVA Leistung an werden ausschließlich als Innenpolmaschinen ausgeführt, bei denen der erregte und angetriebene Läufer ein umlaufendes Drehfeld erzeugt, das in den Ständerwicklungen eine dreiphasige Wechselspannung induziert. Bei Innenpolmaschinen ist in den meist aus einer Stahlschweißkonstruktion bestehenden Ständer ein aus gestanzten Segmenten geschichtetes Blechpaket eingepresst, in dessen Nuten die am Netz angeschlossene Drehstromwicklung eingelegt ist. Ihre konstruktive Gestaltung hängt von Art und Drehzahl der Antriebsmaschine ab. Antriebsma-

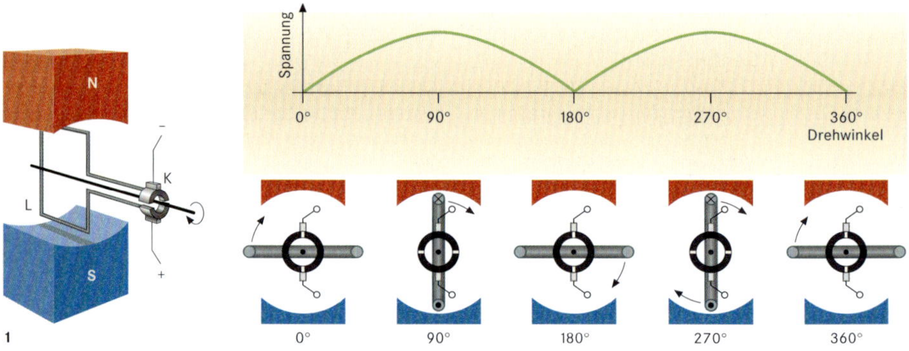


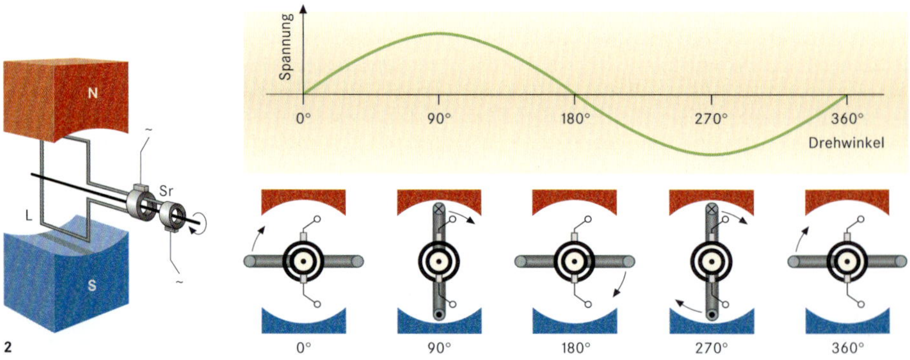


**Generator 1).** Aufbau eines Gleichstromgenerators (1) und eines Wechselstromgenerators (2). Beim Gleichstromgenerator wird im Magnetfeld zwischen Nord- und Südpol beim Drehen der Leiterschleife in dieser eine sinusförmige Spannung induziert, die mithilfe des Stromwenders, der nach jeder Halbdrehung eine Änderung der Stromrichtung bewirkt, an den Klemmen als pulsierende Gleichspannung abgegriffen werden kann; beim Wechselstromgenerator wird im Magnetfeld zwischen Nord- und Südpol beim Drehen der Leiterschleife in dieser eine sinusförmige Wechselspannung induziert, die mithilfe von Schleifringen an den Klemmen abgegriffen werden kann; N Nordpol, S Südpol, L Leiterschleife, K Kommutator, Sr Schleifring.

schinen für Generatoren sind u.a. Wasserkraft-, Dampf-, Gas-, Windturbinen, Dieselmotoren. **Wasserkraftgeneratoren** und **Dieselgeneratoren** haben wegen ihrer Drehzahlen von maximal 1 500 U/min mindestens zwei Polpaare und eine Erregerwicklung auf dem Polkern. Maschinen mit hohen Umfangsgeschwindigkeiten, die von Dampfturbinen angetrieben werden, haben zylindrische Läufer **(Turbogeneratoren),** die Erregerwicklung liegt in eingefrästen, durch Metallkeile verschlossenen Nuten. Der Gleichstrom für die Erregerwicklung wird vorwiegend von einer angekuppelten Erregermaschine geliefert, nur bei sehr kleinen Generatoren gibt es Permanenterregung. Der Gleichstrom baut ein Magnetfeld auf, das beim Drehen des Läufers als Drehfeld auftritt und in der Ankerwicklung Spannungen induziert.

**Wechselstromgeneratoren für einphasigen Wechselstrom** entsprechen in Wirkungsweise und grundsätzlichem Aufbau Drehstromgeneratoren, wobei der Ständer nur einphasig ausgelegt ist (nur $^2/_3$ der Nuten sind bewickelt). Bei beiden wird der Strom über Schleifringe oder direkt an den Ständer abgegeben.

**Gleichstromgeneratoren** sind im Prinzip Wechselstromgeneratoren, deren Spannung im Generator selbst durch einen Stromwender (Kommutator) gleichgerichtet wird. Sie sind stets Außenpolmaschinen; die Magnetpole sind im Ständerumfang verteilt und tragen die Erregerwicklung.

**2)** *Elektronik:* Gerät oder Schaltung zum Erzeugen elektrischer Wechselspannungen oder -ströme bestimmter Form und meist veränderbarer Frequenz, z.B. für Mess- und Kontrollzwecke, wobei die Ausgangsleistung sehr klein ist. Im Prinzip besteht ein Generator aus einem Verstärker(element) mit Rückkopplung zwischen Aus- und Eingang. Nach der Kurvenform der erzeugten Spannung lassen sich **Sinusgenerator,** (auch häufig als Oszillator bezeichnet), **Rechteckgenerator, Sägezahngenerator, Dreieckgenerator** und →Impulsgenerator unterscheiden. Generatoren werden in vielen Bereichen der Elektronik (besonders in der Mess-, Sende-, Empfangs-, Computertechnik) eingesetzt.

**Generatorgas,** Heizgas, das durch Überleiten von Luft über glühenden Koks oder Kohlen erzeugt wird (→Gasgenerator). Der Heizwert ist mit 3 500–6 300 kJ/m³ relativ gering. Generatorgas wurde für chemisch-technische Prozesse verwendet, ist derzeit energiewirtschaftlich ohne Bedeutung.

**Gen|erosion,** der durch das Aussterben von Arten bedingte Verlust genetischer Information; steht im Zusammenhang mit einem Zurückdrängen oder Verschwinden von Biotopen wie dem tropischen Regenwald oder europäischen Moorlandschaften.

**Generator 1).**
Blick in den wassergekühlten Ständer eines Kraftwerkgenerators bei der Montage der Ständerwicklung

**Genetic Engineering** [dʒɪˈnetɪk endʒɪˈnɪərɪŋ, englisch], die →Gentechnik.

**Genetik** [griechisch] *die,* **Vererbungslehre, Erbbiologie, Erblehre,** Teilgebiet der allgemeinen Biologie mit den Zweigen klassische oder allgemeine Genetik, molekulare Genetik (Molekulargenetik) und angewandte Genetik: Die **klassische Genetik** befasst sich v.a. mit den formalen Gesetzmäßigkeiten (z.B. mendelsche Regeln) der Vererbungsgänge von Merkmalen, v.a. bei den höheren Organismen, weiterhin z.B. mit zytologischen Untersuchungen in Bezug auf die Chromosomen und deren Anomalien (besonders in der Humangenetik) und mit der Bedeutung einzelner Populationen und der Evolutionsfaktoren für die Evolution der Organismen (→Populationsgenetik). Die **Molekulargenetik** (entstanden aus der Bakteriengenetik und Phagengenetik) erforscht die grundlegenden Phänomene der Vererbung im Bereich der Moleküle (Nukleinsäuren), die die Träger der genetischen Information sind. Schwerpunkte dieser molekularen Forschung sind z.B. die Feinstrukturanalyse von Genen einschließlich der Genomanalyse (→Genomprojekte) und die Untersuchung der Regulation der Genaktivität. Die **angewandte Genetik** beschäftigt sich u.a. mit der Züchtung besonders ertragreicher, wirtschaftlich vorteilhafter Pflanzen und Tiere, mit erbbiologischen Untersuchungen, Chromosomendiagnostik, Abstammungsprüfungen und genetischen Beratungen.

**genetisch** [griechisch], die Entstehung und Entwicklung der Lebewesen (im Sinne der Genetik) betreffend; erblich bedingt.

**genetische Information, Erbinformation,** die als Basensequenz der DNA (bei einigen Viren RNA) vorliegende materielle Grundlage für die (in Wechselwirkung mit äußeren Faktoren) Ausprägung des →Phänotyps eines Organismus.

**genetische Krankheiten, Erbkrankheiten, Heredopathien,** durch Mutationen her-

| | U | | C | | A | | G | |
|---|---|---|---|---|---|---|---|---|
| U | UUU | Phenyl-alanin | UCU | Serin | UAU | Tyrosin | UGU | Cystein |
| | UUC | | UCC | | UAC | | UGC | |
| | UUA | Leucin | UCA | | UAA | Stopcodon | UGA | Stopcodon |
| | UUG | | UCG | | UAG | Stopcodon | UGG | Tryptophan |
| C | CUU | Leucin | CCU | Prolin | CAU | Histidin | CGU | Arginin |
| | CUC | | CCC | | CAC | | CGC | |
| | CUA | | CCA | | CAA | Glutamin | CGA | |
| | CUG | | CCG | | CAG | | CGG | |
| A | AUU | Isoleucin | ACU | Threonin | AAU | Asparagin | AGU | Serin |
| | AUC | | ACC | | AAC | | AGC | |
| | AUA | | ACA | | AAA | Lysin | AGA | Arginin |
| | AUG | Methionin Startcodon | ACG | | AAG | | AGG | |
| G | GUU | Valin | GCU | Alanin | GAU | Asparagin-säure | GGU | Glycin |
| | GUC | | GCC | | GAC | | GGC | |
| | GUA | | GCA | | GAA | Glutamin-säure | GGA | |
| | GUG | | GCG | | GAG | | GGG | |

**genetischer Code.** Ein Basentriplett (= Codon) besteht aus 3 Nukleinsäurebasen (A = Adenin, C = Cytosin, G = Guanin, T = Thymin oder U = Uracil), das jeweils für eine Aminosäure in einer Polypeptidkette steht; die dargestellten Codons entsprechen den Basen in der RNA, deshalb erscheint U (= Uracil) anstelle von T (= Thymin, nur in der DNA).

**Pierre-Gilles de Gennes**

**Genom**

→ GEO **Dossier** Wettlauf um den Code des Lebens, Bd. 6

vorgerufene Änderungen der Erbanlagen, die sich als Erkrankungen des Organismus auswirken. Die mutierten Gene werden nach den →mendelschen Gesetzen auf die Nachkommen vererbt. Rezessive krankhafte Anlagen werden erst offenbar, wenn sie, von beiden Eltern übernommen, homozygot, das heißt in beiden einander entsprechenden Chromosomen gleichermaßen vorhanden sind. Daher kann eine rezessive krankhafte Erbanlage auch mehrere Generationen überspringen, bevor sie sich wieder als Krankheit offenbart. Dominant vererbte krankhafte Anlagen dagegen führen bei den Betroffenen mit einer Wahrscheinlichkeit von 50 % zur Erkrankung ihrer Kinder. Es gibt auch genetische Krankheiten, die geschlechtsspezifisch über das X-Chromosom vererbt werden (z. B. Bluterkrankheit).

**genetischer Code** [- ko:t], *Molekulargenetik:* Schlüssel zur Übersetzung der genetischen Information in die Aminosäuresequenz der Proteine. Der genetische Code ist universell, das heißt, die Nukleotidsequenzen, die für eine bestimmte Aminosäure codieren, sind für alle Organismen prinzipiell gleich. Dies deutet auf einen gemeinsamen Ursprung aller Lebensformen hin. Da ein Codon sich aus jeweils drei (auch gleichen) Nukleinsäurebasen von vier möglichen zusammensetzt, sind 4 · 4 · 4 = 64 solcher Tripletts möglich; daher existiert für fast alle der 20 üblichen Aminosäuren mehr als ein Codon. Für die Aminosäure Valin stehen z. B. die Tripletts GUU, GUC, GUA und GUG. Einige Tripletts codieren für Anfang (AUG) oder Ende (UAA, UAG, UGA) der Polypeptidkette.

**Genfer Nomenklatur,** →chemische Nomenklatur.

**Genklonierung,** *Molekularbiologie:* Methode zur Isolierung eines bestimmten DNA-Abschnittes (z. B. eines Gens) durch dessen selektive identische Vervielfältigung. Die Genklonierung kann in lebenden Zellen erfolgen, indem das Gen mit so genannter Vektor-DNA (Plasmide, Viren) unter Verwendung von →Restriktionsenzymen und Ligasen rekombiniert wird und, in Zellen eingeführt, dort wie zelleigene DNA vervielfältigt wird. Eine alternative Möglichkeit zur zellfreien Genklonierung stellt die →Polymerase-Kettenreaktion dar.

**Genkopplung,** die Lage von Genen auf ein und demselben Chromosom, wodurch sich diese bei der Meiose nicht unabhängig voneinander auf die Gameten verteilen.

**Genlebensmittel,** durch einen gentechnischen Eingriff veränderte Lebensmittel.

**Genmutation,** Form der →Mutation, bei der die spezifische Basensequenz eines Gens verändert ist. Resultat sind die verschiedenen Allele eines Gens.

**Gennes** [ʒɛn], Pierre-Gilles de, französischer Physiker, * Paris 24. 10. 1932; seit 1971 Professor am Collège de France, seit 1976 Leiter der École Supérieure de Physique et Chimie Industrielles in Paris; erhielt für fundamentale Arbeiten zur Erforschung von Ordnungszuständen in komplexen Formen der Materie (besonders Flüssigkristalle und Polymere) 1991 den Nobelpreis für Physik.

**Genokopie,** die Ausprägung des gleichen Merkmals durch verschiedene Gene beziehungsweise verschiedene Mutationen desselben Gens.

**Genom** [griechisch] *das,* die Summe aller Erbinformationen in Form der →Gene und genetischen Signalstrukturen eines Virus, Einzellers oder der Zellen eines vielzelligen Organismus. Außer bei RNA-Viren ist das Genom somit deckungsgleich mit der Gesamtheit der DNA einer Zelle oder eines Virus, einschließlich der DNA-Bereiche, denen bisher keine Funktion zugeschrieben werden kann. Im Oktober 2004 waren die Sequenzen der Genome von mehr als 200 Organismen (unter anderem des Menschen, der Maus, von Reis und zahlreichen Mikroorganismen) durch internationale →Genomprojekte erforscht.

Die Genomgrößen verschiedener Spezies schwanken um mehr als fünf Größenordnungen. Sie reichen von wenigen Tausend Basenpaaren bei Viren über etwa 3 Mrd. beim Menschen bis hin zu 100 Mrd. bei manchen Pflanzen und Amphibien. Offenbar besteht also keine Korrelation zwischen der Größe des Genoms und der Komplexität eines Organismus (C-Wert-Paradoxon). Dies beruht darauf, dass nur ein Bruchteil der DNA tatsächlich codierend ist, d. h. zur Ausbildung eines bestimmten Merkmals führt.

**Genom|analyse,** Untersuchungen mit dem Ziel der Struktur- und Funktionsaufklärung der Genome von Viren und Organismen. Diese Bemühungen sind für einige Organismen in →Genomprojekten gebündelt. In einem engeren Sinn ist die Genomanalyse eine Bezeichnung für Verfahren der Analyse genetisch bedingter Eigenschaften des Menschen, die u. a. zur Feststellung von Erbanlagen für Krankheiten, besonders genetisch bedingten Empfindlichkeiten gegen Umwelteinflüsse (z. B. Schadstoffe, Arzneimittel, Nahrungsmittel), außerdem zur Feststellung familiärer Abstammung sowie zur Identifizierung von Personen (genetischer Fingerabdruck) angewendet werden. Bei der **direkten Genomanalyse** ist die genaue Kenntnis des Gens und der zu diagnostizierenden Mutation erforderlich. Bei der **indirekten Genomanalyse** hingegen macht man sich die Tatsache zunutze, dass der gesuchte Gendefekt oft mit einer anderen Mutation zufällig gemeinsam auftritt, die auf dem Chromosom eng benachbart ist (→Genkopplung) und als genetischer Marker dient. Außer der reinen DNA-Analyse ist zur Genomanalyse in begrenztem Ausmaß auch eine lichtmikroskopische **Chromosomenanalyse** geeignet, bei der mittels Vergleichs verschiedener Karyogramme Abweichungen von der normalen Größe, Form und Anzahl der Chromosomen sowie das Geschlecht des Chromosomenträgers festgestellt werden können. Auch eine Analyse des äußeren Erscheinungsbildes **(Phänotypanalyse)** kann Hinweise auf Besonderheiten im Genom geben.

**genomisches Imprinting** [zu englisch to imprint »prägen«], Mechanismus, durch den von den beiden Allelen eines Gens nur eines, entweder das väterliche oder mütterliche, zur Expression kommt. Das genomische Imprinting erfolgt durch DNA-Methylierung in den Keimzellen und bleibt als spezifisches Muster während der Entwicklung und Organdifferenzierung erhalten

Beim Menschen sind mehr als 40 Gene bekannt, die einem genomischen Imprinting unterliegen. Störungen des Prozesses zeigen sich v. a. als Erkrankungen, die mit der Entwicklung von Organen, speziell des Gehirns verbunden sind. So werden u. a. eine Reihe von Wachstumsstörungen, das Auftreten von embryonalen Tumoren, Autismus, bestimmte Formen der Schizophrenie und sogar Lernschwächen bei Kindern auf fehlerhaftes genomisches Imprinting zurückgeführt.

**Genommutation,** Veränderung der Anzahl der Chromosomen durch Hinzukommen oder Wegfallen einzelner Chromosomen **(Aneuploidie)** oder durch Vervielfachung des gesamten Chromosomensatzes **(Polyploidie).**

**Genomprojekt,** Bestrebung, das Genom eines Organismus umfassend aufzuklären. Seit Mitte der 1980er-Jahre gab es mit dem →Human-Genom-Projekt das Ziel der kompletten Sequenzierung des menschlichen Genoms, das durch eine internationale Organisation (HUGO, Human Genome Organization) koordiniert wurde. Im Jahr 2003 erklärten Wissenschaftler das Projekt für abgeschlossen. Schon vor diesem offiziellen Abschluss der Genomentschlüsselung wurde sehr schnell deutlich, dass lediglich die Aufklärung der Nukleotidsequenzen des Chromosomensatzes des Menschen von nur geringem wissenschaftlichen Nutzen ist. Solche Sequenzdaten können nur im Vergleich mit anderen Genomen von Tieren, Pflanzen und Mikroorganismen sowie im Vergleich mit biochemischen Befunden zu nutzbaren Aussagen über die im Genom kodierten genetischen Informationen ausgewertet werden. In der Folge wurden daher das Human-Genom-Projekt erweitert und weitere

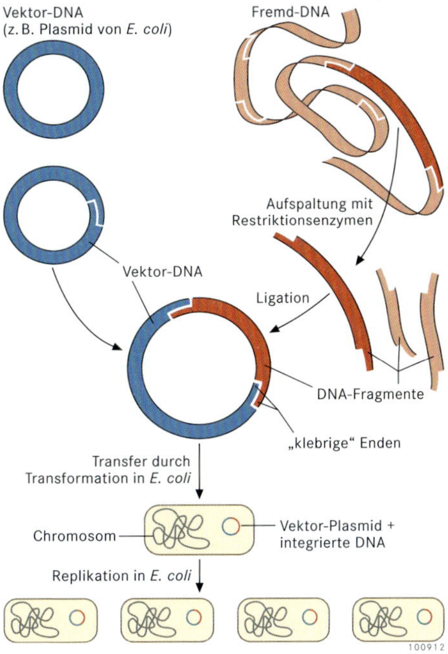


**Genklonierung.** Die DNA mit der zu klonierenden DNA-Sequenz (rot) wird mithilfe von Restriktionsenzymen in Fragemente zerlegt. Das DNA-Fragment wird durch Ligation in eine Vektor-DNA (Plasmid, Genom eines Bateriophagen) integriert. Diesen Vektor transferiert man anschließend zur identischen Replikation in ein Wirtsbakterium, z. B. Escherichia coli.

**Genomanalyse**
→ GEO **Dossier** Die Arche von Manhattan, Bd. 6

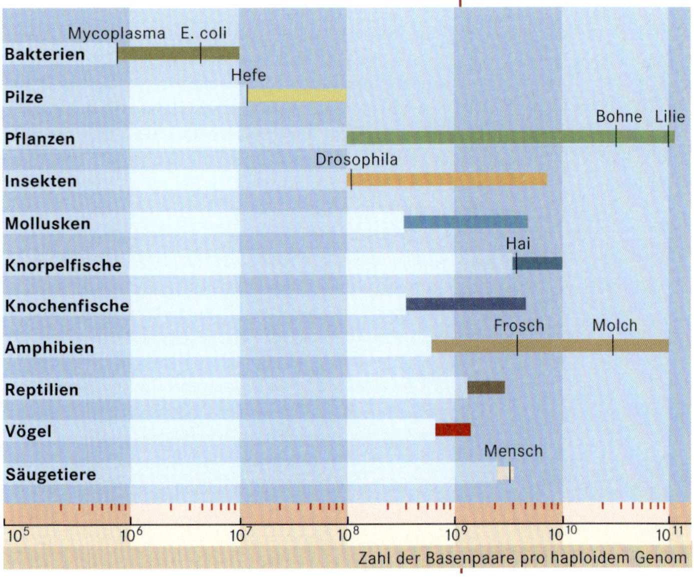


**Genom.** Genomgrößen verschiedener Organismen

Der US-amerikanische Molekularbiologe Richard Strohman ist skeptisch, was den Sinn einer Genkartierung im Rahmen eines **Genomprojekts** angeht:

*»Schöne detaillierte Genkarten anzufertigen, hat einen bestimmten Nutzen. Aber ob dies letztlich auch einen Wert haben wird, da bin ich mir nicht sicher. Eine Genkarte ist eben nur eine Karte und mehr nicht. Schließlich versteht man auch die Welt nicht dadurch, dass man eine Enzyklopädie liest.«*

Genomprojekte begonnen. Für das menschliche und das Maus-Genom werden auch Datenbanken zu Punktmutationen und Polymorphismen angelegt. Bereits zu Beginn der 1980er-Jahre lagen einzelne vollständige Sequenzen von kleinen viralen und von den in Zellorganellen (Mitochondrien, Plastiden) lokalisierten Genomen vor. Heute ist diese Zahl der entschlüsselten Genome auf einige Hundert angestiegen und durch vollständig sequenzierte Genome von Bakterien und Eukaryonten erweitert worden. Zu ihnen gehören viele humanpathogene Erreger (Mycoplasmen, Vibrio cholerae, Helicobacter und Pseudomonas), Hefen (u. a. die Bäckerhefe Saccharomyces cerevisiae) und Modellorganismen (u. a. der Fadenwurm Caenorhabditis elegans und die Taufliege Drosophila melanogaster). Das erste pflanzliche Genom, von der Ackerschmalwand Arabidopsis thaliana, wurde im Dezember 2000 entschlüsselt, Mitte 2002 das der wichtigen Kulturpflanze Reis. Weitere Genome mit wissenschaftlicher (Schimpanse, Maus, Zebrafisch) oder wirtschaftlicher Bedeutung (u. a. Mais) folgten.

Der Fortschritt in der Genomsequenzierung wurde wesentlich durch technische und methodische Verbesserungen, v. a. durch die Entwicklung von computergestützten automatischen Sequenziermaschinen, ermöglicht. Die Nukleotidsequenzen werden in umfangreichen Datenbanken gesammelt. In der Folge dieser zunehmenden Datenfülle hat sich die Bioinformatik als Wissenschaftsdisziplin entwickelt, die als Ziel die Auswertung der vielfältigen Sequenzdaten zur Assemblierung (Zusammenfügen) und zu Vorhersagen von Genmodellen und Genfunktionen hat.

Die Genomprojekte waren anfänglich auf öffentliche Einrichtungen beschränkt. Die zunehmenden Möglichkeiten, Sequenzdaten einer kommerziellen Nutzung zuzuführen, hatten in den letzten Jahren den Einstieg privatwirtschaftlicher Unternehmen in die Genomforschung zur Folge. Diese beabsichtigen die Verwertung der Ergebnisse der Genomprojekte v. a. für die Entwicklung neuer Medikamente und Diagnostika sowie in der Landwirtschaft.

**Genotyp** [auch -'ty:p], **Genotypus,** Gesamtheit der chromosomengebundenen Erbanlagen einer Zelle oder eines Organismus. Der Genotyp ist das Erbbild des Lebewesens im Gegensatz zum Erscheinungsbild oder →Phänotyp.

**Genpatent,** Schutzrecht für Nukleotidsequenzen als Teile des Erbgutes vom Menschen, aber auch von Nutz- und Zierpflanzen, von Tieren und von Mikroorganismen. Die Erteilung von Genpatenten ist aus juristischen und ethischen Gründen heftig umstritten. Juristisch schwierig ist die Abgrenzung der Genpatente von nicht patentierbaren Entdeckungen, die nichts Erfinderisches aufweisen. Patente werden gegenwärtig daher nur für solche Nukleotidsequenzen erteilt, für die eine wirtschaftliche Nutzung z. B. für Gentests oder für Gentherapien ausgewiesen ist oder mit deren Hilfe pharmazeutische Produkte (Proteine, Impfstoffe) hergestellt werden können. Weltweit wurden trotz dieser Einschränkungen circa 4 000 Genpatente allein für die Aufschlüsselung von Teilen des menschlichen Genoms erteilt.

Im Zusammenhang mit dem Human-Genom-Projekt richten sich ethische Bedenken gegen den durch Genpatente eingeschränkten Zugang zu Informationen über das menschliche Erbgut und deren kommerzielle Nutzung sowie gegen die Patentierung von Genen aus endemischen Organismen aus Entwicklungsländern.

**Genpool** [-pu:l, englisch] *der,* Gesamtheit der Gene in einer Population.

**Genregulation,** die Steuerung der Informationsabgabe (Transkription) von Genen und damit der Synthese der zugehörigen Genprodukte (z. B. Enzyme). Der Prozess der Genregulation wird beeinflusst vom biochemischen und biophysikalischen Zustand der Zelle oder des Organismus sowie von Umwelteinflüssen. Genregulation spielt eine wichtige Rolle sowohl bei Anpassungsleistungen der Zelle des Organismus an veränderte Bedingungen als auch bei der Merkmalsausprägung im Verlauf der Embryonalentwicklung.

**Genreservoir** [-rezɛrv'wa:r], in natürlichen Biotopen lebende Organismen (Wildpflanzen u. a.), die mit ihrer genetischen Vielfalt für die Züchtung neuer Nutzpflanzensorten unersetzlich sind.

**Gentechnik, Gentechnologie,** Teilgebiet der Molekularbiologie und Biotechnologie, das sowohl die theoretischen Aspekte als auch die praktischen Methoden umfasst, durch die Gene und deren Regulatoren isoliert, analysiert, verändert und wieder in Organismen eingebaut werden. Erst seit Entdeckung der →Restriktionsenzyme, die aus einem DNA-Faden definierte Abschnitte herausschneiden können, lassen sich solche Operationen mit Erfolg durchführen. Durch die Übertragung von Genen zwischen verschiedenen Arten, besonders den Einbau in die →Plasmide von Bakterien, ist die Massenproduktion von sonst nur sehr schwer zugänglichen Genprodukten (Proteine, Hormone, monoklonale Antikörper) möglich geworden. Da die gentechnische Forschung sich primär auf Bakterien konzentriert hat, liegt zurzeit auch der wirtschaftliche Schwerpunkt der Gentechnik noch in der biologischen Stoffsynthese, das heißt in der Herstellung pharmakologischer Produkte mithilfe transformierter Mikroorganismen. Durch Übertragung entsprechender Säugergene produzieren diese Bakterien medizinisch oder

**Gentechnik**
→ GEO **Dossier**
»Wir sind das Frühwarnsystem«, Bd. 8

technisch wichtige Substanzen, die durch normale chemische Synthese nur unter hohem materiellem, zeitlichem und finanziellem Aufwand zugänglich sind, z. B. Interferone, Interleukine, Impfstoffe wie Hepatitis-B-Vakzine, Humaninsulin. Die »grüne« beziehungsweise »rote« Gentechnik befasst sich mit der Manipulation von Genen aus grünen Pflanzen beziehungsweise höher entwickelten Tieren.

Der Einsatz von gentechnisch veränderten Organismen ist nicht unproblematisch, da bei einer unkontrollierten Freisetzung (→Freisetzungsversuch) die Folgen für Mensch und Umwelt und auch die weitere evolutive Entwicklung des Organismus kaum absehbar sind. Dies zeigt die Notwendigkeit sorgfältigen Abwägens zwischen Nutz- und Risikofaktoren.

**Gentechnikgesetz,** Bundesgesetz zur Regelung der Gentechnik vom 20. 6. 1990. Das Gentechnikgesetz dient dem Zweck, Leben und Gesundheit von Menschen, Tieren, Pflanzen sowie die sonstige Umwelt in ihrem Wirkungsgefüge und Sachgüter vor möglichen Gefahren gentechnischer Verfahren und Produkte zu schützen sowie den rechtlichen Rahmen für die Erforschung, Entwicklung, Nutzung und Förderung der wissenschaftlichen und technischen Möglichkeiten der Gentechnik zu schaffen. Die Errichtung und der Betrieb von gentechnischen Anlagen bedürfen der Genehmigung.

Eine Novellierung des Gentechnikgesetzes vom 16. 12. 1993 betraf v. a. die Anmelde- und Genehmigungsverfahren: So bedürfen gentechnische Anlagen zu gewerblichen Zwecken, in denen gentechnische Arbeiten der Sicherheitsstufe 1 durchgeführt werden, nunmehr lediglich einer Anmeldung statt – wie bisher – einer Genehmigung. Weiterhin sind die Fristen im Anmelde- und Genehmigungsverfahren verkürzt worden.

Eine weitere Novellierung brachte 2004 stark umstrittene Neuerungen, die als Verhinderung der grünen Gentechnik (gentechnisch veränderte Nutzpflanzen) kritisiert wurden. So ist ein allgemein zugängliches Standortregister eingeführt worden; strenge Regelungen sollen die Koexistenz zwischenherkömmlichen Anbau und dem Anbau gentechnisch veränderter Organismen regeln. Auch wurde die Haftung für Beeinträchtigungen, die vom Anbau gentechnisch veränderter Erzeugnisse ausgehen, wesentlich verschärft.

**Gentherapie,** Verfahren zur gezielten Korrektur von Veränderungen der genetischen Strukturen bei Menschen mit genetisch bedingten Erkrankungen. Die hierfür notwendige Maßnahme besteht in der Einführung eines definierten DNA-Stücks in das menschliche Genom mit dem Ziel, die durch eine Veränderung des genetischen Materials bedingte funktionelle Störung zu beheben. Grundsätzliche Voraussetzung ist die technische Möglichkeit, das Gen in die Zelle einzuschleusen, seine ausreichende Synthese zu garantieren und schädliche Nebenwirkungen zu verhindern. Bei der so genannten **Keimbahntherapie** handelt es sich um einen Gentransfer in die Keimzellen, die Zygote beziehungsweise in embryonale Stammzellen des Menschen und damit nachfolgend um die Beeinflussung von Körper- und Geschlechtszellen eines Individu-

100562

**Gentechnikgesetz.** Aktion gegen sogenannte Gentomaten

**Gentechnik** Methoden des Gentransfers

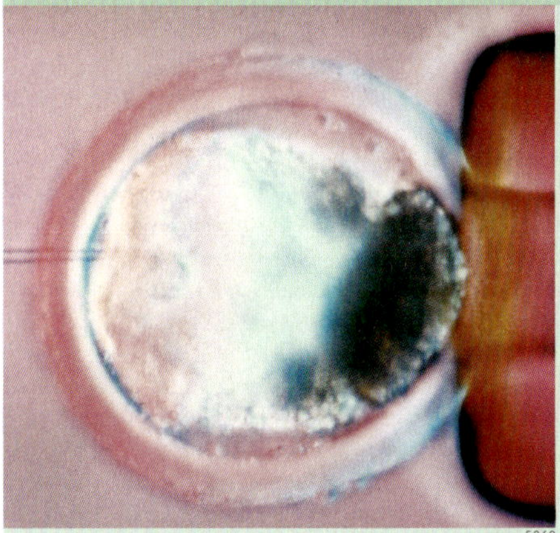

5869

Transgene Lebewesen, also Lebewesen mit fremden Genen, entstehen durch das gezielte Einschleusen von Fremd-DNA in die Zelle. Die äußere Hülle der Zelle stellt für diesen Gentransfer ein Hindernis dar. Für den erfolgreichen Transfers können verschiedene Methoden eingesetzt werden. Bei zweikeimblättrigen Pflanzen gelingt der Gentransfer mit dem Bakterium Agrobacterium tumefaciens, das gezielt die Pflanzenzellen infiziert und genetisches Material in die Zellen einschleust. Auch verschiedene Viren eignen sich für den Gentransfer.

Oft wählt man aber physikalische Methoden zur Übertragung nackter, unverpackter DNA. Bei der Elektroporation werden vorübergehend Löcher in der Zellwand erzeugt, durch die DNA eindringen kann. Mit der Partikelpistole werden kleine Goldkügelchen, auf denen Fremd-DNA haftet, in die Zelle geschossen. Bei der Mikroinjektion wird die Zellwand mit sehr feinen Kanülen durchstochen (Bild). Die Fremd-DNA kann dann direkt injiziert werden.

Ziel des Gentransfers ist es, dass die in Frage kommenden Gene in das Genom der Zielzelle stabil eingebaut, expremiert und an die Nachkommen weitergegeben werden.

ums beziehungsweise seiner Nachkommen. Die Keimbahntherapie wird (unabhängig von technischen Problemen) aus ethischen und sachlichen Gründen (Existenz von Alternativmethoden) abgelehnt und ist in Deutschland gesetzlich verboten (Embryonenschutzgesetz). Aussichtsreich und wünschenswert für die Zukunft ist die **somatische Gentherapie** zur Veränderung der gestörten Funktion in bestimmten Zielorganen oder -geweben im Sinne eines Heileffektes.

Zurzeit ist sie noch kein Routineverfahren in der medizinischen Praxis. Erste erfolgreiche Therapieversuche liegen bei dem angeborenen Defekt der Immunabwehr durch Mangel des Enzyms Adenosin-Desaminase (ADA) vor. Hierbei erfolgt der Gentransfer in die Lymphozyten oder Knochenmarkstammzellen des Patienten. Ein Therapieversuch in Frankreich wurde dagegen abgebrochen, da drei Patienten nach der Gentherapie eine Leukämie entwickelten.

Das transferierte Gen muss sich in das Genom der aufnehmenden Zelle integrieren. Man hat angenommen, dass dieser Einbau an einem zufälligen Ort erfolgt, sodass die Chance, bei der Länge des DNA-Moleküls hierdurch ausgerechnet ein anderes wichtiges Gen zu treffen und dessen Ablesung durch den Einbau des transferierten Gens zu stören, als sehr gering eingeschätzt wurde. Es stellte sich jedoch heraus, dass der Ort der Genintegration offenbar nicht so zufällig ist, wie man vermutet hatte, sodass im konkreten Fall ein bei der Krebsentstehung involviertes Gen durch das inserierte Gen aktiviert wurde. Warum die transferierten Gene diese Bevorzugung bestimmter Orte zur Integration zeigen, ist noch nicht bekannt. Der Vorfall wies auf grundlegende Schwierigkeiten bei der Gentherapie hin, zeigte jedoch auch, dass, sofern ein hoher Sicherheitsaufwand betrieben wird, effektive Gentherapie möglich ist.

In Deutschland ist für die Genehmigung gentherapeutischen Studien das Paul-Ehrlich-Institut zuständig. Gentherapie außerhalb von klinischen Studien gibt es bislang nicht.

**Gentner,** Wolfgang, deutscher Physiker, *Frankfurt am Main 23. 7. 1906, †Heidelberg 4. 9. 1980; Professor in Freiburg im Breisgau und Heidelberg, 1955–59 Direktor beim CERN; zahlreiche Arbeiten zur Biophysik, Radioaktivität und Kernphysik (besonders über Gammastrahlung); entwickelte mit seinen Mitarbeitern die **Kalium-Argon-Methode** zur absoluten Altersbestimmung von Mineralen und erstellte den »Atlas typischer Nebelkammerbilder«.

**Gentransfer,** als natürlicher Vorgang die Übertragung genetischer Information von einer Generation auf die folgende (vertikaler Gentransfer) oder zwischen Zellen (horizontaler Gentransfer). Für die →Gentechnik ist der Gentransfer von in vitro veränderter DNA in Zellen eine wichtige methodische Voraussetzung.

**Genus,** *Biologie:* →Gattung.

**Geobotanik,** die →Pflanzengeografie.

**Geochemie,** die Wissenschaft von der chemischen Zusammensetzung und den chemischen Veränderungen der →Erde. Zu den Aufgaben der Geochemie gehören u. a. die chemische Analyse von Gesteinen und Mineralen, die Bestimmung des Vorkommens und der Häufigkeit der chemischen Elemente und ihrer Isotope sowie ihrer Verteilung und Wanderung in den verschiedenen Bereichen der Erde (einschließlich Hydrosphäre und Atmosphäre) und die Erforschung der Gesetzmäßigkeiten, nach denen sich diese Vorgänge abspielen und Minerale, Gesteine und Lagerstätten gebildet oder verändert werden. Von großer praktischer Bedeutung ist die Geochemie für den Bergbau und das Auffinden von Lagerstätten (geochemische Prospektion).

**Geo|elektrik,** Teilgebiet der angewandten Geophysik; nutzt für die Bestimmung der physikalischen Eigenschaften der obersten Erdkruste, für die Erkundung von Lagerstätten und Grundwasservorkommen sowie für die Untersuchung des Baugrundes künstlich erzeugte oder natürliche elektrische Felder und Ströme.

**Geoffroy Saint-Hilaire** [ʒɔˈfrwa sɛ̃tiˈlɛːr], Étienne, französischer Naturforscher, *Étampes (Département Essonne) 15. 4. 1772, †Paris 19. 6. 1844; Anhänger der Abstammungslehre J. B. Lamarcks, über die er 1830 eine Auseinandersetzung mit G. Cuvier hatte (»Akademiestreit«); vertrat die Ansicht, dass die Entwicklung der Lebewesen (Artenbildung) von einem einzigen Bauplan hergeleitet werden könne.

**GeoForschungsZentrum Potsdam,** Abkürzung **GFZ,** 1992 gegründetes Forschungszentrum für multidisziplinäre Grundlagenforschung (Geodäsie, Geologie, Geophysik, Mineralogie, Geochemie, Klimatologie) über globale geowissenschaftliche Themen.

**Geografie** [griechisch »Erdbeschreibung«] *die,* **Geographie, Erdkunde,** die Wissenschaft, deren Forschungsgegenstand v. a. Länder und Landschaften sind; im Mittelpunkt ihres Interesses stehen die Elemente, Strukturen, Beziehungsgefüge und Prozesse des weltweiten Geosystems Mensch–Erde. Die Geografie gliedert sich in **Länderkunde** (befasst sich mit der Erforschung und Darstellung bestimmter Teilräume der Erdoberfläche, von Staaten, Ländern oder größeren Räumen, Kulturerdteilen, auch mit Meeresgebieten) und **allgemeine Geografie** (analysiert v. a. die geografisch wichtigen Gegebenheiten der Erdoberfläche und/oder die raumwirksamen Prozesse nach ihrer Verbreitung, ihren räumlichen Strukturen, ihren Entstehungs- und Entwicklungsbedingungen sowie ihren Funktionen). Die Vielfalt der Erscheinungen und Vorgänge auf der Erdoberfläche hat zur Aufgliederung der allgemeinen Geografie in Teilgebiete geführt: physische Geografie oder Physiogeografie mit den Disziplinen Geomorphologie, Meereskunde (Ozeanografie), Gewässerkunde (Hydrografie), Klimageografie, Biogeografie mit Pflanzengeografie und Tiergeografie. Die Geografie des Menschen (Anthropogeografie, Sozialgeografie) umfasst Bevölkerungsgeografie, Siedlungsgeografie, Wirtschaftsgeografie, Verkehrsgeografie und politische Geografie sowie die historische Geografie. Die aktuelle theoretische Geografie arbeitet oft mit mathematischen oder quantitativen Ansätzen. Die angewandte Geografie stellt die Beziehungen zwischen Wissenschaft und Praxis her. Besondere Bedeutung kommt heute der Landschaftsökologie zu.

**Geoid** [griechisch] *das,* aus dem Schwerefeld der Erde abgeleitete mathematisch vereinfachte Erdfigur, deren Oberfläche überall senkrecht zu den Feldlinien verläuft; Bezugsfläche der geodätischen Höhenmessungen.

**Geokarpie** [griechisch] *die,* **Erdfrüchtigkeit,** die Erscheinung, dass bei manchen Pflanzen der Fruchtknoten nach der Bestäubung durch Krümmungsbewegungen der ihn tragenden Achse in den Erdboden dringt und dort heranreift (z. B. Erdnuss).

**Geologie** [griechisch »Erdlehre«] *die,* Wissenschaft von Aufbau, Zusammensetzung und Entwicklung der Erde, besonders der Erdkruste, und der sie bewohnenden Lebewesen in erdgeschichtlicher Zeit. Eng verbunden mit der Geologie sind die →Paläontologie und die →Petrologie.

**geologisches System,** früher **geologische Formation,** internationale Bezeichnung für die innerhalb einer Periode durch Ablagerung entstandene Schichtenfolge. Ein geologisches System ist durch Leitfossilien gekennzeichnet. Mehrere geologische Systeme werden zu einer Gruppe (Ära) zusammengefasst und in Abteilungen (Serien/Epochen) gegliedert, diese in Stufen, die Stufen in Zonen.

**Geomagnetik,** Verfahren der angewandten Geophysik zur Erforschung der obersten Erdkruste (z. B. zur Lagerstättenexploration) durch Vermessung des erdmagnetischen Feldes. Die **Aeromagnetik** arbeitet vom Flugzeug aus. Als Messgeräte dienen →Magnetometer.

**Geomagnetismus,** der →Erdmagnetismus.

**Geomorphologie,** die Wissenschaft von den Oberflächenformen der Erde, Teilgebiet der physischen Geografie und der dynamischen Geologie, untersucht nicht nur das Relief der Natur- und Kulturlandschaft, sondern auch die Kräfte und gesetzmäßigen Abläufe, durch die die verschiedenen Formen gestaltet werden. Besondere Aufmerksamkeit finden heute die Einflüsse des Klimas.

**Geophysik,** Teilgebiet der Physik, das sich mit der Erforschung der natürlichen physikalischen Erscheinungen auf und in der Erde sowie in ihrer näheren Umgebung (Teil des interplanetaren Raumes) befasst, das heißt mit dem Erdkörper (Geophysik im engeren Sinn), der Hydrosphäre (Ozeanografie, Hydrologie), der Atmosphäre (Meteorologie, Klimatologie, Aeronomie/Ionosphärenforschung) und den Einflüssen anderer Himmelskörper auf die Erde (z. B. Gezeiten). Zur Physik des Erdkörpers gehören v. a. Gravimetrie, Seismologie, Erdmagnetismus, Erdwärme, Geodynamik, Gesteinsphysik; neben instrumentellen Messungen werden heute auch Laboruntersuchungen vorgenommen. In der **angewandten Geophysik** werden die Erkenntnisse für die Suche nach Lagerstätten und Wasser führenden Schichten sowie bei Baugrunduntersuchungen nutzbar gemacht; angewendet werden dabei besonders die Methoden der Geoelektrik, Geomagnetik, Gravimetrie und Sprengseismik.

**Geophysikalisches Jahr,** →Internationales Geophysikalisches Jahr.

**Geosphäre, Erdhülle,** der Raum, in dem sich Litho-, Hydro- und Atmosphäre (Erdkruste, Wasser-, Lufthülle) berühren und durchdringen. Teil der Geosphäre ist die →Biosphäre.

**geothermische Energie** Wärme aus der Erde

Als man in den 1980er-Jahren in Erding bei München nach Erdöl bohrte, wurde man leider enttäuscht. Statt auf das schwarze Gold stieß man in über 2 300 m Tiefe nur auf 65 ° heißes Wasser. Heute jedoch ist man sehr zufrieden mit dem Fund, denn seit 1998 wird in Erding erfolgreich ein geothermisches Kraftwerk betrieben. Jetzt nimmt man sogar ein zweites Heizwerk in Angriff, das bis 2009 im benachbarten Unterhaching entstehen soll. Beide Kraftwerke können im Endausbau 59 000 Megawattstunden Wärme pro Jahr erzeugen. Das reicht zur Versorgung von über 3 000 Einfamilienhaushalten.

**geothermische Energie,** in der Erdkruste gespeicherte Wärmeenergie, die in Gebieten mit ausgeprägter geothermischer Anomalie zur Raumheizung, als Prozesswärme und zur Stromerzeugung in **geothermischen Kraftwerken** (Dampfkraftwerken) genutzt werden kann. Beim **Trockendampfprinzip** wird der überhitzte Dampf direkt aus dem Reservoir auf die Turbinenschaufeln der Generatoren geleitet. Zur Nutzung von Heißwasserquellen wird das überhitzte Wasser in einen unter geringerem Druck stehenden Flashkessel **(Flashverfahren)** zugeführt, wobei ein Teil verdampft. Der Dampf wird auf die Turbinenschaufeln geleitet. Das **Binärverfahren** ähnelt einem herkömmlichen Dampferzeugungsverfahren, wobei ein sich in einem geschlossenen Kreislauf befindendes, niedrig siedendes Arbeitsmedium verwendet wird, das durch das Heißwasser der geothermischen Lagerstätte erhitzt wird. Beim **Hot-dry-Rock-Verfahren,** wird zunächst eine Bohrung in rund 5 000 m Tiefe vor-

Walther Gerlach

getrieben und unter hohem Druck (etwa 200 bar) Wasser in das Gestein eingepresst, das dadurch porös gemacht wird. In der eigentlichen Betriebsphase wird eine zweite Bohrung niedergebracht. Durch die erste Bohrung wird dabei weiterhin Wasser unter Druck eingepresst, während aus der zweiten Bohrung der durch die Erdwärme gebildete Dampf entnommen und zur Durchführung eines Kraftwerksprozesses genutzt werden kann.

**geothermische Tiefenstufe,** Bezeichnung für die Strecke, bei der die Temperatur der Erdkruste um 1 °C in Richtung Erdmittelpunkt ansteigt, im Durchschnitt 33 m (Faustregel: 3 °C/100 m). Starke Abweichungen von diesem Mittelwert sind bedingt durch die unterschiedliche Wärmeleitfähigkeit der Gesteine und den geologischen Bau des Gebiets (→Erdwärme).

**Geotropismus,** die Fähigkeit der Pflanzenorgane, unter dem Einfluss der Schwerkraft eine bestimmte Wuchsrichtung oder Lage anzunehmen; Wurzeln zum Beispiel reagieren positiv geotrop (zum Erdmittelpunkt hin).

**Geowissenschaften, Erdwissenschaften,** die sich mit der Erforschung der Erde befassenden Disziplinen Geophysik, Mineralogie und Petrografie, Geologie und Paläontologie, Hydrologie, Klimatologie und Meteorologie, Ozeanografie, Geodäsie und Geografie.

**Geräusch,** als unbestimmt empfundener Schall im Unterschied zu →Ton, →Klang oder Laut; in der physikalischen Akustik nichtperiodische Schallereignisse, die durch Überlagerung vieler akustischer Schwingungen unterschiedlicher Frequenz mit rasch wechselnder Amplitude und Phase entstehen (→Lärm).

**Gerbung,** Gesamtheit der sich bei der Lederherstellung vollziehenden physikalisch-chemischen Vorgänge. Die Gerbung wandelt die Haut, die im unbehandelten Zustand u. a. leicht in Fäulnis übergeht oder hornartig auftrocknet, in Leder, das diese nachteiligen Veränderungen nicht mehr aufweist, um. Nach verwendeten Gerbmitteln unterscheidet man 1) pflanzlich-synthetische Gerbung, 2) mineralische Gerbung, 3) Sämischgerbung, Tran- oder Fettgerbung, 4) Kombinationsgerbung. Die Gerbung ist mit Gerbstoffen geringer Adstringenz (Neigung der Gerbstoffe, sich mit Hautsubstanz zu Leder zu verbinden) zu beginnen, da nur dann die Gewähr besteht, dass der gesamte Feinbau des Fasergeflechts der Haut von gerbenden Stoffen durchdrungen wird. Die gegerbte Haut muss noch gefettet, gefärbt und zugerichtet werden. Den Betrieb beziehungsweise Betriebsteil, in dem Häute und Felle mithilfe von Gerbstoffen zu Leder umgewandelt werden, bezeichnet man als **Gerberei.**

**Gerinnung,** Vorgang, der durch Ausflockung von Proteinen (unter Einwirkung z. B. von Wärme, Enzymen oder Elektrolyten) aus einer kolloidalen Lösung gekennzeichnet ist (Übergang eines Sols in ein Gel), z. B. bei der Blutgerinnung und Milchgerinnung.

**Gerlach,** Walther, deutscher Physiker, *Biebrich (heute zu Wiesbaden) 1. 8. 1889, †München 10. 8. 1979; wies mit O. Stern 1921 die Richtungsquantelung des Gesamtdrehimpulses eines Atoms im Magnetfeld nach, indem er Atomstrahlen im inhomogenen Magnetfeld ablenkte und die Aufspaltung der Strahlen untersuchte **(Stern-Gerlach-Versuch).**

**Germanate,** Salze, die Germanium als Anion enthalten.

**Germanium** *das,* chemisches Symbol **Ge,** metallisches Element aus der 4. Hauptgruppe des Periodensystems, Ordnungszahl 32, relative Atommasse 72,61, Dichte 5,323 $g/cm^3$ (bei 20 °C), Schmelzpunkt 938,25 °C. Siedepunkt 2 833 °C.

Germanium ist ein graues, sehr sprödes, metallisch glänzendes Halbmetall, das in seinen chemischen Eigenschaften zwischen Silicium und Zinn steht. Aufgrund seiner besonderen Kristallstruktur (die Germaniumatome bilden ein Diamantgitter) ist Germanium in seinen durch Dotierung stark beeinflussbaren elektrischen Eigenschaften ein dem Silicium ähnlicher →Halbleiter. Germanium kommt in den seltenen Mineralen Argyrodit und Germanit vor und fällt als Nebenprodukt bei der Kupfer- und Zinkgewinnung an; Reinstdarstellung von Germanium-Einkristallen, z. B. für die Halbleitertechnik, durch Zonenschmelzverfahren (→Kristallzüchtung). Verwendet wird Germanium zur Herstellung spezieller Dioden, Transistoren sowie für optische Spezialgeräte. Germaniumlegierungen dienen zum Bau elektronischer Mess- und Schaltgeräte. Man versucht, Germanium in die Siliciumtechnologie zu integrieren, z. B. durch Erzeugen von dünnen Germaniumschichten auf einem Siliciumträger, um so eine höhere Rechengeschwindigkeit zu erzielen. Notwendig wird dies, wenn mit Silicium die physikalische Grenze einer weiteren Miniaturisierung elektronischer Bauelemente erreicht sein wird.

**Germer** ['gə:mə], Lester Halbert, amerikanischer Physiker, *Chicago (Illinois) 10. 10. 1896, †Gardiner (New York) 3. 10. 1971; entdeckte 1927 mit C. J. Davisson die Elektronenbeugung an Kristallgittern und bewies die Wellennatur von Elektronen durch Beobachtung von Interferenzen ihrer Materiewellen **(Davisson-Germer-Versuch).**

**Geruchsorgane, Riechorgane, olfaktorische Organe,** der Wahrnehmung von Geruchsstoffen dienende chemische Sinnesorgane (→Geruchssinn) bei tierischen Organismen und beim Menschen. Die Geruchssinneszellen (Osmorezeptoren) liegen bei Wirbellosen über den ganzen Körper verstreut oder treten gehäuft an bestimmten Stellen auf. Spinnen und Krebse tragen sie an den Gliedmaßen, Insekten überwiegend an den Antennen. Bei Luft atmenden Wirbeltieren und beim Menschen ist das Geruchsorgan als Riechschleimhaut im oberen Teil der Nasenhöhle (Riechfeld, Regio olfactoria) ausgebildet. Sie hat bei Wirbeltieren mit stark ausgeprägtem Geruchssinn (Makrosmaten, z.B. Nagetiere, viele Huftiere, Raubtiere) eine durch Faltenbildung stark vergrößerte Oberfläche. Sehr viel einfacher strukturiert ist die Riechschleimhaut bei Tieren mit geringem Riechvermögen (Mikrosmaten), zu denen u.a. der Mensch gehört. Reptilien, Amphibien und viele Säugetiere besitzen als besonderes Geruchsorgan das Jacobson-Organ, das von der Nasenhöhle weitgehend abgesetzt ist.

**Geruchssinn, Geruch,** durch niedrige Reizschwellen gekennzeichneter, bei höheren Tieren und beim Menschen in Nasenorganen lokalisierter Fernsinn, der mithilfe besonderer Geruchsorgane als chemischer Sinn die Wahrnehmung von Geruchsstoffen ermöglicht. Die Geruchsreize werden bei Wirbeltieren (einschließlich des Menschen) über paarige Geruchsnerven dem Gehirn zugeleitet.

Zur Unterscheidung verschiedener Düfte sind mehrere Typen von Rezeptoren notwendig. Viele Gerüche haben ausgesprochen angenehme, andere unangenehme Affektkomponenten; daher können sie das emotionale Verhalten beeinflussen. Auch haben Düfte häufig einen hohen Gedächtniswert und können als Schlüsselreize wirken. Bei Dauerreizung durch einen bestimmten Geruchsstoff unterliegt der Geruchssinn einer ausgeprägten Adaptation, das heißt, die Geruchsempfindung erlischt (ohne jedoch die Empfindlichkeit für andere Stoffe zu beeinflussen). Je nach Konzentration kann derselbe Stoff ganz verschiedene Geruchsempfindungen hervorrufen.

**Geruchsstoffe,** →Riechstoffe.

**Geruchsverschluss,** Einrichtung bei Grundstücksentwässerung und Sanitärtechnik, die das Austreten von Abwassergasen in das Gebäude verhindert. Beim Rohrgeruchsverschluss **(Traps)** bildet ein s- oder u-förmig gebogenes Rohr, in dem Wasser steht, den Verschluss. Beim Flaschengeruchsverschluss **(Siphon)** taucht das Ablaufrohr in die in einem flaschenförmigen Behälter befindliche Sperrflüssigkeit.

**Gesamtheit, Ensemble, Schar,** *statistische Physik:* eine (theoretisch unendlich) große Anzahl physikalisch gleichartiger realer oder gedachter Systeme, die sich im Allgemeinen in verschiedenen Zuständen befinden, z.B. ein Gas aus schwach wechselwirkenden, sich völlig ungeordnet bewegenden Molekülen.

**gesättigte Kohlenwasserstoffe,** →Kohlenstoffverbindungen.

**Geschlecht,** *Biologie:* **Sexus,** Bezeichnung für die unterschiedliche Ausprägung der Gameten und auch für die entsprechende phänotypische Ausprägung der die Gameten erzeugenden Lebewesen im Hinblick auf ihre Aufgabe bei der Fortpflanzung. Liegen begeißelte Gameten unterschiedlicher Gestalt vor (Anisogamie), werden die Mikrogameten oder Spermien als **männlich,** die Makrogameten oder Eizellen als **weiblich** bezeichnet, ebenso die sie erzeugenden Individuen. Bei Beweglichkeit nur des einen Gametentyps wird der beweglichere Gamet in der Regel als männlich eingestuft, liegen keinerlei Unterschiede vor, werden die Gameten willkürlich als + und − bezeichnet. **Zwitter (Hermaphroditen)** sind in der Lage, Gameten beiderlei Geschlechts gleichzeitig oder nacheinander zu erzeugen. Bei den Metazoen unterscheiden sich in der Regel auch die die Gameten erzeugenden Individuen in ihrer geschlechtlichen Ausprägung. Hiervon sind entweder nur die Fortpflanzungsorgane, Keimdrüsen und ihre Ausführgänge betroffen (primäre Geschlechtsmerkmale) oder auch körperliche Merkmale, die nicht unbedingt mit der Fortpflanzung in direktem Zusammenhang stehen (sekundäre Geschlechtsmerkmale). Das biologische Zeichen für männliche Individuen ist ♂ (Speer und Schild des Mars), für weibliche Individuen ♀ (Spiegel der Venus), für Zwitter ⚥.

**Geschlechterverhältnis, Sexualproportion,** zahlenmäßiges Verhältnis von Männern und Frauen. Das Geschlechterverhältnis wird bestimmt durch das Verhältnis von Knaben- zu Mädchengeburten (in der Regel 105–106 Knaben zu 100 Mädchen). Infolge der höheren Sterblichkeit der Männer ist im Allgemeinen das Geschlechterverhältnis um das 5. Lebensjahrzehnt ausgeglichen; danach setzt ein wachsender Frauenüberschuss ein.

**Geschlechtsbestimmung, Geschlechtsdeterminierung** *Entwicklungsphysiologie:* die Festlegung des jeweiligen Geschlechts eines Organismus (oder bestimmter Bezirke) durch Faktoren, die die ursprünglich allen Zellen zugrunde liegende bisexuelle Potenz in entsprechender Weise, das heißt zum männlichen oder weiblichen Geschlecht hin, beeinflussen. Man unterscheidet zwischen **phänotypischer Geschlechtsbestimmung,** bei der Umweltfaktoren das Geschlecht bestimmen (z.B. ändert es sich bei Napfschnecken mit dem Alter, junge Tiere sind männlich, alte Tiere sind weiblich), und **genotypischer Geschlechtsbestimmung,** bei der v.a. in den Geschlechtschromosomen liegende geschlechtsdeterminierende Gene das Geschlecht bestimmen.

**Geschlechtsdrüsen, Keimdrüsen, Gonaden,** drüsenähnlich aufgebaute Organe bei den meisten mehrzelligen Tieren und beim Menschen, in denen sich die Keimzellen (Ei- oder Samenzellen) und Geschlechtshormone bilden. Die Geschlechtsdrüsen (beim Mann Hoden, bei der Frau Eierstock) gehören zu den inneren →Geschlechtsorganen.

**Geruchssinn**

→ GEO **Dossier**
Die Erfindung des Bildes, Bd. 7

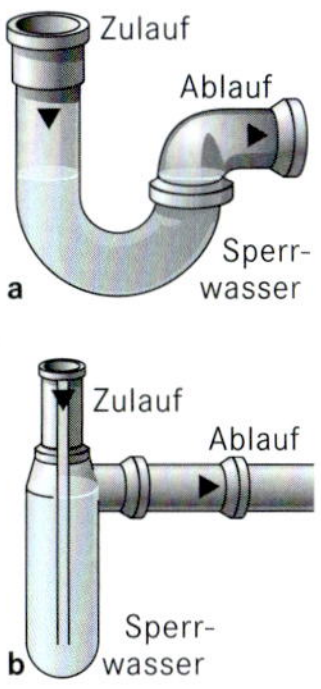


**Geruchsverschluss.** Rohrgeruchsverschluss (a), Flaschengeruchsverschluss (b)

**Geschlecht**

→ GEO **Dossier**
Das Spiel der Triebe, Bd. 7

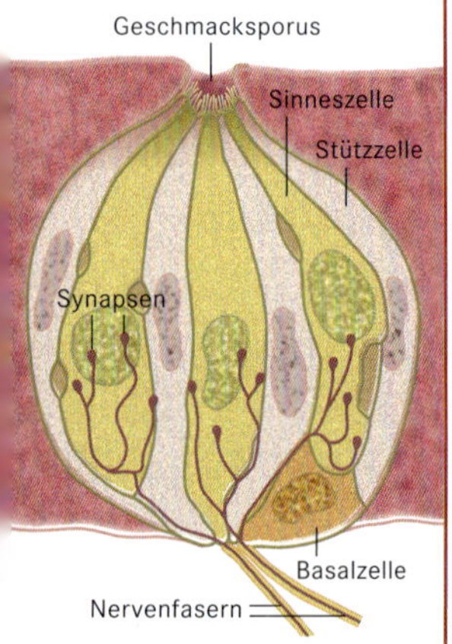


**Geschmackssinn.** Schnitt durch eine Geschmacksknospe

**Geschmacksorgane**
→ GEO **Dossier**
Das Spiel der Triebe, Bd. 7

**geschlechtsgebundenes Merkmal,** Merkmal, dessen Erbsubstanz (Gen) in den Geschlechtschromosomen (X- und Y-Chromosom) lokalisiert ist und sich daher geschlechtsgebunden weitervererbt (geschlechtsgebundene Vererbung, z.B. die Bluterkrankheit).

**Geschlechtshormone, Sexualhormone,** alle Hormone, die die Entwicklung und Funktion der Geschlechtsdrüsen und Geschlechtsorgane bestimmen und steuern und für die Ausbildung der Geschlechtsmerkmale beim Menschen und den Wirbeltieren verantwortlich sind. Im engeren Sinn versteht man unter den Geschlechtshormonen nur die **Keimdrüsenhormone;** diese gehören chemisch zu den Steroiden und werden in männliche (Androgene) und weibliche (Östrogene und Gestagene) unterteilt. Im weiteren Sinn werden auch die aus Glykoproteinen bestehenden **gonadotropen Hormone** (Gonadotropine) zu den Geschlechtshormonen gezählt.

Die Sekretion der Geschlechtshormone unterliegt dem übergeordneten Einfluss der Hypophyse. Deren Tätigkeit wird durch einen Teil des Zwischenhirns, den Hypothalamus, gesteuert, der Neurohormone produziert, die als Freisetzungsfaktoren (Releasinghormone) auf die Hypophyse wirken, sodass diese die Gonadotropine ausschüttet. Die Gonadotropine wirken ihrerseits auf die Geschlechtsdrüsen und veranlassen sie zur Ausschüttung der Keimdrüsenhormone. Ebenfalls stimulierend auf die Produktion der Geschlechtshormone wirkt das vor allem in den ersten Wochen einer Schwangerschaft in der Plazenta gebildete, den Hypophysenhormonen FSH und LH ähnelnde Choriongonadotropin. Es hat große Bedeutung für den Nachweis einer Schwangerschaft.

**Geschlechtsorgane, Genitalien, Genitalorgane, Fortpflanzungsorgane, Geschlechtsteile,** die unmittelbar der geschlechtlichen Fortpflanzung dienenden Organe der Lebewesen. Bei den Tieren und beim Menschen stellen sie gleichzeitig die primären Geschlechtsmerkmale dar. Die Geschlechtsorgane lassen sich in äußere und innere Geschlechtsorgane gliedern. Die **äußeren Geschlechtsorgane** des Mannes umfassen Penis und Hodensack, die der Frau große und kleine Schamlippen, Kitzler und Bartholin-Drüsen. Zu den **inneren Geschlechtsorganen** gehören beim Mann Hoden, Nebenhoden, Samenleiter, Bläschendrüse und Vorsteherdrüse, bei der Frau Eierstock, Eileiter, Gebärmutter und Scheide. Die Geschlechtsorgane der Wirbellosen bestehen oft nur aus (meist paarig angelegten) Eierstöcken beziehungsweise Hoden. Bei allen Wirbeltieren (Ausnahme Rundmäuler) besteht eine enge Verbindung zwischen Geschlechtsorganen und Exkretionsorganen, die daher als Urogenitalsystem zusammengefasst werden.

Bei vielen Sporenpflanzen werden die männlichen Geschlechtsorgane Antheridien, die weiblichen Geschlechtsorgane Oogonien, die Geschlechtsorgane der Moose und Farnpflanzen Archegonien genannt. Bei den Samenpflanzen sind die Staubblätter die männlichen, die Fruchtblätter die weiblichen Geschlechtsorgane.

**Geschlechtszelle,** die Keimzelle, →Gameten.

**Geschmacksorgane,** mit besonderen Rezeptoren (z.B. Geschmacksknospen) ausgestattete Organe, die der Geschmackswahrnehmung dienen, z.B. bei den Wirbeltieren die →Zunge, bei Wirbellosen Geschmacksrezeptoren im Mundbereich oder an den Tarsen. (→Geschmackssinn)

**Geschmackssinn, Geschmack,** chemischer Sinn zur Wahrnehmung von Nahrungsstoffen und zum Abweisen ungenießbarer beziehungsweise schädlicher Substanzen beim Menschen und bei Tieren. Der Geschmackssinn ist ein Nahsinn mit relativ hohen Reizschwellen. Neben der Kontrolle der Nahrung ist er auch stark beteiligt an der Steuerung der Speichel- und Magensaftsekretion. Die Zellen des Geschmackssinns **(Geschmacksrezeptoren)** sprechen auf gelöste Substanzen (Geschmacksstoffe) an. Sie liegen bei den Wirbeltieren fast ausschließlich im Bereich der Mundhöhle. Bei Säugetieren und beim Menschen stehen die sekundären Geschmacksrezeptoren mit dazwischen liegenden Stützzellen in so genannten **Geschmacksknospen** zusammen; deren spindelförmige Sinneszellen stehen mit einem Fortsatz, durch einen feinen Kanal, der sich in eine nach der Mundhöhle öffnenden Grube **(Geschmacksporus)** erweitert, mit der Mundhöhle in Verbindung. An ihrer Basis treten Nervenfasern aus, die Geschmacksimpulse zu den betreffenden Gehirnzentren weiterleiten. Der erwachsene Mensch hat etwa 2 000 Geschmacksknospen, die v.a. auf den vorderen und seitlichen Zungenteilen und am Zungenrand liegen. Die vielfältigen Sinnesempfindungen, die z.B. beim Abschmecken von Speisen und beim Kosten von Getränken auftreten, beruhen v.a. auf dem Zusammenwirken von Geschmacks- und Geruchsempfindungen. Die vier **Grundqualitäten des Geschmackssinns** sind süß, sauer, salzig und bitter. Süß schmeckt man mit der Zungenspitze, sauer an den Zungenrändern, salzig an Rändern und Spitze, bitter erst am Zungengrund.

**Geschmacksstoffe,** nicht flüchtige Verbindungen mit saurem, süßem, salzigem oder bitterem Geschmack, die auf die Geschmacksrezeptoren der Zunge in wässriger Lösung einwirken.

**geschützte Biotope,** Biotope, die wegen ihrer Gefährdung einen generellen naturschutzrechtlichen Schutz genießen, unabhängig von ihrer besonderen Ausweisung im Rahmen einer der im Bundesnaturschutzgesetz vorgesehenen Schutzgebietskategorien, z. B. Sümpfe, Felsbiotope, Streuobstwiesen.

**geschützte Pflanzen und Tiere,** wild wachsende Pflanzen, deren Beschädigung oder Entfernung vom Standort wegen ihrer Seltenheit verboten oder nur beschränkt zulässig ist, sowie wild lebende Tiere, deren mutwillige Tötung, missbräuchliche Aneignung und Verwertung ständig oder zeitweise verboten ist. Eingeschlossen in diesen Schutz sind Entwicklungsformen, Lebensstätten, Lebensräume und Lebensgemeinschaften. Der gesetzliche Schutz ist im Wesentlichen im Rahmen des Bundesnaturschutzgesetzes (vom 25. 3. 2002) und der Bundesartenschutzverordnung (vom 14. 10. 1999) vorgesehen (→Rote Liste, →Washingtoner Artenschutzabkommen). Hiervon unberührt bleiben die Vorschriften von Pflanzenschutzrecht, Tierseuchenrecht, Tierschutzrecht sowie Forst-, Jagd- und Fischereirecht.

**Geschwindigkeit,** *Physik:* Formelzeichen $v$, SI-Einheit ist Meter durch Sekunde (m/s), in der Seefahrt wird Knoten (kn) verwendet; eine als Maß für die Schnelligkeit einer Bewegung dienende physikalische Größe; in der *Mechanik* bei einer gleichförmigen Bewegung (Betrag und Richtung der Geschwindigkeit bleiben konstant) der Quotient aus dem im Zeitintervall $\Delta t$ zurückgelegten Weg $\Delta s$ und der Zeit, $v = \Delta s/\Delta t$. Bei ungleichförmiger Bewegung bezeichnet die so definierte Geschwindigkeit die **Durchschnittsgeschwindigkeit (mittlere Geschwindigkeit)** in der Zeitspanne $\Delta t$. Die **Momentangeschwindigkeit** ergibt sich als Differenzialquotient zu $v = \mathrm{d}s/\mathrm{d}t$. Die Geschwindigkeit ist eine vektorielle physikalische Größe, das heißt sie ist durch Betrag und Richtung charakterisiert. Bezeichnet man mit $\boldsymbol{s}$ die gerichtete Wegstrecke, so gilt $\boldsymbol{v} = \mathrm{d}\boldsymbol{s}/\mathrm{d}t$ oder, für den von einem festen Bezugspunkt zum jeweiligen Ort des Körpers (Massenpunktes) weisenden, von der Zeit abhängigen Ortsvektor $\boldsymbol{r}(t)$, $\boldsymbol{v} = \mathrm{d}\boldsymbol{r}/\mathrm{d}t$. Die Richtung des Geschwindigkeitsvektors entspricht der Bewegungsrichtung und fällt mit der Richtung der Bahntangente zusammen; der Betrag dieses Vektors heißt auch **Bahngeschwindigkeit.** Die auf ein festes Koordinatensystem bezogene Geschwindigkeit ist die **Absolutgeschwindigkeit,** im Gegensatz zur **Relativgeschwindigkeit,** mit der sich zwei Körper gegeneinander bewegen. Bei krummlinigen Bewegungen wird oft die →Winkelgeschwindigkeit angegeben.

■ **Wellenlehre** In der Wellenlehre unterscheidet man bei der Ausbreitung von Wellen die Phasen- und Gruppengeschwindigkeit; mit der **Phasengeschwindigkeit** pflanzt sich eine Wellenfläche konstanter Erregung fort, während die **Gruppengeschwindigkeit** die Geschwindigkeit ist, mit der sich der Schwerpunkt einer endlich ausgedehnten Wellengruppe und damit die im Wellenfeld enthaltene Energie fortbewegt. Spezielle Ausbreitungsgeschwindigkeiten sind die →Lichtgeschwindigkeit bei elektromagnetischen Wellen und die →Schallgeschwindigkeit bei Schallwellen. Die Lichtgeschwindigkeit $c_0 \approx 300\,000$ km/s im Vakuum bildet nach der →Relativitätstheorie die natürliche obere Grenze aller überhaupt möglichen Geschwindigkeiten, mit denen sich Materie oder Energie bewegen können. Die Gruppengeschwindigkeit einer Welle muss daher stets kleiner, Phasengeschwindigkeiten dagegen können größer als die Lichtgeschwindigkeit sein. Gruppengeschwindigkeiten, die klein sind im Vergleich zur Lichtgeschwindigkeit, addieren sich vektoriell, **relativistische Geschwindigkeiten** (das heißt solche, die mit der Lichtgeschwindigkeit vergleichbar sind) nach dem relativistischen Additionstheorem der Geschwindigkeit.

■ **Luftfahrt** In der Luftfahrt wird zwischen verschiedenen →Fluggeschwindigkeiten differenziert. Als Einheit in der Luftfahrt dient auch die →Machzahl *(Ma).*

■ **Geschwindigkeitsmessung** Die Geschwindigkeitsmessung kann elementar als Längen- und Zeitmessung erfolgen, z. B. bei Fahrzeugen mit Geschwindigkeitsmessern, bei Teilchen mit Flugzeitspektrometern (→Flugzeitmethode). Strömungsgeschwindigkeiten werden z. B. aus dem Durchfluss durch einen Querschnitt oder mithilfe von Anemometern (→Windmessung) gemessen. Sehr hohe Geschwindigkeiten, z. B. von Sternen, Flugzeugen, auch von Molekularstrahlen, lassen sich indirekt mithilfe des →Doppler-Effekts (z. B. über Radarverfahren) bestimmen.

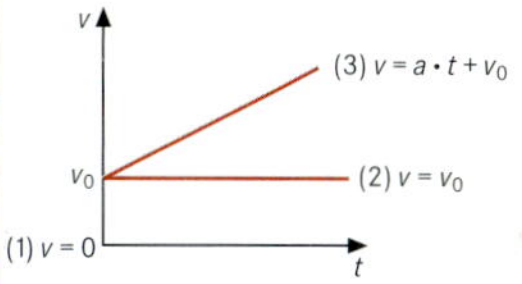


**Geschwindigkeit.** Die Zeitachse stellt das $v$-$t$ Diagramm eines ruhenden Körpers dar (1), die Parallele zur Zeitachse beschreibt einen gleichförmig bewegten Körper (2), während gleichmäßig beschleunigte Körper durch Geraden mit der Steigung $a$ dargestellt werden (3).

**Geschwindigkeitsverteilung,** *statistische Mechanik:* die →maxwellsche Geschwindigkeitsverteilung; im weiteren Sinn auch die Bose-Einstein- und die Fermi-Dirac-Verteilung, wenn die Teilchenenergien eine Funktion der Geschwindigkeit sind.

**Gesellschaft Deutscher Chemiker e. V.,** Abkürzung **GDCh,** Fachorganisation der Chemiker in Deutschland, Sitz: Frankfurt am Main; gegründet 1949 in der Tradition der Deutschen Chemischen Gesellschaft (1867) und des Vereins Deutscher Chemiker (1887) aus Vorläufervereinigungen in den Besatzungszonen; Aufgabe: Förderung der Chemie und der Chemiker auf gemeinnütziger Grundlage, u. a. durch Tagungen und die Herausgabe von Fachliteratur. Die Chemische Gesellschaft der DDR wurde 1990 mit der GDCh zusammengeführt.

**Gesellschaft für Chemische Technik und Biotechnologie e. V.,** seit Dezember 1999 Name der →DECHEMA.

**Gesellschaft für Schweri|onenforschung mbH,** Abkürzung **GSI,** 1969 gegründete, von der Bundesrepublik Deutschland

**Geschwindigkeit**
→ GEO **Dossier**
Der Mensch, das Genie und sein Weltbild, Bd. 6

**Getreide.**
Mähdrescher bei der Getreideernte

**Getreide.**
Ägyptische Wandmalerei mit der Darstellung einer Getreideernte (13. Jh. v. Chr.)

und dem Land Hessen getragene Gesellschaft, Sitz: Darmstadt; Mitglied der →Hermann von Helmholtz-Gemeinschaft Deutscher Forschungszentren. Hauptarbeitsgebiet ist die →Schwerionenforschung, v. a. auf den Gebieten Kernchemie, Kern- und Atomphysik, mit Anwendungen für Materialforschung, Mikrostrukturierung, Plasma-, Biophysik, Strahlentherapie. Zur Erzeugung der Schwerionen betreibt die GSI ein komplexes System von Beschleunigern.

■ **FAIR** Zur Erweiterung der Forschung ist ein Ausbau der existierenden Beschleunigeranlage geplant. Mit einem supraleitenden Doppelring-Beschleunigersystem von circa 1 080 m Umfang sollen intensive Strahlen von Antiprotonen und Ionen, einschließlich solcher mit kurzlebigen radioaktiven Kernen, erzeugt werden; die Synchrotronringe werden durch Speicherringe ergänzt. Die neue Anlage FAIR (englisch für Facility for Antiproton and Ion Research) soll als europäisches beziehungsweise internationales Forschungszentrum organisiert werden.

**Gesenk,** *Bergbau:* Blindschacht, der von oben nach unten zur Verbindung zweier Sohlen niedergebracht (abgeteuft) wurde.

**Gesetz der multiplen Proportionen,** *Chemie:* von John →Dalton gefundenes stöchiometrisches Grundgesetz.

**Gesichtserkennung,** eine auf der Verarbeitung von Gesichtsmerkmalen beruhende Methode der →biometrischen Identifizierung.

**Gestik,** Gesamtheit der Gesten (→Gebärdensprache).

**Getreide** [mittelhochdeutsch getregede »was der Erdboden trägt«], **Zerealien,** Kulturpflanzen, die wegen ihrer stärkemehlreichen, trockenen Kornfrüchte oder Samen in vielen Sorten feldmäßig angebaut werden. Hauptbrotfrüchte **(Korn, Körner-, Mehlfrüchte)** stammen in Europa am häufigsten aus der Familie Gräser, aus der Familie Knöterichgewächse der Buchweizen. Für Mitteleuropa sind Hauptgetreide: Weizen, Roggen, Gerste, Hafer, für Asien Reis, für Zentralafrika Hirse, für Lateinamerika Mais. Die Frucht der grasartigen Getreidepflanzen ist von saftarmen Blättchen (Spelzen) umschlossen (bespelzt) oder unbespelzt. Der Kornkörper besteht aus der Frucht- und Samenschale, dem Keimling und dem Mehlkörper. Dieser enthält in den Zellschichten unter der Schale viel Protein (Kleber), weiter innen besonders Stärke.

■ **Geschichte** Die archäologischen Funde sprechen für die Entstehung des Getreideanbaus im 9. Jahrtausend vor Christi Geburt in Vorderasien, besonders in den Randgebieten von Mesopotamien. Die aus Vorderasien stammenden (ältesten) Getreidesorten Gerste und Weizen erreichten über Thessalien im 5. Jahrtausend Mitteleuropa. In bandkeramischen Siedlungen des 5. und 4. Jahrtausends kommen Emmer, Einkorn, Gerste und Hirse vor. Im westlichen und nördlichen Alpenvorland, in dem zahlreiche Seerandsiedlungen von der Jungsteinzeit an gute Erhaltungsbedingungen boten, trat neben Brotweizen und Gerste schon früh der Hafer auf. Roggen ist als sekundäre Kulturpflanze erst zu Beginn des letzten vorchristlichen Jahrtausends angebaut und durch die um 800 v. Chr. einsetzende Klimaverschlechterung in Mitteleuropa entscheidend verbreitet worden.

**Getriebe,** mechanisches Maschinenelement zur Übertragung und Wandlung von Drehzahlen, Bewegungsrichtungen und Drehmomenten (z. B. Schaltgetriebe bei →Kraftwagengetriebe). Ein Getriebe besteht aus mindestens zwei Getriebegliedern (einem Antriebs- und einem Abtriebsglied), die gegeneinander beweglich und in einem gemeinsamen Gestell beweglich gelagert sind. Die Verwendung zusätzlicher Glieder sowie die Erhöhung der Anzahl der Antriebe und/oder Abtriebe führt zu einer Vielzahl von Getriebeformen. Diese lassen sich jedoch auf eine begrenzte Zahl von Grundgetrieben zurückführen. Nach ihren Merkmalen unterscheidet man: →Rädergetriebe, →Zugmittelgetriebe, →Schraubengetriebe, →Kurbelgetriebe, →Kurvengetriebe, →Planetengetriebe, →Sperrgetriebe und →Druckmittelgetriebe.

**Getter** [englisch, »Fangstoff«] *der,* Substanz (z. B. Barium, Calcium, Cäsium, Magnesium), die dazu dient, letzte Spuren von störenden oder schädlichen Gasen aus Hochvakuumräumen (z. B. Elektronenröhren, Glühlampen) durch Sorption oder direkte chemische Reaktion zu binden.

**Getter|ionenpumpe,** zu den →Ionenpumpen zählende Vakuumpumpe.

**GeV,** Einheitenzeichen für Gigaelektronvolt, besonders in der Elementarteilchenphysik benutzte Energieeinheit; 1 GeV = $10^9$ eV.

**Gewächshaus,** künstlich erwärmtes Glashaus, um Pflanzen (Blumen, Zierpflanzen, Gemüse) unabhängig von den klimatischen Verhältnissen an- und aufzuziehen; meist mit Lüftung und gelegentlich mit Zusatzbeleuchtung und Beregnungsanlagen ausgestattet. Nach den mittleren Temperaturen in der kalten Jahreszeit unterscheidet man zwischen dem **Kalthaus** (bis 12 °C), dem **temperierten Haus** (12–18 °C) und dem **Warmhaus (Treibhaus;** ab 18 °C).

**Gewässerausbau,** Baumaßnahmen zur wesentlichen Umgestaltung eines Gewässers mit dem Ziel, das Bett festzulegen und zu sichern, benachbarte Flächen vor Hochwasser zu schützen, eine günstige Vorflut sicherzustellen und Nutzungen (z. B. Schifffahrt, Energiegewinnung, Wasserentnahme, Fischerei, Erholung, Sport) zu ermöglichen.

**Gewässer|erwärmung,** Temperaturerhöhung der Gewässer durch Einleiten von →Abwärme. Dadurch können tief greifende negative ökologische Veränderungen eintreten: Verringerung der Selbstreinigungskraft des Gewässers und Gefährdung der Gewässerfauna durch die Wassererwärmung sowie klimatische Veränderungen des Umlandes.

**Gewässergüteklassen,** Einteilung der Fließgewässer in Klassen je nach dem Verschmutzungsgrad. Nach der Belastung v. a. mit organischen Substanzen, die mikrobiell abbaubar sind, den dabei entstehenden anorganischen Abbauprodukten und dem auftretenden Sauerstoffverbrauch unterscheidet man vier Haupt- und drei Zwischenstufen.

**Gewässeruntersuchung,** dient u. a. zur Feststellung des Verschmutzungsgrades eines Gewässers. **Ökologische Methoden** beurteilen die Beschaffenheit eines Gewässers aufgrund der vorhandenen pflanzlichen und tierischen Lebewesen. Diese dienen als Leitformen (Indikatoren) im Saprobiensystem. Einige Pflanzen und Tiere sind an bestimmte Verschmutzungsgrade gebunden und von der chemischen Beschaffenheit des Wassers innerhalb enger Grenzen abhängig. **Physiologische Methoden** beurteilen den Verschmutzungsgrad anhand chemischer und physikalischer Kenngrößen. Der Biomassentiter bestimmt die Wassergüte durch fotoelektrische Messung der Trübung von Organismensuspensionen bestimmter Testkulturen. Die Trübungsmesswerte werden als Äquivalentwerte einer bekannten Kieselgursuspension angegeben.

**Gewässerversauerung,** Versauerung fließender und stehender Gewässer; Ursache ist die beträchtlich gestiegene Bodenversauerung, ausgelöst von sauren Niederschlägen. Folgen sind u. a. eine Verarmung der Artenvielfalt und der Rückgang der Fischfauna. Inwieweit für die Wasserversorgung wichtige Grundwasservorkommen durch saure Depositionen beeinträchtigt werden, lässt sich bisher nur schwer beurteilen.

**Gewässerverschmutzung,** die über die Selbstreinigungskraft hinausgehende Belastung der Gewässer mit Schadstoffen; führt zu einer erheblichen Gefährdung von Tieren und Pflanzen in den Gewässern und in den Uferbereichen.

**Gewebefilter,** zur Abtrennung von Feststoffen aus Gasen dienende filternde Abscheider. Als Filtermaterial werden verschiedene Textilien in gewebter (z. B. Baumwolle) und nicht gewebter Form (z. B. Nadelfilz, Vliese) verwendet. Auf der Filteroberfläche bildet sich ein Filterkuchen, der die Filterwirkung stark erhöht, aber auch zu einem Anstieg des Druckes führt. Die Gewebefilter müssen daher durch Rütteln, Klopfen, Vibrieren oder Druckluft gereinigt werden. Gewebefilter werden meist als Schlauch- oder Taschenfilter gebaut.

**Gewebehormone,** die → Gewebshormone.

**Gewebekultur,** →Zellkultur.

**Gewebshormone, Gewebehormone,** in verschiedenen, nicht speziell als Drüsen ausgebildeten Geweben erzeugte Hormone beziehungsweise hormonähnliche Stoffe, z. B. Gastrin, Sekretin, Angiotensin, Melatonin.

**Gewicht,** *Physik:* die →Gewichtskraft; oft auch umgangssprachliche (und nicht exakte) Bezeichnung für die Masse eines Körpers.

**Gewichts|analyse,** die →Gravimetrie.

**Gewichtskraft, Gewicht,** Formelzeichen $G$ oder $F_G$), SI-Einheit ist das Newton (N); die Kraft, mit der ein Körper vom Schwerefeld eines Himmelskörpers (z. B. der Erde) angezogen wird (→Schwerkraft). Ihr Betrag ergibt sich aus dem Produkt aus der Masse ($m$) des Körpers und der am Ort des Körpers herrschenden →Fallbeschleunigung (Betrag $g$), $G = m \cdot g$. Die Gewichtskraft ist im Gegensatz zur Masse eine ortsabhängige physikalische Größe. Da die Fallbeschleunigung infolge der Abplattung und Rotation der Erde z. B. von den Polen zum Äquator hin abnimmt, hat ein Körper bei unveränderter Masse am Äquator eine geringere Gewichtskraft als an den Polen, er wiegt dort weniger.

**Gewichtsprozent,** Abkürzung **Gew.-%,** früher verwendete, nicht korrekte Gehaltsangabe für den Massenanteil (→Konzentration).

**Gewinde,** schraubenlinienförmige regelmäßige Profilierung auf einem zylindrischen oder schwach konischen Schaft **(Außengewinde)** oder auf der Innenfläche eines zylindrischen Hohlkörpers **(Innengewinde).** Dieses mechanische Formelement ermöglicht eine jederzeit lösbare Verbindung zwischen zwei mit korrespondierenden Gewinden versehenen Teilen, z. B. Schraubenmutter und Schraubenbolzen, sowie die Umwandlung einer Dreh- in eine Längsbewegung. Einen vollen Umlauf der Schraubenlinie bezeichnet man als **Gang.** Der Weg, um den sich die Schraubenmutter bei einer vollen Umdrehung auf dem Schraubenbolzen verschoben hat, ist die **Ganghöhe** oder **Steigung.** Steigt die Schraubenlinie nach rechts an, so handelt es sich um das normalerweise verwendete **Rechtsgewinde,** bei Anstieg nach links um ein **Linksgewinde.**

Je nach Verwendungszweck werden Gewinde mit unterschiedlichem Gewindeprofil (Schnittbild eines Gewindeganges) eingesetzt. **Spitzgewinde** (Dreieckprofil) werden für Befestigungszwecke verwendet, **Trapezgewinde** zur Kraft- und Bewegungsübertragung in beiden Richtungen, **Sägengewinde** zur Kraftübertragung in einer Richtung, **Rundgewinde** zur Kraft- und Bewegungsübertragung, wenn Kerbwirkung infolge scharfer Ecken zu vermeiden ist. Bei den für Schrauben genormten Gewinden unterscheidet man Normalgewinde, Grobgewinde und Feingewinde. Die Angabe von Gewindeaußendurchmesser und

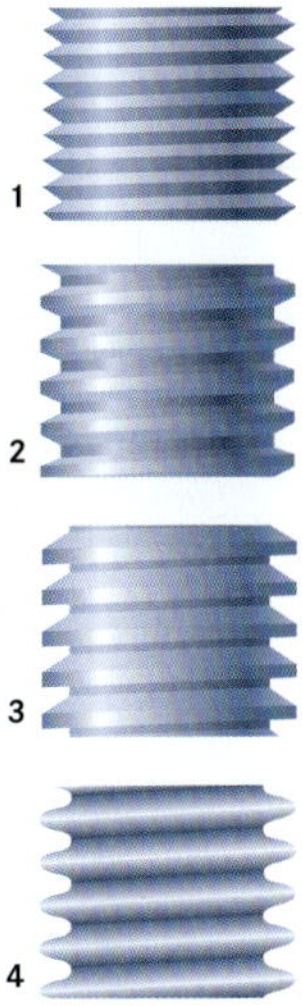


**Gewinde.** Spitzgewinde (1), Trapezgewinde (2), Sägegewinde (3), Rundgewinde (4)

Steigung erfolgt bei **metrischen ISO-Gewinden** in dezimalen Teilen oder Vielfachen von Millimetern, bei **Zollgewinden** beziehungsweise **Withworth-Gewinden** in Zoll beziehungsweise Inch (v.a. in angelsächsischen Ländern). Gewinde können von Hand (z.B. mit Schneideisen, -kluppe) oder maschinell (z.B. Drehmaschine, durch Fräsen, Pressen u.a.) hergestellt werden.

**Gewitter,** bei hoch reichender feuchtlabiler Schichtung der Atmosphäre und relativ hohem Wasserdampfgehalt der Luft auftretende Wettererscheinung mit einer oder mehreren plötzlichen luftelektrischen Entladungen, die sich durch ein kurzes Aufleuchten (→Blitz) und ein krachendes oder rollendes Geräusch (Donner) äußern und mit starken, meist schauerartigen Niederschlägen und heftigen Windböen einhergehen. Gewitter entstehen besonders an Luftmassengrenzen (Kaltfront) als **Frontgewitter** oder durch lokale Überhitzung am Boden (im Sommer) als **Wärmegewitter.** In der **Gewitterwolke (Cumulonimbus),** meist über 10 km hoch und im oberen Teil als ambossförmige Eiswolke ausgebildet, herrscht eine starke Konvektion mit Bildung von festem Niederschlag (bisweilen Hagel). Blitzentladungen erfolgen zwischen Wolken (Wolkenblitz) oder zwischen Wolke und Erde (Erdblitz). Die Druckwelle im Blitzkanal erzeugt den Donner.

Jedes Gewitter besteht aus mehreren etwa gleich großen Zellen, wobei jede Gewitterzelle eine eigene, typische Entwicklung durchläuft: Jugend- oder Cumulusstadium, Reife- oder Cumulonimbusstadium und Auflösungs- oder Altersstadium. Jeweils mehrere Zellen sind in einem Gewitter gleichzeitig wirksam; alte, absterbende Zellen werden durch neue ersetzt. Wenn keine Zellen mehr gebildet werden, endet das Gewitter. Eine Gewitterwolke im Reifestadium ist in den oberen Teilen positiv, in den unteren negativ geladen, wobei in der Nähe der Wolkenuntergrenze oft ein kleines Gebiet mit positiver Ladung eingelagert ist, das mit der Hauptniederschlagszone zusammenfällt. In der Regel beginnt die Elektrisierung in den Quellwolken mit der Bildung und Bewegung von Niederschlag. Da sich der Prozess bei Temperaturen unter 0°C vollzieht, müssen auch feste Niederschlagsteilchen beteiligt sein.

Im Allgemeinen nimmt die Zahl der Gewitter von den Tropen nach den höheren Breiten zu ab. In der Äquatorialzone ist im Mittel mit 100–160 Gewittertagen pro Jahr zu rechnen, in mittleren Breiten mit 15–50. Die Gewitterhäufigkeit nimmt zum Landesinnern zu und erreicht meist mit Annäherung an die Gebirge ihr Maximum.

**Geysir** [altisländisch, zu geysa »wild strömen«] *der,* neuisländisch **Geisir,** deutsch auch **Geiser,** heiße Quelle in jungvulkanischen Gebieten, die in meist regelmäßigen Zeitabständen eine Wasserfontäne ausstößt. Ihr Wasser stammt größtenteils aus dem bodennahen Grundwasser; es gelangt in die Tiefe, wo es durch vulkanische Wärme erhitzt wird. Wegen des Drucks der darüber stehenden Wassersäule kann es bei 100°C nicht sieden. Erst bei Erreichen der diesem Druck entsprechenden Siedetemperatur wird ein Teil des Wassers ausgeworfen. Diese geringe Druckentlastung genügt, um einen Teil des Wassers in Dampf zu verwandeln, der beim Aufstieg das überlagernde Wasser explosionsartig mitreißt. Nach dem Ausbruch fließt kühleres Wasser aus dem Grundwasserbereich nach, und der Vorgang wiederholt sich. Viele Geysire setzen Sinterkrusten **(Geyserit, Kieselsinter)** in oft bizarren und farbenprächtigen (Eisenlösungen) Formen ab, zum Teil terrassenförmig. Geysire sind verbreitet in Südwestisland, auf der Nordinsel von Neuseeland, im Yellowstone National Park (USA), vereinzelt in Japan, Mexiko, im Bismarckarchipel und auf Kamtschatka.

**Gezeiten, Tiden,** periodische Niveauschwankungen der festen Erdkruste, des Meeres und der Atmosphäre, die durch das Zusammenwirken der Anziehungskräfte zwischen Erde, Mond und Sonne und der mit den Bewegungen dieser Himmelskörper verbundenen Fliehkräfte erzeugt werden.

1) **Gezeiten des Meeres** sind rhythmische Schwankungen des Meeresspiegels, auf dem größten Teil der Meere mit etwa 12- bis 13-stündiger Periode. Das Steigen des Wassers

**Gewitter.** Cumulonimbus (Schauer- und Gewitterwolke)

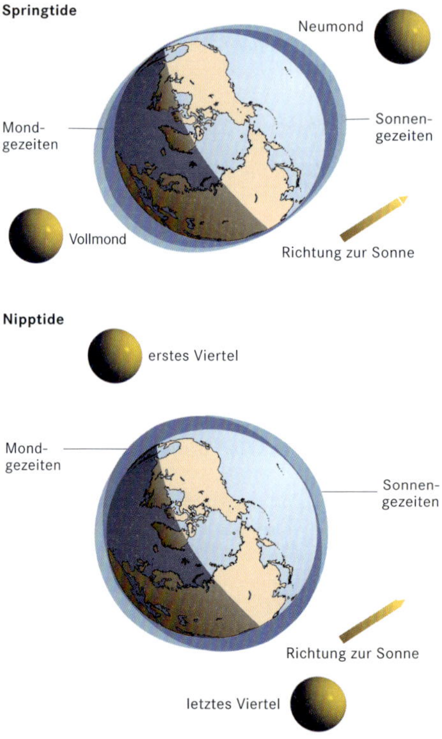


**Gezeiten.** Die Stellung von Erde, Mond und Sonne zueinander bestimmt die Amplitude der Gezeiten. Wenn sich bei Neumond oder Vollmond die Gezeiten von Mond und Sonne überlagern, also alle zwei Wochen, entstehen Springtiden. Wenn im ersten und letzten Viertel des Mondes Mond- und Sonnengezeiten gegeneinander um 90 Grad verdreht sind, treten Nipptiden ein.

von Niedrigwasser zu Hochwasser heißt **Flut,** das Fallen **Ebbe.** Bei der Bildung der Gezeiten überwiegt der Einfluss des Mondes; der Einfluss der Sonne macht sich v.a. in dem wechselnden Gezeitenhub bemerkbar. In →Gezeitenkraftwerken wird die Energie der Gezeiten genutzt.

2) Die **Gezeiten der Atmosphäre** sind v.a. sonnen-, aber auch mondbedingte Druckwellen. Unter ihnen ist die zwölfstündige Periode mit Minimum um 4 und 16, Maximum um 10 und 22 Uhr Ortszeit mit 1,5 hPa Amplitude in den Tropen stets, in Mitteleuropa mit 0,5 hPa nur bei stationärem Hochdruckwetter gut beobachtbar.

3) **Gezeiten der festen Erde (Erdgezeiten):** Auch der feste Erdkörper erfährt durch die Gravitationswirkung von Mond und Sonne eine Deformation, die in Äquatornähe 0,5 m in einer zwölfstündigen Periode erreichen kann. Überlagert wird dieser primäre Effekt durch Schollenverbiegungen, verursacht durch die Wassermassenverlagerung der Meeresgezeiten, durch atmosphärische Druckschwankungen und thermisch bedingte Bodendeformationen.

**Gezeitenkraftwerk, Flutkraftwerk,** ein Wasserkraftwerk, bei dem Ebbe und Flut zur Energiegewinnung genutzt werden. Aus bei Flut gefüllten Speicherbecken fließt das Wasser bei Ebbe zurück und treibt dabei Turbinen an, beim doppelt wirkenden Gezeitenkraftwerk wird auch das einströmende Wasser genutzt. Der mittlere Tidenhub sollte mindestens 5 m betragen. Das erste Gezeitenkraftwerk mit 24 Rohrturbinen, die je 10 MW leisten, wurde 1966/67 in Frankreich im Golf von Saint-Malo in Betrieb genommen. Sein 750 m langer Damm sperrt die Trichtermündung des Flusses Rance ab. Ein zweites, kleines Gezeitenkraftwerk steht an der Bucht Kislaja Guba bei Murmansk (Russland), eine 20-MW-Anlage in der Fundybai im südöstlichen Kanada. Seit längerem wird dort auch ein großes 5000-MW-Gezeitenkraftwerk geplant, aufgrund der hohen Investitionskosten wurde es aber bisher nicht realisiert. Weitere kleinere Gezeitenkraftwerke gibt es in Russland und in China.

**Gezeitenreibung,** Summe der durch die Gezeitenbewegungen hervorgerufenen Reibungskräfte; umfasst die Reibung der ozeanischen Gezeitenströme am Meeresboden und die innere Reibung der an der Gezeitenbewegung teilnehmenden festen und flüssigen Teile der Erde. Die Gezeitenreibung verzögert die Erddrehung, sodass in 100 Jahren die Tageslänge um rund 1/600 s zunimmt. Aus ihrem Einfluss wird auch eine relative Westdrift der Kontinente abgeleitet.

**g-Faktor,** *Physik:* der →Landé-Faktor.

**GFK,** Abkürzung für →**glasfaserverstärkte Kunststoffe.**

**Gezeitenkraftwerk.** Gezeitenkraftwerk von Saint-Malo an der Rancemündung (Frankreich)

**Ghiorso** [gɪˈɔːsəʊ], Albert, amerikanischer Physiker, *Vallejo (Kalifornien) 15. 7. 1915; seit 1969 Leiter der Schwerionenbeschleunigeranlage des Lawrence Radiation Laboratory an der University of California in Berkeley; Arbeiten über Radioaktivität, Neutronen und die Eigenschaften der Atomkerne schwerer Elemente. Ghiorso war zusammen mit G. T. Seaborg Mitentdecker zahlreicher →Transurane.

**GHz,** Einheitenzeichen für Gigahertz, 1 GHz = $10^9$ Hz.

**Giaever** [ˈjeːvər], Ivar, amerikanischer Physiker norwegischer Herkunft, *Bergen 5. 4. 1929; Forschungen zur Supraleitung, Halbleiter- und Biophysik. Für die experimentelle Entdeckung von Tunnelerscheinungen in Halbleitern beziehungsweise Supraleitern (→Tunneleffekt) erhielt er 1973 (mit L. Esaki und B. D. Josephson) den Nobelpreis für Physik.

**Giauque** [dʒɪˈəʊk], William, amerikanischer Physikochemiker, *Niagara Falls (Kanada) 12. 5. 1895, †Oakland (Kalifornien) 28. 3. 1982; Professor in Berkeley (Kalifornien), arbeitete über chemische Thermodynamik und Tieftemperaturphysik, entdeckte die Sauerstoffisotope $^{17}O$ und $^{18}O$ in der Erdatmosphäre und wandte 1933 erstmals die adiabatische

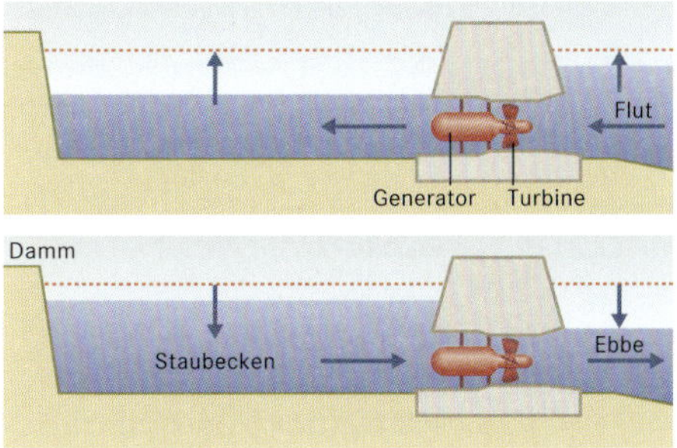


**Gezeitenkraftwerk.** Schema der Funktionsweise; Auffüllen des Beckens bei Flut (oben) und Ausströmen des Wassers bei Ebbe

Entmagnetisierung paramagnetischer Stoffe zur Erreichung von Temperaturen unter 1 K an; erhielt 1949 den Nobelpreis für Chemie für seine Beiträge zur Tieftemperaturphysik.

**Gibbons** [französisch], **Langarmaffen, Hylobatidae,** Familie schwanzloser, in Familienverbänden lebender Affen mit sehr langen Armen. Gibbons sind Baumbewohner südostasiatischer Dschungel und Bergwälder, sie hangeln und klettern ausgezeichnet. Die größte Art, der glänzend schwarze **Siamang** (Symphalangus syndactylus), mit einer Sitzhöhe bis zu 90 cm, lebt auf Sumatra und der Malaiischen Halbinsel. Der **Silbergibbon** (**Wau-Wau,** Hylobates moloch), mit weißlichem Haarkranz um sein schwarzes Gesicht, ist auf Java und Borneo heimisch, der meist schwarze **Hulock** (Hylobates hoolock) und der hellere **Weißhandgibbon** oder **Lar** (Hylobates lar) leben in Indien.

**Gibbs** [gɪbz], Josiah Willard, amerikanischer Mathematiker und Physikochemiker, *New Haven (Connecticut) 11. 2. 1839, †ebenda 28. 4. 1903; wirkte seit 1871 als Prof. für mathematische Physik am Yale College in New Haven; gehört zu den Begründern der modernen Thermodynamik, schuf den Begriff der thermodynamischen Phase, stellte die →gibbssche Phasenregel auf, führte verschiedene thermodynamische Funktionen ein.

**Gibbs-Funktion** [ˈgɪbz-; nach J. W. Gibbs], die →freie Enthalpie.

**gibbssche Phasenregel** [ˈgɪbz-], von J. W. Gibbs formulierte Aussage über die Anzahl *f* der thermodynamischen Freiheitsgrade (das heißt der frei wählbaren intensiven Zustands-

**Giftpflanzen** (Auswahl)

| Pflanzenarten | giftige Pflanzenteile | Gefährlichkeitsgrad |
|---|---|---|
| Aronstab, Gefleckter (Arum maculatum) | alle Pflanzenteile einschließlich der Beeren | ++ |
| Bärenklauarten, vor allem Riesenbärenklau (Heracleum mantegazzianum) | alle Pflanzenteile, besonders der Saft | ++ |
| Bilsenkraut, Schwarzes (Hyoscyamus niger) | alle Pflanzenteile, besonders die Samen | +++ |
| Christrose (Helleborus niger) | alle Pflanzenteile | ++ |
| Dieffenbachiaarten | alle Pflanzenteile | +++ |
| Eibe, Gemeine (Taxus baccata) | alle Pflanzenteile, ausgenommen der rote Samenmantel | ++ |
| Eisenhutarten, vor allem Blauer Eisenhut (Aconitum napellus) | alle Pflanzenteile, besonders die Wurzelknollen und Samen | +++ |
| Engelstrompete (Datura suaveolens) | alle Pflanzenteile | +++ |
| Fingerhutarten, vor allem Roter Fingerhut (Digitalis purpurea) | alle Pflanzenteile | +++ |
| Gartenbohne (Phaseolus vulgaris) | rohe Hülsen, rohe Samen | ++ |
| Germerarten, vor allem Weißer Germer (Veratrum album) | alle Pflanzenteile, besonders der Wurzelstock | +++ |
| Gloriosaarten | alle Pflanzenteile | ++ |
| Goldregenarten, vor allem Laburnum anagyroides | alle Pflanzenteile, besonders die reifen Samen | ++ |
| Hahnenfußarten, unter anderem Scharfer Hahnenfuß (Ranunculus acris) und Gifthahnenfuß (Ranunculus sceleratus) | alle Pflanzenteile | + |
| Herbstzeitlose (Colchicum autumnale) | alle Pflanzenteile | +++ |
| Hundspetersilie (Aethusa cynapium) | alle Pflanzenteile | +++ |
| Kartoffel (Solanum tuberosum) | Keime, unreife, grün gewordene Knollen und alle oberirdischen Pflanzenteile | ++ |
| Lebensbaumarten, vor allem Thuja occidentalis | Blätter, Zapfen, Holz | +++ |
| Maiglöckchen (Convallaria majalis) | alle Pflanzenteile, besonders die Blüten und Samen | ++ |
| Oleander (Nerium oleander) | alle Pflanzenteile | ++ |
| Pfaffenhütchen (Euonymus europaeus) | alle Pflanzenteile, besonders die Früchte | ++ |
| Rhododendronarten, unter anderem Rhododendron mollis | Blüten einschließlich Nektar | ++ |
| Sadebaum (Juniperus sabina) | alle Pflanzenteile, besonders die Zweigspitzen | +++ |
| Schierling, Gefleckter (Conium maculatum) | alle Pflanzenteile | +++ |
| Seidelbast (Daphne mezereum) | alle Pflanzenteile außer Fruchtfleisch, besonders die Samen | +++ |
| Stechapfel (Datura stramonium) | alle Pflanzenteile, besonders die Blüten und Früchte | +++ |
| Tabak (Nicotina tabacum) | alle Pflanzenteile | +++ |
| Tollkirsche (Atropa belladonna) | alle Pflanzenteile | +++ |
| Wasserschierling (Cicuta virosa) | alle Pflanzenteile, besonders der Wurzelstock | +++ |
| Wunderbaum (Ricinus communis) | Samen | +++ |
| Zaunrübenarten (Bryonia alba und Bryonia dioica) | alle Pflanzenteile, besonders die Beeren und Wurzeln | ++ |

+ Giftig. ++ Stark giftig, kann zu schweren Vergiftungserscheinungen führen. +++ Sehr stark giftig, schon geringe Mengen lebensgefährlich.

größen) eines thermodynamischen Systems, dessen $p$ koexistierende Phasen und $k$ chemische Komponenten sich im Gleichgewicht befinden: $f = k - p + 2$. Beispiel: Für die drei Aggregatzustände von Wasser gibt es $1 - 3 + 2 = 0$ Freiheitsgrade, das heißt, sie können gemeinsam nur an einem einzigen Punkt (dem Tripelpunkt) existieren.

**Gichtgas,** das aus Schachtöfen (Hochöfen) an der Gicht austretende gut brennbare Gasgemisch (→Eisen, Verhüttung), das vor der weiteren Verwendung gereinigt werden muss.

**Gieren** [niederländisch eigentlich »schief stehen«], Drehbewegung eines Fahrzeugs in der waagerechten Ebene um eine lotrechte Achse, bewirkt durch ein **Giermoment:** Lenkvorgang, Einfluss von Wind, Seegang, Steuerungsungenauigkeit, Spurspiel im Gleis.

**Gießharze,** Reaktionsharze, die in Formen gegossen werden und durch Polyaddition (Epoxidgießharze und Polyurethangießharze) oder Polymerisation (ungesättigte Polyestergießharze, Polybutadiengießharze und Silicongießharze) zu vernetzten **Gießharzformstoffen** aushärten.

**Gifte,** Stoffe, die ein bestimmtes Material zerstören oder einen technischen, physikalischen oder chemischen Vorgang hemmen oder zum Stillstand bringen.

**Giftmüll,** Abfall, der giftige oder die Umwelt schädigende Stoffe enthält (→Sonderabfall).

**Giftnattern, Elapidae,** Familie der Schlangen mit vorn gefurchten Giftzähnen im Vorderteil des Oberkiefers. Das beim Biss ausgestoßene Gift wirkt besonders auf das Nervensystem des Opfers; der Tod erfolgt durch Lähmung des Atemzentrums. Gefürchtet sind in Afrika die baumbewohnenden über 2 m langen **Mambas** (Dendroaspis), die dort und v. a. in Asien heimischen **Kobras** (Hutschlangen, Naja), in Südasien und Südostasien die **Kraits** (Bungarus). In Australien gehören die meisten Schlangen zu den Giftnattern.

**Giftpflanzen,** Pflanzen, die Substanzen enthalten, die durch Berührung oder Aufnahme in den Körper beim Menschen und bei Tieren Vergiftungserscheinungen mit zuweilen tödlichem Ausgang hervorrufen. Manche Gifte werden durch Trocknen oder Kochen unwirksam, z. B. bei den Samen der Gartenbohne.

**Gifttiere,** Tiere mit Gift in Blut, Gewebe oder Drüsen, das dem Beuteerwerb und/oder der Verteidigung dient. **Giftdrüsen** können an der Körperoberfläche verstreut liegen (so Nesselzellen der Quallen und Korallen, Hautdrüsen der Kröten) oder mit zahn- oder dornförmigen Körperfortsätzen verbunden sein, z. B. Giftstacheln der Skorpione, Bienen, giftige Flossenstrahlen mancher Fische, Giftzähne der Giftschlangen.

**Giga...** [von griechisch gígas »Riese«], Vorsatzzeichen **G,** Vorsatz vor Einheiten für den Faktor $10^9$; z. B. 1 Gigawattstunde (GWh) = 1 Mrd. Wattstunden (Wh); in der *Informatik* Vorsatz für Bit (Gbit) oder Byte (GByte) mit der Bedeutung $2^{30} = 1\,024^3 = 1\,073\,741\,824$.

**Gilbert, 1)** [ˈgɪlbət], Walter, amerikanischer Molekularbiologe, * Boston (Massachusetts) 21. 3. 1932; Professor an der Harvard University. Mit Frederick Sanger entwickelte er verschiedene Methoden zur Bestimmung der Reihenfolge der DNA-Bausteine. Dafür erhielten beide die Hälfte des Nobelpreises für Chemie 1980 (die andere Hälfte ging an Paul Berg).

**2)** [ˈgɪlbət], William, englischer Naturforscher und Arzt, * Colchester 24. 5. 1544, † London 30. 11. 1603; Leibarzt Elisabeths I. und König Jakobs I., fasste die Erkenntnisse älterer Autoren zu einer Lehre vom Magnetismus und Erdmagnetismus zusammen (1600) und beschrieb elektrische Erscheinungen, für die er den Begriff »Elektrizität« prägte.

**Gilman** [ˈgɪlmən], Alfred Goodman, amerikanischer Pharmakologe und Biochemiker, * New Haven (Connecticut) 1. 7. 1941; seit 1981 an der University of Texas in Dallas; erhielt gemeinsam mit M. Rodbell 1994 den Nobelpreis für Physiologie oder Medizin für die Entdeckung der G-Proteine und deren Bedeutung für die Signalübertragung in Zellen.

**Ginkgo** [japanisch] *der,* **Ginkgo biloba,** urtümlicher, zu den Nacktsamern gehörender zweihäusiger Baum Ostasiens, mit fächerför-

### Gießharze – Gießen nach Maß

Maßgeschneiderte Gießharze schützen elektronische Bauteile u. a. für elektrotechnische Geräte und für die Automobilelektronik. Eigenschaften wie Wärmeableitung, elektrische Isolierung, Härte, Flexibilität und Flammschutz werden durch die Wahl der entsprechenden Harzkomponenten eingestellt. In der Mikroelektronik müssen Gießharzisolierungen eine besonders hohe Wärmeleitfähigkeit besitzen, weil Kondensatoren und Platinentransformatoren aufgrund der Miniaturisierung ihre Verlustwärme auf engem Raum erzeugen. Die Gießmasse enthält zwei Komponenten: einen mehrwertigen Alkohol (Polyol) und ein Diisocyanat. Komplett eingegossen in solche Polyurethane sind elektronische Bauteile z. B. von Schließanlagen auch vor Sabotage geschützt. Im Gießbett sind sie sicher vor mechanischen Angriffen wie Druck, Stoß oder Schlag.

### Ginkgo – Lebende Fossilien

Immer wieder finden Wissenschaftler überraschend Vertreter einer angeblich ausgestorbenen Tier- oder Pflanzengruppe. Der Ginkgobaum gehört zu diesen »lebenden Fossilien« im Pflanzenreich. Im Erdmittelalter und im Tertiär waren diese Gewächse weit verbreitet. Heute kommt nur noch die Art Ginkgo biloba vor, die in einem kleinen Gebiet in China eine Nische gefunden hatte. Unter den Tieren gehören der Nautilus, ein Kopffüßer, und der Quastenflosser, ein primitiver Knochenfisch, zu den bekanntesten lebenden Fossilien.

Warum sich manche Organismen über Jahrmillionen kaum verändern, ist nicht genau bekannt. Sicherlich sind konstante Lebensbedingungen sowie das Fehlen von Konkurrenten und Feinden und ein begrenzter kleiner Lebensraum wichtige Voraussetzungen dafür.

**Glas.**
Gefußter Kristallglasbecher aus Murano, mit Emailfarben bemalt (16. Jh.; Florenz, Bargello)

**Giraffen.**
Giraffa camelopardalis

migen Blättern und gelben essbaren Samen; beliebter Parkzierbaum.

**Ginsburg,** Witali Lasarewitsch, russischer Physiker, *Moskau 4. 10. 1916; entwickelte 1950 zusammen mit L. D. Landau eine phänomenologische Theorie der Supraleitung **(Ginsburg-Landau-Theorie);** arbeitete u. a. zur Kristalloptik und zur Theorie der Ferroelektrizität. Für seinen entscheidenden Beitrag zum Verständnis der Supraleitung erhielt Ginsburg 2003 (mit A. A. Abrikossow und A. J. Leggett) den Nobelpreis für Physik.

**Giorgi-System** ['dʒordʒi-; nach dem italienischen Physiker G. Giorgi *1871, †1950], ein →Maßsystem.

**Giraffen** [italienisch-arabisch], **Giraffidae,** afrikanische Paarhuferfamilie mit zwei fellbedeckten Knochenzapfen auf dem Schädel. Die zu den Langhalsgiraffen gehörende **Giraffe** (Giraffa camelopardalis) mit besonders langem Hals, hohen Vordergliedmaßen, kurzem, steilem Rücken, von 5 bis 6 m Scheitelhöhe, lebt in kleineren Rudeln, meist in offener Savanne, wo Baumlaub mit der Greifzunge gepflückt wird. Nach der Fellzeichnung unterscheidet man acht Unterarten, u. a. **Netzgiraffen** mit weißem Netz auf braunem Grund und **Sterngiraffen** mit breiten, ausgefransten hellen Bereichen. Zu den Kurzhalsgiraffen gehört das im äquatorialen Waldgebiet Afrikas lebende, 150–170 cm hohe **Okapi** (Okapia johnstoni), dessen Vorderbeine kaum länger sind als die Hinterbeine; es hat einen kürzeren Hals als die Giraffe und ist rotbraun mit zebraartiger Schwarz-Weiß-Streifung der Schenkel und Beine.

**Gitter, 1)** *Kristallografie:* →Kristallgitter.

**2)** *Optik:* **Beugungsgitter, optisches Gitter,** periodische Anordnung vieler gleichartiger beugender Objekte, die v. a. zur Erzeugung von Beugungsspektren (→Beugung) dienen. **Amplitudengitter** ändern die Intensität (das heißt den Betrag der komplexen Amplitude) des Lichtes, **Phasengitter** dessen Phase örtlich periodisch. Optische Strichgitter werden für durchgehendes Licht auf ebenen Glasplatten **(Transmissionsgitter)** oder für reflektiertes Licht auf spiegelnden Oberflächen **(Reflexionsgitter)** mit eng nebeneinander eingeritzten Linien versehen, die mechanisch (bis etwa 2 000 Linien/mm) oder durch holografische Interferenzverfahren (bis etwa 6 000 Linien/mm) erzeugt werden. Der Abstand zweier benachbarter Gitterelemente heißt **Gitterkonstante.** Hohlspiegel als konkave Beugungsgitter bilden gleichzeitig ab und sind auch im Ultravioletten und im Infraroten brauchbar. Das Auflösungsvermögen hängt von der Beugungsordnung und der Anzahl der Linien auf der Gitterfläche ab.

**Gitterschwingungen,** die kollektiven Schwingungen der Gitterbausteine (Atome, Ionen oder Moleküle) in einem Kristall um ihre Gleichgewichtslage, deren Amplitude mit der Temperatur zunimmt. Am absoluten Nullpunkt sind lediglich die nur quantenmechanisch erklärbaren Nullpunktschwingungen angeregt. Die Gitterschwingungen bestimmen u. a. die Wärmeleitung in Festkörpern; die Wechselwirkung der Gitterschwingungen mit den Elektronen sind Ursache des elektrischen Widerstands. Die Energiequanten der Gitterschwingungen nach den Gesetzmäßigkeiten der Quantenmechanik sind die →Phononen.

**Glas** [althochdeutsch, ursprünglich »Bernstein«], ein fester, in seiner überwiegenden Masse nicht kristalliner (amorpher), spröder anorganischer Werkstoff, der keinen definierten Schmelzpunkt besitzt, sondern mit steigender Erwärmung stetig (das heißt ohne sprunghafte Änderung seiner Eigenschaften) in einen weichen und schließlich flüssigen Zustand übergeht. Strukturell gesehen besteht Glas aus einem unregelmäßig räumlich verketteten Netzwerk bestimmter molekularer Bauelemente (z. B. $SiO_4$-Tetraeder), in das große Kationen eingelagert sind. Glas besitzt eine geringe Wärmeleitfähigkeit und einen hohen elektrischen Widerstand. Es kann durch Gießen, Blasen, Pressen und Walzen verformt werden. Die Hauptbestandteile des Glases sind die eigentlichen Glasbildner, Flussmittel und Stabilisatoren. Die wesentlichsten **Glasbildner** sind Siliciumdioxid ($SiO_2$), Bortrioxid ($B_2O_3$) und Phosphorpentoxid ($P_2O_5$), z. B. in Form von Quarzsand, Bergkristall (v. a. für Quarzglas), Borsäure u. a. Das **Flussmittel** erniedrigt den Schmelzpunkt und bewirkt, dass die Glasschmelze bereits bei Temperaturen unterhalb 1 500 °C durchgeführt werden kann; als Flussmittel dienen v. a. Carbonate, Nitrate und Sulfate von Alkalimetallen. **Stabilisatoren** sollen das Glas chemisch beständig machen; es werden hierzu v. a. Erdalkalimetalle sowie Blei und Zink, meist in Form ihrer Carbonate oder Oxide, verwendet.

**Glaser** ['gleɪzə], Donald Arthur, amerikanischer Physiker, *Cleveland (Ohio) 21. 9. 1926; entwickelte die →Blasenkammer **(Glaserkammer)** zum Nachweis von Elementarteilchen und erhielt dafür 1960 den Nobelpreis für Physik.

**Glasfasern,** aus geschmolzenem Glas nach verschiedenen Verfahren (z. B. Düsenziehen, -blasen) hergestellte anorganische Fasern (Durchmesser unter 0,03 mm) mit hoher Zugfestigkeit, chemischer und thermischer Beständigkeit, Lichtdurchlässigkeit sowie gutem Isoliervermögen. **Isolierfasern** mit geringen Reinheitsanforderungen werden für den Schall-, Wärme- sowie Brandschutz verwendet und **Textilglasfasern** aus Aluminiumborosilikatglas mit weniger als 0,8 % Alkali dienen zur Kunststoffverstärkung; **Lichtleitfasern** mit besonders hohen Reinheitsanforderungen werden in der Glasfaseroptik eingesetzt (→Lichtleiter). Dabei werden die stabförmigen

Vorformen am Ende aufgeschmolzen und zu einer Faser ausgezogen. Zum Schutz gegen Feuchtigkeit und mechanische Beschädigung werden Glasfasern mit Kunststoffen oder Keramik beschichtet.

**Glasfaseroptik,** Teilgebiet der Optik, das sich mit den Eigenschaften von Licht in Glasfasern beschäftigt (→Faseroptik).

**glasfaserverstärkte Kunststoffe,** Abkürzung **GFK,** Sammelbezeichnung für Kunststoffe, die zur Erhöhung der Druck-, Biege-, Zug- und Schlagfestigkeit mit Textilglasfasern in Form von Matten, Geweben und Strängen aus parallelen Spinnfäden **(Rovings)** verstärkt sind. Als Kunststoffe kommen sowohl Duroplaste als auch Thermoplaste zur Anwendung. Verwendet werden GFK u.a. für Wellplatten, Glasfaserputz, Behälter, Karosserieteile, Boote, Sportgeräte sowie schlagfeste, wärmeformbeständige Formteile.

**Glashow** [ˈglæʃəʊ], Sheldon Lee, amerikanischer Physiker, * New York 5. 12. 1932; Professor in Berkeley (1962–66) und an der Harvard University; postulierte 1961 die Existenz des (1983 am CERN entdeckten) Vektorbosons $Z^0$ und sagte 1970 die Existenz des vierten Quarks (Charm-Quark) voraus, die 1974 durch die Entdeckung des Psiteilchens bestätigt wurde. Für seine Beiträge zur →Glashow-Salam-Weinberg-Theorie erhielt er zusammen mit A. Salam und S. Weinberg 1979 den Nobelpreis für Physik. Mit H. Georgi (* 1947) entwickelte Glashow die **Georgi-Glashow-Theorie** zur Vereinheitlichung von elektroschwacher und starker Wechselwirkung.

**Glashow-Salam-Weinberg-Theorie** [ˈglæʃəʊ-, -bəːg-], Abkürzung **GSW-Theorie,** von S. L. Glashow, A. Salam und S. Weinberg entwickelte Theorie, die die elektromagnetische und schwache →Wechselwirkung in einer einheitlichen Eichfeldtheorie zusammenfasst **(elektroschwache Wechselwirkung).** Die Wechselwirkung lässt sich in beiden Fällen durch ein Vektorfeld beschreiben, die Kraftwirkungen können auf einen gleichartigen Austauschmechanismus von als Bindeteilchen wirkenden Vektorbosonen (→Eichbosonen) zurückgeführt werden. Der Unterschied liegt in der Masse der Feldquanten. Bei der elektromagnetischen Kraft sind das die masselosen Photonen, bei der schwachen Kraft im Fall der Prozesse ohne Ladungsänderung das intermediäre $Z^0$-Boson, das eine Masse von etwa 100 Protonenmassen besitzt. Für die vielen schwachen Wechselwirkungsprozesse, bei denen auch Ladung ausgetauscht wird, sind die intermediären $W^+$- und $W^-$-Bosonen verantwortlich. Unterscheidbar sind schwache und elektromagnetische Wechselwirkung nur bei Energien, die klein gegen die der Masse der intermediären Bosonen entsprechende Energie von etwa 100 GeV sind. Eine Unterstützung der Vorstellungen der GSW-Theorie lieferte die Entdeckung der →neutralen Ströme (1973) bei der schwachen Wechselwirkung. Die endgültige Bestätigung brachte der Nachweis der intermediären Bosonen $W^+$, $W^-$ und $Z^0$ 1983 am CERN.

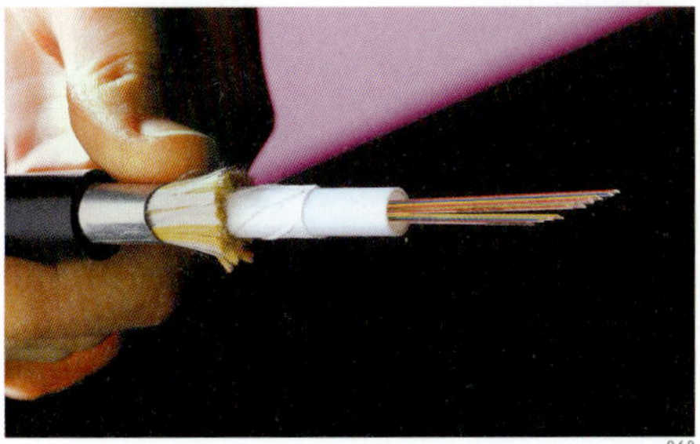

968

**Glasfasern.** Glasfaserkabel

**Glaskeramik,** Werkstoffgruppe, in deren Vertretern amorphe Glas- und kristalline Keramikstrukturen nebeneinander existieren.

Zunächst wird ein Glas mit kristallkeimbildenden Zusätzen nach glastechnischen Verfahren hergestellt, anschließend geformt (z.B. Ziehen, Pressen, Gießen) und durch nachträgliche Wärmebehandlung (→Tempern) teilweise feinstkörnig keramisiert. Die Glasphase besitzt einen positven, die keramische Phase einen negativen Wärmeausdehnungskoeffizienten. Die beiden Phasen sind so aufeinander abgestimmt, dass Glaskeramiken über einen weiten Temperaturbereich keine Wärmeausdehnung (sogenannte **Nulldehnung**) zeigen und somit bis ca. 800 °C unbegrenzte Temperaturwechselbeständigkeit besitzen. Glaskeramiken werden z.B. als Teleskopspiegelträger, Längenstandards und Herdplatten (Ceran®-Kochfeld) verwendet.

**Glasmetalle,** die →metallischen Gläser.

**Glasstahlbeton** [-betɔŋ, auch -betɔ̃], Stahlbetonelement aus kreuzweise angeordneten Rippen und eingesetzten Glasvollkörpern; für lichtdurchlässige, belastbare Abdeckungen u.a.

**Glastemperatur,** die →Einfriertemperatur.

**Glatzflechte, Borkenflechte, Kälberflechte, Rindertrichophytie,** ansteckende Hautkrankheit (Trichophytie) bei Haustieren, v.a. bei Jungrindern, durch Pilze der Gattung Trichophyton (Deuteromyzeten) verursacht; mit Haarausfall und Ausbildung runder, kahler Flecke v.a. an Kopf und Hals, bei Saugkälbern besonders am Maul **(Teigmaul, Maulgrind).**

**Glaziologie** [lateinisch-griechisch] *die,* die Gletscherkunde, →Gletscher.

**Gleichdruckturbine, Aktionsturbine,** im Gegensatz zur Reaktionsturbine mit gleicher Druckhöhe vor und hinter jedem Laufrad arbeitende Dampf- oder Gasturbine; bei Wasserturbinen veraltet für Freistrahlturbine (Pelton-Turbine).

**Gleichgewicht,** *Chemie:* →chemisches Gleichgewicht.

**Gleichgewicht, 1)** *Biologie:* →biologisches Gleichgewicht, →ökologisches Gleichgewicht.

**2)** *Chemie:* **Reaktionsgleichgewicht,** Zustand innerhalb einer umkehrbaren chemischen Reaktion, bei dem Hin- und Rückreaktion die gleiche Reaktionsgeschwindigkeit haben. Dabei stehen die Konzentrationen oder Drücke der Ausgangs- und Endprodukte in einem bestimmten Verhältnis zueinander, das durch die **Gleichgewichtskonstante (Massenwirkungskonstante)** angegeben wird (→Massenwirkungsgesetz). Das chemische Gleichgewicht wird in der chemischen Zeichensprache durch einen Doppelpfeil ($\rightleftharpoons$) gekennzeichnet.

**3)** *Physik, Technik:* der Zustand eines Körpers oder Systems, bei dem maßgebende Zustandsgrößen zeitlich konstant sind und/oder sich Wirkungen und Gegenwirkungen aufheben. Man spricht von **dynamischem Gleichgewicht,** wenn sich zwei entgegengesetzt verlaufende Prozesse in ihrer Wirkung aufheben.

■ **Mechanik** Zustand eines starren Körpers oder eines Systems von starren Körpern, bei dem sich die Wirkungen aller angreifenden Kräfte gegenseitig aufheben, sodass weder eine resultierende Kraft noch ein resultierendes Drehmoment existiert **(statisches Gleichgewicht).** Je nachdem, ob sich ein System bei geringer Verschiebung aus der Gleichgewichtslage von selbst in Richtung auf das Gleichgewicht zurückbewegt, weiter davon entfernt oder auch in der neuen Lage im Gleichgewicht ist, heißt das Gleichgewicht **stabil, labil** oder **indifferent (metastabil).**

■ **Thermodynamik** Ein abgeschlossenes System befindet sich im **thermodynamischen Gleichgewicht,** wenn die Entropie ihren größtmöglichen Wert erreicht hat. In einem offenen System kann ein stationärer Zustand (→Fließgleichgewicht) auftreten.

■ **Kernphysik** Beim radioaktiven Zerfall herrscht **radioaktives Gleichgewicht,** wenn von einer bestimmten Atomart in der Zeiteinheit ebenso viele Atome zerfallen wie aus einer anderen Art durch Zerfall gebildet werden.

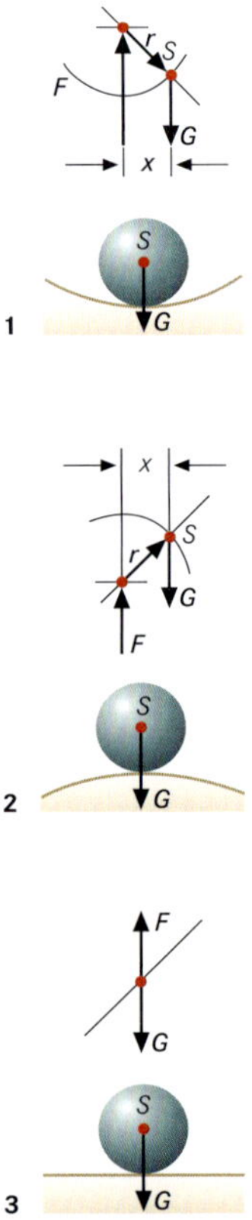


**Gleichgewicht 3).** 1 stabiles, 2 labiles und 3 indifferentes Gleichgewicht (*F* einwirkende Kraft, *G* Gewichtskraft des Körpers, *S* Schwerpunkt)

**Gleichgewichtskonstante,** *Chemie:* →Massenwirkungsgesetz.

**Gleichgewichtsorgane, statische Organe,** Organe des Gleichgewichtssinns bei Tieren und beim Menschen; dienen der Wahrnehmung der Lage des Körpers im Raum, meist mithilfe der Schwerkraftwirkung. Im Allgemeinen liegen ein größerer Körper **(Statolith)** oder mehrere kleine Körnchen beweglich einer bestimmten Gruppe von Sinneshärchen eines Sinnesepithels **(Schwererezeptoren, Gravirezeptoren)** auf, das meist in einer Grube oder in einer flüssigkeitserfüllten Blase **(Statozyste)** liegt. Die Sinneshärchen werden durch den Statolithen bei einer Lageveränderung des Körpers in Richtung Schwerkraft verschoben, wodurch sich der Reiz auf die Sinneshärchen der betreffenden Seite verlagert. Diese einseitige Reizung löst reflektorisch Kompensationsbewegungen aus, die den Körper wieder in die normale Gleichgewichtslage zurückzubringen versuchen. Das Gleichgewichtsorgan der Wirbeltiere (einschließlich des Menschen) befindet sich im Labyrinth (Innenohr), die Sinneszellen liegen in den Sinnesfeldern des Utriculus, des Sacculus und der drei Bogengänge.

**Gleichgewichtssinn, statischer Sinn, Schwerkraftsinn, Schweresinn,** mechanischer Sinn zur Wahrnehmung der Lage des Körpers beziehungsweise der einzelnen Körperteile; im Hinter- beziehungsweise Kleinhirn lokalisiert; wichtig für die aufrechte Körperhaltung.

**Gleichlauf,** bei Maschinen die übereinstimmende Drehungsrichtung einzelner Teile (Wellen, Zahnräder u.a.) im Gegensatz zum Gegenlauf.

**Gleichrichter,** elektronisches Gerät, Bauelement oder Schaltung zur Umwandlung (Gleichrichtung) von Wechselstrom in (pulsierenden) Gleichstrom unter Benutzung von Schaltelementen, die aufgrund ihrer elektrischen Ventilwirkung den elektrischen Strom nur (oder vorwiegend) in einer Richtung hindurchlassen, in der anderen Richtung hingegen sperren (→Stromrichter). Die elektromechanischen, Elektrolytgleichrichter und Röhrengleichrichter wurden inzwischen fast völlig von **Halbleitergleichrichtern** verdrängt, die auf der Sperrschichtwirkung elektrischer Halbleiter beruhen. Heute werden v.a. Germanium- und Siliciumdioden **(Gleichrichterdioden),** bei denen die Gleichrichterwirkung durch den →pn-Übergang zwischen einer p- und einer n-leitenden Halbleiterschicht bewirkt wird, wegen ihrer geringen Größe, kleiner Spannungsverluste und mechanischer Unempfindlichkeit in fast allen Gleichrichterschaltungen und Stromrichtern der Leistungselektronik verwendet (→Diode).

■ **Gleichrichterschaltungen** Gleichrichter unterteilt man in **ungesteuerte Gleichrichter,** bei denen die Ausgangsspannung durch die Art der Schaltung bestimmt wird (Verwendung von Leistungsdioden als Ventile) und in **gesteuerte Gleichrichter,** bei denen die Ausgangsspannung eingestellt werden kann (Verwendung von Thyristoren als Ventile). Nach der Pulszahl der erzeugten Gleichspannung unterscheidet man **Einpuls-, Zweipuls-Gleichrichter** usw. Nach Art der Schaltungsanordnung unterscheidet man zwischen **Einweggleichrichtern,** die nur eine der beiden Halbschwingungen einer Periode ausnutzen, und **Zweiweggleichrichtern,** bei der beide Halbschwingungen verarbeitet werden. Zu den Zweiweggleichrichtern gehören die **Mittelpunktschaltung,** die einen Transformator mit sekundärseitiger Mittelanzapfung und zwei Dioden benötigt, und der **Brückengleichrichter** (→Graetz-

Schaltung), der aus vier Dioden besteht. Jede Gleichrichterschaltung liefert einen Gleichstrom, dem ein Wechselanteil überlagert ist. Er ist beim Einweggleichrichter am größten und bei den Brückengleichrichtern am geringsten. Zur Verringerung der Welligkeit des pulsierenden Gleichstroms sind eine Glättung beziehungsweise auch Siebung nötig. Gleichrichterschaltungen (besonders in Form von Brückenschaltungen) befinden sich in Netzgeräten, die der Stromversorgung elektronischer Geräte (z. B. Verstärker, Rundfunkempfänger, Ladegeräte für Akkumulatoren u. a.) dienen. In der Hochfrequenz-, Sende- und Empfangstechnik werden Gleichrichterschaltungen zur Demodulation eingesetzt, in der elektrischen Energietechnik sind sie als Stromrichter wichtig.

**Gleichrichter|effekt, Sperrschichteffekt,** starke Behinderung des Stromdurchgangs in einer Richtung (Sperrrichtung), bei Metall-Halbleiter-Übergängen und zwischen p- und n-leitenden Halbleiterbereichen (→Halbleiter). Der Gleichrichtereffekt wird u. a. bei Halbleiterdioden zur Gleichrichtung ausgenutzt. Er wurde 1875 von K. F. Braun entdeckt und von W. Schottky 1939 gedeutet (daher **Schottky-Effekt**).

**Gleichrichtwert,** *Elektrotechnik:* Mittelwert einer periodisch veränderlichen Größe (z. B. Strom, Spannung), der durch Gleichrichtung der Wechselgröße entsteht.

**Gleichspannung,** zeitlich konstante elektrische Spannung, die einen stets in die gleiche Richtung fließenden elektrischen Gleichstrom verursacht; Gegensatz Wechselspannung.

**Gleichstrom,** englisch **direct current,** Abkürzung **DC,** elektrischer Strom, der stets in gleicher Richtung fließt, im Gegensatz zum →Wechselstrom. Ein Gleichstrom konstanter Stärke (reiner Gleichstrom) entsteht bei elektrochemischen Vorgängen, z. B. in galvanischen Elementen. Bei pulsierendem (technischem) Gleichstrom ändert sich der Betrag der Stromstärke periodisch; er wird mit →Generatoren aus Wechselstrom mittels Gleichrichtern erzeugt. Ist dem Gleichstrom ein Wechselstromanteil überlagert, spricht man von **Mischstrom.**

**Gleichstrommaschine,** elektrische Maschine, aufgebaut als Gleichstrommotor (→Elektromotor) oder als Gleichstromgenerator (→Generator).

**Gleichung, chemische Gleichung,** →chemische Zeichensprache.

**Gleichverteilungssatz der Energie, Äquipartitionstheorem,** Satz der mechanischen Wärmetheorie. Auf jeden →Freiheitsgrad eines Teilchens (Translation, Rotation, Schwingung), das der Wärmebewegung unterworfen ist, entfällt bei der absoluten Temperatur $T$ im statistischen Mittel die gleiche Energie, nämlich $kT/2$ ($k$ Boltzmann-Konstante). Der Gleichverteilungssatz der Energie gilt nur bei genügend hohen Temperaturen; auf Festkörper angewandt, führt er auf die →Dulong-Petit-Regel.

**Gleichzeitigkeit,** *Physik:* die durch zwei an verschiedenen Orten und in verschiedenen Bewegungszuständen befindlichen Beobachter an ihren Uhren festgestellte zeitliche Übereinstimmung des Eintretens eines physikalischen Ereignisses. Der Begriff der Gleichzeitigkeit, der auf der Annahme des gleichen Ablaufs der Zeit (absolute Zeit) an allen Punkten des Raumes beruht, wurde in der speziellen →Relativitätstheorie neu gefasst.

**Gleisbau,** alle Arbeiten zur Herstellung und Erhaltung des Oberbaus von Schienenbahnen. Bei der Deutschen Bahn AG werden die Oberbauarbeiten unterteilt in Erneuerung, Auswechslung, Durcharbeitung und kleine Instandhaltung. Dazu stehen spezielle Gleisbaumaschinen zur Verfügung. Zur Reinigung des Schotters dienen **Bettungsreinigungsmaschinen,** die den Schotter aufnehmen, über Siebe führen und nach Entfernen des Feinanteils wieder abwerfen. **Stopfmaschinen** und **Richtmaschinen** verdichten den Schotter unter dem Gleisrost und stellen die genaue Gleislage her. Mit **Umbauzügen** wird im Fließbandverfahren das alte Gleis ab- und das neue eingebaut.

**Gleitbauweise, Gleitschalungsfertigung,** Bauweise bei turmartigen Betonbauten unter Verwendung einer Schalung, die dem Baufortgang entsprechend am Bauwerk hochgezogen wird und sich jeweils auf dem bereits betonierten Teil abstützt; die Gleitbauweise wird auch beim Betonstraßenbau eingesetzt.

**Gleiter, Gleitflugzeug,** einfaches, motorloses Flugzeug mit geringer aerodynamischer Güte zur Anfangsschulung von Segelfliegern.

**Gleitflug,** ohne zusätzlichen Antrieb auf einer geneigten Bahn (Gleitbahn) erfolgender Flugzeugflug, wobei die in Flugrichtung liegende Komponente des Eigengewichts mit dem Luftwiderstand im Gleichgewicht steht. Der Winkel, den dabei die Flugbahn mit der Horizontalen bildet, heißt Gleitwinkel; sein Tangens entspricht dem Verhältnis von Widerstand zu Auftrieb **(Gleitzahl);** der Kotangens heißt **aerodynamische Qualität.**

**Gleitmodul,** der →Schubmodul.

**Gleitreibung,** Form der →Reibung.

**Gletscher** [von lateinisch glacies »Eis«], österreichisch **Kees** oder **Ferner,** Eisströme oder -felder, deren **Nährgebiet** (Eiszuwachs) in Firnfeldern oder -mulden der Hochgebirge und Polarländer oberhalb der Schneegrenze liegt, wo jährlich mehr Niederschlag in fester Form fällt als abschmilzt; der unteren Grenze dieser Zone folgt das **Zehrgebiet** des Gletschers (Eisabnahme). Das in vielen Sommer- und Winterschichten übereinander gelagerte, sich unter Druck plastisch verhaltende (»fließende«) Eis bewegt sich durch die Schwerkraft zwi-

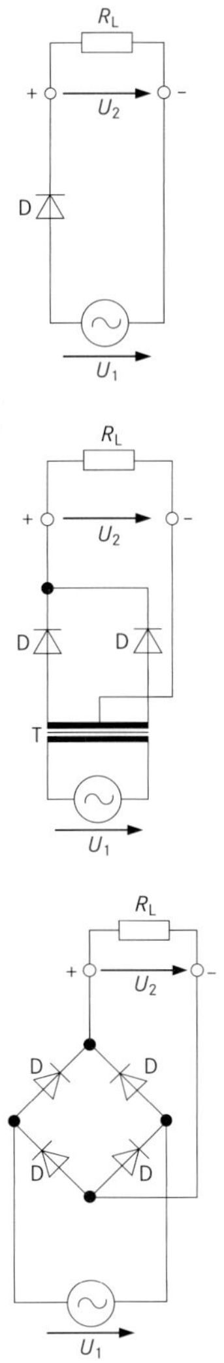


**Gleichrichter.** Von oben: Einweggleichrichter in Einwegschaltung, Zweiweggleichrichter in Mittelpunktschaltung sowie in Brückenschaltung; D Diode (Gleichrichter), $R_L$ Lastwiderstand (Verbraucher), T Transformator mit Mittelanzapfung, $U_1$ Wechselspannung, $U_2$ gleichgerichtete Spannung

## Gletscher Neuseelands Gletscher tanzen aus der Reihe

Seit mehr als 100 Jahren berechnet man die Volumenänderung von zahlreichen Gletschern über die Messung von Zuwachs- und Abschmelzraten. Die Daten bestätigen: seit 1850 sind die Gletscher der Erde im Durchschnitt um fast die Hälfte geschrumpft. Die Alpengletscher haben in diesem Zeitraum etwa 50 m an Dicke verloren.
Der dramatische Rückgang ist nahezu weltweit zu beobachten. Interessanterweise gilt dies jedoch nicht für die Gletscher Neuseelands, diese dehnen sich in neuester Zeit sogar wieder aus. Ein beeindruckendes Beispiel dafür ist der bekannte Fox-Gletscher, der täglich bis zu zwei Meter vorrückt.
Wie ist dieses Phänomen mit der weltweiten Klimaerwärmung zu vereinbaren? Eine mögliche Erklärung ist, dass durch die Erwärmung der Meere mehr Wasser verdunstet, das in Form von Schnee den Gletschern beträchtliche Zuwachsraten beschert. Alternativ könnten auch sich verändernde Meeresströmungen, die kühle südwestliche Winde nach Neuseeland bringen, die Ursache für das Wachstum sein. Die ergiebigeren Schneefälle wären dann Folge einer lokalen Temperatursenkung.

schen den Talhängen bergabwärts. Die Geschwindigkeit schwankt (in den Alpen jährlich 40–200 m, in Ostgrönland bis mehrere Kilometer jährlich).

Der Anteil der Gletscher an der Formung der Erdoberfläche ist beträchtlich, besonders haben die Glazialbildungen des →Eiszeitalters weitere Glaziallandschaften geschaffen. Größere, langfristige **Gletscherschwankungen** sind meist Folge von Klimaschwankungen. Seit Mitte der 1980er-Jahre sind starke Gletscherrückgänge (Gletscherschwund) erkennbar, besonders auch in den Polargebieten, die teilweise auf den zunehmenden Treibhauseffekt zurückgeführt werden.

Die **Gletscherkunde (Glaziologie)** ist die Lehre von der Entstehung, den Formen, der Wirkung und Verbreitung des Eises auf der Erde. Durch ihre Untersuchungen ermöglicht sie Rückschlüsse auf die Verhältnisse während der Eiszeiten und die Entstehung der Glaziallandschaft (Moränen).

**Gley** *der,* **Glei,** unter Stau- oder Grundwassereinfluss stehender Bodentyp besonders in Niederungen.

**Gliederfüßer Arthropoden, Arthropoda,** seit dem Kambrium bekannter Stamm der Gliedertiere, der mit über 850 000 Arten fast 70 % aller Tierarten umfasst; Körperlänge von unter 0,1 mm bis etwa 60 cm; Außenskelett aus Chitin. Da die Chitinkutikula nicht dehnbar ist, sind beim Wachstum der Gliederfüßer regelmäßige Häutungen und Neubildungen der Kutikula nötig. Die Gliederfüßer stammen von Ringelwürmern ab (ihr Körper ist segmentiert). Ursprünglich trägt jedes Segment ein Paar Gliedmaßen, die sehr unterschiedlich ausgebildet sein können (z. B. als Laufbeine, Flügel, Saugrüssel, Fühler). Die Sinnesorgane (v. a. chemischer und optischer Sinn) sind meist hoch entwickelt, ebenso das Zentralnervensystem. Zu den Gliederfüßern zählen v. a. Spinnentiere, Asselspinnen, Krebstiere, Tausendfüßer, Hundertfüßer und Insekten.

**Gliedertiere, Artikulaten, Articulata,** Gruppe von Stämmen wirbelloser Tiere, die durch echte Gliederung des Rumpfes gekennzeichnet sind. Die Gliedertiere umfassen die Ringelwürmer, Stummelfüßer, Bärtierchen, Zungenwürmer, Gliederfüßer.

**Glimmentladung,** stromschwache, selbstständige →Gasentladung mit kalten Elektroden und charakteristischen Leuchtschichten. Anwendung findet die Lichtemission der positiven Säule in Hochspannungsleuchtröhren und die des negativen Glimmlichts in →Glimmlampen.

**Glimmlampe,** eine →Gasentladungslampe, bei der die Glimmlichtbildung an der Kathode genutzt wird. Die Gasfüllung besteht meist aus Neon und Helium, sodass die Glimmlampe ein rötliches Licht gibt. Leistung und Lichtausbeute sind gering (≈ 1 W beziehungsweise 0,5 lm/W).

**Glimmentladung.**
In den drei typischen Entladungsteilen einer Glimmentladung, dem Kathodengebiet, der positiven Säule und dem Anodengebiet, treten bei einer vollständig ausgebildeten Glimmentladung eine Anzahl charakteristischer Leuchtschichten und Dunkelräume auf. Alle Erscheinungen sind vom Gasdruck und von der Gasart abhängig und werden im Einzelnen durch den Verlauf des elektrischen Potenzials und durch die Raumladungen bestimmt.

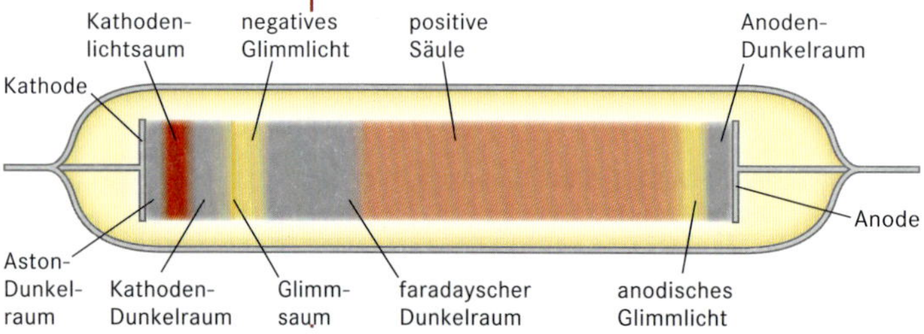

**Glimmstarter, Glimmzünder,** Gerät zum Zünden einer →Leuchtstofflampe. Im Glimmstarter befinden sich ein oder zwei Bimetallelektroden, die sich bei anliegender Netzspannung infolge der Glimmentladung erhitzen, dabei krümmen und einen Vorheizkreis schließen, wodurch die Elektroden der Lampe auf Emissionstemperatur erhitzt werden. Nach Erlöschen der Entladung (nach 1 bis 2 s) kühlen die Bimetallelektroden wieder ab, wobei der Stromkreis plötzlich geöffnet und über das induktive Vorschaltgerät ein Spannungsimpuls hervorgerufen wird, der in der vorgeheizten Lampe die Entladung einleitet.

**Global Positioning System** ['gləʊbl pə'zɪʃnɪŋ 'sɪstəm, englisch], →GPS.

**Globin** [lateinisch] *das,* die Proteinkomponente des Blutfarbstoffs →Hämoglobin.

**Globuline,** Gruppe weit verbreiteter Proteine im Zell- und Blutplasma, in Milch und Eiern; Träger wichtiger physiologischer Funktionen.

**Glucocorticoide** [griechisch-lateinisch], **Glukokortikoide,** eine Gruppe der →Nebennierenrindenhormone.

**Gluconeogenese** [griechisch-lateinisch] *die,* in Leber und Nieren mögliche Neubildung von Glucose aus Nichtkohlenhydraten (Alanin, Glutaminsäure) zur Aufrechterhaltung des Blutzuckerspiegels bei Glucosemangel durch Hunger oder körperliche Arbeit.

**Glucosamin** [griechisch] *das,* von der Glucose abgeleiteter Aminozucker, kommt in Chitin, Glykolipiden und Glykoproteinen vor.

**Glucose** [griechisch] *die,* **Glukose, Traubenzucker, Dextrose,** zu den Aldohexosen gehörender, biologisch bedeutsamster und in der Natur meistverbreiteter Zucker, ein Monosaccharid. Glucose kommt in vielen Pflanzensäften und Früchten sowie im Honig (in der D-Form) vor und ist am Aufbau vieler Di- und Polysaccharide (z. B. Rohrzucker, Milchzucker, Cellulose, Stärke, Glykogen) beteiligt. Im menschlichen und tierischen Organismus findet sich stets eine geringe Menge von Glucose im Blut gelöst, beim Erwachsenen pro Liter 0,8–1,0 g. Die Bestimmung im Blut erfolgt überwiegend enzymatisch. Glucose ist ein wichtiges Zwischenprodukt im Stoffwechsel der Kohlenhydrate; in den Pflanzen entsteht Glucose durch Fotosynthese. Sie findet als Bestandteil von Lebensmitteln, Infusionslösungen und Tabletten sowie zur Herstellung von Sorbit, Ascorbinsäure, Gluconsäure u. a. Verwendung.

**Glucoside** [griechisch], die Glykoside der Glucose.

**Glüh|emission, glühelektrischer Effekt, Edison-Effekt, Richardson-Effekt,** der 1883 von T. A. Edison entdeckte und 1901 von O. W. Richardson theoretisch gedeutete Austritt von Elektronen **(Glühelektronen)** aus der Oberfläche von glühenden Metallen oder Halbleitern.

**Glühen,** eine →Wärmebehandlung von Metallen, v. a. Stahl, zum gezielten Verändern des Gefüges. Man unterscheidet Normalglühen (nur für Stahl gleichmäßig ferritischen Gefüges), Diffusionsglühen (Seigerungsausgleich), Grobkornglühen (Kornvergrößerung), Rekristallisationsglühen und Weichglühen (niedrige Festigkeitswerte, gute Umformbarkeit).

**Glühkerze,** elektrisch betriebene Zündhilfe zum Anlassen von Dieselmotoren, die bei kaltem Dieselmotor durch zusätzliche Temperaturerhöhung der Luft die Selbstzündung des Kraftstoff-Luft-Gemisches ermöglicht. Man unterscheidet Glühkerzen mit Glühdraht und mit Glühstab (Glühstiftkerzen). Die Anzahl der Glühkerzen entspricht der Anzahl der Zylinder. Bei laufendem Motor werden die Glühkerzen abgeschaltet.

**Glühlampe,** künstliche, elektrische Lichtquelle, bei der ein schmelzbarer Draht (meist Wolfram) im Vakuum oder in chemisch inaktiver Gasatmosphäre (meist Stickstoff, Argon, Krypton), um Oxidation und Verdampfen der Wendel sowie Schwärzung des Kolbens zu verhindern, zum Glühen gebracht wird. Der Glühdraht, eine Einfach- oder (meist) Doppelwendel, wird in einem Glas- oder Quarzkolben zwischen zwei Stromzuführungselektroden gehalten. Glühlampen werden in verschiedenen Kolbenformen im Leistungsbereich von 0,1 W bis 20 000 W sowie für Spannungen von 1 V bis 220 V und darüber hergestellt. Die Lichtausbeute beträgt 10 bis 20 lm/W, 5 bis 15 % der Leistungsaufnahme wird in Licht, der größere Teil in Wärme umgesetzt. Glühlampen werden zunehmend durch →Leuchtstofflampen ersetzt. Der Mechaniker H. Goebel baute 1854 die erste Glühlampe mit einem Bambuskohlefaden; zum wirtschaftlichen Erfolg wurde die Glühlampe in Form der Kohlefadenlampe ab 1879 durch T. A. Edison geführt; die erste Metallfadenlampe konstruierte 1898 C. Auer von Welsbach.

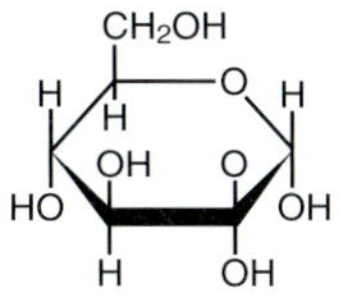


α-D-Glucose (Haworth-Formel)

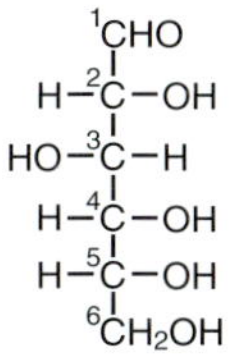


D-Glucose (offenkettige Aldehydform)

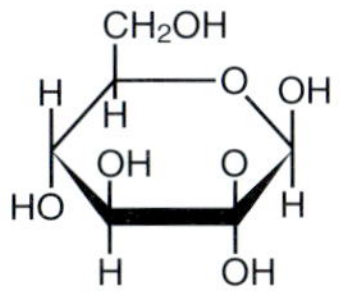


β-D-Glucose (Haworth-Formel)

**Glucose.** Strukturformeln der D-Glucose; offenkettige Form (Mitte), die häufig für Monosaccharide gewählte Darstellungsart, und ringförmige Moleküle (oben α-Form, unten β-Form). Letztere sind in wässriger Lösung ineinander umwandelbar (Mutarotation).

**Glühlampe**
→ GEO **Dossier**
Neue Wege zur Erleuchtung, Bd. 8

**Glühlampe**

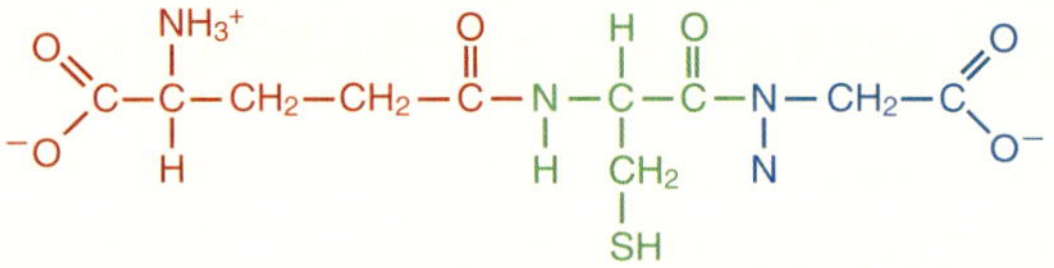

**Glutathion.** Molekülkette mit den Bausteinen Glutaminsäure (rot), Cystein (grün) und Glycin (blau)

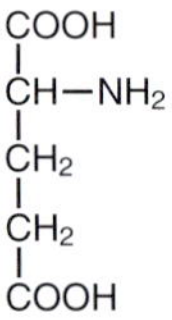

**Glutaminsäure**

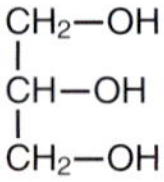

**Glycerin**

**Glüh|ofen,** metallurgischer Ofen zur Wärmebehandlung von Metallen oder Legierungen. Glühöfen werden elektrisch oder durch feste, flüssige oder gasförmige Brennstoffe beheizt. Die Beschickung erfolgt absatzweise (z.B. in Topf-, Hauben-, Herdglühöfen) oder kontinuierlich (z.B. Durchziehöfen für Draht). Soll eine Verzunderung des Glühgutes vermieden werden, wird das Glühgut unter einem Schutzgas, z.B. Stickstoff oder Wasserstoff, behandelt.

**Gluonen** [zu englisch glue »Klebstoff«], zu den →Eichbosonen gehörende masselose Austauschteilchen, die als Feldquanten die starke Wechselwirkung zwischen den →Quarks vermitteln und in acht Farb-(Colour-)Zuständen auftreten. (→Quantenchromodynamik)

**Glutaminsäure, α-Aminoglutarsäure,** Abkürzung **Glu,** in der Natur weit verbreitete Aminosäure, kommt vor allem im Protein des Quarks und der Getreidekörner (bis 45%) vor. Glutaminsäure spielt im Zellstoffwechsel eine überragende Rolle, da sie über den Citratzyklus in Verbindung zum Kohlenhydratstoffwechsel steht. Sie ist an der Bildung von Aminosäuren beteiligt und bindet das beim Proteinabbau frei werdende giftige Ammoniak unter Bildung von Glutamin.

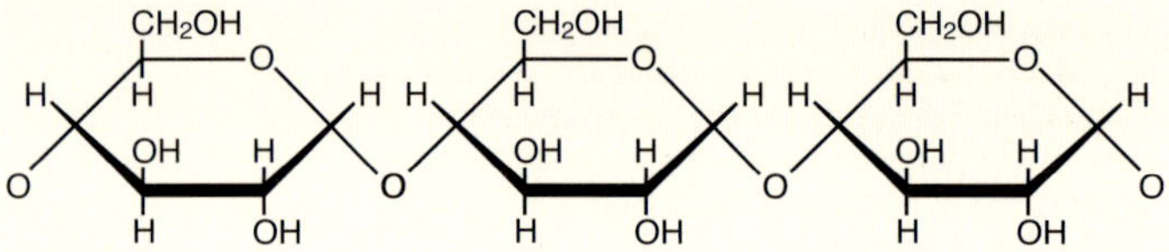

**Glykogen.** Ausschnitt aus der Molekülkette (1,4-glykosidisch verknüpfte α-D-Glucosemoleküle)

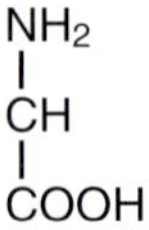

**Glycin**

**Glutathion** *das,* Tripeptid aus Glycin, Cystein und Glutaminsäure, kommt in fast allen Zellen vor, ist als biologisches Redoxsystem von Bedeutung.

**Glutin** [lateinisch] *das,* Sammelbezeichnung für Proteine der Gelatine und des **Glutinleims** (Knochenleim, Hautleim, heute durch synthetische Klebstoffe ersetzt); in heißem Wasser löslich; die Lösung erstarrt beim Abkühlen zu Gallerte.

**Glyceride** [griechisch] *Pl.,* Ester des Glycerins. Die Glyceride der Stearin-, Palmitin-, Ölsäure sind die Hauptbestandteile der Fette und fetten Öle; es werden Monoglyceride, Diglyceride und Triglyceride unterschieden.

**Glycerin** [von griechisch glykýs »süß«] *das,* **Glyzerin, 1,2,3-Propantriol,** einfachster dreiwertiger Alkohol. Die zähflüssige, hygroskopische, süß schmeckende Flüssigkeit siedet bei 290°C unter Zersetzung und ist mit Wasser mischbar. Glycerin kommt in Form von Fettsäureestern in Fetten, Ölen und Phosphatiden vor. Es entsteht bei der alkoholischen Gärung und ist deshalb in kleinen Mengen im Wein enthalten. Einige Insekten, z.B. Hornissen oder Laufkäfer, enthalten Glycerin im Blut, wo es als »Gefrierschutzmittel« wirkt. Glycerin wird durch Fettverseifung oder synthetisch hergestellt.

Verwendung u.a. zur Tabakbefeuchtung, in der Kosmetik zur Hautpflege sowie zur Herstellung von Alkydharzen, Polyurethanen und Nitroglycerin.

**Glycin** [griechisch] *das,* **Glykokoll, Aminoessigsäure,** Abkürzung **Gly,** einfachste nicht essenzielle Aminosäure, kommt v.a. in Gerüstproteinen vor und ist Bestandteil der Glykocholsäure (Gallensäuren).

**Glykane** [griechisch], die →Polysaccharide.

**Glykogen** [griechisch] *das,* **Leberstärke,** wasserlösliches Reservekohlenhydrat, Speicherstoff für den tierischen und menschlichen Organismus. Glykogen entsteht durch glykosidische Verknüpfungen von Glucosebausteinen. Molekülmasse 1 Mio. **(Muskelglykogen)** bis etwa 16 Mio. **(Leberglykogen).** Speicherort von Glykogen ist die Leber, Vorkommen auch in den Muskelzellen. Der Glykogenabbau im Muskel dient der Energieerzeugung. Die Steuerung des Aufbaus von Glykogen in der Leber wird durch Insulin, die des Abbaus durch Adrenalin und Glucagon geregelt.

**Glykokoll** [griechisch] *das,* →Glycin.

**Glykol** [griechisch] *das,* **Ethylenglykol,** einfachster zweiwertiger Alkohol, ölige, farblose, süß schmeckende, giftige Flüssigkeit; Verwendung als Glycerinersatz, Gefrierschutzmittel und Bremsflüssigkeit.

**Glykol|ether,** sich von Glykolen ableitende Ether. Di-, Tri- und Polyethylenglykole werden als Bremsflüssigkeiten, Weichmacher und Lösungsmittel verwendet. Verbindungen mit den Trivialnamen Methyl-, Ethyl-, Methyldiglykol u.a. haben Bedeutung als Lösungsmittel für Lacke, Druckfarben und Kugelschreiberpasten.

**Glykolyse** [griechisch] *die,* in fast allen Lebewesen ablaufender mehrstufiger enzymatischer Abbau der Glucose zur Energiegewinnung (ATP-Synthese). Aus einem Glucosemolekül entstehen unter anaeroben Bedingungen (Gärung) zwei Moleküle Milchsäure (Lactat; z.B. beim arbeitenden Muskel) oder zwei Moleküle Ethanol (bei der Hefegärung), unter aeroben Bedingungen zwei Moleküle Brenztraubensäure (Pyruvat), die über Acetyl-Coenzym A im →Citratzyklus weiter abgebaut werden.

**Glykoproteine** [griechisch] *Pl.* (frühere Bezeichnung **Glykoproteide**), kohlenhydrathaltige Proteine mit glykosidisch gebundenen

Oligosacchariden an der Peptidkette. Zu den Glykoproteinen gehören u. a. Zelloberflächenantigene (z. B. Blutgruppenantigene) und viele Schleimsubstanzen.

**Glykoside** [griechisch] *Pl.*, große Gruppe von Naturstoffen und synthetischen Verbindungen, die aus einem Kohlenhydratanteil und einem als **Aglykon (Genin)** bezeichneten Nichtkohlenhydratbestandteil bestehen. Als Kohlenhydratbestandteil treten vor allem niedere Zucker (Monosaccharide, Oligosaccharide), als Aglykone hydroxyl- oder aminogruppenhaltige Verbindungen (Alkohole, Phenole beziehungsweise Amine) auf. Je nach der Zuckerkomponente heißen die Glykoside Glucoside, Galaktoside usw. Viele Glykoside haben pharmakologische Wirkung (z. B. die Digitalisglykoside).

**Glyzerin,** das →Glycerin.

**Gmelin,** Leopold, deutscher Chemiker und Physiologe, * Göttingen 2. 8. 1788, † Heidelberg 13. 4. 1853; entdeckte in der Galle das Cholesterin und Taurin, verfasste das »Handbuch der theoretischen Chemie ...« (3 Bände, 1817–19), als »Gmelins Handbuch der anorganischen Chemie« vom **Gmelin-Institut** in Frankfurt am Main herausgegeben (seit 1946). Im Dezember 1997 wurde das 800 Bände umfassende Werk aus finanziellen Gründen eingestellt; seitdem wird es als Gmelin-Datenbank (online) weitergeführt. Die Betreuung der Datenbank liegt seit Dezember 1999 bei der Gesellschaft Deutscher Chemiker. Sie enthält derzeit (Stand 2005) Angaben zu etwa 2,6 Mio. chemischen Verbindungen und über 1 Mio. Reaktionen. Ausgewertet werden über 60 Fachzeitschriften.

**GMR-Effekt** [GMR Abkürzung für englisch **g**iant **m**agneto**r**esistance], **Riesenmagnetowiderstandseffekt,** sehr starke magnetisch verursachte Änderung des elektrischen Widerstands in metallischen Dünnschichtsystemen, so genannten →Heterostrukturen. Im Gegensatz zur »normalen« magnetischen Widerstandsänderung beruht der Effekt auf der magnetischen Ordnung der Elektronenspins in einem äußeren magnetischen Feld. Dabei nutzt man mindestens zwei magnetische Schichten, die parallel zueinander angebracht werden und eine Zwischenschicht, die präpariert ist, wobei sich der Widerstand einer solchen Schichtung ändert.

Für einen Strom, der in der Schichtebene fließt, ändert sich der Widerstand der Multilagenschichten in Abhängigkeit von der relativen Ausrichtung der Magnetisierung in den beiden Schichten. Dieser Effekt ist am größten, wenn die beiden Schichten antiparallel magnetisiert, und am kleinsten, wenn sie parallel zueinander magnetisiert sind.

Der GMR-Effekt wird in Leseköpfen von Festplatten und für Sensoren zur Weg-, Winkel- oder Drehzahlmessung genutzt. Der Einsatz für nicht flüchtige magnetische Datenspeicher mit wahlfreiem Zugriff (MRAM) wird vorbereitet.

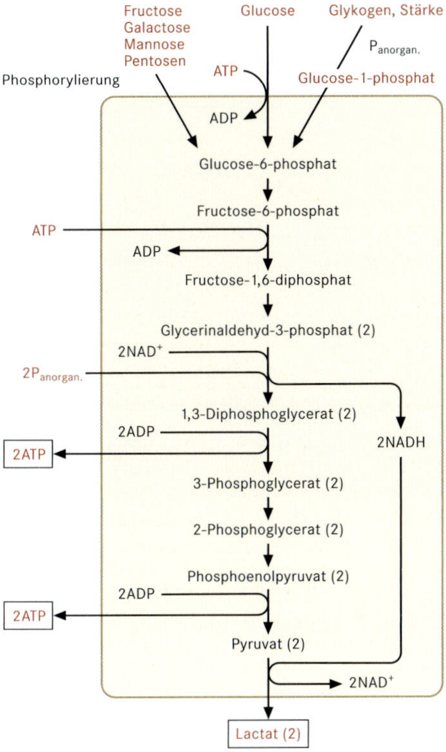


**Glykolyse.** Schema des Stoffwechselwegs, der im Zytosol der Zellen abläuft

**GNO,** Abkürzung für englisch **G**allium **N**eutrino **O**bservatory, →GALLEX.

**Goddard** ['gɔdəd], Robert Hutchings, amerikanischer Physiker und Raketenpionier, * Worcester (Massachusetts) 5. 10. 1882, † Baltimore (Maryland) 10. 8. 1945; befasste sich seit 1912 mit Problemen der Raketentechnik. Entwickelte ein Flüssigkeitsraketentriebwerk und startete 1926 die erste Flüssigkeitsrakete.

**Goeppert-Mayer** ['gœ-], Maria, amerikanische Kernphysikerin deutscher Herkunft, * Kattowitz 28. 6. 1906, † San Diego (Kalifornien) 20. 2. 1972; entwickelte, zunächst unabhängig, dann in Zusammenarbeit mit H. D. Jensen das Schalenmodell des Atomkerns; erhielt dafür 1963 den Nobelpreis für Physik zusammen mit H. D. Jensen und E. P. Wigner.

**Gold** [althochdeutsch, eigentlich »das Blanke«, lateinisch Aurum], chemisches Symbol **Au,** metallisches Element aus der 1. Nebengruppe des Periodensystems, Ordnungszahl 79, relative Atommasse 196,9665, Dichte (bei 20 °C) 19,30 g/cm³, Schmelzpunkt 1 064 °C, Siedepunkt 2 856 °C.

Reines Gold ist rötlich gelb, sehr weich, außerordentlich dehn- und walzbar; es wird meist in Form von Goldlegierungen verarbeitet. Bei Berührung mit Quecksilber bildet es sofort **Goldamalgam.** Als typisches Edelme-

**Gold: Gewinnung** (in t)

| Staat | 1990 | 1999 | 2003 |
|---|---|---|---|
| Republik Südafrika | 603,0 | 451,2 | 420,0 |
| USA | 290,2 | 341,0 | 276,9 |
| Australien | 242,3 | 295,9 | 262,0 |
| Kanada | 167,4 | 157,8 | 140,5 |
| China | 100,0 | 156,0 | 170,0 |
| Peru | 5,4 | 128,1 | 172,6 |
| Russland | – | 126,0 | 180,0 |
| Usbekistan | – | 86,0 | 85,0 |
| Ghana | 24,5 | 81,5 | 67,0 |
| Papua-Neuguinea | 31,0 | 65,0 | 62,0 |
| Chile | 27,5 | 48,0 | 37,0 |
| Brasilien | 98,3 | 43,0 | 37,0 |
| ■ **Welt** | 2 140,1 | 2 432,5 | 2 469,4 |

tall ist es sehr reaktionsträge und wird von Luft und Säuren nicht angegriffen. Königswasser sowie Cyanidlösungen lösen das Metall. In seinen Verbindungen ist Gold v. a. ein- und dreiwertig. In fein verteiltem Zustand auf weiße Oxide geglüht, gibt es eine rote Farbe **(Goldpurpur).** Durch Verunreinigung mit Silber wird die Farbe heller, durch Kupfer dunkler. Kolloides Gold in feiner Verteilung erscheint in verschiedenen Tönungen zwischen Schwarz, Blau, Rot und Gelb. Die elektrische Leitfähigkeit des Goldes beträgt etwa 67 %, die Wärmeleitfähigkeit 70 % von der des Silbers.

■ **Gewinnung** Das einfachste und älteste Verfahren der Goldgewinnung ist das Waschen des Freigoldes aus Seifen, Flusssanden u. a. Außerdem kann der fein gemahlene Erzschlamm mit Quecksilber verarbeitet und das Gold durch **Amalgamation** gebunden werden. Restliches Gold wird dabei an amalgamierten Kupferplatten abgeschieden. Nach Abdestillieren des Quecksilbers bleibt relativ reines Gold zurück. Auch durch die 1889 eingeführte **Cyanidlaugung** kann das Gold aus Erzen gewonnen werden. Die komplexen Cyanide werden an Zink, Aluminium, Aktivkohle oder Ionenaustauschern zersetzt und erhebliche Goldmengen aus dem Anodenschlamm gewonnen.

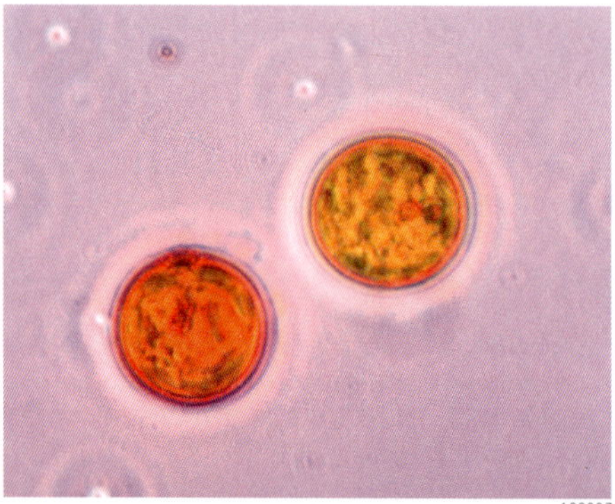

**Goldalgen.** Goldalgen, Vergrößerung 1320:1

100807

Durch elektrolytische Reinigung erhält man 99,98 %iges **Elektrolytgold.**

**Goldalgen, Chrysophyceae,** Klasse der Algen mit rund 1 000 Arten im Süßwasser (nur wenige im Meer); einzellige, bewegliche oder festsitzende, goldbraune bis braune Algen.

**goldene Regel der Mechanik,** Gesetzmäßigkeit der Mechanik, nach der es keine mechanische Vorrichtung gibt, durch die Arbeit eingespart werden kann; wird eine Kraft verkleinert, so verlängert sich der Weg und umgekehrt (Beispiel: Flaschenzug).

**Goldpräparate,** *Technik:* goldhaltige Substanzen (→Goldverbindungen) zur technischen Verwendung, z. B. **Goldsalz** (Natriumgoldchlorid) und **Goldchlorid** (Chlorogoldsäure) in Fotografie, Galvanotechnik, Glas- und Porzellanmalerei sowie Mischungen dieser Stoffe mit organischen Substanzen und Metallen wie **Glanzgold** oder **Poliergold,** zum Aufbrennen von Vergoldungen, **Goldpurpur** oder **cassiusscher Goldpurpur,** eine Mischung von kolloidem Gold und wasserhaltigem Zinndioxid, zum Rotfärben von Glasflüssen. Außerdem zählen echte Goldbronze, Muschel- oder Malergold zu den Goldpräparaten.

**Goldsalz,** →Goldpräparate.

**Goldschmidt, 1)** Hans, deutscher Chemiker, * Berlin 18. 1. 1861, † Baden-Baden 25. 5. 1923; Erfinder der →Aluminothermie und des Thermitschweißverfahrens; führte die Weißblechentzinnung ein.

**2)** Victor, deutscher Mineraloge und Geochemiker, * Zürich 27. 1. 1888, † Vestre Aker (bei Oslo) 20. 3. 1947; Begründer der modernen Geochemie, stellte die ersten Tabellen der Ionen- und Atomradien auf und arbeitete über das geochemische Verteilungsgesetz der Elemente.

**Goldstein** ['gəʊldstaɪn], Joseph Leonard, amerikanischer Mediziner, * Sumter (South Carolina) 18. 4. 1940; seit 1977 Professor für molekulare Genetik an der Universität von Texas in Dallas; erhielt 1985 mit M. S. Brown für die Erforschung des Cholesterolstoffwechsels und der Arteriosklerose den Nobelpreis für Physiologie oder Medizin.

**Goldverbindungen.** Die wichtigste Goldverbindung ist das in roten Nadeln kristallisierende (in Form dimerer Moleküle vorliegende) **Gold(III)-chlorid,** $AuCl_3$, das durch Überleiten von Chlor über fein verteiltes Gold bei 180 °C entsteht. Mit Chlorwasserstoff bildet Gold(III)-chlorid die in hellgelben, zerfließlichen Nadeln kristallisierende **Tetrachlorogold(III)-säure,** $H[AuCl_4] \cdot 4\,H_2O$ (im Handel **Goldchlorid** genannt), die sich auch beim Eindunsten von in Königswasser gelöstem Gold abscheidet. Die Tetrachlorogold(III)-säure ist Ausgangsmaterial für fast alle weiteren Goldverbindungen (→Goldpräparate).

**Golgi** ['gɔldʒi], Camillo, italienischer Histologe, * Corteno (heute Corteno Golgi, bei

Edolo, Provinz Brescia) 7. 7. 1844, † Pavia 21. 1. 1926; entwickelte zahlreiche neue histologische Färbemethoden und gewann dadurch wichtige Erkenntnisse über den Feinbau des Nervensystems, wofür er 1906 mit S. Ramón y Cajal den Nobelpreis für Physiologie oder Medizin erhielt.

**Gon** [zu griechisch gōnía »Winkel«] *das,* Einheitenzeichen **gon,** v. a. in der Geodäsie verwendete gesetzliche Einheit des ebenen Winkels, früher »Neugrad« genannt, definiert als der 100ste Teil des rechten Winkels oder durch 1 gon = $(\pi/200)$ rad.

**Gondwana,** Großkontinent der Südhalbkugel, der vom Ende des Präkambriums bis ins Mesozoikum bestand und die alten Festlandkerne Südamerikas (Brasília, Guayana- und Patagonischer Schild), Afrikas, Vorderindiens, Australiens (Australia) und der Antarktis verband; durch einen wechselnd breiten Meeresarm (→Tethys) war er vom Großkontinent der Nordhalbkugel (→Laurasia) getrennt.

Gondwana zerfiel gegen Ende des Mesozoikums vollständig in die heutigen Kontinente, die durch →Plattentektonik zu ihrer heutigen Lage auseinander drifteten. Die Zusammengehörigkeit ist durch die Spuren der permokarbonischen Vereisung und die fossilen Reste der einem kühlgemäßigten Klima angepassten **Gondwanaflora** oder **Glossopterisflora** belegt.

**Goniometer** [griechisch] *das,* **Winkelmesser,** Instrument zum Messen von Winkeln zwischen zwei Ebenen, besonders zweier Kristall- oder Prismenflächen; als Anlegegoniometer oder Reflexionsgoniometer. Das **Anlegegoniometer** oder **Kontaktgoniometer** besteht aus zwei Linealen, von denen wenigstens das eine um den Mittelpunkt eines in Grade geteilten Halbkreises drehbar ist. Beim **Reflexionsgoniometer** wird die Reflexion des Lichts zur Messung genutzt.

**Gonochorismus** [griechisch-lateinisch] *der,* Getrenntgeschlechtigkeit bei Tieren, das heißt die männlichen und weiblichen Geschlechtszellen werden (im Unterschied zum Zwittertum) in verschiedenen Individuen, den männlichen und weiblichen Tieren, gebildet.

**Gonokokken** [griechisch], gramnegative Bakterien der Gattung Neisseria, Erreger des Trippers.

**Goodall** [ˈgʊdɔːl], Jane, britische Primatenforscherin, *London 3. 4. 1934; lieferte einen bedeutenden Beitrag zur Verhaltensforschung an Primaten durch langjährige Verhaltensstudien an wild lebenden Schimpansen, v. a. im Gombe-Stream-Schimpansenreservat in Nordtansania. Sie gründete das »Gombe-Stream-Research-Center« (1965) und das »Jane Goodall Institute for Wildlife Research, Education and Conservation« (1976), durch das sie die weitere Forschung an Schimpansen sicherstellen will.

100562

**Jane Goodall**

**Goodyear** [ˈgʊdjəː], Charles, amerikanischer Chemiker, *New Haven (Connecticut) 29. 12. 1800, † New York 1. 7. 1860; wurde durch Erfindung der Kautschukvulkanisation (1839) und des Hartgummis (1840) Begründer der modernen Gummiindustrie.

**Gorilla** [afrikanisch] *der,* **Gorilla gorilla,** sehr kräftiger, muskulöser, in normaler Haltung aufrecht stehend bis etwa 2 m hoher Menschenaffe in den Wäldern Äquatorialafrikas; Fell dicht, braunschwarz bis schwarz oder grauschwarz, manchmal mit rotbrauner Kopfplatte. Der Pflanzen fressende Gorilla lebt in kleinen Gruppen. Man unterscheidet zwei Unterarten: **Flachlandgorillas** (**Westgo-**

**Gorilla Ein Leben für die Gorillas**

100674

Dian Fossey war eine amerikanische Zoologin und Verhaltensforscherin. Im Auftrag der »National Geographic Society« ging sie nach Ruanda und errichtete 1967 in etwa 3 000 m Höhe die Karisoke-Forschungsstation, um dort eine Langzeitstudie über die Berggorillas der Virunga-Vulkane durchzuführen. Mit viel Geduld und Ausdauer gewann sie das Vertrauen der Gorillas, auch der großen männlichen Leittiere, der »Silberrücken«. So konnte sie Einblicke in deren Familienstrukturen, Verhaltensweisen und Kommunikationsverhalten gewinnen. Fast 18 Jahre verbrachte Dian Fossey im Regenwald, einige Jahre davon begleitete sie der Kameramann Bob Campbell. Im Dezember 1985 wurde sie – vermutlich von Wilderern ermordet – tot in ihrer Hütte im »Karisoke Research Centre« aufgefunden.

Heute leben mehr als 650 Berggorillas in Zentralafrika, dank intensiver Erhaltungspolitik und ständiger Überwachung. Ohne Dian Fossey und Bob Campbell hätte die Berggorillas wohl ein anderes Schicksal ereilt.

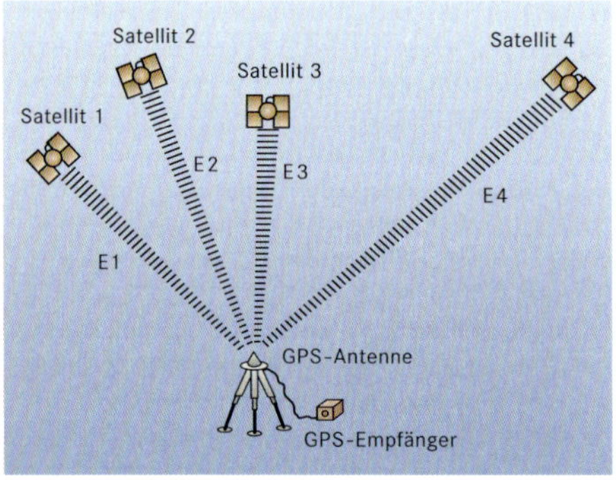


**GPS.** Positionierung mit GPS

**rillas, Küstengorillas,** Gorilla gorilla gorilla), nur noch in Kamerun, Äquatorialguinea, Gabun, der Demokratischen Republik Kongo; mit kurzer Behaarung; **Berggorillas (Ostgorillas,** Gorilla gorilla beringei), in Zentralafrika vom Osten der Demokratischen Republik Kongo bis Westuganda, v. a. im Gebirge; Fell sehr lang und dunkel. Beide Unterarten sind durch Bejagung und Lebensraumzerstörung bedroht.

**Gorleben,** Gemeinde im Landkreis Lüchow-Dannenberg, Niedersachsen, an der Elbe. Auf einem Gelände über einem Salzstock bei Gorleben war die Errichtung eines integrierten nuklearen Entsorgungszentrums geplant, doch wurde das Projekt 1979 wieder aufgegeben. Geologische Untersuchungen über die Eignung des Salzstockes bei Gorleben für die Endlagerung von radioaktiven Abfällen begannen 1980 mit Bohrungen; die Bundesregierung hat gemäß der Vereinbarung zum Atomausstieg 2000 durch ein Moratorium die weitere Erkundung des Salzstocks Gorleben jedoch für mindestens 3, längstens jedoch für 10 Jahre unterbrochen.

Seit 1995 ist bei Gorleben ein Trockenlager für die Zwischenlagerung von ausgedienten Brennelementen und hochradioaktiven Abfällen in Castorbehältern (Castor®) in Betrieb. Die auf dem gleichen Gelände errichtete Pilotkonditionierungsanlage (PKA) wurde inzwischen fertig gestellt, die Betriebsgenehmigung im Dezember 2000 erteilt; die Nutzung der Anlage wurde jedoch bis auf Weiteres auf die Reparatur von schadhaften Behältern beschränkt.

**Goudsmit** ['xɔu̯tsmɪt], Samuel Abraham, amerikanischer Physiker niederländischer Herkunft, *Den Haag 11. 7. 1902, † Reno (Nevada) 4. 12. 1978; arbeitete v. a. über die Feinstruktur von Atomspektren, postulierte zusammen mit G. E. Uhlenbeck den Elektronenspin; leitete 1944 ein Geheimunternehmen zur Auskundschaftung des deutschen Atombombenprojekts.

**GPRS** [Abkürzung für englisch **g**eneral **p**acket **r**adio **s**ervice], Standard für die paketvermittelte Datenübertragung über →GSM auf mobile Endgeräte, wobei die Abrechnung per Datenaufkommen erfolgt. Zur Steigerung der Bandbreite nutzt GPRS die Kanalbündelung, durch die eine Datenübertragungsrate bis 171,2 Kbit/s (8 Kanäle) erreicht wird. Bei einer hohen Zahl von Nutzern innerhalb einer Funkzelle sinkt die Übertragungsgeschwindigkeit, da sich alle Nutzer die Übertragungskapazität innerhalb der Reichweite der Funkzelle teilen

## GPS Genauigkeit ist relativ

101331

Ob Weltumsegler, Bergsteiger oder gewöhnlicher Autofahrer – sie alle vertrauen auf GPS, um den richtigen Weg zu finden. Indirekt vertrauen sie damit auch Albert Einsteins Relativitätstheorie, denn erst sie macht die Satellitennavigation möglich. Selbst die extrem genauen Atomuhren an Bord der Satelliten liefern keine brauchbare Positionsbestimmung, wenn nicht relativistische Effekte berücksichtigt werden. Denn die Satelliten bewegen sich, und bewegte Uhren – so die spezielle Relativitätstheorie – gehen langsamer. Gleichzeitig sagt die allgemeine Relativitätstheorie, dass Uhren in einem Schwerefeld nachgehen, demnach geht also die Uhr des GPS-Empfängers auf der Erde langsamer. Beide Effekte heben sich jedoch nicht auf, der allgemein-relativistische Effekt durch die irdische Schwerkraft ist etwa sechsmal größer als der Einfluss der Satellitengeschwindigkeit.
Ohne Berücksichtigung dieser beiden relativistischen Effekte würde während der Messung der Fehler pro Sekunde um etwa 13 cm anwachsen. Nach einer Stunde wäre er also schon auf 500 m angestiegen. Die Theorie Albert Einsteins muss also zwingend berücksichtigt werden, soll das Navigationsgerät nicht in die Irre führen.

müssen. GRPS ist deshalb nur ein Übergang zu den weitaus schnelleren Übertragungsraten von →UMTS.

**GPS** [Abkürzung für englisch **g**lobal **p**ositioning **s**ystem »globales Ortungssystem«], Satellitennavigationssystem für zivile und militärische Zwecke, bestehend aus 24 (21 + drei Reserve) in sechs kreisförmigen Bahnen angeordneten Satelliten (Höhe 20 200 km), wobei überall auf der Erde stets mindestens vier Satelliten über dem Horizont stehen und fortlaufend Positionssignale senden. Mit einem GPS-Empfänger (Antenne, Signalempfangsteil, Präzisionsuhr, Mikroprozessor, Stromversorgung) als Nutzersegment kann aus vier bis meist acht Satellitensignalen die eigene Position errechnet werden. Die Messgenauigkeit liegt normalerweise bei ±15 m, für militärische Zwecke auch darunter. Mit der Verfeinerung von GPS zum DGPS (Differenzial-GPS) können Fehler stark verringert werden.

**Grad,** *Physik:* →Grad Celsius, →Grad Fahrenheit, →Grad Rankine, →Grad Reaumur, →Kelvin.

**Grad Celsius** [nach dem schwedischen Astronomen Anders Celsius, * 1701, † 1744], Einheitenzeichen **°C**, gesetzliche Einheit der **Celsius-Temperatur** $t$ (oder $\vartheta$). Diese ist definiert durch: $t = T - T_0$ ($T$ thermodynamische Temperatur, $T_0$ thermodynamische Temperatur des Eispunktes = 273,15 K). In der **Celsius-Skala** ist ein Grad als der 100ste Teil der Temperaturdifferenz zwischen Eispunkt (0 °C) und Dampfpunkt (100 °C) festgelegt.

**Grad Fahrenheit** [nach D. G. Fahrenheit], Einheitenzeichen **°F,** angloamerikanische Einheit der **Fahrenheit-Temperatur.** In der **Fahrenheit-Skala** wird der Eispunkt (Gefrierpunkt des Wassers) mit 32 °F, der Dampfpunkt (Siedepunkt) mit 212 °F festgelegt, der Fundamentalabstand zwischen beiden Punkten beträgt 180 °F (1 °F ist der 180ste Teil der Temperaturdifferenz zwischen Eis- und Dampfpunkt). Zwischen dem Zahlenwert $F$ der Temperatur in °F (Fahrenheit-Temperatur) und dem Zahlenwert $C$ der Temperatur in °C (Celsius-Temperatur) gelten die Umrechnungen: $C = {}^5/_9(F - 32)$ und $F = {}^9/_5 C + 32$.

**Grad Rankine** [- ˈræŋkɪn; nach W. J. Rankine], Einheitenzeichen **°R** oder **°Rank,** angloamerikanische Einheit der **Rankine-Temperatur.** Der Nullpunkt der **Rankine-Skala** ist der absolute Nullpunkt der Temperatur (0 K). Zwischen der in Kelvin (K) gemessenen thermodynamischen Temperatur und der Rankine-Temperatur besteht der Zusammenhang: $x$ °Rank = ${}^5/_9 x$ K.

**Grad Reaumur** [- re:oˈmyr; nach R. A. Réaumur], Einheitenzeichen **°R,** veraltete, nicht gesetzliche Einheit der **Reaumur-Temperatur.** In der **Reaumur-Skala** beträgt der Fundamentalabstand zwischen Eis- und Dampfpunkt 80 °R (Eispunkt 0 °R, Dampfpunkt 80 °R); die Zahl 80 leitet sich aus der Längenausdehnung des Alkohol-Wasser-Gemisches her, die Réaumur als Thermometerfüllung verwendete. 1 °R = ${}^5/_4$ °C.

**Graetz-Schaltung** [nach dem Physiker Leo Graetz, * 1856, † 1941], zur Gleichrichtung von Wechselstrom verwendete Brückenschaltung, bei der vier →Gleichrichter die Brücke bilden, an deren einem Diagonalzweig die Wechselstromquelle angeschlossen ist, während der andere Diagonalzweig den gleichgerichteten Strom führt.

**Grafikkarte,** *Informatik:* eine Steckkarte, die die im Computer verarbeiteteten Text- und Bildinformationen in für den Monitor darstellbare Signale umsetzt. Von der Grafikkarte hängt im Wesentlichen die Auflösung, die darstellbare Farbanzahl (Farbtiefe) und die Geschwindigkeit beim Bildaufbau ab.

**grafische Technik,** die Gesamtheit aller Verfahren, verwendeten Gegenstände und Anlagen des grafischen Gewerbes, umfasst die Satztechnik, Reproduktionstechnik, Herstellung von Druckformen, Druckverfahren und die Buchbinderei; zunehmend digitalisiert.

**Grafit,** →Graphit.

**Gramfärbung** [nach dem dänischen Pathologen Hans Christian Joachim Gram (* 1853, † 1938)], wichtige diagnostische Färbung in der Bakteriologie. Das Färbeverfahren unterteilt die Bakterien aufgrund eines unterschiedlichen Zellwandaufbaus in grampositiv (dunkelblau), z. B. Staphylokokken, Streptokokken, und gramnegativ (rot), z. B. Gonokokken, Meningokokken, Salmonellen. Diese reagieren unterschiedlich auf Antibiotika, was bei der Behandlung von Infektionskrankheiten wichtig ist.

**Gramm** [griechisch grámma »Gewicht von ${}^1/_{24}$ Unze«, eigentlich »Buchstabe«, »Geschriebenes«], Einheitenzeichen **g,** gesetzliche Einheit der Masse, 1 g = 0,001 kg (→Kilogramm). Früher eine der drei Basiseinheiten des CGS-Systems (→Maßsystem).

**Gramm|atom,** →Mol.

**Gramm|molekül,** →Mol.

**Granatapfelbaum Granatbaum, Punica,** einzige Gattung der **Granatapfelgewächse** (Punicaceae) mit zwei Arten, von denen der **Granatbaum** (Granatapfelbaum im engeren Sinn, Punica granatum), ursprünglich verbreitet von Südosteuropa bis zum Himalaja, heute in den Subtropen der ganzen Welt kultiviert wird; bis 1,5 m hoher Strauch oder bis 10 m hoher Baum mit korallenroten (»granatroten«) Blüten; die Frucht (**Granatapfel,** Punischer Apfel) ist eine Scheinbeere, apfelähnlich, 1,5–12 cm breit; das Samenfleisch wird als Obst sowie zur Herstellung von Sirup (**Grenadine**) verwendet.

**Granit,** Ragnar Arthur, finnisch-schwedischer Physiologe, * Helsinki 30. 10. 1900, † Stockholm 12. 3. 1991; untersuchte die mit

**GPS**
→ GEO **Dossier**
Eben durch die Alpen, Bd. 8

Newtons Biograf William Stukeley berichtete 1752 von einem Gespräch mit Newton über die Entdeckung der **Gravitation:**

*»Die Idee der Gravitation wurde durch den Fall eines Apfels ausgelöst, als er, in Gedanken vertieft, hier saß. Warum muss dieser Apfel immer lotrecht zu Boden fallen – meditierte er – warum kann er sich nicht zur Seite oder nach oben bewegen, sondern immer nur in Richtung des Mittelpunkts der Erde? Die Ursache dafür ist offenbar, dass die Erde ihn anzieht…«*

**Gräser 1).**
Glatthafer, eines der häufigsten Wiesengräser

dem Sehvorgang verbundenen physiologisch-chemischen Vorgänge und erhielt dafür 1967 mit H. K. Hartline und G. Wald den Nobelpreis für Physiologie oder Medizin.

**Granula** [zu lateinisch granum »Korn«] *Pl., Zytologie:* körnchenartige Strukturen oder Einlagerungen im Zellplasma.

**Granulat** [lateinisch] *das,* rieselfähiges, in Kornform und -größe gleichmäßiges, feines Korngemenge; Aufbereitungsform für Arznei-, Düngemittel, Kunststoffe.

**Graphit** [griechisch] *der,* **Grafit,** in hexagonalen Tafeln kristallisierender reiner Kohlenstoff, schwarz bis grau, fast metallisch glänzend, sehr weich und gleitfähig. Härte nach Mohs 1, Dichte 2,26 $g/cm^3$. Das Kristallgitter ist ein Schichtgitter, das aus übereinander liegenden Schichten von Sechserringen besteht, die sich relativ leicht gegeneinander verschieben lassen (daher »fettiges Anfühlen«, Verwendung als Schmiermittel). In den Ringen sind die Kohlenstoffatome durch $\sigma$- und $\pi$-Bindungen verbunden. Die daran beteiligten Elektronen haben eine gewisse Beweglichkeit und bewirken die gute elektrische und Wärmeleitfähigkeit in Schichtrichtung. Graphit wird an Luft oberhalb von 500–600 °C langsam oxidiert. Graphit entsteht durch Metamorphose bituminöser und/oder kohliger Ablagerungen und aus metamorph abgespaltener Kohlensäure. Vorkommen in Pegmatiten und Lagern sowie in kristallinen Schiefern, Gneisen und Marmoren. Graphit wird technisch im elektrischen Ofen erzeugt. Er dient u. a. zur Herstellung von Bleistifteinlagen und Elektroden, als Schmiermittel sowie als Moderator in Kernreaktoren.

Durch sehr hohe Drücke und Temperaturen gelingt es heute, Diamanten aus Graphit herzustellen.

**Gräser, 1) Süßgräser, Gramineen, Gramineae, Poaceae,** weltweit verbreitete Familie der Einkeimblättrigen mit rund 8 000 Arten (in Deutschland über 200 Arten) in rund 700 Gattungen; krautige, einjährige oder ausdauernde Pflanzen; Halme in Knoten und Internodien gegliedert; Blätter schmal, spitz, parallelnervig. Die windbestäubten, im Allgemeinen zwittrigen Blüten sind in Ährchen angeordnet, von trockenhäutigen Hochblättern (Spelzen) umgeben und zu Gesamtblütenständen (Ähren, Rispen, Trauben) zusammengefasst. Die Grasfrucht (Karyopse) ist stärkereich.

Die Süßgräser sind in Savannen, Steppen, Wiesen u. a. Formationen bestandbildend und als Nutzpflanzen für die Viehhaltung (Futtergräser) sowie als Getreide von größter Bedeutung.

**2) Sauergräser,** die →Riedgräser.

**Graufäule, Grauschimmel,** durch den Pilz Botrytis cinerea verursachte Fäulnis mit grauem Schimmelrasen, besonders an Erdbeeren und halbreifen Trauben; erzeugt an ausgereiften Trauben die →Edelfäule.

**Gravimetrie,** *Chemie:* **Gewichtsanalyse,** quantitatives chemisches Analyseverfahren. Aus der zu untersuchenden Substanz wird in einer Lösung durch Fällungsreaktion ein schwer löslicher Niederschlag gebildet, dessen Masse durch Wägung **(Auswaage)** bestimmt wird.

**Gravitation** [lateinisch] *die,* **Massenanziehung,** die Anziehung, die alle Massen aufeinander ausüben. Zwei Massenpunkte der Massen $m_1$ und $m_2$, die sich im Abstand $r$ voneinander befinden, ziehen sich gemäß dem **newtonschen Gravitationsgesetz** mit einer Gravitationskraft an, die in Richtung ihrer Verbindungslinien wirkt und für deren Betrag $F$ gilt:

$$F = G\,\frac{m_1 m_2}{r^2}.$$

Der Proportionalitätsfaktor $G$, die **Gravitationskonstante,** ist eine Naturkonstante, $G \approx 6{,}672 \cdot 10^{-11}\,\mathrm{Nm^2\,kg^{-2}}$; sie lässt sich z. B. mit einer Drehwaage experimentell bestimmen. Das Gravitationsgesetz gilt auch für ausgedehnte kugelsymmetrische Körper, wenn für $r$ der Abstand der Massenmittelpunkte verwendet wird; dies ist v. a. für die Himmelsmechanik von Bedeutung. Die von der Erde (u. a. Himmelskörpern) ausgeübte →Schwerkraft ist ein Sonderfall der Gravitation. Das Gravitationsgesetz wurde 1687 von I. Newton veröffentlicht, mit dessen Hilfe er u. a. die keplerschen Gesetze der Planetenbewegung und den freien →Fall erklären konnte. Newton deutete die Gravitation als Fernwirkung.

■ **Feldtheorie** Der im 19. Jahrhundert entwickelte Begriff des →Feldes erlaubte es jedoch, die Gravitation auf das Vorhandensein von **Gravitationsfeldern** zurückzuführen, die den Raum in der Umgebung eines Körpers erfüllen, in dem dieser auf andere Körper eine Anziehungskraft ausübt. Eine völlig neue Formulierung der Gravitation entwickelte A. Einstein in seiner allgemeinen Relativitätstheorie (1916). Danach ist die Gravitation weniger eine Eigenschaft der Materie als des Raum-Zeit-Kontinuums: Dieses ist in seinen geometrischen (metrischen) Eigenschaften keineswegs gleichförmig, sondern erfährt durch die Anwesenheit von Materie innere Strukturänderungen (Raumkrümmung). Aus den Feldgleichungen des hieraus resultierenden Gravitationsfeldes, eines Tensorfeldes, ergibt sich das newtonsche Gravitationsgesetz als Näherungsgesetz für den Grenzfall schwacher Gravitationsfelder sowie im Vergleich zur Lichtgeschwindigkeit kleiner Geschwindigkeiten.

Dem Gravitationsfeld werden analog den Photonen im elektromagnetischen Feld Feldquanten als Vermittler der Kraftwirkung zugeordnet, die **Gravitationsquanten** oder **Gravitonen,** deren experimenteller Nachweis bisher noch nicht gelungen ist. Die Darstellung aller →Wechselwirkungen einschließlich der Gravitation in einer einheitlichen Theorie **(Quantengravitation, Supergravitation)** ist ein grundlegendes Ziel der modernen Physik.

**Gravitationsaberration,** die gravitative →Lichtablenkung.

**Gravitationskonstante, newtonsche Gravitationskonstante,** →Gravitation.

**gravitative Licht|ablenkung,** →Lichtablenkung.

**Graviton** [lateinisch] *das,* Feldquant der →Gravitation.

**Gray** [greɪ; nach dem britischen Physiker L. H. Gray, *1905, †1965] *das,* Einheitenzeichen **Gy,** gesetzliche Einheit der Energiedosis (→Dosis) ionisierender Strahlung: 1 Gy = 1 J/kg.

**Greengard** ['gri:ngɑ:d], Paul, amerikanischer Biochemiker und Neurophysiologe, *New York 11. 12. 1925; seit 1983 Professor für Neurophysiologie an der Rockefeller University in New York. Greengard erhielt 2000 mit A. Carlsson und E. Kandel für die Entdeckungen zur Signalübertragung im Nervensystem den Nobelpreis für Physiologie oder Medizin. Insbesondere erforschte er die Einwirkungen von Dopamin und einer Reihe anderer Signalsubstanzen auf das Nervensystem. Diese Substanzen lösen über einen Rezeptor eine Fülle von Reaktionen aus und beeinflussen damit bestimmte Proteine, die wiederum Zellfunktionen regulieren.

**Greenpeace** ['gri:npi:s; englisch »grüner Frieden«], internationale Umweltschutzorganisation, 1971 in Vancouver (Kanada) gegründet, die mit gewaltfreien, direkten, oft unkonventionellen Aktionen weltweit auf Umweltverschmutzungen und -zerstörungen aufmerksam macht und zur Beseitigung ihrer Ursachen beitragen will. Greenpeace ist (2005) in 40 Staaten vertreten; ein internationales Greenpeace-Council beschließt Art und Durchführung aller Aktionen und Kampagnen. Sitz des nationalen Büros in Deutschland ist Hamburg.

**Greifvögel, Falconiformes,** mit rund 290 Arten weltweit verbreitete Ordnung 14–140 cm langer, tagaktiver Vögel mit Spannweiten von 25 cm bis über 3 m; mit kurzem, hakig gekrümmtem Oberschnabel und kräftigen Beinen, deren Zehen (mit Ausnahme der Aasfresser wie Geier) starke, gekrümmte, spitze, dem Ergreifen und häufig auch dem Töten von Beutetieren dienende Krallen aufweisen. Die Greifvögel jagen in der Regel Wirbeltiere oder Insekten. Die systematische Gliederung der Greifvögel ist umstritten; man zählt zu ihnen u.a. die Adler, Geier, Habichte, Milane, Weihen, Bussarde und Falken. Der Bestand vieler Arten der Greifvögel ist äußerst gefährdet.

**Grenadill** *das,* das dunkelbraune bis schwarzviolette, sehr harte Holz des afrikanischen Grenadillbaums; wertvolles Drechselholz (für Blasinstrumente).

**Grenzfläche,** Fläche zwischen zwei Stoffen oder Phasen, im engeren Sinn zwischen kondensierten Phasen; ist eine Phase ein Gas, spricht man von **Oberfläche.** An der Grenzfläche ändern sich die physikalischen Eigenschaften längs einer Strecke von molekularer Größenordnung sprunghaft; als Wirkung von Kräften treten typische Grenzflächenerscheinungen auf (Oberflächenspannung, Benetzung, Kapillarität).

**grenzflächen|aktiv, kapillaraktiv,** Bezeichnung für die Eigenschaft meist synthetischer organischer Verbindungen wie →Tenside, sich an Grenzflächen stark anzureichern und dadurch die Grenzflächenspannung herabzusetzen. Grenzflächenaktiv sind z.B. Reinigungs- und Netzmittel.

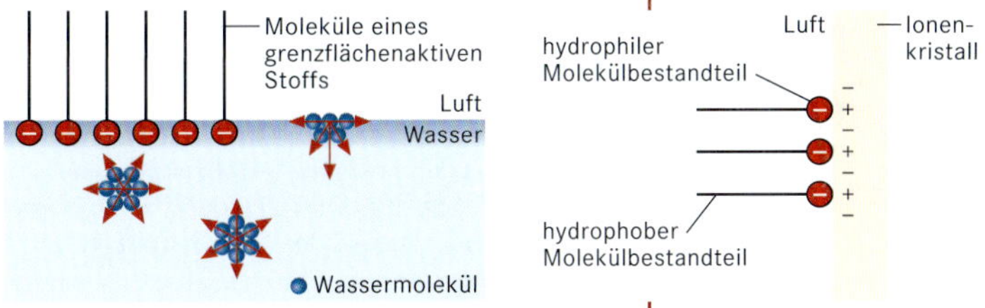


**grenzflächenaktiv.** Die Wirkung grenzflächenaktiver Substanzen; links Bildung einer monomolekularen Schicht und dadurch Verminderung der Oberflächenspannung; rechts Hydrophobierung der Oberfläche eines Ionenkristalls

**Grenzflächenspannung,** an der →Grenzfläche zweier Phasen auftretende Spannung, die die Grenzfläche zu verkleinern sucht. Die Grenzflächenspannung gegen eine gasförmige Phase heißt →Oberflächenspannung.

**Grenzfrequenz,** *Elektrotechnik, Elektronik:* obere und untere Frequenz, bei der die Übertragungsgröße einen bestimmten Grenzwert (z.B. den halben Wert) des durchschnittlichen Durchlassbereichs erreicht hat; wichtige Kenngröße für das Übertragungsverhalten elektrischer Schaltungen oder Geräte.

**Grenzschicht,** *Strömungslehre:* die durch Haften von Gasen oder Flüssigkeiten an festen Körpern und von Reibungskräften gebildete eng anliegende Strömungsschicht in unmittelbarer Wandnähe, innerhalb derer der Betrag der Strömungsgeschwindigkeit vom Betrag null allmählich auf den der Außenströmung ansteigt. Die Grenzschicht ist dabei umso dünner, je geringer die Zähigkeit des Fluids (Gas oder Flüssigkeit) ist. Bei der **laminaren Grenzschicht** verlaufen alle Stromlinien parallel zueinander und zur Wandkontur; die Strömungsteilchen bewegen sich nur längs zueinander; dagegen findet man bei einer **turbulenten Grenzschicht** noch ungeordnete Querbewegungen, die den Strömungswiderstand erheblich erhöhen. Bei der Umströmung eines Körpers entsteht an seiner Oberfläche stromabwärts zunächst eine laminare Grenzschicht, die durch Strömungen oder unter bestimmten

**Gravitation**
→ GEO **Dossier**
Der Mensch, das Genie und sein Weltbild, Bd. 6

**Grenzfläche**
→ GEO **Dossier**
Vorstoß in die Welt des Kleinsten, Bd. 8

Strömungsbedingungen (im Umschlagspunkt) in eine turbulente Grenzschicht übergeht.

**Grenzschichtbeeinflussung,** Beeinflussung der Grenzschicht an Flugzeugtragflügeln, womit durch Vermeidung von Grenzschichtablösungen der Maximalauftrieb vergrößert (→Hochauftriebsmittel) und der Widerstand vermindert werden kann. Die Ablösung wird durch stark verzögerte, energiearme Luftteilchen in der Grenzschicht verursacht.

**Grenzwinkel,** *Optik:* →Reflexion.

**Grid Computing** [grɪd kɔmˈpjuːtɪŋ, englisch »(auf einem) Gitter rechnen«] *das,* **verteiltes Rechnen,** die Verwendung von Ressourcen entfernter Computer für die Datenverarbeitung. Konzepte zur Erhöhung der Leistungsfähigkeit sind u. a. der Einsatz von Parallelrechnern, bei denen mehrere Prozessoren in einem Computer zusammenarbeiten, sowie das Arbeiten mit Clustern, bei denen viele Standardrechner miteinander vernetzt werden. Grid Computing kann als Erweiterung dieser Konzepte angesehen werden. Der Datenaustausch zwischen den kommunizierenden Prozessoren findet über das Internet statt, sodass z. B. auch Rechenzentren miteinander vernetzt werden können (→World Wide Grid).

**Griffel, Stylus,** stielartiger Abschnitt der Fruchtblätter zwischen Fruchtknoten und Narbe im Stempel der Blüten vieler Bedecktsamer; leitet die Pollenschläuche der auf der Narbe nach der Bestäubung auskeimenden Pollenkörner zu den im Fruchtknoten eingeschlossenen Eizellen.

**Grignard** [griˈɲaːr], Victor, französischer Chemiker, * Cherbourg 6. 5. 1871, † Lyon 13. 12. 1935; Professor in Lyon und Nancy; erhielt für die von ihm entwickelte →Grignard-Reaktion 1912 zusammen mit Paul Sabatier den Nobelpreis für Chemie.

**Grillen.** Zwei Feldgrillenmännchen auf dem Vorplatz einer Höhle

**Grignard-Reaktion** [griˈɲaːr-], besonders von Victor Grignard entwickelte Synthese von sehr reaktionsfähigen magnesiumorganischen Verbindungen, **Grignard-Verbindungen** (allgemeine Formel R–Mg–X, wobei R ein Alkyl- oder Arylrest und X ein Halogen ist), die mit Aldehyden oder Ketonen zu Additionsverbindungen reagieren. Die Grignard-Reaktion ist in der präparativen organischen Chemie für viele Synthesen von Bedeutung.

**Grillen, Grylloidea,** Überfamilie der Geradflügler; meist bodenbewohnende, Pflanzen fressende oder räuberische Insekten mit Hörorganen an den Vorderbeinen. Die beiden Vorderflügel bilden beim Männchen die Schrillapparatur. Zu den Grillenim engeren Sinn (Gryllidae) gehören u. a. die in Erdröhren lebende, bis 26 mm lange schwarze **Feldgrille** (Gryllus campestris) sowie das in Gebäuden lebende gelbbraune, bis 16 mm lange **Heimchen** (Acheta domestica).

**Grimạldi,** Francesco Maria, italienischer Mathematiker, Physiker und Astronom, * Bologna 2. 4. 1618, † ebenda 28. 12. 1663; Jesuit, beschrieb erstmals Beugungserscheinungen des Lichts und stellte dafür eine Wellentheorie auf; gab eine Mondkarte heraus.

**Grind,** Bezeichnung für verschiedene Pflanzenkrankheiten, z. B. Kartoffelschorf und Mauke (Grind des Weinstocks) mit Wucherungen der Rinde.

**Größe, physikalische Größe,** Eigenschaft eines physikalischen Objekts, Vorgangs oder Zustands, die sich quantitativ erfassen (messen) lässt. Jede Größe ist durch eine geeignete Messvorschrift definiert. Die Messung wird durch Vergleich mit →Einheiten durchgeführt, der den **Zahlenwert der Größe** (früher Maßzahl) ergibt. Das Produkt aus Zahlenwert und Einheit ist der **Wert der Größe.** Man unterscheidet →Basisgrößen und von diesen **abgeleitete Größen.** Unter einer **Größenart** versteht man die Gesamtheit aller Größen einer bestimmten Art (Dimension), z. B. sind Meter und Zentimeter Größen der Größenart Länge. Eine Größe wird in der Regel durch ein Formelzeichen dargestellt.

**Größenordnung,** die angenäherte Angabe einer Größe oder Anzahl durch Zehnerpotenzen, wenn eine genaue Angabe nicht nötig oder nicht möglich ist; z. B. liegt der Durchmesser eines Atomkerns in der Größenordnung von $10^{-14}$ m.

**Größensystem,** System von Größenarten, um physikalische Gesetzmäßigkeiten zu beschreiben; es ist durch die Wahl der Basisgrößen und eventuelle zusätzliche Festlegungen gekennzeichnet. Die Zahl der Basisgrößen, die von anderen Größen des gleichen Größensystems unabhängig sind, entspricht dem Grad des Größensystems; Grundlage des Internationalen Einheitensystems ist ein Siebenersystem (→SI-Einheiten).

**Große Vereinheitlichte Theorie,** englisch **Grand Unified Theory,** Abkürzung **GUT,** Theorie, die versucht, die starke, schwache und elektromagnetische →Wechselwirkung in einer einheitlichen Feldtheorie zu vereinigen. Eine derartige Vereinheitlichung setzt Energien in der Größenordnung von rund $10^{15}$ GeV, wie sie im Frühkosmos kurz nach dem Urknall geherrscht haben sollen, voraus. Eine der Hauptaussagen der GUT ist die Instabilität von Leptonen und Quarks, aus der z. B. der Zerfall von Protonen in leichtere Teilchen folgt.

**Großforschung,** bis Mitte der 1990er-Jahre üblicher Begriff für die Umsetzung von Forschungsvorhaben, die einen personellen und apparativen Aufwand voraussetzen, der die organisatorischen und finanziellen Möglichkeiten einzelner Hochschulen und regionaler Forschungseinrichtungen erheblich übersteigt. Das hinter dem Begriff Großforschung stehende forschungspolitische Konzept entstand in den USA (»Big Science«) und

**Grünalgen** An der Grenze zwischen Ein- und Vielzeller

Die auch heute noch in nährstoffreichen Gewässern massenhaft vorkommende Grünalge der Gattung *Volvox* gilt als Paradebeispiel für den Übergang von einzelligen zu vielzelligen Organismen. Während bei Einzellern eine Zelle alle Aufgaben übernehmen muss, sind Vielzeller durch Spezialisierung der Zellen und daraus folgende Arbeitsteilung charakterisiert.

Bei *Volvox* findet sich eine frühe Form der Differenzierung in Keimzellen und somatischen Zellen. Die Grünalge bildet innen hohle Kugeln mit einem Durchmesser von bis zu einem Millimeter. Die Wände der Kugel bestehen aus einigen hundert bis tausend Zellen. Die einzelnen Zellen halten über schmale Plasmabrücken miteinander Kontakt. Während die Mehrzahl der Zellen (die somatischen Zellen) sich ausschließlich durch Zellteilung vermehren, sind die wenigen Keimzellen, nach der Differenzierung in Eier und Spermatozoiden, zur sexuellen Fortpflanzung befähigt. Nach der Befruchtung bilden sich in der Mutterkugel kleinere Tochterkugeln, und die Mutterkugel stirbt ab.

wurde in den 1950er-Jahren in der Bundesrepublik Deutschland mit der Zielsetzung aufgenommen, von der staatlichen Forschungspolitik definierte und finanzierte Forschungsvorhaben durch speziell profilierte außeruniversitäre **(Groß-)Forschungseinrichtungen** umzusetzen. Seit 1995 sind diese in der →Hermann von Helmholtz-Gemeinschaft Deutscher Forschungszentren zusammengeschlossen.

**Großraumflugzeuge,** siehe Sonderartikel Seite 380.

**Großrechner,** englisch **mainframe,** Computerklasse mit sehr großer Rechenleistung und großem Platzbedarf. Großrechner werden (wie →Supercomputer) v. a. in Rechenzentren und Großbetrieben eingesetzt.

**Grubbs** [grʌbz], Robert, amerikanischer Chemiker, * Calvert City (Kentucky) 27. 2. 1942; seit 1978 Professor am California Institute of Technology (Caltech) in Pasadena; Grubbs beschäftigt sich mit Organometallchemie. Basierend auf Untersuchungen zum Reaktionsmechanismus der *Metathese* entwickelte er 1992 eine neue Klasse von Katalysatoren, mit denen diese Reaktion in größerem Umfang anwendungsfähig wurde. Seine Ruthenium-Katalysatoren, auch *Grubbs-Katalysatoren* genannt, sind eine Verbesserung der von Richard Schrock zwei Jahre zuvor entwickelten Katalysatorklasse. Sie sind weniger reaktiv (stabil an Luft) und bewirken zugleich eine höhere Selektivität der Reaktion. Grubbs erhielt dafür 2005 zusammen mit Schrock und Yves Chauvin den Nobelpreis für Chemie.

**Grubenausbau,** *Bergbau:* das Absichern und Offenhalten von Grubenräumen mithilfe eingebrachter Stützelemente aus Holz, Stahl, Leichtmetall, Beton, Mauerwerk oder Kombinationen davon. Der Grubenausbau umfasst Verfahren zur Abstützung oder Verfestigung des den Grubenbau umgebenden Gesteins (des »Gebirges«). Die Anwendung der verschiedenen Verfahren ist von dem Spannungszustand abhängig, der sich durch die Schaffung der Grubenräume in den umgebenden Gebirgspartien entwickelt; in hartem oder zähem Gestein z. B. kann man bei wenig zerklüftetem Gebirge meist ganz auf den Grubenausbau verzichten (v. a. im Erz-, Kali- und Steinsalzbergbau). In Schächten und im Normalfall auch in Hauptstrecken beziehungsweise -querschlägen wird ein **starrer Ausbau,** z. B. mit hölzernen Bauelementen (Türstock), bogenförmigen Stahlbauelementen (Bogenausbau) oder Mauerwerk, angewendet. Da im Bereich des Abbaus stets stärkere Gebirgsbewegungen auftreten, denen ein starrer Ausbau nicht widerstehen kann, wird hier ein **formänderungsfähiger Ausbau,** z. B. mit Gelenkbögen oder hydraulisch betätigten Bauelementen, eingebracht, der während der stärksten Gebirgsdruckerscheinungen dem Druck ausweicht.

**Grubenbrand,** *Bergbau:* meist durch Selbstentzündung von Kohle, sulfidischen Erzen, Methan-Luft-Gemischen (→Schlagwetter), Kohlenstaubexplosionen u. a. entstehender Brand in Bergwerken.

**Grubengas,** *Chemie:* →Methan.

**Grubenlampe,** *Bergbau:* das →Geleucht.

**Grummet, Grumt, Öhmd, Emd,** der getrocknete zweite Schnitt einer Wiese.

**Grünalgen, Chlorophyceae,** Klasse der Algen mit rund 10 000 v. a. im Benthos oder Plankton des Süßwassers vorkommenden Arten. Die Grünfärbung bewirken Chlorophyll a und b in den Chloroplasten.

**Gründeln,** Art der Nahrungssuche unter Wasser bei auf dem Wasser schwimmenden

*Fortsetzung S. 382*

# Großraumflugzeuge

Die Bezeichnung »Großraumflugzeug« ist ebenso unscharf definiert wie die Angabe »groß«. Im Allgemeinen versteht man unter Großraumflugzeugen Flugzeuge mit fünf Metern Rumpfdurchmesser oder mehr. Im Passagierverkehr sind das Maschinen, die meist über 250 Personen befördern können; Großraum-Frachtflugzeuge bieten eine Nutzlast von 130 Tonnen oder mehr.

### Der Jumbo – lange Zeit der »Größte«

Das auch als »Jumbojet« bezeichnete Flugzeug geht auf einen Großraumtransporter zurück, den der amerikanische Luft- und Raumfahrtkonzern Boeing für eine Ausschreibung der US-Luftwaffe entworfen hatte; Gewinner wurde Konkurrent Lockheed mit der C5, der »Galaxy«. Boeing nahm nach dem verlorenen Wettbewerb das Wagnis auf sich, die eigene Entwicklung zum Passagierflugzeug umzurüsten und als Linienflugzeug anzubieten. Damit begann eine großartige Erfolgsgeschichte: Bis 2006 sind über 1400 Jumbos ausgeliefert worden, für viele Fluggesellschaften bilden diese Maschinen das Aushängeschild und das Rückgrat ihrer Massentransporte. Nach dem Erstflug am 9. Februar 1969 waren ab 1970 die ersten Linienmaschinen unter der Baureihenbezeichnung 747 im Einsatz. In wenigen Jahren wurden verschiedene Versionen für verschiedene Einsatzreichweiten, Komfortansprüche und auch zur Frachtbeförderung entwickelt.

Markenzeichen aller Jumbos ist der Buckel im vorderen Bereich, in dem das Oberdeck mit dem Passagierbereich für den gehobenen Komfort (Businessclass) enthalten ist. Die ersten Passagiervarianten boten Platz für etwa 400 Personen; in den 1980er-Jahren kamen Maschinen mit verlängertem Oberdeck heraus, die auf Kurzstreckenflügen (enge Bestuhlung) bis über 600 Personen transportieren konnten.

Das aktuelle Modell 747-400 stammt aus dem Jahr 1989. Eine Variante dieses Modells mit längerer Reichweite, die 747-400ER, wird seit 2002 ausgeliefert. Andere Weiterentwicklungen wurden mangels Nachfrage gestoppt. Seit 2005 läuft die Entwicklung für das Modell 747-8 mit einer Kapazität von etwa 450 Passagieren auf der Langstrecke.

Boeing 747-400 der Fluggesellschaft Air Canada

100776

### Airbus A380

Das 1969 gegründete ursprünglich staatliche Airbus-Konsortium ist heute neben Boeing der einzige verbleibende große Flugzeughersteller der Welt.

Obwohl bereits die größten Modelle der A330/340-Reihe eine ernsthafte Konkurrenz zur Boeing 747 darstellen – die im Jahr 2002 erstmals ausgelieferte Variante der A340-600 bietet immerhin 380 Sitzplätze – plante Airbus seit Mitte der 1990er-Jahre eine neue Klasse von Passagierflugzeugen oberhalb des Jumbojets. Das Flugzeug erhielt das Kürzel A380. Es ist das weltweit größte Passagierflugzeug und kann auf zwei Decks bis zu 656 Passagiere aufnehmen (bei enger, allerdings nur für die Kurzstrecke geeigneten Bestuhlung sogar bis zu 850). Es ist vor allem auf Langstreckenflüge ausgerichtet und hat eine Reichweite von etwa 13000 Kilometern ohne Zwischenlandung. Die Auslieferung der ersten Flugzeuge soll, gegenüber den ersten Planungen um etwa ein Jahr verzögert, im Frühjahr 2007 beginnen.

Der A380 wird arbeitsteilig in Hamburg sowie in verschiedenen britischen und spanischen Werge

ken gebaut, die Endmontage erfolgt in Toulouse. Dabei wird eine Vielzahl neuer Technologien und Materialien eingesetzt. Um Gewicht einzusparen, ersetzen Verbundwerkstoffe die herkömmlichen Metallkonstruktionen. Nietverbindungen werden durch Laserstrahlschweißen vermieden; das erhöht die Stabilität und reduziert das Gewicht. Weitere Gewichtseinsparung bringt die Auslegung des hydraulischen Systems auf hohen Druck, eine Technik, wie sie bisher nur bei Militärjets üblich ist.

### Die Transportgiganten

In der öffentlichen Diskussion stehen die Passagierflugzeuge im Vordergrund, doch die größten Großraumflugzeuge sind Transportmaschinen. Sie verdanken ihre Existenz zumeist militärischen Anforderungen. Der größte dieser Riesen ist die russische Antonow AN-225. Die Maschine wurde ab 1985 mit dem Ziel entwickelt, den Raumgleiter »Buran« (das sowjetische Gegenstück zum Spaceshuttle), Stufenelemente der »Energija«-Trägerrakete und andere Großgeräte für die Konstruktions- und Bergbauindustrie zu transportieren. 1988 wurde das Flugzeug mit seinen sechs Triebwerken erstmals vorgestellt. Bei einer Länge von 84 Metern und einer Höhe von 18 Metern bietet die AN-225 einen 44,5 Meter langen, 6,4 Meter breiten und 4,4 Meter hohen Laderaum. Noch größere Lasten können huckepack befördert werden. Mit einer Nutzlast von maximal 250 Tonnen wird eine Reichweite von rund 4 500 Kilometern erreicht, bei halber Nutzlast beträgt die Reichweite sogar 14 000 Kilometer. Bislang wurde jedoch nur ein einziges Exemplar fertiggestellt.

Wesentlich weiter verbreitet ist mit derzeit etwa 120 Flugzeugen die vierstrahlige Antonow AN-124, das zweitgrößte Flugzeug der Welt. Der Laderaum ist 36,5 Meter lang, 6,4 Meter breit und 4,4 Meter hoch. Die AN-124 kann eine Nutzlast von etwa 150 Tonnen transportieren. Auch westliche Luftfahrtunternehmen setzen dieses Flugzeug ein. An dritter Stelle der größten Flugzeuge folgt die Antonow AN-40, an vierter Stelle steht die größte »westliche« Maschine, die Lockheed C5 »Galaxy«. Ihr Laderaum ist 37 Meter lang, 5,8 Meter breit und 4,1 Meter hoch, die Reichweite beträgt bei etwa 130 Tonnen Nutzlast gut 6 000 Kilometer; im militärischen Einsatz ist auch die Luftbetankung möglich. Die künftige Frachtversion des A380, der A380F, wird auf drei Stockwerken insgesamt 150 Tonnen Ladung bei einer Reichweite von gut 10 000 Kilometern transportieren können.

100562

Der Airbus A380 bei seinem Erstflug am 27. April 2005 über Frankreich

### Ein Blick in die Zukunft

Die Zukunft des Passagierflugzeugbaus wird wohl eher in mittelgroßen Modellen gesehen, mit denen auch Flughäfen abseits der Luftfahrt-Drehkreuze ohne Zwischenstopp im Langstreckenflug angesteuert werden können. Derzeit sind zwei neue Großraumflugzeuge für circa 300 Passagiere in der Entwicklung, nämlich die Boeing 787 und der Airbus A350 XWB.

Bei der Entwicklung dieser neuen Flugzeuge steht die Effizienz im Vordergrund. So soll bei beiden Flugzeugen der Kerosinverbrauch u. a. durch neu entwickelte Triebwerke, verringertes Gewicht und bessere Aerodynamik deutlich sinken.

Grundlagenforschung
→ GEO Dossier
Von Menschen, die alles wissen wollen, Bd. 6

Grundlagenforschung
→ GEO Dossier
Im Rausch der Erkenntnis, Bd. 6

Grundlagenforschung
→ GEO Dossier
Unternehmen Forschung, Bd. 8

Bernhard Grzimek

*Fortsetzung von S. 379*
Tieren (Enten, Schwäne u.a.); dabei werden nur Oberkörper und Hals untergetaucht.

**Grundgewebe, Parenchym,** *Botanik:* pflanzliches Dauergewebe, besteht aus lebenden, wenig differenzierten Zellen. Im Grundgewebe laufen die wichtigsten Stoffwechselprozesse der Pflanze ab, außerdem gewährleistet es die Festigkeit der krautigen Pflanzenteile.

**Grundierung,** *Technik:* auf Bauelemente und Konstruktionsteile aufgetragener Grundanstrich, der v.a. zur Untergrundvorbehandlung und -verbesserung dient. Dafür werden Grundierungsmittel wie Korrosionsschutz-, Imprägnier- oder Absperrmittel, die eine Beeinflussung des folgenden Anstrichs durch das Untergrundmaterial verhindern, verwendet.

**Grundlagenforschung,** zum einen die wissenschaftliche Beschäftigung mit den systematischen und methodischen Voraussetzungen einer wissenschaftlichen Disziplin, z.B. der Mathematik (→Formalismus), in diesem Sinne auch als »Grundlagentheorie« bezeichnet; zum anderen besonders in den Natur- und Technikwissenschaften verwendet für die auf neue Erkenntnisse gerichtete Forschung, ohne unmittelbar auf praktische Anwendungen hin orientiert zu sein, z.B. die Forschungen in der Kosmologie.

**Grundlastkraftwerk,** Kraftwerk hoher Leistung, das im Dauerbetrieb den Grundbedarf an Elektroenergie deckt, meist Laufwasser-, Kohle- oder Kernkraftwerke; Gegensatz: Spitzenlastkraftwerk (z.B. Gasturbinenkraftwerk, Pumpspeicherwerk).

**Grundstoffe,** *Technik:* wichtige natürliche Rohstoffe (z.B. Stein- und Braunkohle, Erdgas, Mineralöle, Eisen- und Nichteisenerze, Kalisalze) und die aus ihnen hergestellten Rohmaterialien (z.B. Koks, Eisen und Stahl, Teerprodukte, Zement), die die Ausgangsbasis für die weiterverarbeitende Industrie bilden.

**Grün|düngung,** Düngungsart in Landwirtschaft und Gartenbau, bei der bevorzugt Stickstoff bindende Pflanzenarten (z.B. Lupine oder Wicke) zur Verbesserung der Bodenfruchtbarkeit angebaut und untergepflügt werden.

**Grundwasser,** Wasser, das durch Versickerung der Niederschläge oder aus Seen und Flüssen in den Erdboden eingedrungen ist; macht mengenmäßig den größten Teil des unterirdischen Wasservorkommens aus.

**Grundzustand,** *Physik:* Zustand geringster Energie eines mikrophysikalischen Systems, z.B. eines Atoms, Moleküls oder Atomkerns. Es kann nur durch die Zufuhr von Energie (→Anregung) aus dem Grundzustand in einen **angeregten Zustand** gebracht werden.

**grüner Punkt,** →Duales System Deutschland AG.

**Grünland,** das dauernd (Dauergrünland) oder mehrere Jahre hindurch (Wechselgrünland) als Wiese oder Weide genutzte Land; im Unterschied zum Ackerland. Ein geregelter Wasserhaushalt ist Voraussetzung für gutes Wachstum. Besonders geeignet ist das Küstenklima; natürliche Voraussetzungen bieten Flussniederungen, auch in trockenen Gebieten, wegen des hohen Grundwasserstands und das Höhenklima in Mittelgebirgslagen bis zur Vegetationsgrenze in höheren Gebirgen (Almwirtschaft). Die Pflanzen des Grünlands bilden drei Hauptgruppen: Futtergräser, Kleearten und Kräuter (Bärenklau, Löwenzahn, Wiesenknopf u.a.).

Die frühere scharfe Abgrenzung zwischen Wiesen- und Weidenutzung wird immer mehr zugunsten einer wechselnden Nutzung, die der Verbesserung der Grasnarbe und der Ertragserhöhung zugute kommt, aufgegeben. Das Grünland wird am besten durch einen geregelten Wechsel zwischen Mähen und Beweiden (Mähweide) genutzt. Gleichmäßiges Abweiden wird durch Einteilen der Flächen in Koppeln erreicht.

**Grünspan,** grünes bis blaues, giftiges Gemenge von basischen Kupfer(II)-acetaten, das bei der Einwirkung von Essigsäure auf Kupfer entsteht. Grünspan wird oft mit Patina verwechselt.

**Gruppe,** *Chemie:* 1) Bestandteil eines Moleküls, z.B. die funktionelle Gruppe; 2) →Periodensystem der chemischen Elemente.

**Gruppengeschwindigkeit,** *Physik:* →Geschwindigkeit, →Welle.

**Gruppenschaltung,** *Elektrotechnik:* Installationsschaltung zum unabhängigen Schalten von meist zwei elektrischen Stromkreisen von einer Betätigungsstelle. Es können verschiedene Schalterbauarten verwendet werden, z.B. **Gruppenschalter,** die es ermöglichen, jeweils abwechselnd einen Stromkreis zu- oder abzuschalten, jedoch niemals beide zusammen, oder **Serienschalter,** die es ermöglichen, die Stromkreise jeweils einzeln oder zusammen zu- oder abzuschalten.

**Gruss,** Peter, deutscher Molekularbiologe, *Alsfeld 28. 6. 1949; war Gastwissenschaftler in den USA (1978–82) und Professor in Heidelberg (1982–86); wurde 1986 Direktor am Max-Planck-Institut für biophysikalische Chemie in Göttingen (dort seit 1990 auch Honorarprofessor an der Universität) und ist seit Juni 2002 Präsident der Max-Planck-Gesellschaft.

**Grzimek,** Bernhard, deutscher Tierarzt, *Neiße 24. 4. 1909, †Frankfurt am Main 13. 3. 1987; 1945–74 Direktor des Zoologischen Gartens Frankfurt am Main, 1960 Professor in Gießen, 1964–68 Präsident des Deutschen Naturschutzringes; setzte sich besonders für die Erhaltung der frei lebenden Tiere ein.

**GSI,** Abkürzung für →Gesellschaft für Schwerionenforschung mbH.

**GSM** [Abkürzung für englisch global system for mobile communication, »globales System für mobile Kommunikation«], internationaler Standard für den digitalen Mobilfunk, der die Leistungsmerkmale digitaler Funknetze (wie die Anzahl der angebotenen Sprechkanäle, der belegbaren Frequenzen, des Übertragungsverfahrens) festlegt. GSM verwendet Frequenzen im 900- und 1 800-MHz-Bereich. In Europa arbeiten die Netze D 1 und D 2 nach dem **GSM-900-,** E 1 und E 2 nach dem **GSM-1800-Standard.** Die derzeit im GSM vorhandenen 124 Funkkanäle sind in jeweils acht zeitversetzt arbeitende Sprechkanäle aufgeschlüsselt. Die GSM-Netze sind zellulär aufgebaut, wobei die Basisstationen jeder Zelle mit der Funkvermittlungsstelle in Kontakt stehen. GSM soll europaweit stufenweise von →UMTS abgelöst werden.

**GTP,** Abkürzung für Guanosintriphosphat, →Guanosin.

**Guanin** *das,* Purinbase der Nukleinsäure, in vielen tierischen und pflanzlichen Organen; in Haut und Schuppen von Fischen und Reptilien. Guanin ist eine der Basen des genetischen Codes.

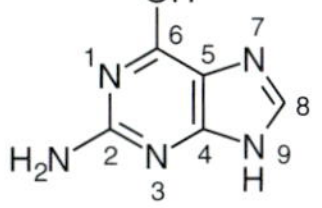

**Guanin**

**Guano** [spanisch, aus Ketschua huano »Mist«] *der,* phosphor- und stickstoffreiche Ablagerung von Exkrementen von Kormoranen u. a. Seevögeln warmer Klimate; durch Umsatz mit Kalk wird Calciumphosphat gebildet; wichtiger Phosphatrohstoff, der als Düngemittel abgebaut wird.

**Guanosin** *das,* Bestandteil der Ribonukleinsäure; Nukleosid aus Guanin und Ribose. Im Zellstoffwechsel ist besonders das **Guanosintriphosphat (GTP)** wichtig, das im Organismus als Phosphatdonator und Energielieferant dient.

**Guericke** ['ge-], **Gericke,** Otto von (seit 1666), deutscher Ingenieur und Physiker, * Magdeburg 30. 11. (20. 11. alten Stils) 1602, † Hamburg 21. 5. (11. 5. alten Stils) 1686; studierte in Leipzig, Helmstedt und Jena Jura und ergänzte seine Ausbildung durch naturwissenschaftliche Studien in Leiden; Ratsherr und Bürgermeister von Magdeburg.

Gericke erfand die Luftpumpe, untersuchte Ausdehnung und Druck der Luft und führte Versuche mit luftleer gepumpten Kesseln durch. Damit gelang ihm der experimentelle Nachweis, dass ein Vakuum künstlich herstellbar ist.

Weithin berühmt wurde er durch öffentliche Demonstrationsversuche, z. B. durch die von ihm konstruierten →Magdeburger Halbkugeln. Guericke erfand außerdem ein Manometer, baute ein über 10 m langes, mit Wasser gefülltes Hebebarometer (»Wettermännchen«), erkannte die Beziehungen zwischen Wetter und Luftdruck und befasste sich mit Effekten der elektrischen Abstoßung, Influenz und Leitung (erste Elektrisiermaschine).

**Otto von Guericke** (Kupferstich von Cornelius Galle d. J.)

**Guillaume** [gi'jo:m], Charles Édouard, französischer Physiker schweizerischer Herkunft, * Fleurier (bei Môtiers, Kanton Neuenburg) 15. 2. 1861, † Paris 13. 6. 1938; beteiligte sich an der Entwicklung standardisierter »nationaler Meter«; entwickelte Nickellegierungen (Invar, Elinvar), deren Ausdehnung und Elastizität praktisch temperaturunabhängig sind. Diese fanden v. a. im Uhrenbau weite Verwendung. Für seine Verdienste um die Präzisionsphysik erhielt Guillaume 1920 den Nobelpreis für Physik.

**Guillemin** [französisch gij'mẽ], Roger, amerikanischer Physiologe französischer Herkunft, * Dijon 11. 1. 1924; verfasste bedeutende Forschungsarbeiten über die →Releasinghormone und Hypothalamushormone; erhielt 1977 mit A. Schally und Rosalyn Yalow den Nobelpreis für Physiologie oder Medizin.

**Gullstrand** ['gyl-], Allvar, schwedischer Augenarzt, * Landskrona 5. 6. 1862, † Stockholm 28. 7. 1930; führte u. a. die nach ihm benannte Spaltlampe (Gullstrand-Lampe) und den stereoskopischen Augenspiegel ein. Für Arbeiten über die Dioptrik des Auges erhielt er 1911 den Nobelpreis für Physiologie oder Medizin.

**Gummi** [lateinisch], Sammelbezeichnung für vulkanisierten →Kautschuk.

**Gunn-Effekt** ['gʌn-], das 1963 von dem amerikanischen Physiker J. B. Gunn (* 1928) entdeckte Auftreten von Stromschwingungen in einkristallinen Halbleitern, an die über ohmsche Kontakte eine genügend große Gleichspannung (elektrische Feldstärke über 2 kV/cm) angelegt ist. Diese **Gunn-Dioden** werden im **Gunn-Oszillator** zur Erzeugung von Mikrowellen ausgenutzt.

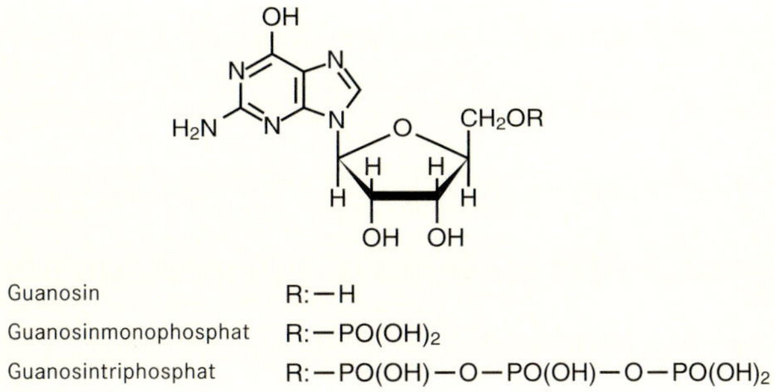

**Guanosin**

**Gürteltiere, Dasypodidae,** Familie der Zahnarmen in Amerika; Oberseite und Schwanz sind mit Hornplatten bedeckt, die Gürtel bilden können. Viele Gürteltiere schützen sich durch Zusammenrollen, andere durch Eingraben. Das **Riesengürteltier** (Priodontes giganteus) ist mit 150 cm Länge am größten, der nur bis 18,5 cm lange **Gürtelmull** (Chlamyphorus truncatus) Südamerikas am kleinsten. Die **Kugelgürteltiere** (Tolypeutes) stellen zusammengerollt eine voll gepanzerte Kugel dar. Bei den **Weichgürteltieren** (Dasypus) sind die Hornplatten fast lederartig.

**Guss|eisen,** Eisen-Kohlenstoff-Silicium-Legierung mit 2–4 % Kohlenstoff, 0,5–3 % Silicium und weiteren aus Vorprozessen stammenden Begleitelementen wie Mangan, Phosphor und Schwefel.

Man unterscheidet drei Arten graphitischen Gusseisens: **Gusseisen mit Lamellengraphit (GG,** früher Grauguss), **Gusseisen mit Kugelgraphit (GGG)** und **Gusseisen mit Vermiculargraphit (GGV)** –, die alle eine graue Bruchfläche haben, sowie zementitisches oder weißes Gusseisen – **Temperguss** und **Hartguss** – mit weißen Bruchflächen.

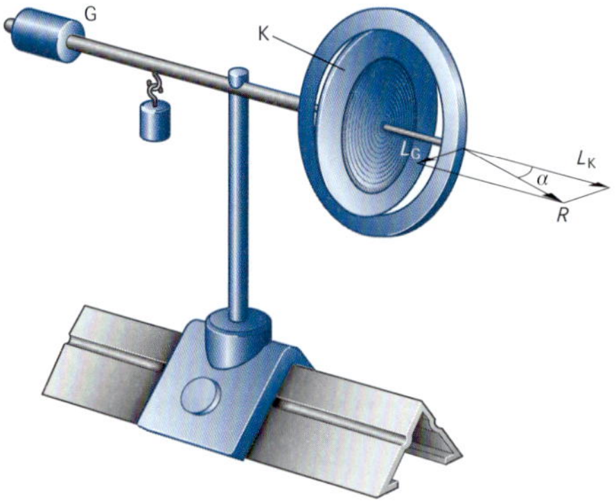


**Gyroskop.** Schematische Darstellung; durch Verschieben des Gegengewichtsstücks G kann man auf den Kreisel K verschieden große, nach oben oder unten wirkende Kräfte ausüben; der sich schnell drehende Kreisel gibt der Wirkung der Schwerkraft nicht nach, sondern weicht seitlich aus, da sich sein Drehimpuls vom Betrag $L_K$ in jedem Moment mit dem von G erzeugten zusätzlichen Drehimpuls $L_G$ zu einer Resultierenden $R$ zusammensetzt, die vom ursprünglichen Drehimpuls um einen kleinen Winkel $\alpha$ horizontal abweicht.

**GUT** [Abkürzung für englisch **G**rand **U**nified **T**heory], →Große Vereinheitlichte Theorie.

**Gü|te** *die, Elektrotechnik:* das Verhältnis der in einem verlustbehafteten Bauelement mit Blindwiderstand vorliegenden →Blindleistung zur umgesetzten →Wirkleistung; gleichzeitig auch ein Maß für die Dämpfung eines schwingungsfähigen Systems (z. B. →Schwingkreis) bei Resonanz. Der reziproke Wert der Güte ist der **Verlustfaktor.**

**Gy,** Einheitenzeichen für →Gray.

**Gymnospermen** [griechisch], →Nacktsamer.

**Gynander** [griechisch] *der,* **Mosaikzwitter, Gynandromorphe,** Bezeichnung für Individuen, die mosaikartig aus Bezirken mit männlichen und weiblichen Geschlechtsmerkmalen bestehen (Chromosomenmosaike). Gynander sind nur bei Gliederfüßern bekannt; sie sind nicht fähig zur Fortpflanzung. Bei **Halbseitengynandern (Halbseitenzwittern)** sind die Geschlechtsunterschiede auf die beiden Körperhälften verteilt. Phänotypisch deutlich ausgeprägte **Gynandrie (Gynandromorphismus)** tritt nur bei Organismen auf, deren Geschlechtsentwicklung nicht hormonell gesteuert wird.

**Gynandrie** [griechisch] *die, Biologie:* 1) →Gynander; 2) weibliche Scheinzwittrigkeit, →Pseudohermaphroditismus.

**Gynözeum** [griechisch-lateinisch] *das,* **Gynäzeum,** die Gesamtheit der Fruchtblätter einer Blüte.

**Gyre** [zu griechisch gỹros »Kreis«] *die,* Drehachse, eine Kristallsymmetrieachse.

**Gyroantrieb,** *Fahrzeugtechnik:* Antriebssystem, das die kinetische Energie eines in Rotation versetzten Schwungrades ausnutzt. Gyrobusse mit Elektrogyroantrieb werden z. B. mit einem Schwungrad von 800 kg Masse betrieben, das an der Ladestation innerhalb weniger Minuten durch einen Elektromotor auf etwa 3 000 Umdrehungen pro Minute beschleunigt wird. Auf diese Weise lässt sich eine Energie von rund 20 MJ (rund 5,5 kWh) speichern. Der mit dem Schwungrad verbundene Elektromotor wird im Fahrbetrieb als Generator benutzt, der den Strom für den Fahrmotor des Busses liefert. Ist die Drehzahl bis etwa auf die halbe Maximalzahl abgesunken, muss der Bus wieder eine Ladestation anfahren. Vorteile des Gyroantriebs sind v. a. der abgasfreie Betrieb und die Unabhängigkeit von Oberleitungen.

Der Gyroantrieb kann auch als Kombination aus Dieselmotor und Hochgeschwindigkeitsschwungrad eingesetzt werden, z. B. bei Gabelstaplern, wobei die wiedergewonnene Bremsenergie in Form kinetischer Energie gespeichert und dann für Hebe- und Transportarbeiten genutzt wird.

**gyromagnetischer Effekt,** die Erscheinung, dass bei Änderung der Magnetisierung eines para- oder ferromagnetischen Körpers wegen der Kopplung der magnetischen Momente mit dem Spin der Elektronen ein mechanisches Drehmoment auftritt (→Einstein-de-Haas-Effekt) oder umgekehrt eine Rotation des Systems eine Magnetisierung erzeugt **(Barnett-Effekt).**

**gyromagnetischer Faktor,** der →Landé-Faktor.

**Gyroskop** [griechisch] *das,* Gerät zur Untersuchung von Kreiselbewegungen unter Einfluss äußerer Kräfte.

# GEO Dossier
## An den Grenzen des Wissens

# Von Menschen, die alles wissen wollen

Sie erforschen die Fusion von Atomen und die Haftkraft von Käferfüßen, blicken ins Herz der Milchstraße und ergründen die Herkunft des Menschen. Und wenn es der Erleuchtung dient, lassen sie sich auch mit einem Flugzeug in die Tiefe fallen: Die Wissenschaftler in den 80 Instituten der Max-Planck-Gesellschaft bewegen sich mit ihrer Grundlagenforschung an den Grenzen der Erkenntnis – und immer auf Spitzenniveau

Am **MPI für Plasmaphysik in Greifswald** testen Forscher die Kernfusion als Energiequelle – und bauen ein verschlungenes Metallgefäß, in dem sie die Vorgänge im Inneren der Sonne simulieren wollen

Text: **Jens Schröder**
Fotos: **Stephan Elleringmann**

Die Astroteilchenphysiker wissen genau, wo die Schlangen lauern. Die Heidelberger Forscher halten sich so selten wie möglich unter den Kameldornbäumen auf, die zwischen ihren Teleskopen wachsen, denn alte Webervogelnester in den knorrigen Ästen bieten den Reptilien Unterschlupf. Bei nächtlichen Kontrollgängen richten die Wissenschaftler ihre Taschenlampen zudem stets auf den Boden – der Elektrozaun um das Gelände des Max-Planck-Instituts für Kernphysik in der namibischen Hochebene hält zwar die Oryxantilopen und die Paviane fern, nicht aber die Kobras und Puffottern. Wer von hier aus bis in ferne Galaxien schauen will, muss zunächst vor allem eines im Blick haben: den Quadratmeter Gestrüpp vor den eigenen Füßen.

Es ist neun Uhr abends. Im nur schwach erleuchteten Kontrollraum des HESS-Experiments, des »High Energy Stereoscopic System«, bringt die Mannschaft um den Seniorwissenschaftler German Hermann aus Heidelberg ihre vier Teleskope per Mausklick in Position. Die Sonne steht schon 18 Grad unter dem Horizont, das Zeitfenster der astronomischen Dunkelheit ist geöffnet.

Fast lautlos drehen sich draußen die 60 Tonnen schweren Stahlkolosse langsam um die eigene Achse, richten ihre Spiegelflächen aus für die Forschungsarbeit in den mondlosen Stunden der Nacht; zielen durch die klare Atmosphäre direkt ins Herz unserer Milchstraße.

Denn von dort, aus Schwarzen Löchern, Pulsaren und den Überresten explodierter Sonnen, werden geheimnisvolle Gammastrahlen in den Raum geschleudert: elektromagnetische Wellen, die für das menschliche Auge nicht wahrnehmbar sind – und an deren Erforschung sich weltweit schon Generationen von Wissenschaftlern versucht haben.

»Es ist ein kosmisches Rätsel: Kein Körper, nicht einmal eine Sonne, kann heiß genug sein, um eine solche Strahlung allein durch thermische Prozesse zu verursachen«, erklärt der Astrophysiker Hermann. »In jedem einzelnen dieser unvorstellbar kleinen Gammateilchen steckt 100 Milliarden Mal mehr Energie als in sichtbarem Licht. Das ist in etwa vergleichbar mit einem Staubkorn, das die gesamte Wucht eines Güterzugs in voller Fahrt auf sich vereinigt. Wenn wir herausfinden, wie die Natur so etwas schafft, dann haben wir einen neuen Mosaikstein für unser Verständnis des Universums gefunden.«

Nirgendwo auf der Welt ist man dem Phänomen der Gammastrahlen heute so erfolgreich auf der Spur wie hier, in der Hochebene am Gamsberg, rund 100 Kilometer westlich von Windhuk, wo die Max-Planck-Forscher mit mehreren internationalen Partnern das mit Abstand sensibelste Messgerät seiner Art gebaut haben.

»Da, das könnte einer gewesen sein«: Hermann deutet auf eine gelbrote, mandelförmige Kontur, die kurz auf einem der Kontrollbildschirme aufleuchtet. Draußen zwischen den Akazienbüschen sind die Computerkameras der Teleskope Nummer zwei und vier automatisch ausgelöst worden.

Zehn Kilometer oberhalb der namibischen Savanne muss ein Gammateilchen aus der Nähe von Sagittarius A nach seinem jahrtausendelangen Flug durchs Universum auf die Erdatmosphäre geprallt und absorbiert worden sein. Dabei hat es sich in einen Schauer aus einigen wenigen Elementarpartikeln aufgelöst, die dann mit einem extrem schwachen, bläulichen Blitz für ein paar Milliardstel Sekunden ein Stück Savanne von immerhin 250 Meter Durchmesser beleuchten.

Vorstoß ins Herz der Galaxie mit 1520 Spiegeln: Einem Rätsel des Universums sind die Forscher des **MPI für Kernphysik in Heidelberg** auf der Spur – mit vier Spezialteleskopen, die sie im Hochland Namibias aufgestellt haben. Deren mosaikartige Spiegelflächen von je zwölf Meter Durchmesser können in der Finsternis der nächtlichen Savanne extrem schwache bläuliche Blitze auffangen: das so genannte Tscherenkow-Licht, das entsteht, wenn energiereiche Gammateilchen aus dem All auf unsere Atmosphäre prallen. Anhand der Daten können die Geräte den Weg der Teilchen über Tausende von Lichtjahren zurückberechnen – und Forschern wie German Hermann (Bild) Hinweise zur Entstehung jener Strahlen liefern, die von kosmischen Energiequellen mit kaum vorstellbarer Wucht ins All geschossen werden. Tagsüber stehen die Teleskope in »Schlafposition«, ihre Spiegelflächen weisen nach unten. Denn ein einziger Sonnenstrahl auf den hochreflektierenden Scheiben könnte das Buschland in Flammen setzen oder das Gehäuse der Teleskopkameras binnen Sekunden zerfließen lassen

OPT PUMP

Ein Eisschrank für Atome, gekühlt mit konzentriertem Licht: Mit einer Laserfalle zähmen die Physiker am **MPI für Quantenoptik in Garching** eine wirbelnde Wolke von Rubidiumatomen – um die so geordneten Teilchen dann etwa als Schaltelemente für ultraschnelle Quantencomputer zu benutzen.

Dazu lenken sie Laserlicht durch rund 300 Linsen und Spiegel, damit die Strahlen die Atome in der messingfarbenen Vakuumkammer (im Bildhintergrund) aus sechs Richtungen einzwängen können. Dabei werden die Teilchen von 1000 km/h, ihrer Normalgeschwindigkeit, auf 0,1 km/h gebremst und somit abgekühlt. Dann »pusten« die Forscher mit einer Radiowelle die letzten warmen Teilchen aus der schon fast erstarrten Atomwolke.

Übrig bleibt ein tiefgekühltes, so genanntes Bose-Einstein-Kondensat – kaum ein Millionstel Grad über dem absoluten Temperaturnullpunkt. In dieser Eiseskälte schwingen die Atome in einem so perfekten Gleichklang, dass sie als Informationsbits eines Rechenprozessors dienen können

Tausende solcher Blitze gehen in jeder Sekunde überall auf der Welt nieder, ohne dass ein Mensch sie wahrnimmt. Die HESS-Teleskope aber können sie auffangen, ihre Richtung bestimmen und anhand der Informationen über den Blitz den auslösenden Gammastrahl bis zu seiner kosmischen Quelle zurückverfolgen.

Die Max-Planck-Crew schafft das mit einer Mischung aus genialer Tüftelei und bislang unerreichter Präzision: Die gebogenen Flächen der vier Teleskope, gefertigt aus 1 520 kreisrunden Spezialspiegeln, fangen das

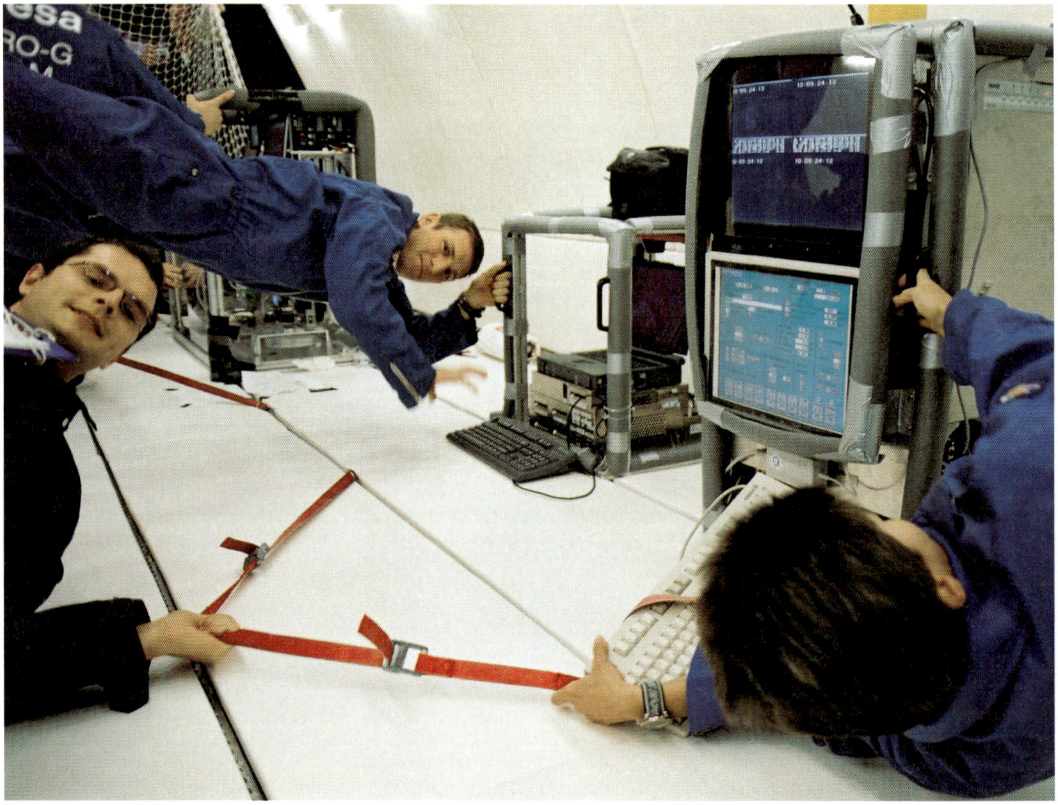


Abgehobene Grundlagenforschung, betrieben im freien Fall: Nach getaner Arbeit gehen Forscher vom **MPI für extraterrestrische Physik in Garching** noch einmal in die Luft – nur zu ihrem Vergnügen. 30-mal haben sie zuvor an Bord eines Forschungsjets der europäischen Raumfahrtagentur ihr hoch kompliziertes Experiment in völliger Schwerelosigkeit ablaufen lassen. Mit parabelförmigen Flugmanövern hat der Pilot einen Airbus 300 immer wieder für 22 Sekunden in den freien Fall gezwungen. In dieser Zeitspanne ist in der Kabine die Schwerkraft aufgehoben, haben Menschen und Geräte exakt das gleiche Gewicht: null Gramm. Das gilt auch für das Argonplasma und die mikrometergroßen Kunststoffkügelchen im Inneren der Apparatur. Die Partikel verhalten sich in der Mixtur fast so wie Atome in einer Flüssigkeit oder einem Kristall: eine neue Form der Materie. Und ein perfektes Modell zum Studium des Zusammenspiels der Kräfte, die zwischen den kleinsten Bauteilen der Natur für Ordnung sorgen

ultrakurze Glimmen ein. Jeder Reflektor ist bis auf ein paar Tausendstel Millimeter genau justiert – mithilfe von zwei Elektromotoren, welche die Forscher aus der Automobilindustrie beschafft haben. Dort waren sie für den Einsatz als Fensterheber gebaut worden.

Haben die Apparate in dieser Nacht tatsächlich die Signale einer unbekannten Gammaquelle aufgezeichnet? Die Wissenschaftler im Kontrollraum werden die endgültigen Ergebnisse ihrer Arbeit erst ein paar Tage darauf bewerten können. Nach Mondaufgang, wenn die Kameras abgeschaltet und lichtdicht verstaut sind, werden die Daten der Nacht zur Analyse in die Heimat geschickt.

»Da hört man dann schon mal kleine Jubelschreie aus einem der Büros, wenn die Ergebnisse gut sind«, sagt Hermann. Das »Heureka!« kommt also immer erst in Heidelberg.

## Das Ziel der Max-Planck-Gesellschaft: nie zuvor gedachte Gedanken denken

Und es kam schon oft. Gerade mal ein Jahr nach dem Start des HESS-Experiments im Dezember 2003 haben die Wissenschaftler um Hermann zwölf neue Pulsarnebel, galaktische Kerne oder Supernovae-Überreste als Quellen von Gammastrahlung ausgemacht – genauso viele, wie die internationale Forschergemeinschaft zuvor in einem ganzen Jahrzehnt hat entdecken können. Die Physiker aus Heidelberg und ihre Partner haben die amerikanischen, japanischen und australischen Konkurrenten damit überflügelt.

»Wir haben auf unserem Forschungsgebiet mehr als nur die Nase vorn«, sagt German Hermann. »Im Licht der Gammastrahlen können wir mit HESS ein völlig neues Bild unserer Milchstraße zeichnen. Einige der Objekte, die wir dort entdeckt haben, waren bislang für jede andere Art von Teleskop unsichtbar, weil sie offenbar fast ausschließlich Gammastrahlen abgeben. Niemand hat bislang eine Ahnung, um welche Phänomene es sich dabei handelt. Wir sind dabei, ein neues Fenster ins All zu öffnen.«

Forschungsprojekte an den Grenzen des menschlichen Wissens voranzutreiben; Gedanken zu denken, die noch nie zuvor gedacht worden sind – das ist die Bestimmung der Max-Planck-Gesellschaft zur Förderung der Wissenschaften e. V., der wohl elitärsten und erfolgreichsten aller deutschen Forschungsorganisationen – und der mit Abstand vernehmlichsten deutschen Stimme in der weltweiten Avantgarde der Erkenntnis.

In 80 Instituten fahnden 12 000 Mitarbeiter gemeinsam mit 8 000 Doktoranden und Gastwissenschaftlern nach Einsichten der fundamentalsten Art. Erforschen etwa die Fusion von Atomkernen oder die Haftkraft von Fliegenfüßen, analysieren menschliche Hirne, pflanzliche Uhren und atmosphärischen Aerosoltransport.

Geleitet werden sie von den visionären Ideen ihrer 265 Direktoren, jeder eine internationale Spitzenkraft, die über ein Gesamtbudget von 1,3

Milliarden Euro pro Jahr verfügen. Es ist fast vollständig aus Steuergeldern von Bund und Ländern finanziert, aber die Direktoren können es weitgehend frei von politischen Vorgaben verwenden. Getrieben ist das Max-Planck-Prinzip von der Neugier auf tiefe Einsichten in das Wesen der Dinge – und nicht etwa vom Wunsch nach patenten Lösungen für aktuelle Probleme.

## »Erkenntnisdurchbrüche« kann man sich wünschen – aber niemals planen

Denn wer als Forscher »nicht über den engen Horizont der Verwertbarkeit seiner Ergebnisse hinausschaut«, so erklärt es der Präsident der Gesellschaft, der Biologe Peter Gruss, »dem entgeht womöglich die zündende Idee«.

Es sei deshalb gerade das Prinzip der Grundlagenforscher, sich auf unbekanntes Territorium zu begeben. Im Wissen, dass der praktische Nutzen ihrer Erkenntnisse nicht vorhersehbar sei. Und dass der Erfolg, wenn er sich denn einstelle, fast immer mit der Mühsal von Versuch und Irrtum, mit dem Risiko des Scheiterns erkauft sei.

»Wenn wir für die Zukunft forschen, müssen wir auch mal im Nebel stochern«, sagt Gruss. »Manchmal ist hinter dem Nebel nur die Wand. Aber manchmal eröffnen sich dort auch grandiose Landschaften, die vorher völlig unvorstellbar waren.«

»Durchbrüche« der Erkenntnis nennt Deutschlands oberster Grundlagenforscher all das, was seine Wissenschaftler wollen sollen – aber niemals planen können. Es sind die überraschenden Belohnungen für die reine Wissbegier, Dividenden der wissenschaftlichen Ausdauer und die Früchte eines scheinbar aus der Mode gekommenen Mutes zur rückhaltlosen Gründlichkeit.

Es sind Antworten, für die es heute oft noch keine Fragen gibt. Erkenntnisse, für die noch niemand eine Anwendung weiß, die aber zum Fundament zukünftiger Erfindungen werden könnten. Oder eben nicht – das ist das Risiko. Doch »wenn man die Forschung nur den Ingenieuren überlässt«, hat Albert Einstein einst festgestellt, »hätte man perfekt funktionierende Petroleumlampen. Aber keinen elektrischen Strom«.

Ohne Visionen macht der Fortschritt kleine Schritte.

Keinen einzigen Satelliten hätte die Menschheit bis heute in den Orbit schießen können, wenn sich nicht vor 200 Jahren Grundlagenforscher auf die Suche nach dem absoluten Temperaturnullpunkt begeben hätten. Dabei entdeckten sie, wie sich Gase verflüssigen lassen – und legten so die Basis für die Herstellung von Raketentreibstoff.

Kein Mobiltelefon, kein Notebook, kein Global Positioning System wäre je erfunden worden, wenn nicht Wissenschaftler wie Albert Einstein oder Max Planck ihre Genialität darauf verwendet hätten, jahrhundertealte Vorstellungen über Raum, Zeit und Energie mit neuartigen mathematischen Formeln umzustürzen, ohne sich dabei über die konkrete Anwendung ihrer Erkenntnisse Gedanken zu machen.

Auch der aktuelle Boom der medizinischen Diagnostik durch die Technik der Magnetresonanztomografie wäre undenkbar ohne die mehr als 50 Jahre alten grundlegenden Erkenntnisse über das Verhalten von Atomkernen in Magnetfeldern.

Wer weiß, welche technologischen, medizinischen oder gesellschaftlichen Durchbrüche der Menschheit einst gelingen werden, weil Heidelber-

Das Feuer der Sterne, mitten in Bayern: Energie aus Stein und Wasser wollen die Forscher am **MPI für Plasmaphysik** produzieren, indem sie Atomkerne verschmelzen lassen. Dazu müssen sie die Teilchen in einer luftdichten Reaktionskammer auf 100 Millionen Grad erhitzen. Das so genannte Plasma, das dabei entsteht, kann mit starken Magnetkräften kontrolliert werden. Wenn die Kernfusion gelingt, verbinden sich Wasserstoffatome zu einem Atom der nächsthöheren Klasse, dem Helium. Dabei bleibt etwas Masse übrig, die als Energie abgegeben wird. Nach diesem Prinzip könnte der Energiebedarf der Menschheit auf Jahrtausende gedeckt werden, weil die Rohstoffe für die Kernfusion in Erdkruste und Meerwasser so gut wie unbegrenzt vorhanden sind. In einer Testanlage in Garching sind schon Tausende von Plasmazündungen initiiert und im Kontrollraum analysiert worden. Das erste wirtschaftlich arbeitende Fusionskraftwerk erwarten die Forscher jedoch erst in frühestens 40 Jahren

ger Max-Planck-Forscher zu Beginn des dritten Jahrtausends die Physik der kosmischen Gammastrahlen ergründet haben? Weil Völkerrechtler am MPI in Heidelberg derzeit eine neuartige Verfassung entwerfen, mit der sich möglicherweise die ethnischen Konflikte im Sudan entschärfen lassen? Oder weil Molekularbiologen an einem Berliner Max-Planck-Institut nach Jahrzehnten der scheinbar zweckfreien Forschung am Vogelhirn herausgefunden haben, dass in den Köpfen von Zebrafinken beim Erlernen ihrer Gesänge sehr ähnliche Vorgänge ablaufen wie im Gehirn von Menschen, die eine Sprache lernen?

Der Max-Planck-Präsident Peter Gruss ist erkennbar stolz auf Resultate wie die aus der Vogelforschung. Denn sie liefern ideale Beispiele für seine Botschaft: Die Freiheit der Forschung ist entscheidend für ihren Erfolg.

»Wenn wir«, so Gruss, »jetzt mithilfe eines Vogelhirns – entgegen langjährigen Annahmen – unsere eigenen zerebralen Strukturen besser studieren können, dann zeigt das doch einmal mehr: Wir können nie wissen, auf welchem Feld der nächste große Durchbruch kommt. Es könnte in der Nanotechnologie passieren, aber eben auch in der Ornithologie. Deshalb müssen wir auf allen Gebieten die beste Forschung weiterführen, auch wenn es manchem als zu teuer erscheint. Irgendwann bekommen wir ein Vielfaches zurück.«

Beim wichtigsten Finanzier der deutschen Grundlagenforschung, der Öffentlichkeit, kommt die Botschaft vom Lohn der wissenschaftlichen Ausdauer auch in Zeiten knapper Kassen offenbar gut an: Einer Allensbach-Studie zufolge halten 70 Prozent der Bundesbürger ihre Steuergelder bei den Max-Planck-Forschern für gut angelegt.

Von Insekten lernen heißt auch – kleben lernen: ein Nashornkäfer aus Sulawesi unter einem Mikroskop des **MPI für Metallforschung in Stuttgart.** Er ist eines von Hunderten Studienobjekten der Arbeitsgruppe Evolutionäre Biomaterialien. Mit ihrer Hilfe wollen die Wissenschaftler herausfinden, wie millimetergroße Flügelgelenke enorme Reibungskräfte bewältigen, wie der »Klettverschluss« im Nacken der Libelle funktioniert, oder weshalb Fliegenfüße an der Decke haften. Und wie nur schafft es der Rosenkäfer, der in der Erde lebt, niemals schmutzig zu werden? »All diese Phänomene kennen wir längst – haben aber oft noch nicht verstanden, auf welchen physikalischen Gesetzen sie beruhen«, sagt der Zoologe Stanislav Gorb, der die Arbeitsgruppe leitet. Unterstützt von den Hightechmethoden und dem Sachverstand der Materialforscher kann er in Stuttgart geheimnisvolle Oberflächen aus der Fauna systematisch ergründen. Das Haftgeheimnis der Insektenfüße etwa hat er schon gelüftet. Beim Versuch, es zu kopieren, stößt der Mensch aber noch an die Grenzen seiner technischen Fähigkeiten

Und nach einer Umfrage unter Führungskräften liegen die Institute der MPG im Ansehen auf Platz drei – gleich hinter der Bundesbank und dem Bundesverfassungsgericht.

Woher rührt dieser Vertrauensvorschuss? Dieser Glaube an die Effizienz einer Forschungsorganisation, deren Projekte kaum jemand ohne weiteres nachvollziehen kann?

Nur Experten verstehen auf Anhieb die Details, wenn Max-Planck-Forscher am Institut für Dynamik und Selbstorganisation in Göttingen mit großem Aufwand die Kräfte zwischen den Körnchen in feuchten Granulaten, zwischen den Bläschen in trockenen Schäumen untersuchen. Oder wenn Linguisten von der Außenstation Jakarta mit Mikrofonen durch Westborneo ziehen, um die Geheimnisse der dort von einigen tausend Menschen umgangssprachlich verwendeten »generationsanzeigenden Pronomen« zu enthüllen.

## »Brain-Gain«, Hirnimport, nennen die Direktoren ihre Personalpolitik

Und wem ist sofort einsichtig, warum in Rostock die Wissenschaftler am Institut für Demografische Forschung einer Population von Hefezellen beim Sterben, einer Gruppe von kleinen Glühbirnen beim Durchbrennen zuschauen – und dass sie dabei zu erkennen versuchen, ob Leben und Tod mit mathematischen Mustern zu fassen sind?

Und wer kann begreifen, dass am Hamburger Institut für Meteorologie einer der schnellsten Computer der Welt in einer einzigen Sekunde 1,5 Billionen Rechenoperationen durchführt – um danach aus Informationen wie etwa der durchschnittlichen Größe der Blattporen im Waldbestand Hunderter Planquadrate die Entwicklung des Weltklimas vorherzusagen?

Aus den wissenschaftlichen Ergebnissen solcher Arbeiten lässt sich das Ansehen, das MPG-Forscher auch bei Laien genießen, kaum erklären. Eher aus dem Nimbus der Elite, der die Institution seit jeher umgibt.

Die Max-Planck-Gesellschaft erbte ihn bei der Gründung 1948 von ihrer Vorgängerorganisation: der Kaiser-Wilhelm-Gesellschaft (KWG), deren Instituten es gelungen war, Deutschland bis in die 1930er-Jahre mit an der Spitze der internationalen Forschernationen zu halten.

Diesen historischen Erfolg verdankte die KWG vor allem dem so genannten »Harnack-Prinzip«, benannt nach ihrem ersten Präsidenten, dem Theologen Adolf von Harnack: Nur die besten Wissenschaftler eines Faches sollten ins Direktorium der KWG berufen werden, so seine 1911 mit dem Kaiser persönlich abgesprochene Prämisse. Sie wurden von der Pflicht zur Lehre an den Universitäten entbunden, erhielten die fast völlige Freiheit, ihren wissenschaftlichen Interessen nachzugehen – und ein Institut, das exakt auf ihre Bedürfnisse zugeschnitten war.

An diese Regeln hält sich die Max-Planck-Gesellschaft meist noch heute – und lockt damit Spitzenforscher aus aller Welt an den schon so oft totgesagten Forschungsstandort Deutschland.

»Brain-Gain«, Hirnimport, nennen die Max-Planck-Direktoren ihre Personalpolitik. Ein Viertel der Institutschefs sind Spitzenforscher aus dem Ausland. Dazu kommen mehr als 40 deutsche Professoren, die in den vergangenen Jahren aus dem Ausland zurückgelockt werden konnten und jetzt in Deutschland die wissenschaftliche Bilanz ihres neuen Arbeitgebers verbessern.

Die Mitarbeiter der MPG produzieren knapp ein Drittel aller Beiträge aus Deutschland, die in den weltweit führenden naturwissenschaftlichen Fachzeitschriften veröffentlicht werden. Und ihre Arbeiten werden viel beachtet: Auf der Liste der international meistzitierten Wissenschaftler stehen 193 Forscher aus Deutschland – und 54 davon arbeiten an Max-Planck-Instituten.

15 Nobelpreisträger hat die Organisation in den knapp 60 Jahren ihres Bestehens hervorgebracht, ebenso viele wie einst die KWG. Und selbst den Vergleich mit den hoch gelobten amerikanischen Eliteuniversitäten wie

## Die MPG bietet den Wissenschaftlern das kostbarste Gut: Freiheit

Harvard oder Stanford brauchen die deutschen Grundlagenforscher nicht zu scheuen. Das Budget der Universität Stanford etwa ist zwar doppelt so hoch wie das der MPG – dennoch stehen die Deutschen ihrem großen Konkurrenten in Zahl und Qualität der Veröffentlichungen nicht nach.

Was macht die Max-Planck-Gesellschaft so attraktiv für die transnationale Forscherelite? Was bringt etwa den Strömungsforscher Eberhard Bodenschatz dazu, sein gut ausgestattetes Labor an der US-Eliteuniversität Cornell aufzugeben, um nach Göttingen zu ziehen?

Und was hielt den Shootingstar der deutschen biophysikalischen Chemie, den 35-jährigen Joachim Spatz, davon ab, einem seiner neun Rufe an internationale Universitäten zu folgen – und stattdessen Max-Planck-Direktor in Stuttgart zu werden?

Mit einem besonders hohen Gehalt kann die Max-Planck-Gesellschaft keinen Spitzenforscher locken: Da sie sich am Besoldungstarif im öffentlichen Dienst orientieren muss, ist sie auf dem Weltmarkt für Genies kaum konkurrenzfähig. Dafür aber bietet sie den Wissenschaftlern ein kostbares Gut: Freiheit. Den Luxus, nicht ständig einem Geldgeber erklären zu müssen, warum man in die schwer zugänglichen Grenzbereiche seines jeweiligen Fachgebiets vorstoßen will. Ohne Erfolgsgarantie. Aber auch mit der Chance, ein völlig neues Forschungsfeld zu begründen.

So ist auch der Einzug von Zoologen im Stuttgarter Institut für Metallforschung eine typische Max-Planck-Geschichte. Heute wundert sich dort niemand mehr darüber, wenn eine Mitarbeiterin des Instituts in der Mittagspause Sauerampfer für die Versorgung der Käfer sammeln geht. Wenn sie den grünlich schimmernden Insekten anschließend in einem Versuch vorsichtig ein menschliches Haar an den Chitinpanzer lötet, um sie so an einen Kraftsensor anzubinden. Und feststellt, dass ein Käfer mit 0,0102 Gramm Körpermasse selbst auf ultraglatten Oberflächen noch eine Zugkraft von 13 Millinewton aufbringt.

Die Physiker und Ingenieure des Instituts haben sich längst an den Kleintierzoo im ersten Stock ihres Gebäudes gewöhnt. Denn seit einiger Zeit interessieren sie sich nicht mehr nur für die Eigenschaften von Kristallgittern und Legierungskomponenten, sondern auch für Insekten und Geckos, für Spinnen und Schlangen. Und an den Saphirkugeln ihrer hoch empfindlichen Mikrotester werden nicht mehr – wie früher – nur die Reibungskräfte an metallischen Oberflächen analysiert, sondern auch die Fußsohlen eingespannter Heupferde oder die Funktionsweise von fingernagelgroßen Käferkopfgelenken.

»Es begann mit einem Schlüsselerlebnis«, erklärt Institutsdirektor Eduard Arzt die Revolution in seiner Abteilung. »Vor ein paar Jahren habe ich in einer Zeitschrift ein Diagramm gesehen, das ich sofort als eine Kurve zum Dehnungsverhalten von Stahl zu erkennen glaubte – bis sich herausstellte, dass das Bild in Wahrheit mechanische Eigenschaften eines DNA-Moleküls darstellte. Die Idee, dass unsere

Konkurrenz macht Affen sprachlos: Können Primaten uns verstehen, unsere Absichten aus unseren Gesten lesen? Vergleichende Psychologen vom **MPI für Evolutionäre Anthropologie in Leipzig** haben jetzt in die Debatte über die kognitiven Fähigkeiten der Menschenaffen mit einer aktuellen Studie eingegriffen – und in der Fachwelt neuen Streit entfacht. Schimpansen, so ihre These, können kommunikative Signale dann am besten deuten, wenn sie sich mit ihrem »Gesprächspartner« in einer Konkurrenzsituation befinden. Menschliche Gesten im Geiste freundlicher Kooperation verstünden die Affen dagegen kaum, ganz im Gegensatz zu Kleinkindern. Die Max-Planck-Forscher glauben, mit diesen Ergebnissen einen Schlüssel zur Entstehung der Sprache gefunden zu haben. Diese Errungenschaft sei vor allem durch den menschlichen Drang zur Zusammenarbeit notwendig geworden. Affen dagegen seien stärker vom einfacheren Konkurrenzverhalten geprägt und kämen deshalb problemlos ohne Worte aus

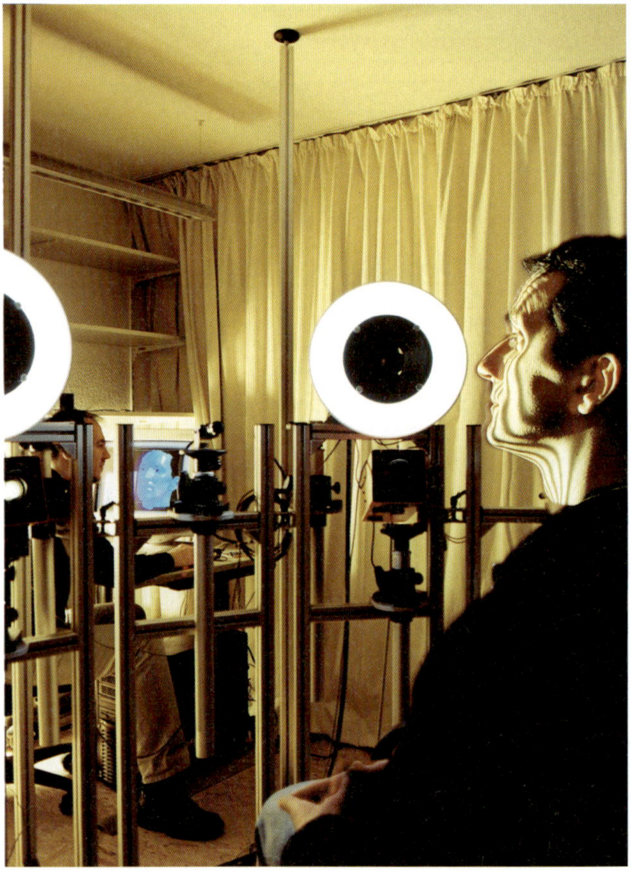

Ergründen, wie die Welt ins Hirn kommt: Ausgeleuchtet von Rundblitzen und überzogen mit einem computergesteuerten Linienraster, sollen Schauspieler im **MPI für biologische Kybernetik in Tübingen** Gefühle zeigen. Furcht, Überraschung oder Verwirrung wollen die Wissenschaftler hier auf ihre mimische Essenz reduzieren. Wie beeinflussen die Emotionen unsere Gesichtsmuskeln? Und welche dieser Bewegungen sind unabdingbar, damit ein Gegenüber den Ausdruck auch deuten kann? Dies ist nur einer der Versuche, mit denen die Mitarbeiter der Abteilung Kognitive Human-Psychophysik erkennen wollen, wie unser Gehirn die Reize aus der Außenwelt interpretiert. In einer virtuellen Version der Tübinger Altstadt lässt sich etwa herausfinden, ob unser Orientierungssinn eher mit gedanklichen Landkarten oder mithilfe markanter Punkte funktioniert. Und auf einer Bewegungsplattform ergründen die Forscher, warum Piloten oft kaum unterscheiden können, ob sie durch Beschleunigung oder durch einen Steigflug in den Sitz gepresst werden

Messmethoden aus der Metallforschung sich auch auf biologische Materialien anwenden lassen müssten, hat mich von da an nicht mehr losgelassen.«

Monatelang beschäftigte sich der Materialwissenschaftler daraufhin mit Biologie, besuchte andere Max-Planck-Institute und befragte dort die Forscher, reiste zu biologischen Fachtagungen, wo ihn niemand kannte – »bis ich eine wissenschaftliche Nische gefunden hatte, die mir vielversprechend erschien«.

Heute widmet sich fast die Hälfte seiner Mitarbeiter »Evolutionären Biomaterialien«, wie Arzt das neue Arbeitsfeld genannt hat. Eine ganze Gruppe von Zoologen hat er aus dem Max-Planck-Institut für Entwicklungsbiologie in Tübingen »importiert«. Damit sie sich den bislang unbekannten Materialien aus der Tierwelt mit der fachgerechten Systematik annähern – und den Physikern eine perfekte Grundlage für deren theoretische Modelle liefern können.

Mit vereinten Fachkräften machte sich das gemischte Team an die Lösung einer niemals abschließend gelösten Frage: Was hält Geckos, Spinnen oder Fliegen fest, wenn sie kopfüber an der Zimmerdecke laufen?

»Selbstverständlich haben sich auch schon andere Wissenschaftler mit natürlichen Haftsystemen befasst«, sagt der Zoologe Stanislav Gorb, der die Forschungsgruppe leitet. »Sie haben sich vor allem mit den Füßen der Geckos beschäftigt, weil das besonders medienwirksam ist. Aber wir sind ein Max-Planck-Institut – und deshalb müssen wir versuchen, das Prinzip von Grund auf zu verstehen. Nur dann haben wir die Chance, es einmal wirklich zu beherrschen.«

Und so haben Gorb und seine Kollegen Hunderten von Kriech- und Krabbeltieren aus aller Welt mit dem Elektronenmikroskop auf die Fußsohlen geschaut, haben sie auf Zentrifugen herumgewirbelt und über polierte Siliziumscheiben laufen lassen.

## Was braucht es, um einen Menschen an der Decke kleben zu lassen?

Sie haben die Kräfte an den winzigen Hafthärchen von Fliegen und Ohrwürmern gemessen; haben den Neigungswinkel und die Ausrichtung der Härchen mit dem Bewegungsablauf des jeweiligen Tieres und der Rauheit seiner natürlichen Laufoberfläche in Beziehung gesetzt, haben Quotienten aus Größe und Dichte, Weichheit und Steife, Länge und Breite der Härchen gebildet – und schließlich aus der Datensammlung die Essenz der tierischen Adhäsion herausgefiltert.

Ergebnis: Bei mindestens fünf miteinander nicht verwandten Tiergruppen hat die Evolution ganz ähnliche »haarige Haftsysteme« hervorgebracht – ein Zeichen dafür, dass das Funktionsprinzip wohl kaum noch zu verbessern war. Die meisten dieser Haftorgane sind komplex organisiert, haben drei oder vier Hierarchieebenen von Härchen, die sich jeweils unterschiedlichen Stufen von Rauheit anpassen. Fast immer sind die Spitzen der Härchen spatelförmig abgeflacht und angewinkelt. Und vor allem: Je größer das Tier, desto feiner und zahlreicher die Haftkontakte.

Bei Käfern etwa haben die Spitzen der Härchen den Durchmesser von einem Zehntel des menschlichen Haares. Beim Gecko sind sie um den Faktor 50 feiner und gehören mit einer Dicke von etwa 200 Millionstel Millimeter zu den kleinsten biologischen Strukturen, welche die Natur hervorzubringen vermag – Nanotechnologie in der Fauna. Um einen Menschen an der Decke kleben zu lassen, so haben die Forscher ausgerechnet, müsste er mit Hafthärchen ausgerüstet sein, die nochmals zehnmal dünner sind – wenn das System in dieser Größenordnung überhaupt noch funktionieren kann.

Doch bei aller fächerübergreifenden Synergie: Das letzte Wort zum Thema Geckohaftung ist noch nicht gesprochen. Bis vor kurzem galten die so genannten Van-der-Waals-Kräfte (elektrostatische Bindungen zwischen einzelnen Molekülen) an den Spitzen der Haare als alleinige Auslöser der Adhäsion. Inzwischen aber halten die Max-Planck-Forscher auch die Kapillarkräfte, durch die Oberflächenspannung an einer mit Feuchtigkeit benetzten Fläche erzeugt wird, für bedeutsam. Weitere Experimente sollen dieses Zusammenspiel der Kräfte klären

Der Weg zu einem »Geckotape«, einem Klebeband mit Nanohärchen, oder zu einem marktreifen »Kletterroboter« oder einem sanften Sauggreifer für die industrielle Fließbandproduktion ist zwar noch weit. Ein Patent auf ihre Erkenntnisse haben die Max-Planck-Forscher dennoch angemeldet – und die ersten Prototypen künstlicher Härchenhaftung bereits hergestellt.

Für Stanislav Gorb ist das kein Widerspruch zur Grundlagenforschung: »Wir brauchen doch nicht blind zu sein für mögliche Anwendungen unserer Ergebnisse. Gerade bei Insekten hat die Natur ausgeklügelte Lösungen geschaffen. Es gibt viele Gründe, sie auch zu nutzen, nachdem wir sie erst einmal verstanden haben.«

## Kooperation mit der Industrie – birgt das mehr Chancen oder mehr Gefahren?

Ist es ein Zeichen der Zeit, dass viele Max-Planck-Wissenschaftler bei der wirtschaftlichen Verwertung ihrer Erkenntnisse heute weniger Berührungsängste haben als noch vor 20 Jahren? Hat sich der Druck auf die Forscher erhöht, im Ringen um ausreichende Finanzierung ihrer Arbeit nicht nur auf das hohe Gut ihrer Freiheit zu pochen, sondern auch auf zu erwartende »Returns on Investment« zu verweisen?

Bei den Stuttgarter Materialforschern etwa hat bereits ein Autokonzern angefragt, ob sich denn von den Insekten auch für den Fahrzeugbau etwas lernen ließe. Und mehrere Pharmafirmen beteiligen sich an einem interdisziplinären Projekt, zu dem sich sechs Max-Planck-Institute zusammengeschlossen haben, um völlig neue Moleküle herzustellen und auf mögliche verwertbare Eigenschaften zu analysieren, etwa in Medikamenten.

Peter Gruss mag in dieser Entwicklung keine Abkehr von Prinzipien seiner Organisation erkennen – eher ein Zeichen dafür, dass sich die MPG allmählich verändert: »Geprägt von den Debatten der späten 1960er-Jahre, hatten viele von uns tatsächlich lange Zeit das Gefühl, wir dürften uns nicht von der Industrie vereinnahmen lassen. Aber ein ›Keuschheitsgelübde‹ der Grundlagenforschung, wenn es je so etwas gegeben hat, ist heute längst vom Tisch. Ein Dialog, auch mit der Wirtschaft, birgt für alle Seiten die Chance, dass man im Team erfolgreicher ist als allein.«

In der Materialwissenschaft, der Biomedizin oder der Züchtungsforschung ergäben sich da viele Chancen – wenn auch zwischen Erkenntnis und Produkt in der Regel viele Jahre lägen.

Und die Geisteswissenschaftler? Auch die sind in der Max-Planck-Gesellschaft vertreten – wenn sie auch nicht so sehr am Nimbus der Elite teilhaben, weil Spitzenleistungen außerhalb der Naturwissenschaften meist schwerer zu bewerten sind.

Linguisten etwa sind den Urgründen der Grammatik auf der Spur. Strafrechtler erhellen die Symbiose von Staatsdienern und Mafiosi in Süditalien. Bildungsforscher sind seit der PISA-Studie zu gefragten Politikberatern geworden. Und die Experten für Wissenschaftsgeschichte machen vor allem mit einer Studie über die eigene Vergangenheit von sich reden.

Seit einigen Jahren arbeiten sie die historische Rolle der Kaiser-Wilhelm-Gesellschaft auf – jener Organisation, die so zwiespältige Forscher wie den Chemienobelpreisträger Fritz Haber beherbergte. Einen Mann, der Millionen Menschen mit der Erfindung des Kunstdüngers vor dem Hungertod rettete, aber kurz darauf mit den von ihm entwickelten Kampfgasen im Ersten Weltkrieg Zehntausenden Soldaten einen qualvollen Tod bereitete.

Vor allem aber sollen die Verbindungen der KWG zum Naziregime erforscht werden. Denn offenbar hat die Forschungsorganisation damals selbst mit dem KZ-Arzt Josef Mengele zusammengearbeitet, um dessen »anthropologische« Studien zur Rassentheorie voranzutreiben.

Viel lieber reden die Max-Planck-Leute über das, was sie heute aus der Anthropologie gemacht haben: nämlich eine avantgardistische Querschnittdisziplin im Grenzbereich von Geistes- und Naturwissenschaft. Und ein Institut, in dem Genetiker und Paläontologen, Sprachwissenschaftler und Primatologen, Kulturforscher und Psychologen gemeinsam untersuchen, was den Menschen zum Menschen macht – und was ihn mit Menschenaffen und frühen Hominiden heute noch verbindet.

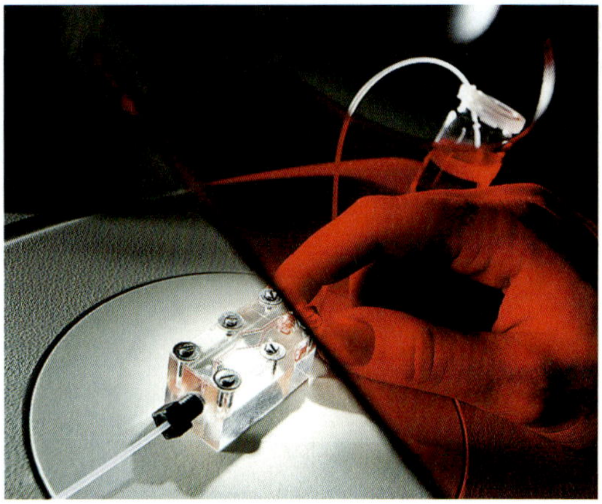

Das Institut für die großen Zusammenhänge im Kleinsten: Wenn sich die Physiker im **MPI für Dynamik und Selbstorganisation in Göttingen** ein Problem verdeutlichen wollen, schreiben sie es einfach auf die Labortür. In der Abteilung von Stephan Herminghaus diskutieren sie oft, wie mikroskopisch kleine Bläschen einer Emulsion sich in einem Netz feinster Kanäle verhalten – oder wie man den Tropfenfluss durch die Geometrie der Röhrchen manipulieren könnte. »Spumoprozessor« nennen die Forscher ihre neuartige Apparatur – eine Art Mikrochip auf Schaumbasis, in dessen Strukturen sie winzige Mengen flüssiger Chemikalien oder sogar Biomaterie zur Reaktion bringen wollen. Der Prototyp der »Chemiefabrik« (rechts) ist kaum größer als ein Daumen

Der Amerikaner Michael Tomasello etwa vergleicht seit Jahren am MPI für Evolutionäre Anthropologie in Leipzig die kognitiven Fähigkeiten von Menschenaffen mit denen von Menschenkindern. In Atlanta, einem internationalen Zentrum seines Fachs, hatten ihn die Kollegen offen ausgelacht, als er 1997 von seinen Umzugsplänen in den deutschen Osten berichtete.

»Sie haben aber schnell eingesehen, dass das Angebot kaum abzulehnen war: Ich muss hier keine Vorlesungen halten, brauche meine Zeit nicht mehr mit dem Verfassen von Anträgen auf Projektfinanzierung zu verschwenden, weil ich alle meine Studien aus meinem eigenen Etat bezahlen kann – und im Leipziger Zoo hat mir die Max-Planck-Gesellschaft das am besten ausgestattete Menschenaffenhaus der Welt gebaut.«

Dort ist Tomasellos Mitarbeiterin Esther Herrmann gerade den Ursprüngen der Kommunikation auf der Spur – indem sie den siebenjährigen Schimpansen Patrick zum Nutzen der Wissenschaft ein wenig ärgert. Immer wieder legt sie Bananenstücke unter einen Plastikeimer, den der Affe durch ein Loch in der Trennscheibe ergreifen kann. Doch sobald das Tier sich nähert, zieht die Forscherin das Obst blitzschnell weg.

Sie will sich – bevor der eigentliche Versuch beginnt – dem Schimpansen als Konkurrentin präsentieren. Denn die nun folgende Situation soll von jenem Klima des Wettbewerbs bestimmt sein, das Schimpansen aus ihren Gruppenkämpfen kennen.

Esther Herrmann versteckt die Banane jetzt unter einem von zwei Plastikeimern. Patrick hat den Ablauf dieser Übung nach Hunderten von Durchläufen längst begriffen. Er bekommt jetzt genau eine Chance, das Obst zu finden – und einen handfesten Hinweis: Mit grimmigem Blick zeigt Esther Herrmann mit nach vorn weisender Handfläche auf den gefüllten Eimer. Ihr Körper strahlt die Botschaft aus: »Finger weg, das ist nicht für dich, ich will das selbst haben!«

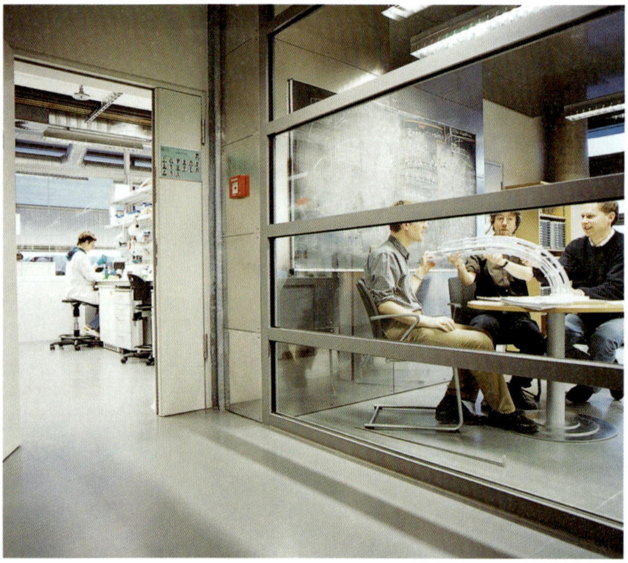

Zehn Millionen Motoren – für einen einzigen Versuch: Der Biophysiker Joe Howard (am Tisch, Mitte) bespricht mit Mitarbeitern das Modell eines Bullenspermiums, gebaut aus Gartenschläuchen. Am **MPI für molekulare Zellbiologie und Genetik in Dresden** ist der Australier den Grundlagen aller Bewegung auf der Spur: molekularen Motoren, die etwa den Schwanz des Spermiums zum Schlagen bringen. Oder die auf nanometerbreiten Schienen im Inneren von Zellen Proteine transportieren. Pro Sekunde legen sie einen Tausendstel Millimeter zurück und setzen dabei chemische Energie viel effektiver um als jede Maschine. Mithilfe der Minimotoren wollen die Forscher zum Beispiel verknäulte DNS-Moleküle gerade ziehen – um sie dann zu Nanodrähten zu verarbeiten

Der Affe versteht die Konkurrenzsignale – und findet seine Belohnung prompt in jenem Behälter, von dem ihn seine Konkurrentin offensichtlich hatte fern halten wollen.

Dies gilt den Leipziger Forschern als wissenschaftlicher Beweis dafür, dass Schimpansen menschliche Intentionen lesen können. Aber: Sie vermögen all das offenbar nur im Rahmen eines Konflikts zu leisten. Denn in der Gegenprobe, bei der die Wissenschaftlerin zu erkennen gibt, dass sie ihr Obst gern mit dem Schimpansen teilen möchte, kann das Tier die freundlichen Hinweise auf den richtigen Eimer nicht verstehen. Es wählt in diesem Fall stets nach dem Zufallsprinzip einen der beiden Behälter aus.

»Ich weiß, es ist schwer zu glauben, dass Schimpansen mit einer so einfachen Aufgabe Probleme haben«, erklärt Michael Tomasello. »Wir haben uns auch jahrelang gefragt, woran es liegen könnte. Dabei ist die Antwort eigentlich ebenso nahe liegend wie fundamental: Das kognitive System der Menschenaffen ist nicht auf diese menschliche Form der

## Die Max-Planck-Philosophie: Brücken bauen zwischen den Disziplinen

Kooperation ausgelegt. Sie haben einfach keine Ahnung, was sie mit einem freundlichen Hinweis auf den richtigen Eimer anfangen sollen.«

Die Schlüsse, die der Forscher aus seinen Resultaten zieht, weisen weit über sein Fachgebiet hinaus – und haben in der Welt der Primatenforscher viele Kontroversen ausgelöst. »Wir haben hier«, so Tomasello, »einen Teil des Fundaments unserer menschlichen Sprache freigelegt.« Für Konflikte brauche man nicht unbedingt eine Sprache. Für kooperatives Verhalten dagegen meist schon – etwa um gemeinsames Handeln zu planen, Arbeiten aufzuteilen oder sich gegenseitig auf bedeutsame Dinge hinzuweisen.

»Man könnte also Folgendes postulieren«, erklärt Tomasello: »Der Mensch unterscheidet sich nicht etwa vom Tier, weil er eine Sprache hat, sondern: Der Mensch hat eine Sprache, weil er im Gegensatz zu seinen Verwandten ein besonders kooperatives Wesen entwickelt hat. Kleinkinder etwa haben keine Probleme, die hilfreichen Hinweise in einer vergleichbaren Studie korrekt zu deuten. Bezeichnenderweise gelingt ihnen das aber erst mit etwa 14 Monaten – also dann, wenn auch die Sprachentwicklung beginnt.«

Sprache – an diesem Punkt setzen in Leipzig die Synergieeffekte ein: Tomasello kann seine Erkenntnisse im eigenen Institut mit denen der Linguistikabteilung vergleichen. Ebenso mit denen der Primatologen, die in der Elfenbeinküste eine Station für Feldversuche außerhalb des Labors betreiben. Und mit jenen der Genetiker, die die Entwicklung von menschlicher Sprache und tierischem Verhalten anhand von Markern im Erbgut verfolgen. »Das ist Forschung mit ungewöhnlicher Inspiration«, meint Tomasello. »An einer Universität wäre ich doch niemals mit einem Genetiker in Kontakt gekommen. Hier sind solche Brücken zwischen den Fächern geradezu Teil der Philosophie.«

22. März 2005, südwestlich von Brest. Das Flugzeug mit den Forschern vom MPI für Extraterrestrische Physik in Garching befindet sich im freien Fall. Fast 8 000 Meter über dem Atlantik hat der Pilot nach einem steilen Steigflug die Nase der Maschine unter den Luftstrom gedrückt, sodass die Flügel dem Jet jetzt keinen Auftrieb mehr geben können.

Der Lärm der Turbinen verebbt. Ihr Schub ist auf ein Minimum gedrosselt. Die einzige Kraft, die jetzt noch auf das Flugzeug wirkt, ist sein eigenes Gewicht: 150 Tonnen Metall und Kunststoff, die wie ein in die Luft geschossener Fußball noch ein paar Sekunden lang fast lautlos weiter schräg nach oben driften, einen Scheitelpunkt erreichen, um dann mit wachsender Geschwindigkeit nach unten zu fallen, angezogen vom Gravitationsfeld der Erde. Erst 22 Sekunden später und 1 000 Meter tiefer wird der Pilot den Steuerknüppel nach hinten ziehen, um das parabelförmige Manöver zu beenden und den Jet wieder in eine waagerechte Flugbahn zu bringen.

22 Sekunden, in denen der freie Fall die Schwerkraft im Inneren des Flugzeugs aufhebt. 22 Sekunden, in denen Menschen und Materialien in der Kabine exakt das gleiche wiegen: null Gramm, ganz so, als befände sich der Airbus im Orbit. 22 Sekunden Arbeitszeit für jene zwölf Forscherteams, die auf Einladung der Europäischen Raumfahrtagentur (ESA) an Bord des Jets ihre Versuchsanordnungen aufgebaut haben – und die jetzt konzentriert vor ihren Apparaturen schweben.

Es geht in den insgesamt 31 Parabelflügen an diesem Tag um spektakuläre Experimente im Dienste der Raumfahrt. In einer Ecke wirbeln Wissenschaftler einen maskierten Probanden durch die Luft, um zu ergründen, wie die mangelnde Schwerkraft sein Körpergefühl beeinträchtigt.

Gegenüber schießt ein schwereloser Wasserschwall in ein Kunststoffgefäß, dass in die Klimaanlage der Internationalen Raumstation eingebaut werden soll – aber nur, wenn die Tests im Forschungsjet ergeben, dass die Form des Behälters eine schwebende Wasserblase in die gewünschte Position bringen kann. Weiter hinten in dem fast vollständig leer geräumten Jet wollen Forscher dem Prototypen eines kugelrunden Roboters beibringen, wie er sich in der Schwerelosigkeit mithilfe kleiner Propeller selbst stabilisieren kann – das Gerät soll den Astronauten später als eine Art persönlicher Assistent dienen.

Zwischen all dem Trubel wirken die drei ruhigen MPI-Forscher aus Garching fast ein wenig sonderbar: Vorn rechts im Flugzeug hocken sie, von Gurten am Kabinenboden festgehalten, und starren auf einen Kasten mit zwei Bildschirmen. Kleine weiße Pünktchen tanzen dort auf und nieder, bilden Muster, richten sich aufeinander aus – und fallen, sobald ein Parabelmanöver beendet ist, nach unten aus dem Sichtfeld heraus.

Ein »komplexes Plasma« wollen die drei Wissenschaftler studieren. Genauer: Argongas, dessen Atome sie in ihre Bestandteile zerlegt haben, und dem sie nun Kunststoffkügelchen von ein paar Tausendstel Millimetern Durchmesser beimischen. Diese Kügelchen verhalten sich in der Mixtur fast genauso wie Moleküle in einer Flüssigkeit. Manchmal ordnen sie sich sogar, von elektrischen Kräften dirigiert, in festen Gittern an, wie die Atome in einem Kristall.

Die Max-Planck-Wissenschaftler erforschen eine neue Art von Materie: den »Plasmakristall«, dem sie vor einiger Zeit in ihrem Institut in Garching auf die Spur gekommen sind. Mit seiner Hilfe wollen sie fundamentale Erkenntnisse über bislang noch nicht genau verstandene Vorgänge in der Natur gewinnen.

Was geschieht beispielsweise mit den Molekülen von Flüssigkeiten, wenn diese erstarren – wenn etwa Wasser zu Eis wird? Und wie genau verhalten sich die Atome in einem Metall in exakt jenem Moment, da der feste Körper, den sie bilden, zu schmelzen beginnt?

Am Plasmakristall lassen sich diese Phasenübergänge mit bislang nicht gekannter Präzision studieren. Denn seine »Atome« sind ja nicht echt, sondern in Wahrheit Kunststoffkügelchen: also tausendfach größer als wirkliche Elementarteilchen – und damit im Schein von Laserlicht sichtbar!

In der Schwerelosigkeit wollen die Forscher nun jene schwachen Kräfte im Zusammenspiel der »Atome« untersuchen, die auf der Erde stets von der mächtigen Gravitation überlagert werden. Kräfte, die sich nur im schwerelosen Orbit messen lassen – oder während des 31 mal 22 Sekunden dauernden Parabelflugs.

Es ist ein neuer Blick ins Fundament der Materie, den die Garchinger Forscher da wagen. Den Nutzen ihrer Expedition an die Grenzen des Wissens kann noch niemand ermessen. Vielleicht wird er grandios sein. Vielleicht wird es ihn niemals geben. Vielleicht werden die Ergebnisse auch in Vergessenheit geraten – und erst in 50 Jahren eine neuartige Hightechindustrie begründen. Oder nichts von alledem.

Doch selbst in diesem Fall befriedigt die Suche nach dem Wesen des Plasmakristalls, wie so häufig bei MPI-Forschern, zumindest eines: die menschliche Neugier. **(2005)**

■ **Siehe auch A–Z-Teil**

→ Affen · Bionik · Bose-Einstein-Kondensation · Elementarteilchen · Forschung · Gammastrahlung · Kernfusion · Kernspinresonanz · Kybernetik · Nanotechnologie · Nobelpreis · Plasma · Quanteninformation · Selbstorganisation · Technik · Tschrenkow-Strahlung

**GEO-Redakteur Jens Schröder und Fotograf Stephan Elleringmann hatten bei ihrer Recherche die Qual der Wahl: Am liebsten hätten sie alle 80 MPIs besucht; am Ende beschränkten sie sich auf zehn.**

Text:
Matthias Glaubrecht

# Der Mann in Darwins Schatten

Dies ist die Geschichte eines überragenden Mannes, der um das Recht geprellt wurde, als Vater der Evolutionstheorie zu gelten. Zeit seines Lebens ist der Glanz seiner Entdeckungen vom Ruhm Darwins verdunkelt worden. Wie konnte es dazu kommen?

Gilolo, Molukkenarchipel, an einem Tag im Februar 1858. Seit Stunden schütteln Fieberanfälle den hageren Mann auf seiner Holzpritsche. Um ihn herum, in der mit Palmenblättern gedeckten Hütte, stapeln sich Holzkästchen und geflochtene Behältnisse; darin Hunderte auf Nadeln gespießte Insekten, zumeist Käfer und Schmetterlinge, außerdem blaue Notizzettel mit Namen und Fundorten. Häute und Skelettknochen kleiner Säugetiere liegen auf einem grob gezimmerten Bord. Vogelbälge hängen an Stricken von den Dachstreben, halbwegs in Sicherheit vor den Heerzügen allgegenwärtiger Ameisen. Modergeruch steht in der engen Hütte.

Es ist stickig-heiß, der Kranke liegt in Schweiß gebadet, dennoch zieht er die Decken eng um sich. Sein von Strapazen malträtierter Körper wehrt sich gegen die Malaria-Erreger in seinem Blut. Von Kopf- und Rückenschmerzen gepeinigt, liegt er mal im Delirium, mal in Träumen.

Er kennt die Attacken, die seit Jahren wiederkehren, und den Rhythmus des Fiebers. Es wirft ihn nachmittags für zwei oder drei Stunden aufs Lager, dann sind die Schübe vorüber. Weil er sich nicht auf den Beinen halten, nicht unterwegs sein kann, nutzt er diese Zeit zum Grübeln über die Frage aller Fragen, die ihn schon seit mehr als einem Dutzend Jahren begleitet und ihn quält, bohrend wie die Pein in seinem glühenden Kopf.

Auch an diesem Tag verfolgt ihn das Rätsel bis in seine Fieberfantasien: Diese überbordende Vielfalt in den tropischen Regenwäldern – wie nur ist sie zu erklären? Wie konnten all diese Arten entstehen? Und noch entscheidender vielleicht: Was setzt ihrer Vermehrung Grenzen? Welcher Mechanismus verhindert, dass die Nachkommen sämtlicher Tierformen die Erde millionenfach überschwemmen?

Seit fast vier Jahren ist der Mann unterwegs im Malaiischen Archipel. Vor kurzem sind ihm auf den Aruinseln vor der Küste Neuguineas einige Schmetterlingsarten aufgefallen, die zwar im westlicheren Teil des Archipels ebenfalls vorkommen, dort aber ein wenig anders aussehen.

Nicht zum ersten Mal hat er solche Abweichungen bemerkt. Bei Expeditionen durch das Inselreich zwischen Asien und Australien ist er immer wieder auf Spezies gestoßen, die geografische Varianten hervorbringen, einander aber trotz der Unterschiede in Körperbau und -färbung doch zu ähnlich sind, um als eigene Arten gelten zu können. Dass dabei ein göttlicher Schöpfer – gar einer mit einem Hang zum Experimentieren – seine Hand im Spiel hat, bezweifelt der Mann bereits seit langem.

## Das größte wissenschaftliche Rätsel der Zeit – gelöst im Fieberwahn

Jetzt, im Fieberwahn auf seiner Pritsche, überfällt ihn plötzlich die Eingebung seines Lebens: Müssen solche Abweichungen von der Norm sich nicht auf die Chancen der betreffenden Tiere auswirken? Was passiert beispielsweise, wenn sich die Umwelt auf den Inseln ändert? Und was, wenn eine dieser geografischen Spielarten besser an die neuen Verhältnisse angepasst ist als die anderen? Sie hätte entsprechend günstigere Aussichten zu überleben. Noch wichtiger: Über kurz oder lang hätte sie auch mehr Nachkommen. Solche Vorteile bei der Fortpflanzung müssten schließlich, während eines schier endlosen Zeitraums mit weiteren Veränderungen, die Population der Angepassten anwachsen lassen und zur Entstehung neuer Arten führen.

Da ist sie, die Antwort auf seine dringendste Frage, die Lösung des Rätsels der »Transmutation« – oder Evolution, wie man später sagen wird. Endlich erkennt der Fiebernde, was sie antreiben könnte, wo sie ansetzt.

Es muss die Umwelt sein, begreift er, die bei diesem Kampf ums Dasein die Auswahl trifft. Ob durch Veränderungen des Klimas, des Nahrungsangebots, durch etwaige Konkurrenten oder Feinde: Die Natur merzt die Mehrzahl aller Nachkommen aus; nur die Tauglichsten überleben, vermehren sich und geben ihre vorteilhaften Merkmale an die folgenden Generatio-

**Alfred Russel Wallace** als 39-Jähriger. Im Vordergrund: ein Brief Charles Darwins an ihn

**Charles Darwin** (1809–1882), wie Wallace mit der »Artenfrage« befasst, war von dessen Erkenntnissen überrascht. Er fürchtete, dass ihm der Rivale mit einer Veröffentlichung zuvorkommen könnte

nen weiter. Das Ergebnis: Durch natürliche Auslese entstehen neue Arten.

Noch am selben Abend skizziert der Mann einen ersten Entwurf seiner Ideen, feilt während der nächsten zwei Tage an den Formulierungen und unterzeichnet schließlich, am dritten Tag, die knapp 20-seitige Arbeit »On the Tendency of Varieties to Depart Indefinitely from the Original Type« (Über die Neigung der Varietäten, sich unbegrenzt von ihrem ursprünglichen Typus zu entfernen) mit seinem Namen: Alfred Russel Wallace.

Wallace ist zu diesem Zeitpunkt 35 Jahre alt. Die Hütte, in der er seine Aufzeichnungen gemacht hat, steht an einem der entlegensten Orte der Erde. Ob sein Einfall wissenschaftlich haltbar ist und wie angesehene Forscher ihn einschätzen, kann er nur erfahren, wenn er seinen Aufsatz in die Heimat schickt – mit dem nächsten Postschiff, das am 9. März 1858 von Ternate ablegt.

Am 1. März, so sein Notizbuch, setzt Wallace von Gilolo (dem heutigen Halmahera) zur Insel Ternate über. Dort verfasst er noch einen Brief, der

## Ein Brief aus der Südsee – und Darwin fürchtet um sein Lebenswerk

seine Abhandlung begleiten soll. Er richtet ihn an einen Privatgelehrten namens Charles Darwin im englischen Kent – den einzigen namhaften Vertreter des akademischen Establishments, den er näher kennt, wenn auch nur indirekt, nämlich als Autor des von ihm bewunderten Berichts über die Reise mit der »Beagle« und als Briefpartner. Seit Oktober 1856 korrespondiert Wallace mit Darwin, berichtet dem Kollegen im fernen England über seine Eindrücke und Gedanken und erhält eher sporadisch Antwort. Immerhin haben beide einander versichert, wie sehr sie von der ungemein mysteriösen »Artenfrage« fasziniert sind. Seit 20 Jahren, so hat Darwin den Naturalienjäger im malaiischen Inselreich wissen lassen, beschäftige ihn, »wie und auf welche Weise Arten und Varietäten sich voneinander unterscheiden. Ich stehe vor der Veröffentlichung eines Buches darüber«.

Wer sonst, wenn nicht Darwin, kann beurteilen, ob die im Fieber geborene Theorie tatsächlich etwas taugt? Mit der Bitte, seine Ausführungen, falls sie es wert seien, gegebenenfalls an Sir Charles Lyell weiterzuleiten, schickt Wallace sein Manuskript auf die Reise nach England. Lyell ist der wohl angesehenste Geologe seiner Zeit, Mitglied gelehrter Gesellschaften wie der Geological Society und der Linnean Society in London, und auch in anderen Wissenschaftsdisziplinen als Autorität unangefochten. Aus der Korrespondenz mit Darwin weiß Wallace, wie positiv sich Lyell über seine drei Jahre zuvor verfasste Sarawak-Arbeit geäußert hat.

Knapp drei Monate ist die Sendung von der Gewürzinsel Ternate über Batavia (heute Jakarta), Singapur Suez, Marseille und Rotterdam unterwegs. Als sie schließlich in der englischen Grafschaft Kent ankommt, löst sie einen wissenschaftlichen Erdrutsch aus.

Down House, Bromley, Kent, etwa drei Monate später. Nach einer Reise um die halbe Welt erreicht das Päckchen mit dem Manuskript aus Ternate schließlich Charles Darwins Landsitz, knapp 16 Meilen südöstlich von London. Wie stets trifft die Post morgens ein.

Darwin ist nach der Lektüre von Wallace' Text wie gelähmt. Ihm ist, so beschreibt er es später, als würde er seine eigene Theorie der Transmutation durch natürliche Auslese in einer fremden Handschrift lesen. Vor ihm liegt, von einem Naturaliensammler formuliert, eine kurze Zusammenfassung des »großen« Buches, das er bereits 20 Jahre lang vorbereitet. Im Frühjahr 1856 hat er mit dem Schreiben begonnen, doch kaum mehr als die Hälfte ist fertig.

Die Worte »natürliche Selektion« kommen zwar bei Wallace nicht vor. Doch Kernsätze aus dessen Manuskript, so bekennt Darwin später, könnten als Kapitelüberschriften in dem von ihm begonnenen Werk stehen, das den Titel »Natural Selection« tragen soll. Jetzt jedoch, so muss der Mann in Kent befürchten, ist alles verloren. Wallace ist ihm zuvorgekommen.

Darwin ist zu diesem Zeitpunkt 49 Jahre alt. Nach der Rückkehr von seiner fünfjährigen Fahrt auf der »Beagle« hat er sich aufs Land zurückgezogen und lebt seit 1842 mit seiner Frau Emma und einer wachsenden Schar von Kindern als Privatgelehrter in Down House. Er gehört einer wohlhabenden viktorianischen Familie an, hat reich geheiratet und kennt daher keine materiellen Sorgen. Mit Geschick verwaltet er sein Gut und sein Vermögen und geht im Übrigen seinen naturkundlichen Interessen nach.

Sein 1839 erschienener Bericht über die »Beagle«-Expedition ist ein Bestseller. Mit einem Schlag ist er berühmt geworden, sein Urteil ist gefragt. Er verfasst Arbeiten zur Zoologie und Geologie und korrespondiert mit führenden Experten über seine Beobachtungen und die von ihm unterwegs gesammelten Proben und Exemplare. Kurz: Darwin ist schon zu dieser Zeit einer der angesehensten Naturforscher.

Woran er seit 1837 arbeitet, ahnen allerdings nur wenige seiner Freunde. Er will die, wie er meint, irrige Lehre von der Erschaffung der Arten und ihrer Unveränderlichkeit ein- für allemal widerlegen.

Die gegenwärtig lebenden Menschen, Tiere und Pflanzen seien nicht, darauf läuft seine Argumentation hinaus, durch einen

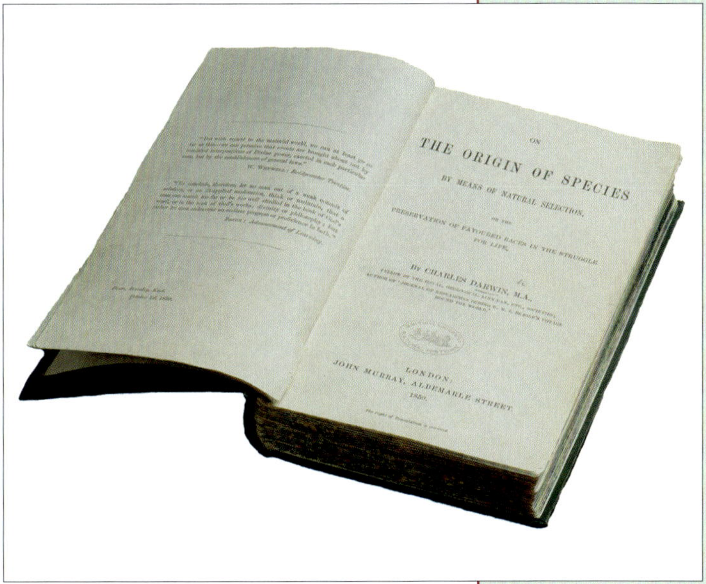


Überstürzt musste Darwin 1858/59 sein Buch **»Über die Entstehung der Arten«** schreiben. 20 Jahre hatte er über den Ideen gebrütet, die ihm schon während seiner Weltreise mit der »Beagle« gekommen waren. Immer wieder zögerte er die Fertigstellung hinaus. Bis Wallace ihn mit einer identischen Theorie zur Eile nötigte

Schöpfungsakt in die Welt gesetzt worden. Sie seien vielmehr das Ergebnis eines langen Prozesses von Veränderungen durch natürliche Auslese.

Darwins großer Wurf, sein Anspruch, ein neues Naturgesetz als Erster aufgespürt und formuliert zu haben, scheint nun durch den Text aus Ternate ernsthaft gefährdet. Die Früchte seiner jahrzehntelangen Arbeit, die zusammengetragenen Beweise, die minutiösen Aufzeichnungen, drohen zu einer Fußnote der wissenschaftlichen Literatur zu werden, wenn das, was Wallace ihm zugesandt hat, zuerst veröffentlicht wird. Aber hat Wallace ihn überhaupt darum gebeten, das Manuskript bei einem Journal zur Veröffentlichung einzureichen? Niedergeschmettert schickt Darwin dem väterlichen Freund Charles Lyell die Abhandlung des plötzlich aufgetretenen Konkurrenten. Dessen Ausführungen seien, so schreibt Darwin dazu mit typisch britischem Understatement, sicherlich wert, gelesen zu werden. Er wolle Wallace anbieten, sie umgehend einer Zeitschrift zur Veröffentlichung einzureichen. Indes, so gibt er Lyell zu bedenken, »ist dann all meine Originalität, was immer sie auch wert war, zunichte«.

In acht Jahren schaffte Wallace 125 660 Exemplare von Tieren aus der malaiischen Inselwelt nach England. Allein seine **Käfersammlung** füllt in Londons Naturhistorischem Museum 30 Schubladen, und fast 1 500 Insekten- und Vogelarten sind von ihm entdeckt worden

DOREY HARBOUR, NEUGUINEA, JUNI 1858. Mehr als 12 000 Kilometer weiter im Osten macht Alfred Russel Wallace in jenen Tagen, was er immer macht, wenn seine Gesundheit und das Wetter es zulassen: Er jagt in den Wäldern nach Vögeln und Insekten. Zwar regnet es beinahe ohne Unterlass, und eine üble Fußverletzung macht ihm zu schaffen. Dennoch gelingen ihm einige spektakuläre Fänge, darunter vier neue Arten einer bis dahin unbekannten Gattung von Geweihfliegen.

Wer ist dieser Mann, dem vor Glück die Knie weich werden, wenn er einen besonders seltenen und farbenprächtigen Falter ins Netz bekommt? Und der bei aller Begeisterung die Kernfrage, um die es ihm vor allem geht, niemals aus den Augen verliert?

Wallace stammt aus bescheidenen Verhältnissen. Er kommt am 8. Januar 1823 in der walisischen Stadt Usk zur Welt, als das achte von neun Kindern des Anwalts Thomas Vere Wallace und seiner Frau Mary Anne. Ihn studieren zu lassen, können die Eltern sich nicht leisten. Alfred muss früh für sich selber aufkommen. Zunächst arbeitet er als Landvermesser. Er entdeckt dabei nicht nur seine Liebe zur Tätigkeit im Freien und zum Reisen. Botanik wird seine »erste große Liebe«.

## Folgt die Artenvielfalt einem noch unentdeckten Naturprinzip?

Er liest unersättlich, vor allem naturgeschichtliche Studien, Bücher und Artikel von Naturforschern seiner Zeit. Neben dem Unterricht als Zeichenlehrer an einer höheren Schule in Leicester, wo er seit 1844 lebt, verbringt Wallace viel Zeit in der städtischen Bibliothek, vertieft sich in Humboldts und Darwins Reiseberichte. Sie entfachen sein Fernweh. Er will spektakuläre, nie zuvor gesehene Organismen entdecken, selber eine Forschungsreise antreten. In der Bibliothek begegnet er Henry Walter Bates, einem ebenfalls von der Naturkunde faszinierten Autodidakten, mit dem er Ende April 1848 zu seiner ersten Expedition nach Südamerika aufbricht.

Nicht nur Abenteuerlust und Neugier treiben die beiden Hobbyforscher in die Fremde. Sie können durchaus damit rechnen, vom Verkauf der aus Übersee in die Heimat geschickten Naturalien ihren Lebensunterhalt zu verdienen. Exotische Exemplare aus unerforschten Teilen der Erde sind gefragt bei Museen und ambitionierten Privatsammlern der englischen Oberschicht. Und selbstverständlich träumen sie davon, als berühmte Forscher und Verfasser bedeutender naturkundlicher Berichte heimzukehren – wie ihre Vorbilder Darwin und Humboldt.

Im Feld trennen sich beide Männer. Über Monate ist Wallace am Oberlauf des Amazonas unterwegs, erbeutet Vögel, Fische und Insekten, trocknet Pflanzen. Doch er ist mehr als nur Sammler. Schon bald entwickelt er einen Blick für die Verbreitungsmuster der verschiedenen Tierformen, denen er auf seinen Flussfahrten begegnet.

Schon in Amazonien festigt sich bei Wallace die Überzeugung, dass ein bislang noch unentdecktes »Naturprinzip« die vielen wunderbaren Anpassungen von Tieren hervorbringt. Dass es unverrückbare Grenzen zwischen Arten und Gattungen geben soll, bezweifelt er. Sein trainiertes Auge trifft dauernd auf Übergangsformen, sein Verstand sagt ihm, dass sie Facetten eines Kontinuums sind.

Mit der Amazonasreise begründet Wallace seinen Ruf als findiger Naturaliensammler. Doch seine Rückreise im Sommer 1852 endet in einer Katastrophe. Auf See entzündet sich die Kautschukladung seines Schiffs »Helen«. Es sinkt im Nordatlantik mit dem größten Teil dessen, was Wallace zusammengetragen hat, darunter Hunderte bis dahin unentdeckter Tierarten.

Auf der **Vulkaninsel Ternate** mietete sich Wallace 1858 ein geräumiges Haus. Es wurde der Ausgangsort für Reisen in die malaiische Inselwelt. Unterwegs fertigte er Skizzen an, sammelte für die Naturalienkabinette in England und grübelte über die Entstehung von Arten

Nur ein paar Zeichnungen kann Wallace ins Beiboot mitnehmen, aus dem die Überlebenden, nach zehn Tagen, von einem Segelschiff gerettet werden. Mit wenig mehr als dem, was er am Körper trägt, erreicht Wallace am 1. Oktober 1852 England.

Dass sein umsichtiger Agent Samuel Stevens die Ausbeute vom Amazonas vorsichtshalber hat versichern lassen, rettet Wallace vor dem finanziellen Ruin. So verfügt der Heimgekehrte über knapp 200 Pfund. Gerechnet hatte er mit dem Doppelten – vor allem aber damit, sich mit seinen Funden und deren Auswertung einen Namen zu machen. Jetzt reicht es gerade zu einem eher oberflächlichen Reisebericht. 1853 erscheint »A Narrative of Travels on the Amazon and Rio Negro«, wird aber kaum beachtet.

Trotz seiner Schwüre, nie wieder eine Seereise anzutreten, bricht Wallace im März 1854 erneut auf. Diesmal aber hat er sich zuvor in Londons Naturhistorischem Museum umgesehen und weiß, woran es dort fehlt und womit er den höchsten Lohn für die Strapazen und Gefahren des Sammelns erzielen kann: Er wählt eine der damals am wenigsten erforschten Regionen, den Malaiischen Archipel. Für einen, der vom Verkauf gesammelter Exemplare leben will, ist es das lukrativste Ziel überhaupt. Tatsächlich wird diese Expedition in mehrfacher Hinsicht – allerdings nicht in finanzieller – zur entscheidenden Erfahrung seines Lebens.

## Odyssee durch den Inselkosmos – eine Forschungsfahrt von 14 000 Meilen

Am 20. April erreicht Wallace Singapur, wo seine Odyssee durch den Inselkosmos beginnt. Das waghalsige Ein-Mann-Unternehmen, bei dem er insgesamt 14 000 Meilen zurücklegt und mehr als 60-mal das Basislager wechselt, wird acht Jahre dauern und ihn an entlegenste Küsten führen: von der malaiischen Halbinsel zu den Großen und Kleinen Sundainseln und zu den Molukken.

Seine Notizbücher verraten, wie ihn die Fülle der Farben und Formen überwältigt, was er empfindet beim Anblick der Vögel und Insekten, denen er nachstellt: »Ich bebte vor Erregung, als ich dem Schmetterling zusah, wie er mit majestätischem Flügelschlag auf mich zukam – ein leuchtender Edelstein im schweigenden Dunkel des Urwalddickichts.«

Sein forschender Geist ist unersättlich, keine Krankheit, keine Verletzung hält ihn lange auf. Er will die Geheimnisse der Natur aufspüren, durchschauen, welche Ordnung die Vielfalt regelt, welche Muster bei der Verbreitung verschiedener Tierformen auftreten. Wallace gelangt sogar in den unerforschten Nordwesten Neuguineas und auf die vorgelagerten Inseln, wo er als erster europäischer Naturkundler Paradiesvögel bei der Balz beobachtet. Als er dort auch ein lebendes Exemplar des vielgesuchten Königs-Paradiesvogels in die Hände bekommt, bewundert er nicht nur das farbenfrohe Gefieder dieses kaum drosselgroßen Tieres, dessen Schönheit er später in seinem Reisewerk »The Malay Archipelago« ausführlich beschreibt.

Als sei er ein Ökologe des 21. Jahrhunderts, beschleicht ihn vielmehr die Sorge, dass die fragile Schönheit der Paradiesvögel und das Gleichgewicht der Natur selbst in abgeschiedenen Urwaldregionen bedroht sein könnten durch das Trachten und Treiben der Europäer. »Diese Überlegung«, so analysiert Wallace seine grüblerische Anwandlung, »zeigt uns zweifelsfrei, dass alle lebenden Dinge nicht für den Menschen erschaffen wurden.«

Regelmäßig sendet er sein Sammelgut an den Händler Stevens in London. Und immer häufiger sind nun auch theoretische Abhandlungen dabei. Eine erste Arbeit, die im Wissenschaftsjournal »Annals and Magazine of Natural History« erscheint, verfasst er 1855 auf Borneo. »Jede Art«, formuliert er, »entstand in räumlichem und zeitlichem Zusammenhang mit einer bereits existierenden und nahe verwandten Art.« Lyell entgeht nicht, dass Wallace in diesem später so genannten »Sarawak Paper« der Idee einer Evolution der Organismen bereits nahe ist, und er warnt Darwin vor dem Konkurrenten. Der aber nimmt dessen Veröffentlichung nur flüchtig zur Kenntnis.

Wallace geht es längst nicht mehr darum, seine Ausbeute zu steigern. Er nimmt sich Zeit zum Beobachten und entwickelt eigene Theorien – etwa über die Wechselwirkung von Geografie und Zoologie.

Auf der Jagd nach seltenen Tieren kreuzte Wallace durch den **Malaiischen Archipel** – hier eine historische Karte unbekannten Datums. Die Molukkeninsel Ternate mit ihrem aktiven Vulkan Gunung Gamalama war drei Jahre lang sein Standquartier

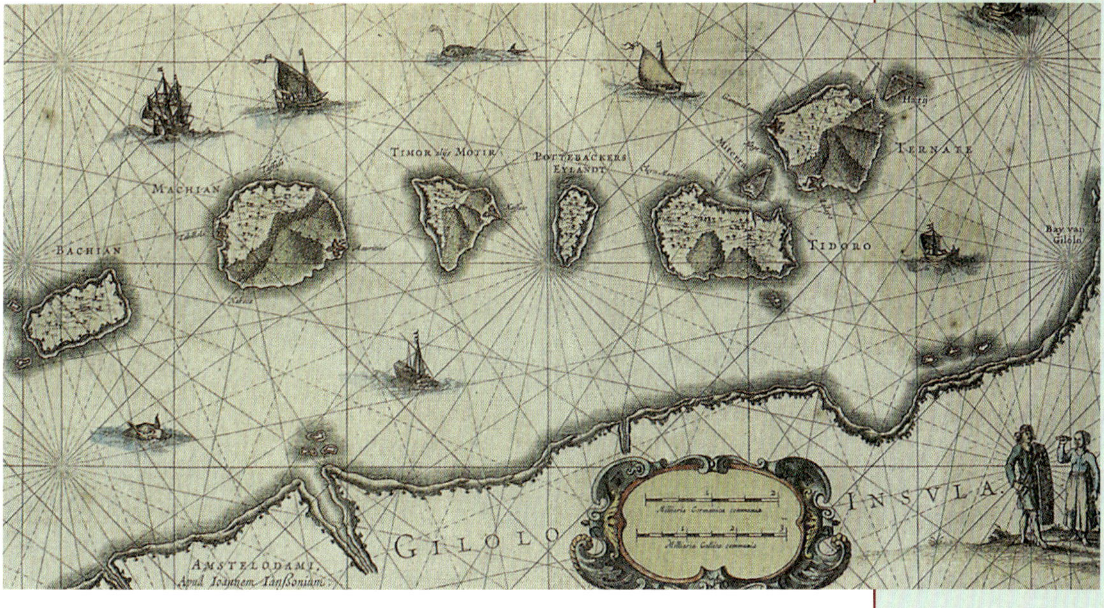

Im Januar 1857 besucht er die Neuguinea vorgelagerten Aruinseln. Es wird sein vielleicht wichtigster Abstecher; nicht nur weil er in knapp sechs Monaten 9000 Tiere von 1600 Arten zusammenträgt und damit weitere Expeditionsjahre finanziert. Auf diesen Inseln beginnt Wallace zu verstehen, wie eine Population neue Arten hervorbringt, wenn neue Formen auf ein kleines, kaum mehr als eine Insel umfassendes Gebiet eingeengt sind. Offenbar, folgert er, haben sie sich abgesondert und dabei abweichende, an die jeweilige neue Umwelt angepasste Merkmale entwickelt. Anzunehmen, so schreibt Wallace später, dass sämtliche neue Arten stets perfekte Neuschöpfungen seien, erweise sich deshalb als unnötig. Noch im Dezember 1857 veröffentlicht er seine Beobachtung. In Fachkreisen wird man auf ihn aufmerksam.

Ähnlichkeiten zwischen verschiedenen Spezies – etwa bei den wie Wespen aussehenden **Faltern aus der Familie der Arctiidae** – hat Bates mit der nach ihm benannten »Batesschen Mimikry« erklärt: Genießbare Tiere ahmen Farben und Formen wehrhafter Arten nach und sind so besser vor Feinden geschützt

Inzwischen kann sich Wallace auf der kleinen Insel Ternate, dem damaligen Zentrum des Gewürzhandels, ein komfortables Haus leisten, das er von einem holländischen Gewürzmagnaten mietet. Während der nächsten drei Jahre wird es zur Ausgangsbasis für Exkursionen zu den umliegenden Inseln der Molukken. Ende Januar 1858 setzt Wallace nach Gilolo über, wo er in der einfachen Palmenhütte jene vom Fieber befeuerte Eingebung hat, die Monate später den Zauderer Darwin aus seiner selbstgefälligen Ruhe aufschrecken und anspornen wird, binnen knapp eines Jahres sein Buch »Über die Entstehung der Arten« zu vollenden.

So nimmt ein Wissenschaftskrimi seinen Anfang, an dessen Hergang Historiker seit 150 Jahren ihren detektivischen Scharfsinn erproben, um die Motive der Verdächtigen und der scheinbar Unschuldigen wieder und wieder zu überprüfen. Allein: Der Fall ist bis heute nicht vollständig geklärt.

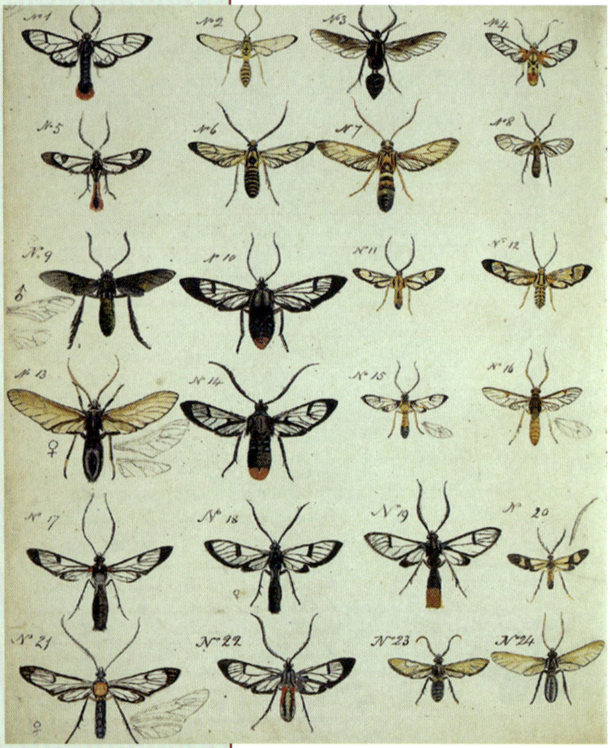

Burlington House, Piccadilly, London, 1. Juli 1858. An diesem Abend versammeln sich etwa 30 Mitglieder und Gäste im Haus der Linnean Society. Nur wenige Anwesende ahnen, dass sie Zeugen des mit Abstand wichtigsten Ereignisses in der Geschichte dieser ehrwürdigen Vereinigung sein werden. Die Linnean Society ist 1788 gegründet worden und damit einer der ältesten Forscherklubs. 70 Jahre später hat sie über 400 Mitglieder, ausschließlich einflussreiche Persönlichkeiten der damaligen Gesellschaft. Die Sitzung beginnt mit Routineangelegenheiten. Weder Darwin noch Wallace sind anwesend, als Sir Charles Lyell und der Botaniker Sir Joseph Dalton Hooker kurz die Umstände

**Henry Walter Bates** (1825–1892), der es zum Stellvertretenden Leiter der Royal Geographical Society brachte, war ein entscheidender Impulsgeber für Wallace. Die beiden Naturforscher verbrachten einige Jahre gemeinsam in Amazonien

erläutern, die sie dazu bewogen haben, einige Texte vorzutragen; zunächst zwei von Darwin und dann einen Aufsatz des als Naturaliensammler bekannten Wallace.

Die Hörer muss überraschen, was Darwin und Wallace zu behaupten wagen: Arten, so argumentieren sie übereinstimmend, seien nicht statisch, wie bisher angenommen, sondern im Fluss. Ständig würden neue Spezies entstehen, unter denen die Natur eine Auslese treffe.

Doch wie kühn die an diesem Abend verlesenen Vorträge sich auch anhören, welchen Zündstoff sie den »fellows« auch zugemutet haben mögen – Darwins Freunde wollen vor allem eines erreichen: Keiner im Auditorium soll den Eindruck haben, dass Wallace vor Darwin das Prinzip der natürlichen Selektion entwickelt und formuliert hat.

Dass es überhaupt so weit gekommen ist, hat der bedächtige Privatgelehrte und Gutsherr im ländlichen Kent selbst verschuldet. Lange schon hatten Lyell und Hooker den Freund gedrängt, seine Theorie des

## Darwin kann seinen Vorsprung retten. Durch einen Verfahrenstrick

Artenwandels endlich zu publizieren. Zuletzt, als Lyell das Sarawak-Papier gelesen und sofort erkannt hatte, dass Wallace eine ähnliche Idee verfolgte.

Darwin aber sah damals keinen Grund zur Eile. Vielmehr wies er den Freund betont darauf hin, wie sehr er es verabscheue, »allein um der Priorität willen zu schreiben«. Und doch machte er sich im Mai 1856 endlich an die Ausarbeitung seines »big species book«. Dass dieses auf viele Bände angelegte Opus unvollendet bleiben wird, ahnt er damals nicht.

Darwin, der sich lange in Sicherheit wiegte, muss von dem Sarawak-Papier kalt erwischt worden sein. Was bei der Lektüre in ihm vorgeht, wie er reagiert – darüber diskutieren und spekulieren die Historiker bis heute. So viel ist jedoch verbürgt: Am 25. Juni 1858 schreibt er Lyell, wie ungeheuer froh er jetzt sei, »auf etwa einem Dutzend Seiten einen Abriss meiner allgemeinen Überlegungen zu veröffentlichen. Aber ich bin unsicher, ob ich das mit Anstand tun kann«. Denn »eher würde ich mein Buch verbrennen, als dass er (Wallace) oder irgendjemand denken sollte, ich hätte niederträchtig gehandelt«. So weit, so anständig.

Dann aber weist er Lyell direkt darauf hin, wie ihm in seiner Not zu helfen wäre und wie sich sein Anspruch auf die Erstveröffentlichung doch noch sichern ließe, ohne dabei Wallace zu übergehen: »Wenn ich noch ehrlich publizieren könnte, so würde ich anmerken, dass ich durch Wallace' Aufsatz, den er mir zugesandt hat und der meine grundsätzlichen Schlussfolgerungen enthält, jetzt dazu angeregt wurde, einen Auszug meiner eigenen Thesen zu veröffentlichen.«

Lyell und Hooker beschließen, den Freund zu retten. Geschickt sorgen sie dafür, dass die Tagesordnung der Linnean Society den Texten Darwins den Vorrang gibt. Zuerst wird ein vierseitiger Auszug aus dessen 1844 verfasstem Manuskriptentwurf verlesen, anschließend das dreiseitige Exzerpt seines im September 1857 an den amerikanischen Botaniker Asa Gray in Boston geschriebenen Briefes. Beide Texte enthalten – wegen der Eile in zusammengestoppelter Form – Darwins Theorie der natürlichen Selektion. Dann erst folgt der Beitrag von Wallace – an dritter Stelle, wie es der zeitlichen Chronologie entspricht, in der die Ideen zu Papier gebracht worden sind.

Ein simpler Verfahrenstrick, der die gewünschte Wirkung hat. Keiner der Anwesenden eröffnet eine Debatte – weder über die vorgetragenen Inhalte noch gar über die Frage der Reihenfolge. Sie stellt sich gar nicht.

Wahrscheinlich, schreibt Hooker am Tag danach an Darwin, sei das Thema zu neu und der alten Schule jener Naturforscher, die von der Konstanz der Arten überzeugt seien, nicht geheuer. Aber auch als die Beiträge von Darwin und Wallace im August 1858 gleichzeitig im »Journal of the Linnean Society« veröffentlicht werden, staunt offenbar noch immer niemand über die Ähnlichkeit der Gedankengänge, erkennt kaum jemand deren Tragweite. Tatsächlich wird Thomas Bell, zu diesem Zeitpunkt Präsident der Linnean Society, im Jahresrückblick für 1858 bemerken, »dass es ohne eine jener herausragenden Entdeckungen vergangen ist, die eine Forschungsdisziplin revolutionieren«.

**Darwins Theorie macht ihn weltberühmt. Und Wallace ist rasch vergessen**

Der Schock über die knapp abgewendete Katastrophe steckt Darwin noch in den Gliedern, als er sich am 20. Juli 1858 überstürzt daran macht, ein Buch über die Evolutionstheorie zu schreiben. Das ursprüngliche, groß konzipierte Werk bleibt Fragment. Darwin setzt ganz neu an. »On the Origin of Species by Means of Natural Selection« entsteht in einem einzigen Wurf und erscheint am 24. November 1859.

Die erste Auflage von 1 250 Exemplaren ist noch am selben Tag vergriffen. Allein im ersten Jahr werden 3 800 Exemplare verkauft, nach knapp 15 Jahren sind es bereits 16 000 Stück – für die damalige Zeit ein Welterfolg. Bis zu Darwins Tod im Jahr 1882 erreicht sein Werk sechs Auflagen.

Kein anderes Buch hat in der Wissenschaft je eine vergleichbare Wirkung gehabt. Die Auseinandersetzung mit Darwins Evolutionstheorie belebt die Forschung bis heute. Wallace dagegen ist so gut wie vergessen. Wie konnte das geschehen?

Wallace oder Darwin? Wer war wirklich der erste? Der Streit der Wissenschaftshistoriker. Wenige Episoden der Biologiegeschichte sind so gründlich untersucht worden wie das, was sich im Frühjahr und Sommer des Jahres 1858 abspielte. Der Disput dauert unvermindert an.

Kein Wunder. Muss es denn nicht Spekulationen fördern, wenn zwei Männer gleichzeitig dieselbe umwälzende Theorie aufstellen; wenn nicht nur ihre Ideen, sondern sogar die Formulierungen über viele Passagen identisch sind?

»Niemals«, sagt selbst Darwin erstaunt in einem Brief an Lyell, »niemals sah ich eine verblüffendere Übereinstimmung.« Wie lässt sich diese Parallelität erklären? Welche ungewöhnlichen Ursachen könnten dafür verantwortlich sein?

Was in der Literatur lange als Gentlemen's Agreement zum höheren Nutzen der Wissenschaft gegolten hat, wird von heutigen Historikern kaum noch akzeptiert. Auch an einen Zufall mag niemand mehr glauben, seit in den zurückliegenden zwei Jahrzehnten immer neue Dokumente genauer analysiert worden sind.

Der amerikanische Historiker John Langdon Brooks glaubt jedenfalls an eine der übelsten Fälschungsaffären in der Geschichte der Naturwissenschaft. Seit 1984 behauptet er, Darwin könnte bestimmte Dokumente manipuliert, andere vernichtet haben. Lyell und Hooker hält er für willige Helfer. Sie hätten die Veröffentlichung vor den Mitgliedern der Linnean Society so arrangiert, dass Darwins Urheberschaft gewahrt blieb. Wallace sei jedenfalls durch ihre Machenschaften um den Ruhm gebracht worden, eine der bedeutendsten Entdeckungen aller Zeiten gemacht zu haben.

Brooks ist nicht der Erste, der solchen Verdacht äußert. Zuvor hat bereits die Geschichtswissenschaftlerin Barbara Beddall auf das eigenartige Fehlen wichtiger Dokumente hingewiesen: Ausgerechnet der Brief, den

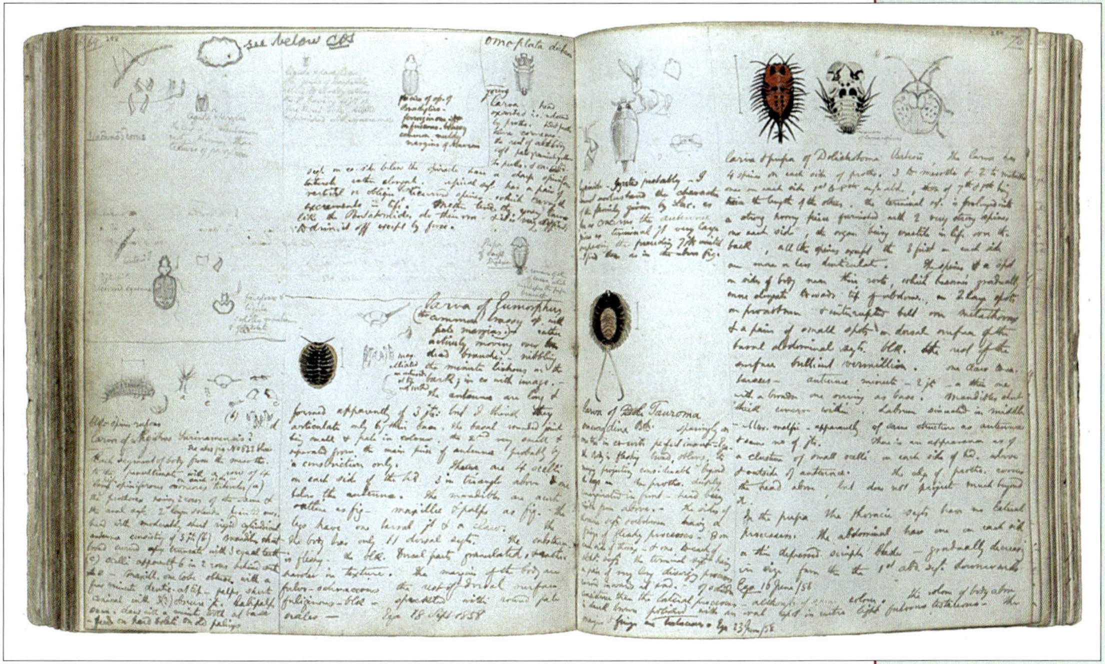

Die eng beschriebenen **Notizbücher von Henry Bates** zeugen von der überwältigenden Ausbeute, die er 1859 von seiner Expedition mitbrachte: 712 Arten von Säugern, Vögeln, Reptilien, Fischen und Schalentieren – dazu 14 000 Insektenspezies

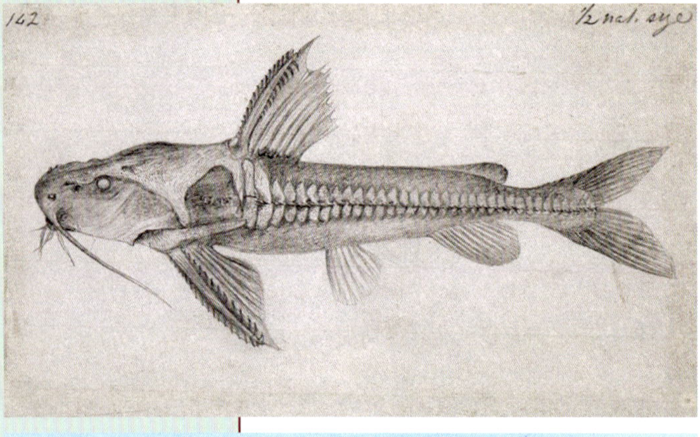

Nur ein paar Zeichnungen – wie diese **Süßwasserfische** – konnte Wallace retten, als die »Helen« auf der Reise von Brasilien nach England unterging. Mit ihr versanken seine unschätzbare Sammlung und sein Traum, als berühmter Naturforscher heimzukehren

Wallace an Darwin geschickt hat, ist verschollen. Gleiches gilt für Teile der Korrespondenz zwischen Hooker, Lyell und Darwin aus der turbulenten Zeit um jene Versammlung der Linnean Society im Juli 1858.

Brooks lässt es damit nicht bewenden. Um die Ereignisse des Sommers 1858 zu rekonstruieren, hat er in Archiven um den halben Globus recherchiert und die Laufzeit der Post aus dem Fernen Osten nach England zurückverfolgt. Was Brooks dabei herausgefunden hat, berechtigt dazu, wie er meint, die Legende von der gleichzeitigen Entdeckung der natürlichen Selektion als das auszumachen, was sie ist: eine Legende.

AUSGANGSPUNKT der Argumentation ist Darwins Behauptung, er habe den Aufsatz von Wallace am 18. Juni 1858 erhalten und am gleichen Tag an Lyell weitergeschickt. Darwins Schreiben an den Freund, in dem er vom Empfang des Ternate-Manuskripts berichtet, ist im Original erhalten. Von Darwins eigener Hand stehen darauf Ort und Datum – »Down 18th«.

Francis Darwin, der 1887 erstmals die Korrespondenz seines Vaters in Auszügen veröffentlichte, hat in Klammern »June 1858« hinzugefügt. Offenbar im besten Glauben, denn auf Darwins Briefen an Lyell sind nachträglich mit Bleistift die Monats- und Jahresangaben eingetragen worden. Brooks vermutet nun, dass jemand im Hause Lyells diese Ergänzungen vorgenommen und quasi den Empfang mit »Juni 1858« quittiert hat. Damit sei aber nicht zwangsläufig bewiesen, dass Darwin besagten Brief auch im Juni geschrieben habe, stellt Brooks fest. Was, wenn er bereits am 18. Mai 1858 verfasst, aber erst einen Monat später abgeschickt worden ist?

Die Plausibilität dieser Möglichkeit hängt davon ab, wie lange Brief und Manuskript aus dem fernen Ternate tatsächlich unterwegs gewesen sind, nachdem der Postdampfer am 9. März 1858 abgelegt hatte. Brooks Recherchen zufolge brauchte eine Postsendung nach England gewöhnlich zwölf Wochen.

Wie gut die Postverbindungen um die halbe Welt damals funktionierten, zeigt das Beispiel des Aufsatzes über die Aruinseln, den Wallace im Juli 1857 für »The Annals and Magazine of Natural History« schrieb und in Sulawesi losschickte. Er kam so rechtzeitig in London an, dass er noch in der Dezemberausgabe desselben Jahres erscheinen konnte. Veranschlagt man vier Wochen für die Druckvorbereitung, ist das Manuskript nur drei Monate unterwegs gewesen.

Aber es existiert ein noch überzeugenderes Indiz: Wallace schrieb Anfang März 1858 nicht nur an Darwin, sondern auch an den Bruder seines alten Freundes Bates in Leicester. Dieser Brief, der samt Umschlag und

## Eine verräterische Textpassage soll Darwins Ideendiebstahl belegen

Stempel erhalten ist, erreichte England nachweislich am 3. Juni 1858, also zwei Wochen bevor Darwin das Manuskript von Wallace erhalten und an Lyell weitergeschickt haben will.

Warum ist die genaue Ankunftszeit so wichtig?

Historiker sind auf eine entscheidende Textpassage gestoßen – entscheidend sowohl im Hinblick auf Darwins Theorie wie auch seinen Anspruch betreffend, sie als Erster entwickelt zu haben.

Dabei handelt es sich um einen zentralen Gedanken der modernen Evolutionslehre. Er besagt, dass die natürliche Selektion stets bei den am stärksten vom Durchschnitt abweichenden oder »divergierenden« Eigenschaften eines Lebewesens ansetzt. Organismen mit der ausgeprägtesten »Divergenz«, die sich von anderen also am meisten unterscheiden, haben unter Umständen – nämlich wenn die Umweltbedingungen sich entsprechend verändern – das Zeug dazu, Begründer einer neuen Art zu werden.

Wallace hat die Idee der Divergenz in seinem Ternate-Aufsatz erstmals auf den Punkt gebracht. Und Darwin hat das Divergenzprinzip ausgerechnet in jenen Wochen – von Mitte Mai bis Anfang Juni 1858, als Wallace' Abhandlung England erreichte – in sein Urmanuskript eingearbeitet. In Darwins früheren Texten fehlt dieses Prinzip, mit dessen Hilfe sich die Artenvielfalt und die Entstehung neuer Arten erklären lassen.

Am 8. Juni 1858 – also zu einem Zeitpunkt, als nach Brooks Rechnung das Wallace-Manuskript bereits in Kent eingetroffen sein kann – schreibt Darwin an Hooker, dass er nun endlich den Mechanismus kenne, der neue Arten entstehen lasse. Und er sei zuversichtlich, dass »sein« neues Prinzip auf soliden Füßen stehe. Dieses Divergenzprinzip, so fügt Darwin noch hinzu, würde, gemeinsam mit der natürlichen Auslese, das Fundament seines Werks bilden.

Brooks belegt, dass Darwin tatsächlich seine Urfassung um einen 41 Seiten langen Einschub ergänzt hat. Der Zusatz ist auf andersfarbigem Papier geschrieben und eindeutig vom älteren Original zu unterscheiden.

Hat also Darwin, wie Brooks meint, diese Passage erst nach der Lektüre von Wallace' Ternate-Manuskript verfasst? Dafür sprechen die auffällige Übereinstimmung in den Texten beider Forscher – und die Möglichkeit, dass Wallace' Brief erheblich früher angekommen ist als bisher angenommen.

Fazit: Darwin könnte Wallace' Erläuterungen zur Divergenz bereits seit Mitte Mai 1858 gekannt haben – jedenfalls deutlich früher, als er Lyell gegenüber behauptet hat. »Es ist mehr als wahrscheinlich«, so Brooks, »dass Darwin den Wallace-Text bereits am 18. Mai 1858 in den Händen hielt.«

Damit hätte Darwin genug Zeit gehabt, die entscheidenden Veränderungen in der Urfassung seiner Evolutionstheorie vorzunehmen. Denn bis dahin – so weit stimmen viele Historiker überein, selbst wenn sie Brooks Interpretation nicht teilen – hat Darwin vergeblich nach einem Mechanismus gesucht, mit dem sich das Wirken der natürlichen Selektion erklären ließ.

## Seine Idee wird präsentiert – und Wallace erfährt davon als Letzter

Und erst nachdem Darwin sich die Idee der Divergenz aus dem Wallace-Manuskript »herausgepflückt« und in seine eigene Theorie eingesetzt hatte, erst danach, so Brooks, habe er sich mit der Bitte um Rat und Tat an Lyell und Hooker gewandt. Das würde bedeuten, dass Darwin eine wichtige Beobachtung bei Wallace gestohlen hat, um sein eigenes Ideengebäude auf »solide Füße« zu stellen.

Brooks zufolge könnten sich die dramatischen Ereignisse im Sommer 1858 daher folgendermaßen zugetragen haben: Darwin erhält die Sendung aus Ternate im Mai 1858 und ist in begreiflicher Panik – Wallace ist ihm zuvorgekommen mit einer publikationsreifen Fassung der Idee einer natürlichen Selektion. Darwin, der nun erneut den »Sarawak-Artikel« von Wallace aus dem Jahr 1855 liest, begreift erstmals die volle Tragweite von dessen Ausführungen zur Divergenz.

Hin und her gerissen zwischen Verzweiflung und angestacheltem Ehrgeiz, schreibt Darwin den bekannten Brief an Lyell. Doch dann schickt er ihn nicht ab. Vielmehr arbeitet er zuerst die Idee der Divergenz in sein eigenes Manuskript ein. Erst dadurch wird das Wirken der natürlichen Auslese erklärt, die Theorie plausibel. Als er Anfang Juni damit fertig ist, informiert er Hooker über seinen Fortschritt. Wenig später schickt er dann Wallace' Manuskript an Lyell – im Vertrauen auf dessen Loyalität.

Kurioserweise – und auch das haben Historiker lange nicht bemerkt – sind auch Hookers und Lyells weitere Freundschaftsdienste für Darwin nach wie vor ungeklärt. Rätselhaft ist, wer die Passagen aus Darwins Manuskript von 1844 und aus dem Brief von 1857 ausgewählt und die Abschriften angefertigt hat, aus denen am 1. Juli vorgetragen worden ist. Ein Brief belegt, dass diese Abschriften am Abend des 29. Juni 1858 per Boten von Darwin an Hooker geschickt worden sind. Während Brooks vermutet, dass Darwin die Passagen selbst auswählte und abschrieb, kommt die englische Historikerin Janet Browne in ihrer soeben erschienenen

Darwin-Biografie zu dem Schluss, dass eher Hooker solche Textpassagen herausgesucht habe, die man einem Fachpublikum laut vorlesen konnte.

Auf diese mehr als merkwürdige Weise wird eine der wichtigsten naturwissenschaftlichen Theorien der Öffentlichkeit vorgestellt. Wallace ist bei alledem der Letzte, der, erst Monate später, unterrichtet wird. Darwin mag fortan zwar weiter unter Verdacht stehen, den Rivalen ausgetrickst zu haben, kann aber aus Mangel an Beweisen nicht verurteilt werden.

Den von Brooks zusammengetragenen Indizien zum Trotz, hält eine zweite Gruppe von Historikern den Vorwurf des Plagiats noch immer für wenig stichhaltig. Dass ein und dieselbe geniale Erkenntnis mehr als einen Vater hat, lasse sich mit biografischen Parallelen erklären, meinen sie. Beide, Darwin und Wallace, lieben die Natur, lernen schon als junge Männer exotische Wildnisse kennen, die sie tief beeindrucken, unternehmen lange Forschungsreisen, werden von denselben Autoren beeinflusst. Dadurch seien ihre Gedanken in eine ähnliche Richtung gedrängt worden.

Wallace und Darwin sind außerdem nicht die Einzigen, die um die Mitte des 19. Jahrhunderts erhebliche Zweifel hegen an der »Konstanz der Arten«, wie es damals heißt. In den gebildeten Zirkeln des viktorianischen England liegt die Möglichkeit einer anderen Erklärung geradezu »in der Luft«. Viele Gelehrte halten »Transmutation« – also Evolution – für wahrscheinlicher. Aber keiner kann überzeugend erklären, nach welchen Regeln Arten entstehen und sich wandeln könnten. Edward Blyth etwa hat bereits 1836 eine Ausbreitung der Arten durch »unendliche Auffächerung« propagiert; und Naturforscher wie Bates und Richard Spruce, die beide lange Jahre die Tier- und Pflanzenwelt Amazoniens erforscht haben, tragen sich mit ähnlichen Vorstellungen wie Wallace und Darwin. Doch keiner schafft den wissenschaftlichen Durchbruch. Sie bieten nur Hypothesen, keine überzeugende oder gar beweisbare Theorie.

Beim Anblick der **Paradiesvögel** geriet Wallace ins Schwärmen. Ihr Gefieder, notierte er, übertreffe alles, was die Natur sonst an Schönheit hervorgebracht habe. Mit überschwänglichen Beschreibungen gewann er John Gould als Illustrator der prächtigen Vögel

Das gilt zunächst auch für Darwin. Zwar skizziert er bereits im Juli 1837, neun Monate nach seiner Rückkehr von der »Beagle«-Reise, frühe Ideen zur Evolution. Aber noch kennt er den entscheidenden Mechanismus nicht. Ein gutes Jahr später erwähnt er in seinen Aufzeichnungen zum ersten Mal die natürliche Selektion. Aber erst 1842 und 1844 verfasst er zwei Essays, in denen er seine Entwürfe zur Theorie ausarbeitet – beide Texte werden jedoch erst lange nach seinem Tod aufgefunden.

Das Ternate-Manuskript, so der amerikanische Historiker Malcolm Kottler, habe tatsächlich einen entscheidenden Einfluss auf Darwin gehabt: Es brachte ihn auf Trab. Er begriff endlich, dass er mit seiner Deutung des Lebens an die Öffentlichkeit gehen musste, wenn er als Begründer einer Entwicklungstheorie anerkannt werden wollte. Doch habe Darwin, so Kottler, aus den Aufsätzen von Wallace nichts gelernt, was ihm ohnehin nicht schon längst klar gewesen sei.

John Goulds berühmte **Illustrationen in »Birds of New Guinea«** waren inspiriert von Hunderten bunt schillernder Paradiesvogelbälgen, die Wallace von seiner Reise mitgebracht hatte – und auch von einigen lebenden Exemplaren, die der Forscher mit selbst gefangenen Schaben fütterte

WAS SICH IM MAI UND JUNI 1858 in Down House wirklich zugetragen hat, wird vielleicht für immer ein Rätsel bleiben. Doch eines ist sicher: Selbst wenn Darwin von Wallace' Manuskript inhaltlich nicht profitierte, der Konkurrent hätte ihm mit einer eigenen Veröffentlichung schwer schaden können. Denn trotz tausender Manuskriptseiten hatte Darwin zum entscheidenden Zeitpunkt nichts fertig, was als wissenschaftliche Publikation taugte. Der Ternate-Text dagegen war »bewundernswert und klar formuliert«, wie Darwin selber schrieb. Das immerhin ist

durch die besondere Präsentation vor der Linnean Society geschickt verschleiert worden.

Und noch ein weiterer Faktor ist zu berücksichtigen, der Wallace gegenüber Darwin keine Chancengleichheit bot: sein gesellschaftlicher Status. Es gibt größere Widerstände, gesellschaftliche Schranken, die den einfachen Mann aus dem Volk, den Autodidakten, der sich seinen Lebensunterhalt selbst verdienen muss, von vornherein benachteiligen und Dar-

## Wallace leitete die erfolgreichste Ein-Mann-Expedition der Naturkunde

win favorisieren. Als Gutsbesitzer von Stand, ohne Geldsorgen und als ehemaliger Student der Universität Cambridge ist er privilegiert, wird als Naturforscher von seinesgleichen ernst genommen. Seine Meinung genießt Respekt. Was dagegen Wallace, der Naturalienjäger, über seine Beobachtungen in den Urwäldern aufschreibt, nimmt im heimischen England kaum jemand zur Kenntnis. Selbst nach seiner Rückkehr aus Südamerika bleiben ihm Londons gelehrte Zirkel weitgehend verschlossen. Nicht einmal Darwin erinnert sich später daran, ihm einmal im British Museum begegnet zu sein. So unwichtig ist ein Wallace.

Darwin hingegen ist mit den einflussreichsten Forschern seiner Zeit befreundet. Und ihm ist klar, dass er ihre Loyalität und Unterstützung dringend brauchen wird, um seine ebenso ketzerische wie revolutionäre Theorie durchzusetzen. Denn nicht nur Mitglieder der Kirche wettern gegen die »Irrlehre«. Auch in den Reihen der Wissenschaftler ist die natürliche Selektion umstritten, wird Darwin angefeindet, verhöhnt. Dass eine einzige 20-Blatt-Publikation des Emporkömmlings Wallace diese Widerstände hätte überwinden können, ist mehr als unwahrscheinlich.

Zudem hat Wallace seine theoretischen Arbeiten zunächst vorwiegend in dem wissenschaftlich wenig angesehenen Magazin »Annals and Magazine of Natural History« publiziert. Erst durch die Intervention von Darwin, Lyell und Hooker wird sein Ternate-Aufsatz im ungleich renommierteren Journal der Linnean Society veröffentlicht – was ihm mehr Ruhm einträgt, als er aus eigener Kraft je hätte erringen können – und im Jahr 1860 auch eine biogeografische Abhandlung, die seinen Namen wenigstens in der Fachwelt unvergessen machen wird. Darin beschreibt Wallace eine scharfe, wenngleich unsichtbare Grenze zwischen nahe beieinander liegenden Inseln, die höchst unterschiedliche Faunengruppen voneinander trennt. Diese so genannte Wallace Line scheidet biogeografische Großregionen oder »Reiche« der Erde – etwa das asiatische vom australischen Reich – und Säugetiere wie Tiger und Nashorn von Beuteltieren wie Kängurus, Kuskus und Koalas.

April 1862, London. Mehr als dreieinhalb Jahre nach der Veröffentlichung seines Ternate-Papiers und acht Jahre nach seiner Abreise gen Sin-

Im Alter kehrte **Alfred R. Wallace** zu seiner »ersten Liebe« zurück, den Pflanzen. Auf seinem Grundstück und im Gewächshaus zog der fast 90-Jährige einheimische und exotische Raritäten

gapur kehrt Alfred Russel Wallace mit reicher Beute nach London zurück: 125 660 Tiere, vom Käfer bis zum Krokodil, vom Orang-Utan bis zum handtellergroßen Ornithoptera-Falter, vom Paradiesvogel zur Perlmuttschnecke. Darunter sind 72 der heute bekannten 87 Greifvogelarten des Malaiischen Archipels, allein 8 000 Vogelbälge und über 100 000 Insekten, mehr als in so manchem Naturkundemuseum jener Zeit. Außerdem hat Wallace viele neue Arten bestimmt: 212 Vögel, 900 Käfer, 200 Ameisen und 96 der 130 bekannten Schmetterlingsspezies aus der Familie der Papilionidae.

Bis heute liefern seine Funde Rohstoff für neue wissenschaftliche Abhandlungen. Die Wallace-Expedition gilt als erfolgreichste Ein-Mann-Unternehmung der Naturkunde.

Im Sommer 1862 folgt Alfred Wallace einer Einladung Darwins nach Down House. Dessen Werk »Über den Ursprung der Arten« ist damals schon in mehreren Auflagen erschienen und hat den Verfasser zum wohl bekanntesten Naturforscher seiner Zeit gemacht. Noch immer – und daran wird sich jahrzehntelang wenig ändern – ist Darwins Theorie der Evolution das Thema, wo immer Wissenschaftler in London oder in den großen Universitätsstädten der Welt zusammenkommen.

Wallace trägt dem von ihm bewunderten Kollegen weder etwas nach, noch neidet er ihm seine Prominenz. »Wohl fünf- oder sechsmal«, schreibt er im Mai 1860 begeistert, habe er Darwins Buch gelesen. Bescheiden akzeptiert Wallace die Rolle, die Lyell und Hooker ihm zugedacht haben.

Jetzt endlich treffen sich die beiden Männer.

Offenbar ist Darwin vom Charakter seines Besuchers beeindruckt. »Was mir bei Mr. Wallace am meisten auffällt«, wird er später sagen, »ist, dass er mir gegenüber gänzlich ohne Neid ist: Er muss eine ausgesprochen gute und noble Einstellung haben. Was höher zu werten ist als bloßer Verstand.«

Darwin selber ist eine solche Einstellung weniger eigen. Gewöhnlich spricht er ausschließlich von »seiner« Theorie. Erst in der 1861 erscheinenden 3. Auflage seines Werks »Origin of Species« ringt er sich dazu durch, auch den Beitrag von Wallace zu erwähnen. Einzelheiten über das, was im Sommer 1858 hinter den Kulissen zwischen Lyell und Hooker zu Darwins Gunsten vereinbart worden ist, erfährt der Benachteiligte erst 30 Jahre später aus dem veröffentlichten Briefnachlass Darwins.

Dennoch hat Wallace niemals mehr Ruhm beansprucht, als ihm zuteil geworden ist. Gelegentlich meint er sogar, für seinen Rohentwurf einer Evolutionslehre zu viel Anerkennung erhalten zu haben. »Was die Theorie der natürlichen Selektion angeht, so werde ich stets behaupten, dass sie tatsächlich Ihre und allein Ihre ist«, schreibt er 1864 an Darwin. »Sie haben sie in derart vielen Details ausgearbeitet, die ich niemals bedacht hatte, und zwar Jahre bevor ich auch nur den ersten Lichtstrahl auf dieses Thema fallen sah. Mein Aufsatz hätte niemanden überzeugt. Für sich allein wäre er allenfalls als geistreiche Spekulation registriert worden, während Ihr Buch die Naturforschung revolutioniert hat.«

Wallace ist es, der für das von ihm und Darwin erkannte Entwicklungsprinzip schließlich den Begriff »Darwinismus« prägt und der dem großen Kollegen sogar sein Buch, »The Malay Archipelago«, widmet: »Charles Darwin, dem Autor der ›Entstehung der Arten‹ – nicht nur als Zeichen meiner persönlichen Wertschätzung und Freundschaft, sondern auch als Ausdruck meiner tiefen Bewunderung für sein Genie und seine Werke.«

Nach seiner Heimkehr ist für Wallace die Zeit der Expeditionen vorüber. 1866 heiratet er und lebt fortan, nicht eben üppig, vom Verkauf seiner Sammlungen und Bücher, von Vorträgen und Kapitalanlagen. Seine Begeisterung für die Natur aber erlischt nicht. Es folgen viele Beiträge, vor allem über die Verbreitung der Tiere. Und immer wieder ebnet ihm Darwin die publizistischen Wege, verschafft ihm eine Pension und sorgt dafür, dass ihm ein Regen wissenschaftlicher Ehrungen und Medaillen zuteil wird.

Mit dem berühmten Gönner verbindet Wallace bis zu dessen Tod im Jahr 1882 ein enger Kontakt. Als Darwin in der Londoner Westminster Abbey neben Isaac Newton beigesetzt wird, gehört Wallace zu den Sargträgern. Er selber stirbt am 7. November 1913 mit 90 Jahren. Am Montag, den 10. November, wird er auf dem kleinen Friedhof von Broadstone bei Bournemouth in Dorset beerdigt, im Kreis von Vertretern der Royal Geographical Society und der Linnean Society. Sein Grab, das auf einem Hügel liegt, kennzeichnet anstelle eines Steins ein fossiler Baumstamm.

Im Vergleich zum wissenschaftlichen Olympier Darwin ist Wallace heute fast unbekannt. Während Down House als »World Heritage« zum Mekka für Darwin-Bewunderer und Touristen geworden ist, fiel Wallace' letzter Wohnsitz in Broadstone unlängst den Bulldozern zum Opfer. Sie schafften Platz für eine Wohnanlage. Nur eine Straße erinnert noch an ihn – und eine hypothetische Linie mit seinem Namen inmitten des Malaiischen Archipels. **(2002)**

■ **Siehe auch A–Z-Teil**

→ Biodiversität · Charles Darwin · Darwinismus · Evolution des Menschen · Charles Lyell · Mimikry Mutation

**Matthias Glaubrecht ist promovierter Evolutionsbiologe und Kurator am Museum für Naturkunde in Berlin. Sein Buch »Die ganze Welt ist eine Insel. Beobachtungen eines Evolutionsbiologen« ist 2002 im Hirzel-Verlag erschienen.**

# Die Arche von Manhattan

Es ist das bekannteste Museum der USA. Durch seine Schausäle hallen Rufe der Verblüffung und Begeisterung über gefiederte Saurier, rauchende Tiefseeschlote, virtuelle Raumfahrten zum Geburtsort der Sterne. Ein Ausflug ins AMNH gleicht einer Expedition zu den Brennpunkten der naturwissenschaftlichen Forschung

Das **American Museum of Natural History** am New Yorker Central Park zieht jedes Jahr rund fünf Millionen Besucher an

Text:
**Uta Henschel**
Fotos:
**George Steinmetz**

Ein bisschen spät ist Dr. Mark A. Norell dran. Im vierten Stock des American Museum of Natural History warten die zur Pressekonferenz geladenen Kameraleute, Fotografen und Berichterstatter von etwa 15 US-Zeitungen und -Fernsehsendern, die Chefs und Mitarbeiter der Kommunikations- und Ausstellungsabteilung des Museums und zwei auf einer Staffelei lehnende, noch verhüllte Felstafeln. Aber was bedeutet schon Zeit für einen Fossilienforscher, der mit einem 130 Millionen Jahre alten Dinosaurier im Gepäck soeben aus China eingetroffen ist?

Während die Beleuchtungstechniker abrücken, tritt Norell auf. Ohne Eile schreitet er durch das Biotop der frühen Säugetierrevolution, vorbei an Triconodonten, Multituberculaten, Monotrematen und Marsupialiern, die einen Ecksaal besetzt halten, zum Mikrofon. Bei Begegnungen mit der Öffentlichkeit ist er oft selbst die größte Überraschung: mehr Rockstar als krustiger Gelehrter. Stünde er nicht selbstbewusst lächelnd im Schein der eben montierten Lampen, die schulterlange Mähne halbwegs aus den Augen geföhnt, niemand würde den 44-Jährigen für den Chef der Abteilung für Paläontologie halten, für den Herrn über eine Million Wirbeltierfossilien, die stattlichste Sammlung der Welt.

Auf seinen Wink fällt die Hülle von den Tafeln, Kameras surren, Auslöser klicken, Tonbandgeräte laufen: Norell präsentiert der Öffentlichkeit einen Dinosaurier im Daunenkleid.

Das knapp einen Meter große, flach gepresste Skelett eines Dromaeosaurus ist beinahe perfekt erhalten. Bauern haben den schnellfüßigen

Im **Urknall-Theater des neuen Planetariums** erleben Museumsbesucher, wie aus einem funkelnden Körnchen verdichteter Materie der Kosmos entspringt. Dabei geleitet die Stimme von Filmstar Jodie Foster die Zuschauer über alle Verständnishürden der explosiven Genesis

Theropoden in Liaoning ausgegraben, einer Provinz im Nordosten Chinas, und die Pekinger Akademie für Geowissenschaften hat Norell als Experten hinzugezogen. Weil die Forscher beider Institutionen seit Jahren eng zusammenarbeiten, aber auch weil die chinesischen Paläontologen wissen, welche Bedeutung gerade dieser Fund für den amerikanischen Kollegen hat, durfte er die Platten leihweise mitnehmen nach Manhattan, ins Museum am Central Park.

Der Jäger mit dem Entenkopf, den die sichelförmige Kralle an jeder Mittelzehe seiner Hinterläufe als nahen Verwandten des Velociraptor ausweist, ist, wie Norell bekannt gibt, das Exemplar, auf das er gewartet hat. Es bestätigt unzweifelhaft, dass die Entwicklung von Federn älter ist als die

## Das Museum holt sich seine Fossilien aus der Wüste Gobi

des Fluges. »Wahrscheinlich hat sich diese Neuerung bei den Dinosauriern gleichzeitig mit einer anderen durchgesetzt: der Warmblütigkeit.« Aktive Jäger, Tiere mit hoher Betriebstemperatur, seien fortan durch ihr Gefieder davor geschützt gewesen, rasch auszukühlen. »Dieser Fund«, sagt der Paläontologe, »verändert unsere Vorstellung von der Vergangenheit radikal. Theropoden wie der Dromaeosaurus oder wie *Tyrannosaurus rex* ähnelten schon damals eher schrägen Vögeln als Riesenechsen.«

Am Räuber im Rampenlicht ist unübersehbar, wie es mit den Theropoden weitergegangen sein könnte. Welcher nächste Evolutionsschritt sich abzeichnet und konsequent, ja einleuchtend erscheinen lässt, was Norell seit Jahren gegen den Widerstand einer Gruppe hartnäckiger Zweifler leidenschaftlich verficht: Dinosaurier sind nicht ausgestorben, sie zwitschern in den Bäumen des Central Park, sie jagen nach Insekten, picken Körner und brüten wie eh und je fürsorglich ihre Eier aus. Vögel sind Dinosaurier.

Dank des Dromaeosaurus hat Norell das vorläufig letzte Wort in einem Wissenschaftsstreit, dessen argumentativen Schlagabtausch mittlerweile nicht nur Experten verfolgen. Was der führende Versteinerungsdeuter des Museums aus den Gebeinen liest, steht am nächsten Morgen prominent in US-Tageszeitungen, sogar auf der Titelseite der »New York Times«, und lässt vom darauffolgenden Tag an den Strom der Besucher im vierten Stock auf Fluthöhe anschwellen. Sie eilen, um Augenzeugen zu sein, wollen das flaumige Fossil begutachten, das ihrem Museumspaläontologen Recht gibt, seine Meinungsführung bestätigt.

Zumal der chinesische Fund ergänzt, was Norell selber, gemeinsam mit seinem Expeditionsteam, jedes Jahr aus der Wüste Gobi, der wohl reichsten Wirbeltierlagerstätte der Welt, nach Manhattan schafft und seit 1994, dem Jahre Null der neuen Zeitrechnung am American Museum of Natural History (AMNH), in Sonderausstellungen vor dem Publikum ausbreitet: Beweisstücke für einen ganz anderen Verlauf der Evolution – darunter, als Kronzeugen der von Norell verfochtenen Vogel-Dinosaurier-Connection, ein winziger, noch in seine Schale gefalteter Theropoden-Embryo und ein Oviraptor, der wie ein Vogel auf seinen weißlich schimmernden Eiern hockt und das Gelege im Augenblick des Todes schützend mit den Armen bedeckt.

Souvenirs aus den Tiefenschichten des Lebens haben bei den New Yorkern heutzutage Kultstatus. Sie gelten, wie aus dem AMNH selbstbewusst zu vernehmen ist, als »Mona Lisas«, als unschätzbar wertvolle Originale, die der »kreativen Arbeit unserer Leonardos«, der Paläontologen wie Norell, zu verdanken ist.

Noch vor zehn Jahren wäre dergleichen im American Museum of Natural History undenkbar gewesen. Nichts in den Schausälen hat damals verraten, womit die Forschungsabteilungen des Hauses sich gerade beschäftigten. Derselbe Bau beherbergte zwei getrennte Kreisläufe. Der eine,

## Von der kommunalen Rumpelkammer zum »Museum ohne Mauern«

stagnierende, versorgte das Publikum, der andere, kraftvoll dahinfließende, die Kuratoren. Sie, die wissenschaftliche Elite, konnten acht Monate im Feld verbringen, Arten oder Artefakte bestimmen, ihre Sammlungen vermehren und ordnen, ihre Beobachtungen publizieren und jederzeit erneut aufbrechen, unterwegs unerreichbar sein. Sie forschten, um sich einen Namen zu machen oder ihn aufzupolieren. Ob sie außerhalb der akademischen Gemeinschaft jemand kannte, galt als unwichtig. Sie waren frei, ihre Interessen selbst zu bestimmen und zu verfolgen und niemandem Rechenschaft schuldig, am wenigsten den Museumsbesuchern.

Dass hinter den Kulissen der kathedralen Ausstellungshallen geforscht wird, haben die meisten New Yorker lange Zeit nicht einmal geahnt. Sie liebten ihr Museum eher aus sentimentalen Gründen. Es war eine Art kommunaler Rumpelkammer, wo alte Dinge aufgehoben werden, die niemand mehr braucht: Totempfähle, ausgestopfte Tiere, exotische Kostüme, Edelsteine, Meteoriten, Knochen – Kuriositäten eben. Ein Ort zum Träumen, zum Staunen über die Vielfalt des Schönen und Schrecklichen auf unserem Planeten – das ideale Ausflugsziel für Familien mit Kindern oder Enkeln an einem verregneten Wochenende.

Besonders beim Gang durch die Dinosauriersäle musste sich damals der Eindruck einer schwerfälligen, von aktuellen Ergebnissen abgehängten Institution bestätigen. Die Rekonstruktionen spiegelten vielfach noch den Kenntnisstand der Zeit um 1920: Apatosaurus trug den Kopf eines Camarasaurus. Sein Schweif war um fast sieben Meter, sein Hals um vier Wirbel zu kurz. *Tyrannosaurus rex* stützte sich, Männchen machend wie ein skelettierter Godzilla, auf seinen Schwanz.

Für den Laien deutete nichts darauf hin, dass der viktorianische Bau am Central Park zu den akademischen Einrichtungen erster Ordnung gehört, zu den begehrtesten Studienplätzen inmitten großer Sammlungen, dass hier zwei der wichtigsten Beiträge zur Evolutionstheorie der Gegenwart entwickelt worden sind: die »Synthese« von George Simpson, Ernst Mayr und Theodosius Dobzhansky und das »punctuated equilibrium« von Stephen Jay Gould und Niles Eldredge. Einzig das AMNH hatte in seinen bodenlosen Arsenalen genug biologisches, bis in fossile Zeiten zurückreichendes Rohmaterial angehäuft, um den Pulsschlag der Evolution ertasten zu lassen.

WÄHREND DIE FORSCHUNG FLORIERTE, sammelte sich im eigentlichen Museum der Staub. Es war seit seiner Gründung im Jahr 1869 selbst ein Dinosaurier geworden: ein lebloser Gigant, eindrucksvoll in seiner einstmaligen Bedeutung, aber nicht mehr zeitgemäß, ein Relikt aus der Vergangenheit – charmant, aber unwichtig.

»Mrs. Impatience« änderte das beinahe über Nacht. »Frau Ungeduld«, wie Ellen Futter sich selbst nennt, übernahm im November 1993 als Präsidentin das Ruder und steuerte den aufgelaufenen Dampfer am Central Park in die Strömung. Allerdings auf einen vollkommen neuen Kurs.

Durch eine Auftragsumfrage hatte sie sich davon überzeugt, dass die meisten Amerikaner »tief besorgt« sind um die Natur und die Forschung, und beinahe ebenso ahnungslos. Dem sollte das Museum abhelfen, hier sah Futter die Chance, es »neu zu positionieren. Mit seinen ungeheuren

1500 Arten und Varianten erstrahlen im Rampenlicht einer Glaswand. Diese **Inszenierung der wichtigsten Tier- und Pflanzengruppen** soll erahnen lassen, was Vielfalt heißt. Eine Vielfalt, deren Wurzeln dreieinhalb Milliarden Jahre zurückreichen

Schätzen, seiner Expertise« konnte es, so ihre Vision, seiner künftigen herausragenden Rolle in der Gesellschaft, »die Öffentlichkeit wissenschaftlich mündig machen«.

Die Mission war klar. Die Strategie, mit der Futter dem Haus seine Geltung – wenn auch nicht die alte – wiedergeben, es zu einer Institution des 21. Jahrhunderts machen wollte, ebenfalls: »Es muss ein Museum ohne Mauern werden«, lautete ihr Rezept, »und mehr Menschen als nur die Besucher erreichen.«

Was sie damit meinte, stellte sich bald heraus. Und zwar zuerst in der Paläontologie. Als Norell 1994 mit dem Dinosaurierembryo aus der Mongolei zurückkehrte, sorgte Futter nicht nur für eine Titelstory im Magazin »Time«. Gleich am Tag, nachdem die Zeitschrift am Kiosk lag, wurde am Haupteingang des Museums ein riesiges Banner gehisst, das die Entdeckung auf der Straße bekannt machte. Und die Straße reagierte. Das Fossil in der Rotunde des vierten Stocks war für Wochen umlagert – ebenso ein Video, das daneben im Dauerbetrieb lief. Es nimmt die Zuschauer mit, fort aus den Mauern am Central Park, und versetzt sie in die mongolische Wüste.

Im Film erleben sie den Alltag im Ausgrabungscamp, die harsche Romantik der Feldarbeit, die Aufregung der Paläontologen, wenn sie etwas aufspüren. Auch Norell, den Entdecker des Embryos, lernen sie kennen. Sein T-Shirt ist fleckig, die Shorts sind ausgefranst, die Haare hängen ihm tief in die Stirn, während er – ein zweiter Indiana Jones – mit pedantischer

Aus mehreren Funden fügt Gary Sawyer den **Schädel des Peking-Menschen** neu zusammen und rekonstruiert Schicht um Schicht dessen Gesicht. 28 Porträts unserer Vorläufer will der Anthropologe so zum Leben erwecken – Vielfalt, die zugrunde ging, als Homo sapiens sich durchsetzte

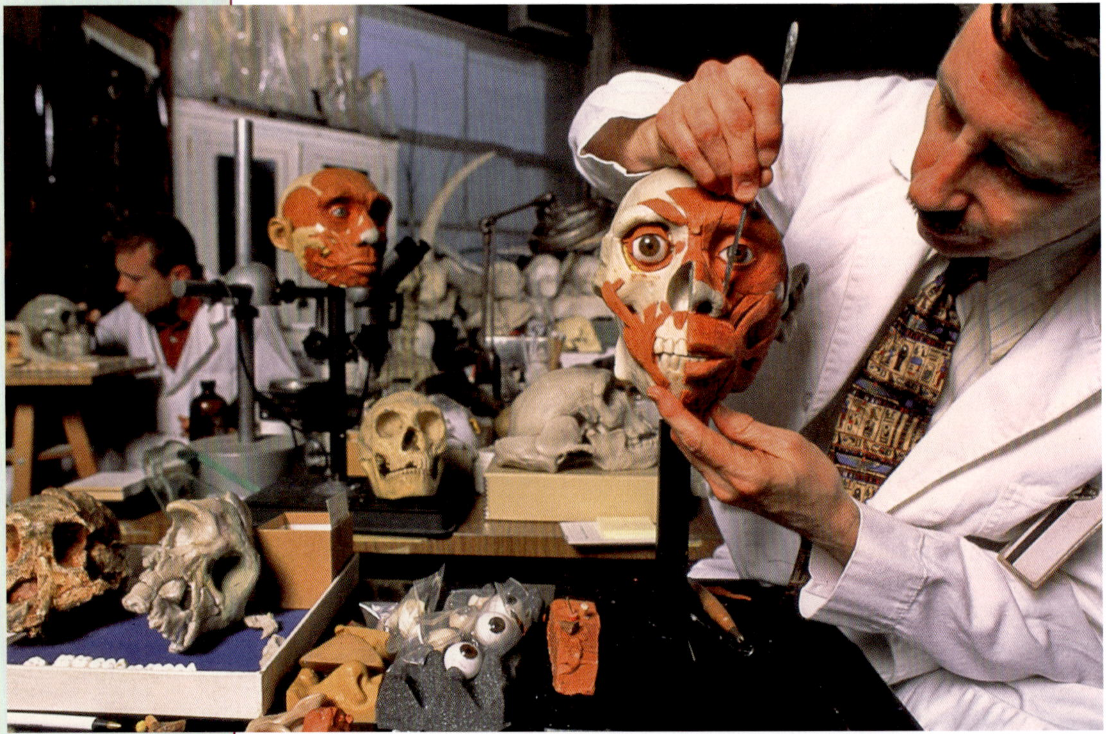

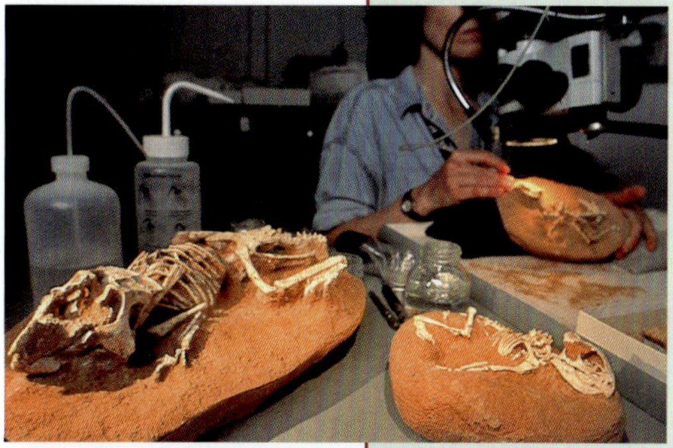

Sorgfalt ein entscheidendes Merkmal freilegt, das seine ganze Aufmerksamkeit verlangt. Es beweise, sagt er, was den Fund so aufregend mache: die enge Verwandtschaft zwischen Fleisch fressenden Theropoden und heutigen Vögeln.

Nicht allein die Ergebnisse, nicht nur was Forscher finden oder herausfinden, sollte wissbegierige Besucher ins Museum locken. Mit dem Video erreichte die Präsidentin, dass die Forscher selbst sichtbar, als farbige Charaktere identifizierbar wurden. Sie stiegen von ihren Kathedern, kamen hinter den verschlossenen Türen hervor und demonstrierten, was Paläontologie auch heißt: wie viel Abenteuerlust, Leidenschaft, ja Besessenheit dazu gehört, Fossilien nachzujagen, wie viel Schweiß in der Wüste versickert, ehe eine unschätzbare Reliquie der späten Kreidezeit im Manhattan der Gegenwart ankommt.

Zug um Zug ist es so weitergegangen. Ellen Futter hat darauf geachtet, dass die junge, engere Beziehung zwischen Museum und Publikum gepflegt wurde: Etwa durch ein Ausgrabungsfestival außerhalb der Mauern, auf dem Grundstück rings um das Gebäude. Hier führten die Pädagogen des Museums 100 000 Besuchern einen Tag lang vor, mit welchen Techniken Dinosaurierfossilien aus ihren jahrmillionenalten Ruhestätten gehoben werden.

Wer nicht warten wollte, bis wieder neue Gebeine in Manhattan eintrafen, konnte das Grabungsteam des Museums elektronisch in der Mongolei, an einem der einsamsten Orte der Welt, erreichen und mit den Ex-

## Ein Tier, das sich in Daunen hüllt, muss noch lange kein Vogel sein

perten chatten. Nächtliche E-Mails versorgten die Saurierfans mit aktuellen Grabungsbulletins, verrieten, wenn die Wüste ein weiteres Fossil freigab.

Gleichzeitig »drückte« die ungeduldige Präsidentin bei der Renovierung der Dauerausstellungen »aufs Gaspedal«, wie sie es nennt. Wenn das Museum, wie von ihr vorgesehen, die Öffentlichkeit wissenschaftlich auf dem Laufenden halten sollte, durften die Schauhallen nicht länger vergangene Vorstellungen spiegeln, sie mussten zum Schaufenster gegenwärtiger Ideen und Entdeckungen werden.

Für Norells Revier, für die Dinosauriersäle im vierten Stock des Museums, begann damit ein neues Leben nach dem Tode. Zwölf Millionen Dollar kostete der kompromisslose Zeitsprung in die aktuelle Forschung. Am Ende waren alle Schädel zugeordnet, Schwänze und Hälse auf die anato-

Fossilienjäger erkennen den Wert eines Fundes meist schon im Feld auf den ersten Blick. Aber erst im **Labor** werden wichtige Merkmale steinalter Wirbeltiere herauspräpariert und für Besucher sichtbar (oben). Künstler, Handwerker und Präparatoren des Museums fertigen fast alle Bestandteile der Shows selbst – so auch das **Modell einer Austernfarm** für die Perlenausstellung (unten)

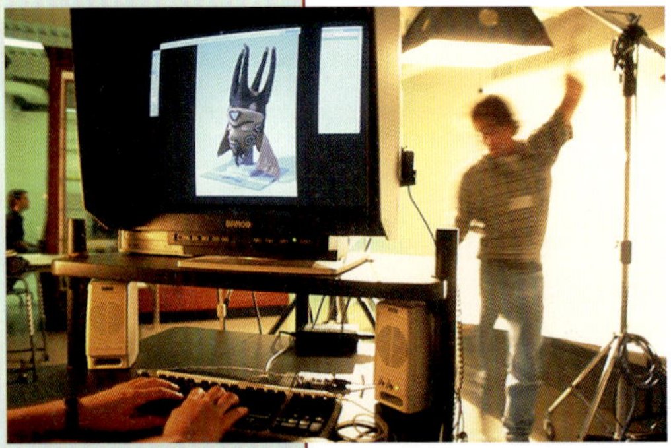

Mehrere Angestellte sind ständig damit beschäftigt, ein optisches Inventar der Sammlungen anzulegen. **Bilder sämtlicher Objekte** werden nach und nach gescannt und ins Netz gestellt, um Forschern in aller Welt den Zugriff zu ermöglichen. Alte Fotografien, wie etwa von einer **Kongoexpedition im Jahre 1909** (unten), gelten heute als einmalige Dokumente der Forschungsgeschichte. Sie werden ebenfalls digitalisiert

misch korrekte Länge gebracht und manchem Gerippe war durch eine neue Körpersprache auch eine neue Identität verliehen worden.

*Tyrannosaurus rex* ist dabei zum attackierenden Riesenvogel mutiert. Mit gesenktem Kopf, waagerechtem Leib und dynamisch emporgerecktem Schwanz führt er seither vor, wie man sich die Vorfahren heutiger Strauße vorzustellen hat.

Weil man im Museum weder die Intelligenz noch die Wissbegierde des Publikums unterschätzen wollte, fehlte es neben den Exponaten nicht an Modellen, Zeichnungen und Texttafeln mit Erklärungen. Oft wurde der Besucher darauf aufmerksam gemacht, dass auch die Experten vieles nicht mit Bestimmtheit wissen, da Knochen zwar eine Menge über Bewegungen, Muskulatur, Kraft – über Verhalten aber wenig verraten. Manches, so war aus der Ausstellung zu lernen, erfahren Paläontologen über die von ihnen entdeckten Opfer nur durch scharfsinniges Kombinieren – wie Detektive an einer unbekannten Leiche.

Fossile Spuren, so der Begleittext zu einem Gelege, bewiesen nicht, dass Dinosaurier schon Brutpflege kannten. Sie brüteten, so viel machten die Funde klar. Aber dass sie ihre Jungen fütterten und aufzogen, ließe sich nur aus der Tatsache schließen, dass heute lebende Dinosaurier, die Vögel, es ebenfalls täten.

So wurde das Publikum auf 1 600 Quadratmetern Ausstellungsfläche immer wieder in Dispute verwickelt und aufgefordert, sich eine eigene Meinung

## Ein Fenster mit Aussicht auf die Vergangenheit des Menschen

zu bilden. Wer bei der fossilen Schnitzeljagd nichts ausließ, kam vielleicht mit einem paläontologischen Jetlag nach Hause, war aber dafür bestens im Bilde über die aktuellen Theorien, die auf diesem Gebiet kursierten.

Aber nicht nur in den klassischen Jäger- und Sammlerdisziplinen bewies das Museum unter Futters Führung seine wissenschaftliche Klasse und genug Glamour, um die reizverwöhnten New Yorker zu begeistern. Aus ihrer Umfrage wusste die Präsidentin, dass der versammelte Fachverstand ihrer Mannschaft dort noch viel dringender gebraucht wurde, »wo es der Gesellschaft an Informationen, an Kompetenz fehlt, um sich zu Wort zu melden und wichtige Entscheidungen zu treffen«. Die Krise der Biodiversität wurde das erste aktuelle Problem, über das die Autoritäten für Vielfalt eine Ausstellung inszenierten.

Nicht eben blitzschnell. Denn bereits vor dem Amtsantritt der Präsidentin hatten einige Kuratoren unter der Führung des Forschungsdirektors Michael Novacek im Museum ein Zentrum für Biodiversität gegründet und den Plan gefasst, dem Thema eine Halle zu widmen.

Mit unglaublichem Aufwand an Expertise, Material, Geld und Zeit aber wurden nach sechs Jahren und elf Expeditionen in den afrikanischen Regenwald schließlich die kühnsten Visonen und die schwärzesten Zukunftssorgen aller Museumsabteilungen zu einem Appell gebündelt. Zu einem musealen Statement für den Artenschutz.

Er wirkte umso ergreifender, weil Diversität optisch opulent gezeigt wurde: etwa in einem glasgefassten Regenwalddiorama und vor einer magisch leuchtenden Wand, die – wie ein Blick in den Schaltplan des Lebens – mit ihrer Artenfülle überwältigte.

Damit war das Museum in der Gegenwart angekommen. Es war hineingewachsen in ein Image, das Futter von Anfang an kultiviert hatte. Es hatte sich in ein lebhaftes, engagiertes Zentrum verwandelt, das seinen Besuchern ein Feuerwerk von Ausstellungen, Konferenzen, Tagungen bietet – Wissenschaft als Erlebnis, als dritten Bildungsweg –, und das einer halben Million Schülern Jahr für Jahr als Klassenzimmer und Feldlager dient.

Heute ist es erfolgreich wie keines sonst in Amerika: Die Besucherzahlen sind innerhalb von acht Jahren von fast drei auf fünf Millionen pro anno gewachsen. Auch hinsichtlich des Stiftungskapitals, der Messlatte des Ver-

Das **Diorama** macht Besucher zu Augenzeugen einer Jagdszene im Alltag von Homo ergaster. Solche dramatisierten Momente helfen der Fantasie der Betrachter auf die Sprünge und hauchen kargen Schädel- und Werkzeugfunden Leben ein

Vieles von dem, was in den **Archiven des AMNH** aufbewahrt wird, ist heute unschätzbar wertvoll. Artefakte untergegangener Kulturen und Bälge ausgestorbener Arten etwa werden mit moderner Technologie vor dem Verfall bewahrt

trauens, das reiche Anleger in diese New Yorker Institution investieren, stehe das AMNH, so seine Präsidentin, hinter keinem anderen mehr zurück.

Während andere, vergleichbare Häuser wie etwa das Smithsonian in Washington oder das Londoner Natural History Museum schwere Identitätskrisen durchleiden, ganze Abteilungen stilllegen oder sich von ihren Trägern fragen lassen müssen, ob ihre Grundlagenforschung relevant sei, gibt das AMNH ein Viertel seines Gesamtetats, rund 25 Millionen Dollar, für eben diese Forschung aus.

Fördermittel der Stadt New York und Spenden, die dem Haus von Gönnern zufließen, haben zur Jahrtausendwende die Rekordmarke von 450 Millionen Dollar erreicht. Mittel für ehrgeizige Pläne, etwa den »klarsten Sternenhimmel der Welt« im neuen Planetarium. Oder für 18 auf einen Schlag eingestellte Astrophysiker, die ihn erklären.

Dennoch: Es gibt auch in diesem Museum etwas, das sich, trotz aller Veränderungen, niemals ändern wird. Die Dioramen im düsteren Akeley-Saal, dem »sanctum sanctorum« des Hauses, sind so geblieben, wie sie 1936 bei der Eröffnung waren: Magisch erleuchtete Landschaftsfenster, die nach dem Willen Carl Akeleys ein Afrika im Urzustand zeigen sollten. Aber so existierte es schon damals nicht mehr. Um seine Dioramen zu finanzieren, lud der berühmte Afrikaforscher kurzerhand einige reiche Amerikaner zur Jagd auf den schwarzen Kontinent ein. Jeder durfte die Ausstattung für ein eigenes Afrikafenster schießen, die Antilopen, Gazellen, Büffel mit dem mächtigsten Gehörn. So hoffte Akeley, kommerziellen Waidmännern zuvorzukommen und beinahe in letzter Minute wenigstens ein glorioses Andenken vor der Plünderung zu retten. In diesem Geist, im Geist eines Präparators, erlegte er seine Gorillas, um sie hier im Museum, zu einer lebensnahen Gruppe arrangiert, für die Nachwelt aufzuheben.

Da stehen sie nun, Ikonen eines Totenkults, vor den Besuchern des 21. Jahrhunderts. Im gemalten Hintergrund ist der rauchende Mikeno zu sehen und, würde man die Stelle genauer kennen, Akeleys Grab.

Er ist von der letzten Expedition nicht heimgekehrt, war schon schwer krank, als er aufbrach, und musste die meiste Zeit getragen werden. Aber Schonung kannte er nicht. Was er unterwegs gelitten haben mag, ist verzehrt worden von etwas viel Stärkerem: von der Leidenschaft, seine Sammlung afrikanischer Arten zu vervollständigen.

Dieses Diorama der Gorillagruppe, die 28 Dioramen Afrikas, der gesamte Akeley-Saal, die 45 Schausäle des AMNH – es gibt sie nur, weil ungezählte Forscher und Entdecker wie Akeley es waren oder heute noch sind:

davon besessen, die Natur in all ihren Exemplaren, ob organisch oder anorganisch, abzutragen und anzuhäufen.

Nur so konnte dieses Museum entstehen, das dem Lebendigen im Tod huldigt und von so gut wie allem mehr hat als andere: die meisten Wale, die meisten Käfer, die meisten Dinosaurier- und Säugetierfossilien, die meisten Spinnen, Termiten, Gallwespen, die bedeutendste Bernsteinsammlung, die besten Skelette fossiler Pferde, den größten ausgestellten Meteoriten – insgesamt 32 Millionen Einzelstücke.

Noch immer brechen Jahr für Jahr 100 Museumsteams zu Expeditionen auf. Zuletzt haben die Geologen des Hauses vier Jahre lang in 25 Ländern und fünf Meeren 86 Tonnen Felsen und Erze gesammelt, um in einer neuen Halle mit der Vielfalt der irdischen Gesteine und dem Alter unserer Lebensfundamente zu beeindrucken.

Diese Passion kennt kein Maß, kein Innehalten, kein Genügen. Denn es geht darum, die Natur im Museum noch ein zweites Mal zu versammeln, sämtliche Spezies, Varianten, Spielarten, Gewebe, DNS, Moleküle – weil die Kuratoren davon träumen, eines Tages die Ordnung sämtlicher Baupläne zu enträtseln und das System zu erkennen, nach dem die Arten sich entwickelt haben. Für sie, die Schamanen der Sammlungen, sind ihre in Schränken, Regalen, Schubladen und neuerdings auch in Stickstoff gelagerten Exemplare wie Nachrichten, deren geheimnisvolle Botschaft sie zu entschlüsseln hoffen. In den physischen und molekularen Merkmalen der Dinge fahnden sie nach Mustern, Ähnlichkeiten, Verwandtschaften, nach Bezügen, um eines Tages herauszufinden, wie alles mit allem verbunden, wie der Baum des Lebens gewachsen ist, wohin Stämme, Äste, Kronen abzweigen, wo er neu austreibt oder verdorrt – und wo unser Platz darin ist.

Für die Wissenschaftler ist das goldene Zeitalter der Entdeckungen nie zu Ende gegangen. Sie beugen sich über ihre Mikroskope, über die Ausdrucke ihrer Gen-Sequenzierer und brechen auf ins Unbekannte. Gelegentlich, wie in der neuen Genom-Ausstellung, geben sie uns Kunde von dem Neuland, das sie gesichtet haben und erschüttern die Besucher des Museums mit der Erkenntnis, dass 23 Prozent ihres Genoms mit dem ihres Frühstücksbrötchens identisch sind. **(2002)**

■ **Siehe auch A–Z-Teil**

→ Dinosaurier · Erde · Evolution des Menschen · Fossilien · Geologie · Paläontologie

**Angeblich entdeckt im AMNH jeder sein eigenes Museum. Für GEO-Redakteurin Uta Henschel wurde es zu einem magischen Ort, an dem man unvermutet in andere Zeiten oder Kulturen gerät. Dem US-Fotografen George Steinmetz kam es vor wie ein Haus voller Widersprüche – lebendig zwar, aber doch auch eben ein Mausoleum der Natur.**

Text:
**Jens Schröder**

# Im Rausch der Erkenntnis

Impfstoffe aus dem Reagenzglas, mysteriöse X-Strahlen und die unsichtbare Welt der Atome – fortschrittsgläubig wie nie zuvor machen sich im deutschen Kaiserreich Mediziner, Physiker und Chemiker daran, die Rätsel der Natur zu lösen

Stockholm liegt unter einer dichten Schneedecke, als drei in dicke Reisemäntel gehüllte Herren am 9. Dezember 1901 am Bahnhof dem Zug entsteigen. Kein Sonnenstrahl durchdringt die Wolken, die Hauptstadt der Schweden verschwimmt im Dämmerlicht nordischer Wintertage. Noch bevor die Reisenden ins Grand Hôtel chauffiert werden, verbreitet sich die Nachricht von ihrer Ankunft.

Das müssen sie sein. Jene Männer, die mit ihren Experimenten und Studien in den Jahren zuvor die moderne Naturwissenschaft entscheidend vorangebracht haben: die ersten Forscher, die das Komitee der im Vorjahr gegründeten Nobelstiftung für ihre neue Ehrung auserkoren hat.

Alle drei Preisträger sind aus Deutschland angereist: Es sind der Münchener Physikprofessor Wilhelm Conrad Röntgen, der Entdecker der Serum-Therapie, Emil von Behring, sowie der Chemiker Jacobus Henricus van't Hoff, ein Niederländer, der seine Studien über osmotischen Druck und ozeanische Salzablagerungen seit 1896 an der Berliner Universität betreibt.

Sie sind die Leitfiguren einer Nation im Erkenntnisrausch. Binnen weniger Jahrzehnte ist aus dem in wissenschaftlich-technischen Belangen eher rückständigen Volk der Dichter und Philosophen eines der Naturforscher und Entdecker geworden. Das junge Deutsche Reich hat die wissenschaftlichen Großmächte Frankreich und Großbritannien zumindest in der Grundlagenforschung überholt: ein dynamisches Zentrum der Innovation, wo Studenten aus der ganzen Welt ihre Auslandssemester verbringen, um bei den renommiertesten Vertretern ihres Fachs zu lernen.

In München und Bonn, Halle und Göttingen, Berlin, Breslau und Würzburg werden mit bislang ungekanntem Aufwand elektromagnetische Wellen vermessen und deren Geschwindigkeit als die des Lichts festgestellt. Wird die noch immer »geheimnisvolle Naturkraft« des elektrischen Stroms gezähmt, um sie per Kabel von Lauffen am Neckar nach Frankfurt am Main zu senden. Werden natürliche Farbstoffe und Arzneien im Reagenzglas reproduziert und genau dosierte Stromspannungen an die Muskeln von Froschschenkeln angelegt, um endlich die lange verklärte Natur als arbeitende Maschine zu entmystifizieren.

An 30 Technischen Hochschulen spüren die Deutschen um die Jahrhundertwende den großen Welträtseln nach – dank modernster Präzisionsmesstechnik, die in Berlin an der Physikalisch-Technischen Reichsanstalt entwickelt wird, einer Institution, die es so weltweit nirgendwo gibt.

Im elsässischen Straßburg etwa ist sofort nach der Gründung des neuen deutschen Staatswesens für fast 14 Millionen Mark eine Reichsuniversität eingerichtet worden, in der die nationale Selbstverwirklichung nun auch ausdrücklich mithilfe der Freiheit der Wissenschaft befördert werden soll.

In Jena begründet der Philosoph und Zoologe Ernst Haeckel eine Bewegung von »Freidenkern«, die mit dem Glauben an die Allmacht der Naturgesetze am Ende gar die christliche Religion ersetzen wollen – seine Anhänger werden den Autor eines »Glaubensbekenntnisses der Reinen Vernunft« später sogar zu einer Art Gegenpapst ausrufen.

In Berlin, einem Weltzentrum der Physik, stellt Max Planck in seiner Theorie über Wärmestrahlung die Behauptung auf, dass Energie nicht kontinuierlich fließt, sondern in winzigen »Paketen«, zu deren Berechnung er eine mysteriöse Größe namens »h« erfindet – eine universelle Naturkonstante, wie sich später herausstellt: ein kaum fassbar kleines Wirkungsquantum, das beispielsweise von einer Fahrradglühbirne in einer einzigen Sekunde vier Quintilliarden Mal erreicht wird.

Der Immunologe **Paul Ehrlich** forscht an Robert Kochs Berliner »Institut für Infektionskrankheiten«. Er erhält 1908 den Preis der Nobelstiftung. Zwei Jahre darauf präsentiert er ein Medikament gegen die Syphilis

Plancks Entdeckung stellt das bislang scheinbar so fest gefügte Weltbild der Physik vollständig auf den Kopf: weil sie den Forschern erstmals erschließt, dass in der unsichtbaren Welt der Atome das bislang als unumstößlich geltende Gesetz von Ursache und Wirkung aufgehoben ist.

So überschwänglich ist die Goldgräberstimmung in der deutschen Forscherschaft, dass der Berliner Physiologe Emil du Bois-Reymond den Sieg der »naturwissenschaftlichen Anschauung« als geistige Befreiungsbewegung postuliert: als Triumph einer »Weltbesiegerin unserer Tage« und als Einschnitt in die Geschichte der zivilisierten Menschheit – nicht minder bedeutsam als einst die Abkehr von der Vielgötterei.

Mikrobenjäger: Am Mikroskop entdecken der Arzt **Robert Koch** und seine Mitarbeiter die Erreger von Milzbrand, Tuberkulose und Cholera

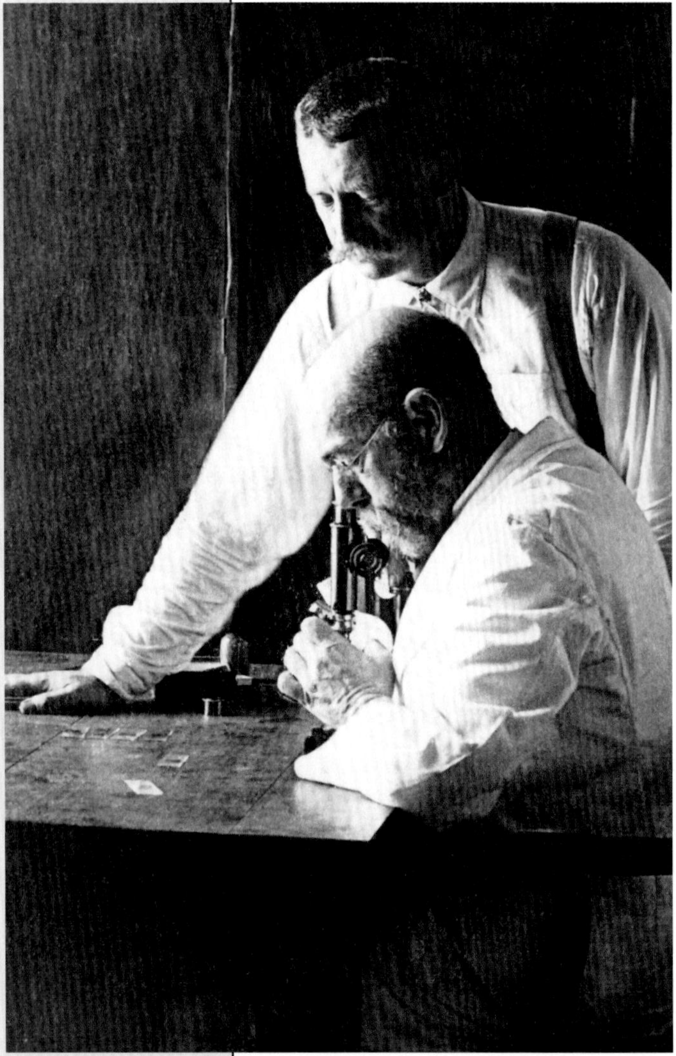

Und im Zirkus Renz, dem größten Versammlungsraum der Reichshauptstadt, beschwört der Dynamoerfinder Werner Siemens vor 2700 deutschen Naturforschern und Ärzten euphorisch seine Überzeugung, »dass das Licht der Wahrheit, die wir erforschen, nicht auf Irrwege führen, und dass die Machtfülle, die es der Menschheit zuführt, sie nicht erniedrigen kann, sondern sie auf eine höhere Stufe des Daseins erheben muss!«

IM SELBEN JAHR, 1886, experimentiert Heinrich Hertz als Erster erfolgreich mit elektromagnetischen Wellen, erforscht Robert Koch den zuvor von ihm in Kalkutta entdeckten Cholerabazillus. Vier Jahre später entwickelt Emil von Behring das Diphtherieheilserum. Und weitere fünf Jahre danach, 1895, durchleuchtet Röntgen zum ersten Mal die Hand seiner Frau mit den von ihm entdeckten »X-Strahlen« – jene Pioniertat, für die er 1901 als erster Physiker in Stockholm mit dem Nobelpreis ausgezeichnet wird.

Dort ist am 10. Dezember jenes Jahres die Halle der Königlich-Schwedischen Musikakademie für die Feierlichkeiten hergerichtet: Unter einem mit blau-goldenen Bändern umwundenen Lorbeerkranz trägt ein Obelisk die Büste des Stifters Alfred Nobel.

Kurz vor dem Einzug der Königsfamilie nehmen die Preisträger ihre Plätze ein. »Öffne deine Pforten, du strahlender Tempelgarten der Erinnerung!«, intoniert ein Männerquartett auf der Bühne, ehe Mitglieder des Nobelkomitees die Forscher in kurzen Ansprachen würdigen.

Gelöster ist die Stimmung anschließend beim Festbankett im Grand Hôtel, wo die Preisträger ihr »Filet de Bœuf à l'Impériale« mit einem 81er Margaux hinunterspülen und wo enthusiastische Studenten den Chemiker Jacobus van't Hoff in den frühen Morgenstunden auf einem vergoldeten Stuhl durch den Saal tragen. Alles in allem, so erzählt der eher scheue Röntgen einem Freund, habe sich das Gefeiertwerden aber noch aushalten lassen: »Die Schweden verstehen es, in einfacher und deshalb würdiger Weise solche Aufgaben zu erledigen.«

Ein Wesenszug, den noch viele von Röntgens Landsleuten schätzen werden: Bis 1918 geht mehr als ein Drittel aller Nobelpreise für wissenschaftliche Arbeiten an Forscher aus dem deutschen Kaiserreich. Und während der Weimarer Republik werden in Berlin wohl mehr Nobelpreisträger leben und arbeiten als in jeder anderen Stadt der Welt.

Weshalb kann sich das naturwissenschaftliche Zeitalter ausgerechnet in einem autoritär geführten, militaristischen und eben erst aus zersplitterten Einzelstaaten zusammengefügten Reich so viel kraftvoller als anderswo Bahn brechen? Wie schaffen es die gerade erst vereinten Deutschen, ernsthaft mit den Nachbarn Großbritannien und Frankreich zu konkurrieren, die in ihren Kolonialreichen über scheinbar unerschöpfliche Rohstoffvorkommen verfügen? Und wie können sie es vor allem mit dem auf-

## Im Wettbewerb der Staaten zählt Forschung als Prestigefaktor

strebenden Riesen USA aufnehmen, wo um die Jahrhundertwende Großindustrielle die Arbeit der Gelehrten mit märchenhaften Schenkungen unterstützen? Wo allein die Stiftung des Stahlbarons Andrew Carnegie zur Förderung der Wissenschaft in einem einzigen Jahr mehr Zinsen abwirft, als die britische Royal Institution im gesamten 19. Jahrhundert für ihre Forschungsprojekte ausgegeben hat?

Es ist eine ungewöhnliche Kombination unterschiedlicher Interessen, durch die um die Jahrhundertwende nahezu alle gesellschaftlichen Kräfte des deutschen Kaiserreiches die Entwicklung der Wissenschaft begünstigen:

– Naturwissenschaftliche Forschung wird zu einem Prestigefaktor im Wettbewerb der Staaten – in dem das junge, noch um ein nationales Selbstbewusstsein ringende deutsche Kaiserreich besonders ehrgeizig ist.

– Auch die deutschen Bundesstaaten stehen untereinander in einem Wettbewerb, der den Forschern zugute kommt. Die Landesregierungen konkurrieren miteinander um die klügsten Köpfe – und umwerben die Wis-

Sieg über den »Würger der Kinder«: Für sein Diphtherieserum wird **Emil von Behring** 1901 der Nobelpreis für Medizin verliehen – der erste in der Geschichte der schwedischen Stiftung

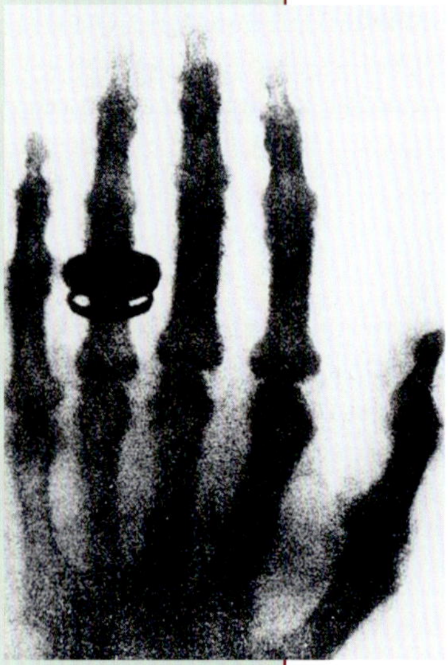

Den Patienten durchschauen: 1895 baut der Physiker **Wilhelm Conrad Röntgen** ein Gerät, dessen Strahlen den Körper bis auf die Knochen durchleuchten, hier die beringte Hand des Anatomen Albert von Kölliker

senschaftler mit aufwendigen Laborausstattungen und der Befreiung von Lehrverpflichtungen.

– Das Militär, entscheidender Machtfaktor im wilhelminischen Deutschland, ist immer stärker an Erkenntnissen aus der Naturwissenschaft interessiert. Röntgenstrahlen etwa, so hoffen der Kaiser und seine Generäle, könnten sich für die Kriegschirurgie einsetzen lassen. Oder zur Materialprüfung beim Bau von Panzerschiffen.

– Die neue Arbeiterkrankenversicherung, von Bismarck 1883 eingeführt, befördert indirekt die medizinische Forschung. Inner-

## Erstklassige Labors für die klügsten Köpfe im Reich

halb von zehn Jahren wächst die Zahl der Krankenhäuser um fast 50 Prozent; überall im Reich entstehen moderne Heilstätten, an denen Neuerungen in Diagnostik und Therapie studiert werden.

– Die Wissenschaft und die immer stärker verwissenschaftlichte Industrie beginnen, sich gegenseitig zu beflügeln. So können beispielsweise Mediziner durch die aus Steinkohlenteer gewonnenen Anilinfarben der Industrie nun Gewebezellen einfärben und auf diese Weise die Diagnostik revolutionieren. Und die Erfindung des Kunstdüngers auf Stickstoffbasis durch Fritz Haber ist nur dank seiner Beziehung zur chemischen Industrie möglich.

– Die industrienahen Technischen Hochschulen erhalten 1899 das Promotionsrecht und bringen so eine Elite naturwissenschaftlich gebildeter Absolventen hervor – Führungskräfte für die deutsche Wirtschaft, die den Nutzen der nur scheinbar praxisfernen Grundlagenforschung kennen und entsprechend in firmeneigene Forschungsabteilungen investieren.

– Auch von privater Seite fließen größere Mittel in die Wissenschaft, insbesondere durch jüdische Bankiers und Industrielle. Für sie ist dieses Mäzenatentum in Zeiten des wachsenden Antisemitismus ein Weg zu mehr gesellschaftlicher Anerkennung – und oft sogar in den exklusiven Kreis der kaiserlichen Günstlinge.

– Die Universitäten selbst befördern die Entwicklung durch eine innovative Organisation des Lehrbetriebs, die schon bald weltweit nachgeahmt wird: Konsequenter als anderswo wandeln sich die Hochschulen im Reich von reinen Vorlesungsstätten zu überschaubaren Seminarbetrieben – ein Umfeld, in dem sich die neuen und hoch spezialisierten Forschungsfelder rasch und eigenständig entwickeln können.

– »Haupttreibrad einer deutschen Universität« (so ein französischer Beobachter) ist die hierarchische Organisation der Hochschullehrerschaft. Das gilt vor allem in der Physik, wo oft nur forschen kann, wer über ein

Ordinariat und damit über teure Geräte verfügt – eine Konkurrenzsituation, welche die Wissenschaftler anspornt. Wer es nicht bis an die Spitze schafft, muss sich wohl oder übel mit der ungeliebten theoretischen Physik befassen – und auch das ist ein Glücksfall: Denn als dieses Fach dank Planck und Einstein zur Avantgarde aufrückt, stehen in der zweiten Reihe viele theoretisch gebildete Physiker zur raschen Ausarbeitung der neuen Erkenntnisse bereit.

– Nicht zuletzt ist es auch die euphorische Stimmung im Land, die den empirischen Wissenschaften zu ihrer Blüte verhilft. Sie wird angestachelt von einem wissenschaftsbegeisterten Kaiser, der ab 1913 ehrenhalber den Titel »Doktor-Ingenieur« führt und seine Untertanen immer wieder auf den Positivismus einschwört. »Wir stehen an der Schwelle der Entfaltung neuer Kräfte. Das neue Jahrhundert wird bestimmt durch die Wissenschaft, inbegriffen die Technik, und nicht wie das vorige durch die Philosophie. Dem müssen wir entsprechen.«

Dass die deutschen Forscher diesen Auftrag von höchster Stelle auch wirklich erfüllen können, ist keineswegs selbstverständlich. Noch um 1880 scheinen die deutschen Universitäten von der Menge der neuen Aufgaben überfordert zu sein.

Die Professoren müssen, entsprechend dem Ideal Wilhelm von Humboldts, dem humanistischen Bildungsauftrag und der wissenschaftlichen Erkenntnissuche gleichermaßen gerecht werden – und kommen dabei zunehmend in Zeitnot.

Röntgens diagnostischer Durchbruch – hier sein **Apparat** – ist eine Sensation. In der Euphorie gehen die Berichte über erste Strahlenschäden fast unbemerkt unter

Talentförderer: Der Jurist **Friedrich Althoff** wird 1882 Universitätsreferent im preußischen Kultusministerium. Er vor allem vermittelt viel versprechenden Forschern Gelder und Posten

Während sich die Zahl der Studenten naturwissenschaftlicher Fächer binnen weniger Jahrzehnte verzehnfacht, wachsen gleichzeitig die Anfragen aus der Industrie – und die immer komplexeren Probleme lassen die Kosten für Großforschungsprojekte rapide steigen.

So steht es um die deutsche Wissenschaft, als 1882 ein Juraprofessor namens Friedrich Althoff in Berlin Universitätsreferent im preußischen Kultusministerium wird. Im Finanzministerium begrüßt man ihn mit den Worten: »Es kann nichts mehr für die Universitäten geschehen. Sie sind zu einer ungünstigen Zeit gekommen.«

Doch Friedrich Althoff wird Mittel und Wege finden, mehr als 140 neue Institute, Seminare und Kliniken durchzuboxen. Er wird seinen »Oberfinanztyrannen« mit Hartnäckigkeit immer wieder mürbe machen und zu höheren Forschungsausgaben bewegen. Er wird sich nicht einmal scheuen, dem Minister in den Urlaub nachzureisen, um ihn von der Wichtigkeit dieses oder jenes Institutsneubaus zu überzeugen.

Vor allem aber: Dieser 43-jährige Westfale wird den deutschen Wissenschaftsbetrieb mit etwas völlig Neuartigem reformieren: mit einer aktiv gestaltenden Wissenschaftspolik, die als »System Althoff« bekannt wird – ein Erfolgsmodell aus Preußen, das schon bald auch in den Kultusverwaltungen der kleineren deutschen Bundesstaaten Schule macht.

Unter fünf preußischen Kultusministern steht Althoff bis 1907 im Beamtendienst – und überragt jeden von ihnen an Bedeutung. Er ist ein pedantischer Autokrat. Ein Mann von vierschrötigem Auftreten, der Professoren und Institutsleiter wie Schuljungen behandelt. Der hochrangige Besucher oft stundenlang in seinem düsteren Wartezimmer hocken lässt. Und der seinen Mitarbeitern schon morgens am Bahnhof ihr Arbeitspensum für den Tag aufgibt: hastig hingekritzelte Stichworte auf kleinen gelben und großen weißen Zetteln, die er getrennt in seiner Rock- und seiner Westentasche aufbewahrt.

Althoff macht sich durch seine schroffe Art viele Feinde – doch im Ministerium gilt er bald als unverzichtbar. Denn mit einem weit verzweigten Netz von Vertrauensleuten an allen Universitäten verschafft sich der naturwissenschaftliche Laie einen einzigartigen Überblick über Strömungen in der Forschung und über die Talente und Schwächen der Forscher.

Vor der Berufung eines Wissenschaftlers schickt Althoff heimlich Hörer in dessen Vorlesungen, korrespondiert mit Kollegen, sucht den Kontakt zu Studenten. Vom Bibliothekar der Universität Halle lässt er sich einmal erklären, dass ein von der Berliner Universität favorisierter Hallenser Gelehrter »ein sehr nervöser Herr, und in Folge dessen recht reizbar u. grämlich« sei.

Welchen Einfluss das Talentgespür eines einzelnen weitsichtigen Beamten aus Preußen auf die Blüte der gesamten deutschen Wissenschaft hat, zeigt sich vor allem in der Bakteriologie, einem neuen Fach, in dem nicht nur Emil von Behring den nobelpreiswürdigen Erfolg seiner Studien Friedrich Althoff mitverdankt.

Denn die Zukunft dieser neuen Forschungsrichtung entscheidet sich im Mai 1891 nicht etwa in einem Labor oder einer Klinik – sondern im Sitzungssaal des preußischen Abgeordnetenhauses.

Dort ist die Stimmung an diesem 9. Mai unter den Parlamentariern vor der entscheidenden Debatte gereizt. Wenige Monate zuvor erst haben sie dem Hygieneprofessor Robert Koch eine halbe Million Mark für ein neues »Institut für Infektionskrankheiten« bewilligt – mitgerissen von dem weltweiten Enthusiasmus, den der Forscher mit seiner Ankündigung ausgelöst hatte, ihm sei die Herstellung eines Tuberkulosemedikaments gelungen.

## Der Erfolg deutscher Spitzenforschung ist kein Zufall, sondern hat System

Nun ist das Institut noch nicht einmal vollendet – und das Heilmittel hat sich bereits als unwirksam, das ganze Projekt anscheinend als peinlicher Reinfall erwiesen. Soll man diesem Scharlatan wirklich noch einmal einen hohen Etat bewilligen, den er für weitere Studien fordert?

Ist er nicht offensichtlich im Irrtum mit der umstrittenen These, ansteckende Krankheiten würden durch lebendige Mikroorganismen ausgelöst – und seien am besten mit spezifischen Medikamenten zu bekämpfen, die sich aus dem jeweiligen Erreger selbst herstellen ließen?

Fast alle Abgeordneten sind medizinische Laien. Nur einer von ihnen, Rudolf Virchow, ist ein Arzt und Naturwissenschaftler von Rang – und Kochs erbittertster Gegner.

Nach Virchows weit verbreiteter Theorie werden Krankheiten durch einen örtlichen Zerfall von Zellen ausgelöst. Diesen Prozess könne die Medizin eher mit Hygienemaßnahmen beeinflussen und nicht mit der Jagd auf mikroskopisch kleine Wesen mit mysteriösen Eigenschaften.

Doch noch ehe Virchow seine Argumente in der Debatte vorbringen kann, stellt sich der Geheime Oberregierungsrat Friedrich Althoff ans Rednerpult. Nachdem er Koch und Virchow für deren Verdienste gelobt hat, beschwört er eine »neue therapeutische Ära« – und erlaubt

Am 1912 eingeweihten Kaiser-Wilhelm-Institut für Chemie in Berlin erforscht **Otto Hahn** gemeinsam mit **Lise Meitner** wichtige Grundlagen der Kernphysik. 1938 gelingt Hahn die Spaltung des Urankerns mit Neutronen: Voraussetzung für Kernreaktoren – und die Atombombe

sich dann, die Herren Abgeordneten auf einen anderen Gesichtspunkt hinzuweisen: »Die Sache hat auch eine patriotische Seite.«

Es gehe um »einen Ehrenpunkt« der deutschen Wissenschaft. Und um deren gutes Recht, »da zu ernten, wo sie gesät hat«. Denn längst bemühten sich Forscher am französischen Institut Pasteur, aber auch in Österreich, in Russland und der Türkei, die revolutionären Erkenntnisse der deutschen Mikrobiologen zu verwerten. Daher sei der von Koch geforderte Staatszuschuss nicht zu hoch, im Gegenteil: »Es muss eine vollständige wissenschaftliche Mobilmachung erfolgen, da darf es in nichts an der Rüstung fehlen.«

Der militärische Jargon leuchtet den Abgeordneten besser ein als jede medizinische Erläuterung. Die Verteidigung mühsam eroberter Stellungen, so die Botschaft, erfordert auch in der Wissenschaft preußische Ausdauer, Disziplin und unerschütterlichen Wagemut: den zur Innovation nämlich.

Ab 1914 stellen sich etliche deutsche Wissenschaftler in den Dienst des Militärs: auch der Chemiker **Fritz Haber** – hier bei einem Vortrag über eine vor explosiven Grubengasen warnende Schlagwetterpfeife. Er wird später Giftgas entwickeln

Kochs Etat wird mit großer Mehrheit beschlossen. Ein Sieg der Rhetorik – und ein Markstein der Medizingeschichte, gesetzt von einem preußischen Beamten.

Denn in Robert Kochs durch Althoff gerettetem »Institut für Infektionskrankheiten« werden jetzt nicht nur dessen eigene verfeinerte (und später mit dem Nobelpreis gewürdigte) Tuberkulosestudien möglich. Koch hat nun auch die Möglichkeit, eine ganze Generation junger Bakteriologen zu beschäftigen, die den Fortgang der Heilkunst auf Jahrzehnte hinaus prägen werden. Und unter Kochs ersten 14 Schülern erkennt Friedrich Althoff schon bald mit sicherem Gespür die Fähigsten.

ZUM BEISPIEL Emil von Behring. Als Behring seinem Gönner 1892 zum ersten Mal im Ministerium Unter den Linden begegnet, hat der junge Mediziner seinen bahnbrechenden Aufsatz über eine Therapie mit Blutserum zwar bereits geschrieben, aber er ist nach wie vor ein kaum bekannter Assistent des berühmten Robert Koch.

Erst später werden sich Legenden um den streitbaren Wissenschaftler bilden. Wird beispielsweise jene Geschichte erzählt, wie am Heiligen Abend 1891 ein hoch gewachsener Unbekannter eilig den Wachtposten am Portal der Klinik in der Friedrichstraße passiert, ein Glasröhrchen mit gelblicher Flüssigkeit im Arztkoffer; wie er die rätselhafte Substanz im Diphteriesaal einem längst aufgegebenen Kind injiziert – und wie dieses bereits am Weihnachtsmorgen munter ist und rasch gesundet.

Doch in Fachkreisen ist das Talent des jungen Behring längst bekannt. Robert Koch persönlich hat ihm für seine Studien einen algerischen Hammel zur Verfügung gestellt: ein Tier, dem Behring im Kochschen Institut nun Diphtherie- und Tetanuserreger injiziert.

## Mit sicherem Gespür erkennt Althoff die fähigsten Wissenschaftler

Das Blutserum des Hammels, so Behrings Theorie, werde schon bald vom Körper des Tieres produzierte Gegengifte enthalten. Und mit deren Injektion könne man einem krankheitsgeschwächten Menschen die anstrengende Abwehrreaktion gegen die Erreger abnehmen.

Es geht um eine völlig neue Art von Heilmitteln, die den Körper »wie einen Schinken von innen räuchern« und ihn so gegen Krankheitserreger immun machen sollen. Heilmittel, mit denen Behring und dessen japanischer Kollege Kitasato möglicherweise sogar die Diphtherie besiegen können, jene Infektion von Hals und Kehlkopf, an der in Deutschland allein 1892 etwa 50 000 Kinder sterben.

Mit gewohnter Diskretion holt Althoff Erkundigungen über den Mediziner ein, informiert sich über dessen Charakter, dessen Thesen, dessen Vortragsstil. Dann beruft er Behring als Hygieneprofessor nach Halle – wo man sich aber schon nach einigen Wochen über das mangelnde pädagogische Vermögen des streitbaren Neuzugangs beschwert. Doch Althoff vertraut seinem Gespür, bietet Behring eine Honorarprofessur in Bonn an, gründet schließlich für seinen Günstling in Marburg ein »Institut für experimentelle Therapie« – trotz wütender Proteste der dortigen Professoren.

Behring, der durch einen (von Althoff vermittelten) Vertrag mit den Farbwerken Hoechst bereits seit Ende 1894 sein Diphtherieheilserum weltweit vermarkten kann, ist begeistert von seiner neuen Unabhängigkeit. 1896 schreibt er nach Berlin: »Möge noch recht vielen, mit harten Widerständen kämpfenden Gelehrten die stützende Hand von Euer Hochwohlgeboren sich so wirksam erweisen wie mir.«

Besonders nötig hat die stützende Hand aus Preußens Kultusministerium Behrings Rivale Paul Ehrlich, ein jüdischer Immunologe, den Althoff ebenfalls im Kochschen Institut entdeckt hat und dem er einen ganz auf dessen Bedürfnisse und Fähigkeiten zugeschnittenen Karriereweg bahnt, vorbei an den mit antisemitischen Vorurteilen infizierten Berufungsinstanzen.

Vater der Quantentheorie: **Max Planck** erschließt den Kosmos der Atome. 1918 erhält er den Nobelpreis für Physik – als einer der letzten Forscher, mit deren Ruhm das Kaiserreich sich schmücken kann

Ein Brief Ehrlichs an seinen Fürsprecher vom Juli 1907 ist ein eindrucksvolles Zeugnis für Althoffs visionäre Wissenschaftspolitik – und ein beschämendes Dokument der Benachteiligung von Juden in Deutschland, die trotz ihrer von der Reichsverfassung garantierten Gleichberechtigung massivem Antisemitismus ausgesetzt sind.

»Ich persönlich danke Ihnen ja meine ganze Karriere«, schreibt Ehrlich. »Als Assistent herumgeschubst und von der Universität absolut ignoriert, kam ich mir ziemlich unnütz vor. Ich habe nie einen Ruf an die kleinste Stelle erhalten und galt als Mensch ohne Fach, das heißt vollkommen unverwertbar. Wenn Sie nicht mit starker Hand und genialer Initiative für mich eingetreten wären, wäre ich vollkommen brachgelegt gewesen.«

So aber wird Ehrlich 1908 für seine bahnbrechenden Erkenntnisse über die Immunität mit dem Nobelpreis ausgezeichnet – als dritter von Althoffs Protegés im Fach Medizin.

Nicht alle Forscher sind auf die Gunst der preußischen Kultusverwaltung derart angewiesen wie die Bakteriologen. Vor allem in der Physik werden einige der spektakulärsten Entdeckungen in anderen Teilen des Reichs gemacht, wo sich die Landesregierungen von der Übermacht der preußischen Universitäten anspornen lassen: ein föderaler Wettbewerb zwischen den deutschen Ländern, der die Forschung zusätzlich beflügelt.

Zwar kann Althoff Forscher wie Philipp Lenard (Nobelpreis 1905 für die Erforschung der Kathodenstrahlung) an die Universität Kiel und Max Planck (Nobelpreis 1918 für die Quantentheorie) nach Berlin locken – aber der um die Jahrhundertwende wohl populärste deutsche Physiker kommt nicht nach Preußen. Wilhelm Conrad Röntgen, bis 1900 Professor in Würzburg, ist bereits kurz nach seiner Pioniertat so berühmt, dass er bald überall zu seinen eigenen Bedingungen forschen kann.

Innerhalb weniger Wochen hat das Röntgenfieber ganz Europa ergriffen. In Würzburg marschieren Tausende mit Fackeln und Musikzügen vor das Salonfenster des Physikalischen Instituts, nachdem der Forscherstar schon leutselig vor den Augen von Studenten, Offizieren und anderen Neugierigen die Hände eines Kollegen durchleuchtet hatte. Und während eines Urlaubs in Florenz wird Röntgens Hotel von italienischen Bewunderern förmlich belagert.

Alles, alles trauen die Menschen den unsichtbaren Strahlen zu. In London bietet ein Geschäftemacher verunsicherten Damen röntgenstrahlensichere Unterwäsche an. Das Parlament des US-Bundesstaats New Jersey diskutiert ein Gesetz, das den Einbau von Röntgenapparaten in Operngläser vorsorglich verbieten soll.

Alle Versuche, den Physiker der Nation nach Leipzig oder Berlin zu locken, sind für Röntgen nur aus taktischer Sicht interessant: Fast beiläufig lässt er die sächsische und preußische Wertschätzung seiner Person bei der bayerischen Staatsregierung durchblicken – die ihm sogleich sein Institut und seinen Hörsaal modernisiert und das Gehalt um ein Drittel erhöht.

Sogar Friedrich Althoff muss sich diesmal geschlagen geben – und sein preußisches Röntgeninstitut ohne die Hilfe des Namensgebers der Strahlen einrichten. Aber der Wissenschaftsorganisator hat sich längst einem neuen, weit größeren Projekt verschrieben, das seine volle Aufmerksamkeit erfordert.

Ein Zentrum »der reinen Wissenschaft« hat er sich – trotz klammer Finanzlage des preußischen Staates – in den Kopf gesetzt. Eine Reihe hervorragender Laboratorien an vorderster Front der neuen Disziplinen. Und ein Forschungsumfeld neuen Typs: außerhalb der Universität; bar jeder Lehrverpflichtung; protegiert vom Kaiser.

Vor allem aber: bezahlt von der deutschen Industrie. Althoff wird bis zu seiner Pensionierung im Jahre 1907 für diese Vision kämpfen, die er als »deutsches Oxford« bezeichnet. Und die sein Vermächtnis werden soll.

Es ist eine Interessenallianz von Wirtschaft, Staat und Wissenschaft, die der Beamte in den ersten Jahren des neuen Jahrhunderts schmiedet. Mithilfe seines Netzwerks an Informanten. Mithilfe von engagierten Vorträgen beim Kaiser.

Und mithilfe strategischer Tricks: Nicht selten veranlasst Althoff Wissenschaftler seines Vertrauens zu offiziellen Eingaben mit konkreten Forderungen ans Ministerium – damit er selbst nicht als Initiator dieser Vorschläge in Erscheinung tritt, sondern als neutraler Befürworter einer fachlich fundierten Anfrage aus der Wissenschaft.

## Die Industrie spendet Millionen für ein »deutsches Oxford«

Auch die erstmals so massive Beteiligung der Wirtschaft an der Planung neuer Forschungsstätten fädelt Althoff auf eine Weise ein, deren Subtilität schon in seiner früheren Korrespondenz mit Vertrauensleuten deutlich wird. »Genau nach Verabredung«, so schreibt Emil Fischer, der Doyen der deutschen Chemie, 1896 in einem Brief an Althoff, habe er eine Anfrage um Unterstützung an den Verband der chemischen Industrie formuliert und den Brief wie besprochen auch dem Ministerium zur Kenntnis geschickt – wo ihn Althoff offiziell bearbeiten und gutheißen kann.

Die erhofften Erfolge bringt die neue Allianz erst Jahre später. Zum 100. Geburtstag der Berliner Friedrich-Wilhelm-Universität im Oktober 1910 verkündet der Kaiser, dass nahe dem Botanischen Garten in Berlin-Dahlem die ersten Institute einer neuen Forschungseinrichtung gegründet werden, die den Namen »Kaiser-Wilhelm-Gesellschaft« (KWG) tragen und der deutschen Forschung ihre weltweite Spitzenposition erhalten soll.

Die klügsten Köpfe des Reiches werden für die Leitung der jeweiligen Institute gewonnen. Fritz Haber soll dem Institut für physikalische Chemie vorstehen. Auch Albert Einstein wird ein Arbeitszimmer in Dahlem beziehen. Und im Senat der Gesellschaft sollen die Nobelpreisträger Paul Ehrlich, Emil Fischer und Jacobus van't Hoff die Naturwissenschaftler vertreten.

Zehn Millionen Mark an Spenden haben die Beamten der preußischen Kultusverwaltung im ganzen Reich für die neue Institution eingeworben. Anhand von Steuerunterlagen haben sie die wohlhabendsten Bürger iden-

## Der Weltkrieg soll in den Labors entschieden werden

tifiziert, sie im Namen des Kaisers angeschrieben und zu besonderer Großzügigkeit aufgefordert – manchmal über geeignete Mittelsmänner. »Einkreisung des Edelwildes« nennen das die Spendenwerber.

Dafür werden den Gönnern von Krupp bis Siemens Mitspracherechte bei den Forschungsinhalten eingeräumt: Von den 20 Senatoren der KWG stammen 15 aus Industrie oder Finanzwirtschaft.

Oft aber gibt vor allem das Prestige, das die Mäzene durch ihre Spende gewinnen, den Ausschlag: Wer die deutsche Grundlagenforschung mit mehr als 100 000 Mark fördert, darf einen vom Generalintendanten der Königlichen Schauspiele entworfenen grünen Feiertagstalar mit rotem Kragen tragen – und sich ein handschriftliches Dankschreiben des Kaisers ins Arbeitszimmer hängen.

Friedrich Althoff, der Vater des »deutschen Oxford«, kann den Dank seines obersten Dienstherrn für den Erfolg der Kaiser-Wilhelm-Gesellschaft aber nicht mehr entgegennehmen. Er stirbt 1908, gut zwei Jahre vor Gründung der KWG.

Seine Taktik aber, der Forschung bei Bedarf auch mit militärischer Rhetorik den Weg zu bahnen, hat weiterhin Erfolg. »Wehrkraft und Wissenschaft«, so formuliert der spätere Gründungspräsident der KWG, Adolf von Harnack, in einer Denkschrift, die den Kaiser für das Projekt gewinnen soll, »sind die beiden starken Pfeiler der Größe Deutschlands.«

In den folgenden Jahren werden sich diese beiden Sphären näher kommen, als der Theologe Harnack ahnen kann.

DER AUSBRUCH DES ERSTEN WELTKRIEGES am 1. August 1914 trifft die Forschergemeinde in Berlin-Dahlem unerwartet wie eine Naturkatastrophe. Die meisten Wissenschaftler sind unpolitisch oder zumindest schlecht informiert. Viele stellen sie vorbehaltlos in den Dienst der kaiserlichen Kriegsmaschine.

Die Dahlemer Kaiser-Wilhelm-Institute müssen ihre bisherige Forschungsarbeit stark einschränken. Und in den modernen Laboratorien – einst im Glauben eingerichtet, die Wissenschaft könne die Menschheit auf eine höhere Daseinsstufe führen – wird nun der »Krieg der Chemiker« vorbereitet, von dem nach Ansicht vieler Experten der Ausgang des Großen Krieges abhängen wird.

Das Vertrauen in die Allmacht der Naturgesetze wird zum Instrument eines übersteigerten Nationalismus – und der über Generationen aufgebaute Glaube an den unbedingten Segen des naturwissenschaftlichen Fortschritts in nur vier Jahren ad absurdum geführt.

Fritz Haber, der Kunstdüngerexperte, befehligt bald 1 500 Mitarbeiter. Er beschleunigt in Zusammenarbeit mit der nationalen Kriegsrohstoffabteilung und der BASF die Herstellung künstlichen Salpeters, um den deutschen Truppen genügend Sprengstoff und Munition zu verschaffen. Rekrutiert Forscher wie Otto Hahn, James Franck und Hans Geiger für die Entwicklung von Senf- und Chlorgas – chemischen Waffen, die Haber »human« nennt, da sie den Krieg angeblich verkürzen.

Habers Kollege Richard Willstätter, bekannt für seine Arbeiten über die Fotosynthese der Pflanzen und als Erforscher der Blütenfarben, lässt die Naturbetrachtung ruhen und arbeitet nun an einer Mehrschicht-Gasmaske für den Einsatz an der Front.

Und längst fordern die Vertreter eines jungen, aufstrebenden Zweigs der Wissenschaft ein eigenes Kaiser-Wilhelm-Institut – ein Institut, das eine Generation später die deutsche Forschung auf Jahrzehnte diskreditieren wird. Mit mehr Ehrgeiz als anderswo in Europa und in den USA wird bald auch in Dahlem die Eugenik ergründet.

Die Deutschen nennen es: »Rassenhygiene«.

Der glanzvolle Aufstieg der deutschen Naturwissenschaft war nicht nur von einzelnen genialen Forschern getragen, von einer Gesellschaft im Rausch der Naturerkenntnis, sondern auch vom kollektiven Willen zur nationalen Vormachtstellung des eigenen Volkes: Er trug den Keim zum Niedergang schon von Beginn an in sich.

Der Krieg schließlich macht nun vielen Fortschrittsjüngern klar, dass die Macht des Wissens auch »ihre böse Hinterseite« hat, wie es der Physiker Wolfgang Pauli später formuliert. Und dass brillante Forschung die Menschheit nicht notwendig auf eine höhere Stufe des Daseins führt – sondern auch zynisch missbraucht werden kann. **(2004)**

**Siehe auch A–Z-Teil**

→ Bakterien · Paul Ehrlich · elektromagnetische Wellen · Heinrich Hertz · Jacobus Henricus van't Hoff · Kernspaltung · Robert Koch · Max-Planck-Gesellschaft zur Förderung der Wissenschaften e. V. · Nobelpreis · Quantentheorie · Wilhelm Conrad Röntgen · Röntgenstrahlung

**Jens Schröder hat für das Geschichtsmagazin GEO EPOCHE schon häufig historische Gestalten porträtiert, zuletzt Kaiser Heinrich IV., der 1077 nach Canossa ging.**

Text:
**Anja Haegele**

# Wettlauf um den Code des Lebens

Jahrelang wetteiferten zwei Wissenschaftler um die Entschlüsselung des gesamten menschlichen Erbguts: Dabei ging es Craig Venter und Francis Collins nicht nur um die reine Erkenntnis. Sondern auch um Ehre, Patente – und viel Geld

Es ist der 12. Mai 1998. An der Nordküste von Long Island, gut 50 Kilometer von Manhattan entfernt, tagen im Cold Spring Harbor Laboratory berühmte Molekularbiologen und Genetiker. Sie sitzen im Büro des Nobelpreisträgers James Watson, der 1953 gemeinsam mit Francis Crick und Maurice Wilkins die Struktur des DNA-Moleküls aufgeklärt hat, und besprechen den Fortschritt des von 17 Staaten finanzierten Human-Genom-Projektes (HGP), bei dem es um die Entschlüsselung des menschlichen Erbguts geht.

Plötzlich platzt Craig Venter in die Runde der Gelehrten – ein Mann Anfang 50 mit Halbglatze und Neigung zum Fettansatz. Venter ist ebenfalls Genetiker, die Tagungsteilnehmer kennen ihn gut: Er ist ein brillanter Wissenschaftler mit schwierigem Temperament. »Ungeduldig« und »unbeherrscht« sind noch die freundlicheren Worte, die seine Kollegen für ihn finden. Knapp sechs Jahre ist es her, dass Venter nach Streitigkeiten mit Watson bei den Nationalen Instituten für Gesundheit (National Institutes of Health, NIH) gekündigt hat, wo er am Human-Genom-Projekt mitarbeitete.

Seither leitet er ein privates Biotechinstitut, das sich auf Erbgutentschlüsselung von Bakterien, Tieren und Pflanzen spezialisiert hat. Venter ist erfolgreich, Aktien haben ihn reich gemacht. Für die Männer, die auf Long Island konferieren, ist er »der Feind«. Sie nennen ihn »Arschloch«, »Idiot« und »Egomane«.

Venter unterbricht die Konferenz und erklärt den Forschern, sie bräuchten sich nicht weiter zu bemühen, da er das menschliche Erbgut umgehend entschlüsseln werde. Am nächsten Tag erscheint ein Zeitungsartikel, in dem er prahlt, er werde die Sequenzierung des menschlichen Genoms innerhalb von drei Jahren abschließen.

Einige Tage später provoziert er die am Genomprojekt arbeitenden Wissenschaftler auf einer Pressekonferenz: »Den Menschen mache ich, Sie nehmen sich besser die Maus vor!«

Als Watson davon erfährt, schäumt er vor Wut. Er brüllt: »Venter ist Hitler!« Vom Leiter des HGP, Francis Collins, verlangt der 70-Jährige ein Bekenntnis: »Sind Sie Churchill oder Chamberlain?«, Kämpfer also – oder Zauderer?

Venters Provokation erregt auch die Öffentlichkeit: »Es ist so, als hätte ein privates Unternehmen angekündigt, die Mondlandung vor der NASA zu schaffen«, kommentiert die »New York Times«. Von nun an liefern sich die Forscher am Human-Genom-Projekt und in Venters Firma ein unerhörtes Rennen.

Die Idee, die Gesamtheit aller genetischen Buchstaben des Menschen – das Genom – zu entschlüsseln, ist 1985 entstanden, 13 Jahre zuvor. Es ist zum einen die reine Neugier, die die Forscher umtreibt. Sie möchten das Geheimnis des Menschen auf molekularer Basis enträtseln – und wissen, was Homo sapiens im Inneren einer jeden Zelle ausmacht.

Es reizt sie zudem die Aussicht, mit der Kenntnis der genetischen Buchstaben möglicherweise die Medizin zu revolutionieren: Weshalb der eine Patient anfällig ist für Erkältungskrankheiten, der nächste für Herzinfarkte, ein dritter für Krebs – all das ließe sich mithilfe der entschlüsselten Gene vermutlich besser verstehen. Neue Wege zur Risikovermeidung oder zur Entwicklung von Medikamenten könnten sich auftun. Und so wird ein gewaltiges Ziel gesteckt, das ungeheure Aussichten verheißt.

Zwei Jahre später, im Mai 1987, beantragt James Watson für die NIH beim US-Kongress einen Jahresetat von 30 Millionen Dollar. Bis 2005 soll das Human-Genom-Projekt abgeschlossen sein. Kosten: rund drei Milliarden Dollar.

Das Unterfangen ist aus mehreren Gründen so kostspielig. Zum einen ist die genetische Information – die Fäden mit den rund drei Milliarden chemischen Buchstaben der Erbsubstanz DNA – viel zu groß, um sie als

Mithilfe seiner DNA-Sequenziermaschinen gelang es dem Amerikaner **Craig Venter,** die Struktur des menschlichen Erbguts zu entschlüsseln

Ganzes analysieren zu können. Man muss die Gesamtsequenz umständlich zerlegen, sortieren, ablesen und wieder zusammensetzen.

Zum anderen besteht das Genom zum Großteil aus Wiederholungen immer gleicher DNA-Buchstabenfolgen. Sie scheinen keine erkennbare Funktion zu haben. Gerade bei diesen Sequenzen ist die Analyse aber besonders aufwendig.

Auf dem **Bildschirm einer Sequenziermaschine** sind die Bausteine zahlreicher DNA-Fragmente zu erkennen. Jede Farbe steht für einen der vier DNA-Buchstaben (Adenin, Cytosin, Guanin, Thymin). Mithilfe solcher Automaten entzifferten die Wissenschaftler zahllose DNA-Schnipsel und rekonstruierten aus diesen Daten das menschliche Genom

Erst seit Ende der 1960er-Jahre die Restriktionsenzyme isoliert worden sind – Eiweißmoleküle, die wie molekulare Scheren wirken –, ist es überhaupt möglich, die gigantisch langen DNA-Moleküle in analysierbare Fragmente zu zerschneiden.

Hunderte solcher Enzyme sind seither entdeckt worden: Die meisten erkennen jeweils andere, genau definierte Buchstabenfolgen in der DNA und zerschneiden sie dort. Das Resultat ist – ordnet man die Fragmente nach ihrer Größe – ein spezifisches Muster aus unterschiedlich langen DNA-Schnipseln.

Entspräche das Genom der Bibel, arbeiteten die Helfer wie folgt: Das Restriktionsenzym »Sohn Gottes« schnitte immer dann, wenn es die Kombination »Sohn Gottes« findet, zwischen den Wörtern »Sohn« und Gottes«. Dadurch würde der Bibeltext in viele Fragmente zerteilt, die jeweils mit »Gottes« beginnen und mit »Sohn« enden.

Mit diesen Informationen ließe sich eine grobe Karte der Bibel erstellen, auf der jeweils das Vorkommen der beiden Wörter markiert ist. Der

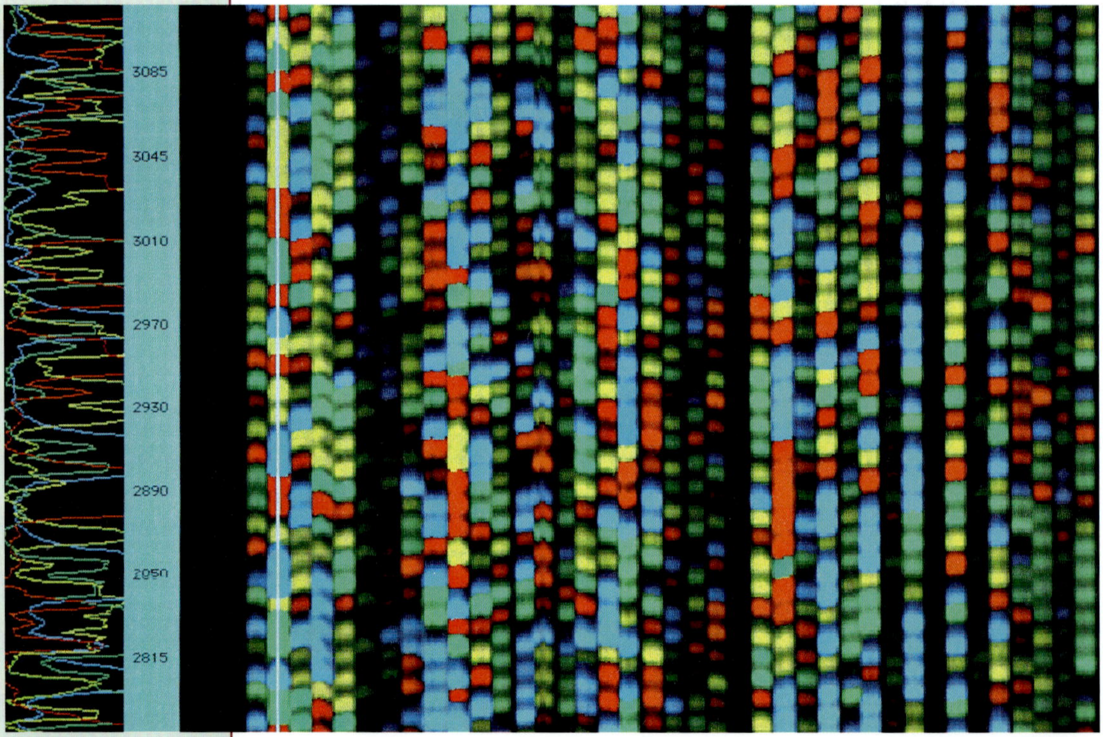

übrige Text bliebe aber weiterhin verborgen.

Um die Folge der genetischen Buchstaben eines längeren Abschnittes zu ermitteln, isolieren die Forscher des Human-Genom-Projektes aus einzelnen Chromosomen zunächst relativ lange, sich an den Enden überlappende DNA-Fragmente. Nach und nach werden die Stücke in immer kleinere, sich stets überlappende Abschnitte zerlegt und deren Buchstabenfolgen bestimmt.

Die **Sequenziermaschinen des Human-Genom-Projekts** im Sanger Centre sind nicht größer als ein Kühlschrank. In den Geräten gleiten kleine, zuvor vervielfältigte und farbig markierte DNA-Fragmente an einem Laserstrahl vorbei, der sie identifiziert und das Ergebnis am Bildschirm sichtbar macht

Anschließend ordnen die Wissenschaftler die Sequenzen anhand der bereits bekannten, winzigen Überschneidungen in der richtigen Reihenfolge an. Ist das erste Textstück fertig, versuchen sie, das nächste daran anzuschließen, bis sie das Kapitel eines Buches oder die Karte eines ganzen Chromosoms erhalten.

Dabei helfen den Forschern bestimmte Signale, denn es gibt Markierungen – wie die Seitenzahlen in einem Buch –, die helfen, sich zu orientieren. Trotzdem ist die Sequenzierung des Erbguts eine sehr mühsame und langwierige Arbeit.

## Zehn Jahre lang rätselt Venter an einem einzigen Gen. Dann erfindet er die »Schrotschuss-Methode«

Craig Venter aber hasst Langsamkeit. Er ist ein Getriebener. Als Sanitäter im Vietnamkrieg hat er viele Gleichaltrige sterben sehen und daraus geschlossen: Das Leben ist kurz – und Zeit kostbar.

Er ist der erste Wissenschaftler, der Ende der 1980er-Jahre entwickelte Sequenziermaschinen an den NIH einsetzt, welche die Abfolge von DNA-Abschnitten automatisch ermitteln; vor allem schreiben sie die Ergebnisse direkt in eine Computerdatei. Mit ihrer Hilfe identifiziert er in nur zwei Jahren acht Gene, während er für die Entschlüsselung seines ersten Gens zehn Jahre benötigt hatte.

Zudem entziffert Venter die Gene nicht eines nach dem anderen, sondern wählt eine andere Methode: Er »zerschießt« das Erbgut mithilfe von Restriktionsenzymen wahllos in winzige Bruchstücke, die dann in Bakterien vervielfältigt werden. Die Sequenziermaschinen ermitteln anschließend die Buchstabenfolge dieser Bruchstücke.

Die Forscher erhalten auf diese Weise eine riesige Bibliothek mit relativ kurzen Buchstabenfolgen – von denen sie allerdings nicht wissen, an welcher Stelle im Buch des Lebens sie sich befinden. Diese Position und die Reihenfolge der Fragmente herauszufinden, gelingt nur mithilfe von ausgeklügelten mathematischen Programmen und leistungsstarken Computern, die selbst winzige Überlappungen der einzelnen Fragmente erkennen und sie zu längeren Folgen zusammensetzen. Schnell wird das neue Verfahren als »chaotische Schrotschuss-Methode« bekannt.

Viele von Venters Kollegen lehnen das automatisierte Verfahren ab. Es sei zwar einfach und effektiv, aber nicht präzise genug und zudem aus wissenschaftlicher Sicht »unelegant«. Das Ergebnis der chaotischen Schrotschuss-Sequenzierung könne nur »gemischter Gensalat« sein, lästern sie. Während einer Anhörung vor dem US-Senat, bei der auch Venter anwesend ist, sagt sein Chef Watson: »Jeder Affe könnte diese Maschinen bedienen.«

## Experten erklären den Plan für unmöglich. Und ahnen nicht, dass Venter schon fast fertig ist

Watson muss 1992, auch wegen der Kontroverse mit Venter, sein Amt als Leiter des Genomprojektes niederlegen. Ihm folgt Francis Collins, ein gläubiger Christ, bedächtig, mit Schnauzbart und Seitenscheitel.

Doch Venter ist mit seiner Rolle an den Nationalen Gesundheitsinstituten weiterhin unzufrieden. Als ihm ein Risikokapitalgeber anbietet, gemeinsam eine Firma zu gründen, um Gene zu identifizieren und neue Medikamente zu entwickeln, schlägt Venter ein.

Er gründet TIGR (The Institute for Genomic Research), für das sein Geldgeber einen Forschungsetat von 70 Millionen Dollar bewilligt. Als Logo wählt Venter einen Tiger, der seine Pranken in ein DNA-Molekül schlägt.

Er engagiert hochbegabte Biotechniker und Softwareentwickler, mit denen er immer schnellere Methoden, Maschinen und Computerprogramme zur Genomsequenzierung entwickelt. Innerhalb kurzer Zeit feiert TIGR einen wissenschaftlichen Erfolg: Gemeinsam mit dem Nobelpreisträger Hamilton O. Smith entschlüsselt Venter als Erster das komplette Erbgut eines lebenden Organismus, des Bakteriums Haemophilus influenzae.

Für dieses Projekt hat er 1994 bei den NIH öffentliche Gelder beantragt. Als Anfang 1995 die Zuschüsse mit dem Argument abgelehnt werden, das Experiment sei mit dem chaotischen Schrotschuss-Verfahren technisch nicht realisierbar, ist Venter bereits fast fertig. Ein Wissenschaftsmagazin druckte auf vier Seiten die Buchstabenfolge des vollständig entschlüsselten Genoms.

1997 entwickelt die Firma Perkin-Elmer, die zu jener Zeit mehr als 90 Prozent aller DNA-Sequenziermaschinen herstellt, ein Gerät, das mindestens zehnmal schneller sein soll als jede Maschine zuvor: »ABI Prism 3700«. Stückpreis: 300 000 Dollar.

Das Gerät, etwa so groß wie ein Kühlschrank, saugt DNA-Schnipsel jeweils einer Probe in einen feinen Schlauch und lässt sie an einem Laserstrahl als Detektor vorbeigleiten.

Die DNA-Schnipsel bewegen sich in diesem Schlauch umso schneller, je kleiner sie sind: Nach und nach passieren die Bruchstücke den Detektor – die kleinsten Bruchstücke zuerst. Der jeweils letzte eingebaute Buchstabe eines jeden DNA-Schnipsels (eine Nukleinsäurebase) ist zuvor mit einem biochemischen Trick markiert worden, und zwar je nach Art der Base mit einer anderen Farbe: etwa Rot für Thymin und Blau für Cytosin.

Diese Farben registriert der Laserstrahldetektor und liest aus deren Reihenfolge die Buchstabenfolge (Sequenz) im DNA-Schnipsel ab. Auf diese Art können parallel bis zu 96 Proben in 96 Schläuchen verarbeitet werden.

Perkin-Elmer bietet Craig Venter eine Zusammenarbeit an. Im Frühjahr 1998 reist Venter mit zwei Kollegen nach Kalifornien, um einen Prototyp der ABI Prism 3700 zu testen. Die drei sind begeistert und entwickeln noch am selben Abend einen Plan zur Entschlüsselung des menschlichen Genoms.

Am 12. Mai 1998 – vier Tage nachdem Venter die NIH über die bevorstehende Firmengründung informiert hat – fährt er nach Long Island und stößt mit seinem arroganten Auftritt in Watsons Büro die mit ihm konkurrierenden Molekularbiologen vor den Kopf.

Celera-Labor: Mit der Pipette mischt ein Forscher DNS mit Nukleotiden und Enzymen. In den **Reaktionsgefäßen** entstehen dann verschieden lange DNA-Abschnitte, die in Sequenziermaschinen analysiert werden. Ein **Computer** berechnet aus den Überlappungen der Schnipsel die Buchstabenfolge des Genoms

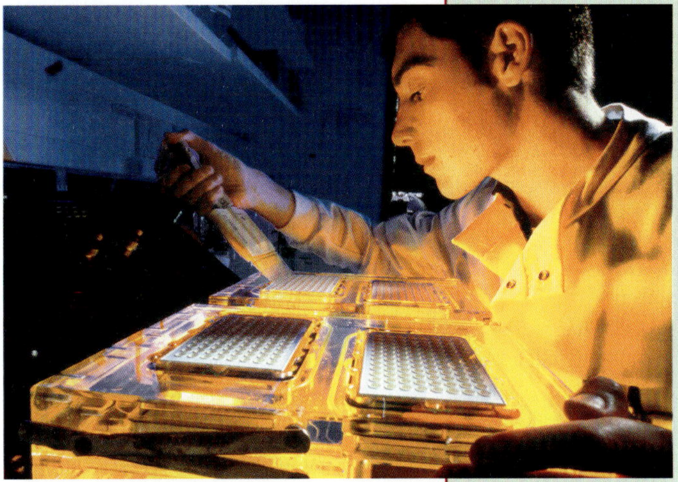

VENTER IST NUN Geschäftsführer einer Tochterfirma von Perkin-Elmer, die er Celera nennt, »die Schnellere«. Das Firmenmotto lautet »Geschwindigkeit zählt, Entdeckungen können nicht warten«.

Kurze Zeit später hat er ein Gebäude gemietet. Auf drei Maschinenhallen verteilt, stehen 300 ABI Prism 3700 sowie ein Megacomputer, dessen Rechenleistung wohl nur von dem des Pentagon geschlagen wird.

Als der Schock überwunden ist, rüstet das HGP nach: Watson überzeugt den US-Kongress, mehr Geld für Maschinen zu bewilligen, und kündigt für 2001 eine Arbeitsskizze des menschlichen Genoms an – wenn auch eine unvollständige und fehlerhafte Version.

Derweil steigt der Aktienkurs von Celera infolge immer neuer Pressemitteilungen in die Höhe: Am 9. September 1999 erklärt Venter, sein Team habe die DNA der Taufliege Drosophila melanogaster entschlüsselt. Und teilt mit, dass seine Maschinen von nun an ausschließlich mit menschlichem Erbgut gefüttert würden.

NUR 40 TAGE SPÄTER, am 20. Oktober, teilt Venter mit, die Celera-Mannschaft habe bereits 1,2 Milliarden Buchstaben des menschlichen Genoms sequenziert. Nach sechs Tagen eine weitere Meldung: Die Firma habe Patentanträge für mehr als 6 500 menschliche Gene gestellt.

Mit anderen Worten: Venter will sich die entzifferten Genomteile – die ja niemandem gehören, so wie das Wissen um das Funktionieren der menschlichen Herzklappe niemandem gehört – schützen lassen, um seine Daten anschließend an Wissenschaftler und Firmen verkaufen zu können, die dann neue Medikamente entwickeln. In den USA ist das bislang möglich – allerdings nur, wenn man die Funktion des Gens genau kennt.

Doch die Forscher des HGP halten dagegen: Am Sanger-Centre im britischen Cambridge – dem führenden Sequenzierzentrum in Europa – zeigt ein Leuchtband im Eingangsbereich Tag und Nacht die gerade ermittelte Basenfolge an: 12 000 Buchstaben pro Minute.

Und am 1. Dezember 1999 veröffentlichen die NIH die Sequenz des Chromosoms 22, des zweitkleinsten des menschlichen Erbguts. Ein Team aus Großbritannien, USA und Japan hat sie im Rahmen des Human-Genom-Projektes vollständig entschlüsselt.

Am 14. März 2000 geben der amerikanische Präsident Bill Clinton und Großbritanniens Premierminister Toni Blair eine gemeinsame Erklärung ab, derzufolge alle Gene des menschlichen Körpers »für Wissenschaftler auf der ganzen Welt frei zugänglich« sein sollten. Ein Jahr lang hat die Führung des HGP auf die Politiker eingewirkt, damit sie dieses Statement verkünden.

Dies ist ein Schlag gegen Venter und dessen Pläne, Lizenzen für patentierte Gene zu verlangen. Denn die öffentlichen Institute haben sich bereits 1996 darauf geeinigt, jeden sequenzierten Abschnitt der menschlichen DNA binnen 24 Stunden im Internet öffentlich zu machen. Die Biotechinvestoren reagieren panisch, die Celera-Aktie verliert innerhalb eines Tages 25 Prozent ihres Wertes.

**Francis Collins** analysiert jeweils nur ein Chromosom mit durchschnittlich 125 Millionen Buchstabenpaaren. Dabei untersucht er sich überlappende DNA-Fragmente des gesamten Chromosoms

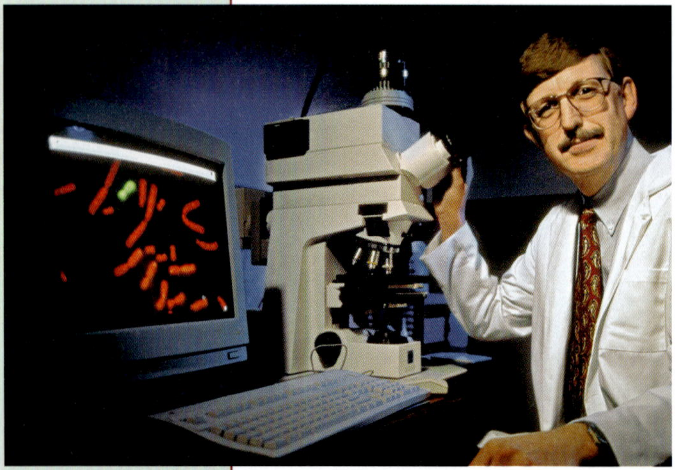

Dennoch: Am 6. April 2000 gibt Venter bekannt, Celera habe die Sequenzierungsphase des Humangenoms abgeschlossen. Jetzt gehe es ans Zusammensetzen der Rohdaten. Dazu will Celera auch die öffentlich

zugänglichen Ergebnisse des HGP nutzen: Die Software der Firma soll alle Daten vergleichen und das vollständige Genom berechnen.

Kurz darauf erscheint die erste längere zusammenhängende menschliche DNA-Sequenz auf einem Celera-Computer. Venter erlebt den Moment in seiner Firma. Ein Informatiker, der mit seinem Team den Zusammenbau des Genoms am Computer überwacht, legt eine CD mit Musik von Richard Wagner in seinen Player: den triumphalen Ritt der Walküren. »Wir haben sie! Die erste haben wir!«, ruft er begeistert.

Im Juni 2000 beendet **US-Präsident Bill Clinton** den Streit zwischen Craig Venter (links) und Francis Collins – und erklärt beide Forscher zu Siegern im Wettlauf um die Genom-Entschlüsselung

Spätestens jetzt ist klar, dass das HGP das Rennen verlieren wird. Und weil die NIH den größten Teil des Projektes finanziert haben, wird auch die US-Regierung zu den Verlierern gehören. Deshalb beschließt Bill Clinton einzugreifen.

Ari Patrinos, ein Freund von Venter und Collins, vermittelt zwischen den beiden Kontrahenten. Er lädt sie in sein Haus ein, sie sitzen im Keller,

## Die Entschlüsselung des menschlichen Genoms – ein erster Blick in unsere eigene Gebrauchsanweisung

reden, streiten, reden, streiten und essen Pizza. Später sagt Patrinos, er habe noch nie zwei Menschen erlebt, die so angestrengt Pizza essen könnten.

Am Ende schließen die Rivalen einen Waffenstillstand: Collins, weil er seine Niederlage vertuschen möchte – und weil sein Präsident es so will. Venter, weil die Streitigkeiten Celeras Aktienkurs schaden, weil er denkt, dass ohnehin jeder weiß, dass er gewonnen hat – und weil sein Präsident es so will. Am 26. Juni 2000 erklärt Bill Clinton beide zu Siegern und findet pathetische Worte: »Heute lernen wir die Sprache, in der Gott das Leben geschaffen hat.«

Francis Collins äußert sich ähnlich bedeutungsvoll: »Wir haben einen ersten Blick auf unsere eigene Gebrauchsanweisung geworfen.«

Experten vergleichen die Entschlüsselung des menschlichen Genoms mit der Landung auf dem Mond. Sie sprechen vom »Buch des Lebens«, in dem nun jeder lesen könne. Jetzt müsse die Wissenschaft nur noch die Tippfehler ausbessern, um Krebs, Herzkrankheiten, Diabetes und Seuchen zu heilen oder zu vermeiden.

Acht Monate später, im Februar 2001, veröffentlicht Venter sein persönliches Genom im Wissenschaftsmagazin »Science«: Er hat die Sequenziermaschinen tatsächlich mit seinem eigenen Erbgut füttern lassen. Collins und die Forscher vom Human-Genom-Projekt haben ihre Erkenntnisse am Tag zuvor im Magazin »Nature« publiziert.

Im renommierten **Fachblatt »Science«** sowie in der Zeitschrift »Nature« wird im Februar 2001 der Triumph verkündet: Das »Buch des Lebens« ist lesbar geworden

Nach wie vor sind beide Datensätze Rohfassungen, in denen auf je 10 000 Buchstaben jedoch weniger als ein Fehler zu erwarten ist. Ganz exakt entziffert ist bis dahin nur ein Viertel des menschlichen Genoms. Erst drei Jahre später wird die Entschlüsselung weitgehend abgeschlossen sein.

Und auch das ändert nichts daran, dass Biologen bis zum heutigen Tag vor den meisten Passagen des »Buchs des Lebens« stehen wie Erstklässler vor Goethes »Faust«: Sie können den Text zwar buchstabieren, seine Bedeutung jedoch nicht erfassen.

Was also lernt die Menschheit aus der Gebrauchsanweisung ihrer Existenz, die in einer völlig fremden Sprache geschrieben ist?

Sehr auffällig sind die gewaltigen Übereinstimmungen des menschlichen Erbguts mit dem von Würmern, Fliegen, Mäusen sowie Schimpansen. Und selbst die Unterschiede zwischen zwei Menschen machen nur annähernd 0,1 Prozent ihres Genoms aus – Abweichungen also von etwas weniger als drei Millionen Buchstaben, ein Unterschied an jedem 1 250. Basenpaar.

## Die Unterschiede zwischen zwei Menschen machen nur knapp 0,1 Prozent des Genoms aus

Und lediglich vier Prozent dieser Varianten liegen innerhalb jener Gensequenzen, welche die Eiweißproduktion steuern. Es sind demnach nur etwa 120 000 genetische Variationen, die das individuelle Aussehen, Charakter und Gesundheit eines Menschen bestimmen. Nur 120 000 Buchstabendreher, die rein genetisch den einen Menschen vom anderen unterscheiden.

Die größte Überraschung aber ist, dass Homo sapiens deutlich weniger Gene hat, als bis dahin angenommen.

Umgangssprachlich wird zwar die komplette DNA mit der Gesamtheit der »Gene« gleichgesetzt. Doch das entspricht nicht der biologischen Realität: Tatsächlich nennt man nur jene DNA-Abschnitte Gene, die den Zellen zumeist Befehle geben, eine Anzahl ganz bestimmter Proteine zu bilden – und nur 1,5 Prozent des Erbguts enthalten solche Arbeitsanweisungen. Das sind beim Menschen nur etwa 23 000 Gene, nicht einmal doppelt so viele wie bei der Taufliege.

Den Rest unseres Genoms nennen die Forscher »nicht funktional«, obwohl sie sicher sind, dass auch diese DNA eine Funktion hat. Mehr als 50 Prozent sind Sequenzen, die hintereinander liegen und sich in großer Anzahl wiederholen. Über Ursprung und Aufgabe dieser Elemente gibt es bisher kaum Erkenntnisse.

Die Molekularbiologen vermuten jedoch, dass die »funktionslosen« DNA-Abschnitte zusammen mit Genen und Proteinen daran beteiligt sind,

Vorgänge im menschlichen Körper zu steuern. Denn der ist in der Lage, ein Gen in verschiedenen Versionen abzulesen und auch anschließend noch vielfältig zu variieren.

Auf diese Weise entstehen je nach Zelltyp unterschiedliche Proteine: Eine Darmzelle zum Beispiel kann demselben Gen andere Anweisungen entnehmen als eine Hautzelle. Das bedeutet, dass in jenen 23000 Genen die Bauanleitungen für einige hunderttausend Proteine stecken.

Diese enorme Anzahl von Eiweißen stellt die Wissenschaft vor eine noch gewaltigere Herausforderung. Denn die genaue Funktion vieler Proteine und vor allem deren Zusammenwirken sind noch unbekannt. Zudem ändert sich die Proteinzusammensetzung in den Zellen ständig, so etwa nach einer Mahlzeit.

Im Februar 2001 hat das Human-Genom-Projekt deshalb eine Ergänzung bekommen: die öffentliche Human Proteome-Organisation (HUPO). Dem Zeitalter der Genomforschung wird das der Proteomik folgen, der Charakterisierung und Enträtselung der Proteine.

Francis Collins ist immer noch Leiter des Human-Genom-Projektes. James Watson, der nunmehr 78-jährige Nobelpreisträger erforscht jetzt ein Gen, das die Hirnentwicklung steuert.

Und der rastlose Craig Venter – im Jahr 2001 bei Celera entlassen, weil er nicht genügend Profit erwirtschaftete – hat sich ein neues, spektakuläres Projekt ausgedacht und dazu eine Firma gegründet: Er möchte nichts weniger als zum ersten Mal selbst Leben erschaffen – indem er aus einzelnen genetischen Buchstaben ein völlig neues Bakterium zusammenbaut, ein Wesen, das die Natur bislang nicht gekannt hat. Das erste bekannte wirklich künstliche Leben auf diesem Planeten. **(2006)**

■ **Siehe auch A–Z-Teil**

→ Chromosomen · Francis Crick · Desoxyribonukleinsäure · Genetik · Genom · Genomprojekt · Restriktionsenzyme · Craig Venter · James Watson · Maurice Wilkins

**Anja Haegele lebt als freie Journalistin in Hamburg.**

1885
1895
1914
1921

1945

1953

# Der Mensch, das Genie und sein Weltbild

Er war 26 Jahre alt und vollkommen unbekannt, als er 1905 die gängigen Vorstellungen über Raum und Zeit, Energie, Licht und Materie über den Haufen warf. Wie der Revolutionär ein neues Konzept der Relativität entdeckte und damit seinen unsterblichen Ruhm begründete, schildert Einstein-Biograf Jürgen Neffe

Weltberühmt wurde Einstein als Wissenschaftler vor allem durch seine **zwei Relativitätstheorien:** Aus der speziellen Relativitätstheorie von 1905 ergab sich die Formel $E = mc^2$ (hier in Einsteins Handschrift von 1912 in der Form für bewegte Körper). Die allgemeine Relativitätstheorie von 1915 ersetzte das newtonsche Konzept der Schwerkraft durch das einer Krümmung der Raum-Zeit durch Massen (hier an einem Gitter illustriert)

Text:
**Jürgen Neffe**

Diese Nacht im Mai 1905, vielleicht die wichtigste in seinem Leben. Genaues Datum unbekannt. Auch sonst keine Einzelheiten. Keine Zeugnisse oder Zeugen, nur ein Hörensagen vom Davor und Danach: Ein Zuhörer hat mitgeschrieben, Ende 1922 im japanischen Kyōto. Dort schildert Albert Einstein, inzwischen weltberühmt, in deutscher Sprache jene Stunden, die ihm den Durchbruch brachten. Die einzige Quelle.

In der Erinnerung geht ein »wunderschöner Tag« voraus. Einstein hockt mit Michele Besso zusammen, seinem Freund und Kollegen am Patentamt in Bern. Wie üblich diskutieren sie ein wissenschaftliches Problem. Nicht irgendeines, sondern das ganz große: Lassen sich die Widersprüche überwinden, die das herrschende physikalische Weltbild in den letzten Jahren so grundlegend erschüttert haben? Alle Koryphäen sind an dieser Frage gescheitert. Nun kapituliert auch Einstein: »Ich gebe auf«, teilt er dem Kameraden mit.

In seiner Kindheit bereitete Albert (auf dem Foto etwa vier Jahre alt) seinen Eltern als **Spätentwickler** Kummer: Erst nach seinem dritten Geburtstag begann er zu sprechen. Das Hausmädchen nannte ihn »Depperter«

DANN DIE NACHT. WIE HAT ER SIE VERBRACHT? Sicher wieder viel geraucht, Pfeife, Zigarren. Unzählige Zettel voll gekritzelt, Rückseiten von Briefen, Rechnungen, egal was, Hauptsache, die Gedanken finden das Papier. Kann er schlafen? Oder hält ihn Erregung wach? Schreit Hans Albert, der einjährige Sohn? Berät er sich mit Mileva, seiner Frau? Hilft sie ihm beim Rechnen? Oder arbeitet er allein, und sie stellt ihm wieder einmal das Essen vor die Tür?

Irgendetwas muss passiert sein im Gespräch mit Besso. Womöglich hat ihm der Freund, ein genialischer Wirrkopf, den entscheidenden Tipp gegeben. Oder auch nur zur rechten Zeit die rettende Frage gestellt. »Plötzlich verstand ich, wo der Schlüssel zu diesem Problem lag.« Erzählt Einstein, gut 17 Jahre später in Japan.

Am Morgen trifft er Besso wieder und ruft ihm die großartige Neuigkeit zu: »Danke dir, ich habe mein Problem vollständig gelöst.« Ein Ausruf, der Geschichte macht. Nicht nur Wissenschaftsgeschichte. Die Lösung heißt spezielle Relativitätstheorie. Sie verändert für immer unsere Vorstellungen von Raum und Zeit, Energie und Materie. Und sie begründet die Legende vom bekanntesten Wissenschaftler aller Zeiten. Seit dieser Nacht im Mai 1905 ist Albert Einstein unterwegs zur Unsterblichkeit.

Wie er die Theorie gefunden hat, die mit seinem Namen verschweißt ist wie Evolution und Psychoanalyse mit Darwin und Freud, weiß aber niemand. Wie ihm die Erleuchtung gekommen ist, welche logischen Schritte sich vollzogen, wie er sein Heureka erlebt hat, den Höhepunkt nach jahrelanger Grübelei – versunken. Was aber davor geschah, was er gewusst, worauf er reagiert, was ihn getrieben hat, warum Einstein die Relativitätstheorie geradezu finden musste, davon können wir uns ein Bild machen.

## Nicht der Wahnsinn – das Glück steht dem Genie am treuesten zur Seite

Aus heutiger Sicht ist der damals völlig Unbekannte gewissermaßen ein Auserwählter – der richtige Mensch am richtigen Ort zur richtigen Zeit. Alles passt zusammen – die Lektionen der Kindheit, seine Jugendlektüre, die Förderung durch Familie und Freunde, die praktische Anschauung in der elektrotechnischen Fabrik von Vater und Onkel, das Selbststudium, die Diskussionen mit Kommilitonen und Kollegen. Aber auch Talente und Charaktereigenschaften, Schlauheit und Sturheit, kindlicher Blick und reifes Misstrauen gegen Autoritäten, furchtlos und frech. Nicht der Wahnsinn – das Glück steht dem Genie am treuesten zur Seite.

Wie aus Albert Einstein wurde, wie der verträumte, anfangs besorgniserregend zurückgebliebene Junge ab 1905 zum Jungstar der Physik aufstieg, wie ihn die Massenmedien seit Ende 1919 zum ersten globalen Popstar der Wissenschaft machten, dessen Name zum Synonym für Genialität wurde, zählt zum Sagenschatz der Moderne wie zur Kulturgeschichte des 20. Jahrhunderts.

Schon im Vorschulalter erlebt Einstein etwas, das in ihm einen »tiefen und bleibenden Eindruck« hinterlässt – den Tag, »als mir mein Vater einen Kompass zeigte«. Er wundert sich, dass sich dessen Nadel ohne Berührung immer in dieselbe Richtung drehen will. »Da musste etwas hinter den Dingen sein, das tief verborgen war«, erinnert er sich im Alter.

Sein Onkel Jakob, ein Ingenieur, bringt Albert schon während der Volksschulzeit die Grundlagen der Mathematik bei. Anfang des sechsten Schuljahrs bekommt Albert ein »Büchlein über Euklidische Geometrie der Ebene« in die Hände. Er eignet sich dessen Inhalt nicht nur an, er verschlingt ihn. »Im Alter von 12 bis 16 Jahren machte ich mich mit den Elementen der Mathematik vertraut inklusive der Differential- und Integralrechnung.«

Der mittellose Medizinstudent Max Talmud, der sich gemäß einer alten jüdischen Tradition einmal die Woche am Tisch der Familie Einstein in München satt essen darf, versorgt den Jungen mit wegweisenden Büchern: von Alexander von Humboldts »Kosmos« über Ludwig Büchners »Kraft und Stoff« bis zu den »Naturwissenschaftlichen Volksbüchern« von Aaron

Einstein war ein genialer Forscher und ein engagierter Verfechter seiner Ideen (im Foto oben 1921 am **Collège de France**). Nachdem er ab Ende 1919 zu Weltruhm aufgestiegen war, wurden Einstein unzählige Ehrungen zuteil – vom Nobelpreis 1921 bis zum Pokal für die »Beliebteste Person«, den ihm die **Studenten einer High School** 1934 überreichten

Bernstein – aber auch mit der »Kritik der reinen Vernunft« von Immanuel Kant.

Alberts Lesestoff verschafft ihm das geeignete Material zum geliebten »Gehirnturnen«. Doch bis er in seinem »Wunderjahr« 1905 neben anderen bedeutenden Werken die Relativitätstheorie entwickeln kann, braucht er noch zehn Jahre – eine Art Inkubationszeit, typisch für Genies seines Schlages, wie etwa auch Mozart.

Bei Humboldt kann Albert nachlesen, »dass wir mit unseren großen Fernrohren gleichzeitig vordringen in den Raum und in die Zeit«. In Felix Ebertys »Die Gestirne und die Weltgeschichte« heißt es: »Auf diese Weise haben wir die Ausdehnung der Zeit mit der des Raumes zusammenfallend der sinnlichen Anschauung so nahe gebracht, dass Raum und Zeit als gar nicht voneinander verschieden begriffen werden können.« Die Autoren beschreiben ein Thema, das in Einsteins Jugend die Fantasie von Wissenschaftlern bis hin zu Okkultisten erregt: Die Zeit als vierte Dimension ist offenbar eng mit den drei Dimensionen des Raumes verknüpft.

Genau diese Idee aber bildet ein Grundelement zum Verständnis der Relativitätstheorie – auch wenn Einstein sie wohl auf einem anderen Weg gefunden hat. Er muss sich erst durch einen Irrgarten theoretischer Ungereimtheiten arbeiten. Und wenn es etwas gibt, das ihn geführt hat bei seiner Odyssee, dann ist es sein Lebensthema – das Licht.

Was erblicken wir, wenn »wir mit unseren großen Fernrohren gleichzeitig vordringen in den Raum und in die Zeit«? Wir sehen Licht – und zwar Licht von entfernten Quellen. Auf dem Weg vom Sender zum Empfänger legt es eine Strecke durch den Raum zurück. Dafür benötigt es Zeit und verhält sich wie jeder Reisende, der sich mit gleich bleibender Geschwindigkeit fortbewegt: Je weiter sein Weg, desto länger ist es unterwegs, desto mehr Zeit verstreicht. Die Geschwindigkeit des Lichtes ist zwar fast unvorstellbar groß, rund 300 000 Kilometer in der Sekunde. Aber sie ist nicht unendlich, sondern endlich.

RAUM, ZEIT UND LICHT sind somit aufs Engste miteinander verbunden. Wie nah oder weit auch immer etwas entfernt ist: Da Licht Zeit braucht, bevor uns ein Bild erreicht, ist ein Ereignis immer schon geschehen. »Wir sehen«, schreibt Bernstein, »in diesem Sinne immer nur die Vergangenheit und niemals die Gegenwart.« Das Licht der Sonne zum Beispiel braucht etwa acht Minuten, bis es auf der Erde ankommt. Das heißt, wir Irdischen erblicken die Sonne, wie sie vor acht Minuten ausgesehen hat. Würde sie plötzlich erlöschen, träte erst acht Minuten später auf der Erde Dunkelheit ein.

Angenommen, die Sonne zeigte sich uns als Uhr mit Zifferblatt und Zeigern, die wir an heiteren Tagen bequem von der Erde aus ablesen könnten. Nehmen wir weiterhin an, diese Sonnenuhr liefe wie irdische Uhren und bräuchte für einen Erdentag ebenfalls genau 24 Stunden. Ein Blick zum Himmel, und wir wüssten, wie spät es ist. In dem Moment, da wir auf der Uhr am Himmel Schlag zwölf erkennen würden, wären deren Zeiger auf der Sonne aber bereits acht Minuten weiter gerückt. Das heißt, dort wäre es bereits acht nach zwölf. Um uns also die korrekte Zeit zu zeigen, müsste die Sonnenuhr aus irdischer Sicht acht Minuten vorgehen. Eine Rechnung, die auch schon lange vor Einstein galt.

Entscheidend für das Grundverständnis der Relativitätstheorie, die er entwickelte: Das Bild der Uhr und ihre Zeigerstellung haben sich während der Reise mit dem Licht nicht verändert. Es scheint, als reise der Moment wie eingefroren mit dem Licht. Anders gesagt: Die Zeit befindet sich auf Augenhöhe mit dem Licht und umgekehrt das Licht mit der Zeit. Die Uhr als reisendes Bild steht still wie auf einem Foto. Irgendetwas Seltsames passiert da mit Zeit und Raum.

Dass die Geschwindigkeit des Lichtes endlich ist, hängt vereinfacht gesagt damit zusammen, dass es die Zeit nicht überholen kann. Denn wäre es dazu imstande, so könnten wir Ereignisse sehen, die noch gar nicht stattgefunden haben. Dagegen sträubt sich der gesunde Menschenverstand.

Die Relativitätstheorie ist zwar nicht über diesen Gedankengang, aber mit diesem Hintergrundwissen entstanden. Eine ihrer merkwürdigen Aussagen lautet: Uhren gehen langsamer, je schneller sie sich bewegen.

**DIE SPEZIELLE RELATIVITÄTSTHEORIE**

**1905 belegt Einstein, dass Zeit relativ und vom Betrachter abhängig ist. Er nimmt Raum und Zeit die Absolutheit und macht das Licht zur neuen Konstante**

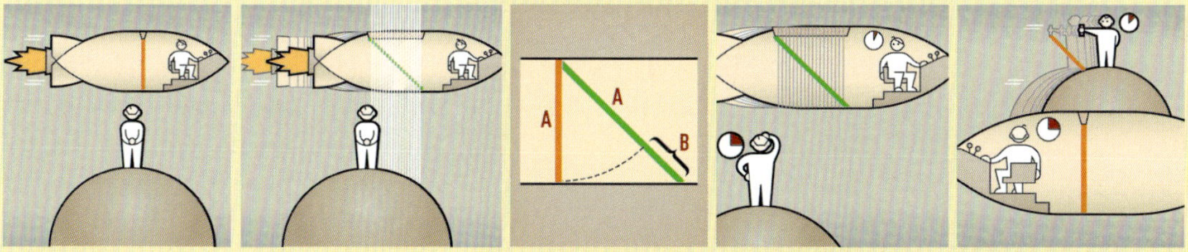


Innenansicht: Vor dem Astronauten hüpft ein Lichtpunkt senkrecht von der Decke zum Boden und wieder zurück. Dabei durchläuft er jeweils die Strecke A (rot).

Außensicht: Bei schneller Bewegung des Raumschiffs beschreibt der Lichtpunkt für den Beobachter auf der Erde eine schräge Linie (grün).

In der Außensicht ist der Weg des Lichtes zwischen Decke und Boden (A + B = grün) also länger als in der Innensicht (A = rot).

Da die Lichtgeschwindigkeit konstant ist, muss die Uhr im Raumschiff – von außen betrachtet – langsamer gehen.

Der Clou der Relativität: Umgekehrt funktioniert sie ebenso – aus dem Raumschiff betrachtet, gehen die Uhren auf der Erde langsamer.

Je näher die komplette Uhr in ihrer Bewegung der Lichtgeschwindigkeit kommt, desto mehr verlangsamt sich der Gang ihres Zählwerks – bis zum Stillstand, so wie das Bild von der Sonnenuhr, deren Zeiger sich unterwegs nicht weiterbewegen.

Schon als Schüler hat Einstein ein Gedankenexperiment angestellt, das er später als wesentlich auf dem Weg zur Relativitätstheorie beschreibt: »Wie wäre es, wenn man hinter einem Lichtstrahl herliefe? Wie, wenn man auf ihm ritte?« Dahinter steckt die Frage, ob man Licht einholen kann und was dann zu sehen wäre. Würde die Welt zum feststehenden Bild erstarren? Oder würde sie uns unverändert wie ein bewegter Film der Wirklichkeit erscheinen, egal, wie schnell wir selber uns bewegen? Treffen, anders gesagt, Bilder immer mit Lichtgeschwindigkeit bei uns ein, unabhängig von unserer eigenen Bewegung?

Damit hängt eine weitere wesentliche Frage zusammen: Wer oder was bewegt sich eigentlich, wenn wir von »bewegen« sprechen? Die kurze Antwort nach Galileo Galilei: Alle bewegen sich immer »relativ« zueinander. Fährt ein Zug – so das von Einstein gebrauchte Beispiel – an einem Bahnsteig vorüber, dann bewegt sich für die Wartenden dort der Zug. Umgekehrt bewegt sich für die Reisenden im Zug der Bahnsteig mit den Wartenden an ihnen vorbei. Nichts anderes sagt Galileis »Relativitätsprinzip«. Seine nur auf den ersten Blick triviale Aussage ist von großer Tragweite. Sie heißt, anders gelesen: Es gibt keinen bevorzugten Betrachter.

Die moderne Kosmologie geht im Wesentlichen auf Einstein zurück – rein theoretisch, versteht sich: 1931 schreibt er eine **Gleichung seiner kosmologischen Theorie** an die Tafel

Jede Seite kann mit Recht behaupten, sie selber ruhe, und die andere bewege sich relativ zu ihr.

Auch das »Additionsprinzip«, der zweite Punkt der klassischen Relativität, entspricht dem gesunden Alltagsverständnis. Fahren zwei Züge in Gegenrichtung aneinander vorbei – einer mit 50, der andere mit 100 km/h –, dann lassen sich ihre Geschwindigkeiten zusammenzählen. Beide bewegen sich relativ zum anderen mit 150 km/h.

Nach dem klassischen Relativitätsprinzip befindet sich innerhalb seiner eigenen Welt jeder Körper im Ruhezustand, von dem aus gemessen sich die anderen Körper bewegen. Der fahrende Zug oder gar ein Flugzeug ruhen gleichsam in sich. Ein Apfel fällt darin ebenso senkrecht zu Boden wie auf dem Bahnsteig. Die Naturgesetze sind demnach, zumindest in der Mechanik, vom Zustand der Bewegung unabhängig, solange sie gleichförmig bleibt. Sind sie es auch, so das große Rätsel der damaligen Wissenschaft, in der Elektrodynamik, wo es um extrem schnelle Bewegungen wie die von Elektronen oder Licht geht?

Mit **J. Robert Oppenheimer** verband Einstein eine langjährige Freundschaft. Als der amerikanische Physiker die Leitung des »Manhattan Project« zum Bau der Atombombe übernahm, blieb Einstein aber außen vor: Auf Anraten des FBI wurde ihm wegen seiner liberalen und pazifistischen Einstellung die Teilnahme versagt

Um diese Frage zu beantworten, hat Einstein einen langen Weg zurücklegen müssen. Er hat sich nicht von vornherein daran gemacht, Begriffe wie Zeit und Raum neu zu bestimmen. Dahin gelangt er erst gegen Ende seiner Reise, die ihn über Klippen eingefahrener Denkmuster, endlose Ebenen vorwissenschaftlicher Gewissheiten und durch die Dickichte physikalischer Widersprüche schließlich zu seiner Revolution führt.

Ein eklatanter Widerspruch im damals herrschenden Weltbild wird anhand zweier Systeme deutlich, die mit jeweils 75 Prozent Lichtgeschwindigkeit am anderen vorbeisausen. Nach der Additionsregel müsste sich als relative Geschwindigkeit ein Wert von 150 Prozent ergeben, also 1,5-fache Lichtgeschwindigkeit. Das aber ist unmöglich, wenn nichts schneller sein kann als Licht. Relativitätsprinzip und Lichtgeschwindigkeit als größtes Tempo schließen einander aus. Darin, wie Einstein beide für unverzichtbar hält und dann einen Ausweg aus dem Widerspruch sucht, liegt der Kern seiner Genialität.

## Einstein hat Helfer, die ihm wie Engel im Drama des Daseins zur Seite stehen

Aber Einstein hat auch Helfer, die ihm wie Engel im Drama seines Daseins immer genau zum richtigen Zeitpunkt zur Seite stehen. Im Herbst 1897, als er sein Studium am Züricher »Polytechnikum« antritt, lernt er Mileva kennen, die einzige Frau in seiner Klasse. Sie ist ihm geistig halbwegs ebenbürtig. Und wie ihn fesseln sie die Grundlagen der Physik.

Spätestens 1899 ist aus den beiden ein Liebespaar geworden. Ihr zärtlicher Briefwechsel – »Am Sonntag küss' ich Dich mündlich!« – hat nach seiner Wiederentdeckung 1986 eine bis heute kontroverse Frage aufgeworfen: Hat Mileva ihren geliebten Albert auf den Weg zum Erfolg geführt? Oder wäre er, ein Genius sui generis, auch ohne ihr Zutun ans selbe Ziel gelangt?

Das **Geigespielen** war Einstein neben der Physik (und dem Segeln) das Größte: Er musizierte mit Freunden und Kollegen, mit der belgischen Königin oder wie hier auf dem Foto mit zwei Unbekannten 1933 an Bord der »S. S. Deutschland«

Die Spekulationen fußen auf Einsteins Brief vom 27. März 1901, in dem er Mileva zuruft: »Wie glücklich und stolz werde ich sein, wenn wir beide zusammen unsere Arbeit über die Relativbewegung siegreich zu Ende geführt haben!« Zu ihrem Vater soll er gesagt haben: »Alles, was ich geschaffen und erreicht habe, habe ich Mileva zu danken... Ohne sie hätte ich mein Werk nie begonnen noch vollendet.«

Die Einstein-Forschung geht davon aus, dass Mileva am entscheidenden Durchbruch im Mai 1905 nicht beteiligt war. In der frühen Phase seiner Ideenentwicklung dürfte sie allerdings »eine kleine, aber signifikante Rolle« gespielt haben. Wie die ausgesehen hat, entzieht sich zwar unserer Kenntnis. Aber jeder kreativ Schaffende weiß, dass es neben Vorschlägen, Anregungen und anderen harten Beiträgen auch weiche, mittelbare gibt, Hinweise auf Schwächen und Widersprüche etwa und klärende Fragen oder auch nur Assoziationen beim Brainstorming am Küchentisch.

Anfangs leistet Mileva gewiss ihre Beiträge – die Einstein allerdings nie öffentlich gewürdigt hat. Doch im Frühjahr 1901 verändert sich ihre Situation dramatisch: Sie trägt ein Kind ihres Geliebten im Bauch. Von da an trennen sich die Karrierewege der beiden: Im Sommer fällt Mileva zum zweiten Mal und damit endgültig durchs Examen.

Er hat bestanden, wenn auch nicht glänzend, erhält aber keine Wissenschaftlerstelle. Fast zwei Jahre lang schlägt er sich als Hilfslehrer durch. Um seine beruflichen Chancen durch ein uneheliches Kind nicht weiter zu schmälern, reist sie zu ihren Eltern nach Serbien, wo sie ihr »Lieserl« zur Welt bringt. Was aus dem Mädchen geworden ist, kann nie geklärt werden. Als sicher gilt, dass Einstein seine Tochter niemals gesehen hat.

Als Mileva nach über einem Jahr Trennung Ende 1902 in die Schweiz zurückkehrt, hat sich ihre Welt von Grund auf verändert. Nicht nur sind ihre beruflichen Träume endgültig zerbrochen. Auch die wissenschaftlich-intellektuelle Partnerschaft mit ihrem Freund ist am Ende. Zwar heiratet Einstein sie, wie versprochen, Anfang 1903. Doch ihren Platz als inspirierende Ideengeberin haben inzwischen seine – ausschließlich männlichen – Freunde und Kollegen eingenommen.

Mit Maurice Solovine und Conrad Habicht hat Einstein im Februar 1902 einen Debattierklub gegründet, den die drei übermütig »Akademie Olympia« nennen. Bis tief in die Nacht lesen und diskutieren sie wichtige Werke aus Physik und Philosophie. Einstein gewinnt Einblicke in die wesentlichen Fragestellungen seiner Zeit – und wittert die Chance einer großen Vereinigung. Seinem Freund Marcel Grossmann, der ihm im Studium seine Mitschriften in Mathematik überließ und später mit väterlicher Hilfe die Stelle als »Technischer Experte III. Klasse« am Patentamt verschaffte, hat er schon 1901 anvertraut: »Es ist ein herrliches Gefühl, die Einheitlichkeit eines Komplexes von Erscheinungen zu erkunden, die der direkten sinnlichen Wahrnehmung als ganz getrennte Dinge erscheinen.«

Einstein ist natürlich nicht der Einzige, der die eklatanten Widersprüche im physikalischen Weltbild seiner Zeit überwinden will – besonders die zwischen der Konstanz der Lichtgeschwindigkeit und dem klassischen Relativitätsprinzip. Unter anderen bemüht sich darum der Niederländer Hendrik Lorentz. Der hat ab 1895 die Theorie des Elektromagnetismus des Briten James Clerk Maxwell erweitert, die alle magnetischen, elektrischen und optischen Erscheinungen einheitlich erklärt.

Wie Maxwell und fast alle seiner Zeitgenossen geht Lorentz dabei von jenem merkwürdigen Medium aus, das schon seit René Descartes' Zeiten durch die physikalische Theorie geistert: dem Äther. Diese ominöse Substanz – bis heute im Zusammenhang mit Radiowellen im Sprachgebrauch – hat nie jemand gesehen, geschweige denn gemessen. Die Physiker jener Zeit haben sie dennoch als Hilfskonstruktion in ihre Theorien eingeführt, um die Bewegung des Lichts und anderer elektromagnetischer Wellen als mechanischen Vorgang zu erklären – so wie die Schwingungen wogenden Wassers oder die Luft beim Wandern des Schalls. Sie stellen sich das »Lichtmedium« als einen masselosen, starren Stoff vor, der das Weltall erfüllt und dabei alle Körper durchdringt. Die Lichtwellen sollen sich darin fortpflanzen wie die transversalen Stoßwellen eines Erdbebens in der Erdkruste.

**DIE ALLGEMEINE RELATIVITÄTSTHEORIE**

### 1915 vollendet Einstein sein Werk: Er führt die Gravitation auf eine Krümmung von Raum und Zeit zurück

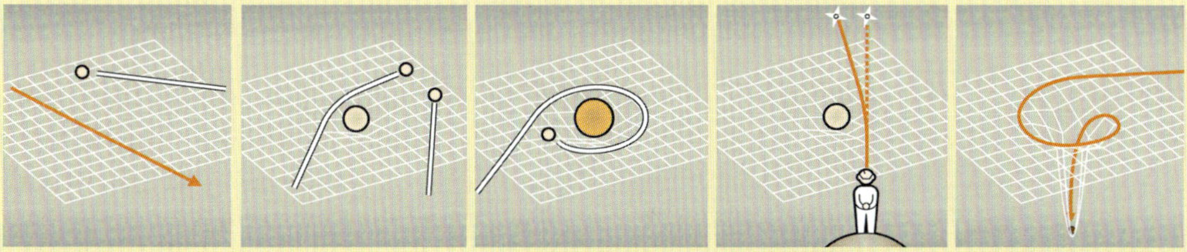

Ohne Massen ist die Raum-Zeit flach. Licht (rot) und Materie bewegen sich geradlinig.

Ein massereicher Körper verkrümmt die Raum-Zeit so, dass nahe vorbeifliegende Objekte der Krümmung folgen.

Die riesige Masse einer Sonne verbiegt die Raum-Zeit so stark, dass sie Planeten auf Umlaufbahnen zwingt.

In der Nähe schwerer Himmelskörper wird auch Licht abgelenkt. Ein Stern erscheint von seiner wahren Position leicht verschoben.

Im Extremfall können besonders dichte Massen »Schwarze Löcher« erzeugen, die selbst Licht schlucken.

Die mysteriöse Substanz hat es Einstein schon lange angetan. Im August 1899, als 20-Jähriger, hat er Mileva geschrieben: »Es wird mir immer mehr zur Überzeugung, dass die Elektrodynamik bewegter Körper, wie sie sich gegenwärtig darstellt, nicht der Wirklichkeit entspricht, sondern sich einfacher wird darstellen lassen. Die Einführung des Namens ›Äther‹ in die elektrischen Theorien hat zur Vorstellung eines Mediums geführt, von dessen Bewegung man sprechen könne, ohne dass man, wie ich glaube, mit dieser Aussage einen physikalischen Sinn verbinden kann.« Ein prophetischer Satz.

IM JAHRE 1905 HAT DER 26-JÄHRIGE im Grunde alles zusammen, was er für seine neue Theorie braucht. Noch fehlt ihm aber die Schlüsselidee, es sinnvoll zu verbinden. Verzweifelt sucht er einen Ausweg. In diesem Moment eröffnet er seinem Freund Besso: »Ich gebe auf.«

Möglicherweise hat ihm sein Loslassen so viel Entspannung verschafft, dass er urplötzlich so klar zu sehen vermag wie keiner außer ihm. Was ihn sein Werk vollenden lässt, ist die Einsicht in die innige Verbindung zwischen Raum, Zeit und Licht.

Das wirklich Einzigartige in seinem Denken hat Einstein in seinem Vortrag 1922 in Kyōto verraten: »Meine Lösung war eine Analyse des Begriffs der Zeit.« Er hinterfragt den Zeitbegriff nicht nur physikalisch, sondern auch philosophisch. Was ist Zeit als solche, wenn kein Mensch sie misst? Was macht man eigentlich, wenn man sie misst? Was bedeutet es, wenn zwei Ereignisse gleichzeitig passieren?

Triumphaler Empfang: Bei seiner **Ankunft in New York** feierten die Menschen Einstein 1920 wie sonst nur siegreiche Sportler oder Soldaten

Um der Wissenschaft aus ihrer Sackgasse zu helfen, das ist ihm urplötzlich klar geworden, muss er Newtons Kosmos gleichsam auf den Kopf stellen: Er schafft den Äther als »überflüssig« einfach ab. Er macht die Lichtgeschwindigkeit zur Naturkonstante – unabhängig von der Bewegung des Senders oder Empfängers. Und er erhebt das Licht – fast biblisch – zum Absolutum.

Dafür muss er Raum und Zeit jene Absolutheit nehmen, die sie seit Newton als Rahmenbedingungen des Weltgeschehens fast unbestritten besitzen. Er »relativiert« sie – und plötzlich sind alle Widersprüche verschwunden, lassen sich alle bekannten Bewegungen, von Elektronen bis zu fernen Sternen, innerhalb eines Weltbildes erklären: Relativität ist Realität.

Gerade weil er unbedingt an der Relativität und der Lichtgeschwindigkeit als absoluter Größe festhalten will, stellt er 1905 in seiner Arbeit zur speziellen Relativitätstheorie die Frage, »was hier unter ›Zeit‹ verstanden wird«. Und er fährt fort: »Wir haben zu berücksichtigen, dass alle unsere Urteile, in welchen die Zeit eine Rolle spielt, immer Urteile über gleichzeitige Ereignisse sind. Wenn ich z. B. sage: ›Jener Zug kommt hier um 7 Uhr an‹, so heißt dies etwa: ›Das Zeigen des kleinen Zeigers meiner Uhr auf 7 und das Ankommen des Zuges sind gleichzeitige Ereignisse.‹«

Nie zuvor und seitdem nie wieder haben solch einfache Sätze ein Werk von solcher Tiefe geziert.

Die Zusammenhänge sind von erhabener Schlichtheit. Sie lassen sich anhand von Gedankenexperimenten mit Beobachtern am Bahnsteig und im Zug verdeutlichen – dem schnellsten Fortbewegungsmittel zu Einsteins Zeit. Er stellt sich zum Beispiel vor, entlang der Bahnstrecke seien in gleicher Entfernung zum Beobachter auf dem Bahnsteig rechts und links zwei Blitzlichter aufgestellt. Sieht er beide im selben Moment aufleuchten, dann passieren die Blitze für ihn gleichzeitig. Anders

Von **Winston Churchill** erhoffte sich Einstein bei ihrem Treffen 1933 vor allem eines: dass er Deutschland in Schach halten könne

## Es gibt keinen Augenblick, der für die ganze Welt »Jetzt« heißen kann

für den Reisenden im Zug. Er bewegt sich, bis ihn die Blitze erreichen, ein Stück weiter. Da er von dem einen Blitzlicht wegfährt und auf das andere zu, erscheint ihm der Blitz, auf den er sich zubewegt, früher als der, von dem er sich wegbewegt. Aus seiner Sicht sagt er mit gleichem Recht, die Blitze seien nicht gleichzeitig gewesen.

Umgekehrt ergibt sich das gleiche Bild: Sind die Blitzlichter am vorderen und hinteren Ende des Zuges angebracht und blitzen für den Beobachter in der Zugmitte gleichzeitig, dann zünden sie vom Bahnsteig aus betrachtet zeitlich versetzt. Die beiden hätten demnach keine Möglichkeit, sich über die Zeit zu einigen. Was der eine als Zeitspanne zwischen den Blitzen misst, stellt der andere als ein und denselben Moment fest.

Das ist das Schwert, mit dem Einstein den Gordischen Knoten der jahrelang zergrübelten Widersprüche schließlich durchschlägt: Es gibt keinen Augenblick für die ganze Welt, der »Jetzt« genannt werden könnte. Innerhalb eines »starren Körpers«, also etwa eines Zuges oder eines Raumschiffs, herrscht in Einsteins Sprache zwar »die Zeit des ruhenden Systems«. Ganz

Einstein im Gespräch mit **David Ben-Gurion.** Der erste israelische Ministerpräsident besuchte den Wissenschaftler 1951 in Princeton. Einen Staat Israel lehnte Einstein, selbst jüdischer Herkunft, lange ab: Dessen Gründung ohne Einvernehmen mit den Arabern werde einen Dauerkonflikt nach sich ziehen. Im Angesicht von Judenverfolgung und Holocaust begrüßte er schließlich aber doch die Ausrufung des jüdischen Staates

gleich, ob sich das Fahrzeug von außen betrachtet bewegt – von innen gesehen ruht es. Sobald sich zwei starre Körper aber gegeneinander bewegen, hat jeder seine »Eigenzeit«, sein eigenes Jetzt.

Das auf den ersten Blick Sonderbarste daran ist das Relativitätsprinzip, wie Einstein es aus Galileis Vorlage weiterentwickelt hat: Für den Fahrenden gehen die Uhren des Stehenden im gleichen Maß langsamer wie umgekehrt für den Wartenden die des Reisenden. Diese Relativierung ist Einsteins große Tat: Ein Zeitabschnitt kann danach je nach dem Bewegungszustand eines Beobachters unterschiedlich lang sein, und zwar nicht subjektiv, sondern objektiv mit Uhren messbar.

Das Gleiche gilt für Entfernungen. Bewegung heißt Strecke pro Zeit, in einer üblichen Maßeinheit Meter pro Sekunde. Wenn im bewegten Zug von außen gemessen die Uhren langsamer gehen, also die Sekunde länger dauert, dann verkürzt sich entsprechend der Meter. Der Betrachter im Zug sieht es andersherum: Für ihn bleibt der Meter ein Meter. Er jedoch beobachtet die »Längenkontraktion« auf dem Bahnsteig. Kurz vor Erreichen der Lichtgeschwindigkeit misst er den Meter dort nur noch als Zentimeter.

Newton dagegen war von einem absoluten Raum ausgegangen – und einer absoluten Zeit, einer Art Einheitsuhr für die ganze Welt. Die Zeit, nahm er an, »verfließt an sich und vermöge ihrer Natur gleichförmig«. Einstein erhebt das Licht gleichsam zum Herrscher über die Zeit. Und über den

## Einstein erhebt das Licht gleichsam zum Herrscher über die Zeit

Raum. Seine Theorie liefert Formeln: Würde ein Raumschiff mit 90 Prozent Lichtgeschwindigkeit an uns vorbeifliegen und nach unseren Maßstäben fünf Meter lang sein, dann ergäbe sich für die Astronauten darin eine Länge von etwa elf Metern. Bei Lichtgeschwindigkeit hätte es theoretisch sogar – von außen betrachtet – die Länge null, und die Uhren stünden still.

Wie ist Einstein darauf gekommen? »Seine Innovation«, sagt der Harvard-Psychologe Howard Gardner, »entsprang der Fähigkeit, räumliche Bilder, mathematische Formelhaftigkeit, empirische Erscheinungen und philosophische Probleme zusammen zu denken.« Gardner beschreibt das Genie als »ewiges Kind«, das spielerisch die größten Rätsel seiner Zeit löst. Einstein hat genau damit sein Geheimnis zu erklären versucht: »Wenn ich mich frage, woher es kommt, dass gerade ich die Relativitätstheorie gefunden habe, so scheint es an folgendem Umstand zu liegen: Der Erwachsene denkt nicht über die Raum-Zeit-Probleme nach. Alles, was darüber nachzudenken ist, hat er nach seiner Meinung bereits in seiner frühen Kindheit getan. Ich dagegen habe mich so langsam entwickelt, dass ich erst anfing, mich über Raum und Zeit zu wundern, als ich bereits erwachsen war. Naturgemäß bin ich dann tiefer in die Problematik eingedrungen.«

IHRE ENDGÜLTIGE SCHÖNHEIT erhält die spezielle Relativitätstheorie nicht aus Einsteins Hand, sondern durch Hermann Minkowski, seinen ehemaligen Lehrer am Züricher »Polytechnikum«. Der gibt ihr die mathematische Form, die sie bis heute besitzt. »Von Stund an sollen Raum für sich und Zeit für sich völlig zu Schatten herabsinken, und nur noch eine Art Union der beiden soll Selbstständigkeit bewahren«, verkündet der Mathematiker im September 1908. Erst in seiner mathematischen Formulierung gewinnt Einsteins Theorie jenes Maß an Klarheit, mit dem sich auch ihre aberwitzig erscheinenden Konsequenzen verstehen lassen – wie etwa das Zwillingsparadoxon (siehe Grafik Seite 478).

Bewegt sich ein Ding – innerhalb von Minkowskis vierdimensionaler Raum-Zeit – in keiner der drei Dimensionen des Raums, dann findet seine gesamte Bewegung auf der Zeitachse statt. Es wird älter und nichts anderes. So ergeht es uns allen, auch wenn wir uns hier und da ein paar Meter durch den Raum bewegen. Gemessen an den Strecken des Lichts, sind alle Distanzen in den räumlichen Dimensionen, selbst die bei Reisen im Flug-

Eindringlich warnte Einstein 1950 über das US-Fernsehen vor der **Eskalation des Kalten Krieges durch die Wasserstoffbombe.** Abrüstung wurde das letzte große Thema seines Lebens. Kurz vor seinem Tod unterzeichnete er das Russell-Einstein-Manifest – sein politisches Testament

zeug, so verschwindend gering, dass wir praktisch nur auf der Zeitachse unterwegs sind. Die Zeit klebt förmlich an uns. Wir altern kontinuierlich.

Nur wenn wir uns futuristisch schnell mit Superraketen durch die Raum-Zeit wegbewegen könnten, würde die Zeit, die dabei vergeht, von außen gesehen schrumpfen – bei annähernder Lichtgeschwindigkeit gen null.

Das Licht andererseits legt seine gesamte Strecke durch die Raum-Zeit nur in den drei räumlichen Dimensionen zurück. Für die zusätzliche Dimension der Zeit bleibt nichts übrig. Weil sich Lichtteilchen somit nicht in, sondern mit der Zeit bewegen, darf gesagt werden, dass sie nicht altern. Für sie bedeutet »jetzt« das Gleiche wie »ewig«. Sie »leben« für immer in ihrem Augenblick. Die Sonnenuhr steht still.

Erst aufgrund von Minkowskis Konzept der Raum-Zeit wird Einstein 1915, mittlerweile Mitglied der Preußischen Akademie der Wissenschaften und Professor in Berlin, sein Opus magnum vollenden: die allgemeine Relativitätstheorie. Gemessen an ihr, hat Einstein einmal gesagt, sei die Arbeit an der speziellen Relativitätstheorie ein Kinderspiel gewesen. Noch einmal braucht er fast zehn Jahre, um die richtigen Formeln zu finden – so genannte Feldgleichungen, die bis heute, zumindest vollständig, als schier unlösbar gelten.

Mit ihrer Hilfe erklärt er in vollkommen neuer Weise die Gravitation, die wir in Anlehnung an Newtons Weltbild nach wie vor »Schwerkraft« nennen und uns als eine Art Anziehungskraft zwischen Körpern vorstellen – etwa zwischen Mond und Erde.

Einstein schafft, wie zuvor schon den Äther, diese »Kraft« einfach ab. Vielmehr, sagt er, krümmen Massen die Raum-Zeit, deren Krümmungen ih-

**DAS ZWILLINGSPARADOXON**

### Ein Gedankenexperiment auf der Basis der Relativitätstheorie: Geschwindigkeit wirkt sich auf die Zeit und damit aufs Altern aus

Das »Zwillingsparadoxon« entsteht, wenn einer der Zwillinge sich auf eine sehr schnelle Reise durch das All begibt.

Nach einer gewissen Zeit ändert der reisende Zwilling seine Bewegungsrichtung und kehrt auf die Erde zurück.

Nun stellen die Zwillinge fest, dass der auf der Erde zurückgebliebene Zwilling deutlich älter ist als sein Bruder.

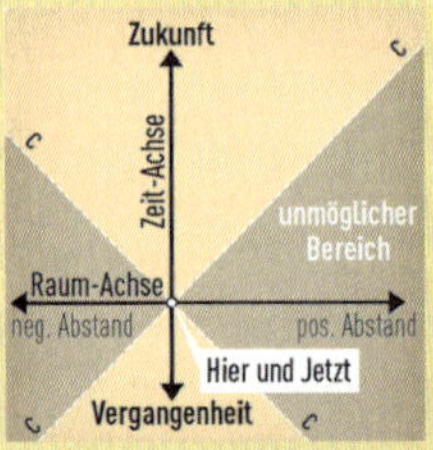


Im »Minkowski-Diagramm« werden Raum und Zeit verbunden. Da nichts schneller als mit Lichtgeschwindigkeit (c) reisen kann, ist uns nur der helle Bereich zugänglich.

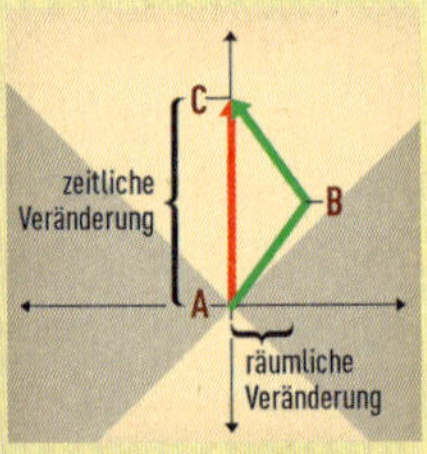


Der Zwilling auf der Erde bewegt sich nur auf der Zeitachse (rot) der Raum-Zeit – sein Bruder »verbraucht« auch Raum (grün) und entsprechend weniger Zeit.

rerseits den Massen vorschreiben, wie sie sich zu bewegen haben. Erde und Mond ziehen einander danach nicht an, wie Newton es formuliert hat. Vielmehr bewegen sie sich, wie alle Himmelskörper, auf dem kürzesten Weg durch die Raum-Zeit.

Sie nannten ihn **»The Great Relative«** – ein Wortspiel, das den Verwandten (»the relative«) und den Erfinder der Relativitätstheorie in einem Wort zusammenbringt: die Hopi-Indianer, die Einstein mit Ehefrau Elsa 1931 besuchte

Die allgemeine Relativitätstheorie begründet Einsteins Weltruhm – nicht zuletzt aufgrund einer glücklichen Fügung: Sie erlaubt mehrere Vorhersagen, darunter eine, die sich mit den damaligen technischen Möglichkeiten überprüfen lässt. Wenn große Massen die Raum-Zeit (und damit den Raum) tatsächlich krümmen, dann müsste das Licht auf seinem Weg durch das All diesen Krümmungen folgen. In der Nähe der Sonne, der uns nächsten großen Masse im Weltraum, müsste es um einen winzigen, gleichwohl messbaren Betrag abgelenkt werden. Englische Forscher können diesen Effekt während einer Sonnenfinsternis in den Tropen Ende Mai 1919 tatsächlich nachweisen. Die Ergebnisse werden am Abend des 6. November in London feierlich verkündet. Einen Tag später berichtet die »Times« von einer »Revolution in der Wissenschaft«. An diesem Tag, dem 7. November 1919, wird Albert Einstein ein zweites Mal geboren – als Legende und Mythos.

Doch nicht die Verallgemeinerung der speziellen Relativitätstheorie hat Einsteins Werk ins Gedächtnis der Menschheit geschrieben, auch wenn sie in der Weltraumfahrt unentbehrlich ist und im Global Positioning System (GPS) für Militärpiloten, Autofahrer und Wanderer ihre weltweite Anwendung gefunden hat. Es ist vielmehr die fast prophetische Vorwegnahme der Entdeckung der Atomkraft, das fünfte Wunderwerk in Einsteins Wunderjahr 1905. »Eine Konsequenz der elektrodynamischen Arbeit ist mir noch in den Sinn gekommen«, schreibt er an Conrad Habicht. »Das Relativitätsprinzip im Zusammenhang mit den maxwellschen Grundgleichungen verlangt nämlich, dass die Masse direkt ein Maß für die im Körper enthaltene Energie ist; das Licht überträgt Masse.«

Dahinter verbirgt sich nichts Geringeres als die berühmteste Formel der Welt: $E = mc^2$ – Energie ist gleich Masse mal Lichtgeschwindigkeit zum Quadrat. Eine Gleichung, in der buchstäblich Zündstoff steckt. Sie beschreibt das ungeheure energetische Potenzial der Kernspaltung, die 1939 Otto Hahn gelingen und Lise Meitner ihm erklären wird – und die in Hiroshima 1945 ihre erste grausame Anwendung findet. »Eine merkliche Abnahme der Masse müsste beim Radium erfolgen«, fügt Einstein in seinem Brief an Habicht hinzu. Radium ist zu jener Zeit einer der wenigen bekannten radioaktiven Stoffe, die energiereiche Strahlen aussenden. »Die Überlegung ist lustig und be-

In seinem **Exil in Princeton** vereinsamte Einstein zunehmend. Trost fand er vor allem in der Wissenschaft. Auch nach der Pensionierung ging er jeden Tag zu Fuß in sein Institut

stechend, aber ob der Herrgott nicht darüber lacht und mich an der Nase herumgeführt hat, das kann ich nicht wissen.«

Mit der Formel $E = mc^2$ gelingt Einstein so etwas wie die Quadratur des Lichtes. Sie zeigt, welch ungeheure Menge an Energie in Masse steckt. Eine eindrucksvolle Demonstration liefert uns die Sonne: In jeder Sekunde verwandeln sich in dem Feuerball Millionen Tonnen Materie in gigantische Mengen an Strahlungsenergie, die Leben auf dem Blauen Planeten erst möglich macht.

Dass diese Beziehung bis Einstein niemand feststellen konnte, hat einen einfachen Grund: Die Energie verbirgt sich so tief in der Materie, dass sie nicht messbar ist. »Es ist genau so«, sagt er, »als ob ein Mann, der märchenhaft reich ist, niemals einen Pfennig ausgibt oder verbraucht; da kann niemand wissen, wie reich er ist.« Die Masse, die eine Glühbirne mit 100 Watt Leistung 100 Jahre lang ausstrahlt, liegt unter drei tausendstel Gramm. Das entzog sich zu Einsteins Zeit der Praxis von Messung oder Experiment. Er hat es rein theoretisch gefunden – das macht seine Genietat aus.

Gerade sie aber wird nach Hiroshima zum Fluch seiner späten Jahre. Im August 1939 hat er US-Präsident Roosevelt in einem Brief vor der möglichen Entwicklung der Atombombe durch die Deutschen gewarnt. Obwohl sein Schreiben so gut wie keine direkten Folgen hat, obwohl sich keine Linie zwischen seiner Formel und der amerikanischen Atombombe ziehen lässt und obwohl er an deren Bau nicht im geringsten beteiligt ist, machen ihn die Medien nun zum »Mann, der alles in Gang brachte«. Am 1. Juli 1946 ziert sein unverwechselbarer Kopf das Titelblatt des Magazins »Time«. Daneben ist ein Atompilz zu sehen, vor dem sich die Formel $E = mc^2$ abzeichnet. Darunter steht: »Weltzerstörer Einstein. Alle Materie besteht aus Geschwindigkeit und Flammen.« Ein halbes Jahrhundert davor hat nicht einmal die oft prophetisch wirkende Weitsicht Einsteins hingereicht, sich diese Entwicklung auszumalen. **(2005)**

■ **Siehe auch A–Z-Teil**

→ Äquivalenz · brownsche Bewegung · Fotoeffekt · Gravitation · Licht · Quantentheorie · Relativitätstheorie · Zwillingsparadoxon

**Der promovierte Naturwissenschaftler Jürgen Neffe war acht Jahre lang Redakteur bei GEO und arbeitet heute als freier Schriftsteller. 2005 erschien sein Buch »Einstein – eine Biographie« bei Rowohlt.**